KB261649

특허로 만나는
우리 약초 2

변산바람꽃 녹색종(변이종)
Eranthis byunsanensis B.Y.Sun / 미나리아재비과
전라북도 내변산에서 처음 발견되었다고 해서 변산바람꽃이다.
2~3월에 꽃이 핀다. 꽃말은 '덧없는 사랑'.

노루귀
Hepatica asiatica Nakai / 미나리아재비과
우리나라 각지의 산지 양지쪽에서 자라는 여러해살이풀이다.
2월 말~3월에 꽃이 핀다.
꽃말은 '당신을 믿어요.'

동강할미꽃
Pulsatilla tongkangensis Y. N. Lee & T. C. Lee / 미나리아재비과
강원도 정선 동강 유역의 석회암 지대에서 자라는 여러해살이풀로, 우리나라 특산
식물이다. 4월에 꽃이 핀다. 꽃말은 '슬픈 추억' 또는 '충성'.

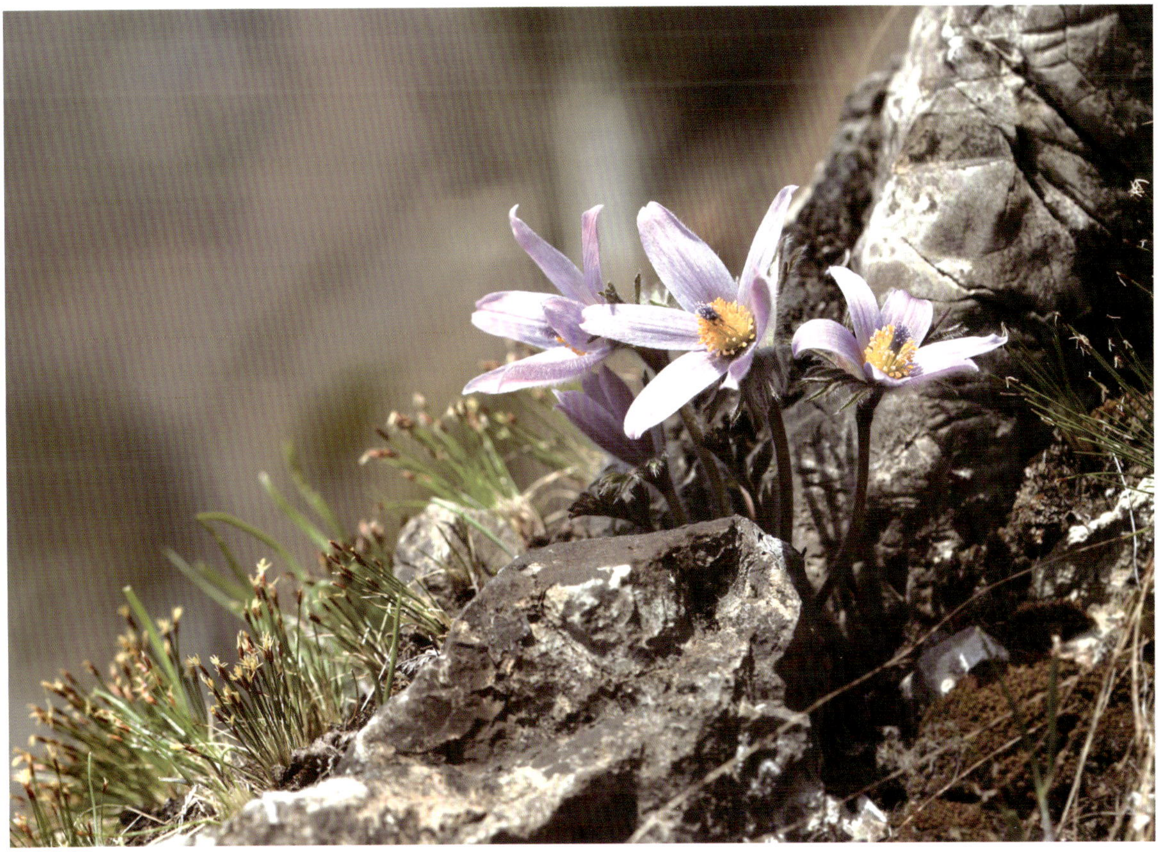

한계령풀

Leontice microrhyncha S. Moore / 매자나무과
우리나라 중부 이북의 높은 산에서 자라는 여러해살이풀로 4월 말~5월에 꽃이 핀다.
멸종 위기종으로 보호되고 있다. 꽃말은 '질투'.

한계령풀과 얼레지

얼레지는 백합과의 여러해살이 구근 식물로
학명은 *Erythronium japonicum* (Balrer) Decne. 이다. 3~5월에 꽃이 핀다.
꽃말은 '질투' 또는 '바람난 여인'.

산해박
Cynanchum paniculatum (Bunge) Kitag / 박주가리과
우리나라 전역의 산과 들의 양지쪽, 주로 무덤가에 자생하는 여러해살이풀로, 5~6월에 꽃이 핀다.
꽃말은 '먼 여행'.

타래난초

Spiranthes sinensis (Pres.) Ames / 난초과

우리나라 전역의 산과 들에서 자라는 여러해살이풀로 6~8월에 꽃이 핀다.

꽃말은 '추억' 또는 '소녀'.

개망초
Erigeron annuus (L.) Pers. / 국화과
우리나라 전역에서 가장 흔하게 볼 수 있는 두해살이풀로 초여름에 꽃이 핀다.
별명은 '계란꽃', 꽃말은 '화해'.

솔나리

Lilium cernuum Kom. / 백합과

중북부 이북의 높은 산에서 자라는 여러해살이풀로 7~8월에 꽃이 핀다.
환경부에서 희귀종으로 지정하여 보호하고 있다.
꽃말은 '새아씨'.

산삼

Panax ginseng C. A. Meyer / 두릅나무과

왼쪽 맨위, 가운데 : 산삼이 싹트는 모습

왼쪽 맨아래 : 산삼 열매

오른쪽 : 꽃대가 맺힌 산삼

해국

Aster sphathulifolius Maxim. / 국화과

우리나라 중부 이남의 해변에서 자라는 여러해살이풀로 햇볕이 잘 드는 암벽 경사진 곳에서 자란다.
7~11월에 연한 보랏빛 또는 흰색의 꽃이 핀다. 꽃말은 '침묵' 또는 '기다림'.

미역취

Solidago virgaurea subsp. *asiatica* KITAMURA / 국화과
우리나라 전역의 양지바른 산지에서 자라는 여러해살이풀로 8~9월에 꽃이 핀다.
꽃말은 '경계심'.

Psilotum nudum (L.) P.Beauv. / 솔잎란과
녹색의 잔가지가 솔잎과 비슷하여 '솔잎란'이라고 한다.
환경부 선정 멸종위기 식물로, 매우 희귀하고 관상 가치가 있다.
별명은 '송엽란', 꽃말은 '불로장생' 또는 '변하지 않는 사랑'.

솔잎란

1 인삼 열매(황숙종) 2 으름 3 비타민나무 열매
4 블루베리 5 흰말채나무 열매 6 칼슘나무 열매
7 당매자나무 열매

<table>
<tr><td>1</td><td>5</td></tr>
<tr><td>2</td><td>6</td></tr>
<tr><td>3</td><td>7</td></tr>
<tr><td>4</td><td>8</td></tr>
</table>

1 먹물버섯 2 분비나무 상황버섯 3 노루궁뎅이버섯 4 꽃송이버섯
5 망태버섯 6 말굽버섯 7 새로 자라는 소나무잔나비버섯 8 한 줄로 늘어선 능이버섯

1 자작나무 소형종 말굽버섯
2 말굽버섯
3 잔나비불로초
4 개회상황

1 2 3 — **1** 송이버섯　**2** 표고버섯　**3** 연기색만가닥버섯

1 2 3 — **1** 졸각버섯　**2** 마귀광대버섯(독)　**3** 노란귀느타리(독은 없지만 식용하지 않는다.)
4 5 6 — **4** 달걀버섯　**5** 눈꽃동충하초　**6** 붉은싸리버섯(독이 있지만 약용한다.)

특허로 만나는
우리 약초 2

如雲 조식제

산과 들의 모든 풀이 약藥이다! 첫권에서 못다 한 약초 422가지

아카데미북

추천사

어느새 봄기운이 완연합니다. 대전청사 여기저기에 맺혀 있던 목련 꽃망울들이 봄이 멀지 않았음을 알리는가 싶더니 산허리에 피어난 연분홍 진달래와 노란 개나리가 이제는 분명 봄이라는 걸 확인시켜 줍니다. 길 한 모퉁이에서 재잘거리는 듯한 제비꽃과 민들레가 바쁜 발걸음을 잡아 세웁니다. 하늘 한 번 쳐다보라고, 길섶의 풀 한 포기 보고 가라고 말입니다.

그간 계절이 언제 바뀌었는지조차 모를 정도로 바쁘게 달려오던 제가 이 책을 통해서 이렇게 자연의 변화에 눈을 돌리고 작은 풀꽃들의 아름다움도 볼 수 있게 되었습니다. 대강의 모양만 알고 있던 식물의 구체적인 쓰임새를 잘 알게 되고, 전혀 몰랐던 식물도 배울 수 있어 좋습니다. 저자가 한 계절을 기다려 찍었을 법한 싱그러운 풀과 나무의 선명한 사진들을 들여다보면 번잡하던 마음이 차분하게 가라앉고 시원해지는 느낌입니다.

이미 '특허로 만나는 우리 약초' 제1권을 집필하여 특허청 직원들을 놀라게 한 저자가 이번 봄에 '특허로 만나는 우리 약초' 그 두 번째 책을 집필하였습니다. 첫 번째 책에서는 산삼·만병초·하수오 등 귀한 약초들을 주로 다루었다면, 이 책은 주변에서 흔히 볼 수 있는 식물들의 이야기를 많이 들려줍니다. 이른 봄 미각을 일깨우는 냉이, 김치를 담가도 맛있는 고들빼기, 두고 온 고향산천의 편지 같은 진달래 등 낯익은 식물도 이들이 가지고 있는 여러 가지 약효 등으로 새롭게 보게 됩니다. 약초는 귀하고 알기 어려운 것이라는 편견을 버리게 하고 '모르면 잡초, 알면 약초'라는 말을 실감하게 하는 책이라 할 수 있습니다.

그렇다고 해서 우리가 흔히 볼 수 있는 식물에 대한 이야기만 다룬 것은 아닙니다. 저자의 호기심과 탐구욕은 우리를 제주도와 남해안 일부 지역에서 자라는 참나무겨우살이나 천선과나무, 부채선인장 등의 특산식물 등 전통 의학에서 중시해 온 약용식물과 미래 자원식물로서의 가치가 기대되는 신품종 식물 등 총 420여 종에 달하는 식물의 생생한 사진과 방대한 정보로 안내합니다.

특허 및 연구 논문 2,500여 건을 식물 종류별로 취합하고 정리하여 식물의 약효 등에 대한 다양한 정보를 제공해 주는 이 책의 출판은 여러 가지 측면에서 아주 반가운 일입니다. 왜냐하면 첨단 기업과 일부 개인의 전유물로 인식되어 온 특허 정보를, 특허와는 거리가 있을 것 같은 전통 식물에 적용하여 어떻게 이용할 수 있는지를 보여주고 있을 뿐만 아니라, 특허 정보라는 공공 정보를 적극적으로 개방하고 공유하는 '정부 3.0'이라는 정부 정책에도 부합하는 훌륭한 결과물이기도 하기 때문입니다. 또한, 소개된 '자원식물의 특허'는 약초에 대한 동서양 의학의 최신 융합 지식을 보여줌으로써, 우리 자원식물의 연구에도 다양한 도움을 줄 것입니다.

이 책을 출간하기까지 지난 15년간 주말마다 산과 들을 누비며 직접 관찰하고 사진을 촬영하고 기록하며 보낸 저자의 시간과 노력에 경의를 표합니다. 애정을 갖고 관찰한 숲 속의 다양한 식물에 특허라는 현대적 관점의 해석을 더하여 더욱 새롭습니다. 저자의 정성이 깃들어 있는 사진을 한 장 한 장 보는 것만으로도 좋은데, 특허에 의하여 새롭게 밝혀지는 약효에 놀라게 되며, 우리나라의 자원식물들이 얼마나 유용한지를 새삼 깨닫습니다.

독자 여러분도 이 책을 통하여 우리 산야의 풀과 나무에 대한 관심과 애정을 갖고 소중함을 느낄 수 있을 것입니다. 풀꽃을 보고도 "자세히 보아야 예쁘다. 오래 보아야 사랑스럽다. 너도 그렇다."라고 노래하는 시인과 같은 마음을 가질 수 있길 바랍니다.

2014년 4월

특허청장

감사의 말

《특허로 만나는 우리 약초》가 세상에 나온 지도 벌써 2년에 가까운 시간이 흘렀습니다. 《특허로 만나는 우리 약초 2》의 출간을 앞두고 분주해 하다가 문득 거울을 들여다보니 흰 머리카락이 제법 늘었습니다. 비록 육신은 하루하루 낯설게 변해 가지만, 그래도 지금의 나 자신을 사랑할 수밖에 없다는 생각을 해 봅니다. '사랑은 세상의 모든 아픔을 치유할 수 있다'라는 말이 있지요.

《특허로 만나는 우리 약초》는 산삼이나 하수오 같은 귀한 약초, 송이나 능이 등의 천연 식용버섯, 상황버섯이나 차가버섯 같은 약용버섯 등, 자연에서 만나기가 쉽지 않은 식물 위주로 구성되어 있습니다. 따라서 우리 주변에서 흔히 볼 수 있는 자원식물들이 대거 누락될 수밖에 없었던 아쉬움이 있었습니다. 반면에 이 책《특허로 만나는 우리 약초 2》는 첫권에서 미처 수록하지 못한 식물 중에서 자원식물로 재조명되고 있는 것 420여 종을 가려내어, 현장 사진으로 그 대상을 특정하고, 각종 민간요법, '동의보감'이나 '방약합편' 등의 전통지식, 그리고 특허라는 도구를 빌어 현대적인 시각으로 재해석한 것입니다.

특허는 신규성 또는 진보성을 대상으로 하는 특성을 가지고 있습니다. 따라서 자원식물에 대한 특허는 동서고금을 막론하고 가장 최신最新의 약초 지식인 셈입니다. 물론 특허로 등록되었다는 사실이 그 효능까지 보장해 주는 것은 아니지만, 특허 당사자인 개인과 기업들만 알고 있는 소중한 연구 지식이 특허로 세상에 공개된다는 그 자체로서 중요한 의미가 있습니다. 또한 자원식물의 특허는 약용藥用 가치에 관한 내용이 주를 이루지만, 건강보조식품이나 한방 화장품, 농약·제초제·축산 사료·염료 등 우리 생활의 여러 분야에 이용될 수 있는 가능성도 함께 보여 주고 있습니다.

이 책에서는 감초·지황·울금 등 한약재로 많이 이용하고 있는 약초에 대한 특허와 논문 외에도, 백두산에 자생하는 바위돌꽃(홍경천)과 한라산의 시로미, 제주도에 자생하는 부채선인장과 문주란, 참나무겨우살이 등의 특산식물도 포함시켰으며, 황칠나무나 블루베리처럼 최근 주목받는 약藥나무, 그리고 비타민나무·칼슘나무·뽀뽀나무(이 나무는 단백질 성분이 많습니다)·소귀나무(이 나무는 항혈전 효능이 크지요) 등의 미래형 유실수에 대한 최근의 연구 결과도 소개하였습니다. 또한 아까시나무·토끼풀·환삼덩굴·달맞이꽃과 같이 비교적 흔하지만 유용성이 큰 식물에 더하여, 앞으로의 연구에 의하여 자원식물로 거듭날 수 있는 가능성이 충분한 물매화나 으름난초, 한계령풀과 같은 귀한 야생화도 포함시켰습니다. 그래도 여전히 다루지 못한 것들이 많아 아쉬움이 남습니다.

　현대는 국제적으로 생물자원의 선점을 위한 전쟁의 시대입니다. 우리나라에는 약 5천 종 가량의 식물이 있고, 2천여 종의 버섯과 1만4천여 종의 곤충 등 다양한 생물자원들이 있습니다만, 이들에 대한 연구는 충분히 이루어졌다고 할 수 없습니다. 지금도 각 기업체나 연구소, 대학 등에서 이들에 대한 연구가 진행되고 있고, 그 결과에 따라 소중한 생물자원으로 거듭날 가능성이 있으므로 우리 곁의 풀 한 포기, 벌레 한 마리도 허투루 여겨서는 아니 될 것이며, 보전에 더욱 힘써야 할 것입니다.

　그리고 독자 여러분들께서 유념해 주셔야 할 것은, 이 책에서 소개하는 연구의 대부분이 우리 인간에게 유익하다고 하는 내용 위주로 발췌되었다는 점입니다. 현실적으로 어떤 한 가지 약초가 의약품으로 이용되려면 여러 번의 임상 시험 등을 거쳐 인체에 해가 없음이 검증되어야 하며, 식품의약안전처의 허가도 득得하여야만 가능한 것입니다. 따라서 개인이 이용하는 데는 많은 주의가 필요하며, 전문가의 도움을 받을 필요가 있다는 점을 거듭 강조하는 바입니다.

　미국의 작가 루이스 헤이 Louise L. Hay의 《치유》(You can heal your life)라는 책에 이런 글귀가 있습니다.
　"매일 아침 일어나 새로운 하루를 시작할 수 있는 풍요로움에 기뻐하라. 살아 있다는 사실에, 건강함에, 친구가 있다는 사실에, 또 자신이 창조적이라는 사실에 감사하라."

　저는 책의 배경이 되어 준 숲이 우리 곁에 가까이 있고, 나름 건강하여 철마다 피어나는 야생화와 귀한 약초, 버섯들과 눈 맞춤할 수 있다는 점에 늘 감사하고 있습니다. 거친 숲을 함께 누비고 다녔던 믿음직한 산친구들과, 말없이 지켜봐 주는 가족이 있다는 사실은 더욱 감사한 일입니다.

　무엇보다도, 이 책이 세상에 나올 수 있도록 격려해 주신 김영민 청장님 이하 특허청 동료들의 든든한 응원은 큰 힘이 되었습니다. 아울러 부족한 자료를 채워 주신 지인들께도 지면을 빌어 감사드리며, 이 책에 수록된 특허와 연구 논문에 관여하신 수많은 분들께 거듭 고개 숙여 감사드리는 바입니다. 마지막으로 아카데미북의 양동현 사장님과 편집에 노고가 많으셨던 신영선 편집장께 감사드립니다.

　이 책의 집필에 정성을 다하였지만, 분명히 미흡한 구석이 많을 것으로 생각됩니다. 많은 충고와 조언을 부탁드립니다.

2014년 봄
如雲 조식제

일러두기

1. 자료 출전

   ● 식물명 : 국가생물종지식정보시스템

   ● 생약명 : 생약규격집〉운곡본초학〉중국약전〉네이버지식사전

   ● 버섯명 : 한국약용버섯도감

   ● 이명(속명) : 국가생물종지식정보시스템〉한국의 야생화와 자원식물〉네이버지식사전

   ※ 위의 자료를 기준으로 하되 광범위하게 사용되는 명칭은 그대로 적용함

2. 개인의 특허는 실명을 밝히지 않음

3. 특허는 발명의 요지, 연구 논문은 초록 정도만 소개하였음

4. 이 책에 인용된 고서古書 · 의서醫書(가나다순)

   《동의보감東醫寶鑑》,《방약합편方藥合編》,《운곡본초학耘谷本草學》,《동의학사전》(북한)을 주로 인용하였
   으며, 간간이 인용한 자료는 아래와 같다.

   《구황본초통해救荒本草通解》《당본초唐本草》《명의별록名醫別錄》《물명고物名攷》《복건민간초약福建民
   間草藥》《본초강목습유本草綱目拾遺》《본초도경圖經本草》《신농본초경神農本草經》《신약神藥》《약성론藥
   性論》《약초의 성분과 이용》《운남중초약雲南中草藥》《의학입문醫學入門》《절강민간상용초약浙江民間常
   用草藥》《중국본초도감中國本草圖鑑》《중국약식도감中國藥植圖鑑》《중약대사전中藥大辭典》《증보산림경
   제增補山林經濟》《천금방千金方》《한국본초도감》《해동죽지海東竹枝》《향약집성방鄕藥集成方》

목 차

추천사 18

저자의 말 20

일러두기 22

〈가〉

가래나무 32

가막사리 34

가막살나무 36

가시나무 38

각시취 42

갈대 44

감자난초 46

감초 48

강아지풀 52

강활 54

개감수 56

개구리밥 58

개구리자리 60

개나리 62

개느삼 66

개망초 68

개머루덩굴 70

개면마 72

개미취 74

개별꽃 78

개불알풀 80

개비자나무 82

개사철쭉 84

개솔새 86

개시호 88

개암나무 90

개양귀비 92

개오동 94

개옻나무 96

갯까치수영 98

갯메꽃 100

갯무 102

갯취 104

거북꼬리 106

거지덩굴 108

계수나무 110

고광나무 112

고들빼기 114

고려엉겅퀴 116

고로쇠나무 118

고마리 122

고본 124

고추나무 126

곤약 128

골무꽃 · 130
광대나물 · · · · · · · · · · · · · · · · · · 134
광대수염 · · · · · · · · · · · · · · · · · · 136
괭이밥 · 138
구골나무 · · · · · · · · · · · · · · · · · · 140
구상나무 · · · · · · · · · · · · · · · · · · 142
구슬꽃나무 · · · · · · · · · · · · · · · · 144
국수나무 · · · · · · · · · · · · · · · · · · 146
굴거리나무 · · · · · · · · · · · · · · · · 148
궁궁이 · 150
귀룽나무 · · · · · · · · · · · · · · · · · · 152
금잔화 · 154
기름나물 · · · · · · · · · · · · · · · · · · 156
까마귀쪽나무 · · · · · · · · · · · · · · 158
깨풀 · 160
꼬리풀 · 162
꽃기린 · 164
꽃다지 · 166
꽃마리 · 168
꽃범의꼬리 · · · · · · · · · · · · · · · · 170
꽃향유 · 172
꽈리 · 174
꿩의다리 · · · · · · · · · · · · · · · · · · 176
꿩의다리아재비 · · · · · · · · · · · · 180
꿩의바람꽃 · · · · · · · · · · · · · · · · 182
꿩의비름 · · · · · · · · · · · · · · · · · · 184

〈나〉

나도송이풀 · · · · · · · · · · · · · · · · 186

나팔꽃 · 188
낙우송 · 190
낙지다리 · · · · · · · · · · · · · · · · · · 192
남가새 · 194
남오미자 · · · · · · · · · · · · · · · · · · 196
낭아초 · 198
냉이 · 200
냉초 · 202
노각나무 · · · · · · · · · · · · · · · · · · 204
노루삼 · 206
노린재나무 · · · · · · · · · · · · · · · · 208
노박덩굴 · · · · · · · · · · · · · · · · · · 210
녹나무 · 214
누린내풀 · · · · · · · · · · · · · · · · · · 218
느티나무 · · · · · · · · · · · · · · · · · · 220
는쟁이냉이 · · · · · · · · · · · · · · · · 222
능소화 · 224

〈다〉

다릅나무 · · · · · · · · · · · · · · · · · · 226
단삼 · 228
단풍나무 · · · · · · · · · · · · · · · · · · 230
달래 · 234
달맞이꽃 · · · · · · · · · · · · · · · · · · 236
닭의장풀 · · · · · · · · · · · · · · · · · · 240
담배풀 · 242
담쟁이덩굴 · · · · · · · · · · · · · · · · 244
담팔수 · 246
당개지치 · · · · · · · · · · · · · · · · · · 248

대나물 · 250

댑싸리 · 252

덜꿩나무 · · · · · · · · · · · · · · · · · · · 254

돈나무 · 256

돌배나무 · · · · · · · · · · · · · · · · · · · 258

동의나물 · · · · · · · · · · · · · · · · · · · 260

돼지풀 · 262

된장풀 · 264

두루미꽃 · · · · · · · · · · · · · · · · · · · 266

등 · 268

등골나물 · · · · · · · · · · · · · · · · · · · 270

등대풀 · 272

등칡 · 274

땅비싸리 · · · · · · · · · · · · · · · · · · · 276

때죽나무 · · · · · · · · · · · · · · · · · · · 278

뚜껑덩굴 · · · · · · · · · · · · · · · · · · · 280

뚝갈 · 282

〈라〉

레몬밤 · 284

〈마〉

마디풀 · 286

마름 · 288

마삭줄 · 290

마취목 · 292

만년청 · 294

만수국아재비 · · · · · · · · · · · · · · · 296

말오줌때 · · · · · · · · · · · · · · · · · · · 298

말채나무 · · · · · · · · · · · · · · · · · · · 300

망개나무 · · · · · · · · · · · · · · · · · · · 302

매듭풀 · 304

매발톱나무 · · · · · · · · · · · · · · · · · 306

매자나무 · · · · · · · · · · · · · · · · · · · 308

맥문동 · 310

맨드라미 · · · · · · · · · · · · · · · · · · · 312

먹넌출 · 314

먼나무 · 316

멀구슬나무 · · · · · · · · · · · · · · · · · 318

멀꿀 · 320

며느리밥풀 · · · · · · · · · · · · · · · · · 322

며느리배꼽 · · · · · · · · · · · · · · · · · 324

멱쇠채 · 326

명아주 · 328

모감주나무 · · · · · · · · · · · · · · · · · 330

모란 · 332

모시대 · 334

목련 · 336

목서 · 340

목화 · 342

무궁화 · 344

무릇 · 346

무환자나무 · · · · · · · · · · · · · · · · · 348

문모초 · 350

문주란 · 352

물매화 · 356

물봉선 · 358

물싸리 · 362

물푸레나무 · · · · · · · · · · 364

미국미역취 · · · · · · · · · · 368

미나리아재비 · · · · · · · · · · 370

미선나무 · · · · · · · · · · 372

미역줄나무 · · · · · · · · · · 374

미역취 · · · · · · · · · · 376

민백미꽃 · · · · · · · · · · 378

밀몽화 · · · · · · · · · · 380

〈바〉

바위돌꽃 · · · · · · · · · · 382

바위취 · · · · · · · · · · 386

박달나무 · · · · · · · · · · 388

박새 · · · · · · · · · · 390

박주가리 · · · · · · · · · · 392

박쥐나무 · · · · · · · · · · 394

박쥐나물 · · · · · · · · · · 396

박하 · · · · · · · · · · 398

반디지치 · · · · · · · · · · 400

방가지똥 · · · · · · · · · · 402

방동사니 · · · · · · · · · · 404

밭뚝외풀 · · · · · · · · · · 406

배롱나무 · · · · · · · · · · 408

백당나무 · · · · · · · · · · 410

백량금 · · · · · · · · · · 412

백령풀 · · · · · · · · · · 414

백부자 · · · · · · · · · · 416

백운풀 · · · · · · · · · · 418

백합나무 · · · · · · · · · · 422

뱀무 · · · · · · · · · · 424

버드나무 · · · · · · · · · · 426

벌노랑이 · · · · · · · · · · 430

범꼬리 · · · · · · · · · · 432

범부채 · · · · · · · · · · 434

벗나무 · · · · · · · · · · 436

벽오동 · · · · · · · · · · 438

병꽃나무 · · · · · · · · · · 440

병아리꽃나무 · · · · · · · · · · 444

병조희풀 · · · · · · · · · · 446

병풀 · · · · · · · · · · 448

병풍쌈 · · · · · · · · · · 452

보리장나무 · · · · · · · · · · 454

보춘화 · · · · · · · · · · 456

복자기 · · · · · · · · · · 458

봄맞이 · · · · · · · · · · 460

봉선화 · · · · · · · · · · 462

부용 · · · · · · · · · · 466

부채선인장 · · · · · · · · · · 468

부처꽃 · · · · · · · · · · 472

분꽃 · · · · · · · · · · 474

분꽃나무 · · · · · · · · · · 476

분비나무 · · · · · · · · · · 478

불두화 · · · · · · · · · · 480

붓순나무 · · · · · · · · · · 482

블루베리 · · · · · · · · · · 484

비누풀 · · · · · · · · · · 488

비목나무 · · · · · · · · · · 490

비비추 · · · · · · · · · · 492

비자나무 · · · · · · · · · · 494
비타민나무 · · · · · · · · · 496
뻐꾹채 · · · · · · · · · · · 500
뽀리뱅이 · · · · · · · · · · 502
뽀뽀나무 · · · · · · · · · · 504
뽕나무 · · · · · · · · · · · 506

〈사〉

사람주나무 · · · · · · · · · 510
사랑초 · · · · · · · · · · · 512
사상자 · · · · · · · · · · · 514
사스레피나무 · · · · · · · · 516
사위질빵 · · · · · · · · · · 518
사철나무 · · · · · · · · · · 520
산당화 · · · · · · · · · · · 522
산박하 · · · · · · · · · · · 524
산부추 · · · · · · · · · · · 526
산비장이 · · · · · · · · · · 528
산수국 · · · · · · · · · · · 530
산앵도나무 · · · · · · · · · 532
산자고 · · · · · · · · · · · 534
삼나무 · · · · · · · · · · · 536
삼지닥나무 · · · · · · · · · 538
삼채 · · · · · · · · · · · · 540
상동나무 · · · · · · · · · · 542
새덕이 · · · · · · · · · · · 544
새모래덩굴 · · · · · · · · · 546
새박 · · · · · · · · · · · · 548
생강나무 · · · · · · · · · · 550

생달나무 · · · · · · · · · · 554
생열귀나무 · · · · · · · · · 556
서양수수꽃다리 · · · · · · · 560
서어나무 · · · · · · · · · · 562
서향 · · · · · · · · · · · · 564
석결명 · · · · · · · · · · · 566
석곡 · · · · · · · · · · · · 568
선갈퀴 · · · · · · · · · · · 572
섬시호 · · · · · · · · · · · 574
소귀나무 · · · · · · · · · · 576
소귀나물 · · · · · · · · · · 578
소나무겨우살이[송라] · · · · 580
소사나무 · · · · · · · · · · 582
소철 · · · · · · · · · · · · 584
소태나무 · · · · · · · · · · 586
속단 · · · · · · · · · · · · 588
속수자 · · · · · · · · · · · 592
솔나물 · · · · · · · · · · · 594
솔비나무 · · · · · · · · · · 596
솔송나무 · · · · · · · · · · 598
솔이끼 · · · · · · · · · · · 600
솜나물 · · · · · · · · · · · 602
솜다리 · · · · · · · · · · · 604
솜방망이 · · · · · · · · · · 606
송이풀 · · · · · · · · · · · 608
수까치깨 · · · · · · · · · · 610
수박풀 · · · · · · · · · · · 612
수선화 · · · · · · · · · · · 614
수송나물 · · · · · · · · · · 616

수염가래꽃 · · · · · · · · · · · 618

쉬나무 · · · · · · · · · · · 620

쉬땅나무 · · · · · · · · · · · 622

쉽싸리 · · · · · · · · · · · 624

승마 · · · · · · · · · · · 626

시계꽃 · · · · · · · · · · · 630

시로미 · · · · · · · · · · · 632

시무나무 · · · · · · · · · · · 634

식나무 · · · · · · · · · · · 636

신나무 · · · · · · · · · · · 638

실거리나무 · · · · · · · · · · · 640

실새삼 · · · · · · · · · · · 642

쑥국화 · · · · · · · · · · · 644

씀바귀 · · · · · · · · · · · 646

〈아〉

아그배나무 · · · · · · · · · · · 650

아까시나무 · · · · · · · · · · · 652

아왜나무 · · · · · · · · · · · 656

아주까리 · · · · · · · · · · · 658

애기나리[금강애기나리] · · · · · · · · · · · 662

애기땅빈대 · · · · · · · · · · · 664

애기풀 · · · · · · · · · · · 666

야광나무 · · · · · · · · · · · 668

어저귀 · · · · · · · · · · · 670

엉겅퀴 · · · · · · · · · · · 672

여뀌 · · · · · · · · · · · 676

여뀌바늘 · · · · · · · · · · · 680

여우구슬 · · · · · · · · · · · 682

여우오줌 · · · · · · · · · · · 684

여우콩 · · · · · · · · · · · 686

연복초 · · · · · · · · · · · 688

연영초 · · · · · · · · · · · 690

영아자 · · · · · · · · · · · 692

오동나무 · · · · · · · · · · · 694

오리나무 · · · · · · · · · · · 698

오리방풀 · · · · · · · · · · · 702

올괴불나무 · · · · · · · · · · · 704

왕모시풀 · · · · · · · · · · · 706

왕초피나무 · · · · · · · · · · · 708

왜우산풀 · · · · · · · · · · · 710

용담 · · · · · · · · · · · 714

용머리 · · · · · · · · · · · 718

우단담배풀 · · · · · · · · · · · 720

우산이끼 · · · · · · · · · · · 722

운향 · · · · · · · · · · · 724

울금[강황] · · · · · · · · · · · 726

유카[실유카] · · · · · · · · · · · 730

유홍초 · · · · · · · · · · · 732

육계나무 · · · · · · · · · · · 734

육박나무 · · · · · · · · · · · 736

윤노리나무 · · · · · · · · · · · 738

윤판나물 · · · · · · · · · · · 740

으름난초 · · · · · · · · · · · 742

은방울꽃 · · · · · · · · · · · 744

이나무 · · · · · · · · · · · 746

이팝나무 · · · · · · · · · · · 748

일본목련 · · · · · · · · · · · 750

잇꽃 · 754

〈자〉

자귀나무 · · · · · · · · · · · · · · · · · · 758
자귀풀 · 762
자란 · 764
자란초 · 766
자리공 · 768
자운영 · 770
작두콩 · 774
잣나무 · 776
장구밤나무 · · · · · · · · · · · · · · · · 778
장미 · 780
전동싸리 · · · · · · · · · · · · · · · · · · 784
절국대 · 786
절굿대 · 788
접시꽃 · 790
정금나무 · · · · · · · · · · · · · · · · · · 792
조개나물 · · · · · · · · · · · · · · · · · · 794
조록나무 · · · · · · · · · · · · · · · · · · 796
조릿대풀 · · · · · · · · · · · · · · · · · · 798
조밥나물 · · · · · · · · · · · · · · · · · · 800
조뱅이 · 802
조팝나무 · · · · · · · · · · · · · · · · · · 804
족제비싸리 · · · · · · · · · · · · · · · · 808
좀목형 · 810
좀작살나무 · · · · · · · · · · · · · · · · 812
좁쌀풀 · 814
주름잎 · 816

주엽나무 · · · · · · · · · · · · · · · · · · 818
주홍서나물 · · · · · · · · · · · · · · · · 822
죽봉령 · 824
죽절초 · 826
줄 · 828
중대가리풀 · · · · · · · · · · · · · · · · 830
중의무릇 · · · · · · · · · · · · · · · · · · 832
쥐꼬리망초 · · · · · · · · · · · · · · · · 833
쥐똥나무 · · · · · · · · · · · · · · · · · · 834
지리고들빼기 · · · · · · · · · · · · · · 838
지모 · 840
지칭개 · 844
지황 · 846
진달래 · 848
찔레꽃 · 852

〈차〉

참나리 · 856
참나무겨우살이 · · · · · · · · · · · · 860
참빗살나무 · · · · · · · · · · · · · · · · 862
참식나무 · · · · · · · · · · · · · · · · · · 864
천궁 · 866
천선과나무 · · · · · · · · · · · · · · · · 868
철쭉 · 870
초롱꽃 · 872
측백나무 · · · · · · · · · · · · · · · · · · 874
층꽃나무 · · · · · · · · · · · · · · · · · · 878
층층나무 · · · · · · · · · · · · · · · · · · 882
치자나무 · · · · · · · · · · · · · · · · · · 886

칠면초 · 888
칠엽수 · 890

〈카〉

칸나 · 892
칼슘나무 · 894
콩짜개덩굴 · · · · · · · · · · · · · · · · · · · 896

〈타〉

타래난초 · 898
탑꽃 · 899
태산목 · 900
택사 · 902
터리풀 · 906
털머위 · 908
털이슬 · 910
토끼풀 · 912
톱풀 · 914
통탈목 · 916

〈파〉

파대가리 · 918
파리풀 · 920
팽나무 · 922
편백 · 924
풀솜대 · 928
풍란 · 930
풍선덩굴 · 934
피나무 · 936

피나물 · 938
피막이 · 940

〈하〉

한계령풀 · 942
해녀콩 · 944
해홍나물 · 946
향나무 · 948
헐떡이풀 · 950
현삼 · 952
협죽도 · 954
호랑가시나무 · · · · · · · · · · · · · · · · · 956
호자나무 · 958
환삼덩굴 · 960
활나물 · 962
활량나물 · 964
황근 · 966
황벽나무 · 968
황칠나무 · 970
회리바람꽃 · · · · · · · · · · · · · · · · · · · 972
회양목 · 974
회향 · 976
회화나무 · 978
후박나무 · 982
후피향나무 · · · · · · · · · · · · · · · · · · · 984
흑삼릉 · 986
히어리 · 988

본문에 수록하지 않은 특허 · 논문 정보 · · · 990
약명으로 찾아보기 · · · · · · · · · · · · · · 1,022

특허로 만나는
우리 약초 2

산과 들의 모든 풀이 약藥이다! 첫권에서 못다 한 약초 422가지

가래나무

가래나무과 / *Juglans mandshurica* Maxim.

가래나무과의 낙엽활엽교목으로, 우리나라 중·북부 지역의 산기슭이나 산골짜기에서 자라며, 심어 가꾸기도 한다. 가을에 익은 열매를 호두처럼 식용하고, 봄가을에 나무 줄기나 뿌리 껍질을 벗겨 햇볕에 말려 약으로 쓴다. 한방에서는 나무를 '추자목楸子木', 줄기나 뿌리의 껍질을 '추목피楸木皮', 열매를 '핵도추과核桃楸果'라고 부르며, 익은 열매를 우피선(牛皮癬 : 만성적인 소양성 피부병의 하나로, 앓는 곳의 살갗이 두툼해지면서 굳어진 것) 치료에 쓴다. 기생충을 없애고 가렵지 않게 하며[殺蟲止痒], 기를 소통시켜 통증을 멎게[行氣止痛] 하는 효능이 있다. 참고로, '추楸'라는 한자를 가래나무와 오동나무에 혼용하는데 '추목楸木'은 개오동나무를 의미한다.

최근 연구에 따르면, 가래나무 추출물은 항보체 활성, 항인간면역결핍 바이러스(AIDS, 후천성 면역결핍 증후군), 피부 미백 및 주름 개선 효과 등이 있으며, 미숙과 추출물에서는 위 보호 작용이 있음이 밝혀졌다.

북한과 중국에서는 가래나무의 껍질을 암 치료약으로 쓴다. 줄기껍질보다는 뿌리껍질이 효과가 더 좋으며, 독성이 약간 있으므로 과용하지 말

생육 & 채취	
장 소	중북부 지역의 산기슭, 산골짜기
시 기	봄, 가을(뿌리껍질) / 봄~여름(잎) 가을(열매)
부 위	뿌리껍질, 잎, 열매
손질법	껍질 : 잘게 썰어 그늘에서 말린다. 열매 : 덜 익은 열매를 햇볕에 말린다.

효 용	
성 미	열매 : 맛은 맵고 약간 쓰며 성질은 평平하고 독이 있다.
활 용	살충지양殺蟲止痒, 행기지통行氣止痛

연구 & 특허
● 가래나무 과즙 유래 식물성 천연 염모제 조성물 外 p.990 참고

아야 한다. 만성장염·이질·간염·간경화증·요통·
신경통, 무좀·습진 등의 피부병에도 효과가 좋다. 피부
병에 진하게 달인 물로 환부를 씻어 주면 효과가 있다.

　약명/이명　추자목楸子木, 추목피楸木皮, 핵도추과核桃
　楸果 / 산추자나무, 가래추나무, 산추나무

가래나무

고서古書 · 의서醫書에서 밝히는 효능

동의학사전　추목피는 열을 내리고 독을 풀며 이질을
낮게 하고 눈을 밝게 한다.

특허 · 논문

● 가래나무 추출물을 유효성분으로 함유하는 피부
주름 개선용 조성물 : 본 발명의 가래나무 잎 추출물
은 HS68 세포에서 H2O2 자극에 대한 세포 보호 효과,
ROS(Reactive oxygen species) 생성 억제 효과, 콜라겐 분해
효소인 MMP-1(Matrix metalloproteinases-1)의 활성 억제 효
과 및 콜라겐 생합성을 증가시키는 COL1A1(pro-collagen
type 1)의 발현 증가 효과를 가지므로 피부 주름 개선용,
피부 노화 방지용, 피부 보호용 및 색조 화장료 조성물
에 유용하게 사용될 수 있다. ― 특허등록 제1292837호. 경희대
학교 산학협력단

가래나무

● 가래나무 과즙 유래 식물성 천연 염모제 조성물 : 본
발명은, 백모를 갈색에서부터 흑색에 이르기까지 염색
하기 위해 가래나무 열매의 과즙을 건조시켜 분쇄한 분
말 단독으로, 혹은 공지의 천연 염색제로 사용되어 온 오
렌지 색상을 내는 헤나 잎 또는 치자 열매 분말을 적정한
비율로 혼합하여 혼합 비율에 따라 염색 색상을 달리하
여 모발을 염색할 수 있는 가래나무 과즙 유래 식물성 천
연염모제 조성물에 관한 것이다. 이는 두피에 자극이 없
어 피부가 약한 사람도 안전하게 사용할 수 있으며, 화학
염모제에 의해 손상된 모발을 치유하고 모근의 노폐물을
제거하며, 탈모 방지 및 모발 성장을 도와주고 두피 질환
을 예방할 수 있는 모발 친화성을 갖는 모발 염색을 할 수
있다. ― 특허공개 제10-2011-0093754호, 주식회사 로다코스메딕스

가래나무 열매인 가래

가래나무 줄기와 가래 껍질

가막사리

국화과 / *Bidens tripartita* L.

국화과의 한해살이풀로, 우리나라 전역의 논두렁이나 물가, 길가의 습기 있는 곳에서 잘 자란다. 키는 20~150㎝ 정도이며 가지를 많이 친다. 8~9월에 노란 꽃이 피고 9~10월에 열매가 익는다. 유사종으로 미국가막사리 · 좁은잎가막사리 · 삼잎가막사리 · 구와가막사리 · 눈가막사리 등이 있다.

여름에서 가을 사이에 꽃이 핀 지상부를 베어 햇볕에 말려 약으로 쓴다. 폐의 진액을 더해 주어 폐 기능을 잘할 수 있도록 돕고[養陰益肺], 열을 내리고 독을 없애는[淸熱解毒] 효능이 있다. 민간에서는 목 안이 붓고 아플 때, 편도선염 · 폐결핵 · 기관지염 · 만성 해수 등의 증상에 말린 줄기와 잎을 물에 달여 하루에 3회 나누어 먹는다. 최근 연구에서 가막사리 추출물은 90% 이상의 식물 병원균의 생육을 저해하는 효과가 확인되었다.

약명/이명 낭파초狼把草 / 오파烏把, 침포초針包草

고서古書 · 의서醫書에서 밝히는 효능

동의학사전 맛은 쓰고 달며 성질은 평하다. 열을 내리고 독을 푼다. 진정

생육 & 채취	
장 소	전국의 습지
시 기	여름~가을
부 위	지상부
손질법	지상부를 베어 햇볕에 말린다.

효 용	
성 미	맛은 쓰고 달며 성질은 평하다.
활 용	양음익폐養陰益肺, 청열해독淸熱解毒

연구 & 특허
● 눈가 다크 서클 개선 및 예방용 조성물 ● 천연 염색용 매염 처리제 ☞ p.990 참고

작용, 혈압 낮춤 작용, 이뇨 작용, 자궁 수축 작용 등이 실험으로 밝혀졌다. 목 안이 붓고 아픈 데, 편도염, 이질, 단독, 버짐, 장염, 폐결핵, 기관지염 등에 쓴다. 하루 6~15g, 신선한 것은 30~60g을 달임약으로 먹는다. 외용약으로 쓸 때는 가루내어 뿌리거나 짓찧어 즙을 바른다.

특허 · 논문

● 눈가 다크 서클 개선 및 예방용 조성물 : 본 발명은 눈가 다크 서클 개선 및 예방용 조성물에 관한 것으로, 구체적으로 본 발명의 조성물은 배암차즈기, 미국가막사리 및 한련초로 이루어진 군으로부터 선택된 단독 또는 이들의 혼합물의 추출물을 포함한다. 본 발명의 눈가 다크 서클 개선 및 예방용 조성물은 UGT1A1 효소를 활성화시키며, 프로스타글란딘 E2 생성을 억제하여 눈가 다크 서클의 개선 및 예방 효과가 우수하고 피부에 자극이 적으며, 천연 유래의 추출물을 사용하여 인체에 안전하며 장기간 사용해도 부작용이 없다. — 특허공개 10-2011-0067554호, 애경산업 주식회사

● 천연 염색용 매염 처리제 : 본 발명은 야생에서 서식하는 식물을 천연 염색의 염료로 이용하고 그 염료의 색상을 고착화시키는 매염제를 잿물, 금속물질이 아닌 수용성의 매염 처리제를 이용하여 매염을 함으로써 천연 염색의 본질을 향상시킴과 동시에 피부 자극을 최소화할 수 있는 천연 염색용 매염 처리제에 관한 것으로, 야생에서 서식하는 식물(가막사리 · 만수국아재비 · 비수리)을 채취 후 염료를 추출하고, 그 추출한 염료에 천연 직물을 침지한 후, 침지가 완료되면 상기 침염된 천연직물을 매염 처리제에 투입하여 매염 처리한 다음, 맑은 물에 헹구고, 그늘진 곳에서 건조를 하여 마무리되는 천연 염색에 있어서, 상기 매염 처리제는 물 1 l 당 철(140~170㎎), 망간(2~4㎎), 황산이온(1300~1,500㎎), 알루미늄(20~30㎎)이 포함된 수용액인 것을 특징으로 한다. — 특허등록 제1020890호, 김**

미국가막사리 잎

미국가막사리 꽃

가막사리

가막사리 열매

가막살나무

가막살나무

인동과 / *Viburnum dilatatum Thunb. ex murray*

인동과의 낙엽활엽관목으로, 우리나라 강원도 이남의 산 중턱 숲속에서 자라는데, 특히 제주도에서 잘 자란다. 가막살나무속은 전세계에 120여 종이 있고, 우리나라에는 9종이 분포되어 있다. 관상용이나 울타리용으로 심어 가꾸기도 한다. 키는 2~4m 정도로, 곧게 자라는 줄기에서 가지가 엉성하게 나와 위쪽이 둥글어지며, 식물 전체에 거친 털이 있다. 6월에 가지 끝에 흰색의 꽃이 피고, 10월에 열매가 빨갛게 익는데, 가막살나무 열매에는 항산화 효과가 있다.

'까마귀가 먹는 쌀'이라는 의미에서 '가막살나무'라는 이름이 붙었다. 잔털이 많아서 '털가막살나무'라고도 부른다. 어린순을 나물로 먹고, 열매를 식용한다. 한방에서 잔가지와 잎을 '협미莢迷', 열매를 '협미자莢迷子'라 하여 약으로 쓴다. 최근 연구에서 가막살나무 추출물은 경련이나 경직의 치료 및 피부 주름을 개선하는 효과 외에도 비만·지방간·당뇨·대사증후군 등의 예방 또는 치료 효과가 밝혀졌다.

약명/이명 협미莢迷, 협미자莢迷子 / 털가막살나무, 산가막살나무, 무

생육 & 채취	
장 소	제주도, 강원도 이남 산중턱 숲
시 기	봄(어린순) / 봄~여름(잎, 잔가지) 가을(열매)
부 위	어린순, 열매(식용) 잎, 잔가지, 열매(약용)
손질법	잔가지와 잎을 햇볕에 말린다.

효용	
성 미	협미 : 맛은 시고 성질은 약간 차며 독이 없다. / 협미자 : 맛이 달다.
효 용	청열해독淸熱解毒, 소풍해표消風解表, 살충殺蟲

연구 & 특허
● 이소발레린산 유도체 CNS 억제제를 이용한 경련·경직의 치료
● 가막살나무 추출물을 포함하는 피부 주름 개선용 화장료 조성물 外 p.990 참고

점가막살나무

고서古書 · 의서醫書에서 밝히는 효능

천금방 어혈을 없애며, 이질을 멎게 하여 부기를 가라앉히고, 고주蠱疰와 뱀독을 제거한다.

당본초 삼충三蟲을 다스리고 위로 치밀어 오르는 기를 내리며 소화를 촉진시키는 효능이 있다. 나뭇가지를 달여 그 즙을 죽과 함께 소아에게 먹이면 회충을 죽인다.

특허 · 논문

● 이소발레린산 유도체 CNS 억제제를 이용한 경련 · 경직의 치료 : 본 발명은 이소발레린산, 이소발레린산의 약제학적으로 허용되는 염, 이소발레린산의 약제학적으로 허용되는 에스테르 및 이소발레린산의 약제학적으로 허용되는 아미드로 이루어진 군에서 선택된 화합물을, CNS(중추신경계, central nervous system) 활성을 약하게 억제하는 것(mild depression)에 의해 완화되는 병리를 치료하여 경직(convulsions) · 간질 · 두통 및 경련(spasticity)의 증후를 경감시키는 약제학적 제제를 제조하는 데 이용된다. ※ 천연에 존재하는 이소발레린산의 주요 공급원은 길초근류(Valerianaceae), 불두화나무(Viburnum opulus)의 껍질(cramp bark), 미국 가막살나무속(Viburnumprunifolium) 나무의 껍질(black haw bark) 또는 호프(hop) 등 Valerianaceae과에 속하는 식물체의 근경 및 뿌리이다. — 특허등록 제594400호(PCT/US1997/015272), 엔피에스 파마슈티칼즈 인코포레이티드(미국)

● 가막살나무 추출물을 포함하는 피부 주름 개선용 화장료 조성물 : 본 발명은 주름 개선 효과를 갖는 가막살나무 추출물에 관한 것으로, 가막살나무 잎, 가지 혼합 추출물의 우수한 항산화 활성을 이용하여 elastase와 MMP-1을 저해하며, 콜라겐 합성을 촉진하는 효과가 있음을 밝혀 가막살나무 잎, 가지 혼합 추출물을 함유하는 피부 주름 개선용 화장료 조성물에 유용하게 사용할 수 있다. — 특허공개 10-2009-0097232, 코스맥스 주식회사

가막살나무 새순

가막살나무 꽃

가막살나무 풋열매

가막살나무 열매

가시나무

참나무과 / *Quercus myrsinaefolia* BL

참나무과의 상록교목으로, 제주도와 완도를 비롯한 서남해안과 섬 지방에 자생한다. 가시나무라는 이름과 달리 가시가 없으며, 밤나무와 비슷한데, 4~5월에 꽃이 피고 10월경에 도토리처럼 생긴 열매가 익는다. 이 열매로도 묵을 쑤어 먹는다. 겨울에도 잎이 윤기가 나고 낙엽이 지지 않아 푸르다. 가시나무류에는 가시나무·참가시나무·개가시나무·붉가시나무·종가시나무 등이 있다. 가시나무 종류는 결석을 용해하는 효과가 있는 것으로 알려져 있는데, 유럽과 중국에서는 참가시나무 잎으로 결석 용해제를 만든다.

　참가시나무는 예전부터 결석 제거에 특효가 있다고 알려져 민간요법으로 사용되어 왔던 토종 자원식물이다. 우리나라에서는 내한성이 약하여 제주도·완도·진도·보성 등 남부 해안 및 섬 지방에 자연적으로 분포하고 있다. 잎 뒷면이 좁고 흰색이며 잔 거치(톱니처럼 베어져 들어간 자국)가 있는 것이 특징이다. 나무 형태가 아름다워 전라남도에서 정원수나 가로수로 또는 조림용으로 양묘하고 있는 대표적 난대림 수종이다.

생육 & 채취	
장 소	제주도, 완도, 서남해안의 섬
시 기	봄~가을
부 위	열매, 잎, 어린 줄기
손질법	줄기와 잎을 햇볕에 말린다.

효 용	
성 미	열매는 맛이 쓰고 떫으며 성질이 평하고 독이 없다.
활 용	민간에서 설사를 멎게 하고 종기나 종창을 치료하는 약으로 쓴다.

연구 & 특허

- 붉가시나무 추출물을 유효성분으로 함유하는 항산화 및 항암용 조성물
- 붉가시나무의 열매를 이용한 묵 제조 방법
- 율초 또는 붉가시나무 잎 추출물을 이용한 아토피 피부염 개선제 조성물

전남산림자원연구소 유한춘 박사 팀은 경성대 약학
대학과 참가시나무에 대한 연구를 시작하여 참가시나
무의 기능 성분 추출 및 분석 과정에서 참가시나무 잎
과 잔가지에서 '쿼르세틴Quercetin 및 쿼르세틴 유도체 3
종과 베타시토스테롤β-Sitosterol, 루페논Lupenone, 루페
올Lupeol 등 모두 6종의 결석 제거에 효과적인 물질'을
분석했다. 이들은 이뇨 작용뿐만 아니라 근육 이완 작
용도 하는 것으로 나타났다.

약명/이명 저자樗子 / 정가시나무, 참가시나무

활용 요로결석이나 담석증에 참가시나무의 잎을 달
여 먹는다. 병꽃풀을 더해 쓰면 더욱 효과가 좋다.

특허 · 논문

● **붉가시나무 추출물을 유효성분으로 함유하는 항산
화 및 항암용 조성물** : 본 발명의 붉가시나무 추출물은,
붉가시나무(*Quercus acuta* Thunb)의 잎이 달린 줄기를 준
비하고, 음건한 다음, 마쇄기로 분쇄하여 분말로 만들
고, 이 분말을 초음파를 이용하여 1시간씩 3회 에탄올
로 추출한 다음, 추출물의 상층액을 회수하여 감압 농축
하고, 농축물을 증류수에 현탁시킨 후, 현탁액을 용매인
헥산, 디클로로메탄, 에틸아세테이트, 부탄올, 물로 순
차적으로 추출하여 제조된다. 본 발명에 의해 붉가시나
무 추출물을 유효성분으로 함유하는 항산화용 및 항암
용 조성물이 제공된다. — 특허등록 제997674호, 재단법인 제주테
크노파크

● **붉가시나무의 열매를 이용한 묵 제조 방법** : 본 발명
은 붉가시나무의 열매를 이용하여 묵을 제조하는 방법
에 관한 것이다. 본 발명은, 상기 열매의 과피를 탈피시
켜서 제거하는 단계; 상기 열매에서 이물질을 분리하
여 제거하는 단계; 상기 열매에 함유된 탄닌을 제거하
는 단계; 상기 열매를 분말로 제조하는 단계; 상기 분말
에서 전분을 추출하는 단계; 상기 전분에 열기를 가하
여 겔 상태로 조리하는 단계; 상기 겔을 설정된 소정의
시간 동안 일시적으로 냉각시키는 단계 및; 상기 겔을

붉가시나무

종가시나무

참가시나무

개가시나무

특정 형태로 격리시켜서 성형하는 단계를 포함한다. 본 발명은, 붉가시나무의 열매를 이용하여 묵을 제조하므로 종래의 묵들과 색다른 맛을 내는 묵을 제공할 수 있으며, 특히 칼슘이 다량으로 함유된 묵을 제공할 수 있다.
— 특허등록 제917946호, 전라남도

● 율초 또는 붉가시나무 잎 추출물을 이용한 아토피 피부염 개선제 조성물 : 본 발명은 율초(환삼덩굴) 또는 붉가시나무 잎 추출물을 이용한 아토피 피부염 개선제 조성물에 관한 것으로, 피름 주름 개선제 조성물, 피부 보습제 조성물 등도 제공할 수 있다. — 특허등록 제1223749호, 재단법인 제주테크노파크

● 인간 피부 섬유아세포에서 Matrix Metalloproteinase-1의 UVB 유도 발현을 저해하는 종가시나무 추출물과 Rutin : 본 논문은 인간 피부 섬유아세포에서 Matrix Metalloproteinase-1의 UVB 유도 발현을 저해하는 종가시나무 추출물과 Rutin에 대한 연구로, 주요 내용은 다음과 같다. Matrix metanoproteinases(MMPs)는 UV와 주름, 광피부 노화에 노출된 후, 피부에서 활성산소 의존 기전에 의해 상승 조절된다. 광피부 노화의 진행은 MMPs의 UV 유도 발현을 저해하여 지연시킨다. 식물 추출물에는 활성산소 수준을 약화시켜 MMPs 발현을 저해하는 폴리페놀게 항산화제가 풍부하다. 본 연구에서는 12종 식물 추출물의 인간피부섬유아세포에서 UVB 유도 MMP-1 발현을 변형시키는 효과를 분석하였다. 이중에서 종가시나무 추출물은 세포독성 없이 MMP-1 발현을 가장 효과적으로 저해하였다. 여기서 수 추출물 분획은 1-buthanol과 methylene chloride 분획보다 큰 활성을 보였다. 이 활성성분 Rutin은 수용성 페놀게 성분이며, UVB 유도 MMP-1 발현을 저해한다. 결론적으로 종가시나무 추출물과 Rutin은 세포 내 활성산소 수준을 낮추어 항산화 효과를 보이며, 인간 피부의 UVB 유도 광피부 노화에 대한 보호 효과를 가진다는 내용이다. — 경북대학교 이성진 외 3, 한국응용생명화학회 (F)농화학회지(2010. 12.31.)

참가시나무 잎 뒷면

개가시나무 잎 뒷면

가시나무(왼쪽), 개가시나무(가운데), 종가시나무(오른쪽)

가시나무(왼쪽), 개가시나무(가운데), 종가시나무(오른쪽)

● 참가시나무 줄기 추출 화합물의 항산화 작용에 대한 연구 : 참가시나무에서 추출한 MeOH 추출물의 크로마토그래피 분리 결과 다섯 가지의 석탄산 화합물이 검출되었다. 스펙트럼 분석 방법을 사용하여 이 화합물들의 구조를 분석한 결과 D-threo-guaiacylglycerol 8-O-β-D-(6"-O-galloyl)glucopyranoside (1), 9-methoxy-D-threo-guaiacylglycerol 8-O-β-D-(6"-O-galloyl)glucopyranoside (2), 6"-O-galloyl salidroside (3), methyl gallate (4), quercetin (5) 등으로 나타났다. 이 실험에서는 DPPH 실험을 통하여 라디칼 소거 활성을 밝혀내었으며 TBARS 분석으로 인간 LDL에서 항-지질과 산화 효과가 있음을 알 수 있었다. 이 결과로 모든 화합물은 항산화 효과가 있음을 알 수 있었다. — 중앙대학교 약학대학 김정일 외 5. 약학회지(2008. 3)

● IFN-γ/LPS로 자극된 마우스 복막대식세포에서 참가시나무(*Quercus Salicina*)의 항염증 효과 : 본 논문은 IFN-γ/LPS로 자극된 마우스 복막대식세포에서 참가시나무(*Quercus Salicina*)의 항염증 효과에 관한 연구이다. 참가시나무는 다양한 질병 치료에 폭넓게 이용되어 온 한약재이다. 대식세포에서 산화질소(nitric oxide:NO)가 염증 매개체로서 분비되고, 염증에서 여러 병리생리학적 조건의 중요한 조절제가 된다. 참가시나무 메탄올 추출물(methanolic extracts of Q. salicina:QSM)이 LPS로 자극된 마우스(C57BL/6)의 복막대식세포에서 NO 생성에 미치는 저해 효과를 조사하였다. 실험 결과, QSM은 주목할 만한 세포독성 없이 NO 생성을 억제하였다. 또한 QSM은 rIFN-γ와 LPS로 자극된 마우스 복막대식세포에서 핵으로의 NF-γB 전이의 약화를 통해 inducible nitric oxide synthase(iNOS)와 cyclooxygenase-2(COX-2) 발현의 하향 조절을 보였다. 결론적으로 참가시나무는 대식세포로 매개된 염증 장애 관련 질병에 유용하다는 내용이다. — 우석대학교 조경희 외 2. 동의생리병리학회지(2011. 6. 25.)

참가시나무 열매

붉가시나무 열매

개가시나무 열매

종가시나무 열매

각시취

국화과 / *Saussurea pulchella* (Fisch.) Fisch.

우리나라의 산과 들에서 자라는 국화과의 두해살이풀로, 대체로 강원도의 산 가장자리 볕이 약간 드는 곳에서 군락을 이루어 자란다. '각시취'는 작고 예쁘다는 뜻의 '각시'와, 나물이라는 뜻의 '취'가 합해져서 이루어진 이름이다. 한자 이름인 '미화풍모국美花風毛菊'은 '아름다운 꽃의 국화과 식물'이라는 의미이다. 잎에 털이 있어서 '참솜나물'이라고도 한다.

뿌리에서 나온 잎은 꽃이 필 때쯤 없어지고, 푸른 자줏빛 줄기는 꼿꼿하게 120㎝ 안팎으로 자라는데 굵기가 15㎜나 된다. 여름에 꽃이 피기 시작하여 가을까지 이어지는데, 연한 자줏빛이나 보라색, 분홍색의 꽃이 끝에 산방형으로 핀다. 더러 흰색의 꽃이 피는 각시취도 있다. 열매는 가을에 꽃차례의 모양 그대로 갈색으로 익은 뒤에 씨앗이 솜털을 달고 바람에 날아간다.

수리취나 분취처럼 어린순을 나물로 먹고, 풀 전체를 말려서 관절염·설사·타박상 등에 처방한다.

약명/이명 미화풍모국美花風毛菊 / 나래취, 나래솜나물, 참솜나물

생육 & 채취	
장 소	우리나라 전역의 산과 들판
시 기	봄(어린순) 여름(전초)
부 위	전초
손질법	햇볕에 말린다.

효 용	
성 미	맛은 매우면서 쓰고, 성질이 차며, 독은 없다.
활 용	풍습성관절염, 복통설사에 약으로 쓴다.

연구 & 특허
● 국화과 식물 중 꽃 에탄올 추출물의 항산화 효과 外 p.990 참고

● 국화과 식물 중 꽃 에탄올 추출물의 항산화 효과 : 본 연구는 국화과 15종 식물 꽃 추출물의 총 폴리페놀과 총 플라보노이드의 함량, DPPH 및 ABTS radical 소거능, Fe2+ chelating 효과 및 linoleic acid의 과산화 억제 활성을 분석하여 새로운 식물 유래의 항산화제 소재를 개발하기 위하여 시행하였다. 총 폴리페놀 함량은 저먼캐모마일 꽃, 총 플라보노이드 함량은 코스모스의 꽃에서 가장 높았으며, 미국쑥부쟁이 꽃과 수리취 꽃봉오리의 페놀성 물질 함량도 높게 나타났다. 알프스민들레의 꽃 추출물은 DPPH radical 소거능이 가장 높았으며, BHT보다 1.14배 높은 DPPH radical 소거능을 보였다. ABTS radical 소거능은 저먼캐모마일 꽃과 수리취 꽃봉오리의 추출물에서 우수하였으며, 각각 ascorbic acid보다 1.9, 1.2배 높고 BHT보다 2.1, 1.3배 높은 ABTS radical 소거 활성을 보였다. Fe2+ chelating 효과는 저먼캐모마일 꽃에서 가장 높았으나, EDTA의 chelating 효과보다 극히 낮았다. 32일 동안 4일 간격으로 추출물의 linoleic acid 과산화 억제 활성을 조사한 결과, 저먼캐모마일과 톱풀의 꽃 추출물은 BHT보다 지질 과산화 억제 활성이 우수하고, 32일까지 지질 과산화 억제 활성이 유지되어 장기간 동안 지질 과산화를 억제할 수 있었다. 또한 각시취와 수리취의 꽃 추출물도 BHT보다 지질 과산화 억제 활성이 우수하고 지속 기간도 길게 나타났다. 연구의 결과, 식물 종에 따라 항산화 효과가 다르게 나타났으며 목적으로 하는 항산화 효과에 맞는 식물종을 선택하여 항산화제를 개발할 필요가 있는 것으로 판단된다. — 충북대학교 원예과학과 우정향 외 2, 한국식품영양과학회지(2010)

각시취 꽃

각시취 꽃

수리취 어린순

갈대

벼과 / *Phragmites communis* Trin.

벼과의 여러해살이풀로, 우리나라 전역의 습지나 물가에서 무리지어 자란다. 갈대라는 이름은 '대나무와 유사한 풀'이라는 뜻이며, 속명의 'Phragmites'는 그리스명의 'Phragma(울타리)'로 냇가에서 울타리 모양으로 자란다는 데서 유래된 것이다. 키는 1~3m 정도로 자라고, 8~9월에 갈색의 꽃이 핀다. 어린순은 식용하며, 이삭은 빗자루로, 털은 솜 대용으로도 사용한다. 갈대의 꽃말은 '깊은 애정'이다.

수염뿌리는 황백색으로, 북한의 《동의학사전》에는 갈뿌리[노근]가 이뇨, 해열, 간 보호, 조혈 기능 강화 작용을 한다고 나와 있다. 최근 연구에 의하여 갈대 뿌리 추출물은 전자파 노출에 의한 중추신경의 변화 억제, 숙취 해소 및 피부 보습, 피부염 또는 아토피 피부염 치료 등의 효과가 밝혀졌다.

꽃의 생약명은 '노화蘆花', 뿌리는 '노근蘆根'으로, 노화는 토사吐瀉·육혈衄血·혈붕血崩·외상출혈外傷出血·어해중독魚蟹中毒을 치료하고, 노근을 반위反胃·일격구토噎膈嘔吐·폐위肺痿·폐옹肺癰·위열구토胃熱嘔

생육 & 채취	
장 소	전국의 습지, 물가
시 기	봄~가을(노근) 늦가을(노화)
부 위	뿌리, 꽃
손질법	뿌리를 햇볕에 말린다.

효 용	
성 미	맛은 달고 성질은 차며 독이 없다.
활 용	이뇨·해열 ·간 기능 보호 작용

연구 & 특허
● 노근 추출물을 유효성분으로 함유하는 스트레스 완화, 피로 회복 또는 운동 수행 능력 증강용 식품 조성물 外 p.990 참고

吐 · 해하돈어독解河豚魚毒을 치료한다.

약명/이명 노화蘆花, 노근蘆根 / 갈때, 북달, 달, 갈

갈대

고서古書 · 의서醫書에서 밝히는 효능

동의보감 노근蘆根은 성질이 차고 맛은 달며 독이 없다. 소갈消渴과 갑자기 생긴 객열客熱에 주로 쓰며, 위장을 열어서 식욕을 돋우고, 목이 메고 심하게 딸꾹질 하는 것을 치료하며, 임신부가 가슴에 열이 나는 것과 이질痢疾을 앓으며 갈증이 나는 것을 치료한다.

동의학사전 열이 나면서 가슴이 답답하고 갈증이 나는 데, 위열구토, 폐열 해소, 폐옹, 소갈, 붓는 데, 황달, 관절염, 방광염 등에 쓴다. 하루 10~30g, 신선한 것은 30~60g을 달임약으로 먹는다.

갈대

특허 · 논문

● 노근 추출물을 유효성분으로 함유하는 스트레스 완화, 피로 회복 또는 운동 수행 능력 증강용 식품 조성물 : 본 발명은 노근 추출물을 유효성분으로 함유하는 운동 수행 능력 증강용 식품 조성물, 피로 회복용 식품 조성물 또는 스트레스 완화용 식품 조성물에 관한 것이다. 노근 추출물이 함유된 본 발명의 조성물은 스트레스를 억제하는 항스트레스 효과가 우수하다. 또한 피로 회복 활성과 더불어 운동 수행 능력을 증강시키는 효과가 있다. 따라서 노근 추출물이 함유된 본 발명의 조성물은 운동 수행 능력 증강용, 피로 회복용 또는 스트레스 완화용 식품 조성물로 유용하게 사용될 수 있다. ─ 특허등록 제1221618호, 주식회사 솔빛앤에프 외 1

갈대

● 면역 증강능 및 항암능이 있는 노근 추출물의 제조 방법 : 본 발명은 면역 증강능 및 항암능이 있는 노근 유래 단백다당체 함유 추출물의 제조 방법, 이를 함유하는 항암 식품 조성물 및 면역 증강용 식품 조성물에 관한 것으로, 본 발명의 노근 유래 단백다당체는 면역 증강 및 암 예방제로서 뛰어난 효과를 발휘한다. ─ 특허등록 제1098875호, 손**

갈대

감자난초

난초과 / *Oreorchis patens* (Lindl.) Lindl.

난초과의 여러해살이풀로, 우리나라 전역의 깊은 산 그늘의 비옥한 땅에서 자란다. 키는 30~50㎝ 정도로 자라고 긴 타원형의 잎은 짙은 녹색으로 윤기가 돈다. 꽃대에 꽃이 핀 뒤에 지상부가 황갈색으로 변하여 휴면에 들어간다. 비늘줄기가 둥근 감자를 닮아서 감자난초라고 부르는데, 크기는 2㎝ 정도로 작다. 5~6월에 황갈색의 꽃이 한 개의 꽃대에 여러 송이가 돌려나며 피고, 9~10월에 열매가 익는다.

유사종으로 두잎감자난초(*Oreorchis coreana* (Finet) F.Maek.) · 한라감자난초(*Oreorchis hallasanensis* Y.N.Lee & K.S.Lee)가 있다. 두잎감자난초는 잎이 두 장 나오는 것으로 매우 드물며, 한라감자난초는 제주도에서만 자생하는데, 꽃이 작고 예쁜 것이 특징이다.

개체 수가 많지 않아서인지 약용식물로서의 과학적인 연구가 거의 없는 미활용 자원식물 가운데 하나다. 민간에서는 감자난초의 비늘줄기를 종기와 담을 없애는 약으로 쓴다.

약명/이명 산란山蘭 / 감자난, 감자란, 댓잎새우난초, 잠자리난초

생육 & 채취	
장 소	전국의 깊은 산 그늘
시 기	여름~가을
부 위	비늘줄기
손질법	비늘줄기를 손질한 뒤 햇볕에 말려 썬다.

효 용	
성 미	독이 있다.
활 용	종기나 담을 없앤다.

연구 & 특허
—

고서古書 · 의서醫書에서 밝히는 효능

운곡본초학 감자난초는 살충소종殺蟲消腫, 해독행어解毒行瘀의 효능이 있고, 옹저癰疽 · 창종瘡腫 · 무명종독無名腫毒 · 나력瘰癧을 치료한다.

감자난초

감자난초

감자난초 비늘줄기

감초

감초

콩과 / Glycyrrhiza uralensis Fisch.

콩과의 여러해살이풀로, 중국 북동부·시베리아·몽골 등지에 분포한다. 키는 1m 정도까지 자라며, 줄기는 모가 지고 어린 줄기에는 털이 있으며, 뿌리는 적갈색으로 땅속 깊이 들어간다. 7~8월에 보라색 꽃이 핀다. 유사종으로 개감초(Glycyrrhiza pallidiflora Makino)가 있다.

감초는 '약방의 감초'라는 별명처럼 많이 이용되는 약초이다. 《동의보감》이나 《방약합편》 등의 고전 의서에서 감초가 들어가는 처방은 약 8천 여 건에 이른다. 실제로 감초는 여러 가지 특허나 연구 논문에서 검증되고 있는 바와 같이 해독解毒 효능 외에도 혈당 강하·항충치·퇴행성 신경 질환·피부 미백 효과 외에 항암 효과까지 있다.

그런데 BBC의 보도(2003. 9. 18. 09:31 연합뉴스 기사 입력)에 따르면, 감초를 과용하면 남성 호르몬인 테스토스테론 분비가 감소할 수 있으며, 이 때문에 성욕 감퇴 등 성 기능 장애가 나타날 수 있다는 내용의 보고서가 제출된 바 있다. 또한 신장이나 혈관계 심질환과 관련해서는 저칼륨성 사지마비 등의 부작용이 보고되기도 했으므로 개인이 이용할 때는 반드

생육 & 채취	
장 소	전국 재배
시 기	10~11월
부 위	뿌리(식용)
손질법	햇볕에 말린다.

효 용	
성 미	맛은 달고 평하며 독이 없다.
활 용	해독, 혈당 강하, 항충치, 퇴행성 신경 질환, 피부 미백 효과, 항암 효과

연구 & 특허
● 감초 추출물을 함유하는 환경호르몬에 의한 독성방어용 조성물 ☞ p.990 참고

시 전문가의 조언에 따라야 한다.

약명/이명 감초甘草 / 국로國老, 미초美草, 밀감蜜柑, 첨초甜草

고서古書 · 의서醫書에서 밝히는 효능

방약합편 감초는 맛이 달고 성질이 따뜻하다. 모든 약을 조화시키고, 생것은 화를 사하고[瀉火], 구운 것은 온화하게 한다[炙溫]. / '국로國老'라고 한다. 열과 백약百藥의 독毒을 푼다. 원지·대극·원화·감수·해조를 싫어하고, 제육(돼지고기)과 숭채(배추)를 꺼린다.

특허 · 논문

● 감초 추출물을 함유하는 환경호르몬에 의한 독성 방어용 조성물 : 본 발명은 감초 추출물을 유효성분으로 함유하는 환경호르몬에 의한 독성 방어용 조성물에 관한 것으로, 본 발명의 감초 추출물은 유방암 세포 라인인 MCF-7 세포에서 비스페놀 에이(Bisphenol A)의 독성으로 인한 세포의 이상 증식을 저해하고, 생체 내 실험(In vivo)에서 비스페놀 A에 의한 독성인 자궁과 질 상피세포의 이상증식을 저해함으로써 BPA 독성 감소 효과를 나타내므로, 감초 추출물을 함유하는 조성물은 비스페놀 A에 의한 독성의 치료 및 예방용 조성물로써 의약품 또는 건강기능식품에 유용하게 이용될 수 있다. — 특허등록 제637358호, 재단법인 서울대학교 산학협력재단

● 감초 추출물 또는 이로부터 분리한 리퀴리틴 또는 리퀴리티게닌을 유효성분으로 함유하는 약물 중독 및 금단증상의 예방 및 치료를 위한 조성물 : 본 발명은 감초 추출물 또는 이로부터 분리된 리퀴리틴(Liquiritin) 또는 는 리퀴리티게닌(Liquiritigenin)을 유효성분으로 함유하는 조성물에 관한 것으로, 상세하게는 뇌의 측핵 내 도파민 유리의 억제 효과를 나타내어 약물 중독 및 금단 증상의 예방 또는 치료에 유용하게 이용될 수 있다. — 특허등록 제815868호, 대구한의대학교 산학협력단

● 감초 추출물을 함유하는 대장암 예방 또는 치료용

감초 새순

감초 꽃

감초 열매

감초 마른 줄기와 잎

조성물 : 본 발명은 유효성분으로서 감초 추출물을 함유하는 대장암 예방 또는 치료용 조성물로서, 상기 조성물을 이용하면 독성이나 부작용 없이 대장암을 효과적으로 예방 또는 치료할 수 있다. — 특허공개 10-2010-00008219호, 주식회사 알앤엘바이오

● 감초 추출물을 포함하는 로타 바이러스 감염의 예방 또는 치료용 조성물 : 본 발명은 감초 추출물 또는 이의 분획물을 포함하는 로타 바이러스 감염의 예방 또는 치료용 조성물에 관한 것으로, 감초 추출물 또는 이의 분획물이 항로타 바이러스의 효과를 가지고, 다양한 로타 바이러스에 대해 살바이러스 및 세포 변성 억제 효과를 동시에 나타내므로 로타 바이러스 감염의 예방 또는 치료에 유용하게 사용될 수 있다. — 특허등록 제1138461호, 한국생명공학연구원

● 감초 추출물을 포함하는 억제용 조성물 : 감초의 유기 용매 추출물, 이의 분획물 및 이로부터 분리된 화합물의 항암 및 암전이 억제에 있어서의 신규한 용도가 제공된다. 즉, 감초의 유기 용매 추출물, 이의 분획물 및 이로부터 분리된 화합물로 이루어진 군에서 선택된 1종 이상을 포함하는 항암 및 억제용 조성물이 제공된다. — 특허등록 제1174074호, 한림대학교 산학협력단

● 감초 추출물의 제조 방법 및 감초 추출물을 함유한 기능성 항충치 물질 : 본 발명의 감초 추출물의 제조 방법은 감초와 감초 무게 10~30배의 물을 혼합하여 40~150℃의 온도에서 10분~3시간 동안 3~5회 열수 추출하는 단계와; 열수 추출한 감초를 여과하여 감초의 감미 성분을 제거하는 단계와 ; 여과 후 남은 감초의 잔사에 잔사무게 5~30배의 유기용매를 가하여 30~100℃의 온도에서 10분~4시간 동안 감압하에서 추출한 후 여과하는 단계와; 상기 단계 후 잔사무게의 1~100%의 부형제를 첨가하여 농축 후 동결건조 또는 열풍건조하는 단계를

포함하는 것을 특징으로 한다. 본 발명은 상기와 같이 감초 추출물을 제조하고 이 감초 추출물을 유효성분으로 함유한 치약, 껌 또는 사탕을 제공함으로써 치아우식(충치)을 억제할 수 있는 물질의 제공을 목적으로 한다. — 특허등록 제454226호, 한국식품연구원

● 구운 감초 추출물을 포함하는 골 질환 예방 및 치료용 약학 조성물 : 본 발명은 구운 감초 추출물이 조골세포에서 RANKL(receptor activator of NF-κB ligand)의 발현을 저해하고 OPG(osteoprotegerin)의 발현을 증가시켜 파골 전구 세포의 RANK(receptor activator of NF-κB)와 조골세포의 RANKL 간의 결합을 감소시킴으로써 파골세포에 의한 골 흡수를 억제함을 밝힌 골 질환 예방 및 치료용 약학 조성물에 관한 것이다. 본 발명의 조성물은 암세포의 골 전이에 의해 초래되는 뼈의 손상, 골다공증을 비롯한 다른 골 질환의 예방 및 치료에 유용하게 사용될 수 있다. — 특허등록 제684194호, 연세대학교 산학협력단 외 1

● 감초 추출물을 유효성분으로 함유하는 퇴행성 신경 질환 예방 및 치료용 조성물 : 본 발명의 감초 추출물은 산화적 스트레스에 대한 신경 세포의 산화적 손상을 억제하여 신경 세포를 보호하면서 세포 사멸을 억제하는 효과가 매우 우수하고 인체에는 거의 무해한 효과를 제공함으로써, 새로운 퇴행성 신경 질환 예방 및 치료용 조성물을 개발할 수 있게 된 것이다. — 특허공개 10-2009-0016883호, 경남대학교 산학협력단

강아지풀

화본과 / *Setaria viridis* (L.) P.Beauv.

우리나라 원산의 한해살이풀로, 전국의 길가나 들판에서 흔히 자라며, 세계의 온대 지역에서 열대 지역에 걸쳐 분포한다. 밑에서부터 가지가 갈라져 줄기가 20~70㎝까지 돋게 자란다. 6~7월에 녹색 또는 자주색 원기둥 모양의 꽃이 이삭꽃차례로 달리고, 이른 가을에 씨앗이 여문다. 씨앗은 구황식물로 이용되었으며, 민간에서는 9월에 뿌리를 캐어 촌충 구제약으로 쓰거나 전초全草를 이뇨제로 써 왔다.

유사종으로 자주강아지풀 · 금강아지풀 · 주름금강아지풀 · 가을강아 지풀 · 가는잎강아지풀 · 수강아지풀 · 갯강아지풀 등이 있다.

한방에서는 '구미초狗尾草'라 하여 여름에서 가을 사이에 전초를 채취 하여 말린 것을 약으로 쓴다. 열을 내리고 습기를 제거하며 부기를 가라 앉히는 효능이 있으며, 작은 종기와 옴, 눈이 벌겋게 충혈되는 증상을 치 료한다.

약명/이명 구미초狗尾草 / 개꼬리풀, 가라지, 모구초

생육 & 채취	
장 소	전국의 들판
시 기	여름~가을
부 위	전초
손질법	채취하여 햇볕에 말린다.

효 용	
성 미	맛은 싱겁고 성질은 서늘하거나 평하고 독이 없다.
활 용	제열除熱, 거습祛濕, 소종消腫

연구 & 특허
● 자연 부산물을 이용한 이쑤시개 제조 장치 外 p.991 참고

고서古書·의서醫書에서 밝히는 효능

본초강목 우목疣目을 치료하고자 할 때 줄기를 꽂아 넣으면 즉시 말라서 없어진다. 눈이 빨갛고 도첩倒睫이 있을 때에는 눈꺼풀을 까뒤집고 1~2개의 줄기를 물에 묻혀 악혈惡血을 빼낸다.

특허·논문

● 자연 부산물을 이용한 이쑤시개 제조 장치 : 본 고안은 자연 부산물을 이용한 이쑤시개에 관한 것으로, 그 목적은 탈곡하고 남은 곡식(벼·보리·조 등)의 줄기 또는 들판에서 자생하는 잡초(강아지풀·억새풀 등)의 줄기 등 산업상 이용성을 갖지 못한 채 의미 없이 사라지는 각종 자연 부산물을 이용하여 불필요한 산림 자원의 훼손을 예방되도록 하고, 또한 그 사용 관계에 있어 자연 친화력을 증대되도록 하여 사용 효율을 극히 상승시킬 수 있도록 한 자연 부산물을 이용한 이쑤시개를 제공함에 있으며, 또 다른 목적으로는 어디서나 손쉽게 구할 수 있는 자연 부산물을 이용하여 재료 비용을 절감되도록 하고, 또한 이와 같은 재료 비용 절감에 따른 물품 제조 원가의 하락으로 소비자들에게 구매 의욕을 증대시켜 제품의 상업성 또한 향상시킬수 있도록 한 자연 부산물을 이용한 이쑤시개를 제공함에 있는 것이다. 본 고안의 구체적인 수단으로는 곡물 줄기와 잡초 줄기로 이루어진 자연 부산물을 일정한 수량씩 묶음하여 소재 다발을 형성한 후, 상기 소개 다발을 중화제(구연산 등)에 침지시켜 살균 처리하고, 상기 살균 처리된 소재 다발을 100℃의 염수(NaCl)에 10분간 열탕 처리하며, 상기 열탕 처리된 소재 다발을 열풍 건조기를 통해 건조하고, 상기 건조된 소재 다발을 절단 장치에 의해 5~6㎝ 크기로 사선 절단함으로써 달성된다. — 특허등록 제204632호, 이**

강아지풀

강아지풀

강아지풀

강활

산형과 / *Ostericum praeteritum* Kitag.

산형과의 여러해살이풀로, 깊은 산골짜기와 계곡에서 자란다. 키는 2m 까지 자라며, 8~9월에 흰 꽃이 가지와 원줄기 끝에서 겹산형꽃차례로 피고, 10월에 날개가 달린 타원형의 열매가 익는다. 식물에서 독특한 향이 나는데, 어린순을 나물로 먹고, 한방에서 '강활羌活'이라 하여 뿌리를 감기·두통·신경통·류머티즘·관절염·중풍 등에 처방한다.

강활이라는 이름을 가진 유사 식물로 지리강활(*Angelica amurensis* Schischk.)·갯강활(*Angelica japonica* A.Gray) 등이 있다. 독 성분이 있는 지리강활은 참당귀와 외관상 비슷하여 나물 사고가 많이 일어난다. 한방에서는 여러 종의 식물을 강활로 이용하고 있으며, 대한약전과 중국약전도 강활의 기원 식물을 달리하고 있다.

약명/이명 강활羌活 / 강호리

고서古書 · 의서醫書에서 밝히는 효능

동의보감 강호리는 기운이 웅장하므로 족태양경에 들어가고, 따두릅은

생육 & 채취	
장 소	산골짜기, 계곡
시 기	여름~가을
부 위	어린순(식용) 뿌리(약용)
손질법	뿌리를 캐서 말린다.

효 용	
성 미	맛이 맵고 쓰며 성질은 따뜻하고 독이 없다.
활 용	감기, 두통, 신경통, 류머티즘, 관절염, 중풍

연구 & 특허
● 강활 추출물 또는 비사볼란겔론을 유효성분으로 함유하는 알레르기성 질환을 포함한 각종 염증 질환의 예방 및 치료용 약제학적 조성물 외 p.991 참고

기운이 약하므로 족소음경에 들어간다. 이 약들은 다 같이 풍을 치료하는데 표리의 차이가 있을 뿐이다[탕액].

특허 · 논문

● 강활 추출물 또는 비사볼란겔론을 유효성분으로 함유하는 알레르기성 질환을 포함한 각종 염증 질환의 예방 및 치료용 약제학적 조성물 : 본 발명은 강활 추출물 또는 비사볼란겔론(bisabolangelone)을 유효성분으로 함유하는 알레르기성 질환을 포함한 각종 염증 질환의 예방 및 치료용 약제학적 조성물과 이의 제조 방법에 관한 것이다. 본 발명에 따르면, 본 발명의 강활 추출물 또는 이의 유효성분인 비사볼란겔론을 사용할 경우, 알레르기성 비염 · 천식 · 아토피 피부염 · 관절염 및 통증 등과 같은 각종 염증 질환의 발병 원인이 되는 대식세포 및 비만세포의 활성질소종, 프로스타글란딘 및 염증사이토카인 등의 염증 유발 물질의 생성 및 분비를 분자생물학적 수준에서 근본적으로 차단시킴으로써 상기 질환들을 포함하는 각종 만성 염증 질환을 예방 및 치료할 수 있게 된다. — 특허등록 제1171834호, 박**

● 강활 추출물 또는 이로부터 분리한 화합물을 포함하는 암 치료 및 예방을 위한 조성물 및 그의 분리 방법 : 본 발명은 강활로부터 암 예방 물질들을 분리 · 정제하는 방법과 이를 통해 획득된 성분 물질의 암 예방 작용기전 관련 효소, 종양을 화학적으로 유발시킨 조직의 배양 및 암 유발 동물 모델에 대한 암 예방 효과에 관한 것으로, 본 발명으로부터 추출된 활성 분획물 및 분리된 순수 물질들을 유효성분으로 하는 약학적 조성물은 피부암, 위암, 결장암, 유방암과 관련된 암 예방 및 치료용 제제 또는 건강보조식품으로 유용하게 사용될 수 있다. — 특허등록 제413964호, 주식회사 에이티엔씨

천궁

천궁 꽃

지리강활(개당귀)

참당귀

개감수

대극과 / *Euphorbia sieboldiana* Morren & Decne.

대극과의 여러해살이풀로, 우리나라 전역의 산지 숲속에서 자란다. 키는 40㎝ 정도로 자라고, 5~7월에 꽃이 핀다. 새순이 붉은 것은 붉은대극과 같지만 줄기가 가냘프고 크기가 작으며, 개화기가 늦고, 붉은대극보다 비교적 흔하다.

대극과의 유사종으로는 대극·붉은대극·흰대극·두메대극·암대극·등대풀 등이 있는데, 대체로 성미가 차고, 맛이 쓰고 매워 몸 안의 적취積聚를 흩어 주고, 옹저癰疽나 상처가 부은 것을 삭이고 뭉치거나 몰린 것을 낫게 한다.

감수(*Euphorbia kansui*)·개감수(*Euphorbia sieboldiana*)·암대극(*Euphorbia jolkini*)의 뿌리 모두 대소변을 잘 나오게 하는 약재인 '감수甘遂'로 이용한다. 최근 연구에는 감수 추출물로 마비성 장폐색을 치료하였다는 보고가 있다.

약명/이명 감수甘遂, 낭독狼毒 / 산개감수, 산참대극, 좀개감수

생육 & 채취	
장 소	전국 산지
시 기	늦가을~이듬해 이른 봄
부 위	굵은 뿌리줄기
손질법	흙을 턴 뒤에 햇볕에 잘 말린다.

효용	
성 미	맛은 맵고 쓰고 성질은 차며 독이 있다.
활 용	이뇨 작용을 하며, 수종水腫·림프선염·당뇨·치통을 다스린다.

연구 & 특허
● 한국산 식물자원으로부터 신생혈관 억제제 검색 外 p.991 참고

● 한국산 식물자원으로부터 신생혈관 억제제 검색 : 한국산 식물 자원으로부터 신생혈관 억제제 검색을 연구한 논문으로, 주요 내용으로는 94개의 한국 식물 메탄올 추출물을 HUVEC(인간배꼽정맥내피세포)의 관형상 구성 분석을 이용하여 혈관 생성 억제제에 대해 검색하고, A549세포, 인간 폐암세포에 대한 성장 억제 작용에 대해 평가하고 개감수·복수초·전호의 추출물이 50mug/ml 에서 항혈관 생성과 성장 억제 작용을 나타냄을, 그리고 등칡과 쪽동백나무가 성장 억제 작용 없이 항혈관 생성 작용을 나타냄을 제시한 내용이다. — 충남대학 약학대학 유영제 외 6. 생약학회지(2000. 9. 30)

● 감수에서 분리된 테르페노이드 또는 이를 포함하는 감수 추출물을 함유하는 골다공증 예방 및 치료용 약학 조성물 : 본 발명은 감수(*Euphorbia kansui*) 추출물을 유효성분으로 함유하는 골다공증 예방 및 치료용 약학 조성물에 관한 것이다. 또한 본 발명은 감수에서 분리되는 화합물 칸수이닌A(kansuinine A), γ-유포르볼(γ-euphorbol)을 유효 성분으로 함유하는 골다공증 예방 및 치료용 약학 조성물에 관한 것이다. — 특허등록 제1250181호, 동화약품 주식회사

● 베타2 활성을 촉진하는 천식 치료용 약용식물 추출물 : 본 발명은 약용식물로부터 얻은 베타2 촉진 활성 추출물에 관한 것으로 더욱 상세하게는 전통적으로 동양에서 사용해 온 약용식물인 감수(*Euphorbiae kansui*), 전호(*Anthriscus sylvestris*), 파두(*Croton tiglium*), 천오(*Aconitum carmichaeli*), 팥꽃나무(*Daphne genkwa*), 갯메꽃(*Calystegia soldanella*), 사람주나무(*Sapium japonicum*)로부터 베타2 수용체의 활성을 촉진하여 천식 질환의 증상인 기도관 수축을 완하시킬 수 있는 활성 추출물과 이를 효율적으로 추출하는 방법, 그리고 그 추출물들을 유효성분으로 함유하는 천식 예방 및 치료의 원료, 건강식품, 생약제에 관한 것이다. — 특허등록 제840723호, 주식회사 뉴젝스

개감수

개감수

개감수

개구리밥

개구리밥과 / *Spirodela polyrhiza* (L.) Sch.

개구리밥과의 여러해살이풀로, 우리나라 전역의 논이나 연못의 물위에 떠서 자라므로 '부평초浮萍草'라고도 한다. 크기가 5~6㎜ 정도 되는 잎이 3~4개씩 뭉쳐 물위를 떠다니는데, 가장자리는 밋밋하고, 색은 푸르고 윤기가 난다. 뒷면이 자색이어서 '자배부평紫背浮萍'이라고도 한다.

개구리밥은 잎 하나에 뿌리가 여러 개이고, 유사종 좀개구리밥(*Lemna perpusilla* Torr.)은 잎 하나에 뿌리도 하나다. 좀개구리밥을 '청평靑萍'이라고 부르며 구별하기도 하지만 약효는 같다. 최근 연구에서 개구리밥은 심근경색·폐색성 발작·심부정맥 혈전증 및 말초 동맥 질환을 포함한 혈전 용해의 효과가 있고, 조류 인플루엔자 백신에 이용될 수 있으며, 각종 통증 완화 활성이 있음이 확인되었다.

약명/이명 부평浮萍 / 부평초, 머구리밥

특허 · 논문

● 부평초 추출물을 함유하는 눈썹 또는 속눈썹 성장 촉진용 조성물 : 본

생육 & 채취	
장 소	전국의 늪이나 논의 물 위
시 기	7~9월
부 위	전초
손질법	햇볕에 말린다.

효 용	
성 미	맛은 맵고 성질은 차며 독이 없다.
활 용	가려움증. 두드러기. 부스럼을 다스린다.

연구 & 특허
● 부평초 추출물을 함유하는 눈썹 또는 속눈썹 성장 촉진용 조성물 外 p.991 참고

발명은 개구리밥과 식물 추출물을 유효성분으로 포함하는 눈썹 및 속눈썹 성장 촉진제 조성물에 관한 것이다. 본 발명에 따른 부평초 추출물은 모낭줄기세포 활성인자인 Wnt/β-catenin을 활성화하고, 세포 내 Akt 및 ERK 신호 전달 체계를 활성화하여, 안자극을 유발하지 않으면서도 모발의 성장 주기와 차이를 나타내는 성장기 및 휴지기를 가지는 속눈썹 또는 눈썹 성장 촉진에 특히 유효하다. — 특허공개 10–2013–0047416호, 주식회사 엘지생활건강

● **부평초 추출물을 함유하는 조성물** : 본 발명은 부평초 추출물을 함유한 조성물에 관한 것으로, 건조 분말화된 부평초 추출물을 0.01~10중량%를 포함하는 조성물을 제공한다. 본 발명의 부평초 추출물을 포함한 조성물은 5알파-리덕타아제(5α- reductase)의 활성을 억제하고 프로피오니박테리움 아크네스(propionibacterium acnes)에 대하여 항균 효과가 우수하여, 여드름 · 탈모 · 지루성 피부염, 지루성 피부염에 의한 비듬 또는 피지 관련 질환의 예방 치료용으로 사용될 수 있다. — 특허등록 제572003호, 주식회사 엘지생활건강

● **식물 추출물로 이루어진 인플루엔자 바이러스에 대한 항바이러스제 및 이를 함유하는 위생용품** : 본 발명의 인플루엔자 바이러스에 대한 항바이러스제는 식물로부터 추출한 천연 항바이러스 추출물로서, 부평초 추출물, 오미자 추출물, 측백엽 추출물, 택란 추출물, 목적 추출물 및 조각자 추출물로 이루어진 군으로부터 선택된 어느 하나 이상의 식물 추출물로 이루어진다. 본 발명에 따라 인플루엔자 바이러스에 대한 항바이러스제로 사용되는 부평초 추출물, 오미자 추출물, 측백엽 추출물, 택란 추출물, 목적 추출물 및 조각자 추출물은 한약재로 쓰이는 식물로부터 추출된 추출물로서 인체에 대한 안전성이 검증되어 있을 뿐만 아니라 인플루엔자 바이러스에 대한 항바이러스 효과가 우수하므로, 구강 세정제, 피부 세정제, 주방식기 세정제 등의 위생용품에 첨가되어 유용하게 사용될 수 있다. — 특허등록 제1060794호, 주식회사 엘지생활건강

개구리밥

개구리밥

좀개구리밥

개구리밥

개구리자리

미나리아재비과 / *Ranunculus sceleratus* L.

미나리아재비과의 두해살이풀로, 중부 이남의 논이나 도랑, 개울 근처에서 자란다. 키는 30~60㎝ 정도이고, 4~5월에 노란색의 꽃이 피고 나면 작은 마이크처럼 생긴 작은 열매를 맺는다. 수액이 피부에 묻으면 수포성 피부염을 발생시키는 유독식물이다.

한방에서는 전초를 '석룡예石龍芮', 열매를 '석룡예자石龍芮子'라 하여 약으로 쓴다. 또한 개구리자리를 '구룡초'라 하여 안면신경마비나 류머티스성 관절염 등을 민간요법으로 치료한 사례가 있지만 개인이 함부로 이용하는 것은 심각한 부작용을 가져올 수 있다.

약명/이명 석룡예石龍芮 / 구룡초, 놋동우, 놋동이풀, 늪바구지

고서古書 · 의서醫書에서 밝히는 효능

식물본초 맛은 달며 성질은 차고 독이 약간 있다.
명의별록 씨앗은 콩팥과 위장의 기운을 다스리고 음기의 부족, 실정과 음경의 냉증을 보양하며 피부에 광택을 주고 태기가 있게 한다.

생육 & 채취	
장 소	중부 이남의 논, 도랑, 개울
시 기	5~6월(전초) 4~7월(열매)
부 위	전초
손질법	꽃이 필 때 채취하여 햇볕에 잘 말린다.

효 용	
성 미	맛은 쓰고 매우며 성질은 차고 독이 있다.
활 용	열을 내리고 종기를 낮게 하며 해독 작용을 한다.

연구 & 특허
● 유효성분으로서 아네모닌을 함유하는 무균 염증 치료용 약제

● **유효성분으로서 아네모닌을 함유하는 무균 염증 치료용 약제** : 본 발명은 유효성분으로서 아네모닌을 함유하는 무균 염증 치료용 약제 및 무균 염증을 치료하기 위한 아네모닌 화합물의 이용에 관한 것이다. 본 발명의 약제에서 유효성분인 아네모닌은 아네모닌 또는 그 전구 물질을 함유하는 천연 식물로부터 추출 및 분리될 수 있으며, 본 발명은 아네모닌 추출물을 제조하는 방법도 개시한다. 본 발명의 약제는 경구 투여, 주사 및 국소 적용, 특히 피하 침투 흡수될 수 있는 액체 추출물, 플라스터, 좌약, 리미멘트제 및 페인트 등의 제제로 제형화 될 수 있다. 상기의 포도상구균, 연쇄상구균, 바실루스 디프테리아, 결핵균 및 대장균 등의 억제 효과를 갖는 아네모닌은 라눈쿨린 또는 프로토아네모닌을 함유하는 미나리아재비과 식물인 미나리아재비(*Ranunculus japonicus* Thunb.), 개구리자리(*Ranunculus sceleratus* L), 동의나물(*Caltha palustris* L), 백두옹(*Pulsatilla chinensis* (Bge.) Regel) 등과 벼과 식물인 띠(*Imperata cylindrica*), 노루귀(*Hepatica* (Anemoneae)) 등의 천연식물에서 추출한 것이다. — 특허등록 제622614호(PCT/CN2001/000067), 후쉬칭(중국) 외 2

개구리자리

개구리자리

개구리자리

개나리

물푸레나무과 / *Forsythia koreana* (Rehder) Nakai

물푸레나무과의 낙엽관목으로, 우리나라 전역에서 흔히 볼 수 있는데 특히 산기슭 양지에서 잘 자란다. 4월에 노란색의 꽃이 피고, 열매는 9월경에 달린다. 개나리는 우리나라의 특산 식물이기는 하지만 자생지는 알려져 있지 않다. 한자 생약명인 '연교連翹'는 개나리꽃 열매가 연꽃의 열매처럼 생겼기 때문에 붙여졌다.

개나리를 비롯하여 중국 개나리인 당개나리 · 개나리 · 의성개나리 등의 종자를 모두 생약명을 '연교連翹'라 하여 약으로 쓰는데, 배농排膿 · 거백충祛白蟲 · 소종산결消腫散結 · 청열해독淸熱解毒의 효능이 있다. 개나리는 열매가 많이 달리지 않아 의성개나리 열매를 주로 이용한다. 민간에서는 꽃이나 열매로 술을 담아 마시면 여성의 미용에 도움이 된다고 알려져 있다.

약명/이명 연교連翹 / 조선금종화, 신이화

생육 & 채취	
장 소	산기슭 양지
시 기	봄
부 위	열매
손질법	열매를 채취하여 햇볕에 말린다.

효용	
성 미	성질은 평平하고 맛은 쓰며 독이 없다.
활 용	배농排膿, 거백충祛白蟲, 소종산결消腫散結, 청열해독淸熱解毒

연구 & 특허
● 연교 추출물을 유효성분으로 하는 당뇨병 치료제 外 p.991 참고

● **연교 추출물을 유효성분으로 하는 당뇨병 치료제** : 본 발명에서는 연교에서 추출한 연교 추출물이 세포에서 5' AMP-activated protein kinase(AMPK)을 효과적으로 활성화시키는 것으로 확인하였으며 연교 추출물이 세포에서 인슐린과 상관없이 포도당의 흡수를 촉진시키는 효과를 관찰하였다. 따라서 연교 추출물이 당뇨 예방 및 치료효과가 있음을 확인하고 본 발명을 완성하게 되었다. 따라서, 본 발명은 근육세포인 C2C12 myotube에서 AMPK의 활성화 및 포도당 흡수 촉진을 통해 당뇨 예방 및 치료 효과가 있는 연교 추출물을 유효성분으로 함유하는 당뇨 예방 및 치료 조성물을 제공하는 것이다. — 특허공개 10-2005-0072275호, 주식회사 케이티앤지생명과학

● **우울증 치료용 전통 한방약제 조성물, 그의 제형, 이를 제조하는 방법 및 그의 용도** : 본 발명은 우울증 치료를 위한 전통 한방약제 조성물에 관한 것으로, 이 조성물은 치료 효과가 탁월하고, 활성성분으로 치자·연교·반하 및 후박 등의 전통 한약재를 포함한다. 또한 본 발명은 전통 한방약제 조성물의 조제 방법, 상기 방법에 따라 조제된 약제 혼합물, 이 전통 한방약제 혼합물 또는 본 발명의 전통 한방약제 조성물을 함유하는 약제학적 제형, 및 이의 제조 방법에 관한 것이다. 본 발명은 또한, 본 발명의 전통 한방약제 조성물을 우울증 치료약 제조에 이용하는 방법도 제공한다. — 특허등록 제1228465호, 허베이 이링 메디슨 리서치 인스티튜트 코오포레이션 리미티드

● **연교 추출물을 함유하는 피부 주름 개선용 화장료 조성물** : 본 발명은 피부 주름 개선용 화장료 조성물에 관한 것으로서, 연교 추출물, 보다 바람직하게는, 마타이레시놀·악티게닌 또는 이들의 혼합물을 포함하는 것을 특징으로 한다. 본 발명에 따른 피부 주름 개선용 화장료 조성물은 피부 주름 개선과 관련된 항산화, 피부세포 증식, 콜라겐 합성 및 콜라게나아제 발현 저해에서 우수한 효과를 발휘함으로써 피부 주름 개선에 매우 효과적

개나리

산개나리

의성개나리

일 뿐만 아니라, 피부에 적용 시 부작용이 없어 매우 안전하다. — 특허등록 제825450호, 주식회사 사임당화장품

● 연교 추출물을 함유한 미백제 : 본 발명은 연교 추출물을 함유하는 미백제에 관한 것으로, 본 발명의 연교 추출물은 미백제 총 건조 중량에 대하여 0.0001~10.0중량%의 함량으로 함유되는 것을 특징으로 한다. 본 발명의 연교 추출물을 함유하는 미백제는 α-멜라노사이트 자극 호르몬에 의해 유발되는 멜라닌 대사 경로에 작용하여 멜라닌 생성을 제어, 억제함으로써 기존의 멜라닌 합성효소의 활성만을 저해하는 코직산, 알부틴, 상백피 추출물 및 감초 추출물 등에 비해 보다 효과적으로 미백 작용을 나타낼 수 있으며, 미백 제품으로의 적용 범위가 매우 넓다는 것이 특징이다. — 특허등록 제638056호, 주식회사 코리아나화장품

● 개나리꽃 추출물 및 이를 이용한 화장품 조성물 : 본 발명은 피부 세포의 증식 및 생합성 촉진 효과, 피부 면역 증강 효과, 항산화 효과, 광접촉에 의한 손상 피부 회복 효과 및 피부 보습 효과를 지닌 개나리꽃 추출물 및 개나리꽃으로부터 추출된 추출물을 이용하여 피부 세포의 증식 및 생합성 촉진 효과, 피부 면역 증강 효과, 항산화 효과, 광접촉에 의한 손상 피부 회복 효과 및 피부 보습 효과를 함유하는 화장품 조성물에 관한 것이다. 본 발명의 주요구성은 개나리꽃을 건조시키는 단계와, 상기 건조된 개나리꽃을 저급 지방족 알코올에 침지시키는 단계와; 상기 저급지방족 알코올에 침지된 용액에서 알코올을 제거하는 단계 및 상기 알코올이 제거된 용액을 농축시켜 생성된 저급지방족 알코올 추출물인 것을 특징으로 한다. 또한, 개나리꽃을 건조시키는 단계와, 상기 건조된 개나리꽃을 저급지방족 알코올에 침지시키고 상기 침지물을 제거하는 단계와, 상기 개나리꽃 잔사를 정제수에 침지시키는 단계와 상기 정제수에 침지된 용액을 농축시켜 생성된 물 추출물인 것을 특징으로 한다. — 특허등록 제658704호, 배**

● **마우스에서 스코폴라민-유도 기억 장애를 개선하는 개나리 열매의 Forsythiaside** : 본 논문은 마우스에서 스코폴라민-유도 기억 장애를 개선하는 개나리 열매의 Forsythiaside에 관한 것으로, 주요 내용은 마우스에 수동회피 실험과 모리스 수중 미로 실험을 시행하여 스코폴라민으로 유발된 학습 및 기억 장애에 미치는 forsythiaside의 효과를 조사하였다. 실험 결과, forsythiaside(10㎎/㎏, p.o)는 수동회피 실험에서 스코폴라민으로 유발된 step-through latency 감소 및 모리스 수중 미로 실험에서 탈출 시간 증가를 억제하였고, 생체 외 실험에서 thiobarbituric acid 반응 물질의 증가를 크게 감소시켰다. 따라서 forsythiaside가 인지 장애의 치료에 유용하고, 그 효과는 항산화 특성에 기인한다는 내용이다. — 경희대학교 나노의약생명과학과 김선호 외 10, 한국응용약물학회지(2009. 7. 31.)

● **개나리꽃의 항산화 효과 및 화장품 소재에 관한 연구** : 본 논문은 개나리꽃의 항산화 효과 및 화장품 소재에 대하여 연구한 논문으로 주요 내용으로는 개나리꽃을 물, 에탄올로 추출, 농축 및 동결건조하여 생리활성 측정 실험에서 전자공여능, SOD 유사활성, 미백 효과, xanthine oxidase 저해 활성, 항염능력을 조사하는 등 개나리를 이용해 생리활성 측정을 통한 화장품 소재로서의 응용에 대한 내용이다. — 대구한의대학교 화장품 약리학과 정수현 외 10, 대한본초학회지(2005. 6)

개나리

의성개나리에 달린 호리병벌집

개나리

개나리

개느삼

콩과 / *Echinosophora koreensis* (Nakai) Nakai

콩과의 낙엽관목으로, 우리나라에만 자생하는 특산종이다. 평안도 북창·맹산, 함경도 북청 등에 자생하며, 남한에서는 발견되지 않다가 1965년 강원도 양구 등지에도 자생한다고 학계에 보고되었다. 키는 1m 내외로 자라고, 4~5월에 노란색의 꽃이 피며, 열매는 7~9월에 익는다. 키는 크지 않고, 잎은 아까시나무의 잎처럼 생겼으며, 노란색 꽃이 소박한 아름다움을 지니고 있어 관상식물로서의 가치도 있다.

개느삼은 '느삼'이라는 이름 앞에 '개'가 붙어 있으며 목본 식물이지만 뿌리를 초본인 고삼(너삼)과 함께 '고삼苦蔘'이라는 한약재로 이용한다.

약명/이명　고삼苦蔘 / 조선자괴, 개고삼, 느삼나무

특허 · 논문

● 개느삼 추출물, 개느삼 분획물, 이로부터 분리한 개느사논 H 또는 이의 약학적으로 허용 가능한 염을 유효성분으로 함유하는 항암제용 약학적 조성물 : 본 발명은 개느삼(*Echinosophora koreensis*) 추출물, 개느삼 분

생육 & 채취	
장 소	전국 각지의 산과 들
시 기	봄~가을
부 위	뿌리
손질법	뿌리를 캐어 물에 씻어 말린다.

효 용	
성 미	맛은 쓰고 성질은 차다.
활 용	간담의 기를 보하고 이질을 낫게 한다. 치통齒痛, 악창惡瘡에 좋다.

연구 & 특허
● 개느삼 추출물, 개느삼 분획물, 이로부터 분리한 개느사논 H 또는 이의 약학적으로 허용 가능한 염을 유효성분으로 함유하는 항암제용 약학적 조성물 外 p.991 참고

획물, 이로부터 분리한 개느사논 H(kenusanone H) 또는 이의 약학적으로 허용 가능한 염을 유효성분으로 함유하는 항암제용 약학적 조성물에 관한 것으로서, 특히 개느삼 추출물로부터 분리한 단일 화합물인 개느사논 H는 시험관내(in vitro) 및 생체 내(in vivo) 실험에서 암세포의 성장을 억제하므로 본 발명에 따른 조성물은 암을 치료하는 데 유용하게 사용될 수 있다. — 특허등록 제1068990호, 한국과학기술연구원

● **숙취 해소 및 항산화 활성을 가지는 개느삼 추출물** : 본 발명은 물, 알코올 또는 이들의 혼합물로 추출되는 개느삼 추출물의 용도에 관한 것으로서, 보다 상세하게는 개느삼 추출물은 알코올탈수소효소와 아세트알데히드 탈수소효소의 활성을 증가시켜 생체 내 알코올 대사를 촉진하여 혈중 알코올 농도와 아세트알데히드 농도를 감소시키므로 숙취 해소제로 사용될 수 있으며, 또한 라디칼 소거 능력을 보여 항산화제로 사용될 수 있다. 본 발명의 개느삼 추출물은 시중에 판매되고 있는 숙취 해소용 음료보다 효율적으로 숙취 제거를 할 수 있으며, 효과적인 라디칼 소거에 의해 항산화 활성제로서 부작용 없이 유용하게 사용할 수 있다. — 특허등록 제768830호, 한국과학기술연구원

● **개느삼의 성분 및 생물 활성에 관한 연구** : 본 논문은 개느삼의 성분 및 생물 활성에 관한 연구논문으로 주요 내용으로는 개느삼의 공기 부분으로부터 다양한 부분의 반돌연변이 및 면역 관련 효과를 생체 내에서 골수소핵시험 및 HA 역가 반응을 사용하여 평가하였고, 추출물과 echinoisosophoranone의 억제 효과는 없었으며, HA 역가는 에테르와 BuOH 추출처리 그룹에서 뚜렷하게 향상되었고, 식물의 에테르 추출물로부터 tetracosanol과 docosanol을 분리한 내용이다. — 강원대학교 약학대학 김창민 외 1, 생약학회지(1990. 6. 30.)

개느삼 어린순과 꽃봉오리

개느삼

개느삼 열매

개느삼 마른 잎

개망초

국화과 / *Erigeron annuus* (L.) Pers.

국화과의 두해살이풀로, 우리나라 전역의 들판과 길가, 산비탈에 자생한다. 북아메리카가 원산지인 귀화식물로 전세계 온대 지방에 널리 분포한다. 6~8월에 흰 꽃이 핀다. 땅이 녹을 무렵 일찌감치 올라오는 새순은 은은한 향기가 나고 부드러워 이른 봄에 먹는 나물로 인기가 있다. 꽃이 피었을 때 생장점의 연한 부위를 꽃과 함께 튀김 요리로도 이용한다.

한방에서는 '일년봉一年蓬'이라 하여 소화불량·장염 설사·전염성 간염·림프절염 등에 약으로 쓴다. 최근 연구에 의하여 개망초는 항당뇨·항염증 및 피부 미백 효과 등이 밝혀졌으며, 천연의 제초 활성 물질을 함유하고 있는 것이 확인되었다.

약명/이명 일년봉一年蓬 / 개망출, 망국초, 만주망초, 버들망초

고서古書 · 의서醫書에서 밝히는 효능

운곡본초학 독사교상毒蛇咬傷, 소화불량消化不良, 위장염胃腸炎, 치은염齒齗炎, 학질瘧疾을 치료한다.

생육 & 채취	
장 소	전국 각지의 풀밭
시 기	6~8월
부 위	어린순(식용) 뿌리, 전초(약용)
손질법	채취하여 절단하고 햇볕에 말린다.

효 용	
성 미	맛은 담담하고 성질은 평하다.
활 용	독사교상毒蛇咬傷, 소화불량消化不 良, 위장염胃腸炎

연구 & 특허
● 당뇨 합병증 치료 및 예방용 약학적 조성물과 건강기능식품   外 p.991 참고

● **당뇨 합병증 치료 및 예방용 약학적 조성물과 건강기능식품** : 본 발명은 개망초를 알콜 또는 알콜 수용액으로 추출한 개망초 추출물 및 상기 개망초 추출물을 헥산, 에칠아세테이트, 부탄올, 물로 계통 분리하여 얻어지는 에칠아세테이트층 및 부탄올층의 분획물을 유효성분으로 함유하는 당뇨 합병증 치료 및 예방용 조성물과 건강기능식품에 관한 것으로 당뇨 합병증 유발 원인 중의 하나인 최종당화산물의 생성을 효과적으로 억제하고, 알도즈 리덕테이즈(알도즈 리덕테이즈)의 비정상적인 활성을 억제하는 효과가 있다. 그러므로 본 발명의 개망초 추출물 및 분획물을을 유효성분으로 당뇨 합병증 치료, 예방 또는 개선 효과, 항산화 효능, 노화 방지 또는 지연용, 항암 예방, 치료용 또는 개선용 조성물 및 건강기능식품 등으로 사용될 수 있다. — 특허등록 제997912호. 한국한의학연구원

● **개망초로부터 분리한 천연제초활성물질 및 이를 함유하는 제초용 조성물** : 본 발명은 개망초로부터 분리한 천연제초활성물질 및 이를 함유하는 제초용 조성물에 관한 것이다. 보다 구체적으로, 본 발명은 개망초 잎 · 줄기 및 꽃의 건조 분말가루를 메탄올 추출하고 그것을 증류수, n-헥산, 에틸 아세테이트 및 n-부틸 알코올 등의 추출용매를 사용하여 추출한 분획 추출물 중 제초활성이 가장 뛰어난 것으로 밝혀진 에틸 아세테이트 분획 추출물에 대하여 실리카겔 컬럼 크로마토그래피, C18 컬럼 크로마토그래피 및 HPLC를 단계적으로 실시하여 분리한 화합물 중 상추를 이용한 생물 검정 및 IC_{50}값 측정을 통하여 발아 억제 활성이 우수한 제초활성물질인 것으로 밝혀진 하기 화학식 6으로 표현되는 신규한 화합물 (5-부틸-옥소-2,3-디하이드로-퓨란-2-일)-아세틱 애시드에 관한 것이다. — 특허등록 제441597호. 학교법인 원광학원

개망초

개망초 어린순

개망초

개머루덩굴

포도과 / *Ampelopsis heterophylla* (Thunb.) Siebold & Zucc

포도과에 속하는 덩굴성의 여러해살이풀로, 우리나라 각지의 산과 들에서 잘 자란다. 일본·중국·타이완 등지에 분포한다. 높이 약 3m로 자라고, 나무껍질은 갈색이며 마디가 굵다. 6~7월에 녹색 꽃이 피고, 9월에 둥근 열매가 검푸른색으로 익는다. 한방에서는 관절통·소변불리·붉은색 소변·만성신장염·간염·창독瘡毒 등에 약용하거나 상처를 닦아내는 데 쓴다.

포도과 개머루속 식물은 전 세계에 25종 정도인데, 우리나라에는 유사종으로 털개머루(for. ciliata)·자주개머루(for. elegans)·가새잎개머루(for. citrulloides)가 있다. 이 속의 식물 대부분은 민간에서 쓰는 한약재료로서 활혈거어活血祛瘀·소염진통消炎鎭痛·청열해독淸熱解毒의 효과가 있다. 이 속 식물은 황달형 간염·감기풍열·인후통·풍습 마비 및 통증·중서·주취 등에 사용되고, 거담·혈중지질 감소·항염·이뇨·보간 등의 작용도 있다. 최근 연구에서 개머루덩굴 추출물은 간세포 보호 및 수면장애의 치료 또는 예방 효과가 있음이 밝혀졌다.

생육 & 채취	
장 소	전국 각지의 산과 들
시 기	6~9월
부 위	줄기, 잎
손질법	가을에 채취하여 햇볕에 말린다.

효 용	
성 미	맛은 달고 성질은 평하다.
활 용	소염消炎, 이뇨利尿, 해열解熱, 거풍祛風

연구 & 특허
● 숙취 해소 및 간장과 신장기능 개선용 조성물 및 이의 제조 방법 ☞ p.992 참고

특허 · 논문

● 숙취 해소 및 간장과 신장 기능 개선용 조성물 및 이의 제조 방법 : 본 발명은 숙취 해소 및 간장과 신장 기능 개선용 조성물 및 이의 제조 방법에 관한 것으로, 개머루덩굴 · 헛개나무 · 벌나무 · 오리나무 · 꾸지뽕나무 및 조릿대의 추출물을 유효성분으로 함유하는 숙취 해소 및 간장과 신장 기능 개선용 조성물 및 이의 제조 방법에 관한 것임 — 특허등록 제976816호, 동양대학교 산학협력단 외 1

● 개머루덩굴 추출물의 식품 부패 및 병원성 미생물에 대한 항균 효과 : 본 연구는 천연 식품 보존료 개발의 일환으로 한약 재료로 이용되고 있는 개머루덩굴을 에탄올로 추출하여 식품 부패 및 병원성 미생물에 대한 항균 활성을 조사하였다. 개머루덩굴 에탄올 추출물은 식품 부패 및 병원성 미생물에 대해 농도 의존적으로 항균 효과를 보였으며, 그중에서 Escherichia coli O157:H7균에 대해 가장 높은 항균 효과를 보였다. 또 개머루덩굴 에탄올 추출물이 식중독 유발 세균의 성장에 미치는 효과를 검정하기 위해 Salmonella typhimurium, Yersinia enterocolitica, Staphylococcus aureus, Escherichia coli O157:H7균들의 배양액에 개머루덩굴 에탄올 추출물의 농도를 250, 500, 1,000, 2,000㎎/L 각 농도별로 첨가하여 생육을 조사한 결과 250㎎/L까지는 대조군과 별 차이를 보이지 않았으나 500㎎/L 이상에서는 유의적인(p〈0.05) 감소를 관찰할 수 있었다. 본 연구 결과는 개머루덩굴 에탄올 추출물이 식중독을 유발하는 세균에 대하여 우수한 항균 작용을 나타내고 있으며, 따라서 개머루덩굴이 효과적인 천연 보존료로서 이용될 수 있음을 시사하고 있다. — 한국자원식물학회지 제23권 제5호(2010. 10), 임태진 외 1

개머루 꽃

개머루

개머루덩굴 열매와 잎

개면마

면마과 / *Onoclea orientalis* (Hook.) Hook.

면마과의 여러해살이 양치식물로, 우리나라 전역의 낙엽활엽수림의 습지에서 흔히 자란다. 키는 20~70㎝로 정도이고, 연갈색 잎자루에 비늘 조각이 덮여 있다. 영양엽과 포자엽이 따로 자라는데, 영양엽은 풍성하게 펼쳐지면 빗자루처럼 생긴 포자엽이 한 방향으로 자란다. 영양엽은 겨울에 시들어 쓰러지지만, 포자엽은 봄이 오고 새순이 돋아도 굳건하게 서 있다. 어린순은 고사리처럼 나물로 먹고, 포자엽은 꽃꽂이 재료로 사용한다.

그간의 연구에서 개면마 추출물이 여드름균과 염증을 억제하는 효과가 있다는 사실이 밝혀졌다. 2008년 4월 22일자 CMN 뉴스에 실린 이남호 제주대학교 화학과 교수의 인터뷰 내용을 보면, 제주에서 자생하는 개면마·개구릿대마·상산마·석류풀은 여드름 피부 질환을 일으키는 균에 대해 항균 효과가 있었으며, 염증인자인 인터루킨-8(IL-8)과 티엔에프-알파(TNF-α)에 대한 억제 작용이 우수하며, 피부세포와 각질세포를 통한 세포독성 실험에서도 독성이 없음이 규명되었다고 한다.

약명/이명 모관중 毛貫衆 / 개관중

생육 & 채취	
장 소	전국 산지의 그늘진 습한 땅
시 기	봄(식용)
부 위	어린순(식용)
손질법	채취하여 햇볕에 말린다.

효 용	
성 미	맛은 쓰고 성질은 차다.
활 용	–

연구 & 특허
● 개면마 추출물을 유효성분으로 하는 골 질환 예방 및 치료용 조성물
● 여드름 예방 또는 치료용 조성물
● 관중의 유기용매 추출물을 포함하는 살진딧물용 조성물

고서古書·의서醫書에서 밝히는 효능

운곡본초학 거풍지혈祛風止血의 효능이 있으며, 풍습비통風濕痺痛, 외상출혈外傷出血을 치료하는 데 쓰인다.

특허·논문

● 개면마 추출물을 유효성분으로 하는 골 질환 예방 및 치료용 조성물 : 본 발명은 개면마 추출물을 유효성분으로 하는 골 질환 예방 및 치료용 조성물에 관한 것이다. 본 발명에 의한 조성물은 파골세포의 형성을 감소시켜 골 흡수를 억제하며, 골다공증과 같이 뼈 골절과 관련된 골 질환 예방 및 치료 효능을 가질 수 있다. — 특허공개 10-2012-0068606호, 대한민국(농촌진흥청장), 연세대학교 산학협력단

● 여드름 예방 또는 치료용 조성물 : 본 발명은 석류풀, 개구릿대, 개면마, 상산 및 이의 혼합물로 이루어진 군으로부터 선택된 추출물을 함유하는 여드름 예방 또는 치료용 조성물 및 이의 제조 방법에 관한 것으로, 상기 조성물은 여드름 예방 또는 치료용 화장료 및 제제로 사용할 수 있다. — 특허등록 제993676호, 재단법인 제주테크노파크

● 관중의 유기용매 추출물을 포함하는 살진딧물용 조성물 : 본 발명은 면마과(*Dryopteris crassirhizoma*) 근경을 유기용매로 추출한 살충, 살진딧물용 면마과, 범고비 추출물 및 그 제조 방법에 관한 것이다. 본 발명은 식물에 해로운 진딧물이나 응애 등의 해충을 제거하기 위해 종래 일반적으로 사용되어 오던 화학제재를 이용하지 않고 친환경적인 생물제재의 특성을 이용한 살충, 살진딧물용 면마과, 범고비 추출물을 제공하는 것으로, 본 발명의 구성에 따른 고비 추출물을 이용하여 진딧물을 방제하는 경우 토양에 대한 화학물질 오염이나 그 화학물질에 대한 내성 등이 감소시키는 효과가 있다. — 특허등록 제836223호, 경기도농업기술원

개면마 새순

개면마 새순과 포자엽

개면마 포자엽

개미취

국화과 / *Aster tataricus* L.f.

국화과의 여러해살이풀로, 우리나라가 원산지이며 전국의 산지 습기 있는 땅에 자생한다. 깊은 산의 물기가 많고 햇빛이 잘 드는 곳이나 반그늘에서도 잘 자라는데, 최근에는 관상용으로 재배하는 곳이 늘어 비교적 흔하게 볼 수 있다. 일반적으로 키는 1.5m 정도까지 자라는데, 재배한 것은 2m까지 자란다. 7～9월에 푸른빛이 도는 자주색 꽃이 핀다.

　어린순은 나물로 먹는데 주로 묵나물로 이용하고, 뿌리는 약으로 쓴다. 유사종으로 벌개미취 · 좀개미취 · 갯개미취 등이 있고, 개미취와 벌개미취의 뿌리를 봄에 캐어 햇볕에 말린 것을 '자원紫苑' 또는 '자완紫菀'이라 하여 한방에서 해갈 · 진해거담 등에 쓰고 있다.

약명/이명　자원紫苑, 자완紫菀, 반혼초返魂草 / 들개미취, 애기개미취

벌개미취 *Aster koraiensis* Nakai / 국화과

우리나라 특산 식물로 경기 이남의 습지에 주로 분포한다. 키는 50～60㎝ 정도로 자라, 줄기에 줄이 있고 홈이 패여 있으며, 잎 가장자리에 잔

생육 & 채취	
장 소	전국 산지의 습지
시 기	10～11월
부 위	어린순(식용) 뿌리(약용)
손질법	햇볕에 말린다.

효 용	
성 미	맛은 쓰고 매우며 성질은 따뜻하다.
활 용	진해거담. 소염. 이뇨

연구 & 특허
● 벌개미취 추출물 및 그를 유효성분으로 함유하는 약학적조성물 및 건강기능식품 ● 자원에서 분리한 플라보노이드의 생리활성 外 p.992 참고

톱니가 있고 위로 올라갈수록 작아져서 줄 모양이 된다. 6~10월에 연자줏빛 꽃이 줄기와 가지 끝에 1송이씩 피고 11월에 열매가 익는다.

약명/이명 자원紫苑, 자완紫菀 / 고려쑥부쟁이

고서古書 · 의서醫書에서 밝히는 효능

동의보감 자원紫苑의 성질은 따뜻하거나 혹은 평平하다고도 하며, 맛은 쓰고 독은 없다. 심한 폐병인 폐위肺痿와 피를 토하는 토혈吐血을 치료하고, 가래와 몸속 노폐물인 담痰을 삭이며 갈증을 멎게 한다.

특허 · 논문

● 벌개미취 추출물 및 그를 유효성분으로 함유하는 약학적 조성물 및 건강기능식품 : 본 발명은 벌개미취의 잎과 줄기 추출물, 벌개미취의 뿌리 추출물과 벌개미취의 꽃 추출물 및 이를 유효성분으로 포함하는 당뇨 합병증의 예방 또는 치료용 약학적 조성물 및 개선용 건강기능식품, 노화 방지 또는 지연용 약학적 조성물 및 건강기능식품에 관한 것으로, 벌개미취의 잎과 줄기, 벌개미취의 뿌리, 벌개미취의 꽃 등을 건조, 세절하여 알코올 또는 알코올 수용액으로 추출한 후, 추출된 추출액을 여과하고 감압 농축하여 얻어지는 것을 특징으로 한다. 또한, 상기 벌개미취의 잎과 줄기 추출물, 벌개미취의 뿌리 추출물, 벌개미취의 꽃 추출물을 헥산, 에칠아세테이트, 노르말 부탄올, 물 순으로 계통 분리하여 얻어지는 각각의 분획물을 유효성분으로 포함하는 당뇨 합병증의 예방 또는 치료용 약학적 조성물 및 개선용 건강기능식품, 노화 방지 또는 지연용 약학적 조성물 및 건강기능식품에 관

한 것이다. 본 발명의 벌개미취의 잎과 줄기 추출물, 벌개미취의 뿌리 추출물과 벌개미취의 꽃 추출물은 당뇨 합병증 유발 원인 인자 중의 하나인 최종당화산물(Advanced glycation end products:AGEs)의 생성 억제 효능과 알도즈 환원효소(Aldose reductase:AR) 활성을 효과적으로 억제하므로, 당뇨 합병증의 예방 및 치료를 위한 약학적 조성물 및 노화 방지에 뛰어난 효과가 있다. — 특허등록 제845469호, 한국한의학연구원

● 벌개미취 추출물 또는 이의 분획물을 포함하는 망막 질환 예방 및 치료용 조성물 : 본 발명은 국화과 식물인 벌개미취(Gymnaster koraiensis) 추출물 또는 이의 분획물을 유효성분으로 함유하는 망막 질환 예방 및 치료용 조성물, 또는 건강식품에 관한 것이다. 본 발명의 벌개미취 추출물 또는 이의 분획물은 산화스트레스로부터 유도한 망막 신경 세포의 퇴화를 막을 수 있어, 천연물의 안전한 특성을 이용하여 노인성 황반 변성, 녹내장 등 망막 질환 예방 및 치료용 조성물 또는 기능성 식 · 의약품 소재로 유용하게 활용될 수 있다. — 특허공개 10-2012-0095251호, 한국과학기술연구원

● 벌개미취 추출물, 벌개미취 분획물, 이로부터 분리한 짐나스테르코리아인 유도체 또는 이의 약학적으로 허용 가능한 염을 유효성분으로 함유하는 발암 예방용 건강기능성 식품 조성물 : 본 발명은 벌개미취(Aster koraiensis) 추출물, 벌개미취 분획물, 이로부터 분리한 짐나스테르코리아인(Gymnasterkoreaynes) 유도체 또는 이의 약학적으로 허용 가능한 염을 유효성분으로 함유하는 발암 예방용 건강기능성 식품 조성물에 관한 것으로서, 특히 벌개미취 추출물로부터 분리한 단일 화합물인 짐나스테르코리아인 B는 암 예방 지표 효소인 퀴논 리덕타제(Quinone reductase)의 활성을 유도하므로, 본 발명에 따른 조성물은 암을 예방하는 데 유용하게 사용될 수 있다. — 특허등록 제998573호, 한국과학기술연구원

● **벌개미취의 추출물, 분획물 또는 이로부터 분리한 짐나스테르코리아인 B 화합물을 유효성분으로 함유하는 간 보호 또는 개선용 조성물** : 본 발명은 벌개미취 추출물, 분획물 또는 이로부터 분리한 짐나스테르코리아인 B 화합물을 유효성분으로 함유하는 간 보호용 또는 간 기능 개선용 조성물에 관한 것으로서, 간 손상에 대한 간 보호용 또는 간 기능 개선용 약학적 조성물 또는 식품으로 유용하게 이용될 수 있다. — 특허등록 제1187032호, 한국과학기술연구원

● **벌개미취 또는 참쑥 추출물을 유효성분으로 함유하는 비만 또는 고지혈증 예방 또는 치료용 조성물** : 본 발명은 벌개미취 또는 참쑥(*Artemisia dubia*) 추출물을 유효성분으로 함유하는 비만 또는 고지혈증 예방 또는 치료용 조성물에 관한 것으로서, 보다 상세하게는 벌개미취 또는 참쑥 추출물이 혈중 콜레스테롤 저하 및 지방 조직 축적 억제 효능이 있으며, 세포독성이 없는 인체에 안전한 천연 성분이므로 상기 벌개미취 또는 참쑥 추출물은 비만 또는 고지혈증 예방 또는 치료용 조성물로 유용하게 사용될 수 있다. — 특허공개 10–2011–0121849호, 한국과학기술연구원

● **자원에서 분리한 플라보노이드의 생리활성** : 본 논문은 자원에서 분리한 플라보노이드의 생리활성에 관한 것으로, 주요 내용은 천연 물질에서 항산화 성분을 찾는 조사의 일원으로 개미취(국화과)의 EtOAc 가용 분획물을 조사하였다. 개미취는 NBT 과산화물 소거 분석에서 항산화 활성을 보였다. 활성도 따른 정제에 의해 세 가지 플라보노이드, kaempferol (1), quercetin (2), astragalin (3)과 하나의 monoterpene glycoside, shionoside A (4)를 분리하였다. 이 물질들의 구조는 분광학적 분석을 통하여 확인하였다. 화합물 2와 3은 강한 항산화 활성을 보였지만, 화합물 1과 4는 불활성이었다. 화합물 1-3은 TNF-α 자극 MG-63 세포에서 인터루킨-6(IL-6)의 생성에 대하여 미미한 억제 활성을 보였지만, 화합물 4는 불활성이었다. — 조선대학교 약학대학 최두연 외 4, 생약학회지(2009. 6. 30.)

개미취

벌개미취 꽃

좀개미취

개별꽃

석죽과 / *Pseudostellaria heterophylla* (Miq.) Pax ex Pax & Hoffm.

석죽과의 두해살이풀로, 우리나라 중부 지방 이남의 산속 나무그늘이나 수풀 속에서 잘 자란다. 키는 10~15㎝ 정도로 자라고 뿌리는 작은 인삼 뿌리를 닮았다. 5월에 별 모양의 흰색 꽃이 피고 6~7월경에 열매가 익는다. 유사종으로 덩굴개별꽃·큰개별꽃·참개별꽃·긴개별꽃·술개별꽃 등이 있는데, 모두 뿌리가 작은 인삼 모양이며 약으로 쓴다.

어린순을 나물로 먹으며, 성숙한 풀 전체를 한방에서 위장 질환을 치료하는 약으로 사용한다. 민간에서도 기氣를 보충하고 위장을 튼튼하게 하며 양기를 좋게 하는 보약으로 더러 쓴다. 최근 연구에서 개별꽃은 진통 작용, 항 피로 작용, 담즙 증대 작용, 간 보호 작용 및 소염 작용 등의 생리활성이 있으며, 조혈 촉진 작용도 있음이 밝혀졌다.

약명/이명　태자삼太子參 / 들별꽃

고서古書 · 의서醫書에서 밝히는 효능

약초의 성분과 이용(북한)　동의치료에서 뿌리는 기를 보하고 위를 튼튼

생육 & 채취	
장 소	중부 이남의 산속 나무그늘
시 기	가을
부 위	어린순(식용) 전초 또는 뿌리(약용)
손질법	덩이뿌리를 깨끗이 손질하여 햇볕에 말린다.

효 용	
성 미	맛은 달고 약간 쓰며 성질은 평하다.
활 용	폐와 위를 튼튼하게 하고 진액을 늘려 준다.

연구 & 특허
● 태자삼太子蔘의 생리활성에 관한 연구 ● 수종 생약이 간 효소활성에 미치는 영향   外 p.992 참고

히 하며 열을 내리고 음을 영양하는 약으로 쓰고 있다. 그리하여 병후 허약한 사람과 어린이들의 기를 보하는 데 쓰며, 그 효과는 인삼과 비슷하나 약하다고 한다. 신체허약, 정신피로, 권태, 불면증, 건망증, 밥맛 적기, 진액이 부족하여 입 안이 마르고 오줌이 많을 때에 6~15g을 물에 달여 먹는다. 단너삼 뿌리 · 석곡 · 맥문동 뿌리 · 감초 뿌리와 같이 쓰기도 한다.

특허 · 논문

● **태자삼太子蔘의 생리활성에 관한 연구** : 태자삼太子蔘의 생리활성生理活性에 관해 연구한 논문으로 주요 내용으로는 개별꽃(석죽과)의 뿌리가 태자삼이라 불리는 생약이며, 한국의 인삼처럼 폐와 위의 기능을 강화하는 강장제로써 중국에서 사용되고 있음을, 그리고 결핵, 식욕을 돋우는 효과 및 항피로 작용 등을 위한 진해 작용을 갖고 있음을 밝히고, 급성 독성, 진통 작용, 항피로 작용, 담즙 증대 작용, 간 보호 작용 및 소염 작용을 포함하는 여러 생물학적 작용을 조사하고, BuOH 분획물이 고정화된 스트레스에 반하는 항피로 효과, CCL4(사염화탄소) 중독에 반하는 간 보호 작용 및 쥐 발의 카라지닌 유도 부종에 대한 억제 효과를 나타냄을 제시한 내용이다. — 삼육대학교 약학과 한윤성 등. 생약학회지(2000. 3. 30.)

● **수종 생약이 간 효소 활성에 미치는 영향** : 본 논문은 5종 생약(조각자 · 노루귀 · 별꽃 · 민들레 · 미나리)이 혈청 GOT, GPT, LDH 및 ALP의 간 효소 활성에 미치는 변화를 측정한 결과, 노루귀와 별꽃에서 간 보호 작용을 인정할 수 있었으나 미나리와 민들레의 간에 대한 작용은 재검토가 필요하고, 조각자는 그 사용상 주의를 요한다고 결론짓고 있다. — 숙명여자대학교 김태희 등. 생약학회지(1984. 3. 31.)

개별꽃

개별꽃

개별꽃 뿌리. 약명은 태자삼이다.

개불알풀

현삼과 / *Veronica didyma var. lilacina* (H. Hara) T. Yamaz.

현삼과의 두해살이풀로, 유럽이 원산지이다. 우리나라에서는 주로 제주·전남·전북·경남·경북 지역에서 자라고, 일본·타이완·중국 등지에 분포한다. 길가 풀밭에서 흔히 볼 수 있는데, 햇볕이 잘 들어오는 곳이면 어디에서든지 자란다. 키는 5~30cm 정도이고, 식물 전체에 부드럽고 짧은 털이 나 있다. 5~6월 붉은자줏빛 꽃이 잎겨드랑이에 1개씩 달리고, 8~9월에 가운데가 잘록하고 앞면에 부드러운 털이 난 열매가 익는데 그 모양이 개의 불알과 비슷하므로 '개불알풀'이라는 이름이 붙었다. 유사종으로 선개불알풀·눈개불알풀·큰개불알풀·좀개불알풀이 있다.

어린순을 나물로 먹고, 꽃을 밀원자원으로 이용하며, 관상용으로 기른다. 한방에서는 전초를 '파파납婆婆納'이라 하여 산기(疝氣 : 생식기와 고환이 붓고 아픈 증상)·요통·방광염·백대하白帶下 등을 치료하는 약재로 쓴다.

약명/이명 파파납婆婆納 / 지금, 봄까치꽃, 개불알꽃

생육 & 채취	
장 소	제주, 중부 이남 지역
시 기	3~4월
부 위	어린순(식용) 전초(약용)
손질법	햇볕에 말려 쓰거나 신선한 것을 그대로 쓴다.

효용	
성 미	맛은 달고 성질은 서늘하며 독이 없다.
활 용	신허요통腎虛腰痛, 산기疝氣, 백대白帶, 옹종癰腫에 쓴다.

연구 & 특허
● 한약 복합 추출물 HCE-2가 알코올을 투여한 쥐의 알코올 대사 및 간 기능에 미치는 영향

고서古書·의서醫書에서 밝히는 효능

운곡본초학 양혈지혈涼血止血, 이기지통理氣止痛의 효능이 있어서 신허요통腎虛腰痛, 산기疝氣, 고환종통睾丸腫痛, 백대白帶, 옹종癰腫을 치료한다.

구황본초 파파납은 들판에서 자란다. 묘苗는 포복하며 자라는데 갓 피어난 잎은 검붉은색을 띠고 모양은 갓 돋은 국화 싹과 비슷하며 잎은 감겨져 있고 그 곁에 운두雲頭와 같은 작은 꽃이 핀다. 맛은 달다.

특허·논문

● 한약 복합 추출물 HCE-2가 알코올을 투여한 쥐의 알코올 대사 및 간 기능에 미치는 영향 : 본 논문은 알코올로 유발된 쥐의 간 손상에 대해 사철쑥, 인동, 꿀풀, 개불알풀, 헛개나무로 구성된 한약 복합 추출물의 약제적 효과를 조사하기 위한 것이다. 쥐를 무작위로 6마리씩 4그룹(정상 집단, 비처치 집단, 염수 처치 집단, 한약 추출물 처방 집단)으로 나누고 알코올 주입 집단에 5주 동안 체중당 4g/kg씩 매일 에탄올을 경구 투여했다. 에탄올 주입 전에, 염수나 한약 복합물을 위 영양법으로 주입한 뒤 각각 15일째, 38일째 쥐의 심장과 간으로부터 혈액과 간 조직 샘플을 체취했다. serum aspartate aminotransferase(AST), lanine aminotransferase(ALT) 활성을 enzyme-linked immunosorbent assay(ELISA)으로 조사한 결과 한약 복합물이 반복적으로 에탄올을 주입하는 만성적 노출을 통해 얻은 간 손상을 효과적으로 막을 수 있다는 것을 알았다. 알코올로 유발된 간 손상과 숙취 증상을 경감시켜 건강음료, 한약의 주요 재료로 사용될 수 있다는 내용이다. — 경희대학교 침구경락과학연구센터 한동오 외 5, 동의생리병리학회지(2007. 10. 25.)

개불알풀 꽃

개불알풀 꽃

개불알풀

선개불알풀

개비자나무

주목과 / *Cephalotaxus koreana* Nakai

주목과의 상록침엽관목으로, 산골짜기의 습기 많은 곳에서 발견되는 우리나라 특산 식물이다. 비자나무는 대형 수종인 데 비하여 개비자나무는 높이 3m 이내로 자라며, 암갈색의 나무껍질은 세로로 갈라져 있다. 비자나무류는 잎 모양이 한자 '아닐 비非'자를 닮아서 '비자나무'라고 한다. 4~5월에 녹색의 꽃이 피고, 8~9월에 열매가 붉게 익는다.

열매는 식용하거나 개비자술을 담는다. 개비자술은 붉은색의 약주藥酒로서 고혈압에 효과가 있다. 민간에서는 비자나무 열매를 촌충이나 십이지장충을 구제하는 데 사용했다.

개비자나무는 비자나무보다는 키가 작고, 잎 뒷면에 2줄의 기공선이 뚜렷한 점에서 구별된다.

약명/이명 토향비土香榧 / 좀비자나무, 누은개비자나무, 눈꺼비자나무

특허 · 논문

● 개비자나무-*Cephalotaxus koreana* Nakai 잎의 성분 연구 : 본 논문은

생육 & 채취	
장 소	산골짜기 습기가 많은 곳
시 기	봄~가을
부 위	열매(식용)
손질법	햇볕에 말린다.

효 용	
성 미	맛은 달고 성질은 평하다.
활 용	고혈압, 급체, 마른기침, 가래, 여성질환, 변비

연구 & 특허
● 개비자나무Cephalotaxus koreana Nakai 잎의 성분 연구
● 개비자나무 유효성분인 homoharringtonine의 in vitro 항암 활성 및 in vivo 만성 독성

개비자나무 잎의 성분을 연구한 논문으로, 주요 내용으로는 수증기 증류를 통해 얻은 개비자나무의 지상부와 수피로부터의 필수유 성분을 조사하고, 여러 화합물을 GC-Mass 스펙트럼으로 특성 분석한 결과 잎, 수피 및 잎은 필수유 화합물, 1-octene-3-ol, hexadecanoic acid; α-pinene, Δ^3-carene mainly, linalylacetate, β-cubebene, 3, 4-octadine-7-methyl, ferruginol(stem bark) 및 α-pinene mainly, β-pinene, cyclopropane-1, 1-dimethyl-2-(3-methyl-1,3-butadienyl)을 포함하며, 이 개비자나무는 디터펜에 속하는 최초의 ferruginol 성분, (M.W. 286.03, $C_{20}H_{300}$)을 포함한다는 내용이다. — 경희대학교 약학대학 육창수 외 2. 자원식물학회지(2000. 8)

● 개비자나무 유효성분인 homoharringtonine의 in vitro 항암 활성 및 in vivo 만성 독성 : 개비자나무의 유효성분으로 알려진 homoharringtonine의 암세포주 K562에 대한 세포 증식 저해 활성을 분석하였고, 마우스를 이용한 만성 독성 시험을 수행하였다. 총 약물처리 시간에 따른 최적 투여 조건 결정 실험에서는 HHT를 9일, 6일, 3일 동안 매일 처리할 경우 각각 0.27, 0.37, 1.10mM의 농도에서 K562세포의 성장을 50% 감소시킴을 확인하였다. 기존 백혈병 치료제로 사용되고 있는 adriamycin과의 비교 실험 결과 HHT는 K562 세포주에 대하여 adriamycin보다 낮은 저해율을 나타냈으나 비교적 근사한 값을 가졌다. HHT의 만성 독성 실험 결과 혈액학적 지표 측정 실험에서 적혈구 수(RBC)는 대조군과 HHT 투여군 사이에 유의적인 차이가 없었고, 간 기능 관련 효소의 혈액을 분석한 결과, 간 손상과 관련된 효소 glutamate-oxalate-transferase, glutamate-pyruvate- transferase, cholesterol 및 alkaline phosphatase 모두 정상 범위에 있었다. 그러나 간 조직학적 검사에서는 HHT를 투여한 마우스의 간 조직에서 밴드형의 호중구를 침착시키는 것이 확인되었다. — 호서대학교 식품생물공학과 및 식품기능안전연구센터 유귀재 외 4. 한국응용생명화학회(2008. 6. 30.)

개비자나무 꽃

개비자

개비자나무

비자나무와(왼쪽) 개비자나무(오른쪽)

개사철쑥

개사철쑥

국화과 / *Artemisia apiacea* Hance ex Walp.

우리나라가 원산지인 국화과의 두해살이풀로, 개울가 모래땅에서 잘 자란다. 제주도와 중부 이남 지역에 자생하고, 일본·중국·만주에 분포한다. 키는 40~150㎝ 정도로 자라는데, 줄기 전체에 털이 없고 가지가 많으며, 전체적으로 연하고 향기가 난다. 7~9월에 녹황색의 자잘한 꽃이 핀다. '갯사철쑥'이라고도 한다.

어린순을 나물로 먹고, 한방에서 지상부를 '향호香蒿'라 하여 약으로 쓴다. 유사종 사철쑥의 생약명은 '인진茵蔯', 더위지기는 '한인진韓茵蔯', 비쑥은 '인진호茵蔯蒿', 개똥쑥은 '청호靑蒿', 쑥은 '애엽艾葉'이라고 하는데, 쑥(애엽)의 성질은 따뜻하고, 인진·한인진·인진호·청호의 성질은 차거나 서늘하다.

약명/이명 향호香蒿 / 갯사철쑥, 청호, 큰사철쑥, 큰꽃사철쑥

고서古書 · 의서醫書에서 밝히는 효능

본초강목 학질로 인한 오한惡寒과 발열發熱을 치료한다.

생육 & 채취	
장 소	중부 이남 지역. 제주
시 기	여름에 꽃 피기 전
부 위	지상부. 씨앗
손질법	줄기와 잎이 푸른 것을 그늘에서 말린다. 씨앗은 햇볕에 말린다.

효 용	
성 미	맛은 쓰고 약간 맵고 성질은 차며 독이 없다.
활 용	해열. 이담利膽. 감기

연구 & 특허	
● 하고초 추출물 및 개사철쑥 추출물을 함유하는 주름 개선용 화장료 조성물
● 구취 제거용 기능성 치약 조성물
外 p.992 참고

당본초 신선한 것을 잘라 창瘡에 붙이면 지혈止血 효과가 높고 새살이 돋아나게 하며 동통疼痛을 멈추게 한다.

특허 · 논문

● 하고초 추출물 및 개사철쑥 추출물을 함유하는 주름 개선용 화장료 조성물 : 본 발명은 하고초 추출물 및 개사철쑥 추출물을 함유하는 주름 개선용 화장료 조성물에 관한 것으로서, 상세하게는 하고초 추출물을 함유하여 엘라스틴 생합성 촉진 효과, 엘라스테이즈 활성 저해 효과가 있으며, 개사철쑥 추출물을 함유하여 지방세포의 분화 및 트리글리세라이드의 합성을 촉진시키고 지방 축적의 주요한 효소인 G3PDH(Glyceraldehyde-3-phosphate dehydrogenase)를 활성화시키는 효과가 우수한 주름 개선용 화장료 조성물에 관한 것이다. 또한 하고초 추출물 및 개사철쑥 추출물은 우수한 항산화 효과를 가지고 있다. — 특허등록 제1009766호, 주식회사 더페이스샵

● 구취 제거용 기능성 치약 조성물 : 본 발명은 유자 추출물과 쑥 추출물을 함유한 구취 제거용 기능성 치약 조성물에 관한 것으로서, 유자와 다종의 쑥 중 1종 또는 2종 이상으로부터 추출한 추출물을 사용함으로써 구취 중 역겨운 냄새의 주원인인 메틸머캅탄에 대한 뛰어난 억제 효과를 갖고 천연성분이므로 인체에 부작용이 없고 환경친화적인 기능성 치약 조성물을 제공하는 것을 특징으로 한다. 상기 목적 달성을 위한 본 발명은 맑은대쑥(개제비쑥, 암려), 바닷가쑥, 사철쑥(더위지기, 인진), 산쑥, 산토닌쑥(마리티마쑥), 시나쑥(시멘시나), 비단쑥, 비쑥, 쑥, 잔잎쑥(개똥쑥, 초고, 향고), 큰꽃사철쑥(개사철쑥, 큰사철쑥), 털산쑥, 황해쑥 또는 흰쑥 중 1종 또는 2종 이상으로부터 추출한 0.05 내지 0.5중량%의 쑥 추출물과 0.01 내지 1.5중량%의 유자 추출물을 함유하는 구취 제거용 기능성 치약 조성물에 관한 것을 그 기술적 요지로 한다. — 특허등록 제1102476호, 주식회사 아세아나제약

개사철쑥

사철쑥

개똥쑥

개솔새

화본과 / *Cymbopogon tortilis var. goeringii* (Steud.) Hand.-Mazz.

벼과의 여러해살이풀로, 우리나라가 원산지이다. 전국의 양지바르고 건조한 들판과 낮은 산에서 잘 자라며, 특히 산비탈 풀밭에서 흔하게 볼 수 있다.

키는 1m 정도로 자라고, 줄기는 가늘며 매끈하고, 은은한 향이 있다. 자주색의 꽃이 9월경에 피는데 꽃은 풍매화로서 꽃처럼 보이지 않는다. 사료 작물로 이용되었으며, 한방에서는 '구엽운향초韭葉芸香草'라 하여 지상부를 약용한다. 여름에 습기 많은 곳에서 지내다가 감기에 걸려 오슬오슬 춥다가 덥고 신체가 나른한 증상, 헛배가 부르고 입맛이 없으며 때로 복통과 설사를 일으킬 때 활용한다.

약명/이명 구엽운향초韭葉芸香草 / 야향모, 향솔새, 개진낭 · 몰지장 · 진낭솔새(제주)

고서古書 · 의서醫書에서 밝히는 효능

운곡본초학 이습利濕, 해표解表, 지해평천止咳平喘의 효능이 있어서 풍한

생육 & 채취	
장 소	양지바른 건조한 들과 낮은 산
시 기	여름
부 위	잎, 줄기
손질법	햇볕에 말린다.

효 용	
성 미	맛은 맵고 약간 쓰며 성질은 약간 차다.
활 용	헛배가 부르고 입맛이 없으며 복통과 설사를 일으킬 때 쓰인다.

연구 & 특허
● 개솔새 정유가 위액분비 및 위 운동에 미치는 영향

감모風寒感冒(감기의 일종), 고창鼓脹을 치료한다.

전남본초滇南本草 산람장기山嵐瘴氣, 풍토병, 감기에 풍한서습風寒暑濕이 있는 증상, 일년 내내 신체가 찌뿌드드하여 잠깐 추웠다 잠깐 더웠다 하고 몸이 쉬 피로해지며 한열寒熱이 왕래往來하고 학질 같지만 학질이 아닌 증상, 장학瘴瘧, 흉격팽창胸膈膨脹, 식욕부진, 복통, 구토수사嘔吐水瀉 등의 증상을 치료한다.

특허 · 논문

● 개솔새 정유가 위액 분비 및 위 운동에 미치는 영향 : — 경북대학교 정기곤 석사학위논문(1990)

개솔새

개솔새

개솔새

개시호

산형과 / *Bupleurum longeradiatum* Turcz.

산형과의 여러해살이풀로, 깊은 산 나무 밑이나 풀밭의 토양이 비옥한 곳에서 자란다. 우리나라가 원산지로, 제주·지리산·덕유산·경남·강원·경기·황해·평북에 분포하며, 세계적으로는 일본·중국·만주·아무르 등의 동북아시아에 분포한다. 키는 40~150㎝ 정도로 자라는데 줄기가 매끈하고 윗부분에서 가지가 갈라진다. 노란색의 작은 꽃이 7~8월에 복산형꽃차례[複揀形花序]를 이루며 가지 끝에 핀다.

시호에 비해서 약효가 떨어져 '개시호'라고 하며, 키가 배 이상으로 커서 '큰시호'라고도 부른다. 시호에 비해 잎이 크고 잎자루가 줄기를 감싸는 것이 특징이며, 꽃도 더 빨리 핀다.

유사종으로 시호·좀시호·등대시호·섬시호가 있다. 어린순을 나물로 먹으며, 한방에서는 뿌리를 열감기·한열寒熱·어지럼증 등에 처방한다.

원래 '시호柴胡'라는 약재는 산형과에 속한 여러해살이풀인 시호 (*Bupleurum falcatum* L.)의 뿌리를 말린 것을 기원으로 하며, 개시호도 '시호

생육 & 채취	
장 소	전국 각지의 산이나 풀밭
시 기	9~10월
부 위	어린순(식용) 뿌리줄기(약용)
손질법	뿌리줄기를 채취하여 잔뿌리를 제거하고 햇볕에 말린다.

효 용	
성 미	맛은 쓰고 매우며, 성질은 약간 차다.
활 용	해열 작용을 한다. 한열寒熱과 어지럼증에 약으로 쓴다.

연구 & 특허
● 개시호 뿌리의 소염성 성분
● 사람 탯줄 정맥 내피세포 위 개시호 (*Bupleurum longiradiatum*)의 항혈관 형성 작용
外 p.992 참고

柴胡'로 이용하고 있지만 엄연히 다른 식물이다. 중국에는 21종의 시호가 있다.

약명/이명 시호柴胡 / 대엽시호, 자호茈胡, 산채山菜, 여초茹草, 자초紫草

특허 · 논문

● 개시호 뿌리의 소염성 성분 : 본 논문은 개시호 뿌리의 소염성 성분을 연구한 논문으로 주요 내용으로는 개시호(Umbelliferar) 뿌리의 메탄올 추출물이 쥐에게 소염 작용을 나타냈다. 메탄올 추출물의 헥산, 클로로포름, 부탄올 및 수용성 분획물을, 헥산 분획물이 양성 작용을 나타낼 때만의 결과로 시험하였다. 헥산 추출물의 분해는 유효성분으로서 arborinone 분리로 나타났다는 내용이다. — 서울대학교 생약연구소 우원식 외 1, 약학회지 1993. 3)

● 사람 탯줄 정맥 내피세포 위 개시호(Bupleurum longiradiatum)의 항혈관 형성 작용 : 본 논문은 사람 탯줄 정맥 내피세포 위 개시호의 항혈관 형성 작용을 연구한 논문으로, 주요 내용으로는 개시호의 아세트산에틸 분획물은 사람 탯줄 정맥 내피세포(HUVE)의 관형 형성에 억제 효과를 가지는 것으로 밝혀졌다. 분획물에서 분리된 활성체는 acetylbupleurotoxin(P1)과 bupleurotoxin(P2)로 동정되었다. 화합물 P1과 P2는 세포독성 농도 이하의 $30\mu g/ml$ 에서 HUVEE 세포의 관형 형성을 완전히 억제시켰다. 그러나 그 항혈관 형성 작용에도 불구하고 루이스 폐암 세포를 가진 BDF1 쥐에 대해서는 항종양 작용을 보이지 않았다는 내용이다. — 충남대학교 약학대학 유영재 외 4, 약학회지(2002. 10)

개시호

개시호

개시호

개암나무

자작나무과 / *Corylus heterophylla* Fisch. ex Trautv.

자작나무과의 낙엽활엽소교목으로, 우리나라 전역에 분포하는데 중부 이남 지역에 많다. 동북아시아에 많이 분포한다. 키는 1~2m 정도로 곧게 자라는데, 줄기가 무더기로 올라오고 가지는 많이 나오지 않아 나무 위쪽이 타원형이 되며 전체적으로 나무 모양이 둥그스름하다. 나무껍질은 윤기 있는 회갈색이고, 어린 가지는 갈색으로 샘털이 있다. 어린 나무는 밝은 회색빛 또는 밝은 회갈색을 띠며 밋밋하다. 묵을수록 짙은 회색 또는 짙은 회갈색이 되며 조금 거칠어진다. 꽃은 3월에 잎보다 먼저 피고, 10월에 비늘잎에 싸인 공 모양의 열매가 익는다. 늦여름에 풋열매를 따 먹으면 고소한 맛이 도는데, 이 무렵에 쐐기가 많이 꼬인다. 열매를 '진자榛子'라고 부르는데, 가을에 채취하여 햇볕에 말려서 쓴다. 익은 열매를 밤처럼 과실로 먹거나 기름을 짜서 먹는다. 옛날에는 열매를 밤 대신 제사상에 올리기도 했다고 전해진다.

약명/이명 진자榛子 / 개암나무, 난티닢개암나무, 물개암나무, 깨금나무, 깨끔나무

생육 & 채취	
장 소	중부 이남
시 기	6~8월
부 위	열매
손질법	잘 익은 열매를 햇볕에 말린다.

효 용	
성 미	맛은 달고 성질은 평하며 독이 없다.
활 용	신체허약, 식욕부진, 안정피로眼睛疲勞, 눈이 어두운 증세에 약용

연구 & 특허
● B16 쥐 흑색종 세포내 개암나무(Alnus hirsuta Turcz)의 다이아릴헵타노이드의 멜라닌 형성 억제 작용
● 한국산 개암종실의 중성지질 조성에 관한 연구 外 p.992 참고

● **B16 쥐 흑색종 세포내 개암나무(*Alnus hirsuta Turcz*)의 다이아릴헵타노이드의 멜라닌 형성 억제 작용** : 본 논문은 B16 쥐 흑색종 세포 내 개암나무의 다이아릴헵타노이드의 멜라닌 형성 억제 작용을 연구한 논문으로 주요 내용으로는 개암나무 껍질로부터 네 가지 다이아릴헵타노이드, (5R)-1,7-bis (3,4-dihydroxyphenyl)-heptane-5-O-β-D-glucoside (1), (5R)-1,7-bis (3,4-dihydroxyphenyl)-heptane-5-ol (2), oregonin (3), hirsutanonol (4)를 분리하고, B16 흑색종 세포에서 멜라닌 수준과 타이로시네이즈 활성을 측정하여 멜라닌 형성에 미치는 억제 효과를 검사하였다. 흑색종 세포의 배양 매질에 다이아릴헵타노이드를 첨가함으로써 멜라닌 수준과 타이로시네이즈의 활성은 75에서 85%로 감소하였다. 반면, 멜라닌 형성 촉진제, α-MSH와 forskolin로 처리된 흑색종 세포의 배양매질에 다이아릴헵타노이드의 첨가에 의해서는 멜라닌 수준과 타이로시네이즈의 활성이 13에서 43%로 감소하였다. 이들 멜라닌 형성 억제 효과는 대조군과 비교했을 때 유의한 차이를 보였다는 내용이다. — 중앙대학교 약학대학 조수민 외 4, 대한약학회지(2002. 12.)

● **한국산 개암종실의 중성지질 조성에 관한 연구** : 본 논문은 한국산 개암종실의 중성지질 조성에 관한 연구로서 thinchromatography(Iatroscan TH-10 type)를 이용하여 분석하였으며 그 결과 주 성분은 triglyceride 그 함량이 93.79%였으며 기타 성분은 cholesterol palmitate(4.02%), free cholesterol(2.19%)이 확인되었으며 또한 주성분의 구성 성분을 분석한 결과 한국산 개암 종실 중에는 우리 인체에 가장 필요한 필수지방산의 1종인 linolein acid로 구성된 trilinolin의 함량이 18.01%나 되기 때문에 식품으로서의 영양학적 가치가 높다고 여겨진다. — 한양대학교 식품과학연구소 김미란 외 2, 약학회지(1981. 12. 30.)

개암나무 암꽃과 수꽃

개암나무 새순

개암나무 미성숙 열매

개암나무 열매, 개암

개양귀비

양귀비과 / *Papaver rhoeas* L.

양귀비과의 두해살이풀로, 유럽이 원산지이며, 우리나라에서는 관상용으로 재배한다. 키는 30~80㎝ 정도로 자라고, 식물 전체에 털이 있다. 키는 1m 정도로 자라고, 꽃잎이 매끈하다. 5~6월에 흰색·붉은색·노란색 등 다양한 색의 꽃이 핀다. 중국에서는 자결한 항우項羽 장군의 애첩인 우미인虞美人의 무덤가에서 피었다 하여 '우미인초虞美人草'라고 부른다. 붉은색 개양귀비의 꽃말은 '덧없는 사랑'이고, 흰색 개양귀비의 꽃말은 '망각'이다.

한방에서 꽃을 포함한 지상부를 해수·복통·설사 등을 치료하는 약으로 쓴다. 유럽에서는 씨를 빵에 넣어서 먹거나 기름을 짜서 쓰며, 줄기는 채소로, 빨간 꽃잎은 시럽이나 술을 담는 데 쓴다.

백두산에서는 키 작은 두메양귀비가 자란다.

약명/이명 여춘화麗春花 / 우미인초虞美人草, 우미인, 애기아편, 꽃양귀비, 물감양귀비

생육 & 채취	
장 소	전국 각지에서 관상용으로 재배
시 기	봄~여름
부 위	꽃잎
손질법	생것으로 쓰거나 그늘에서 말린다.

효 용	
성 미	약간의 독이 있다.
활 용	해수, 복통, 설사

연구 & 특허
● 항산화 및 미백 활성을 갖는 꽃 혼합 추출물 및 그 추출방법 및 그 꽃 혼합 추출물을 함유하는 화장료 조성물

● 항산화 및 미백 활성을 갖는 꽃 혼합 추출물 및 그 추출 방법 및 그 꽃 혼합 추출물을 함유하는 화장료 조성물

: 본 발명은 항산화 및 미백 활성을 갖는 꽃 혼합 추출물 및 그 추출 방법 및 그 꽃 혼합 추출물을 함유하는 화장료 조성물에 관한 것으로, 더욱 구체적으로는 상기 항산화 및 미백 활성을 갖는 꽃 혼합 추출물은 복수초꽃, 으름꽃, 자귀나무꽃, 접시꽃, 일당귀꽃, 개구릿대꽃, 매발톱꽃, 쑥꽃, 개쑥부쟁이꽃, 참취꽃, 유채꽃, 닥나무꽃, 과꽃, 동백꽃, 차나무꽃, 능소화, 금작화, 홍화, 결명자꽃, 맨드라미꽃, 박태기꽃, 모과꽃, 감국, 구절초꽃, 참으아리꽃, 닭의장풀꽃, 산딸기나무꽃, 산수유꽃, 자주괴불주머니꽃, 현호색꽃, 호박꽃, 난꽃, 패랭이꽃, 향유꽃, 골등골나물꽃, 개나리꽃, 패모꽃, 치자꽃, 은행나무꽃, 해바라기꽃, 뚱딴지꽃, 왕원추리꽃, 부용꽃, 무궁화꽃, 옥잠화, 수국, 봉선화, 타래붓꽃, 노랑꽃창포, 황매화, 배롱나무꽃, 익모초꽃, 싸리나무꽃, 참나리꽃, 생강나무꽃, 맥문동꽃, 금은화, 가을가재무릇꽃, 목련, 자목련, 배꽃, 수선화, 연꽃, 달맞이꽃, 작약꽃, 모란꽃, 개양귀비꽃, 마타리꽃, 오동꽃, 고만이꽃, 머위꽃, 나팔꽃, 자리공꽃, 도라지꽃, 둥글레꽃, 탱자꽃, 살구꽃, 매화, 도화, 벚꽃, 앵두꽃, 칡꽃, 진달래꽃, 아카시아꽃, 찔레꽃, 해당화, 조릿대꽃, 괴화, 조팝나무꽃, 때죽나무꽃, 라일락꽃, 민들레꽃, 산자고꽃, 제비꽃, 병꽃, 등나무꽃, 산초나무꽃, 옥수수꽃, 양하꽃, 백일홍 중 둘 이상의 꽃 혼합물에 물 또는 유기용매 중 어느 하나이거나 이들의 혼합물을 가하여 추출한 항산화 및 미백 활성을 갖는 꽃 혼합 추출물 및 그 추출 방법 및 그 꽃 혼합 추출물을 함유하는 화장료 조성물에 관한 것으로서, 본 발명은 피부 내 산화물질을 제거하여 피부를 보호하며 노화를 예방하고 피부 세포 내 멜라닌의 생성을 억제하여 미백에 도움을 주는 효과가 월등하고, 상기 추출물을 첨가하여 제조한 화장료 조성물도 항산화 및 미백 효과가 현저하다. — 특허등록 1081059호, 한국콜마홀딩스 주식회사

개양귀비 꽃봉오리

개양귀비

개양귀비 열매

개양귀비

개오동

능소화과 / *Catalpa ovata G. Don*

능소화과에 속하는 중국 원산의 낙엽활엽교목으로, 우리나라에는 조선 시대 초기에 들어왔을 것으로 짐작되며, 주로 강원도·경기도·평남· 평북 지방에 분포한다. 오동나무를 닮았으나 오동나무에 비해 격이 떨 어진다는 의미에서 이름에 '개'자가 붙은 듯하다. 키는 10~20m 정도이 고, 나무껍질은 회갈색이며, 잎은 부채처럼 넓다. 6~7월에 팝콘처럼 생 긴 꽃이 피고, 10월에 암갈색의 긴 콩꼬투리 모양의 열매가 땅을 향해 주렁주렁 뻗은 채로 익는다. '노나무'라고도 부르며, 잎이 이른 가을에 떨 어진다고 하여 '추목秋木'이라고도 한다.

한방에서는 개오동 열매를 '재실梓實'이라고 하며, 신장염·부종·단 백뇨 등에 쓴다. 나무 속껍질은 '재백피梓白皮'라 하여 신경통·간염·담 낭염·황달·신장염·소양증·암 등에 처방해 왔다. 노나무 열매를 완 전히 익기 전에[푸를 때] 따서 그늘에 말려 쓰면 신장염·복막염·요독 증·부종에 효과가 있다. 어린 열매는 식용할 수 있는데, 구연산(비타민 C)이 들어 있어 피로 해소에 도움이 되는 것으로 알려져 있다. 여러 연구

생육 & 채취	
장 소	강원도, 경기도, 평남. 평북 지방
시 기	9~10월
부 위	어린 열매. 나무껍질
손질법	겉껍질을 벗기고 속껍질을 그늘에 말린다.

효 용	
성 미	맛이 쓰고 성질이 차다.
활 용	열매는 이뇨제로 쓰이고, 속껍질은 신경통, 간염. 신장염, 암 등에 좋다.

연구 & 특허
● 개오동나무의 표피로부터 분리한 카탈포사이드를 유효성분으로서 함유하는 항염증제 조성물 ● 개오동나무에서 추출한 Catalposide의 항염 및 세포고사 억제 효과에 관한 연구 外 p.992 참고

에서 개오동나무 추출물은 항염증 효과, 미생물 생육 저해 활성, 당뇨성 백내장 치료 가능성 등이 밝혀졌다.

개오동 목재는 습기에 강하고 벌레가 잘 먹지 않아 악기나 가구를 만드는 데 쓴다.

약명/이명 재실梓實, 재백피梓白皮 / 개오동나무, 향오동, 노나무, 추목

고서古書 · 의서醫書에서 밝히는 효능

동의보감 악창 등으로 인해 온몸에 좁쌀알 크기의 두드러기 같은 것이 나면서 몹시 가렵고, 피부가 헐거나 갈증이 나는 증상에 좋다.

특허 · 논문

● 개오동나무의 표피로부터 분리한 카탈포사이드를 유효성분으로서 함유하는 항염증제 조성물 : 본 발명은 개오동나무의 표피로부터 분리한 이리도이드 글리코시드(iridoid glycoside) 계열의 화합물인 카탈포사이드(catalposide)를 유효성분으로 함유하는 항염증제 조성물에 관한 것으로, 더욱 상세하게는 염증 반응을 매개하는 물질로서 유도성 일산화질소 합성효소(inducible nitric oxygen synthase; iNOS), NF-κB, TNF-α, IL-1β 및 IL-6를 억제하여 항염증반응을 나타내는 항염증제 조성물에 관한 것이다. ― 특허등록 제421625호. 정**

● 개오동나무에서 추출한 Catalposide의 항염 및 세포 고사 억제 효과에 관한 연구 : 본 논문은 개오동나무에서 추출한 Catalposide의 항염 및 세포 고사 억제 효과에 관한 연구 논문으로, 주요 내용으로는, 개오동나무 수피와 과실의 항염 효과는 유효성분인 Catalposide가 TNF-a 및 NO의 발현과 생성의 억제와 관련이 있음을 확인하고, 항산화 활성에 근거하여 Catalposide가 함유된 개오동나무 수피와 과실 등이 산화적 스트레스와 관련된 만성 퇴행성 질환 등에 한의학 임상 등으로 응용될 수 있음을 확인하는 내용이다. ― 원광대학교 한의과대학 본초학교실 오천식 외 7, 대한본초학회지(2005. 9.)

개오동 꽃

개오동

개오동 마른 열매

개오동나무 줄기

개옻나무

옻나무과 / *Rhus tricocarpa Miq.*

옻나무과의 낙엽활엽소교목으로, 우리나라 전국의 산허리나 산기슭에 자생한다. 키는 약 7m까지 자라고, 잎줄기와 어린 가지는 붉은색을 띠며, 가지를 자르면 유액이 나온다. 5~6월경 황록색의 꽃이 피고, 9~11월 말에 납작하고 둥근 모양의 열매가 노란색을 띤 갈색으로 익는다. 가을에 붉나무와 함께 산을 붉게 물들이는 단풍이 특징이다. 유사종으로 옻나무·산검양옻나무·붉나무 등이 있다.

　개옻나무 새순은 붉은색, 참옻나무 새순은 녹색을 띠며, 가지를 잘랐을 때 나오는 즙은 개옻나무가 검은색, 참옻나무는 노란색이다. 개옻나무는 줄기가 세로로 길게 갈라지고, 참옻나무는 줄기껍질이 사다리꼴로 갈라진다. 참옻나무는 잎줄기가 푸른색이고 나무껍질이 개옻나무보다 희어 보인다. 붉나무는 잎줄기에 날개가 있어서 구분된다.

　참옻나무와 같은 용도로 약용하며, 개옻나무의 수지도 옻나무의 진액인 건칠과 함께 약으로 쓴다.

　한방에서는 옻에 위장 보호 및 항암 효과가 있다고 하며, 현대의학에

생육 & 채취	
장 소	전국의 산기슭
시 기	10월
부 위	수액. 수지
손질법	건조시킨다.

효용	
성 미	맛은 맵고 성질은 따뜻하며 약간의 독이 있다.
활 용	위장 보호와 항암 효과가 있다.

연구 & 특허
● 항산화물질을 함유한 옻나무 추출물 및 그 제조 방법 外 p.992 참고

서는 독성이 있어 간에 부담을 준다고 여긴다. 약성과 독성을 동시에 갖춘 나무이다.

약명/이명 건칠乾漆 / 산칠수

특허 · 논문

● 항산화 물질을 함유한 옻나무 추출물 및 그 제조 방법 : 본 발명은 종양의 촉진(promotion)의 자유산소(free oxygen)에 관여하는 항산화 물질을 함유한 옻나무 추출물 및 제조 방법, 이들 항산화 추출물의 숙취 제거 작용에 따른 용도에 관한 것으로, 옻나무(*Rhus verniciflua stokes*), 개옻나무(*R. trichocarpa*), 검양옻나무(*R. succedanea*), 산검양옻나무(*R. sylvertris*) 또는 붉나무(*R. javanica Linne*) 중에서 선택된 옻나무의 어린 가지, 잎 또는 줄기에서 항산화물질을 추출하고 정제하는 과정 중 알러지 증상을 나타내는 알레르겐을 제거한 항산화 물질을 함유한 옻나무 추출물 및 그 제조 방법, 제조된 항산화 물질을 함유한 추출물의 숙취 해소 작용에 관한 것이다. 본 발명품은 제재학적으로 매우 안정하여 알러지를 발현시키지 않으면서 활성산소종들을 효과적으로 제거하거나 생성을 억제시키면서 숙취 제거 효과가 뚜렷한 항산화 물질을 함유한 옻나무 추출물 및 이를 함유한 건강보조식품이다.

— 특허등록 제367363호, 정**

개옻나무 새순

참옻나무 새순

개옻나무 새순

개옻나무 마른 열매

갯까치수영

앵초과 / *Lysimachia mauritiana*

앵초과의 두해살이풀로, 우리나라에서는 제주도와 울릉도, 남해안의 볕이 잘 드는 바위틈이나 마른 땅에서 잘 자란다. 봄에서 여름 사이 제주도 해안 돌틈 사이에 한 무더기씩 자라 있는 것을 흔히 볼 수 있다. 동아시아, 남태평양의 여러 섬에도 분포한다.

키는 10~40cm로 자라고, 윤기가 나는 육질肉質의 잎은 매우 두껍다. 7~8월에 흰색의 꽃이 줄기 끝에 여러 개 뭉쳐서 피고, 10월경에 팥알 크기만 한 둥근 열매가 갈색으로 익는데, 끝에 작은 구멍이 뚫려 종자가 나온다. 어린순은 나물로 먹는다.

종자를 심으면 발아율이 높고, 꽃이 피어 있는 기간이 길어 관상용으로 인기가 있다.

이명 갯까치수염, 갯좁쌀풀, 해변진주초, 갯꽃꼬리풀

특허 · 논문

● 감귤 또는 고구마 저장병 방제제 조성물 및 감귤 또는 고구마 저장병

생육 & 채취	
장 소	제주도, 울릉도, 남해안 바위틈
시 기	7~8월
부 위	어린순
손질법	연한 순을 채취하여 데쳐서 쓴다.

효 용	
성 미	맛은 쓰고 떫은맛이 강하다.
활 용	고혈압, 당뇨, 변비, 부종, 타박상 등에 좋다.

연구 & 특허
● 감귤 또는 고구마 저장병 방제제 조성물 및 감귤 또는 고구마 저장병 방제 방법 外 p.992 참고

 : 본 발명은 갯까치수영 추출물, 갯까치수영 추출물로부터 분리한 아나갈로사포닌 Ⅳ, 아나갈로사포닌 Ⅷ 또는 아나갈리신 C를 이용한 감귤 또는 고구마 저장병 방제제 조성물과 감귤 또는 고구마 저장병 방제 방법을 개시한다. 상기 갯까치수영 추출물과 아나갈로사포닌 Ⅳ, 아나갈로사포닌 Ⅷ 및 아나갈리신 C는 모두 감귤 또는 고구마 저장병의 주요 병원균인 페니실리움 디지타텀 및 페니실리움 이탈리컴에 대해서 항곰팡이 활성을 보인다.

본 발명의 물과 에탄올의 혼합 용매에 갯까치수영을 침지시켜 얻어진 것을 특징으로 하는 감귤 또는 고구마 저장병 방제제 조성물은 (Ⅰ) 및 (Ⅱ) 중 하나인 것을 특징으로 하는 감귤 또는 고구마 저장병 방제제 조성물로서, (Ⅰ) 물과 에탄올의 혼합 용매에 갯까치수영을 침지시켜 얻어진 추출물을 메탄올과 물의 혼합 용매에 현탁시킨 후, 부탄올 또는 헥산으로 분획하여 얻어진 어느 한 용매층의 분획물 및 (Ⅱ) 물과 에탄올의 혼합 용매에 갯까치수영을 침지시켜 얻어진 추출물을 메탄올과 물의 혼합 용매에 현탁시킨 후 헥산, 디클로로메탄, 에틸아세테이트 및 부탄올을 이용하여 순차적으로 분획하였을 때 얻어지는 헥산층 또는 부탄올층의 분획물이다.

— 특허등록 제1168567호, 재단법인 제주테크노파크

갯까치수영

갯까치수영

갯까치수영

갯까치수영

갯메꽃

메꽃과 / *Calystegia soldanella* (L.) Roem. & Schultb.

메꽃과의 여러해살이 덩굴식물로, 우리나라 독도를 비롯한 전국의 해안가 모래땅에서 흔히 자란다. 뿌리는 희고 굵은 줄기가 모래 속에서 옆으로 뻗어나가고, 줄기는 땅속줄기에서 갈라져 지상으로 뻗거나 다른 물체를 타고 올라간다. 바닷가 모래땅에서 자라기에 기어서 뻗어 가는 경우가 더 많다. 꽃은 메꽃과 매우 비슷한데 잎과 꽃이 더 단단하고 윤기 있는 것이 특징이다. 5~6월에 연분홍색 꽃을 피운다.

　메꽃류에는 메꽃 외에도 밤메꽃 · 선메꽃 · 애기메꽃 · 흰메꽃 · 큰매꽃 · 서양메꽃 · 아욱메꽃 등 다양한 종류가 있다.

약명/이명　노편초근老扁草根, 효선초근孝扇草根 / 개메꽃, 해안메꽃

고서古書 · 의서醫書에서 밝히는 효능

운곡본초학　이수利水, 거풍습祛風濕, 화담지해化痰止咳의 효능이 있어 유풍습성관절염類風濕性關節炎을 치료한다.

생육 & 채취	
장 소	전국 해안가 모래땅
시 기	5~6월
부 위	어린순, 땅속줄기
손질법	꽃이 필 때 채취하여 햇볕에 말린다.

효 용	
성 미	약간의 독이 있다.
활 용	이수利水, 거풍습祛風濕, 화담지해化痰止咳

연구 & 특허
● 베타2 활성을 촉진하는 천식 치료용 약용식물 추출물 ● 배양 사람 암세포 내 고유 식물 추출물의 세포독성 작용 外 p.992 참고

● **베타2 활성을 촉진하는 천식 치료용 약용식물 추출물** : 본 발명은 약용식물로부터 얻은 베타2 촉진 활성 추출물에 관한 것으로 더욱 상세하게는 전통적으로 동양에서 사용해온 약용식물인 감수(*Euphorbiae kansui*), 전호(*Anthriscus sylvestris*), 파두(*Croton Tiglium*), 천오(*Aconitum carmichaeli*), 팥꽃나무(*Daphne genkwa*), 갯메꽃(*Calystegia soldanella*), 사람주나무(*Sapium japonicum*)로부터 베타2 수용체의 활성을 촉진하여 천식 질환의 증상인 기도관 수축을 완화시킬 수 있는 활성 추출물과 이를 효율적으로 추출하는 방법, 그리고 그 추출물들을 유효성분으로 함유하는 천식 예방 및 치료의 원료, 건강식품, 생약제에 관한 것이다. — 특허등록 제840723호, 주식회사 뉴젝스

● **배양 사람 암세포 내 고유 식물 추출물의 세포독성 작용** : 본 논문은 배양 사람 암세포 내 고유 식물 추출물의 세포독성 작용을 연구한 논문으로 주요 내용으로는 천연제품으로부터 새로운 강력한 항종양제를 찾기 위한 지속적인 노력에서 한국 고유식물로부터 유도된 57가지 메탄올 추출물의 배양 사람 폐(A549)와 대장(Col2) 암세포에서 생체 외 세포독성 작용을 평가하였다. 조사 결과 16가지 세포 추출물이 *IC*50 기준에서 세포에 대해 활성을 가지고 15가지 추출물이 Col2 세포에 대해 활성을 보였다. 특히 갯메꽃(*Calystegia soldanella*), 처녀치마(*Heloniopsis orientalis*)와 눈측백(*Thuja koraiensis*) 추출물이 강력한 세포독성 작용을 보였다. 이들 추출물로부터 활성화합물을 동정하기 위한 추가적인 연구가 필요하리라고 본다. — 이화여자대학교 약학대학 민혜영 외 6, 생약학회지(2002. 12)

갯메꽃 어린순

갯메꽃

갯메꽃

갯메꽃

갯무

십자화과 / *Raphanus sativus for. raphanistroides Makino*

십자화과의 두해살이풀로, 바닷가의 모래땅에서 잘 자라는 야생 무이다. 지중해가 원산지이며 세계 각지의 바닷가에 분포하는데, 우리나라에서는 제주도와 남부 지방의 해안에 주로 서식한다. 무와 비슷하여 '갯무'라고 부른다. 키는 90㎝ 정도로 자라고, 4~5월에 연한 자주색 또는 흰색의 꽃이 핀다. 꽃이 피고 나면 뿌리는 목질화가 진행된다.

밭에서 나는 무와 비슷하지만 뿌리는 무보다 훨씬 가늘고 잎도 작다. 어린순은 식용하고 뿌리는 약용하는데, 무와 마찬가지로 소화제 역할을 하고, 기관지염을 다스리는 데 약으로 쓰이기도 한다.

이명 무아재비

특허 · 논문

● 재래종 무와 갯무 추출물의 암세포주 증식 저해 활성 및 Glucosinolate 와 Sulforaphane의 함량 : 무의 유방암 및 폐암 세포주에 대한 증식 저해 활성을 분석하였고, 항암 관련 지표 물질로 알려진 glucosinolate의 함

생육 & 채취	
장 소	제주도, 남부 지방의 해안가
시 기	4~5월
부 위	어린순(식용) 뿌리(약용)
손질법	햇볕에 말린다.

효 용	
성 미	맛은 맵고 달며 성질은 서늘하다.
활 용	기관지염, 천식, 결석에 좋다. 소화제 기능도 한다.

연구 & 특허
● 래종 무와 갯무 추출물의 암세포주 증식 저해 활성 및 Glucosinolate와 Sulforaphane의 함량

량 및 sulforaphane의 함량을 조사하였다. 유방암 세포주의 하나인 MCF-7 세포주를 이용한 CCK(cell counting kit) assay분석법을 사용하여 재래종 무와 갯무 추출물의 세포 증식 저해율을 조사한 결과, 재래종 무보다 갯무의 세포 증식 저해율이 높았으며, sulforaphane 함량에서도 갯무가 재래종 무보다 높은 것으로 나타났다. 폐암 세포주의 하나인 A-549 세포주를 이용한 세포 증식 저해율을 조사한 결과, 갯무가 재래종 무보다 높은 세포 증식 저해율을 보였으며, 총 glucosinolate 함량에서도 갯무가 재래종 무보다 높은 것으로 나타났다. 본 연구를 통하여 갯무를 이용하여 재래종 무의 품질 특성을 개량할 수 있는 가능성을 제시하였다. — 호서대학교 식품생물공학과 및 식품기능안전연구센터 최선주 외 6. 동아시아식생활학회지(2009. 8)

갯무

갯무

갯무

갯무

갯취

갯취

국화과 / *Ligularia taquetii* (H.Lev. & Vaniot) Nakai

국화과의 여러해살이풀로, 제주도 서쪽 한림 등의 낮은 지대와 거제도 일부 지역에서만 자생하는 우리나라의 특산 식물이다. 뿌리는 사방으로 넓고 깊게 뻗고, 키는 1m 내외로 곧게 자라며 가지가 갈라지지 않는다. 5~6월에 곰취나 털머위꽃을 닮은 노란색의 꽃이 피는데, 어린순을 묵나물로 만들어 먹지만 곰취보다는 맛이 덜하다. '갯곰취' 또는 '섬곰취'라고도 한다. 제주도에서는 양의 옴을 치료하는 데 사용했다고 한다.

꽃이 필 무렵에 전초를 채취하여 약으로 쓰는데, 열을 식히고 독을 없애며 종기를 가라앉히는 효능이 있다고 전해진다. 약용식물로서의 연구는 거의 없다.

이명 갯곰취, 섬곰취

특허 · 논문

● 제주시 일대 오름의 식물 다양성과 보전 방안 : 제주시 지역 18개 오름의 관속식물은 116과 301속 359종 3아종 78변종 및 14품종으로 총 454

생육 & 채취	
장 소	거제도, 제주도의 양지바른 해안가
시 기	봄(식용) 여름~가을(약용)
부 위	어린순(식용) 전초, 뿌리(약용)
손질법	연한 순을 채취한다.

효 용	
성 미	–
활 용	열을 식히고 독을 없애며 종기를 가라앉힌다.

연구 & 특허
● 제주시 일대 오름의 식물 다양성과 보전 방안 ● 거제 · 서이말등대 주변의 식생

분류군으로 조사되었다. 조사된 오름은 해발 800m 이내로 상록수림은 분포하지 않고 곰솔림이나 삼나무와 편백 조림지가 많았다. 제주시 지역 18개 오름의 고유종은 개족도리풀, 새끼노루귀·벌깨냉이 등 14종이 확인되었다. 식물구계학적 특정식물은 총 116분류군으로, V등급종은 목련·한라돌쩌귀·갯취 등 6종, IV등급종은 섬딸기·버들쥐똥나무·청피사초 등 16종, III등급종은 붓순나무·등수국·가시복분자딸기 등 37종, II등급종은 참개별꽃·돌양지꽃·회목나무 등 6종 그리고 I등급종은 바위고사리·봉의꼬리·후박나무 등 51종이 확인되었다. 산림청 희귀종은 개족도리풀·한라돌쩌귀 및 목련 등 11종이었다. 귀화식물은 애기수영·서양금혼초·등심붓꽃 등 31분류군이 확인되었다. — 호남대학교 생물학과 임동옥. 한국환경생태학회지(2012)

● 거제·서이말등대 주변의 식생 : 본 조사 지역은 행정상 거제시 일운면 와현리 남단 서이말 등대가 위치한 해발 228.4m 고지 일대로서 2001년 8월 1일부터 2002년 7월 30일까지 1년 동안 6회에 걸쳐 식생과 식물상을 조사하여 현존식생도와 군락 조성표를 작성하였다. 본 조사 지역에는 미국자리공·주홍서나물·별꽃아재비 등 27종류의 귀화식물과, 동백나무·우묵사스레피·메밀잣밤나무 등 30종류의 상록활엽수가 자생하였다. 식물 군락은 동백나무 군락·모밀잣밤나무 군락·참식나무 군락·졸참나무 군락·굴참나무 군락·소사나무 군락·때죽나무 관락·곰솔 군락·상수리나무 군락·느티나무 군락·생달나무 군락 등 총 11개 군락으로 나타났다. 전반적으로 천이의 거의 최종 단계에 이르는 매우 양호한 상록활엽수림이 보존된 지역으로서, 백서향·갯취·개족도리·보춘화·죽절초 등의 자생은 학술적·자원적 가치가 높게 인정된다. — 창원대학교 자연과학대학 생물학과 김인택. 한국생명과학회(2002. 12)

갯취

갯취 어린순

갯취 꽃

거북꼬리

쐐기풀과 / *Boehmeria tricuspis* (Hance) Makino

쐐기풀과의 여러해살이풀로, 우리나라 전역의 계곡 가장자리나 숲의 반
그늘에서 잘 자란다. 키는 1m 정도로 자라고, 잎줄기는 붉은색이 감돈
다. 달걀 모양의 잎의 끝이 세 갈래로 갈라지는 모양이 거북의 꼬리를 닮
았다 하여 '거북꼬리'라는 이름이 붙었다. 7~8월에 연한 녹색의 꽃이 피
고, 10월경에 연녹색의 열매가 달린다.

유사종으로 개모시풀 · 긴잎모시풀 · 좀깨잎나무 등이 있다. 줄기는
섬유용으로 이용하고, 봄에 나오는 어린순은 데쳐서 찬물에 담가 우렸다
가 나물로 먹는다. 뿌리를 '장백저마長白苧麻'라고 하여 약으로 쓴다.

약명/이명 장백저마長白苧麻 / 큰거북꼬리, 거복꼬리

고서古書 · 의서醫書에서 밝히는 효능

운곡본초학 청열해독淸熱解毒의 효능이 있고, 각혈咯血, 요혈尿血, 변혈便
血, 붕루崩漏, 질타손상跌打損傷, 육혈衄血, 무명종독無名腫毒, 창양瘡瘍을
치료한다.

생육 & 채취	
장 소	전국의 계곡 근처, 숲의 반그늘
시 기	봄(식용) 봄, 가을(약용)
부 위	어린순
손질법	뿌리의 잡질을 제거하고 햇볕에 말린다.

효 용	
성 미	맛은 달고 성질은 차다.
활 용	청열해독, 각혈, 요혈, 변혈

연구 & 특허
● 거북꼬리의 추출물 이용한 천연 갈색 염모제 및 그 제조 방법
● 좀깨잎나무(*Boehmeria spicata* (Thunb.) Thunb.) 꽃 추출물을 포함하는 항암제 조성물 ※ p.992 참고

● **거북꼬리의 추출물 이용한 천연 갈색 염모제 및 그 제조 방법** : 본 발명은 거북꼬리의 추출물, 바람직하게는 열수 추출물을 이용한 천연 갈색 염모제 및 그 제조 방법에 관한 것으로, 본 발명에 따른 천연 갈색 염모제는 부작용이 거의 없는 천연 염모제로서 충분히 사용할 수 있으며, 기존 화학 염모제와 비교해서도 그 성능이 전혀 뒤지지 않는다. — 특허등록 제698590호, 원광대학교 산학협력단

● **좀깨잎나무(*Boehmeria spicata* (Thunb.) Thunb.) 꽃 추출물을 포함하는 항암제 조성물** : 발명은 좀깨잎나무 (*Boehmeria spicata* Thunb) 또는 모시풀속 식물 추출물{왜모시풀(*Boehmeria longispica* Steud), 개모시풀(*Boehmeria platanifolia* Franch. & Sav.), 왕모시풀(*Boehmeria pannosa* Nakai & Satake), 거북꼬리(*Boehmeria tricuspis* Makino)로 이루어진 군에서 선택된 1종 이상의 것}을 유효성분으로 함유하는 항암제 조성물 및 이를 포함하는 건강기능성 식품 조성물에 관한 것이다. — 특허공개 10–2012–0000250호, 한림대학교 산학협력단

● **모시풀 추출물을 유효성분으로 함유하는 당뇨병, 암 또는 신경 퇴행성 질환의 예방 및 치료용 약학 조성물** : 본 발명은 모시풀 속 식물{모시풀(*Boehmeria nivea*), 섬모시풀(*Boehmeria nipononivea*), 좀깨잎나무(*Boehmeria spicata*), 거북꼬리(*Boehmeria tricuspis*), 긴잎모시풀(*Boehmeria sieboldiana*), 왕모시풀(*Boehmeria pannnosa*), 왜모시풀(*Boehmeria longispica*) 및 개모시풀(*Boehmeria platnifolia*)로 이루어진 군으로부터 선택되는 어느 하나} 추출물을 유효성분으로 함유하는 당뇨병, 암 또는 신경 퇴행성 질환의 예방 및 치료용 약학 조성물 및 상기 추출물을 유효성분으로 함유하는 당뇨병, 암 또는 신경 퇴행성 질환 예방 및 개선용 건강기능식품에 관한 것이다. — 특허등록 제1052191호, 서천군, 공주대학교 산학협력단

좀깨잎나무

거북꼬리

거북꼬리

거지덩굴

포도나무과 / *Cayratia japonica* (Thunb.) Gagnep.

갈매나무목 포도과의 여러해살이 덩굴식물로, 제주도와 남해안 섬 지방의 풀밭이나 빈터, 산골짜기 낮은 지대에서 흔하게 자란다. 거지덩굴이라는 이름은 아무 곳이나 가리지 않고 잘 자라며, 작은 잎 다섯 장이 거지처럼 손은 내밀고 있는 것처럼 보여 붙여진 이름이다. 7~8월에 황록색의 꽃이 피고 열매는 검게 익는다. 덩굴차라고 불리는 돌외(*Gynostemma pentaphyllum* (Thunb.) Makino, 생약명 칠엽담)와 종종 혼동되는 식물이다.

지상부를 약용하는데 생약명은 '오렴매烏蘞莓'라고 한다. 약용 자원식물로서의 연구는 많지 않다.

약명/이명 오렴매烏蘞莓 / 풀덩굴, 울타리덩굴, 새발덩굴, 새반침덩굴

고서古書 · 의서醫書에서 밝히는 효능

약초의 성분과 이용(북한) 민간에서 뿌리를 오줌내기약, 아픔멎이약으로 쓴다.

생육 & 채취	
장 소	제주도, 남해안의 산과 들
시 기	여름~가을
부 위	전초, 뿌리
손질법	뿌리를 햇볕에 말린다.

효 용	
성 미	맛은 쓰고 시며 성질은 차고 독이 없다.
활 용	청열이습淸熱利濕, 해독소종解毒消腫, 요혈尿血, 인후종통咽喉腫痛

연구 & 특허
● 정향나무, 계수나무의 추출물을 이용하는 방향제 外 p.993 참고

운곡본초학 오렴매는 청열이습淸熱利濕, 해독소종解毒消腫의 효능이 있고, 요혈尿血, 인후종통咽喉腫痛, 열독옹종熱毒癰腫, 정창疔瘡, 단독丹毒, 사충교상蛇蟲咬傷, 탕상湯傷, 풍습비통風濕痺痛, 황달黃疸, 사리瀉痢, 백탁白濁을 치료한다. 맛은 쓰고 시며, 약성은 차다.

특허 · 논문

● 정향나무, 계수나무의 추출물을 이용하는 방향제 : 본 논문은 거지덩굴에서 분리된 모노아민산화효소 억제 성분을 연구한 내용으로, 주요 내용으로는 모노아민산화효소(MAO) 억제 검정을 이용하여 거지덩굴 메탄올 추출물의 활성-추적 분리를 통해 거지덩굴 전식물과 과실로부터 7가지 플라보노이드를 분리하고, 그 화학적 구조를 opigenin-7-O-β-D-glucuronopyranoside (1), apigenin (2), luteolin (3), luteolin-7-O-β-D-glucopyranoside (4), (+)-dihydroquercetin (taxifolin) (5), (+)-dihydrokaempferol (aromadendrin) (6) 및 quercetin (7)으로 동정하였다. 이들 중 apigenin (2)과 luteolin (3)과 같은 플라본과 플라보놀, quercetin (7)은 MAO 활성에 대해 강력한 억제 효과를 보였다. 그러나 flavone glycoside, opigenin-7-O-β-D-glucuronopyranoside (1)과 luteolin-7-O-β-D-glucopyranoside (4)는 약한 MAO 억제를 보였다. flavanonol 유도체, taxifolin (5)과 aromadendrin (6)은 약한 억제를 보였다. quercetin (7)은 MAO-A에 대해 보다 강력한 억제 효과를 가진다. — 충북대학교 약학대학 한향화 외 5. 약학회지(2007. 1)

※ 모노아민산화효소억제제(monoamine oxidase inhibitor, ~酸化酵素抑制劑)는 약기, 항우울제 등으로 사용되는 물질

거지덩굴 덩굴손

거지덩굴 꽃

거지덩굴

거지덩굴과 혼동하기 쉬운 돌외

계수나무

계수나무과 / *Cercidiphyllum japonicum* Siebold & Zucc.

계수나무과의 낙엽활엽교목으로, 우리나라 중부 이남의 냇가 등 양지바른 곳에 군락을 이루어 자란다. 꽃이 필 때 향기가 좋고 가을 단풍이 아름다워서 관상용으로 재배한다. 녹나무과의 육계나무(계피)와는 다른 종류이다. 키는 30m까지 자라며, 원줄기는 곧게 자라지만 굵은 가지가 많이 갈라지며 짧은 가지가 있다. 꽃은 암수딴그루로서 5월경에 피며 향기가 나고, 열매는 8월경에 암자갈색으로 익는데 편평하며 한쪽에 날개가 있다.

약명/이명 유계柳桂 / 연향수連香樹, 오군수五君樹, 산백과山白果

고서古書 · 의서醫書에서 밝히는 효능

운곡본초학 가지를 약용하는데, 발한發汗, 산한散寒, 온경溫經, 제사除邪, 지번止煩, 지타止唾, 해기解肌, 화음化飮, 이폐기利肺氣, 실표거사實表祛邪, 인혈귀경引血歸經, 조화영위調和榮衛, 하행발표下行發表의 효능, 견배지절산통肩背肢節酸痛, 소변불리小便不利, 수종水腫, 심계心悸, 완복냉통脘腹冷

생육 & 채취	
장 소	중부 이남의 양지바른 곳
시 기	여름
부 위	가지, 속껍질(약용)
손질법	가지와 껍질을 햇볕에 말린다.

효용	
성 미	맛은 맵고 향기롭다.
활 용	발한發汗, 산한散寒, 온경溫經, 제사除邪, 지번止煩, 지타止唾, 화음化飮 작용

연구 & 특허
● 정향나무, 계수나무의 추출물을 이용하는 방향제

痛, 월경부조月經不調, 징하癥瘕, 풍한습비風寒濕痺, 풍한표실風寒表實, 풍한표증風寒表證을 치료한다.

특허 · 논문

● 정향나무, 계수나무의 추출물을 이용하는 방향제 : 정향나무(*Eugenia caryophyllata*)의 화축 및 수피에서 추출한 정향나무 추출물과 계수나무의 수피에서 추출한 계수나무 추출물을 이용하여 방향성뿐만 아니라 생활환경에서 쉽게 발견되는 곰팡이, 효모, 세균에 강력한 항미생물 작용을 가지는 방향제이다. 특히 순환식 증류 장치를 이용하여 얻은 정향나무 및 계수나무의 추출물을 각각 방향제 100중량부당 0.5 내지 10중량부를 첨가하는 것을 특징으로 하는 에어로졸 형태의 항균성 방향제이다. ─ 특허등록 제173394호, 하이콘테크 주식회사

계수나무

계수나무

계수나무

고광나무

범의귀과 / *Philadelphus schrenkii* Rupr.

범의귀과의 낙엽활엽관목으로, 우리나라 충청북도를 제외한 전국 각지의 산골짜기에서 볼 수 있다. 물 빠짐이 좋고 주변 습도가 높으며 부엽질이 풍부한 곳에서 자란다. 키는 2~4m 정도로 자라는데 생장 속도가 빠른 편이고, 작은 가지에 털이 조금 있으며 2년생 가지는 회색이고 껍질이 벗겨진다. 4~5월에 흰색의 꽃이 우아하게 피고 9월경에 둥근 열매가 익는다.

주로 울타리용이나 정원수로 심어 가꾸며, 어린순은 나물로 먹는다. 유사종으로 서울고광나무·각시고광나무·섬고광나무·털고광나무·애기고광나무 등이 있다.

고광나무 또는 섬고광나무의 뿌리를 '동북산매화東北山梅花'라 하여 한방에서 약으로 쓴다. 소종消腫, 청열해독淸熱解毒의 효능이 있다.

약명/이명 동북산매화東北山梅花 / 조선산매화

생육 & 채취	
장 소	전국 각지의 산골짜기
시 기	봄(식용)
부 위	어린순(식용) 뿌리(약용)
손질법	바람이 잘 통하는 그늘에 말린다.

효 용	
성 미	–
활 용	소종消腫. 청열해독淸熱解毒 작용

연구 & 특허
● 산채류 추출물을 유효성분으로 함유하는 염증성 질환 예방 또는 치료용 조성물 ● 사람 라노스테롤 합성효소를 포함하는 재조합 효모를 이용한 천연물로부터 스테롤 생합성 억제제의 선별

● 산채류 추출물을 유효성분으로 함유하는 염증성 질환 예방 또는 치료용 조성물 : 본 발명은 산채류 추출물을 유효성분으로 함유하는 염증성 질환 예방 또는 치료용 조성물에 관한 것으로, 본 발명의 산마늘(*Allium microdictyon* Prokh) 및 고광나무(*Philadelphus schrenkii* Rup. var. *schnenkii*) 추출물은 질소산화물(NO) 생성 억제, 프로스타글란딘 E2(PGE2) 생성 억제 활성을 동시에 보유하여 염증성 질환 예방 또는 치료용 효과를 나타내며, 세포독성이 없으므로, 염증 관련 질환의 예방, 치료 또는 개선을 위한 의약품, 건강기능식품 또는 기능성 사료에 유용하게 사용될 수 있다. ― 특허등록 제1052067호, 한국과학기술원

● 사람 라노스테롤 합성효소를 포함하는 재조합 효모를 이용한 천연물로부터 스테롤 생합성 억제제의 선별 : 본 논문은 사람 라노스테롤 합성효소를 포함하는 재조합 효모를 이용한 천연물로부터 스테롤 생합성 억제제의 선별을 연구한 논문으로 주요 내용으로는 천연물로부터 스테롤 생합성 억제제를 선별하기 위해, 이 검정법의 주요 표적인 사람 라노스테롤 합성 효소를 운반하는 재조합 효모를 이용한 간단하고 빠른 검정법을 개발하였다. 스테롤 생합성 억제 작용은 재조합 효소의 성장 억제만으로 모니터되었다. 기질을 변화시켜 이 검정법은 시험 재료에 의해 스테롤 생합성의 어떠한 단계가 억제되었는지를 찾을 수 있다. 이 검정법을 이용하여 스테롤 생합성에 대한 저해 활성을 조사하기 위해서 총 102가지 식물 시료를 선별하였다. 선별된 식물 수성 추출액 중에서 11가지 식물 시료가 에르고스테롤 (-) 매질 내 스테롤생합성에 대해 저해활동을 보였다. 특정 억제물질을 선택하기 위해 11가지 식물 시료를 에르고스테롤 (+) 매질 내에서 재검정하였다. 결국 5가지 식물 시료, 어저귀(줄기), 오리나무(줄기), 비름(지상부), 고광나무(잎) 및 *Pimpinelia brachycarpa* Nakai(지상부)가 특이 저해활동을 보였다는 내용이다. ― 전남대학교 약학대학 성정기 외 4, 생약학회지(2003. 12. 31)

고광나무

고광나무 꽃

고광나무. 꽃이 진 자리에 열매가 성숙한다.

고광나무 열매

고들빼기

국화과 / *Crepidiastrum sonchifolium* (Bunge) Pak & Kawano

국화과의 두해살이풀로, 우리나라가 원산지이다. 중부 이남의 산기슭, 들, 밭, 농가의 마당 근처에서 흔히 볼 수 있으며, 토양이 비옥한 곳에 심어 채소로 가꾸기도 한다. 키는 20~80㎝ 정도로 자라고, 5~7월에 노란 꽃이 핀다. 유사종으로 홍도고들빼기 · 까치고들빼기 · 이고들빼기 · 지리고들빼기 · 갯고들빼기 · 한라고들빼기 · 왕고들빼기 · 두메고들빼기 등 다양한 종류가 있다.

고들빼기는 이른 봄에 겨울을 난 것과, 여름에 씨앗이 떨어져 가을에 자란 것을 캐어 나물로 먹거나 김치를 담근다. 약간 쌉쌀한 맛과 향기가 일품인 고들빼기김치는 전주의 특산품이다. 사포닌 성분이 있어 진해鎭咳 · 거담祛痰 작용을 하고, 입맛을 촉진하며 건위제 구실을 한다.

약명/이명　약사초藥師草 / 쓴나물, 씬나물, 좀고들빼기

고서古書 · 의서醫書에서 밝히는 효능

명물기략　고채는 고도苦荼라고도 하는데, 이것이 고독바기가 되었다.

생육 & 채취	
장 소	중부 이남의 산기슭
시 기	이른 봄~여름
부 위	꽃 피기 전의 연한 전초(식용) 전초(약용)
손질법	여름에 채취하여 햇볕에 말린다.

효 용	
성 미	맛은 쓰고 성질은 차다.
활 용	진해, 거담 작용, 건위제

연구 & 특허
● 마과, 쓴바귀 및 고들빼기의 추출물을 함유한 복합생약바이러스성 간 질환 치료용 조성물 ● 고들빼기 첨가 식이가 알콜투여 흰쥐의 지방 대사와 간 기능에 미치는 영향 外 p.993 참고

고들빼기의 대궁을 자르면 흰 즙이 나오는데, 이것을 사마귀에 떨어뜨리면 저절로 떨어진다. 이 흰 즙이 젖과 비슷하여 젖나물이라고 한다.

특허 · 논문

● 마과, 씀바귀 및 고들빼기의 추출물을 함유한 복합생약 바이러스성 간 질환 치료용 조성물 : 본 발명은 마과(*Cucumis melon* Linn. *var. ma-gua*), 씀바귀 및 고들빼기의 추출물을 포함하는 복합생약을 이용한 바이러스성 간 질환 예방 및 치료 활성을 갖는, B형 간염 바이러스에 의한 간염, 간경화의 예방 및 치료용 조성물에 관한 것이다. 본 발명의 복합생약 조성물은 각각의 생약성분들의 다양한 작용에 의해 간 기능을 항진시키고, HBV 바이러스 DNA 증식을 억제시킴으로써 항바이러스 작용을 나타내어, 바이러스성 간염 및 간경화에 대한 예방 및 치료에 안전하고 효과적인 의약품 및 건강보조식품을 제공한다. — 특허등록 제553982호. 주식회사 바이오원 외 4

● 고들빼기 첨가 식이가 알콜 투여 흰쥐의 지방대사와 간 기능에 미치는 영향 : 본 연구는 고들빼기 첨가 식이가 알콜 투여 흰쥐의 지방대사와 간 기능에 미치는 영향에 대하여 연구한 논문으로, 주요 내용으로는 고들빼기 첨가 식이가 만성적인 알콜 투여 흰쥐의 지방대사 및 간 기능에 미치는 영향을 조사하였다. Sprague-Dawley계 수컷 흰쥐를 각 군에 6마리씩 정상식이군, 알콜 투여군, 고들빼기 첨가 식이군, 고들빼기 첨가 식이에 알콜 투여군으로 나누어 30일간 사육한 후 조사하였다. 그 결과 고들빼기 첨가 식이가 알코올에 기인한 흰쥐의 지방대사 및 간 손상을 부분적으로 개선하는 효과가 있음을 시사하였으며, 고들빼기 성분 중의 GABA가 일부 기여하는 것으로 사료된다. — 전북대학교 식품영양학과 및 유전공학 연구소 손희숙 외 2, 한국영양학회지(2001. 7. 31.)

고들빼기

고들빼기 꽃

왕고들빼기 뿌리

고려엉겅퀴

국화과 / *Cirsium setidens* (Dunn) Nakai

'곤드레'라는 이름으로 더 잘 알려져 있는 여러해살이풀로, 전국의 산기슭과 들판에 자생하는데 특히 강원도 지역에서 잘 자란다. 일본과 중국 등의 동아시아 지역, 지중해 연안·북아메리카 남서부 등 북반구의 온대부터 한대까지 널리 분포한다. 키는 50㎝~1m로, 밑줄기는 곧지만 가지가 갈라지면서 사방으로 넓게 퍼진다. 1년생은 가지가 1~3개 정도이고, 2~3년생은 8~11개 정도 된다. 8~10월에 붉은빛을 띤 보라색 꽃이 가지 끝마다 한 송이씩 핀다. 대부분의 엉겅퀴가 식용뿐만 아니라 약용으로 사용되고 있는 반면, 고려엉겅퀴는 식용으로만 이용되고 있다.

어린순과 줄기를 식용하는데, 다른 산채들이 주로 봄 한철에만 채취하여 식용하는 반면 곤드레는 여름까지도 잎이나 줄기가 연하여 채취량이 많다. 연한 순을 데쳐서 우려내어 묵나물·국거리·볶음으로 요리해 먹는데, 강원도 정선 일대에서는 최고의 나물로 친다. 과거 빈궁기에는 구황식물로 이용했으며, 오늘날에는 별미 건강식으로 인정받고 있다.

이명 곤드레, 독깨비엉경퀴, 도깨비엉경퀴, 구멍이

생육 & 채취	
장 소	전국의 산기슭과 들
시 기	봄~여름
부 위	식용 : 연한 순과 잎
손질법	어린순을 채취하여 데쳐서 말린다.

효용	
성 미	맛은 쓰고 달며 성질은 차다.
활 용	지혈, 어혈, 해독 작용, 옹종

연구 & 특허

- 고려엉겅퀴 추출물을 주요 활성성분으로 함유하는 피부 외용제 조성물
- 고려엉겅퀴(Cirsium setidens Nakai)의 생리화학적 구성요소와 사람 암세포주에 대한 세포독성

● **고려엉겅퀴 추출물을 주요 활성성분으로 함유하는 피부 외용제 조성물** : 고려엉겅퀴 추출물을 주요 활성성분으로 함유하는 화장료 조성물로서, 조성물 총 중량에 대하여, 고려엉겅퀴 추출물 0.001~30.0중량%를 함유하는 것을 특징으로 하는 참나물 추출물을 주요 활성성분으로 함유하는 피부 외용제 조성물이 제공된다. 고려엉겅퀴 추출물을 주요 활성성분으로 함유하는 피부 외용제 조성물은 항산화 효과, 주름 방지 효과, 미백 효과, 육모효과, 여드름 방지 효과, 자극완화 효과가 우수하다. 또한 항산화능, 인간 섬유아세포 활성 효과, 피부 잔주름 개선 효과, 미백 효과, 육모 효과, 여드름 방지 효과, 피부 자극 완화 효과가 있다. — 특허등록 제728813호, 한불화장품 주식회사

● **고려엉겅퀴(*Cirsium setidens* Nakai)의 생리화학적 구성요소와 사람 암세포주에 대한 세포독성** : 본 논문은 고려엉겅퀴(*Cirsium setidens* Nakai)의 생리화학적 구성요소와 사람 암세포주에 대한 세포독성을 연구한 논문으로 주요 내용으로는 고려엉겅퀴의 지상부의 염화메틸린 추출물로부터 5가지 터펜(1~5), 3가지 지방산(6~8), 두 가지 스테롤(9,10) 및 모노갈락토실디아실글리콜(10)을 분리하였다. 그 화학구조는 분광적 증거에 의해 α-tocopherol (1), 25-hydroperoxycycloart-23-en-3β-o1 (2), 24-hydroperoxycycloart-25-en-3β-o1 (3), mokko lactone (4), transphytol (5), 9, 12, 15-octadecatrienoic acid (6), 9, 12-리놀레산 (7), 팔미트산 (8), acylglycosyl β-sitosterol (9), (2R)-1, 2-O-(9z, 12z, 15z-dioctadecatrienoyl)-3-O-β-D-galactopyranosyl glycerol (10) 및 β-sitosterol glucoside (11)로 결정되었다. 화합물 3은 2.66에서 11.25uM까지의 ED50 값을 가지고 다섯 가지 사람 암세포주에 대해 유의한 세포독성 작용을 보였다는 내용이다. — 성균관대학교 약학대학 이원빈 외 6, 약학회지(2002. 10)

고려엉겅퀴

고려엉겅퀴 꽃

고려엉겅퀴

곤드레밥

고로쇠나무

단풍나무과 / *Acer pictum subsp. mono* (Maxim.) Ohashi

단풍나무과의 낙엽교목으로, 우리나라가 원산지이며, 전라남도 · 경상남도 · 강원도의 산지 숲속에서 자란다. 중국과 일본에도 분포한다. 키는 20m에 이르는데, 곧게 자라고 가지가 넓게 퍼진다. 줄기껍질은 세로로 골이 져 갈라지고, 일년생 가지는 회황색으로 얕게 갈라진다. 4~5월에 작은 꽃이 잎보다 먼저 연한 노란색으로 피고, 9월에 날개 달린 열매가 익는다.

고로쇠라는 이름은 '뼈에 이롭다'라는 의미의 '골리수骨利樹'에서 유래한 것이다. 고로쇠 수액은 매년 경칩 전후인 2월 말~3월 초순에 채취하는데 위장병 · 신경통 · 관절염 환자들의 약수로 이용한다. 잎은 지혈제, 뿌리나 껍질은 관절염이나 골절의 치료에 이용하며, 염색의 재료로 이용하기도 하였다. 유사종으로 털고로쇠나무 · 왕고로쇠나무 · 만주고로쇠 · 당단풍나무가 있고, 울릉도 특산종인 우산고로쇠가 있다.

약명/이명 지금축地錦槭 / 고로쇠 · 고로실나무 · 오각풍 · 수색수 · 신나무 · 단풍나무 · 울릉단풍나무

생육 & 채취	
장 소	산지 숲속
시 기	봄~가을
부 위	줄기(수액), 뿌리껍질
손질법	바람이 잘 통하는 그늘에서 말린다.

효 용	
성 미	맛은 맵고 성질은 따뜻하다.
활 용	당뇨, 위장병, 관절염, 골절 치료

연구 & 특허
● 고로쇠 수액을 함유하는 위염 및 위궤양의 예방 및 치료용 조성물
● 고로쇠 수액을 함유하는 칼슘결핍성 골다공증 예방용 및 개선용 조성물
外 p.993 참고

● 고로쇠 수액을 함유하는 위염 및 위궤양의 예방 및 치료용 조성물 : 본 발명은 고로쇠 수액을 함유하는 위염, 위궤양 예방 및 치료용 조성물에 관한 것으로, 더욱 구체적으로 스트레스 유발로 인한 궤양의 발생을 억제시키는 고로쇠 수액을 유효성분으로 함유하는 위염, 위궤양 예방 및 치료용 조성물에 관한 것이다. 본 발명에 따르면 고로쇠 수액 분말 제형으로 제조할 수 있으며, 상기 고로쇠 수액은 스트레스 또는 알코올성 위궤양을 억제하는 효과를 갖는다. 구체적으로 본 발명의 실시예에서 확인한 바와 같이, 본 발명의 고로쇠 수액은 스트레스로 인해 유발된 위 조직의 궤양 생성을 억제하고 보호할 뿐만 아니라, 산화질소 합성 효소의 발현을 효과적으로 억제함을 확인하였다. 따라서 본 발명의 고로쇠 수액을 이용한 위염 및 위궤양의 예방 및 치료용 조성물의 사용이 기대된다. — 특허등록 제1204981호, 경북대학교 산학협력단

● 고로쇠 수액을 함유하는 칼슘 결핍성 골다공증 예방용 및 개선용 조성물 : 본 발명은 고로쇠 수액을 함유하는 칼슘 결핍성 골다공증 예방용 및 개선용 조성물에 관한 것이다. 보다 상세하게는 고로쇠나무에서 고로쇠 수액을 채취하는 단계와, 고로쇠 수액 불순물을 정제시키는 단계와, 정제된 고로쇠 수액을 약제학적 조성물 또는 식품 조성물로 제조하는 단계로 구성된다. 본 발명의 고로쇠 수액으로 칼슘 결핍성 골다공증에 대한 동물실험을 통하여 확인한 바, 골다공증 개선에 탁월한 효과가 입증되어 이를 최초로 개시하고, 칼슘 결핍성 골다공증 예방용 및 개선용 조성물을 제공하는 데 있다. — 특허공개 10-2009010106283호, 대한민국(관리부서 : 산림청 국립산림과학원장)

● 항산화 활성을 가지는 우산고로쇠 추출물 및 이를 유효성분으로 함유하는 항산화용 화장품 : 본 발명은 물 또는 유기용매로 추출되며 항산화 활성을 가지는 것을 특징으로 하는 우산고로쇠 추출물 및 상기 우산고로

고로쇠나무 새순과 꽃

고로쇠나무

고로쇠나무 단풍

고로쇠나무 열매

쇠 추출물을 유효성분으로 함유하는 항산화용 화장품에 관한 것이다. 본 발명에 따른 우산고로쇠 추출물은 활성산소에 의해 유발되는 질병의 치료 또는 예방뿐만 아니라, 식품의 유지 및 산화적 손상에 의한 피부의 노화를 방지하는 데 유용하게 사용될 수 있다. — 특허등록 제511561호, 한국과학기술연구원

● 초고압 처리된 고로쇠 수액 함유 나노 입자를 포함하는 화장료 조성물의 제조 방법 : 본 발명은 고로쇠나무의 수액을 유효성분으로 함유하는 것을 특징으로 한 화장료 조성물의 제조 방법 및 그 조성물에 관한 것으로, 더 자세하게는 천연 성분을 사용하여 부작용이 없고 침투력과 저장성은 우수하며 자유라디칼 소거력 및 티로시나아제 저해능이 높아 피부 미백 및 노화 방지에 효과적인 화장료 조성물에 관한 것이다. — 특허등록 제1225453호, 강원대학교 산학협력단

● 고로쇠 또는 우산고로쇠 수액이 함유된 기능성 요구르트의 제조 방법 및 그 요구르트 : 본 발명은 고로쇠 및 우산고로쇠 수액이 함유된 요구르트의 제조 방법 및 그 방법에 의해 제조된 요구르트에 관한 것이다. 본 발명에 따른 호상 요구르트 제조 방법은, 우유 78%(v/v)를 중탕시킨 후 40~42℃의 온도에서 유산균 종균 2(V/V)를 접종시키는 단계, 우유와 유산균 종균이 잘 섞이도록 고루 저어 준 다음, 20%(v/v)의 고로쇠 또는 우산고로쇠 수액을 40~42℃의 온도로 하여 첨가하는 단계 및 우유와 유산균을 섞은 것을 공기가 들어가지 않게 밀봉하고 40~42℃의 보온 상태에서 5시간 발효하여 호상 요구르트를 제조하는 것을 특징으로 한다. — 특허등록 제1127388호, 강원대학교 산학협력단

● 고로쇠 수액을 이용한 기능성 막걸리 제조 방법 : 본 발명은 고로쇠 수액을 이용한 막걸리의 제조 방법에 관한 것으로, 더욱 자세하게는 막걸리의 제조 방법에 있어서, 전분질 원료는 증자한 백미를 사용하였고, 주모 제조

우산고로쇠

우산고로쇠

우산고로쇠

및 1단, 2단 담금 시 당화제는 정제 효소를 사용하였으며, 양조 용수는 고로쇠 수액을 일정 비율로 혼합하여 사용하는 것을 특징으로 하는 기능성 막걸리의 제조 방법에 관한 것이다. 본 발명은 1단 담금 및 2단 담금(본 발효)에 당화제로 입국 대신 정제 효소를 사용하여 우수한 맛과 향을 내는 막걸리를 제조할 수 있으며, 일반적인 양조 용수를 사용하는 기존의 방법과 달리 일반 양조 용수에 비하여 당류·무기성분·비타민 등 미량 영양소 함량이 높고 폴리페놀 등 항산화력이 높은 성분을 함유하고 있는 고로쇠 수액을 양조 용수로 사용하여 일반 양조 용수만 사용하였을 때보다 약리적 효능을 높일 수 있다. 또한 고로쇠 수액에 함유되어 있는 무기성분 중에는 항암 효과 및 피부 노화 방지에 효과가 있는 게르마늄과 세레늄이 들어 있어 막걸리의 기능성을 더욱 높일 수 있다. — 특허공개 10-2012-0040170호, 광양시

● **고로쇠 수액 나노입자의 항산화 활성 및 미백 효과의 증진** : 본 논문은 고로쇠 수액 나노입자의 항산화 활성 및 미백 효과의 증진에 관한 연구로서 주요 내용은 다음과 같다. 고로쇠(*Acer mono*) 수액은 초고압 과정을 거쳐 레시틴으로 입자화 하였다. 고로쇠 수액 나노 입자는 1.0mg/*ml*에서 89.7%의 유리 라디칼 소거 효과를 보여 비입자화 수액에 비해 높게 나타났다. 또한 Clone M-3 세포를 이용한 멜라닌 생성 실험에서 47.8%의 강한 저해 효과를 보였다. 나노 입자의 티로시나아제 저해는 85.8%로 높았으며, 사람 정상 섬유아세포에 대한 세포독성이 14.8%로 낮게 나타났다. 결론적으로 고로쇠 수액은 미백 효과와 항산화 활성을 높일 수 있는 화장품의 원료가 될 수 있다. — 의료바이오신소재융복합연구사업단 강원대학교 바이오산업공학부 김지선 외 9, 한국약용작물학회지(2011. 6. 30.)

꽃이 핀 고로쇠나무

고로쇠나무

고로쇠나무 꽃

고마리

마디풀과 / *Persicaria thunbergii* (Siebold & Zucc.) H. Gross ex Nakai

마디풀과의 덩굴성 한해살이풀로, 우리나라 전국 각지의 양지나 반양지의 물가에서 잘 자란다. 항상 많은 무리를 이루며 자라는데 정화 작용이 탁월하다. 식물 전체 길이는 1m 정도로, 줄기가 가지를 치면서 비스듬히 자란다. 모가 난 줄기는 갈고리와 같이 생긴 작은 가시가 연이어 나 있고, 잎 표면에는 짧은 털이 있다. 여름에 연분홍 또는 붉은색이 도는 흰색 꽃이 가지 끝에 10~20송이 뭉쳐서 피고, 8~9월경에 황갈색의 열매가 달린다. 관상용으로 쓰이며, 어린순은 나물로 먹는다.

약명/이명 고교맥苦蕎麥 / 극엽료, 줄고마리, 고만잇대, 조선고마리

고서古書 · 의서醫書에서 밝히는 효능

본초도감 기운을 다스리며 통증을 그치게 하고 얼굴색이 누렇게 뜨고 힘이 없고 식욕이 없으며 음식을 먹으면 헛배가 부른 비장이 허약한 데서 오는 증상을 치료한다. 또한 이뇨제로서 소변을 잘 나가게 하는 작용도 한다.

생육 & 채취	
장 소	전국 각지의 양지의 물가
시 기	가을
부 위	어린순(식용) 전초(약용)
손질법	뿌리를 캐서 씻은 후 햇볕에 말린다.

효 용	
성 미	맛은 쓰고 평하다.
활 용	시력 증진, 이질, 이뇨제

연구 & 특허
● 나노리포좀으로 안정화된 씀바귀 및 고마리 추출물을 함유하는 화장료 조성물 ● 고마리의 이소람네틴의 팔레실 단백질 전달 효소에 미치는 저해 활동 ※ p.993 참고

● **나노리포좀으로 안정화된 씀바귀 및 고마리 추출물을 함유하는 화장료 조성물** : 본 발명은 씀바귀 및 고마리를 1:19∼19:1의 중량비로 혼합하여 추출한 추출액을 포함하는 나노리포좀을, 화장료 조성물 총 중량에 대하여 0.01∼30.0중량% 함유하는 것을 특징으로 하는, 나노리포좀으로 안정화된 씀바귀 및 고마리 추출액 함유 화장료 조성물에 관한 것으로, 본 발명에 따르면, 안정성이 우수하여 씀바귀와 고마리의 추출액이 과량 함유되어도 침전 및 변색이 개선되며, 자극 완화 효과가 뛰어난 씀바귀 및 고마리 추출액 함유 나노리포좀으로 안정화된 화장료 조성물, 특히 투명 또는 액상 형태의 화장료 조성물을 얻을 수 있다. — 특허등록 제532010호, 나드리화장품 주식회사

● **고마리(*Persicaria thunbergii*)의 이소람네틴의 팔레실 단백질 전달효소에 미치는 저해 활동** : 본 논문은 고마리의 이소람네틴의 팔레실 단백질 전달효소에 미치는 저해 활동을 연구한 논문으로 주요 내용으로는 고마리 지상부의 메탄올 추출물이 팔레실 단백질 전달효소(FPTase)에 저해 활동을 보였다. 메탄올 추출물의 생물 검정- 추적 분획법을 통해 FPTase의 억제제로서 이소람네틴이 분리되었다. 이 화합물은 용량 의존적 방식으로 FPTase 활성을 보였으며, 이소람네틴의 IC_{50} 값은 37.5μM였다는 내용이다. — 경희대 오현미 외 10, 약학회지(2005. 2.)

● **암세포주에 대한 고마리에서 분리된 isorhamnetin의 항증식 효과** : 본 논문은 암세포주에 대한 고마리에서 분리된 isorhamnetin의 항증식 효과를 연구한 내용으로, 주요 내용으로는 고마리 지상부에서 분리한 isorhamnetin이 farnesy 단백질 전이효소의 억제로 매개되는 항종양 활성을 가지는 것으로 보고되고 있다. NIH3T3, K-RAS, H-RAS, SW620 세포에 대한 isorhamnetin의 항증식 효과를 조사한 결과 각각 4.1, 7.9, 20.2 및 22.4$\mu g/ml$의 IC_{50} 값을 가지고 용량 의존적인 항증식 효과를 가진다. — 한국과학기술연구원 이수경 외 8, 한국생약학회(2006. 12.)

고마리

고마리

고마리

고본

산형과 / *Angelica tenuissima* Nakai

산형과의 여러해살이풀로, 우리나라 중부 이북의 석회암 지대 깊은 산에서 자라란다. 함백산 중턱에서도 자생지가 확인되었으며, 약용작물로 많이 재배한다. 키는 30~80cm 정도이고, 줄기는 곧게 서고 가지를 치며, 털이 없고 향기가 강하다. 잎은 코스모스와 비슷하고, 8~9월에 피는 흰 꽃은 천궁과 닮았다. 회갈색 또는 갈색의 타원형 열매가 가을에 익는다.

한방에서 고본의 뿌리를 두통 · 치통 치료에 쓰고, 주로 감기로 인한 두통과 발열, 기침과 가래, 콧물과 코막힘 등의 병증에 활용한다. 사상의학에서는 고본을 태음인의 약물로 분류하고 '열다한소탕熱多寒少湯'이나 치통을 치료하는 '여신주如神炷'의 구성 약물로 처방한다. 현대의 성분 분석에서도 정유 · 스테로이드steroid · 지방산 · 슈크로스sucrose 등의 정유 성분이 인플루엔자influenza 바이러스의 성장을 억제한다는 사실이 밝혀졌다. 최근 연구에서 고본 추출물은 중풍 또는 뇌졸중 등의 신경계 질환, 여드름 예방 및 치료, 피부 미백 효과가 있으며, 육류나 생선의 잡내를 제거하는 효능이 있음이 밝혀졌다.

생육 & 채취	
장 소	중부 이북 석회암지대의 산
시 기	겨울~봄
부 위	뿌리줄기, 뿌리
손질법	음력 정월 2월에 뿌리를 캐 햇볕에 말린다.

효 용	
성 미	맛은 맵고 쓰며, 성질은 약간 따뜻하다.
활 용	감기로 인한 두통, 발열, 콧물

연구 & 특허
● 체모 성장 억제제 화장료 조성물 ● 고본 추출물의 항염증 및 진통 효과   外 p.993 참고

고서古書 · 의서醫書에서 밝히는 효능

명의별록 습사濕邪와 풍사風邪를 제거하고 금창金瘡을 치료한다. 목욕제와 화장품을 만들 수 있다.

특허 · 논문

● 체모 성장 억제제 화장료 조성물 : 본 발명은 체모 성장 억제제에 관한 것으로, 체모의 성장 또는 발육을 억제하기 위한 유효성분으로서, 테스토스테론 5α-리덕타아제 활성 억제 작용과 체모의 성장기 전환 저해 작용이 뛰어난 고본 및 오미자의 추출물을 포함하는 체모 성장 억제 조성물은 우수한 체모 성장 억제 효과를 가지므로, 탈모나 제모를 목적으로 하는 제품뿐 아니라, 탈모나 제모 후 체모의 효과적인 관리를 목적으로 하는 제품에도 적용이 가능하다. — 특허등록 제1065609호, 주식회사 엘지생활건강

● 고본 추출물의 항염증 및 진통 효과 : 본 논문은 고본 추출물의 항염증 및 진통 효과에 관한 연구로서 쥐의 카라기난 유발성 부종, 아세트산 유발 복통, 열 유발성 통각과민증에 대해 고본 추출물의 영향을 조사하였다. 고본 추출물을 투여했을 때 카라기난 유발성 발 부종의 크기를 감소시켜 발 부종을 억제하였고, 아세트산 유발성 복통을 억제하였다. 그리고 열 유발성 통각과민에 대해서는 고본 추출물이 영향을 미치지 않는 것으로 나타났다. 이와 같이 고본 추출물은 카라기난 유발성 부종과 아세트산 유발성 복통을 감소시키는 것으로 나타났으며, 항염증 효과와 진통 효과를 가진다. — 경원대학교 한의과대학 생리학교실 윤정환 외 6, 동의생리병리학회지(2006. 8. 25.)

고본 꽃

고본 꽃

고본

고추나무 꽃

고추나무

고추나무과 / *Staphylea bumalda* DC.

고추나무과의 낙엽관목으로, 우리나라 전역의 깊고 높은 산 계곡의 해가 잘 들고 물 빠짐이 좋은 곳에서 자란다. 키는 3~5m 정도로 자라고 가지가 많이 갈라진다. 5~6월에 흰 꽃이 피고, 9~10월에 위가 둥글고 아래는 핫바지 모양으로 생긴 갈색의 열매가 익는다. 나뭇잎이 우리가 흔히 먹는 채소인 고추의 잎을 닮았다고 해서 '고추나무'라는 이름이 붙었다.

봄에 돋아나는 어린순은 잡맛이 없고 순하므로 데쳐서 나물로 먹고, 장아찌를 담그기도 하며, 묵나물을 만들어 두었다가 먹기도 한다. 꽃을 말려서 차로 마시기도 한다. 또한 목재가 단단하여 나무못이나 젓가락을 만들어 쓴다고 한다.

한방에서는 열매와 뿌리를 '성고유省沽油'라고 하여 가을과 겨울 사이에 채취하여 햇볕에 말려서 기관지염이나 산후에 훗배 아픈 데 약으로 쓴다.

약명/이명 성고유省沽油 / 개절초나무, 고치때나무, 까자귀나무, 미영꽃나무, 쇠열나무, 반들잎고추나무, 민고추나무, 넓은잎고추나무, 둥

생육 & 채취	
장 소	전국의 높은 산 계곡
시 기	가을~겨울
부 위	새순(식용) 열매, 뿌리(약용)
손질법	열매, 뿌리를 채취하여 햇볕에 말린다.

효 용	
성 미	맛은 달고 성질은 평하다.
활 용	윤폐지해潤肺止咳 하므로 해수咳嗽를 다스란다.

연구 & 특허
● 고추나무(Staphylea bumalda) 잎의 화학적 성분 外 p.993 참고

근잎고추나무

고서古書 · 의서醫書에서 밝히는 효능
운곡본초학 윤폐지해潤肺止咳하는 효능이 있어 해수를
치료한다.
한국의 약용식물(배기환) 부인의 산후어혈의 치료에도
이용한다.

특허 · 논문
● 고추나무(*Staphylea bumalda*) 잎의 화학적 성분 : 본
논문은 고추나무(*Staphylea bumalda*) 잎의 화학적 성
분을 연구한 논문으로 주요 내용으로는 고추나무 잎
의 부탄올 가용 분획으로부터 6가지 화합물을 분
리했다. 분광 데이터에 기초하여 화합물들은 각각
atragalin (1), 2-methyl-5,7-dihydroxy-chromone-7-O-
β-D-glucopyranostde (2), isoquercitrin (3), nicotiflorin
(4), kaempferol 3-neohesperidoside (5), kaempferol
3-O-[(α-rhamno-pyranosyl-(1→4)-rhamnopyranosyl-(1→6)-
β-D-glucopyranoside] (6)으로 동정되었다는 내용이다.
— 강원대학교 약학대학 손순주 외 4, 생약학회지(2004. 8. 31.)

고추나무 새순과 지난해 열매

고추나무 꽃봉오리

고추나무에 날아든 사향제비나비

고추나무 열매

곤약

천남성과의 여러해살이풀로, 따뜻하고 그늘진 습지를 좋아한다. 동남아시아가 원산지이며, 우리나라 남부 지방의 절 근처에서 간혹 볼 수 있다. '곤약감자' 또는 '구약감자'라고도 하며, 식용하거나 약용하기 위해 재배한다. 일반적으로 곤약은 뿌리줄기를 지칭하는 것으로, 일본에서 흔히 사용하는 식재료인 곤약의 원료이다.

곤약에는 '글루코만난glucomannan'이라는 수용성 식이섬유가 풍부하다. 몸에 흡수되지 않고 장 속의 노폐물을 흡착하여 몸밖으로 배출하므로 정장整腸·다이어트 효과가 있으며, 콜레스테롤 수치를 낮추는 작용을 한다.

약명/이명 구약蒟蒻 / 곤약감자, 구약감자

고서古書·의서醫書에서 밝히는 효능

운곡본초학 곤약의 덩이뿌리는 소종消腫·해독解毒하는 효능이 있고, 담수痰嗽·적체積滯·학질瘧疾·나력瘰癧·징하癥瘕·질타손상跌打損傷·옹종癰腫·정창疔瘡·단독丹毒·탕화상湯火傷·사교상蛇咬傷을 치료한다.

생육 & 채취	
장 소	남부 지역
시 기	가을
부 위	뿌리줄기
손질법	늦가을에 채취하여 햇볕에 말린다.

효 용	
성 미	맛은 맵고 쓰며, 성질은 차고 독이 약간 있다.
활 용	소종, 해독 효능

연구 & 특허
● 한약재와 곤약을 이용한 비만 또는 고지혈증의 치료 및 예방용 약제학적 조성물 ● 글루코만난을 첨가하여 제조한 국수가 고지방식이를 급여하여 유도된 비만 흰쥐의 체중 감소에 미치는 영향 外 p.993 참고

특허 · 논문

● **한약재와 곤약을 이용한 비만 또는 고지혈증의 치료 및 예방용 약제학적 조성물** : 본 발명은 한약재를 이용한 비만 또는 고지혈증의 치료 및 예방용 약제 조성물에 관한 것이다. 본 발명은 하수오, 택사, 오미자, 결명자, 차조기, 산수유, 산사자, 강황, 휘첨, 반하, 익지, 도인 및 방기로 이루어진 한약재를 추출한 추출물과 곤약의 혼합물을 유효성분으로 함유하는 비만 또는 고지혈증의 치료 및 예방용 약제 조성물을 제공한다. 본 발명은 체중 증가를 억제하고, 식욕을 감소시키며 중성지방과 콜레스테롤 농도를 효과적으로 저하시킴으로써 고지혈증 및 지질대사 개선에 유용한 기능성 식품 및 치료제 개발에 유용하게 사용될 수 있다. — 특허등록 제733984호, 이** 외 2

● **글루코만난을 첨가하여 제조한 국수가 고지방 식이를 급여하여 유도된 비만 흰쥐의 체중 감소에 미치는 영향** : 100% 글루코만난으로 제조된 국수의 체중 감소 효과를 측정하기 위해 고지방 식이에 의해 유도된 비만 흰쥐에게 35일간 급여 수준을 달리하여 공급하면서 비만지수, 혈청 및 혈액 영양생화학적 분석을 실시하였다. 그 결과, 고지방 식이군인 NO군이 높은 체중 증가량을 보였고, N25군, N50군 순으로 체중 감소 정도가 컸다. 비만 지수와 체지방 함량의 변화도 같은 경향이었으며, 혈액 및 혈청 생화학적 분석으로 영양 상태를 측정한 결과, 대체적으로 국수를 25% 섭취한 N25군이 국수를 50% 섭취한 N50군에 비해 영양 상태가 양호하게 나타났다. 본 연구 결과, 섬유성분이 대부분인 국수는 적은 양, 적은 칼로리로도 포만감을 주어 체중 감량에 효과가 크나, 섭취 비율이 다른 식이와 적절할 때 영양상에도 문제가 없음을 알 수 있었다. 따라서 글루코만난으로 제조된 식품인 '국수'는 다이어트 식품 소재로 좋은 효과가 있는 것으로 시사되었다. — 호서대학교 벤처전문대학원 첨단산업기술학과 박수진 외 1, 한국식품영양과학회지(2003. 8. 30.)

곤약

곤약

곤약

골무꽃

꿀풀과 / *Scutellaria indica* L.

꿀풀과의 여러해살이풀로, 우리나라 전역의 산기슭이나 숲 가장자리 그늘에서 잘 자란다. 키는 약 20~40㎝ 정도 되고, 네모난 줄기에 털이 많이 나 있다. 5~6월에 자주색의 꽃이 핀다. 열매가 익으면 작은 접시 모양의 씨방이 생기는데, 속명인 'Scutellaria'는 라틴어로 '작은 접시'라는 뜻이다. 꽃 모양이 바느질할 때 쓰는 골무를 닮아서 '골무꽃'이라고 한다.

유사종으로 광릉골무꽃 · 그늘골무꽃 · 들깨잎골무꽃 · 떡잎골무꽃 · 산골무꽃 · 수골무꽃 · 애기골무꽃 · 연지골무꽃 · 좀골무꽃 · 참골무꽃 · 흰골무꽃 · 황금 등이 있다.

어린순은 나물로 먹고, 생약명은 '한신초韓信草'라고 하여 뿌리째 위장염 · 해열 · 폐렴 등의 약재로 쓴다.

약명/이명 한신초韓信草 / 편향화偏向花, 대력초大力草, 이공초耳控草, 인도현삼印度玄參, 이알초耳挖草

생육 & 채취	
장 소	전국의 그늘진 산기슭
시 기	여름
부 위	어린순(식용) 뿌리, 전초(약용)
손질법	햇볕에 말린다.

효용	
성 미	맛은 맵고 쓰며, 성질은 평하다.
활 용	거풍祛風, 지통止痛, 해독解毒, 활혈活血 작용

연구 & 특허
● 항 HIV제 조성물 ● 뽕나무 추출물, 골무꽃 추출물 및 하나 이상의 살리실산 유도체를 함유하는 화장용 또는 피부용 조성물 外 p.993 참고

고서古書 · 의서醫書에서 밝히는 효능

운곡본초학 한신초는 풍사風邪를 몰아내고 혈血을 잘 순환하게 하며 해독, 통증을 그치게 하는 효능이 있다. 타박상, 피를 토하는 증상, 해혈咳血, 옹종癰腫, 정독疔毒 및 치통齒痛을 치료하는 약재이다.

특허 · 논문

● 항 HIV제 조성물 : 본 발명은 HIV(에이즈, 후천성 면역결핍 증후군) 역전사효소 및 HIV 프로테아제 억제 활성을 갖는 플라보노이드 계열의 화합물을 이용한 항HIV제 조성물에 관한 것으로 유효성분으로서 스쿠텔라레인을 포함하는 항HIV제 약제학적 조성물에 대한 것이다. 스쿠텔라레인(Scutellarein)이란 4',5,6,7-테트라하이드록시플라본(4',5,6,7-tetrahydroxyflavanone)을 가리키는데, 마찬가지로 식물체로부터 분리된 것 또는 합성된 것을 포함하는 의미이다. 스쿠텔라레인은 한령(Scutellaria baicalensis Georgi.), 골무꽃, 자전초, 쉬땅나무(진주매) 등으로부터 분리될 수 있다. — 특허등록 제992438호, 제주대학교 산학협력단, 재단법인 제주테크노파크

● 뽕나무 추출물, 골무꽃 추출물 및 하나 이상의 살리실산 유도체를 함유하는 화장용 또는 피부용 조성물 : 본 발명은 뽕나무 추출물 또는 이러한 추출물에서 분리된 활성 물질, 골무꽃 추출물 또는 이러한 추출물에서 분리된 활성 물질 및 하나 이상의 알킬, 알콕시, 에스테르 케톡시 살리실산 유도체, 예컨대 5-n-옥타노일살리실산, 또는 상이 유도체의 염을 조합해서 함유한 화장용 또는 피부용 조성물이다. 상기 뽕나무 추출물은 모루스 알바(Morus alba)의 뿌리 추출물이고, 상기 골무꽃의 추출물은 스쿠텔라리아 바이칼렌시스(Scutellaria baicalensis ; 골무꽃) 뿌리의 추출물이다. 본 발명에 따른 조성물은 인간의 피부의 탈색소침착 또는 백화白化를 위해 또는 피부 색소

골무꽃

참골무꽃

그늘골무꽃

연지골무꽃

침착 반점을 제거하기 위해 또는 머리털 및 다른 털을 탈색하기 위해 또는 타이로시나아제 및 멜라닌 합성을 억제하기 위해 사용될 수 있다. ─ 특허등록 제345096호, 로레알(프랑스)

● **한신초의 항암 활성 물질에 관한 연구** : 한방에서 소염제로 사용되어 온 한신초(*Scutellaria indica* L., 골무꽃)로부터 항암 활성 성분을 단리, 화학구조를 규명하고 암세포들에 대한 활성을 측정하였다. 그리고 이들 활성 물질들의 유사체를 합성하여 구조-활성의 상관성을 규명하였고, 황금(*Scutellaria baicalensis*의 뿌리)의 세포독성물질인 skullcapflavoneII의 합성법을 개발하였다. 요약하면 다음과 같다. 1. 항암 활성 물질 5개를 분리, 기기분석에 의거 구조를 규명하였다. 1) 2(S)-5,7,2'-dihydroxy-8,2'-dimethoxyflavanone, 2) 2(S)-5,7,2'-trihydroxy-8-methoxyflavanone, 3)2(S)-5,2',5'-trihydroxy-7,8-dimethoxyflavanone, 4) wogonin, 5) 5,7-dihyroxy-8-methoxyflavone 2. 분리한 물질들은 HL-60, K562, L1210쥐와 사람의 암세포에 대하여 강력한 항암 활성을 나타냈다. 분리된 물질 중 2번 물질의 작용이 가장 강하였으며 암세포에 대한 ED50 값은 각각 0.57, 1.31, 2.74 및 0.94$\mu g/ml$이었다. 3. 항암 활성 물질들의 유사체를 합성하여 세포독성 효과를 검토한 결과 flavanone의 기본 골격인 B환의 메타위치에 OH기가 있을 때 강한 활성을 보였다. 4. Sarcoma180 복수암에 대한 실험 결과 수명 연장 효과를 확인하였다. ─ 충남대학교 배기환, 1993

● **Wogonin - HaCaT 각질세포 내의 p38 MPA 키니아제 신호를 통한 NF-의 활성 억제에 의한 시토킨 유도체 TARC/CCL17 발현 억제 물질의 발견** : 이 논문은 HaCaT 각질세포 내의 p38 MPA 키니아제 신호를 통한 NF-kB의 활성 억제에 의한 시토킨 유도체 TARC/CCL17 발현 억제 물질인 wogonin에 관한 것이다. 최근 발견된 가는골무꽃에서 추출하는 물질인 wogonin은 진드기 항원이 유발되는 인간각질세포 내의 HO1을 통한 TARC의 발현

을 억제한다. 그러나 키니아제와 관련된 TARC/CCL-17발현 억제 wogonin의 억제 기제는 거의 알려져 있지 않다. 억제 기제를 연구하기 위해 핵인자-kB(NF-kB)와 TNF-IkBα 인산, TNF-α와 IFN-γ 과 연관된 HaCaT 각질세포 내의 p38 MAP 키니아제의 활성화를 측정한다. 주요 내용은 wogonin이 각질세포 내의 p38 MAP 키니아제 신호 경로를 통해 IkBα 감성으로 인한 시토킨유도체 NF-kB 활성화를 억제하며 wogonin 신호 경로의 조절이 아토피성 피부염의 치료에 유용할 것이라는 것이다. — 전주대 장선일. 동의생리병리학회지(2007. 8. 25)

● 생약복합제제(사물청간장四物清肝腸)의 흰쥐 약물성 간 장해에 대한 보호 작용 : 본 논문은 생약복합제제 사물청간장四物清肝腸의 흰쥐 약물성 간 장해에 대한 보호 작용을 연구한 논문으로, 주요 내용은 골무꽃, 쑥, 인진호, 작약 및 치자 추출물 등의 복합제제가 갖는 GOT, GPT, ALP 및 LDH 활성 감소 작용, 흰쥐의 혈청 중 총콜레스테롤의 함량 감소 효과 및 담즙 분비 증가 효과에 미치는 영향을 각 제제의 투여 용량에 따라 자세히 검토를 수행한 내용이다. — 조선대학교 약학대학 엄기진 외 1. 생약학회지(1995. 12. 30)

광대나물

꿀풀과 / *Lamium amplexicaule* L.

꿀풀과의 한해살이 또는 두해살이풀로, 우리나라 전역의 경작지 주변이나 풀밭, 길가에서 흔하게 자란다. 20~30㎝ 정도 되는 모가 난 줄기가 밑동에서 여러 갈래로 갈라져 더부룩하게 자라는데, 엎드리는 습성이 있다. 길쭉한 대롱 모양의 꽃이 4~5월에 붉은 보라색으로 피고, 7~8월에 달걀 모양의 열매가 익는다. 풀잎 모양이 젖은 코딱지를 닮았다 하여 '코딱지나물'로 불린다.

유사종으로 자주광대나물·흰꽃광대나물 등이 있다. 어린순은 나물이나 된장국에 넣어서 먹고, 꽃을 따서 차를 만들어 마시기도 한다.

지상부는 '보개초寶蓋草', '등룡초燈龍草'라 하여 민간에서 토혈과 코피를 멎게 하는 데 사용한다. 풍을 없애 주며, 진통·소종 등의 효능을 가지고 있다.

약명/이명 보개초寶蓋草 / 등룡초燈龍草, 연전초連錢草, 풍잔風蔬, 코딱지나물, 불좌

생육 & 채취	
장 소	전국의 경작지 주변이나 길가
시 기	초여름
부 위	어린순(식용) 전초(약용)
손질법	햇볕에 말리거나 생것 그대로 쓴다.

효 용	
성 미	맛은 맵고 쓰며, 성질은 약간 따뜻하다.
활 용	거풍통락祛風通絡, 소종지통消腫止痛

연구 & 특허
● 국내 자생식물의 항균 활성 위 p.993 참고

● **국내 자생식물의 항균 활성** : 새로운 유용식물 자원개발의 일환으로 80종류(95 시료)의 국내 자생식물을 채집하여, 이들 methanol 추출물의 Bacillus subtilis, Staphylococcus aureus, Escherichia coli 및 Vibrio parahaemolyticus에 대한 항균력을 검토하였다. 실험 대상 4가지 균주 모두에 항균성을 보인 것은 사철쑥, 지칭개, 뿌리뱅이, 꿀풀, 광대나물 그리고 향나무였으며, 씀바귀, 떡쑥, 애기똥풀, 조팝나무, 냉이 전초 및 동백나무 잎 가지 등을 포함한 8종류는 적어도 3가지 균주에 대해 항균성을 보였다. 반면에, 라일락 잎은 그람 음성균인 E. coli와 V. parahaemolyticus에서, 꽃다지는 V. parahaemolyticus에서, 얼레지의 인경은 B. subtilis에 대해 선택적인 항균성을 보였다. 특정 균주에 대한 항균력을 살펴보면, B. subtilis에 대해서는 얼레지의 인경(18㎜)이, S. aureus에 대해서는 조팝나무(16㎜), E. coli에 대해서는 라일락의 잎(18㎜) 그리고 V. parahaem olyticus에 대해서는 꽃다지(23㎜)가 각각 가장 높은 항균성을 나타내었다. 한편, 비교적 강한 항균 활성을 보여 준 9종류의 methanol 추출물을 극성에 따라 용매 분획하여 얻은 n-hexane, chloroform, ethyl acetate와 물 분획물의 B. subtilis와 V. parahaemolyticus에 대한 항균성 실험을 실시한 결과, 실험한 모든 분획물 중에서 지칭개의 chloroform 분획물이 가장 높은 항균력(각각 17㎜, 29㎜)을 보였다. 뿌리뱅이는 chloroform 분획물에서, 사철쑥, 씀바귀 및 꿀풀은 hexane 분획물에서, 그리고 동백 잎 줄기는 ethyl acetate 분획물에서 각각 상대적으로 강한 항균성을 보였으나, 향나무와 쇠뜨기는 물 분획물을 제외한 모든 분획물에서 비교적 고른 항균성을 보였다. — 경상대학교 농화학과 양민석 외 4, 한국응용생명화학회지(1995. 12. 31.)

광대나물

자주광대나물

광대나물

광대수염

꿀풀과 / *Lamium album var. barbatum* (Siebold & Zucc.) Franch. & Sav.

꿀풀과의 여러해살이풀로, 산지의 반그늘에서 자란다. 키는 약 30~60 cm 정도 되며, 줄기는 네모나고 잔털이 나 있다. 5~6월에 흰색의 꽃이 핀다. 꽃은 흰색 혹은 연한 홍자색으로 줄기가 올라오면서 잎이 전개되는데 가운데에서 꽃이 5~6송이가 뭉쳐서 핀다. 열매는 7~8월경에 달린다.

봄철 연한 순과 줄기는 나물이나 튀김으로 이용한다. 뿌리를 포함한 전초는 약으로 쓰인다.

약명/이명 야지마野芝麻 / 산광대, 수모야지마

고서古書 · 의서醫書에서 밝히는 효능

운곡본초학 양혈지혈凉血止血, 이습소종利濕消腫, 활혈지통活血止痛, 폐열해혈肺熱咳血, 혈림血淋, 월경부조月經不調, 수종水腫, 백대白帶, 소아감적小兒疳積, 질타손상跌打損傷, 붕루崩漏, 위통胃痛, 종독腫毒을 치료한다.

생육 & 채취	
장 소	산지의 그늘진 곳
시 기	5~6월
부 위	어린순(식용) 뿌리, 전초(약용)
손질법	전초를 채취하여 그늘에서 말린다.

효 용	
성 미	맛은 맵고 달며, 성질은 평하다.
활 용	양혈지혈凉血止血, 이습소종利濕消腫, 활혈지통活血止痛

연구 & 특허
● 식물의 수성 추출물을 제조하는 공정 및 이렇게 수득되는 추출물 外 p.993 참고

● 식물의 수성 추출물을 제조하는 공정 및 이렇게 수득되는 추출물 : 본원 발명은 식물, 특히 초본(아니스 (*Pimpinella anisum*), 가시오갈피(*Eleutherococcus senticosus*), 쇠뜨기(*Equisetum arvense*), 금잔화(*Calendula officinalis*), 짚신나무(*Agrimonia eupatoria*), 레피듐 라티폴륨(*Lepidium latifolium*), 광대수염(*Lamium album*) 등에서 선택)의 수성 추출물을 제조하는 방법에 관하는데, 상기 방법은 다음의 단계로 구성된다. a) 식물의 정화, b) 식물의 분쇄, c) 분쇄된 식물을 레이저 방사로 처리, d) c) 단계에서 얻은 혼합물을 물에 현탁, e) d) 단계에서 얻은 현탁액의 냉침 (Maceration), f) 생성된 액체의 분리(seperation). 또한, 본원 발명은 이런 방법으로 수득되는 조성물에 관하는데, 이들 조성물 중 일부는 의료 분야, 특히 면역 억제 질환, 예를 들면 암, 결핵, 인플루엔자, 감기, 알레르기, 홍반성 루프스, 건선, AIDS의 치료 또는 바이러스 질환, 예를 들면 간염의 치료에 사용될 수 있다. — 특허등록 제775153호, 봄순드 그루포 아세소르 에스.엘.(스페인)

광대수염

광대수염 꽃

광대수염 꽃

괭이밥

괭이밥과 / *Oxalis corniculata* L.

괭이밥과의 여러해살이풀로, 우리나라 전역의 산과 들판, 빈터 등 해가 잘 드는 곳이면 어디서나 잘 자란다. 키는 10~30㎝ 정도이고, 가지를 많이 치며, 노란색 꽃이 봄부터 여름 사이에 피고 진다. 2㎝ 내외 크기의 열매가 9월경에 익는데 안에는 씨앗이 매우 많이 들어 있다. 유사종으로 애기괭이밥 · 자주괭이밥(*Oxalis corymbosa* DC.) · 큰괭이밥(*Oxalis obtriangulata* Maxim.) 등이 있다.

봄에 나오는 어린순을 나물로 먹기도 한다. 옥살산 성분이 있어서 신맛이 나는데, 고양이가 소화가 되지 않을 때 이 풀을 뜯어 먹는다고 하여 '괭이밥'이라고 한다.

괭이밥은 위장 기능을 좋게 하며, 뿌리는 류머티스성 관절염에도 효과가 있는 것으로 알려져 있다. 또한 불면증에는 솔잎과 대추를 첨가하여 달여 먹는다고 한다. 괭이밥 · 자주괭이밥 · 큰괭이밥 등의 전초를 '초장초醋漿草'라고 하는데, 한방에서는 악창이나 치질 등에 약으로 쓴다. 괭이밥은 혈액을 맑게 하고 간장을 튼튼하게 하며 소화를 잘되게 하고 밥

생육 & 채취	
장 소	전국 각지의 양지바른 곳
시 기	7~8월
부 위	어린순(식용) 전초(약용)
손질법	전초를 채취하여 햇볕에 말린다.

효 용	
성 미	산 성분이 있어 씹으면 신맛이 나며, 성질은 차다.
활 용	악창, 치질, 벌레에 물린 데 좋다.

연구 & 특허
● 특정 식물 추출물을 함유하는 여드름 피부용 화장료 조성물 外 p.994 참고

맛을 좋게 하는 효과도 있다.

약명/이명 초장초酢漿草 / 시금초, 괴싱아산장초, 괭이밥풀

특허 · 논문

● **특정 식물 추출물을 함유하는 여드름 피부용 화장료 조성물** : 본 발명은 종래의 화장료 조성물에 인체에 안전한 괭이밥과 호장근으로부터 얻은 복합식물 추출물을 배합한 것으로서 여드름 유발균인 백색 포도상구균 및 여드름 병산간균의 생육을 억제함과 동시에 여드름 발생의 원인이 되는 과다한 각질을 제거함으로써 여드름 피부에 유효한 효과를 갖는 특정 식물 추출물을 함유하는 여드름 피부용 화장료 조성물에 관한 것이다. 본 발명은 종래의 화장료 조성물에, 여드름 유발균인 여드름 병산간균과 백색 포도상구균에 대해 강력한 항균 효과를 가지면서도 여드름 발생의 원인이 되는 과다한 피지 및 각질 생성을 예방하거나 제거하여 모공이 폐쇄되는 것을 예방하고 여드름 피부에 사용 후에는 여드름 발생으로 넓어진 모공을 수렴시켜 피부를 매끈하게 해 주어 여드름 개선에 효과적이고 장기간 사용 시 인체 안전성이 높은 식물인 괭이밥과 피부의 각질 제거에 효과적인 호장근의 특정 부위 약재를 건조 중량 기준으로 일정 비율로 배합하여 용매로 추출, 얻은 복합 식물 추출물을 화장료 제형에 따라 일정량 함유하는 것으로 구성된 것이다. 이상과 같은 본 발명에 의한 화장료 조성물의 효과를 임상적으로 측정한 결과, 특정 식물 추출물을 함유하는 여드름 피부용 화장료는 종래 처방의 화장료에 비해 여드름 피부에 대해 우수한 효과를 가진다. — 특허공개 10-2011-0095555호, 주식회사 로다멘코스메딕스

자주괭이밥

큰괭이밥

흰괭이밥

괭이밥

구골나무

물푸레나무과 / *Osmanthus heterophyllus* (G.Don) P.S.Green

물푸레나무과의 상록관목으로, 우리나라 제주 지방과 서남 해안 지방에 자생하며 내한성이 강하다. 키는 4m까지 자라고, 꽃은 11월에 흰색으로 핀다. 학명 'Osmanthus heterophyllus'에 이 나무의 특징이 모두 표현되어 있다. 속명 'Osmanthus'는 라틴어 향기를 뜻하는 'osme'와 꽃을 의미하는 'anthos'가 합성된 것이고, 종명 'heterophyllus'는 '다양한 잎 모양'이라는 뜻이다. 실제로 어린순은 결각의 수가 다르거나 둥근 것도 있는 등 잎 모양이 다양하고, 겨울에 피는 꽃의 향기가 멀리까지 퍼진다.

유사종으로, 잎에 가시처럼 보이는 큰 결각이 있는 호랑가시나무(*Ilex cornuta* Lindl. & Paxt)가 있으며, 11월경 흰 꽃이 피는 목서(*Osmanthus fragrans* Lour.)와 비슷하여 '구골목서'라고 하는 경우도 있지만 구골목서라는 식물은 없다. 구골나무는 물푸레나무과이고, 호랑가시나무는 감탕나무과로 종이 다른 식물이다. 호랑가시나무의 열매는 붉게 익는 반면 구골나무의 열매는 검은 자주색으로 익고, 호랑가시나무의 잎은 어긋나는 반면, 구골나무의 잎은 마주나기로 난다.

생육 & 채취	
장 소	제주, 서남 해안 지방
시 기	봄(열매) 연중 수시(가지, 잎, 나무껍질)
부 위	가지, 잎, 나무껍질, 열매
손질법	햇볕에 말린다.

효 용	
성 미	맛은 약간 쓰고 성질은 시원하다.
활 용	간과 신장 기능을 활성시키고, 종기, 백일해百日咳에 효과가 있다.

연구 & 특허
● 구골나무 나뭇잎의 항산화 효과와 유효성분의 분석 外 p.994 참고

'구골枸骨나무'라는 이름은 '개뼈다귀나무'라는 뜻이다. 구연산 함유량이 높아서 칼슘이 뼈에 잘 흡착되는데 도움이 되므로 골 관련 질환에 약효를 보인다. 유사 식물인 호랑가시나무의 잎도 '구골엽枸骨葉'이라고 하며, 해수咳嗽 · 객혈喀血 · 두훈목현頭暈目眩 · 요슬산연腰膝酸軟 · 풍습비통風濕痺痛 · 백전풍白癜風 · 음허노열陰虛勞熱 등의 치료에 이용하며, 잎과 꽃은 차나 향료로도 이용하고 있다.

구골나무는 관상수로 주로 이용하며 약용식물 등의 실용적인 연구는 많지 않다.

약명/이명 구골목枸骨木 / 구골, 묘아자나무, 묘아자, 공로자

특허 · 논문

● 구골나무 나뭇잎의 항산화 효과와 유효성분의 분석 : 구골나뭇잎을 80% MeOH로 추출하고 n-hexane 층과 coloroform, ethyl acetate, butanol, H2O로 용매 분리하였다. 용매 분액층들의 항산화 평가를 DPPH scavenging 측정, Folin-ciocalteu법, AlCl3 분광법으로 실행하였고 기준 물질로는 butylated hydroxyanisol (BHA), butylated hydroxytoluene (BHT), 그리고 α-tocopherol을 사용하였다. ethyl acetate와 butanol 분액층이 좋은 항산화 효과를 보였다. Ethyl acetate와 butanol분액층의 GC-mass 분석 결과 4가지 주요 성분 4-hydroxy-3-methoxycinnamaldehyde, 2-(4-hydroxy phenyl)ethanol, d-allose, 2-(phenyl thio)ethanol으로 조성된 것으로 확인되었다. 구골나뭇잎 추출물은 천연 항산화제와 미용, 의약 자원, 건강식품에 활용될 가능성이 높다고 사료된다. — 원광대학교 주성진 석사학위논문(2012)

어린 구골나무

구골나무 꽃

구골나무

호랑가시나무 열매

구상나무

소나무과 / *Abies koreana* Wils.

소나무과의 상록교목으로, 한라산 · 지리산 · 무등산 · 덕유산 등 남부 지방의 고산 지대에 자생한다. 우리나라 특산종으로 학명의 종소명에 '*koreana*'가 들어 있다. 유럽에서는 '한국 전나무(Korean Fir)'로 부르며, 나무 형태가 아름다워서 조경수나 크리스마스 트리로 애용한다. 5~6월에 꽃이 피고, 열매는 10월경에 익는다. 솔방울의 색에 따라 푸른구상나무 · 검은구상나무 · 붉은구상으로 나뉘기도 한다.

구상나무라는 이름은 바늘 모양[針狀]의 돌기가 갈고리처럼 꼬부라진 모양을 뜻하는 '구상鉤狀'에서 유래되었다. 분비나무와 비슷하여 분비나무로 오인되지만 열매의 실인實鄰이 뒤로 젖혀진 점이 분비나무와 다르다. 화학성분으로 β-sitosterol, 6-hydoxydehydroabietinol, torreyaflavone, torreyaflavonoside 등을 함유하고 있다.

구상나무 열매를 '박송실朴松實'이라 하여 한방에서 고혈압 · 두통 · 심신불안 · 현훈眩暈 · 월경부조月經不調 · 붕루崩漏 · 대하帶下를 치료하는 데 쓴다.

생육 & 채취

장 소	남부 지방의 고산 지대
시 기	가을
부 위	열매
손질법	햇볕에 말린다.

효 용

성 미	맛은 떫고 약간 매우며 성질은 평범하다.
활 용	조경활혈調經活血, 평간식풍平肝熄風

연구 & 특허

● 항균 비누 조성물
● 육상식물체 추출물로 제조된 타감 작용 물질을 함유한 남조류의 성장 억제 조성물 外 p.994 참고

 박송실朴松實 / 제주백회濟州白檜, 쿠상 남·구상남·구상낭(제주)

고서古書·의서醫書에서 밝히는 효능

운곡본초학 조경활혈調經活血, 평간식풍平肝熄風의 효능이 있다.

구상나무 꽃

특허·논문

● **항균 비누 조성물** : 본 발명은 피톤치드 물질이 다량 함유되어 있는 구상나무(*Abis Koreana*) 잎 추출물을 화장 비누에 함유시켜 피부 염증을 유발하는 미생물에 대한 항균 작용으로 피부 염증을 치료하고 예방하는 것을 특징으로 하는 항균 비누 조성물에 관한 것이다. 발명자들은 피부염증을 유발하는 병원성 균들을 억제하는 효과가 있으며, 현재 살균제, 방부제 등으로 이용되는 구상나무 잎 추출물을 첨가하면 화학적 합성 항균제보다 거의 자극이 없어 피부에 대한 안전성이 매우 우수하고 인체에 유익한 향으로 인한 소취 효과 또한 얻을 수 있음을 밝혀내고 본 발명을 완성하였다. — 특허공개 10–2008–0081633호, 주식회사 엘지생활건강

구상나무

● **육상식물체 추출물로 제조된 타감 작용 물질을 함유한 남조류의 성장 억제 조성물** : 본 발명은 육상식물체 추출물로 제조된 타감 작용 물질을 함유한 남조류의 성장 억제 조성물에 관한 것으로서, 더욱 상세하게는 참나무과인 붉가시나무와 상수리나무, 소나무과인 구상나무, 감나무과인 고욤나무의 메탄올 추출물을 단독 또는 일정 비율 혼합 사용하여 제조된 타감 작용 물질을 함유함으로써 부영양화의 이차오염 및 부작용을 최대로 줄이며 환경친화적인 남조류의 성장 억제에 효과적인 조성물에 관한 것이다. — 특허등록 제454096호, 클린월드하이테크 주식회사

구상나무

구상나무

구슬꽃나무

꼭두서니과 / *Adina rubella* Hance

꼭두서니과의 낙엽관목으로, 우리나라에 1속 1종밖에 없는 희귀식물로서, 제주도 한라산의 계곡 주변에 자생한다. 키는 3~4m 정도이고, 흰색 또는 연분홍색의 꽃이 7~8월경에 마주보는 잎겨드랑이에서 피고, 열매는 10월경에 익는다. 나뭇잎을 비비면 거품이 나온다 하여 '비누나무' 라고 불러 왔다. 본래는 꽃 모양이 삭발한 스님의 머리를 닮았다고 하여 '중대가리나무'라고 부르다가 어감이 좋지 않아 '구슬꽃나무'로 국가표준식물목록을 개정했다고 한다. 참고로, 초본류 '중대가리풀(*Centipeda minima* (L.) A.Br. & Asch.)'은 아직도 국가표준식물목의 정식 이름으로 남아 있다. 북한에서는 박태기나무를 '구슬꽃나무'라고 한다.

줄기 · 잎 · 꽃 · 열매를 약용하는데, 생약명은 '사금자沙金子'로, 민간에서 장염이나 풍치 등에 이용하였다.

약명/이명 사금자沙金子 / 중대가리나무, 머리꽃나무, 청중대가리나무, 푸른중대가리나무

생육 & 채취	
장 소	제주 한라산 하천 주변
시 기	가을
부 위	줄기, 잎, 꽃, 열매
손질법	햇볕에 말린다.

효 용	
성 미	맛은 담담하며 성질은 평하다.
활 용	장염, 풍치, 고혈압, 두통, 어지럼증 등에 좋다.

연구 & 특허
● 분홍바늘꽃 및 구슬꽃나무 추출물을 유효성분으로 함유하는 주름 개선용 화장료 조성물
● 커피의 재배와 생산을 위한 커피나무와 꼭두서니과 나무의 접목 방법

고서古書·의서醫書에서 밝히는 효능

운곡본초학　사금자는 청열이습清熱利濕, 해독소종解毒消腫의 효능이 있고, 습열설사濕熱泄瀉, 이질痢疾, 습진濕疹, 창절종독瘡癤腫毒, 풍화아통風火牙痛, 질타손상跌打損傷, 외상출혈外傷出血을 치료한다.

특허·논문

● 분홍바늘꽃 및 구슬꽃나무 추출물을 유효성분으로 함유하는 주름 개선용 화장료 조성물 : 본 발명은 분홍바늘꽃 추출물 및 구슬꽃나무 추출물을 유효성분으로 함유하는 주름 개선용 화장료 조성물에 관한 것이다. 본 발명에 있어서 분홍바늘꽃 추출물과 구슬꽃나무 추출물의 혼합 추출물은 주름 개선 효과에 있어서 크게 향상된 시너지 효과를 나타내므로, 피부 내 콜라겐 생성 촉진 효과, MMP-1 생성 억제 효과 및 엘라스타제 저해 활성 효과가 우수한 주름 개선용 화장료 조성물로 이용될 수 있다. — 특허공개 10-2013-0050675호, 주식회사 에이시티

● 커피의 재배와 생산을 위한 커피나무와 꼭두서니과 나무의 접목 방법 : 본 발명은 커피나무를 모수로 하여 접수로 하고, 그 상기 접수와 접목하기 위해 대목을 커피나무와 접목 친화성 있는 꼭두서니과 나무(치자나무 또는 중대가리나무, 생강나무 또는 자귀나무 등)에 접목하여 활착이 이루어지도록 관리하는 커피의 재배와 생산을 위한 커피나무와 꼭두서니과 나무의 접목 방법에 관한 것이다. 본 발명은 커피의 판매 촉진을 통해 농가 소득에 기여하는 효과가 있으며, 커피나무를 종래의 커피 생산국에서 수입품을 대체하는 효과가 있다. 또한, 커피나무의 접목으로 생산되는 커피나무의 묘목, 종자, 잎 등을 이용한 또 다른 형태의 제품을 개발할 수 있어 커피의 활용성을 증대하는 효과가 있다. — 특허공개 10-2012-0102931호, 김**

구슬꽃나무

구슬꽃나무

구슬꽃나무

구슬꽃나무

국수나무

장미과 / *Stephanandra incisa* (Thunb.) Zabel

장미과의 낙엽활엽관목으로, 우리나라 전역의 양지바른 산비탈이나 자갈밭, 들판에서 흔히 자란다. 양지를 좋아하지만 토양이 비옥하고 배수가 잘되면 음지에서도 잘 자라며, 추위에 강하다. 키는 1~2m 정도로 자라는데 가느다란 줄기가 무더기로 올라와 덩굴처럼 땅 위로 축축 늘어져서 전체가 둥근 덤불처럼 보인다. 긴 가지가 국수처럼 보이기도 하는데, 어느 정도 굵은 가지를 잘라 그보다 작은 가지로 심을 밀어내 보면 부드러운 심이 국수처럼 밀려나와 '국수나무'라고 한다. 5~6월에 새로 나온 가지 끝에 흰색의 꽃이 피고, 8~9월에 잔털이 있고 씨방이 많은 2~3㎜ 정도의 둥근 열매가 갈색으로 여문다.

유사종으로 나비국수 · 개국수나무 · 섬국수나무 · 나도국수나무 등이 있다.

민간에서는 가지를 수시로 채취하여 햇볕에 말려서 쓴다. 당뇨 · 협심증 · 비만에 말린 것을 달여서 마신다.

약명/이명 소미공목小米空木 / 소진주화, 야주란

생육 & 채취	
장 소	전국의 양지바른 산과 들
시 기	봄
부 위	어린순
손질법	햇볕에 말린다.

효 용	
성 미	–
활 용	당뇨, 협심증, 비만에 약용 조경수로 활용

연구 & 특허
● 항비만 및 항당뇨 효과를 보이는 자생식물 추출물
● 한국산 자생 수목 유래 수피 추출물의 종양괴 사인자 억제 효과

● **항비만 및 항당뇨 효과를 보이는 자생식물 추출물** : 본 발명은 자생식물(오리나무, 고로쇠나무 및 국수나무)로부터 얻은 비만/당뇨 모델 마우스의 비만 및 당뇨 억제 추출물에 관한 것으로, 더욱 상세하게는 한국에서 자라는 자생식물로부터 비만/당뇨 모델 마우스인 Lepr db /Lepr db 마우스에서 체중 감소 및 당뇨의 원인인 고혈당을 억제하는 추출물과 그 추출물을 유효성분으로 함유하는 비만과 당뇨의 예방 및 치료 생약제에 관한 것이다. — 특허등록 제523443호, 주식회사 케이티앤지생명과학

● **한국산 자생 수목 유래 수피 추출물의 종양괴사인자 억제 효과** : 본 논문은 한국산 자생 수목 유래 수피 추출물의 종양괴사인자 억제 효과를 연구한 내용으로 주요 내용으로는 자연 발생적인 물질은 낮은 독성과 민족약리-기반 효능을 가지는 중요한 생의약 자원이다. 한국 삼림식물의 껍질에서 얻은 45가지의 추출물 중 4가지(노박덩굴, 박태기나무, 국수나무 및 병꽃나무)는 lipopolysaccharide (LPS)-유발 RAW 264.7 세포에서 TNF-α 생성에 대해 50% 이상의 억제성을 보였다. 특히 50% 이상의 억제를 보인 4가지 추출물의 억제성분은 노박덩굴의 methylene chloride (MC) 분획, 박태기나무의 아세트산에틸 (EtOAc) 분획, 국수나무의 핵산 분획(Hx)인 데 반해 병꽃나무의 억제 활성은 Hx, MC 및 EtOAc와 같은 비극성 용매 분획에 폭넓게 분포한 것으로 나타났다. 따라서 위 네 식물의 추출물은 류마토이드 관절염과 같은 TNF-α-mediated 질환에 대한 치료제로 개발되거나 anti-TNF-α 억제 활성을 가지는 활성성분을 분리하기 위해 추가로 분획될 수 있을 것이라는 내용이다. — 대웅제약 중앙연구소 조재열. 한국약용작물학회지(2007. 8. 30.)

국수나무

섬국수나무

국수나무 꽃

국수나무

굴거리나무

굴거리나무과 / *Daphniphyllum macropodum Miq.*

대극과의 상록활엽교목으로, 남부 지역의 섬 지방에 주로 자생하며, 내장산과 같은 내륙지방에도 군락이 발견되고 있다. 비교적 내한성이 강하여 서울에서도 정원수로 기른다. 봄에 새 잎이 난 후에 지난해의 묵은 잎이 떨어지는 모습이 마치 자리를 물려주고 미련 없이 떠나는 장부의 모습과 같다고 하여 '교양목交讓木'이라고도 한다. 잎 모양이 고산 음지에 자생하는 상록의 만병초와 비슷하여 지역에 따라 만병초라고 부르기도 한다. 어린 가지는 붉은빛이 돌고, 잎은 두꺼운데, 굴거리나무의 잎이 달린 가지는 상서로움을 상징하며, 꽃말은 '내 사랑 나의 품에'이다.

《운곡본초학》에 의하면 굴거리나무의 잎은 '우이풍牛耳楓'이라고 하고, 좀굴거리나무는 종자와 나무껍질을 약용하는데 '교양목交讓木'이라고 하여 생약명을 구분하기도 한다. 그러나 좀굴거리나무에 대한 연구는 찾아보기 힘들다.

약명/이명 우이풍牛耳楓 / 교양목交讓木, 굴거리, 만병초

생육 & 채취	
장 소	남부 섬 지방
시 기	상시
부 위	잎. 껍질
손질법	햇볕에 말렸다가 잘게 썰어서 쓴다.

효 용	
성 미	독이 있다.
활 용	진통, 이뇨, 거풍, 관절통, 불임증, 월경불순 등에 효과가 있다.

연구 & 특허
● 민간약 굴거리잎의 생약학적 연구 ● 굴거리나무의 종자번식 및 분화재배에 관한 기초연구

운곡본초학 잎을 약용하는데, 약성은 신辛, 감甘, 양涼, 소독小毒하여 살충殺蟲 또는 청열淸熱하는 효능이 있어서 풍습골통風濕骨痛, 창양종독瘡瘍腫毒, 질타골절跌打骨折, 독사교상毒蛇咬傷 등을 치료한다.

특허 · 논문

● 민간약 굴거리잎의 생약학적 연구 : 본 논문은 민간약 굴거리잎의 생약학적 연구로서, 잎 또는 열매를 교양목이라 하여 민간약으로 종독 및 구충제로 사용되거나 숙취로 인한 위장 문제와 소화불량에 이용되어 왔는데, 식물학적 기원을 생약학적으로 연구한 적이 없다. 굴거리 잎의 식물학적 기원을 명확하게 하기 위해, 국내에 자생하는 굴거리나무(*Daphniphyllum macropodum* Miq.)와 좀굴거리나무(*D. glaucescens* Blume)의 형태학적 및 조직학적 특성을 비교 연구하였다. 결과적으로, 굴거리잎은 굴거리나무(대극과, Euphorbiaceae)의 잎이라는 것이 입증되었다는 내용이다. — 부산대학교 약학대학 이창훈 외 2, 생약학회지(2010. 9. 30.)

● 굴거리나무의 종자 번식 및 분화 재배에 관한 기초 연구 : 상록광엽성인 자생 굴거리나무를 실내 화분 재배 식물로 개발하기 위하여 실험한 결과는 다음과 같다. 종자 저온 처리는 90일 이상 처리에서 발아율이 양호했고, 저온 처리 후 발아 적온은 20℃에서 90%로 가장 좋았다. 차광 정도는 25%, 50%에서 엽수가 많았으며 관상 가치가 좋았으며, 배양토 조합비율은 피트모스(10)+부엽토(10)+밭흙(50)+모래(30)와 피트모스(10)+부엽토(50)+밭흙(30)+모래(10)에서 수고가 크고 엽수가 가장 많았다. 적심 부위는 20cm에서 적심 시기는 2월 20일에서 액아 형성이 많았다는 내용이다. — 박노복 외 3, 농촌진흥청(1993)

굴거리나무

굴거리나무

굴거리나무

굴거리나무

궁궁이

산형과 / *Angelica polymorpha* Maxim.

산형과 바디나물속(*Angelica decursiva*)의 여러해살이풀로, 산골짜기 물가에 잘 자란다. 키는 80~150㎝ 정도이고 줄기는 곧게 서며, 뿌리가 다소 굵은 편이다. 8~9월경 흰색의 꽃이 핀다. 구릿대와 비슷한 식물이다. 두 식물은 잎 가장자리의 톱니 모양의 결각에서 차이가 있는데, 궁궁이는 구릿대보다 결각이 더 심한 편이다.

어린순은 나물로 먹고 뿌리는 약으로 쓴다. 강원도 태백 등지에서는 단오 풍속으로 귀한 창포를 대신하여 천궁이나 궁궁이를 이용해 머리를 감기도 하였다.

약명/이명 산궁궁山芎窮 / 다형당귀多型當歸, 천궁, 백봉천궁, 토천궁, 심산천궁, 개강활, 백봉천궁, 괴근당귀, 제주사약채

특허 · 논문

● 궁궁이로부터 분리한 멜라닌 생합성 저해 활성을 가지는 화합물 및 이를 포함하는 피부 미백제 : 본 발명은 궁궁이로부터 분리한 멜라닌

생육 & 채취	
장 소	산골짜기 물가
시 기	가을
부 위	어린순(식용) 뿌리(약용)
손질법	땅줄기를 캐어 깨끗이 씻고 줄기와 잔뿌리를 다듬어 햇볕에 말린다.

효 용	
성 미	맛은 맵고, 성질은 따뜻하다.
활 용	월경부조, 경폐, 통경, 복통, 풍습비통

연구 & 특허
● 궁궁이로부터 분리한 멜라닌 생합성 저해 활성을 가지는 화합물 및 이를 포함하는 피부 미백제
● 궁궁이 뿌리 추출물을 포함하는 항암제 조성물 外

생합성 저해 활성을 가지는 화합물 및 이를 포함하는 피부 미백제에 관한 것으로서, 더욱 상세하게는 궁궁이 (*Angelica polymorpha*) 지하부를 알콜로 추출한 추출액 중 크로로포름 가용부를 분리하여 젤어과크로마토그래피 하여 단리된 멜라닌 생합성 저해 활성을 가지는 신규 화합물과, 이러한 신규 화합물이 함유되어 있는 피부 미백제에 관한 것이다. — 특허등록 제488493호, 한국생명공학연구원

● 궁궁이 뿌리 추출물을 포함하는 항암제 조성물 : 본 발명은 궁궁이(*Angelica polymorpha*) 등의 산형과 바디나물속(*Angelica decursiva*)에 속하는 다년생 식물(흰바디나물, 구릿대, 참당귀, 궁궁이, 갯강활로 이루어진 군에서 선택된 1종 이상의 것) 추출물을 유효성분으로 함유하는 항암제 조성물 및 이를 포함하는 건강기능성 식품 조성물에 관한 것이다. 본 발명은 항암제 조성물에 관한 것으로 궁궁이 뿌리 추출물을 이용한 항암 효과를 얻는 것을 그 특징으로 하며, 이는 천연물에서 유래한 항암제 조성물이라는 측면에서 그 의의가 있으며 이를 적극적으로 활용할 경우 다양한 질병에 대하여 널리 활용될 수 있다. — 특허공개 10-2012-0000240호, 한림대학교 산학협력단

● 궁궁이(*Angelica polymorpha* MAXIM)로부터 분리한 Coumarin 계열 화합물의 Melanin 생합성 억제 활성 : Melanin 생합성에 key enzyme인 tyrosinase 억제가 melanin색소 억제에 주된 요인으로 알려져 있지만, 생합성기작에는 여러 다른 요인들이 작용하기 때문에 일차적인 탐색 단계에서 tyrosinase 저해 활성뿐만 아니라 S. bikiniensis의 melanin 생합성 억제 연구를 병행하여 천연물을 탐색하였다. 그 중 선택된 궁궁이(*Angelica poiymorpha* MAXIM)에서 3가지 물질을 분리하였으며, 3가지 물질 모두가 $100\mu g/ml$ 이상 농도에서도 tyrosinase 억제 활성이 나타나지 않는 반면, S. bikiniensis melanin 생합성 저해 효과를 보여 주었다. 동일 농도에서 S. bikinieffsis의 생장에는 영향을 미치지 않았다. — 한국생명공학연구원 백승화 외 6, 한국미생물 · 생명공학회지(2003. 6)

궁궁이

궁궁이

궁궁이

귀룽나무

장미과 / *Prunus padus* L.

장미과의 낙엽교목으로, 우리나라 전역의 해발 고도 1,800m 이하의 산골짜기에서 자란다. 깊은 산 계곡에 자생하지만 가로수로 식재하기도 한다. 키는 15m 정도로 자라며, 나무껍질은 흑갈색으로 세로로 벌어지고 나뭇가지를 꺾으면 냄새가 나는데, 이 냄새로 파리를 쫓기도 한다. 4~5월경에 흰색의 꽃이 피고, 6~7월에 열매가 검게 익는다.

어린순을 삶아서 나물로 먹는데 쓴맛이 강하므로 여러 번 우려내야 한다. 열매는 '앵액櫻額'이라 하고, 가지를 건조한 것은 '구룡목九龍木'이라는 한약재로 쓴다. 전라북도 부안 지역의 전통주인 '달선주'의 재료(구룡목·마가목·오가피·창출·우슬·위령선·석창포 등)로 이용하기도 하였다. 달선주는 신경통에 좋은 술로 알려져 있다.

민간에서는 오갈피나무·엄나무·꾸지뽕나무·마가목·귀룽나무를 '오약목五藥木'이라 칭하기도 한다.

약명/이명 구룡목九龍木, 앵액櫻額 / 귀룽나무, 귀중목, 구름나무

생육 & 채취	
장 소	전국의 산골짜기
시 기	봄~여름
부 위	어린순(식용)
손질법	잔가지를 채취하여 그늘에서 말린다.

효 용	
성 미	맛은 달고 떫으며 성질은 차다.
활 용	설사, 기침을 멎게 한다. 척추염, 관절염, 신경통, 요통을 치료한다.

연구 & 특허
● 천연 항산화 조성물
● 헴옥시게나제-1 발현을 유도시키는 혼합 목피 추출물을 함유하는 위장 질환 예방 또는 치료용 약학적 조성물
外 p.994 참고

● 천연 항산화 조성물 : 본 발명은 천연 항산화 조성물에 관한 것으로, 귀룽나무 추출물을 유효성분으로 하고, 닥나무 추출물, 뽕나무 추출물, 두충나무 추출물, 황벽나무 추출물 중에서 선택된 1종 이상이 함유되는 것을 특징으로 하는 천연 항산화 조성물은, 피부 등 인체에 트러블 가능성이 적고, 비교적 안전한 사용이 가능하게 되므로, 화장품 등에 첨가하여 사용할 수 있다는 이점이 있다. — 특허등록 제1157306호, 김**

● 천연 살균 탈취제 : 본 발명은 천연 살균 탈취제에 관한 것으로, 본 천연 살균 탈취제는 귀룽나무 추출물, 황벽나무 추출물, 닥나무 추출물, 뽕나무 추출물, 두충나무 추출물, 삼백초 추출물, 녹차 추출물 및 식물성 에탄올과 같이 천연으로부터 유래한 식물 추출물을 유효성분으로 함유하며, 화학물질, 향료 및 방부제 등을 포함하지 않아 매우 안전한 조성물이면서도 세균 및 곰팡이 제거, 냄새 제거 및 곤충 퇴치 효과가 탁월하므로 천연 살균 탈취제로서 유용하게 사용될 수 있다. — 특허등록 제1075779호, 김**

● 헴옥시게나제-1 발현을 유도시키는 혼합 목피 추출물을 함유하는 위장 질환 예방 또는 치료용 약학적 조성물 : 본 발명은 겨우살이, 귀룽나무, 노린재나무, 칡, 층층나무, 가시오가피, 음나무, 초피나무, 복숭아나무, 황철나무, 화살나무, 으름덩굴, 느릅나무 및 마가목의 각 목피의 혼합 목피 추출물을 유효성분으로 함유하는 위장 질환 예방 또는 치료용 약학적 조성물에 관한 것으로, 상기 추출물은 유도성 헴옥시게나아제(inducible heme oxygenase-1)의 발현을 촉진함으로써 산화적 스트레스를 감소시켜 위장 손상을 예방하거나 치료할 수 있기 때문에 위장 질환 예를 들어, 위염, 위궤양 또는 위장 출혈 등의 예방 또는 치료에 유용하게 사용될 수 있다.

— 특허등록 제587990호, 진주문화방송 주식회사 외 4

귀룽나무 어린순

귀룽나무

귀룽나무

귀룽나무 열매

금잔화

국화과 / *Calendula arvensis* L.

국화과의 여러해살이풀로, 남부 유럽이 원산지이며, 우리나라 전역에서 관상용으로 화단에 심는다. 키는 30㎝ 정도로 자라며, 여름부터 가을까지 가지와 원줄기 끝에 황색 계통의 꽃이 핀다. 품종에 따라 꽃의 색이 다르고 밤에는 꽃잎이 오므라든다.

꽃·잎·정유를 약으로 쓰는데, 꽃을 달인 물을 화상·동상 등의 외상에 습포제나 도포제로 쓰며, 피부를 젊게 하는 목욕제로도 이용한다.

프렌치메리골드도 금잔화라고 부르기도 한다. 꽃말은 '겸손'과 '인내'이다.

이명 금송화, 홍황초, 칼렌둘라

특허 · 논문

● 간암 치료 및 예방용 의약 조성물 : 본 발명은 쥐손이풀(*Geranium*), 금잔화(*Calendula*) 및 질경이(*Plantago*) 추출물과 자하거 가수분해물을 포함하는 항암제, 특히 간암 치료 및 예방용 의약 조성물에 관한 것이다. 본

생육 & 채취	
장 소	전국
시 기	여름
부 위	꽃. 잎
손질법	그늘에서 말린다.

효 용	
성 미	맛은 싱겁고 성질은 평하다.
활 용	혈열을 없애고 출혈을 멎게 한다.

연구 & 특허
● 간암 치료 및 예방용 의약 조성물 ● 한방 복합 추출물을 이용한 탈모 방지 및 모발 생장 촉진용 조성물 ● 주방용 세제 조성물 外 p.994 참고

발명의 조성물 중 3종의 약초 즉, 쥐손이풀, 금잔화 및 질경이로부터 제조된 식물 추출물은 암세포만을 선택적으로 공격하는 세포 면역 효과 즉, 항암 효과를 나타내어, 항암 치료 시 단독 또는 복합 처방되고 있으나, 그 효과가 미미하였다. 그러나, 본 발명의 의약 조성물은 상기 3종의 약초 추출물에 자하거 가수분해물을 배합 사용함으로써, 각 성분들을 단독으로 사용한 경우에 비해 월등히 우수한 상승적 간암 치료 효과를 제공할 뿐만 아니라 기존의 항암 치료제 투여시 불가피하게 나타나는 부작용이 거의 없는 신규의 간암 치료 및 예방용 의약 조성물이다. — 특허공개 10-2002-00009929호, 주식회사 올비루스

● 한방 복합 추출물을 이용한 탈모 방지 및 모발 생장 촉진용 조성물 : 본 발명은 한방 복합 추출물을 이용한 탈모 방지 및 모발 생장 촉진용 조성물에 관한 것으로서, 더욱 상세하게는 감국, 홍화, 금잔화, 금은화, 선복화 및 오소리 오일을 일정 비율로 혼합한 추출물이 항산화, 탈모 방지 및 모발 생장 촉진에 대해 탁월한 효과를 나타냄을 확인함으로써 한방 복합 추출물을 이용한 탈모증 치유 및 개선이 가능한 화장료에 관한 것이다. — 특허등록 제1009763호, 주식회사 코스메카코리아 외 2

● 주방용 세제 조성물 : 본 발명은 금잔화 추출물을 함유함을 특징으로 하는 주방용 세제 조성물에 관한 것이다. 본 발명의 주방용 세제 조성물(직쇄알킬벤젠황산염, 지방알콜에톡시황산염, 지방산디에탄올아미드, 알킬아민옥사이드, 알파올레핀술폰산염 및 양성계면활성제중에서 선택된 1종 이상의 계면활성제를 함유하는 주방용 세제에 있어서, 금잔화 추출물(*Marigold Extract*)을 0.001 내지 20 중량부 함유함을 특징으로 하는 주방용 세제 조성물)은 알러지 방지 효과 및 피부 보호 효과가 우수하다. — 특허등록 제190814호, 주식회사 엘지

금잔화

금잔화

금잔화

기름나물

산형과 / *Peucedanum terebinthaceum* (Fisch.) Fisch. ex DC.

산형과의 여러해살이풀로, 전국의 산지에 자라며 키는 30~90㎝ 정도이고, 줄기에 홍자색이 돌며 비교적 가지가 많이 갈라진다. 7~9월에 흰색의 꽃이 피고, 10월경에 납작한 타원형의 열매가 익는다. 잎이나 씨앗의 표면이 기름을 바른 것처럼 윤기가 나므로 '기름나물'이라고 한다. 유사종으로 두메기름나물 · 백운기름나물 · 덕우기름나물 · 산기름나물 · 갯기름나물(식방풍) 등이 있다.

　연한 순을 데쳐서 3~4시간 우려내어서 나물로 한다. 민간에서는 기름나물을 열감기나 천식 치료에 이용했으며, 특히 기름나물류 중에서 강릉 덕우산(덕구산)에서 처음 발견된 덕우기름나물(*Peucedanum insolens* Kitag.)은 '구엽초'라 하여 정력 증강 효과가 있다고 하며, 강원도에서는 삼지구엽초 대용으로 쓰기도 한다.

　기름나물은 항암제 등으로 이용되는 데커신decursin과, 혈당 조절, 전립선비대증 치료 및 면역 증강 작용을 하는 베타시토스테롤β-sitosterol을 함유하고 있다.

생육 & 채취	
장 소	양지바른 산기슭
시 기	가을
부 위	어린순(식용)
손질법	햇볕에 말린다.

효 용	
성 미	맛은 쓰고 매우며, 성질은 약간 차다.
활 용	감기, 기관지염, 해소, 중풍, 신경통

연구 & 특허
● 항암제로서의 데커신 ☞ p.994 참고

고서古書 · 의서醫書에서 밝히는 효능

운곡본초학 기름나물의 생약명은 석방풍石防風으로, 강기거어降氣祛瘀, 산풍청열散風淸熱의 효능이 있고, 감모해수感冒咳嗽, 임신해수妊娠咳嗽, 해천咳喘을 치료한다.

특허 · 논문

● 항암제로서의 데커신 : 본 발명은 한국산 당귀, 바디나물, 기름나물 및 기타 다른 식물로부터 분리하거나 화학적으로 합성하여 수득한 데커신(decursin)의 항암제로서의 용도에 관한 것이다.

데커신(decursin)은 1996년 일본에서 최초로 바디나물(*Angelica decursiva* Fr. et Sav.)로부터 처음 분리된 천연물질이며, 데커신이 한국산 참당귀(*Angelica gigas* Nakai)에 다량 함유되어 있다는 것은 1967년과 1969년(J.,Pharm. Soc. Korea, 11, pp.22-26, 1967; 13, pp.47-50, 1969)에 밝혀졌으며, 그 밖의 식물로는 기름나물(*Peucedanum terevinthaceum* Fisher et Turcz.)의 과실에서도 분리된 바 있다(한국약학회지, 30(2), pp.73-78,1986). 데커신의 생리활성에 대해서는 항암효과(Cancer Res. 2005 & Mol. Pharmacol. 2007), 항염 효과(Mol. Pharmacol. 2006) 및 신경세포 독성에 대한 보호 효과(J. Pharm. Pharmacol. 2007) 등이 보고되어 있다(한국생명공학연구원 특허등록 제1089712호 명세서 참조). ― 특허등록 제176413호, 한국과학기술원

기름나물

강릉 덕우산에서 발견된 덕우기름나물

덕우기름나물 열매

까마귀쪽나무

녹나무과 / *Litsea japonica* (Thunb.) Juss.

녹나무과의 상록활엽소교목으로, 울릉도와 제주도 해안 및 남해안 바닷가의 암석지대에서 잘 자라는 식물이다. 키는 약 7m 정도이고, 나무껍질은 갈색이며 잔가지에 굵은 털이 나고 잎 뒷면에도 황갈색의 털이 있다. 7~10월에 백황색의 꽃이 피며, 열매는 이듬해 10월경에 자줏빛으로 익는다.

제주도에서는 '구럼비낭'이라고 하는데, 구름비는 '흔한 바위'라는 뜻이고 '낭'은 나무를 의미한다. 까마귀가 익은 열매를 먹을 때 '쪽' 하는 소리가 나므로 '까마귀쪽나무'라는 이름이 붙여졌다는 설이 있다.

이명 가마귀쪽나무, 구럼비낭(제주도)

특허 · 논문

● 까마귀쪽나무 추출물 또는 이의 분획물을 유효성분으로 함유하는 당뇨 합병증 예방 및 치료용 조성물 : 본 발명은 까마쪽 나무(*Litsea japonica*) 추출물 또는 이의 분획물을 유효성분으로 함유하는 당뇨 합병증 예방 및

생육 & 채취	
장 소	울릉도, 남부 지역
시 기	여름~가을
부 위	열매
손질법	–

효 용	
성 미	–
활 용	관상용, 목재로도 쓴다.

연구 & 특허
● 까마귀쪽나무 추출물 또는 이의 분획물을 유효성분으로 함유하는 당뇨 합병증 예방 및 치료용 조성물 外 p.994 참고

치료용 조성물에 관한 것으로서, 더욱 구체적으로는, 까마쪽 나무 추출물 또는 이의 분획물은 당뇨 합병증의 지표인 최종당화산물의 생성 및 알도즈 환원효소의 활성을 억제하며, 당뇨 합병증 초기 증세 중의 하나인 발세포 (podocyet) 소실을 예방하며, 특히 발세포 기능에 중요한 역할을 하는 슬릿 디아그램(slit diagram) 단백질인 네프린 (Nephrin)의 발현 감소를 억제하므로, 당뇨 합병증 예방 및 치료용 조성물의 유효성분으로서 유용하게 이용될 수 있다. — 특허공개 10-2012-0015886호, 한국한의학연구원

● 까마귀쪽나무 추출물을 유효성분으로 함유하는 암 질환의 예방 및 치료용 조성물 : 본 발명은 까마귀쪽나무 (*Litsea japonica* Juss.) 추출물을 유효성분으로 함유하는 암 질환의 예방 및 치료용 조성물에 관한 것으로서, 상세하게는 본 발명의 추출물은 암세포의 세포사멸을 유발시켜 암세포의 증식을 억제하는 탁월한 항암 효과를 나타내므로, 암 질환의 예방 및 치료용 약학 조성물 및 건강기능식품으로 유용하게 이용될 수 있다. — 특허공개 10-2009-0091477호, 제주대학교 산학협력단

까마귀쪽나무

까마귀쪽나무 열매

까마귀쪽나무

깨풀

대극과 / *Acalypha australis* L.

대극과의 한해살이풀로, 우리나라 전역의 밭이나 들에서 자란다. 키는 30~50㎝ 정도이고, 식물 전체에 짧은 털이 있으며 줄기는 곧게 서고 가지가 갈라진다. 7~8월에 갈색의 꽃이 핀다.

어린순은 나물로 이용하고, 뿌리를 제외한 모든 부분을 약재로 쓰는데, 해열, 이뇨, 지혈 등의 효능이 있다. 생약명은 '아다兒茶', '철현채鐵莧菜', '함주초含珠草'라고도 하는데, 여름에 꽃이 필 때에 채취하여 말린 뒤 잘게 썰어 사용한다. 증세에 따라 생풀을 쓰기도 한다. 유사종으로 들깨풀 · 쥐깨풀 · 벌깨풀 등이 있다.

약명/이명 아다兒茶, 철현채鐵莧菜, 함주초含珠草 / 인현, 야황마野黃麻, 야고마野苦麻, 봉안초鳳眼草, 들깨풀

고서古書 · 의서醫書에서 밝히는 효능

운곡본초학 생기生肌, 소식消食, 수습收濕, 지혈止血, 청열淸熱, 화담化痰의 효능이 있고, 이질痢疾, 설사泄瀉, 육혈衄血, 변혈便血, 붕루崩漏, 소아감

생육 & 채취	
장 소	전국의 밭이나 들
시 기	7~8월
부 위	어린순(식용) 지상부(약용)
손질법	햇볕에 말린다.

효 용	
성 미	맛은 매우 쓰고 떫으며, 성질은 평하다.
활 용	설사, 변혈便血, 요혈尿血, 토혈吐血, 소아감적小兒疳積, 피부습진에 약용

연구 & 특허
● 깨풀의 Phenol성 화합물에 관한 화학적 연구

적小兒疳積, 창양瘡瘍, 피부습진皮膚濕疹, 요혈尿血, 토혈吐血, 옹절癰癤을 치료한다.

특허 · 논문

● 깨풀의 Phenol성 화합물에 관한 화학적 연구 : 본 논문은 깨풀의 페놀성 화합물에 관해 화학적으로 연구한 논문으로 주요 내용으로는 깨풀의 전 식물에서 80% 수성 acetone으로 3개의 페놀카복실산, 2개의 플라보노이드 및 4개의 가수분해형 탄닌을 분리하고, 화학분광적 증거의 기저에서 이 화합물의 구조를 gallic acid, protocatechuic acid, caffeic acid, rutin, isoquercitrin, corilagin, furosin and geraniin으로써 동정하였으며, 8종의 페놀성 화합물 중에서 gallic acid와 geraniin의 양이 가장 많았다는 내용이다. ─ 충북대학교 약학대학 박웅양 외 5. 생약학회지(1993. 3. 31.)

깨풀

깨풀

깨풀

꼬리풀

현삼과 / *Veronica linariifolia* Pall. ex Link

현삼과의 여러해살이풀로, 우리나라가 원산지이며, 전국의 산기슭과 들판의 풀숲에서 자란다. 키는 40~80㎝ 정도로 자라고, 줄기는 곧게 서고 가지가 다소 갈라지며 위를 향해 굽은 털이 나 있다. 7~8월에 푸른색이 도는 보라색 꽃이 피고, 9~10월에 둥글납작한 열매가 익는다.

유사종으로 흰 꽃이 피는 흰꼬리풀과, 잎이 넓은 바소꼴 또는 달걀 모양 긴 타원형인 큰꼬리풀이 있다.

관상용으로 심어 가꾸며, 어린순은 나물로 먹고 민간에서는 풀 전체를 중풍·방광염 등의 치료에 약재로 쓴다.

약명/이명　세엽파파납細葉婆婆納 / 가는잎꼬리풀, 자주꼬리풀

특허 · 논문

● 항염, 항알레르기 및 항천식 활성을 갖는 꼬리풀속 식물 추출물을 함유하는 약학 조성물 : 본 발명은 항염, 항알레르기 및 항천식 활성을 갖는 긴산꼬리풀(*Veronica longfolia*)을 포함한 꼬리풀속(*Vronica genus*) 식물의

생육 & 채취	
장 소	전역의 산과 들
시 기	여름~가을
부 위	어린순(식용) 전초(약용)
손질법	햇볕에 말린다.

효 용	
성 미	맛은 쓰고 성질은 차다.
활 용	지해화담止咳化痰, 청폐해독淸肺解毒

연구 & 특허
● 항염, 항알레르기 및 항천식 활성을 갖는 꼬리풀속 식물 추출물을 함유하는 약학 조성물 ● 식물 추출물을 함유한 피부 미백 화장료 外 p.994 참고

추출물을 유효성분으로 함유하는 약학 조성물에 관한 것으로, 상세하게는 본 발명의 긴산꼬리풀 추출물은 난백 알부민(ovalbumin) 유도 천식 동물 모델에서 기도과민성 억제 활성, 기관지 폐포세척액의 인터루킨-5(IL-5), 인터루킨-13(IL-13)의 생산을 억제하는 활성, 호산구 증가를 억제하는 활성, 카라기난-유도 동물모델에서 부종 억제 활성을 가짐으로써 긴산꼬리풀을 포함한 꼬리풀속 식물의 추출물을 유효성분으로 함유하는 항염, 항알레르기 및 천식의 예방 및 치료를 위한 약학 조성물로 이용될 수 있다. — 특허등록 제860080호. 한국생명공학연구원

● 식물 추출물을 함유한 피부 미백 화장료 : 본 발명은 피부에 안전하고 티로시나제 활성을 억제하여 멜라닌 생성억제 효과를 갖는 식물 추출물을 함유한 피부 미백 화장료에 관한 것으로, 본 발명의 식물 추출물을 함유한 화장료는 통상의 화장료 조성에 맬로우(*Malva Sylvestris*), 서양앵초(*Primula Veris*), 성모초(*Alchemilla Vulgaris*), 꼬리풀, 야로우(*Achillea Millefolium*) 식물의 꽃과 잎에서 추출한 추출물 및 박하(*Menthe Herba*), 멜리사(*Melissa officinalis*) 잎에서 추출한 추출물 및 효모 추출물이 일정 비율로 혼합되어 조성됨을 특징으로 한다. — 특허등록 제967018호. 애경산업 주식회사

● 긴산꼬리풀을 이용한 천식 치료제 천연물신약 개발연구 : 긴산꼬리풀 추출물과 성분 verproside는 면역세포 및 OVA-asthmatic murine model에서 천식 증상과 관련된 다양한 지표인자(IgE 및 IL-4, -5, -13 생산, 호산구 유입, 기도과민성)에 뛰어난 조절 활성을 나타내었고 2g/kg에서 독성이 나타나지 않았음. 재배한 긴산꼬리풀은 지상부 생육이 뛰어나고 추출물의 성분 패턴이 자생식물과 유사하여 천연물 신약의 소재로 적합하였음. — 한국생명공학연구원 김두영 외 4. 한국약용작물학회 2011년도 춘계학술발표회

구와꼬리풀

부산꼬리풀

부산꼬리풀

긴산꼬리풀 마른 열매

꽃기린

대극과 / *Euphorbia splendens* Bojer

대극과의 목본상 다육식물로, 햇볕이 잘 드는 곳에서 잘 자란다. 원산지인 열대지방에서는 2m 정도까지 자라지만 우리나라에서 일반 관상용은 키가 30~50㎝ 정도이다. 봄부터 가을까지 작은 깔때기 모양의 붉은 꽃이 잎겨드랑이에서 핀다.

꽃이 솟아 오른 모양이 기린을 닮았다고 하여 '꽃기린'이라는 이름이 붙었다.

특허 · 논문

● 꽃기린(*Euphorbia milii*)의 성분 : 본 논문은 꽃기린(*Euphorbia milii*)의 성분을 연구한 논문으로, 주요 내용으로는 다육식물로부터 항혈소판 성분을 찾기 위한 연구 과정에서 꽃기린의 메탄올 추출물이 혈소판응집에 대해 강력한 억제 효과를 보였다. 두 가지 성분, 성분 1과 2를 식물에서 분리하였다. 1은 72% 1-octacosanol (1a)과 28% 1-triacontanol (1b)의 혼합물이며, 2는 β-sitosterol로 동정되었다. 2(IC_{50}: 각각 195μM와 170μM)는 콜라

생육 & 채취	
장 소	햇볕이 잘 드는 곳
시 기	5~9월
부 위	뿌리, 줄기, 꽃
손질법	신선한 상태로 사용한다.

효 용	
성 미	맛은 쓰고 떫으며, 성질은 평하고 약간의 독이 있다.
활 용	옹창, 간염 등에 쓴다.

연구 & 특허
● 꽃기린(Euphorbia milii)의 성분 ● 남부지방 서식식물의 유용물질 탐색 (Saponins과 Alkaloids)

겐과 U46619 유도 응집에서 ASA에 비해서 약 2배 (IC₅₀: 각각 $420\mu M$와 $340\mu M$) 강력했으며, 혈소판에 대한 1의 효과는 미미했다는 내용이다. — 서울대학교 천연물과학연구소 윤최현숙 외 4. 생약학회지(2003. 12. 31.)

● 남부지방 서식식물의 유용 물질 탐색(Saponins과 Alkaloids) : 남부지방에 서식하는 식물체 중에서 꽃기린, 민들레, 박주가리, 후박나무, 팔손이나무, 달맞이꽃, 동백나무 그리고 유동나무를 대상으로 약용 성분의 일부분을 차지하고 있는 saponins 및 alkaloids의 검색을 실시한 결과를 요약하면, 1. Crude saponins 함량 중, crude 인삼 saponins 함량은 달맞이꽃이 가장 높았으며, crude saikosaponins 함량은 박주가리에서 가장 높게 나타났다. 2. Crude alkaloids 함량은 박주가리에서 가장 높게 나타났다. 3. Saponins 획분에 대해 HPLC분석을 실시한 결과, 꽃기린, 민들레 그리고 박주가리에는 인삼 saponin태 물질, 후박나무, 팔손이나무 그리고 달맞이꽃에는 인삼 saponin태 물질과 saikosaponin c태 물질, 동백나무와 유동나무에는 saikosaponin c태 물질의 존재가 추측되었다. 4. Alkaloids 획분에 대해 GC분석을 실시한 결과, 팔손이나무에서만 nicotine태 물질의 존재가 추측되었다.

— 순천대학교 자원식물학과 현규환. 자원식물학회지(1997. 12. 30.)

꽃기린

꽃기린

필리핀에서 자라는 꽃기린

꽃다지

십자화과 / *Draba nemorosa* L. f. *nemorosa*

십자화과의 두해살이풀로, 우리나라 전역의 밭과 인가 근처에 자생한다. 키는 20㎝ 가량이고 뿌리에서 나온 잎이 돌려 나며 방석처럼 퍼지는 것이 특징이다. 줄기는 곧게 서고 가지가 갈라지며, 식물 전체에 별 모양의 털이 있다. 4~6월에 노란색 꽃이 원줄기나 가지 끝의 총상꽃차례에 많은 꽃이 달리고 열매는 길고 편평한 타원형으로 익는다.

어린순을 나물로 먹고 씨앗을 약으로 쓴다. 꽃다지 씨앗은 기침과 가래를 가시게 하고 오줌도 잘 나오게 하는 효과가 있다.

약명/이명 정력자葶藶子 / 코딱지나물

고서古書 · 의서醫書에서 밝히는 효능

동의보감 폐옹肺癰으로 숨결이 받고 기침하는 것을 낮게 하며 숨이 찬 것을 진정시키고 가슴 속에 담음을 없앤다. 피부 사이에 있던 좋지 못한 물이 위로 넘쳐나 얼굴과 눈이 부은 것을 낮게 하고 오줌을 잘 나가게 한다[입문].

생육 & 채취	
장 소	전국의 밭
시 기	입해(이른 여름)
부 위	어린순(식용) 씨앗(약용)
손질법	씨를 훑어 햇볕에 말린다.

효 용	
성 미	맛은 매우며 쓰고[후쿰] 성질은 차고[寒] 독이 없다.
활 용	이뇨제, 거담, 기침, 천식 등에 좋다.

연구 & 특허
● 국내 자생식물의 항균 활성

● 국내 자생식물의 항균 활성 : 새로운 유용식물 자원개발의 일환으로 80종류(95 시료)의 국내 자생식물을 채집하여, 이들 methanol 추출물의 Bacillus subtilis, Staphylococcus aureus, Escherichia coli 및 Vibrio parahaemolyticus에 대한 항균력을 검토하였다. 실험대상 4가지 균주 모두에 항균성을 보인 것은 사철쑥, 지칭개, 뿌리뱅이, 꿀풀, 광대나물 그리고 향나무였으며, 씀바귀, 떡쑥, 애기똥풀, 조팝나무, 냉이 전초 및 동백나무 잎 가지 등을 포함한 8종류는 적어도 3가지 균주에 대해 항균성을 보였다. 반면에, 라일락 잎은 그람 음성균인 E. coli와 V. parahaemolyticus에서, 꽃다지는 V. parahaemolyticus에서, 얼레지의 인경은 B. subtilis에 대해 선택적인 항균성을 보였다. 특정 균주에 대한 항균력을 살펴보면, B. subtilis에 대해서는 얼레지의 인경(18㎜)이, S. aureus에 대해서는 조팝나무(16㎜), E. coli에 대해서는 라일락의 잎(18㎜) 그리고 Vibrio parahaemolyticus(3~4%의 식염농도에서 가장 잘 증식하는 병원성호염균)에 대해서는 꽃다지(23㎜)가 각각 가장 높은 항균성을 나타내었다. 한편, 비교적 강한 항균 활성을 보여준 9종류의 methanol 추출물을 극성에 따라 용매분획하여 얻은 n-hexane, chloroform, ethyl acetate와 물 분획물의 B. subtilis와 V. parahaemolyticus에 대한 항균성 실험을 실시한 결과, 실험한 모든 분획물 중에서 지칭개의 chloroform 분획물이 가장 높은 항균력(각각 17㎜, 29㎜)을 보였다. 뿌리뱅이는 chloroform 분획물에서, 사철쑥, 씀바귀 및 꿀풀은 hexane 분획물에서, 그리고 동백 잎 줄기는 ethyl acetate 분획물에서 각각 상대적으로 강한 항균성을 보였으나, 향나무와 쇠뜨기는 물 분획물을 제외한 모든 분획물에서 비교적 고른 항균성을 보였다. — 경상대학교 농화학과 양민석 외 4, 한국응용생명화학회(1995. 12. 31.)

꽃다지

꽃다지

꽃다지

꽃마리

지치과 / *Trigonotis peduncularis* (Trevir.) Benth.

지치과의 세해살이풀로, 우리나라 전역의 들판과 밭둑, 길가에서 잘 자란다. 키는 10~30㎝이고 줄기는 아랫부분에서 가지를 많이 친다. 4~7월에 연한 하늘색 꽃이 피고, 8월에 열매가 익는다.

어린순은 나물로 먹고, 지상부를 '계장초鷄腸草'라 하여 한방에서 수족의 근육 마비·대장염·이질·종기 등에 약으로 쓴다. 민간에서는 어린이 야뇨증을 칠하는 데 이용하기도 하였다.

유사종으로 참꽃마리·덩굴꽃마리 등이 있다.

약명/이명 계장초鷄腸草 / 잣냉이, 꽃말이

특허 · 논문

● 식용 식물자원으로부터 활성 물질의 탐색-XII - 꽃마리(*Trigonotis peduncularis* Benth.)로부터 Flavonol 배당체의 분리 및 hACAT1 저해 활성 : 꽃마리를 80% MeOH로 추출하고, 얻어진 추출물을 EtOAc, n-BuOH 및 H_2O로 용매 분획하였다. EtOAc와 n-BuOH 분획에 대하여 column

생육 & 채취	
장 소	전국의 들과 밭, 길가
시 기	봄
부 위	어린순(식용) 지상부(약용)
손질법	햇볕에 말린다.

효 용	
성 미	맛은 시고 쓰며, 성질은 약간 차다.
활 용	익인益人, 진통鎭痛, 소종독消腫毒

연구 & 특허
● 식용 식물자원으로부터 활성 물질의 탐색-XII(꽃마리(Trigonotis peduncularis Benth.)로부터 Flavonol 배당체의 분리 및 hACAT1 저해 활성

chromatography를 반복하여 4종의 flavonol 배당체를 분리하였다. 각각에 대하여 2D-NMR을 포함한 스펙트럼 데이터의 해석과 문헌 자료를 조사하여 Kaempferol-3-O-B-D-glucopyranoside(astragalin), Kaempferol-3-)-a-L-rhamnopyranosyl(1→6)-B-D-glucopyranoside(nicotiflorin), guercetin-3-O-a-L-rhamnopyranosyl(1→6)-B-D-glucopyranoside(rutin), guereetin-3-O-B-D-glueopyranoside(isoguereitrin)로 구조를 결정하였다. 이 화합물들은 꽃마리에서는 이번에 처음 분리, 보고되었다. 또한 nicotiflorin($100\mu g/m\ell$)은 hACAT1에 대하여 $68.3\pm1.2\%$저해 활성을 나타내었다. — 경희대학교 생명공학원 및 식물대사연구센터 양혜정 외 11. 한국응용생명화학회(2005. 3. 31.)

참꽃마리

꽃마리

꽃마리

꽃물망초

꽃범의꼬리

꽃범의꼬리

꿀풀과 / *Physostegia virginiana* Benth.

꿀풀과의 여러해살이풀로, 북아메리카가 원산지이다. 키는 60~120㎝ 정도로 자라고, 7~9월에 흰색·분홍색·보라색 등의 꽃이 피는데, 그 모양이 마치 범의 꼬리처럼 보인다고 해서 '꽃범의꼬리'라는 이름이 붙었다. 꽃말은 '청춘', '젊은날의 회상', '추억'이다.

우리나라에서는 주로 원에 식물로 가꾸는데 봄에 나는 어린순을 데쳐서 나물로 먹을 수 있다. 실제로 서양에서는 식용·약용하는 허브이다. 북유럽에서는 식용한 역사가 오래되었다고 하며, 잎과 뿌리줄기를 찧은 즙은 베인 상처를 아물게 하는 작용이 있다. 뿌리줄기로 양치제를 만들어 입 안 궤양·잇몸 출혈을 다스리고, 설사와 염증 등을 치료하는 약으로 써 왔다고 한다. 타닌tannin 성분이 풍부하여 수렴 작용을 하는 것으로 알려져 있다.

이명 피소스테기아

생육 & 채취	
장 소	전국
시 기	봄(식용) 7~9월(약용)
부 위	어린순(식용) 뿌리줄기, 잎(약용)
손질법	뿌리줄기를 깨끗이 손질하여 햇볕에 말린다.

효 용	
성 미	맛은 쓰고 성질은 시원하다.
활 용	입안 궤양, 잇몸 출혈, 염증 등에 약으로 쓴다. 창상에 외용. 양치제.

연구 & 특허
● 피부염 치료용 외용제

● 피부염 치료용 외용제 : 본 발명은 피부염 치료용 외용제에 관한 것으로, 보다 상세하게는 부작용이 없으면서도 피부염의 증상을 완화시키고 특히 아토피성 피부염의 치료에 효과적인 피부염 치료용 외용제에 관한 것이다. 본 발명은 '꽃범의꼬리' 추출물을 유효성분으로 함유하는 피부염 치료용 외용제를 제공한다. '꽃범의꼬리' 추출물은 0.01중량%~30중량%가 함유된다. 본 발명에 따른 피부염 치료용 외용제는 권삼 추출물과 보습 성분을 선택적으로 함유하며, 피부에 바르기, 붙이기 등으로 적용될 수 있는 액제, 연고제, 크림제, 거품제, 고형제, 팩제 등의 제형을 포함한다. 이에 따라, 본 발명은 피부염의 치료에 유효성을 가지는 '꽃범의꼬리' 추출물을 유효성분으로 함유시킴으로써 장기간에 걸쳐 사용하여도 부작용이 없고 피부염의 증상을 완화시키면서, 특히 아토피성 피부염을 효과적으로 치료할 수 있는 피부염 치료용 외용제를 제공한다. — 특허공개 10–2006–0017130호, 류** 외 1

꽃범의꼬리

꽃범의꼬리

꽃범의꼬리

꽃향유

꿀풀과 / *Elsholtzia splendens* Nakai

꿀풀과의 여러해살이풀로, 우리나라 전역의 그리 높지 않은 산지와 들판에 자생한다. 키는 60㎝ 정도로 자라고, 원줄기는 네모나며 엽병과 더불어 굽은 털이 줄로 돋아 있다. 9~10월에 분홍빛이 나는 자주색의 꽃이 빽빽하게 한쪽으로 치우쳐서 핀다.

풀 전체를 두통이나 설사, 세포나 조직에 물이 차서 발생하는 부종을 치료하는 데 쓰고, 해열제로도 이용한다. 또한 월경 전에 나타나는 우울증 등의 정신적인 증상을 치료하는 데 효과가 있다. 종기가 났을 때 생풀을 찧어 헝겊에 발라 환부에 붙이면 효과가 있다.

약명/이명　향여香茹 / 붉은향유

특허 · 논문

● 꽃향유 추출물을 함유하는 기능성 식품 : 본원 발명은 월경전 증후군 또는 항우울증 효과가 있는 꽃향유 추출물을 함유하는 기능성 식품 및 그의 제조 방법에 관한 것이다. 본원 발명은 월경전 증후군 또는 항우울증

생육 & 채취	
장 소	전국의 낮은 산지와 들판
시 기	9~10월
부 위	지상부
손질법	햇볕에 말린다.

효 용	
성 미	맛은 맵고 성질은 약간 따뜻하다.
활 용	해열제, 부종 치료, 종기 치료

연구 & 특허
● 꽃향유 추출물을 함유하는 기능성 식품 ● 자가 세포사멸 효과가 있는 꽃향유 추출물 및 그의 용도 ● 꽃향유 추출물 및 그 용도 外 p.994 참고

에 유효 효과가 있는 꽃향유 추출물을 식품에 첨가함으로써, 꽃향유의 유효한 효과를 얻되 꽃향유의 쓴 냄새와 쓴 맛을 인식하지 못하도록 하여, 일반인들 특히 월경전 증후군이 있는 여성들 또는 우울증에 걸린 사람들이 일상생활에서 쉽게 식품을 섭취하여 유효한 효과를 얻도록 하였다. — 특허공개 10-2009-0095156호, 덕성여자대학교 산학협력단

● **자가 세포사멸 효과가 있는 꽃향유 추출물 및 그의 용도** : 본원 발명은 항암 효과, 특히 유방암 예방 또는 치료 효과가 있는 꽃향유 추출물 및 이를 포함하는 약학적 조성물에 관한 것이다. 본원 발명의 꽃향유 추출물은 유방암 세포주에 대해 세포 증식을 억제하는 효과, 자가 세포사멸 효과, 및 자가 세포사멸 유발과 관련된 p53, Bax, 시토크롬 c 및 카스파제-3의 발현을 증가시키고, 자가세포 사멸을 억제하는 Bcl-2의 발현을 감소시키는 효과가 있다. 따라서, 본원 발명의 꽃 향유 추출물은 암 세포에 대해 자가 세포사멸을 유발하여 항암 효과, 특히 유방암 예방 또는 치료 효과가 있다. — 특허등록 제958344호, 덕성여자대학교 산학협력단

● **꽃향유 추출물 및 그 용도** : 본원 발명은 꽃향유 추출물 및 이를 포함하는 약학적 조성물에 관한 것이다. 구체적으로, 본원 발명은 꽃향유 추출물 및 이를 포함하는 동맥경화증의 예방 또는 치료용 약학적 조성물에 관한 것이다. 본원 발명에 따른 꽃향유 추출물은 중성지방, 저밀도 콜레스테롤 및 동맥경화 지수를 유의적으로 감소시켰다. 또한, 본원 발명에 따른 꽃향유 추출물은 알파-토코페롤의 함량을 증가시켰고, 저밀도 콜레스테롤의 산화 초기 지체 시간을 연장시켰다. 따라서 본원 발명에 따른 꽃향유 추출물은 동맥경화증의 예방 또는 치료용 약학적 조성물 또는 기능성 식품에서 유용한 성분으로 사용될 수 있다. — 특허공개 10-2009-0069418호, 덕성여자대학교 산학협력단

흰꽃향유 ⓒ이선미

꽃향유

꽃향유 새순

꽃향유 마른 이삭

꽈리

가지과 / *Physalis alkekengi* var. francheti (Mast.) Hort

가지과의 여러해살이풀로, 마을 부근의 길가나 빈터에서 자라며, 재배하기도 한다. 키는 40~90㎝ 정도로 자라고, 6~7월에 연한 노란색의 꽃이 피고, 9~10월에 열매가 익는다.

유사종으로 땅꽈리·노란꽃땅꽈리·가시꽈리·알꽈리 등이 있다.

한방에서 지상부를 '산장酸漿', 열매는 '산장실酸漿實'이라 하며 약으로 쓰는데 이뇨·청열해독 작용이 있는 것으로 알려져 있다.

약명/이명 산장酸漿, 산장실酸漿實 / 꾸아리, 꼬아리, 수포

고서古書·의서醫書에서 밝히는 효능

방약합편 산장酸漿은 맛이 시고 성질이 차다. 소아에게 유익하며, 열번熱煩, 난산難産, 수달水疸에 좋다.

특허·논문

● 꽈리 추출물을 유효성분으로 함유하는 염증성 질환의 예방 및 치료용

생육 & 채취	
장 소	길가나 빈터
시 기	가을
부 위	열매, 전초
손질법	가을에 과육을 제거하고 말리거나 과육과 함께 햇볕에 말린다.

효 용	
성 미	맛이 시고 성질은 차며 독이 없다.
활 용	이뇨利尿, 청열해독淸熱解毒 작용. 산고酸苦를 다스린다.

연구 & 특허	
● 꽈리 추출물을 유효성분으로 함유하는 염증성 질환의 예방 및 치료용 조성물 ● 부위별 꽈리(*Physalis alkekengi* var. *francheti*) 추출물의 항산화 효과 외 p.994 참고	

174

조성물 : 본 발명은 꽈리(*Physalis alkekengi var. francheti* (Masters) Hort) 추출물을 유효성분으로 함유하는 조성물에 관한 것으로, 상세하게는 본 발명의 꽈리 추출물이 리포폴리싸카가이드(LPS) 처리 후 면역 반응에 의한 인터루킨((interleukin)-1β, IL-1β), 종양괴사인자((tumor necrosis factor)-α, TNF-α), 코르티코스테론(corticosterone), COX-2, NO 의 생성을 효과적으로 억제함을 확인함으로써, 상기 조성물은 염증성 질환의 예방 및 치료용 약학 조성물 및 건강기능식품의 제공으로 유용하게 이용할 수 있다. — 특허등록 제1172595호, 김**

● 부위별 꽈리(*Physalis alkekengi var. francheti*) 추출물의 항산화 효과 : 본 실험에서는 꽈리를 열매, 꽃받침, 잎, 줄기, 뿌리 등 부위별로 구분하여 메탄올로 추출하고 추출 수율, 총페놀 함량, 총플라보노이드 함량, DPPH radical 소거능, 아질산염 소거능, superoxide anion radical 소거능, 환원력, 철 이온에 대한 킬레이트 효과 등을 측정하였다. 추출 수율은 열매가 가장 높았고 그 다음으로 꽃받침, 잎, 줄기, 뿌리순이었다. 총페놀 및 총플라보노이드 함량은 잎 추출물이 가장 높았고 그 다음으로 꽃받침 추출물이었다. DPPH radical 소거능은 1mg/*ml* 및 5mg/*ml* 의 농도에서 잎 추출물이 가장 높았고 꽃받침 추출물도 높은 활성을 나타내었다. 아질산염 소거능은 모든 부위에서 농도에 따라 유의적인 차이 없이 높게 나타났다. 꽈리 추출물의 superoxide anion radical 소거능은 꽃받침과 잎 추출물이 높은 활성을 나타내었다. 환원력은 잎 추출물에서 가장 높게 나타났고 철 이온에 대한 킬레이트 효과는 꽃받침, 줄기 및 뿌리 추출물이 높은 활성을 나타내었다. 이상의 결과를 종합하여 보면 꽈리의 잎 추출물에서 총 페놀 함량, 총플라보노이드 함량과 항산화 활성이 탁월하게 높게 나타났고 그 다음으로 꽃받침 추출물이 우수한 항산화 활성을 나타내어 향후 이를 이용한 천연 항산화제로 개발 가능성이 시사되었다. — 대진대학교 식품영양학과 정해정, 한국식품저장유통학회지(2010)

꽈리

꽈리 꽃

붉게 익은 꽈리

꿩의다리

미나리아재비과 / *Thalictrum aquilegifolium var. sibiricum Regel & Tiling*

미나리아재비과의 여러해살이풀로, 우리나라 전역의 산지 풀밭에서 자란다. 키는 50~100㎝ 정도로 자라고, 줄기는 곧게 서서 가지를 치는데 자줏빛에 분을 바른 것 같은 흰색이 있다. 잎이 찢어진 모양이 삼지구엽초와 비슷하다. 꽃은 7~8월에 흰색 또는 분홍색으로 피며 줄기 끝에 편평꽃차례로 달린다.

어린순을 나물로 먹고, 전초를 한방에서 '마미련馬尾連'이라 하여 약으로 쓰는데, 청열淸熱 작용이 있어서 습열이 원인이 되어 발병한 장염·이질·황달을 치료하는 효과가 있다. B형 간염·결막염·종기 등에도 약으로 쓴다.

유사종으로 금꿩의다리·산꿩의다리·연잎꿩의다리·은꿩의다리·자주꿩의다리·좀꿩의다리·큰꿩의다리 등도 모두 꿩의다리처럼 '마미련馬尾連'이라는 약재로 활용한다.

약명/이명 마미련馬尾連 / 아시아꿩의다리, 한라꿩의다리, 가락풀

생육 & 채취	
장 소	전국의 산지 풀밭
시 기	여름~가을
부 위	어린순(식용) 전초(약용)
손질법	햇볕에 말린다.

효 용	
성 미	맛은 맵고 쓰며, 성질은 차다.
활 용	사화해독瀉火解毒, 청열조습淸熱燥濕

연구 & 특허
● 꿩의다리 추출물을 유효성분으로 하는 골 질환 예방 및 치료용 조성물 ● 자주꿩의다리로부터 새로운 Cycloartane 배당체

● **꿩의다리 추출물을 유효성분으로 하는 골 질환 예방 및 치료용 조성물** : 본 발명은 꿩의다리 추출물을 유효성분으로 하는 골 질환 예방 및 치료용 조성물에 관한 것이다. 본 발명에 의한 조성물은 파골세포의 형성을 감소시켜 골 흡수를 억제하며, 골다공증과 같이 뼈 골절과 관련된 골 질환 예방 및 치료 효능을 가질 수 있다. ― 특허공개 10-2012-0068605호, 대한민국(농촌진흥청장), 연세대학교 산학협력단

● **자주꿩의다리로부터 새로운 Cycloartane 배당체** : 본 논문은 자주꿩의다리로부터 새로운 Cycloartane 배당체를 연구한 논문으로, 주요 내용으로는 새로운 Cycloartane 배당체(1)를 자주꿩의다리(미나리아재비과)의 기생부분에서 분리하였다. 화학적 및 물리화학적 증거에 기초하여 이 화합물의 아글리콘 구조를 새로운 cycloartane 트라이터펜 유도체인 116,25-디하이드록시-3,24-디아세톡시-9,19-cycloartane-29-오익산으로 특성분석하였다. 이 배당체의 올리-고사카라이드 부분을 HMBC 기법을 적용하여 29-O-a-L-rhanmnopyranosyl-(1-2)-[b-D-자일로푸라노실-(1-6)-b-D-글루코파이라노스로써 결정하였다. 결과적으로 화합물 1의 구조는 29-O-a-L-rhanmnopyranosy-(1-2)-[b-D- 자일로푸라노실-(1-6)-b-D-글루코파이라노실-16,25-디하이드록시-3,24-디아세톡시-9,19-cycloartane-29-오 익산에스테르로 설명한 내용이다. ― 이화여자대학교 약학대학 최영희 외 2, 약학회지(1996. 10)

● **산꿩의다리 성분에 관한 연구**(Berberine의 분리 및 확인) : 본 논문은 산꿩의다리 성분에 관한 연구로 Berberine의 분리 및 확인을 하였다. 산꿩의다리는 한국에 자생하는 다년생 약초로, berberine류인 thalictrin, macrocarpin과 배당체, magnoflorine, thalicberine, O-methylthalicberine, thalictiin 등이 성분으로 분리되어 보고된 바 있다. 산꿩의다리의 화학성분을 수용액 중에서 염산에 의하여 추출되는 황색 침상의 염산염 결정이 실험을 통하여 얻어졌는

금꿩의다리

데, 이화학적 성상으로 berberine임이 확인되었다. — 충북대학교 약학대학 지형준. 약학회지(1965. 12. 31.)

● *Thalictrum uchiyamai Nakai*의 항균 작용에 관한 연구 : Thalictrum속 식물에 대한 연구가 많이 이루어져 100여 종 이상의 알칼로이드(alkaloid) 물질이 단리되었으며, 30여 종의 alkalioid가 함유되어 있음이 보고되었고, 그 중 많은 수의 알칼로이드의 항균 작용이 인정되었으며, 다른 항종양성 물질, 혈압 강하 작용을 하는 물질 등이 있음이 알려져 있다. 이에 우리나라 특산인 자주꿩의다리(*Thalictrum uchiyamai Nakai*)의 생리활성 물질 연구에 대한 일환으로 알칼로이드의 분획과 이 염기성 물질의 항균 작용에 관한 연구를 수행하여 확인하였다. — 이화여자대학교 약학대학 이인란 외 1. 대한약학회지(1981)

금꿩의다리

자주꿩의다리

꿩의다리

꿩의다리

꿩의다리아재비

매자나무과 / *Caulophyllum robustum* Maxim.

매자나무과의 여러해살이풀로, 우리나라 중부 이북의 깊은 산 숲속에서 발견된다. 토양이 비옥하고, 습도가 높으며, 햇볕이 거의 들지 않는 곳에서 잘 자란다. 키는 40~80㎝ 정도로 자라고, 회청색의 줄기는 곧게 선다. 6~7월에 줄기 끝에 녹황색의 작은 꽃이 많이 피고, 7~8월경에 둥근 열매가 벽색碧色으로 익는다. '개음양곽'이라고도 한다.

잎 모양이 꿩의 다리와 비슷하고, 꽃이 금꿩의아재비를 닮아 '꿩의다리아재비'라고 불린다. 참고로, 꿩의다리는 미나리아재비과에 속하고, 꿩의다리아재비는 매자나무과의 풀이다. 전세계에 2종이 있는데, 그중 1종이 우리나라에서 자란다고 한다.

주로 관상용으로 가꾸고, 한방에서 '홍모칠紅毛七'이라 하여 뿌리를 약용하는데, 풍사風邪를 물리치고 경락經絡을 통하게 하며 혈액순환을 촉진하고 경련을 가라앉히며 여성의 생리불순을 치료하는 약으로 쓴다.

약명/이명 홍모칠紅毛七 / 개음양곽, 가락풀나물, 줄기잎나물

생육 & 채취	
장 소	중부 이북의 깊은 산
시 기	6~8월
부 위	뿌리, 뿌리줄기
손질법	깨끗이 손질하여 햇볕에 말린다.

효용	
성 미	맛은 맵고, 성질은 따뜻하며 약간의 독이 있다.
활 용	산어지혈散瘀止血, 활혈조경活血調經, 거풍통락지통祛風通絡止痛

연구 & 특허

운곡본초학 산어지혈散瘀止血, 활혈조경活血調經, 거풍통락지통祛風通絡止痛하는 효능이 있어서 통경痛經, 산후혈어복통産後血瘀腹痛, 완복한통脘腹寒痛, 질타손상跌打損傷, 풍습비통風濕痺痛, 월경부조月經不調 등을 치료한다.

꿩의다리아재비 어린순

꿩의다리아재비

꿩의다리아재비 꽃

꿩의다리아재비 열매

꿩의바람꽃

미나리아재비과 / *Anemone raddeana Regel*

미나리아재비과의 여러해살이풀로, 숲속 계곡 주변에 많이 자생한다. 꽃은 4~5월경 피는데 키는 10~15㎝ 정도로 자그마하다. 꽃말은 '덧없는 사랑'이다.

한방에서 뿌리줄기를 '죽절향부竹節香附'라고 하여 풍한습비風寒濕痺·골절동통骨節疼痛·옹창종통癰瘡腫痛·사지구련四肢拘攣 등을 치료하는 데 쓴다.

이른 봄에 피는 바람꽃류는 주변 활엽수의 잎이 나기 전에 나뭇가지 사이의 햇빛으로 광합성을 하고, 꽃을 피워서 번식한다. 주변 나무들의 잎이 커져서 햇빛이 차단되면 생육도 중단되고, 잎도 말라 버린다.

우리나라에 자생하는 바람꽃류는 바람꽃·변산바람꽃·홀아비바람꽃·쌍동바람꽃·국화바람꽃·회리바람꽃·숲바람꽃·나도바람꽃·너도바람꽃·만주바람꽃·남방바람꽃 등 종류가 매우 다양하지만, 크기가 작고 개체 수도 많지 않아서 약용식물로서의 연구는 거의 찾아보기가 어렵다.

생육 & 채취

장 소	중부 이북 지역의 계곡 주변
시 기	4~5월
부 위	뿌리줄기
손질법	줄기와 잔뿌리를 제거하고 햇볕에 말린다.

효 용

성 미	맛은 맵고 성질은 뜨거우며 독이 있다.
활 용	풍한습비風寒濕痺, 골정동통骨節疼痛, 사지구련四肢拘攣을 다스린다.

연구 & 특허

● 유효성분으로서 아네모닌을 함유하는 무균 염증 치료용 약제

특허 · 논문

● **유효성분으로서 아네모닌을 함유하는 무균 염증 치료용 약제** : 본 발명은 유효성분으로서 아네모닌을 함유하는 무균 염증 치료용 약제, 및 무균 염증을 치료하기 위한 아네모닌 화합물의 이용에 관한 것이다. 본 발명의 약제에서 유효성분인 아네모닌은 아네모닌 또는 그 전구 물질을 함유하는 천연 식물로부터 추출 및 분리될 수 있다. 아네모닌 화합물은 화학 합성에 의해 얻어질 수 있거나 한약초(Chinese herbs)의 천연 물질(미나리아재비과 식물 및 벼과 식물 등을 포함한다. 미나리아재비과 식물은 미나리아재비 · 동의나물 · 할미꽃 · 꿩의바람꽃(*Anemone raddeana Regel*) · 위령선 · 으아리 · 병조희풀 등을 포함한다. 벼과 식물은 띠의 뿌리, 노루귀 등이 포함됨)로부터 제조될 수 있다. 임상 시험에 의해 입증된 바에 의하면 이러한 활성 화합물을 함유하는 약제는 무균 염증에 의해 야기되는 난치성 고통 및 신체 질환과 질병에 대해 현저한 치료 효과를 보인다. 또한 이 약제는 독성이 없으며 자극적이지도 않다. 본 발명은 또한 아네모닌 추출물을 제조하는 방법도 개시한다. 본 발명의 약제는 경구 투여, 주사 및 국소 적용, 특히 피하 침투 흡수될 수 있는 액체 추출물, 플라스터, 좌약, 리미멘트제 및 페인트 등의 제제로 제형화될 수 있다. — 특허등록 제622614호, 후 **(중국) 외 2

꿩의바람꽃

꿩의바람꽃

꿩의바람꽃

꿩의비름

돌나물과 / *Hylotelephium erythrostictum* (Miq.) H.Ohba

돌나물과의 여러해살이풀로, 우리나라 전역의 햇살이 잘 드는 산기슭 건조한 땅에 자생하지만 흔하지는 않다. 키는 30~90㎝ 가량이고 잎은 다육질이다. 8~9월에 붉은빛이 도는 흰색의 꽃이 피고, 10월에 검은색 열매가 익는다.

한방에서 '경천景天'이라 하여 꽃이 필 때 잎과 줄기를 함께 채취하여 햇볕에 말려 약으로 쓴다. 육질이 두껍고 물기가 많으므로 며칠 동안 말려야 한다. 해열·지혈 효과가 있으며, 종기·습진·안질 치료에 쓰인다. 부스럼이나 종기가 났을 때 잎을 따서 껍질을 벗겨 상처에 바로 붙이고, 안질은 경천을 달인 물로 씻어 낸다. 함유 성분으로 칼슘말라트 Calciummalat·글루코스Glucose 등이 알려져 있다.

유사종으로 둥근잎꿩의비름·큰꿩의비름·섬꿩의비름·세잎꿩의비름 등이 있는데, 그중 둥근잎꿩의비름은 환경부 멸종 위기 식물로 분류되어 있다.

약명/이명 경천景天 / 큰꿩의비름, 신화愼火, 구화救火

생육 & 채취	
장 소	전국 산지의 양지와 건조한 땅
시 기	8~9월
부 위	잎. 줄기
손질법	햇볕에 말린다.

효 용	
성 미	맛은 달고 시며 성질은 차다.
활 용	해열, 지혈, 종기, 습진을 다스린다.

연구 & 특허

운곡본초학 지혈止血, 청열해독淸熱解毒의 효능이 있어서 경기驚氣, 풍진風疹, 대하帶下, 고독蠱毒, 두통頭痛, 사교상蛇咬傷, 단독丹毒, 금창金瘡, 열번熱煩, 풍비風痺, 적안赤眼, 산후음탈産後陰脫, 삽통澁痛, 탕화상燙火傷, 한열寒熱을 치료한다.

둥근잎꿩의비름

둥근잎꿩의비름

큰꿩의비름

꿩의비름

나도송이풀

현삼과 / *Phtheirospermum japonicum* (Thunb.) Kanitz

현삼과의 한해살이풀로, 햇살이 잘 드는 산기슭에서 자란다. 키는 30~
60㎝ 정도로, 전체에 부드러운 선모腺毛가 있고, 줄기는 곧게 서며 가지
를 많이 친다. 8~9월경 자주색의 꽃이 피는데 드물게 흰 꽃이 피기도 한
다. 꽃이 진 뒤에 계란 모양의 열매가 익어 검은색의 씨가 쏟아진다.

관상용으로 가꾸며, 꽃은 밀원자원으로 가치가 있고, 전초를 약용한
다. 해열·이뇨 효능이 있어, 감기로 인한 열, 수종, 황달, 코 속에 생겨나
는 염증 등에 약으로 쓴다. 송이풀과 닮았다 하여 '나도송이풀'이라고 하
며, 잎이 쑥과 비슷하여 '송호松蒿'라고 부르기도 한다. 나도송이풀은 스
스로 광합성을 하지만, 주변의 다른 벼과 식물로부터 일부 영양분을 공
급받아 자라는 반기생식물이다. 며느리밥풀도 반기생식물이다.

약명/이명 송호松蒿 / 초백지, 나호, 토인진土茵陳

특허·논문

● 어류의 세균성 병원균에 대한 항균 조성물 : 본 발명은 어류의 세균

생육 & 채취	
장 소	산지의 양지
시 기	8~9월
부 위	전초
손질법	햇볕에 말린다.

효 용	
성 미	맛은 맵고, 성질은 평하다.
활 용	해열·이뇨 작용. 감기로 인한 열, 수종 등에 쓰인다.

연구 & 특허
● 어류의 세균성 병원균에 대한 항균 조성물 ● 식물 40종 고압용매 추출물의 통합적 항산화 능력 및 항균 활성

성 병원균에 대한 항균 조성물에 관한 것으로, 짚신나물·독활·서어나무·섬바디·바늘꽃·세잎이질풀·나도송이풀·물참나무·섬기린초를 포함하는 군에서 선택된 1종 이상의 식물 추출물을 포함하는 것을 특징으로 하여 넙치를 포함하는 어류에 대하여 질병을 예방하기 위한 천연 항균제로 활용할 수 있다. — 특허공개 10-2013-0004557호, 제주대학교 산학협력단

● **식물 40종 고압용매 추출물의 통합적 항산화 능력 및 항균 활성**: 제주, 전남 고흥, 경북 울릉도에 자생하는 식물자원 40종을 대상으로 고압용매 추출하여 항산화 활성과 항균 활성을 측정하여, 식품산업에 응용할 천연 소재를 탐색했다. 총 페놀성 화합물 함량은 짚신나물이 174.4㎎ GAE/g로 자생식물 중 가장 높았고, 물참나무, 서어나무, 붉나무가 각각 116.9, 113.3, 108.2㎎ GAE/g로 높은 함량을 나타냈다. 총고형분 함량에 대한 총 페놀 함량의 비율은 짚신나물이 72.6%로 가장 높았고, 서어나무(47.3%), 물참나무(46.4%), 자금우(40.2%), 바늘꽃(40.1%) 순으로 높은 비율을 나타냈다. 수용성 항산화 능력은 마가목이 5.81 mmol ascorbic acid equivalents/g로 가장 높았고, 나도송이풀, 붉나무, 물참나무, 서어나무가 각각 3.96, 3.63, 3.63, 3.34 mmol ascorbic acid equivalents/g를 나타냈다. 지용성 항산화 능력은 서어나무가 8.51 mmol Trolox equivalents/g로 가장 높았고, 마가목, 세잎이질풀, 물참나무, 바늘꽃, 섬기린초가 각각 6.57, 5.68, 3.85, 3.83, 3.69 mmol Trolox equivalents/g를 나타냈다. 국내 자생식물 40종 추출물에 대해 4종의 양식 넙치 질병 세균에 대한 항균 활성을 측정한 결과 9종(바늘꽃, 독활, 짚신나물, 물참나무, 나도송이풀, 세잎이질풀, 서어나무, 섬기린초, 섬바디)만이 항균 활성을 나타냈다. 짚신나물은 S. iniae에 대하여 높은 항균 활성을 나타냈으며, 독활, 나도송이풀, 섬바디는 S. parauberis과 S. iniae에 대해, 물참나무, 세잎이질풀, 서어나무는 V. ordalii에 대해 높은 항균 활성을 나타냈다. — 제주대학교 식품생명공학과 식물자원환경전공 강미애 외 4. 한국식품영양과학회지(2010)

나도송이풀

나도송이풀

나도송이풀

나팔꽃

메꽃과 / *Pharbitis nil (L.) Choisy*

메꽃과의 덩굴성 한해살이풀로, 인도가 원산지이며, 우리나라 전역의 길가나 빈터에서 흔히 자란다. 아침에 피는 나팔 모양의 꽃이 아름다워 관상용으로 심기도 한다. 길이는 3m에 달하며, 줄기 전체에 아래로 향한 털이 나 있고, 왼쪽 방향으로 주변의 물체를 감아 올라간다. 7~8월에 남자색·흰색·붉은색 등 여러 가지 색의 꽃이 피는데 아침 일찍 피었다가 낮에 오므라든다. 꽃말은 '결속·허무한 사랑'이다.

　민간에서는 나팔꽃에 잎이 많이 붙어 있을 때 뿌리에서 20㎝ 정도 잘라서 말려 두었다가 동상에 걸렸을 때 이를 달인 물로 환부를 찜질한다. 한방에서 나팔꽃 씨를 '견우자牽牛子'라고 하여 하제下劑로 사용하는데, 푸르거나 붉은 꽃의 씨를 '흑축黑丑', 흰 꽃의 씨를 '백축白丑'이라고 한다. 대소변을 통하게 하고, 부종·적취積聚(오랜 체증으로 말미암아 뱃속에 덩어리가 생기는 병)·요통에 효과가 있다. 흑축의 효과가 백축보다 빠르다고 알려져 있다.

약명/이명 견우자牽牛子, 흑축黑丑, 백축白丑 / 견우화, 라팔화, 조양화, 조안

생육 & 채취	
장 소	전국의 길가나 빈터
시 기	7~8월
부 위	씨앗
손질법	햇볕에 말린다.

효 용	
성 미	맛은 쓰며[苦] 성질은 차고[寒] 독이 있다.
활 용	부종, 적취積聚, 요통에 효과가 있다.

연구 & 특허
● 나팔꽃 캘러스 추출물을 함유하는 피부 외용제 조성물
● 견우자 추출물을 포함하는 치주질환의 예방 또는 치료용 약학 조성물
外 p.994 참고

고서古書 · 의서醫書에서 밝히는 효능

동의보감 기를 잘 내리며 수종水腫을 낫게 하고 풍독을 없애며 대소변을 잘 나가게 하고 찬 고름을 밀어내고 고독을 없애며 유산시킨다.

특허 · 논문

● **나팔꽃 캘러스 추출물을 함유하는 피부 외용제 조성물** : 본 발명은 나팔꽃 캘러스 추출물을 함유하는 피부 외용제 조성물 및 그의 제조 방법에 관한 것으로, 더욱 상세하게는 나팔꽃 캘러스 추출물을 유효성분으로 함유하는 피부 개선용 피부 외용제 조성물 및 그의 제조 방법에 관한 것이다. 본 발명에 따른 나팔꽃 캘러스 추출물을 함유하는 피부 외용제 조성물은 피부 세포 성장 및 증식으로 인해 피부세포를 활성화시키고, 피부에 안전하면서도 항산화 및 항염 효과가 있을 뿐만 아니라 피부 보습 및 진정 효과가 있어, 피부 미백에 도움을 주며, 피부 보습, 재생 및 진정에 탁월한 효과가 있다. — 특허등록 제1146262호. 주식회사 바이오에프디엔씨

※캘러스callus : 식물체의 상처 부위에 형성된 조직. 절편 · 기관 · 조직 등을 조직 배양하여 형성된 무정형의 세포 덩어리를 뜻한다.

● **견우자 추출물을 포함하는 치주질환의 예방 또는 치료용 약학 조성물** : 본 발명은 견우자(Pharbitidis Semen) 추출물을 유효성분으로 포함하는, 치주질환(periodontal disease)의 예방 또는 치료용 약학 조성물을 제공한다. 상기 견우자 추출물은 NO 생성을 억제할 뿐만 아니라 알칼리성 포스파타아제의 활성을 유도하여 조골세포의 분화와 미네랄화를 촉진함으로써, 치주염 · 치조골 파손 · 치조골 형성 장애 등의 치주질환의 예방 및 치료제로서 유용하다. — 특허등록 제991857호, 닥터후 주식회사

흰 나팔꽃

나팔꽃

나팔꽃 열매

나팔꽃 씨앗

낙우송

낙우송과 / *Taxodium distichum* (L.) Rich.

낙우송과의 낙엽침엽교목으로, 북아메리카가 원산지이며, 우리나라 중부 이남의 해변가나 석회암 지대의 습한 지역에 분포한다. 키는 50m까지 자라는 대형수종으로, 지름은 4m에 달하고, 전체 모양은 피라미드형이다. 4~5월에 개화하며 9월경 둥근 열매가 초록에서 갈색으로 익는다. 나무 모양이 아름다워서 조림수로 많이 심어 가꾸고, 목재가 단단하여 철도 침목·온실재·지붕재 등으로 사용한다.

낙우송 생장 기간은 600~1,800년으로 알려져 있으며, 자이언트메타세콰이어의 수명은 최고 3천 년이라고 한다. 메타세콰이어와 모양이 비슷하지만 메타세콰이어의 가지는 위로 뻗는 데 비해 낙우송의 초록 잎이 달린 가지는 아래나 옆으로 뻗는 점이 다르다.

낙우송의 종자를 '낙우삼落羽杉'이라고 하여 약으로 쓰며, 항암 효과가 밝혀졌다.

약명/이명 낙우삼落羽杉 / 아메리카수송

생육 & 채취	
장 소	중부 이남의 해변가 및 습한 지역
시 기	4~9월
부 위	–
손질법	–

효용	
성 미	맛은 쓰고 성질은 차다.
활 용	항암 효과

연구 & 특허
● 낙우송 및 불두화 추출물을 포함하는 미백 및 항산화용 화장료 조성물
● 낙우송으로부터 분리한 flavonoid의 금속단백분해효소-9 발현 억제 활성 ☞ p.994 참고

● 낙우송 및 불두화 추출물을 포함하는 미백 및 항산화용 화장료 조성물 : 본 발명은 낙우송 및 불두화 추출물을 포함하는 미백 및 항산화용 화장료 조성물에 관한 것이며, 본 발명의 화장료 조성물은 우수한 미백 효과 및 항산화 효과가 있고, 낙우송 및 불두화 추출물은 모두 세포 무독성이며, 세포 증식 효과가 있음이 확인되었으므로, 천연 화장품으로서 사용이 가능하다. — 특허등록 제1126984호, 주식회사 더마랩, 제니코스 주식회사

● 낙우송으로부터 분리한 flavonoid의 금속단백분해효소-9 발현 억제 활성 : 기질 금속단백분해효소(MMP)는 기저막이나 간질성 조직 등에 있는 세포외기질 성분을 분해하여 상처 치유, 태아의 발생, 종양세포의 침윤과 전이 등을 포함하여 조직이 재구성되는 과정에서 생리학적 및 병리학적인 과정 양쪽 모두에 매우 중요한 역할을 한다. 본 연구에서는 MMP-9 유전자의 발현을 억제하는 물질을 천연물에서 탐색하였고, 탐색된 시료 중에서 높은 역가를 가진 낙우송과의 Metasequoia glyptostroboides가 선택되었다. 여러 가지 flavonoid 성분을 가지고 있는 Metasequoia glyptostroboides를 이용하여 4개의 biflavonoid와 2개의 monoflavonoid 구조의 물질을 분리하였고, 이 flavonoid들은 sciadopitysin, isoginkgetin, bilobetin, 2, 3-dihydrohino-kiflavone, luteolin, apigenin으로 정제하여 구조를 밝히고 zymography, WST-1을 이용한 세포 독성 시험, northern blot 등의 실험을 통하여 각 화합물의 구조적인 특성과 함께 MMP-9 유전자 발현을 억제하는 효과가 있는 것을 확인하였다. — 한국생명공학연구원 양재영 외 4, 생명과학회지(2005. 4. 30)

낙지다리

돌나물과 / *Penthorum chinense Pursh*

돌나물과의 여러해살이풀로, 못이나 도랑 등의 습지에 자라는 식물이다. 키는 30~70㎝ 정도이고, 7~8월에 황백색의 꽃이 핀다. 위에서 내려다본 꽃의 모양이 빨판이 있는 낙지의 다리를 뒤집어 본 모양과 비슷하여 '낙지다리'라는 이름이 붙었다.

생약명은 '수택란水澤蘭'이라고 하며, '택란澤蘭'은 꿀풀과 식물인 쉽싸리를 말한다.

약명/이명 수택란水澤蘭 / 낙지다리풀

고서古書 · 의서醫書에서 밝히는 효능

운곡본초학 수택란은 거어지통祛瘀止痛, 이수제습利水除濕의 효능이 있고, 수종水腫, 소변불리小便不利, 황달黃疸, 대하帶下, 이질痢疾, 경폐經閉, 질타손상跌打損傷, 요혈尿血, 붕루崩漏, 창옹瘡癰, 독사교상毒蛇咬傷을 치료한다.

생육 & 채취	
장 소	전국 각지의 습지
시 기	7~8월
부 위	꽃. 줄기. 잎
손질법	햇볕에 말린다.

효 용	
성 미	맛은 달고 성질이 따뜻하다.
활 용	소변불리小便不利, 황달黃疸, 대하帶下, 이질, 경폐經閉, 요혈尿血 등에 약용

연구 & 특허
● 비만 및 당뇨병 예방 및 치료 효과를 보이는 자생식물 추출물 ● 다양한 잡초로부터 생리활성 물질의 탐색

● **비만 및 당뇨병 예방 및 치료 효과를 보이는 자생식물 추출물** : 본 발명은 자생식물로부터 얻은 비만/당뇨 모델 마우스의 비만 및 당뇨 억제 추출물에 관한 것으로, 더욱 상세하게는 한국에서 자라는 자생식물(낙지다리 · 피나물 · 채진목)로부터 체중 감소 및 당뇨의 원인인 고혈당을 억제하는 추출물과 그 추출물을 유효성분으로 함유하는 비만과 당뇨의 예방 및 치료 생약제에 관한 것이다. 발명자들은 피나물 · 낙지다리 · 채진목으로부터 분획하여 얻은 활성분획 조성물이 렙틴 수용체 이상으로 비만 및 당뇨병을 일으키는 모델 동물인 Lepr db/Lepr db 마우스에서 비만 및 당뇨병 예방 및 치료 효과를 갖고 있는 것을 처음으로 관찰하여, 상기 조성물을 유효성분으로 함유하는 비만 또는 당뇨병 예방 및 치료 효과 등을 지닌 활성 조성물을 개발하였다. — 특허등록 제523441호, 주식회사 케이티앤지생명과학

● **다양한 잡초로부터 생리활성 물질의 탐색** : 다양한 잡초로부터 유용 생리활성 물질을 탐색하고자 46종 잡초의 methanol 추출액을 대상으로 $50\sim100\mu g/ml$ 농도로 실험한 결과, 항균 활성에 있어서는 파리풀, 까실쑥부쟁이, 중머리대가리, 큰엉겅퀴, 부처꽃 등이, antibleb 활성에 있어서는 낙지다리, 밭뚝외풀, 까실쑥부쟁이, 술패랭이꽃 등이, 항암 활성에 있어서는 파리풀, 골풀, 밭뚝외풀, 까실쑥부쟁이, 술패랭이꽃, 겨우살이 등이, 항산화 활성에 있어서는 골풀, 물레나물, 청비녀골풀, 금불초, 방울고랭이, 좀고추나물 등이 비교적 강한 활성을 나타내었다. — 고려대학교 자연자원대학 강병화 외 6, 한국응용생명화학회지(1996. 10. 31)

낙지다리 어린순

낙지다리

낙지다리 꽃

낙지다리

남가새

남가새과 / *Tribulus terrestris* L.

남가새과의 한해살이풀로, 해변 모래밭 땅에 붙어서 자란다. 주로 제주도나 거제도, 남해안 지방에 분포하지만 함경도에도 자생하는 것으로 알려져 있다. 줄기는 1m 정도까지 자라고 7월경 노란색 꽃이 핀다.

열매를 '사원질려沙苑蒺藜'라 하여 약용하는데, 눈이 충혈되고 눈물이 나며 시력이 감퇴되고 각막이 혼탁해지는 안과 질환과 고혈압을 치료한다. 심마진尋麻疹이나 피부가 가렵고 반점이 나타나는 신경성 피부염, 관상동맥 부전증으로 인한 협심통에도 활용한다. 그간의 동물실험에서 진정·혈압 강하 효과가 확인되었다. 생약 '백질려白蒺藜'는 흰색 꽃을 말린 것이다.

약명/이명 사원질려沙苑蒺藜, 백질려白蒺藜 / 질리자蒺藜子

고서古書·의서醫書에서 밝히는 효능

동의보감 보신고정保身固定, 양간명목養肝明目의 효능이 있고, 유뇨遺尿, 소변빈삭小便頻數, 간신부족肝腎不足, 유정조설遺精早泄, 요슬산통腰膝酸

생육 & 채취	
장 소	해변 모래밭 바닥
시 기	가을
부 위	열매
손질법	익은 열매를 따서 그늘에 말린다.

효 용	
성 미	맛은 맵고 쓰며 성질은 평하다.
활 용	신경성 피부염, 안과 질환 치료에 좋다.

연구 & 특허
● 정자 수 증가와 환경호르몬 예방 효과를 갖는 성 기능 개선 식품 조성물 및 이를 원료로 하여 제조된 성 기능 개선용 식품 外 p.994 참고

痛, 요혈尿血, 목혼불명目昏不明, 백대白帶를 치료한다.

특허 · 논문

● **정자 수 증가와 환경호르몬 예방 효과를 갖는 성 기능 개선 식품 조성물 및 이를 원료로 하여 제조된 성 기능 개선용 식품** : 본 발명은 성 기능 향상 및 정자 수 증가와 환경호르몬에 의한 남성 생식기능 저하 예방 효과를 갖는 성 기능 개선 조성물 및 이를 함유하는 성 기능 개선용 식품에 관한 것이다. 본 발명에 따른 성 기능 개선 조성물은, 마카 추출물, 홍삼 추출물, 남가새 추출물을 혼합, 발효시켜 유효성분을 극대화한 것으로, 상기 추출물 중 마카 추출물은 열수 추출로 얻는 것을 특징으로 한다. 이에 의하여, 본 발명의 기능성 개선 조성물은 혈관 확장, 호르몬 균형으로 인한 성 기능 향상과 정자 수 증가 및 환경호르몬에 의한 정소 조직 손상과 정자 수 감소 예방 효과를 나타내면서 인체에 무해하여 유용하게 이용될 수 있다. — 특허공개 10−2010−0129571호, 주식회사 벤스랩 외 1

● **복합생약 추출물을 포함하는 발기부전 예방 및 개선용 조성** : 본 발명은 생약재인 남가새(*Tribulus terrestris*)와 산수유(*Cornus officinalis*)의 복합 추출물을 유효성분으로 함유하는 발기부전 개선용 조성물에 관한 것으로서, 보다 상세하게는 5-10 중량%의 프로토디오신을 유효성분으로 함유하는 남가새 추출물(남가새는 프로토디오신(protodioscin)이라는 지표 성분이 활성의 근간을 이룬다고 알려져 있으며, 이 프로토디오신은 생체 내에서 성 기능 개선에 효과를 보일 것으로 기대되고 있는 DHEA(dehydroepiandrosteorone)로 생변환됨으로써 궁극적으로는 DHEA의 농도를 높인다.)과 1∼2 중량%의 로가닌을 유효성분으로 함유하는 산수유 추출물을 포함하는 발기부전 예방 및 개선용 조성물에 관한 것이다. — 특허공개 10−2013−0032419호, 씨제이제일제당 주식회사

남가새

남가새 꽃

남가새

남오미자

남오미자

오미자과 / *Kadsura japonica* (L.) Dunal

오미자과의 상록활엽 덩굴나무로, 남부 지방의 바닷가나 섬 지방의 산이나 들판, 담장에 서식하는데, 이웃 나무를 감아 올라가거나 바위에 기대어 자란다. 덩굴은 3m 정도로 뻗고, 어린 나무는 붉은갈색을 띤다. 4~8월에 연한 황백색 꽃이 잎 달린 자리에 피며, 9~10월에 열매가 둥근 큰 공에 작은 공들이 매달린 모양으로 익는다. 열매가 익었을 때 채취하여 햇볕에 말려서 오미자 대용품으로 쓰는데 효능은 오미자보다 떨어진다. 민간에서는 줄기껍질을 삶은 물에 머리를 감는다.

　오미자과에 속하는 수종은 세계적으로 2속 22종이 존재하는데, 우리나라에는 오미자(*Schisandra chinensis* (Turcz.) Baill.)와 흑오미자(*Schisandra repanda* (Siebold & Zucc.) Radlk.)·남오미자가 자생한다. 오미자는 전국에 자생하지만 남오미자는 남부 섬 지반과 제주도 등 온난한 지역에서 발견되고, 흑오미자는 제주도 한라산 등 일부 지역에 국한된다. 남오미자에 대한 독립적인 연구는 많지 않다.

약명/이명　남오미자南五味子 / 화중오미자華中五味子

생육 & 채취	
장 소	남부 지방 바닷가, 섬 지역
시 기	10월 하순 상강 이후
부 위	열매
손질법	열매를 채취하여 말린다.

효용	
성 미	맛이 시고 성질이 따뜻하다.
활 용	여름철에는 자주 먹으면 오장의 기운을 보한다.

연구 & 특허
● 오미자 펩티드 추출물을 포함한 여드름 치료용 화장 조성물 外 p.995 참고

동의학사전 맛은 시고 성질은 따뜻하다. 폐경 · 신경 · 비경에 작용한다. 기와 폐를 보하고 기침을 멈추게 하며 신정을 불려 준다. 갈증을 멈추고 가슴이 답답한 것을 낫게 하며 삽정한다. 약리 실험에서 중추신경계통 흥분 작용, 피로 회복 촉진 작용, 신장 혈관 계통 기능 회복 작용, 혈압 조절 작용, 위액 분비 조절 작용, 담즙 분비, 혈당 낮춤 작용, 글리코겐을 높이는 작용 등이 밝혀졌다. 허약한 데, 정신 및 육체적 피로, 무력증, 폐와 신이 허하여 기침이 나면서 숨이 찬 데, 음허로 갈증이 나는 데, 유정, 유뇨증, 설사, 심근쇠약증, 밤눈 어두운 데, 건망증, 불면증, 피부염 등에 쓴다. 또한 저혈압, 동맥경화증, 당뇨병, 간염 등에도 쓴다.

특허 · 논문

● 오미자 펩티드 추출물을 포함한 여드름 치료용 화장 조성물 : 본 발명은 오미자 열매 펩티드 및 당 추출물 및 적합한 부형제를 포함하는 여드름 치료 또는 예방용 화장학적, 기능식품 또는 피부과학적 조성물에 관한 것이다. 바람직하게는, 본 추출물은 남오미자에서 획득된다. 또한 본 조성물은 피지조절제, 항균제 및/또는 항진균제, 각질용해제 및/또는 각질조절인자, 수렴제, 항-염증제 및/또는 항-자극제, 항산화제 및/또는 자유라디칼 포획제, 상처 아물기 치료제, 항-노화제 또는 보습제에서 선택되는 최소한 하나의 항-여드름 화합물을 더욱 포함한다. 또한 본 발명은 본 발명에 의한 화장 조성물을 손상 피부 부위에 적용하거나, 본 발명에 의한 기능식품 조성물을 환자가 경구 섭취하는 것을 특징으로 하는 여드름의 미용학적 처리 방법에 관한 것이다. — 특허공개 10–2012–0052991호(PCT/EP 2010/060876), 라보라토이레즈 익스펜사이언스(프랑스)

남오미자

남오미자 꽃

남오미자

낭아초

콩과 / *Indigofera pseudotinctoria* Matsumura.

콩과의 낙엽활엽반관목으로, 주로 따뜻한 해안 지방에 자생한다. 물기가 적고 척박한 풍화 토양에서도 잘 자라므로 제주도에서 볼 수 있다. 키는 약 2m 내외이고 가지를 많이 쳐서 옆으로 자란다. 7~8월경 연한 분홍색의 꽃이 핀다. 유사종으로 좀낭아초(*Chamaerhodos erecta* (L.) Bunge) · 검은낭아초(*Potentilla palustris* (L.) Scop.) 등이 있다. 관상용으로 심기도 하고, 도로 비탈면 또는 하천변의 녹화에도 이용한다.

한방에서 전초를 나력 · 치질 · 식체 · 해수를 치료하는 데 쓰는데, 약용 자원식물로서의 연구는 많지 않다.

약명/이명 일미약一味藥, 일미약근 一味藥根 / 랑아초, 물깜싸리

고서古書 · 의서醫書에서 밝히는 효능

동의학사전 낭아는 성질이 차고, 맛은 쓰고 시며, 독이 있다. 옴으로 가려운 것과 악창 · 치질을 다스리고, 촌백충과 뱃속의 모든 충을 죽인다.

생육 & 채취	
장 소	제주도, 남부 해안
시 기	연중 수시
부 위	전초
손질법	채취하여 햇볕에 말린다.

효 용	
성 미	맛은 쓰고 성질은 따뜻하고 독성이 없다.
활 용	소염, 어혈, 해독, 활혈活血

연구 & 특허
● 낭아초 줄기의 flavonoid 성분

● **낭아초 줄기의 flavonoid 성분** : 본 논문은 낭아초 줄기의 플라보노이드 성분을 연구한 논문으로, 주요 내용으로는 낭아초 줄기의 BuOH 분획물로부터 4가지 화합물을 분리하고, 분광 데이터의 기저에서 이 화합물들이 루틴, 카페인산, 캠페롤-3-O-루티노사이드 및 미리세틴-3-O-루티노사이드임을 동정한 내용이다. — 강원대학교 약학대학 권용수 외 2, 생약학회지(2000. 9. 30)

냉이

겨자과 / *Capsella bursapastoris* (L.) L.W.Medicus

냉이는 겨자과의 두해살이풀로, 우리나라 전역의 밭에서 흔하게 자라는 식물이다. 키는 10~50㎝로 식물 전체에 털이 있고 줄기는 곧게 서며 가지를 친다. 4~6월에 흰색의 작은 꽃이 피고, 역삼각형의 열매는 익는다. 냉이는 어린순과 뿌리 모두 냉이국이나 초무침, 나물죽 등으로 식용한다.

한방에서는 냉이의 전초를 '제채薺菜'라 하여 꽃이 피었을 때 채취하여 약으로 쓰는데, 간을 튼튼하게 하고 눈을 밝게 하며, 출혈을 멎게 한다. 냉이에는 단백질과 칼슘이 매우 풍부하며, 철분과 잎에 비타민 A가 특히 많다. 냉이를 상용하면 눈병에 잘 걸리지 않고 눈이 맑아진다고 전해진다.

약명/이명 제채薺菜, 제채자薺菜子 / 나새, 나생이, 나숭개

고서古書 · 의서醫書에서 밝히는 효능

동의보감 밭이나 들에 나는데 겨울에도 죽지 않는다. 냉이로 죽을 쑤어

생육 & 채취	
장 소	전국 각지의 밭
시 기	4~6월
부 위	꽃 피기 전의 연한 전초(식용) 성숙한 전초, 씨앗(약용)
손질법	햇볕에 말리거나 생으로 쓴다.

효 용	
성 미	맛은 달고 성질은 평하다.
활 용	눈을 밝게 하고 출혈을 멎게 한다.

연구 & 특허
● 생약 추출물을 함유하는 각성 효과가 있는 조성물 ● 냉이(Capsella bursa—pastoris) 에탄올 추출물의 유리라디칼 소거 및 항산화 활성 外 p.995 참고

먹으면 그 기운이 피를 간으로 이끌어 가기 때문에 눈이 밝아진다. 제채자薺菜子는 석명자菥蓂子라고도 한다. 오장이 부족한 것을 보하고 풍독風毒과 사기邪氣를 없애며 청맹과니와 눈이 아파서 보지 못하는 것을 치료한다. 또한 눈을 밝게 하고 장예障翳를 없애며 열독을 푼다. 오랫동안 먹으면 모든 것이 선명하게 보인다. 음력 4월에 받는다[본초].

특허 · 논문

● 생약 추출물을 함유하는 각성 효과가 있는 조성물 : 본 발명은 각성, 집중력 향상, 운동 수행 능력 향상 등의 효과가 있는 조성물에 관한 것으로서, 구체적으로 국화 추출물, 민들레 추출물, 두릅 추출물, 냉이 추출물, 석창포 추출물, 과라나 추출물을 유효성분으로 포함하는 조성물에 관한 것이다. — 특허공개 10-2013-000664호, 농업회사법인 맑은내일 주식회사

● 냉이(*Capsella bursa-pastoris*) 에탄올 추출물의 유리라디칼 소거 및 항산화 활성 : 천연 식품 재료를 대상으로 superoxide dismutase 활성 측정법을 이용 superoxide radical 소거능에 대하여 검색하였다. 총 47종의 시료 중 냉이 buffer 추출물이 11.6 unit/㎎ solid의 비교적 높은 활성을 나타내었으므로 이후 실험의 대상 시료로 선정하였다. 냉이의 최적 추출용매를 선정하기 위하여 각종 용매로 추출한 후 수소공여능 및 linoleic acid에 대한 과산화지질 형성 억제능을 조사한 결과 에탄올 추출물에서 가장 높은 활성을 보였다. 냉이 에탄올 추출물은 50℃에서의 대두유 자동 산화에 대해 항산화 활성을 나타내었으며, 에탄올 추출물 0.2% 첨가 시 대조구에 비해 유도기간이 약 2배 증가하는 효과를 나타내었다. — 고려대학교 식품공학과 홍정일 외 2, 한국식품영양학회지(1994. 9)

냉이 꽃

싸리냉이

황새냉이

벌깨냉이

냉초

현삼과의 여러해살이풀로, 전국 각지의 습기 있는 산기슭에서 자란다. 키는 50~90㎝ 정도이고, 줄기는 홀로 또는 여러 대가 한 자리에 돋아나 곧게 자라며, 가지를 치지 않고 식물 전체에 털이 있다. 7~8월에 연한 자주색의 꽃이 핀다.

유사종으로 흰 꽃이 피는 흰냉초(*Veronicastrum sibiricum* f. *albiflora* T.Yamaz.)와 털냉초가 있다.

이른 봄에 어린순을 따서 나물로 무쳐 먹는다. 약간의 독성이 있고 쓴 맛이 나므로 데쳐서 물에 충분히 우려내어 조리한다.

냉초라는 이름은 부인병인 냉증을 치료한다고 하여 붙여진 이름이다. 거풍祛風 · 제습除濕 · 지통止痛 · 해독解毒의 효능이 있고, 민간에서 뿌리를 설사 · 변비 · 위장염 · 황달 · 자궁내막염(지혈약) · 통풍 · 각기 · 마비 등에 약으로 쓴다.

약명/이명 참룡검斬龍劍 / 숨위나물, 털냉초, 시베리아냉초, 민냉초, 민들냉초

생육 & 채취	
장 소	전국 각지의 습기 있는 곳
시 기	봄, 가을(뿌리) 여름(잎, 줄기)
부 위	뿌리, 잎, 줄기
손질법	햇볕에 말린다.

효 용	
성 미	맛은 약간 쓰고 성질은 차다.
활 용	뿌리 : 월경장애, 방광염 잎, 줄기 : 류머티즘, 통증, 염증약

연구 & 특허
● 인슐린 저항성 개선 효능을 갖는 냉초 추출물 및 이를 유효성분으로 함유하는 제품 ● 생약 추출물을 함유하는 찜질용 패치제 조성물 및 이를 이용한 건강 찜질 파스 外 p.995 참고

특허 · 논문

● **인슐린 저항성 개선 효능을 갖는 냉초 추출물 및 이를 유효성분으로 함유하는 제품** : 본 발명은 냉초 에탄올 추출물 및 이를 유효성분으로 함유하는 제품에 관한 것으로서, 본 발명의 냉초 에탄올 추출물은 지방세포의 SOCS-3 단백질의 발현을 억제하여 인슐린 저항성을 개선하고, 혈당을 강하시키며, 체지방 및 체중 증가를 억제하는 효능을 갖고 있어 대사증후군 예방과 치료를 위한 의약품 또는 건강기능식품으로 유용하게 이용될 수 있다. — 특허등록 제1047796호, 주식회사 한국야쿠르트

● **생약 추출물을 함유하는 찜질용 패치제 조성물 및 이를 이용한 건강 찜질 파스** : 본 발명은 적정한 조성비의 생약제로서, 냉초 · 창출 · 생지황 · 당귀에 용매로서 물을 첨가하여 열수 추출한 패치제 조성물과 이를 유효성분으로 하는 점착성 물질로 피막이 형성되게 약제 조성층을 형성하고 한지 원료에 기능성 물질을 미세 기공이 생기도록 혼합 초지한 기능성 외피에 접착 도포 형성한 건강 찜질 파스에 관한 것으로서 생약을 주성분으로 하여 피부 알러지 등 부작용이 없으며, 허리, 관절, 목 등의 타박상, 근육통 등의 환부에 바르거나 붙이게 되면 천연물 유래의 생약에 의한 약리 효과와 인체에 매우 유익한 기능성 물질의 치료 효과 등 기능성의 복합 시너지 상승 효과에 의한 소염 진통 및 연골 보호 작용으로 신경통이나 근육통 등의 진통 완화 및 치료와 관절염 예방에 우수한 효과를 구현한다. — 특허등록 제564659호, 정**

냉초

냉초

냉초

노각나무

차나무과 / *Stewartia pseudocamellia* Maxim.

차나무과의 낙엽활엽교목으로, 경상북도와 충청북도 이남의 표고 200~1,200m에 자생하는 우리나라 특산 식물이다. 키는 7~15m 정도이고, 회갈색의 나무껍질은 무늬가 아름다워 '비단나무'로 불린다. 가을의 황색 단풍 또한 아름답다. 6~7월에 흰색 꽃이 새로 자란 가지 끝에 연달아 피고, 10월에 열매가 익는다.

목재가 단단하여 가구재로 사용되며, 꽃·단풍·나무껍질이 아름다워서 관상수로 가치가 있다. 전세계적으로 노각나무 종류는 7종인데, 우리나라 것이 가장 아름답다고 한다.

줄기와 뿌리의 껍질을 '모란帽蘭'이라 하여 근육과 힘줄을 풀고 혈행血行을 촉진하며 타박상과 풍습으로 인한 마비를 치료하는 약재로 쓴다.

약명/이명 모란帽蘭 / 노가지나무, 비단나무, 금수목

특허 · 논문

● 노각나무 추출물 및 그 용도 : 본 발명은 노각나무(*Stewartia koreana*) 추출

생육 & 채취	
장 소	경북, 충북 이남 지역
시 기	이른 봄
부 위	수액 / 나무껍질, 뿌리껍질
손질법	수액은 봄에 채취한다. 나무(뿌리)껍질은 햇볕에 말린다.

효용	
성 미	맛은 맵고 쓰고 성질은 시원하다.
활 용	간염·간경화증 등의 간질환과, 손발마비·관절염 등에 효과가 있다.

연구 & 특허
● 노각나무 추출물 및 그 용도 ● 노각나무의 항산화 Flavonoid 성분 外 p.995 참고

물 및 그 용도에 관한 것으로, 더욱 상세하게는, 물, C1-4 저급알콜, 극성 용매, 비극성 용매 및 이들의 혼합 용매로부터 선택된 추출 용매로 추출한 노각나무 잎 추출물과 이를 유효성분으로 함유하는 혈관신생 촉진 또는 조직 재생 촉진용 약학 조성물 및 주름 개선용 화장품에 관한 것이다. 본 발명의 노각나무 추출물은 혈관내피세포의 이동과 증식을 촉진하고 혈관 생성 및 상처 회복에 뛰어난 효과를 나타내어, 상처 및 동상 부위의 회복, 수술 후 수술 부위의 회복, 위궤양, 허혈성 심장 질환 및 탈모 등 치료 및 예방을 위해 혈관신생이 요구되는 질병의 치료 또는 예방에 유용하다. 또한 본 발명의 추출물은 피부 조직 재생 효과를 나타내므로 주름 개선용 화장품으로도 유용하다. — 특허등록 제853761호, 주식회사 알엔에이

● **노각나무의 항산화 Flavonoid 성분** : 노각나무는 활엽교목으로 높이 7~15m이고 잎은 4~10㎝로 호생하고 타원형 또는 넓은 타원형이다. 꽃은 양성으로 6~7월에 피고 꽃잎은 백색이다. 국내 자생식물 중에서 항산화 활성 화합물을 찾는 중에 노각나무 잔가지의 methanol 추출물이 DPPH radical 소거 활성이 있음을 확인하고, n-hexane, methylene chloride, ethyl acetate, n-butanol 및 물로 계통 분획한 후에 그중 소거 활성이 가장 강한 ethyl acetate 가용분획을 silica gel을 비롯한 몇 가지 column chromatography를 이용하여 물질을 단리한 결과 6종의 phenol성 화합물을 얻었다. 단리된 화합물을 물리화학적 성상과 기기분석의 spectral data를 이용하여 구조를 확인한 결과 ampelopsin (1), catechin (2), proantho- cyanidin-A2 (3), fraxin (4), (2R, 3R)-taxifolin-3-β-D-gluco- pyranoside (5), (2S, 3S)-taxifolin-3-β-D-glucopyranoside (6)으로 각각 확인 · 동정되었다. 분리된 화합물은 본 식물에서는 처음 보고되는 물질이며 이 중 화합물 3이 강한 DPPH radical 소거 효능을 보여 주었으며, 화합물 1이 가장 강한 superoxide quenching activity를 보여 주었다. — 우석대학교 이사임 석사 학위논문(2009)

노각나무 새순

노각나무 꽃

노각나무 열매

노각나무

노루삼

미나리아재비과 / *Actaea asiatica* H. Hara

미나리아재비과의 여러해살이풀로, 우리나라 전역의 산지 숲속 습기 있는 나무 그늘, 숲 가장자리, 풀밭 등지에서 자란다. 키는 40~70㎝ 정도로 자라고, 전초에 잔털이 있고, 줄기가 곧게 서며, 뿌리는 짧고 굵으며 수염뿌리가 많다. 6월에 흰색의 꽃이 피고, 7~8월에 둥근 열매가 흑자색으로 익는다. 노루오줌과 꽃의 형태가 비슷하여 혼동하는 경우도 있다. '노루삼'이라는 이름은 홍갈색 수염뿌리가 나고 약효가 다양한 까닭에 붙여진 이름이라고 한다.

약간의 독이 있는 식물로, 관상용으로 심어 가꾸며, 뿌리와 뿌리줄기를 한방에서 '녹두승마綠豆升麻'라 하여 약용한다. 흔히 감기로 인한 두통頭痛, 백일해百日咳, 기관지염을 치료하는 데 쓰이며, 타박상·관절통 등 생것을 짓찧어 환부에 붙이기도 한다.

열매가 붉은 것을 '붉은노루삼(A. erythrocarpa)'이라고 한다.

약명/이명 녹두승마綠豆升麻 / 류엽승마

생육 & 채취	
장 소	전국의 산지 숲속
시 기	가을
부 위	뿌리, 뿌리줄기
손질법	햇볕에 말린다.

효용	
성 미	맛은 맵고 쓰며, 성질은 따뜻하다.
활 용	관절통, 신경통

연구 & 특허

고서古書 · 의서醫書에서 밝히는 효능

운곡본초학   생약명은 녹두승마綠豆升麻이며, 구풍해표驅風解表, 청열진해淸熱鎭咳의 효능이 있고, 견상犬傷, 감모두통感冒頭痛, 백일해百日咳를 치료한다.

노루삼

노루삼

노루삼

노루삼 열매

노린재나무

노린재나무과 / *Symplocos chinensis f. pilosa* (Nakai) Ohwi

노린재나무과의 낙엽활엽관목 또는 소교목으로, 우리나라 전역의 산지 숲에 자생한다. 키는 1~3m 정도이고, 한 개의 줄기가 올라와 가지를 많이 쳐서 우산 모양을 이룬다. 5월경 흰 꽃이 피고, 9월경에 열매가 짙은 파란색으로 익는데 열매의 색과 모양이 아름답다. 가을에 단풍이 든 잎을 태우면 재가 노랗다고 하여 '노린재나무'라고 한다.

유사종으로 제주도에 자생하는 섬노린재나무・열매가 흰색으로 익는 흰노린재나무・열매가 검게 익는 검노린재나무가 있다.

생약명은 '화산반華山礬'으로, 가지와 잎, 뿌리를 각기 별도로 약재로 쓰는데, 언제든지 채취하여 햇볕에 말려 쓴다. 지혈생기止血生肌, 청열이습淸熱利濕의 효능이 있고, 사리瀉痢・창양종독瘡瘍腫毒・검상출혈劍傷出血・궤양潰瘍・탕화상湯火傷을 치료한다.

약명/이명 화산반華山礬 / 화회목華灰木

생육 & 채취	
장 소	전국의 산지 숲
시 기	연중 수시
부 위	가지, 잎, 뿌리
손질법	햇볕에 말린다.

효 용	
성 미	맛이 맵고 쓰며, 성질은 서늘하고 약간의 독이 있다.
활 용	수렴, 지혈 작용, 감기, 오한

연구 & 특허
● 노린재나무 또는 노린재나무 잎 추출물을 포함하는 진통제 또는 신경병증성 통증 치료제의 조성물 外 p.995 참고

운곡본초학 지혈생기止血生肌, 청열이습淸熱利濕의 효능이 있으며, 사리瀉痢, 창양종독瘡瘍腫毒, 검상출혈劍傷出血, 궤양潰瘍, 탕화상湯火傷을 치료한다.

특허 · 논문

● 노린재나무 또는 노린재나무 잎 추출물을 포함하는 진통제 또는 신경병증성 통증 치료제의 조성물 : 본 발명은 진통제 및 신경병증성 통증 치료제의 조성물에 관한 것으로 노린재나무 또는 노린재나무 잎의 추출물을 이용한 진통 효과를 얻는 것을 그 특징으로 하며 이는 천연물에서 유래한 진통제 또는 신경병증성 통증 치료제의 조성물이라는 측면에서 그 의의가 있으며 이를 적극적으로 활용할 경우 다양한 질병에 대한 진통제 및 신경병증성 통증 치료제의 조성물로서 널리 활용될 수 있으며 나아가 국민 건강에 기여할 수 있다. 발명자들은 노린재나무 또는 잎의 추출물을 이용한 라이딩(writhing) 억제 시험, 포르말린 통증 시험(Formalin test), 사이토 카인 통증 시험(cytokinetest), 신경병증성 통증 시험(Neurophatic pain test), 꼬리 움직임 시험(tail-flick test), 뜨거운 바닥 시험(hot-plate test) 등의 다양한 통증 지표 테스트를 통하여 진통 효과를 측정 규명하여 본 발명을 완성하였다. — 특허등록 제113204호, 주식회사 프론트바이오

● 노린재나무과 또는 꼭두서니과 식물의 추출물을 포함하는 피부 미백 조성물 : 본 발명은 0.1 내지 50 중량%의 노린재나무(*Symplocos*)과 또는 꼭두서니(*Rubia*)과 식물의 추출물 또는 이들의 혼합물을 포함하는 화장용 피부 미백 조성물에 관한 것이다. -- 특허공개 10-2006-0015747호, 유니레버 엔.브이.

노린재나무 새순

노린재나무 꽃

노린재나무 풋열매

노린재나무 열매

노박덩굴

노박덩굴과의 덩굴성 낙엽활엽수로, 100~1,300m 고지의 골짜기나 들판에 주로 서식한다. 이웃 나무를 감아 올라가며 자라는데, 줄기는 10m까지 자란다. 5~6월에 황록색의 꽃이 피고, 10월에 열매가 노란색으로 익는다. 어린순을 나물로 먹고, 씨앗은 기름을 짜며, 나무껍질은 섬유용으로 이용된다. 유사종으로 덤불노박덩굴·해변노박덩굴·개노박덩굴·털노박덩굴·푼지나무(*Celastrus flagellaris* Rupr.) 등이 있다.

민간에서는 심한 생리통이나 관절통 등에 노박덩굴의 열매의 가루를 먹기도 한다.

약명/이명 남사등南蛇藤 / 놉방구덩굴, 노파위나무, 노박따위나무

고서古書·의서醫書에서 밝히는 효능

동의학사전 맛은 약간 맵고 성질은 따뜻하다. 풍습을 없애고 혈을 잘 돌게 한다. 뼈마디 아픔, 허리와 무릎이 아픈 데, 팔다리 마비, 어린이 경풍, 이질, 달거리가 없는 데 등에 쓴다. 하루 9~15g의 말린 줄기를 달임약으

생육 & 채취	
장 소	전국 각지의 골짜기나 들판
시 기	가을
부 위	어린순(식용), 씨앗(기름) 줄기, 가지(약용)
손질법	햇볕에 말린다.

효 용	
성 미	맛은 약간 맵고 성질은 따뜻하다.
활 용	거풍습, 활혈, 근골동통, 사지마비 등에 효과가 있다.

연구 & 특허
● 노박덩굴 추출물을 함유한 구강 조성물 ● 노박덩굴 추출물을 함유하는 피부 미백 조성물 外 p.995 참고

로 먹는다.

운곡본초학 노박덩굴 줄기의 생약명은 남사등南蛇藤이다. 거풍습祛風濕, 활혈맥活血脈의 효능이 있어서 풍습관절통風濕關節痛, 사지마목四肢麻木, 탄탄癱瘓, 두통頭痛, 아통牙痛, 산기疝氣, 통경痛經, 경폐經閉, 소아경풍小兒驚風, 이질痢疾, 대상포진帶狀疱疹을 치료한다.

특허 · 논문

● **노박덩굴 추출물을 함유한 구강 조성물** : 본 발명은 치은염증의 치료를 위하여 프로스타글란딘(PGE2)의 생성을 억제할 수 있도록 노박덩굴 추출물을 함유하는 구강 조성물에 관한 것이다. 발명자들은 한방약재 및 식물 추출물을 대상으로 프로스타글란딘의 생성을 억제시키는 효과에 대하여 여러 가지 연구 및 실험을 행한 결과, 노박덩굴 추출물을 구강 조성물에 적용하여 치은염증을 지닌 환자를 대상으로 임상 시험 결과 치은염증 등의 치료 효과가 탁월함을 밝혀내고 본 발명을 완성하게 되었다. 본 발명에 따른 구강 조성물은 치은염증 등의 치료 효과 및 프로스타글란딘 생성 억제 효과가 우수하고 천연 추출물을 사용하므로 부작용을 일으킬 염려도 없다는 것이다. ― 특허등록 제589951호, 주식회사 엘지생활건강

● **노박덩굴 추출물을 함유하는 피부 미백 조성물** : 본 발명은 노박덩굴 추출물을 함유하는 피부 미백 조성물에 관한 것으로서, 더욱 상세하게는 노박덩굴(*Celastrus orbiculatus*) 추출물이 티로시네이즈 발현 억제 활성, 멜라닌 생합성 저해 활성이 우수함을 확인함으로써 노박덩굴 추출물을 유효성분으로 함유하는 피부 미백용 조성물에 관한 것이다. ― 특허등록 제831092호, 한국생명공학연구원 · 재단법인 제주테크노파크

● **노박덩굴 분획물의 암세포 증식 억제 효과 및 Quinone Reductase 활성 증가 효과** : 본 논문은 노박덩굴(CO) 분획물의 암세포 증식 억제 효과 및 Quinone Reductase 활성 증가효과를 연구한 내용으로 주요 내용으로는 CO를 메탄올로 분획하고(COM), 4가지 다른 유

노박덩굴 꽃

노박덩굴 열매

노박덩굴

노박덩굴

노박덩굴

형으로 추가 분획하였다. 메탄올(COMM), 핵산(COMH), 부탄올(COMB), 수용성(COMA) 분획층. 이들 네 가지 분획이 네 가지 다른 종류의 암세포주, 즉 HepG2, MCF-7, HT29 및 B16F10 세포에 대해 가지는 세포독성을 MTT 검정을 이용하여 조사하였다. 여러 분획층 중 COMM이 사용된 암세포주에 대해 가장 강력한 세포독성 효과를 보였다. 또한 COMM이 다른 분획층 중에서 HepG2 세포에 대한 quinone reductase의 최고 유도활성을 보였다. 추가적인 연구가 필요하지만 CO가 사람 암세포를 치료할 수 있는 암 예방제일 수 있다는 내용이다. — 신라대학교 식품영양학과 구미정 외 1. 한국영양학회지(2007. 9)

● B16F10 흑색종 세포에 있어서 노박덩굴 추출물의 항전이 효과 : 본 논문은 B16F10 흑색종 세포에 있어서 노박덩굴 추출물의 항전이 효과에 대한 연구로, 주요 내용은 다음과 같다. 노박덩굴은 류마티스 관절염 및 치통과 같은 질환의 치료제로 쓰이는 전통 약재이다. 본 연구에서는 노박덩굴 메탄올 추출물의 항전이 활성을 측정하였으며, Gelatin zymographic assay를 이용하여 노박덩굴 메탄올 추출물이 B16F10 흑색종 세포에서 MMP-2와 MMP-9 활성을 저해하는 효과를 가짐을 입증하였다. 메탄올 추출물은 NF-κB의 전좌를 하향 조절하여 MMP 발현을 약화시켰고, 흑색종 세포의 전이 및 침윤을 하향 조절하였다. 그리고 메탄올 추출물은 생체실험 모델에서 폐암의 전이를 저해하였다. 결론적으로 노박덩굴 메탄올 추출물은 암 치료에 있어서 항전이제로서 역할을 할 수 있다는 내용이다. — 우석대학교 전훈. 생약학회지(2011. 6. 30.)

푼지나무. 가지에 가시가 있다.

노박덩굴

노박덩굴 열매

노박덩굴 새싹

녹나무

녹나무과 / *Cinnamomum camphora* (L.) J.Presl

녹나무과의 상록활엽교목으로, 우리나라가 원산지이며 제주도와 남해안 일부에 자생한다. 키는 20m까지 자라며, 윤기 있는 잎은 잘랐을 때 향기가 난다. 5월경에 황백색의 꽃이 피고, 열매는 10~11월경 검은 자주색으로 익는다. 벌레가 먹지 않고 썩지 않으며 보존성이 높아 예로부터 왕실의 목관재木棺材로 사용되었다. 유사종으로 둥근잎녹나무(*Cinnamomum camphora* var. *cyclophyllum* Nakai)가 있다.

나무 전체의 생약명은 '장목樟木'이며, 향료인 장뇌樟腦를 얻을 수 있어 이용 가치가 높다. 장뇌는 녹나무의 잎, 줄기나 뿌리를 수증기로 증류하여 얻은 기름으로, 향료·방충제·살충제·강심제의 원료가 된다. 장뇌는 무색 또는 백색 반투명의 가는 입자, 더러는 결정성 분말이나 덩어리 모양으로, 특이한 방향과 혀 끝에 닿으면 약간 쓰고 시원한 맛이 나고, 실온에서 천천히 휘산揮散한다. 잎은 그냥 차로 달여 먹어도 맛이 좋은데, 심장이 튼튼해지고 감기·두통·불면증 등이 잘 낫는다고 한다.

약명/이명 장목樟木 / 장뇌목樟腦木, 장수樟樹

생육 & 채취

장 소	제주도
시 기	겨울
부 위	잎, 목질부, 정유
손질법	햇볕에 말려 잘게 썬다.

효 용

성 미	맛은 맵고 성질은 뜨겁다.
활 용	거풍습祛風濕, 이관절利關節, 행기혈行氣血 효능이 있다.

연구 & 특허

● 녹나무 잎 추출물 또는 그의 분획물을 유효성분으로 포함하는 당뇨병 예방 및 치료용 조성물
外 p.995 참고

동의보감 타박손상打撲損傷, 졸연혼도卒然昏倒, 중오中惡, 열병신식혼미熱病新識昏迷, 개선소양疥癬瘙痒, 어체종통瘀滯腫痛, 토사복통吐瀉腹痛을 치료하는 데 쓰인다.

특허 · 논문

● 녹나무 잎 추출물 또는 그의 분획물을 유효성분으로 포함하는 당뇨병 예방 및 치료용 조성물 : 본 발명은 녹나무 잎 추출물 또는 그의 분획물을 유효성분으로 포함하는 당뇨병 예방 및 치료용 조성물에 관한 것으로, 녹나무 잎 추출물 및 그의 분획물은 전지방세포에서 지방세포로의 분화를 촉진시키고, 지방세포 내 중성지방의 축적을 증가시키며, 인슐린의 작용을 증진시켜 세포 내로의 포도당 섭취를 증가시키는 PPAR-γ 작용제와 같은 효과를 가지므로 당뇨병 예방 및 치료용 조성물로 유용하게 사용될 수 있다. — 특허등록 제706134호, 한국한의학연구원

● 녹나무 추출물을 함유하는 염증성 질환의 예방 및 치료용 조성물 : 본 발명은 녹나무 추출물을 함유하는 염증성 질환의 예방 및 치료용 조성물에 관한 것으로, 본 발명의 녹나무 추출물은 대식세포를 염증 유도 물질인 LPS로 자극하는 염증 반응의 주체가 되는 단핵 식세포 모델에서 염증 전구 사이토킨(염증 전구물질)인 TNF-α, IL-6, IL-1β 형성 억제 및 iNOS, COX-2의 발현 및 NO의 생성 억제를 나타냄과 동시에 높은 항산화 효과를 나타내므로, 본 발명의 녹나무 추출물을 함유한 조성물은 염증 반응에 의해 유발되는 여러 염증성 질환의 예방 및 치료를 위한 조성물로서 의약품 및 건강기능식품에 사용할 수 있다. — 특허등록 제623972호, 제주대학교 산학협력단

● 멜라닌 생성을 억제하는 녹나무 추출물을 함유하는 미백용 화장료 조성물 : 본 발명은 녹나무(*Cinnamomum*

녹나무

녹나무

녹나무

녹나무

camphora Sieb.) 추출물을 함유하는 미백용 화장료 조성물에 관한 것으로, 구체적으로 본 발명의 녹나무 추출물 및 극성용매 분획물은 멜라닌 생합성에 관여하는 타이로시나제에 대한 탁월한 저해 활성을 가지며 멜라닌 생성을 억제하므로 미백용 화장료 조성으로 유용하게 이용될 수 있다. — 특허등록 제696294호, 학교법인 경희학원

● **녹나무 천연 염료의 제조 방법 및 이를 이용한 염색 방법** : 본 발명은 채취된 녹나무 줄기를 세척하고, 2~10㎜의 크기로 분쇄하여 이루어진 녹나무 분쇄물을 100~180℃의 온도로 1~3시간 동안 열풍건조하고, 상기 건조된 녹나무 분쇄물과 산성도가 pH10~13인 알칼리수를 중량 대비 1:10~30로 혼합하되, 80~100℃의 온도로 10~30분 동안 가열하여 색소 추출액을 추출하며, 이 색소 추출물에서 녹나무 분쇄물을 분리 제거하고, 산성 용액을 첨가하여 산성도를 pH 4~6으로 조절한 후에 중화된 색소 추출액을 가열하여 고농도로 농축하고, 농축된 색소 추출액을 동결건조하여 수분이 제거되고 응집된 염료를 파쇄하여 이루어진 녹나무 천연 염료 및 증류수를 욕비(O.W.F.대비) 1:20~40로 준비하고, 상기 증류수에 녹나무 천연 염료를 O.W.F.대비 5-20% 용해하는 염료 혼합 단계, 상기 혼합된 증류수와 녹나무 천연 염료를 가열하는 염료 가열 단계, 상기 가열된 증류수와 녹나무 천연염료의 온도가 40~60℃에 도달하면, 직물을 침지하는 직물 침지 단계, 상기 침지된 직물을 60~80℃에서 20~40분간 가열하여 염착시키는 직물 염착 단계, 상기 염착이 완료된 직물을 수세하는 직물 수세 단계, 상기 수세된 직물을 건조하는 직물 건조 단계로 이루어진 녹나무 천연 염료를 이용한 염색 방법에 관한 것으로, 제조된 천염 염료의 저장 기간이 길고 보관 방법이 간편하며 그 색상이 뚜렷하고 다양하며 염색성이 향상되어 상품화 가치가 뛰어나도록 하며, 종래의 열수 추출 방법에 비해 그 공정이 간편하여 생산 기간이 단축되고, 이에 따라 정량화된 대량 생산이 가능하며, 보다 정확하고 뚜렷한 색상의 천연 염료를 추출할 수 있도록 하는 효과가 있다. — 특허등록 제918726호, 전라남도

녹나무

생달나무 잎(왼쪽)과 녹나무 잎(오른쪽)

녹나무

생달나무 잎(왼쪽)과 녹나무 잎(오른쪽)

누린내풀

마편초과 / *Caryopteris divaricata* (Siebold & Zucc.) Maxim.

마편초과의 여러해살이풀로, 우리나라 북부 지방 이남의 산과 들에서 자란다. 키는 1m 내외로 자라고, 가지를 많이 치는데, 잎을 비비면 냄새가 나므로 누린내풀이라는 이름이 붙었다. 7~8월에 벽자색의 꽃이 피면 냄새가 더욱 진해진다.

어린순을 나물로 먹고, 꽃은 밀원자원으로 활용하며, 전초를 약으로 쓴다. 한방에서는 전초를 '화골단化骨丹'이라 하여 열을 내리고 두통을 줄여 주고 가래를 삭이는 약으로 썼으며, 염증을 없애고, 피를 멎게 하는 효능이 있다. 민간에서는 전초를 이뇨제로 쓴다.

약명/이명 차지획叉枝獲, 화골단化骨丹 / 노린재풀, 구렁내풀, 난향초, 산박하

고서古書 · 의서醫書에서 밝히는 효능

기능성식품 · 천연물 의약 소재도감 감기로 열이 나고 오한 두통이 있는 증상에 쓰인다. 풍습성 관절염에 소염 작용을 보이고, 종기에 내복하거

생육 & 채취	
장 소	북부 이남의 산과 들
시 기	봄(식용) 여름(약용)
부 위	어린순(식용) 전초(식용)
손질법	꽃이 피었을 때 채취하여 그늘에서 말린다.

효 용	
성 미	맛은 매우면서 약간 쓰고 성질은 평하다.
활 용	소염消炎, 지통止痛, 지혈止血

연구 & 특허
● 천연 식물 추출물을 유효성분으로 포함하는 제조용 조성물

나 짓찧어 붙인다.

특허 · 논문

● 천연 식물 추출물을 유효성분으로 포함하는 제초용 조성물 : 본 발명은 천연 식물 추출물을 유효성분으로 포함하는 제초용 조성물에 관한 것으로, 300여 가지의 천연 식물 추출물을 시료로 하여 잡초에 대한 제초 활성을 조사함으로써 흰꽃나도샤프란, 누린내풀 및 붉노랑상사화의 전초 추출물이 뛰어난 제초 활성을 가짐을 확인하였다. 상기 추출물들은 제초 활성이 매우 뛰어난 천연물질이라는 장점이 있으므로, 향후 유기합성 농약의 과다 사용으로 인한 토양 오염 등의 우려가 없는 천연 식물 추출물을 유효성분으로 포함하는 제초용 조성물을 제공할 수 있는 뛰어난 효과가 있다. — 특허등록 제721179호, 삼성에버랜드 주식회사, 안동대학교 산학협력단, 주식회사 휴시스

누린내풀

누린내풀

누린내풀

느티나무

느릅나무과 / *Zelkova serrata* (Thunb.) Makino

느릅나무과의 낙엽활엽교목으로, 산기슭이나 골짜기 또는 마을 부근의 흙이 깊고 그늘진 땅에서 잘 자란다. 키는 26m까지 자라며, 가지가 위와 옆으로 뻗어 위쪽이 넓게 둥글어진다. 5월경 꽃이 피고, 10월에 열매가 익는다. 시골 동네의 정자목으로 가장 많이 이용하여 왔으므로 우리 민족과 가장 친숙한 나무 중의 하나이다. 가지가 아래로 굽는 겸손한 나무라 하여 '규목槻木'이라고도 한다.

　어린순은 식용한다. 약용한 기록은 많지 않으나 열매를 복용하면 눈이 밝아지고 머리카락이 검어진다는 이야기도 전해오는데, 이는 느티나무가 오래 사는 장수목이라고 생각했기 때문일 것이다.

약명/이명　계유鷄油 / 괴목槐木, 규목槻木, 긴잎느티나무

특허 · 논문

● 느티나무 메탄올 추출물을 포함하는 항암 조성물 : 본 발명은 느티나무(*Zelkova serrata* Makino) 추출물을 유효성분으로 포함하는 항암(예컨대 구

생육 & 채취	
장 소	산기슭이나 골짜기 등 그늘진 땅
시 기	여름~가을
부 위	어린순
손질법	식용 시 어린순을 데쳐서 쓴다.

효 용	
성 미	맛이 매우 차다.
활 용	갈리渴利 , 전신부종에 좋다.

연구 & 특허
● 느티나무 메탄올 추출물을 포함하는 항암 조성물 ● 엽차 제조 방법 外 p.995 참고

강암, 간암, 위암 또는 자궁암 등) 조성물에 관한 것으로, 암세포 사멸(apoptosis)을 유도할 수 있는 느티나무 메탄올 추출물을 포함하는 항암 조성물을 제공한다. 발명자들은 암세포 특이적인 세포 사멸 유도능이 있는 항암 후보 물질을 도출하기 위한 스크리닝한 결과, 느티나무 메탄올 추출물이 암세포 특이적인 세포 사멸 활성을 나타냄을 확인하여 항암제로서의 가능성을 확인하였다. — 특허등록 제1047898호, 단국대학교 산학협력단

● 엽차 제조 방법 : 본 발명은 호흡기 질환, 암예방 및 질병을 예방 치료할 수 있는 카달렌 성분을 함유한 느티나무 잎을 평상시 차로서 용이하게 식음할 수 있도록 함과 동시에 원적외선을 활용하여 느티나무 잎의 조직을 파괴하지 않으면서 더욱 부드럽게 엽차를 제조할 수 있도록 하고, 나아가 느티나무 잎의 일정 간격의 절단, 고압 증기의 찜 그리고 스크래칭을 통한 카달렌 성분을 함유한 침출수의 취출을 더욱 극대화할 수 있도록 한 엽차 제조 방법에 관한 것이다. — 특허등록 제964163호, 한**

● 암세포 특이적 세포 사멸을 유도하는 자생식물 추출물의 항암 효과 : 본 연구는 암세포 특이적 세포 사멸을 유도하는 자생식물 추출물의 항암 효과에 관한 것으로서 주요 내용은 다음과 같다. 본 실험에서는 19가지의 자생식물의 각 부위로부터 추출된 35가지의 메탄올 추출물을 이용하여 암세포와 정상 세포에 적용하여 항암 효과가 있는 물질을 알아보고자 하였다. 본 실험 결과 35가지 추출물 중 다섯 가지(강활, 까마중, 뽕나무, 느릅나무, 느티나무)는 정상세포 내에서보다 암세포 내에서 높은 세포 독성을 보였으며, 이들 중 느릅나무와 느티나무의 두 가지의 생약 추출물이 암세포 특이적인 세포 독성을 가질 뿐만 아니라, 나아가 세포 사멸을 유도하는 효과적인 항암 후보 물질을 얻을 수 있었다. — 단국대학교 생명자원과학대학 윤이관 외 6, 생약학회지(2009. 3. 31)

느티나무

느티나무 꽃

느티나무

는쟁이냉이

십자화과 / *Cardamine komarovi Nakai*

십자화과의 여러해살이풀로, 중부 이북의 깊은 산속 습지 또는 계곡에 자생한다. 키는 30㎝ 정도이고, 식물 전체에서 매운맛이 있다. 6~8월에 흰색의 꽃이 핀다. '주적냉이' 또는 '산갓'이라 하기도 한다.

어린순은 나물로 이용한다. 흔하게 발견되는 식물이 아니어서인지 자원식물로서의 연구는 거의 찾아볼 수 없다.

이명 는장이냉이, 숟가락황새냉이, 주걱냉이, 주적냉이, 산갓

특허 · 논문

● 는쟁이냉이 소스의 제조 방법 : 본 발명은 는쟁이냉이 소스의 제조 방법에 관한 것이다. 보다 상세하게는 는쟁이냉이를 세척하여 물기를 탈수한 후 60~100℃로 블렌칭 처리하여 3~5℃에서 급냉한다. 냉각된 잎, 줄기를 마쇄기로 마쇄하여 착즙한 는쟁이냉이 착즙액을 소스 주재료로 사용한다. 본 발명의 는쟁이냉이 소스는 착즙액 60~70wt%에 부재료로는 일반 와사비분 8~18wt%, 겨자분 3~5wt%, 소스 응고제로는 셀룰로

생육 & 채취	
장 소	중부 이북의 산속 습지나 계곡
시 기	봄
부 위	어린순(식용)
손질법	지상부를 채취하여 데쳐서 ㅁ찬물에 헹군다.

효 용	
성 미	맛이 약간 맵다.
활 용	나물로 먹거나 생것의 즙을 음식의 소스로 이용한다.

연구 & 특허
● 는쟁이냉이 소스의 제조 방법 ● 산채류가 장내세균의 In Vitro 생육에 미치는 영향

오스 2~4wt%, 전분 3~5wt%, 단맛을 내기 위해 솔비톨 5~7wt%, 연한맛을 내기 위해 식초와 기름이 1:1의 비율로 혼합된 혼합물 3~5wt% 포함하여 소스를 제조하였다. — 특허등록 제423100호, 화천군

● 산채류가 장내세균의 In Vitro 생육에 미치는 영향 : 국내에 자생하고 있는 산채류 또는 산야초 60여 종을 직접 채취하여 그 즙액, 물 추출물 또는 에탄올 추출물을 이용하여 장내세균 중 대표적 유해균인 Clostridium perfringens의 생육을 저해하거나 유익균인 Bifidus균의 생육을 촉진시키는 소재를 in vitro 실험으로 탐색하였다. Clostridium perfringens의 억제 소재로서 들미나리와 쑥의 물 추출물이 한천 배양 및 액체 배양에서 비교적 강한 저해 활성을 나타냈으며, 머위·쑥·원추리 및 황새냉이가 Bif. longum의 생육을 촉진시키는 활성을 보여 주었다. 쑥, 머위, 원추리 및 황새냉이의 물 추출물들은 인변종균을 혼합배양한 in vitro 평가 실험에서도 유익균인 Bifidus균과 Lactobacillus균을 증식시키고, 유해균인 Cl. perfrigens나 E.coli의 생육은 억제시키는 결과를 나타냄으로써 이들을 장내균총을 개선시킬 수 있는 유망한 소재로 선별하였다. — 한림전문대학 전통조리과 한복진 외 2, 한국영양학회지(1994. 9. 30.)

느쟁이냉이

느쟁이냉이 꽃

느쟁이냉이

능소화

능소화과 / *Campsis grandifolia* (Thunb.) K.Schum.

능소화과의 낙엽성 덩굴식물로, 중부 이남의 사찰이나 정원에서 관상용으로 심는다. 옛날에는 양반집에서만 심을 수 있는 꽃이었기에 '양반꽃'이라는 별명이 있다. 길이는 10m에 달하고, 가지에 흡반이 있어서 나무 기둥이나 벽을 타고 올라간다. 8~9월에 적황색 꽃이 피고, 10월에 열매가 익는데, 우리나라에서는 열매를 쉽게 볼 수 없다.

전초를 '자위紫葳', 꽃을 '자위화紫葳花', 줄기를 '자위등紫葳藤'이라 하여 햇볕에 말려 약재로 쓰는데, 산어散瘀 · 생기生肌 · 소종消腫 · 양혈凉血 · 익기益氣 효과가 있다. 임산부는 복용하지 말아야 한다.

약명/이명 자위紫葳, 자위화紫葳花 / 양반꽃, 금등화, 능소화나무, 나팔화

고서古書 · 의서醫書에서 밝히는 효능

동의보감 몸푼 뒤에 어혈이 이리저리 돌아다니는 것과 붕루대하崩漏帶下를 낫게 하며 혈을 보하고 안태시킨다. 주사비酒邪鼻와 열독熱毒과 풍자風刺를 낫게 하며 대소변을 잘 나가게 한다.

생육 & 채취	
장 소	중부 이남 지역
시 기	여름에 활짝 필 때
부 위	꽃
손질법	햇볕에 말린다.

효 용	
성 미	맛은 맵고 시며, 성질은 차다.
활 용	피부소양皮膚搔痒, 산후유종産後乳腫에 약으로 쓴다.

연구 & 특허
● 능소화 추출물을 함유하는 약학적 조성물
● 능소화 추출물을 포함하는 당뇨 합병증 치료 또는 예방용 조성물 外 p.995 참고

● **능소화 추출물을 함유하는 약학적 조성물** : 본 발명은 능소화 추출물을 유효성분으로 함유하는 관절염 또는 골다공증의 예방 또는 치료제용 약학적 조성물에 관한 것으로, 상세하게는 상기 능소화 추출물은 골아세포와 대식세포에서 사이토카인(cytokine)에 의한 유도성 나이트릭 옥사이드 신타아제(inducible nitric oxide synthase, 이하 iNOS라 약칭함)의 발현을 억제함으로써 관절에 해로운 NO 생성을 억제하고 뼈의 생성을 촉진하여 관절염 또는 골다공증의 예방 또는 치료에 유용하게 사용될 수 있다. — 특허등록 제487939호, 김** 외 5

● **능소화 추출물을 포함하는 당뇨 합병증 치료 또는 예방용 조성물** : 능소화 추출물은 항산화 활성과 알도스 환원 효소 억제 활성 및 소르비톨 생성 억제능이 우수한 것으로 확인되었을 뿐만 아니라, 천연물 추출물이므로 부작용과 안전성 관련 문제가 거의 없으므로, 이를 유효성분으로 포함하는 상기 약학 조성물 또는 건강 기능성 식품 조성물은 당뇨 합병증의 치료, 예방 또는 개선을 위하여 사용될 수 있다. — 특허공개 10-2011-0087435호, 한림대학교 산학협력단

● **능소화의 꽃받침으로부터 Protein Kinase C 저해 물질인 Verbascoside의 분리 및 그 생물 활성** : 본 논문은 능소화의 꽃받침으로부터 Protein Kinase C(단백질 키나아제 C) 저해 물질인 Verbascoside(베어바스코사이드)의 분리 및 그 생물 활성을 연구한 것이다. 주요 내용은 항암제를 비롯하여 신경제, 순환기계 질환, 면역계 질환 치료제로의 개발 가능성을 보여 주고 있는 선택적인 단백질 키나아제 C(PKC) 저해제는 생약자원으로부터의 탐색은 미진한 수준이다. 생약자원으로부터 PKC저해제의 예비스크리닝 결과 활성을 보여 준 능소화의 부탄올 분획으로부터 PKC 저해 물질을 분리하여 구조를 동정하고 10종의 인체 암 세포주에 대한 세포 성장 저해 활성을 측정한 내용이다. — 한국과학기술연구원 유전공학연구소 이현선 외 8, 약학회지(1993. 12. 30.)

능소화

능소화

능소화 나무 줄기

다릅나무

콩과 / *Maackia amurensis* Rupr. & Maxim.

콩과의 낙엽활엽교목으로, 해발 500m 부근의 산기슭이나 골짜기 등 흙이 깊은 곳에서 자생한다. 키는 15m까지 자라는데, 구불구불한 잔가지를 많이 치고 성장이 빠르다. 개물푸레나무(*Maackia amurensis* var. buergeri C.K.Schneid.)와 비슷하다. 6~7월에 흰색의 꽃이 가지 끝에 피고, 9월에 꼬투리 열매가 익는다. 한방에서 가지를 '양괴懷槐'라고 하며, 관절염에 약용하고, 민간에서는 껍질을 진통약으로 관절염에 쓰며, 종양 치료약으로도 쓴다. 투박한 껍질에 비하여 목재의 결이 아름답고 재질이 치밀하여 고급 목공예품을 만드는 데 쓰인다. 겉과 속이 달라서 '다른나무'라고 하다가 '다릅나무'로 변했다는 설도 있고, 가지를 달구어 대포에 불을 붙이는 나무라고 해서 '다릅나무'라는 유래도 있다.

약명/이명 양괴懷槐 / 개물푸레나무, 개박달나무, 소터래나무

고서古書 · 의서醫書에서 밝히는 효능

동의학사전 봄부터 가을 사이에 줄기 또는 뿌리의 겉껍질을 벗겨 버리

생육 & 채취	
장 소	산기슭이나 골짜기
시 기	가을
부 위	가지, 줄기껍질, 뿌리
손질법	햇볕에 말린다.

효용	
성 미	맛은 쓰고 성질은 서늘하다.
활 용	동맥경화, 위궤양, 갑상선 질환

연구 & 특허
● 다릅나무 소주 및 그 제조 방법 ● 절염 치료용의 제약학적 조성물 및 그 제조 방법 外 p.995 참고

고 속껍질을 벗겨 햇볕에 말린다. 주요성분으로 시티진·루피닌·알칼로이드가 들어 있다. 시티진은 호흡중추 흥분 작용을 나타내므로 호흡 흥분제로 쓴다.

특허 · 논문

● **다릅나무 소주 및 그 제조 방법** : 본 발명은 다릅나무의 유효성분을 포함하도록 가공하여 위장병과 관절염에 탁월한 효과를 내는 다릅나무의 추출물을 포함하는 소주 및 그 제조에 관한 것으로, 다릅나무의 수피와 잎, 줄기를 열수 추출하고, 이를 이용하여 누룩과 보리 고두밥을 혼합하여 숙성 과정을 거쳐 술을 빚은 후 이를 증류하여 독성이 약하고 음용이 편한 저알콜의 소주를 제조하는 것을 그 내용으로 한다. 보리 1kg을 시루에 쪄서 고두밥을 만든 후 누룩 1kg과 함께 다릅나무 500g을 5ℓ의 물에 150℃의 온도로 5시간 이상 가열하여 열수 추출한 용액 중 2ℓ를 혼합하여 겨울철에는 3~4일간, 여름철에는 2~3일간 숙성하여 발효시킨다. 다시 이 발효된 독성이 포함된 술을 가마솥에 넣고 증류 장치를 한 후에 약한 불에서 5시간 정도 가열하면 다릅나무 소주가 완성된다. 그 효능은 뛰어나지만 강한 독성 때문에 상용화가 힘들었던 다릅나무를 효과는 최대한 살리고 음용이 가능한 제품으로 출품하여 많은 사람들이 위장병과 산후 조리 및 관절염의 고통에서 해방되는 데 그 의의가 있다고 하겠다. — 특허공개 10-2006-0069917호, 조**

● **관절염 치료용의 제약학적 조성물 및 그 제조 방법** : 본 발명은 다릅나무 및 느릅나무 추출액으로 이루어진 혼합물에 식물성 기름 0.5wt%와 구리염 1wt%를 첨가하여 조성한 관절염 치료용의 제약학적 조성물이다. — 특허공개 10-2005-0078080호, 김**

다릅나무 새순

다릅나무

다릅나무

다릅나무

단삼

꿀풀과 / *Salvia miltiorrhiza* Bunge

꿀풀과의 여러해살이풀로, 중국이 원산지이며 우리나라 경북이나 강원도의 산지에 분포한다. 키는 40~80㎝ 정도이고 식물 전체에 털이 치밀하게 나 있다. 뿌리가 인삼을 닮고 색이 붉기 때문에 '단삼丹參'이라고 한다. 5~6월에 자주색의 꽃이 핀다. '적삼赤參'이라고도 하는데, 오행의 원리상 붉은색은 심에 들어가기 때문에 부인의 생리불순, 생리통, 어혈성의 심복부 동통과 타박상 등의 혈액순환과 관련되는 질환에 이용한다.

최근, 단삼의 약리 작용으로 혈관 확장·진통·진정·혈소판 응집 억제 등이 보고되고 있다.

약명/이명 목양유木羊乳 / 분마초奔馬草, 적삼赤參, 축마逐馬

고서古書·의서醫書에서 밝히는 효능

본초강목 피를 잘 돌게 하고 특히 심장 주위의 혈을 잘 돌게 하고 하복부의 극심한 통증을 치료한다.

동의보감 술에 담갔다가 먹으면 달리는 말을 따를 수 있게 되므로 '분마

생육 & 채취	
장 소	경북, 강원도 산지
시 기	봄, 가을
부 위	뿌리
손질법	물에 씻어 잔뿌리를 없앤 뒤 잘라서 햇볕에 말리거나 술로 볶아서 쓴다.

효 용	
성 미	맛은 쓰고 성질은 약간 차며 독이 없다.
활 용	생리불순, 생리통, 타박상 등 혈액순환을 돕는다.

연구 & 특허
● 삼칠근과 단삼의 혼합 추출물을 포함하는 고혈압 치료 및 콜레스테롤 저하 조성물 및 그의 제조 방법
● 단삼을 포함하는 전립선암 치료용 조성물 ※ p.995 참고

초奔馬草'라고도 한다[본초].

특허 · 논문

● 삼칠근과 단삼의 혼합 추출물을 포함하는 고혈압 치료 및 콜레스테롤 저하 조성물 및 그의 제조 방법 : 본 발명은 삼칠근과 단삼의 혼합 추출물을 유효성분으로 하는 혈압 강하 및 유지가 가능한 고혈압 치료 및 콜레스테롤 저하 조성물 및 그의 제조 방법에 관한 것으로, 본 발명의 조성물은 고혈압 환자에 대하여 혈압을 저하시키는 동시에 정상 혈압을 유지하게 하는 효과를 나타내며, 부작용을 나타내지 않고, 약물의 내성도 생기지 않을 뿐 아니라, 또한 장기간 사용해도 활성 효과가 지속되는 특징을 나타낸다. 또한 혈중 콜레스테롤 저하 및 동맥경화를 포함한 심장 및 혈관 질환 예방에도 효과가 있다. — 특허등록 제327894호, 주식회사 메드빌

● 단삼을 포함하는 전립선암 치료용 조성물 : 본 발명은 단삼을 포함하는 전립선암 치료용 조성물에 관한 것으로, 본 발명에 따른 전립선암 치료용 조성물은 전립선암 세포의 성장을 억제하고 세포 사멸을 유도하는 효과가 있다. — 특허공개 10-2012-0020639호, 주식회사 한국전통의학연구소

● 단삼 분획물을 함유하는 인지기능 장애의 예방 및 치료용 조성물 : 본 발명은 베타아밀로이드 응집 억제 효과, 베타아밀로이드 독성 저해 효과를 갖는 조성물에 관한 것으로, 본 발명의 단삼 분획물은 베타아밀로이드 응집 억제 시험 및 베타아밀로이드 독성 저해 실험에서 베타아밀로이드 응집 억제 및 베타아밀로이드 독성 저해 활성 효과를 나타내어 인지기능 장애의 예방 및 치료용 약학 조성물 및 건강기능식품으로 유용하게 이용될 수 있다. — 특허공개 10-2007-0040209호, 일성신약 주식회사 외 1

단삼

단삼

단삼

단풍나무

단풍나무과 / *Acer palmatum* Thunb.

단풍나무과의 낙엽활엽교목으로, 표고 100~1,600m의 산지 계곡에 자생하며, 도시에서 정원수로도 많이 심는다. 키는 10m에 이른다. 5~6월에 붉은색의 꽃이 피고 9~10월에 날개가 있는 씨앗이 익는다. 꽃말은 '은둔'이다.

단풍나무류의 수액은 당도가 높아서 정제하여 설탕이나 시럽을 만들기도 한다. 1kg의 설탕을 얻기 위해 40ℓ 정도의 수액이 필요하다고 한다. 유사종으로는 중국단풍·뜰단풍·당단풍나무·산단풍나무·섬단풍나무, 은단풍 등이 있고, 고로쇠나무도 단풍나무과이다.

단풍나무 뿌리껍질은 '계조축鷄爪槭', 수지는 '백교白膠', 잎은 '풍엽楓葉', 열매는 '축림과槭林果'라 하여 복통 등에 약으로 쓴다.

약명/이명 계조축鷄爪槭, 백교白膠, 풍엽楓葉 / 단풍, 산단풍나무

특허 · 논문

● 당뇨 합병증 치료 및 예방용 약학적 조성물과 건강기능식품 : 본 발명

생육 & 채취	
장 소	남부 지역, 제주도의 산지 계곡
시 기	여름~가을
부 위	뿌리껍질, 잎
손질법	햇볕에 말리거나 신선한 것을 쓴다.

효 용	
성 미	맛은 맵고 쓰며 성질은 따뜻하다.
활 용	복통, 소염 작용, 해독 효과

연구 & 특허
● 당뇨 합병증 치료 및 예방용 약학적 조성물과 건강기능식품 ● 단풍나무 수액을 이용한 미용 비누 및 그의 제조 방법 外 p.996 참고

은 단풍나무 수액의 건조 분말과 키토산이 혼합된 조성물을 포함하는 혈당수준 개선용 식품에 관한 것이다. 본 발명의 혈당 수준 개선용 식품은 단풍나무 수액의 건조 분말과 키토산이 3:1 내지 8:1(w/w)로 혼합된 조성물을 포함한다. 본 발명의 혈당 수준 개선용 식품은 안전할 뿐만 아니라, 혈당 수준을 개선하고, 비만을 방지할 수 있으므로, 당뇨병의 치료 및 예방에 널리 활용될 수 있을 것이다. — 특허등록 제918488호. 정읍시, 재단법인 전라북도생물산업진흥원. 한국식품연구원

● 단풍나무 수액을 이용한 미용 비누 및 그의 제조 방법 : 본 발명은 단풍나무 수액을 이용한 미용 비누 제조 방법에 관한 것으로, 열 발생 교반기에 식물성 포화지방산과 불포화지방산 등을 승온시켜 혼합하는 제1단계와, 상기 제1단계에 단풍나무 수액 가성소다수를 혼합하여 비누화 반응이 일어나는 제2단계와, 상기 제2단계에서의 반응으로 비누의 고형화가 진행되기 전에 에탄올에 용해된 솔비톨을 첨가한 후 75~85℃로 승온시켜 균질하게 교반하는 제3단계와, 상기 제3단계에 내용물이 완전히 용해되고 균질하게 교반된 후 단풍나뭇잎에서 추출한 비텍신과 쌀겨미분을 재첨가하여 균질하게 교반하는 제4단계와 상기 제4단계에서 얻어지는 제조물의 액상을 일정한 용기에 주입하여 실온에서 5~12시간 자연 냉각시켜 용기에서 분리하는 제5단계를 포함한다. 이와 같은 방법에 의해 제조되는 단기 응고 기능성 미용 비누 제조 방법은 용해된 지방산과 유지가 단풍나무 수액 가성소다수에 의해 비누화된 후 급격히 경화되는 성질을 가지고 있기 때문에 실온에서 자연 냉각시킴으로서 새로운 미용 비누가 얻어짐에 따라 작업이 매우 용이하고 그 상품성은 증대된다. — 특허공개 10-2010-0021505호, 윤**

● 다이어트용으로 이용되는 단풍잎의 분쇄물 및 단풍나무과의 수액 : 본 발명에서는 간편하게 복용하여 식욕이 증진되면서 동시에 다이어트 효과가 확실하고, 변비 제거, 생리불순 제거, 피부 미용 등에 효과가 있는 단

단풍나무

단풍나무

단풍나무

단풍나무

풍잎의 분쇄물 또는 단풍나무과의 수액을 다이어트용 식품으로 이용하는 것을 개시한다. 본 발명에 따라 단풍잎의 분쇄물 또는 단풍나무과의 수액이 식욕을 증진하면서도 다이어트에 탁월한 효과가 있음을 확인하였다. 또한 다른 부작용은 없으며, 피부가 좋아지고, 생리불순이 저감되고, 변비에도 효과가 있음을 알 수 있었다. — 특허공개 10-2004-0049746호, 강**

● 정제 봉독, 단풍나무 추출물 및 작살나무 추출물을 유효성분으로 포함하는 기능성 천연 화장료 조성물 : 본 발명은 정제 봉독과 천연 추출물을 유효성분으로 포함하는 기능성 천연 화장료 조성물에 관한 것으로, 보다 구체적으로는 봉독의 유효성분을 함유한 정제 봉독, 단풍나무 추출물 및 작살나무 추출물을 일정한 비율로 조합한 기능성 천연 화장료 조성물에 관한 것이다. 본 발명의 화장료 조성물은 정제 봉독, 단풍나무 추출물 및 작살나무 추출물을 일정한 비율로 혼합하여 우수한 항염증, 항균 및 항산화 효과를 나타내며, 세포독성이 매우 낮고, 피부 미백, 노화 방지 등의 효과를 나타내어 기능성 천연 화장료 조성물로 활용될 수 있다. — 특허등록 제1089779호, 주식회사 청진바이오텍

● 나무의 수액을 이용한 유산균 발효 음료의 제조 방법 및 그로부터 제조된 유산균 발효 음료 : 본 발명은 수액 채취목으로부터 수집된 나무 수액에 유산균을 접종하고, 발효시키는 것을 특징으로 하는 나무의 수액을 이용한 유산균 발효 음료의 제조 방법 및 상기 방법으로 제조된 유산균 발효 음료에 관한 것으로, 본 발명에 의해 제조된 유산균 발효 음료는 자작나무, 고로쇠나무, 물박달나무, 단풍나무 등의 수액을 이용하여 저장성과 기호성이 증진된 저농도 발효 음료이다. — 특허등록 제884707호, 충북대학교 산학협력단

● 당단풍나무의 수액을 이용한 유산균 발효 음료의 제조 방법 및 그로부터 제조된 유산균 발효 음료 : 본 발명

은단풍

미국풍나무

중국단풍

은 당단풍나무로부터 수집된 나무 수액에 유산균을 접종하고, 발효시키는 것을 특징으로 하는 당단풍나무의 수액을 이용한 유산균 발효 음료의 제조 방법 및 상기 방법으로 제조된 유산균 발효 음료에 관한 것으로, 본 발명에 의해 제조된 유산균 발효 음료는 당단풍나무의 수액을 이용한 저장성과 기호성이 증진된 발효 음료이다.
— 특허공개 10-2009-0089951호, 충북대학교 산학협력단

● **단풍나무**(*Acer palmatum*) **바이텍신의 분리와 항산화 효과** : 본 논문은 단풍나무(*Acer palmatum*) 바이텍신의 분리와 항산화 효과를 연구한 논문으로, 주요 내용으로는 UV 노출이나 다른 환경 요인에 의한 자유라디칼과 활성산소종(ROS)은 세포 손상과 노화에 있어서 중요한 역할을 한다. 새로운 항광노화제를 개발하기 위해 물든 가을 단풍나무 추출물의 항산화 효과를 조사하였다. 실리카겔 칼럼크로마토그래피를 이용하여 단풍나무 추출물의 아세트산에틸 가용 분획으로부터 한 가지 화합물을 분리하였다. 화학 구조는 LC-MS, FT-IR, UV, 1H- 및 13C-NMR을 포함한 분광 분석을 통해 바이텍신으로 알려진 apigenin-8-C-beta-D-glucopyranoside로 동정되었다. 바이텍신은 $100\mu g/ml$ 농도에서 70% 정도 슈퍼옥사이드 라디칼을, $100\mu g/ml$ 농도에서 60% 정도 1,1-diphenyl-2-picrylhydrazyl (DPPH) 라디칼을 억제하였다. 세포 내 ROS 제거 활성은 바이텍신 처리된 배양 사람 피부 섬유아세포(HDF) 내에서 UVB 20mJ/cm2 노출에 의해 dichlorofluorescein(DCF) 형광이 증가하는 것으로 알 수 있었다. 조사 결과 CM-H2DCFDA의 산화는 바이텍신에 의해 효과적으로 억제되고 바이텍신은 UVB-조사 HDF에서 강력한 자유라디칼 소거 활성을 가지는 것으로 나타났다. 공초점 현미경을 이용한 ROS 영상에서 HDF 내 DCF 형광을 직접 시각화하였다. 결론적으로 바이텍신은 자유라디컬 생성과 피부세포 손상과 같은 UV-유도 유해 피부 반응을 방지하는 데 효율적으로 이용될 수 있을 것이다. — 한불화장품 주식회사 기술연구소 김진화 외 7, 약학회지(2005. 2)

달래

백합과 / *Allium monanthum Maxim.*

백합과의 여러해살이풀로, 중부 이남의 산이나 들에 자생한다. 서남 해안의 어느 섬에서는 대량으로 재배하기도 한다. 4월에 흰색 또는 붉은빛의 꽃이 핀다.

우리가 흔히 '달래'라고 부르는 것은 '산달래'인데, 이 식물은 이름과 달리 산보다는 낮은 야산이나 들에서 자란다. 반면 '달래'는 산지에서만 만날 수 있고, 잎과 알뿌리가 산달래보다 작다. 달래는 붉은색이 비치는 꽃이 피고, 산달래는 부추처럼 흰색 꽃이 핀다.

유사종인 산달래·산부추·두메부추 등을 모두 식용·약용하며, 특유의 맛과 향이 뛰어나 봄철의 중요한 식재료로 이용된다.

한방에서는 달래의 비늘줄기를 '소산小蒜'이라 하여, 여름철 토사곽란과 복통에 치료약으로 쓰며, 위장 질환에도 효능을 보이고, 가래를 삭이는 효과가 있 다. 반찬으로 먹으면 소화에 도움이 된다. 민간요법으로, 달래를 많이 먹으면 잠이 잘 온다고 한다.

약명/이명 소산小蒜 / 들달래, 애기달래

생육 & 채취	
장 소	중부 이남의 산과 들
시 기	이른봄. 늦가을(식용) 봄~여름(약용)
부 위	꽃 피기 전의 연한 전초(식용) 성숙한 전초(약용)
손질법	잎이 마르기 전에 채취하여 마른 모래에 묻어 찬 곳에 보관한다.

효 용	
성 미	맛은 맵고 성질은 따뜻하다.
활 용	복통. 불면증. 위장 질환

연구 & 특허
● 오신채 추출물을 함유하는 화장료 조성물 ● 발효 흑달래환 및 그 제조 방법 ※ p.996 참고

고서古書 · 의서醫書에서 밝히는 효능

본초습유　달래는 적괴(암, 종양)를 다스리고 부인의 혈괴를 다스린다.

특허 · 논문

● **오신채 추출물을 함유하는 화장료 조성물** : 본 발명은 달래, 마늘, 부추, 파 및 홍거로 구성된 오신채 추출물을 함유하는 화장료 조성물을 제공한다. 본 발명의 화장료 조성물은 실험을 통해, 1차 자극 후 2차 피부 감작에 따라 나타난 피부 자극, 홍반 및 부종을 효과적으로 줄이는 것을 알 수 있었고, 우수한 손상된 피부세포 회복 및 면역 증강 효과를 나타낸다. — 특허등록 제877669호, 보령메디앙스 주식회사. 주식회사 바이오랜드

● **발효 흑달래환 및 그 제조 방법** : 본 발명에 따르면 달래의 알뿌리를 숙성 · 발효 및 건조시킴으로써 간편하게 이용할 수 있고, 저장성이 우수하여 보관이 용이한 흑달래를 제조할 수 있다. 또한 본 발명의 흑달래는 숙성 과정을 통해 자극성 강한 맛이 제거되어 섭취가 용이하고 기호도가 상승되는 장점이 있다. — 특허공개 10–201000092980호, 김**

● **산채류의 식이섬유 함량과 물리적 특성** : 9종의 산채류를 분석한 결과 건물량으로 33~55%의 식이섬유를 함유하였다. 그중 달래는 22%의 수용성 식이섬유와 49%의 총 식이섬유를 함유하였고, 더덕은 21%의 수용성 식이섬유와 55%의 총 식이섬유를 함유하였다. 야생 더덕은 재배 더덕에 비하여 8% 더 많은 식이섬유를 함유하였다. 산채류의 수분 흡착력은 밀기울이나 콩식이섬유보다 높았으나 oil 흡착력은 낮았다. 산채류를 분쇄하여 여과 처리한 결과 더덕의 경우 총 식이섬유 함량이 55%에서 83%로, 달래의 경우 49%에서 69%로 증가하였다. — 강릉대학교 식품과학과 박종숙 외 1, 한국식품영양과학회지(1994. 3. 16.)

달래

달래

달래 알뿌리

산달래

달맞이꽃

바늘꽃과 / *Oenothera biennis* L.

달맞이꽃은 바늘꽃과의 두해살이풀로, 우리나라 전역의 물가·길가·빈터 어디서나 흔하게 자란다. 남아메리카에서 들어온 귀화식물인데, 노란 꽃은 칠레가 원산지이고 흰꽃은 멕시코가 원산지이다. 키는 50~90㎝ 정도로 자라며, 굵고 곧은 뿌리에서 1개 또는 여러 개의 줄기가 나와 곧게 자라며, 여름 내내 꽃이 핀다. 해질 무렵에 피었다가 해가 뜨면 꽃잎을 오므리므로 미국에서는 '이브닝 프림로즈Evening primrose', 중국에서는 '야래향夜來香', 일본에서는 '월견초月見草'라고 부른다.

달맞이꽃 씨앗으로 짠 기름은 혈액을 맑게 하여 고지혈증·고혈압·비만증 등에 효과가 있다. 씨앗의 주성분인 감마리놀렌산은 불포화지방산으로, 프로스타글란딘prostaglandin이라는 생리적 활성 물질의 모체가 되는데, 이는 모유母乳에도 들어 있다. 어린 새순은 나물로 먹고, 꽃잎을 차로 만들어 마시거나 튀김 재료로 이용하기도 한다.

유사종으로 큰달맞이꽃·애기달맞이꽃·긴잎달맞이꽃이 있다.

약명/이명 월견초月見草 / 겹달맞이꽃

생육 & 채취	
장 소	전국의 물가와 길가
시 기	봄(식용) 가을(약용)
부 위	새순(식용) 뿌리(약용)
손질법	햇볕에 말린다.

효 용	
성 미	맛은 달고 성질은 따뜻하다.
활 용	고지혈증·고혈압·비만증 등에 효과가 있다.

연구 & 특허
● 달맞이꽃 종자 추출물을 함유하는 여드름 개선 화장료 조성물 ● 달맞이꽃 종자유 비누화물 함유 피부 미백 조성물 外 p.996 참고

본초도감 인후염, 발열, 머리가 아프고 재채기가 나며 콧물을 흘리고 추우며 열이 나는 것을 치료한다.

특허 · 논문

● 달맞이꽃 종자 추출물을 함유하는 여드름 개선 화장료 조성물 : 본 발명은 여드름에 효과가 있는 천연물을 함유하는 화장료 조성물에 관한 것으로, 5α-리덕타아제(5α-Reductase)의 활성을 저해하여 피지의 과잉 생산을 억제할 수 있는 달맞이꽃 종자 추출물을 함유하는 여드름의 예방 및 치료용 화장료 조성물에 관한 것이다. — 특허등록 제1190943호, 애경산업 주식회사

● 달맞이꽃 종자유 비누화물 함유 피부 미백 조성물 : 본 발명은 달맞이꽃 종자유 비누화물을 유효성분으로 함유하는 피부 미백 조성물을 제공한다. 본 발명의 달맞이꽃 종자유 비누화물은 멜라닌 색소 생성에 필수적으로 관여하는 타이로시나아제 유전자와 멜라닌 색소 형성에 관련된 Trp1, Trp2, 및 MITF 유전자의 발현을 억제하여 뛰어난 색소 침착 저해 효과를 나타내므로 피부 미백에 유용하게 사용될 수 있다. — 특허등록 제1179308호, 전북대학교 산학협력단

● 독일붓꽃, 병풀, 캐모마일, 달맞이꽃 및 어성초 추출물을 함유하는 여드름 피부 개선을 위한 피부 외용제 조성물 : 본 발명은 항균 효과, 항진균 효과, 항염 효과 및 항산화 효과를 갖는 독일붓꽃(Irisgermanica), 병풀(Centellaasiatica Urbain), 캐모마일(Matricaria chamomilia), 달맞이꽃(Oenotheraodorata Jacq.) 및 어성초(Houttuyniacordata Thunb.)를 포함하는 추출물에 관한 것으로, 이로부터 제조된 추출물은 여드름성 피부 질환의 치료 및 개선을 위

애기달맞이꽃

황금달맞이꽃

달맞이꽃

한 피부 외용 약제 조성물 및 화장료 조성물로 이용될 수 있다. — 특허등록 제795225호, 주식회사 에스티씨나라

● 한국산 달맞이꽃 종자유를 사용한 코팅쌀의 생산 : 본 발명은 필수지방산 공급, 콜레스테롤 개선, 혈행 원활, 생리활성 물질 함유 등의 특성이 알려져 있고, 상처·발진·종기 등에 외용하며, 천식이나 폐결핵의 기침 경감, 진통제, 경련성 발작 경감 등을 위해 내복하는 달맞이꽃 종자유를 사용한 기능성 코팅쌀의 제조 방법에 관한 것으로, 보다 상세하게는 한국산 달맞이꽃 종자를 원료로 기름을 짜서 미세 노즐을 통해 무세미로 선가공 처리된 쌀에 분무하여 코팅하는 과정으로 제조하는 방법에 관한 것이다. 이를 위하여 본 발명은, 달맞이꽃 종자를 30초 ∼5분 정도 볶은 후 압착하여 기름을 짜는 단계, 참기름을 0.2∼4.0% 첨가하여 혼합하는 단계, 기름과 동량의 물을 붓고 천연유화제로 기름에 대해 0.1%∼2%의 레시틴을 첨가한 후 혼합하는 단계, 무세미로 선가공 처리된 쌀에 분무하는 단계, 60℃의 열풍으로 건조하는 단계로 이루어진 것에 특징이 있다. — 특허등록 제608954호, 박**

● 달맞이꽃 종자유의 섭취가 흰쥐의 혈장 콜레스테롤과 적혈구막 및 대동맥의 지방산 조성에 미치는 영향 : 이유한 수컷 흰쥐를 혈장 콜레스테롤의 수준에 따라 미리 4군으로 분류한 다음 옥수수 배아유, 돈지 및 달맞이꽃 종자유를 15% 함유하고 콜레스테롤이 0.5%씩 첨가된 실험 식이로 사육하였다. 콜레스테롤을 첨가하지 않은 대조군의 식이유지 급원으로는 옥수수 배아유를 사용하였다. 4주간의 사육실험 후 혈장 콜레스테롤과 적혈구막 및 대동맥의 지방산 조성을 비교 분석하였다. 그 결과 달맞이꽃 종자유를 급여한 흰쥐는 다른 실험군에 비하여 혈장 콜레스테롤이 낮은 수준을 나타내었으며 옥수수 배아유 섭취군에서 식이 콜레스테롤의 첨가 유무가 혈장 콜레스테롤의 수준에 큰 영향을 미치지는 못하였다. 그리고 상기 조직에서 달맞이꽃 종유의 섭취군에서 GLA의 대사산물인 DGLA와 AA의 함량이 증가하였다. — 동덕여자대학교 식품영양학과 최임순. 한국식품과학회지(1989. 12. 31.)

달맞이꽃

달맞이꽃

달맞이꽃 열매

● **달맞이꽃 종자유 투여가 수컷 마우스의 성 기능에 미치는 영향** : 본 논문은 달맞이꽃 종자유 투여가 수컷 마우스의 성 기능에 미치는 영향을 연구한 논문으로, 주요 내용으로는 달맞이꽃 종자유를 수컷 마우스에 투여하고 마우스의 체중 변화, 고환 무게의 증가, 교미의 빈도와 성공도를 측정함과 아울러 발기에 밀접하게 관여하는 testosterone, PGE, cGMP, 그리고 nitric oxide(NO)의 농도를 측정한 것을 근거로 체중은 다소 증가하였으나 고환의 무게는 변화가 없었으며, 교미횟수 및 정충 양성율 모두 현저히 증가되었으며 특히 정충 양성율은 대조군에 비해 약 2배 정도의 증가를 보였고, 혈중활성 testosterone의 농도는 약 2.3배 증가하였으며, PGE, cGMP 모두 증가하였고 nitric oxide(NO)의 농도는 유의적 차이가 없는 걸로 나타났다는 내용이다. — 전북대학교 의과대학 미생물학교실 신숙정 외1, 생약학회지(2006. 6. 30.)

● **애기달맞이꽃(*Oenothera laciniata* Hill) 추출물의 항균 활성** : 본 논문은 애기달맞이꽃(*Oenothera laciniata* Hill) 추출물의 항균 활성에 대하여 연구한 내용으로, 주요 내용으로는 천연 첨가제로 활용하기 위해 다른 극성을 가지는 여러 가지 용매로 추출된 애기달맞이꽃(*Oenothera laciniata*)의 용매 추출물을 제조하였다. 80% 에탄올을 이용한 애기달맞이꽃 추출물을 n-헥산, 디클로로메탄, 아세트산에틸 및 부탄올을 이용하여 순차적으로 분획하였다. 애기달맞이꽃 추출물의 농도가 다른 각 스트레인에서 항균 활성과 세포 성장 억제를 조사하였다. 애기달맞이꽃의 에탄올, 아세트산에틸 및 부탄올 분획에서는 항균 활성이 나타났지만 n-헥산, 디클로로메탄 및 물 분획은 시험된 미생물에 대해 약한 항균 효과를 보였다. 다섯 가지 분획 중 아세트산에틸 분획이 시험된 미생물에 대해 가장 큰 항균 활성을 보였다. 따라서 아세트산에틸 분획은 식품 첨가제의 개발에 적합할 것이다는 내용이다. — 재단법인 제주하이테크산업진흥원 제주생물종다양성연구소 김지영 외 2, 한국식품영양과학회지(2007. 3. 30.)

닭의장풀

닭의장풀과 / *Commelina communis* L.

닭의장풀과의 한해살이풀로, 우리나라 전역의 습기 있는 밭이나 길가, 냇가에서 흔히 자란다. 키는 15~50㎝이고, 줄기는 대나무처럼 마디가 있는데, 옆으로 비스듬히 뻗어 나가는 줄기 마디에서 뿌리가 생긴다. 7~8월에 피고 푸른 꽃이 피고, 9~10월에 타원형의 열매가 익는다. 유사종으로 큰닭의장풀·흰닭의장풀이 있다.

봄에 나온 어린순을 나물로 먹고, 전초를 한방에서 '압척초鴨跖草'라는 약재로 쓰는데, 해열·해독·이뇨·소종 효능이 있다. 꽃이 필 때 채취하여 햇볕에 말려 쓴다. 화상을 입었을 때 생잎의 즙을 바른다.

약명/이명 압척초鴨跖草 / 순각채荀殼菜, 닭의밑씻개, 닭기씻개비, 닭의꼬꼬, 닭개비

특허 · 논문

● 혈당 강하 작용을 갖는 닭의장풀 추출물 : 본 발명은 탄수화물 대사에 필수적인 효소군인 α-글루코시다제 효소들의 가수분해 작용을 억제하여

생육 & 채취	
장 소	전국의 밭이나 길가
시 기	봄(어린순) 여름(전초)
부 위	어린순(식용) 전초(약용)
손질법	햇볕에 말린다.

효 용	
성 미	맛은 달고 쓰며 성질은 약간 차다.
활 용	해열, 해독, 이뇨, 소종 효능

연구 & 특허
● 혈당 강하 작용을 갖는 닭의장풀 추출물 ● 멜라닌 생성을 억제하는 닭의장풀 추출물을 함유하는 미백 화장료 조성물 外 p.996 참고

인체와 동물에서 탄수화물 대사를 조절함으로써 식후 혈중 포도당 농도의 급격한 상승을 조절하여 당뇨병·비만증 및 고지방증과 같은 질환의 치료 및 합병증 조절에 유효한 닭의장풀 추출물 및 이의 제조 방법에 관한 것이다. 또한 닭의장풀 추출물로부터 1-데옥시노지리마이신, 1-데옥시만노지리마이신, 2,5-디하이드록시메틸 3,4-디하이드록시 피롤리딘, 호모노지리마이신을 분리·정제하는 방법에 관한 것이다. — 특허등록 제192835호, 한국과학기술연구원

● 멜라닌 생성을 억제하는 닭의장풀 추출물을 함유하는 미백 화장료 조성물 : 본 발명은 닭의장풀 추출물을 함유하는 미백용 화장료 조성물에 관한 것이다. 본 발명에 따르면, 닭의장풀 추출물은 멜라닌 생합성에 관여하는 티로시나제에 대한 탁월한 저해 활성과 미백 관련 단백질 발현 및 N-글리코실화 억제를 통해 멜라닌 생성을 억제하여 미백용 화장료 조성으로 유용하게 이용될 수 있다. — 특허공개 10-2010-0124033호, 주식회사 바이오랜드

● 성장촉진용 조성물 : 본 발명은 속단 추출물 및 달개비 추출물을 유효성분으로 포함하는 성장 촉진용 조성물에 관한 것이다. 본 발명의 조성물은 IGF-1의 분비를 자극 또는 유도할 수 있기 때문에, 성장 부진의 치료, 길이 성장의 촉진 작용을 할 수 있다. 본 발명의 조성물에서 유효성분인 속단 추출물 및 달개비 추출물은 한약재로 종래부터 사용되고 있는 것으로서, 안전성도 우수하다. — 특허등록 제1138994호, 주식회사 내츄럴엔도텍

● 고혈당 흰쥐에서 다양한 닭의장풀과(Commelinaceae) 식물 추출물의 내당능 효과 비교 : 본 연구는 알록산-유도 고혈당 랫트(흰쥐)에서 4종의 닭의장풀과 식물(닭의장풀·덩굴닭의장풀·자주달개비·사마귀풀)의 물 추출물이 혈당 저하에 미치는 효과를 조사하였다. 모든 실험 대상에서 탄수화물을 먹인 후 혈당이 감소하였고, maltose와 sucrose를 먹인 후의 혈당은 닭의장풀과 덩굴닭의장풀 처리군에서 감소하였다. 그리고 자주달개비와 사마귀풀 처리군에서는 대조군과 비교해 변화가 없었다. — 공주대학교 자연과학대학 생물학과 권주찬 외 5, 생약학회지(2009. 12. 31.)

담배풀

국화과 / *Carpesium abrotanoides* Linne

국화과의 두해살이풀로, 우리나라 황해도 이남의 산기슭이나 들판에서 자란다. 키는 50~100㎝ 정도이고, 전체에 잔털이 있고 위쪽에서 가지가 갈라진다. 8~9월경 황색의 꽃이 피는데, 그 모양이 예전에 쓰던 담뱃대와 닮아서 담배풀이라고 한다.

어린순은 나물로 먹고, 꽃을 포함한 지상부를 약으로 쓰는데, 거담·해열·파혈·지혈 작용이 있다.

담배풀류에는 좀담배풀·긴담배풀·애기담배풀·두메담배풀 등이 있으며, 여우오줌은 '큰담배풀'이라고도 한다.

약명/이명 학슬鶴蝨 / 천명정天名精, 귀슬鬼蝨

고서古書·의서醫書에서 밝히는 효능

동의보감 충과 회충을 죽이며 학질을 낫게 한다. 악창에 붙이기도 한다.

생육 & 채취	
장 소	황해도 이남 산기슭이나 들판
시 기	봄(어린순) 여름~초가을(전초)
부 위	어린순(식용) 지상부(약용)
손질법	지상부를 베어 그늘에서 말린다.

효 용	
성 미	맛은 맵고 쓰며 성질은 시원하고 독이 있다.
활 용	거담. 해열. 파혈. 지혈작용

연구 & 특허
● 담배풀로부터 신생혈관 유도 현상을 억제하는 세스큐터핀 락톤계 화합물의 제조 방법 및 이를 포함하는 조성물 ☞ p.996 참고

● 담배풀로부터 신생혈관 유도 현상을 억제하는 세스큐터핀 락톤계 화합물의 제조 방법 및 이를 포함하는 조성물 : 본 발명은 담배풀(*Carpesium adrotanoides* L)로부터 신생혈관 유도 현상(angiogenesis)을 억제하는 활성을 갖는 세스큐터핀 락톤(sesquiterpene lacton)계 화합물의 제조 방법 및 이를 포함하는 조성물에 관한 것으로, 상기 화합물은 신생혈관 유도 현상을 억제할 수 있으므로, 각막이식 시 실명, 암전이 및 당뇨병성 망막증의 예방 및 치료에 유용하게 사용할 수 있다. — 특허등록 제242240호, 한국과학기술연구원

● 좀담배풀 추출물을 유효성분으로 하는 갑상선 기능 정상화 작용을 갖는 약학 조성물 : 본 발명은 좀담배풀의 엑기스를 이용하여 갑상선 기능을 정상화하는 방법 및 이 엑기스를 함유하는 약학 조성물에 관한 것이다. 본 발명에 따르며, 통상 건조된 좀담배풀 전초 200 내지 600g을 물로 추출하여 수득한 엑기스 또는 이 엑기스의 발효액을 5 내지 15일 동안 경구 투여하면 갑상선 기능을 정상화할 수 있다. — 특허등록 제318291호, 정** 외 1

● 자생식물 추출물을 유효성분으로 함유하는 암의 예방 또는 치료용 약학적 조성물 : 본 발명은 자생식물 추출물을 유효성분으로 함유하는 암의 예방 또는 치료용 약학적 조성물, 구체적으로는 멸가치 · 독활 · 개병풍 · 담배풀 · 망초 · 벌개미취 · 한대리곰취 · 털부처꽃 · 달맞이꽃 · 대황 · 개옻나무 및 찔레꽃으로 이루어지는 군으로부터 선택되는 1종 이상의 자생식물의 추출물을 유효성분으로 함유하는 암의 예방 또는 치료용 약학적 조성물에 관한 것이다. 본 발명의 자생식물 추출물을 암세포의 성장 촉진과 관련되는 알도-케토 환원효소 1B10(Aldo-keto reductase 1B10, AKR1B10)에 처리하였을 때, 상기 효소의 활성이 효과적으로 감소하였으므로, 본 발명의 약학적 조성물은 암의 예방 또는 치료에 유용하게 이용될 수 있다. — 특허등록 제1135576호, 한국과학기술연구원

담배풀

담배풀 꽃

담배풀 열매

담쟁이덩굴

포도과 / *Parthenocissus tricuspidata* (Siebold & Zucc.) Planch.

포도과의 낙엽활엽 덩굴식물로, 산 100~1,600m 고지의 중턱이나 너덜 바위 지역, 들판, 오래된 담벼락에 주로 서식한다. 보통 대부분의 덩굴성 식물들은 나무를 감으면서 올라가지만 담쟁이덩굴은 잔뿌리를 내면서 곧게 나무를 타고 올라간다.

6~7월에 황록색의 꽃이 피고, 열매는 검게 익는다. 우리나라 전역에 걸쳐서 자생한다. 유사종으로 잎이 5장인 미국담쟁이가 있는데, 도로 주변의 방음벽 등에 관상용으로 많이 심는다.

담쟁이덩굴은 혈액순환을 원활하게 하고 풍을 제거하며 통증을 완화 시키는 효능이 있다. 줄기를 주로 이용하지만 잎과 열매, 뿌리 모두 이용 할 수 있다. 담쟁이 덩굴을 약으로 쓸 때는 이왕이면 소나무나 참나무를 타고 올라간 것을 채취하도록 한다.

약명/이명 지금地錦 / 지금상춘등地錦常春藤, 돌담장이, 담장넝쿨, 담장 이덩굴

생육 & 채취	
장 소	전국 각지
시 기	가을
부 위	잎, 열매, 뿌리, 줄기
손질법	줄기와 열매를 그늘에서 말린다.

효용	
성 미	맛은 달고 떫으며 성질은 따뜻하다.
활 용	거풍祛風, 지통止痛, 활혈活血 작용

연구 & 특허

- 담쟁이덩굴로부터 추출된 성분을 이용하여 제조된 조성물
- 담쟁이덩굴 추출물을 함유하는 모발생장 촉진 및 탈모 예방용 화장료 조성물

外 p.996 참고

● **담쟁이덩굴로부터 추출된 성분을 이용하여 제조된 조성물** : 본 발명에 따른 조성물의 제조 방법은 필요한 소나무에서 채취한 담쟁이덩굴 줄기만을 분리하고, 분리된 줄기를 건조시킨 후 작은 조각으로 형성하고, 형성된 작은 조각을 에탄올을 포함한 용기에 넣은 후 밀봉하여 약 3개월 정도 저장하며, 다시 이를 여과하여 적당한 농도로 희석시킨 후, 이를 음료용으로 제조하는 단계로 이루어지는 액체 음료 조성물을 제조하는 방법과 건조 후 분말 형태로 제조하는 정제형 조성물을 제조하는 방법으로 나누어진다. 본 발명에 따른 조성물은 레스베라트롤을 함유한 성분으로 인하여 여러 가지 질병에 효과가 있는 것으로 나타났다. 일반적으로 레스베라트롤은 암의 발생을 억제한다고 보고되어 있으며, 적혈구의 응집을 감소시키며, 혈관 확장 및 혈관의 유연성에 도움을 주는 성분으로서 심장 질환과 같은 심혈관계 질환의 예방에 효과적인 것으로 알려져 있다. 또한 레스베라트롤은 항산화 작용이 있어 LDL-콜레스테롤의 산화를 억제하는 작용으로 동맥경화증을 예방할 수 있는 것으로 알려져 있다. LDL들의 산화는 심장으로 연결되어 있는 동맥에 클레스테롤의 축적을 유발한다. 레스베라트롤은 동맥에 혈전이 축적되는 것을 막을 수 있어 혈전의 축적으로 인한 심장이나 뇌에서의 혈액순환의 저해를 예방할 수 있다. — 특허등록 제509414호, 백**

● **담쟁이덩굴 추출물을 함유하는 모발 생장 촉진 및 탈모 예방용 화장료 조성물** : 본 발명은 담쟁이덩굴 추출물을 유효성분으로 함유하는 것을 특징으로 하는 모발 생장 촉진용 조성물과 탈모 예방용 조성물, 항염증용 조성물 및 두피 보호용 조성물에 관한 것으로, 두피에 자극을 주지 않으면서 모발생장을 촉진하고 모근 세포의 활성을 촉진하며 염증 발현으로 인한 탈모의 경우는 항염증 작용을 통하여 모발 생장을 촉진하는 효과를 발휘한다.

— 특허공개 10-2010-0043521호, 주식회사 코씨드바이오팜

담쟁이덩굴

담쟁이덩굴 열매

담쟁이덩굴

담팔수

담팔수과 / *Elaeocarpus sylvestris* var. *ellipticus* (Thunb.) H. Hara

담팔수과의 상록활엽교목으로, 추위에 약하여 제주도가 북방한계선으로 알려지고 있다. 키는 20m까지 자라고 광택이 나는 잎은 가장자리가 불규칙한 톱니 모양이다. 7월에 흰색의 꽃이 피고, 9월에 타원 모양의 열매가 검푸르게 익는다. 인도산 담팔수의 열매로 염주를 만들기도 한다. 열매는 식용할 수 있으며, 관상수로서의 가치가 있고, 목재가 단단하여 가구재로 쓰고, 나무껍질은 염료로 이용한다.

한방에서 뿌리껍질을 '산두영山杜英'이라는 약재로 쓰는데, 어혈을 풀고 종기를 없애는 효능이 있다. 민간에서 타박상으로 멍이 들었을 때 물을 넣고 달여서 먹는다.

약명/이명 산두영山杜英 / 담팔수

생육 & 채취	
장 소	제주도
시 기	연중 수시
부 위	나무껍질(염료) 뿌리껍질(약용)
손질법	햇볕에 말린다.

효 용	
성 미	–
활 용	산어散瘀, 소종消腫 작용

연구 & 특허
● 방사선 방호 효과를 갖는 담팔수 분획농축물과 그 제조 방법 ● PRP19 및 CLIC 단백질간의 상호작용을 저해하는 물질을 검색하는 방법 및 검색된 물질을 포함하는 조성물

특허 · 논문

● 방사선 방호 효과를 갖는 담팔수 분획 농축물과 그 제조 방법 : 본 발명은 방사선 방호 효과를 갖는 담팔수 분획 농축물과 그 제조 방법에 관

한 것이다. 본 발명의 방사선 방호 효과를 갖는 담팔수 분획 농축물의 제조 방법은, 담팔수의 가지를 음건한 다음, 세절하여 담팔수 세절물을 준비한 후, 준비된 담 팔수 세절물을 70 % 에탄올에 침지시킨 후, 여과하여 에탄올 추출물을 제조하고, 이를 농축시켜 농축액을 제 조한 다음, 농축액에 증류수를 넣고 현탁시켜 현탁액을 제조한 후, 제조된 현탁액에 헥산을 넣고 교반한 다음, 분별 깔대기로 헥산층을 분리하여 제거하고 남은 물층 을 획득한 후, 물층에 에틸아세테이트를 넣고 교반시킨 다음, 분별 깔대기를 이용하여 에틸아세테이트층을 분 리한 후 이를 농축시켜 에틸아세테이트 농축액을 제조 한 다음, 에틸아세테이트 농축액을 셀라이트와 혼합한 후, 칼럼에 충진한 다음, 전개용매로 에틸아세테이트 를 사용하여 에틸아세테이트 분획물을 수득한 후, 이를 농축하여 담팔수 분획 농축물을 제조하는 것으로 구성 된다. 본 발명에 의해, 뛰어난 방사선 방호 효과를 갖는 담팔수 분획 농축물과 그 제조 방법이 제공된다. — 특허 등록 제791108호, 제주대학교 산학협력단

● PRP19 및 CLIC 단백질간의 상호작용을 저해하는 물 질을 검색하는 방법 및 검색된 물질을 포함하는 조성 물 : 본 발명은 PRP(precursor RNA processing)19 단백질과 CLIC(intracellular chloride channel) 단백질의 상호작용을 저해하는 물질을 검색하는 방법 및 상기 방법으로 검색 된 담팔수 추출물을 유효성분으로 함유하는 화장료 조 성물 또는 약학 조성물에 관한 것이다. 본 발명의 방법 에 따르면, PRP19 단백질과 CLIC 단백질간의 상호작용 을 저해하는 물질을 적은 양으로도 신속하면서 대량으 로 검색할 수 있으며, 본 발명의 방법으로 검색된 물질 들은 지방의 형성을 저해할 수 있으므로, 비만을 비롯 하여 PRP19 단백질과 CLIC 단백질간의 상호작용에 의 해 매개되는 질병의 치료 및 예방에 유용하게 활용될 수 있다. 본 발명의 담팔수 추출물은 전초, 줄기, 뿌리, 잎, 꽃 또는 이들의 혼합물로부터 제조될 수 있다. — 특 허공개 10−2009−0057780호, 주식회사 아모레퍼시픽

담팔수 꽃

담팔수 열매

담팔수 열매

담팔수

당개지치

지치과 / *Brachybotrys paridiformis Maxim. ex Oliv.*

지치과의 여러해살이풀로, 우리나라 중부 이북의 높은 산 그늘지고 습한 계곡 주변에서 자란다. 뿌리줄기가 옆으로 길게 벋으며 군데군데에서 새싹이 나온다. 키는 40㎝ 정도이고, 줄기는 곧게 서고 가지를 치지 않는다. 5~6월에 자줏빛 꽃이 피고, 8~9월경에 열매가 검은색으로 익는데, 짧은 털이 있으며 밑으로 처진다.

'당개지치'라는 독특한 이름은 원산지가 중국이라는 뜻의 '당唐'과, 지치와 비슷하여 '개'를 붙인 것이다.

어린순은 이른봄에 나물로 먹고, 꽃도 식용 가능하며, 뿌리를 만성변비·기침·천식·식욕부진 등에 약으로 쓴다. 약용으로서의 현대적인 연구가 거의 없는 미활용 자원식물이기도 하다.

약명/이명 산가자山茄子 / 당꽃마리, 송곳나물, 지장나물

생육 & 채취	
장 소	중부 이북의 높고 그늘진 산
시 기	봄(어린순, 꽃) 가을(뿌리)
부 위	어린순(식용) 뿌리(약용)
손질법	이른봄에 채취한다.

효 용	
성 미	맛은 약간 쓰고 약간 달며 약간 시다.
활 용	만성변비·기침·천식·식욕부진을 다스린다.

연구 & 특허
● 당개지치 추출물을 포함하는 항균용 조성물 ● 한국산 Cercospora 및 관련 속의 분류학적 연구(Ⅶ)

특허 · 논문

● 당개지치 추출물을 포함하는 항균용 조성물 : 본 발명은 당개지치

(*Brachybotrys paridiformis* Maximowicz) 추출물을 유효성분으로 포함하는 항균용 조성물에 관한 것이다. 본 발명의 당개지치 추출물은 포도상구균을 포함하는 균주에 대한 뛰어난 항균 활성을 가지고 있어, 항균용 조성물로 유용하게 사용될 수 있다. — 특허공개 제 1020130112985호. 대한민국(산림청 국립수목원장). (2013.10.15)

● 한국산 Cercospora 및 관련 속의 분류학적 연구(VII) : 본 연구는 1990년부터 국내에서 채집하여 고려대학교 농생물학과 진균표본보관소(SMK)에 보존하고 있는 Cercospora 및 관련 속의 진균을 대상으로 분류학적 연구를 실시한 결과의 일곱 번째 보고이다. 이번 보고에서는 Cercospora 4종, Neoramularia 1종, Pseudocercospora 4종, 그리고 Ramularia 1종에 대한 균학적 특징을 기재 묘사하였다. 우엉에서 Cercospora arcti-ambrosiae, 꽃상추와 치커리에서 C. cichorii, 콩에서 C. kikuchii, 당개지치에서 C. subhyalina, 석잠풀에서 Neoramularia koreana, 쥐똥나무에서 Pseudocercospora ligustri, 달맞이꽃에서 P. oenotherae, 복분자딸기와 줄딸기에서 P. rubi, 느티나무에서 P. zelkowae, 그리고 구릿대에서 Ramularia archangelicae를 각각 동정하였다. — 고려대학교 농생물학과 김정동 외 1. 한국균학회지 27권(1999)

당개지치

당개지치 꽃

당개지치

대나물

대나물

석죽과 / *Gypsophila oldhamiana* Miq.

석죽과의 여러해살이풀로, 볕이 잘 드는 산지 풀밭에 자생하는데 특히 석회질 토양에서 잘 자란다. 키는 70~100㎝ 정도이고 줄기는 곧게 서며 윗부분에서 가지가 많이 갈라진다. 6~7월경에 흰색 또는 연홍색의 꽃이 핀다. 어린순은 나물로 먹고 뿌리는 약으로 쓰는데, 뿌리에 유독성 사포톡신Sapotoxin이 함유되어 있다.

대나물 뿌리의 생약명은 '은시호銀柴胡'이지만 잎만 시호와 비슷하고, 약성은 시호와 다르다. 유사종 끈끈이대나물(*Silene armeria* L.)도 은시호라는 한약재로 쓴다. 별꽃·봄맞이 등도 은시호라고 부르기도 한다.

약명 은시호銀柴胡

고서古書·의서醫書에서 밝히는 효능

운곡본초학 제감열除疳熱, 청허열淸虛熱의 효능이 있고, 골증노열骨蒸勞熱, 소아감열小兒疳熱, 음허발열陰虛發熱, 열림熱淋, 온사상영발열溫邪傷營發熱, 산후혈허발열産後血虛發熱, 혈림옹저종독血淋癰疽腫毒을 치료한다.

생육 & 채취	
장 소	산지 초원
시 기	봄. 가을
부 위	어린순(약용) 뿌리(약용)
손질법	수염뿌리를 없애고 햇볕에 말린다.

효 용	
성 미	맛은 달고, 성질은 약간 차다.
활 용	해열. 거담. 강장 작용

연구 & 특허
● 은시호 가수분해 효소 추출물을 함유하는 항산화 조성물 ● 멜라닌 생성 억제 활성을 갖는 식물 추출물을 함유하는 피부 미백용 화장료 外 p.997 참고

외감풍한外感風寒과 혈허무열자血虛無熱者는 복용服用을 기룬한다.

특허 · 논문

● **은시호 가수분해 효소 추출물을 함유하는 항산화 조성물** : 본 발명은 항산화 효과를 갖는 은시호 가수분해 효소 추출물을 함유하는 조성물 및 이의 제조 방법에 관한 것으로서, 더욱 상세하게는 은시호에 효소를 처리함으로써 단백질 또는 당 가수분해 효소 반응을 통해 은시호 가수분해 효소 추출물을 제조하는 방법 및 이를 함유하는 조성물에 관한 것이다. 본 발명에 따른 조성물은 천연물 유래의 물질로서 독성 및 부작용이 없으며 탁월한 항산화 효과를 나타내므로, 활성 산소에 의해 생성되는 산화물들에 기인하는 노화 및 각종 질환의 억제 또는 치료에 안전하고 효과적으로 이용될 수 있다. ― 특허등록 제871811호, 건국대학교 산학협력단

● **멜라닌 생성 억제 활성을 갖는 식물 추출물을 함유하는 피부 미백용 화장료** : 본 발명은 멜라닌 생성 억제 활성을 갖는 식물 추출물을 함유하는 피부 미백용 화장료에 관한 것으로서, 본 발명에 따른 피부 미백용 화장료는 여지 추출물, 부추 추출물, 은시호 추출물 및 이들의 혼합물로 이루어진 군으로부터 선택된 어느 하나를 유효성분으로 함유하는 것을 특징으로 한다. 여지 추출물, 부추 추출물 및 은시호 추출물은 천연 물질이기 때문에 피부에 대한 부작용 없이 안전하게 사용될 수 있을 뿐만 아니라, 멜라닌 생성을 억제하여 색소 침착 저해 효과가 뛰어나므로 이들을 유효성분으로 함유하는 화장료는 기미나 주근깨 및 피부 미백에 매우 효과적이다. ― 특허등록 제789631호, 주식회사 엘지생활건강

대나물

대나물

끈끈이대나물 꽃

댑싸리

명아주과 / *Kochia scoparia* (L.) Schrad. var. *scoparia*

명아주과의 한해살이풀로, 유럽과 아시아가 원산지이며, 농가 주변에서 잘 자라는데, 예전에는 주로 빗자루를 매어 썼다. 키는 1.5m까지 자라고, 줄기는 하나에서 시작하지만 무수히 많은 가지를 치며 7~9월에 작은 꽃이 자웅이주로 핀다. '대싸리', '비싸리'라고도 부르는데, 이는 '볍씨'가 '벼+ㅂ+씨'로 변화했듯이 '댑싸리'도 '대+ㅂ+싸리'가 된 것이다.

어린순을 나물이나 국거리로 이용하는데, 명아주처럼 부드럽고 맛이 담백하다. 가을에 자잘한 씨앗을 받아 그늘에서 말려 약으로 쓰는데 생약명은 '지부자地膚子', 맛은 맵고 쓰며 성질은 찬 편이다. 강장·이뇨·소종 등의 효능을 가지고 있다. 잎을 '지부엽地膚葉'이라 하여 설사를 멈추게 하는 약으로 쓴다.

약명/이명 지부자地膚子, 지부엽地膚葉 / 대싸리, 비싸리

고서古書·의서醫書에서 밝히는 효능

동의보감 지부자는 성질은 차고 맛이 쓰며 독이 없다. 방광에 열이 있을

생육 & 채취	
생육장소	농가 주변
시 기	가을(씨앗) 여름(잎)
부 위	씨앗, 잎
손질법	씨앗을 털어 모아 그늘에서 말린다.

효용	
약 성	맛은 맵고 쓰며 성질은 차고 독이 없다.
활 용	

연구 & 특허
● 올레아놀산을 함유하는 혈관형성억제제 조성물
● 지부자 추출물을 유효성분으로 함유하는 아토피 예방 또는 치료용 조성물 및 이의 제조 방법 外 p.997 참고

때에 쓰며 오줌을 잘 나가게 하고 퇴산㿉疝과 열이 있는 단독丹毒으로 부은 것을 치료한다.

특허 정보

● **올레아놀산을 함유하는 혈관형성 억제제 조성물** : 본 발명은 올레아놀산을 함유하는 혈관형성 억제제 조성물에 관한 것으로, 지부자 열매로부터 추출한 올레아놀산을 수정란에서 배의 형성 시 호흡에 관여하는 융모요막에 처리하였을 때 혈관의 생성을 억제하는 작용을 나타내는 것을 확인하였고, 이것은 암을 비롯한 과다한 혈관형성과 관련된 질병의 치료에 적용할 수 있다. — 특허등록 제101480호, 정** 외 1

● **지부자 추출물을 유효성분으로 함유하는 아토피 예방 또는 치료용 조성물 및 이의 제조 방법** : 본 발명은 지부자 추출물을 유효성분으로 함유하는 아토피 예방 또는 치료용 조성물 및 이의 제조 방법에 관한 것이다. 본 발명의 지부자 추출물은 아토피를 효과적으로 예방 또는 치료할 수 있으며, 이에 따라 상기 지부자 추출물을 아토피의 예방 또는 치료용 약학적 조성물, 식품 조성물 및 화장료 조성물 등 다양한 분야에 응용할 수 있다. — 특허공개 10-2011-0113028호, 한국한의학연구원

● **항균지 및 이의 제조 방법** : 본 발명은 항균지 및 이의 제조 방법에 관한 것으로, 연잎, 지부자, 지골피 추출물로 구성되는 항균 조성물을 종이의 적어도 일면 이상에 도포함으로써 그람음성 세균과 양성 세균 및 효모와 곰팡이에 매우 우수한 항균 활성을 나타내고, 항균 스펙트럼이 넓어 방부 능력이 우수하고, 종이의 안정성에 영향을 주지 않으며, 피부 자극도 거의 없어 친환경적이면서도 항균 효과가 우수한 항균지를 얻을 수 있는 효과가 있다. — 특허등록 제865786호, 주식회사 푸른솔특수지류유통 외 1

댑싸리

댑싸리 꽃

댑싸리

덜꿩나무

인동과 / *Viburnum erosum* Thunb.

인동과의 낙엽활엽관목으로, 황해도 이남 지방의 해발 1,200m 이하의 산기슭이나 숲 가장자리에서 자란다. 키는 2m 정도로 자라며 나무껍질은 회갈색이고 어린 가지에 털이 빼곡하다. 5월에 흰색 꽃이 가지 끝에 피고, 9월에 타원형의 열매가 빨갛게 익는다.

관상용으로 가꾸고, 어린순과 열매는 식용하며 줄기와 잎, 열매를 약으로 쓴다. 줄기와 잎을 '선창협미宣昌莢迷'라 하여 줄기는 수시로, 잎은 봄에서 여름 사이에 채취하여 햇볕에 말려 약으로 쓰는데, 열을 내리고 풍사風邪를 쫓고 습濕을 없애고 가려움을 그치게 하는 효능이 있다. '선창협미자宣昌莢迷子'라 부르는 열매는 가을에 채취하여 햇볕에 말려 물에 달여 기미와 주근깨에 바른다.

잎이 작고 흔히 갈라지는 것을 가새덜꿩나무(*var. taquetii*), 잎이 원형에 가깝고 갈라지며 전체가 대형인 것을 개덜꿩나무(*var. vegetum*)라고 한다.

약명/이명 수소溲疏, 선창협미宣昌莢迷, 선창협미자宣昌莢迷子 / 털덜꿩나무, 긴잎덜꿩나무, 긴잎가막살나무

생육 & 채취	
장 소	산기슭 숲속. 숲 가장자리
시 기	수시(줄기) / 봄~여름(잎) 가을(열매)
부 위	줄기. 잎. 열매
손질법	햇볕에 말린다.

효 용	
성 미	–
활 용	해독解毒. 거습祛濕. 지양止痒

연구 & 특허
● 덜꿩나무의 식물화학적 성분 및 약리 활성에 관한 연구

● 덜꿩나무의 식물화학적 성분 및 약리 활성에 관한 연구 : 덜꿩나무는 중약에서 약용으로 기록되어 있으며, 우리나라의 남부, 중부지방에 널리 분포되어 있고, 항인플루엔자 바이러스 활성 검색 결과 MeOH 추출물에서 항바이러스 활성을 나타내었다. 아울러 식물화학적 및 약리학적 연구가 극히 미약한 본 식물의 항인플루엔자바이러스 활성 및 그 활성성분을 규명하고자 본 실험에 착수하였다. 덜꿩나무의 MeOH 추출물을 상법에 따라 분획하고 EtOAc 분획으로부터 각종 chromatography 기법을 이용하여 9종의 phenolic 화합물을 분리하였다. 이들 분획으로부터 분리된 화합물은 gallic acid (1)와 6종의 flavonoid 화합물인 (+)-catechin (2), (-)-epicatechin (3), dihydrokaempferol (4), eriodictyol (5), taxifolin (6), quercitrin (7), 그리고 2종의 biflavonoid 화합물인 amentoflavone (8), hinokiflavone (9)으로 문헌 기재 spectral data와의 비교로부터 확인 동정하였다. Compound 8은 1H-1H COSY와 HMQC, HMBC를 포함한 1D, 2D-NMR 그리고 이화학적 성상으로부터 그 구조를 결정하였다. 항인플루엔자 바이러스 활성은 neutral red assay를 이용하였으며, 덜꿩나무의 MeOH 추출물 및 용매 분획에 대하여 항인플루엔자 바이러스 활성을 검토하였다. 그 결과, MeOH 추출물에서 약한 항virus 활성을 보였으며, EtOAc와 BuOH 용매 분획에서 각각 23.43, 20.04$\mu g/ml$의 EC50을 나타냈고, SI 수치가 9.19, 3.32로 influenza A/NWS/33(H1N1)에 대하여 항 virus 활성을 나타내었으며, 분리된 화합물 중 2번과 3번 화합물에서 각각 28.01, 71.52$\mu g/ml$의 IC50을 나타냈고, SI 값이 9.28, 3.36로 influenza A/NWS/33(H1N1)에 대하여 항virus 활성을 나타내었다. —

성균관대학교 이기준 석사학위논문(2011)

덜꿩나무 새순

덜꿩나무 꽃

덜꿩나무 풋열매

덜꿩나무 열매

돈나무

돈나무과 / *Pittosporum tobira* (Thunb.) W.T.Aiton

돈나무과의 상록활엽관목으로, 우리나라 서남 해안의 산기슭에 자생한다. 키는 2~3m 정도로, 줄기가 밑부분에서 여러 개로 갈라지고, 껍질과 잔뿌리에서 향기가 난다(이 독특한 냄새는 불에 타면 더 강해지므로 땔감으로는 이용하지 않았다.). 흰색의 꽃이 향기로워 관상용으로 기르기도 하며, 잎은 소의 먹이로 사용하기도 했다. 열매의 점액질에 온갖 곤충, 특히 파리가 많이 붙어서 바닷가 사람들이 '똥나무'라고 부르던 것을 일본인이 '똥'자를 '돈'으로 발음하여 '돈나무'가 되었다는 설이 있다.

가지·잎·나무껍질을 가을에서 겨울 사이에 채취하여 햇볕에 말려 약으로 쓴다. 혈압을 낮추고 혈액순환을 도우며 종기를 없애는 효능이 있다.

약명/이명 소년약小年藥 / 칠리향七里香, 해동海桐, 섬음나무, 섬엄나무, 갯똥나무, 해동화, 해동피 갯똥나무

고서古書·의서醫書에서 밝히는 효능

운곡본초학 소종독消腫毒 효능이 있어서 치창痔瘡(치핵·치질 등), 종독腫

생육 & 채취	
장 소	남부지역 바닷가 산기슭
시 기	가을~겨울
부 위	가지, 잎, 껍질
손질법	햇볕에 말린다.

효 용	
성 미	맛은 맵고 약간 쓰며 성질은 평하다.
활 용	치창痔瘡과 종독腫毒을 다스린다.

연구 & 특허
● 자생 식물로부터 얻은 비만 및 당뇨병 치료 추출물
● 이엽돈나무 추출물을 유효성분으로 함유하는 비만 예방 및 치료용 조성물 外 p.997 참고

毒을 치료하는 데 쓰인다.

특허 · 논문

● 돈나무 열매 추출물 또는 그것으로 분리한 샤포닌 ⅢA3를 이용한 감귤 또는 고구마 저장병 방제제 조성물 및 감귤 또는 고구마 저장병 방제 방법 : 본 발명은 돈나무 열매 추출물, 돈나무 열매 추출물로부터 분리한 샤포닌 ⅢA3를 이용한 감귤 또는 고구마 저장병 방제제 조성물과 감귤 또는 고구마 저장병 방제 방법을 개시한다. 상기 돈나무 열매 추출물과 샤포닌 ⅢA3는 모두 감귤 또는 고구마 저장병의 주요 병원균인 페니실리움 디지타텀 및(또는) 페니실리움 이탈리컴에 대해서 항곰팡이 활성을 보인다. — 특허등록 제124985호, 재단법인 제주테크노파크

● 자생식물로부터 얻은 비만 및 당뇨병 치료 추출물 : 본 발명은 자생식물로부터 얻은 비만/당뇨 모델 마우스의 비만 및 당뇨 억제 추출물에 관한 것으로, 더욱 상세하게는 한국에서 자라는 자생식물로부터 비만/당뇨 모델 마우스인 Lepr db /Lepr db 마우스 에서 체중 감소 및 당뇨의 원인인 고혈당을 억제하는 추출물과 그 추출물을 유효성분으로 함유하는 비만과 당뇨의 예방 및 치료 생약제에 관한 것이다. 본 발명에 따른 동백나무, 돈나무, 처녀치마로부터 얻은 추출물은 비만 및/또는 당뇨의 예방 및 치료 효과가 우수하므로 이를 유효성분으로 함유하는 생약제로 사용할 수 있다는 것이다. — 특허등록 제523440호, 주식회사 케이티앤지생명과학

● 이엽돈나무 추출물을 유효성분으로 함유하는 비만 예방 및 치료용 조성물 : 본 발명에 따른 비만 예방 및 치료용 조성물은 약제학적 또는 식품 조성물로서 지방세포의 분화를 억제하여 비만 예방 및 치료에 탁월한 효과를 발휘한다. — 특허공개 10-2012-0003779호, 한국식품연구원

돈나무 꽃

돈나무 풋열매

돈나무 열매

돈나무 열매

돌배나무

장미과 / *Pyrus pyrifolia* (Burm.f.) Nakai

장미과의 낙엽활엽소교목으로, 중부 이남의 산과 들, 햇볕이 드는 평원에 주로 자생한다. 키는 5~10m 정도 되고, 나무껍질은 회흑자색이다. 배나무 대목臺木으로 쓰여 왔는데, 배 씨앗이 떨어져 싹이 나면 돌배가 된다는 말이 있다. 4월에 흰색의 꽃이 피고, 9~10월에 열매가 다갈색으로 익는다.

늦가을에 열매를 따서 상온에 두었다가 과일로 먹고, 가지와 줄기껍질, 뿌리를 약으로 쓰며, 나무는 가구재로 쓰인다.

생약명은 '이수근梨樹根'으로, 배나무와 같은 약재이지만 효과가 더 좋다. 열매를 기침·가래·열병·폐결핵·변비에 약으로 쓰기도 한다.

약명/이명 이수근梨樹根, 이지梨枝, 이목피梨木皮 / 꼭지돌배나무, 돌배, 산배나무

특허·논문

● 식물 추출물을 포함하는 비만세포의 과립 분비 억제용 조성물 : 본

생육 & 채취	
장 소	중부 이남의 산과 들, 평원
시 기	늦가을
부 위	가지, 줄기껍질, 뿌리
손질법	열매를 상온에 둔다.

효 용	
성 미	맛은 달고 시큼하며, 성질은 평하고 독이 없다.
활 용	기침, 가래, 열병, 폐결핵, 변비

연구 & 특허
● 식물 추출물을 포함하는 비만세포의 과립 분비 억제용 조성물 ● 유자피-발효차 제조 방법

발명은 일본잎갈나무(*Larix leptolepis*), 다릅나무(*Maackia amurensis*), 산괴불주머니(*Corydalis speciosa*), 짚신나물 (*Agrimonia pilosa*), 만삼(*Codonopsis pilosula*), 버드나무 (*Salix koreensis*), 산가막살나무(*Viburnum wrightii*), 굴피나무(*Platycarya strobilacea*), 족제비싸리(*Amorpha fruticosa*), 돌배나무(*Pyrus pyrifolia*), 비수리(*Lespedeza cuneata*), 물양지꽃(*Potentilla cryptotaeniae*) 및 눈갯버들(*Salix graciliglans*)로 이루어진 군으로부터 선택된 하나 이상의 추출물을 포함하는 비만세포의 과립 분비 억제용 조성물에 관한 것으로 이 조성물은 알레르기성 질환의 예방, 개선, 치료에 효과적이므로 알레르기성 질환의 개선, 예방 또는 치료용 약제학적 조성물, 식품 조성물, 의약외품 조성물, 및 화장료 조성물 등으로 사용될 수 있다. — 특허공개 10-2012-0105403호, 성균관대학교 산학협력단

● 유자피 - 발효차 제조 방법 : 환절기나 겨울철의 감기와 몸살에 효능이 있도록 건강에 좋은 과실과 발효차를 섞어 차로 수시로 마실 수 있도록 한 본 유자피 발효차는 오랫동안 두고 차로 음용할 수 있도록 건조시켜 둠으로써 사계절 차로 마실 수가 있으며, 모든 과실과 차는 각각 최상의 건조 상태가 될 수 있도록 처리하였는데, 제조 방법으로서는 한국의 토종 생유자에 껍질을 제외한 씨와 과육을 제거한 생유자피 속에 한국 재래종의 돌배나무에서 수확한 돌배를 썰어서 건조한 것과, 모과나무에서 채취한 모과를 썰어서 건조한 모과와, 차나무에서 차(茶)엽(葉)을 채취하여 50~70% 발효하여 건조된 발효를 각각 1/3의 부피 비율로 하여 한국 토종 생유자피 속에 넣어 봉합하거나 넣어진 건조물들이 나오지 않게 한 후 청주에 30분~1시간 동안 침지하고 꺼낸 후 증기에 한 시간 찌고 5시산 상온에서 말리고를 3회 반복한 후 섭씨 25~45도 사이를 유지한 건조기에서 15일 동안 건조하여 유자피와 그 속에 든 성분들의 수분 함유량이 2~8%가 되도록 건조하여 완성한다. — 특허공개 10-2010-0088185호, 정**

돌배나무 새순

돌배나무 꽃

돌배나무

돌배

동의나물

미나리아재비과 / *Caltha palustris* L. var. *palustris*

미나리아재비과의 여러살이풀로, 우리나라 전역의 산골짜기, 습한 밭이나 얕은 도랑가에서 자란다. 키는 50㎝ 정도이고 줄기가 육질이다. 봄에 줄기 끝에서 꽃대가 2~3대 자라 나와 그 끝에 한 송이씩 핀다. 잎 모양은 곰취와 비슷하지만 꽃 모양은 매우 다르다.

강원도 영서 지방에서는 '알가지나물'이라 부르며 봄에 어린순을 채취하여 물에 데쳐 충분히 우려낸 뒤 먹는다. 독성이 있으므로 충분히 우려서 독성을 제거해야 한다. 유사종으로 애기동의나물·흰동의나물 등이 있다. 전초를 여름에 채취하여 햇볕에 말려 약으로 쓴다.

약명/이명　마제초馬蹄草 / 여제초驢蹄草, 수호로水葫蘆, 동이나물, 입금화立金花, 알가지, 눈알가지, 눈동이나물

고서古書 · 의서醫書에서 밝히는 효능

사천중약지　풍風을 제거하고 한寒을 흩어지게 하는 효능이 있다. 발사發痧, 타박상, 염좌, 머리가 어질어질하고 눈이 침침한 증세와 온몸이 아픈

생육 & 채취	
장 소	산골짜기, 습한 밭과 얕은 도랑가
시 기	5~6월
부 위	전초
손질법	신선한 것을 그대로 사용하거나 햇볕에 말린다.

효 용	
성 미	맛은 약간 쓰고 성질은 차다. 독성이 있다.
활 용	구풍驅風, 해서解暑, 활혈소종活血消腫 작용

연구 & 특허
● 유효성분으로서 아네모닌을 함유하는 무균 염증 치료용 약제
● 동의나물 섭취 후 발생한 서맥을 동반한 쇼크 2례
外 p.997 참고

증세를 치료한다.

특허 · 논문

● **유효성분으로서 아네모닌을 함유하는 무균 염증 치료용 약제** : 본 발명은 유효성분으로서 아네모닌을 함유하는 무균 염증 치료용 약제, 및 무균 염증을 치료하기 위한 아네모닌 화합물의 이용에 관한 것이다. 본 발명의 약제에서 유효성분인 아네모닌은 아네모닌 또는 그 전구 물질을 함유하는 천연 식물(동의나물 등 미나리아재비과의 식물)로부터 추출 및 분리될 수 있다. 본 발명은 또한 아네모닌 추출물을 제조하는 방법도 개시한다. 본 발명의 약제는 경구 투여, 주사 및 국소 적용, 특히 피하 침투 흡수될 수 있는 액체 추출물, 플라스터, 좌약, 리미멘트제 및 페인트 등의 제제로 제형화될 수 있다. — 특허등록 제622614호, 후 쉬칭 외 2(중국)

● **동의나물 섭취 후 발생한 서맥을 동반한 쇼크 2례** : 71세의 여자 환자는 산에서 채취한 취나물을 섭취하고 복통, 오심, 구토, 의식 저하 등의 증상을 보였다. 초기 치료로서 생리식염수를 급속 주입하였으나 저혈압이 지속되었다. 서맥과 저혈압 치료를 위해서 도파민을 투여하였으나 혈압이 수시로 변하는 양상을 보였다. 입원 후 생체 징후가 안정되었으며, 도파민 투여량을 서서히 감량하여 중단하였고, 입원 2일째 합병증 없이 퇴원하였다. 51세의 여자 환자는 내원 시 상복부 통증, 오심, 구토 및 의식 저하 증상이 있었다. 위 환자와 같이 생리식염수로는 호전되지 않았고, 도파민 투여와 시간 경과에 의하여 비로소 안정화되었다. 본 증례에서 나타난 서맥과 저혈압의 원인은 동의나물에 포함되어 있는 사포닌에 의한 것으로 보인다. 따라서 야생식물 섭취 후 원인 미상의 서맥과 저혈압은 동의나물 중독을 고려해 볼 필요가 있다. — 강원대학교 의과대학 응급의학교실 박찬우 외 12, 대한임상독성학회지(2004)

동의나물

동의나물

동의나물

동의나물

돼지풀

국화과 / *Ambrosia artemisiifolia* L.

국화과의 한해살이풀로, 북아메리카에서 들어온 귀화식물이다. 우리나라 전역의 도회지 부근 양지쪽에 야생하는데 번식력이 매우 강하다. 키는 1~2m 정도로 자라고, 줄기는 곧게 서며 식물 전체에 짧은 가시털이 있으며 가지가 많이 갈라진다. 8~9월에 줄기와 가지 끝에 이삭 모양의 꽃이 피고, 9~10월에 열매가 익는다.

알레르기성 비염과 각종 호흡기 질환 등의 화분병花粉病을 일으키는 풀로, 가축 사료로도 사용하지 않는다.

이명 쑥잎풀

특허 · 논문

● 돼지풀의 수용 추출물이 수종 식물에 미치는 알레로파시 효과 : 돼지풀의 수용 추출액에 함유된 화학물질 중 benzoic acids와 phenolic compounds가 주를 이루었고 일부 non-acids 화학물질도 검출되었다. 또한 수용 추출액에 함유된 화학물질은 부위에 따라 차이를 나타내었으

생육 & 채취	
장 소	전국의 도회지 부근
시 기	–
부 위	–
손질법	–

효 용	
성 미	–
활 용	–

연구 & 특허
● 돼지풀의 수용 추출물이 수종 식물에 미치는 알레로파시 효과 外 p.997 참고

며, 잎에서 60종류, 뿌리에서도 53종류의 물질이 검출되었다. 총 함량은 잎이 0.48mg/g.f,w, 뿌리가 0.37mg/g.f,w 이었다. 수용 추출액은 수용체 식물 종자 발아와 유식물 생장에 뚜렷한 억제 효과를 나타내었고, 식물 종에 따라 큰 차이를 보였다. 추출액의 농도가 증가됨에 따라 억제 효과도 증가하였다. 발아와 유식물 생장에 억제 효과가 높은 식물은 고추·상추·쇠무릎 등이었고, 배추와 무는 비교적 낮은 억제 효과를 보였다. 종자 발아 및 유식물 생장 실험 모두에서 잎 수용 추출액의 억제 효과가 뿌리보다 높게 조사되었다. — 중국 연대대학교 생물학과 김해수 외 1, 한국생태학회지(2001)

● 돼지풀, 단풍잎돼지풀, 소리쟁이를 이용한 중금속 오염 토양의 식물 복원법(phytoremediation)에 관한 연구 : 본 실험은 환경친화적인 중금속 정화 방법의 하나인 식물 복원법(phytoremediation)에 가장 적합하다고 생각되는 단풍잎돼지풀, 돼지풀, 소리쟁이를 선발하여, Cu, Cd농도에 따른 생육 양상, 흡수 범위 및 정화 차이능을 구명하여 식물 복원법 적용의 타당성을 제안하고자 실시한 결과는 다음과 같다. 중금속 처리에 따른 공시초종의 생육 반응은 상이하였으며, 특히 Cu, Cd 처리에서 단풍잎돼지풀, 돼지풀이 생육이 좋았으며 소리쟁이는 Cd 처리에서 생육이 불량하였다. 처리 농도에 따라 지상부와 지하부 발달은 Cu의 200ppm, Cd의 50ppm까지는 생육저해는 일어나지만 중금속의 흡수량은 공시초종 모두에서 양호하여 식물 복원법의 가능성을 보여 주었다. 특히 환경 친화적인 중금속 정화 방법은 오염원에 따라 초종선택이 중요하며, Cu 오염 지역에서는 지상부의 축적량은 처리 농도가 높아지더라도 변화가 적은 단풍잎돼지풀은 phytoremediation뿐만 아니라 phytostabilization(식물안정화)을 위한 피복 식물로서도 가능성을 보였다. — 고려대학교 자연자원대학 강병화 외 4. 한국잡초학회지(1998)

돼지풀

단풍잎돼지풀

돼지풀

된장풀

콩과 / *Desmodium caudatum DC.*

콩과의 낙엽활엽소관목으로, 우리나라의 제주도와 거문도 등 일부 지역에 자생한다. 키는 1.5m 정도로 자라고 식물 전체에 털이 있으며, 6월경에 황백색의 꽃이 핀다. 이름에 '풀'자가 들어가지만 나무이다. 잎을 된장 항아리에 넣으면 구더기가 생기지 않으므로 '된장풀'이라고 한다.

한방에서 뿌리를 포함한 전초를 '소괴화小槐花'라 하여 해열解熱·해독解毒·풍사風邪를 없애고 습濕을 제거하는 데 쓴다. 잎에는 당약當藥 성분이 있어 위장염·이질·관절통 등에 효과가 있다.

약명/이명 소괴화小槐花 / 미증초味噌草, 쉬풀, 쉽싸리풀, 털도둑놈의갈고리

고서古書·의서醫書에서 밝히는 효능

운곡본초학 거풍이습祛風利濕, 청열해독淸熱解毒의 효능이 있고, 옹창궤양癰瘡潰瘍, 노상해수勞傷咳嗽, 토혈吐血, 수종水腫, 소아감적小兒疳積, 질타손상跌打損傷을 치료하는 데 쓰인다.

생육 & 채취	
장 소	제주도, 거문도 등 일부 지역
시 기	9~10월
부 위	전초
손질법	햇볕에 말린다.

효 용	
성 미	맛은 쓰고 성질은 차다.
활 용	거풍이습祛風利濕, 청열해독淸熱解毒

연구 & 특허
● 떡갈나무 열매를 이용한 소나무재선충병 방제 및 치료용 발효액 아이제이에스에이치와 그 제조 방법
● 한약재를 이용한 방부제의 제조 방법
外 p.997 참고

● 떡갈나무 열매를 이용한 소나무재선충병 방제 및 치료용 발효액 아이제이에스에이치와 그 제조 방법 : 본 발명의 소나무재선충병 방제 및 치료용 발효액 IJSH의 제조 방법은, 떡갈나무 열매, 상수리 열매, 된장풀 잎을 분쇄기로 각각 분쇄하여 준비하고, 흑설탕을 준비한 후, 분쇄한 떡갈나무 열매, 분쇄한 상수리 열매, 분쇄한 된장풀 잎과 흑설탕을 4 : 7 : 2 : 3의 중량비율로 혼합하고, 이 혼합물을 분쇄하여 페이스트 상태로 만든 다음, 이 페이스트 상태의 분쇄물을 옹기 항아리에 넣고 그 위를 옹기 항아리 덮개 대신 솔잎으로 덮은 다음, 옹기 항아리를 항온기에 넣어 15~20℃에서 60~70일간 발효시킨 다음, 발효물을 착즙기로 즙을 낸 후, 이 즙을 여과하여 찌꺼기는 버리고 발효액을 수득하는 것으로 구성된다. 본 발명에 의해 소나무재선충으로부터 소나무를 보호하며, 소나무재선충에 의해 피해를 입은 소나무를 재생시키는 떡갈나무 열매를 이용한 소나무재선충병 방제 및 치료용 발효액 IJSH와 그 제조 방법이 제공된다. — 특허등록 제543744호, 임**

● 된장풀 추출물 또는 이의 분획물을 포함하는 항균용 조성물 : 본 발명은 쑥부쟁이, 용아초, 레인, 감송향, 대풍자, 된장풀 및 지부자로 이루어진 군으로부터 선택된 어느 하나 이상의 식물 추출물 또는 이의 분획물을 유효성분으로 함유하는 항균용 조성물에 관한 것이다. 본 발명의 식물을 사용하여 제조한 항균용 조성물은 메티실린 감수성 황색포도상구균뿐 아니라 메티실린 내성 황색포도상구균에도 항균 활성을 나타내며, 특히 통상의 항균제를 더 포함하는 경우 시너지 효과를 나타내기 때문에 그 효용 가치는 매우 크다고 할 것이다. 즉, 적은 양의 항균제를 사용하더라도 기존의 항균제에 비하여 동등 이상의 항균 활성을 나타낼 수 있어 항균제의 남용으로 인해 생기는 부작용 발생 위험이 낮고, 경제적이며 효율적이다. 이 외에도 우리나라에서 쉽게 찾아볼 수 있는 식물들을 사용하기 때문에 이들의 자원화 및 고부가가치 제품화를 모색할 수 있다. — 특허공개 10-2013-0108238, 순천대학교 산학협력단

두루미꽃

두루미꽃

백합과 / *Maianthemum bifolium* (L.) F. W. Schmidt

백합과의 여러해살이풀로, 높은 산 침엽수림의 습기 많은 땅에 자생한
다. 꽃이 두루미의 머리와 목을 닮고, 잎과 잎맥이 두루미가 날개를 넓
게 펼친 것처럼 보인다고 하여 '두루미꽃'이라는 이름이 붙었다. 키는 8
~15㎝ 정도로 자라는데, 원줄기는 곧게 서며 경우에 따라 돌기 같은 털
이 있다. 5~6월에 작고 하얀 꽃이 피고, 8~9월경에 둥근 열매가 빨갛
게 익는다.

어린순은 데쳐서 나물 또는 국거리로 이용하며, 데쳐서 햇볕에 말려
두었다가 묵나물로도 먹는다.

유사종으로 큰두루미꽃이 있는데, 전제적으로 두루미꽃보다 크다.

약명/이명 무학초舞鶴草 / 좀두루미꽃

고서古書 · 의서醫書에서 밝히는 효능

운곡본초학 지상부를 약용하는데 생약명은 '무학초舞鶴草'이다. 양혈지
혈涼血止血하는 효능이 있어서 외상출혈外傷出血, 토혈吐血, 요혈尿血, 월

생육 & 채취	
장 소	각처의 높은 지대의 습기가 많은 곳
시 기	봄
부 위	어린순
손질법	햇볕에 말린다.

효 용	
성 미	–
활 용	외상출혈, 토혈, 요혈, 월경과다 등에 효과가 있다.

연구 & 특허
● 두루미꽃 추출물을 유효성분으로 함유하는 화장료 조성물

경과다月經過多를 치료한다.

특허 · 논문

● 두루미꽃 추출물을 유효성분으로 함유하는 화장료 조성물 : 본 발명은 두루미꽃(*Paris verticillata*) 추출물을 유효성분으로 함유하는 화장료 조성물에 관한 것으로서, 본 발명에 따른 두루미꽃 추출물은 항산화 효과, 세포재생 효과, MMP-1 생성 억제 효과, 자외선 유도에 의한 MMP-1 생성 억제 효과, 콜라겐 합성 증진 효과, 멜라닌 생성 억제 효과, 주름 개선 효과, 탄력 개선 효과 및 보습 효과가 있어 각종 기능성 화장료의 유효성분으로 사용될 수 있다. — 특허공개 10–2011–0120030호, 주식회사 코리아나화장품

두루미꽃 군락

두루미꽃

두루미꽃 어린순

등

콩과 / *Wisteria floribunda* (Willd.) DC. for. floribunda

콩과의 낙엽 덩굴식물로, 우리나라 경남·전남 지방에 자생하며, 전국 각지에서 정원수로 가꾼다. 덩굴은 10m 이상으로 뻗고, 5월경에 길이 30 ~40㎝ 되는 자주색의 꽃이 아래로 늘어지며 피고, 9월경에 열매가 익는다. 어린순이나 꽃은 나물이나 튀김으로 먹을 수 있고, 씨앗도 식용한다.

경주 현곡면 오류리에는 '용등'이라는 늙은 등나무 두 그루가 팽나무를 감고 있는데, 팽나무에 감겨 있는 등나무 꽃을 말려서 신혼 금침에 넣어 주면 부부 금실이 좋아진다고 하고, 부부 사이에 문제가 생겼을 때 이 등 꽃을 삶아 마시면 관계가 좋아진다고 한다.

약명/이명 다화자등多花紫藤 / 등나무, 참등나무, 참등, 왕등나무

특허 · 논문

● 암세포의 증식 억제 활성을 가지는 등나무 추출물 및 이를 함유하는 조성물 : 본 발명은 암세포의 증식 억제 활성을 가지는 등나무 또는 그 혹 (瘤) 추출물, 그 제조 방법 및 상기 추출물 유효량과 의약적으로 허용 가

생육 & 채취	
장 소	경남, 전남 지역
시 기	초여름(꽃) 가을(씨앗, 뿌리)
부 위	꽃, 씨앗, 뿌리
손질법	꽃은 그늘에서 말리고 씨앗과 뿌리는 손질하여 햇볕에 말린다.

효 용	
성 미	맛이 약간 시고 성질은 차다.
활 용	완사緩瀉

연구 & 특허
● 암세포의 증식 억제 활성을 가지는 등나무 추출물 및 이를 함유하는 조성물 ● 등나무 꽃 추출물의 항산화 활성 外 p.997 참고

능한 담체를 함유하는 암세포 증식 억제용 조성물에 관한 것이다. 본 발명에 따른 등나무 혹(瘤) 추출물은 암세포의 전이 과정 중의 대표적인 표적 마커의 하나인 CD44의 발현을 억제하여 암세포의 이동을 감소시키고, 세포부착에 관련된 단백질인 GTP-RhoA의 활성을 증가시켜 세포 이동을 저해시켜, 결국, 암세포의 운동성을 저지시켜 암의 전이와 확장을 억제하는 효과를 가진다. 발명자는 등나무 추출물이 항전이 활성을 나타내는 표지 인자인 CD44(CD44 antigen; Hermes Antigen; Pgp1; Mdu3)의 발현을 억제하고, 부착 단백질인 RhoA의 활성을 증가시켜 암세포의 이동을 억제한다는 것을 확인하였다. — 특허등록 제603495호, 한국생명공학연구원

● 등나무 꽃 추출물의 항산화 활성 : 등나무 꽃 50g에 1L의 네 가지 용매(메탄올 · 에탄올 · 아세톤 · 물)를 각각 가하여 추출한 뒤 농축하여 얻은 추출물을 이용하여 등나무 꽃의 항산화 활성을 조사하였다. 그 결과, 총 페놀 함량에서 보라색은 물 추출물이 491uM GAE로 가장 높았고, 흰색은 에탄올 추출물이 787mM GAE로 가장 높았다. 보라색 꽃의 DPPH 라디칼 소거능은 $1,000\mu g/ml$ 농도에서 물 추출물이 58.21%로 가장 높은 값을 나타냈으며, 흰색 꽃도 물 추출물에서 74.52%로 가장 높은 값을 가졌다. ABTS 라디칼 소거능의 경우에도 $1,000\mu g/ml$ 농도에서 보라색 꽃과 흰 꽃의 물 추출물이 각각 64.50%와 73.07%로 가장 높은 활성을 보였다. 환원력은 보라색 꽃의 에탄올 추출물, 흰 꽃의 메탄올과 물 추출물이 비교적 높게 측정되었다. 한편, 등나무 꽃 추출물의 산화적 스트레스에 의한 DNA 손상 억제 효과를 평가하기 위해 1, 10, $50\mu g/ml$ 의 농도로 백혈구에 처리한 후 $H2O2$(200 uM)로 DNA 손상을 유도한 결과, 보라색 꽃의 에탄올 50 처리구와 모든 농도의 아세톤 추출물 처리구를 제외하고는 $H2O2$ 처리 양성 대조구에 비해 유의적으로 감소하였다. 흰색 꽃은 모든 추출물에서 40~80% 정도의 높은 저해율을 보였다. 따라서 등나무 꽃 추출물이 천연 항산화제로서의 잠재적 가능성을 가지고 있음을 알 수 있었다. — 경남대학교 식품생명학과 오원경 외 5, 한국식품영양학회지(2008. 6. 30)

등꽃

등꽃

등 열매

등골나물

국화과 / *Eupatorium japonicum* Thunb. ex Murray

국화과의 여러해살이풀로, 우리나라 전역의 양지바르고 습기 있는 산지 풀밭에서 자란다. 키는 2m에 달하며 원줄기는 곧게 서며 가지를 치지 않고, 식물 전체에 털이 있다. 7~10월에 자줏빛이 도는 흰색의 꽃이 피고, 10~11월에 열매가 익는다. 어린순을 나물로 먹는데 맛이 약간 쓰고 매우므로 데쳐서 충분히 우려낸 뒤에 먹는 것이 좋다.

한방과 민간에서 '토승마土升麻'라 하여 꽃이 필 때 뿌리를 포함한 전초를 채취하여 햇볕에 말려 황달·생리불순·중풍·고혈압·산후복통·토혈·폐렴 등에 약으로 쓴다.

등골나물류에는 골등골나물·민등골나물·향등골나물·벌등골나물·서양등골나물 등이 있다.

약명/이명 토승마土升麻 / 평간초枰杆草, 백승마白升麻, 산택란山澤蘭, 난초蘭草, 토우슬土牛膝, 화택란華澤蘭, 벌등골나물, 새등골나물

생육 & 채취	
장 소	전국의 양지바르고 습기 있는 산지 풀밭
시 기	여름~가을
부 위	전초
손질법	전초를 채취하여 햇볕에 말린 뒤 잘게 썬다.

효 용	
성 미	맛은 쓰고 매우며 성질은 평하다.
활 용	인후염咽喉炎, 하상서습夏傷暑濕, 발열두통發熱頭痛 등에 쓴다.

연구 & 특허
● 등골나물 추출물이 인간의 유방암세포인 MDA-MB-231 세포의 이동, 침윤 및 부착에 미치는 영향 ● 등나무 꽃 추출물의 항산화 활성 外 p.997 참고

● 등골나물 추출물이 인간의 유방암세포인 MDA-MB-231 세포의 이동, 침윤 및 부착에 미치는 영향 : 등골나물은 국화과 여러해살이 식물로, 한방에서는 고혈압·폐렴·황달·홍역·요통 등에 사용한다고 알려져 있다. 본 연구에서는 등골나물의 꽃 부위를 추출하여 등골나물 추출물이 유방암세포인 MDA-MB-231 세포의 이동, 침윤 및 부착에 미치는 영향을 조사하였다. 그 결과 MDA-MB-231 세포의 이동, 침윤 및 부착은 등골나물 추출물의 농도($0 \sim 20 \mu g/m\ell$)가 증가할수록 현저하게 감소하였다. 등골나물 추출물은 MMP-9, MMP-2의 활성을 억제하였고, TIMP-1의 발현은 감소시킨 반면 TIMP-2의 발현은 증가시켰다. 또한, 등골나물 추출물은 uPA, VEGF 그리고 ICAM의 mRNA 및 단백질 수준을 현저히 감소시켰다. 특히, 등골나물 헥산 분획물이 유방암세포의 이동을 현저하게 억제하였다. 이상의 결과로부터 등골나물 추출물은 MMP-9, MMP-2, uPA, TIMP-1 및 ICAM의 감소, TIPM-2의 증가를 통해 유방암세포의 전이를 억제하는 것으로 판단된다. 따라서 본 연구는 이러한 효능을 지닌 등골나물 추출물을 암전이에 효과가 있는 암 예방제나 항암제로 개발할 수 있는 가능성을 제시한다. — 한림대학교 식품영양학과 우은영 외 6, 한국식품과학회지(2011. 4. 30.)

등골나물

등골나물

등골나물 꽃

등대풀

대극과 / *Euphorbia helioscopia* L.

대극과의 두해살이풀로, 경기도 이남의 양지바른 들판에 자생하는데 남부 지역에서 주로 볼 수 있다. 키는 30㎝ 정도이고 밑부분에서 가지가 갈라져 곧게 자라며, 잘린 면에서 흰색의 유즙이 나온다. 3~4월에 황록색의 꽃이 피며, 9~10월경에 열매가 달린다.

한방에서 5월경에 지상부를 채취하여 말려서 사용하는데 생약명은 '택칠澤漆'로, 대소장을 잘 통하게 하고, 살충殺蟲 · 소담消痰 · 소독消毒 · 해독解毒 등의 효능이 있다.

약명/이명 택칠澤漆 / 등대대극, 등대초, 오풍초, 유초乳草, 양산초, 녹엽녹화초綠葉綠花草

고서古書 · 의서醫書에서 밝히는 효능

동의보감[본초] 부종을 낮게 하며 대소장을 잘 통하게 하고 학질을 낮게 한다. 이는 대극의 싹이다. 음력 4~5월에 뜯는다.

생육 & 채취	
장 소	경기 이남의 양지바른 들판
시 기	5월경
부 위	지상부
손질법	햇볕에 말린다.

효 용	
성 미	맛은 쓰고 달며 성질은 따뜻하다.
활 용	살충殺蟲, 소담消痰, 소독消毒, 해독解毒, 행수行水, 이대소장利大小腸

연구 & 특허
● 멜라닌 생성을 억제하는 등대풀 · 목단피 · 알로에 혼합 추출물을 함유하는 미백 화장료 조성물
● 등대풀 용매 추출물의 항산화 및 항균 활성 ※ p.997 참고

● **멜라닌 생성을 억제하는 등대풀 · 목단피 · 알로에 혼합 추출물을 함유하는 미백 화장료 조성물** : 본 발명은 등대풀, 목단피, 알로에 혼합 추출물을 함유하는 미백용 화장료 조성물에 관한 것으로, 구체적으로 본 발명의 혼합 추출물은 멜라닌 생합성에 관여하는 티로시나제에 대한 탁월한 저해 활성을 가져 멜라닌 생성을 억제하고, 또한 탁월한 자유라디칼 소거능을 가지므로 미백용 화장료 조성으로 유용하게 이용될 수 있다. — 특허등록 제614467호, 주식회사 마임, 주식회사 바이오랜드

● **등대풀 용매 추출물의 항산화 및 항균 활성** : 본 연구는 대극과 식물인 등대풀을 대상으로 에탄올 추출 및 용매 분획하여 항산화 활성 및 항균 활성을 비교 분석하였으며, 아울러 총 폴리페놀 및 플라보노이드 함량 변화를 조사 비교함으로써 식품 저장성이나 안전성을 향상하기 위한 식품 첨가제나 보존제로서의 개발 가능성을 알아보고자 하였다. 그 결과 에탄올 추출물 및 순차적 분획물의 항산화 활성은 처리 농도가 높아질수록 항산화 활성도 비례해서 증가했으며, 특히 순차적 용매 분획물 중 에틸아세테이트 분획물에서 항산화 활성이 가장 우수하게 나타났다. 또한 항균 활성은 순차적 용매 분획물 중에 에틸아세테이트 분획물이 본 실험에 사용된 7종의 균주 모두에서 가장 효율적이었다. 이러한 등대풀 에탄올 추출물과 순차적 분획물별 항산화 및 항균 활성 결과는 총 폴리페놀 및 플라보노이드의 함량과의 비례 상관관계를 보여주었으며, 한편 총 폴리페놀 함량은 에틸아세테이트 분획물〉부탄올 분획물〉디클로로메탄 분획물〉에탄올 추출물〉수용성 분획물〉헥산 분획물 순으로, 총 플라보노이드 함량은 디클로로메탄 분획물〉에틸아세테이트 분획물〉에탄올 추출물〉헥산 분획물〉부탄올 분획물〉수용성 분획물순으로 나타났다. — 재단법인 제주하이테크산업진흥원 제주생물종다양성연구소, 김지영 외 4, 한국식품영양학회지(2007. 9. 29.)

등대풀

등대풀

등대풀 열매

등칡

쥐방울덩굴과 / *Aristolochia manshuriensis* Kom.

쥐방울덩굴과의 덩굴성 낙엽식물로, 경상북도 이북의 깊은 산골짜기나 산기슭의 돌무덤이나 너덜바위 지역에서 군락을 이루어 자란다. 길이는 10m 정도로, 가지가 새끼줄처럼 서로 꼬여서 이웃 나무나 바위에 기대어 뻗어나간다. '등나무 같은 칡'이라는 의미에서 '등칡'이다. 5월에 연녹색 꽃이 피고, 9~10월에 긴 타원형 열매가 갈색으로 여문다.

잎·꽃·줄기를 '관목통關木通'이라 하여 봄에 채취하여 햇볕에 말려 쓴다. 이뇨·소종 작용을 하며, 치질에 관목통 달인 물로 씻어 낸다. 식물 전체에 독성이 있고 특히 뿌리에 독성이 많으므로 반드시 전문가의 처방을 받아야 한다.

약명/이명 관목통關木通 / 고목통苦木通, 마목통馬木通, 큰쥐방울, 긴쥐방울

고서古書 · 의서醫書에서 밝히는 효능

동의보감 강심화降心火, 이소변利小便, 청폐열淸肺熱, 통리혈맥通利血脈의 효능이 있다.

생육 & 채취	
장 소	경북 이북의 깊은 산골짜기
시 기	봄
부 위	잎. 꽃. 줄기
손질법	햇볕에 말린다.

효 용	
성 미	줄기 맛은 쓰고 성질은 차며 독이 있다.
활 용	청열淸熱, 이뇨利尿, 청혈淸血, 해독解毒, 하유下乳 작용

연구 & 특허
● 목통의 종간 유전자 감별 방법
● 한국산 식물자원으로부터 신생혈관 억제제 검색
● 한국산 Aristolochia속 식물의 성분 연구 外 p.997 참고

● 목통의 종간 유전자 감별 방법 : 본 발명은 파이로시퀀싱(Pyrosequencing)법에 의한 목통의 종간 유전자 감별 방법에 관한 것으로써, 상세하게는 목통(으름덩굴)과 관목통(등칡)을 파이로시퀀싱법에 의하여 유전자형을 분석하고, 목통의 종간 특이성 시퀀싱 프라이머를 고안하여 아케비아 종(Akebia species)과 아리스톨로키아 종(Aristolochia species)의 종간 연관성과 유전적 변이를 평가하기 위한 감별 방법에 관한 것이다. 본 발명의 감별 방법을 통하여 목통의 종을 판별함으로써 정확한 목통 원료를 공급할 수 있으며, 목통의 품질 관리 방법으로 활용할 수 있다. — 특허등록 제673067호, 대구한의대학교산학협력단

● 한국산 식물자원으로부터 신생혈관 억제제 검색 : 본 논문은 한국산 식물 자원으로부터 신생혈관 억제제 검색을 연구한 논문으로, 주요 내용으로는 94개의 한국식물 메탄올 추출물을 HUVEC(인간배꼽정맥내피세포)의 관형상 구성분석을 이용하여 혈관 생성 억제제에 대해 검색하고, A549세포, 인간 폐암세포에 대한 성장 억제 작용에 대해 평가하고 개감수, 복수초 및 전호의 추출물이 $50\mu g/ml$ 에서 항혈관 생성과 성장 억제 작용을 나타냄을 그리고 등칡과 쪽동백나무가 성장 억제 작용 없이 항혈관 생성작용을 나타냄을 제시한 내용이다. — 충남대학교 약학대학 유영제, 생약학회지(2000. 9.)

● 한국산 Aristolochia속 식물의 성분 연구 : 본 논문은 한국산 Aristolochia속 식물의 성분 연구 논문으로 주요 내용으로는, 강원도에서 수집한 등칡이 아리스크로킨산 I 및 II 그리고 debilic 산을 함유함을 확인하고, 칼럼크로마토그래피를 이용하여 줄기의 석유에테르:에테르(1:1) 추출물로부터 리놀릭산의 β-Sitosterol과 에스테르를 분리하였다는 내용이다. — 서울대학교 약학대학 약용식물학교실 정보섭, 생약학회지(1974. 9. 15.)

등칡 열매

등칡 어린순

등칡 꽃

땅비싸리

콩과 / *Indigofera kirilowii* Maxim. ex Palib.

콩과의 낙엽활엽관목으로, 우리나라에서는 함경북도를 제외한 전국의 야산 양지바른 곳이나 반그늘에서 흔하게 자란다. 키는 1m 정도로 자라고, 뿌리 쪽에서 싹이 터서 새 줄기가 계속 올라오므로 군락을 이루는 것처럼 보인다. 5~6월에 연분홍 또는 흰색의 꽃이 피고, 10월에 원기둥 모양의 열매가 익는다. 척박한 경사지나 절개지에 녹화용으로 조성하기 좋은 식물이다.

뿌리를 '산암황기山岩黃芪'라고 하여 약용하는데, 땀을 멈추게 하고 장을 건강하게 하는 효능이 있다. 인후염·폐렴·기침·황달·독사교상을 치료하는 데도 쓰인다. 내몽고 지방의 민간에서도 땅비싸리를 표허表虛로 인한 자한自汗을 치료하고 강장 효과가 있는 약재로 사용한다고 한다.

유사종으로 큰꽃땅비싸리·흰땅비싸리·민땅비싸리 등이 있는데, 큰꽃땅비싸리는 꽃이삭의 길이가 잎 길이의 2배 정도 된다.

약명/이명 산암황기山岩黃芪 / 논싸리, 땅비수리, 완도당비사리

생육 & 채취	
장 소	전국의 야산 기슭
시 기	이른봄, 가을
부 위	뿌리
손질법	뿌리를 굴취하여 햇볕에 말린다.

효 용	
성 미	맛은 쓰고 성질은 차다.
활 용	진통, 해독, 소종 효과 기침, 인후염, 구내염을 다스린다.

연구 & 특허
● 다양한 종류의 잎으로 이루어진 떡차의 제다 방법
● 천연 Quercitrin의 항허피스바이러스 작용과 Nucleoside계 항허피스바이러스제와의 병용 효과 外 p.997 참고

● **다양한 종류의 잎으로 이루어진 떡차의 제다 방법** : 본 발명은 다양한 종류의 잎(쑥, 두충, 뽕잎, 감잎, 연잎, 구절초잎, 민들레, 차나무잎, 무우, 단풍잎, 땅비싸리, 야관문, 냉이, 미나리, 찔레순, 칡, 질경이, 홑잎)으로 이루어진 떡차의 제다 방법에 관한 것으로, 더욱 상세하게는 기존 잎차의 문제점을 해소하여 가벼운 맛과 향을 핫플레이트와 게르마늄 솥으로 단기 고온 숙성시켜 깊은 맛을 낼 수 있으며, 식물 특유의 맛과 향이 우수한 우리 차를 제공하는 다양한 종류의 잎으로 이루어진 떡차의 제다 방법에 관한 것이다. — 특허등록 제1204991호, 최**

● **천연 Quercitrin의 항허피스바이러스 작용과 Nucleoside계 항허피스바이러스제와의 병용 효과** : 본 논문은 천연 Quercitrin의 항허피스바이러스 작용과 Nucleoside계 항허피스바이러스제와의 병용 효과에 대하여 연구한 논문으로 주요 내용으로는 우리나라에 풍부하여 분포되어 있는 땅비싸리 *Indigofera kirilowii* Max.의 잎에서 quercitrin을 단리하여 HSV-1과 HSV-2에 대한 항허피스바이러스 효과를 plaque reduction assay에 따라 측정하고, nucleoside계 항허피스바이러스제인 acyclovir 및 vidarabine과의 병용 시험을 실시하여 그 결과를 평가하였다. 연구 결과 quercitrin은 항허피스 바이러스제로 개발될 가능성을 시사하며, 기항허피스바이러스제와의 병용 시 부작용을 최소화하고 내성균주의 발현을 억제하며, 단독 투여 시보다 상승 작용을 얻을 수 있는 병용 투여제로 응용될 수 있을 것으로 사료된다. — 충북대학교 약학대학 김영소 외 5, 한국응용약물학회지(1999. 6. 30.)

땅비싸리

땅비싸리

땅비싸리

때죽나무

때죽나무과 / *Styrax japonicus* Siebold & Zucc

때죽나무과의 낙엽소교목으로, 우리나라 황해도 이남의 낮은 산과 들판에서 자생한다. 키는 10m 내외로 자라며, 어린 가지에는 털이 있다가 자라면서 점차 없어지고, 굵어진 나무껍질이 세로로 벗겨지면서 다갈색으로 변한다. 5~6월에 흰색의 통꽃이 땅을 향해 피고, 9월경에 둥근 열매가 종 모양으로 늘어지며 회백색으로 익는다. 꽃이 매우 향기롭고 열매 모양이 아름다워 정원수로 쓰이며, 꽃과 열매를 약으로 이용하지만 독이 있다.

한방에서 꽃을 '매마등買麻藤'이라 부르는데, 채취하여 햇볕에 말려 기침 가래, 관절 아픈 데, 뼈가 부러져 아픈 데 쓴다. 열매껍질을 짓이겨 물에 풀면 물고기가 기절하여 떠오르므로 옛날 민간에서는 물고기를 잡는 데 이용했다.

약명/이명 매마등買麻藤 / 왕때죽나무, 때쭉나무, 노가나무, 족나무, 야말리

생육 & 채취	
장 소	황해 이남의 낮은 지대의 산과 들
시 기	꽃(봄~초여름) 열매(9월경)
부 위	꽃, 열매
손질법	햇볕에 말린다.

효용	
성 미	맛은 맵고 성질은 따뜻하며 독이 있다.
활 용	기침 가래, 관절통, 골절 등에 쓴다.

연구 & 특허
● 때죽나무 열매 추출물 또는 이로부터 분리된 당단백질을 함유하는 간암 억제용 조성물 ● 에고사포닌을 함유한 발모제 外 p.997 참고

● **때죽나무 열매 추출물 또는 이로부터 분리된 당단백질을 함유하는 간암 억제용 조성물** : 본 발명은 때죽나무 열매 추출물 또는 이로부터 분리된 당단백질을 함유하는 간암 억제용 조성물에 관한 것으로서, 보다 상세하게는 비드(Bid)와 싸이토크롬 c의 활성을 유도하여 그로 인해 세포 자가 사멸과 관련된 단백질인 케스페이즈-3 및 PARP를 활성화시켜 세포 자가 사멸을 유도시키고, 세포 주기 억제와 관련된 단백질인 p53, p21 및 p27을 활성화시켜 G1 주기에서 S 주기로 넘어가는 것을 억제하는 작용을 나타내는 때죽나무 열매 추출물 또는 이로부터 분리된 당단백질을 함유함으로써 부작용 없이 간암을 치료, 억제 또는 예방할 수 있는 약학 또는 식품 조성물에 관한 것이다. — 특허등록 제21141250호, 전남대학교 산학협력단

● **에고사포닌을 함유한 발모제** : 본 발명은 천연식물 성분의 발모제에 관한 것으로 특히, 모근을 자극할 수 있도록 천연 자극제인 에고사포닌을 함유하고 있는 때죽나무 열매의 축출물과 모근의 영양 공급을 위한 은행나무 열매의 축출물을 발효 정제한 액을 주원료하고 소량의 식초와 우유를 첨가하여 다시 발효시켜 해당 조성물의 피부 자극을 최소화함으로써 두피의 청결을 유지하면서 모근은 자극할 수 있도록 하는 에고사포닌을 함유한 발모제에 관한 것이다. — 특허공개 10-2011-0124984호, 이**

● **때죽나무 줄기로부터 분리한 리그난 글루코사이드 화합물 및 이를 함유하는 화장료 조성물** : 본 발명은 한국의 자생식물인 때죽나무 줄기에서 분리한 신규 리그난 글루코사이드 화합물 및 이를 함유하는 화장료 조성물에 관한 것으로서, 보다 상세하게는 섬유아세포 재생능과 자외선 차단에 의한 피부 노화 방지 효과를 가지는 신규 리그난 글루코사이드 화합물을 분리해 내고, 이를 유효성분으로 함유하는 화장료 조성물을 제조하는 방법에 관한 것이다. — 특허등록 제526888호, 학교법인 조선대학교

때죽나무 꽃봉오리

때죽나무 꽃

때죽나무 열매

때죽나무 벌레집

뚜껑덩굴 ⓒ이선미

뚜껑덩굴

박과 / *Actinostemma lobatum* Maxim.

뚜껑덩굴은 박과의 한해살이 덩굴식물로, 중부 이남의 냇가나 도랑 등 물기 많은 곳에서 자란다. 뚜껑덩굴이라는 이름은 열매가 뚜껑처럼 갈라지므로 붙여진 것이다. 키는 약 2m까지 자라고, 8~9월에 황록색의 꽃이 피고 9~10월경에 계란 모양의 열매가 익는다. 유사종으로 만주뚜껑덩굴이 있다.

덩굴 전체를 약재로 쓰는데, 가을에 채취하여 햇볕에 말려 쓴다. 해독解毒·소종消腫 작용이 있다.

약명/이명 합자초合子草 / 수여지, 단풍잎뚜껑덩굴, 합자초, 개뚜껑덩굴

고서古書·의서醫書에서 밝히는 효능

뚜껑덩굴은 청열해독淸熱解毒, 이뇨소종利尿消腫의 효과가 있다. 신염수종腎炎水腫, 습진濕疹, 창양종독瘡瘍腫毒 등에 쓰인다.

생육 & 채취	
장 소	중부 이남의 물기 많은 곳
시 기	가을
부 위	전초
손질법	가을에 채취하여 햇볕에 말린다.

효 용	
성 미	–
활 용	해독, 소종 작용이 있다.

연구 & 특허
● 피지 생성 억제용 화장료 조성물 ● 뚜껑덩굴 전초로부터 유래하는 항산화 성분

● **피지 생성 억제용 화장료 조성물** : 본 발명은 해송(곰솔), 뚜껑덩굴 추출물을 함유한 조성물에 관한 것으로, 동결 건조하여 분말화된 추출물을 각각 0.001 내지 10 중량%를 1종 혹은 혼합하여 포함하는 피지 생성 억제용 화장료 조성물을 제공한다. 본 발명의 추출물을 함유하는 피지 생성 억제용 화장료 조성물은 5-알파-리덕타아제 활성을 저해하는 성질이 있어 피지 생성 억제 효과가 우수하여 여드름 예방 및 치료용으로 사용될 수 있으며, 이외에도 지루성 피부염 개선 모발 제품 및 탈모 방지 제품 등에도 광범위하게 사용될 수 있다. ― 특허등록 제1131685호, 애경산업 주식회사

● **뚜껑덩굴 전초로부터 유래하는 항산화 성분** : 본 논문은 뚜껑덩굴 전초로부터 유래하는 항산화 성분에 대한 연구로 주요 내용은 다음과 같다. 뚜껑덩굴(박과) 전초의 추출물은 DPPH 라디칼 소거 활성을 측정하여 항산화 활성을 분석하였다. 그리고 메탄올 추출물의 분획에서 8종의 성분을 분리하였다: actinostemmoside C (1), kaempferol-3-O-α-L-rhamnopyranosyl (1-6)-β-D-glucopyranoside (2), quercetin-3-O-β-L-rhamnopyranosyl (1-6)-β-D-glucopyranoside (3), quercetin-3-O-β-D-glucopyranoside (4), kaempferol (5), quercetin (6), lobatoside C (7), and lobatoside B (8). 결론적으로 이들의 구조는 분광학적 연구를 통하여 분석되었고, 2, 4, 5, 6 성분은 가장 먼저 분리되었고, 2-4, 6 성분은 DPPH 자유라디칼 소거 시험과 superoxide quenching activity 시험을 통하여 항산화 효과를 보였다. ― 우석대학교 약학대학 김대권, 한국응용생명화학회(2010. 12. 31)

뚜껑덩굴 꽃

뚜껑덩굴

뚜껑덩굴

뚜껑덩굴 꽃과 열매

뚝갈

마타리과 / *Patrinia villosa* (Thunb. Juss.)

마타리과의 여러해살이풀로, 울릉도를 제외한 우리나라 전역의 산과 들판의 양지쪽 풀밭에서 자란다. 키는 1m 내외로 줄기는 곧게 서고 식물 전체에 흰색의 털이 있다. 7~8월에 흰색의 꽃이 피고, 가을에 날개 달린 타원형의 열매가 익는다. 마타리[황화패장]와 구분하여 '백화패장'이라고도 한다. 마타리와 비슷하지만 마타리는 줄기에 털이 없고 꽃이 노란색이다.

어린순은 나물로 먹고, 전초를 약으로 쓴다. 여름에 전초를 채취하여 말리거나 가을에 뿌리를 채취하여 말렸다가 달이거나 환제로 만들어 복용한다.

약명/이명 패장초敗醬草 / 백화패장, 뚜깔, 뚝깔, 흰미역취

고서古書 · 의서醫書에서 밝히는 효능

약초의 성분과 이용 뚝갈은 용혈 작용, 국소 자극 작용이 있다. 간세포의 재생을 촉진하고, 간세포 변성을 막아 주며, 염증약 · 배농약 · 정혈약

생육 & 채취	
장 소	전국의 양지바른 산과 들의 풀밭
시 기	–
부 위	어린순(식용) 전초(약용)
손질법	햇볕에 말린다.

효 용	
성 미	맛은 맵고 쓰며 성질은 약간 차다.
활 용	위장동통, 산후복통, 옹종癰腫, 장옹腸癰, 폐옹肺癰 등을 개선한다.

연구 & 특허
● 뚝갈 추출물의 분획물을 유효성분으로 함유하는 신생혈관 촉진제 ● 패장약침(敗醬藥鍼)의 암전이 억제 및 면역 조절 효과에 관한 실험적 연구 ※ p.997 참고

으로 주로 쓴다.

특허 · 논문

● **뚝갈 추출물의 분획물을 유효성분으로 함유하는 신생혈관 촉진제** : 본 발명은 뚝갈 추출물의 분획물을 유효성분으로 함유하는 신생혈관 촉진제에 관한 것으로서, 구체적으로 뚝갈 추출물을 유기용매로 분획한 분획물은 추출물을 처리한 경우에 비해 신생혈관에 있어서 필수적인, 내피세포 증식 및 이동, 모세관 유사 구조의 형성 및 내피세포 발아 과정을 현저하게 촉진시키고, 신생혈관에 관여하는 FAK 신호를 더욱 신속하게 활성화하며, 생체 내(in vivo)에서 사지 허혈 모델의 조직 괴사를 현저하게 감소시킴을 확인하였으므로, 신생혈관 촉진제의 유효성분으로서 유용하게 사용할 수 있다. ― 특허등록 제1158536호, 한국과학기술원

● **패장약침(敗醬藥鍼)의 억제 및 면역 조절 효과에 관한 실험적 연구** : 본 논문은 패장약침(敗醬藥鍼)의 억제 및 면역 조절 효과에 관한 실험적으로 연구한 논문으로 주요 내용으로는 Colon-L5 cell line을 이용한 간전이 모델에서 패장약침을 간유에 주입하여 억제 및 면역 조절 효과에 대해 관찰하였으며, 그 결과 패장약침은 생체에 독성 반응을 나타내지 않으면서 억제에 효과가 있으며 특히 면역 조절을 통한 항암 능력이 있는 것으로 확인되어 앞으로 패장을 응용한 다양한 방법으로의 심도 있는 연구가 진행되어야 할 것으로 생각된다. ― 상지대학교 한의과대학 침구학교실 박희수 외 1, 대한침구학회지(2006. 8. 20)

레몬밤

꿀풀과 / *Melissa officinalis* L.

레몬밤Lemon Balm은 꿀풀과의 여러해살이풀로, 지중해 연안이 원산지이다. 지중해 동부와 서아시아·흑해 연안·중부 유럽 등지에서 자생하며, 재배 역사가 2천 년이나 된다고 한다. 우리나라에서는 재배하는데, 반그늘에서 잘 자란다. 키는 60~150㎝ 정도 자라며, 식물 전체에서 레몬 냄새가 난다.

이명인 '멜리사Melissa'는 그리스어로 '밀봉蜜蜂'이라는 뜻으로, 밀원식물로 유명하다. 잎과 줄기를 샐러드나 수프, 생선 요리의 맛을 내는 데 이용하며, 꽃·잎·줄기를 약용한다.

생잎이나 에센셜 오일을 아로마 테라피에 이용하는데, 불안·우울·불면증·신경성 두통에 효과가 있으며, 월경불순을 개선하고 생리통을 완화하는 효과도 있다. 잎을 따뜻한 목욕물에 담그면 레몬 향이 기분을 밝고 편안하게 해 주며, 피부를 깨끗이 하고 보온해 주는 효과가 크다. 생잎을 벌레 물린 데 바르면 통증이 가라앉는다.

이명 멜리사Melissa

생육 & 채취	
생육장소	지중해 연안·서아시아
시 기	봄~여름
부 위	꽃. 잎. 줄기
손질법	생것 그대로 쓰거나 햇볕에 말려 쓴다.

효용	
약 성	맛이 약간 달다.
활 용	월경불순·생리통 완화 효과, 보온·피부 세정 효과

연구 & 특허

● 식물성 추출물을 포함하는 아토피 피부염 완화용 화장료 조성물
● 레몬밤 추출물을 유효성분으로 함유하는 피부 미백 개선용 조성물
☞ p.997 참고

● 식물성 추출물을 포함하는 아토피 피부염 완화용 화장료 조성물 : 본 발명은 식물성 추출물을 포함하는 아토피 피부염 완화용 화장료 조성물에 관한 것으로, 상기 조성물은 둥글레, 맥문동, 삼백초, 레몬밤, 세이지, 달맞이꽃, 라벤더, 로즈마리 및 캐모마일로 이루어진 군에서 선택된 단독 또는 2종 이상의 식물성 추출물을 유효성분으로 포함한다. 본 발명에 의한 아토피 피부염 완화용 화장료 조성물은 아토피 피부염에 따른 가려움증을 완화시키고, 피부의 항균성, 보습성 및 면역 기능을 향상시킬 수 있기에, 아토피 피부염의 예방 및 개선 치료에 효과적으로 적용할 수 있다. — 특허등록 제1236946호, 주식회사 로얄네이쳐

● 레몬밤 추출물을 유효성분으로 함유하는 피부 미백 개선용 조성물 : 본 발명은 레몬밤 추출물을 유효성분으로 함유하는 피부 미백 개선용 조성물에 관한 것으로, 더욱 구체적으로 자외선 조사된 레몬밤의 추출물을 유효성분으로 포함하는 피부 미백 개선용 조성물 및 상기 조성물을 이용한 피부 미백용 화장료 조성물에 관한 것이다. 본 발명에 따르면, 상기 레몬밤에 자외선을 조사시켜 플라보노이드의 함량이 증가된 레몬밤 추출물을 제조할 수 있다. 본 발명의 레몬밤 추출물은 일반 레몬밤 추출물에 비해 플라보노이드의 함량이 증가하여 항산화 효능이 높아졌으며, 버섯 티로시나제의 활성을 억제함을 확인하였다. 또한 마우스 멜라닌 세포의 멜라닌 합성량을 감소시킬 뿐만 아니라 멜라닌 색소 형성에 관여하는 유전자 및 단백질의 발현을 동시에 억제하였다. 따라서 본 발명의 레몬밤 추출물은 피부 미백 효과가 탁월하며, 이를 이용한 피부 미백용 화장료 조성물의 활용이 기대된다. — 특허등록 제82335호, 고려대학교 신학협력단

마디풀

마디풀과 / *Polygonum aviculare* L.

마디풀과의 한해살이풀로, 우리나라 각지의 길가와 들판의 수풀에서 흔하게 자란다. 줄기에 마디가 있어서 '마디풀'이라는 이름이 붙었다. 키는 10~40㎝ 정도로 자라고, 가늘고 긴 줄기는 흔히 옆으로 비스듬히 눕는다. 6~7월에 흰색 또는 붉은색의 꽃이 피고 가을에 열매가 익는다.

어린순은 나물로 먹고, 한방에서 전초를 '편축扁蓄'이라 하여 각종 염증이나 세균성 이질, 황달 등에 치료약으로 이용한다. 여름철 꽃이 필 때 전초를 베어 그늘에서 말려 쓴다.

약명/이명 편축扁蓄 / 옥매듭풀, 돼지풀

고서古書 · 의서醫書에서 밝히는 효능

동의학사전 오줌을 잘 누게 하고 열을 내리며 벌레를 죽인다. 이뇨 · 혈압 낮춤 · 피 응고 촉진 · 자궁 수축 · 억균 작용 등이 있다. 말린 것을 하루 6~12g을 달임약으로 먹는다.

생육 & 채취	
장 소	전국의 길가. 수풀
시 기	여름
부 위	지상부
손질법	꽃이 핀 전초를 베어 그늘에서 말린다.

효용	
성 미	맛은 쓰며 성질은 약간 차다.
활 용	각종 염증이나 세균성 이질, 황달 등에 치료약으로 쓴다.

연구 & 특허
● 편축 추출물을 유효성분으로 함유하는 지질 관련 심혈관 질환 또는 비만의 예방 및 치료용 조성물 까 p.998 참고

● **편축 추출물을 유효성분으로 함유하는 지질 관련 심혈관 질환 또는 비만의 예방 및 치료용 조성물** : 본 발명은 물, 알코올 또는 이들의 혼합물을 용매로 하여 추출되는 편축 추출물, 또는 상기 편축에 홍삼, 천마, 오미자, 인진쑥, 인삼, 지황 및 복분자로 구성된 군으로부터 선택되는 어느 하나 이상을 포함하는 혼합 생약재 추출물을 유효성분으로 함유하는 지질 관련 심혈관 질환 또는 비만의 예방 및 치료용 조성물에 관한 것이다. 본 발명의 추출물들은 지방 세포로의 분화를 효과적으로 저해하고, 고지방 식이에 의한 체중 증가를 억제하며 혈중 지질 농도를 낮춤으로써 비만 증상을 개선시키므로, 지질 관련 심혈관 질환 또는 비만의 예방 또는 치료제, 또는 상기 목적의 건강식품으로 유용하게 사용될 수 있다. — 특허등록 제1241338호, 사단법인 진안군친환경홍삼한방산업클러스터사업단

● **마디풀 추출물을 함유하는 피부 노화 방지용 화장료 조성물** : 본 발명은 마디풀 추출물을 함유하고 있는 노화 방지용 화장료 조성물에 관한 것으로, 보다 상세하게는 자유 라디칼 소거능, 활성산소에 대한 세포 보호 효과 및 엘라스타아제(elastase)와 타이로시나아제(tyrosinase) 활성 억제 효과가 우수한 마디풀 추출물을 함유한 노화 방지용 화장료 조성물에 관한 것이다. — 특허공개 10-2011-0081514호, 서울과학기술대학교 산학협력단

● **편축 추출물을 함유하는 항산화 화장료** : 발명은 편축 추출물을 포함하는 항산화 화장료에 관한 것으로, 편축 추출물이 항산화 화장료의 총 건조중량에 대하여 0.0001~5중량%, 바람직하게는 0.001~3중량%로 함유되는 것을 특징으로 한다. 본 발명에 따른 편축 추출물은 뛰어난 자유라디칼 소거 효과를 가지며, 이를 함유하는 항산화 화장료 또한 우수한 항산화(자유라디칼 소거) 효과를 제공한다. — 특허공개 10-2002-0080656호, 주식회사 참존

마디풀

마디풀 꽃

마디풀

마름

마름과 / *Trapa japonica* Flerow

마름과의 한해살이풀로, 우리나라 전역의 연못이나 늪지에 자생하며, 일본·중국·유럽 등지에도 분포한다. 뿌리는 진흙에 박혀 있고 수면까지 자란 줄기 끝에서 잎이 사방으로 퍼져 수면을 덮으며 떠 있는데, 잎꼭지가 두껍고 속이 비어 있어서 물 위로 떠오르는 성질이 있다. 7~8월에 흰색의 꽃이 핀다. 유사종으로 애기마름·매화마름·붕어마름·큰마름·물마름 등이 있다.

열매는 검고 딱딱하게 익으며 양끝이 뾰족하다. 한약명으로 '능실菱實', '능인菱仁', '수율水栗'이라고 하는데, 예전에는 이것을 따서 찌거나 삶아서 먹고 죽을 끓여 먹는 등 식량으로 이용했다. 또한 민간에서는 해독제와 위암 치료제로 사용해 왔다. 맛은 밤과 비슷하며 달고 성질은 서늘하다. 제번지갈除煩止渴·청서해열淸暑解熱의 효능이 있어서 비허설사脾虛泄瀉·서열번갈暑熱煩渴·소갈消渴·음주과도飮酒過度·이질痢疾을 치료한다. 마름 줄기는 위궤양 및 다발성 사마귀를 치료하는 효과가 있다.

약명/이명 능실菱實, 능인菱仁 / 골뱅이

생육 & 채취	
장 소	연못, 늪지
시 기	가을
부 위	열매, 줄기
손질법	열매를 삶아 익혀 씨를 빼내어 가루를 낸다.

효용	
성 미	맛은 달고 성질은 시원하고(또는 평하고) 독이 없다.
활 용	해독제, 위장기능 개선

연구 & 특허
● 마름 추출물을 포함하는 지질대사 개선 및 당뇨병에 의한 합병증 예방 및 치료용 조성물
● 에이즈 치료용 한약제제 및 그 제조 방법 外 p.998 참고

고서古書 · 의서醫書에서 밝히는 효능

본초강목 상한적열傷寒積熱을 풀고 소갈消渴을 멎게 하며 주독酒毒, 사망독射罔毒, 오두독烏頭毒을 푼다.

동의보감 속을 편안하게 하고 오장을 보한다. 물속에서 나는 열매 가운데서 이것이 제일 차다. 많이 먹으면 배가 불러 오르는데 생강술을 마시면 곧 꺼진다.

특허 · 논문

● 마름 추출물을 포함하는 지질대사 개선 및 당뇨병에 의한 합병증 예방 및 치료용 조성물 : 본 발명은 혈장 총 콜레스테롤 및 중성지방의 농도를 감소시키고, HDL-콜레스테롤의 농도를 증가시키는 효과를 갖는 마름 추출물을 유효성분으로 함유하는 조성물에 관한 것으로서, 본 발명의 마름 추출물은 지질대사의 개선에 의한 당뇨병성 합병증의 예방 및 치료를 위한 의약품과 건강기능식품 등에 유용하게 사용될 수 있다. — 특허공개 10–2006–0006896호, 학교법인 인제학원

● 에이즈 치료용 한약제제 및 그 제조 방법 : 본 발명은 후천성 면역 결핍증(에이즈, AIDS) 치료용 한약제제 및 그 제조 방법을 제공하는 것으로, 상기 약제는 세잎쥐손이, 황기, 까마중, 금은화, 목면화(木棉花), 가리륵, 물질경이, 석류 껍질, 찰벼 뿌리, 마름으로부터 제조된다. 본 발명의 약제는 열 및 독성 물질을 제거할 수 있으며, 혈액순환을 활성화하며 기를 보충해 준다. 에이즈에 감염된 사람 및 에이즈 환자의 CD4 임파구의 세균 수를 증가시키고, 쇠약, 탈모증, 식욕 감퇴, 설사 및 활성 기능의 상태를 개선한다. — 특허등록 제912412호, 베이징 키지에유안 파마수티컬 테크놀러지 디벨롭먼트 컴파니 리미티(중국)

마름

마름 꽃

마름

마름 열매

마삭줄

협죽도과 / *Trachelospermum asiaticum* (Siebold & Zucc.) Nakai var. *asiaticum*

협죽도과의 상록활엽 덩굴식물로, 남부 지방의 산기슭 나무 숲이나 바위에서 자란다. 제주도부터 남해안과 중부 서해안까지 분포하며, 북방한계선은 인천 덕적도로 조사된 바 있다. 적갈색 줄기에서 뿌리를 내려 다른 식물이나 바위 등에 붙어서 5m 정도로 뻗어 자란다. 5~6월에 흰색 꽃이 피며, 잎과 꽃, 열매까지 즐길 수 있어서 관상용으로 키운다.

한방에서 '낙석등絡石藤'이라 하여 잎이 붙은 줄기를 베어 약으로 쓴다.

약명/이명　낙석등絡石藤 / 마삭나무

고서古書 · 의서醫書에서 밝히는 효능

본초강목　마삭줄은 기미가 화평하고 근골과 관절이 아픈 것, 풍열風熱과 옹종癰腫을 다스리고 노화를 막는 효력이 있지만 의사들이 잘 사용하지 않는 까닭은 너무 흔하여 업신여기기 때문이다.

동의학사전　풍습을 없애고 경락을 잘 통하게 한다. 비증, 팔다리가 오그라드는 데, 허리아픔, 뼈마디아픔, 편도염, 부스럼 등에 쓴다.

생육 & 채취	
장 소	남부 지방 산기슭 나무 숲
시 기	여름
부 위	잎, 줄기
손질법	햇볕에 말려 약으로 쓴다.

효 용	
성 미	맛은 쓰고 성질은 약간 차다.
활 용	해열, 진통, 거풍, 소종, 어혈, 강장

연구 & 특허
● 낙석등 추출물을 함유하는 염증성 질환 예방 및 치료용 약제 外 p.998 참고

● **낙석등 추출물을 함유하는 염증성 질환 예방 및 치료용 약제** : 본 발명은 낙석등 추출물을 함유하는 염증성 질환 예방 및 치료용 약제에 관한 것으로서, 더욱 상세하게는 낙석등의 추출물 중 악틴(Arctiin)의 함량이 일정범위로 포함되도록 규격화 및 표준화하고, 제제화하여, 진통 억제, 급성 염증 억제, 효소 p-p38 MAP 및 p-NFκB 단백질 발현량 억제, 급성 부종 억제 등의 염증성 변화에 의하여 나타나는 제 증상의 억제 효과가 우수하게 발현되어 관절염 등의 염증성 질환 예방 및 치료에 유효한 낙석등 추출물을 함유하는 약제에 관한 것이다. ─ 특허등록 제847439호, 신일제약 주식회사

● **낙석등 및 목단피의 추출 혼합물을 유효성분으로 포함하는 염증성 질환 예방 또는 치료용 약제학적 조성물 및 상기 조성물의 제조 방법** : 본 발명은 낙석등 추출물 및 목단피 추출물을 유효성분으로 포함하는 염증성 질환 예방 또는 치료용 약제학적 조성물, 의약외품 조성물, 염증의 예방 또는 개선용 건강기능식품 조성물, 화장료 조성물, 상기 약제학적 조성물의 제조 방법 및 상기 조성물을 염증성 질환 의심 개체에 투여하는 단계를 포함하는 인간을 제외한 동물의 염증성 질환 치료 방법에 관한 것이다. 본 발명에 따른 조성물은 기존의 낙석등 및 목단피 각각의 추출물과 비교하여 항염증 및 부종 억제 효과가 뛰어난 염증성 질환의 예방, 치료 또는 개선용으로 사용할 수 있고, 천연물 치료제로서 합성 의약품에 비하여 진균 감염 및 기타 부작용의 염려가 없는 안전한 치료제를 제공할 수 있으며, 낙석등 및 목단피 추출물의 기존의 항세균, 뼈 보강, 쟁혈, 소염, 대사, 보혈, 원기 활성 등의 기능과 작용에 의하여 치료 효과의 상승 작용을 가져올 수 있다. ─ 특허공개 10-2012-0061725호, 신일제약 주식회사

마삭줄

마삭줄 꽃

마삭줄 단풍

마취목

진달래과 / *Pieris japonica* D. Don ex G. Don

진달래과의 상록관목으로, 일본이 원산지이며 우리나라와 중국 등 동북
아시아에 분포하며 관상수로 심어 가꾼다. 키는 1~4m 정도이고, 3~4
월에 작은 항아리 모양의 흰색 꽃이 조롱조롱 매달려 피는데 그 모양이
아름답다. 꽃말은 '희생'이고 영어명은 'Lily of the valley bush'이다. 유사종
으로 잎에 무늬가 있는 무늬마취목·키 작은 애기마취목·잎이 붉은 붉
은마취목 등이 있다. 추위에는 다소 약하여 기온이 5℃ 이상은 되어야
겨울을 넘길 수 있다.

말이 먹으면 취한다고 하여 '마취목馬醉木'이라 하는데, 잎과 목질에 안
드로메도톡신andromedotoxin과 아세보톡신asebotoxin이라는 독성 물질이
들어 있다. 말이나 소가 잎을 먹으면 호흡중추 마비를 일으키고 심하면
죽게 되는데, 이때 강심제 등을 주사하여 해독한다. 옛날부터 이 잎의 독
을 응용하여 동물 살상에 이용했다고 한다.

마취목의 잎과 가지를 10배의 물로 삶은 뒤 그 삶은 물의 10배량을 부
어 식힌 뒤에 농작물에 뿌리면 무공해 살충제가 된다고 한다. 외국에서

생육 & 채취	
장 소	정원, 화원
시 기	봄~가을
부 위	잎, 줄기
손질법	약으로 쓸 때는 반드시 전문가가 번제하여 쓴다.

효용	
성 미	독성이 강하다.
활 용	무공해 살충제

연구 & 특허

도 농약 또는 구충제로도 이용했다고 하지만 약용식물로서의 연구는 많지 않다.

《생명과학대사전》(아카데미서적, 2008)에는 '마취목중독(intoxication of Pieris japonicum, 馬醉木中毒)이라는 용어가 있다.

약명 마취목馬醉木

마취목 새순

마취목 꽃봉오리

눈 속의 마취목

마취목 꽃

만년청

백합과 / *Rohdea japonica* (Thunb.) Roth

백합과의 상록성 여러해살이풀로, 일본에서 들어온 귀화식물이며, 주로 관상용으로 재배한다. 5~7월에 연노란색의 꽃이 피고 열매는 붉게 익는다. 뿌리줄기에 만년청의 주요 약리 성분 및 독성 성분인 로데인 rhodein이라는 배당체가 들어 있어 강심제와 이뇨제로 사용하는데, 유독 식물이므로 식품의약품안전처에서는 건강기능식품 사용이 불가능한 원료로 지정하였다.

독성 증상으로는 오심, 구토, 설사, 기외수축期外收縮 , 미주신경자극, 연수중추흥분, 현운, 심방성 빈맥, 빈맥성 부정맥, 심근 억제, 심장전도 차단, 심장마비, Adams-Stock 증후군 발작 등이 나타날 수 있다.

약명/이명 만년청萬年靑 / 백하차, 오미칠, 죽근칠, 참사검, 철편담, 청용담

고서古書 · 의서醫書에서 밝히는 효능

운곡본초학 용토涌吐, 이뇨利尿, 청열淸熱, 해독解毒, 강심이뇨强心利尿, 양

생육 & 채취	
장 소	관상용으로 재배
시 기	일년 내내
부 위	뿌리, 뿌리줄기
손질법	줄기잎과 수염뿌리를 떼내고 물에 씻어서 햇볕이나 불에 말린다.

효용	
성 미	맛은 달고 쓰며 성질은 차고 독이 있다.
활 용	강심 작용, 이뇨 작용

연구 & 특허
● 오이 세안세제의 제조 방법
● 미백 작용, 피부정화 및 보호에 효과적인 비누의 조성물 및 그 제조 방법
● 박동관류 심방모형에서 만년청 에탄올 추출물의 심근 수축력 항진 효과에 대한 연구

혈지혈涼血止血의 효능이 있고, 인후종통咽喉腫痛, 백후白喉, 창양종독瘡瘍腫毒, 사충교상蛇蟲咬傷, 심력쇠갈心力衰竭, 수종水腫, 고창臌脹, 각혈咯血, 토혈吐血, 붕루崩漏를 치료한다.

특허 · 논문

● 오이 세안세제의 제조 방법 : 본 발명은 오이를 분쇄여과하여 유효성분으로 쿠크르비타신 점액질을 얻고, 별도 공정으로 사포닌을 함유하는 마, 만년청, 도라지를 부패균에 대한 억제력을 갖는 벤즈알데히드와 효소 성분을 갖는 살구씨와 함께 분쇄 혼합하여 사포닌이 사포게닌으로 가수분해된 혼합액을 쿠크르비타신 점액질과 혼합한 다음 로커스트 빈검을 혼합하여 점도 40~50°가 되게 함을 특징으로 하는 오이 세안세제의 제조 방법에 관한 것이다. — 특허등록 제226280호, 이**

● 미백 작용, 피부정화 및 보호에 효과적인 비누의 조성물 및 그 제조 방법 : 본 발명은 피부 노화 예방 및 미백 작용에 효과적인 비누 조성물에 관한 것으로, 코코넛유 외 비누 베이스, 클로렐라, 백렴, 백급, 석창포, 백편두, 행인, 의이인, 애염, 고삼, 백강잠, 은행, 만년청, 유근피, 박하, 녹두, 천궁 등을 농축된 엑기스 상태 혹은 추출된 유효성분을 첨가하여 고체상 및 액상, 겔상 비누의 제조 방법을 특징으로 한다. — 특허등록 제1046231호, 배**

● 박동관류 심방 모형에서 만년청 에탄올 추출물의 심근 수축력 항진 효과에 대한 연구 — 원광대학교 조규원. 박사학위논문(2008)

만수국아재비

국화과 / *Tagetes minuta* L.

국화과의 한해살이풀로, 남아메리카에서 들어온 귀화식물이다. 우리나라 남부 지방과 제주도 해안가에서 야생 형태로 자라는데, 아무곳에서나 나고 잘 자라며 냄새가 강하여 '쓰레기풀'이라고도 한다. '만수국'으로 불리는 메리골드와 잎이 비슷하여 '만수국아재비'라는 이름이 붙었다.

키는 20~80㎝ 정도이고, 줄기 전체에 털이 없이 매끈하고 냄새가 강한 것이 특징이다. 연노란색의 꽃이 7~9월에 가지 끝에 촘촘하게 모여 피고, 열매는 가을에 익는다.

약명/이명 청하향초淸河香草 / 쓰레기풀, 쓰레기국화

특허 · 논문

● 천연 염색용 매염 처리제 : 본 발명은 야생에서 서식하는 식물(가막사리 · 만수국아재비 · 비수리)을 천연 염색의 염료로 이용하고 그 염료의 색상을 고착화하는 매염제를 잿물, 금속 물질이 아닌 수용성의 매염 처리제를 이용하여 매염을 함으로써 천연 염색의 본질을 향상시킴과 동시에 피

생육 & 채취	
장 소	제주도 및 남부 지역의 해안가
시 기	봄(나물) 가을(전초)
부 위	어린잎(나물) 전초(식용)
손질법	그늘에서 말린다.

효 용	
성 미	－
활 용	강장제, 건위제, 해열제로 쓰인다.

연구 & 특허
● 천연 염색용 매염 처리제 ● 야생 잡초를 이용한 천연직물의 천연 염색 방법 外 p.998 참고

부 자극을 최소화할 수 있는 천연 염색용 매염 처리제에 관한 것으로, 야생에서 서식하는 식물을 채취 후 염료를 추출하고, 그 추출한 염료에 천연 직물을 침지한 후, 침지가 완료되면, 상기 침염된 천연 직물을 매염 처리제에 투입하여 매염 처리한 다음, 맑은 물에 헹구고, 그늘진 곳에서 건조를 하여 마무리되는 천연 염색에 있어서, 상기 매염 처리제는 물 1 l 당 철(140~170㎎), 망간(2~4㎎), 황산이온(1300~1500㎎), 알루미늄(20~30㎎)이 포함된 수용액인 것을 특징으로 한다. — 특허등록 제1020890호, 영천시

● 야생 잡초를 이용한 천연직물의 천연 염색 방법 : 본 발명은 논과 밭에서 자라는 야생 잡초를 제거와 동시에 천연 염색의 염료로 이용함으로써 농작물의 생육 향상과, 잡초를 제거함에 따르는 제반 비용을 절감시키고, 나아가 높은 견뢰도와 항균성, 소취(消臭)성이 뛰어난 천연 염색 섬유를 제공받을 수 있도록 하는 야생 잡초를 이용한 천연 직물의 천연 염색 방법에 관한 것으로, 가막사리·만수국아재비·비수리 중 선택된 어느 하나의 야생 잡초의 전초를 채취하여 3~7㎝의 길이로 자른 다음 건조하는 단계와, 물 10 l 에 건조된 전초 1㎏을 넣고 160~200분 동안 끓여 녹미를 띤 황색 추출액(염료)를 추출하는 단계와, 상기 추출액에 면·견·마·모를 포함하는 천연 직물을 50~70분 동안 침지시키는 단계와, 상기와 같이 침염 된 천연 직물을 물 20 l 에 명반·삭산동·염화제일주석·황산마그네슘·황산제일철·천연 매염제 중 선택된 어느 하나의 매염제를 혼합하여 매염을 하는 단계와, 상기 침지와 매염 단계를 순차적으로 7~8회 반복하여 실시한 다음, 맑은 물에 3일간 10차례 헹군 후 건조하는 단계로 구성된다. — 특허등록 제979059호, 영천시

만수국아재비

만수국아재비 꽃

만수국아재비

말오줌때

말오줌때

고추나무과 / *Euscaphis japonica* (Thunb.) Kanitz

고추나무과의 낙엽관목으로, 주로 날씨가 온화한 바닷가에 자생하는데 추위에 약하다. 키는 3m 정도이고, 나무껍질은 녹갈색이며, 가지는 굵고 털이 없으며 가지를 꺾으면 악취가 난다. 5월경에 노란 꽃이 피고, 가을에 열매가 붉게 익고 윤기 있는 검은색 종자가 돌출하는데, 매우 화려하여 눈에 띈다.

봄에 어린순은 식용하고 열매를 '야아춘자野鴉椿子'라는 약재로 쓰는데, 온중 · 이기 · 소종 효과가 있어 통증을 완화하는 데 좋다.

약명/이명 야아춘자野鴉椿子 / 말오줌나무, 나도딱총나무, 야압춘

고서古書 · 의서醫書에서 밝히는 효능

운곡본초학 이질痢疾, 위통胃痛, 한산寒疝, 동통疼痛, 설사泄瀉, 탈항脫肛, 월경부조月經不調, 자궁하수子宮下垂를 치료한다.

특허 · 논문

● 제주 자생식물 고압용매 추출물의 통합적 항산화 능력 : 제주 자생식물

생육 & 채취	
장 소	온화한 바닷가
시 기	봄(꽃) / 가을(열매) / 늦가을(뿌리)
부 위	어린순(식용) 꽃, 열매, 씨앗, 뿌리(약재)
손질법	열매와 뿌리 모두 햇볕에 말려 쓴다.

효 용	
성 미	맛은 쓰고 성질은 약간 따뜻하다.
활 용	꽃 : 지통 / 줄기 : 거풍, 지통 뿌리 : 이질 · 타박상 치료

연구 & 특허
● 제주 자생식물 고압용매 추출물의 통합적 항산화 능력 ● 살초 활성 물질 함유 국내 자생식물의 탐색 샤 p.998 참고

20종을 대상으로 고압용매 추출(추출용매 100% methanol, 추출 온도 40℃, 추출 압력 13.6 MPa, 추출 시간 10분)하여 총페놀 함량과 통합적 항산화 능력을 측정하고 폴리페놀 성분을 동정하였다. 추출수율은 붉나무, 말오줌때, 사방오리나무, 사람주나무, 팥배나무가 각각 21.8, 21.5, 21.1, 20.7, 20.1%로 가장 높았다. 총페놀 함량은 아그배가 68.3㎎ GAE/g로 가장 높았고, 다음으로 사람주나무, 석위, 말오줌때가 각각 57.6, 56.6, 55.1㎎ GAE/g을 나타내었다. 수용성 항산화 능력은 이질풀, 사람주나무, 산딸나무, 붉나무가 각각 598, 394, 293, umol ascorbic acid equivalent/g로 높았고, 지용성 항산화 능력은 백량금, 새우나무, 이질풀, 붉가시나무가 611, 314, 296, 242 umol trolox equivalent/g로 높았다. GC/MS에 의한 폴리페놀 성분을 동정한 결과 15개의 주요 피크를 얻었으며, 그중 2종의 폴리페놀류(gallic acid(체류 시간 19.7분)와 quercetin(체류 시간 33.5분), ascorbic acid(체류 시간 35.3분) 그리고 다수의 지방산류(체류시간 18.6, 21.0, 21.8, 21.9, 23.6분)를 확인할 수 있었는데, 이 중 gallic acid는 다른 성분보다 peak area가 높은 것으로 나타나 사람주나무의 가장 중요한 폴리페놀 성분으로 추정되었다. — 제주대학교 식품공학과 김미보 외 5. 한국식품영양과학회지(2008)

● **살초 활성 물질 함유 국내 자생식물의 탐색(IV)** : 본 연구의 목적은 국내의 자생식물 중 살초 활성 물질을 함유하고 있는 식물종을 선발하는 데 있다. 국내의 자생식물 36과 55종 시료로부터 메탄올 조 추출물을 얻은 다음 24-well plate에서 유채(*Brassica napus* L.)를 대상으로 살초 활성을 수행하였다. 본 연구에서 사용된 55시료 중 유채에 대하여 높은 살초 활성을 나타낸 식물은 말오줌때, 부용, 사위질빵, 유카, 죽순대의 순으로 전체 식물종의 9.0%에 해당하는 5종이었다. 중정도의 살초 활성을 나타낸 식물은 28종이었으며, 살초 활성을 나타내지 않은 식물은 23종이었다. 본 연구를 통해서 살초 활성이 검정된 국내의 자생식물로부터 얻어지는 살초 활성 물질은 새로운 제초제 개발을 위한 선도 화합물로 활용될 수 있을 것이라 판단된다. — 강원대학교 농업생명과학대학 자원생물학과 김성문. 한국농약과학회지(2006)

말오줌때

말오줌때 새순

말오줌때

말채나무

충충나무과 / *Cornus macrophylla* Wall.

충충나무과의 낙엽교목으로, 표고 600~1,000m에 이르는 산지의 계곡 근처나 너덜바위 지역에 주로 서식하는데, 생장 속도가 비교적 빠른 편이다. 봄에 물 오른 어린 가지를 말채찍으로 사용하기에 좋다고 하여 '말채나무'라고 한다. 키는 10m 정도로 자라고, 오래된 줄기는 감나무 껍질처럼 그물 모양으로 갈라지며 흑갈색이다. 일년생 가지에 털이 있다가 점차 없어진다. 5~6월에 흰색의 꽃이 풍성하게 필 때 벌과 나비가 유난히 많이 모여드는데, 그만큼 밀원식물로서의 가치가 크다. 9~10월에 둥근 열매가 검게 익는다.

나무 모양이 아름답고 꽃이 향기로워 정원수로 심으며, 목재는 건축재나 가구재로 쓴다. 또한 체지방 분해 및 이뇨 작용이 있어서 민간에서는 살 빼는 나무라 하여 '빼빼목'으로 알려져 있는데 이와 관련된 연구는 많지 않다.

약명/이명 모래지엽毛楸枝葉 / 말채목, 빼빼목

생육 & 채취	
장 소	높은 산지 계곡 근처, 너덜바위 지역
시 기	가을~봄(줄기껍질) / 봄~여름(가지·잎) / 가을(열매)
부 위	줄기껍질, 열매, 가지, 잎
손질법	햇볕에 말려 쓴다.

효용	
성 미	맛은 달고 성질은 서늘하다.
활 용	당뇨, 고혈압, 비만, 폐경, 옻 오른 데

연구 & 특허
● 비만, 변비, 지방간을 치료, 예방하는 기능성 제품 外 p.998 참고

고서古書 · 의서醫書에서 밝히는 효능

운곡본초학 잎과 가지를 약용하는데, 해독렴창하는 효능이 있어서 칠창(옻독이 올라 생기는 피부병)을 치료한다.

특허 · 논문

● 비만, 변비, 지방간을 치료, 예방하는 기능성 제품 : 본 발명은 비만, 변비, 지방간을 치료, 예방하는 기능성 제품에 관한 것으로, 더욱 상세하게는 고칼로리 섭취의 식생활 습관과 생활의 변화에 따른 운동 부족으로 발병하는 비만, 변비, 지방간 치료와 고혈압, 중풍, 동맥경화를 예방하기 위해 H.D.L(고밀도단백질)을 증가시켜 콜레스테롤을 제거하며, 지방간을 분해하고, 피하지방이 잘 축적되지 않도록 체질을 개선한다. 또한 풍부한 아미노산, 유기게르마늄, 미네랄 공급과 면역력을 증강시켜, 정혈, 빈혈, 팔다리 저림, 요요 현상 예방과 성인병을 치료하며, 보양강장을 하는 기능성 제품이다. 제품의 중량별 구성분은 체내의 지방을 제거하기 위해 설매목(말채나무) 추출물중량 10~15%와 진유목 추출물 중량 3~7%, 아미노산 16종 및 유기게르마늄, 사포닌, 미네랄, 무기질이 다량 함유된 함초 추출물 중량 25~30%, 피를 맑게 하여 흡수 시 체내에서 200배로 팽창하는 알긴산 및 미네랄이 풍부한 다시마 추출물 중량 8~15%, 콜라겐을 함유하고 피하지방을 연소하는 두충잎 추출물 중량 4~7%, 콜레스테롤 및 인지질의 축적 방지와 면역력 증강에 효험 있는 산수유와 구기자 추출물 15~40%, 콜레스테롤 저하 및 다이어트에 좋은 양파 추출물 10~15%, 체온을 높여 지방 연소를 도와주는 진피 추출물 중량 5~10%, 생강 추출물 2%, 감초 추출물 3~8%로 이루어진 조성물이다. — 특허공개 10-2011-0048431호, 박**

노랑말채나무

흰말채나무

말채나무

흰말채나무 열매

망개나무

갈매나무과 / *Berchemia berchemiifolia* (Makino) Koidz.

갈매나무과의 낙엽교목으로, 산지 숲 속 또는 계곡 주변에 매우 희귀하게 분포하며, 환경부 멸종 위기 야생식물로 지정되었다. 키는 15~20m 내외로, 6~7월에 황록색의 꽃이 피고 열매는 8~9월경 빨갛게 익는다. 망개나무는 우리나라와 일본, 중국 등지에 드물게 발견되는 식물로서, 200만 개의 종자에서 겨우 한 그루만 생존한다고 할 만큼 번식률이 낮은 희귀 수종이다. 관상용 또는 밀원식물로 이용되었고, 싸리나무처럼 불에 잘 타는 성질이 있어서 땔감으로도 이용하였으며, 잎은 천연 방부제로 이용하였다. 망개나무 가지를 만지거나 껍질을 달인 물을 마시면 아들을 낳는다는 속설도 있어서 수난을 당하기도 하였다.

망개나무는 지역에 따라 '모이대싸리', '살배나무' 등으로 부른다. 경상도 지방에서의 망개나무는 한약명이 '토복령土茯苓'인 청미래덩굴을 의미한다.

이명 토복령土茯苓 / 멧대싸리, 모이대싸리, 살배나무

생육 & 채취	
장 소	산지 숲 속, 계곡 주변
시 기	가을~겨울(뿌리) 여름(잎)
부 위	잎, 뿌리, 열매
손질법	잔뿌리를 다듬고 잘게 썰어 말린다.

효용	
성 미	맛은 담담하고 성질은 평하다.
활 용	노폐물 제거, 독소 해독 작용, 이뇨 작용을 한다.

연구 & 특허
● 순수 천연 방부제 및 그 추출방법 ● 사람 면역결핍바이러스 타입 1 단백질 분해 효소 활성에 미치는 한국 식물자원의 억제 효과 外 p.998 참고

● **순수 천연 방부제 및 그 추출방법** : 본 발명은 순수 천연 식물인 망개나무 잎에서 세균 발육 억제, 항독, 멸균, 방부 작용을 하는 베리처민 배당체를 추출하여 방부제로 사용할 수 있도록 하는 것으로, 망개나무 잎을 선정하여 세척, 건조 후 친수성 유기용매에 함침하고 함침출액을 여과한 후 여액을 증발 제거한 다음, 그 잔유물에 소량의 물을 가하여 여과하고, 다시 어액을 활성백토와 활성탄을 가한 다음 여과 여액에 들어 있는 단백, 유기산 및 탄닌 등의 침전제를 넣어 침전시키고, 여과 제거한 다음 여액을 분획여두에 넣고 에텔을 가하면 상층은 에텔, 하층은 침출액으로 분리시키는 것으로, 베리체민 배당체를 얻는 것이다. — 특허공개 10–2001–0092213호, 이** 외 1

● **사람 면역결핍바이러스 타입 1 단백질 분해효소 활성에 미치는 한국 식물자원의 억제 효과** : 본 논문은 사람 면역결핍바이러스 타입 1 단백질 분해효소 활성에 미치는 한국 식물자원의 억제 효과를 연구한 논문으로 주요 내용으로는 섬오갈피(*Acanthopanax koreanum*)(수피), 망개나무(*Berchemia berchemiaefolia*)(줄기), 망개나무(껍질), 조록나무(*Distylium racemosum*)(잎), 조록나무(줄기), 비목나무(*Lindera erythrocarpa*)(잎), 꽈리(*Physalis alkekengi var. francheti*)(뿌리), 굴피나무(*Platycarya strobilacea*)(줄기), 바위돌꽃(*Rodiola rosea*)(뿌리), 생열귀나무(*Rosa davurica*)(줄기), 수수꽃다리(*Syringa dilatata*)(잎), 야왜나무(*Viburnum awabuki*)(줄기) 및 야왜나무(잎)이 HIV-1 단백질 분해효소에 대해 유의한 억제 효과를 가진다는 내용이다. — 순천대학교 한약자원학과 한의학연구소 박종철, Oriental Lharmacy and Experimental Medicine 제3권 1호 1–7 1598–2386(2003)

망개나무

망개나무

망개나무

매듭풀

콩과 / *Kummerowia striata* (Thunb. ex Murray) Schindl.

콩과의 한해살이풀로, 전국의 산이나 들판, 길가나 하천가의 양지바른 곳에 군락을 이루어 자란다. 키는 10~30㎝로, 밑에서 가지가 많이 갈라지고 줄기에 잔털이 아래를 향해 있다. 8~9월에 연한 붉은색 꽃이 피고, 10월에 열매가 익는다.

북미 지역에서는 목초로 재배하며, 한방에서는 매듭풀이나 둥근매듭풀을 '계안초鷄眼草'라 하여 7~8월에 채취하여 전초를 열熱을 내리고 독을 풀어 주며 비脾를 튼튼하게 하고 습濕을 제거하는 효능이 있는 약재로 쓴다. 만성간염과 위장염을 치료하는 효과가 있고, 이질에 쓰이며, 야맹증 개선 효과도 있는 것으로 알려져 있다.

약명/이명 계안초鷄眼草 / 매듭풀, 조선계안초, 공모초, 조선추, 둥근잎매듭풀

고서古書 · 의서醫書에서 밝히는 효능

윤곡본초학 배농생기排膿生肌, 청열해독淸熱解毒의 효능이 있다.

생육 & 채취	
장 소	길가, 들판, 하천가 등 양지바른 곳
시 기	7~8월
부 위	지상부
손질법	햇볕에 말린다.

효용	
성 미	맛은 달고 담담하며 성질은 약간 차다.
활 용	만성간염, 위장염 치료에 쓰인다.

연구 & 특허
● 답압이 매듭풀(*Kummerowia striata*)의 생장에 미치는 영향 ● 둥근매듭풀 및 붉은털여뀌 추출물을 포함하는 미백 및 항산화용 화장료 조성물

● **답압이 매듭풀(*Kummerowia striata*)의 생장에 미치는 영향** : 본 연구는 매듭풀(*Kummerowia striata* (Thunb.) Schindl.) 이 주로 노변, 개간지 등에 분포하는 이유를 규명하기 위하여 답압(토양 경도) 10회/일(22.86kg/㎠), 20회/일(31.52kg/㎠), 30회/일(40.79kg/㎠), 대조구(3.73kg/㎠)하에서의 재배 실험을 통하여 식물체의 생장을 분석하였다. 답압 10회/일에서의 물질 생산은 답압이 없는 대조구에 비해 감소를 나타냈고 20회/일, 30회/일에서도 계속적인 감소를 보였으며 각 기관의 신장 생장도 점차 감소하였다. 특히 잎과 뿌리혹의 생장이 억제되었다. 답압 20회/일, 30회/일에 있어서 엽병, 잎, 뿌리의 수는 증가하는 경향이 있었다. 답압에 따른 T/R ratio(지상부/지하부 비)와 C/F ratio(비동화기관/동화기관비)는 증가하는 경향이 있었다. 매듭풀의 생장은 대조구에서 가장 높은 생장을 보였으며, 작물의 생육 한계인 토양 경도 21kg/㎠에 가까운 답압 10회/일에서도 대조구에 비해 16%의 상대 생장을 보였지만 답압 30회/일에서조차 10월 15일까지 생장을 보여 답압과 이에 따른 토양 경도가 매듭풀의 路邊自生에 미치는 중요한 요인임을 알 수 있었다. 즉 주택지나 개간지 등 타 식물이 없는 곳에서는 상당히 생장이 촉진되며, 이에 비해 답압 초기에는 억제 경향이 높으나 답압의 증가와 높은 토양 경도에서도 계속적인 생장을 보임으로써, 상대적으로 답압에 약한 타 식물보다 노변에 더 잘 잔존, 생육할 수 있다고 여겨진다. — 김인택. 한국생태학회지 17권 2호(1994)

● **둥근매듭풀 및 붉은털여뀌 추출물을 포함하는 미백 및 항산화용 화장료 조성물** : 본 발명은 둥근매듭풀 및 붉은털여뀌 추출물을 포함하는 미백 및 항산화용 화장료 조성물에 관한 것이며, 본 발명의 화장료 조성물은 우수한 미백 효과 및 항산화 효과가 있으므로, 천연 화장품으로서 사용이 가능하다. — 특허등록 제1248101호. 주식회사 더마랩

매듭풀

매듭풀 꽃

매듭풀

매발톱나무

매자나무과 / *Berberis amurensis* Rupr. var. *amurensis*

매자나무과의 낙엽관목으로, 중부 이북의 높은 산에서 자란다. 키는 2m 내외로, 나무껍질은 암회색이며 가지는 회색이고 털이 없으며 가시가 있다. 잎자루 부위에 세 갈래의 발톱과 같은 가시가 있어서 매발톱나무라고 한다. 6~7월에 노란색의 꽃이 피고, 9~10월경에 타원형의 열매가 붉게 익는데, 열매에는 비타민 C가 풍부하여 신경쇠약을 개선하는 효과가 크다고 한다.

유사종으로 왕매발톱나무 · 섬매발톱나무 · 매자나무 · 연밥매자나무 · 좁은잎매자나무가 있는데, 왕매발톱나무와 섬매발톱나무는 매발톱나무와 함께 잎과 가지를 염료나 약재로 쓴다. 서양에서는 매발톱나무 열매로 잼을 만들어 먹는다고 한다.

약명/이명 소벽小檗 / 상동나무, 시금치나무

고서古書 · 의서醫書에서 밝히는 효능

운곡본초학 뿌리 또는 줄기를 약용하는데 생약명은 소벽小檗이라 해서,

생육 & 채취	
장 소	중부 이북의 높은 산지
시 기	가을(식용) 봄, 가을(약재)
부 위	잎, 가지(염료) / 열매(식용) 뿌리, 줄기(약재)
손질법	뿌리를 캐어 그늘에서 말렸다가 잘게 썬다.

효용	
성 미	맛은 쓰고 성질은 차다.
활 용	잎과 가지는 염료로, 열매는 잼으로, 뿌리와 줄기는 약으로 쓴다.

연구 & 특허
● 매자나무속 식물 추출물을 포함하는 알츠하이머형 치매 질환 예방 및 치료용 조성물 ● 베르베린, 그의 유도체, 또는 이들의 염을 포함하는 탈모 방지 및 발모 촉진용 조성물 外 p.998 참고

사화해독瀉火解毒, 청열조습淸熱燥濕의 효능이 있으며, 급만성간염急慢性肝炎, 장염腸炎, 이질痢疾, 만성담낭염慢性膽囊炎, 무명종독無名腫毒, 단독丹毒, 습진濕疹, 탕상湯傷, 목적目赤, 구창口瘡을 치료한다.

특허 · 논문

● **매자나무속 식물 추출물을 포함하는 알츠하이머형 치매 질환 예방 및 치료용 조성물** : 본 발명은 매자나무속 식물의 추출물을 포함하는 치매 질환의 예방 및 치료용 조성물에 관한 것이다. 본 발명의 매자나무속 식물의 추출물은 아세틸콜린에스테라제의 활성을 저해함으로써 아세틸콜린의 농도를 증가시켜, 이를 포함하는 조성물은 치매 특히, 아세틸콜린의 감소를 포함하는 콜린성 신경기능 퇴화로 인한 알츠하이머병의 예방 및 치료에 유용한 약제 및 건강기능식품으로서 이용할 수 있다. — 특허공개 10-2004-0083959호, 주식회사 유니젠

● **베르베린, 그의 유도체, 또는 이들의 염을 포함하는 탈모 방지 및 발모 촉진용 조성물** : 본 발명은 베르베린(황벽나무, 백굴채, 황련, 현호색, 매발톱나무, 매자나무, 남천 및 노란매자나무로 이루어진 군으로부터 선택되어진 식물로부터 추출), 그의 유도체, 또는 이들의 염을 포함하는 탈모 방지 및 발모 촉진용 조성물에 관한 것이다. 특히, 본 발명은 우수한 탈모 방지 및 발모 촉진 효과를 가지며 인체에 무독한 베르베린, 그의 유도체, 또는 이들의 염을 포함하는 조성물에 관한 것이다. — 특허공개 10-2003-0073170호, 정**

매발톱나무

매발톱나무 꽃

매발톱나무 마른 열매

매발톱나무

매자나무

매자나무과 / *Berberis koreana Palib.*

매자나무과의 낙엽활엽관목으로, 우리나라 중부 이북의 양지바른 산기슭에서 자란다. 키는 약 2m 정도이고, 가지를 많이 친다. 줄기에 가시가 있고, 잎에도 거치가 날카로워 집 둘레에 심어 울타리로 활용한다. 5월경에 노란색 꽃이 피고 9~10월에 둥근 열매가 붉게 익는다. 잎에는 독성이 있다.

봄철에 어린순을 나물로 먹고, 한방에서 생약명을 '소벽小檗'이라 하여 줄기와 뿌리를 약용한다. 외래종 당매자나무(삼과침三顆針)나 고산 지역에 자라는 매발톱나무도 비슷한 약재로 쓴다.

매자나무과의 식물들은 대채로 약성이 강한데, 삼지구엽초와 깽깽이풀도 매자나무과이다. 멸종 위기종 야생화로 보호받는 한계령풀도 매자나무과이지만 약용식물로서의 연구는 없다.

약명/이명 소벽小檗 / 산딸나무, 상동나무

생육 & 채취	
장 소	중부 이북의 양지바른 산기슭
시 기	봄. 가을
부 위	뿌리. 줄기
손질법	채취하여 물에 씻어 햇볕에 말린다.

효용	
성 미	맛은 쓰고 성질은 차며 약간의 독이 있다.
활 용	장염. 급·만성간염. 이질. 습진 등에 효과가 있다.

연구 & 특허
● 신경세포 보호용 매자나무 추출물 및 이를 포함하는 뇌 질환 예방 및 치료용 조성물 ● 항염증 및 면역 조절 활성을 가지는 매자나무 유래 용매 추출물의 조성물 外 p.998 참고

운곡본초학 '소벽'은 사화해독瀉火解毒, 청열조습淸熱燥濕의 효능이 있어서 장염腸炎, 급만성간염急慢性肝炎, 이질痢疾, 만성담낭염慢性膽囊炎, 무명종독無名腫毒, 단독丹毒, 습진濕疹, 탕상湯傷, 목적目赤, 구창口瘡 등을 치료하는 데 쓰인다.

특허 · 논문

● 신경세포 보호용 매자나무 추출물 및 이를 포함하는 뇌 질환 예방 및 치료용 조성물 : 발명은 신경세포 보호용 매자나무 추출물 및 이를 포함하는 뇌 질환 예방 및 방지용 조성물에 관한 것이다. 특히 본 발명은 뇌허혈에 의한 신경세포 손상을 저해하는 효과가 탁월할 뿐만 아니라 인체에 무해하여 신경세포의 사멸에 의해 발생되는 뇌 질환을 예방 및 치료하기 위한 용도로 사용 가능한 매자나무 추출물 및 이를 포함하는 뇌 질환 치료 및 예방용 조성물을 제공한다. — 특허등록 제526405호, 학교법인 일송학원

● 항염증 및 면역 조절 활성을 가지는 매자나무 유래 용매 추출물의 조성물 : 본 발명은 항염증 및 면역 조절 활성을 나타내는 매자나무 유래 용매 추출물에 관한 것으로서, 더욱 상세하게는 염증 반응 인자로서의 산화질소(nitric oxide, NO) 및 종양괴사인자(TNF)-α와 프로스타글란딘 E2(PGE2)의 생성을 억제하여 면역 조절에 관여하는 대식세포(macrophage)의 기능을 조절하는 효과를 가지고 있어 염증 면역 반응에 의한 질환의 예방 및 치료에 유용한 한국의 특산종인 매자나무(*Berberis koreana* Palibin) 유래 용매 추출물에 관한 것이다. — 특허등록 제905387호, 강원대학교 산학협력단

매자나무 새순

매자나무 꽃

매자나무

맥문동

백합과 / *Liriope platyphylla* F.T.Wang & T.Tang

백합과의 여러해살이풀로, 중부 이남의 산지 반그늘에서 자라며, 도심지의 아파트 정원이나 공원에서 관상식물로 심어 가꾼다. 키는 30~50cm 정도이고, 5~6월에 자주색 꽃이 피며 열매는 검게 익는다. 한방에서 뿌리의 심을 제거하고 소염 · 강장 · 강심 · 진해 · 거담제로 이용한다.

유사종으로 맥문동아재비 · 실맥문동 · 좀맥문동 · 개맥문동 · 소엽맥문동 등이 있다.

약명/이명 맥문동麥門冬 / 알꽃맥문동, 넓은잎맥문동

고서古書 · 의서醫書에서 밝히는 효능

방약합편 맥문동은 맛이 달고 성질은 차갑다. 허열을 없애고 폐를 맑게 하며 심장을 보하고 번갈증을 없앤다.

특허 · 논문

● 맥문동 추출물을 포함하는 뇌세포 보호 및 기억력 증진용 조성물 : 본

생육 & 채취	
장 소	중부 이남 지역의 산지
시 기	4월
부 위	덩이뿌리(약용)
손질법	물로 깨끗이 씻어 햇볕에 말린다.

효용	
성 미	맛은 달고 약간 쓰며 성질은 약간 차다.
활 용	간염, 폐결핵, 마른 기침, 당뇨병 등에 효과가 있다.

연구 & 특허
● 맥문동 추출물을 포함하는 뇌세포 보호 및 기억력 증진용 조성물 ● 맥문동 추출물을 유효성분으로 포함하는 신경 퇴행성 질환의 치료 및 예방용 약학적 조성물 싸 p.999 참고

발명은 맥문동 추출물을 포함하는 뇌세포 보호 또는 기억력 증진용 조성물에 관한 것으로, 각종 스트레스, 음주, 흡연 등 환경적 요인으로 인하여 뇌손상을 받고 있는 현대인들의 뇌세포 보호와 기억력의 증진을 유발하여 퇴행성 뇌질환의 예방 및 치료와 기억력 증진 효과를 유발하는 약제, 식품 및 음료에 이용할 수 있다. — 특허등록 제635440호, 김**

● **맥문동 추출물을 유효성분으로 포함하는 신경퇴행성 질환의 치료 및 예방용 약학적 조성물** : 본 발명은 신경세포성장인자의 분비를 촉진하는 활성을 갖는 맥문동(*Liriope platyphylla*) 추출물을 유효성분으로 포함하는 신경퇴행성 질환의 치료 및 예방용 약학적 조성물에 관한 것이다. 본 발명의 맥문동 추출물은 NGF의 발현을 증진시키고 신경세포의 분화를 촉진하며 대뇌피질에서 세포사멸 신호를 억제함으로써, 신경세포의 사멸을 억제하고, 신경세포를 분화, 재생, 및 보호하는 효능이 있으므로, 이를 유효성분으로 한 약학적 조성물은 신경퇴행성 질환의 개선, 예방, 및 치료를 위해 유용하게 이용될 수 있다. — 특허공개 10−2012−0068568호, 부산대학교 산학협력단

● **오피오포고닌, 맥문동 추출물 또는 분획물을 유효성분으로 포함하는 황체형성호르몬 분비 촉진제** : 본 발명은 오피오포고닌 D, 맥문동 추출물 또는 분획물을 유효성분으로 포함하는 황체형성호르몬 분비 촉진제에 관한 것이다. 본 발명의 오피오포고닌 D 및 맥문동 추출물은 뇌하수체 세포에 작용하여 황체형성호르몬의 분비를 촉진시킴으로써, 불임 · 유방암 · 전립선암 등의 예방 및 치료에 유용하게 사용될 수 있다. — 특허등록 제702183호, 한국한의학연구원

● **비만 치료 억제용 맥문동 추출물** : 본 발명은 맥문동(*Liriopsis tuber*) 추출물을 함유하는 비만 억제 및 비만 치료용 약제 및 건강기능식품에 관한 것이다. 본 발명에 의하여, 사용자의 거부감이 없고 다른 부작용이 없는 우수한 천연 물 유래의 비만 억제 및 비만 치료용 약제 또는 건강기능식품을 제공하는 것이 가능하게 된다. — 특허등록 제573591호, 주식회사 유유제약 외 1

소엽맥문동

맥문동 꽃

맥문아재비 열매

맥문동 덩이뿌리

맨드라미

비름과 / *Celosia cristata* L.

비름과의 한해살이풀로, 우리나라 전역에서 관상용으로 심어 가꾼다. 키는 90㎝ 정도로, 줄기는 곧게 서서 자란다. 7~8월에 붉은색·노란색·흰색의 꽃이 피는데, 편평한 꽃줄기 윗부분이 넓어지고 주름진 모양이 수탉의 볏과 같아 보여 '계관화鷄冠草'라고도 한다.

한방에서 꽃을 '계관화鷄冠草', 씨앗을 '청상자靑箱子'라고 하여 약으로 쓴다.

약명/이명 계관초鷄冠草 / 맨드래미, 단기맨드래미

고서古書 · 의서醫書에서 밝히는 효능

동의보감 청상자靑箱子의 성질은 약간 차고[微寒] 맛은 쓰며[苦] 독이 없다. 간의 열독熱毒이 눈으로 치밀어 눈에 피가 지고 예장이 생겼거나 청맹靑盲이 되거나 예막이 생기고 부은 것을 낫게 한다. 풍으로 몸이 가려운 것을 낫게 하고 3층을 죽이고 악창과 음부의 익창䘌瘡을 낫게 한다. 귀와 눈을 밝게 하고 간기를 진정시킨다[본초].

생육 & 채취	
장 소	전국 각지
시 기	6~8월
부 위	씨앗, 꽃
손질법	볶아서 쓴다.

효 용	
성 미	맛은 쓰고 성질은 약간 차다.
활 용	악창, 익창에 효능이 있다.

연구 & 특허
● 맨드라미 추출물을 함유하는 바이러스로 인한 인간 질환의 치료 및 예방용 조성물 ● 맨드라미 성분이 함유된 동치미 및 그 제조 방법 外 p.999 참고

● **맨드라미 추출물을 함유하는 바이러스로 인한 인간 질환의 치료 및 예방용 조성물** : 본 발명에 의한 맨드라미 추출물은 인플루엔자 A 바이러스(influenza A virus), 뉴캣슬병 바이러스(newcastle disease virus), 닭 전염성기관지염 바이러스(infectious broncheitis virus), 조류 뉴모 바이러스(avian pneumovirus), 돼지 생식기 호흡기 증후군 바이러스(porcine reproductive and respiratory syndrome virus), 콕사키 바이러스(coxsakie virus), 세망내피증 바이러스(reticuloendotheliosis virus), 오제스키 바이러스(aujeszky's disease virus) 및 아데노 바이러스(adeno virus)의 감염 세포주를 이용한 시험관 내(in vitro) 실험 및 상기 바이러스 감염 동물을 이용한 생체 내(in vivo) 실험에서 바이러스 증식 억제 및 살바이러스에 의한 항바이러스 효과가 탁월하므로, 상기 바이러스의 체내 감염으로 유발되는 인간 질환의 예방 및 치료에 유용한 약학 조성물 및 건강기능식품에 이용할 수 있다. — 특허등록 제881035호, 문** 외 1

● **맨드라미 성분이 함유된 동치미 및 그 제조 방법** : 본 발명은 동치미에 고춧가루와 같은 색상을 나타내는 천연 색소인 맨드라미를 사용하여 동치미 국물이 빨간색 또는 분홍색을 띠게 함으로써 외관상 보기 좋게 하여 식욕을 높일 수 있도록 하고, 또한 맨드라미의 성분이 첨가되어 영양이 풍부한 동치미를 제공할 수 있는 맨드라미 성분이 함유된 동치미 및 그 제조 방법에 관한 것으로, 동치미는 소금 및 감미료에 절인 무 16~36중량%, 맨드라미 꽃 1~5.6중량%, 물 49~79중량%를 포함하고, 여기에 양파, 마늘, 대파, 고추, 생강 중 1종 이상을 혼합하여 숙성시키는 것을 특징으로 하고, 동치미 제조 방법은 세척한 무 16~36중량%에 맨드라미의 꽃 1~5.6중량 및 상기 무 및 맨드라미 꽃을 양념, 즉 양파, 마늘, 대파, 고추, 생강 중 1종 이상이 혼합된 양념과 함께 물 49~79중량%가 저장된 용기에 담아 상온에서 1~5일 숙성시키는 단계를 포함한다. — 특허등록 제689764호, 배**

맨드라미

맨드라미

맨드라미 마른 열매

먹년출

갈매나무과 / *Berchemia racemosa var. magna Makino.*

우리나라에서는 충남 안면도의 소나무 숲에서만 자생하는 낙엽활엽 덩굴식물로, 길이가 10m 이상 자라며 일본에도 분포한다. 내한성이 강하여 중부 내륙 지방에서도 월동이 가능하고, 양지나 음지에서나 다 생장이 좋다. 해변에서도 피해를 받지 않으며, 대기오염에 대한 저항성이 강하고, 맹아력도 좋다. 줄기는 옆으로 비스듬히 엉키고, 가지는 먹칠을 한 듯 검은 자록색이 돌며 털이 없다.

산림청 지정 희귀 멸종 위기 식물이며 천연기념물로 지정 보호되고 있어 자원적·학술적 연구 가치가 매우 높다.

'먹년출'이라는 이름은 식물체에 먹칠을 한 것 같다는 데서 유래했으며, 5~8월에 백록색 꽃이 피고, 가을에 타원형의 열매가 붉은빛이 도는 검은색으로 익는데 매우 아름답다. 철망·울타리·스크린에 올려서 갖가지 형상으로 키우면 좋다(특허등록 제1270269호 본문 참조).

국내에서는 안면도 이외에서는 자라는 곳이 없다. 먹년출과 유사종으로 청사조(*Berchemia racemosa Siebold & Zucc. var. racemosa*)가 있는데, 군산

생육 & 채취	
장 소	안면도의 소나무 숲
시 기	6~7월
부 위	–
손질법	–

효 용	
성 미	–
활 용	관상용

연구 & 특허
● 먹년출 추출물을 함유하는 항산화 또는 미백용 조성물
● 숙지삽목을 이용한 천연기념물 먹년출 증식 방법

수원지에서 자라는 것이 확인된 바 있다(특허등록 제1136822호 본문 참조).

약명/이명 귀웅유鬼熊柳 / 왕곰버들

특허 · 논문

● 먹넌출 추출물을 함유하는 항산화 또는 미백용 조성물 : 본 발명은 먹넌출(*Berchemia racemosa* var. *magna*) 추출물을 함유하는 항산화 또는 미백용 조성물 및 이를 이용한 화장료 조성물에 관한 것으로, 상기 먹넌출 추출물은 4-n-부틸레조시놀(4-n-butylresorcinol), 퀘르세틴(Quercetin) 및 캠페롤(Kaempferol)을 포함하는 군에서 1가지 이상 선택되는 화합물을 함유하는 것으로 확인되었고, 피부 자극이 적을 뿐 아니라 티로시나아제 활성 억제 효과 및 자유라디칼 소거 활성이 높은 것으로 확인된다. — 특허등록 제1136822호, 충청남도

● 숙지 삽목을 이용한 천연기념물 먹넌출 증식 방법 : 본 발명은 숙지 삽목(hardwood cutting)을 이용한 먹넌출(*Berchemia racemosa* var. *magna* Makino) 증식 방법에 관한 것으로서, 보다 상세하게는 먹넌출에서 채취한 숙지 삽수를 발근 촉진제로 처리하는 단계; 상기의 발근 촉진제가 처리된 삽수를 상토에 삽목하는 단계를 포함하는 것을 특징으로 하는 숙지 삽목을 이용한 먹넌출 증식 방법 및 상기의 삽목을 이용한 먹넌출 증식 방법에 의해 얻은 먹넌출에 관한 것이다. — 특허등록 제1270269호, 대한민국(관리부서 : 산림청 국립산림과학원장)

먼나무

감탕나무과 / *Ilex rotunda* Thunb.

감탕나무과의 상록활엽교목으로, 우리나라 제주도를 비롯한 남해안 섬 지방에 자생한다. 키는 10m 정도까지 자라며, 나무껍질은 녹갈색, 어린 가지는 암갈색이다. 5~6월에 흰색의 꽃이 피고, 열매는 10월경 붉게 익어서 봄까지 붙어 있다.

한방에서 '구필응救必應'이라 하여 나무껍질이나 뿌리껍질을 약용하는데, 구필응救必應은 '구하면[救] 필히[必] 응답한다[應]'라는 뜻이다. 먼나무에 대한 학계의 연구는 많지 않으나, 특허로 출원된 사례는 있다.

이름의 유래를 보면, 겨우내 빨간 열매를 매달고 있는 이 나무의 매력을 멀리서 보아야만 알 수 있다고 하여 '먼나무'라고 지었다고도 하고, '멋있는 나무'라는 뜻의 '멋나무'에서 먼나무로 변했다는 설도 있다.

개인적으로도 제주도의 가로수로 조성된 먼나무의 열매가 예뻐서 저 나무가 '먼'('먼'은 '무슨'의 전라도 방언) 나무인지를 물어본 적이 있다. 제주도에서 나무를 '낭'이라고 하는데, "이 낭이 먼 낭?" 하고 이 사람 저 사람이 하도 묻다 보니 '먼낭'이 되었고, 표준어로 '먼나무'가 된 것이 아닌가

생육 & 채취	
장 소	제주도 및 남해안 섬 지방
시 기	상시
부 위	나무껍질, 뿌리껍질
손질법	햇볕에 말린다.

효용	
성 미	맛은 쓰고 성질은 차다.
활 용	이습. 지통. 청열해독의 효능이 있다.

연구 & 특허
● 먼나무 추출물을 유효성분으로 포함하는 피부 미백용 화장료 조성물
● 먼나무 추출물을 유효성분으로 함유하는 주름 개선용 화장료 조성물
※ p.999 참고

하는 생각도 든다.

나무 중에는 '이나무'도 있는데, 남부 지방의 산지에 자라는 이나무과의 낙엽교목으로, 수피가 회색인 것이 특징이다. 사람들은 식물의 이름을 참 묘하게 짓는다.

약명/이명 구필응救必應 / 좀감탕나무

먼나무 잎

고서古書 · 의서醫書에서 밝히는 효능

운곡본초학 구필응은 이습利濕, 지통止痛, 청열해독淸熱解毒의 효능이 있고, 감모발열感冒發熱, 인후종통咽喉腫痛, 위통胃痛, 황달黃疸, 이질姨姪, 질타손상跌打損傷, 풍습비통風濕痺痛, 습진濕疹, 창절瘡癤, 서습설사暑濕泄瀉를 치료하는 데 쓰인다.

먼나무

특허 · 논문

● **먼나무 추출물을 유효성분으로 포함하는 피부 미백용 화장료 조성물** : 본 발명은 먼나무 추출물을 유효성분으로 포함하는 피부 미백용 화장료 조성물을 제공한다. 본 발명의 먼나무 추출물은 티로시나아제 활성 억제 효과가 우수하고 멜라닌 세포에서 멜라닌의 생성을 저해하는 효과가 있으며, 피부에 거의 자극을 주지 않아 안정성이 우수한 피부 미백용 화장료 조성물의 유효성분으로서 유용하게 사용될 수 있다. ─ 특허등록 제829718호, 주식회사 코리아나화장품

먼나무

● **먼나무 추출물을 유효성분으로 함유하는 주름 개선용 화장료 조성물** : 본 발명은 먼나무(Ilex rotunda) 추출물을 유효성분으로 함유하는 주름 개선용 화장료 조성물에 관한 것이다. 본 발명의 화장료 조성물은 노화로 인한 콜라겐 감소와 관련된 MMP-1 생성을 억제하여 콜라겐 합성 효과를 향상시켜 피부 노화로 인해 발생하는 주름 및 피부 건조 현상을 억제하는 효과를 비약적으로 향상시킨다. ─ 특허공개 10-2007-0111635호, 주식회사 코리아나화장품

이나무 열매

멀구슬나무 열매는 이듬해 봄까지 달려 있다.

멀구슬나무

멀구슬나무과 / *Melia azedarach* L.

멀구슬나무과의 낙엽교목으로, 우리나라 남부 지방에 자생한다. 키는 10m가 넘으며, 성장 속도가 빠르다. 전북 고창의 멀구슬나무는 천연기념물 제503호로 지정되어 있다.

5월경 자주색의 꽃이 피고 9월에 타원형의 열매가 노랗게 익는다. 멀구슬나무 꽃이 피면 주변에 해충이 오지 않는다고 하며, 떨어진 꽃을 모기향불로 이용한다. 옅은 노란색 열매인 '천련자川棟子'는 이뇨제 또는 구충제로 이용하고, 옷장에 넣으면 나프탈렌 대용으로도 쓸 수 있다. 멀구슬나무 기름은 200여 종의 해충에 대한 방제 효과가 있다고 한다. 씨앗이 단단해서 염주를 만들거나 기름을 짜기도 한다. 인도에서는 멀구슬나무의 작은 가지를 칫솔로 쓰는데 치석 제거 효과가 있다고 한다.

멀구슬나무의 잎, 수피, 가지, 과실, 종자 추출물은 다양한 해충들에 대한 살충, 성장 저해 등의 영향을 보이는 것으로 보고된 바 있다. 함유성분인 아자디라크틴azardirachtin, 유게놀eugenol은 살충 효과는 크고 독성이 낮으므로 유기농 농약의 원료로 주목받고 있다.

생육 & 채취

장 소	남부 지역
시 기	일년 내내, 초여름
부 위	뿌리, 껍질, 꽃, 열매
손질법	채취하여 햇볕에 말린다.

효용

성 미	맛이 쓰고 성질이 차며 약간의 독이 있다.
활 용	이뇨제, 구충제, 해충 방제 효과

연구 & 특허

● 투센다닌 또는 멀구슬나무 추출물을 유효성분으로 함유하는 치매 예방 또는 치료용 조성물 外 p.999 참고

특허 · 논문

● 투센다닌 또는 멀구슬나무 추출물을 유효성분으로 함유하는 치매 예방 또는 치료용 조성물 : 본 발명은 투센다닌 또는 멀구슬나무 추출물을 유효성분으로 함유하는 치매 예방 또는 치료용 약학적 조성물에 관한 것이다. 본 발명의 멀구슬나무 추출물 또는 투센다닌을 유효성분으로 함유하는 약학적 조성물은 치매 예방 또는 치료에 효과적이다. 특히 본 발명의 조성물은 베타아밀로이드 생성 억제 작용 및 신경세포 보호 효과를 나타내는 APPα 생성 촉진을 유도하는 작용이 우수하여 알츠하이머병 같은 치매의 예방 또는 치료에 우수한 효능을 가진다. — 특허등록 제1226660호, 일동제약 주식회사

● 베타-카르볼린 유도체 또는 그를 함유한 고련피 추출물을 유효성분으로 하는 피부 미백용 조성물 : 본 발명에 의한 조성물은 베타-카르볼린 유도체를 함유한 고련피 추출물 또는 하기 화학식 1로 표시되는 베타-카르볼린 유도체를 유효성분으로 포함하는 것을 특징으로 한다. 본 발명에 의한 피부 미백용 조성물을 이용하면, 베타-카르볼린 유도체의 효능으로 인해 부작용 없이 멜라민 생성을 효과적으로 억제할 수 있다. — 특허등록 제482695호, 주식회사 아모레퍼시픽

● 천연물로부터 분리한 신규 리모노이드(LIMONOID)성 항종양 물질 : 본 발명은 멀구슬나무의 껍질(고련피)에서 분리한 항종양 효과의 리모노이드(limonoid)성 화합물, 12-히드록시아모라스타톤(12-hydroxyamoorastatone)를 제공한다. 한국과 일본에서 발견되는 멀구슬나무의 껍질을 메탄올로 추출하여 항종양 물질인 3가지 리모노이드성 물질을 정제하고, 이들의 생물학적 활성을 측정하여 항종양 효과를 확인하고, 신규의 12-히드록시아모라스타톤의 구조를 결정하였다. — 특허등록 제112032호, 한국화학연구원

멀구슬나무 새순

멀구슬나무 열매

멀구슬나무 열매

멀구슬나무

멀꿀

으름덩굴과 / *Stauntonia hexaphylla* (Thunb.) Decne.

으름덩굴과의 상록성 덩굴식물로, 서남 해안의 숲이나 계곡에 자생하며, 바닷가 마을에는 담장에 심어 가꾸기도 한다. 덩굴 길이는 15m 정도로 자라며, 손바닥 모양의 잎이 3~7장 달린다. 4~5월 황백색의 꽃이 피고, 10월경에 타원형의 큰 열매가 적자색으로 익는다. 으름 열매와 비슷하지만 다 익어도 벌어지지 않으며, 과육은 으름보다 달고 맛이 있으나 씨앗은 으름 열매처럼 아리고 쓰다.

한방에서 '야모과野木瓜'라 하여 줄기 또는 뿌리를 약용한다.

약명/이명 야모과野木瓜 / 멀굴, 멀꿀나무

고서古書 · 의서醫書에서 밝히는 효능

운곡본초학 강심强心, 이뇨利尿 작용이 있어 풍습비통風濕痺痛, 질타손상跌打損傷, 각종 신경성동통各種神經性疼痛, 습열소변삽통濕熱小便澁痛 등을 치료한다.

생육 & 채취	
장 소	서남 해안의 숲 또는 계곡
시 기	가을~겨울
부 위	줄기, 뿌리, 열매
손질법	껍질을 벗기고 햇볕에 말린다.

효용	
성 미	맛은 달고 성질은 따뜻하다.
활 용	강심 작용. 이뇨 작용. 구충 작용

연구 & 특허
● 멀꿀 열매 추출물을 포함하는 항염증제 ● 오메가 오일과 멀꿀나무 추출물을 포함하는 색조 화장료용 복합 분체 ☞ p.999 참고

● **멀꿀 열매 추출물을 포함하는 항염증제** : 본 발명은 멀꿀 열매 추출물을 유효성분으로 포함하는 항염 조성물에 관한 것이다. 상기 멀꿀 열매 추출물은 세포독성이 없을 뿐만 아니라, 염증과 관련된 여러 사이토카인(cytokine)의 mRNA의 전사 수준 및 NO 분비량을 확인한 결과, 멀꿀의 여러 부위 중 멀꿀 열매가 가장 효과적으로 염증을 저해할 수 있으며, 특히 멀꿀 열매의 열수 추출물의 부탄올 분획이 염증 효과가 유의적으로 가장 우수하다는 것을 확인하여 완성한 것으로, 이를 유효성분으로 포함하는 상기 항염 조성물은 염증과 관련된 질병에서 염증을 억제하는 항염 증제 및 항염 효과가 있는 화장료 조성물 등으로 응용될 수 있다. — 특허등록 제1167589호, 재단법인 전라남도생물산업진흥재단

● **오메가 오일과 멀꿀나무 추출물을 포함하는 색조 화장료용 복합 분체** : 본 발명은 피부 거칠음 개선 및 피부 보습력 증진 효과를 갖는 멀꿀나무 추출물과 디프로필렌글리콜 용매에 용해된 오메가 오일의 혼합물을 다공성 실리카에 담지(포집)시켜 실리콘 오일로 코팅된 복합 분체를 파우더 타입 색조 화장료에 응용함으로써 멀꿀나무 추출물과 같은 수용성 유효성분의 배합의 문제점과 물의 사용의 한계점을 극복할 수 있고, 변색이나 변취 같은 오메가 오일의 단점을 극복하여 피부 보습력 개선 효과를 극대화할 수 있으며, 보다 밝고 화사한 화장감을 연출할 수 있는 파우더 타입 색조 화장료 조성물에 관한 것이다. 이를 위해 본 발명에 따른 오메가 오일과 멀꿀나무 추출물을 포함하는 색조 화장료용 복합 분체는 오메가 오일 2 내지 10중량%, 디프로필렌글리콜 10 내지 20중량%, 멀꿀나무 추출물 8 내지 15중량%, 실리콘 오일 1 내지 10중량% 및 잔량으로서 다공성 실리카를 포함하여 이루어지며, 상기 오메가 오일과 멀꿀나무 추출물을 포함하는 색조 화장료용 복합 분체를 포함하는 파우더 타입 색조 화장료 조성물을 제공한다. — 특허등록 제906696호, 이스트힐(주)

멀꿀 잎

멀꿀 꽃

멀꿀

멀꿀

며느리밥풀

현삼과 / *Melampyrum roseum*

현삼과의 한해살이풀로, 우리나라 전역 산지의 볕이 잘 드는 숲 가장자리에서 자란다. 키는 30~50㎝ 정도로, 둔하게 네모나며 능선 위에 짧은 털이 있고 전체에 비늘 꼴의 털이 있다. 7~8월에 분홍색의 꽃이 줄기와 가지 끝에서 이삭꽃차례로 달리고, 10월에 달걀 모양의 열매가 검게 익는다.

한방에서 '산라화山羅花'라 하여, 뿌리를 포함한 전초를 청열해독淸熱解毒 약으로 쓴다.

유사종으로 알며느리밥풀꽃 · 털며느리밥풀꽃 · 수염며느리밥풀꽃 · 흰수염며느리밥풀꽃 등이 있다.

약명/이명 산라화山羅花 / 꽃며느리밥풀, 민꽃며느리밥풀, 돌꽃며느리밥풀

고서古書 · 의서醫書에서 밝히는 효능

운곡본초학 청열해독淸熱解毒의 효능이 있으며, 옹창종독癰瘡腫毒, 폐옹

생육 & 채취	
장 소	전국 산지의 볕이 드는 숲
시 기	봄~여름
부 위	지상부, 뿌리
손질법	햇볕에 말린다.

효용	
성 미	맛은 쓰고 성질은 시원하다.
활 용	청열해독 효과가 있다.

연구 & 특허
● 꽃며느리밥풀의 Iridoid 배당체에 관한 연구 ● 새며느리밥풀의 Iridoid 배당체

肺癰, 장옹·腸癰을 치료하는 데 쓰인다.

특허 · 논문

● 꽃며느리밥풀의 Iridoid 배당체에 관한 연구 : 본 논문은 Iridoid 배당체(配糖體)(IV)로서 1년 초인 꽃며느리밥풀의 Iridoid 배당체(配糖體)에 관(關)한 연구(研究) 논문으로, 주요 내용으로는, 감압에 의한 BuOH 추출물과 용리액으로 벤젠-MeOH(8:1)을 이용해 실리카겔에 칼럼 크로마토그래피 처리된 무정형 분말 잔류물을 화학 데이터와 UV, IR, NMR 스펙트럼에 의해 분자식 C17H26o10와 mussaenoside를 확인하고, mussaenoside tetraacetate 기준 시료와 비교하는 내용이다. — 서울대학교 약학대학 정보섭 외 1, 생약학회지(1982. 9.30.)

● 새며느리밥풀의 Iridoid 배당체 : 본 논문은 새며느리밥풀의 Iridoid 배당체를 연구한 논문으로 주요 내용으로는 Melampyrum속 식물의 iridoid 배당체에 대한 연구의 일환으로 한국 특산식물인 새며느리밥풀에서 3종의 Iridoid 화합물을 분리하고 구조를 동정한 결과를 근거로 3종의 white powder를 얻었고 물리화학적 성질과 각종 spectral data로부터 구조를 동정한 결과 이 물질들은 Iridoid 배당체인 mussaenoside, 10-benzoylcatalpol, melampyroside(10-benzoylaucubin)임을 동정하였다는 내용이다. — 충남대학교 약학대학 신현주 외 3, 생약학회지(2002. 3. 30.)

며느리밥풀

꽃며느리밥풀

며느리밥풀

며느리배꼽

마디풀과 / *Persicaria perfoliata* (L.) H.Gross

마디풀과의 덩굴성 한해살이풀로, 우리나라 전역의 길가나 숲, 인가 근처의 빈터 등 햇볕이 잘 드는 곳에 흔히 자란다. 길이는 1~2m 정도로, 갈고리 같은 가시가 있어 다른 풀이나 키 작은 나무에 잘 붙어 올라간다. 7~9월에 작고 하얀 꽃이 녹백색으로 피는데 잠시 꽃봉오리를 열었다 닫기 때문에 꽃을 보기가 쉽지 않다. 8~9월에 열매가 검게 익는데, 턱잎 안에 열매가 들어 있는 모양이 배꼽을 닮았다고 해서 '며느리배꼽'이라는 이름이 붙었다. 신맛이 나는 연한 잎은 데쳐서 나물로 하고, 꽃과 열매를 포함한 모든 부분을 약재로 쓴다.

야생화 중에는 며느리배꼽 외에도 '며느리밥풀꽃'이나 '며느리밑씻개' 등 '며느리'가 들어가는 식물들이 있는데 대체로 슬픈 사연들이 전해진다.

약명/이명 강판귀扛板歸 / 며누리배꼽, 참가시덩굴여뀌, 하백초, 사광이풀

생육 & 채취	
장 소	전국의 햇볕이 잘 드는 길가나 숲
시 기	여름~가을
부 위	어린순(나물) 지상부(약재)
손질법	햇볕에 말리거나 생것을 쓴다.

효용	
성 미	맛은 시고 쓰며 성질은 평하다.
활 용	이뇨, 해독, 소종 등의 효능이 있고, 당뇨에 좋다.

연구 & 특허
● 한국산 야생 식용식물의 혈당 강하 효과 와 p.999 참고

● **한국산 야생 식용식물의 혈당 강하 효과** : 한국산 야생 식용식물의 혈당 강하 효과를 보기 위해서 일차적으로 5가지 식물(냉이, 닭의장풀, 메꽃, 며느리배꼽 및 참마)을 채집하였다. Streptozotocin(45mg/kg)을 미정맥으로 주사하여 당뇨병을 유발한 130~180g Sprague-Dawley계 흰쥐를 대조군과 실험군으로 나누어 이를 5가지 식물을 ad libitum으로 공급하였다. 식용식물 섭취에 따른 각군의 체중 변화는 제3주까지는 점차 증가하다가 냉이군과 메꽃군을 제외하고는 제4주째에 증가 추세가 둔화되었다. 식이 이용 효율은 닭의장풀군이 대조군에 비해 유의적으로 높게 나타났으며(p<0.05) 냉이군, 메꽃군, 참마군과 며느리배꼽군에서는 식이 이용 효율에 차이가 없었다. 닭의장풀군, 참마군과 며느리배꼽군은 대조군에 비해 혈당 감소 경향이 지속적으로 나타났고, 뇨당의 경우에서도 닭의장풀군과 참마군에서는 검출되지 않았으며 며느리배꼽군에서도 한 마리를 제외하고는 뇨당이 검출되지 않아 당뇨 유발쥐에서 혈당 강하에 효과가 있는 것으로 추정된다. 혈장 중의 cholesterol 수준은 대조군에 비해 며느리배꼽군에서 약간 높은 경향을 보였으나 유의적인 차이는 없었다. 야생 식용식물의 건조 시료 중 조섬유의 함량은 며느리배꼽이 24.4%로 가장 높았고, 가장 낮은 것은 참마로 2.5%였다. 생시료중 Vitamin C의 함량 분석에서는 며느리배꼽에서 100g당 59.3mg으로 가장 높았고, 냉이가 21.7mg으로 가장 낮았다. Mineral 중 Ca의 함량은 냉이가 193.73mg으로 가장 높았고, 닭의장풀, 며느리배꼽, 메꽃순이었고 참마가 24.6mg으로 가장 낮았다. Fe의 함량도 냉이가 14.86mg으로 높았고 참마가 가장 낮았다. Cr과 Zn의 함량도 냉이에서 높았고 참마에서 낮았다. 앞으로 야생 식용 산채류에 대한 성인병 예방 및 치료에 대하여 영양학적 연구가 더 많이 이루어져야 할 것이다. — 덕성여자대학교 자연과학대학 임숙자 외 1, 한국영양학회지(1992. 10. 30.)

며느리배꼽

며느리배꼽

며느리배꼽

며느리배꼽

멱쇠채

국화과 / *Scorzonera austriaca* subsp. *glabra* (Rupr.)

국화과의 여러해살이풀로, 우리나라 전역의 양지바른 풀밭, 묘지 등에서 자란다. 키는 6~25㎝로 낮은 편이고, 줄기는 곧게 서며, 유난히 굵고 곧은 뿌리에서 구불거리는 잎이 모여 난다. 식물이 모양이 미역을 닮았다고 하여 '미역쇠채'라고 부르던 것이 '멱쇠채'로 되었다고 한다. 5~6월에 민들레꽃과 비슷한 노란 꽃이 피고 연한 갈색의 열매를 맺는다. 연한 꽃대를 생식하고 어린잎과 뿌리를 나물로 먹는다.

멱쇠채와 비슷한 식물로 '쇠채(*Scorzonera albicaulis* Bunge.)'와 '쇠채아재비(*Tragopogon dubius* Scop.)'가 있는데, 쇠채는 우리나라 토종식물이고, 쇠채아재비는 북아메리카 원산의 귀화식물이다. 쇠채와 쇠채아재비 잎은 가늘고 길며 매끈하고, 멱쇠채 잎은 미역처럼 가장자리가 구불거린다. 꽃과 열매 모양이 서로 비슷하다.

약명/이명 필관초筆管草, 선모삼仙茅參 / 좀쇠채, 누은쇠채, 애기쇠채, 미역쇠채

생육 & 채취	
장 소	전국의 양지바른 풀밭
시 기	여름~가을
부 위	어린잎, 뿌리
손질법	햇볕에 말린다.

효용	
성 미	맛은 달고 성질은 따뜻하다.
활 용	거풍, 제습, 활혈의 효능이 있다.

연구 & 특허

본초강목 모든 풍기를 제거하고 허리와 다리를 따뜻하게 하고 보하며 오장을 깨끗하고 편안하게 한다. 오랫동안 복용하면 안색이 좋아진다. 남성의 과로로 인한 쇠약을 치료하고 눈과 귀를 밝게 하며 골수를 보충한다.

쇠채아재비. 원 안은 열매

명아주

명아주과 / *Chenopodium album* var. *centrorubrum* Makino

명아주과의 한해살이풀로, 우리나라 전역의 밭이나 빈터에 잘 자란다. 키는 60~150㎝ 정도이고, 줄기에는 녹색 줄이 있으며, 잎은 삼각형이고, 어린순의 생장점 중심부에 붉은 돌기가 있어 홍자색을 띤다. 6~8월에 줄기 끝에 조그만 황록색 꽃이 촘촘히 모여 핀다. 다 자란 줄기를 다듬어 말리면 매우 단단하고 가벼워서 지팡이를 만들기도 한다.

명아주의 어린잎이나 줄기는 '여려藜'라 하고, 태운 재는 '동회冬灰' 또는 '여회藜灰'라 하여 약용한다. 봄에 나는 어린순은 데쳐서 나물로 먹고, 생즙은 일사병과 독충에 물렸을 때 쓰는 등 용도가 다양하다. 지사 · 건위 · 강장 목적의 생약으로도 이용된다.

명아주속 식물은 명아주 · 창명아주 · 둥근잎명아주 · 흰명아주 · 가는명아주 · 좀명아주 · 참명아주 등 그 종류가 다양하다. 흰명아주는 어린 줄기의 중심부가 흰빛이 돈다. 좀명아주는 명아주보다 키가 작으며, 긴 타원형의 잎은 3개로 갈라져 있고, 6~7월에 녹색으로 꽃이 핀다.

약명/이명 여려藜, 동회冬灰 / 는쟁이, 능쟁이, 붉은잎능쟁이

생육 & 채취	
장 소	전국 각지의 밭 또는 빈터
시 기	꽃이 피기 전
부 위	어린잎, 줄기
손질법	채취하여 햇볕에 말린다.

효용	
성 미	맛은 달고 성질은 평하며 약간의 독이 있다.
활 용	지사, 건위, 강장의 효능이 있다.

연구 & 특허
● 명아주(*Chenopodium album* Linne) 분획물과 베타인의 항위염 및 항산화 효과 ● 수종의 한국산 야생식물에서의 항암 효과 검색 外 p.999 참고

고서古書 · 의서醫書에서 밝히는 효능

동의보감 동회冬灰는 성질이 따뜻하고[溫] 맛이 맵다[辛]. 검은 사마귀, 무사마귀를 없앤다. 많이 쓰면 살과 피부가 짓무른다[본초].

특허 · 논문

● 명아주(*Chenopodium album* Linne) 분획물과 베타인의 항위염 및 항산화 효과 : 본 논문은 명아주(*Chenopodium album* Linne) 분획물과 베타인의 항위염 및 항산화 효과에 관한 내용으로서, 주요 내용은 다음과 같다. 항위염과 anti-Helicobacter pylori 활성을 검사하기 위해 명아주 에탄올 추출물과 그 분획물의 예비 검사를 한 결과, 부탄올 분획물이 가장 우수한 효과를 나타냈다. 전체 명아주 추출물과 그 분획물의 항산화 특성을 조사하였으며, 부탄올 분획물의 성분으로 베타인을 조사하였다. 명아주가 위염에 미치는 항산화 효과를 조사하기 위하여, 환원력, 유리 라디칼 소거 활성 및 지질과산화 효과를 측정하였다. 사람 위암 세포주에서 부탄올 분획물은 농도 의존적으로 세포 생존율을 감소하게 했다. 결론적으로, 명아주는 우수한 항산화 활성을 가지고 있으며, 위염과 위암을 치료하는 데 유용하다는 내용이다. — 덕성여자대학교 김빛나 외 1. 한국응용약물학회지(2010. 10. 31.)

● 수종의 한국산 야생식물에서의 항암효과 검색 : 본 논문은 수종의 한국산 야생식물에서 항암 효과를 갖는 식물 검색에 관한 연구로서, 식용식물 20여 종을 hexane(헥산)과 EtOAc(에틸아세테이트)로 추출하였고, 이 시료들을 암세포주에 대한 세포독성 실험을 행한 결과, 미역취, 명아주, 국화, 부추, 근대, 씀바귀, 돌나물의 hexane 추출물이 유의적인 세포독성을 나타내었다는 내용이다. — 대구효성가톨릭대학교 약학대학 박성희 외 5. 생약학회지(1996. 12. 30.)

명아주

명아주

명아주 마른 열매

모감주나무

무환자나무과 / *Koelreuteria paniculata Laxmann*

무환자나무과의 낙엽 소교목으로, 중부 이남 서해안 바닷가에서 군락을 이루어 자란다. 키는 8~10m 정도로 자라고, 나무껍질은 회갈색이다. 6 ~7월에 노란 꽃이 피고, 9~10월에 열매가 진한 황색으로 익는다. 둥글고 윤기 있는 검은 씨앗으로 염주를 만들었다 하여 '염주나무', 선비의 기품이 느껴진다고 하여 '선비수'라고도 한다. 무환자나무와 혼동되기도 한다.

모감주나무 꽃은 청간淸肝 · 이수利水 · 소종消腫 등의 효능이 있어 약용한다. 소목종消目腫, 주목통루출主目痛淚出의 효능이 있어 목적종통目赤腫痛, 다루(多淚 : 과다눈물흘림)를 치료한다.

약명/이명　난화欒華 / 염주나무, 선비수

특허 · 논문

● 모감주나무의 꽃(난화) 추출물 또는 이의 분획물을 유효성분으로 함유하는 부종 또는 다양한 염증의 예방 또는 치료용 항염증 조성물 : 본 발

생육 & 채취	
장 소	중부 이남의 해안가 지역
시 기	6~7월
부 위	꽃, 열매
손질법	꽃이 필 때 채취하여 그늘에서 말린다.

효용	
성 미	맛은 쓰고 성질은 차다.
활 용	청간, 이수, 소종 등의 효능이 있다.

연구 & 특허
● 모감주나무의 꽃(난화) 추출물 또는 이의 분획물을 유효성분으로 함유하는 부종 또는 다양한 염증의 예방 또는 치료용 항염증 조성물 싸 p.1000 참고

명은 모감주나무(*Koelreuteria paniculata*)의 꽃(난화) 추출물 또는 이의 분획물을 유효성분으로 함유하는 부종 또는 다양한 염증의 예방 또는 치료용 항염증 조성물에 관한 것으로서, 본 발명의 모감주나무의 꽃(난화) 추출물 또는 이의 분획물은 염증성 매개체인 사이토카인 및 케모카인의 생산 또는 분비를 억제하며, 염증성 부종을 억제하므로, 이를 유효성분을 함유하는 조성물은 부종 또는 다양한 염증의 예방, 치료 또는 개선을 위한 의약품, 건강기능식품 또는 화장품에 유용하게 사용될 수 있다. — 특허등록 제1080927호, 한국한의학연구원

● 안면도 및 태안군 근흥면 모감주나무 군락의 식생구조 및 토양 특성에 관한 연구 : 천연기념물로 지정된 안면도 승언리의 모감주나무 군락과 최근 발견된 태안군 근흥면 정죽리 모감주나무 군락의 구조와 식생 조성 및 토양 특성을 분석하였다. 안면도의 모감주나무 군락은 아교목층과 초본층 만으로 구성된 단조로운 2층 구조인 데 반하여, 근흥면 정죽리의 모감주나무 군락은 아교목층 · 관목층 · 초본층의 3층 구조를 나타내고 있다. 또한 아교목층의 종조성에 있어서도 안면도 모감주나무 군락 자생지는 거의 모감주나무 단순림을 구성하고 있는 데 반하여, 근흥면 정죽리의 모감주나무 군락은 곰솔 · 말채나무 · 풍게나무 · 팽나무 · 쉬나무 등이 혼효되어 있다. 두 모감주나무 군락 지역의 토양 특성은 전질소 함량, 유기물 함량, 유효인산 함량, CEC, E.C. 그리고 치환성 K, Ca, Mg, Na 함량 등에서 가까이 위치한 침 · 활엽수의 산림 토양보다 높게 나타났다. 또한 토양 pH는 6.3~7.0으로서, 근처에 있는 산림 토양에서의 토양 pH 4.7~5.5보다 높았다. — 충남대학교 농과대학 산림자원학과 송호경 외 4. 환경생물학회지18(2000년)

모감주나무

모감주나무 꽃

모감주나무

모감주나무 열매

모란

미나리아재비과 / Paeonia suffruticosa Andrews

미나리아재비과의 낙엽관목으로, '목단牧丹'이라고도 한다. 키는 2m 내외이고, 5월경 홍색의 큰 꽃이 피는데 작약과 비슷하여 '목작약'이라고 하며, 작약은 '초목단'이라고도 한다. 열매는 9월경 검게 익는다.

수당시대에 히말라야 부탄 지방에서 중국으로 유입되어 개량된 나무이며, 우리나라에는 신라 진평왕 때 도입되었다고 하는데, 설총의 화왕계花王戒에서 모란은 '꽃들의 왕'으로 묘사된다. 중국에서는 모란꽃 아래에서 죽는 것을 일종의 풍류로 생각할 정도이다. '모란牧丹'이라는 한자 이름은 굵은 뿌리 위에서 새싹이 돋아나는 것이 마치 수컷의 형상 같다 하여 남근 모牡, 꽃 색이 붉어서 붉을 단丹을 쓴다. 꽃말은 '부귀'를 뜻하고, 병풍이나 침구에 수를 놓기도 한다.

차나무과 노각나무의 생약명은 '모란帽蘭'으로, 한글 표기는 모란과 같다.

약명/이명 목단피牧丹皮 / 목단, 부귀화

생육 & 채취	
장 소	전국 각지
시 기	봄, 가을
부 위	뿌리껍질
손질법	딱딱한 부분을 제거한 후 햇볕에 말린다.

효용	
성 미	맛이 맵고 쓰며 성질이 약간 차고 독이 없다.
활 용	해열, 진통, 소염 등의 효능이 있다.

연구 & 특허

● 목단피 추출물을 함유하는 화장료 조성물의 제조 방법
● 목단피 추출물 또는 이로부터 분리된 화합물들을 포함하는 항균 조성물
外 p.1000 참고

고서古書 · 의서醫書에서 밝히는 효능

운곡본초학 목단피牧丹皮는 소어消瘀, 윤조潤燥, 복비석伏砒石, 속근골續筋骨, 안오장安五臟, 이관주利關腠, 이수도利水道, 통혈맥通血脈, 배농지통排膿止痛, 청열양혈淸熱凉血, 해중고독解中蠱毒, 활혈산어活血散瘀의 효능이 있다.

동의보감 질박상통跌撲傷痛, 야열조량夜熱무凉, 옹종나종癰腫癧腫, 무한골증無汗骨蒸, 경폐통경經閉痛經, 토혈육혈吐血衄血, 온독발반溫毒發斑, 창독창독瘡毒瘡毒을 치료한다.

특허 · 논문

● 목단피 추출물을 함유하는 화장료 조성물의 제조 방법 : 본 발명은 목단피(*Paeonia suffruticosa* Andrew) 목단피로부터 유효성분을 추출함에 있어, 고농도의 인중합체가 함유되도록 추출함으로써, 피부 노화 방지 효과가 우수한 화장료 조성물에 관한 것이다. 상기 목단피 추출물은 물, 알콜게 및 글리콜게를 포함하는 혼합 추출 용매로부터 추출된다. 본 발명에 따르면, 목단피 추출물에 인중합체가 고농도로 함유되어, 상기 인중합체가 가지는 항산화 효과, 세포 성장 촉진, 콜라겐 합성 증가, 및 콜라게나아제의 억제 효과 등이 효율적으로 활용되어 우수한 피부 노화 방지 효과를 갖는다. — 특허등록 제882744호, 주식회사 더 페이스샵

● 목단피 추출물 또는 이로부터 분리된 화합물들을 포함하는 항균 조성물 : 본 발명은 항균 활성을 갖는 조성물에 관한 것으로서, 상세하게는 모란(*Paeonia suffruticosa*)의 뿌리껍질인 목단피(*Moutan Cortex Radicis*)의 추출물 및 이로부터 분리된 화합물들은 인수 공통 전염병 균주에 대한 억제 활성을 나타내므로 항균 조성물로 이용될 수 있다. — 특허등록 제757219호, 원광대학교 산학협력단

모란 묵은 열매와 새순

모란 꽃봉오리

모란 단풍

모시대

초롱꽃과 / *Adenophora remotiflora* (Siebold & Zucc.) Miq.

초롱꽃과의 여러해살이풀로, 우리나라 전역의 깊은 산 숲이나 계곡의 반
그늘에서 자란다. 키는 40~100㎝이고 뿌리가 굵다. 7~8월경에 보라색
의 종처럼 생긴 꽃이 핀다.

유사종으로 잔대·흰모시대·도라지모시대 등이 있다. 어린순을 나
물로 먹는데 비타민과 무기질이 풍부하고, 뿌리는 해독 및 거담 효과가
있어 약으로 쓴다.

생약명은 '제니薺苨'라 하며, 폐조해수肺燥咳嗽, 인후종통咽喉腫痛, 소갈
消渴, 정옹疔癰, 창독瘡毒, 약물중독藥物中毒을 치료한다.

약명/이명 제니薺苨 / 모시때, 모싯대, 그늘모시대

고서古書·의서醫書에서 밝히는 효능

방약합편 모시대는 맛은 달고 성질은 차며 해수·당뇨·부스럼을 치료
한다. 온갖 약독을 해독하고, 뱀이나 화살로 인한 상처를 치료한다.

생육 & 채취	
장 소	전국 산지의 그늘진 숲
시 기	봄
부 위	어린순(나물) 뿌리(약용)
손질법	햇볕에 말린다.

효용	
성 미	맛은 달고 성질은 차다.
활 용	해독 및 거담 효능이 있다.

연구 & 특허
● 모시대 추출물과 그를 함유한 혈당 강하용 조성물 ● 모시대 추출물과 그를 함유한 비만 억제용 조성물 外 p.1000 참고

● **모시대 추출물과 그를 함유한 혈당 강하용 조성물** : 본 발명은 모시대 추출물과 그를 함유한 혈당 강하용 조성물에 관한 것으로, 모시대의 잎, 뿌리, 줄기 등으로부터 물 또는 유기 용매로 추출한 모시대 추출물은 알파글루코시다제 및 알파아밀라제 효소 활성을 억제하여 식후 혈중 포도당 농도의 급격한 상승을 억제하여 인체나 동물의 당뇨병 예방 및 치료에 이용할 수 있는 매우 뛰어난 효과가 있다. — 특허등록 제489564호, 김** 외 3

● **모시대 추출물과 그를 함유한 비만 억제용 조성물** : 본 발명은 모시대 추출물과 그를 함유한 비만 방지용 조성물에 관한 것으로, 모시대의 잎, 뿌리, 줄기 등으로부터 물 또는 유기ㅊ용매로 추출한 모시대 추출물은 알파글루코시다제 및 알파 아밀라제 효소 활성을 억제하여 식후 당질 또는 전분질의 소화ㅊ흡수를 억제함으로써 인체나 동물의 비만 예방 및 치료에 이용할 수 있는 매우 뛰어난 효과가 있다. — 특허공개 10-2003-0074978호, 김** 외 3

● **모시대 추출물의 분획물 제조 방법 및 모시대 추출물의 분획물을 포함하는 미용기능식품** : 본 발명은 (a) 모시대를 원적외선 처리하는 단계; (b) 상기 원적외선 처리한 모시대를 메탄올로 추출하는 단계; 및 (c) 상기 모시대 추출물을 헥산, 클로로포름, 에틸아세테이트, 부탄올 및 물로 구성되는 군으로부터 선택되는 1종 이상의 용액으로 분획하는 단계를 포함하는 모시대 추출물의 분획물 제조 방법에 관한 것이다. 또한 본 발명은 상기 모시대 추출물의 분획물을 포함하는 미용기능식품용 조성물에 관한 것이다. 본 발명의 모시대 분획물은 폴리페놀 또는 플라보노이드 등의 파이토케미컬(phytochemical) 함량이 증가되고, 항산화능이 향상되었으므로, 미용식품 소재로서 유용하게 이용될 수 있다. — 특허등록 제1209369호, 단국대학교 산학협력단

모시대 꽃

모시대 어린순

모시대

목련

목련

목련과 / *Magnolia kobus DC.*

목련과의 낙엽교목으로, 제주도에 자생하고 우리나라 전역에서 관상용으로 많이 심는다. 키는 10m까지 자라며 가지가 많이 난다. 4월경 흰색의 꽃이 피고, 9~10월에 열매가 익는다. 한방에서 생약명을 '신이辛夷'라고 하는데 꽃망울이 터지기 전에 꽃봉오리를 채취하여 그늘에서 말려 약재로 쓴다. 진통과 소염 작용을 하고 코가 막힌 것을 뚫어 주므로 두통과 치통, 코와 관련된 각종 염증 질환에 효과가 있다.

목련류에는 백목련(*Magnolia denudata* Desr.)·자목련(*Magnolia liliiflora* Desr.)·일본목련(*Magnolia obovata* Thunb.)·별목련(*Magnolia stellata* Maxim.) 등 다양한 종류가 있다.

약명/이명 신이辛夷 / 목필화木筆花, 후목候木, 신치辛雉

고서古書·의서醫書에서 밝히는 효능

본초강목 코막힘, 축농증을 치료하고 콧속에 부스럼이 나는 것을 치료하고 두진痘疹 이후 발생하는 코 부위의 부스럼을 치료한다. 신이辛夷를

생육 & 채취	
장 소	제주도 및 각 산지의 숲
시 기	봄
부 위	꽃봉오리
손질법	그늘에서 말린다.

효용	
성 미	맛은 맵고 성질은 따뜻하다.
활 용	진통, 소염 작용을 한다.

연구 & 특허
● 병풀 및 목련 추출물을 포함하는 피부보호 조성물 ● 목련 추출물을 함유하는 무방부 화장료 조성물 外 p.1000 참고

갈아서 사향麝香을 조금 넣고 파 잎으로 여러 차례 불어 넣으면 매우 좋다.

운곡본초학 꽃봉오리를 약용하는데 생약명은 신이辛荑이다. 풍한두통風寒頭痛, 치통齒痛, 비류탁체鼻流濁涕, 비색불통鼻塞不通, 비연鼻淵, 담음천해痰飲喘咳를 치료한다. 음허화왕자陰虛火旺者와 기허자氣虛者 및 두뇌통頭腦痛이 혈허화치血虛火熾에 속한 자, 치통이 위화胃火에 속한 자는 복용을 기한다. 다량多量 사용 시 두운목충혈頭暈目充血 등이 생긴다.

목련

특허 · 논문

● 병풀 및 목련 추출물을 포함하는 피부 보호 조성물 : 본 발명은 병풀(*Centella asiatica*) 및 목련(*Magnolia kobus*) 추출물을 포함하는 상승 작용적 항균 및 피부 보습을 위한 피부 보호 조성물에 관한 것이다. 본 발명의 조성물은 항균 효과, 보습 효과 및 항산화 효과를 동시에 가지며 인체 피부에 대해 독성을 나타내지 않는 안전한 조성물일 뿐만 아니라, 각각의 추출물의 단독 사용에 비해 상승 작용적으로 뛰어난 항균 활성을 나타내는 피부 보호 조성물이다. — 특허등록 제795512호, 바이오스펙트럼 주식회사

목련

● 목련 추출물을 함유하는 무방부 화장료 조성물 : 본 발명은 목련 추출물을 함유하는 무방부 화장료 조성물에 관한 것으로, 더욱 상세하게는 항균성을 갖는 목련 추출물을 함유하는 무방부 화장료 조성물에 관한 것이다. — 특허공개 10−2009−0025645호, 주식회사 엘지생활건강

● 구기자 · 신이 추출물을 포함하는 미백 화장료 조성물 : 본 발명은 구기자(*Lycium chinense* Miller), 신이(백목련, *Magnolia denudata* Desrousseaux) 추출물을 포함하는 미백제에 관한 것이다. 본 발명에 따른 구기자, 신이 추출물은 뛰어난 티로시나아제 활성 저해 효과 및 멜라닌 생성 억제 효과를 보임으로써 우수한 미백제를 제공할 수 있다. — 특허공개 10−2006−0082205호, 김**

별목련

● 목련(*Magnolia denudata* Desr.) 꽃 추출물의 생리활성 :

목련 열매

목련

목련 꽃 에탄올 추출물과 용매 분획물에 대한 항산화 활성, 항암 활성 및 항염증 활성을 살펴본 결과는 다음과 같다. 목련꽃 추출물의 총 폴리페놀과 플라보노이드 함량은 216.14 및 86.93㎎/g이었고, DPPH법에 의한 항산화 활성의 IC$_{50}$값은 0.232㎎/ml이었으며, 용매 분획물 중 에틸아세테이트 분획물이 우수한 항산화 활성을 보였다 (IC$_{50}$: 0.197 mg/ml, AEAC: 0.90 mg AA eq/100 mg). 또한 에탄올 추출물 및 용매 분획물은 대장암, 폐암 그리고 간암세포에 대하여 선택적으로 낮은 농도에서 증식 억제 효과를 보였으며, 클로로포름 분획물은 리포폴리사카라이드 유도 일산화질소 생성 저해 효과를 보였다(IC$_{50}$: 49.5μg/ml). — 충북대학교 식품공학과 노진우 외 5, 한국식품영양과학회지(2009. 11. 30.)

● 신이, 창이자 및 박하 추출물 혼액의 비강 세정 효과 : 본 연구는 신이, 창이자 및 박하 추출물 혼액의 비강세정 효과에 관한 것으로서 주요 내용은 다음과 같다. 신이, 창이자, 박하의 70% 에탄올 추출물은 미생물, 알레르기성 비염과 염증성 비염, 정맥동염에 효과가 있음을 알 수 있었다. 또한 신이, 창이자, 박하의 추출물의 비를 각각 2:2:1로 혼합한 혼합 탕을 사용하였을 때, 대조군에 의하여 다양한 비강의 병증에 상당히 유의미한 개선 효과가 있다. — 우석대학교 한약학과 전훈 외 2, 동의생리병리학회지(2008. 12. 25.)

자목련

자목련

목련

목서

물푸레나무과 / *Osmanthus fragrans* Lour.

물푸레나무과의 상록관목으로, 중국이 원산지인 온대성 수종이다. 키는 3~5m 정도로 자라고, 10월경에 황백색의 꽃이 잎겨드랑이에 달린다. 등황색의 꽃이 피는 종류는 금목서(*Osmanthus fragrans* var. *aurantiacus* Makino)라고 하며, 목서는 금목서와 대비하여 '은목서'라고도 한다. 목서의 꽃에서는 그윽하고 달콤한 향이 나는데, 목서보다 금목서의 향기가 더 강하다. 꽃이 지면 녹색의 열매가 달려 다음해 가을에 암자색으로 익는다. 중국에서는 목서를 '계수桂樹'라 불렀으며, 달에 심어져 있다고 믿었다고 한다.

목서는 남부 지방에서 정원수나 실내 조경용으로 많이 이용한다. 우리나라에 자생하는 식물 중에는 박달목서(*Osmanthus insularis* Koidz.)라는 종도 있지만 박달목서는 제주도나 거문도 등 남해안 섬 지방에서 드물게 발견되는 물푸레나무과의 상록교목으로, 키는 15m에 이르는 대형 수종이다. 목서류와 유사한 식물에는 구골나무 또는 구골나무와 목서의 교잡종 구골목서라는 품종도 있고, 호랑가시나무도 목서류와 흡사한 상록

생육 & 채취	
장 소	제주도 등 남해 섬지역
시 기	여름~가을
부 위	꽃
손질법	깨끗한 꽃을 골라 채취한다.

효용	
성 미	맛은 맵고 성질은 따뜻하다.
활 용	산어 · 화담의 효능이 있다.

연구 & 특허

● 금목서 꽃으로부터 분리된 리그난 외 p.1000 참고

성 관목들이다. 목서 꽃을 '계화桂花'라고 하고, 금목서를 '단계桂花'라고 구별하지만 약성은 비슷하다.

고서古書 · 의서醫書에서 밝히는 효능

동의보감 계화桂花 또는 단계丹桂의 맛은 맵고 따뜻하며, 산어散瘀 · 화담化痰의 효능이 있고, 담음해천痰飮咳喘 · 완복냉통脘腹冷痛 · 장풍혈리腸風血痢 · 경폐통경經閉痛經 · 한산복통寒疝腹痛 · 아통牙痛 · 구취口臭를 치료한다.

특허 · 논문

● **금목서 꽃으로부터 분리된 리그난** : 금목서(*Osmanthus fragrans var. aurantiacus*)는 물푸레과에 속하는 식물로써 현제까지 식물화학 연구가 진행되지 않았다. 그래서 이차 대사산물의 분리와 분석에 대한 실험이 수행되었다. 건조하여 분쇄한 금목서 꽃을 80% MeOH를 이용하여 추출물을 얻었고, EtOAc, n-BuOH, 그리고 H2O을 이용하여 분획하여 분획물을 얻었다. 이 중 EtOAc 분획에 대하여 silica gel, ODS, 그리고 Sephadex LH-20 column chromatogaphy를 반복 실시하여 New lignan을 포함하여 6개의 lignan 화합물을 분리하였다. spectroscopic 방법인 NMR, MS, 그리고 IR을 이용하여 구조 분석한 결과 다음과 같이 (+)-phillygenin(1), phillyrin(2), (-)-phillygenin(3), (-)-epipinoresinol-beta-D-glucoside(4), taxiresinol(5), (-)-olivil(6) 그리고 신규 lignan 화합물인 (+)-8-hydroxypinoresinol 8-O-beta-D-glucoside 4-methyl eater(7)로 동정하였으며, 이들은 이 식물에서 처음으로 분리 보고된 화합물들이다. — 경희대학교 이도경 석사학위논문(2010)

목서

목서 꽃

금목서

목화

아욱과 / *Gossypium indicum* Lam.

아욱과의 한해살이풀로, 중부 이남 지방에서 심어 가꾸며, 섬유작물로서 온대지방에서 널리 재배하고 있다. 키는 60㎝에 달하고, 줄기는 곧게 서서 가지가 다소 갈라진다. 7월 말~9월에 흰색 또는 황색의 꽃이 피고 지며, 꽃이 진 자리에 맺히는 꼬투리 열매를 '다래'라고 한다. 이것이 성숙하여 씨앗을 매달고 터져 나오는 솜털이 바로 목화솜이다. 다래는 맛이 달달하여 에전에는 아이들의 군것질거리였다. 솜털을 모아서 목화솜을 만들거나 무명 옷감의 재료로 쓰고, 씨앗은 식용유를 짠다.

'목화'는 고려시대 말기에 문익점이 중국에서 씨앗을 붓 뚜껑에 넣어 들여와 우리나라에서 재배가 시작된 일화로 유명하다. 삼베나 비단옷이 전부였던 시대에 목화를 원료로 한 무명옷은 여름에는 시원하고 겨울에는 따뜻하여 서민들의 의복 생활을 크게 개선했다. 옛날에는 목화의 쓰임새가 매우 다양하여, 고운 솜으로는 고급 화선지를 만들기도 했고, 목화대는 종이의 원료나 땔감으로, 씨앗은 면실유로, 찌꺼기는 빨래비누로, 깻묵은 사료나 비료로 썼다.

생육 & 채취	
장 소	중부 이남의 양지바른 곳
시 기	7~9월
부 위	씨앗, 열매
손질법	씨를 발라내고 솜을 거두어낸다.

효 용	
성 미	맛은 맵고 성질은 따뜻하다.
활 용	무명 옷감, 식용유 등으로 쓰인다.

연구 & 특허
● 목화 다래 추출물 및 그의 간 기능 보호제, 항암제로서의 용도
● 면실자 추출물을 함유하는 모발 성장 촉진제 외 p.1000 참고

특허 · 논문

● **목화 다래 추출물 및 그의 간 기능 보호제, 항암제로서의 용도** : 본 발명은 목화의 개화기 이전의 미성숙 다래로부터의 추출물과 간 기능 보호 작용 및 암 예방 효과를 나타내는 다래 추출물을 생리학적 용도에 관한 것이다. 다래를 세절하여 증류수 또는 알콜 용매로 추출한 후 칼럼 크로마토그래피에 의하여 얻어지는 다래 추출물의 저분자 분획은 혈액 내 빌리루빈, 알칼리성 포스파타아제 및 알라닌 아미노기 전이효소 등에 대한 실험에서 뛰어난 간 기능 보호 효과를 보이며 L1210 백혈병 세포가 이식된 생쥐에 대해서도 부작용이 거의 없이 생명 연장 효과를 보여 암 예방 효과도 있음을 보여 준다. — 특허공개 10–1999–0037061호, 주식회사 종근당

● **면실자 추출물을 함유하는 모발 성장 촉진제** : 본 발명은 목화 및 동속근연식물의 씨인 면실자(면화자 · 목면자 · *Gossypii semen*)의 추출물을 유효성분으로 함유하는 모발 성장 촉진제에 관한 것으로 탁월한 모발 성장 효과를 나타낸다. — 특허공개 10–2003–0081496호, 주식회사 엘지생활건강

● **에이즈 치료용 한약제제 및 그 제조 방법** : 본 발명은 후천성 면역 결핍증(에이즈, AIDS) 치료용 한약 제제 및 그 제조 방법을 제공하는 것으로, 상기 약제는 세잎쥐손이 · 황기 · 까마중 · 금은화 · 목면화 · 가리륵 · 물질경이 · 석류 껍질 · 찰벼 뿌리 · 마름으로부터 제조된다. 본 발명의 약제는 열 및 독성 물질을 제거할 수 있으며, 혈액순환을 활성화시키고 기를 보충해 준다. 에이즈에 감염된 사람 및 에이즈 환자의 CD4 임파구의 세균 수를 증가시키고(CD4 임파구 $100\sim400\,unit/mm^3$), 쇠약, 탈모증, 식욕 감퇴, 설사 및 활성 기능의 상태를 개선시킨다. — 특허등록 제912412호, 베이징 키지에유안 파마수티컬 테크놀러지 디벨롭먼트 컴파니 리미티드(중국)

목화 꽃

목화밭

목화 꽃과 열매

목화 다래

무궁화

아욱과 / *Hibiscus syriacus* L.

아욱과의 낙엽활엽관목으로, 우리나라 중부 이남 지역에서 심어 가꾼다. 키는 3~4m 정도이고 많은 가지를 치며 어린 가지에는 잔털이 많이 생겨나 있으나 점차 없어진다. 8~9월에 분홍색 내부에 짙은 붉은색의 방사상 무늬가 있는 꽃이 가지 끝에 한 송이씩 피는데, 새벽에 꽃이 피었다가 오후가 되면서 오므라들기 시작하여 해질 무렵에 떨어진다. 꽃색은 분홍색 외에도 흰색 · 연분홍색 · 분홍색 · 다홍색 · 보라색 · 자주색 · 등청색 · 벽돌색 등이 있다.

꽃이 기품 있고 개화 기간도 7~10월로 길어서 학교 정원이나 공원, 도로변에 조경용으로 널리 이용된다.

약명/이명 목근피木槿皮 / 무궁화나무, 목근화, 훈화초

특허 · 논문

● 노나무와 무궁화 추출물을 유효성분으로 하는 화장료 조성물 : 본 발명은 노나무와 무궁화 추출물을 유효성분으로 함유하는 화장료 조성물

생육 & 채취	
장 소	전국 각지
시 기	4~6월
부 위	껍질, 꽃, 씨앗(약재)
손질법	햇볕에 말린다.

효 용	
성 미	맛은 달고 쓰며 성질은 시원하다.
활 용	해열, 해독, 소종 등의 효능이 있다.

연구 & 특허
● 노나무와 무궁화 추출물을 유효성분으로 하는 화장료 조성물 ● 무궁화 잎 정유를 함유하는 향수 조성물 外 p.1000 참고

에 관한 것으로서, 국내에 자생하는 식물 중에서 선택한 각질형성세포에 독성이 없는 저자극성 천연 추출물로서, 자체적으로 항균성을 나타내므로 별도의 방부제 첨가 없이 장기간 상온 보관에서도 미생물의 천이가 발생하지 않고, 항산화능이 강력하여 아토피성 피부염의 예방 및 치료, 피부 미용 등에 효과적인 화장료 조성물에 관한 것이다. — 특허등록 제985719호, (주)지에프씨

● 무궁화 잎 정유를 함유하는 향수 조성물 : 본 발명은 무궁화 잎으로부터 추출한 정유를 포함하는 향수 조성물에 관한 것으로, 무궁화 잎으로부터 추출한 정유는 독특한 휘발성 향기 성분으로 구성되어 있어서 향수 조성물로 사용될 수 있다는 것이다. — 특허등록 제1102552호, 재단법인 홍천메디칼허브연구소

● 무궁화꽃차의 제조 방법 : 본 발명은 대한민국의 국화인 무궁화꽃으로 차를 제조하는 방법에 관한 것으로서, 본 발명의 무궁화꽃차 제조 방법은 비타민 C-소금 수용액을 110±10℃로 가온하고 여기에 세척한 무궁화꽃을 데친 후 절단, 건조하여 1차 처리 무궁화꽃을 제조하고; 상기 1차 처리 무궁화꽃을 콜라겐-콩 수용액과 혼합한 후 건조하여 2차 처리 무궁화꽃을 제조한 후에 20~40 메쉬의 크기로 파쇄한 후 살균하여 티백에 포장하는 것을 포함한다. — 특허등록 제107912호, 전** 외 2

● 무궁화나무의 성분 및 생물 활성에 관한 연구 : 본 논문은 무궁화나무의 성분 및 생물 활성에 관한 연구 논문으로 주요 내용으로는 한국, 중국, 인도 및 시베리아에 널리 분포되어 있는 무궁화(아욱과)의 추출물이 풍담, 역류 및 구토로 인한 혈변 배설, 이질, 폐색증 치료를 위한 민간요법으로 사용되고, 목근피가 해열 작용, 구충제 및 항진균제로서 사용되며, 이러한 식물의 근피 클로로폼 추출물로부터 화합물 I, II, III이 모두 분리되고 여러 분광학적 분석에 의해 그 구조를 설명한 내용이다. — 한국과학기술연구원 생명공학연구소 이인경 외 5, 생약학회지(1997. 9. 30.)

무궁화

무궁화

무궁화

무궁화 열매

무릇

백합과 / *Scilla scilloides* (Lindl.) Druce

백합과의 여러해살이풀로, 우리나라 전역의 습기 있는 들판에 야생한
다. 키는 20~50㎝ 정도이고, 2㎝ 내외의 굵은 알뿌리를 가지고 있다. 4
~5장의 가늘고 길쭉한 잎이 알뿌리로부터 자라나는데 보통 2장씩 마주
본다. 7~8월에 30㎝ 길이의 꽃대가 올라와 홍자색 꽃이 피고 9~10월경
에 넓고 뾰족한 종자가 맺힌다. 꽃이 흰색인 것을 흰무릇이라고 한다.

어린잎과 비늘줄기를 삶아서 나물로 먹고, 알뿌리를 약재로 쓰는데, 진
통 효과가 있고 혈액순환을 좋게 하며, 부기를 가라앉히는 효과가 있다.

약명/이명 면조아綿棗兒 / 물굿, 물구, 물구지, 지란地蘭, 천산天蒜, 지조
地棗, 전도초근剪刀草根

고서古書 · 의서醫書에서 밝히는 효능

동의학사전 혈을 잘 돌게 하고 해독하며 부종을 내리고 통증을 멈춘다.
약리 실험에서 강심 · 이뇨 · 자궁수축 작용 등이 밝혀졌다. 유선염 · 장옹
腸癰 · 타박상 · 요통 · 다리통증 · 석림石淋 · 산후어혈 · 부스럼 등에 쓴다.

생육 & 채취	
장 소	전국의 습기진 들판
시 기	초여름
부 위	어린잎, 비늘줄기(나물) 알뿌리(약재)
손질법	햇볕에 말린다.

효용	
성 미	맛은 달고 성질은 차다.
활 용	진통 효과, 강심 · 이뇨 · 자궁수축 작용 등의 효능이 있다.

연구 & 특허
● 항암 활성 무릇 생약제 ● 무릇으로부터 얻은 항균 활성을 나타내는 화 합물 및 이를 포함하는 항균 조성물 外 p.1001 참고

● 항암 활성 무릇 생약제 : 본 발명은 백합과 식물의 일종인 무릇(*Scilla scilloides*) 전초의 메탄올 추출액 중 부탄올 가용부의 크로마토그래피(chromatography)에 의하여 단리된 복합물로서 우수한 항암 활성을 가지는 무릇 생약제에 관한 것이다. — 특허공개 10–2002–0060001호, 생명공학연구원

● 무릇으로부터 얻은 항균 활성을 나타내는 화합물 및 이를 포함하는 항균 조성물 : 본 발명의 실라실로사이드계 화합물 및 이를 포함하는 항균제 조성물은 아스퍼질러스 속(*Aspergillus* spp.), 콜레토트리쿰 속(*Colletotrichum* spp.), 피리큘라리아 속(*Pyricularia* spp.), 푸사리움 속(*Fusarium* spp.) 또는 칸디다 속(*Candida* sp.) 진균을 비롯한 다양한 미생물에 대하여 우수한 항균 효과를 나타내며, 천연물인 무릇으로부터 추출된 것이므로 부작용의 염려가 적어, 상기 진균 등에 의하여 나타나는 질병 및 식물병의 치료 및 예방에 널리 사용될 수 있을 것이다. — 특허등록 제1211669호, 전남대학교 산학협력단

● 무릇에서 분리한 nortriterpenoid glycoside의 암세포에 대한 세포독성 및 함량 분석 : 본 논문은 무릇에서 분리한 nortriterpenoid glycoside의 암세포에 대한 세포독성 및 함량 분석을 연구한 논문으로 주요 내용으로는 무릇에서 MCF 등 6종의 casinoma 종양세포 및 1종의 melanima 암세포의 증식을 억제하는 물질인 nortriter penoid oligosaccharide E-3(1), E-1(2)를 분리하였고, 이 화합물들의 식물 시료에서의 함량과 열에 대한 화학적 안전성을 HPLC에 분석법으로 확인한 것을 근거로 이 화합물들은 열에 대하여 불안정하여 추출, 정제 시 환류 추출 등의 열이 가해지는 방법을 사용하면 수율이 떨어질 것으로 판단된다. — 한국생명공학연구원 이상명 외 6, 생약학회지(2001. 9. 30.)

무릇

무릇

무릇 새순

무릇 뿌리

무환자나무

무환자나무과 / *Sapindus mukorossi* Gaertn.

무환자나무과의 낙엽활엽교목으로, 제주도 · 전라도 · 경상도 등 따뜻한 지방에서 심어 가꾼다. 키는 20m에 달하고, 가지는 녹색을 띤 갈색이며 단풍이 아름다워 조경수로 좋다. 5~6월에 암꽃과 수꽃이 함께 피는데 꽃에 꿀이 많아 꿀벌들이 많이 몰려 든다. 10월 중순에 둥글고 매끈한 열매가 황갈색으로 익는다.

이 나무를 심으면 자식에게 환란이 생기지 않는다 하여 '무환수無患樹'라고 하였다. 단단하고 검은 종자로 염주 알을 만들었기 때문에 사찰에서 많이 심었다.

무환자나무의 종자를 '무환자無患子', 뿌리를 '무환수강無患樹薑', 껍질을 '무환수피無患樹皮', 어린 가지와 잎을 '무환자엽無患子葉', 열매의 과육을 '무환자피無患子皮', 검은 종자 속의 인仁을 '무환자중인無患子中仁'이라고 하여 모두 약용한다. 열매 껍질에는 사포닌 성분이 있어 비누 대용으로 쓰며, 민간에서는 귀신을 물리친다고 하여 나무 그릇을 만들기도 하였다. 또한 열매를 먹으면 전염병을 예방할 수 있다고 하고, 강장제나 거

생육 & 채취	
장 소	온화한 남부 지방
시 기	열매가 성숙할 때
부 위	열매, 씨앗, 가지, 잎, 줄기껍질, 뿌리
손질법	성숙한 열매의 과육을 제거하고 종자를 꺼내어 햇볕에 말린다.

효용	
성 미	종자는 맛은 쓰며 성질은 평하고 독이 있다.
활 용	부기를 가라앉히고 독을 뽑아내며 풍을 제거한다.

연구 & 특허
● 무환자 추출물을 함유하는 구강용 조성물 外 p.1001 참고

담제 등으로 약용하였다.

 무환자無患子 / 염주나무

고서古書 · 의서醫書에서 밝히는 효능

운곡본초학 무환자나무의 씨를 약용하는데 생약명은 무환자無患子이다. 벽악辟惡, 살충殺蟲, 소적消積, 청방광열淸膀胱熱의 효능이 있고, 감적疳積, 복창腹脹, 구취口臭, 회충병蛔蟲病을 치료한다.

광서중초약 무환자엽無患子葉을 내복함과 동시에 바르면 뱀에 물린 상처를 치료할 수 있다.

특허 · 논문

● 무환자 추출물을 함유하는 구강용 조성물 : 본 발명은 무환자 추출물을 함유하는 구강용 조성물에 관한 것으로, 보다 상세하게는 항균력이 뛰어난 무환자 추출물을 함유하고 미세 기포로 무환자 추출물을 치아 구석 미세한 부분까지 전달해 주어 잇몸 질환 예방 효과 및 구취 제거 효능이 우수한 구강용 조성물에 관한 것이다. 발명자들은 잇몸 질환 예방 및 구취 제거를 위해서 여러 식물 추출물을 조사하여 분석한 결과, 항균력이 뛰어난 무환자 추출물을 미세 기포를 통해 치아 구석 미세한 곳까지 전달해 주면 잇몸 질환 예방 및 구취 제거 효능이 우수함을 발견하고 본 발명을 완성하였다.

— 특허공개 10-2012-0054297호, 주식회사 아모레퍼시픽

무환자나무 가지

무환자나무 잎

무환자나무 줄기

무환자나무 열매

문모초

현삼과 / *Veronica peregrina* L.

현삼과의 한해살이 또는 두해살이풀로, 중부 이남의 논밭이나 냇가 근처에 자생한다. 키는 5~20㎝ 정도이고, 줄기에 붉은색이 보이는 점이 쇠비름과 닮았지만 쇠비름과 달리 줄기가 곧게 서는 편이다. 4~5월경에 잎 겨드랑이에서 작고 하얀 꽃이 핀다. 열매가 벌레집이 되는 경우가 많아서 '모기의 어미격'이라는 의미로 '문모초蚊母草'라고 하였다는 설이 있으나 모기와의 관련은 찾을 수 없다.

약용식물로서의 연구는 거의 없다. 여성의 대하증 치료에 효과가 있다.

약명/이명 문모초蚊母草 / 털문모초, 벌레풀

특허 · 논문

● 문모초 전초로부터 분리한 Superoxide 라디칼 소거제에 대한 연구 : 본 논문은 문모초 전초로부터 분리한 Superoxide 라디칼 소거제에 대한 연구로 주요 내용은 다음과 같다. 1,1-diphenyl- 2-picrylhydrazyl(DPPH)에 의한 라디칼 소거를 측정하여 항산화 성분을 검색한 결과 문모초(현

생육 & 채취	
장 소	중부 이남의 논밭, 냇가
시 기	봄~여름
부 위	전초
손질법	햇볕에 말린다.

효용	
성 미	맛은 달고 시며, 성질은 평하다.
활 용	여성의 대하증 치료에 좋다.

연구 & 특허
● 문모초 전초로부터 분리한 Superoxide 라디칼 소거제에 대한 연구

삼과)의 전초 추출물로부터 강력한 항산화 활성을 발견하였다. 메탄올 추출물로부터 얻어진 활성 분획에서 6종의 페놀성 화합물, chrysoeriol(1), diosmetin(2), 4-hydroxybenzoic acid(3), apigenin(4), caffeic acid methylester(5) protocatechuic acid(6)를 분리하였다. 구조 분석은 분광학적 연구를 통하여 이루어졌다. 결론적으로 본 연구를 통하여 얻어진 caffeic acid methylester(5)와 protocatechuic acid(6)는 DPPH 프리 라디칼 소거 및 superoxide 소거 활성 분석으로 유의미한 항산화 효과를 보여 준 내용이다. — 우석대 안달래 외 6, 생약학회지(2011. 6. 30)

문주란

수선화과 / *Crinum asiaticum var. japonicum Baker*

수선화과의 상록성 여러해살이풀로, 제주도의 따뜻한 바닷가 모래언덕에서 자생한다. 연평균 기온이 15℃가 넘는 곳에서만 자라는데, 잎과 꽃이 아름다워 관상용으로 가치가 크다. 키는 30~50㎝ 정도이고 7~8월에 흰색의 꽃이 피며 둥글고 딱딱한 열매를 맺는다. 한방에서 문주란 잎을 '나군대羅裙帶'라 하여, 진통·해독·소종 효능이 있어 두통이나 관절통에 사용한다.

문주란을 재배할 때는 반그늘에다 통풍과 배수가 잘되는 곳을 택하고 특히 물을 자주 주어야 한다.

우리나라에서 유일한 문주란 자생지인 제주특별자치도 제주시 구좌읍 하도리의 토끼섬은 천연기념물 제19호로 지정 보호받고 있다. 토끼섬에는 문주란과 해녀콩이 우위를 점하고 있으며, 갯방풍·순비기나무·갯까치수영·까마귀쪽나무 등이 함께 자생하고 있다. 이 토끼섬에는 슬픈 이야기가 전해져 오고 있다.

먼 옛날 한 해녀 할머니가 부모를 일찍 잃은 5살짜리 손자를 데리고 살

생육 & 채취	
장 소	제주도의 토끼섬, 바닷가 모래밭
시 기	상시
부 위	잎(약재)
손질법	햇볕에 말린다. 생잎을 쓰기도 한다.

효용	
성 미	맛은 맵고 성질은 시원하며 독이 있다.
활 용	진통·해독·소종 효능이 있다.

연구 & 특허
● 탈모 방지 및 모발 생장 촉진 효과를 갖는 피부 외용 조성물 外 p.1001 참고

다가 세상을 떠났다. 어린 손자를 염려하는 할머니의 혼백이 손자가 사는 바닷가 작은 섬을 떠돌다가 할머니의 흰 머리칼을 닮은 하얀 꽃을 피우는 문주란이 되었다고 한다. 하얀 문주란 꽃이 섬에 가득 피어 나는 모습이 마치 흰 토끼떼처럼 보여서 '토끼섬'이라고 불러 왔다.

약명/이명　나군대羅裙帶 / 문주화, 수초水蕉, 우황산牛黃傘, 만년청萬年靑

고서古書 · 의서醫書에서 밝히는 효능

운곡본초학　산어소종散瘀消腫, 청화해독淸火解毒의 효능이 있고, 골절骨折, 임파결염淋巴結炎, 열창종독熱瘡腫毒, 인후염咽喉炎, 두통頭痛, 비통마목痺痛麻木, 질타어종跌打瘀腫, 독사교상毒蛇咬傷을 치료한다.

특허 · 논문

● **탈모 방지 및 모발 생장 촉진 효과를 갖는 피부 외용 조성물** : 본 발명은 탈모 방지 효과가 뛰어난 문주란 추출물 또는 이로부터 분리된 라이코린 화합물을 유효성분으로 함유하는 탈모 방지 및 모발 생장 촉진 효과를 갖는 조성물에 관한 것으로, 보다 상세하게는 문주란의 뿌리 또는 비늘줄기로부터 분리된 문주란 추출물 또는 이로부터 분리된 라이코린(Lycorine) 화합물은 5α-환원효소 활성을 억제하여 래트 모낭의 육모 성장에 뛰어난 효과를 나타내므로 탈모 방지, 개선 및 모발 생장 촉진 활성을 갖는 피부 외용 약학 조성물 및 화장료 조성물로 유용하게 이용될 수 있다. — 특허등록 제979269호, 주식회사 바이오랜드

● **항염 및 항알레르기 효과를 갖는 문주란 추출물을 함유하는 화장료 조성물** : 본 발명은 문주란 추출물을 함유

문주란

문주란

문주란 씨앗

하는 화장료 조성물에 관한 것으로, 구체적으로 본 발명의 문주란 추출물은 iNOS 및 COX2 유전자 발현 저해효
과와 사람 섬유아세포에서의 PGE2, IL-6, IL-8 생성 억제 효과 및 비만세포에서의 탈과립 저해 효과, 동물 실험
에서 항히스타민 효과와 항염증 효과가 뛰어나므로 항염 및 항알레르기 효과가 있는 화장료 조성물로 유용하게
이용될 수 있다. — 특허등록 제794360호, 주식회사 참존, 주식회사 바이오랜드

● 문주란 추출물의 HL-60 백혈병 세포 Apoptosis 유도 효과 : 본 논문은 HL-60 인간 백혈병 세포에 대한 문주
란의 항증식성 효과를 조사하기 위한 것이다. 문주란의 80% 메탄올 추출물과 몇 개의 문주란 용해 분류 물질이
HL-60의 성장은 감소시켰지만 HEL-299 세포의 성장은 거의 막지 못했다. CHCL3 분류 물질, BuOH 분류 물질,
에틸아세테이트 분류 물질, H2O 분류 물질로 HL-60세포에 처방했을 때 DNA ladder와 chromatin 응축이 일어났
고 sub-G1 hypodiploid cell의 증가가 일어났다. CHCL3 분류 물질과 BuOH 분류 물질은 Bax mRNA 수치는 증가
시킨 반면 Bc1-2 mRNA 수치를 줄였다. 위의 결과는 HL-60세포에 대한 문주란의 성장 억제 효과가 Bc1-2의 조
절 억제를 통한 apoptosis 생성을 통해 조절되며 문주란의 구성 성분들이 인간 백혈병의 치료 가능성이 있다는
내용이다. — 제주대학교 의과대학 현재희 외 5, 약학회지(2008. 2. 29)

● 문주란의 항염 효과와 화장료적 특성 : 문주란은 한국, 말레이지아 등 동남아시아 지역에서 관절통, 해열, 궤
양 치료, 국부의 소염 및 해열 등의 목적에 민간요법 등으로 오래 전부터 사용되어 오고 있다. 본 연구에서는 문
주란의 화장료 조성물로서의 가능성을 확인하기 위하여 iNOS(inducible nitric oxide synthase) 억제 그리고 PGE2, IL-
6, and IL-8 방출 억제에 의한 항염 효능을 측정하였다. pH를 3.5로 조절하고 95% ethanol을 사용하여 추출한 후,
HPLC 실험으로 문주란의 주성분이 면역 조절 물질로 잘 알려진 lycorine이며 대략 1% 정도 함유한 것을 확인하

문주란

문주란

문주란

였고 그 함량은 문주란의 추출 부위 및 추출 방법에 따라 달랐다. 리포다당(lipopolysaccharide, LPS)에 의해 활성화된 생쥐 대식세포(RAW 264.7 cells)에서 생성되는 NO 형성의 억제능을 측정한 항염 실험에서, 문주란 에탄올 추출물은 투여량에 비례하는 저해능을 가지고 있음을 확인할 수 있었다. 또한 RT-PCR법을 이용하여 문주란 에탄올 추출물이 iNOS 유전자 발현도 억제함을 확인하였다. 문주란 추출물은 전혀 세포독성을 보이지 않았으며 오히려 LPS에 대하여 세포 증식 효과를 나타내었다. 인간의 섬유아세포에서 과산화수소에 의해 활성화된 PGE2, IL-6 및 IL-8 방출 억제 효능 측정 실험에서는 0.05%와 1% 농도 이상에서 (PGE2와 IL-6의 분비가) 거의 완전히 억제됨을 확인할 수 있었고, 나아가서 IL-8의 경우는 모든 실험 농도 범위에서 완전히 억제되었다(〉0.0025%). 이러한 결과로부터 문주란의 추출물이 충분한 항염 효과를 가지고 있음을 확인할 수 있었다. — 주식회사 바이오 생명공학연구소 김영희 외 7. 대한화장품학회지(2006)

● 나군대 잎의 약리 효과에 관한 연구 : 본 논문은 나군대 잎의 약리 효과를 연구한 논문으로, 주요 내용은 민간요법에서 관절염과 관절통에 사용해 온 나군대 잎에 대한 writhing test, tail-flick test, carrageenin antiedema test, 트롬복산 정량 실험 및 혈소판 응집 억제 실험을 실시하여 진통, 항염 및 혈소판 응집 저해 작용을 평가하고, 나군대 잎의 에틸아세테이트 정제 분획이 작용기전의 하나인 prostaglandins의 합성을 억제해 소염, 진통, 항염 및 혈소판 응집 억제 효과를 밝힌 내용이다. — 국립보건안전연구원 생화학약리과 이송득 외 4. 생약학회지(1995. 6. 30)

문주란

물매화

범의귀과 / *Parnassia palustris* L.

범의귀과의 여러해살이풀로, 우리나라 전역의 산지 수풀에서 자라며, 고산 지대에서도 볼 수 있다. 우리나라에는 물매화와 애기물매화 2종을 볼 수 있다. 7~9월에 꽃이 피는데, 꽃은 매화를 닮았고, 산기슭의 습지를 좋아하므로 '물매화'라고 한다. 햇빛이 잘드는 양지에서 잘 자라며, 씨앗으로도 번식이 잘된다고 한다. 열매는 길이 1㎝로 계란 모양이며 안에는 작고 많은 종자가 들어 있다. 야생화 애호가들이 좋아하는 가을꽃 중 하나이다.

물매화의 지상부 전체를 꽃이 필 때 채취하여 약으로 쓰는데, 급성간염, 황달형간염 등에 효과가 있다. 약용과 관련되는 연구는 거의 찾을 수 없다.

유사종인 애기물매화는 한라산 중턱 이상의 습지에 자생하는데, 꽃대의 높이는 10㎝ 정도이고 7~8월에 꽃이 핀다.

약명/이명 매화초梅花草 / 물매화풀, 풀매화

생육 & 채취	
장 소	전국 각지의 산지 및 고산 지대
시 기	꽃이 필 무렵
부 위	지상부
손질법	햇볕에 말린다.

효용	
성 미	맛은 쓰고 성질은 시원하다.
활 용	열을 내리고 부기를 가라앉히며 해독하는 효능이 있다.

연구 & 특허

운곡본초학 소종해독消腫解毒, 청열양혈淸熱凉血의 효능이 있어서 황달형간염黃疸型肝炎, 세균성이질細菌性痢疾, 창옹종독瘡癰腫毒, 백일해百日咳, 해수담다咳嗽痰多, 인후종통咽喉腫痛, 맥관염脈管炎을 치료하는 데 쓰인다.

물매화

물매화

물매화

물봉선

봉선화과 / *Impatiens textori* Miq.

한해살이풀의 관화식물로, 우리나라 전역 산골짜기의 물가나 습지에서 무리지어 자란다. 키는 40~80㎝로, 매끈하고 붉은빛이 도는 육질에 가까운 줄기는 곧게 서고 가지가 많이 갈라지며, 마디 부분이 불룩하게 부푼다. 8~9월에 홍자색의 꽃이 피는데, 더러 흰색이나 노란색 꽃도 볼 수 있다. 성숙한 열매는 봉선화처럼 스스로 터져 씨를 멀리 날려 보낸다.

어름부터 가을 사이에 잎과 줄기를 채취하여 햇볕에 말려 약으로 쓰고 더러 생풀을 쓰기도 한다. 해독 및 소종 작용을 하므로 종기 치료나 뱀에 물렸을 때 쓴다. 뿌리는 강장 효과가 있고 멍든 피를 풀어 주는 것으로 알려져 있다.

《운곡본초학》, 한국식품연구원의 《기능성식품 · 천연물 의약 소재도감》 등에 의하면, 물봉선은 거부祛腐, 청량해독淸凉解毒하는 효능이 있으므로 악창惡瘡과 피부 궤양에 짓찧어 붙인다고 하였다. 물봉선의 항염증 효과에 대한 관련 연구들은 많지 않으므로, 비교적 흔한 식물인 물봉선을 생약 자원화할 수 있는 연구들이 필요한 것으로 보인다. 생약 측면에

생육 & 채취	
장 소	전역 산골짜기의 물가나 습지
시 기	여름~가을
부 위	잎, 줄기
손질법	햇볕에 말린다.

효용	
성 미	맛은 쓰고 성질은 차다.
활 용	해독, 소종 작용

연구 & 특허
● ERK 인산화에 의한 HO-1 발현 및 IFN-β / STAT 경로의 억제를 통한 물봉선 메탄올 추출물의 항염증 효과
● 물봉선의 성분에 관한 연구(1)

서는 분홍·노랑·흰물봉선 모두를 '야봉선화野鳳仙花'라 하여 그 효능은 동일한 것으로 보고 있으며, 청나라의 오겸이 지은 의학서인《의종금감醫宗金鑑》에 의하면 담주발(주머니처럼 생긴 딴딴한 종기)이라는 악창 치료에는 물봉선을 주재료로 한 '금봉화담고'란 처방이 있음을 소개하였다.

약명/이명 야봉선화野鳳仙花 / 야봉선野鳳仙, 좌나초座拏草, 가봉선假鳳仙, 불봉숭, 물봉숭아

특허 · 논문

● **ERK 인산화에 의한 HO-1 발현 및 IFN-β/STAT 경로의 억제를 통한 물봉선 메탄올 추출물의 항염증 효과** : 물봉선은 예로부터 타박상, 피부궤양에 효과가 있는 전통 의약으로 알려져 왔다. 그러나 항염증 효과와 그 기전에 대해서는 아직 밝혀지지 않았다. 본 논문에서는 물봉선의 산화질소, 프로스타글란딘E2 그리고 염증성 사이토카인인 IL-1β와 IL-6의 강한 억제력을 확인하였다. 물봉선은 또한 LPS로 자극한 RAW264.7 세포에서 iNOS와 COX-2의 유전자 발현을 억제하였다. 그리고 물봉선은 IFN-β의 발현에 의해서 STAT1, STAT2, STAT3의 인산화를 억제시켰다. 또한 이 논문에서는 물봉선이 ERK의 인산화를 증가시킴으로써 HO-1의 발현을 증가시키는 것을 확인하였다. 이러한 결과들은 물봉선의 NO, PGE2, 염증성 사이토카인들의 억제가 ERK 인산화에 의한 HO-1의 발현과 TRIF-의존적인 신호 경로의 억제를 통해서 일어난다고 제시한다. — 건국대학교 박동근 석사학위논문(2011)

● **물봉선의 성분에 관한 연구**(1) : 본 논문은 물봉선의 성분을 연구한 논문으로 주요 내용으로는 물봉선(봉선화과)의 에테르와 에틸아세테이트 추출물에서 4개의 플라보노이드를 분리하고 그 구조를 물리화학적 분광법을 이용하여 루테올린(I), 아피제닌(II), 크리소에리올(III) 및 크리소에리올 7-글루코사이드(IV)로 밝혀졌으며, 이 식물

노랑물봉선

흰물봉선

물봉선

물봉선

에서 이 화합물들을 처음으로 분리한 내용이다. — 효성여자대학교 약학대학 김종원 외 1, 생약학회지

● 물봉선의 성분에 관한 연구(2) : 본 논문은 물봉선의 성분에 관하여 연구한 논문으로 주요 내용으로는 물봉선의 음건한 전초를 95% MeOH로 추출한 후, ether 가용부와 불용부로 나누고 ether 가용부로부터 2종의 flavone glycosid를 분리하고, 이 화합물들에 대하여 이화학적 및 분광학적 실험을 행하여 그 구조를 규명한 결과 compound1은 apigenin 7-O-glucoside(cosmosiin)로, compound2 는 luteolin 7-O-glucoside로 동정하였음을 보고하는 내용이다. — 효성여자대학교 약학대학 김종원 외 1, 생약학회지

● 물봉선의 성분에 관한 연구(3) : 본 논문은 물봉선의 성분에 관한 연구(Ⅲ) 논문 내용으로, 물봉선이 한국의 대부분 지역에서 연중 성장하는 식물이며, 사독 및 멍에 대한 외용약으로 사용되어 왔고, 이전의 조사를 통하여 3가지 플라보노와 3가지 플라본 글리코사이드를 포함하고 있으며, 식물에서 quercetin, kaempferol 및 acacetin, 7-O-β-D-glucosie 을 추출함을 보고한 내용이다. — 효성여자대학교 약학대학 김종원 외 1, 생약학회지

● 노랑물봉선의 성분에 관한 연구 : 본 논문은 노랑물봉선의 성분에 대하여 연구한 논문으로, 주요 내용으로는 노랑물봉선의 전초를 이용한 성분 분석을 행하여, 1종의 ether계, 1종의 coumarin계, 1종의 sterol glycoside계, 3종의 flavonoid계 화합물을 단리하여 그 구조를 구명해 보았다. 이 화합물들의 이화학적 성상과 분광학적 data를 종합하여 Compound 1은 dieicosyl ether, Compound 2는 6-methoxy-7-hydroxycoumarin인 scopoletin으로, Compound 3은 α-spinasterol-3-O-β-D-glucopyranoside, Compound 4는 kaempferol, Compound 5는 quercetin, Compound 6은 quercetin-7, 3', 4'-trimethylether-3-O-rutinoside로 동정 확인하였다는 내용이다. — 효성여자대학교 약학대학 김종원 외 1, 생약학회지(2002. 12)

노랑물봉선

물봉선

흰물봉선

물봉선

물싸리

장미과 / *Potentilla fruticosa* var. *rigida* (Wall.) Th.Wolf

장미과의 낙엽활엽관목으로, 우리나라에서는 함경남·북도의 깊은 산 습지나 바위틈에서 자란다. 키는 30~150㎝이고 가지가 많이 뻗으며 나무껍질은 회색이고 어린 가지에 털이 있다. 6~8월에 노란 꽃이 어린 가지 끝이나 잎겨드랑이에서 2~3개씩 핀다. 열매는 달걀 모양으로 광택이 있으며 긴 털이 있다. 흰색 꽃이 피는 것을 흰물싸리(*Potentilla fruticosa* Linne var. *mandshurica* Maxim)라고 한다.

이명 금노매(일본)

특허 · 논문

● **해당화**(Rosa rugosa) **잎의 항산화 물질 :** 본 논문은 해당화(*Rosa rugosa*) 잎의 항산화 물질에 대하여 연구한 논문으로 주요 내용으로는 천연물로부터 유용 항산화 물질을 분리하기 위하여 30여 종의 중국산 약용식물의 잎의 MeOH 추출물을 대상으로 DPPH free radical 소거법을 이용하여 항산화 활성을 조사한 결과 해당화의 항산화 활성이 가장 강하게 나타났으

생육 & 채취	
장 소	함경도의 깊은 산 습지
시 기	5월
부 위	꽃, 잔가지
손질법	그늘에서 말린다.

효 용	
성 미	맛은 약간 쓰고, 성질은 시원하다.
활 용	피부병, 신장병에 효과가 있다.

연구 & 특허
● 해당화(Rosa rugosa) 잎의 항산화 물질

며, 물싸리, 양지꽃, 큰뱀무순으로 높았으며, 가장 강한 활성을 나타낸 해당화 잎의 MeOH 추출물로부터 2종의 항산화 화합물을 분리하여 compound1은 isoqurercitrin, compound2는 β-Glucogallin으로 동정하였음을 보고하는 내용이다. — 생명공학연구소 식물생화학 Research Unit, 최용화 외 4. 생약학회지(1997)

물싸리 꽃

물싸리 꽃

물싸리 마른 열매

물싸리 마른 가지

물푸레나무

물푸레나무과 / *Fraxinus rhynchophylla* Hance

물푸레나무과의 낙엽활엽교목으로, 우리나라 전역의 산기슭이나 계곡 근처에서 자란다. 키는 10m까지 자라는데, 줄기는 곧고 굵게 자라며 뿌리 쪽에서 새 줄기가 계속 올라온다. 나뭇가지 껍질을 벗겨 물에 담가 두면 물이 푸르게 변하므로 물푸레나무라고 한다. 4~5월에 노란빛이 감도는 초록빛 꽃이 피고, 9월에 열매가 익는다.

유사종으로 흰색의 꽃이 피는 쇠물푸레나무(*Fraxinus sieboldiana* Blume)·붉은물푸레나무(*Fraxinus pennsylvanica* Marsh.) 등이 있다.

목질이 질기고 단단하여 농기구나 목기 등으로 이용하였으며, 생가지도 불에 잘 타므로 한거울에도 눈 속에서 불을 피울 수 있다고 한다.

한방에서 물푸레나무 껍질을 '진피秦皮'라고 부르는데, 생나무에서 껍질을 벗겨내어 햇볕에 말려 건위제健胃劑·소염제·수렴제收斂劑로 사용한다.

약명/이명 진피秦皮, 잠피岑皮, 진백피秦白皮 / 쉬청나무, 떡물푸레나무, 광능물푸레나무

생육 & 채취	
장 소	전국의 산기슭이나 계곡
시 기	생육기간 중
부 위	나무껍질(약재)
손질법	껍질을 벗겨내어 햇볕에 말린다.

효용	
성 미	맛은 쓰고 성질은 차다.
활 용	해열, 진통, 소염, 수렴 등의 효능이 있다.

연구 & 특허
● 물푸레나무 추출물을 함유하는 미백과 항산화 효과가 우수한 화장료 조성물
● 물푸레나무 추출물 또는 이로부터 분리된 화합물을 포함하는 항균 조성물

고서古書 · 의서醫書에서 밝히는 효능

동의보감 명목明目, 수삽收澁, 청열조습淸熱燥濕의 효능이 있으며, 적백대하赤白帶下, 목적종통目赤腫痛, 열리熱痢, 설사泄瀉를 치료하는 데 쓰인다.

특허 · 논문

● 물푸레나무 추출물을 함유하는 미백과 항산화 효과가 우수한 화장료 조성물 : 본 발명은 물푸레나무를 용매 추출하여 얻은 추출물을 유효성분으로 함유하는 미백과 항산화 효과가 우수한 화장료 조성물에 관한 것으로, 더욱 상세하게는 물푸레나무에서 유래하는 잎, 줄기, 뿌리를 혼합 사용하거나 단일 사용하여 용매 추출하고 이를 함유하는 미백과 항산화 효과가 우수한 화장료 조성물을 제공하는 것이다. 본 발명에 의한 화장료 조성물은 피부 자극이 없고, 화장료용의 각종 기제 및 첨가제, 유기용제 등에 대한 용해성, 친화성 및 안정성이 좋았고, 특히 피부 탄력 개선 효과 및 염증 반응 억제 효과가 우수하였다. — 특허공개 10−2013−0023325호, 주식회사 내추럴솔루션 외 1

● 물푸레나무 추출물 또는 이로부터 분리된 화합물을 포함하는 항균 조성물 : 본 발명은 항균 활성을 갖는 조성물에 관한 것으로서, 상세하게는 물푸레나무(*Fraxinus rhynchophylla*)의 줄기껍질인 진피(*Fraxini Cortex*)의 추출물 및 이로부터 분리된 화합물들은 인수 공통 전염병 균주에 대한 억제 활성을 나타내므로 항균 조성물로 이용될 수 있다. — 특허등록 제777834호, 원광대학교 산학협력단

● 한약재를 이용한 구취제 조성물 및 그의 제조 방법 : 본 발명은 작은 조각상태의 물푸레나무 줄기를 물과 함께 용기에 넣고 100~120℃ 온도로 끓여 물푸레나무 추출물이 물에 우러나도록 하는 단계와, 상기 용기에서 물

물푸레나무

물푸레나무

쇠물푸레나무

푸레나무 조각들을 모두 건져내는 단계와, 상기 물푸레나무 추출물이 함유된 물을 계속해서 끓여 수분을 거의 증발시켜 끈적끈적한 상태의 물푸레나무 진액을 얻는 단계로 이루어지는 한약재를 이용한 구취제 및 그의 제조 방법을 제공하기 위한 것으로, 본 발명은 생약성분의 한약재인 물푸레나무를 이용하여 구취제를 제조하게 되므로 장기간 복용 시에도 인체에 어떤 부작용이 없으며, 제조 공정이 간단하고, 원재료의 수급이 용이하여 저렴한 가격으로 공급할 수 있는 것이어서 구취증세로 고생하고 있는 많은 환자들에게 널리 약제의 혜택을 제공할 수 있는 매우 유용한 발명인 것이다. — 특허등록 제476745호, 송**

● 세코이리도이드 유도체를 유효성분으로 포함하는 비만의 예방 또는 치료용 조성물 : 본 발명은 세코이리도이드(secoiridoid) 유도체를 유효성분으로 포함하는 비만의 예방 또는 치료용 조성물에 관한 것이다. 본 발명의 세코이리도이드 유도체는 지방세포 분화의 억제, 체지방량의 감소, 내장 지방량의 감소, 총콜레스테롤 농도의 감소, 혈장 중성지방 및 간조직 중성지방의 감소, 공복 시 혈당 감소 및 혈중 인슐린 농도의 감소를 초래하여, 궁극적으로 비만의 예방 또는 치료 활성을 나타낸다. 발명자들은, 항비만의 활성을 갖는 천연물질을 개발하고자 노력한 결과, 물푸레나무과(Oleaceae family) 식물의 추출물에 포함된 올레우로페인(oleuropein)이 항비만 활성을 갖는다는 사실을 확인함으로써 본 발명을 완성하였다. — 특허등록 제1081451호 연세대학교 산학협력단

● 물푸레나무 추출물 또는 이로부터 분리된 프락시딘을 포함하는 톡소플라즈마증 치료용 조성물 : 본 발명은 톡소포자충 억제 활성을 갖는 조성물에 관한 것으로서, 상세하게는 물푸레나무(*Fraxinus rhynchophylla*)의 줄기껍질인 진피(Fraxini Cortex)의 추출물 또는 이로부터 분리된 프락시딘은 콕시디움, 즉 톡소포자충(소, 양, 토끼, 가금에 문제를 일으키는 원충성 질병중 대표적인 질병으로서 특히 가금에 치명적인 손상을 유발함)에 대한 억제 활성을 나타내므로

쇠물푸레나무

쇠물푸레나무

쇠물푸레나무

톡소플라즈마증(toxoplasmosis) 치료용 약학조성물로 이용될 수 있다. — 특허등록 제818361호, 원광대학교 산학협력단

● 물푸레나무로부터 분리한 Lignan 유도체가 췌장 리파아제 억제 활성에 미치는 영향 : 본 논문은 물푸레나무로부터 분리한 Lignan 유도체가 췌장 리파아제 억제 활성에 미치는 영향에 대한 연구로, 주요 내용은 다음과 같다. 췌장 리파아제는 지질 흡수를 위한 중요한 효소로 가수분해에 의해 식이지방을 소화시킨다. 그러므로 췌장 리파아제에 의한 지방 흡수 감소는 비만을 치료하는 데 있어서 효과적이다. 이전의 연구에서 물푸레나무로부터 분리한 coumarins과 secoiridoids의 경우 지방세포 분화를 억제하는 성분임을 보고하였으며, 본 연구를 통하여 물푸레나무로부터 lignans(1∼10), sesquilignans(11∼14), coumarinolignans(15∼17)와 같은 lignan 유도체를 분리하였다. 이 중에서 coumarinolignans 및 sesquilignans은 물푸레나무종으로부터 분리한 최초의 성분이었다. 결론적으로 분리한 성분 중에서 sesquilignans는 췌장 리파아제를 현저히 억제하였으며, 반면에 lignans 및 coumarinolignans는 약한 효과를 보였다는 내용이다. — 충북대학교 약학과 안종훈 외 7. 생약학회지

● 물푸레나무 수피의 생쥐 해마 유래 HT22 세포 보호와 항산화 활성 물질 : 본 논문은 물푸레나무 수피의 생쥐 해마 유래 HT22 세포 보호와 항산화 활성 물질을 연구한 내용이다. 생쥐 해마 HT22 세포에서 tert-butyl hydroperoxide(t-BHP)-유발 세포손상에 대한 세포 보호 활성을 추적하여 식물화학적으로 조사하여 물푸레나무 건조 수피의 MeOH 추출물로부터 두 가지 쿠마린, esculetin(1)과 fraxetin(2)를 분리하였다. 화합물 1과 2는 HT22 세포에서 t-BHP-유발 세포산화적 손상에 대해 유의한 세포 보호 효과를 가졌으며, 각각 14.68과 9.64uM의 IC$_{50}$ 값을 가지는 강력한 DPPH 라디칼 소거 효과를 보였다는 내용이다. — 원광대학교 익산방사선영상과학연구소 정길생 외 7. 생약학회지(2007. 9. 30)

미국미역취

국화과 / *Solidago serotina* Aiton

국화과의 여러해살이풀로, 제주도와 남부 지방의 도시 주변 양지바른 곳에 흔히 분포한다. 북아메리카에서 들어온 귀화식물로, 주로 관상용으로 심어 가꾼다. 키는 약 1m 이상 되며, 줄기가 곧게 서고 윗부분에서 가지가 많이 갈라진다. 7~8월경에 황색의 꽃이 핀다.

우리나라에 자생하는 식물인 미역취(*Solidago virgaurea* subsp.)와 동속 근연 식물로서, 미국미역취의 지상부도 '일지황화一枝黄花'라는 한약재로 이용한다.

약명/이명 일지황화一枝黄花 / 서양미역취, 양미역취

특허 · 논문

● 한국산 약용식물 추출물의 알도즈 환원 효소 억제 효능 검색 : 본 논문은 한국산 약용식물 추출물의 알도즈 환원 효소 억제 효능 검색에 관한 연구로 주요 내용은 다음과 같다. 알도즈 환원 효소는 당뇨 합병증에 관여하는 효소이다. 본 연구에서는 천연물로부터 당뇨 합병증 치료제를

생육 & 채취	
장 소	제주 및 남부 지역의 양지바른 곳
시 기	7~8월
부 위	지상부
손질법	햇볕에 말린다.

효용	
성 미	맛은 맵고 쓰며 성질은 차다.
활 용	이뇨, 해열 등의 효능이 있다.

연구 & 특허
● 한국산 약용식물 추출물의 알도즈 환원 효소 억제 효능 검색
● 제주산 식물을 이용한 미백 기능성화장품 원료에 대한 검색

개발하기 위하여 65종의 한국산 약용식물에서 알도즈 환원 효소에 대한 억제 활성을 조사하였다. 그 결과 23종의 약용식물에서 3,3-tetramethyleneglutaric acid(TMG)와 비교시 현저한 억제 활성을 보였다. 결론적으로 8종의 약용식물, 즉 신나무(잔가지, 줄기, 잎), 신나무(열매), 철쭉(잔가지, 줄기, 잎), 병꽃나무(잔가지, 줄기, 잎), 고로쇠나무(가지, 잎), 가죽나무(잔가지, 줄기, 잎), 생강나무(가지, 잎), 미국미역취(전초)의 경우는 양성대조군인 TMG보다 3배 높은 억제 활성을 보였다는 내용이다. — 한국한의학연구원 한의융합연구본부 당뇨합병증연구센터 이윤미 외 3, 생약학회지(2011. 12. 31)

● 제주산 식물을 이용한 미백 기능성화장품 원료에 대한 검색 : 제주에서 자생하는 식물들의 미백 활성을 B16F10 세포에서의 멜라닌 생성 억제, mushroom tyrosinase 활성 억제 실험을 통하여 확인하였다. 본 실험에서 우리는 개민들레 줄기, 까마중, 미국미역취, 돌외, 주목의 메탄올 추출물에서 B16F10 세포에서의 멜라닌 생성 저해 효과를 확인하였다. 그러나 이들의 tyrosinase 활성은 없었다. — 제주대학교 자연과학대학 화학과 이선주 외 3, 대한화장품학회지(2005)

미국미역취

미국미역취 꽃

미국미역취

미국미역취

미나리아재비

미나리아재비과 / *Ranunculus japonicus* Thunb.

미나리아재비과의 여러해살이풀로, 우리나라 전역의 산기슭과 들판의 물기 많고 햇볕이 잘 들어오는 곳에 자생한다. 키는 50~70㎝ 정도이고 식물 전체에 짧은 털이 거칠게 나 있다. 6월에 진한 노란색의 꽃이 피고, 가을에 열매가 별사탕 모양으로 모여 익는다. 독성이 있으나 연한 순은 데쳐서 물에 우려내어 나물로 먹는다. 한방에서 전초를 여름에서 가을 사이에 채취하여 햇볕에 말려 약재로 쓰는데, 진통·소종·해열의 효능이 있다. 간염으로 인한 황달을 치료하고 눈에 낀 백태를 제거한다.

약용식물로서의 연구는 많지 않으며, 자극성 피부염을 일으킨다는 보고가 있다.

약명/이명 모랑毛茛, 모근毛堇, 학슬초鶴膝草, 날자초辣子草 / 놋동이, 자래초, 바구지

고서古書·의서醫書에서 밝히는 효능

운곡본초학 지상부를 약용하는데 명목거예明目祛瞖, 이습퇴황利濕退黃의

생육 & 채취	
장 소	전국의 산깃슬과 들판
시 기	여름~가을
부 위	전초
손질법	햇볕에 말린다.

효용	
성 미	맛이 달고 담담하며, 성질은 평하다.
활 용	진통·소종·해열의 효능이 있다.

연구 & 특허
● 유효성분으로서 아네모닌을 함유하는 무균 염증 치료용 약제 ☞ p.1001 참고

효능이 있고, 황달黃疸, 효천哮喘, 학질瘧疾, 편두통偏頭痛, 아통牙痛, 학슬풍鶴膝風, 풍습관절통風濕關節痛, 목생예막目生翳膜, 나력瘰癧, 옹창종독癰瘡腫毒을 치료한다.

특허 · 논문

● 유효성분으로서 아네모닌을 함유하는 무균 염증 치료용 약제 : 본 발명은 유효성분으로서 아네모닌을 함유하는 무균 염증 치료용 약제, 및 무균 염증을 치료하기 위한 아네모닌 화합물의 이용에 관한 것이다. 본 발명의 약제에서 유효성분인 아네모닌은 아네모닌 또는 그 전구 물질을 함유하는 천연 식물(미나리아재비과(Ranunculaceous) 식물 및 벼과(Graminaceous) 식물인 미나리아재비(*Ranunculus japonicus* Thunb.), 동의나물(*Caltha palustris* L), 개구리자리(*Ranunculus sceleratus* L), 으아리(*Clematis Manshurica* Rupr.), 병조희풀(*Clematis uncinata* champ.ex Benth) 및 노루귀(*Hepatica Anemoneae*) 등에서 추출 및 분리될 수 있다. 본 발명은 또한 아네모닌 추출물을 제조하는 방법도 개시한다. 본 발명의 약제는 경구 투여, 주사 및 국소 적용, 특히 피하 침투 흡수될 수 있는 액체 추출물, 플라스터, 좌약, 리미멘트제 및 페인트 등의 제제로 제형화될 수 있다. — 특허등록 제622614호, 후 쉬칭 외 2(중국)

미나리아재비

미나리아재비 꽃

미나리아재비

미선나무

물푸레나무과 / *Abeliophyllum distichum* Nakai

물푸레나무과의 낙엽관목으로, 산기슭 돌밭에서 자생하는 우리나라 특산 식물이다. 충청북도 괴산, 진천 및 전북 부안이 자생지로 알려져 있으며, 영동과 충주, 경상북도 청송 및 충청남도 금산에도 자생하고 있다. 키는 1m 정도이고, 3월 중순~4월 초순에 개나리 모양의 꽃이 피는데, 흰색·연한 노란색·약간 붉은색 등으로 다양하다. 9~10월에 타원형의 열매가 익으며, 반달 모양의 씨앗이 2개 들어 있다. 꽃향기가 은은하고 매혹적이어서 관상수나 울타리용으로 많이 심는다.

미선나무라는 이름은 열매 모양이 전통 부채와 닮았기에 한자어 '미선尾扇'에서 유래한 것이다.

약명/이명 조선육도목朝鮮六道木 / 원편목, 미선

특허 · 논문

● 미선나무 추출물을 포함하는 항암제 : 본 발명은 미선나무 추출물을 포함하는 항암제에 관한 것이다. 특히 본 발명은 정상적인 세포에는 부

생육 & 채취	
장 소	남부 지역의 산기슭
시 기	3~4월
부 위	나무 추출물
손질법	–

효용	
성 미	–
활 용	관상용, 울타리용 항암제 원료로 활용 기대

연구 & 특허
● 미선나무 추출물을 포함하는 항암제 ● 미선나무 추출물을 포함하는 항염증제 ● 미선나무 추출물을 유효성분으로 함유하는 화장료 조성물 外 p.1001 참고

작용을 발생시키지 않으면서 동시에 종양세포에 특이적으로 작용하여 현저한 증식 억제 효과를 나타낼 수 있는 미선나무 추출물을 제공하며, 상기 미선나무 추출물은 암 예방 및 치료 용도로 유용하게 활용될 수 있다.

— 특허등록 제706131호, 한림대학교 산학협력단

● **미선나무 추출물을 포함하는 항염증제** : 본 발명은 미선나무 추출물을 포함하는 항염증제에 관한 것이다. 특히 본 발명은 염증 반응을 효과적으로 억제하고 세포독성이 없는 안전한 미선나무 추출물에 관한 것으로, 상기 미선나무 추출물은 염증 반응을 효과적으로 억제하고 세포독성이 없는 안전한 시료로서 염증성 질환의 치료 및 예방 용도로 유용하게 사용할 수 있다는 내용이다. — 특허등록 제656287호, 한림대학교 산학협력단, 학교법인 연세대학교

● **미선나무 추출물을 유효성분으로 함유하는 화장료 조성물** : 본 발명은 항산화 효과, 피부 노화 방지 효과, 피부 주름 개선 효과, 미백 효과 및 보습 효과를 갖는 미선나무 추출물을 유효성분으로 함유하는 화장료 조성물 및 상기 화장료 조성물을 피부에 도포하는 것을 특징으로 하는 화장 방법에 관한 것이다. 본 발명에 의하면 미선나무 추출물은 피부 내에서 일어나는 산화 현상을 억제해 주며, 피부 세포 활성 효과, 피부 잔주름 개선 효과, 미백 효과 등의 다양한 효과를 가지고 있어 이 물질을 이용하여 각종 기능성 화장료를 제조할 수 있다.

— 특허등록 제954695호, 주식회사 코리아나화장품

미선나무 꽃

미선나무 꽃

미선나무 열매

미선나무 열매

미역줄나무

노박덩굴과 / *Tripterygium regelii* Sprague & Takeda

노박덩굴과의 낙엽성 덩굴식물로, 황해도를 제외한 전국의 산기슭이나 골짜기 또는 숲 속에서 무리 지어 자란다. 길이는 2m이고, 적갈색 가지에는 혹 모양의 돌기가 빽빽이 나 있으며 이웃한 나무를 감아 올라가거나 바위에 기대어 자란다. 6~7월에 흰색의 꽃이 피고, 9~10월에 붉은 빛이 감도는 연한 녹색의 열매가 익는다.

봄에 어린순을 데쳐서 나물로 먹고, 꽃은 여름에, 뿌리와 줄기는 가을에서 겨울 사이에 채취하여 햇볕에 말려서 약으로 쓴다. 살충·소염·해독 효과가 있으나, 약간의 독성이 있으므로 주의한다.

약명/이명 동북뇌공등東北雷公藤 / 메역순나무, 한삼덤굴, 노방구덤불, 미역순나무

생육 & 채취	
장 소	전국의 산기슭이나 골짜기
시 기	가을~겨울
부 위	어린순(나물) 뿌리껍질, 줄기(약용)
손질법	햇볕에 말린다.

효용	
성 미	독이 약간 있다.
활 용	살균, 소염 효과가 있다.

연구 & 특허
● 암에 대한 방사선 치료 증진용 조성물 ● 코로나 바이러스 감염의 예방 또는 치료용 조성물 및 3CL 프로테아제 활성의 억제용 조성물 外 p.1001 참고

특허 · 논문

● 암에 대한 방사선 치료 증진용 조성물 : 본 발명은 미역줄나무 (*Tripterygium regelii*)로부터 추출된 활성 화합물을 활성성분으로서 포함하

는 암에 대한 방사선 치료 증진용 조성물을 제공하는 것이다. 발명자들은 암에 대한 방사선 치료를 증진시키는 효과를 가지면서도 심각한 부작용 없이 방사선 치료와 함께 사용될 수 있는 방사선 치료 증진제를 개발하기 위해 식물 생약에 대해 연구한 결과, 종래 생약으로 사용되어 왔던 노박덩쿨과의 미역줄나무 추출물 및 그 미역줄나무 유래의 여러 화합물이 암에 대한 방사선 치료 증진 효과를 갖는다는 것을 확인하여, 본 발명을 완성하게 되었다. — 특허등록 제1021975호, 한국원자력의학원

● 코로나 바이러스 감염의 예방 또는 치료용 조성물 및 3CL 프로테아제 활성의 억제용 조성물 : 본 발명은 노박덩굴 추출물 또는 미역줄나무 추출물을 포함하는 코로나 바이러스 감염의 예방 또는 치료용 조성물 및 3CL 프로테아제 활성의 억제를 위한 조성물에 관한 것으로, 노박덩굴 추출물 또는 이의 분획물, 미역줄나무 추출물 또는 이의 분획물, 또는 이들로부터 추출한 퀴노메치드계 트리테르펜 화합물이 3CL 프로테아제의 활성을 억제하는 효과를 나타내고, 다양한 코로나 바이러스에 대해 살바이러스 및 세포변성 억제 효과를 동시에 나타내므로 코로나 바이러스 감염의 예방 또는 치료에 유용하게 사용될 수 있다. — 특허등록 제1128088호, 한국생명공학연구원

※ 코로나 바이러스(coronavirus)는 1937년 닭에서 처음 발견된 뒤 개·돼지·조류 등의 동물을 거쳐 1965년에는 사람에게서도 발견되었다. 지금까지 코로나 바이러스는 사람에게는 거의 감염되지 않고 주로 개, 돼지, 소 등의 동물에 감염되는 병원균으로 인식되어 왔다. 사람에게 감염될 때에도 호흡기 증상을 유발하는 여러 바이러스 가운데 하나로 단순한 감기를 유발하거나, 어린이의 설사 등 장 질환을 일으키는 경우가 있기는 하지만 위험성은 그리 높지 않았다. 그러나, 2003년 3월 중순 처음으로 발생하여 세계적으로 100명이 넘는 사망자와 3,000여 명의 환자를 발생시킨 중증급성호흡기증후군(사스 : SARS)의 원인균이 신종(변종) 코로나 바이러스인 것으로 알려지면서 점차적으로 주목받기 시작하였다. 코로나 바이러스는 사람과 동물에서 주로 폐렴과 장염을 유발하는 것으로 알려져 있으며, 간혹 신경계 감염과 간염을 유발하는 것으로도 알려져 있다.

미역줄나무 새순

미역줄나무 잎

미역줄나무 꽃

미역줄나무 열매

미역취

국화과 / *Solidago virgaurea* subsp. *asiatica* Kitam. ex Hara var. *asiatica*

국화과의 여러해살이풀로, 우리나라 각지의 산이나 들, 수풀에 자생하며 낙엽수 밑에 많다. 키는 40~90㎝ 정도이고, 줄기는 곧게 자라며 가지를 거의 치지 않는다. 7~10월에 노란색 꽃이 핀다.

봄에 연한 순을 데쳐서 묵나물로 만들어 먹고, 장아찌를 담그기도 한다. 꽃을 포함한 줄기와 잎을 햇볕에 말려 이뇨·해열·진해·건위 효능이 있는 약재로 쓴다. 잎과 줄기에 사포닌Saponin이 함유되어 있다.

약명/이명 일지황화一枝黃花 / 토택란土澤蘭, 야황국野黃菊, 만산황滿山黃, 돼지나물

고서古書 · 의서醫書에서 밝히는 효능

운곡본초학 소종해독消腫解毒, 소풍청열消風淸熱의 효능이 있다.

특허 · 논문

● 골대사 질환 예방 및 치료에 유용한 미역취 추출물 : 본 발명은 골 대

생육 & 채취	
장 소	전국 각지의 산이나 들
시 기	봄
부 위	어린순(나물) 꽃 핀 지상부(약재)
손질법	햇볕에 말린다.

효용	
성 미	맛은 맵고 성질은 따뜻하다.
활 용	이뇨·해열·진해·건위 작용을 한다.

연구 & 특허
● 골대사 질환 예방 및 치료에 유용한 미역취 추출물 ● 울릉도 특산 나물 발효 추출물을 유효성분으로 함유하는 미백 및 주름 개선용 조성물 外 p.1001 참고

사 질환의 예방 및 치료에 유용한 미역취 추출물, 이를 함유하는 약학적 조성물, 및 허용 가능한 식품 보조제를 포함하는 건강보조식품을 제공하기 위한 것이다. 본 발명에 따른 미역취 추출물은 먼저 미역취의 잎, 줄기, 그리고 뿌리에서 불순물을 제거하고 세척한 후 −20℃에서 동결건조하여 분말로 하고, 시료 무게의 10배량(w/v)의 80% 메탄올로 24시간 동안 3회 추출한 다음 추출액을 여과지를 사용하여 2회 여과하고 회전 진공 증발기로 농축한 후 동결건조하여서 얻는다. 본 발명의 미역취 추출물은 단일 성분에 의한 것보다 복합적인 작용에 의하여 조골세포의 증식과 분화를 종래의 골 질환에 좋다고 알려진 식품과 양성 대조군에 비해 더 빠르게 유도하고, 또한 동물실험에서도 흰쥐의 성장에 대해 독성 작용 없이 골밀도와 골 무기질 함량을 높이므로 골 질환 치료 및 예방에 적절한 도움을 줄 수 있는 효과가 있다. ― 특허등록 제846454호, 학교법인 계명대학교

● 울릉도 특산 나물 발효 추출물을 유효성분으로 함유하는 미백 및 주름 개선용 조성물 : 본 발명은 곰취, 미역취 및 삼나물의 추출물 또는 이의 발효 추출물을 함유하는 항산화, 항염증, 미백 및 주름 억제 효과를 갖는 조성물로서 인체에 대한 부작용이나 독성이 없으며, 항산화, 항염증, 미백 및 주름 억제 효과를 나타내, 항산화, 항염증, 미백 및 주름 억제 효과를 나타내는 화장료 조성물로 유용하게 이용할 수 있다. ― 특허공개 10-2012-0067805호, 주식회사 이지함화장품, 대구경북한방산업진흥원

● 미역취의 세포사멸 성분 : 본 논문은 미역취의 세포사멸 성분을 연구한 논문으로, 주요 내용으로는 미역취의 활성 유도 분획의 헥산 가용 분획으로부터 3가지의 세포사멸 화합물인 에리스로디알-3-아세트산염, 알파-토코페롤-퀴논 및 트랜스-피톨을 분리하였다. 이 속으로부터 이런 화합물을 처음으로 보고하였다는 내용이다. ― 충북대학교 약학대학 성종훈 외 5, 약학회지(1999. 12)

미역취

미역취 어린순

미역취

민백미꽃

박주가리과 / *Cynanchum ascyrifolium* (Franch. & Sav.) Matsum.

박주가리과의 여러해살이풀로, 우리나라 각처의 산지 반그늘에서 자란다. 키는 30~60㎝ 정도이고, 녹색의 원줄기는 곧게 서며, 줄기를 자르면 백색 유액이 나온다. 5~7월에 흰 꽃이 피는데, 순백색 꽃이 아름답고 키도 자그마하여 화분에 심어 관상용으로 가꾸기 좋다. 8~9월에 익는 열매는 박주가리와 비슷하다. 박주가리과의 식물 분류는 열매의 모양에 기인한다.

백미류에는 민백미꽃 외에도 백미꽃·푸른백미꽃·가는털백미·선백미꽃·덩굴백미꽃 등이 있고, 유사종으로 솜아마존·검은솜아마존 등이 있다. 굵은 수염뿌리를 '백전白前'이라고 하는데, 진해·거담 효과가 있어 기침이 심하고 가래가 많을 때 약으로 쓴다. 중국약전에는 유엽백전, 완화엽백전도 '백전白前'이라는 약명으로 이용한다. 또한 백전은 기침가래약으로, 백미는 청열양혈약으로 이용하기 때문에 달리 이용되어야 할 것이다.

약명/이명 백전白前 / 흰백미, 개백미, 민백미

생육 & 채취	
장 소	전국 각지의 산지의 그늘진 곳
시 기	가을~봄
부 위	뿌리
손질법	햇볕에 말린다.

효용	
성 미	맛은 쓰고 짜며 성질은 차다.
활 용	진해·거담 효과가 있다.

연구 & 특허
● 한약 백미의 생약학적 연구 ● 민백미꽃 지하부의 成分에 관한 연구

고서古書 · 의서醫書에서 밝히는 효능

운곡본초학 지해止咳, 강기거담降氣祛痰의 효능이 있어서 흉민기역胸悶氣逆, 해수담다咳嗽痰多, 천식喘息, 폐기옹실肺氣癰實을 치료한다. 기허해수氣虛咳嗽에는 복용服用을 기忌하며, 위점막에 자극성이 있으므로 위병胃病의 경우에도 신중히 사용한다.

특허 · 논문

● 한약 백미의 생약학적 연구 : 본 논문은 한약 백미의 생약학적 연구에 관한 것으로, 주요 내용은 다음과 같다. 백미는 주로 해열제 및 이뇨제의 용도로 사용되는 중국의 생약재이다. 지금까지 백미의 기원에 관한 연구는 생약학적으로 이루어지지 않았다. 그러므로 백미의 기원에 대하여 연구하기 위해서 한국에서 자생하는 백미속 식물의 형태 및 해부학적 특성을 분석하였다. 시장에서 유통되고 있는 한약 백미와 Cynanchum속 식물 2종을 조직학적으로 비교 검토한 결과 Cynanchum속 식물 2종은 조직학적으로 구분되며, 시장품 백미는 백미꽃(Cynanchum atratum Bunge)과 민백미꽃(Cynanchum ascyrifolium)의 뿌리가 혼용되고 있다. — 경상대학교 약학대학 안미정 외 2, 생약학회지(2011. 6. 30.)

● 민백미꽃 지하부의 成分에 관한 연구 — 서울대학교 김광욱 박사학위논문(1990)

민백미꽃

민백미꽃

민백미꽃

민백미꽃 열매

밀몽화

마전과 / *Buddleja officinalis*

마전과의 낙엽관목으로, 산비탈이나 풀숲에서 잘 자란다. 중국의 호북·사천 하남이 주산지로, 식품의 황색을 내는 천연 색소로 이용한다. 한방에서 꽃봉오리를 '밀몽화密蒙花'라 하여, 간열肝熱로 인한 안구 충혈 및 햇빛을 싫어하고 눈물 흘리는 증상에 약용한다. 항염증·항균·항암 작용이 있다. 중국에서는 우리나라와 같은 식물을 사용하며, 일본에서는 공정 생약으로 수재되지 않았다.

약명/이명 밀몽화密蒙花 / 수금화水錦花, 황반화黃飯花, 소금화小錦花, 몽화주蒙花珠, 몽화蒙花, 소면화小綿花, 밀몽나무

고서古書·의서醫書에서 밝히는 효능

동의보감 밀몽화의 맛은 달고, 무독하며 성질은 조금 차다. 거풍祛風, 명목明目, 양간養肝, 양혈凉血, 윤간潤肝, 청열淸熱, 퇴예退翳, 수풍산결搜風散結의 효능이 있고, 다루수명多淚羞明, 풍현난안風弦爛眼, 목적종통目赤腫痛, 청맹예장靑盲翳障을 치료한다.

생육 & 채취	
생육장소	산비탈이나 풀숲
시 기	7~9월
부 위	꽃봉오리
손질법	햇볕에 말린다.

효용	
약 성	맛은 달고 성질은 조금 차며 독이 없다.
활 용	거풍, 명목, 양간, 윤간 등의 효능이 있다.

연구 & 특허
● 신경세포 보호 활성이 있는 밀몽화의 추출물을 포함하는 퇴행성 뇌 질환의 예방 및 치료용 조성물 外 p.1001 참고

● **신경세포 보호 활성이 있는 밀몽화의 추출물을 포함하는 퇴행성 뇌 질환의 예방 및 치료용 조성물** : 본 발명은 신경세포 보호 활성이 있는 밀몽화(*Buddleja officinalis*)의 추출물을 함유하는 조성물에 관한 것으로, 본 발명의 조성물은 허혈성 신경계 질환을 차단시키는 작용 효과가 탁월할 뿐만 아니라 인체에 무해하여, 신경세포의 사멸에 의해 발생되는 퇴행성 뇌 질환 즉, 뇌졸중, 중풍, 치매, 알츠하이머병, 파킨슨병, 헌팅턴병, 피크(Pick)병 및 크로이츠펠트-야콥(Creutzfeld-Jakob)병 등을 예방 및 치료하기 위한 의약품 및 건강기능식품으로 사용할 수 있다.
— 특허등록 제644773호, 경희대학교 산학협력단

● **밀몽화 추출물을 포함하는 백혈병 치료용 조성물** : 본 발명은 밀몽화 추출물을 포함하는 백혈병 예방 또는 치료용 조성물에 관한 것으로, 본 발명의 밀몽화 추출물은 백혈병 세포에 대한 충분한 사멸 효과를 갖고 있어 백혈병에 대한 치료용 조성물로서의 가치가 있으며, 특히 천연물로부터의 추출물이기 때문에 부작용의 위험이 적고, 전골수성 백혈병의 치료에 더욱 유용할 것으로 생각된다. — 특허공개 10-2012-0080678호, 한국전통의학연구소 외 2

● **산화손상으로부터 보통 세포를 보호하는 밀몽화의 항산화 작용** : 본 연구에서는 예로부터 상처와 눈의 손상을 치료하고, 피부 상처와 눈의 상처 개선에 효험이 있는 것으로 알려진 밀봉화 추출물의 산화적 DNA에 대한 보호능과 히드록실 라디칼에 대한 세포손상 보호능을 알아보았다. DDPH 라디칼, 히드록실 라디칼, 과산화 수소, 세포 내 ROS 소거능 분석, Fe^{2+} chelating 분석 등을 이용하여 항산화능을 측정하였다. 본 실험 결과 밀봉화는 산화적 DNA 손상과 세포 사멸을 억제하여 ROS-유발 암 발생 억제 효과가 있다는 것을 알 수 있었다. — 안동대학교 자연과학대학 생명자원과학부 홍세철 외 2, 자원식물학회지(2008. 12. 31)

밀몽화

밀몽화 꽃봉오리

밀몽화 줄기

바위돌꽃

돌나물과 / *Rhodiola rosea* L.

돌나물과의 여러해살이풀로, 백두산·낭림산·티벳 등의 해발 2,000m 이상의 고산 지대 바위틈에 자생한다. 키는 7~30㎝ 정도로, 다육질의 잎이 모여서 난다. 7~8월에 연노란색 또는 자주색 꽃이 피고, 9월에 열매가 익는다. 전초를 약으로 쓸 수 있는데, 주로 굵은 뿌리를 '홍경천紅景天'이라는 생약으로 쓴다. 척박한 환경에서 잘 자라는 바위돌꽃의 강인한 생명력이 면역력을 키우며 노화를 막는 효과가 있는 것으로 여겨진다.

유사 식물로 돌꽃·가지돌꽃·좁은잎돌꽃·로단타돌꽃 등이 있는데 이들 뿌리 모두 '홍경천紅景天'이라는 약재로 이용한다.

백두산에는 바위돌꽃이 있고, 한라산 정상에는 '암고란巖高蘭'이라고 하는 귀한 약초 시로미가 자생한다.

약명/이명 홍경천紅景天 / 큰돌꽃, 참돌꽃

생육 & 채취	
장 소	고산 지대의 바위틈
시 기	7~9월
부 위	전초, 뿌리
손질법	뿌리를 말린다.

효용	
성 미	맛은 약간 쓰고 성질은 차다.
활 용	관절염, 신경통, 신경쇠약, 식욕부진. 빈혈에 쓰인다.

연구 & 특허
● 홍경천 추출물 및 이로부터 분리된 화합물을 함유한 항암 조성물
● 암 치료 및 예방용 약학적 조성물 및 이를 포함하는 암 개선 및 예방용 건강기능식품
外 p.1001 참고

● 홍경천 추출물 및 이로부터 분리된 화합물을 함유한 항암 조성물 : 본 발명은 예로부터 강장제로 사용되어 온 홍경천 추출물 및 이로부터 분리된 화합물을 유효성분으로 한 항암제에 관한 것으로, 본 발명의 추출물 및 화합물들은 독성 등의 부작용이 없으면서, SV 40 DNA 복제 실험, 토포이소머라제 효소에 대한 억제 실험, 단일-스트랜드 DNA 결합력 측정 실험을 통하여 DNA 복제 억제 효과를 확인함으로써 암세포 증식을 방지하는 항암 활성을 나타내므로 암 질환에 대한 예방 및 치료에 효과적인 약학 조성물 및 건강 보조식품을 제공한다. ― 특허공개 10-2004-0021183호, 학교법인 인제학원 외 3

● 암 치료 및 예방용 약학적 조성물 및 이를 포함하는 암 개선 및 예방용 건강기능식품 : 본 발명은 암 치료 및 예방용 약학적 조성물 및 이를 유효성분으로 포함하는 암 개선 및 예방용 건강기능식품에 대한 것이다. 본 발명의 조성물은 홍경천, 백화사설초 및 육종용을 포함하여 발암 억제 유전자의 발현을 증가시키므로 암세포의 성장을 억제하여 암의 치료 및 예방에 효과가 있다. 또한, 암 세포의 증식만을 억제하고 정상 세포에는 영향이 없으며 생약재 성분으로 장기간 복용하거나 다량 복용하여도 부작용이 적다. ― 특허등록 제1031140호, 남**

● 홍경천 뿌리 추출물을 함유한 면역 기능 강화제 조성물 : 본 발명은 유효한 성분으로 홍경천 뿌리 추출물을 함유하여, 대식세포에서 유도성 일산화질소 신타아제(inducible Nitric Oxide Synthase; iNOS) 유전자의 발현을 유도하여 NO의 생성을 증가시킴으로써, 면역 기능 강화 효과, 즉 항종양 · 항균 · 항암 및 항박테리아 효과를 나타낼 수 있는 약제학적 조성물을 제공한다. ― 특허등록 제386809호, 정** 외 2

● 항스트레스 조성물 : 본 발명은 항스트레스 건강식품 조성물에 관한 것이다. 스트레스는 현대병의 근원이라

고 불릴 만큼 사회적으로 심각한 문제가 되고 있으나 기존의 약물, 건강식품으로는 충분히 스트레스를 예방하거나 치료하지 못하고 있다. 발명은 두충, 가시오가피, 대추, 구기자, 감초와, 홍삼 또는 홍경천을 함유함을 특징으로 하는 신규한 항스트레스 건강식품 조성물로서 기존 기술의 단점을 극복한 우수한 항스트레스 효과를 나타낸다. ― 특허등록 제204166호, 주식회사 대웅

● 스테미너 증진용 천연차 및 그 제조 방법 : 본 발명은 강정 또는 스테미너 증진 효과가 있는 천연차 및 그 제조 방법에 관한 것으로서, 홍경천과 토사자 및 사상자, 또는 홍경천과 더부살이풀, 또는 이들 모두의 혼합물을 주요 구성으로 하고, 여기에 선택적으로 오리나무, 단삼, 원지, 오미자, 구기자 중 적어도 하나를 조합시킨, 각각의 원료 성분들이 일정한 배합비로 혼합된 액상 천연차, 분말, 절편, 또는 엑기스 형태의 비교적 염가의 천연차가 제공되며, 이 천연차를 1일 2회 복용함으로써 탁월한 스테미너 증진 효과를 얻을 수 있는 신규 유용한 발명이다. ― 특허등록 제439209호, 남**

● 순환기 질환의 예방 및 치료 효능을 갖는 홍경천 추출물 : 본 발명은 순환기 질환의 예방 및 치료에 유용한 홍경천(*Rhodiola sp.*) 추출물 및 그의 제조 방법에 관한 것이다. 보다 상세하게는, 본 발명은 홍경천의 뿌리를 메탄올, 디클로로메탄, 부탄올 및 물 등으로 순차적으로 분획하여 얻은 추출물 및 이로부터 분리ㆍ정제한 화합물을 유효성분으로 하는 혈전 형성 억제, 혈관 평활근 세포의 증식 억제, 항산화, 지질과산화 억제 및 체력 증강 등의 효과가 있는 약학적 조성물에 관한 것으로서, 이는 노화 방지와 더불어 혈전증 및 동맥경화증을 포함한 순환기 계통 질환의 예방 및 치료에 널리 이용될 수 있다. ― 특허등록 제265385호, 윤** 외 3

● 고산 홍경천 추출물을 함유하는 간 섬유화 억제 조성물 : 본 발명은 고산 홍경천(*Rhodiola sachalinensis* A. Bor) 물

바위돌꽃

바위돌꽃

바위돌꽃

바위돌꽃

추출물의 동결건조물을 유효성분으로 함유하여 간을 보호함과 동시에 간 섬유화를 억제할 수 있는 약제학적 조성물에 관한 것이다. 본 발명에 따른 고산 홍경천 물 추출물의 동결건조물은 우수한 간 보호 작용을 나타내면서, 간 독성을 일으키지 않으므로, 안전하게 사용될 수 있다. — 특허등록 제316790호, 손**

● 홍경천 추출물을 함유하는 당뇨병 예방 및 치료제 조성물 : 본 발명은 홍경천 추출물, 특히 홍경천의 뿌리 부분의 물 또는 알콜 추출물을 유효성분으로 함유하는 당뇨병 예방 및 치료용 조성물에 관한 것이다. 본 발명에 따르는 조성물의 유효성분인 홍경천 추출물은 장에서 당의 흡수를 억제하여 음식물 섭취 후 급격한 혈당 상승을 억제하는 효능을 갖고 있어서 당뇨병의 예방 및 치료에 효과적으로 사용할 수 있다. — 특허등록 제179088호, 두산인재개발원연구조합

● 홍경천 추출물을 함유하는 혈중 알콜 농도 저하용 조성물 : 본 발명은 홍경천 추출물을 유효 성분으로 함유함을 특징으로 하여 인체의 혈중 알콜 농도를 감소시키며, 특히 과음으로 인한 급성 알콜중독 증상을 경감시키는 데 유용한 조성물에 관한 것이다. 본 발명의 조성물에서 홍경천 추출물로는 홍경천의 뿌리 부분을 물 또는 알콜로 추출하여 동결건조시킨 분말상의 물질을 사용하는데, 이 성분은 알콜의 흡수를 억제하여 혈중 알콜 농도의 상승을 억제한다. 또한 본 발명의 조성물에는 추가 성분으로서 알콜의 대사를 촉진시키는 과당을 첨가하여 상승적인 알콜 농도 저하 효과를 얻을 수도 있다. — 특허등록 제179087호, 두산인재개발원연구조합

바위돌꽃

바위취

범의귀과 / *Saxifraga stolonifera Meerb.*

범의귀과의 상록성 여러해살이풀로, 우리나라 중부 이남의 습한 계곡에서 자란다. 키는 60㎝ 정도이고, 온몸이 털에 덮여 있으며 땅거죽을 기는 줄기가 자라나 그 끝에 새로운 싹이 생겨남으로써 쉽게 번식된다. 5~6월경 붉은색을 띤 흰색의 꽃이 핀다. 어린순을 따서 쌈을 싸 먹거나 쪄서 나물로 먹는다. 식물 전체를 갈아 만든 즙을 백일해·화상·동상 등에 약으로 쓴다.

유사종으로 참바위취·구실바위취·톱바위취·흰바위취·바위떡풀 등이 있다.

약명/이명 불이초佛耳草, 호이초虎耳草 / 겨우사리범의귀, 범의귀, 호이초虎耳草, 범의귀, 왜호이초, 등이초橙耳草, 석하엽石荷葉

고서古書·의서醫書에서 밝히는 효능

운곡본초학 민간에서는 지상부를 생즙 내어 화상이나 동상 등에 이용하였다. 연한 잎은 튀김으로 이용한다. 다량 복용은 눈을 손상시킨다.

생육 & 채취	
장 소	중부 이남 지역의 습한 계곡
시 기	여름~가을
부 위	어린순(나물) 잎(약재)
손질법	햇볕에 말린다.

효 용	
성 미	맛은 맵고 약간 쓰며 성질은 차다. 약간의 독성이 있다.
활 용	해열, 해독, 소종 등의 효능이 있다.

연구 & 특허
● 관절염의 예방제 또는 치료제 ● 바위취 에탄올 추출물의 항산화 및 항노화 작용 外 p.1002 참고

● **관절염의 예방제 또는 치료제** : 본 발명은 범의귀과에 속하는 식물(범의귀, 수국)의 식물체 또는 이 식물체의 추출물을 유효성분으로서 함유하는 것을 특징으로 하는 관절염의 예방제 또는 치료제, 범의귀과에 속하는 식물의 식물체 또는 이 식물체의 추출물을 첨가하여 이루어지는 음식품 또는 사료, 상기 관절염의 예방제 또는 치료제 또는 상기 사료를 동물에게 섭취시키는 것을 특징으로 하는 동물의 관절염의 예방 방법 또는 치료 방법, 범의귀과에 속하는 식물의 식물체 또는 이 식물체의 추출물을 유효성분으로서 함유하는 것을 특징으로 하는 관절염의 예방 또는 치료용 음식품 또는 사료에 관한 것이다. — 특허등록 제887854호. 교와 핫꼬 고교 가부시끼가이샤(일본)

● **바위취 에탄올 추출물의 항산화 및 항노화 작용** : 본 논문은 피부 관리에 바위취 에탄올 추출물의 효과를 알아보기 위해 항산화, 항노화 활성을 측정했다. 바위취 에탄올 추출물은 DPPH radical 소거에서 그 농도에 따라 항산화 활성이 있었고 세포 내 활성산소 음이온 방출을 유도하는 실리카, H2O2, RAW 264.7 cell에서 하이드로 퍼록사이드 방출, hyaluronidase, elastase 활성, MMP-1(collagenase) 활성을 억제했다. NIH 3T3 섬유아 세포에서 콜라겐 분자 합성을 증가시켜 바위취 에탄올 추출물의 성분이 항산화와 항노화에 중요한 역할을 한다는 내용이다. — 건국대학교 미생물공학과 윤미연 외 3. 약학회지(2007. 10. 31.)

바위취

바위취 꽃

바위취 어린순

박달나무

자작나무과 / *Betula schmidtii* Regel

자작나무과에 속하는 낙엽활엽교목으로, 전라도를 제외한 우리나라 200m 고지 이상의 중턱 양지바른 숲속이나 골짜기에서 군락을 이룬다. 키는 30m까지 자라는데, 밑동에서 굵은 줄기가 벌어져 나와, 비교적 곧게 자란다. 5월에 자줏빛 도는 노란색 꽃이 피고, 9월에 열매가 익는다. 오래된 박달나무에는 상황버섯이 달린다.

초봄에 새순을 채취하여 바람이 잘 통하는 그늘에 말려서 약으로 쓰는데 생약명은 '흑화黑樺'이다. 목재는 물에 가라앉을 정도로 무겁고 단단하여 홍두깨를 만들어 썼으며, 가구나 조각품을 만드는 데도 이용된다.

유사종으로 개박달나무·물박달나무·까치박달·가침박달·복자기나무 등이 있다.

약명/이명 흑화黑樺 / 참박달나무, 묏박달나무, 박달

고서古書·의서醫書에서 밝히는 효능

운곡본초학 건위健胃, 지통止痛의 효능이 있다.

생육 & 채취	
장 소	양지바른 숲속이나 골짜기
시 기	초봄
부 위	새순
손질법	바람이 잘 통하는 그늘에 말린다.

효 용	
성 미	맛은 시고 떫다.
활 용	위장병

연구 & 특허
● 박달나무 추출물을 유효성분으로 하는 화장료 조성물
● 한국산 생약제들의 혈압 강하 작용에 대한 연구(박달수피의 혈압에 대한 작용)

● 박달나무 추출물을 유효성분으로 하는 화장료 조성물 : 본 발명은 박달나무 추출물을 유효성분으로 하는 화장료 조성물에 관한 것으로, 더욱 상세하게는 자작나무과 박달나무로부터 미백 활성 물질을 추출하여 에틸알코올을 추출용매로 미백 활성 및 황산화 효과를 검증하여 화장품 원료와 일정 비율로 혼합하여 영양화장수, 스킨로션, 스킨토너, 로션, 밀크로션, 모이스쳐 로션, 영양로션, 마사지크림, 영양크림, 파운데이션, 에센스, 팩 또는 클렌징폼의 화장료 제제로 사용할 수 있는 박달나무 추출물을 유효성분으로 하는 화장료 조성물에 관한 것이다. — 특허공개 10-2011-0125790호, 주식회사 생명의나무

● 한국산 생약제들의 혈압 강하 작용에 대한 연구(박달수피의 혈압에 대한 작용) : 본 논문은 한국산 생약제들의 혈압 강하 작용에 대한 연구로서 박달수피의 혈압에 대한 작용을 연구한 논문으로 주요 내용으로는, 박달수피 추출물로 처리한 쥐를 통하여 마취된 상태에서 혈압과 심박 수를 측정하고, 혈압 강하 작용 메커니즘을 확인하기 위해 박달수피 추출물 처리 전에 atropine, diphenhydramine, phentolamine, propranolol, epinephrine, hexamethonium 및 hydralazine로 선처리한 결과를 확인함으로써, 박달수피의 혈압 강하제 효과는 혈관의 직접적인 확장에 의해 나타남을 제안하는 내용이다. — 삼육대학 약학과 이종화 외 4, 생약학회지(1979. 9. 15)

박달나무

박달나무

박달나무

박새

백합과 / *Veratrum oxysepalum* Turcz.

백합과의 여러해살이풀로, 우리나라 전역의 깊은 산 습기 많은 곳에 군락을 이루어 자란다. 키는 1.5m까지 자라는데, 가지를 전혀 치지 않고, 짧고 굵은 뿌리줄기와 거친 뿌리가 특징이다. 7~8월에 황백색의 꽃이 핀다.

　전초에 독성이 있으며 뿌리줄기와 뿌리를 '여로藜蘆'라는 약재로 쓰는데 최토催吐, 살충 효과가 있다. 일본에서는 농업용 살충제로 쓰며 약재로는 쓰지 않는다. 같은 백합과의 여로(*Veratrum maackii* var. *japonicum* (Baker) T.Schmizu)와는 엄연히 다른 식물이지만 박새를 포함하여 여로·흰여로·긴잎여로·푸른여로·참여로 등 동속근연식물 모두를 '여로藜蘆'라는 생약재로 이용한다.

약명/이명　여로藜蘆 / 묏박새, 넓은잎박새, 꽃박새

특허 · 논문

● 박새로부터 분리한 티로시나아제 저해 활성을 가지는 화합물 및 이를

생육 & 채취	
장 소	전국의 깊은 산 습지
시 기	가을~겨울
부 위	뿌리
손질법	햇볕에 말린다.

효용	
성 미	맛은 맵고 쓰며 성질은 차고 독성이 강하다.
활 용	부스럼, 악창과 버짐을 낫게 한다.

연구 & 특허	

● 박새로부터 분리한 티로시나아제 저해 활성을 가지는 화합물 및 이를 포함하는 피부 미백제
● 박새 및 붉노랑상사화 추출물을 포함한 잔디병 치료용 조성물 및 이의 제조 방법
外 p.1002 참고

포함하는 피부 미백제 : 본 발명은 박새 뿌리로부터 분리한 티로시나아제 저해 활성을 가지는 화합물 및 이를 포함하는 피부 미백제에 관한 것으로서, 더욱 상세하게는 박새(*Veratrum grandiflorum*) 지하부를 메탄올로 추출한 추출액 중 부탄올 가용부를 분리하여 젤여과크로마토그래피에 의하여 단리된 티로시나아제 저해 활성을 가지는 신규 화합물과, 이러한 신규 화합물이 함유된 피부 미백제에 관한 것이다. — 특허등록 제515066호, 한국생명공학연구원

● 박새 및 붉노랑상사화 추출물을 포함한 잔디병 치료용 조성물 및 이의 제조 방법 : 본 발명은 박새 뿌리 및 붉노랑상사화 경엽 추출물을 포함한 잔디병 치료용 조성물 및 이의 제조 방법에 관한 것으로서, 건조된 박새 또는 붉노랑상사화에 C1-C4 알코올을 첨가하고 침지하여 추출하는 단계; 상기 알코올 추출물을 가압 여과하는 단계; 상기 여과된 추출물을 40℃로 끓여 순환 건조시켜 농축하는 단계를 포함하는 박새 또는 붉노랑 상사화로부터 잔디병 치료용 조성물 제조 방법에 관한 것이다. 또한 라지 패치(Large-patch), 브라운 패치(brown-patch), 달라 스팟(dollar-spot)으로 이루어진 그룹에서 선택되는 하나 이상의 잔디 병원균을 억제하기 위한 유효량의 박새 또는 붉노랑상사화의 추출물을 포함한 잔디병 치료용 조성물에 관한 것이다. — 특허등록 제790562호, 삼성에버랜드 주식회사, 안동대학교 산학협력단

박새 꽃

박새 어린순

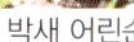

박새

박주가리

박주가리과 / Metaplexis japonica (Thunb.) Makino

박주가리과에 속하는 덩굴성 여러해살이풀로, 우리나라 전역의 토양이
비옥하고 양지바른 들에서 자란다. 길이는 3m 이상이고 온몸에 부드러
운 잔털이 있는데, 줄기나 잎을 자르면 흰 즙이 나온다. 7~8월에 엷은
자줏빛 꽃이 잎겨드랑이에서 피고, 10~11월에 10㎝ 길이의 표주박 모
양의 열매가 익는다. 성숙한 열매가 자연스레 벌어지면 흰 털이 있는 씨
앗이 바람에 날린다.

　어린순을 나물로 먹고, 덜 익은 열매는 군것질감으로 이용하며, 씨앗
에 달린 털은 도장밥의 재료로 쓰기도 한다. 뿌리줄기를 '나마등蘿摩藤'이
라는 약재로 쓰는데, 젖을 잘 나오게 하고 해독解毒 효능이 있다. 열매의
생약명은 '나마자蘿摩子'로, 지혈 및 해독解毒 효능이 있으며, 새살을 돋아
나게 하는 효능이 있다.

　박주가리는 왕나비 애벌레의 먹이식물인데, 왕나비 애벌레는 박주가
리를 먹고 자라며 박주가리의 독을 모아 두었다가 나비가 되면 천적인
새로부터 몸을 보호하는 데 이용한다.

생육 & 채취	
장 소	전국 각지의 양지바른 들판
시 기	꽃이 필 때
부 위	지상부(약재) 어린순(나물)
손질법	햇볕에 말린다.

효용	
성 미	맛은 맵고 달며 성질은 평하다.
활 용	지혈·강장·해독 효능이 있다.

연구 & 특허
● 박주가리 추출물 또는 이의 분획물을 유효성 분으로 함유하는 퇴행성 뇌질환 예방 및 치 료용 조성물 外 p.1002 참고

고서古書 · 의서醫書에서 밝히는 효능

동의학사전 정기를 보하고 출혈을 멈추며 새살이 잘
살아나게 하고 해독한다. 몸이 약한 데, 음위증陰萎症,
외상출혈 등에 쓴다.

특허 · 논문

● 박주가리 추출물 또는 이의 분획물을 유효성분으
로 함유히는 퇴행성 뇌질환 예방 및 치료용 조성물 :
본 발명은 박주가리(*Metaplexis japonica*) 추출물 또는 이
의 분획물을 유효성분으로 함유하는 퇴행성 뇌질환 예
방 및 치료용 조성물에 관한 것으로, 구체적으로 물, 알
코올 또는 이들의 혼합물을 용매로 하여 추출되는 박주
가리 추출물, 또는 상기 추출물의 에틸 아세테이트 또
는 부탄올 분획물은 뇌허혈에 의해 유도되는 뇌신경세
포 손상을 보호하는 효과를 나타내고, 신경행동학적 회
복 효과 실험에서 뛰어난 회복 효과가 있으므로 퇴행성
뇌질환의 예방 및 치료용 조성물, 또는 건강기능식품
의 유효성분으로 유용하게 사용될 수 있다. — 특허등록 제
1037776호, 경희대학교 산학협력단

● 천연 산물의 추출물을 함유하여 항아토피 피부염 효
과를 가지는 화장료 조성물 : 본 발명은 천연 산물을 유
효성분으로 함유하며 항아토피 효과가 우수한 피부 상
태 개선용 화장료 조성물에 관한 것이다. 보다 자세하
게는 박주가리 잎, 녹차 씨앗, 황기, 민들레, 아가리쿠
스, 돌외, 석이 또는 동백과피 등의 추출물을 유효성분
으로 함유하여 기존의 화학 합성 성분을 이용하는 것보
다 친환경적이고 저독성이면서도 항아토피 효과가 뛰
어난 화장료 조성물에 관한 것이다. — 특허공개 10–2008–
0091052호, 김**

박주가리 어린순

박주가리

박주가리 단풍

박주가리 열매

박쥐나무

박쥐나무과 / *Alangium platanifolium var. trilobum* (Miq.) Ohwi

박쥐나무과의 낙엽관목으로, 우리나라 전역의 산지 숲 속의 물 빠짐이 좋은 돌무덤 지대에서 잘 자란다. 키는 3~4m 정도까지 자라고, 5~6월에 노란 꽃술이 길게 늘어진 흰색 꽃이 피며, 9월경에 둥근 열매가 짙은 하늘색으로 익는다. '박쥐나무'라는 이름은 잎의 모양이 박쥐의 날개를 닮아서 붙은 이름이다.

관상용으로 심으며, 어린순은 '남방잎'이라 하여 나물이나 장아찌로 이용하고, 열매는 약용한다.

유사종으로 단풍박쥐나무(*Alangium platanifolium* (Siebold & Zucc.) Harms)가 있다.

약명/이명 과목근瓜木根, 팔각풍근八角楓根 / 누른대나무, 털박쥐나무, 남방잎

고서古書 · 의서醫書에서 밝히는 효능

한국의 약초(안덕균) 마취 또는 피임 작용이 있으며, 사지마비 또는 타

생육 & 채취	
장 소	전국 각지의 바위가 많은 산지
시 기	상시
부 위	어린순(나물) 열매(약용)
손질법	햇볕에 말린다.

효 용	
성 미	독이 약간 있다.
활 용	거풍, 진통 효능이 있으며, 관절통 · 근육통 등에 좋다.

연구 & 특허
● 활성산소종의 억제를 위한 arNOX-억제제를 포함하는 조성물

박상에 약용한다. 약간의 독이 있다.

특허 · 논문

● **활성산소종의 억제를 위한 arNOX-억제제를 포함하는 조성물** : 본 발명은 혈청 노화 인자를 격리시키기 위한 제제 및 이의 사용 방법에 관한 것이다. 더 상세하게는, 명세서에서 '나락틴(Naractin)'이라 지칭한 제제 및 NADH 옥시다제의 노화 관련 이소폼(arNOX)에 의해 유발되는 세포 손상으로 인한 장애 및 장애의 합병증을 예방 또는 치료하기 위해 '나락틴'을 사용하는 방법에 관한 것이다. 본 발명의 제제는 식물 추출물에서 유래되는 나락틴(버드나무, 옥수수, 포플러, 박쥐나무, 자작나무, 시호, 등대풀, 지치, 담배 또는 겨우살이 등으로부터 정제된 국소 조성물)이 포함된다. 이러한 식물 추출물에서 유래되는 나락틴은 arNOX 억제제의 항-arNOX 효과를 증강시킬 수 있다. — 특허공개 10-2011-0000745호, 너스킨 인터어내셔날 인코포레이팃드 외 1(미국)

※세계 화장품 시장에서 안티에이징 관련 제품의 시장 규모는 약 1천 억 달러 정도라고 한다. 노화 방지 화장품의 1세대는 '레티놀 화장품'으로 볼 수 있다. 레티놀의 주름 개선 효과가 인정된 것은 1986년 미국 펜실베이니아대의 피부학자 앨버트 클라이만이 개발한 화장품이 특허를 받으면서부터다. 클라이만 교수는 1967년 비타민 A를 넣은 여드름 크림 '레틴A'를 개발했는데 뜻밖에 주름이 없어졌다는 환자들의 반응이 나오자 연구 방향을 바꿔 주름살 방지 화장품을 개발했다. 2000년대 들어서는 콜라겐 생성을 방해하는 원인 물질이 활동하지 못하도록 하는 방식인 '2세대 노화 방지 화장품'으로 진화했다. 최근에는 인간 게놈 지도를 활용해 콜라겐 합성에 관여하는 유전자에 직접 작용하는 화장품도 개발되고 있다. 위 특허는 유전자의 평형을 깨뜨려 노화를 촉진하는 효소인 아녹스(arNOX)를 억제하는 물질에 관한 것으로 제3세대 노화 방지 화장품에 관한 것이다.

박쥐나무 꽃

어린 박쥐나무

박쥐나무

박쥐나물

국화과 / *Cacalia auriculata DC. var. matsumurana Nakai*

국화과의 여러해살이풀로, 우리나라 전역의 해발 1,000m 이상의 높은 산 계곡이나 습지에 자생한다. 키는 60~120㎝ 정도로 자라고 잎은 어긋 나는데, 끝이 뾰족한 삼각형 모양으로 밑부분은 심장 모양이며 잎 가장 자리에 잔 톱니가 있고 잎 뒷면에는 짧은 털이 나 있다. 잎자루에는 날개 가 있다. 8~9월에 자주색의 작은 꽃이 핀다. 열매는 길이 4~5㎜의 원기 둥 모양이며 털이 없다.

어린순을 데쳐서 나물로 먹거나 말려서 묵나물을 만들어 먹지만 충분 히 우려내지 않으면 설사를 하는 경우도 있다.

유사종으로 귀박쥐나물 · 나래박쥐나물 · 참박쥐나물 · 게박쥐나물 · 털박쥐나물 등이 있다. 나래박쥐나물은 잎자루에 지느러미 같은 날개가 있고, 날개 끝이 귓불처럼 줄기를 감싸고 있어서 '나래'가 붙었다. 유사종 모두 '각향角香'이라고 부르며 박쥐나물과 같은 용도로 사용한다.

산어散瘀, 살충殺蟲의 효능이 있어서 간담동통肝膽疼痛이나 산후풍産後 風 치료제로 쓴다. 약용식물로서의 연구는 거의 없다.

생육 & 채취	
장 소	전국의 높은 산 습지
시 기	5~6월
부 위	어린잎(나물) 지상부(약용)
손질법	부드러운 부분을 골라 채취한다.

효용	
성 미	맛은 맵고 떫고 성질은 따뜻하다.
활 용	간담동통, 산후풍을 치료한다.

연구 & 특허

고서古書 · 의서醫書에서 밝히는 효능

운곡본초학 산어散瘀, 살충殺蟲의 효능이 있어서 간담동통肝膽疼痛이나 산후풍産後風을 치료하는 데 쓰인다.

박쥐나물 어린순

박쥐나물

박쥐나물

박하

꿀풀과 / *Mentha piperascens* (Malinv.) Holmes

꿀풀과의 여러해살이풀로, 우리나라 전역에 분포하며, 도랑 등의 습지에서 무성하게 자란다. 한때 약용식물로 재배하였던 것이 야생화하였다. 키는 50㎝ 정도로 자라고, 둔한 사각의 모가 난 줄기는 곧게 서고 식물 전체에 짧은 털이 있다. 7~9월에 연한 자주색 꽃이 피고 타원형 열매가 익는다.

　잎과 줄기를 한꺼번에 약재로 이용하는데, 여름에서 가을 사이에 두 번 채취하여 햇볕에 말려 쓴다. 약성이 차고 맛이 매우며, 건위·구풍驅風·산열散熱·소종消腫의 효능이 있다. 줄기에서 박하유를 추출하는데, 휘발성 정유에는 특별한 향기가 있어서 약재·향료·음료·사탕 등의 첨가물로 쓰이고 있다. 발산 작용이 커서 감기로 인한 열이나 두통, 땀이 나지 않는 증상을 치료한다. 주성분은 멘톨 77~78%이며, 멘소네·캄비네·데넨 성분 등이 함유되어 있다.

약명/이명　박하薄荷 / 영생英生, 야식향夜息香, 번하채蕃荷菜, 인단초仁丹草, 구박하歐薄荷

생육 & 채취	
장 소	전국의 도랑 등의 습지
시 기	여름~가을
부 위	지상부
손질법	햇볕에 말린다.

효 용	
성 미	맛은 맵고 떫고 성질은 따뜻하다.
활 용	건위·구풍·산열·소종의 효능이 있다.

연구 & 특허
● 박하 발효 추출물에 포함된 인중합체를 유효 성분으로 함유하는 피부 주름 개선용 기능성 화장품 外 p.1002 참고

● **박하 발효 추출물에 포함된 인중합체를 유효성분으로 함유하는 피부 주름 개선용 기능성 화장품** : 발명은 박하 발효 추출물에 포함된 인중합체를 유효성분으로 함유하는 피부 주름 개선용 기능성 화장품에 관한 것으로서, 더욱 상세하게는 박하를 즉시 동결건조한 뒤, 100 내지 200℃ 추출온도에서 약 2시간 동안 열수 추출하여 여과한 다음 50 내지 70℃에서 감압 농축하고 정제하는 단계 및 락토바실러스 애시도필러스를 이용하여 상기 수득된 박하 추출물을 배양하여 박하 발효액을 제조하는 단계를 통해 제조된 박하 발효 추출물을 화장품에 함유시켜 피부 노화 억제가 높아 주름 개선 효과가 뛰어난 화장품을 제공하는 박하 발효 추출물에 포함된 인중합체를 유효성분으로 함유하는 피부 주름 개선용 기능성 화장품에 관한 것이다. 본 발명을 통해 제조된 박하 발효 추출물에 포함된 인중합체를 유효성분으로 함유하는 피부 주름 개선용 기능성 화장품은 피부 노화 억제하는 효과가 우수하므로 피부 주름 개선에 유용하게 사용될 수 있다. — 특허공개 10-2011-0131820호, 주식회사 내츄럴코리아

● **박하에서 분리한 Caffeic Acid Methyl Ester가 자궁경부암 바이러스 발암단백질 E6의 기능에 미치는 영향** : 본 논문은 박하에서 분리한 Caffeic Acid Methyl Ester(CAM)가 자궁경부암 바이러스(HPV) 발암단백질 E6의 기능에 미치는 영향에 대하여 연구한 논문으로, 주요 내용으로는 HPV에서 발현되는 여러 가지 발암 단백질 중 E6와 E7을 이용하여 ELISA 시스템을 확립하고 박하에서 추출된 물질(CAM)을 처리하여 항암 단백질의 작용을 억제함으로써 자궁경부암 기능이 억제되는 것을 확인하고자 하는 내용이다. — 한국생명공학연구원 세포생물학연구실 백태웅 외 8, 약학회지(2004. 12. 31.)

박하

박하 어린순

박하 꽃

반디지치

지치과 / *Lithospermum zollingeri* A.DC.

지치과의 여러해살이풀로, 제주도와 서남 해안의 바닷가 모래땅에서 잘 자란다. 4~6월에 청자색 꽃이 피고 열매는 흰색으로 익으며, 열매를 약용한다. '반디지치'라는 이름은 꽃이 반디나물과 비슷하고, 뿌리가 지치색과 같아서 붙여진 이름이다.

한방에서는 반디지치 열매를 햇볕에 말린 것을 '지선도地仙桃'라 하여 토혈·위창반산(胃脹反酸 : 위에서 음식물이 소화되지 않아 명치 밑이 아프고 쓴물이 올라오는 증상)·위한동통(胃寒疼痛 : 위가 냉해져 쑤시고 아픈 증상)에 약용하며, 피부병·화상·동상·타박상·골절 등에 외용한다.

유사종으로 흰 꽃이 피는 모래지치도 있다. 지치과의 식물이기는 하지만 지치와는 달리 약용식물로서의 연구나 이용에 관한 자료는 찾아보기 힘들다.

반디지치는 전초에 루틴rutin 성분이 0.25~0.44% 혹은 0.59% 들어 있으며, n-트리아콘테인n-triacontane, 세릴 알코올ceryl alcohol, 팔미트산 palmitic acid, 라우르산lauric acid, 올레산oleic acid, 리놀렌산linolenic acid 등

생육 & 채취	
장 소	제주도, 영·호남 지방의 바닷가
시 기	4~5월
부 위	열매
손질법	햇볕에 말린다.

효용	
성 미	맛은 달고 성질은 따뜻하다.
활 용	범토산수泛吐酸水, 질타종통跌打腫痛, 골절骨折 등에 약용한다.

연구 & 특허

의 지방산 및 시토스테롤sitosterol, 푸마르산fumaric acid, 카페인산caffeic acid, 포도당, 람노스 rhamnose 등과 뿌리 속에 푸마르산fumaric aicd, 포도당 등의 성분이 함유되어 있어 약리 작용이 기대되는 미개발 자원식물이다.

　약명/이명　지선도地仙桃 / 깔깔이풀, 억센털개지치, 자목초·마비·반디개지치

고서古書·의서醫書에서 밝히는 효능

운곡본초학　지혈止血, 소종지통消腫止痛, 온중건위溫中健胃의 효능이 있으며, 질타종통跌打腫痛, 골절骨折 등을 치료하는 데 쓰인다.

반디지치

반디지치

반디지치

방가지똥

국화과 / *Sonchus oleraceus* L.

국화과의 한해살이 또는 두해살이풀로, 우리나라 전역의 들판이나 길가에서 흔히 자란다. 키는 30~100㎝이고, 5~9월에 노란색 또는 흰색의 꽃이 핀다. 9~10월에 열매가 갈색으로 익는다. 유사종으로 큰방가지똥·자주방가지똥이 있다.

어린순은 나물로 먹고, 전초를 '고채苦菜'라는 약재로 쓴다. 방가지똥을 비롯한 씀바귀류의 지상부는 모두 '고채苦菜'로 약용한다. 명목明目, 소종消腫, 양혈凉血, 청열淸熱, 해독解毒, 조십이경맥調十二經脈의 효능이 있다.

약명/이명 고채苦菜 / 고거채, 고채, 방가지풀

고서古書 · 의서醫書에서 밝히는 효능

동의보감 명목明目, 소종消腫, 양혈凉血, 청열淸熱, 해독解毒, 조십이경맥調十二經脈의 효능이 있으며, 장벽腸癖, 사교상蛇咬傷, 열중熱中, 악창惡瘡, 치루痔漏, 혈림血淋, 위비胃痺를 치료하는 데 쓰인다.

생육 & 채취	
장 소	전국의 들판이나 길가
시 기	여름~가을
부 위	어린순(나물) 전초(약재)
손질법	햇볕에 말린다.

효용	
성 미	맛은 쓰고 성질은 차다.
활 용	명목, 소종, 양혈, 청열, 해독 등의 효능이 있다.

연구 & 특허
● 큰방가지똥 추출물의 항당뇨 및 항고혈압 효과

● 큰방가지똥 추출물의 항당뇨 및 항고혈압 효과 : 본 논문은 큰방가지똥 추출물의 항당뇨 및 항고혈압 효과에 대한 연구로, 주요 내용은 다음과 같다. 큰방가지똥의 메탄올과 다른 용매 추출물에서 생물 활성을 측정하였다. 방가지똥 메탄올 추출물의 EtOAc 분획은 다른 추출물보다 가장 강한 DPPH(1,1-diphenyl-2-picryl hydrazyl) Free Radical 소거 활성, 즉 33.55㎍/ml 농도에서 EC50 값과 환원력을 보였고, 다량의 polyphenol(180.71㎎ GAE/g)과 flavonoid(145.86㎎ QE/g)가 함유되어 있다. 또한 EtOAc 분획은 1㎎/ml에서 47.38% mushroom tyrosinase 저해 활성, 56.22% α-glucosidase 저해 활성 및 46.58% α-amylase 저해 활성을 보였다. 그리고 methylene chloride와 EtOAc 분획은 2㎎/ml 농도에서 angiotensin I converting enzyme(ACE) 활성이 각각 86.34%, 62.03%로 감소하였다. 이 결과를 토대로 EtOAc 분획은 식품 첨가물, 의약품 상품화에 있어서 가장 효과적인 항산화제로서 개발될 수 있다는 내용이다. — 중국 하남과학기술학원 허명록 외 3, 생약학회지(2011. 3. 31.)

방가지똥

방가지똥

큰방가지똥

방동사니

방동사니

사초과 / *Cyperus amuricus* Maxim.

사초과의 한해살이풀로, 우리나라 전역의 논둑과 밭둑, 강가의 양지바른 풀밭에서 흔하게 자란다. 키는 20~60㎝ 정도이고 줄기는 곧추 자라며 여러 개가 한데 모여 난다. 8~10월에 녹갈색의 꽃이 피고 10~11월에 검은 반점이 있는 열매가 익는다.

한방에서 방동사니의 잎과 꽃줄기를 거담제로 사용한다.

약명/이명 향부자香附子 / 작두향雀頭香, 검정방동사니, 방동산이, 검정방동산이, 차방동사니, 큰차방동사니

고서古書 · 의서醫書에서 밝히는 효능

동의보감 이기理氣, 조경調經, 지통止痛, 해울解鬱의 효능이 있으며, 간위불화肝胃不和, 흉복협륵창통胸腹脇肋脹痛, 기울불서氣鬱不舒, 담음비만痰飮痞滿, 붕루대하崩漏帶下, 월경부조月經不調를 치료하는 데 쓰인다.

생육 & 채취	
장 소	전국의 양지바른 풀밭
시 기	10~11월
부 위	잎, 꽃줄기
손질법	햇볕에 말린다.

효 용	
성 미	맛은 맵고 약간 쓰며 성질은 평하다.
활 용	거담제 효능이 있으며, 두통, 복통, 생리불순, 생리통 등에 쓰인다.

연구 & 특허
● 방동사니 전초의 항산화 페놀성 성분 ● 알방동사니(Cyperus difformis L.)의 항산화 성분에 관한 연구

● 방동사니 전초의 항산화 페놀성 성분 : 본 논문은 방동사니 전초의 항산화 페놀성 성분에 대해 연구한 것으로, 방동사니 메탄올 추출물 분획의 DPPH(1,1-diphenyl-2-picrylhydrazyl) 소거능을 측정하여 항산화 성분을 찾아냈다. 실리카겔과 세파덱스 LH-20 column 크로마토그래피 반복을 통해, 방동사니의 활성 아세트산에틸 가용성 분획으로부터 3,4-dimethoxy 벤조산, 4-hydroxybenzoic 산, piceatannol 등 3종의 혼합물을 분류해 냈다. 이 중 piceatannol이 특히 강한 항산화 효과를 냈다. 이 혼합물들은 처음으로 보고된 내용이다. — 우석대학교 약학대학 이사임 외 12, 생약학회지(2008. 9. 30.)

● 알방동사니(*Cyperus difformis* L.)의 항산화 성분에 관한 연구 : 본 연구는 알방동사니(*Cyperus difformis* L.)의 항산화 성분에 관한 연구로서 주요 내용은 다음과 같다. 본 실험에서는 알방동사니의 메탄올 추출물에서 추출한 성분 중 DPPH 리디칼 소거능과 superoxide quenching 활성을 통하여 항산화 성분이 무엇인지 알아보았다. 메탄올 추출물에서 세 가지 phenolic 화합물인 rosmarinic acid (1), luteolin (2), caffeic acid (3) 등을 추출하였으며, 이들은 모두 DPPH 라디칼 소거능과 산화질소 라디칼 소거능을 보였다. 이들 중 특히 3번 화합물이 가장 뛰어난 항산화 활성을 보였으며, 비타민 C보다 더욱 뛰어난 활성을 보였다. — 우석대학교 이현진 외 10, 생약학회지(2009. 12. 31.)

밭뚝외풀

현삼과 / Lindernia procumbens (Krock.) Borbas

현삼과의 한해살이풀로, 경기도 이남 지역의 들판이나 밭 또는 밭둑에서 자란다. 키는 7~15㎝ 정도 되고, 식물 전체가 털이 없어 매끈하며, 밑부분에서부터 가지가 갈라져 비스듬히 선다. 7~8월경 잎겨드랑이에서 연한 홍자색의 꽃이 핀다.

밭뚝외풀은 약용 자원식물로서의 연구는 많지 않고, 농작물에 해를 끼치는 잡초로 취급하고 있다. 자원식물로서의 추가적인 연구가 필요하다.

이명 개고추풀, 밭둑외풀

특허 · 논문

● 밭뚝외풀(*Lindernia procumbens* (Krock.) Borbas)의 식물화학적 성분 및 생리활성에 관한 연구 : 밭뚝외풀(L. procumbens)은 현삼과(*Scrophulariaceae*) 1년생 초본식물이다. 항산화 활성을 지닌 천연물의 탐색 연구의 일환으로 밭뚝외풀의 MeOH ext. 및 각 유기용매 가용

생육 & 채취	
장 소	경기 이남 지역의 들과 밭
시 기	7~8월
부 위	–
손질법	–

효 용	
성 미	–
활 용	–

연구 & 특허
● 밭뚝외풀(Lindernia procumbens (Krock.) Borbas)의 식물화학적 성분 및 생리활성에 관한 연구

부에 대한 ORAC assay 를 통해 그 각각의 항산화 활성을 평가하였다. 또한 밭뚝외풀의 CH2Cl2 가용부 분획으로부터 7종의 triterpene 화합물을 분리하였으며 EtOAc 가용부 분획으로부터 3종의 phenylpropanoid 화합물 및 1종의 lignan 배당체 화합물을 분리하였고 그 구조를 규명하였다. EtOAc 가용부 분획으로부터 분리한 phenylpropanoid 화합물들은 각각 martynoside, acteoside, leucosceptoside A로 확인되었으며 분리된 lignan 배당체 화합물은 tracheloside로 확인되었다. 또한 CH2Cl2 가용부 분획으로부터 분리된 triterpene 화합물들은 공히 oleanane type 및 ursane type의 triterpene 화합물로 확인하였고 그 구조를 문헌값과의 비교를 통해 확정하였다. 대조군인 trolox와의 비교를 통한 밭뚝외풀의 유기용매 가용부 분획의 ORAC assay 결과 hexane 층에서 높은 활성(1.41 trolox equivalent) 값을 나타내었으며 EtOAc 가용부 분획으로부터 분리한 lignan glycoside인 tracheloside 역시 1.14 trolox equivalent 로 유의한 활성을 나타내었다. — 성균관대학교 차진욱 석사학위논문(2010)

밭뚝외풀 꽃

밭뚝외풀

밭뚝외풀

배롱나무

부처꽃과 / *Lagerstroemia indica* L.

부처꽃과의 낙엽교목으로, 흔히 정원이나 공원 등에 심는다. 여름부터 가을까지 100일 동안 꽃이 피어 있어 '백일홍나무'라고도 하는데, 꽃 하나가 100일 동안 피어 있는 것이 아니라 원추상의 꽃차례에서 꽃이 차례로 피고 지는 기간이 100일이다. 키는 5m 정도이고, 줄기는 굴곡이 심한 편이다. 적갈색 나무껍질이 얇은 조각으로 떨어지면서 흰 얼룩무늬가 생겨 반질반질해 보인다. 일본명 '사루스베리[猿滑]'는 원숭이가 미끄러지는 나무라는 뜻으로, 나무껍질이 매끄럽고 미려해서 붙여진 이름이다. 목재는 단단하여 실내 장식을 비롯한 여러 가구를 만드는 데 쓴다.

잎을 '자미엽紫薇葉', 뿌리를 '자미근紫薇根'이라 하여 약용하는데, 어린이의 백일해와 기침에 특효가 있고, 부인의 대하증, 불임증에도 좋은 약재가 되며 혈액순환과 지혈 효과가 있다고 한다. 원예용으로 많이 재배하는 배롱나무도 약용자원으로 충분하다.

약명/이명 자미화紫薇化 / 자미, 양양수, 백일홍, 만당홍, 백일홍나무

생육 & 채취	
장 소	경기 이남 지역
시 기	꽃이 필 때(식용) 상시(약용)
부 위	꽃(식용) 뿌리, 잎(약용)
손질법	뿌리를 그늘에서 말린다.

효용	
성 미	맛은 약간 시고 성질은 차다.
활 용	혈액순환, 지혈, 소종 효능이 있다.

연구 & 특허
● 배롱나무의 추출물을 유효성분으로 함유하는 알러지 예방 또는 개선용 약학적 조성물 ● 약용식물 추출물이 흰쥐의 간 알콜대사에 미치는 영향 外 p.1002 참고

● 배롱나무의 추출물을 유효성분으로 함유하는 알러지 예방 또는 개선용 약학적 조성물 : 본 발명은 천연물을 유효성분으로 하는 항아토피용 약학 조성물에 관한 것으로, 보다 상세하게는 배롱나무(*Lagerstroemia indica*) 추출물 및 이를 유효성분으로 함유하는 알러지 예방 또는 개선용 약학 조성물에 관한 것으로, 상기 본 발명에 따른 약학 조성물은 인체에 무해하고 피부에 전혀 자극이 없으며, 염증성 사이토카인 및 케모카인(chemokine)의 분비 조절, 면역글로불린 IgE의 합성 억제 등에 작용하여 홍반 감소, 가려움증 소멸 작용, 항균 작용, 면역 억제 및 조절 작용 등의 효과를 나타내어 아토피 및 천식의 개선 또는 치료의 개선에 적용함으로써 유용하게 이용할 수 있다. — 특허등록 제1146234호, 대전대학교 산학협력단

● 약용식물 추출물이 흰쥐의 간 알콜대사에 미치는 영향 : 본 논문은 약용식물 추출물이 흰쥐의 간 알콜대사에 미치는 영향에 관한 것으로 배롱나무(*Lagerstroemia indica* L.), 가지(*Terminalia chebula* R.), 느릅나무(*Ulmus davidiana* Planchol var. *japonica* N.), 느티나무(*Zelkova serrata* M.)의 에탄올 추출물이 흰쥐의 간에 미치는 영향에 대한 연구이다. 10% 에탄올을 먹인 Sprague Dawley rat을 6개의 그룹으로 나눈 후, 각각 1%의 식물 추출물, 알파-토코페롤, 식이섬유 보충 식이를 섭취시킨 결과, 느릅나무 추출물 보충 식이를 섭취한 그룹은 가장 높은 ADH(alcohol Dehydroxygenase) 활성치(322nM)를 나타내었으며, 배롱나무, 느티나무 추출물 보충 식이를 섭취한 그룹은 ALDH(aldehyde dehydroxygenase)가 가장 높았다. 식물 추출물을 먹인 그룹은 알파-토코페롤이나 식이섬유를 섭취한 그룹에 비해 매우 낮은 GPT 활성을 보였다. 이들 결과를 살펴보면 배롱나무는 강력한 에탄올 대사 활성을 가지고 있다는 것을 알 수 있다. — 농촌진흥청 작물시험장 이승은 외, 한국약용작물학회지(2004. 5)

배롱나무 흰꽃

배롱나무 꽃

배롱나무 꽃

배롱나무

백당나무

인동과 / *Viburnum sargentii* Koehne

인동과의 낙엽관목으로, 높은 산 숲 속이나 고원의 양지바른 너덜바위 지역, 계곡 등 습한 곳에 주로 서식한다. 키는 3m 정도이고 줄기가 여러 개 올라와 곧게 뻗는다. 나무껍질은 불규칙하게 갈라지며, 새가지에 잔털이 난다. 잎은 마디마다 마주 자리하며 둥근꼴로 끝이 3개로 갈라진다. 5~6월에 흰색의 꽃이 피고, 9월에 둥근 열매가 윤기 있는 붉은색으로 익는다.

한방에서 '계수조鷄樹條'라 하여 잔가지와 잎, 열매를 약용하는데, 풍風을 없애고 경락經絡을 통하게 하고 혈액순환을 촉진하며 부기를 가라앉히는 효능이 있다. 잔가지와 잎은 봄에, 열매는 가을에 채취하여 햇볕에 말려서 쓴다.

어린 가지와 잎에 털이 없는 것을 민백당나무, 털이 많은 것을 털백당나무라고 하며, 꽃이 모두 무성화인 것은 불두화佛頭花라고 한다. 주로 관상용으로 많이 심는다.

백당나무의 이용과 관련된 현대적인 연구는 거의 없다.

생육 & 채취	
장 소	전국 각지의 계곡 등 습한 곳
시 기	봄(어린 가지, 잎) 가을(열매)
부 위	어린 가지, 잎, 열매
손질법	햇볕에 말린다.

효용	
성 미	맛은 달고 쓰며 성질은 평하다.
활 용	이뇨, 거풍. 진통. 소종 등의 효능이 있다.

연구 & 특허

약명/이명 계수조鷄樹條 / 천목경화, 불두화, 접시꽃
나무, 청백당나무, 까마귀밥나무, 개불두화, 민백당
나무

고서古書 · 의서醫書에서 밝히는 효능

운곡본초학 계수조는 거풍통락祛風通絡, 활혈소종活血
消腫의 효능이 있고, 요퇴동통腰腿疼痛, 창절瘡癤, 개선疥
癬, 피부소양皮膚瘙癢을 치료하는 데 쓰인다.

백당나무 새순

백당나무 꽃

백당나무 열매

백당나무

백량금

자금우과 / *Ardisia crenata* Sims

서남 해안 산지의 상록관목 아래 숲 그늘이나 골짜기에서 자라는 상록소관목으로, 키가 크지 않으며 붉은 열매가 예뻐서 중부 지방에서도 화분에 심어 가꾼다. 9월경 붉게 익은 둥근 열매는 다음해 꽃 필 때까지 달려 있다. 번식은 꺾꽂이로 잘되는데, 산지의 성체 백량금 주변에는 어린 개체들도 많이 보이는 것으로 볼 때 열매로도 번식이 잘되는 것으로 보인다. 잎은 긴 타원형으로 두껍고 잔물결 같은 거치가 특징이다.

유사한 식물로는 자금우·산호수·왕백량금 등이 있다. 백량금이나 산호수는 서남 해안 바닷가의 따뜻한 기후를 좋아하지만 자금우는 내한성이 조금 더 강하다고 한다. 모란도 '백량금百兩金'이라 칭하기도 한다.

약명/이명 주사근朱砂根 / 봉황상, 대량산, 선꽃나무, 탱자아재비, 그늘백량금

고서古書·의서醫書에서 밝히는 효능

운곡본초학 산어지통散瘀止痛, 청열해독清熱解毒의 효능이 있으며, 고환

생육 & 채취	
장 소	서남 해안 산지의 그늘이나 골짜기
시 기	늦가을
부 위	뿌리
손질법	햇볕에 말린다.

효용	
성 미	맛은 맵고 쓰며 성질은 시원하다.
활 용	청열, 해독, 산어, 지통의 효능이 있다.

연구 & 특허
● 주름 생성 억제 및 개선 활성을 갖는 백량금 추출물을 함유하는 피부 외용 조성물 ● 항염 및 항자극 활성을 갖는 백량금 추출물을 함유하는 피부 외용 조성물 外 p.1002 참고

염고丸炎, 인후종통咽喉腫痛, 풍습열비風濕熱痺, 황달黃疸, 이질痢疾, 유화流火, 유선염乳腺炎 치료에 쓰인다.

특허 · 논문

● 주름 생성 억제 및 개선 활성을 갖는 백량금 추출물을 함유하는 피부 외용 조성물 : 본 발명은 주름 생성 억제 및 개선 효과가 뛰어난 백량금 추출물을 함유하는 피부외용 약학 조성물 또는 화장료 조성물에 관한 것으로, 더욱 상세하게는 콜라겐 합성을 촉진시킬 뿐만 아니라 인체 피부 탄력도를 개선함으로써 주름 생성 억제 및 개선 활성을 갖는 백량금 추출물을 포함하는 피부 외용 약학 조성물 또는 화장료 조성물에 관한 것이다. — 특허등록 제748850호, 주식회사 바이오랜드

● 항염 및 항자극 활성을 갖는 백량금 추출물을 함유하는 피부 외용 조성물 : 본 발명은 항염 및 항자극 효과가 뛰어난 백량금 추출물을 함유하는 피부 외용 약학 조성물 또는 화장료 조성물에 관한 것으로, 더욱 상세하게는 iNOS의 활성을 저해하고 iNOS 및 COX-2 유전자의 발현을 억제하며 PGE2, IL-6 및 IL-8의 생성을 억제하여 항염 및 항자극 활성을 갖는 백량금 추출물을 포함하는 피부 외용 약학 조성물 또는 화장료 조성물에 관한 것이다. — 특허등록 제748851호, 주식회사 바이오랜드

● 미백 활성을 갖는 백량금 추출물을 함유하는 피부 외용 조성물 : 발명은 미백 효과가 뛰어난 백량금 추출물을 함유하는 피부 외용 약학 조성물 또는 화장료 조성물에 관한 것으로, 더욱 상세하게는 티로시나제 활성을 저해하고 멜라닌 생성을 억제하여 미백 활성을 갖는 백량금 추출물을 포함하는 피부 외용 약학 조성물 또는 화장료 조성물에 관한 것이다. — 특허등록 제748852호, 주식회사 바이오랜드

백량금 꽃

백량금 열매

백량금

왼쪽부터 돈나무, 백량금, 후박나무, 참식나무

백령풀

꼭두서니과/ *Diodia teres* Walter

꼭두서니과의 한해살이풀로, 원산지는 북아메리카이고, 우리나라에서는 인천광역시 근해의 섬에서 자란다. '백령풀'이라는 이름은 서해안 백령도에서 처음 발견되었다고 하여 붙여졌다. 키는 20~50㎝ 정도이고, 줄기는 흑자색이며 짧은 털이 나 있다. 7~9월경 잎겨드랑이에서 연분홍색의 꽃이 핀다. 백령풀에는 타감 작용(Allelopathy)을 하는 피토케미컬 phytochemical이 함유되어 있어 군집으로 번식한다. 백령풀의 피토케미컬을 이용한 제초제 개발도 가능할 것이다.

유사종으로 털백령풀(*Diodia teres* var. *hirsutior* Fernald & Griseb.)과 큰백령풀(*Diodia virginiana* L.)이 있다.

백령풀은 항암 약초인 백화사설초(白花蛇舌草 : 백운풀, 산방백운풀 등)와 같은 꼭두서니과의 식물로 그 형상이 비슷하여 혼동하는 경우가 있으나, 백령풀의 약리 작용에 대해서는 연구된 바가 많지 않다.

생육 & 채취	
장 소	인천 근해의 섬
시 기	7~9월
부 위	–
손질법	–

효 용	
성 미	–
활 용	–

연구 & 특허
● 스코폴린 및 그의 유도체의 신규 용도 ☞ p.1002 참고

● **스코폴린 및 그의 유도체의 신규 용도** : 본 발명은 비만, 지방간, 당뇨, 대사증후군 등의 예방 또는 치료용 의약 또는 식품의 제조를 위한 화합물(정공등, 해바라기, 백령풀, 서양칠엽수, 개똥쑥, 독말풀, 사리풀, 고구마, 감자, 뽕나무, 미치광이풀 및 가막살나무 등으로 이루어진 군으로부터 선택되는 하나 이상의 식물 추출물)을 유효성분으로 하여 비만, 지방간, 당뇨, 대사증후군 등의 예방 또는 치료용 조성물 및 치료상 유효량의 화합물을 포유동물에 투여하는 것을 포함하는 비만, 지방간, 당뇨, 대사증후군 등의 예방 또는 치료 방법에 관한 것이다. 본 발명의 화합물은 지방세포의 분화를 억제하고, 체중 및 내장 지방의 양을 감소시키며, 지방간 및 당뇨 등과 관련된 콜레스테롤, 중성지방, 유리지방산 및 포도당의 농도를 감소시키고 간 조직의 지질 성분을 감소시키며, 내장 지방 조직의 비만 관련 유전자 발현을 억제하고, 열 발생에 관여하는 UCP(uncoupling protein) 유전자인 UCP1 및 UCP3의 발현량은 증가시키는 것으로 확인되었다. 본 발명의 화합물은 현재 사용되고 있는 합성 의약품 기반의 비만 치료제들과는 달리 천연물에 기반한 것이므로 부작용의 위험성이 매우 낮을 뿐만 아니라 효소나 신경계에 작용하여 약리 효과를 나타내기보다는 비만 관련 유전자의 발현을 조절함으로써 약리 효과를 나타내는 바, 비만, 지방간, 당뇨, 대사증후군 등의 예방 또는 치료를 위해 유용하게 사용될 수 있다. — 특허등록 제981350호, 연세대학교 산학협력단

백령풀

백령풀 꽃

큰백령풀

백부자

미나리아재비과 / *Aconitum coreanum* (H.Lev.) Rapaics

미나리아재비과의 여러해살이풀로, 강원도 일부 지역에서만 발견되는데, 다른 투구꽃류의 식물이 자라는 환경보다 더 건조한 곳에서도 잘 자란다. 키는 1m 정도이고 줄기가 곧게 서며 꽃차례에만 털이 있다. 7~9월경 투구꽃이나 돌쩌귀와 비슷한 연노란색의 꽃이 피므로 '노랑돌쩌귀'라고도 한다. 뿌리에는 강한 독이 있다. 환경부 멸종 위기 야생식물로 지정된 희귀식물로서 보호 및 증식이 필요하다.

약명/이명 백부자白附子 / 노랑돌쩌귀, 노랑바꽃

고서古書 · 의서醫書에서 밝히는 효능

동의보감 거풍祛風, 정경定驚, 진경鎭痙, 활담豁痰 등의 효능이 있다.

특허 · 논문

● 식물 복합 추출물(칠백진고 복합 추출물)을 함유하는 혈행 촉진용 및 피부색 개선용 화장료 조성물 : 본 발명은 백부자, 백출, 백급, 암백채, 상백

생육 & 채취	
장 소	강원 일부 지역
시 기	3월
부 위	덩이뿌리(약용)
손질법	햇볕에 말린다.

효용	
성 미	맛은 달고 맵고, 성질은 따뜻하며 독이 있다.
활 용	진경, 진통제로 사용한다.

연구 & 특허
● 식물 복합 추출물(칠백진고 복합 추출물)을 함유하는 혈행 촉진용 및 피부색 개선용 화장료 조성물
● 치아우식증 예방용 치약 조성물 ☞ p.1002 참고

피, 감초, 백렴 및 백복령을 함유하는 화장료 조성물에 관한 것으로, 더욱 상세하게는 본 발명은 백부자, 백출, 백급, 암백채, 상백피, 감초, 백렴 및 백복령으로부터 추출한 식물 복합 추출물(칠백진고-七白眞膏 복합 추출물)을 함유하는 피부 혈행 촉진용 및 피부색 개선용 화장료 조성물에 관한 것이다. 본 발명의 화장료는 노화로 인해 발생하는 혈류 문제를 개선해 주어 피부를 깨끗하게 유지해 줄 뿐만 아니라 피부의 노화 방지 및 지연 효과를 지니는 특징을 가지고 있으며 천연의 물질이어서 안전하다. ― 특허등록 제977673호, 주식회사 코리아나화장품

● 치아우식증 예방용 치약 조성물 : 본 발명은 스트렙토코커스 무탄스에 항균 활성을 지닌 치아우식증 예방용 치약 조성물에 관한 것으로, 보다 상세하게는 독활 추출물, 독활 추출물로부터 얻어진 컨틴엔탈릭엑시드, 독활 추출물로부터 얻어진 스티그마스테롤 및 백부자 추출물은 각각 스트렙토코커스 무탄스의 성장과 유기산 생성을 억제할 뿐 아니라, 타액으로 도말된 히드록시아파타이트 비드에 대한 부착을 억제하며, 비수용성 글루칸 합성을 억제하여 우수한 치아우식증 예방용 치약 조성물의 유효성분으로 사용할 수 있다. ― 특허등록 제817599호, 재단법인 전주생물소재연구소

● 효소 처리를 이용한 혼합 생약재 추출물을 함유하는 피부 주름 개선용 화장료 조성물 및 그 추출 방법 : 본 발명은 백부자, 백지, 영릉향, 향부자, 백복령 및 감송향을 일정 비율로 혼합하고 효소 처리를 이용하여 추출한 혼합 생약재 추출물 및 이를 이용한 피부 주름 개선용 화장료 조성물에 관한 것으로, 본 발명에 따른 상기 혼합 생약재 추출물을 함유한 피부 주름 개선용 화장료 조성물은 피부 주름 개선과 관련된 항산화, 엘라스타아제 발현 저해 및 피부 주름 개선 임상 평가에서 우수한 효과를 발휘함으로써 피부 주름 개선에 매우 효과적일 뿐만 아니라, 피부에 적용이 부작용이 없어 매우 안전하다. ― 특허등록 제1142541호, 주식회사 사임당화장품

백부자

백부자

백부자

백운풀

꼭두서니과 / *Hedyotis diffusa* Willd.

꼭두서니과의 한해살이풀로, 전라남도 백운산 및 제주도 산지의 습지에 자생한다. 백운산에서 처음 발견되었다고 하여 '백운풀'이라고 한다. 키는 10~30㎝ 정도이고 8~9월에 붉은색이 도는 흰색의 꽃이 핀다.

뿌리를 제외한 전초를 '백화사설초白花蛇舌草'라 하여, 폐열肺熱로 인한 기침, 편도선염 인후염, 충수염, 골반염 등에 약으로 쓴다. 전염성 황달 간염과 이질, 종기 및 뱀이나 독충에 물렸을 때에도 사용한다. 항암 약초로 알려지면서 종 보존이 어려워지고 멸종 위기에 이를 정도로 자연에서 찾아보기가 쉽지 않다.

국가표준식물목록에 '백운풀'이라는 이름을 가진 식물에는 잎이 비교적 짧고 꽃이 하나가 달리는 백운풀 외에도 잎자루에 꽃이 여러 개씩 달리는 산방백운풀, 잎이 길고 꽃이 하나씩 달리며 긴잎백운풀이라는 이명을 가진 긴두잎갈퀴, 제주도에 자생하는 제주백운풀 등이 있다.

※ 제주백운풀은 식물분류상 'Hedyotis' 속이 아니고 'Oldenlandia'속의 식물이며, 백운풀류는 변이가 많은 편으로, 꽃이 피기 전에는 구별하기가

생육 & 채취	
장 소	제주도 산지 및 전남 지역
시 기	여름~가을
부 위	지상부
손질법	햇볕에 말리거나 신선한 것을 쓴다.

효용	
성 미	맛은 달고 쓰며 성질은 차다.
활 용	기침, 인후염, 충수염, 골반염 등에 쓰인다.

연구 & 특허
● 간암 예방 및 치료용 생약제 ● 고지혈증, 간 기능 조절 효과가 있는 천연차 및 그 제조 방법 쌰 p.1002 참고

쉽지 않다.

약명/이명　백화사설초白花蛇舌草 / 두잎갈퀴, 치자풀, 긴잎치자풀, 실낚시돌풀, 쌍낚시풀

고서古書 · 의서醫書에서 밝히는 효능

운곡본초학　청열이습淸熱利濕, 해독소옹解毒消癰의 효능이 있으며, 장옹腸癰, 황달黃疸, 옹종정창癰腫疔瘡, 인후염咽喉炎, 편도선염扁桃腺炎, 자궁부속기염子宮附屬器炎, 독사교상毒蛇咬傷, 이질痢疾, 폐열천해肺熱喘咳, 골반염骨盤炎을 치료하는 데 쓰인다.

특허 · 논문

● **간암 예방 및 치료용 생약제** : 본 발명은 간암의 예방 및 치료용 생약제에 관한 것이다. 더욱 구체적으로, 본 발명은 백화사설초, 강황, 호장근 및 산두근의 4종의 생약을 주생약 성분으로 함유하여 특히 바이러스성 B형 간염에 대하여 우수한 예방 및 치료 효과를 갖는 주사용 생약 조성물과, 백화사설초, 중루, 호장근, 산두근, 용담초, 대황, 연교, 적작약, 강황 및 석창포의 10종의 생약을 주생약 성분으로 함유하여 지방간 및 간경변의 예방 및 치료 효과를 갖는 경구용 생약 조성물을 포함하여 이들 두 가지 조성물을 병용 투여함으로써 간염, 지방간 및 간경변 등의 간질환이 간암으로 이행되는 것을 효과적으로 예방하고 간암을 치료할 수 있는 생약제에 관한 것이다.

— 특허등록 제239879호, 삼천당제약 주식회사

● **고지혈증, 간 기능 조절 효과가 있는 천연차 및 그 제조 방법** : 본 발명은 고지혈증, 간 기능 조절 효과가 있는

백운풀

백운풀

백운풀

천연차 및 그 제조 방법에 관한 것으로서, 결명자를 제1원료로 하고, 백화사설초를 제2원료로 하며, 마가목 또는 지구자를 첨가할 수 있는 천연차 및 그 제조 방법을 제공하며, 본 발명의 분말, 절편 또는 액상의 천연차를 1일 2회 복용하여 고지혈증 치료 및 간 기능 회복 효과를 얻을 수 있다. — 특허등록 제388080호, 남**

● **올레아노닉산을 함유하는 치매 예방 또는 치료용 조성물** : 본 발명은 올레아노닉산(oleanonic acid)을 함유하는 치매 예방 또는 치료용 조성물에 관한 것이다. 보다 구체적으로 본 발명은 마타리(*Patrinia scabiosaefolia*) 또는 백화사설초(*Oldenlandia diffusa*)로부터 분리 정제 되거나, 올레아놀산의 산화반응을 통하여 다량 제조될 수 있는 올레아노닉산의 치매 예방 또는 치료를 위한 용도에 관한 것이다. 본 발명에서의 올레아노닉산은 치매 특히 알츠하이머병의 원인 물질로 알려진 베타-아밀로이드의 생성을 억제할 수 있어, 이를 유효성분으로 함유하는 조성물은 치매의 예방 또는 치료에 효과적으로 사용될 수 있다. — 특허공개 10-2011-0045351호, 한국과학기술연구원

● **백운풀 추출물을 유효성분으로 포함하는 비알콜성 지방간질환의 예방 또는 치료용 조성물** : 본 발명은 백운풀 추출물을 유효성분으로 포함하는 비알콜성 지방간 질환의 예방 또는 치료용 조성물에 관한 것이다. 본 발명의 백운풀 추출물은 혈청 내 ALT 활성을 감소시키고, 또한 간조직의 중성지방 함량을 유의적으로 감소시킬 수 있으므로, 이를 유효성분으로 포함하는 본 발명의 조성물은 비알콜성 지방간 질환의 예방 또는 치료에 유용하게 사용될 수 있다. 특히 이러한 백운풀 추출물은 천연 물질로서, 한방으로 널리 쓰이는 약재에 해당하므로, 이를 유효성분으로 포함하는 본 발명의 조성물은 장기적 사용에도 안전한 이점을 가진다. — 특허공개 10-2012-0097080호, 인제대학교 산학협력단

● **백화사설초 추출물을 포함하는 췌장암 치료용 조성물 및 건강 기능성 식품** : 본 발명은 백화사설초 추출물의

백운풀 꽃

백운풀 꽃봉오리

백운풀

신규한 용도에 관한 것에 관한 것으로서, 보다 상세하게는 백화사설초 에탄올 추출물을 유효성분으로 함유하는 췌장암 예방 및 치료용 조성물 및 식품학적으로 허용 가능한 식품 보조 첨가제를 포함하는 백화사설초 에탄올 추출물을 유효성분으로 함유하는 췌장암 예방용 기능성 식품에 관한 것이다. 본 발명에 따른 췌장암 치료용 조성물 및 기능성 식품은 췌장암 세포의 성장을 억제하고 세포사멸을 유도하는 효과가 있어 췌장암 치료 및 예방에 효과적으로 사용할 수 있다. ― 특허공개 10-2012-0122427호, 주식회사 한국전통의학연구소 외 2

● 백화사설초 추출물을 포함하는 신장암 치료용 조성물 및 건강 기능성 식품 : 본 발명은 백화사설초 추출물의 신규한 용도에 관한 것에 관한 것으로서, 보다 상세하게는 백화사설초 에탄올 추출물을 유효성분으로 함유하는 신장암 예방 및 치료용 조성물 및 식품학적으로 허용 가능한 식품보조 첨가제를 포함하는 백화사설초 에탄올 추출물을 유효성분으로 함유하는 신장암 예방용 기능성 식품에 관한 것이다. 본 발명에 따른 신장암 치료용 조성물 및 기능성 식품은 신장암 세포의 성장을 억제하고 세포사멸을 유도하는 효과가 있어 신장암 치료 및 예방에 효과적으로 사용할 수 있다. ― 특허공개 10-2012-0122411호, 주식회사 한국전통의학연구소 외 2

● 백화사설초(白花蛇舌草) 메탄올 추출물의 항종양 효과 및 항암 기전에 관한 연구 : 본 논문은 백화사설초의 추출물이 사람의 백혈병에서 유래된 HL-60 암세포에 어떠한 영향을 미치는지를 규명하기 위하여 세포 고사의 기전, 특히 Caspase cysteine protase의 활성도와 c-Jun N-terminal kinase(JNK) 및 전사활성인자인 AP-1과 NF-κB의 활성 변화, p53, Bcl2 및 Bax등의 발현 등을 관찰한 결과를 얻어 백화사설초 메탄올 추출물은 강력하게 암세포의 전이능을 저해시키는 결과를 보고하는 내용이다. ― 원광대학교 한의과대학 소화기내과교실 노훈정 외 5, 대한암한의학회지(2000. 12. 30)

백운풀

백운풀 꽃

백운풀

백합나무

목련과 / *Liriodendron tulipifera* L.

목련과의 낙엽활엽교목으로, 1900년 초에 미국에서 우리나라에 들어와 전국의 산기슭 습지나 하천가에서 자라는 속성수이다. 키는 약 60m에 달하는데, 수명은 200~300년 정도이다. 화석에 의하여 백악기 때부터 지구상에 널리 자라는 나무라는 사실이 확인되었다. 5~6월에 가지 끝에 튤립 모양의 녹황색 꽃이 피고, 9~10월에 둥근 열매가 익는다.

꽃 모양 때문에 '튤립나무tulip tree', 색깔 때문에 '노란 포플러yellow poplar'라고도 불린다.

약명/이명 미국아장추美國鵝掌楸 / 목백합, 튤립나무

특허 · 논문

● 백합나무 추출물을 유효성분으로 함유하는 화장료 조성물 : 본 발명은 백합나무 추출물을 유효성분으로 함유하는 피부 상태 개선용 화장료 조성물에 관한 것이다. 본 발명의 유효성분인 백합나무 추출물은 피부 주름 개선, 항산화, 피부 세포 재생, 피부 세포 자극 완화, 항염, 피지 분

생육 & 채취	
장 소	전국의 습기진 산기슭이나 하천
시 기	여름~가을
부 위	나무껍질
손질법	햇볕에 말린다.

효용	
성 미	맛은 맵고, 성질은 따뜻하며 독이 없다.
활 용	거풍제습, 풍한해수 효능이 있다.

연구 & 특허
● 백합나무 추출물을 유효성분으로 함유하는 화장료 조성물
● 튤립나무(Liriodendron tulipifera) 가지 메탄올 추출물의 항산화와 항암 활성 효과
外 p.1003 참고

비 억제, 피부 보습 등의 효과 및 콜라겐 합성 증진 등의 피부 세포 단백질의 합성을 촉진시켜 주며, 콜라겐 분해 효소의 생성을 억제해 줌으로써 노화로 인해 발생하는 다양한 피부 트러블 개선 및 피부 노화 방지 효능을 가지고 있다는 것이다. — 특허등록 제1207557호, 주식회사 코리아나화장품

● 튤립나무(*Liriodendron tulipifera*) 가지 메탄올 추출물의 항산화와 항암 활성 효과 : 본 연구는 새로운 기능성 소재를 탐색하기 위하여 튤립나무 가지의 메탄올 추출물을 조제하여 생리활성 물질 함량, DPPH, 환원능력, Fe2+ chelating효과와 지질과산화 억제 활성 그리고 세포독성을 측정하였다. 총 페놀성 화합물과 플라보노이드 함량은 75.34mg gallic acid/g과 20.15mg quercetin/g이고, DPPH 라디칼 소거 활성에서 EC50은 $289.68\pm2.04\mu g/ml$, 환원력 측정에서 $100\mu g/ml$ 농도에서 흡광도는 0.388이었으며, Fe2+ chelating 효과에서는 $200\mu g/ml$ 농도에서 36.33%로 나타내었고, 지질과산화 억제 효능에서는 $200\mu g/ml$ 의 농도에서 비교적 높은 38.56%의 억제율을 나타내었으며, 암세포 증식 억제 효과에서는 HT-29와 Hela cell line에서 튤립나무 가지 메탄올 추출물이 $200\mu g/ml$ 의 농도에서 56.94%와 35.73%의 세포 생장 억제율을 나타내었다. 따라서 본 연구 결과들을 종합해 볼 때 항산화능력은 총 페놀 성분과 밀접한 관계가 있는 것으로 사료되며, 튤립나무 가지에 대한 기타 생리활성 연구가 더 필요할 것으로 사료된다. — 중국 하남과학기술학원 허명록 외 2, 한국자원식물학회지(2011. 2)

● 저탄소 녹색 성장 시대는 '탄소 통조림' 백합나무가 최고 : 백합나무는 30년생 1그루당 연간 이산화탄소 흡수량이 39.6kg으로 동일 수령의 소나무(11.9kg)보다 3.3배가 높으며, 오존 흡수율(245.3umol/㎡/h)도 뛰어났다. 에너지원의 측면에서도 상당히 활용도가 높은 대체자원이며 경제성이 높은 수종으로서, 잣나무·낙엽송 등 주요 조림수에 비해 성장 속도가 2~3배 빨라 바이오매스 원료로 적합한 것으로 알려져 있다. — 한국개발연구원 동향보고(2010)

백합나무 어린순

백합나무 꽃

백합나무

뱀무

장미과 / *Geum japonicum* Thunb.

장미과의 여러해살이풀로, 중부 이남의 습기 있고 양지바른 산기슭 풀밭에서 자란다. 키는 25~100㎝ 정도로, 줄기 전체에 털이 있으며 가지는 윗부분에서 갈라진다. 6월에 짙은 노란색의 꽃이 가지 끝에 1개씩 피고, 7~9월에 둥글고 털이 많은 열매가 익는다.

어린순은 나물로 먹고, 뿌리를 포함한 전초를 '수양매水楊梅'라 하여 약용하며, 자양강장·혈액순환·해독·이뇨·거풍·활혈 효능이 있다. 제오사이드와 탄닌 등의 약리 성분이 들어 있으며 큰뱀무도 함께 쓰이고 있다.

약명/이명 수양매水楊梅 / 배암무, 일본수양매

고서古書·의서醫書에서 밝히는 효능

운곡본초학 보익補益, 익신益腎, 활혈해독活血解毒의 효능이 있다.

특허·논문

● 항비만 및 항염증 효과를 가지는 뱀무 추출물, 이를 포함하는 식품 조성

생육 & 채취	
장 소	중부 이남의 양지바른 풀밭
시 기	여름~가을
부 위	어린순(나물) 지상부(약용)
손질법	그늘에서 말린다.

효 용	
성 미	맛은 맵고 성질은 따뜻하다.
활 용	자양강장, 혈액순환, 해독 효과가 있다.

연구 & 특허
● 항비만 및 항염증 효과를 가지는 뱀무 추출물, 이를포함하는 식품 조성물 및 이들의 제조 방법 ● 탈모 방지 및 발모 촉진용 조성물의 제조 방법 外 p.1003 참고

물 및 이들의 제조 방법 : 본 발명은 항비만 및 항염증 효과를 가지는 뱀무 추출물, 상기 뱀무 추출물을 포함하는 식품 조성물 및 이의 제조 방법에 관한 것이다. 본 발명의 제조 방법에 의하여 제조된 뱀무 추출물 및 식품 조성물은 중성 지방의 축적을 저해하고, 지방의 축적 과정을 조절하는 중요한 효소인 GPDH 활성을 저해하여 항비만 효과를 나타 내고, 염증 인자인 NO 및 PGE2, IL-1β 및 TNF-α의 초기 염증성 사이토카인의 생성을 억제하여 항염증 효과를 나타낸 다. — 특허등록 제718602호, 대한민국(농촌진흥청장)

● 탈모 방지 및 발모 촉진용 조성물의 제조 방법 : 본 발명은 우수한 탈모 방지, 모발 성장 효과를 지니는 탈모 방지 및 발모 촉진용 조성물의 제조 방법에 관한 것이다. 모근세포의 소멸, 위축과 관련하여 이를 개선시킬 수 있는 천연물 중 신모세혈관 생성을 촉진시키는 전엽음양곽, 하늘타리, 강진향, 뱀무 및 조구등의 알코올 추출물 또는 열수 추출물 또 는 산화 인지질(Oxidized 1-Palmitoyl-2-Arachidonoyl-sn-Glycero-3-Phosphocholine, OxPAPC)의 단일 또는 복합 조성물을 포함한 다. 또한 공통적으로 하수오, 검은콩, 구기자, 감초의 천연물의 알코올 추출물 또는 열수 추출물을 함유하여 모발을 굵 고 튼튼하게 유지시켜 주는 양모 효과를 가지는 것을 특징으로 한다. — 특허등록 제970126호, 케일럽 멀티랩 주식회사

● 뱀무 추출물의 항산화 활성 및 항균 효과 : 뱀무의 물 추출물과 메탄올 추출물의 항산화 작용과 항진균 작용 에 대한 조사로, 한방에서 사용되는 천연 뱀무 추출물을 사용한 결과, 뱀무 추출물의 농도가 높을수록 항산화 작 용도 증가하는 경향이 나타났다. 최고 항산화 작용은 메탄올 추출물의 경우 120$\mu g/ml$ 에서 나타났다. 황색포도 구균에서는 1000$\mu g/ml$ 농도의 뱀무 에탄올 추출물이 1.0㎜의 청결 지대가 나타났으며, 녹농균에서는 1.1㎜의 청 결 지대가 나타났다. 본 연구의 결과는 뱀무 추출물이 항산화 작용을 원활하게 한다는 것과, 황색포도구균과 녹 농균에서 항진균 작용이 나타난다는 것을 보여 준다. — 송호대학 자연건강관리과 이정호 외 4, 대한예방한의학회지(2007. 6. 30.)

뱀무

뱀무

뱀무 어린순

버드나무

버드나무

버드나무과 / *Salix koreensis Andersson*

버드나무과의 낙엽교목으로, 우리나라 전역의 개울가나 계곡에서 잘 자란다. 키는 약 20m까지 자라는데, 성장 속도가 매우 빠르다. 암갈색의 나무껍질은 얕게 터지며, 일년생 가지는 밑으로 처진다. 4월경에 잎보다 먼저 꽃이 피고, 5월에 달걀 모양의 열매가 익는다. 버드나무 가지는 '유지柳枝', 가지 껍질은 '유지피柳枝皮', 꽃은 '유화柳花'라 하여 약용한다.

해열 진통제로 널리 사용되는 아스피린은 버드나무의 껍질에서 추출되는 살리실산salicylic acid 유도체가 주성분이며, 감기나 신경통에 버드나무 껍질을 달여서 먹었던 영국의 민간요법에서 유래된 것으로서, 1853년 독일에서 개발된 세계 100대 발명품 중의 하나이다.

약명/이명 유지柳枝, 유지피柳枝皮, 유화柳花 / 버들, 뚝버들, 버들나무, 개왕버들

고서古書 · 의서醫書에서 밝히는 효능

동의보감 거풍이습祛風利濕, 소종지통消腫止痛의 효능이 있다.

생육 & 채취	
장 소	전국 각지의 하천이나 계곡
시 기	봄
부 위	꽃, 속껍질
손질법	껍질을 벗기고 햇볕에 말린다.

효용	
성 미	맛은 쓰며 성질은 차다.
활 용	해열 진통 작용으로 감기, 학질 등에 쓰인다.

연구 & 특허
● 항생제 대체제로 유용한 버드나무 추출물 함유 미생물 조성물 ● 버드나무 추출액을 함유하는 화장비누 조성물 ※ p.1003 참고

● **항생제 대체제로 유용한 버드나무 추출물 함유 미생물 조성물** : 본 발명은 항생제 대체제로 유용한 버드나무 추출물 함유 미생물 조성물 및 그 제조 방법에 관한 것으로서, 보다 구체적으로는 버드나무에 Bacillus subtilis, Lactobacillus plantarum 등의 미생물을 접종하고 다단계의 발효를 거쳐 제조되며 가축 사료에 첨가되는 항생제를 대체하는 데 유용한 버드나무 성분 함유 미생물 조성물 및 그 제조 방법에 에 관한 것이다. 본 발명의 항생제 대체제로 유용한 버드나무 추출물 함유 미생물 조성물을 동물 사료에 첨가하면 장내 유해 미생물의 증식을 억제함으로써 동물의 증체량, 사료 이용률을 개선시키고, 면역 기능을 개선시킨다. — 특허공개 10–2012–0062388호, 김**

● **버드나무 추출액을 함유하는 화장 비누 조성물** : 본 발명은 버드나무 잎, 줄기, 뿌리껍질을 증류수, 알코올, 프로필렌글리콜 등으로 추출하여 얻은 추출액을 0.5 내지 15중량%, 바람직하게는 1 내지 10중량%, 더욱 바람직하게는 3 내지 5중량% 함유함을 특징으로 하는 화장 비누 조성물에 관한 것이다. — 특허등록 제115520호, 주식회사 엘지

● **버드나무 추출물을 함유하는 비듬 방지용 모발 화장료 조성물** : 본 발명은 비듬 방지용 모발 화장료 조성물에 관한 것으로서, 버드나무 추출물을 유효성분으로 함유하는 것을 특징으로 한다. 버드나무 추출물은 가려움증 치료 효과가 뛰어나고 비듬 원인균인 피티로스포룸 오발레(Pityrosporum ovale)에 대한 항균력이 우수할 뿐만 아니라 피부에 대한 부작용이 없으므로, 이를 유효성분으로 함유하는 모발 화장료 조성물은 비듬 방지에 매우 효과적으로 사용될 수 있다. — 특허공개 10–2003–0052066호, 주식회사 엘지생활건강

● **치은염과 치주질환 예방 효과를 갖는 구강용 조성물** : 본 발명은 치은염과 치주질환을 크게 예방하기 위한 구강용 조성물을 제공함에 있다. 이러한 본 발명은 대나무의 진액 추출 방법으로 얻은 자죽염과 버드나무 껍질 추

버드나무

제주산버들

떡버들

출물 및 고삼 추출액을 함유하는 구강용 조성물을 제공함으로써 자죽염의 항균, 항염 효과와 버드나무 껍질 추출물의 항염 효과와 그리고 고삼 추출액의 항균 효과에 의한 상승 작용으로 치은염과 치주질환을 크게 예방하도록 한 것이다. — 특허등록 제785074호, 주식회사 네오메디컬

● 제주산버들 추출물을 함유하는 피부 외용제 조성물 : 본 발명은 제주산버들 추출물을 함유하는 피부 외용제 조성물에 관한 것으로서, 보다 상세하게는 제주산버들 추출물을 함유함으로써 피부 노화 방지 효과, 피부 보습력 개선 효과 및 미백 효과를 제공할 수 있는 조성물에 관한 것이다. — 특허공개 10-2013-0046995호, 주식회사 아모레퍼시픽

● 글루코사민 분말을 함유한 연질 캡슐과 그 제조 방법 : 본 발명은 관절 및 연골의 구성 성분으로 관절 및 연골의 건강에 도움을 주는 성분을 높은 밀도로 함유하는 연질 캡슐에 대한 것으로서, 캡슐의 안정성과 복용 후 분해 속도를 개선하여 생체 이용률을 향상시킨 연질 캡슐 제제에 관한 것이다. 더욱 구체적으로 본 발명은 글루코사민 또는 약제학적으로 허용되는 그 염을 한 유효성분으로 하는 구성에 상어 연골 추출 분말, 생강, 버드나무 추출 분말, 홉 추출물, 녹색입(green-lipped) 홍합 분말 중의 어느 하나 이상의 비글루코사민 유효성분을 선택적으로 포함할 수 있는 연질 캡슐에 대한 것이다. 본 발명의 연질 캡슐은 붕해 안정성을 조절하기 위하여 호박산 젤라틴 및 중간 사슬 트리글리세리드유(MCT oil)를 사용하고, 인체에 안전한 천연 색소를 사용하였기 때문에 관절염 환자의 증상 완화와 관절 보호에 효과가 있을 것으로 예상된다. — 특허등록 제902223호, 주식회사 아모레퍼시픽, 주식회사 알피코프

● 피톤치드 조성물 및 이를 이용한 과일 봉지, 특허등록 제1065636호 : 본 발명은 과일 봉지에 관한 것으로, 버드나무 잎에서 추출한 천연의 피톤치드(A) 50~90중량%, 자작나무 수피로부터 추출한 피톤치드(B) 5~30중량%, 은행나무에서 추출한 피톤치드(C) 5~20중량%를 혼합한 피톤치드 혼합물을 파라핀왁스, 유지, 왁스에멀전, 유

제주산버들 수꽃

제주산버들 암꽃

제주산버들

428

지에멀전 중 선택된 어느 한 가지의 물질에 2~30중량% 첨가한 피톤치드 조성물을 과일 봉지에 코팅하여 구성함으로써, 무처리나 살균제가 처리된 과일 봉지에 비해 항균성이 우수하고 과일에 발생하는 병의 발생 비율을 낮출 수 있는 효과가 있고, 본 발명에 따라 식물 천연 물질로 코팅한 과일봉지에 의해 재배된 과일은 잔류 농약에 대한 문제가 전혀 없는 이점이 있다. — 특허등록 제1065636호, 주식회사 농협아그로

● 김치유산균 발효액과 버드나무 껍질 추출물을 항균 성분으로 함유하는 천연 방부제 화장료 조성물 : 본 발명은 항균 효과를 갖는 화장료 조성물에 관한 것으로, 김치유산균 발효액과 버드나무 껍질 추출물의 시너지 효과를 이용하는 것을 특징으로 한다. 본 발명에 따른 천연 방부 화장료 조성물은 인체에 매우 안전할 뿐만 아니라, 우수한 항균 효과를 나타내고, 기존의 화학 방부제를 대체할 수 있는 수준의 뛰어나고 넓은 방부 효과를 갖는다.
— 특허공개 10-2011-0120481호, 주식회사 엘지생활건강

● 항균, 항여드름, 피부 진정, 보습 및 피지 조절 활성이 우수한 생약 혼합 추출물 : 본 발명은 발효콩, 마치현 및 버드나무를 혼합하여 초음파 추출하여 초음파 혼합 추출물을 제조하는 단계, 오레가노, 편백, 육계 및 황금을 혼합하여 초임계 추출하여 초임계 혼합 추출물을 제조하는 단계, 상기 초음파 혼합 추출물과 초임계 혼합 추출물을 혼합하여 생약 혼합 추출물을 제조하는 단계로 이루어진 항균, 항여드름, 피부진정, 보습, 피지 조절 활성을 갖는 생약 혼합 추출물의 제조 방법 및 이로부터 제조된 생약 혼합 추출물에 관한 것으로, 본 발명에 따른 생약 혼합 추출물은 발효콩, 마치현 및 버드나무 추출물의 제조에 초음파 추출법을 사용하고, 오레가노, 편백, 육계 및 황금 추출물의 제조에는 초임계 추출법을 사용함으로써 항균 활성 및 항여드름균 활성이 우수할 뿐만 아니라 피부 자극 완화 효과, 보습 효과 및 피지 조절 효과가 우수하다. — 특허등록 제910747호, 장**

버드나무

버드나무

버드나무

벌노랑이

콩과 / *Lotus corniculatus var. japonica Regel*

콩과의 여러해살이풀로, 우리나라 중부 이남의 양지바른 숲이나 풀밭, 바닷가 모래땅에서 자란다. 키는 30㎝ 내외로, 잎이 토끼풀을 닮았다. 6~7월에 나비 모양의 노란색 꽃이 핀다.

꽃이 핀 전초를 약으로 쓴다. 꽃을 '금화채金花菜', 뿌리를 '백맥근百脈根'이라 부르는데, 해열과 지혈 작용이 있어 감기에 걸렸을 때, 인후염·대장염 등의 치료약으로 쓴다. 또한 대변에서 피가 섞여 나올 때, 치질에도 사용한다.

약명/이명 금화채金花菜, 백맥근百脈根 / 금화채金花菜, 백맥근, 오엽초, 황금화, 별노랑이, 벌조장이

고서古書 · 의서醫書에서 밝히는 효능

운곡본초학 지갈止渴, 하기下氣, 제허로除虛勞의 효능이 있고, 허로虛勞, 음허발열陰虛發熱, 구갈口渴을 치료한다.

생육 & 채취	
장 소	중부 이남 지역의 양지바른 숲
시 기	5~6월
부 위	전초
손질법	햇볕에 말린다.

효용	
성 미	맛은 달고 쓰며 성질은 약간 차다.
활 용	강장, 해열, 지혈 효과가 있다.

연구 & 특허

● 자생식물을 이용한 녹화 기술 개발 :

1. 갯쑥부쟁이 · 왕갯쑥부쟁이 · 갯패랭이 · 벌노랑이 · 왜성 털부처꽃 · 왜성 톱풀 등 지피용 우수 초종을 선발, 증식하였음.

2. 구절초의 근경 맹아를 통한 근경삽에는 4cm cutting이 효율적이며, IBA와 BAP가 맹아 증진 및 뿌리 발달에 효과적이었음.

3. BAP 0.5mg/L와 NAA 0.01mg/L 조합 처리가 남구절초 · 서흥구절초 · 한라구절초 · 포천구절초의 multi-shoot 형성에 좋았고, 울릉국화 · 낙동구절초 · 산구절초는 BAP 2.0mg/L와 NAA 0.01 mg/L 조합 처리에서 multi-shoot 형성이 우수하였으며, 벌개미취는 TDZ 0.2mg/L 와 NAA 0.1mg/L에서 우수하였음.

4. 한라구절초에서 multi-shoot 형성 → compacted multi-shoot → rooting and shoot elongation→ rhizomatization의 4단계를 통해 최초 shoot-tip 치상 19주 만에 기내 근경을 생산하였음.

5. 갯개미취 · 오리새 · 갯패랭이 · 왕갯쑥부쟁이 · 가새쑥부쟁이 · 벌노랑이 등은 발아 시에 내염성이 우수하였으며, 갯쑥부쟁이 · 갯개미취 · 갯패랭이 · 왕갯쑥부쟁이 · 리새 등은 실생 유묘의 내염성이 우수하였음.

6. 내건성은 갯패랭이가 가장 우수하였음.

7. 사면 시공 결과 친수성 수지 첨가 처리에서 가장 높은 피복율을 나타내었으며, 수분전착제는 초종에 따라 차이가 있었음. 가새쑥부쟁이 · 벌노랑이는 조기 피복이 가능하였고, 벌개미취 · 기린초 · 층꽃나무 등은 월동 이후에는 피복율이 높았음. 갯쑥부쟁이는 초겨울까지 관상 가치를 유지하였음. — 김기선, 서울대학교 학위논문(2003)

벌노랑이

벌노랑이

벌노랑이

범꼬리

마디풀과 / *Bistorta manshuriensis* (Petrov ex Kom.) Kom.

마디풀과의 여러해살이풀로, 우리나라 전역의 깊은 산 양지바른 곳에 군락으로 자생한다. 키는 30~80㎝ 정도이고 가는 줄기가 곧게 서고 식물 전체에 털이 없거나 잎 뒷면에만 흰 털이 있다. 6~7월에 흰색 또는 연분홍의 꽃이 피고 9~10월에 열매가 익는다. '범꼬리'라는 이름은 꽃의 모양이 범의 꼬리와 닮았다는 데서 유래했다.

어린잎과 줄기는 식용하고, 뿌리를 '권삼拳蔘'이라는 약재로 쓰는데, 지혈 및 항균 작용이 확인되었다. 한방에서 열을 내리거나 경기驚氣를 다스리며 종기의 염증을 없애는 데 사용한다. 또한 물감의 원료로도 이용된다. 냄새가 없고 맛은 쓰며 성질은 서늘하다.

유사종으로 가는범꼬리·둥근범꼬리·흰범꼬리·호범꼬리·눈범꼬리·참범꼬리 등이 있다.

약명/이명 권삼拳蔘 / 만주범의꼬리, 북범꼬리풀

생육 & 채취	
장 소	전국의 깊은 산 양지바른 곳
시 기	가을, 봄
부 위	어린잎, 줄기(식용) 뿌리(약재)
손질법	햇볕에 말린다.

효용	
성 미	맛은 쓰고 성질은 시원하다.
활 용	열을 내리거나 종기의 염증을 없애는 데 쓴다.

연구 & 특허
● 권삼 추출물을 함유하는 자유 라디칼 소거용 화장료 조성물 ● 권삼(拳蔘)이 지혈, 소염 작용 및 중추신경계에 미치는 영향 ⓒ p.1003 참고

고서古書 · 의서醫書에서 밝히는 효능

운곡본초학 진경鎭痙, 이습소종利濕消腫, 청열해독淸熱解毒의 효능이 있다.

특허 · 논문

● 권삼 추출물을 함유하는 자유 라디칼 소거용 화장료 조성물 : 본 발명은 권삼 추출물을 함유하는 자유 라디칼 소거용 화장료 조성물에 관한 것이다. 본 발명의 화장료는 유연화장수(스킨), 수렴화장수, 영양화장수(로션), 영양크림, 마사지 크림, 에센스 또는 팩 등의 형태로 제조될 수 있다. 본 발명의 권삼 추출물을 함유하는 자유 라디칼 소거용 화장료는 피부에서 발생하는 자유 라디칼을 소거함으로써, 자유라디칼에 의한 생체 물질의 산화를 억제하여 피부의 노화 방지를 지연시키고 천연의 물질이어서 안전하다. — 특허등록 제909574호, 주식회사 코리아나화장품

● 권삼(拳蔘)이 지혈, 소염 작용 및 중추신경계에 미치는 영향 : 본 논문은 권삼(拳蔘)이 지혈(止血), 소염 작용(消炎作用) 및 중추신경계(中樞神經系)에 미치는 영향(影響)에 관한 것으로서 권삼의 약리 작용을 구체적으로 알아보고자 진통, 모세혈관 투과성, 육아종 형성, 급성 족부종, 항경련, 수면 시간 연장, 출혈 시간, 혈장 prothrombin time 및 섬유아세포에 대한 작용을 측정한 결과, 진통 작용은 없고, 모세혈관 투과성과 육아종 형성에 억제 작용을 나타내었고, histamine에 의한 급성 족부종을 억제하진 못하였고, pentylenetetrazole 및 strychnine에 대하여 약한 항경련성 작용을 나타내었으며, hexobarbital에 의한 수면 시간을 연장하였다. 권삼 투여군은 bleeding time과 plasma prothrombin time을 억제하였고 섬유아세포에 세포독성을 나타내지 않았다. 이상의 실험 결과로 권삼은 지혈 및 소염 작용이 강력하며 약한 중추신경 억제 작용이 있고, 독성 및 진통 작용은 기의 없다는 내용이다. — 광동한방병원 내과학교실 선중기 외 1. 대한한방내과학회지(2000. 12. 30)

범꼬리

범꼬리

범꼬리

범부채

붓꽃과 / *Belamcanda chinensis* (L.) DC.

붓꽃과의 여러해살이풀로, 중부 이남에서 자란다. 키는 50~100㎝ 정도이고 7~8월에 황적색 바탕에 붉은색 점이 있는 꽃이 피며, 꽃잎의 붉은 얼룩무늬가 호랑이 가죽처럼 보이고 넓은 잎은 부채와 유사하여 '범부채'라 불린다. 서양에서는 leopard flower, 즉 '표범꽃'이라고 한다.

한방에서 뿌리를 '사간射干'이라고 하여 약용하는데, 해열·해독·소염 작용이 있어서 인후염·편도선염·목 주위의 임파선염에 쓰인다.

약명/이명 사간射干 / 오선烏扇

고서古書·의서醫書에서 밝히는 효능

남경민간약초(중국) 근경, 꽃, 종자를 술에 담가 복용하면 근골통을 치료한다고 기록하고 있다.

특허·논문

● 혈관신생 억제 활성을 갖는 사간 추출물 및 이로부터 분리된 텍토리

생육 & 채취	
장 소	중부 이남의 섬이나 해안지방
시 기	봄, 가을
부 위	뿌리줄기
손질법	잔뿌리와 줄기를 자른 후 햇볕에 말린다.

효 용	
성 미	맛은 쓰고 성질은 차다.
활 용	해열, 해독, 소염의 효능이 있다.

연구 & 특허
● 혈관신생 억제 활성을 갖는 사간 추출물 및 이로부터 분리된 텍토리게닌 및 텍토리딘을 함유하는 조성물 外 p.1003 참고

게닌 및 텍토리딘을 함유하는 조성물 : 본 발명은 혈관 신생 억제 활성을 갖는 사간(射干, *Belamcanda chinensis* DC.) 추출물 및 이로부터 분리된 이소플라보노이드 (isoflavonoid) 화합물인 텍토리게닌(tectorigenin) 및 텍토리 딘(tectoridin)을 함유한 조성물에 관한 것으로서, 혈관신 생억제 효능을 측정하는 시험관 내(in vitro) 및 생체 내(in vivo) 실험 모델을 이용하여 혈관신생 억제 효능을 가짐 을 확인하여 종양억제제, 전이억제제 및 혈관신생에 의 한 각종 질환의 예방 및 치료에 효과적이고 안전한 의 약품 및 건강기능식품을 제공한다. ― 특허공개 10-2004- 0071954호, 신**

● 홍삼·당약·천궁·목단피 및 범부채를 함유하는 두 피 및 모발 개선용 조성물 : 본 발명은 두피 및 모발 개선 용 조성물에 관한 것이다. 본 발명의 조성물은 홍삼, 당 약, 천궁, 목단피 및 범부채를 함유한다. 본 발명의 조성 물은 탈모 방지 효과, 발모 효과, 육모 효과, 양모 효과, 피지의 과잉 생성 억제 효과, 비듬균에 대한 항균 효과, 가려움 방지 효과, 두피 및 모발의 보습 효과, 모발의 유 연성 향상 효과 또는 갈라짐 방지 효과가 우수하며, 장기 간에 걸쳐 사용하여도 부작용을 유발하지 않는다. 따라 서 본 발명의 조성물은 두피 및 모발의 개선을 위한 의약 품, 의약외품 또는 화장품 등의 다양한 분야에서 유용하 게 사용될 수 있다. ― 특허등록 제534483호, 소망화장품주식회사

● 생약 추출물을 함유하는 퍼머넌트용 조성물 : 본 발명 은 홍삼, 당약, 천궁, 목단피, 범부채 추출물, 환원제, 기제 를 함유하는 퍼머넌트용 조성물에 관한 것이다. 본 발명 의 퍼머넌트용 조성물은 홍삼 추출물 0.01~1.00중량%, 당약 추출물 0.01~1.00중량%, 천궁 추출물 0.1~10.00중 량%, 목단피 추출물 0.01~1.00중량% 및 범부채 추출물 0.01~1.00중량%, 환원제 0.1~20.00중량%, 기제 1.00~ 10.00중량%를 함유하여, 퍼머넌트 웨이브 시술 과정에 서 웨이브 형성 및 유지 효과, 모발 보호 효과, 모발의 영 양 보습 효과, 모발 손상 방지 효과, 피부 자극 방지 효과 가 우수하다. ― 특허등록 제625784호, 소망화장품주식회사

범부채 새순

범부채

범부채 열매

범부채 종자

벗나무

장미과 / *Prunus serrulata var. spontanea* (Maxim.) E.H.Wilson

장미과의 낙엽교목으로, 우리나라 전역에 자생하며, 조경수로 심어 가꾼다. 4~5월에 연한 홍색 또는 흰색의 꽃이 피고, 6월 말~8월 말에 둥근 열매가 검붉게 익는데, '버찌' 또는 '벗'이라 하여 식용하며, '야앵화野櫻花'라 하여 약용한다. 중국에서는 씨앗의 인仁을 약용하고 민간에서는 나무 속껍질을 기침약으로 사용하기도 한다.

유사종으로 산벗나무 · 개벗나무 · 꽃벗나무 · 털벗나무 · 섬벗나무 · 왕벗나무 · 제주벗나무 등이 있다.

약명/이명 야앵화野櫻花 / 벗나무, 산벗나무, 참벗나무

고서古書 · 의서醫書에서 밝히는 효능

약초의 성분과 이용(북한) 나무의 껍질을 기침약으로 쓴다.

운곡본초학 투진透疹, 청폐열淸肺熱의 효능이 있다.

생육 & 채취	
장 소	전국 각지
시 기	6~8월
부 위	열매, 씨앗, 나무껍질
손질법	봄에 껍질을 벗겨 햇볕에 말린다.

효용	
성 미	맛은 쓰고 성질은 차다.
활 용	해소, 기침, 소화불량, 설사에 좋다.

연구 & 특허
● 벗나무 과피 추출물을 함유한 미백 화장료 조성물 外 p.1003 참고

● 벚나무 과피 추출물을 함유한 미백 화장료 조성물 : 본 발명은 미백용 화장료 조성물에 관한 것으로서, 멜라닌 합성을 억제하고 항산화력이 우수한 것으로 확인된 벚나무 과피 추출물을 함유하는 미백 및 피부 보호용 화장료 조성물에 관한 것이다. — 특허공개 10-2007-0065948호, 코스맥스 주식회사

● 왕벚나무 수피 추출물 또는 이로부터 분리한 푸루네틴 화합물을 유효성분으로 함유하는 혈관 질환 예방 또는 치료용 약학적 조성물 : 본 발명은 왕벚나무 수피 추출물 또는 이로부터 분리한 프루네틴 화합물을 유효성분으로 함유하는 혈관 이완용 약학적 조성물에 관한 것이다. 본 발명에 따른 왕벚나무 수피 추출물 및 프루네틴 화합물은 내피-결손 및 무결손 환상 대동맥에 수축을 유도하고, 본 발명이 왕벚나무 수피 추출물 및 프루네틴 화합물을 처리한 결과, 최대 이완 효과가 매우 우수하므로 고혈압, 동맥경화, 뇌경색, 심근경색, 말초 혈액순환 장애, 허혈성 뇌질환, 고지혈증 또는 관상동맥 심장병 등의 혈관 질환의 예방 또는 치료용 조성물로 유용하게 사용될 수 있다. — 특허공개 10-2012-0111653호, 경희대학교 산학협력단

● 아토피성 피부염을 치료 및 예방하는 벚나무 추출물 : 본 발명은 아토피성 피부염을 치료 및 예방하는 효능이 있는 벚나무의 추출물 또는 벚나무의 용매 분획물의 조성물에 관한 것으로, 본 발명의 벚나무 추출물은 TARC 및 MDC의 발현을 억제하고, 아토피성 피부염 모델 동물에서 피부의 비후됨을 억제하는 작용을 나타내므로 아토피성 피부염을 치료 및 예방에 유용한 조성물로 사용될 수 있다. — 특허공개 10-2007-0117015호, 남** 외 1

벚나무

벚나무 열매

왕벚나무. 제주도에 자생하는 우리나라 특산 식물이다.

벽오동

벽오동과 / *Firmiana simplex* (L.) W.F.Wight

벽오동과의 낙엽활엽교목으로, 중부 이남의 지역에서 조경수로 심고 있으며, 경기도에서도 곳에 따라 월동이 가능한 것으로 알려졌다. 키는 15m까지 자라며 줄기가 초록색[碧]이므로 '벽오동'이라고 한다. 6~7월에 연한 노란색의 꽃이 피고 10월에 작은 표주박 모양의 열매가 익는다.

종자[梧桐子]와 잎[梧桐葉], 나무껍질[梧桐白皮]을 약용한다. 종자는 산기·위통 치료제로, 잎은 류머티즘에 의한 동통·마비·고혈압 치료에, 나무껍질은 타박상·월경불순·생리통·치통·탈모증의 치료제로 쓴다. 생김새는 오동나무와 비슷하지만 식물학적으로는 전혀 다르다.

약명/이명　오동자梧桐子, 오동엽梧桐葉, 오동백피梧桐白皮 / 벽오동나무, 청오동나무, 청동, 청동목, 청피수, 동마수

고서古書 · 의서醫書에서 밝히는 효능

운곡본초학　오동자梧桐子는 소식消食, 청열해독淸熱解毒 작용을, 오동엽梧桐葉은 거풍제습祛風除濕 작용을 한다.

생육 & 채취	
장 소	중부 이남, 경기도
시 기	여름~가을
부 위	씨앗, 잎
손질법	햇볕에 말린다.

효용	
성 미	맛은 쓰고 성질은 차다.
활 용	씨앗 : 산기, 위통 치료 / 잎 : 동통, 마비, 고혈압 치료

연구 & 특허
● 벽오동 추출물을 함유한 천연 항산화제 조성물 및 이의 제조 방법
● 피부 개선제용 조성물

外 p.1003 참고

● **벽오동 추출물을 함유한 천연 항산화제 조성물 및 이의 제조 방법** : 본 발명은 벽오동 추출물을 함유한 천연 항산화제 조성물 및 이의 제조 방법에 관한 것으로, 벽오동나무의 파쇄물 3 내지 15 중량%와 용매 85 내지 97중량%를 용기에 충전하여 60 내지 150℃의 온도에서 상기 용매의 중량%가 45 내지 65가 될 때까지 가열한 후 건조하여 분말 성상의 항산화제 조성물 및 이의 제조 방법을 제공함으로써, 우리나라 전역에 자생하고 있는 벽오동나무를 가지, 잎 및 열매 부분을 이용하여 강력한 항산화제를 대량 제조할 수 있으며, 독성이 없고 항산화도가 매우 높은 천연 지용성 물질로, 액상 및 분말 성상 등으로 제조가 가능함은 물론 다양한 기능성 물질의 부가가 용이한 효과가 있다. ― 특허공개 10-2005-0117975호, 김**

● **피부 개선제용 조성물** : 본 발명은 천연 식물을 주재로 하면서 우수한 피부 개선 효과를 제공하는 피부 개선제용 조성물에 관한 것이다. 본 발명의 피부 개선제용 조성물은, 80 내지 95 중량%의 벽오동 추출액과, 5 내지 20 중량%의 쑥 추출액으로 구성된 것을 특징으로 한다. 본 발명에 따른 조성물은, 보다 우수한 피부 개선 효과를 나타내면서도 부작용이 전혀 없다. ― 특허공개 10-2002-0070566호, 조**

● **커피 대용차의 제조 방법** : 본 발명은 종피를 제거한 벽오동 종자를 120~200℃에서 20~25분간 볶는 단계 및 분쇄기를 이용하여 볶은 벽오동 종자를 크기 100미크론 이하의 미세 분말로 만드는 단계로 이루어지는 커피 대용차의 제조 방법에 관한 것이다. ― 특허등록 제275292호, 주**

벽오동 열매

벽오동

벽오동

병꽃나무

인동과 / *Weigela subsessilis* (Nakai) L.H.Bailey

인동과의 낙엽관목으로, 700~800m 고지의 그늘진 너덜바위 지역이나 개울가에서 잘 자란다. 우리나라 특산 식물로 내음성·내한성이 강하다. 5월경 연한 노란색 꽃이 피어 붉은색으로 진다. 처음부터 붉은 꽃이 피는 것을 붉은병꽃나무, 흰 꽃이 피는 것을 흰병꽃나무라고 한다. 꽃이 병 모양이어서 '병꽃나무', 골병처럼 생겼다고 '골병꽃'이라고도 한다. 9월에 긴 통 모양의 열매가 적갈색으로 익고 그 안에서 날개가 달린 종자가 나온다.

꽃을 반그늘에 말리거나 생것을 약으로 쓴다. 간염으로 인한 황달, 소화불량, 식중독 등에 효과가 있다.

고산 극냉지의 병꽃나무 고사목에는 상황버섯도 붙는다.

우리나라에는 붉은병꽃나무·흰병꽃나무·삼색병꽃나무·흰털병꽃나무·통영병꽃나무 등 여러 종이 자생한다. 원예종 일본병꽃나무도 있다. 약용자원식물로서의 연구는 많지 않다.

약명/이명 고려양로高麗楊櫨 / 골병꽃

생육 & 채취	
장 소	각지의 그늘진 개울가
시 기	봄
부 위	꽃
손질법	반그늘에 말린다.

효 용	
성 미	–
활 용	황달, 소화불량, 식중독 등에 좋다.

연구 & 특허
● 병꽃나무 잎의 성분 ● 한국산 자생 수목 유래 수피 추출물의 종양 괴사인자 억제 효과   外 p.1003 참고

● **병꽃나무 잎의 성분** : 본 논문은 병꽃나무 잎의 성분을 연구한 논문으로 주요 내용으로는 Weigela 속 식물들의 chemotaxanomy를 위한 기준물을 분리함과 동시에 약용자원으로서 사용 가능성을 알아보기 위해 쉽게 재료를 구할 수 있는 병꽃나무의 잎을 대상으로 잎 추출물의 n-BuOH 가용성 분획으로부터 8종의 화합물을 분리한 것을 근거로 본 연구에서 얻어진 flavonoid 계열의 화합물들은 kaempferol 유도체임을 알 수 있었으며, TLC분석에 의하여 존재를 확인한 바 있는 quercetin 유도체들은 분리할 수 없었다는 내용이다. — 강원대학교 약학대학 원희목외 3, 생약학회지(2004. 3. 30.)

● **한국산 자생 수목 유래 수피 추출물의 종양괴사인자 억제 효과** : 본 논문은 한국산 자생 수목 유래 수피 추출물의 종양괴사인자 억제 효과를 연구한 내용으로 주요 내용으로는 자연 발생적인 물질은 낮은 독성과 민족약리-기반 효능을 가지는 중요한 생의약 자원이다. 한국 삼림식물의 껍질에서 얻은 45가지의 추출물 중 4가지(노박덩굴, 박태기나무, 국수나무 및 병꽃나무)은 lipopolysaccharide (LPS)-유발 RAW 264.7 세포에서 TNF-α 생성에 대해 50% 이상의 억제성을 보였다. 특히 50% 이상의 억제를 보인 4가지 추출물의 억제 성분은 노박덩굴의 methylene chloride (MC) 분획, 박태기나무의 아세트산에틸(EtOAc) 분획, 국수나무의 핵산 분획(Hx)인 데 반해 병꽃나무의 억제 활성은 Hx, MC 및 EtOAc와 같은 비극성 용매 분획에 폭넓게 분포한 것으로 나타났다. 따라서 위 네 식물의 추출물은 류마토이드 관절염과 같은 TNF-α-mediated 질환에 대한 치료제로 개발되거나 anti-TNF-α 억제 활성을 가지는 활성성분을 분리하기 위해 추가로 분획될 수 있을 것이라는 내용이다. — 대웅제약 중앙연구소 조재열, 한국약용작물학회지(2007. 8. 30.)

병꽃나무

일본병꽃나무

병꽃나무

병꽃나무

● 병꽃나무(*Weigela subsessilis*)에서 분리된 Ilekudinol B에 의한 대장상피세포 내 고리산소화효소-2 발현의 억제

: 본 논문은 병꽃나무(*Weigela subsessilis*)에서 분리된 Ilekudinol B에 의한 대장상피세포 내 고리산소화효소-2 발현의 억제를 연구한 논문으로 주요 내용으로는 Ilekudinol B는 병꽃나무(인동과)에서 분리된 플라보노이드 중 하나이다. 본 연구에서는 ilekudinol B의 종양괴사인자 TNF-α-유도 고리산소화효소-2(COX-2) 발현에 대한 억지 효과를 사람 대장 상피세포주 HT-29에서 조사하였다. 효소연결 면역흡착측정검사(ELISA)를 통해 Interleukin-8(IL-8) 생산과 prostaglandin E2(PGE2) 분비를 측정하였다. COX-2와 핵인자(NF)-κB 발현은 웨스턴블롯 분석에 의해 결정되었다. Ilekudinol B는 사람 대장 상피세포 HT-29로부터의 IL-8과 prostaglandin E2(PGE2) 분비를 농도 의존적 방식으로 유의하게 억제시켰다. 또한 ilekudinol B는 TNF-α-유도 COX-2 발현과 NF-κB p65 서브유닛의 핵으로의 전이를 크게 감소시켰다. 결론적으로 ilekudinol B는 TNF-α-의존적 대장 염증에 대해 항염증 작용을 가지는 것으로 나타났다. — 원광대학교 약학대학 한약학과 박혜정 외 8. 생약학회지(2006. 3)

병꽃나무

병꽃나무

병꽃나무

병꽃나무

병아리꽃나무

장미과 / *Rhodotypos scandens* (Thunb.) Makino

장미과의 낙엽관목으로, 주로 포항 등지의 바닷가에서 잘 자라지만, 영월을 포함한 내륙 지방에서도 드물게 발견된다. 키는 2m 정도 되고, 가는 줄기가 많이 나오며 가지에 털이 없다. 4~5월에 새 가지 끝에서 흰색의 꽃이 하나씩 피고, 9월에 열매가 단단하고 윤기 있는 검은색으로 익는다.

한방에서는 나무뿌리를 '계마鷄麻'라 하여 보신 및 보혈 약재로서 빈혈 치료 등에 사용한다.

약명/이명 계마鷄麻 / 죽도화, 이리화, 자마꽃, 개함박꽃나무

고서古書 · 의서醫書에서 밝히는 효능

운곡본초학 보신補腎, 보혈補血의 효능이 있으며, 혈허신휴血虛腎虧를 치료하는 데 쓰인다.

생육 & 채취	
장 소	바닷가
시 기	여름~가을
부 위	뿌리
손질법	햇볕에 말린다.

효용	
성 미	맛은 달고 성질은 따뜻하다.
활 용	보신. 보혈 약재로 쓴다.

연구 & 특허
● 병아리꽃나무 추출물을 포함하는 조성물

● **병아리꽃나무 추출물을 포함하는 조성물** : 본 발명은 병아리꽃나무의 줄기를 유기용매로 추출하여 수득한 병아리꽃나무 추출물을 유효성분으로 포함하는 파킨슨병의 예방 또는 치료용 약학적 조성물 및 상기 병아리꽃나무 추출물을 유효성분으로 포함하는 파킨슨병의 예방 또는 개선 효과를 나타내는 식품 첨가물에 관한 것이다. 발명자들은 실험쥐 뇌의 도파민성 신경세포를 사멸시키고, 상기 병아리꽃나무 추출물을 사료에 혼합하여 급이시킨 결과, 사멸된 도파민성 신경세포에 의해 손상된 신경기능이 서서히 개선됨을 확인할 수 있었다. 본 발명의 병아리꽃나무 추출물은 별다른 부작용을 나타내지 않으면서도, 근육 운동을 통제하는 뇌 신경세포에 영향을 미치는 만성 진행성 신경질환인 파킨슨병을 예방 또는 치료할 수 있으므로, 파킨슨병의 보다 안전한 치료에 널리 활용될 수 있다. — 특허공개 10-2012-0114184호, 한국생명공학연구원

참고로 파킨슨 질환(Parkinson's disease)은 만성 진행성 신경 질환으로서, 대표적인 난치성 질환 중 하나이다. 파킨슨 질환은 중뇌의 흑질(substantia nigra) 부위에 신경 전달물질인 도파민을 만들어 내는 세포가 갑자기 퇴화되거나 그 수가 크게 감소하여 발생한다. 그 원인은 아직 구체적으로 밝혀져 있지 않으나, 뇌의 동맥경화증, 일산화탄소 중독, 약물, 부갑상선 기능저하증 등에 의한 대사성, 외상성 뇌염 후유증 등이 관여된다고 알려져 있다. 신경전달물질의 도파민이 감소함으로써 신경 전달체계 전체의 균형이 무너지고, 그 결과로서 파킨슨병의 대표적인 증상인 떨림증(tremor), 경직(rigidity), 운동완서(bradykinesia), 자세의 불안정(postural instability) 등의 증상이 나타난다(생강 추출물 또는 쇼가올을 포함하는 파킨슨 질환의 예방 또는 치료용 약학 조성물, 특허공개 10-2010-0060123호 참조).

병아리꽃나무 새순

병아리꽃나무 꽃

병아리꽃나무 열매

병아리꽃나무 열매

병조희풀

미나리아재비과 / *Clematis heracleifolia* DC.

미나리아재비과의 낙엽활엽관목으로, 우리나라의 300~1,300m 고지의 깊은 산 숲 가장자리나 계곡에 서식한다. 키는 2m 정도이고, 밑부분에서 가는 줄기가 여러 개 올라와 위쪽이 넓게 둥그스름해진다. 밑둥은 나무이지만 겨울에 줄기 위쪽이 풀처럼 말라 죽고 봄에 새 가지가 나온다. 8~9월에 짙은 하늘색 또는 연한 보라색 꽃이 피는데, 모양이 병 같고 풀처럼 위쪽이 시든다 하여 '병조희풀'이다. 9월에 타원형 열매가 갈색으로 여무는데, 껍질이 터지지 않는다.

    뿌리와 줄기를 '목단등牧丹藤'이라 하여 봄~여름에 채취하여 햇볕에 말려서 쓴다. 독성이 있으므로 과용하거나 장기간 먹지 않도록 한다.

    약명/이명 목단등牧丹藤 / 선목단풀, 담색조희풀, 동의목단풀, 동희조희풀

고서古書·의서醫書에서 밝히는 효능

운곡본초학 거담祛痰, 건위健胃, 소염消炎, 거풍습祛風濕의 효능이 있으

생육 & 채취	
장 소	전국 깊은 산 숲이나 계곡
시 기	봄~여름
부 위	뿌리, 줄기
손질법	햇볕에 말린다.

효용	
성 미	맛은 달고 맵고 성질은 따뜻하다.
활 용	이질, 설사, 신경통 등에 쓰인다.

연구 & 특허
● 수종 식물의 Plasmin 저해 활성 검색

며, 풍습성관절통風濕性關節痛, 이질姨姪, 결핵성궤양結核性潰瘍, 복사腹瀉를 치료하는 데 쓰인다.

특허 · 논문

● 수종 식물의 Plasmin 저해 활성 검색 : 본 논문은 수종 식물(섬오갈피, 배초향, 개미취, 담배풀, 조희풀, 층층이꽃, 엉겅퀴, 회나무, 매미꽃, 각시취, 오리방풀)의 Plasmin 저해 활성 검색을 연구한 논문으로, 주요 내용으로는 그 세포 수용체에 유로키나아제-유형 플라스미노겐 활성인자의 결합이 세포 표면 위 플라스미노겐으로부터 plasmin의 생성을 가속화하며, 세포로의 침윤능과 관련한 특정 proMMPs를 활성화시킴으로써 세포 외 기질 구성요소 및 기저막을 소화할 수 있기 때문에 이 억제제가 항전이 약물로서 및 심혈관계 질환의 치료에 유용함을 밝히는 내용이다. ― 충남대학교 약학대학 박미현 외 3, 생약학회지(1998. 9. 30.)

자주조희풀

병조희풀

자주조희풀 열매

병조희풀

병풀

산형과 / *Centella asiatica* (L.) Urb.

산형과의 여러해살이풀로, 우리나라 남부 지방 섬의 산기슭과 들판의 습기 있는 곳에 분포한다. 옆으로 뻗어 가면서 마디에서 뿌리가 내리고 톱니를 두른 듯한 작은 부채 모양의 잎이 있다. 7~8월경 홍자색의 작은 꽃이 피고, 편평한 원형의 열매가 익는다. 비슷한 식물로는 긴병꽃풀(*Glechoma grandis* (A.Gray) Kuprian.)·피막이풀(*Hydrocotyle sibthorpioides* Lam.)류·난쟁이아욱(*Malva neglecta* Wallr.) 등이 있다.

　병풀을 '호랑이풀'이라고도 하는데 호랑이가 상처를 입으면 병풀 밭에서 뒹굴며 상처를 치료한다고 한다. 병풀의 잎과 줄기에 있는 마데카식산 성분은 염증을 낮게 하고, 종양과 궤양 등의 상처를 치유하는 효과가 있어 연고나 치약, 화장품 등의 원료로도 많이 쓰이고 있다. 동국제약 마데카솔의 주원료도 바로 병풀이다. 중국에는 1870년도에 개발된 외용제로서 '호랑이연고'가 있는데 호랑이연고의 주성분도 병풀이라고 한다. 타이완에서는 '투골초透滑草'라 하여 어린이 해열제, 뱀독 해독, 부인의 백대하白帶下에 효과적인 약으로 쓰며 결핵균에 대한 향균성이 크다고

생육 & 채취	
장 소	남부 섬 지역의 산과 들
시 기	봄~가을
부 위	잎, 줄기 등 지상부
손질법	햇볕에 말린다.

효용	
성 미	맛은 쓰고 매우며 성질은 차다.
활 용	해열제, 상처 치료 연고제, 치약·화장품 원료

연구 & 특허

● 병풀 정량 추출물을 함유한 외용제
● 병풀 추출물을 함유하는 화장료 조성물
　☞ p.1003 참고

보고되어 있다. 인도에서는 약으로 복용하기도 하는데 과량 섭취 시 독성 반응이 있다고 한다.

　서울대 신의약품개발연구센터 주상섭 교수팀은 새로운 치매 치료제 'SM-2'를 개발하여 국제학회지에 발표한 바 있다. '적성초'로 불리는 병풀이 예부터 인지 능력 향상을 위한 민간약으로 사용돼 왔다는 점에 착안하여 치매의 원인 물질인 베타아밀로이드의 신경세포독성 억제 효과를 갖는 물질을 개발하는 데 연구의 주안점을 두었다.

약명 / 이명　적설초積雪草 / 조개풀, 말굽풀, 호랑이풀

특허 · 논문

● **병풀 정량 추출물을 함유한 외용제** : 병풀 정량 추출물(아시아티코사이드가 약 40%, 마데카트산 약 30%, 아시아트산 약 30%로 구성되어 있으며, 이하, TECA라 한다)에 계면활성제 및 지질을 첨가하여 니오솜을 제조하고, 세라마이드에 식물유 및 라브라파크 등을 혼합하여 유상을 만든 후, 이 유상물에 니오솜을 혼합하여 신규한 니오솜-다중유제형 외용제를 제공하는 것이다. 니오솜-다중유제형 외용제는 팽창선조(튼살, stretching mark)의 예방과 치료에 탁월한 효과가 있다. — 특허등록 제379067호, 동국제약 주식회사

● **병풀 추출물을 함유하는 화장료 조성물** : 본 발명은 병풀 추출물을 함유하는 화장료 조성물에 관한 것이다. 본 발명의 주름 개선 화장료 조성물은 유효성분인 병풀 추출물을 화장료 조성물 총 건조중량에 대하여 0.0001 내지 10.0 중량%로 함유한다. 본 발명의 병풀 추출물을 함유하는 화장료 조성물은, 세포 증식 효과 및 콜라겐과 히아루론산의 합성 효과를 나타내어 피부 노화를 예방하고 개선시키는 데 우수하다. — 특허공개 10-2003-0024932호, 주식회사 코리아나화장품

병풀

병풀

병풀

● **병풀 및 목련 추출물을 포함하는 피부 보호 조성물** : 본 발명은 병풀 및 목련 추출물을 포함하는 상승작용적 항균 및 피부 보습을 위한 피부 보호 조성물에 관한 것이다. 본 발명의 조성물은 항균 효과, 보습 효과 및 항산화 효과를 동시에 가지며 인체 피부에 대해 독성을 나타내지 않는 안전한 조성물일 뿐만 아니라, 각각의 추출물의 단독 사용에 비해 상승작용적으로 뛰어난 항균 활성을 나타내는 피부 보호 조성물이다. ― 특허등록 제795512호, 바이오스펙트럼 주식회사

● **자연 추출물을 함유한 즉각적인 주름 개선용 화장품 조성물** : 본 발명에 따른 조성물은 하이드롤라이즈드밀단백질, 아세틸헥사펩타이드-8, 팔미토올리고펩타이드, 알지닌, 호장근 추출물, 소듐하이알루로네이트, 병풀 추출물, 녹차 추출물, 감초 추출물, 목련나무 껍질 추출물, 황금 추출물, 화이트윌로우 껍질 추출물 및 프로폴리스 추출물의 혼합물을 유효성분으로 하며, 본 발명에 따른 주름 개선용 화장품 조성물은 친환경, 친자연 성분으로 이루어지며, 피부에 아무런 자극을 주지 않으면서도, 우수한 주름 개선 효과를 발생시킨다. 또한, 본 발명에 따른 화장품 조성물은 촉촉함, 매끄러움, 발림성, 흡수성, 끈적임 및 향 등이 모두 우수하며, 사용자가 느끼는 주름 개선 효과가 우수하다. ― 특허등록 제1239393호, 바이허브 주식회사

● **아토피 습진 완화제 조성물의 제조 방법** : 검정콩, 병풀, 카모마일을 분쇄한 다음, 분쇄된 각 재료들을 발효시킨, 검정콩 발효 추출물 15~20중량부, 병풀 발효 추출물 5~10중량부, 카모마일 발효 추출물 5~10중량부를 식물 성분 유래 음이온 발생 알칼리 이온수 10중량부와 혼합하고 호모게나이저에서 혼합물을 균질화하는 단계, 상기 혼합물에, 분쇄된 솔잎으로부터의 액상 추출물을 건조시킨 다음, 건조된 솔잎 추출물 분말에 피마자 오일 및 식물성분 유래 음이온 발생 알칼리 이온수를 혼합하여 발효시킨 솔잎 발효 추출물 40~45중량부를 혼합하는

병풀

병풀

병풀

단계, 혼합된 조성물을 여과하는 단계, 상기 여과액에 산성 음이온수 5～30중량부를 가하는 단계를 포함하는 아토피 피부 습진 완화제 조성물의 제조 방법이 개시된다. 상기 완화제 조성물은 아토피 습진에 대해 항산화 효과 및 자극 완화 효과를 갖는다. ― 특허등록 제1160871호, 윤**

● 동맥경화증과 같은 심혈관 장애의 치료용 피크노제놀 또는 포도씨와 같은 프로안토시아니딘 및 병풀의 조합 : 본 발명은 동맥경화증의 치료 또는 예방용 의학적 목적의 제제, 보다 구체적으로는 피크노제놀 또는 포도씨와 같은 프로안토시아니딘과 병풀 및 이의 추출물의 조합을 포함하는 제제에 관한 것이다. 출원인은 피크노제놀 및 병풀 추출물의 조합이 동맥경화증의 치료에 흥미로운 가능성을 나타내는 것을 확인하였고, 이러한 안전한 천연 조합은 특히 동맥에서 죽상경화판의 치료 및 예방에 특히 유망하다는 것이다. ― 특허공개 10–2012–0103758호, 호르파그 리서치 아이피 (피와이씨) 리미티드(사이프러스)

● 병풀 추출물의 식용 나노 입자화를 통한 면역 활성 증진 : 본 논문은 병풀 추출물의 식용 나노 입자화를 통한 면역 활성 증진에 관한 것으로, 주요 성분은 포스파티딜콜린에 의해 캡슐화된 병풀 수 추출물의 생물학적 활성을 다른 수 추출물과 비교 분석하였다. 나노입자의 세포독성은 사람 피부의 섬유모세포(CCD-986sk)에서 측정한 결과, 다른 추출물보다 낮은 세포독성을 보였다. 또한 나노 입자는 대조군보다 사람 B 세포와 T 세포의 성장을 촉진시켰고, NK 세포 성장은 면역 세포 성장의 IL-6와 TNF-α 분비와 비례하여 촉진되었다. 나노 입자는 가장 높은 1.0mg/ml 농도에서 히알루로니다아제를 크게 억제시켰다는 내용이다. ― 강원대학교 BT 특성화학부대학 하지혜 외 6, 한국약용작물학회지(2009. 8. 30)

병풍쌈

국화과 / *Parasenecio firmus* (Kom.) Y.L.Chen

국화과의 여러해살이풀로, 경상북도 이북의 깊은 산 반그늘에 자라는 고산성 식물이다. 높이는 1~2m까지 자라고, 줄기에는 세로 줄이 있고 무리 지어 자란다. 7~9월에 황백색의 꽃이 피고, 늦가을에 열매가 익는다. 병풍쌈은 독특한 향기가 있는데 어린잎이나 줄기를 쌈·묵나물·무침·튀김·장아찌 등으로 이용한다. 곰취가 산나물의 제왕이라면, 병풍쌈은 '산나물의 여왕'이라고 할 수 있다. 잎의 크기로 보면 우리나라에서 자생하는 식물 중에서 상위에 속한다.

유사종으로 개병풍·어리병풍이 있다. 지리산 등 남부 지방에서도 발견되는 어리병풍은 크기가 병품쌈보다 작고, 개병풍은 멸종 위기 식물로서 자연에서 발견하기 어렵다.

이명 병풍취, 큰병풍, 병풍

특허·논문
- 병풍쌈 추출물의 항산화 활성과 세포독성에 관한 연구 : 강원도 지역의

생육 & 채취	
장 소	경상도 이북의 깊은 산 그늘진 곳
시 기	5~6월
부 위	어린잎. 뿌리줄기
손질법	햇볕에 말린다.

효 용	
성 미	맛은 쓰고 떫으며 성질은 평하다.
활 용	다이어트, 피부 미용에 효과가 있다.

연구 & 특허
● 병풍쌈 추출물의 항산화 활성과 세포독성에 관한 연구 ● 병풍쌈의 에탄올 추출물의 항산화 기능 및 DNA의 산화적 손상 억제 작용 外 p.1004 참고

백두대간에서 채취한 것을 구입한 병풍쌈을 70% 에탄올로 추출하여 얻은 추출물로부터 핵산, 클로로포름, 에틸아세테이트, 부탄올 그리고 물 층으로 분획하여 5가지의 분획물을 얻었다. 이렇게 얻어진 병풍쌈 분획물에 대한 항산화 활성, 다양한 인간 암세포에 대한 세포독성 효과를 MTT assay를 통하여 알아보았고, Salmonella typhimurium TA98과 TA100 균주를 사용한 Ames test를 이용하여 돌연변이원성 및 항돌연변이원성을 검토하여 병풍쌈 분획물의 항산화 효과를 확인하였고, 암세포 생육 억제 효과와 더불어 병풍쌈 에틸아세테이트 분획물에서 항산화 활성과 항암 및 항돌연변이 효과가 높게 나타났으므로 단일 활성 물질의 분리를 통한 유효성분을 규명하고 천연 항산화제, 항암제와 같은 의약품과 함께 건강기능식품 등의 이용 가치를 높일 수 있는 추가적인 연구가 필요할 것으로 사료된다. — 강원대학교 박애리 석사학위논문(2009)

● **병풍쌈의 에탄올 추출물의 항산화 기능 및 DNA의 산화적 손상 억제 작용** : 본 연구의 목적은 CFK의 ethanol 추출물의 1,1-diphenyl-2-picryl-hydrazyl, 2,2-azinobis(3-ethylbenozothiazoline-6-sulfonic acid) diammonium salt, ferric reducing/antioxidant power 분석법 및 electron spin resonance spectroscopy에 의한 유리기의 억제 작용과 agarose electrophoresis법에 의한 산화적 DNA damage에 대한 보호 효과를 조사하는 것이다. HO·유리기에 의한 CFK EtOH 추출물의 DNA damage 보호 효과는 항산화 참고 물질로 epicatechin, ascorbic acid 및 trolox등과 비교하였다. CFK EtOH 추출물 중의 총 페놀물질 분석은 Folin-Ciocalteu의 방법으로 행하고 표준물질로 gallic acid equivalents를 사용하여 함량을 표시하였다. CFK EtOH 추출물 중의 총 페놀 함량은 잎과 줄기 부분에서 각각 161.53±1.07μg/g, 142.45±0.56μg/g이 확인되었다. CFK EtOH 추출물 중의 유리기들에 대한 항산화 기능과 HO기에 의한 DNA 손상에 대한 보호 효과는 각각 약 60% 이상의 기능을 보였다. — 강원대학교 바이오산업공학부 이진하 외 12, 한국 응용생명화학회지(2011.12)

병풍쌈

병풍쌈

개병풍

어리병풍

보리장나무

보리수나무과 / *Elaeagnus glabra* Thunb.

보리수나무과의 상록성 덩굴식물로, 내염성이 강하여 제주도를 비롯한 남부 섬 지방 또는 서남 해안에 자생한다. 덩굴성이지만 잔뿌리를 내리지 않고, 다른 물체를 감지 않고 자란다. 10~12월에 흰색의 꽃이 피고, 이듬해 4~5월에 타원형의 열매가 붉게 익는다.

유사종으로 보리수나무·좁은잎보리장·큰보리장나무·보리밥나무 등이 있는데 보리장나무와 보리밥나무는 함께 발견되는 경우가 있다.

열매와 뿌리, 잎을 약용하는데 생약명은 '만호퇴자蔓胡頹子'라고 한다. 열매는 이뇨통림利尿通淋, 잎은 평천지해平喘止咳, 뿌리는 산어소종散瘀消腫, 열매는 수렴지사收斂止瀉의 효능이 있다.

약명/이명 만호퇴자蔓胡頹子 / 보리장, 덩굴볼레나무, 양내자

※ 보리밥나무와 보리장나무 잎의 뒷면과 가지에서 구별된다. 보리밥나무의 잎은 보리장나무보다 더 크고 둥근 타원형이며 잎 뒷면은 은백색인 반면, 보리장나무의 잎은 긴 타원형이고 잎의 뒷면과 가지는 갈색의 인모가 밀생하고 있어서 붉은 갈색인 점에서 구별되지만 두 나무는 비슷한 효능을 가진 약나무로서 구분의 실익은 크지 않다.

생육 & 채취	
장 소	제주도 및 남부 해안지대
시 기	9월
부 위	열매, 뿌리, 잎
손질법	햇볕에 말린다.

효용	
성 미	맛은 시고 성질은 평하다.
활 용	이뇨, 어혈과 부종 제거, 설사를 멎게 하는 효능이 있다.

연구 & 특허
● 사람 섬유육종세포주에서 보리장나무 추출물에 의한 기질금속단백분해효소-2와 -9의 발현 억제 外 p.1004 참고

● 사람 섬유육종세포주에서 보리장나무 추출물에 의한 기질금속단백분해효소-2와 -9의 발현 억제 : 기질금속단백분해효소-2와 -9는 암전이와 밀접한 관련이 있어서 항암요법제 개발의 표적이 되어 왔다. 최근 기질금속단백분해효소 억제제로 개발된 약의 임상 실험 결과가 부정적으로 나와서 다양한 종류의 기질금속단백분해효소 억제제 개발을 위한 선도 물질의 연구가 요구되고 있다. 따라서 본 연구는 1,000종의 자생식물 추출물을 검색하여 기질금속단백분해효소-2와 -9의 활성을 억제하는 보리장나무 추출물에 대해서 기질금속단백분해효소-2와 -9의 활성 억제 기전과 암세포 침윤에 미치는 영향을 실험하였다. 재료 및 방법 : 한국식물추출물은행에서 구입한 보리장나무 추출물을 이용하였다. 세포주로는 사람 섬유육종세포주 HT1080을 이용하였고 기질금속단백분해효소능과 단백발현 및 mRNA 발현은 zymography, Western blot 및 Northern blot법으로 분석하였다. 암전이와 관련된다고 알려진 유전자들의 발현은 RT-PCR법으로 분석하였다. NF-κB와 AP-1 전사인자의 결합은 electrophoretic mobility shift assay로, 세포침윤능은 matrigel assay로 측정하였다. 실험 결과 : 보리장나무 추출물은 $200\mu g/ml$ 이하의 농도에서 사람 섬유육종세포주 HT1080에 대한 세포독성이 없었으며 기질금속단백분해효소-2와 -9에 의한 젤라틴분해능을 감소시켰다. 암전이 관련 유전자 중에 MMP-2, -9, -11, TIMP-3 S100A4, NME4 and MTA1 유전자 발현이 보리장나무 추출물에 의해 억제되었으며 MMP-1과 SERPINE2 유전자 발현은 증가하였다. 단백발현을 분석한 결과 보리장나무 추출물은 기질금속단백분해효소-2와 -9의 발현을 감소시켰으며 세포내 핵인자 NF-κB의 DNA결합을 저해하였다. Matrigel assay에서는 HT1080세포의 침윤능을 감소시켰다. 이상의 실험결과 보리장나무 추출물은 기질금속단백분해효소-2와 -9에 대한 억제 물질을 함유하고 있으며 이는 항전이제 개발을 위한 선도 물질 연구에 이용될 수 있음을 시사한다. — 전남대학교 백인규 박사학위논문(2008)

보리장나무

보리장나무

뜰보리수

보리밥나뭇잎(왼쪽)과 보리장나뭇잎(오른쪽)

보춘화

난초과 / *Cymbidium goeringii* (Rchb.f.) Rchb.f.

난초과의 상록성 여러해살이풀로, 날씨가 온화한 솔숲 반그늘에서 자란다. 내륙으로는 충남 이남에서 발견되고, 서해안은 백령도까지, 동해안은 강릉에서도 발견된다. 키는 20~24㎝로, 3~4월에 연한 황록색의 꽃이 핀다. 우리나라에는 향기 나는 것이 귀한 편이며, 일부 잎이나 꽃 변이가 있는 품종은 비싼 값에 거래되기도 한다.

관상용으로 심어 가꾸며, 꽃을 식용하고, 민간에서 뿌리줄기를 지혈·이뇨제로 약용하며, 피부병에 찧은 즙을 바르기도 한다. 서양에서는 난초속(Orchis속) 알뿌리를 최음제로 이용했다. 중국에서는 석곡류가 고대부터 약용되었으며, 현재도 석곡은 한방에서 강장제로 쓰이고 있다.

최근의 연구 자료는 많지 않다.

약명/이명 춘란春蘭 / 녹란, 이월화, 산란

고서古書 · 의서醫書에서 밝히는 효능

본초강목습유 청열, 양혈, 이기, 이습하는 효능이 있다. 해수, 폐농양, 토

생육 & 채취	
생육장소	서남 해안 산지의 건조한 곳
시 기	상시
부 위	꽃, 뿌리줄기
손질법	햇볕에 말리거나 신선한 것을 쓴다.

효용	
약 성	맛은 맵고 성질은 평하며 독이 없다.
활 용	순기, 화혈, 부기를 가라앉히는 효능이 있다.

연구 & 특허
● 춘란(*Cymbidiym goeringii* REICHB. fil)의 메탄올 추출물로부터 Sterol 화합물의 분리 外 p.1004 참고

혈, 각혈, 백탁, 백대하, 창독, 정종을 치료한다.

특허 · 논문

● 춘란(Cymbidiym goeringii REICHB. fil)의 메탄올 추출물로부터 Sterol 화합물의 분리 : 춘란을 80% MeOH로 추출하고, 얻어진 추출물을 EtOAc, n-BuOH 및 H2O로 용매 분획하였다. EtOAc 분획에 대하여 column chromatography를 반복하여 3종의 sterol을 분리하였다. 각각에 대하여 2D-NMR을 포함한 스펙트럼 데이터의 해석과 문헌 자료를 조사하여 β- sistosterol, daucosterol, ergosterol peroxide로 구조를 결정하였다. 이 화합물들은 춘란에서 이번에 처음 분리, 보고되었다. — 경희대학교 생명공학원 및 식물대사연구센터 이진희 외 10. 한국응용생명화학회(2005. 9. 30.)

● Ethyl-methane-sulfonate(EMS) 처리에 의한 춘란 잎 돌연변이 품종의 개발 : 본 연구는 돌연변이원인 EMS를 이용하여 춘란 잎 돌연변이 품종을 개발하고자 수행되었다. 조직배양 기술을 이용하여 발아시킨 춘란 근경에 0.2%의 EMS를 처리함으로써 엽록소 결핍 돌연변이 근경을 유도하였다. EMS 처리 시 50% 이상의 춘란 근경이 갈변되었으며, 갈변된 근경을 근경 증식용 고체 배지에 배양했을 때 갈변된 근경의 일부 조직으로부터 새로운 측지 근경의 생장이 관찰되었다. 이러한 근경 조직을 절단하여 1년간 계대배양하던 중 관찰된 색소변이 근경을 식물체로 재분화시킨 결과 중투, 사피, 산반, 단엽종 등 다양한 잎 돌연변이 식물체들로 분화하였다. 이러한 결과들로부터 EMS 처리에 의해 잎 돌연변이 식물체들이 효과적으로 유도되었음을 확인할 수 있었다. 또한 본 연구 결과에서 얻어진 춘란잎 돌연변이 식물체를 대량 증식시킬 수 있는 배양 체계도 확립되어 있다. 그러므로 본 연구에서 개발한 잎 돌연변이 춘란은 향후 산업적으로 이용이 가능할 것으로 생각된다. — 제주대학교 생명자원과학대학 생명공학부 신윤호외 7. 한국자원식물학회지(2011. 2)

보춘화

보춘화

보춘화

복자기

단풍나무과 / *Acer triflorum* Kom.

단풍나무과의 낙엽활엽교목으로, 우리나라 중부 이북(전라북도, 경상북도)의 비교적 높은 산지에서 자라며, 중국 북동부 지역에 분포한다. 키는 15~25m 정도로 크고, 회백색의 나무껍질이 조각처럼 갈라지며 떨어진다. 5월에 암수딴그루로 꽃이 잎과 함께 피는데 자잘한 풀색 꽃이 가지 끝에서 땅을 향해 피며, 가을에 물드는 붉은색 단풍이 아름다워 조경수로 인기가 있다. 열매 표면에는 털이 거칠고 빽빽하게 나 있으며, 양 날개가 거의 나란히 벌어진다. 목재는 단풍나무 중에서 가장 색이 곱고 진하여 고급 가구재로 쓰인다.

복자기와 비슷한 식물로 복장나무가 있는데, 복자기 잎은 잎자루가 녹색이고 톱니가 끝부분에 3~4개 있는 반면, 복장나무는 잎자루가 붉고 자잘한 톱니가 잎 전체에 고르게 있다. 복자기 나무껍질이 밝은 회색이고 세로로 껍질이 벗겨지는 데 비해 복장나무는 나무껍질이 진한 회색이고 매끈하다.

나뭇잎이 나기 전에 수액을 채취하여 약용한다. 청열해독淸熱解毒 작

생육 & 채취	
장 소	중부 이북의 높은 산지
시 기	나뭇잎이 나기 전
부 위	줄기(수액)
손질법	줄기의 눈을 제거한 뒤 수액을 받는다.

효용	
성 미	–
활 용	청열해독 작용. 담천해수痰喘咳嗽를 다스린다.

연구 & 특허
● 복자기나무로부터 얻은 생리활성 물질과 자궁경부암세포(HeLa cell)에 대한 세포 독성 효과

458

용을 하고 담천해수痰喘咳嗽를 치료한다..

약명/이명 삼화축三花槭 / 복자기나무, 나도박달, 나도박달나무

특허 · 논문

● 복자기나무로부터 얻은 생리활성 물질과 자궁경부암세포(HeLa cell)에 대한 세포 독성 효과 : 본 연구에서는 복자기나무 추출물로부터 얻은 생리활성 물질이 세포 성장에 끼치는 영향에 대해 조사하였다. 여러 크로마토 그래피 기법을 응용하여 복자기나무 methanol 추출물 중 EA fraction의 주요 구성 성분인 (+)-catechin을 동정하였으며 정제된 물질이 갖는 세포독성 효과를 MTT assay 및 SRB assay를 통하여 확인하였다. MTT assay와 SRB assay 결과 (+)-catechin이 농도와 시간에 의존적으로 암세포에 대해 독성을 보여 주는 것을 확인할 수 있었다. IC_{50}은 $250\,\mu g/ml$의 농도로 처리 시 36시간 경과 후 확인할 수 있었다. 이러한 결과들은 복자기나무로부터 얻은 (+)-catechin이 향후 항암제로 사용될 수 있는 가능성을 보여주었다. — 정한수. 국민대학교 석사학위논문(2008)

복자기 꽃

복자기 꽃

복자기

복자기

봄맞이

앵초과 / *Androsace umbellata* (Lour.) Merr.

앵초과의 한해 또는 두해살이풀로, 우리나라 전역의 양지바른 들판이나 논둑, 밭둑에서 흔하게 볼 수 있다. 키는 10㎝ 정도이고, 뿌리 잎은 사방으로 퍼져 나간다. 4~5월에 흰색의 꽃이 피고 7~8월경에 둥근 열매가 익는다.

화분에 심어 관상용으로 기를 때는 양지와 반그늘이 적당하다. 야생에서는 봄에 꽃이 피지만, 집에서 기르면 가을에도 꽃을 볼 수 있다.

어린순을 나물로 먹고, 열매를 포함한 전초를 '후롱초喉嚨草'라 하여 인후종통咽喉腫痛·구창口瘡·적안赤眼 등의 다양한 증상에 약으로 쓴다.

약명/이명 후롱초喉嚨草 / 봄맞이꽃, 봄마지꽃, 후선초, 지호초, 불정주, 동전초, 점지매

고서古書·의서醫書에서 밝히는 효능

운곡본초학 거풍祛風, 소종消腫, 청열淸熱, 해독解毒하는 효능이 있고, 인후종통咽喉腫痛, 아통牙痛, 두통頭痛, 효천哮喘, 임탁淋濁, 탕화상湯火傷, 사

생육 & 채취	
장 소	각지의 양지바른 들판, 낮은 산
시 기	음력 3월
부 위	지상부
손질법	햇볕에 말린다.

효용	
성 미	맛은 맵고 달며 성질은 약간 차고 독이 없다.
활 용	인후통, 타박상, 편두통, 치통 치료에 쓰인다.

연구 & 특허
● 항암 활성을 갖는 봄맞이 추출물 및 이로부터 분리된 트리테르펜 사포닌 화합물 外 p.1004 참고

교상蛇咬傷, 질타손상跌打損傷, 풍습비통風濕痺痛, 구창口瘡, 적안赤眼, 정창종독疔瘡腫毒을 치료한다.

특허 · 논문

● 항암 활성을 갖는 봄맞이 추출물 및 이로부터 분리된 트리테르펜 사포닌 화합물 : 본 발명은 항암 활성을 갖는 봄맞이 추출물 및 이로부터 분리된 트리테르펜 사포닌 화합물에 관한 것으로서, 발명자들은 종래 알려진 항암제들보다 항암 효과가 우수하면서 부작용이 거의 없는 생성 미분을 찾고자 연구를 거듭한 결과, 봄맞이(*Androsace umbellata*) 추출물, 분획물, 이로부터 분리된 트리테르펜 사포닌 화합물이 폐암, 유방암, 자궁암, 대장암 등에서 우수한 항암 효과를 나타냄을 확인함으로써 본 발명을 완성하게 되었다. 더욱 상세하게는 봄맞이 추출물 및 이로부터 분리된 트리테르펜 사포닌 화합물인 삭시프라지폴린-B(saxifragifolin B) 및 삭시프라지폴린-D(saxifragifolin D)가 암세포의 생장을 억제하고, 세포 자연사를 유도하여 암세포를 사멸시킴을 확인함으로써, 암 예방 및 치료용 조성물로서 사용할 수 있는 봄맞이 추출물 및 이로부터 분리된 트리테르펜 사포닌 화합물 및 봄맞이 추출물로부터 트리테르펜 사포닌 화합물을 분리하는 방법에 관한 것이다. — 특허등록 제704006호, 경기도, 성균관대학교산학협력단

봄맞이

금강봄맞이

봄맞이

봄맞이

봉선화

봉선화과 / *Impatiens balsamina* L.

봉선화과의 한해살이풀로, 인도·말레이시아·중국 등이 원산지이다. 키는 60㎝ 정도이며 육질의 줄기가 곧게 자라고 마디가 두드러진다. 7~8월에 홍색·백색·자색 등 다양한 색의 꽃이 피고, 열매가 익으면 꼬투리가 갈라져 말리면서 황갈색의 종자가 튀어나온다.

예부터 우리 선조들은 울타리 밑이나 장독대 근처, 밭 둘레에 봉선화를 심었는데, 뱀이 봉선화 냄새를 싫어하여 봉선화 근처에는 접근하지 않았다고 한다.

한방에서 봉선화 씨를 '급성자急性子'라고 부르는 이유는 약성이 급하여 효력이 즉시 나타나기 때문이다. 실제로 봉선화 씨는 딱딱한 것을 무르게 하는 작용이 강하여, 생선 가시가 목에 걸렸을 때 씨를 가루 내어 물에 타 마시거나 씨를 달여서 마시면 가시가 물러져서 내려간다. 생선이나 고기를 삶을 때도 흰 봉숭아 씨를 몇 개 넣고 삶으면 뼈가 물렁물렁해진다. 이때 봉선화 달인 물이 치아에 닿으면 치아를 손상시키므로 주의해야 한다. 봉선화의 줄기와 잎, 뿌리, 꽃도 씨앗과 같은 효과가 있다.

생육 & 채취	
장 소	햇볕이 드는 곳. 주로 관상용으로 재배
시 기	가을
부 위	전초
손질법	잘게 썰어 말린다.

효용	
성 미	맛은 맵고 쓰고 성질은 따뜻하다.
활 용	염증. 류머티즘. 타박상. 폐경 등에 효과가 있다.

연구 & 특허
● 봉선화 추출물로 도포된 가공 소금 ● 봉선화 추출물 및 그의 추출 방법 ※ p.1004 참고

특히 흰꽃이 피는 토종 흰 봉선화는 여러 가지 질병에 큰 효과를 나타내는 것으로 알려져 있다.

동남아시아 일부 지방에서는 봉선화 꽃잎의 색소로 신체를 치장하였고, 종기 등 곪은 상처를 치료하는 데도 이용했다. 우리나라에서는 봉선화 꽃잎에 괭이밥과 소금을 약간 넣고 짓찧어서 손톱에 봉선화 물을 들였다. 괭이밥에 함유된 수산 성분이 손톱을 연하게 하고 소금이 매염제 역할을 하므로 물이 잘 든다.

약명/이명 급성자急性子 / 봉숭아, 금봉화金鳳花, 봉사, 지갑화指甲花

고서古書 · 의서醫書에서 밝히는 효능

동의보감 매맞아서 난 상처를 낫게 한다. 뿌리와 잎을 함께 짓찧어 붙인다. 일명 금봉화金鳳花라고도 한다.

운곡본초학 소적消積, 연견軟堅, 최생催生, 통규通竅, 투골透骨, 파혈破血의 효능이 있다.

특허 · 논문

● **봉선화 추출물로 도포된 가공 소금** : 본 발명은 소금에 봉선화 추출물 0.05~0.5중량%를 도포시킨 가공 소금에 관한 것이다. 본 발명의 가공 소금은 봉선화 추출물을 정제수로 5배 내지 10배 희석하여 그 수용액을 소금이 충진된 혼합기에 분무기로 분무하면서 혼합하고 가열 건조시켜 얻을 수 있다. 소금은 천일염이나 제제염이 사용된다. 본 발명의 가공 소금은 봉선화 추출물에 의한 항진균 작용 및 항균 작용의 효과가 있어서, 소금이 사용되는 김치류 등의 식품에 첨가할 경우 보존 기간이 3 내지 4배 연장될 수 있다. ― 특허등록 제201729호, 오**

● **봉선화 추출물 및 그의 추출 방법** : 본 발명은 캠페롤(Kaempferol) 30~35ppm 및 케르세틴(Quercetin) 24~

봉선화

봉선화

28ppm을 함유한 봉선화(*Impatiens, Balsamina* L.)의 전초(全草)로부터 추출 숙성시킨 봉선화 추출물 및 그의 추출 방법에 관한 것이다. 본 발명의 봉선화 추출물 추출 방법은 길이 3~5㎝ 절단된 봉선화 전초에 추출제를 전초 중량에 대해 0.5%~1%의 양으로 살포하고 1~2시간 방치한 다음, 30~35%의 에탄올을 함유한 증류수를 전초 중량에 대해 100%의 양으로 부어 침지시키고 밀봉하여 1차 숙성시키고, 숙성된 추출액을 원심분리기로 착즙하여 50마이크론의 여과기로 여과하고, 여과액에서 유효성분의 함량 기준치가 각각 켐페롤 30~35ppm 및 케르세틴 24~28ppm으로 유지되도록 25% 에탄올을 넣고, 밀봉하여 2차 숙성시키고, 숙성된 추출액을 여과하는 것으로 이루어진다. 본 발명의 봉선화 추출물은 식품에 첨가 시 산화나 곰팡이 발생으로 인한 변질을 방지하여 신선도를 유지할 수 있고 보전성이 뛰어나다. — 특허등록 제2190306호, 오** 외 1

● 봉선화 착즙물 함유 비누 및 그의 제조 방법 : 본 발명은 봉선화 잎 및 꽃을 분쇄하여 착즙한 봉선화 착즙물을 비누 원료 혼합물과 함께 배합 성형하여 비누를 제조하기 위한 봉선화 착즙물 함유 비누 및 그의 제조 방법에 관한 것이다. 본 발명은 봉선화의 잎 및 꽃으로부터 착즙한 봉선화 착즙물과 비누 소지를 준비하는 단계; 상기 비누 소지에 상기 봉선화 착즙물을 혼합하여 혼합물을 얻는 단계; 상기 혼합물을 성형하여 성형물을 얻는 단계를 포함하는 것을 특징으로 하는 봉선화 착즙물 함유 비누의 제조 방법과 그에 따라 제조된 비누를 제공한다. 본 발명은 봉선화 추출물이 족부백선(무좀)의 원인균, 화농성 피부 질환의 원인균 및 여드름의 원인균의 생육을 효과적으로 저해한다는 결과를 이용하여 봉선화 추출물 함유 비누를 제조하였으므로 봉선화 추출물을 함유한 비누는 기능성 비누로서 이용될 수 있다. — 특허공개 10-2005-0005924호, 주식회사 새팍바이오젠시

● 흰 봉선화 씨를 이용한 생선 가공 방법 : 본 발명은 흰 봉선화 씨를 이용한 생선 가공 방법에 관한 것이다. 본

발명의 흰 봉선화 씨는 생선의 조리 또는 가공 시 생선뼈를 물러지게 하여 생선뼈로 인한 위험성 및 이물질감을 해소시키고, 생선뼈를 제거하는 과정을 생략시켜 생선 가공물 제조 시 시간 및 비용을 절감시킬 뿐만 아니라 생선살 회수율을 향상시킨다. 또한 본 발명의 생선 가공 방법은 한천 처리를 더욱 포함하여 겔화된 생선 가공물을 제조할 수 있다. — 특허공개 10-2004-0018081호, 함**

● **피부 진정 효과를 가지는 화장료 조성물** : 본 발명은 피부 진정 효과를 가지는 화장료 조성물에 관한 것으로, 더욱 상세하게는 주요 생약 성분으로 목련, 산다화, 연꽃, 봉선화, 진달래로 구성된 복합 추출물(Phyto Soothing)을 함유하여 피부 진정 효과가 우수한 화장료 조성물을 제공하는 것이다. — 특허등록 제898308호, 주식회사 리오엘리

● **봉선화의 항균 활성 성분과 항균력에 관한 연구** : 본 논문은 봉선화의 항균 활성 성분(抗菌活性成分)과 항균력(抗菌力)을 연구한 논문으로, 주요 내용으로는 한국에서 봉선화의 선병, 카번쿠루스 및 이질 등의 치료를 위해 사용되고 있고 그리고 단순 나프토퀴논 유도체, 2-메톡시-1, 4-나프토퀴논을 산출하는 봉선화 전 식물의 MeOH 추출물의 생물학적 유도 분획에 대해 알아보고, 이 화합물이 Candida albicans, Aspergillus niger, Crytococcus neoformans and Epidermophyton floccusum 등에 대해 강한 항균 작용과 그램음성 세균 쥐티푸스균뿐만 아니라 그램음성세균 고초균에 반한 강한 항균 작용을 갖고 있음을 증명한 내용이다. — 조선대학교 약학대학 강수철 외 1, 생약학회지(1992. 12. 31.)

부용

아욱과 / *Hibiscus mutabilis* L.

아욱과의 낙엽관목으로, 산과 들에 자생하기도 하고, 심어 가꾸기도 하는데 중국이 원산지이다. 키는 1~3m 정도로 자라고, 8~9월에 무궁화와 비슷한 홍색 또는 흰색의 꽃이 핀다. 10~11월에 털이 있는 열매가 익는다. 1년생 묘목에도 꽃이 피므로 주로 관상용으로 재배한다.

한방에서는 뿌리를 해독·해열·양혈·소종 등에 약용한다. 또한 꽃을 '부용芙蓉', 잎을 '부용엽芙蓉葉'이라 하여 약용하는데, 배농排膿·소종消腫·양혈凉血·청열淸熱·청폐淸肺·해독解毒의 효능이 있다.

약명/이명 부용芙蓉, 부용엽芙蓉葉 / 부용화

고서古書·의서醫書에서 밝히는 효능

본초강목 부용엽은 폐를 맑게 하고 피를 차게 한다. 열을 없애고 해독의 효능이 있다. 모든 크고 작은 옹종을 없애고 악창을 치료하고 소종, 해농, 지통의 효과가 있다.

생육 & 채취	
장 소	제주도 서귀포
시 기	8~10월
부 위	꽃, 잎, 뿌리
손질법	햇볕에 말린다.

효용	
성 미	맛은 맵고 성질은 평하다.
활 용	해독, 해열, 양혈, 소종 작용

연구 & 특허
● 부용화 추출물을 함유하는 피부 외용제 조성물 ● 효소 처리 홍삼사포닌과 꽃 추출물을 함유하는 마스크팩 조성물

● **부용화 추출물을 함유하는 피부 외용제 조성물** : 본 발명은 부용화 추출물을 함유하는 피부 외용제 조성물에 관한 것이다. 본 발명의 상기 부용화 추출물을 함유하는 피부 외용제 조성물은 피부 자극이 없으면서 보습 효과가 우수하고, 엘라스틴 및 콜라겐 생성을 촉진하는 효과가 있어, 피부 보습, 노화 방지 및 탄력 증진에 뛰어난 효과를 나타낸다. 따라서, 본 발명의 상기 피부 외용제 조성물은 피부 보습용, 노화 방지용 및 탄력 증진용으로서, 화장료 조성물 또는 약학 조성물로 사용할 수 있다. — 특허공개 10–2010–0067698호, 주식회사 아모레퍼시픽

● **효소 처리 홍삼사포닌과 꽃 추출물을 함유하는 마스크팩 조성물** : 본 발명은 피부 주름 개선을 위한 부착용 마스크팩 조성물에 관한 것으로서, 더욱 상세하게는 효소 처리 홍삼사포닌을 함유하여 감소된 표피층 및 진피층의 피부 밀도를 증가시키고 산다화, 관동화, 석류화 및 부용화 추출물 중 1종 이상을 함유하여 피부의 거칠기, 피부 탄력 및 피부의 주름을 개선하는 부착용 마스크팩 조성물에 관한 것이다. — 특허공개 10–2010–0036549호, 주식회사 아모레퍼시픽

부용

부용

부용

부용 열매

부채선인장

선인장과 / *Opunitia humifusa* 또는 *Opunitia ficus-indica*

한국에 자생하는 유일한 토종 선인장으로, 제주도에서 자생하는 것을 '손바닥선인장' 또는 '백년초'라고 부르고, 내륙에서 월동이 가능한 것을 '천년초'라고 부른다. 백년초는 직립하는 반면, 천년초는 바닥에 붙어 자란다. 제주도 북제주군에 있는 서식지는 천연기념물 429호로 지정되어 있고, 제주도 주민들은 선인장의 열매를 이용하여 초콜릿을 만들거나 민간약으로 쓴다. 5~6월에 꽃이 피고, 11~12월에 자주색으로 열매가 익어 수확한다. 열매는 특이하게도 그 자체에서 뿌리가 나오고, 열매 윗부분에서는 부채선인장이 자라서 꽃이 핀다.

민간에서는 선인장을 조금씩 먹으면 뼈와 근육이 튼튼해지고 무병장수한다고 하며, 심장병·위장병·류머티즘·열병 등 다양한 질환에 효과가 있는 것으로 알려져 있다. 하지만 선인장은 성질이 차므로 오래, 많이 먹는 것은 좋지 않다.

약명/이명 선인장仙人掌 / 손바닥선인장, 제주도선인장, 백년초, 천년초

생육 & 채취	
장 소	제주도
시 기	11~12월
부 위	열매, 줄기, 뿌리
손질법	가시를 제거한다.

효용	
성 미	맛은 쓰고 성질은 차다.
활 용	심장병, 위장병, 류머티즘, 열병 등에 효과가 있다.

연구 & 특허
● 손바닥선인장 추출물을 함유하는 약학 조성물
● 손바닥선인장 추출물 및 이로부터 분리된 화합물을 함유하는 신경세포 보호용 조성물 外 p.1004 참고

고서古書 · 의서醫書에서 밝히는 효능

운곡본초학 열매, 줄기나 뿌리 모두를 약용하는데 청열해독淸熱解毒, 행기활혈行氣活血하는 효능이 있어서 폐열해수肺熱咳嗽, 폐로각혈肺癆咯血, 이질痄痀, 유옹乳癰, 옹창종독癰瘡腫毒, 탕화상湯火傷, 독창개선禿瘡疥癬, 자시窄腮, 사충교상蛇蟲咬傷, 치혈痔血을 치료한다.

특허 · 논문

● 손바닥선인장 추출물을 함유하는 약학 조성물 : 본 발명은 손바닥선인장 추출물을 함유하는 약학 조성물에 관한 것으로, 더욱 상세하게는 손바닥선인장의 부탄올 추출물 또는 이 추출물의 산 가수분해물이 유효성분으로 함유되어 있음으로써 뇌신경 질환, 뇌혈관 질환 또는 심혈관 질환, 보다 구체적으로는 뇌졸중, 뇌진탕, 알쯔하이머병, 파킨슨병, 뇌경색, 심근경색 등의 치료 및 예방에 유효한 약학 조성물에 관한 것이다. — 특허등록 제1164020호, 한국과학기술연구원

● 손바닥선인장 추출물 및 이로부터 분리된 화합물을 함유하는 신경세포 보호용 조성물 : 본 발명은 손바닥선인장을 에틸 아세테이트로 추출하여 얻은 신경세포 보호 효과를 갖는 추출물 및, 이 추출물 또는 이로부터 분리된 화합물을 유효성분으로 함유하는 신경세포 보호용 약학 조성물에 관한 것으로, 본 발명의 약학 조성물은 알쯔하이머병, 뇌졸중, 파킨슨병과 같은 뇌신경질환에 의한 뇌신경세포 손상, 허혈로 인한 세포와 조직 손상 또는 심근경색과 같은 심혈관계 질환의 예방 및 치료에 유용하게 사용될 수 있다. — 특허등록 제523562호, 한국과학기술연구원

● 손바닥선인장 열매의 종자 추출물 또는 이로부터 분리된 화합물을 함유하는 간독성 질환 예방 및 치료용 조

부채선인장

부채선인장 꽃

부채선인장

부채선인장 열매

성물 : 본 발명은 손바닥선인장 열매의 종자 추출물 또는 이로부터 분리된 화합물을 함유하는 간독성 질환 예방 및 치료용 조성물에 관한 것으로서, 더욱 상세하게는 손바닥선인장(*Opuntia ficus-indica var. saboten*) 열매의 종자를 알콜로 추출하여 얻은 알콜 추출물과 이로부터 분리된 화합물들을 유효성분으로 함유하는 간독성 질환 예방 및 치료용 조성물에 관한 것이다. — 특허등록 제963643호, 한국과학기술연구원

● 손바닥선인장 추출물을 함유하는 학습 및 기억력 증진용 조성물 : 발명은 손바닥선인장 추출물을 함유하는 건망증 또는 기억력 장애 관련 질환의 예방 및 치료용 약학 조성물 및 건강기능식품에 관한 것이다. 손바닥선인장의 추출물은 정상 상태의 동물을 이용한 수동회피실험(passive avoidance test)에서 학습 및 기억력을 높은 수준으로 향상시키는 탁월한 효능을 나타내고, 해마에서의 ERK-CREB-BDNF 신호를 강화하며, 신생 신경세포 생존을 증가시킬 수 있으므로, 상기 추출물은 건망증 개선, 학습 및 기억력 증진에 유용한 약학적 조성물 또는 기능성 식품으로 개발될 수 있을 것으로 기대한다. — 특허등록 제1158409호, 한국과학기술연구원

● 월동 선인장의 발효액을 이용한 항균 감염증 및 항암 작용에 대한 예방/치료용 조성물의 제조 방법 : 본 발명은 자궁경부암 세포주에 대하여 항암 활성을 갖는 월동 선인장(*Opuntia humifusa*) 발효액 제조 방법, 이를 이용한 항균 감염증 및 항암 작용에 대한 예방 · 치료용 조성물에 관한 것으로, 손바닥 선인장의 과즙에 발효균주인 유산균 및 효모균을 첨가하여 항암 작용이 뛰어나고 항산화 기능이 첨가된 조성물이 제공된다. 본 발명에서 제공되는 발효액은 항암 활성이 뛰어나며 올리고메릭 프로안토 싸이아미딘(OPC)의 첨가로 항산화능이 뛰어난 건강기능성 조성물을 제공할 수 있다. — 특허등록 제698533호, (주)푸드샘

● 천년초선인장 유기용매 추출물을 유효성분으로 함유하는 자궁경부암의 예방 또는 치료를 위한 조성물 : 발명

부채선인장

부채선인장

부채선인장

은 천년초선인장 유기용매 추출물을 유효성분으로 함유하는 자궁경부암의 예방 또는 치료를 위한 약제학적 조
성물 및 건강기능성 식품 조성물에 관한 것이다. 상기 본 발명에 의한 천년초선인장 유기용매 추출물은 상대적
으로 부작용 및 독성 발현율이 적고 생체 친화적이며 자궁경부암 세포의 성장 억제, 세포 주기의 지연 및 세포사
멸의 유도 효과가 있어 자궁경부암의 예방 또는 치료에 유용하게 이용될 수 있다. — 특허등록 제1158203호, 고려대학교
산학협력단

● **손바닥선인장 추출물을 함유하는 피부 외용제 조성물** : 본 발명은 손바닥선인장 추출물을 함유하여 피부의
건조 증상을 개선시키는 피부 외용제 조성물에 관한 것으로, 상세하게는, 손바닥선인장(*Opuntia ficus-indica*)의 전
초나 열매를 물, 또는 적절한 유기용매를 사용하여 추출한 손바닥선인장 추출물을 주성분으로 함유시킨 피부
외용제 조성물로서, 피부 각질 형성 세포(keratinocyte)의 정상적인 분화(differentiation)를 촉진하고, 추후에 피부에
서의 자연 보습 인자(natural moisturizing factor; NMF)로 변환되는 필라그린(filaggrin)의 피부 내 발현을 촉진하며, 피
부의 수분 유지에 필수적인 세포간 지질의 일종인 세라마이드(ceramide)의 생성을 촉진함으로써, 피부의 수분 함
유 능력 증강, 피부 건조의 방지, 그리고 아토피(atopy) 및 접촉성 피부염 증상의 예방, 개선 또는 치료에 효과가
있고, 피부 장벽 기능을 강화하는 피부 외용제 조성물에 관한 것이다. — 특허등록 제435855호, 주식회사 아모레퍼시픽그룹

● **알레르기성 접촉성 피부염을 예방 및 치료할 수 있는 천년초선인장 발효물** : 본 발명은 알레르기성 접촉성
피부염을 예방, 개선 및 치료할 수 있는 천년초선인장 발효물 및 이를 유효성분으로 포함하는 피부 외용제 및 화
장료 조성물에 대한 것이다. — 특허등록 제961217호, 충청남도

부처꽃

부처꽃과 / *Lythrum anceps* (Koehne) Makino

부처꽃과의 여러해살이풀로, 우리나라 전역의 산과 들의 습지에 자생한
다. 키는 1m 정도로, 줄기가 곧게 서서 윗부분에서 가지를 약간 친다. 5
~8월에 홍자색의 꽃이 층층으로 피고, 9~10월에 긴 타원형의 열매가
달린다.

한방에서 지상부를 '천굴채千屈菜'라 하여 약으로 쓴다. 유사종인 털부
처꽃(*Lythrum salicaria* L.)도 같은 한약재로 이용한다. 꽃이 피었을 때 채취
하여 햇볕에 말려 쓴다.

약명/이명　천굴채千屈菜 / 대아초對牙草, 일본천굴채

고서古書 · 의서醫書에서 밝히는 효능

운곡본초학　천굴채는 청열양혈清熱凉血의 효능이 있고, 이질痢疾, 설사泄
瀉, 혈붕血崩, 창양궤란瘡瘍潰爛, 토혈吐血, 육혈衄血, 외상출혈外傷出血, 변
혈便血을 치료한다. 맛은 쓰고, 약성은 차다.

생육 & 채취	
장 소	전국 각지의 산과 들
시 기	8~9월
부 위	전초
손질법	햇볕에 말린다.

효용	
성 미	맛은 쓰고 성질은 차다.
활 용	이질, 설사, 토혈 등에 쓰인다.

연구 & 특허
● 털부처꽃 추출물을 포함하는 항산화 및 간 　보호 활성을 갖는 조성물 ● 털부처꽃 잎 에탄올 추출물을 포함하는 당 　뇨, 비만의 예방 및 치료용 조성물 　⋊ p.1004 참고

● **털부처꽃 추출물을 포함하는 항산화 및 간 보호 활성을 갖는 조성물** : 본 발명은 털부처꽃 추출물을 포함하는 항산화 및 간 보호 활성을 갖는 조성물에 관한 것으로, 털부처꽃 뿌리의 추출물을 유효성분으로 포함하는 본 발명의 조성물은 항산화 활성과 간장 섬유화 저해 효능이 우수하여, 항산화 작용 및 간 보호 기능성을 갖는 의약품 및 건강기능식품 소재로서 산업화가 가능하다. — 특허등록 제852737호, 대한민국(관리부서 농촌진흥청장)

● **털부처꽃 잎 에탄올 추출물을 포함하는 당뇨, 비만의 예방 및 치료용 조성물** : 본 발명은 털부처꽃 잎 에탄올 추출물을 포함하는 것을 특징으로 하는 당뇨, 비만의 예방 및 치료용 조성물에 관한 것이다. 본 발명의 털부처꽃 잎 에탄올 추출물을 포함하는 당뇨, 비만의 예방 및 치료용 조성물은 털부처꽃 잎 에탄올 추출물과 약학적으로 허용되는 부형제 및 식품학적으로 허용되는 부형제를 포함하도록 하여 약학적 조성물 및 건강기능식품 조성물로 사용할 수 있다. 본 발명의 당뇨, 비만의 예방 및 치료용 조성물의 주요 구성 성분인 털부처꽃 잎 에탄올 추출물은 탄수화물 저해 효소 활성 억제, 지질대사 관련 효소 활성 증가, 고지방 식이와 동시 투여 시 흰쥐의 체중 증가량 감소, 혈중 지질 농도 감소, 복부 지방 함량을 감소시키는 지질대사 개선 효과가 있어 당뇨 및 비만에 대해 기능성을 갖는 의약품 및 건강기능식품 소재로서 산업화가 가능할 것으로 판단된다. — 특허등록 제1233293호, 강원도

● **털부처꽃 잎 추출물의 생리활성 탐색** : 털부처꽃 추출물의 항암 활성 소재로서의 활용 가능성은 다소 낮지만, 털부처꽃 잎의 에탄올과 물 추출물을 대상으로 생리활성을 검정한 결과, 모두 항산화 · 항염 · 항당뇨 · 항비만 활성이 나타났으므로 털부처꽃 추출물은 다양한 기능성을 가진 소재로서 활용도가 높은 것으로 평가되었다.
— 강원도농업기술원 농산물이용시험장 김희연 외 8, 한국약용작물학회지(2010)

부처꽃

흰부처꽃

부처꽃

분꽃

인동과 / *Mirabilis jalapa* L.

열대 아메리카에서는 여러해살이풀이지만 우리나라에서는 월동이 어려워 한해살이풀이다. 전국에서 관상용으로 심는다. 키는 60～100㎝ 정도로, 가지가 많이 갈라지며 마디가 높다. 6～10월에 분홍색·노란색·흰색 등 다양한 색으로 꽃이 피는데, 오후에 피었다가 다음날 아침에 시든다. 동그란 열매는 꽃받침에 둘러싸여 있고 검게 익는데 주름이 많다. 하얀 분질粉質의 종자 배젖을 가루 내어 얼굴에 바르는 분으로 썼으므로 '분꽃'이라 하였다.

한방에서 검은 덩이뿌리를 '자말리근紫茉莉根'이라 하여 이수利水·해열解熱·활혈活血·소종消腫의 효능이 있는 약재로 쓴다.

약명/이명 자말리엽刺茉莉葉, 자말리근紫茉莉根 / 연지배臙脂胚, 연지臙脂, 분화粉花·자미리·초미리·자화분紫花粉

고서古書·의서醫書에서 밝히는 효능

본초강목습 가루를 내어 얼굴의 반점, 기미, 여드름을 없애는 데 쓴다.

생육 & 채취	
장 소	전국 각지
시 기	가을～겨울
부 위	잎. 뿌리
손질법	덩이뿌리를 캐서 햇볕에 말린다.

효 용	
성 미	맛은 달고 성질은 평하다.
활 용	이수. 해열. 소종의 효능이 있다.

연구 & 특허

- 소 사상충 기생 Setaria cervi에 대한 분꽃 뿌리 추출물의 항 사상충 가능성
- 분꽃 잎에서 분리된 단백질 분획에 의한 HeLa와 Raji 세포계에서 세포사멸 유도

● 소 사상충 기생 Setaria cervi에 대한 분꽃 뿌리 추출물의 항 사상충 가능성 : 본 논문은 소 사상충 기생 Setaria cervi에 대한 분꽃 뿌리 추출물의 항사상충 가능성을 연구한 논문으로, 주요 내용으로는 분꽃 Four Oclock 식물 뿌리의 수성과 알코올 추출물이 Setaria cervi의 전벌레와 신경근(n.m) 표본의 자발적 운동과 생체 외 마이크로사상충의 생존에 미치는 영향을 조사한 결과 알코올 추출물은 전 벌레와 n.m. 표본의 자발적 운동을 억제시킨 반면 알코올 추출물이 전 벌레에 미치는 영향은 농도에 따라 증가하며 가역적 마비를 유발한다는 내용이다. — 경희대학교 한의학연구소 Qamar Uddin 외 4, Oriental Pharmacy and Experimental Medicine(2003. 12)

● 분꽃 잎에서 분리된 단백질 분획에 의한 HeLa와 Raji 세포계에서 세포사멸 유도 : 본 논문은 분꽃 잎에서 분리된 단백질 분획에 의한 HeLa와 Raji 세포계에서 세포사멸 유도를 연구한 논문으로, 주요 내용으로는 분꽃 잎에서 분리된 단백질 분획은 48시간 배양 시간에서 Raji 세포계(1.815mg/ml)에 비해서 HeLa 세포계 (LC50: 0.65mg/ml)에 대해 보다 큰 세포독성을 보였으며, 단백질 분획에 의해 야기된 HeLa 세포계는 세포사멸의 유도에 기인한 반면 Raji 세포계는 괴사를 통한 비-자연사 방법에 기인하는 것으로 보인다는 내용이다. — 경희대학교 한의학연구소 Zullies Ikawati 외 4, Oriental Pharmacy and Experimental Medicine(2003. 9)

흰분꽃

분꽃

분꽃

분꽃

분꽃나무

인동과 / *Viburnum carlesii* Hemsl.

인동과의 낙엽관목으로, 산기슭의 양지바르고 습기 있는 비옥한 땅에서 잘 자라며, 관상용으로 심기도 한다. 키는 2m 내외로 자라고, 어린 가지와 겨울눈에 잔털이 많다. 4~5월에 연한 홍자색 또는 흰색의 꽃이 잎과 동시에 피고, 9월에 달걀 모양의 열매가 검은색으로 익는다.

분꽃나무라는 이름은 꽃 모양이 분꽃과 비슷하여 붙여졌다는 설과, 분 냄새가 나서 붙여졌다는 설이 있다. 진한 꽃 향기가 멀리까지 퍼지며 형태도 아름다워 세계적으로 원예종이 개발되어 있다.

유사종으로 산분꽃나무(*Viburnum burejaeticum* Regel & Herder)·섬분꽃나무(*Viburnum carlesii* var. *bitchuense* Nakai)가 있다. 산분꽃나무는 산지에 자생하는데, 키는 5m까지 자라고 열매에서 윤기가 많이 난다. 섬분꽃나무는 해안가에 자생하고, 키는 2m 정도이며 분꽃나무에 비해 잎이 약간 좁고 길며 꽃이 작다.

분꽃나무류는 약용식물로서의 연구가 거의 없다.

약명/이명 분화목粉花木 / 붓꽃나무, 가막살나무, 섬분꽃나무

생육 & 채취	
장 소	전국 각지의 산지
시 기	9월
부 위	열매(식용)
손질법	–

효용	
성 미	향기가 매우 진하다.
활 용	관상용

연구 & 특허
● 새로운 조경수 분꽃나무

● 새로운 조경수 분꽃나무 : 4~5월에 피는 분꽃나무의 꽃은 화려하지는 않으나 순박하고 깨끗한 꽃으로 조경수로서의 활용성을 기대해도 좋은 나무이다. 꽃이 피기 전의 꽃봉오리는 분홍색이고 꽃봉오리가 열리면 화관의 외피는 연분홍색, 내피는 백색으로 변하며 열매는 녹색-분홍색-짙은 남색의 순서로 익는 등 다양한 변화를 관상할 수 있고 짙은 꽃향기가 풍기기 때문에 화단이나 정원에 식재하면 꽃도 볼 수 있고, 향기도 맡을 수 있어 일석이조의 효과를 기대해도 좋다. 외국에서는 조경수로 활용하고 있지만 우리나라에서는 수목원에서 발견할 수 있을 정도며 앞으로 개발 및 보급이 기대되는 수종이다. — 전 임업연구원 산림환경부장 김사일. 한국조경수협회 조경수(2000)

분꽃나무

분꽃나무

분꽃나무

분꽃나무 열매

분비나무

소나무과 / *Abies nephrolepis* (Trautv.) Maxim.

소나무과의 상록침엽교목으로, 지리산·덕유산·강원도 등의 해발 1,000m 이상의 고산 지대에서 발견된다. 키는 25m에 달하고 나뭇가지가 회백색이다. 4~5월에 자주색 꽃이 피고, 9월에 긴 솔방울처럼 생긴 열매가 녹갈색으로 익는다.

유사종으로 종비나무가 있으며, 전나무와 비슷하지만, 나무껍질이 희고 잎 끝이 둘로 갈라지고 어린 가지에 털이 있는 점이 다르다. 구상나무보다는 잎이 얇고 가늘며 빗살 모양으로 수평으로 배열되어 있다. 분비나무 고사목에는 상황버섯이 달린다.

특허 · 논문

● 분비나무 잎 추출물을 포함하는 간암 억제용 조성물 : 본 발명은 분비나무 잎 추출물을 포함하는 간암 억제용 조성물에 관한 것으로, 본 발명에 따른 조성물은 갭 정션을 통한 세포간 신호전달(Gap junctional intercellular communication)을 회복하고 매트릭스 메탈로프로티나아제(Matrix

생육 & 채취	
장 소	중부 이북의 추운 지역, 고산 지대
시 기	–
부 위	잎
손질법	–

효 용	
성 미	–
활 용	펄프 용재, 관상용

연구 & 특허
● 분비나무 잎 추출물을 포함하는 간암 억제용 조성물 外

metalloproteinase : MMP)의 활성을 저해함으로써 간암의 진행과 전이를 억제하는 데 유용하게 사용될 수 있으며, 이러한 목적을 갖는 약제, 가공 식품, 기능성 식품, 음료 및 주류의 제조에도 이용될 수 있다. — 특허등록 제512475호, 이** 외 1

● 분비나무 잎 추출물을 포함하는, 갭 결합을 통한 세포간 정보 전달의 억제 및 항상성의 불균형과 관련된 질환의 예방 및 치료용 조성물 : 본 발명은 분비나무 잎 추출물을 포함하는 건강 증진용 식품에 관한 것으로, 본 발명에 따른 건강 증진용 식품은 갭 결합을 통한 세포간 정보 전달의 억제 및 항상성 불균형을 효과적으로 회복시키므로 이와 관련된 질환을 예방하는 데 유용하게 사용될 수 있다. — 특허등록 제567929호, 재단법인 서울대학교 산학협력재단

※ 갭 결합은 조직에서의 항상성과 인접한 세포로의 빠른 2차 전달 물질의 수송으로 세포반응 조절을 촉진한다. 암을 비롯한 수많은 질병들, 예를 들면, 당뇨, 대뇌허혈, 차코-마리-투드 1(Chacot-Marie-Tooth disease type 1, CMT1)을 포함한 신경계 질환, 정자형성 이상질환, 심혈관계 고혈압을 포함하는 혈관계 질환, 신장 질환, 간질 및 근질환 등이 갭 결합을 통한 세포간 정보 전달의 이상으로 생기는 항상성 불균형에 기인한다는 사실이 각종 문헌에 이미 보고된 바 있다(Nalin et al., Cell 84: 381-388, 1996; Blanc et al., J. Neurochem. 70: 958-870, 1998; Trosko et al., Toxicol. Lett. 102: 71-78, 1998; Upham et al., Carcinogenesis 18: 37-42, 1997).

● 분비나무 줄기 수피 추출물에 의한 HeLa Cell Line의 증식 억제 효과와 RAW264.7 세포에서 Lipopolysaccharide에 의해 유도된 Nitric Oxide 생성 저해 효과 : 연구는 분비나무 줄기 수피 추출물에 의한 HeLa Cell Line의 증식 억제 효과와 RAW264.7 세포에서 Lipopolysaccharide에 의해 유도된 Nitric Oxide 생성 저해 효과에 관한 것으로서 주요 내용은 다음과 같다. 본 실험에서는 활성화된 대식세포가 분비하는 것으로 알려진 NO의 생성에 미치는 영향을 알아보기 위해 RAW264.7 대식세포를 이용하여 NO 생성량 변화를 측정하였다. 그 결과 D1~D4 fraction이 RAW264.7 대식세포에서 LPS에 의해 유도된 NO 생성을 농도 의존적으로 뚜렷하게 감소시키는 것을 알 수 있었으며, 특히 D2과 D4 분획에서 NO생성 억제 효과가 뛰어나다. — 국민대학교 임산공학과 배기은 외 5, 생약학회지(2009. 3. 31.)

분비나무 상황버섯

분비나무

종비나무

불두화

인동과 / *Viburnum sargentii Koehne for. sterile* (Makino) Hara

인동과의 낙엽활엽관목으로, 산지에서 자라며, 정원이나 사찰에서사 많이 심어 가꾼다. 키는 3~6m 정도이고, 5~6월에 하얀 꽃이 꽃줄기 끝에 산방꽃차례로 달려 둥근 공처럼 보인다. 처음 꽃이 필 무렵에는 연초록색이다가 활짝 피면 희색이 되고, 질 때는 누렇게 변한다. 9월에 둥근 열매가 붉게 익는다. 꽃 모양이 곱슬곱슬한 부처의 머리를 닮은데다 석가탄신일 무렵에 꽃이 피므로 '불두화佛頭花'라고 한다.

엣날에는 꽃을 말려 해열제로 사용하였다.

약명/이명 불두화佛頭花 / 수국백당나무, 큰접시꽃나무

생육 & 채취	
장 소	전국의 각 산지
시 기	5~6월
부 위	어린 가지. 잎(약용)
손질법	햇볕에 말린다.

효용	
성 미	맛은 달고 쓰며. 성질은 평하다.
활 용	해열제로 쓰인다.

특허 · 논문

● **낙우송 및 불두화 추출물을 포함하는 미백 및 항산화용 화장료 조성물** : 최근, 화장품업계나 식료품업계에서는 동물 유래 원료의 인체에 미치는 악영향이 많이 알려짐에 따라 동물 유래 원료 사용에 대한 규제가 강해지고 있어, 식물 유래 원료에 대한 관심이 한층 높아지고 있다. 본

연구 & 특허
● 낙우송 및 불두화 추출물을 포함하는 미백 및 항산화용 화장료 조성물
● 이소발레린산 유도체 CNS 억제제를 이용한 경련. 경직의 치료

발명은 천연물인 낙우송 및 불두화 추출물을 포함하는 미백 및 항산화용 화장료 조성물에 관한 것이며, 본 발명의 화장료 조성물은 우수한 미백 효과 및 항산화 효과가 있으므로, 천연 화장품으로서 사용이 가능하다. — 특허등록 제1126984호, 주식회사 더마랩, 제니코스 주식회사

● 이소발레린산 유도체 CNS 억제제를 이용한 경련, 경직의 치료 : 본 발명은 중추신경계(central nervous system; CNS)의 활성을 약하게 억제시킴으로써 그 증상을 완화시킬 수 있는 경련(痙攣, spasticity) 및 경직과 같은 병리학적 상태를 인간을 비롯한 동물 내에서 바람직하지 않은 과도한 진정 작용 또는 근육 약화 없이 치료하는 것이다. 본 발명은 이소발레린산, 이소발레린산의 약제학적으로 허용되는 염, 이소발레린산의 약제학적으로 허용되는 에스테르 및 이소발레린산의 약제학적으로 허용되는 아미드로 이루어진 군에서 선택된 화합물을 CNS 활성을 약하게 억제하는 것에 의해 병리를 치료하거나 상기 병리의 적어도 한 가지 증후를 경감시키는 방법에 이용하기 위한 약제학적 제제(길초근류(Valerianaceae), 불두화나무(*Viburnum opulus*)의 껍질, 미국 가막살나무속(*Viburnum prunifolium*) 나무의 껍질 또는 호프(hop)의 추출물을 함유하는 경련 증후를 치료하는 약제학적 조성물)의 제조 또는 그 용도에 관한 것이다. — 특허등록 제597400호, 엔피에스 파마슈티칼즈, 인코포레이티드(미국)

● 불두화 지상부의 진통소염 작용 및 간 보호 효과 : 본 논문은 불두화 지상부의 진통소염 작용 및 간 보호 효과에 대하여 연구한 내용으로 주요 내용으로는 불두화(*Viburnum sargentii for. Sterile*)의 잎과 줄기는 전통 약재의 지혈제와 진통제와 같이 관절 통증과 피부 질환의 치료제로 이용되어 왔으며, 이에 불두화 메탄올 주줄물, 아세트산에틸 분획과 부탄올 분획의 생리적 활성, 진통, 소염, 간 보호 효과를 예비적으로 평가한 결과, 이들 중 부탄올 분획이 소염과 writhing 시험에서 가장 큰 효과를 보였다. — 삼육대학교 허연구 외 3, 생약학회지(2007. 3. 30)

불두화 새순

불두화 잎

불두화 꽃봉오리

불두화 마른 열매

붓순나무

붓순나무과 / *Illicium anisatum* L.

제주도 · 진도 · 완도 등 남쪽의 해발 200m 이하의 계곡 및 산기슭에서 자라는 상록관목이다. 키는 3~5m 정도로 자라고, 3~4월에 백록색의 꽃이 피고, 9월에 열매가 익는다. 나무껍질의 향기가 좋아서 '유혹하다'라는 뜻의 'Illicium'의 속명이 붙었다. 새싹의 모양이 붓처럼 생겨서 붓순나무라고 하며, 열매는 바람개비 모양이고, 8개 모서리가 있어서 제주도에서는 '팔각낭'이라 한다. 잎과 열매를 '동독회東毒茴'라 하여 약용한다.

조류독감의 치료제 타미플루의 원료인 팔각(Star anice, 붓순나무과)과 분류학적으로 가장 가까운 식물이다. 팔각은 향신료로 이용되지만 붓순나무 열매는 독성이 있어서 향신료로 이용하기에는 적합하지 않다.

약명/이명 동독회東毒茴 / 가시목, 발갓구, 말갈구, 팔각낭(제주)

고서古書 · 의서醫書에서 밝히는 효능

운곡본초학 유독하나 살충殺蟲, 생기生肌의 효능이 있다.

생육 & 채취	
장 소	서남 해안 지대의 계곡이나 산기슭
시 기	가을(열매)
부 위	잎. 열매(약용)
손질법	햇볕에 말린다.

효용	
성 미	독성이 있다.
활 용	향료, 혈액 응고제

연구 & 특허
● 당뇨증세 예방 및 치료용 퀘르시트린, 그의 제조 방법 및 퀘르시트린을 포함하는 당뇨증세 예방 및 치료용 붓순나무 수피의 에탄올 추출 조성물 外 p.1004 참고

● 당뇨 증세 예방 및 치료용 쿼르시트린, 그의 제조 방법 및 쿼르시트린을 포함하는 당뇨증세 예방 및 치료용 붓순나무 수피의 에탄올 추출 조성물 : 본 발명은 당뇨 증세 예방 및 치료용 쿼르시트린, 그의 제조 방법 및 쿼르시트린을 포함하는 당뇨증세 예방 및 치료용 붓순나무 수피의 에탄올 추출 조성물에 관한 것으로서, 붓순나무 수피를 에탄올로 추출하여 그 추출물로부터 단리되는, 알도스 환원효소 억제 활성을 갖는 쿼르세틴[2-(3',4'-디히드록시페닐)-3,5,7-트리히드록시-4-옥소-4H-크로멘] 3-O-α-L-람노시드 및 이를 포함하는 에탄올 추출 조성물로 이루어진다. 이들 쿼르시트린 및 붓순나무 수피로부터 쿼르시트린을 포함하는 당뇨증세 예방 및 치료용 붓순나무 수피의 에탄올 추출 조성물들은 모두 알도스 환원효소의 억제 효과가 우수하고, 또한 솔비톨 축적을 높은 비율로 억제하여 망막장애(retinopathy) · 신증(nephropathy) · 신경증(neuropathy) 등의 합병증을 유발하는 당뇨증세 예방 및 치료에 효과가 있다. — 특허공개 10-2003-0017708호, 한국식품연구원

● 난대수종 및 산림수종의 천연 향료를 함유하는 향수제조 방법 및 그 향수 조성물 : 본 발명은 생달나무 · 붓순나무 · 편백나무 등 산림원 나무의 잎과 줄기를 수증기 증류법으로 추출한 정유(Essential oil) 또는 황칠나무의 칠액과, 찔레꽃 및 아까시나무의 꽃을 용매 추출법으로 생산한 앱솔루트(Absolute) 또는 녹나무의 잎과 줄기를 수증기증류법 및 용매 추출법으로 추출된 앱솔루트로 이루어진 천연 향료들 중 둘 이상으로 이루어진 천연 향료가 전체 중량비에 대하여 0.03~0.13중량%가 첨가 제조되어 시원한 생달나무 · 녹나무 · 붓순나무 · 편백나무 향에 찔레꽃과 아까시나무의 꽃의 향을 더하고 황칠나무의 안식향을 추가한 천연 향료로 향기가 뛰어나고 인체에 무해하고 친환경적인 자연계 천연향을 제공하도록 한 난대수종 및 산림수종의 천연 향료를 함유하는 향수 제조 방법 및 향수 조성물에 관한 것이다. — 특허공개 10-2012-0001111호, 전라남도

붓순나무

붓순나무 꽃

붓순나무 열매

붓순나무

블루베리

블루베리

진달래과 / *Vaccinium* spp.

진달래과의 관목으로, 우리나라에서는 과실수로 재배한다. 원산지는 북아메리카의 습지로서 북반구를 중심으로 150여 종이 분포한다. 우리나라에 자생하는 정금나무나 산앵두나무, 댕댕이나무 등과 비슷한 식물로, 꽃 모양도 비슷하다. 키는 1.5~3m 정도로 작은 편이다. 3~4월경에 꽃이 피고, 6~7월에 둥근 열매가 짙은 남색으로 익는데 껍질 겉에 흰 가루가 묻어 있다. 달고 신맛이 약간 있기 때문에 날것으로 먹기도 하고 잼·주스·통조림 등을 만든다.

블루베리 색소 연구 및 임상 실험 결과, 눈을 튼튼히 하는 기능 외에도 항산화 작용, 항궤양 활성 및 항염증 작용, 정장 작용(식이섬유) 등 다양한 효능이 밝혀졌다.

북미 대륙의 인디언들은 옛날부터 블루베리를 채집하여 식품으로 사용하였으며, 열매와 잎의 엑기스는 괴혈병·당뇨병·비뇨기 질환 등의 치료에 사용하였다. 17세기 미국 북동부에 이주한 영국인들은 대부분 몇 개월 안에 사망했는데, 남은 이주자들을 구한 것은 완파노아그

생육 & 채취	
생육장소	재배
시 기	6~8월
부 위	열매, 잎(식용)
손질법	깨끗하게 씻는다.

효용	
성 미	맛은 달고 시다.
활 용	괴혈병, 당뇨병, 비뇨기 질환 등의 치료에 쓰인다.

연구 & 특허
● 시력 개선 효과가 있는 건강 영양 조성물   ● 블루베리 추출물의 고요산혈증 예방 및 치료 용도   ☞ p.1005 참고

Wanpanoag 인디언들이었다. 그들에게서 옥수수 키우는 방법과 야생식물의 채집 또는 보존 방법을 배워서 살아 남았다고 한다. 그중에서 가장 중요한 것이 북미 대륙에 광범위하게 자생하는 블루베리였다. 블루베리는 열매 외에도 잎과 뿌리를 볶아 차로 이용했는데, 블루베리차는 피로 해소 효과가 크고, 및 출산 시 신경안정제로 작용하였다(블루베리, 농촌진흥청, 2008 참조).

특허 · 논문

● **시력 개선 효과가 있는 건강 영양 조성물** : 본 발명은 시력 개선 효과를 갖는 건강 영양 조성물을 제공하며, 와일드 블루베리 엑기스 건조분말에 결명자, 구기자, 차전자, 괴각, 상심자, 진자, 동규자, 창출 또는 영양각에서 선택된 1종 또는 2종 이상의 생약재 엑기스 건조분말을 혼합하여 주성분으로 함유하고, 비타민 A, 베타카로친, 비타민 B_1, 비타민 B_2, 비타민 6, 비타민 C, 천연토코페롤, 정제어유, 원견초유, 포도씨유, 스쿠알렌, 마늘유, 소맥배아유, 콘드로이친 황산함유 식품, 마늘분말, 영지엑기스 분말, 식용달팽이 건조 분말, 닭벼슬 추출 분말, 효모 또는 효모 엑기스 분말 또는 콜라겐 분말에서 선택된 1종 또는 2종 이상의 영양보조 성분을 배합하여 이루어진 것이며, 와일드 블루베리 엑기스 건조 분말과 생약재 엑기스 건조 분말을 합한 양은 총 조성물의 10~40중량%이며, 영양보조 성분은 60~90중량% 임을 특징으로 한다. — 특허등록 제1179340호, 주식회사 아모레퍼시픽그룹

● **블루베리 추출물의 고요산혈증 예방 및 치료 용도** : 본 발명은 고요산혈승에 대한 블루베리 추출물의 예방 및 치료 용도에 관한 것이다. 본 발명에 따르면, 블루베리 추출물이 혈중 요산을 감소시키는 데 효과가 있는 것을 확인할 수 있는 바, 블루베리 추출물을 고요산혈증의 예방 및 치료를 위한 약학제제나 각종 기능성 건강 식품에 유용하게 이용할 수 있다. 나아가 고요산혈증은 통풍의 원인이 되므로 블루베리 추출물은 통풍을

블루베리 새순과 꽃봉오리

블루베리 꽃

블루베리

블루베리

예방하기 위한 용도로도 유용하게 이용할 수 있을 것이다. — 특허등록 제1144232호, 주식회사 금황바이오

● 자유라디칼 소거능 또는 세포 내 항산화계에 대한 보호능이 있는 피부 외용제 조성물 : 본 발명은 자유라디칼 소거능 또는 세포 내 항산화계 보호능이 있는 피부 외용제 조성물에 관한 것으로, 더욱 상세하게는 블루베리, 라즈베리, 크란베리 또는 블랙베리 추출물 중 1종 이상의 추출물을 함유함으로써, 자유라디칼을 소거하고 수퍼옥사이드 디스뮤테이즈, 카탈라아제 또는 글루타치온과 같은 항산화 방어 인자의 손상을 억제하는 것에 기인하는 세포 내 항산화계 보호능이 있어 피부의 노화를 예방 및 지연하는 효과가 있는 피부 외용제 조성물에 관한 것이다. — 특허공개 10-2003-0089598호, 주식회사 아모레 퍼시픽

● 모발 노화 방지용 모발 화장료 조성물 : 본 발명은 흑진주 추출물, 블루베리 추출물 및 로열제리 추출물을 함유하는 모발 노화 방지용 모발 화장료 조성물로서, 흑진주의 단백질 성분인 콘키올린을 가수분해한 콘키올린 단백질 가수분해물, 블루베리에 풍부하게 함유되어 있는 항산화 성분인 안토시아닌 및 로열제리에 함유되어 있는 10-HDA(10-하이드록시-2-데세노익산), 라이신, 판토테닉산 성분을 함유하여 노화가 진행되면서 약해지고 가늘어지는 모발에 영양과 윤기를 부여하는 모발 화장료 조성물에 관한 것이다. — 특허공개 10-2009-0102408호, 주식회사 아모레퍼시픽

● 블루베리 발효 추출물을 유효성분으로 함유하는 비만의 예방 또는 치료용 조성물 : 본 발명은 블루베리 발효 추출물을 유효성분으로 함유하는 비만의 예방 또는 치료용 조성물에 관한 것이다. 본 발명에 따른 블루베리 발효 추출물은 고지방 식이로 사육된 마우스의 체중을 감소시키며, 부고환 주변 지방 조직 및 신장 주변 지방 조직의 무게를 유의하게 감소시킴으로써, 비만의 예방 또는 치료에 유용하게 사용될 수 있다. — 특허공개 10-2011-

블루베리

블루베리

블루베리

블루베리

● 블루베리가 정상 유선세포와 유방암세포의 ROS 축적과 세포사멸에 미치는 영향 : 본 논문은 블루베리가 정상 유선세포(MCF10A)와 유방암세포(MCF7)의 ROS 축적과 세포사멸에 미치는 영향에 관한 것으로, 주요 내용은 정상 및 암세포에서 블루베리(BB)의 세분화된 활성을 밝히고자 사람 유선세포계에서 라디칼 산소종(ROS) 및 ROS-관련 세포사멸에 관한 평가를 중심으로 한다. 블루베리 추출물을 최종 농도 $20\,\mu g/m\ell$로 0(대조군), 6, 12 및 24시간 간격으로 배양시켰다. MCF10A 세포에서는 블루베리 추출물 존재 시 ROS 축적이 보이지 않았으나, MCF7 세포에서는 블루베리 처리 12시간 이상에서 뚜렷한 ROS 축적을 보였다. 사멸 중이거나 사멸된 세포의 수는 블루베리 처리된 MCF10A 세포 군에서는 증가하지 않았지만, 12시간 이상 처리 후에는 급격히 증가하였다. 게다가 특정 스트레스 관련 세포괴멸 및 항세포괴멸 유전 물질의 발현 정도가 MCF10A 및 MCF7세포군 간의 블루베리 처리 반응에 다르게 반응하였다. 이 결과로부터 블루베리 추출물의 성분이 세포간의 ROS 축적을 억제하지 않고, 암세포에서 ROS-관련 세포 괴사를 유도함을 알 수 있었다. 하지만 ROS 축적 또는 세포괴사 유도가 정상 유선세포에서는 관찰되지 않았다. 위 블루베리 추출물의 암세포에 세분화된 효과로부터 정상세포의 선택적 예방 및 암조직 치료로 세분화된 블루베리-매개 효과에 관련된 특정 물질에 관한 연구가 필요함을 알 수 있다는 내용이다. — 덕성여자대학교 식품영양학과 이세나 외 1, 한국식품영양학회지(2008. 12. 31.)

블루베리

비누풀

패랭이꽃과 / *Saponaria officinalis* L.

패랭이꽃과의 여러해살이풀로, 유럽 또는 서아시아가 원산지이고 우리나라 각지에 분포한다. 6~7월경 흰 꽃이 피는데, 더러 빨강이나 분홍색 꽃이 피기도 하고, 겹꽃인 경우도 있다.

'비누풀'이라는 이름은 뿌리를 잘라서 물에 흔들면 거품이 생긴다고 하여 붙여진 이름으로, 2012년 11월 9일자 국가표준식물목록에 등재되었다. 영어명은 'soapwort'로서 비누와 비슷한 사포닌을 함유하고 있어서 학명도 '*Saponaria officinalis* L.'이다. 서양에서는 이 풀로 양모를 다듬을 때 또는 의류 세척제로 이용하였다고 한다. 참고로, 무환자나무 열매의 껍질도 사포닌 함유량이 높아서 비누풀과 비슷한 작용을 한다.

뿌리를 '석함화石鹹花'라 하여 약용하는데, 피를 묽게 하는 작용이 있으며 거담제로 쓰인다. 사포닌 성분에 혈중 콜레스테롤치를 낮추는 효과가 있다.

약명/이명 석함화石鹹花 / 거품장구채

생육 & 채취	
장 소	전국 각지
시 기	10~11월
부 위	꽃, 뿌리
손질법	뿌리줄기를 캐서 햇볕에 말린다.

효용	
성 미	맛은 쓰고 성질은 차다.
활 용	거담제로 쓰이며, 혈중 콜레스테롤 수치를 낮추는 효과가 있다.

연구 & 특허
● 식물 혼합 추출물 및 이를 함유하는 화장료 조성물 ● 비누풀 추출물을 함유하는 블랙헤드 제거용 화장료 外 p.1005 참고

고서古書 · 의서醫書에서 밝히는 효능

운곡본초학 비누풀은 뿌리를 약용하는데 생약명은 석함화石鹹花이다. 석함화는 거담 · 이뇨 작용을 한다.

특허 · 논문

● 식물 혼합 추출물 및 이를 함유하는 화장료 조성물 : 본 발명은 비누풀(*Saponaria officinalis*), 시호(*Bupleurum komarovianum*) 및 함초(*Salicornia herbacea*)의 혼합 추출물 및 이를 계면활성성분으로 함유하는 화장료 조성물을 제공한다. 본 발명의 화장료 조성물은 우수한 계면활성력을 가지면서도 피부에 안전하고 피부 유연 작용이 뛰어난 작용 효과를 가진다. — 특허등록 제1079915호, 보령메디앙스 주식회사, 주식회사 아데나

● 비누풀 추출물을 함유하는 블랙헤드 제거용 화장료 조성물 : 본 발명은 비누풀 추출물을 유효성분으로 함유하는 블랙헤드(모공 안에 들어 찬 피지가 각질 또는 먼지와 서로 엉겨 붙어 공기와 접촉하면 산화하여 변색되는데 이를 일반적으로 블랙헤드라고 한다.) 제거용 화장료 조성물에 관한 것으로서, 보다 상세하게는 블랙헤드를 제거하는 효과가 우수하고, 피지를 제거하는 효과가 우수한 화장료 조성물에 관한 것이다. — 특허등록 제1033814호, 주식회사 더 페이스샵

● 항균용 세정제 조성물 : 본 발명은 항균용 세정제 조성물에 관한 것으로, 구체적으로, 갈릭산, 시킴산, 및 비누풀 추출물을 유효성분으로 함유하는 항균 활성이 뛰어나고, 세정력 및 피부 보습 능력이 우수하며, 피부 자극이 거의 없는 항균용 세정제 조성물에 관한 것이다. — 특허등록 제1121615호, 주식회사 바이오에프디엔씨

비누풀

비누풀 꽃

비누풀 마른 열매

비목나무

녹나무과 / *Lindera erythrocarpa* Makino

녹나무과의 낙엽교목으로, 우리나라 전역의 낮은 산에 자생하는데 건조와 추위에 약하고, 대기오염에 대한 저항성이 약하다. 키는 10m까지 자라며, 나무껍질은 황백색이고 오래된 나무껍질은 작은 조각으로 떨어진다. 4~5월에 연노란색의 꽃이 피고, 열매는 붉게 익는다.

목재의 재질이 치밀하여 조각이나 가구의 재료로 이용한다. 봄에 나는 어린순을 데쳐 떫은맛을 우려낸 뒤 나물로 먹고, 잎은 차의 재료로, 꽃은 향료로 이용한다.

한방에서 가지 또는 잎을 '첨당과詹糖果'라 하여 풍습성으로 인한 전신부종·관절염·타박상 등에 약으로 쓴다.

약명/이명 첨당과詹糖果 / 보얀목, 윤여리나무, 백목, 베염푸기

생육 & 채취	
장 소	전국 각지의 낮은 산
시 기	가을
부 위	어린순(나물)
손질법	햇볕에 말리거나 생것을 쓴다.

효 용	
성 미	맛은 맵고 성질은 따뜻하다.
활 용	전신부종, 관절염, 타박상 등에 쓰인다.

연구 & 특허
● 사이클로펜타디온 유도체를 포함하는 항암 조성물
● 비목나무 유래 화합물, 이의 분리 방법 및 이를 함유하는 피부 미백용 조성물 外 p.1005 참고

특허 · 논문

● 사이클로펜타디온 유도체를 포함하는 항암 조성물 : 본 발명은 화학식 1의 사이클로펜타디온(cyclopentadione) 유도체를 포함하는 항암 조성

물 및 비목나무[*Lindera erythrocarpa* Makino(Lauraceae)]
로부터 사이클로펜타디온 화합물을 분리 정제하는 방
법에 관한 것이다. 본 발명의 조성물은 라스 발암 유전
자 활성화에 필수 효소인 파네실 전달 효소의 활성 및
인체 암세포주의 성장을 효과적으로 저해함으로써 암
의 예방 및 치료에 유용하게 사용될 수 있다. — 특허등록
제658519호, 한국생명공학연구원

● 비목나무 유래 화합물, 이의 분리 방법 및 이를 함유
하는 피부 미백용 조성물 : 본 발명은 비목나무 유래 화
합물, 이의 분리 방법 및 이를 함유하는 피부 미백용 조
성물에 관한 것으로, 더욱 상세하게는 비목나무(*Lindera
erythrocarpa*) 추출물의 용매 분획물로부터 분리한 화합
물과 이의 분리 방법 및 상기 화합물을 함유함으로써
멜라닌 생합성을 억제할 수 있는 피부 미백용 조성물에
관한 것이다. — 특허등록 제1042005호, 재단법인 제주테크노파크

● 비목나무 추출물, 이의 분획물, 또는 이로부터 분리
한 화합물을 유효성분으로 함유하는 약학적 조성물 :
본 발명은, 비목나무(*Lindera erythrocarpa*) 추출물, 이의
분획물, 또는 이로부터 분리한 화합물을 유효성분으로
함유하는 약학적 조성물에 관한 것으로, 본 발명의 조
성물은 PPAR-γ 길항제로서 암 · 동맥경화 · 류마티스
관절염 · 다발성경화증 · 알츠하이머 또는 비만의 예
방 또는 치료에 유용하게 사용될 수 있다. — 특허공개 10-
2011-0050397호, 재단법인 제주테크노파크

● 비목나무(*Lindera erythrocarpa*) 잎으로부터 항진균
성 활성 물질의 분리 : 비목나무 잎의 메탄올 추출물을
n-hexane, ethylacetate, n-butanol, H2O로 순차적으로
용매분획하였다. Ethylacetate 분획으로부터 silica gel
chromatography를 반복하고 재결정하여 활성 물질을
분리 정제하였다. 화합물은 NMR과 MS의 기기 분석 결
과 methyllucidone의 입체이성질체 혼합물로 구조 결정
되었다. 이 혼합물은 밀 붉은녹병에 대하여 $50\mu g/ml$ 에
서 85%의 방제 효과를 나타내었다. — 상주대학교 식물자원
학과 권순열 외 6, 한국응용생명화학회(2003. 5. 31.)

비목나무 새순과 꽃봉오리

비목나무 꽃

비목나무 열매

비목나무 단풍

비비추

백합과 / *Hosta longipes* (Franch. & Sav.) Matsum.

비비추는 백합과의 여러해살이풀로, 습기가 많은 산지의 반그늘에서 잘 자란다. 7~8월에 연한 자주색 꽃이 핀다. 우리나라에는 일원비비추·주걱비비추·참비비추·흰비비추·산옥잠화·좀비비추·큰비비추·해인비비추·한라비비추·흑산도비비추 등 여러 종류가 자생하며, 옥잠화류와도 비슷한 식물이다.

비비추의 연한 잎은 데쳐서 쌈이나 묵나물로 이용하고, 뿌리는 한약재로 이용한다. 비비추류의 생약명도 '옥잠화玉簪花'이다.

비비추와 옥잠화는 같은 백합과의 같은 Hosta속의 식물로서 구별이 쉽지 않다. 비비추는 본래 산지 냇가에 자생하는 식물이고, 옥잠화(*Hosta plantaginea* (Lam.) Asch.)는 중국 원산의 재배종을 말하는 것이다. 잎이나 꽃의 외관으로는 구별이 쉽지 않은데, 잎과 꽃이 크고 흰색이면 옥잠화이고, 연한 자주색의 꽃이 한 방향으로 치우쳐 달리면 비비추이다. 잎 모양은 옥잠화는 둥근 타원형의 하트 모양이고 비비추에 비해 잎이 크고 넓은 반면, 비비추는 길쭉한 원형이라는 등의 차이는 있다.

생육 & 채취	
장 소	습기 많은 산지의 반그늘
시 기	봄
부 위	어린잎(식용) 뿌리를 포함한 전초(약용)
손질법	햇볕에 말린다.

효용	
성 미	맛은 달고 성질은 시원하다.
활 용	대하, 토혈, 치통, 위통, 인후통, 부인병 등에 쓰인다.

연구 & 특허
● 항산화 또는 항염 또는 자극완화 또는 보습 효과가 있는 비비추 추출물을 함유하는 화장료 조성물 外 p.1005 참고

특허 · 논문

● 항산화 또는 항염 또는 자극완화 또는 보습 효과가 있는 비비추 추출물을 함유하는 화장료 조성물 : 본 발명은 비비추의 추출물을 유효성분으로 함유하는 것을 특징으로 하는 화장료 조성물에 관한 것으로, 항산화, 피부 자극 완화, 항염, 외부 스트레스 방어 및 보습 효과가 우수한 비비추의 추출물을 유효성분으로 함유함으로써 노화 방지 및 피부 개선 효과를 발휘한다. — 특허등록 제949390호, 주식회사 코씨드바이오팜 외 1

● 모발성장 효과가 있는 비비추 추출물을 함유하는 화장료 조성물 : 본 발명은 비비추의 추출물을 유효성분으로 함유하는 것을 특징으로 하는 화장료 조성물에 관한 것으로, 우수한 노화 방지, 주름 생성 억제, 피부 개선, 피부 미백 및 모발 성장 촉진 효과를 발휘할 뿐만 아니라, 천연 재료를 유효성분으로 함유함으로써 기존의 여러 화학물질을 함유하여 피부에 자극을 주는 화장료에 대한 소비자의 거부감을 감소시킬 수 있다. — 특허등록 제1104324호, 주식회사 코씨드바이오팜

● 기능성 소금의 제조 방법 : 본 발명 기능성 소금의 제조 방법은 원추리, 비비추, 마늘, 연잎, 산수유, 구기자 중 선택된 5종을 음건하고 세절하는 단계, 상기 선택된 5종을 각각의 혼합율을 달리하여 혼합된 혼합물을 얻는 단계, 가열된 70 내지 90℃의 물을 사용하여 상기 혼합물의 추출액을 얻는 단계, 상기 추출액을 소금에 분사하여 코팅층을 형성하는 단계를 포함한다. 이에 의하면 항산화 효과가 뛰어나고 약리 효과를 가지는 기능성 소금을 제조할 수 있다. — 특허등록 제1119901호, 구례군, 순천대학교 산학협력단

비비추

옥잠화

옥잠화

비자나무

비자나무

주목과 / *Torreya nucifera* (L.) Siebold & Zucc.

주목과의 상록교목으로, 전라북도 내장산 이남에서 제주도까지 분포하는데, 주로 남부 지방 바닷가 산지에서 볼 수 있다. 장성 백양사의 비자림이 비자나무의 북방한계선이다. 키가 25m까지 자라는데, 삼나무와 닮아서 '야삼野杉'이라고도 부른다. 나무껍질은 회갈색이며, 줄기가 사방으로 퍼지고, 오래된 나무껍질은 얕게 갈라져 떨어진다. 4월에 꽃이 암수딴그루로 피고, 9~10월에 자갈색 열매가 익는다.

열매는 기름을 짜서 구충제로 썼으며, 잎과 가지를 태운 연기로 모기를 쫓기도 하였다. 목재의 질이 치밀하여 바둑판을 많이 만들었다.

약명/이명 옥비玉榧, 비실榧實 / 야삼野杉

고서古書 · 의서醫書 밝히는 효능

동의보감 5가지 치질을 치료하고 3충과 귀주를 없애며 음식을 소화시킨다. 일명 '옥비玉榧'라고도 하며 지방 사람들은 '적과赤果'라고 부른다[입문]. / 비실榧實을 껍질을 빼 버리고 알을 먹는데, 촌백충증 환자에게 하

생육 & 채취	
장 소	전북 이남 지역
시 기	늦가을
부 위	씨, 열매
손질법	껍질을 벗겨내고 햇볕에 말린다.

효용	
성 미	성질은 평平하고 맛이 달며 독이 없다.
활 용	구충 작용, 기름

연구 & 특허
● 비자나무 추출물 또는 그로부터 분리된 아비에탄디터페노이드계 화합물을 유효성분으로 하는 심장순환계질환의 예방 및 치료용 조성물 外 p.1005 참고

루에 7개씩 7일 동안 먹이면 촌백충은 녹아서 물이 된다.

방약합편 비자나무 열매[榧實]는 맛이 달다. 오치五痔를 다스리며, 충독과 삼충三蟲을 없애는데, 차도가 있으면 곧 복용을 중지해야 한다.

특허 · 논문

● **비자나무 추출물 또는 그로부터 분리된 아비에탄디터페노이드계 화합물을 유효성분으로 하는 심장순환계질환의 예방 및 치료용 조성물** : 본 발명은 비자나무 추출물 또는 그로부터 분리된 아비에탄 디터페노이드계 화합물을 유효성분으로 하는 심장순환계 질환의 예방 및 치료용 조성물에 관한 것이다. 본 발명의 비자나무 추출물 또는 그로부터 분리된 아비에탄 디터페노이드계 화합물은 저밀도 지질 단백질에 대한 항산화 활성이 우수할 뿐만 아니라 ACAT에 대한 활성을 효과적으로 억제한다. 또한 본 발명의 비자나무 추출물은 혈청 LDL을 감소시킴과 동시에 혈중 콜레스테롤을 낮추어 준다. 따라서 본 발명의 조성물은 콜레스테릴 에스테르의 합성 및 축적으로 유발되는 고지혈증 및 동맥경화증과 같은 심장순환계 질환의 예방 및 치료에 유용하게 사용할 수 있다. — 특허등록 제772495호, 한국생명공학연구원

● **비자 오일을 함유한 모발 및 두피 상태 개선용 조성물** : 발명은 모발 및 두피 상태 개선용 조성물에 관한 것으로, 보다 상세하게는 비자나무 열매에서 추출한 비자 오일을 유효성분으로 함유함으로써, 두피의 따가움, 가려움과 같은 두피 자극 완화 및 비듬 방지 효과가 우수한 모발 및 두피 상태 개선용 조성물에 관한 것이다. — 특허등록 제1199123호, 주식회사 아모레퍼시픽

비자나무

비자나무

비자나무

비타민나무

보리수나무과 / *Hippophae rhamnoides*

보리수나무과의 낙엽활엽관목으로, 우리나라에서는 키가 3m 내외로 자란다. 티벳 고원이 원산지로, 영하 30℃ 이하의 극한지에서도 자라고, 배수가 잘되는 석회암이나 마사토 지형에서 특히 잘 자란다. 꽃은 늦봄에서 초여름에 걸쳐 피고, 열매는 9∼10월 무렵에 노란색이나 오렌지색 또는 붉은색으로 익는다. 이 나무의 열매는 고대 티베트나 중국의 전통 약초학, 인도의 아유르베다에서도 언급되고 있다. 징기스칸의 자양강장의 비약이라는 이야기도 전해지고 있으며, 비타민나무라는 이름에 걸맞게 신맛이 난다. 비타민 C와 E 함량이 높으며, 블루베리의 대체 식물로 일명 '슈퍼 베리'로 알려지고 있다.

약리 작용으로 항산화 작용, 면역 조절 작용, 심혈관 장애 개선 작용, 간경화 및 간 기능 보호 작용, 고혈압 개선 작용, 위궤양 억제 작용, 뎅구열 바이러스 억제 작용, 항종양 작용, 비소 독성 제거 작용 등의 관련 연구(세명대학교 한방식품영양학부 이선아 외 3, '비타민나무의 페놀성 성분 분석' 논문 참조)도 다수 발표되었고, 우리나라에서도 재배 농가가 늘고 있다.

생육 & 채취	
장 소	고산 지대, 석회암 지대
시 기	봄 · 여름(가지, 잎) 가을(열매)
부 위	열매, 잎, 씨(식용) 나뭇가지, 잎(약용)
손질법	열매는 생것 그대로 먹거나 가공하고, 잎과 가지는 햇볕에 말린다.

효용	
성 미	맛은 시다.
활 용	면역조절, 간경화, 고혈압, 항종양 치료 등에 쓰인다.

연구 & 특허
● 비타민나무 잎으로부터 분리한 이소람네틴-3-글루코시드-7-람노시드를 유효성분으로 함유하는 항산화용 조성물 外 p.1005 참고

약명/이명 사극沙棘 / 산자나무, 레이코라, 사지나무, 갈매보리수나무, 보리수아재비

특허 · 논문

● **비타민나무 잎으로부터 분리한 이소람네틴-3-글루코시드-7-람노시드를 유효성분으로 함유하는 항산화용 조성물** : 본 발명은 비타민나무 잎으로부터 분리한 이소람네틴-3-글루코시드-7-람노시드를 유효성분으로 함유하는 항산화용 조성물에 관한 것이다. 본 발명의 비타민나무의 잎 추출물로부터 분리된 이소람네틴-3-글루코시드-7-람노시드(IGR) 화합물은 항산화, 항균, 항암, 면역 증강 효과가 있으므로, 항산화용 조성물뿐만 아니라 항균용 조성물, 항암용 조성물 및 면역 증강용 조성물로 유용하게 사용될 수 있다. — 특허등록 제1121590호, 강원대학교산학협력단, 삼성생약주식회사

● **비타민나무잎 분말 또는 이의 추출물을 포함하는 체내 지질 개선 조성물** : 본 발명은 비타민나무잎 분말 또는 이의 추출물을 포함하는 지질 대사 이상 개선 조성물에 관한 것으로, 본 발명의 조성물은 혈중 또는 간의 중성지방 또는 총 콜레스테롤을 감소시켜 개체 내 지질 대사 이상, 특히 고지혈증 또는 비만을 효과적으로 예방 또는 개선할 수 있다. — 특허등록 제1166852호, 순천대학교 산학협력단

● **비타민나무를 이용한 증류식 소주 및 이의 제조 방법** : 본 발명은 비타민나무(*Hippophae rhamnoides* L.)를 이용한 증류식 소주 및 이의 제조 방법에 관한 것으로, 더욱 상세하게는 비타민나무를 이용한 증류식 소주는 소주 제조과정 중 비타민나무에 함유된 유효성분이 손실되지 않고, 비타민나무 잎의 향과 맛이 부여되면서 종래의 증류식 소주에 비해 기호도가 향상되므로, 건강을 증진시키고 향미가 뛰어난 증류식 소주의 제조를 위해 유용하

비타민나무

비타민나무

비타민나무

비타민나무

게 사용될 수 있다. — 특허등록 제1203536호, 강원대학교산학협력단, 삼성생약주식회사

● 비타민나무 추출물과 생약제가 함유된 오메가-3 제조 방법 : 본 발명은 비타민 나무 추출물(줄기와 가지와 열매와 잎을 포함한다)과 한약제 성분이 함유된 기능성 오메가-3 제조 방법에 관한 것으로서, 상세하게는 오메가-3와, 호도씨유・해바라기씨유・달맞이꽃씨유 등의 식물종자유를 주재료로 하고 여기에 비타민나무 추출물과 한약제 성분이 함유된 기능성 오메가-3를 젤라틴 연질 캡슐에 포장하여 시간과 장소 및 남녀노소 구분 없이 쉽게 복용할 수 있도록 한 것이다. — 특허공개 10-2012-0060258호, 최**

● 비타민나무 추출물을 이용한 생선의 가공 방법 : 본 발명은 비타민나무 추출물을 이용한 생선의 가공 방법에 관한 것으로서 생선의 머리, 지느러미, 내장 및 가시를 제거하고 물로 세척하는 필렛(fillet) 준비 단계와; 비타민나무의 열매, 잎, 뿌리를 물로 세척한 후, 비타민나무 열매, 잎, 뿌리 1kg에 대하여 20~100 l 의 양으로 물을 첨가한 후, 95~121℃ 온도에서 10시간 동안 삶은 후 이를 여과하여 비타민나무액 추출 단계, 상기에서 비타민나무 추출액에 생선 필렛을 20~30분간 담그는 침지 단계, 비타민나무 추출물에 침지된 생선 필렛을 꺼내어 급속냉각시키는 급냉 단계로 이루어진 비타민나무 추출물을 이용한 생선의 제조 방법을 제공하여 생선의 비린내를 제거해 주고 비타민나무 특유의 향과 영양적 유효성분을 첨가시켜 건강한 식생활을 유도할 수 있고, 외관이 깨끗하고, 신선하며 생선 육질이 부드럽고, 짜지 않으면서도 유쾌한 맛을 지속하여 장기간 보관이 가능하며 성인병의 예방과 다이어트가 가능하여 건강 증진에도 기여할 수 있는 비타민나무 추출물을 이용한 각종 어류의 부가가치를 높일 수 있는 효과를 갖는다. — 특허공개 10-2011-0108848호, 주식회사 일오삼에이치엔에프

● 저분자 후코이단, 비타민나무 추출물 및 니아신아마이드가 함유된 피부 미백용 화장료 조성물 및 그 제조 방

법 : 본 발명은 타이로시나아제의 글리코실화(glycosylation) 과정을 억제하는 저분자 후코이단, 항산화 성분을 함유한 비타민나무 추출물 및 피부에서 이미 만들어진 멜라닌을 함유하고 있는 멜라노좀이 멜라닌형성세포에서 각질형성세포로 이동하는 것을 억제하는 니아신아마이드를 유효성분으로 함유하는 피부 미백용 화장료 조성물에 관한 것이다. — 특허등록 제1149711호, 주식회사 코스비전

● 비타민나무 잎 분말에 의한 조미 김 산패의 억제 방법 : 본 발명은 천연 항산화제인 비타민나무(산자나무) 잎 분말 첨가에 의하여 조미 김의 산패를 억제하는 방법에 관한 것으로, 비타민나무 잎 분말을 첨가함으로써 조미 김의 제조 후부터 빠르게 진행되는 유지 산화에 의한 산패를 억제시키고, 그 결과 조미 김의 저장성을 개선하여 장기 보존이 가능하도록 하며, 산패에 의한 이미와 이취를 막아 제품의 품질 향상 효과도 기대할 수 있는 유용한 발명이다. — 특허공개 10-2012-0081880호, 씨제이제일제당 주식회사

● 비타민나무 잎으로부터 항산화 활성 관련 Flavonol Glycoside 분리 : 본 논문은 비타민나무 잎으로부터 항산화 활성 관련 Flavonol Glycoside 분리에 관한 연구로서 주요 내용은 다음과 같다. 비타민나무 잎을 메탄올로 추출한 다음 헥산, 에틸아세테이트, 부탄올과 물로 분획하였다. 가장 강한 항산화 활성(RC_{50} = 4.33$\mu g/ml$)을 보인 에틸아세테이트 가용성 분획물에서 2종의 플라보놀 배당체를 분리, 확인하였다. 분리된 2종의 화합물은 강한 유리 라디칼 소거 활성을 보였다. 특히 quercetin 3-O-glucoside는 알파-토코페롤보다 활성이 강하였다. 총 페놀함량과 플라보노이드 함량은 에틸아세테이트 가용성 분획물에서 각각 4.17과 1.14mg/ml로 가장 높았으며, 분획물 중에서 에틸아세테이트 분획물의 α-glucosidase 저해 활성이 가장 높았다. 결론적으로 비타민나뭇잎은 천연 항산화제의 원료가 된다는 내용이다. — 삼성생약 주식회사 부설 바이오생명공학연구소 이지원 외 8, 한국약용작물학회지(2011. 8. 30.)

비타민나무 열매

비타민나무 열매

비타민나무 열매

뻐꾹채

국화과 / *Rhaponticum uniflorum* (L.) DC.

국화과의 여러해살이풀로, 건조한 양지쪽에 잘 자란다. 키는 30~70㎝ 정도로, 식물 전체에 백색 털이 있으며, 가지를 치지 않고 곧게 자란다. 땅속으로 굵은 뿌리가 깊게 뻗어 내려간다.

5월경 뻐꾸기가 날아오는 시기에 꽃이 핀다고 하여 '뻐꾹채'라고 하였다. 가정의 달인 5월에 외래 식물인 카네이션 대신 뻐국채 꽃을 달게 하자는 운동도 있었다고 한다.

어린잎은 식용하고, 뿌리를 '누로漏蘆'라 하여 약용한다.

약명/이명 누로漏蘆 / 뻑국채

고서古書 · 의서醫書에서 밝히는 효능

운곡본초학 누로漏蘆는 기허자氣處者와 창양부기자瘡瘍不起者 및 잉부孕婦는 복용을 기忌한다.

생육 & 채취	
장 소	전국 각지의 건조한 양지
시 기	가을
부 위	어린잎(식용) 뿌리(약용)
손질법	햇볕에 말린다.

효 용	
성 미	맛은 쓰고 성질은 차다.
활 용	해열, 해독, 소종, 배농 등의 효능이 있따.

연구 & 특허
● 국내산 산채류의 물 및 메탄올 추출물에 대한 항산화 활성 外 p.1005 참고

● 국내산 산채류의 물 및 메탄올 추출물에 대한 항산화 활성 : 연구에서는 산채류 34종의 물 추출물과 메탄올 추출물을 제조한 후 항산화 활성을 탐색하여 산채류 유래 항산화 물질을 탐색하고 기능성식품을 개발하기 위한 항산화능 우수 산채류 선발의 기초 자료를 제공하고자 하였다. 산채류시료 34종을 물과 메탄올로 추출했을 때 추출 수율은 물 추출의 경우 4.6~34.6%이었고, 메탄올 추출의 경우 3.4~45.0%이었다. 총 폴리페놀 함량은 물 추출물에서 4.6~183.8㎎/g이고, 메탄올 추출물에서 8.2~270.4㎎/g이었다. 물과 메탄올 추출물에서 돌단풍(*Aceriphyllum rossii*)이 각각 183.8, 270.1㎎/g의 가장 높은 폴리페놀 함량을 보였고, 공통적으로 광대싸리(*Securinega suffruticosa*), 기린초(*Sedum kamtschaticum*), 까치수영(*Lysimachia barystachys*), 송이풀(*Pedicularis resupinata*)이 높은 폴리페놀 함량을 보였다. DPPH와 ABTS 라디칼 소거능은 까지수영, 돌단풍, 광대싸리, 기린초, 송이풀(*Pedicularis resupinata*), 승마(*Cimicifuga heracleifolia*), 짚신나물(*Agrimonia pilosa*), 뻐꾹채(*Rhapontica uniflora*)에서 우수하였다. 변수간의 상관성을 분석했을 때, 폴리페놀 함량과 DPPH 및 ABTS 라디칼 소거능, SOD 유사활성 사이에는 유의적인 양의 상관관계가 있었으며, 이들 측정치에서 공통적으로 우수한 것으로 조사된 산채류는 송이풀, 광대싸리, 뻐꾹채, 까치수영, 돌단풍이었다. — 농촌진흥청 기능성식품과 이영민 외 4. 한국식품영양과학회지(2011)

뻐꾹채

뻐국채

뻐꾹채

뿌리뱅이

국화과 / *Youngia japonica* (L.) DC.

국화과의 한두해살이풀로, 우리나라 전역에 분포하며 밭 가장자리나 길가에 많이 난다. 키는 20~100㎝ 정도이고 식물 전체에 잔털이 있으며 부드러운 줄기는 곧게 자란다. 5~6월에 적황색 꽃이 피고 늦여름에 열매가 갈색으로 익은 뒤 관모 달린 씨앗이 날아간다.

이른 봄에 올라오는 자줏빛의 어린순을 뿌리까지 봄나물로 먹으며, 한방에서 '황암채黃鵪菜'라 하여 성숙한 전초를 약으로 쓴다. 열을 내리고 독을 풀어 주고 소변이 잘 나오게 하며 부기를 없애 주는 효과가 있다. 감기로 인한 해열과 인후염 등에 사용하며, 요로염 · 류머티스성 관절염 · 타박상 등에 활용할 수 있다.

약명/이명 황암채黃鵪菜 / 박조가리나물, 박주가리나물, 보리뱅이

고서古書 · 의서醫書에서 밝히는 효능

운곡본초학 소종지통消腫止痛, 청열해독淸熱解毒의 효능이 있으며, 혈뇨血尿, 감모感冒, 인통咽痛, 안결막염眼結膜炎, 유옹乳癰, 독사교상毒蛇咬傷,

생육 & 채취	
장 소	전국 각지의 길가
시 기	봄~가을
부 위	어린순, 뿌리(식용) 전초(약용)
손질법	햇볕에 말린다.

효 용	
성 미	맛이 쓰고 달며, 성질이 서늘하다.
활 용	해열. 진통. 해독 등의 효능이 있다.

연구 & 특허
● 국내 자생식물의 항균 활성 外 p.1005 참고

이질痢疾, 급성신염急性腎炎, 백대白帶, 풍습관절염風濕關節炎 등을 치료하는 데 쓰인다.

특허 · 논문

● **국내 자생식물의 항균 활성** : 새로운 유용식물 자원개발의 일환으로 80종류(95시료)의 국내 자생식물을 채집하여, 이들 methanol 추출물의 Bacillus subtilis, Staphylococcus aureus, Escherichia coli 및 Vibrio parahaemolyticus에 대한 항균력을 검토하였다. 실험 대상 4가지 균주 모두에 항균성을 보인 것은 사철쑥 · 지칭개 · 뽀리뱅이 · 꿀풀 · 광대나물 그리고 향나무였으며, 씀바귀 · 떡쑥 · 애기똥풀 · 조팝나무 · 냉이 전초 및 동백나무 잎 가지 등을 포함한 8종류는 적어도 3가지 균주에 대해 항균성을 보였다. 반면에, 라일락 잎은 그람 음성균인 E. coli와 V. parahaemolyticus에서, 꽃다지는 V. parahaemolyticus에서, 얼레지의 인경은 B. subtilis에 대해 선택적인 항균성을 보였다. 특정 균주에 대한 항균력을 살펴보면, B. subtilis에 대해서는 얼레지의 인경(18㎜)이, S. aureus에 대해서는 조팝나무(16㎜), E. coli에 대해서는 라일락의 잎(18㎜) 그리고 V. parahaemolyticus에 대해서는 꽃다지(23㎜)가 각각 가장 높은 항균성을 나타내었다. 한편, 비교적 강한 항균 활성을 보여 준 9종류의 methanol 추출물을 극성에 따라 용매 분획하여 얻은 n-hexane, chloroform, ethyl acetate와 물 분획물의 B. subtilis와 V. parahaemolyticus에 대한 항균성 실험을 실시한 결과, 실험한 모든 분획물 중에서 지칭개의 chloroform 분획물이 가장 높은 항균력(각각 17㎜, 29㎜)을 보였다. 뽀리뱅이는 chloroform 분획물에서, 사철쑥, 씀바귀 및 꿀풀은 hexane 분획물에서, 그리고 동백 잎 줄기는 ethyl acetate 분획물에서 각각 상대적으로 강한 항균성을 보였으나, 향나무와 쇠뜨기는 물 분획물을 제외한 모든 분획물에서 비교적 고른 항균성을 보였다. — 경상대학교 농화학과 양민석 외 4. 한국응용생명화학회(1995. 12. 31.)

뽀리뱅이

뽀리뱅이 꽃

뽀리뱅이

뽀뽀나무 열매

뽀뽀나무

포포나무과 / *Asimina triloba* Dunal

포포나무과의 낙엽활엽교목으로, 캐나다 등 북아메리카가 원산지이고 우리나라에서는 재배한다. 키는 4~12m 정도이고 나무껍질은 회갈색이며, 어린 가지에는 털이 있다. 5~6월에 밤색이 꽃이 잎과 함께 피는데, 향기가 좋은 편은 아니다. 9~10월에 바나나와 으름을 닮은 열매가 익는데, 씨앗은 약으로 쓰고 과육은 식용한다. 서양에서는 '개가 먹는 바나나'라고도 한다. 과일의 단백질 함량이 높으며, 씨앗에는 항암 성분이 많다.

잎과 나무껍질에는 천연 살충 성분이 있어서 병충해에 강하며, 내한성도 강하므로 과수 또는 약용식물로서 재배 유망 품종이라고 할 수 있다.

이명 파파

특허 · 논문

● *Asimina triloba*의 씨앗으로부터 새로운 항암성 Annonaceous Acetogenin의 분리 및 구조 결정 : 모든 Annonaceous acetogenin은 Annonaceae로부터 분리되고 있다. Acetogenin은 C32 또는 C34의 긴 지방산의 2번 탄소에

생육 & 채취	
장 소	재배
시 기	9~10월
부 위	열매(식용) 씨앗, 잎(약용)
손질법	씨 : 그늘에서 말린다. 잎 : 그늘에서 말린다.

효용	
성 미	열매 맛은 달고 약간 시다.
활 용	씨앗을 항암제, 살충제로 쓰고, 잎으로 건강차로 만든다.

연구 & 특허
● *Asimina triloba*의 씨앗으로부터 새로운 항암성 Annonaceous Acetogenin의 분리 및 구조 결정 外 p.1005 참고

서 propan-2-ol it가 결합하여 생성된 지방산 유도체로서 γ-lactone 혹은 ketolactone의 구조를 갖는 waxy한 물질이다. Annonaceous acetogenin은 THF ring의 수와 배열에 기초를 두고 mono-THF, adjacent bis-THF, non-adjacent bis-THF, tri-THF로 분류한다. Asimina triloba의 씨앗을 용매로 추출하여 얻은 분획을 brine shrimp lethality test(BST)로 활성을 측정하였으며그로부터 column chromatography와 HPLC를 거듭 실시하여 7종의 acetogenin을 분리하였다. 각 화합물의 구조는 화학적 및 분광학적 data를 종합하여 규명하였다. 화합물 Ⅰ, Ⅱ, Ⅲ은 annonacin type으로 mono-THF환에 인접한 OH기를 가지며 THF환 주위의 relative stereochemistry는 threo/trans/threo이다. 화합물 IV와 V는mono-THF환에 인접한 OH기를 가지며 THF환 주위의 relative stereochemistry가 erythro/cis/thero인 천연물에서 처음으로 밝혀진 형태의 계열이다. 화합물 VI와 VII은 asimicin type으로 adjacent bis-THF환에 인접한 OH기를 가지며 relative stereochemicalconfiguration은 threo/trans/threo/trans/threo를 가진다. 이 화합물들의 구조는 annonacin(Comp. Ⅰ), xylomaticin(Comp. Ⅱ), annomontacin(Comp. Ⅲ), asitrilobin A(Comp. IV), asitrilobin B(Comp. V), asimin(Comp. VI), asiminacin(Comp. VII)임을 확인하였다. 화합물 Ⅰ, Ⅱ, Ⅲ, VI, VII은 기지물질이지만 이식물에서 처음 분리되었고, IV와 V는 천연물에서 처음 분리된 새로운 화합물로서asitrilobin A와 asitrilobin B로 명명하였다. 이들 화합물에 대하여 brine shrimp lethality test(BST)를 실시한 결과 상당한 cytotoxicity를 나타내었다. 그리고 화합물 IV와 V는 6종의 human tumor cell line에서MTT cytotoxicity test를 한 결과 lung(A-549), breast(MCF-7), pancreatic(MIAPaCa-2) cell line에 상당한 cytotoxicity를 나타내었으며 특히 pancreatic cell line에 대하여 대조 표준 물질인 adriamycin보다 10~100배 더 강한 선택적인 세포독성을 나타내었다. — 대구카톨릭대학교 우미희, 한국과학재단 '96 핵심

전문연구결과보고서(1998. 4. 30)

뽀뽀나무 꽃

뽀뽀나무 꽃

뽀뽀나무 줄기

뽀뽀나무

뽕나무

뽕나무과 / *Morus alba* L.

뽕나무과의 낙엽교목으로, 우리나라 전역에서 자란다. 예전에는 누에를 치기 위해 재배했던 식물로서, 5~6월에 꽃이 피고, 열매가 검붉게 익는다. 잎은 장아찌나 차로 이용하고, 열매는 술을 담그거나 생으로도 먹으며, 나무 자체는 가구재로도 이용하는 등 용도가 다양하여 우리에게 소중한 자원식물이다. 유사종으로는 꾸지뽕나무(*Cudrania tricuspidata* (Carr.) Bureau *ex Lavallee*) · 산뽕나무(*Morus bombycis* Koidz.) · 섬뽕나무(*Morus bombycis* var. maritima Koidz.) · 돌뽕나무(*Morus cathayana* Hemsl.) · 꼬리뽕나무(*Morus bombycis* var. caudatifolia Koidz.) 등이 있다.

뽕나무를 태운 재는 상회桑灰, 뿌리껍질은 상백피桑白皮, 가지는 상지桑枝, 잎은 상엽桑葉, 열매는 상심자桑椹子, 뽕나무겨우살이는 상기생桑寄生, 뽕나무에 달린 목질진흙버섯은 상황桑黃버섯으로 칭하며, 뽕나무의 거의 모든 부위가 각종 질병의 치료에 이용되고 있다.

약명/이명 상백피桑白皮, 상엽桑葉, 상지桑枝, 상심자桑椹子, 상실桑實 / 오디나무, 새뽕나무

생육 & 채취	
장 소	전국 각지
시 기	가을
부 위	뿌리, 줄기껍질, 가지, 잎, 열매
손질법	속껍질을 햇볕에 말린다.

효 용	
성 미	성질이 따뜻하고 독이 없다.
활 용	해열, 진해, 이뇨, 소종 등의 효능이 있다.

연구 & 특허
● 상백피로부터 얻은 헤파리나제 효소 활성 및 암전이 활성을 저해하는 활성 분획물
● 뽕나무 추출물을 유효성분으로 함유하는 간경화증의 예방 및 치료용 조성물

☞ p.1005 참고

고서古書 · 의서醫書에서 밝히는 효능

동의보감 뽕잎은 성질이 따뜻하고[煖] 독이 없다. 각기와 수종을 낮게 하며 대소장을 잘 통하게 하고 기를 내리며 풍風으로 오는 통증을 멈춘다. 잎이 갈라진 것은 가새뽕이라 하여 제일 좋다. 여름과 가을에 재차 난 잎이 좋은데 서리 내린 이후에 따서 쓴다[본초].

뽕나무

특허 · 논문

● **상백피로부터 얻은 헤파리나제 효소 활성 및 암전이 활성을 저해하는 활성 분획물** : 본 발명은 상백피로부터 얻은 헤파리나제 효소 활성 및 암전이 활성을 저해하는 활성 분획물에 관한 것으로서, 더욱 상세하게는 뽕나무의 뿌리 껍질인 상백피(Mori Cortex Radicis)로부터 암전이 시에 일어나는 암세포의 내피세포 침윤(invasion)이나 소혈관 형성 시에 필요한 헤파리나제의 활성을 저해하며 동시에 암전이 활성을 저해하는 활성 분획물과 이를 효율적으로 분리, 정제하는 방법 및 상기 활성 분획물을 유효성분으로 함유하는 헤파리나제 효소 활성 및 암전이 활성 저해용 약제에 관한 것이다.
— 특허등록 제477896호, 한국생명공학연구원

뽕나무

● **뽕나무 추출물을 유효성분으로 함유하는 간경화증의 예방 및 치료용 조성물** : 본 발명은 뽕나무 추출물을 유효성분으로 함유하는 조성물에 관한 것으로서, 더욱 상세하게는 본 발명의 뽕나무 추출물이 만성적인 간세포 손상 시 증가하는 형질전환성장인자 베타1(TGF-β1)에 의한 Smad 분자의 인산화에 대한 억제 효과를 나타냄으로써, 간경화(경화성 간질환)증의 예방 및 치료용 약학조성물 또는 건강기능식품으로 유용하게 이용될 수 있다. — 특허등록 제1215797호, 대구한의대학교 산학협력단

오디

● **뽕나무에서 유래되는 호흡기 질환 치료용 약학조성물** : 본 발명은 뽕나무로부터 유래되는 디-알로스(D-Allose), 디-만니톨(D-mannitol), 탈로스(Talose) 및 바닐린(Vanillin) 등의 성분을 유효성분으로 함유하는 천식, 만성기관지염, 폐기종 및 기관지확장증으로 구성된 그

오디

룹으로부터 선택되는 질환의 치료용 약학 조성물에 관한 것이다. 이로써, 상기 약학 조성물은 기능성 화장품, 약제 및 사료 등에 포함되어 매우 유용하게 사용될 수 있다. 또한, 상기 약학 조성물은 생산성이 향상되고, 청결한 유효성분을 얻을 수 있는 뽕기름 추출기를 이용함으로써, 매우 높은 수율로 제공될 수 있다. — 특허등록 제1017276호, 손*** 외 1

● 뽕나무 추출물을 활용한 알레르기 및 대장염증 질환 치료 효능을 가지는 약학적 조성물 및 기능성 식품 조성물 : 본 발명은 알레르기, 피부염증, 대장염증 등을 개선하는 생약 추출물 및 이를 활용한 의약품 내지 기능성 식품에 관한 것으로서, 본 발명은 뽕나무의 잎, 뿌리껍질, 열매 또는 줄기 추출물의 알레르기, 피부염증, 대장염증 등을 개선하는 신규한 용도 및 상기 추출물 및 추출물의 건조 분말을 유효성분으로 포함하여 제조되는 의약품 내지 기능성 식품을 제공한다. — 특허등록 제1223146호, 부안군

● 항생제 대체 효과가 있는 뽕나무 가지 유래 레스베라트롤 함유 사료 첨가제, 사료 조성물 및 그 급여 방법 : 본 발명은 생리 활성 효과가 우수한 뽕나무 가지 유래 레스베라트롤을 이용한 성장 촉진용 항생제 대체 사료 첨가제 및 이를 포함하는 사료 조성물, 그리고 그 급여 방법에 관한 것이다. 본 발명에 따른 레스베라트롤 함유 사료 첨가제는 사료에 첨가하여 급여 시 육계의 도체율이 증가하고, 면역조절 기능 및 항산화 활성을 증진시키고, 생체에 안정적으로 섭식될 수 있어, 항생제 대체 시 가축에 필수적으로 요구되는 생리적 효능을 만족시킨다. — 특허등록 제1161251호, 대한민국(농촌진흥청장)

● 상백피 추출물, 이의 분획물 및 상기 분획물에서 분리한 2-아릴벤조퓨란게 화합물을 유효성분으로 함유하는 암 예방 및 치료용 약학적 조성물 : 본 발명은 상백피 추출물, 이의 분획물 또는 상기 분획물에서 분리한 2-아릴

뽕나무 뿌리

뽕나무

오디

벤조퓨란(2-aryl benzofuran)계 화합물을 유효성분으로 함유하는 약학적 조성물에 관한 것으로서, 더욱 상세하게는 본 발명은 알코올 또는 알코올 수용액을 용매로 하여 추출되는 상백피 추출물, 이의 유기용매 분획물 및 상기 유기용매 분획물에서 분리한 활성 화합물인 2-아릴벤조퓨란계 화합물, 또는 이의 약학적으로 허용 가능한 염은 암세포의 성장 및 전이에 중요한 역할을 하는 전사인자인 HIF-1(Hypoxia-inducible factor-1, 저산소유도인자-1)의 활성을 저해하여 항암 활성을 나타냄으로써 다양한 암 질환의 치료제로 사용될 수 있고 또한, HIF-1의 표적 유전자인 VEGF(vascular endothelial growth factor, 혈관내피성장인자)에 대하어 선택적인 발현 저해 작용이 있으므로 저산소 상태에서 HIF-1에 의한 VEGF의 발현이 증가되어 악화되는 당뇨병성 망막증이나 관절염 치료제의 유효성분으로 사용될 수 있다. — 특허등록 제902094호, 한국생명공학연구원

● 오디 추출물이 중년 남성의 항고지혈증에 미친 효과 : 본 논문은 뽕나무 열매 추출물 소비와 중년 남성의 고지혈증(Hyperlipidemia)의 반비례 관계에 대한 연구이다. 26명의 중년 남성(평균 체질량 지수 27kg/m²)은 뽕나무 열매 추출물(100$m\ell$/day)을 4주간 점심시간에 섭취하였다. 섭취 전후에 인체 측정, 혈청 산화 스트레스 점수, 혈청 지방질 프로파일 분석을 실시하였다. 본 논문의 결과는 뽕나무 추출물의 소비가 높은 심혈관병(CVD) 위험을 가지고 있는 중년 남성의 염증과 아테롬성 동맥경화 예방에 효과가 있음을 시사한다. — 전북대학교 식품영양학과 김애정 외 2, 한국식품영양학회지(2008. 6. 30.)

사람주나무

대극과 / *Sapium japonicum* (Siebold & Zucc.) Pax & Hoffm.

대극과의 낙엽활엽소교목으로, 중부 이남의 산지에서 양지와 음지를 가리지 않고 잘 자란다. 키는 6m 정도이고, 나무껍질은 녹회백색이며, 어린 가지와 잎자루에 붉은빛이 돈다. 6월에 가지 끝에서 서 있는 꼬리 모양의 연한 녹황색 꽃이 피고, 10월에 공 3개가 맞붙은 모양의 열매가 붉게 익는다.

나무껍질이 사람의 피부처럼 희고 매끄러워서 '사람주나무'라고 하며, 씨앗으로 기름을 짜 등잔불을 밝혔으므로 '기름동백나무'라고도 부른다.

어린순을 나물로 먹고, 씨앗을 가을에 채취하여 변비를 개선하는 약으로 쓴다. 나무껍질은 민간에서 이뇨제로 사용되어 왔다.

이명 귀룽목, 쇠동백나무, 신방나무, 아구사리, 기름동백나무

특허 · 논문

● 베타2 활성을 촉진하는 천식 치료용 약용식물 추출물 : 본 발명은 약용식물로부터 얻은 베타2 촉진 활성 추출물에 관한 것으로, 더욱 상세

생육 & 채취	
장 소	중부 이남의 산지
시 기	가을
부 위	어린순(나물) 씨앗, 나무껍질(약용)
손질법	씨앗을 가을에 채취하여 햇볕에 말린다.

효 용	
성 미	–
활 용	이뇨제, 변비 개선, 신탄재

연구 & 특허
● 베타2 활성을 촉진하는 천식 치료용 약용식물 추출물 ● 제주 자생식물 고압용매 추출물의 통합적 항산화 능력 外 p.1006 참고

하게는 전통적으로 동양에서 사용해 온 약용식물인 감수(*Euphorbiae kansui*), 전호(*Anthriscus sylvestris*), 파두(*Croton Tiglium*), 천오(*Aconitum carmichaeli*), 팥꽃나무(*Daphne genkwa*), 갯메꽃(*Calystegia soldanella*), 사람주나무(*Sapium japonicum*)로부터 베타2 수용체의 활성을 촉진하여 천식 질환의 증상인 기도관 수축을 완하시킬 수 있는 활성 추출물과 이를 효율적으로 추출하는 방법, 그리고 그 추출물들을 유효성분으로 함유하는 천식 예방 및 치료의 원료, 건강식품, 생약제에 관한 것이다. — 특허등록 제840723호, 주식회사 뉴젝스

● 제주 자생식물 고압용매 추출물의 통합적 항산화 능력 : 제주 자생식물 20종을 대상으로 고압용매 추출(추출 용매 100% methanol, 추출 온도 40℃, 추출 압력 13.6 MPa, 추출 시간 10분)하여 총페놀 함량과 통합적 항산화 능력을 측정하고 폴리페놀 성분을 동정하였다. 추출수율은 붉나무, 말오줌때, 사방오리나무, 사람주나무, 팥배나무가 각각 21.8, 21.5, 21.1, 20.7, 20.1%로 가장 높았다. 총페놀 함량은 아그배가 68.3㎎ GAE/g로 가장 높았고, 다음으로 사람주나무, 석위, 말오줌때가 각각 57.6, 56.6, 55.1㎎ GAE/g을 나타내었다. 수용성 항산화 능력은 이질풀, 사람주나무, 산딸나무, 붉나무가 각각 598, 394, 293, 270 umol ascorbic acid equivalent/g로 높았고, 지용성 항산화 능력은 백량금, 새우나무, 이질풀, 붉가시나무가 611, 314, 296, 242 umol trolox equivalent/g로 높았다. GC/MS에 의한 폴리페놀성분을 동정한 결과 15개의 주요 피크를 얻었으며, 그중 2종의 폴리페놀류(gallic acid(체류시간 19.7분)와 quercetin(체류시간 33.5분)), ascorbic acid(체류시간 35.3분) 그리고 다수의 지방산류(체류시간 18.6, 21.0, 21.8, 21.9, 23.6분)를 확인할 수 있었는데, 이 중 gallic acid는 다른 성분보다 peak area가 높은 것으로 나타나 사람주나무의 가장 중요한 폴리페놀 성분으로 추정되었다. — 제주대학교 식품생명공학과 김미보 외 5, 한국식품영양과학회지(2008. 11. 28)

사람주나무

사람주나무

사람주나무 꽃

사랑초

팽이밥과 / *Oxalis hedysaroides*

팽이밥과의 여러해살이풀로, 잎이 하트 모양이어서 '사랑초'로 부르지만 정식 이름은 '자줏잎 옥살리스(*Oxalis triangularis*)'이다. 남아메리카가 원산지로, 강한 햇빛을 좋아하며, 어둡게 흐린 날과 밤에는 잎이 오그라든다. 자주팽이밥으로 오해하기 쉽지만 일반적으로 꽃이 자주색으로 피는 팽이밥과는 다르다. 화분에 심어 햇살이 잘 드는 곳에 놓으면 1년 내내 꽃이 피고 진다. 뿌리에 물을 저장하고 있는 알뿌리 식물로, 흙 표면이 건조할 때 충분히 물을 주면 된다.

배앓이 등 복통이나 설사에 효험이 있는 것으로 추정되지만 효능에 대해서 자세히 알려지지 않았다.

사랑초는 약초로서보다는 관상용으로 많이 기르고 있다.

특허 · 논문

● 사랑초 추출물을 유효성분으로 포함하는 피부 미백 개선제 : 본 발명은 사랑초(*Oxalis hedysaroides*) 추출물을 유효성분으로 포함하는 조성

생육 & 채취	
장 소	재배
시 기	상시
부 위	꽃
손질법	–

효 용	
성 미	맛은 시다.
활 용	관상용으로 가꾼다. 복통 개선 작용이 있을 것으로 추정

연구 & 특허
● 사랑초 추출물을 유효성분으로 포함하는 피부 미백 개선제 外 p.1006 참고

물에 관한 것이다. 본 발명의 조성물에서 이용되는 유효성분인 사랑초 추출물은 우수한 피부 상태 개선(skin conditions) 효과를 가지며, 상기 피부 상태 개선은 주름 개선, 피부 미백 개선, 발모 촉진 또는 탈모 방지 효과를 포함한다. 사랑초 추출물은 세포 내 타이로시네이즈의 활성을 억제함으로써 멜라닌 생성을 억제하는 우수한 피부 미백 효과를 발휘하며 콜라게네이즈 활성 억제 및 콜라겐 합성의 촉진 등의 분자적 기전을 통한 주름 개선 효능 및 우수한 발모 촉진 또는 탈모 방지 효과를 가진다. 또한, 사랑초 추출물은 우수한 염증과 관련된 면역 관련 반응을 억제하는 효과, 자유라디칼 제거 효과로 항산화 효과 및 비만 억제 효과를 가진다. 그리고 세포독성 및 피부 부작용이 없어 화장료, 약제학적 및 식품 조성물에 안전하게 적용할 수 있다. — 특허등록 제917281호, 스킨큐어 주식회사

사랑초

사랑초

사랑초

사상자

산형과 / *Torilis japonica* (Houtt.) DC.

산형과의 두해살이풀로, 우리나라 전역에 자생한다. 키는 60㎝ 내외이고 줄기는 곧게 선다. 6~8월에 흰색의 꽃이 피고, 가을에 타원형의 열매가 4~10개씩 달려 익는데, 열매에는 짧은 가시 같은 털이 있어 다른 물체에 잘 붙는다. 한방에서 씨앗 말린 것을 '사상자蛇床子'라 하여 수렴·소염·살충약으로 쓴다. '사상자蛇床子'는 '뱀의 침상'이라는 뜻으로, 한방에서는 씨앗을 약용할 경우 생약명의 끝에 '자子'를 붙인다. 이 식물 아래 뱀이 웅크리고 있는 경우가 많아 '뱀도랏'이라고도 한다.

유사종 갯사상자·벌사상자·개사상자의 씨도 '사상자'로 함께 약용한다.

약명/이명 사상자蛇床子 / 뱀도랏, 진들개미나리

고서古書 · 의서醫書에서 밝히는 효능

동의보감 구충, 살충, 축소변縮小便, 해사독解蛇毒, 거풍조습祛風燥濕 효능이 있다.

생육 & 채취	
장 소	전국 각지의 들판
시 기	가을
부 위	열매, 씨앗
손질법	햇볕에 말린다.

효용	
성 미	맛은 맵고 쓰며 성질은 약간 따뜻하다.
활 용	강장, 수렴성 소염에 효능이 있다.

연구 & 특허
● 사상자 추출물을 포함하는 신장암 치료용 조성물 및 건강 기능성 식품 ● 사상자 추출물의 나노리포좀을 함유하는 피부 노화 방지를 위한 화장료 조성물 外 p.1006 참고

● **사상자 추출물을 포함하는 신장암 치료용 조성물 및 건강 기능성 식품** : 본 발명은 사상자 추출물의 신규한 용도에 관한 것에 관한 것으로서, 보다 상세하게는 사상자 에탄올 추출물을 유효성분으로 함유하는 신장암 예방 및 치료용 조성물 및 식품학적으로 허용 가능한 식품보조 첨가제를 포함하는 사상자 에탄올 추출물을 유효성분으로 함유하는 신장암 예방용 기능성 식품에 관한 것이다. 본 발명에 따른 신장암 치료용 조성물 및 기능성 식품은 신장암 세포의 성장을 억제하고 세포사멸을 유도하는 효과가 있어 신장암 치료 및 예방에 효과적으로 사용할 수 있다. — 특허공개 10-2012-0122412호, 주식회사 한국전통의학연구소 외 2

● **사상자 추출물의 나노리포좀을 함유하는 피부 노화 방지를 위한 화장료 조성물** : 본 발명은 나노 리포좀화한 사상자 추출물을 함유하는 화장료에 관한 것이다. 본 발명에 따른 사상자 추출물은 무자극 물질로서 콜라겐 생합성 증진, 콜라게네이즈 활성 저해 및 항산화 효능을 갖고 있으므로 피부 미용 증진 및 피부 노화 억제 작용을 나타내어 화장료로 유용하게 사용될 수 있다. — 특허등록 제733334호, 주식회사 케이티앤지 외 1

● **사상자 추출물을 유효성분으로 포함하는 염증성 질환 치료 및 예방용 조성물** : 본 논문은 사상자(*Torilis japonica*) 추출물을 유효성분으로 포함하는 것을 특징으로 하는 염증성 질환 치료 및 예방용 조성물에 관한 것으로, 더욱 상세하게는 사상자 추출물 중 악티제닌(Arctigenin)의 함량이 일정 범위로 포함되도록 규격화 및 표준화하고, 제제화하여, 진통 억제, 급성 염증 억제 및 급성 부종 억제 등의 염증성 변화에 의하여 나타나는 제 증상의 억제 효과가 우수하게 발현되어 관절염 등의 염증성 변화에 의한 질환 치료 및 예방에 유용한 약제로 사용할 수 있는 사상자 추출물에 관한 것이다. — 특허등록 제1119647호, 한국폴리텍특성화대학 산학협력단, 신도산업 주식회사

사상자

사상자 꽃

사상자

사상자 열매

사스레피나무

차나무과 / *Eurya japonica* Thunb.

차나무과의 상록활엽관목으로, 해안 지방의 산기슭에 자란다. 키는 1~
3m 정도로 자라며, 나무껍질은 흑갈색이고, 일년생 가지는 털이 없이 매
끈하다. 4월경 자잘한 종 모양의 연녹색 꽃이 피고, 8월 말~10월 초에
열매가 자흑색으로 익는다.

잎과 줄기 또는 열매는 염색제로, 목재는 세공재로 쓰인다. 가지와 잎,
열매를 약용하는데, 생약명은 '인목犾木'으로 거풍제습祛風除濕, 소종지혈
消腫止血의 효능이 있다.

유사종으로 우묵사스레피나무 · 섬사스레피나무 · 떡사스레피나무가
있다.

약명/이명 인목犾木 / 무치러기나무, 세푸랑나무, 가새목, 섬사스레미
나무

고서古書 · 의서醫書에서 밝히는 효능

운곡본초학 거풍제습祛風除濕, 소종지혈消腫止血의 효능이 있다.

생육 & 채취	
장 소	해안 지방의 산기슭
시 기	상시(잎, 줄기) 가을~겨울(열매)
부 위	가지, 잎, 열매
손질법	햇볕에 말린다.

효용	
성 미	맛은 쓰고 짜며 성질은 평하다.
활 용	거풍제습, 소종지혈 작용

연구 & 특허
● 경조화환에 사용된 사스레피나무 절지를 이용한 천연 염료 및 매염제 제조 방법 ● 중국약용식물의 최종당화산물 생성저해 활성 검색 外 p.1006 참고

● **경조화환에 사용된 사스레피나무 절지를 이용한 천연 염료 및 매염제 제조 방법** : 본 발명은 경조화환에 사용된 사스레피나무 절지를 수거하여 천연 염료 및 매염제를 제조하는 방법에 관한 것으로, 천연 염료의 제조 방법은 경조화환에 사용된 사스레피나무 절지를 수거하여 절단한 후 이를 열수 추출하는 단계를 포함하는 것을 특징으로 하며, 매염제의 제조 방법은 경조화환에 사용된 사스레피나무 절지를 수거하여 절단한 후 이를 건조하는 단계, 상기 건조물을 연소시켜 재를 얻는 단계 및 상기 재에 물을 붓고 중탕한 후 감압 여과하는 단계를 포함하는 것을 특징으로 한다. 이와 같은 본 발명에 따르면, 경조 화환에 사용된 사스레피나무 절지를 이용하여 유용한 천연 염료 및 매염제의 개발이 가능하게 되어 따라서 본 발명은 폐기되는 사스레피나무 절지를 재활용할 수 있게 하는 장점이 있다. ─ 특허등록 제773969호, 원광대학교산학협력단

● **중국약용식물의 최종당화산물 생성 저해 활성 검색** : 본 논문은 중국 약용식물의 최종당화산물 생성 저해 활성 검색에 대한 연구로 주요 내용은 다음과 같다. 최종당화산물은 당뇨 합병증 유발에 있어서 중요한 역할을 한다. 최종당화산물 저해제 또는 교차 결합 억제는 당뇨 합병증의 다양한 기능성 및 구조적 징후를 약화시킨다. 본 연구에서는 69종의 중국약용식물을 시험관실험을 통하여 AGEs 저해 활성을 측정하였다. 이중에서 28종 약용식물의 최종당화산물의 저해 활성 값은 $IC_{50}=\langle 50\,\mu g/ml$와 같고 aminoguanidine 값은 $IC_{50}=59.77\,\mu g/ml$으로 비교시 더 강하였다. 결론적으로 5종 약용식물, 즉 희수나무(줄기, 잎), 사스레피나무(줄기, 잎), 히말라야 미국산 딸나무(잎), 계혈등(뿌리), 백련(열매, 종자)은 양성대조군인 aminoguanidine보다 대략 6~27배 최종당화산물 저해 활성을 보였다는 내용이다. ─ 한국한의학연구원 한의융합연구본부 당뇨합병증연구센터 이윤미 외 3, 생약학회지(2011. 6. 30.)

사스레피나무 꽃

우묵사스레피나무

사스레피나무

사스레피나무

사위질빵

미나리아재비과 / *Clematis apiifolia* DC.

미나리아재비과의 덩굴식물로, 우리나라 전역의 산기슭과 들판, 밭둑의 덤불에 서식한다. 길이는 3m 정도로, 어린 가지에 잔털이 많이 나 있으며, 이웃 나무를 감아 올라간다. 7~8월에 흰색의 꽃이 피고, 9~10월에 열매가 익는다.

거의 비슷해 보이는 할미밀망(*Clematis trichotoma* Nakai)과의 차이를 보면, 사위질빵은 잎이 3개로 마주나는 데 비해 할미밀망은 잎이 5개씩 마주난다. 또 사위질빵은 늦여름에 작은 꽃이 피며 꽃잎이 4장인 데 비해 할미밀망은 6~7월에 꽃이 피며 꽃잎은 5장이고 좀더 크다.

두 식물 다 어린순을 식용해 왔지만 중독 사례가 보고된 바 있으므로 어린순을 데쳐서 충분히 우려낸 뒤에 먹어야 한다. 덩굴줄기를 가을에 채취하여 햇볕에 말려 약으로 쓴다.

약명/이명 여위女萎 / 산목통山木通, 만초蔓楚, 질빵풀

생육 & 채취	
장 소	전국 각지의 산이나 들판
시 기	가을
부 위	어린순(식용) 줄기(약재)
손질법	껍질을 벗긴 후 햇볕에 말린다.

효 용	
성 미	맛은 맵고 성질이 따뜻하다.
활 용	진통, 수렴, 이뇨 등의 효능이 있다.

연구 & 특허
● 사위질빵 지상부에서 분리한 세포독성 성분
● 식용 및 약용 산채류로부터 트롬빈 저해물질의 탐색

중약대사전 설사, 이질, 탈항, 경간, 한열, 근골의 통증을 치료한다.

특허 · 논문

● 사위질빵 지상부에서 분리한 세포독성 성분 : 본 논문은 사위질빵 지상부에서 분리한 세포독성 성분을 연구한 내용으로, 주요 내용으로는 사위질빵(미나리아재비과)의 MeOH 추출물로부터 3가지 알려진 트라이터페노이드를 분리하고 그 구조를 이화학적 자료와 분광 자료를 문헌 값과 비교하여 oleanolic acid (1), ursolic acid (2), hederagenic acid (3)로 규명하였다. 이들 중 2는 이 식물에서 최초로 분리된 것이다. 분리된 화합물의 L1210, HL-60, SK-OV-3 종양세포주에 대한 세포독성을 평가한 결과, 모든 화합물 1~3은 7.7에서 $25.6\mu g/ml$ 까지의 IC_{50} 값을 가지고 우수한 활성을 보였다. 이러한 결과는 트라이터페노이드 1~3이 이 식물의 주요 세포독성 성분임을 뜻한다는 내용이다. ― 충남대학교 약학대학 윤위정 외 4

● 식용 및 약용 산채류로부터 트롬빈 저해물질의 탐색 : 혈전 관련 질환 예방 및 혈류 개선 기능성식품의 개발을 목표로, 식용 및 약용 산채류 55 종의 메탄올 추출물을 조제한 후 트롬빈 저해 활성을 검색하였다. 그 결과, 대조군으로 사용된 아스피린보다 우수한 항혈전 활성을 나타내는 붉나무, 사삼, 우산나물, 쥐다래, 참나물, 할미밀망, 큰까치수영, 갯버들 추출물 등 8종을 선별하였으며, aPTT, 혈전 용해 활성, 열 안정성, 기타 소화효소 저해 활성 등을 평가하여 참나물, 큰까치수영 및 갯버들 추출물을 최종 선별하였다. 참나물의 경우 열 안정성이 낮은 반면 소화효소 비저해로 인해 그 이용성이 높으며, 큰까치수영 및 갯버들의 경우 부분적인 소화효소 저해능이 있으나 우수한 항혈전 활성 및 열 안정성을 나타내어 다양한 식품 소재로 개발이 가능함을 확인하였다. ― 안동대학교 식품영양학과 권정숙 외 6, 생명과학회지(2004. 6. 30)

사위질빵 새순

사위질빵

사위질빵 꽃

사위질빵 꽃

사철나무

사철나무

노박덩굴과 / *Euonymus japonicus* Thunb.

노박덩굴과의 상록관목으로, 중부 이남의 바닷가에 자생하며, 전국적으로 심어 가꾼다. 키는 약 3~6m 정도이고 나무껍질은 다갈색이고 어린 가지는 녹색이다. 6~7월에 연녹색의 꽃이 피고 10월경에 열매가 붉게 익어 겨우내 달려 있다.

껍질을 벗겨 말린 것을 한방에서는 '화두충和杜沖'이라 하여 이뇨 · 강장약으로 사용하고 있다.

유사종으로 줄사철나무 · 좀사철나무가 있다.

약명/이명　조경초調經草, 화두충和杜沖 / 동청목冬靑木, 들쭉나무, 개동 굴나무, 겨우사리나무, 긴잎사철나무

고서古書 · 의서醫書에서 밝히는 효능

운곡본초학　조경산어(調經散瘀 : 월경을 조화롭게 하며 어혈을 흩어 버림)의 효 능이 있다.

생육 & 채취	
장 소	중부 이남의 바닷가
시 기	초여름
부 위	나무껍질
손질법	햇볕에 말린다.

효 용	
성 미	맛은 맵고 성질이 따뜻하다.
활 용	이뇨, 강장약으로 쓴다.

연구 & 특허
● 사철나무 종자 추출물을 포함하는 천연 조미료 및 이의 제조 방법 ● 피부 외용제 外 p.1007 참고

● 사철나무 종자 추출물을 포함하는 천연 조미료 및 이의 제조 방법 : 본 발명은 사철나무 종자 추출물을 포함하는 천연 조미료 및 이의 제조 방법에 관한 것으로, 좀 더 구체적으로는 사철나무 종자 추출물 80~90중량%, 소나무 내피즙 1~5중량%, 검정콩 분말 0.5~5중량%, 산초가루 1~5중량% 및 흑임자(검정 참깨) 가루 1~10중량%를 포함하는 천연 조미료와 이를 액상 및 분말상으로 제조하는 방법에 관한 것이다. 본 발명의 천연 조미료는 화학 조미료와 달리 방부제나 인공색소가 전혀 섞이지 않아 인체에 유해하지 않으며, 적당한 열처리를 함으로써 대장균 등의 세균 번식을 막고, 장기 보관이 용이하며, 천연 재료만으로 제조함으로써 다양한 영양을 섭취할 수 있고, 탈취 기능 또한 우수한 효과가 있다. — 특허공개 10-2004-주식11199호, 주식회사 다우리

● 피부 외용제 : 본 발명은 피부 미백 작용과 발모(發毛), 양모(養毛) 효과 및 피부 노화 방지 작용을 가진 피부 외용제의 제공하는 것으로서, 피부 외용제 기제에 화살나무속 식물의 추출물을 건조 고형물로 환산한 중량으로 0.001~10%(w/w) 함유시킴을 특징으로 하는 피부 외용제이다. 본 발명의 화살나무속 식물은 화살나무, 사철나무 또는 좀사철나무이다. 본 발명은 피부 기능과 모근(毛根) 세포의 항진 작용에 의한 우수한 피부 기능 향상 작용과 육모(育毛), 양모 효과 및 보습 작용과 피부 미백 작용을 나타낸다. — 특허등록 제331675호, 닛폰 쏘시아 가부시키가이샤 외 1

사철나무

사철나무 꽃

은사철나무

줄사철나무

산당화

장미과 / *Chaenomeles speciosa* (Sweet) Nakai

장미과의 낙엽관목으로, 황해도 이남 지방에서 자란다. 키는 2m 정도로 자라고, 나무껍질은 암자색이며 일년생 가지에 가시가 있다. 4월경에 붉은색의 꽃이 피고, 7~8월에 모과 모양의 주먹만 한 열매를 맺어 가을에 누렇게 익는데, 과육이 단단하지만 향기가 매우 좋다.

관상수로 정원에 심어 가꾸고, 꽃과 열매, 잎과 가지를 약재로 사용한다.

유사종으로 풀명자(*Chaenomeles japonica* (Thunb.) Lindl. ex Spach)가 있다.

약명/이명 명사榠樝, 목과木瓜 / 애기씨꽃나무, 명자나무, 가시덱이, 명자꽃, 당명자나무, 잔털명자나무

고서古書 · 의서醫書에서 밝히는 효능

중국본초도록(중국) 풍습비통風濕臂痛, 각기종통脚氣腫痛, 균리菌痢, 토사吐瀉에 쓰인다.

생육 & 채취	
장 소	황해도 이남 지역
시 기	여름~가을
부 위	잎, 가지, 꽃, 열매
손질법	햇볕에 말린다.

효 용	
성 미	맛은 시고 떫으며, 성질은 따뜻하다.
활 용	풍습으로 인한 동통, 마비 경련, 토사곽란, 소화불량 등에 쓰인다.

연구 & 특허
● 명자나무 열매를 이용한 녹조 퇴치용 발효액 아이제이에스디
● 구강 구취 제거, 숙취 해독 및 피로 회복을 위한 기능성 음료 및 그 제조 방법 ※ p.1007 참고

● 명자나무 열매를 이용한 녹조 퇴치용 발효액 아이제이에스디 : 본 발명은 명자나무 열매를 이용한 녹조 퇴치용 발효액 IJSD에 관한 것이다. 본 발명의 녹조 퇴치용 발효액 IJSD의 제조 방법은, 명자나무 열매, 들쭉나무 열매, 귀룽나무 뿌리, 남천나무 열매, 참나무숯, 대나무잎을 각각 분쇄한 다음 5 : 2 : 3 : 3 : 5 : 4 의 중량 비율로 혼합하여 페이스트상 혼합물을 만든 후, 이 페이스트상 혼합물을 90∼100℃ 에서 10∼20분 정도 가열한 다음 항아리에 담고, 참나무숯가루를 덮고 눌러준 후, 항아리 덮개 대신 대나무 잎으로 덮고 15∼20℃ 에서 45∼50일간 발효시킨 후, 이 발효물을 꼭 짜서 찌꺼기는 버리고, 남은 발효물을 2∼3 일 동안 방치한 다음, 상층액만 분리 · 수집하여 녹조 퇴치용 발효액 IJSD를 제조하는 것으로 구성된다. 본 발명에 의해 천연식물을 이용하여 녹조 현상을 방지하고, 퇴치시킬 수 있는 발효액을 제조하여, 상수원 및 농업용수 등의 수질을 크게 개선시킬 수 있는 녹조 퇴치용 발효액 IJSD가 제공된다. — 특허등록 제543747호, 임**

● 구강 구취 제거, 숙취 해독 및 피로 회복을 위한 기능성 음료 및 그 제조 방법 : 본 발명은 우수한 구강 구취 제거, 숙취 해독, 및 피로 회복 효과를 가지는 기능성 음료 및 그 제조 방법에 관한 것이다. 본 발명의 음료는 증류수에서 천궁, 감초, 갈근, 지구자, 적양, 진피, 대조, 미나리, 및 은행잎을 추출한 추출액을 포함하고, 바람직하게는 상기 성분들 외에도 황기, 작약, 계피, 숙지황, 칡꽃, 대회향, 인진쑥, 녹차, 및 대황의 추출액을 더욱더 포함하고, 가장 바람직하게는 상기 성분들 외에도 대나무, 명자나무, 옻나무, 헛개나무, 감나무, 성조릿대, 및 꽃창포의 추출액을 더욱 더 포함한다. — 특허공개 10–2000–0066777호, 산초마을 주식회사

산당화 열매, 명자

산당화 꽃봉오리

산당화 열매

산박하

꿀풀과 / *Isodon inflexus* (Thunb.) Kudo

꿀풀과의 여러해살이풀로, 우리나라 전역의 산지에서 흔히 자란다. 키는 40~100㎝이고 네모난 줄기가 가늘고 곧게 자라는데 식물 전체에 잔털이 많다. 깨나물과 비슷하여 '깻잎나물'이라고도 한다. 6~8월에 파란빛을 띤 자줏빛 꽃이 피고, 9~10월에 열매가 익는다.

어린순을 나물로 먹고 전초를 약재로 쓰는데, 표사表邪를 발산發散시키고, 해열解熱·지통止痛의 효능이 있다.

약명/이명 산박하山薄荷 / 깻잎나물, 깻잎오리방풀, 애잎나울

고서古書·의서醫書에서 밝히는 효능
운곡본초학 담낭염膽囊炎 치료에 쓰인다.

특허·논문
● 산박하 추출물을 유효성분으로 함유하는 미백용 화장료 조성물 : 본발명은 산박하(*Isodon inflexus*) 추출물을 유효성분으로 함유하는 미백용

생육 & 채취	
장 소	전국 각지의 산지
시 기	봄
부 위	어린순(나물) 전초(약재)
손질법	바람이 잘 드는 그늘에서 말린다.

효 용	
성 미	–
활 용	혈액순환, 해열, 지통의 효능이 있다.

연구 & 특허
● 산박하 추출물을 유효성분으로 함유하는 미백용 화장료조성물 ● 살충제 조성물 外 p.1007 참고

화장료 조성물에 관한 것이다. 또한, 본 발명은 산박하 추출물로부터 멜라닌 생성 억제 작용을 갖는 excisanin A 화합물을 분리 정제하는 방법을 제공한다. — 특허등록 제888742호, 재단법인 제주테크노파크

● 살충제 조성물 : 본 발명은 청상, 양제 및 산박하를 각각 별도로 발효시킨 다음 2배량의 물로 증류하여 얻은 청상 증류액 8~12중량%, 양제 증류액 25~35중량% 및 산박하 증류액 45~55중량%를 산산을 압착하고 여과하여 얻은 산산 생즙 8~12중량%와 혼합하여서 된 살충제 조성물에 관한 것이다. — 특허공개 10-1993-0002955호 김**

ⓒ이선미

산박하

산박하

ⓒ이선미

산박하

산부추

백합과 / *Allium thunbergii* G.Don

백합과의 여러해살이풀로, 우리나라 산지의 숲 속 햇볕이 잘 드는 약간 습한 곳에서 자란다. 8~11월에 30~60㎝ 정도 되는 긴 꽃대 끝에 붉은 자줏빛 꽃이 핀다.

전초를 식용하고, 비늘줄기를 약용하며, 관상용으로 심어 가꾼다.

약명/이명 소산小蒜 / 산구, 후피산구

고서古書 · 의서醫書에서 밝히는 효능

동의보감 해천담다咳喘痰多, 설리후중泄痢後重, 백대白帶, 창절瘡癤, 옹종癰腫을 치료한다.

특허 · 논문

● 80가지 식물 추출물의 티로시나제 저해 활동 : 본 논문은 80가지 식물 추출물의 티로신 분해 효소 저해 활동에 관한 연구로, 피부에서 타이로신으로부터 멜라닌 색소를 생산하는 tyrosinase을 억제하는 화장용품에

생육 & 채취	
장 소	햇볕이 잘 드는 약간 습한 곳
시 기	여름~가을
부 위	전초(식용) 비늘줄기(약용)
손질법	햇볕에 말린다.

효용	
성 미	맛은 짜고 성질은 평하다.
활 용	건위 작용, 항균소염 작용, 열을 내리는 작용을 한다.

연구 & 특허
● 80가지 식물 추출물의 티로시나제 저해 활동 ● 약용식물의 Angiotensin Converting Enzyme 저해 활성 탐색

사용을 위하여 식물 추출물의 tyrosinase inhibitory 활성을 평가하는 데 목적이 있다. 80가지 식물 추출물의 실험의 경우, 산부추, 방울비자루, Ixeris dentate, 배암 차즈기, 고삼, 회화나무의 메탄올 추출물 100g/*ml*의 경우 버섯 tyrosinase 활성을 30% 이상 억제하였다. 비록 비교 물질인 kojic acid(IC₅₀=7.0∼16.3g/*ml*)보다 활성이 적지만, 이 식물 추출물의 화장용품에 tyrosinase 억제제로 사용하는 것이 가능하다는 내용이다. — 강원대학교 약학대학 김수진 외 3, 한국응용약물학회지(2003. 3. 30.)

● 약용식물의 Angiotensin Converting Enzyme 저해 활성 탐색 : 50가지 식물자원을 대상으로 혈압 상승을 주도하는 효소인 angiotensin converting enzyme의 저해 활성을 검색하였다. 그결과 추출물 농도 1㎎/*ml*에서 50% 이상의 높은 저해 활성을 보인 식물은 산뽕나무, 머위, 산부추, 돌나물, 꿀풀, 쇠비름, 마가목, 복분자, 속새, 감초, 창포 등 11종으로 나타났다. 또한 1㎎/*ml* 농도에서 목단, 곰취, 도인, 길경, 만형자, 참취, 익모초, 산조인, 가래나무, 석곡, 오갈피, 목향 등 12종은 40∼49%의 비교적 높은 ACE 억제 활성을 보였다. 1㎎/*ml*에서 30∼39%의 억제율을 보인 식물은 백부자, 백출, 세신, 당귀, 인삼, 천궁, 치자 등이었으며 현호색, 행인, 단삼, 백작약, 두충 강활 박하, 진피, 방기, 고본, 구기자, 홍화, 포황, 음양곽, 원지등은 10∼29%의 낮은 저해 활성을 보였다. 앞으로 ACE 억제 활성이 높은 식물자원의 유효성분에 대한 물질 확인과 동물 모델을 이용한 효능 검증에 대하여 더 많은 연구가 있어야 할 것으로 사료된다. — 강원도립대학 식품생명과학과 최근표 외 5, 한국약용작물학회지(2002. 12. 31.)

산부추

산부추 꽃

참산부추

산비장이

국화과 / *Serratula coronata* Linne ssp. *insularis* Kitamura

국화과의 여러해살이풀로, 우리나라 전역의 산기슭 풀밭에서 자란다. 키는 30~140㎝이고 줄기에 홈이 패여 있다. 7~9월에 붉은 자주색의 꽃이 피고 11월에 갈색 갓털이 있는 열매가 익는다.

엉겅퀴와 비슷하지만 잎 끝이 뾰족하고 깃처럼 완전히 갈라지며 가시도 없다. 관상용으로 가꾸기 좋으며, 봄철 어린순을 나물로 먹는데, 맛이 쓰고 떫으므로 데쳐서 찬물에 우려내어 이용한다. 민간에서는 월경통·선통·치질 등에 약용해 왔다.

약명/이명 조선마화두朝鮮痲花頭 / 큰산나물, 산비쟁이

특허 · 논문

● 약용 식물 추출물의 항산화 활성 검색 : 현재 시판되고 있는 한약재 및 약용식물 118종에 대해서 80% 메탄올 추출물을 제조하였고, 이들의 항산화 활성을 DPPH와 superoxide anion radical 소거능 측정 방법을 이용하여 조사하였다. DPPH radical 소거 활성은 괴화(Sophora japonica: 줄

생육 & 채취	
장 소	전국 산지의 풀밭
시 기	4~5월
부 위	어린순(나물) 전초, 뿌리(약용)
손질법	식용할 때는 데쳐서 찬물에 우려낸다.

효용	
성 미	맛은 쓰고 떫다.
활 용	신경통, 고혈압, 해열 치료

연구 & 특허
● 약용 식물 추출물의 항산화 활성 검색 外 p.1007 참고

기부)의 메탄올 추출물에서 76.9%의 활성을 보였고 회수(*Camptotheca acuminata Dence* : 지상부)의 추출물에서는 50.9의 활성을 보였으며 박하(*Mentha arvensis* : 지상부), 비파엽(*Eriobotryajaponica* : 지상부), 소엽(*Perilla frutescens* : 줄기부), 애엽(*Artemisia asiatica* : 줄기부), 초과(*Amomum costatum* : 지상부)의 추출물과 산비장이(*Serratula koreana* : 잎), 살구나무(*Prunus ansu* : 잎)는 30% 이상의 활성을 보였다. Superoxide anion radical 소거능은 박하, 비파엽, 초과, 희수의 지상부에서 80% 이상의 활성을 보였으며 괴화(*Sophora japonica*), 소엽, 애엽(*Artemisia asiatica*), 순비기나무(*Vitex rotundifolia*)의 줄기부, 짚신나물(*Agrimonia pilosa*)의 잎, 창질경이(*Plantago lanceolata*) 지상부는 50% 이상의 활성을 나타내었다. 박하와 비파엽, 초과, 희수의 지상부는 DPPH뿐만 아니라 superoxide anion radical 소거능에서도 높은 활성을 보였다. — 경희대학교 생명공학원 및 식물대사 연구센터 정성제 외 5. 한국응용생명화학회(2004. 3. 31.)

산비장이 열매

산비장이 꽃

산비장이 어린순

산수국

범의귀과 / *Hydrangea serrata* f. *acuminata* (Siebold & Zucc.) E.H.Wilson

범의귀과의 낙엽관목으로, 우리나라 중부 이남의 산지 계곡 근처나 돌무덤에서 흔히 볼 수 있다. 키는 1m 내외이고, 밑부분에서 줄기가 많이 나오고 1년생 가지에는 흰털이 있다. 7~8월에 흰색과 하늘색으로 꽃이 피는데, 꽃받침인 흰 꽃은 곤충들을 유인하려는 헛꽃이고 중앙의 하늘색 꽃이 참꽃이다. 열매는 9~10월에 익는다.

산수국 뿌리를 '토상산土常山'이라는 약재로 쓴다. 제주도에는 헛꽃도 꽃을 피우고 열매를 맺는 탐라산수국이 있다.

약명/이명 토상산土常山 / 털수국, 털산수육, 거치엽수구

생육 & 채취	
장 소	중부 이남의 습기 있는 땅
시 기	여름
부 위	꽃, 잎, 뿌리, 줄기
손질법	햇볕에 말린다.

효 용	
성 미	맛은 맵고 시며 성질은 시원하다.
활 용	해열, 강심, 당뇨 효능이 있다.

고서古書 · 의서醫書에서 밝히는 효능

운곡본초학 산수국은 뿌리를 약용하는데 생약명은 토상산土常山이다. 살충殺蟲, 산결해독散結解毒, 소적제창消積除脹의 효능이 있고, 음낭습진陰囊濕疹, 학질瘧疾, 심열량계心熱惊悸, 번조煩燥, 후비喉痹, 개라疥癩를 치료한다. 맛은 맵고 시며, 약성은 서늘하다.

연구 & 특허
● 고혈당 및 고지혈증 억제 활성을 갖는 감차수국 추출물을 함유한 조성물 ● 수국차 추출액을 함유한 음료의 제조 방법 外 p.1007 참고

● **고혈당 및 고지혈증 억제 활성을 갖는 감차수국 추출물을 함유한 조성물** : 본 발명은 당뇨와 밀접한 관련이 있는 고혈당 및 고지혈증 억제 활성을 갖는 감차수국(*Hydrangea serrata Seringe var. thumbergii Sugimoto*)의 추출물을 유효성분으로 하는 약학 조성물 및 기능성 식품을 제공하는 것으로, 본 발명의 감차수국잎 추출물이 혈액 중의 당의 농도와 중성지방, 콜레스테롤 등의 지질 농도를 유의성 있게 억제시키는 작용 효과를 가짐으로써, 당뇨, 고혈당 및 고지혈증 등의 예방 및 치료제로서 사용할 수 있다. — 특허등록 제681638호, 김** 외 2

● **수국차 추출액을 함유한 음료의 제조 방법** : 본 발명은 수국차 추출액을 함유한 음료의 제조 방법에 관한 것이다. 보다 상세하게는, 본 발명은 수국차 건엽을 스티밍(steaming)한 다음 블랜칭(blanching)하여 떫은맛의 주원인인 탄닌 함량을 감소시키고, 최적화된 침출 조건 하에서 열수 추출하여 추출액을 제조한 다음 첨가제 및 산화방지제 등을 첨가하고 살균 및 냉각하여 제조하는 것을 특징으로 하는 수국차 추출액을 함유한 음료의 제조 방법에 관한 것이다. 본 발명은 수국차의 떫은맛과 부정적인 맛은 감소되고 수국차 천연의 비당성(non-carbohydrate) 박하향 단맛이 부여되어 기호도가 우수하며 보존성과 유통성을 가지는 음료 및 그 제조 방법을 제공하는 효과가 있다. 수국차에는 비당성(non-carbohydrate) 당 성분이 함유되어 있어 다이어트 효과가 있으며, 썬버지놀(Thunberginol) 및 하이드란제놀(Hydrangenol) 등의 성분이 함유되어 있어 항균 효과 및 알러지 예방 효과가 있는 것으로 보고된 바 있다. — 특허등록 제498873호, 한국식품연구원

투버기산수국

탐라산수국

산수국

산수국

산앵도나무

진달래과 / *Vaccinium koreanum Nakai*

진달래과의 낙엽관목으로, 해발 200~1,800m 정도 되는 높은 산 중턱 이상의 시원하고 반그늘진 숲속이나 바위 옆에 서식한다. 키는 1m 정도로 자라고, 어린 나무 줄기는 붉은 갈색이고, 묵은 나무는 노란 갈색이다. 5~6월에 종 모양의 연분홍의 꽃이 피고, 9월에 타원형의 열매가 붉게 익는다. 산에서 나므로 '산앵도'라고도 한다.

열매를 생으로 먹는데 맛이 새콤하다. 한방에서 '욱리인郁李仁'이라 하여, 햇볕에 말리거나 생것 그대로 약으로 쓴다. 앵도나무, 산이스라지나무 등의 열매도 '욱리인'이라고 하며 쓰임새는 다 같다.

약명/이명 욱리인郁李仁 / 산앵두, 꽹나무, 물앵도나무, 물앵두나무

고서古書 · 의서醫書에서 밝히는 효능

군방보 성질이 깨끗하고, 따뜻한 태양과 온화한 바람을 좋아하며 맑은 물을 주어야 하고 기름진 물은 꺼린다. 핵核과 인仁이 있으며, 맛이 달고 쓰고 시면서도 평이하고 윤기가 있고 독이 없다. 대복大腹과 수종水腫,

생육 & 채취	
장 소	반그늘진 숲속이나 바위 옆
시 기	여름(종자) / 가을~봄(뿌리껍질, 줄기껍질, 열매)
부 위	종자, 열매
손질법	햇볕에 말리거나 생것을 쓴다.

효용	
성 미	맛은 맵고 쓰고 달며, 성질은 평하다.
활 용	장염, 당뇨, 천식, 위장병 등에 쓰인다.

연구 & 특허
● 생약추출물을 함유하는 간 기능 개선 및 숙취 해소용 조성물 ● 욱리인 추출물을 포함하는 당뇨병 예방 및 치료를 위한 조성물 外 p.1007 참고

얼굴과 사지四肢의 부종을 치료하며 소변을 잘 나오게 하는 등 수분이 잘 통하게 하고, 머물러 있는 음식을 소화시켜주며 기가 뭉친 것을 내려가게 하고, 대장大腸의 기가 껄끄러워 막히거나 건조하고 껄끄러워 통하지 않는 것을 바로잡아 준다.

특허 · 논문

● 생약추출물을 함유하는 간 기능 개선 및 숙취 해소용 조성물 : 본 발명은 생약 추출물을 함유하는 간 기능 개선 및 숙취 해소용 식품 조성물에 관한 것으로서, 구체적으로는 만병초, 지구목, 엄나무, 보릿잎, 도토리, 조릿대, 오리목, 창출, 두릅피, 다래목, 가래나무, 산앵도 및 노나무를 일정성분비로 배합하여 추출한 추출물을 유효성분으로 함유하는 간 기능 개선 및 숙취 해소용 식품 조성물에 관한 것이다. 본 발명 식품 조성물은 생약제를 사용하여 안전하며, 특정한 비율로 혼합된 생약제 추출물이 간 기능 개선 효과의 상승작용을 유발함으로써 우수한 간 기능 개선 및 숙취 해소 효과를 나타내므로 건강기능성 식품으로 유용하게 사용될 수 있다. — 특허공개 10−2012−0052614호, 강**

● 욱리인 추출물을 포함하는 당뇨병 예방 및 치료를 위한 조성물 : 본 발명은 욱리인 추출물을 포함하는 당뇨병 예방 및 치료를 위한 조성물에 관한 것으로, 본 발명의 욱리인 추출물은 근육에서 글루코오스 트랜스포터-4(Glucose transporters-4, GLUT-4)의 작용성을 높여 인슐린 저항성을 감소시키고, 간에서 당 신생 합성에 영향을 미치는 펩시케이(PEPCK)의 활성을 감소시키고 글루코키나아제(Glucokinase)의 활성을 높여 우수한 항당뇨 활성을 나타내며, 당뇨병 및 이로 인한 각종 합병증의 예방 및 치료에 유용한 약제 및 건강기능식품으로서 이용할 수 있다. — 특허공개 10−2005−0003667호, 씨제이 주식회사

산자고

백합과 / *Tulipa edulis* (Miq.) Baker

백합과의 여러해살이풀로, 중부 이남의 낮은 산 양지바른 곳에 무리 지
어 자란다. 꽃대 높이는 15~30㎝로, 4~5월에 붉은색 줄이 있는 넓은 종
모양의 꽃이 위를 향해 벌어진다.

전초를 식용하고, 한방에서 비늘줄기를 '산자고山慈姑'라 하여 종기를
없애고 종양을 치료하는 약재로 쓴다.

《동의보감》 등 고전의서에서의 산자고는 주로 약난초(*Cremastra
appendiculata* (D.Don) Makino)의 덩이뿌리를 말하는 것이었으며, 《중국
약전》에서는 두잎약난초(*Cremastra unguiculata* Finet), 운남독산란(*Pleione
yunnanensis* (Rolfe) Rolfe) 등도 산자고라 하여 혼용하고 있고, 얼레지의 덩
이뿌리도 '차전엽산자고'라 하고 있으므로, 종래 연구들을 살펴볼 때는
생약명보다는 학명을 기준으로 판단하는 것이 좋다.

약명/이명 산자고山慈姑 / 물구, 물굿, 까치무릇

생육 & 채취

장 소	중부 이남의 양지바른 곳
시 기	가을, 봄
부 위	전초(식용) 비늘줄기(약재)
손질법	햇볕에 말린다.

효용

성 미	맛은 시고 성질은 차며, 독성이 있다.
활 용	어혈, 종기 치료에 쓰인다.

연구 & 특허

● 신생혈관 형성 억제용 한약 조성물
● 암 치료와 암 예방을 위한 한약 조성물
　☞ p.1007 참고

고서古書 · 의서醫書에서 밝히는 효능

본초강목 작은 종기를 치료하고 피부의 독기毒氣를 제거하여 무서운 독충의 독기를 해독하고 뱀이나 벌레 및 미친개에 물린 상처를 치료한다. 잎은 유옹乳癰과 변독便毒에 바르면 효과가 매우 좋다.

특허 · 논문

● 신생혈관 형성 억제용 한약 조성물 : 본 발명은 신생혈관 형성 억제 용도로서의 삼칠근, 인삼, 동충하초, 산자고, 우황, 유향 및 몰약을 혼합하여 추출한 한약 조성물에 관한 것이다. 본 발명의 조성물은 기존에 이미 사용되고 있었던 의이인, 삼칠근, 인삼, 해마, 동충하초, 산자고, 우황, 진주분 및 사향을 포함하는 한약 조성물을 개량하여 제조한 것으로, 기존의 한약 조성물보다 본 발명의 한약 조성물이 암세포의 신생혈관 형성 억제에 탁월한 효과가 있음이 확인되었다. — 특허등록 제1145248호, 대전대학교 산학협력단

● 암 치료와 암 예방을 위한 한약 조성물 : 본 발명은 한의학에서 약제학적으로 허용되는 약제들을 조합하여 만든 암 치료와 암 예방을 위한 한약 조성물에 관한 것으로서, 구체적으로는 황기, 인삼, 패장초, 당귀, 천초, 동과인, 적소두, 백급, 산자고, 아교로 구성된 한약 조성물과 이들의 주정 추출물에 관한 것이다. 본 발명의 한약 조성물(황기 10~15g, 인삼 10~15g, 패장근 15~20g, 당귀 10~14g, 천초10~14g, 동과인 25~30g, 적소두 25~30g, 백급 10~15g, 산자고 10~15g, 아교 10~15g 으로 구성된 암 치료와 암 예방을 위한 한약 조성물)은 종양이 증식함에 따라 종양 중심 부위의 저산소증에 의해 신생혈관 생성을 유도 시 발현되는 혈관 생성 인자들인 VEGF, bFGF와 저산소 상태에서 발현되는 HIF-1α 유전자 단백질의 활성을 저하시키고 그 발현량을 감소시킴으로써 항암 효과를 나타낸다. — 특허등록 제671762호, 경희대학교 산학협력단

산자고

산자고

산자고

산자고

삼나무

낙우송과 / *Cryptomeria japonica* (L.f.) D.Don

낙우송과의 상록침엽교목으로, 우리나라 남부 지방, 일본 등 따뜻하고 강우량이 많은 곳에 자생한다. 우리나라 남부 지방에서 조림용으로 심어 왔고, 제주도에서는 방풍림으로 조성하며, 일본에는 몇 백 년 된 오래된 삼나무길이 많다. 키는 40m까지 자라며, 줄기가 굵고 곧게 자라고 가지가 많이 나와 수평으로 퍼지면서 전체 모양이 삼각형을 이룬다. 나무껍질은 얇고 붉은색이며 세로로 갈라지는데, 오래되면 벗겨진다. 3월에 녹색의 꽃이 피고, 10월에 둥근 열매가 적갈색으로 익는다.

삼나무 뿌리껍질을 '유삼柳杉'이라는 생약으로 쓰는데, 살충殺蟲, 지양止痒, 해독解毒의 효능이 있다.

약명/이명 유삼柳杉 / 숙대나무

고서古書 · 의서醫書에서 밝히는 효능

운곡본초학 살충殺蟲, 지양止痒, 해독解毒의 효능이 있으며, 선창癬瘡, 탕상燙傷, 아장풍鵝掌風을 치료한다.

생육 & 채취	
장 소	남부 지방
시 기	가을(또는 상시)
부 위	뿌리껍질
손질법	깨끗하게 씻어 소금물에 담근다.

효용	
성 미	맛은 맵고 시며, 성질은 차다.
활 용	항균, 소취, 살충 작용

연구 & 특허
● 미백 및 항산화 활성을 가지는 삼나무 정유 추출물
● 삼나무 원목을 이용한 꽃송이버섯의 단기 재배 방법
外 p.1007 참고

특허 · 논문

● **미백 및 항산화 활성을 가지는 삼나무 정유 추출물** : 본 발명은 화장 조성물로 활용될 수 있는 미백 및 항산화 활성을 가지는 삼나무 정유 추출물에 관한 것이다. 상세하게는, 본 발명은 티로시나제(tyrosinase) 저해 활성과 DPPH(1,1-diphenyl-2-picryl-hydrazyl) 라디칼 소거 활성, SOD(superoxide dismutase) 유사 활성을 가지는 수증기 증류를 통해 추출된 삼나무 정유 추출물에 관한 것이다. 더욱 구체적으로는 본 발명은 미백 및 항산화 활성이 높은 borneol 및 nezukol 성분이 함유된 미백 및 항산화 효과를 보이는 삼나무 정유 추출물에 관한 것이다. — 특허공개 10-2012-0068111호, 서울대학교 산학협력단

● **삼나무 원목을 이용한 꽃송이버섯의 단기 재배 방법** : 본 발명은 삼나무 원목을 이용한 꽃송이버섯의 단기 재배 방법에 관한 것이다. 본 발명의 삼나무 원목을 이용한 꽃송이버섯의 단기 재배 방법은, 삼나무 원목을 절단하고, 생이스트 수용액에 준비한 삼나무 원목을 24시간 동안 침지하여 전처리한 후, 내열성 폴리프로필렌 비닐에 넣고 밀봉하여 고온 살균한 다음, 무균실에서 꺼내어 20~25℃에서 24~36시간 동안 냉각하고, 여기에 꽃송이버섯 종균을 원목의 상층부에 18~22ml씩 골고루 접종하고, 25℃에서 80~90일 동안 암실에서 배양한 후, 발이를 유도하고, 자실체를 생장시켜 꽃송이버섯을 수확하는 것으로 구성된다. 본 발명에 의해 삼나무 원목을 이용하여 소규모 재배가 가능하고, 2~5년 동안 연속 수확이 가능하여 일반 농가에서도 저비용으로 쉽게 재배할 수 있는 꽃송이버섯의 단기 재배 방법이 제공된다. — 특허등록 제898420호, 장**

삼나무

삼나무

삼나무

삼지닥나무

팥꽃나무과 / *Edgeworthia chrysantha* Lindl.

팥꽃나무과의 낙엽관목으로, 중국의 따뜻한 지방이 원산지이며 우리나라에서는 제주도를 비롯한 남부 지방에 분포한다. 키는 2m 가량으로, 굵은 황갈색 가지가 3개로 갈라진다. 삼지닥나무라는 이름은 가지가 3갈래로 나누어진다는 뜻에서 유래된 것이다. 3~4월에 노란색 꽃이 잎보다 먼저 둥글게 모여 피고, 7월에 달걀 모양의 열매가 익는다.

나무껍질은 종이 원료로 사용되어 왔으며, 어린 가지와 잎을 '구피마構皮麻'라는 약재로 쓴다. 풍습으로 인한 사지마비동통과 타박상, 신체 허약으로 인한 피부염에 쓰인다.

약명/이명 구피마構皮麻 / 삼아목, 삼지목, 삼지닥, 삼아나무, 황서향나무, 매듭삼지나무

고서古書 · 의서醫書에서 밝히는 효능

운곡본초학 이질痢疾, 신경성피염神經性皮炎, 개선疥癬, 절종癤腫, 도상출혈刀傷出血을 치료하는 데 쓰인다.

생육 & 채취	
장 소	제주도 및 남부 지역
시 기	여름~가을
부 위	어린 가지, 잎, 꽃
손질법	햇볕에 말린다.

효용	
성 미	맛은 싱겁고 성질은 평하고 독은 없다.
활 용	타박상, 동통, 피부염 등에 쓰인다.

연구 & 특허
● 삼지닥나무를 이용한 천연 섬유포의 제조 방법 및 그 제조 방법에 의한 천연 섬유포 ● 발묵성이 우수한 서화용지의 제조 방법 外 p.1007 참고

● **삼지닥나무를 이용한 천연 섬유포의 제조 방법 및 그 제조 방법에 의한 천연 섬유포** : 본 발명은 일회용 기저귀나 생리대 또는 의복 내피재로 사용하기 위한 천연 섬유포에 대한 것으로, 특히 천연 원료인 삼지닥나무의 백피를 잘게 부순 상태에서 이를 건조하여 일정 두께를 갖는 흡수포를 완성한 후, 이들 흡수포의 일면에 실리콘계 발수제를 코팅하여 이루어진 격자형의 발수층과 전면 발수층을 각각 형성하여 이들 흡수포의 적층 및 적층된 흡수포의 로울러 압착에 의해 흡수층과 발수층을 갖는 천연 섬유포를 완성함으로써, 천연 소재인 삼지닥나무의 백피를 이용하여 제조함에 따라 인체에 무해하여 면역력이 떨어지는 영,유아 및 노인이나 여성들의 일회용 기저귀 및 생리대로의 사용이 매우 적합함은 물론 극히 짧은 섬유장과 루멘폭을 갖는 삼지닥나무의 해섬 섬유를 부직 상태로 형성하여 이를 다층으로 적층하여 사용하므로 흡수성이 매우 우수한 것이며, 각각의 흡수포 일면에 형성된 격자형의 발수층은 흡수된 수분에 의해 그 흡수포의 뭉침이나 쏠림이 방지되게 하면서도 흡수된 수분이 고르게 분포될 수 있게 하여 매우 합리적인 효과를 갖는 삼지닥나무를 이용한 천연 섬유포의 제조 방법 및 그 제조 방법에 의한 천연 섬유포이다. — 특허등록 제724632호, 주식회사 헤드라인

● **발묵성이 우수한 서화용지의 제조 방법** : 본 발명은 강도 등의 물성이 우수하고, 제조 비용이 저렴하고 특히 발묵성이 우수한 서화용지의 제조 방법에 관한 것으로서, 삼지닥나무 인피섬유 5~15 중량%와 침엽수 펄프 85~95 중량%를 혼합한 혼합 펄프를 초지 및 건조하여 제조하는 것을 특징으로 한다. — 특허등록 제1178100호, 주식회사 대한특수한지

삼지닥나무

삼지닥나무

삼지닥나무

삼지닥나무

삼채

백합과 / *Allium hookeri* Thwaites

미얀마 북쪽 히말라야 산맥의 해발 1,400~4,200m 고산지에 자라는 파 속 식물로, 우리나라에서는 농가에서 특용작물로 재배한다. 미얀마 현 지어로는 '쥬밋Jumyint'으로 부른다. 8~9월에 파꽃 비슷한 백황색의 꽃이 핀다. 풍성한 흰색 뿌리는 부추 뿌리를 닮았고 식이유황 성분이 많다. 매 운맛이 강하지만, 쓴맛과 단맛도 있다고 하여 '삼채三菜'라 하고, 맛이 인 삼과 비슷하다고 하여 '삼채蔘菜'라고도 한다. 뿌리·잎·꽃 모두 식용하 며, 《미얀마 의학사전》에는 남성의 발기부전·양기부족·약사정弱射精 등을 개선하는 효과가 있다고 한다.

삼채에는 비타민 A, 철분, 칼슘 등도 들어 있지만, 식품의약품안전처 홈페이지 '식품원재료' 편에 주요 성분을 유황화합물(Sulphur compounds) 로 표기해 놓을 정도로 식이유황이 양파의 2배, 마늘의 6배나 된다.

※ 식이유황은 자체적으로 강력한 살균 작용과 항균 작용을 해서, 면역력 증진에 도움이 되는 강력한 항산화 물질이다. 또한 몸속의 피를 정화하고, 혈전을 용해시켜 몸 밖으로 배출시키 는 작용을 한다. 세계 각국의 대체의학 병원에서는 유황성분을 항암제, 염증치료제, 통증완 화제, 류머티스성 치료제, 우울증치료제, 피부 경화 치료제로 다양하게 사용하고 있다.

생육 & 채취	
장 소	농가에서 재배
시 기	3~4월
부 위	전초
손질법	흙을 잘 털어낸 후 생것을 쓴다.

효용	
성 미	맛은 맵고 쓰고 달다. 성질은 따뜻하다.
활 용	항암 작용, 항알레르기 작용, 소염 작용, 정력 향상 등이 있다.

연구 & 특허
● 삼채 뿌리 메탄올 추출물이 LPS가 유도된 RAW264.7 세포에 대한 항염증 효과 ☞ p.1007 참고

체질박사 김달래의 냉정과 열정 사이 삼채는 효과나 부작용이 부추와 거의 비슷하다. 맥이 약하고 소화력이 떨어진 소음인 체질에 좋은 음식이다. 따라서 몸에 열이 많은 소양인은 너무 많이 먹지 않는 것이 좋다. 특히 얼굴에 열이 달아오르고 피부염이 자주 발생하는 소양인 체질의 사람이나 식욕이 왕성하고 근육이 단단한 태음인 체질의 사람은 주의해야 한다.

특허 · 논문

● 삼채 뿌리 메탄올 추출물이 LPS가 유도된 RAW264.7 세포에 대한 항염증 효과 : 본 연구는 삼채 뿌리 메탄올 추출물의 항염증 효과를 확인하기 위하여 마우스 대식세포인 RAW264.7 세포에 LPS를 처리한 결과 세포 생존율은 다양한 농도의 삼채 뿌리 메탄올 추출물에서 세포독성이 없는 것으로 나타났다. 삼채 뿌리 메탄올 추출물은 다양한 농도에서 LPS만을 처리한 대조군과 비교하였을 때, NO 생성을 농도 의존적으로 감소시키는 것으로 확인되었다. 또한 염증성 사이토카인인 TNF-α와 IL-6의 생성양 역시 LPS만을 처리한 군과 비교했을 때, 각각의 농도에서 농도의존적으로 감소하는 경향을 보였다. 본 연구에 사용된 삼채 뿌리 메탄올 추출물의 염증 억제 기작에 관한 추가적인 연구의 수행과 활성 물질의 동정에 관한 연구가 추가로 이루어져야겠지만, 본 연구의 결과는 삼채 뿌리 메탄올 추출물은 NO 및 염증성 사이토카인의 생성을 조절함으로써 대식세포 유래의 염증 반응을 효과적으로 억제하고, 염증성 매개 질환에 탁월한 효능이 있을 것으로 사료되며, 예방 물질로서 활용될 수 있을 것으로 기대된다. — 광주 세계김치연구소 김창현 외 4, 한국식품영양과학회지(2012. 11)

삼채 꽃

삼채

삼채 뿌리

상동나무

갈매나무과 / *Sageretia theezans* (L.) Brongn.

갈매나무과의 낙엽 또는 반상록활엽관목으로, 우리나라에서는 남해안 섬 지방과 제주도 등지의 양지에 자생한다. 키는 2m 정도이고, 10~11월에 황색의 꽃이 피고, 다음해 4~5월에 작고 둥근 열매가 흑자색으로 익는다. 열매는 식용하며 술로 담기도 한다. 덜 익은 상태에서는 떫은맛이 강하다. 민간에서는 감기에 상동나무의 잎으로 만든 차를 마시면 효과가 있다고 한다.

유사종으로 잎의 뒷면에 털이 있는 털상동나무(*Sageretia theezans f. tomentosa* (C.K.Schneid.) Hara)가 있다. '상동나무'라는 이름은 살아서 겨울을 난다는 '생동목生冬木'에서 '생동나무'를 거쳐 '상동나무'로 변화된 것이다. 약용식물로서의 연구는 거의 없다.

약명/이명 생동목生冬木 / 생동나무

특허 · 논문
- 상동나무 지상부로부터 유용 플라보노이드 다량 함유획분과 신규 플

생육 & 채취	
장 소	제주도 및 남해안 섬 지방의 양지
시 기	4~5월
부 위	열매(식용) 잎(약용)
손질법	열매로 술을 담근다. 잎을 말려 차를 만들어 마신다.

효 용	
성 미	맛은 떫다.
활 용	옻독, 수종을 치료한다. 감기에 잎차를 마신다.

연구 & 특허
● 상동나무 지상부로부터 유용 플라보노이드 다량 함유획분과 신규 플라보노이드 물질의 분리 방법

라보노이드 물질의 분리 방법 : 본 발명은 식품 첨가물, 건강기능성 식품, 순환기 계통 질병 예방 및 치료, 기타 의약품의 주·부 원료로 활용되어 국내의 자생식물의 고부가가치 소재 개발과 관련 산업의 활성화를 도모할 수 있는 상동나무 지상부로부터 플라보노이드가 다량 함유되어 있는 획분과 신규 플라보노이드 물질의 분리 방법에 관한 것으로, 플라보노이드 물질을 분리하는 방법에 있어서 상동나무 지상부를 건조하고 세절하여 볶고, 클로로포름으로 탈지 후 다시 60 상기 제1단계에서 추출된 아세톤 조추출 엑기스를 다시 헥산, 에틸아세테이트, 부탄올, 물로 용매 분별하는 제2단계; 및 상기 제2단계에서 분별된 엑기스 중 에틸아세테이트 획분을 용출시켜서 얻은 획분을 박층 크로마토그라피(TLC)로 조사하면서 신규성 플라보노이드(flavonoid) 7-O-메틸메란시트린(7-O-methyl mearnsitrin)을 얻는 제3단계를 포함하여 이루어지되, 상기 제3단계는 에틸아세테이트 획분을 세파덱스(sephadex) LH-20 칼럼 크로마토그라피에서 30%에서 100% 메탄올로 용출시켜서 얻고, 상기 제3단계는 플라보노이드의 B 환의 para 위치에 -OCH3기가 붙어 있는 람노스(rhamnose) 배당체인 7-O-메틸메란시트린(7-O-methyl mearnsitrin)을 생성하는 것을 특징으로 한다.

본 발명의 플라보노이드 다량 함유획분과 신규 플라보노이드 물질은 식품첨가물, 건강기능성 식품, 순환기 계통 질병 예방 및 치료, 기타 의약품의 주·부원료로 활용되어 국내의 자생식물의 고부가 가치 소재 개발과 관련 산업의 활성화를 도모할 수 있다. — 특허등록 제969134호, 경북대학교산학협력단

새덕이

녹나무과 / *Neolitsea aciculata* (Blume) Koidz.

녹나무과에 속하는 상록활엽교목으로, 제주도 등 남해안 섬 지방에 자생한다. 키는 10m까지 자라고, 3~4월에 붉은색의 꽃이 피며, 10~11월에 열매가 흑자색으로 익는다. 새덕이는 함께 자생하는 같은 녹나무과의 참식나무와 가장 비슷하지만 꽃과 열매가 다르고, 잎은 생달나무, 센달나무 등과도 유사하다.

새덕이는 흰새덕이나무라고도 하며, 민간에서는 잎, 나무껍질 및 열매 등을 건위 및 소화제로 이용하였다. 약용식물로서의 최근 연구는 거의 없다.

약명/이명 화육계花肉桂 / 흰새덕이, 흰생덕이

특허 · 논문

● 새덕이나무 추출물을 유효성분으로 함유하는 화장료 조성물 : 본 발명은 새덕이나무 추출물을 유효성분으로 함유하는 화장료 조성물에 관한 것이다. 본 발명의 새덕이나무(*Neolitsea aciculata*) 추출물은 메탄올 또

생육 & 채취	
장 소	제주도 및 남해 섬 지방
시 기	10~11월
부 위	잎, 나무껍질, 열매
손질법	햇볕에 말린다.

효 용	
성 미	–
활 용	건위, 소화제로 쓰인다.

연구 & 특허
● 새덕이나무 추출물을 유효성분으로 함유하는 화장료 조성물

는 에탄올 중에서 선택되는 어느 하나의 저급 알코올로 추출한 후, 이를 극성이 다른 용매인 헥산, 에틸아세테이트, 부탄올, 물을 넣고 순차적으로 분획하여 제조하는 것으로 구성된다. 본 발명에 의해, 주름 개선, 항산화 활성 및 피부 미백 효과를 갖는 새덕이나무 추출물을 유효성분으로 함유하는 화장료 조성물이 제공된다. — 특허등록 제1100129호, 제주대학교 산학협력단

새덕이

새덕이 꽃

새덕이

새모래덩굴

방기과 / *Menispermum dauricum DC.*

방기과의 덩굴성 여러해살이풀로, 우리나라 전역의 산기슭 양지쪽이나 돌담 근처에서 자란다. 5~6월에 노란색의 꽃이 피고, 9월에 열매가 검게 익는다.

뿌리를 '편복갈근蝙蝠葛根'이라 하여 가을에 캐서 햇볕에 말려 약재로 쓰는데, 거풍 · 이뇨 · 소종 등의 효능이 있다. 편복갈근蝙蝠葛根의 '편복蝙蝠'은 박쥐라는 한자어로, 잎 모양이 박쥐를 닮았음을 나타낸 것이다. 유사종으로는 잎자루에 잔털이 있는 털새모래덩굴이 있다.

약명/이명　편복갈근蝙蝠葛根 / 황등근黃藤根, 만주방기滿洲防己

고서古書 · 의서醫書에서 밝히는 효능

운곡본초학　거풍청열祛風淸熱, 이기화습理氣化濕의 효능이 있으며, 인후종통咽喉腫痛, 폐열해수肺熱咳嗽, 자시窄腮, 사리瀉痢, 황달黃疸, 치창종통痔瘡腫痛, 사충교상蛇蟲咬傷, 풍습비통風濕痺痛을 치료하는 데 쓰인다.

생육 & 채취	
장 소	전국의 산기슭 양지바른 곳
시 기	가을
부 위	뿌리, 줄기, 잎
손질법	햇볕에 말린다.

효 용	
성 미	맛은 쓰고 성질은 차다.
활 용	거풍, 이뇨, 소종 등의 효과가 있다.

연구 & 특허
● 약초 추출물을 함유하는 저자극성 화장료 조성물
● HIV/AIDS 환자 치료용 약초성 약제학적 조성물
外 p.1007 참고

● **약초 추출물을 함유하는 저자극성 화장료 조성물** : 본 발명은 현호색, 산해박, 댕댕이덩굴, 새모래덩굴, 한방기, 약전동싸리, 전동싸리, 땃드릅, 두릅나무, 석잠풀, 독 뿌리풀, 솔나물, 마타리, 바구니나물 및 석창포로 구성되는 그룹에서 선택되는 1종의 약초 추출물 또는 2종 이상 혼합된 약초 추출물을 조성물 총 중량에 대하여 0.001~10 중량% 포함하여 이루어지는 저자극성 화장료 조성물에 관한 것이다.

본 발명에 따르면, 피부 발진, 피부 알러지등의 부작용이 적어 가려움증 예방 및 자극완화에 유용한 천연 약초 추출물을 함유하는 저자극성 화장료 조성물을 얻을 수 있다. — 특허등록 제454150호. 나드리화장품 주식회사

● **HIV/AIDS 환자 치료용 약초성 약제학적 조성물** : 본 발명은 HIV 감염 환자의 치료용 약제학적 조성물을 제공한다. 상기 약제학적 조성물은 정맥 주사 용액 형태이고, 선택적으로는 캡슐 형태이다. 상기 약제학적 조성물은 14가지의 재료, 즉, 백화사설초(*diffuse hedyotis*), 봉삼(*bistort rhizome*), 호장근(*giant knotweed rhizome*), 새모래덩굴(*Asiatic moonseed rhizome*), 황금(*baical skullcap root*), 소 담즙 파우더(*bovine biliary powder*), 황기(*milkvetch root*), 구기자(*barbary wolfberry fruit*), 삼칠근(*sanqi*), 현삼(*figwort root*), 오미자(*Chinese magnoliavine fruit*), 울금(*turmeric root-tuber*), 산사(*hawthorn fruit*) 및 당귀(*Chinese angelica*)를 포함한다. — 특허공개 10–2004–0012447호, 우 츠–셍(대만)

새모래덩굴 꽃

새모래덩굴

새모래덩굴

새박

박과 / *Melothria japonica* (Thunb.) Maxim. ex Cogn.

박과의 덩굴성 한해살이풀로, 우리나라의 제주도 또는 남부 지방의 습지에 분포한다. 덩굴손으로 주변 식물을 감고 올라가는데, 잎은 어긋나고 가장자리에 톱니가 있다. 7~8월에 황백색의 꽃이 핀다. 꽃이 진 뒤에 지름 1~2㎝ 정도 되는 녹색의 둥근 열매가 맺혀 2~5㎝ 길이의 자루에 달려 아래로 늘어지는데, 회백색으로 변하며 성숙한다. 새알처럼 생긴 박 모양이라서 '새박'이라는 이름이 붙었다.

덩이뿌리를 '토백렴土白蘞'이라는 약재로 쓰는데, 열을 내리고 담을 삭이며 습濕을 말려 주고 울결鬱結을 풀어 주며 부기를 가라앉히므로, 관절염·사지마비·근육경련 등에 효과가 있다. 발열성 해수와 요로감염증에도 사용한다.

개체 수가 많지 않은 탓에 약용자원식물로서의 현대적인 연구는 거의 없다.

약명/이명 토백렴土白蘞, 토우土芋 / 새박덩굴, 셍이족박(제주)

생육 & 채취	
장 소	제주도 및 남부 지역의 습지
시 기	가을~이른봄
부 위	뿌리
손질법	깨끗이 손질하여 햇볕에 말린다.

효 용	
성 미	맛은 달고 쓰며, 성질은 차다.
활 용	이습利濕, 산결소종散結消腫, 청열화담淸熱化痰 작용

연구 & 특허

고서古書 · 의서醫書에서 밝히는 효능

한국전통지식포탈 열해熱咳, 이질痢疾, 임병淋病, 요도 감염, 주달酒疸, 풍습風濕으로 인해 저리고 아픈 것, 인후咽喉의 통증, 눈이 붉은 것과 습진과 부스럼 등을 치료한다.

운곡본초학 맛은 달거나 쓰고, 성질은 차다. 이습利濕, 산결소종散結消腫, 청열화담淸熱化痰의 효능이 있다.

새박 꽃

새박

새박 열매

생강나무

녹나무과 / *Lindera obtusiloba* Blume

낙엽관목으로, 우리나라 전역의 높은 산 500m 이하의 기슭에 있는 양지 바른 너덜바위 지역, 계곡 근처, 바닷가에 서식한다. 높이가 3~6m 정도로, 새로 나온 일년생 가지는 황록색이다. 3월에 잎이 나올 자리에 향기로운 노란색 꽃이 피고, 9~10월에 둥근 열매가 녹색에서 검은색으로 익는다.

연한 순을 식용하고, 잔가지를 달인 물을 차 대용으로 마시며, 가지·나무껍질·씨앗을 약용한다. 가지의 생약명은 '황매목黃梅木'으로, 해열·소종의 효능이 있으며 멍든 피를 풀어 주는 작용도 한다. 나무껍질은 '삼첩풍三鉆風'이라 부르며, 타박상의 어혈과 산후에 몸이 붓고 팔다리가 아픈 증세에 쓴다. 열매는 '산호초山胡椒'라 하여 기름을 내어 머릿기름으로 쓰는데, 흰머리가 나는 것을 막아 주는 것으로 알려져 있다.

약명/이명 삼첩풍三鉆風, 황매목黃梅木 / 아귀나무, 아구사리, 동백나무, 개동백나무

생육 & 채취	
장 소	전국 산지의 양지바른 곳
시 기	상시
부 위	어린잎(식용) 나무껍질, 잔가지, 씨앗(약용)
손질법	햇볕에 말린다.

효용	
성 미	맛은 맵고 성질은 따뜻하다.
활 용	해열, 소종 효능이 있으며, 타박상의 어혈을 풀어 준다.

연구 & 특허
● 생강나무 잎 추출물을 포함하는 피부 미백 및 주름 개선용 조성물 ● 생강나무속 식물 추출물을 포함하는 안압 하강용 조성물 外 p.1007 참고

고서古書 · 의서醫書에서 밝히는 효능

운곡본초학 산어소종散瘀消腫, 활혈서근活血舒筋의 효능이 있다.

특허 · 논문

● 생강나무 잎 추출물을 포함하는 피부 미백 및 주름 개선용 조성물 : 본 발명은 생강나무 잎 추출물을 포함하는 피부 미백 및 주름 개선용 화장료 조성물 또는 기능성 식품 조성물을 제공한다. 본 발명의 미백 효과 및 주름 개선 효과는 멜라닌 함유량의 감소, 멜라닌 생성에 관여하는 단백질의 발현 저해, UVB에 의해 색소 침착을 유도한 마우스의 멜라노사이트에서의 멜라노솜 생성 억제, 표피에 분포하는 멜라닌 색소의 감소, 표피의 두께 감소 등의 작용을 통하여 확인된다. 따라서 본 발명에 따른 생강나무 잎 추출물을 포함하는 조성물은 부작용이 없고 뛰어난 효능의 피부 미백 효과 또는 피부 주름 개선 효과를 나타내는 화장료 조성물 또는 기능성 식품 조성물로 이용될 수 있다. ― 특허등록 제120922호. 경희대학교 산학협력단

● 생강나무속 식물 추출물을 포함하는 안압 하강용 조성물 : 본 발명은 생강나무속 식물의 추출물을 포함하는 조성물에 관한 것으로서, 더 자세하게는 상기 추출물을 포함하는 안압 하강용 조성물에 관한 것이다. 본 발명의 조성물은 안압을 조절할 수 있어서 유용하다. 더불어 본 발명의 조성물은 천연 유래의 추출물을 포함하여 안압을 조절하기 때문에 화학물질을 사용하는 경우보다 부작용이 적으며, 자연 친화적이라는 장점이 있다. 또한 본 발명의 조성물에 포함된 추출물은 시중에서 쉽게 구할 수 있는 생강나무속 식물을 이용하여 얻어질 수 있으므로, 경제적 및 상업적으로 유용하게 이용할 수 있다. ― 특허등록 제1185106호. 한국과학기술연구원

생강나무

생강나무 꽃봉오리

생강나무 꽃

생강나무 열매

● 생강나무 가지의 추출물을 포함하는 심혈관계 질환의 예방 및 치료용 조성물 : 본 발명은 생강나무 가지의 추출물을 포함하는 심혈관계 질환의 치료 및 예방을 위한 조성물에 관한 것으로서, 구체적으로 생강나무 추출물은 혈관질환의 주요 원인인 NAD(P)H 옥시다제(oxidase)를 강력하게 저해하는 동시에, 혈관평활근(vascular smooth muscle)의 수축과 이완을 조절하여 강력한 혈관 이완 효과를 나타내어 혈압조절 및 혈관내피세포기능장애(endothelial dysfunction)를 개선시키므로, 이를 유효성분으로 함유하는 조성물은 심혈관계 질환의 예방 및 치료를 위한 의약품 또는 건강기능식품으로 유용하게 이용될 수 있다. — 특허등록 제989093호, 한화제약주식회사 외 1

● 생강나무 추출물을 유효성분으로 함유하는 혈행 개선 조성물 : 본 발명은 생강나무 추출물을 유효성분으로 함유하는 혈행 개선 조성물에 관한 것으로서, 더욱 상세하게는 생강나무 추출물을 유효성분으로 함유하는 혈행 개선에 의한 혈전 질환의 예방 및 치료용 약학 조성물 및 건강보조식품에 관한 것이다. 본 발명의 생강나무 추출물 및 조정제물은 물, 에탄올, 메탄올, 부탄올 등의 다양한 용매로 추출하여 획득할 수 있으며, 추출물 및 조정제물은 시험관 내에서 다양한 응집 유도에 의해 유도된 혈소판 응집 저해 효과가 우수할 뿐 아니라, 생체 내 급격한 혈전 생성 저해 효과가 우수하므로, 혈전색전증 등과 같이 혈액순환 장애로 수반되는 질환의 예방 및 치료에 유용하게 사용될 수 있다. — 특허등록 제1039628호, 한화제약주식회사 외 1

● 생강나무 줄기의 물 추출물을 유효성분으로 함유하는 아토피성 피부염의 예방 및 개선용 화장료 조성물 : 본 발명은 생강나무(*Lindera obtusiloba*)의 추출물을 함유하는 항염증 또는 항알레르기 조성물에 관한 것으로, 상세하게는 본 발명의 생강나무의 추출물이 염증 및 알레르기 반응에 관련이 있는 비만세포로부터의 히스타민 유리 억제 효과, 염증 유발 사이토카인 유전자들인 TNF-α, IL-1β, IL-6 및 IL-8의 발현을 농도 의존적으로 억제할 뿐만

생강나무

생강나무

생강나무 꽃

아니라, 전사인자인 MAPK 및 NF-κB 활성도 억제하는 바, 염증 또는 알레르기 질환의 예방 및 개선용 화장료 조성물에 유용하게 사용될 수 있다. — 특허등록 제1124442호, 영남대학교 산학협력단

● 국내 자생식물 추출물 유래 아토피성 피부염 예방 및 치료용 조성물 : 본 발명은 생강나무 추출물 및 화살나무 추출물의 혼합물을 유효성분으로 함유하는 아토피성 피부염 예방 및 치료용 조성물에 관한 것으로, 국내에 자생하는 식물 중에서 선택한 각질형성세포에 독성이 없는 저자극성 천연 추출물로서, 자체적으로 항균성을 나타내므로 별도의 방부제 첨가 없이 장기간 상온 보관에서도 미생물의 천이가 발생하지 않고, 항산화능이 강력하여 아토피성 피부염의 예방 및 치료에 효과적이다. — 특허등록 제965287호, 주식회사 지에프씨

● 제조 방법에 따른 생강나무(*Lindera obtusiloba* BL.) 잎차의 특성 변화 : 본 연구는 독특한 맛과 향이 있는 생강나무 잎을 이용하여 제조 방법에 따른 잎차의 특성의 변화를 조사하였다. 수분 함량은 인공 건조차가 6.71%로 가장 높았고 찐 후 덖음차가 5.18%로 가장 낮았다. 가용성 고형분 함량은 발효차가 15.33%로 가장 높았고 덖음차가 8.33%로 가장 낮게 나타났다. 회분 함량은 제차방법에 따른 큰 차이는 없었다. 탄닌 함량은 찐 후 덖음차가 3.29%로 가장 높았으며 발효차가 2.26%로 가장 낮았다. 생강나무잎차의 비타민 C 함량은 덖음차에서 37.17㎎/100g으로 함량이 가장 높았고 찐차가 16.70㎎/100g으로 가장 낮게 나타내었다. 무기질 함량은 제조 방법에 따른 무기질함량의 차이는 없었지만, K, Na, Mn, Ca, Fe, Mg, Zn 순의 함량으로 나타났다. 생강나무잎차의 냄새, 맛 등 전체적 기호도는 찐 후 덖음차가 다른 제조 방법에 비해 높았다. 이상의 결과를 종합하여 볼 때, 생강나무의 잎차의 제조 방법은 기호성과 영양성이 비교적 우수한 찐 후 덖음하여 제조하는 것이 적합한 것으로 생각한다. — 영남대학교 식품영양학과 황경아 외 3, 한국식품영양학회지(2003. 12. 31.)

생달나무

녹나무과 / *Cinnamomum japonicum* Siebold ex Nees

녹나무과의 상록활엽교목으로, 날씨가 온화한 남부 지방의 해안가에 자생한다. 키는 15m까지 자라며, 흑회색의 나무껍질은 매끈하지만 고목이 되면 벗겨진다. 6월경 황록색의 꽃이 피고, 10~12월에 열매가 자흑색으로 익는다. 계수나무라고 부르는 육계나무와도 비슷하지만, 육계나무보다는 향기가 적다.

한방에서 껍질과 열매를 '천축계天竺桂'라 하여 약용하며, 소화력을 높이고 구토·이질·복부냉감·사지가 저리고 아픈 증세에 효과가 있다.

약명/이명 천축계天竺桂 / 신신무

고서古書·의서醫書에서 밝히는 효능

운곡본초학 난비위煖脾胃, 산풍한散風寒, 통혈맥通血脈의 효능이 있고, 질타종통跌打腫痛, 완복냉통脘腹冷痛, 구토설사嘔吐泄瀉, 요슬산랭腰膝酸冷, 한산복통寒疝腹痛, 한습비통寒濕痺痛, 어체통경瘀滯痛經, 혈리血痢, 장풍腸風을 치료하는 데 쓴다.

생육 & 채취	
장 소	남부 지역의 해안가
시 기	가을~겨울
부 위	나무껍질, 열매
손질법	그늘에서 말린다.

효용	
성 미	맛은 맵고 달고, 성질은 따뜻하다.
활 용	구토, 이질, 복부냉감 등에 효과가 있다.

연구 & 특허
● 생달나무 추출 정유를 포함하는 항균성 조성물
● 녹나무와 생달나무의 방향성 물질이 생리 및 심리적 효과에 미치는 영향 外 p.1007 참고

● **생달나무 추출 정유를 포함하는 항균성 조성물** : 본 발명은 생달나무 추출 정유를 포함하는 항균용 조성물에 관한 것으로서, 더욱 상세하게는 생달나무로부터 추출한 정유의 성분을 분석하고, 정유가 말라세지아 패시더마티스(Malassezia pachydermatis), 말라세지아 푸르푸르(Malassezia furfur), 칸디다 알비칸스(Candida albicans) 등의 피부염 원인균에 대한 항균 활성을 가짐을 확인함으로써, 생달나무 추출 정유를 유효성분으로 포함하는 항균성 조성물, 피부 외용제 및 화장료에 관한 것이다. — 특허등록 제1182209호, 전라남도

● **녹나무와 생달나무의 방향성 물질이 생리 및 심리적 효과에 미치는 영향** : 남해안에 자생하는 온대 활엽수종인 녹나무와 생달나무의 휘발성 방향족 물질이 인체에 미치는 생리적 및 심리적 효과를 조사한 결과, 생달나무는 부드러운 향기인 데 비하여 녹나무는 강한 향이어서 생달나무의 향에 대한 선호도가 높았다. 두 나무에서 추출한 정유 성분은 모두 긍정적인 마인드를 갖게 하는 알파파를 증가시키고, 맥박 수를 줄이는 효과가 확인되었다. 또한 개인차는 있을 수 있지만, 여러 가지 면에서 녹나무가 생달나무보다 더 큰 가치를 가지는 것으로 조사되었다. 결론적으로 두 종의 방향성 온대수종의 나무를 개발할 충분한 가능성이 확인되었다는 내용이다. — 김은일 외 2, 한국인간식물환경지(2007)

생달나무

생달나무

생달나무

생열귀나무

장미과 / *Rosa davurica* Pall.

장미과의 낙엽관목으로, 지리산이나 충청도 이북의 고산 지방에 자생한다. 키는 1.5m 내외로, 6~7월에 연분홍의 꽃이 피고 9~10월에 둥근 열매가 붉게 익는다. 생열귀나무의 열매에는 비타민 C가 다량 함유되어 있어서 성인병과 노화 방지를 예방하는 효능이 있다.

유사종으로 흰색 꽃이 피는 흰생열귀, 열매가 타원 모양인 긴생열귀, 잎 뒷면에 선점이 거의 없는 민생열귀 등이 있다.

민간에서는 생열귀나무의 열매나 뿌리로 술을 담기도 한다. 한방에서는 열매를 소화불량·복통설사·생리불순·임질에 약으로 쓴다.

약명/이명 자매과刺莓果 / 생열귀, 달오리장미, 홍탁엽장미, 심산장미, 해당화, 범의찔레, 가마귀밥나무, 붉은인가목

고서古書 · 의서醫書에서 밝히는 효능

운곡본초학 건비소식健脾消食, 활혈조경活血調經, 렴폐지해斂肺止咳의 효능이 있으며, 식욕부진食慾不振, 소화불량消化不良, 완복창통脘腹脹痛, 복

생육 & 채취	
장 소	충청 이북의 고산 지대
시 기	8~9월
부 위	열매, 나무뿌리
손질법	햇볕에 말린다.

효용	
성 미	맛은 시고, 성질은 따뜻하다.
활 용	성인병, 노화 방지 효능이 있으며, 소화불량, 생리불순 등에 쓰인다.

연구 & 특허
● 생열귀나무 추출물로부터 항산화 활성이 우수한 카테킨의 생산 방법 ● 생열귀 농축액 캡슐이 함유된 음료의 제조 방법 矛 p.1007 참고

556

사腹瀉, 월경부조月經不調, 통경痛經, 동맥경화動脈硬化, 폐결핵해수肺結核咳嗽 치료에 쓰인다.

특허 · 논문

● **생열귀나무 추출물로부터 항산화 활성이 우수한 카테킨의 생산 방법** : 본 발명은 항산화 활성이 있는 생열귀나무 추출물 및 이를 이용한 카테킨의 제조 방법에 관한 것으로, 보다 상세하게는 생열귀나무로부터 알코올로 추출하거나 혹은 이로부터 에틸아세테이트 등의 유기용매로 분획한 생열귀나무 추출물 및 이로부터 항산화 활성이 높은 플라반계 화합물인 카테킨(Catechin)을 단리하는 방법에 관한 것이다. 본 발명은 생열귀나무로부터 메탄올 등의 알코올로 추출하거나, 이로부터 에틸아세테이트 등의 유기용매로 분획한 하기 화학식 1의 화합물을 포함하는 생열귀나무 추출물은 다량의 플라반계 화합물인 카테킨을 함유하고 있으며, 1,1-디페닐-2-피크릴히드라질(DDPH; 1,1-diphenyl-2-picrylhydrazyl) 자유라디칼 소거 활성, 지질과산화 억제 활성 및 저밀도지방단백질(Low density lipoprotein)의 산화에 대한 항산화 활성으로 인하여 의약품 및 의약부외품, 화장품 첨가물, 식품 첨가물, 음료 첨가물 및 기능성 건강보조식품 등으로 유용하게 사용될 수 있다. — 특허등록 제460133호, 강원도, 정선생열귀 영농조합법인

● **생열귀 농축액 캡슐이 함유된 음료의 제조 방법** : 본 발명은 생열귀 농축액 캡슐이 함유된 음료의 제조 방법에 관한 것이다. 본 발명은 생열귀 잎 또는 열매로부터 생열귀 농축액을 제조하는 단계와; 상기 단계에 의해 제조한 생열귀 농축액과 부재료를 코팅 재료로 코팅하여 생열귀 농축액을 캡슐화하는 단계와; 상기 단계에서 제조한 생열귀 농축액 캡슐을 음료에 첨가하는 단계를 포함하는 것을 특징으로 하는 생열귀 농축액 캡슐이 함유

생열귀나무 꽃

생열귀나무

된 음료의 제조 방법을 제공함으로써 천연 종합 비타민의 보고로 비타민 결핍증과 질병의 저항성을 높이며 식품의 산화 방지 및 노화 억제에 효과가 있는 것으로 알려져 있는 생열귀에 함유된 천연 비타민의 손실을 최소화한 기능성 캡슐 음료를 개발함으로써 소비자들의 건강 증진에 대한 욕구에 부응하고 동시에 농가의 소득 증대에도 기여하는 것을 목적으로 한다. — 특허등록 제431275호, 강원도

● 천연 비타민 C가 다량 함유된 생열귀 엽차의 제조 방법 : 본 발명은 천연 비타민이 다량 함유된 생열귀 잎을 이용한 엽차의 제조 방법에 관한 것이다. 보다 상세하게는 생열귀 엽차를 증숙 처리함으로써 생열귀 엽차에 함유되어 있는 천연 비타민이 쉽게 침출될 수 있으므로 기능성이 보완된 생열귀 엽차를 제공하는 생열귀 잎을 이용한 엽차의 제조 방법에 관한 것이다. 종래의 녹차는 맛과 향이 우수하여 일반 소비자의 수요가 증가하고 있으나 최근 녹차 및 엽차에 대한 생리 활성 작용과 같은 기능적인 요구가 강화되는 추세에 있다. 따라서, 본 발명의 목적은 기능성이 보완된 생열귀 엽차 한 잔(1.5g/80㎖)으로 4.6㎎의 비타민 C를 섭취할 수 있어 성인의 비타민 C 1일 권장량 확보와 소비자의 기호에 적합한 엽차를 제공하는 데 있다. — 특허등록 제274841호, 강원도

● 생열귀 추출물을 함유하는 화장료 조성물 : 본 발명은 에탄올 70중량%, 1, 3-부틸렌글리콜 10중량% 및 증류수 20중량%로 이루어진 추출 용매로 추출된 생열귀(*Rose davurica Pall.*) 추출물을 함유하고, 오존에 의한 피부 손상에 대하여 방어효능을 갖는 것을 특징을 하는 화장료 조성물 개시한다. 본 발명에 의하면 오존에 의한 피부 손상 방지 효과가 매우 뛰어난 생열귀 추출물을 함유하는 화장료 조성물을 제공할 수 있다. 또한, 본 발명에 의하면 대기 오염 방어능을 유지하면서도 사용성, 퍼짐성, 부착력 및 보습력이 현저하게 향상된 화장료용 생열귀 실리콘 조성물을 제공할 수 있다. — 특허등록 제104381호, 주식회사 래디안, 주식회사 코스메카코리아

생열귀나무 열매

생열귀나무 열매

생열귀나무 꽃

● **생열귀, 죽엽 및 쿼노아를 이용한 천연 소취제 조성물** : 본 발명은 생열귀, 죽엽 및 쿼노아를 이용한 천연 소취제 조성물에 관한 것으로, 악취 특히 인체의 체취를 많이 감소시킬 수 있고, 환경 특히 인체에 대한 안전성이 매우 높은 장점이 있다. — 특허공개 10-2012-0133622호, 주식회사 그린솔루션스

● **사람의 저밀도 지방단백질의 산화에 대한 생열귀나무 추출물의 항산화 효과** : 비타민 C를 다량 함유하고 있는 생열귀나무의 자원화를 위한 연구로서 페놀성 화합물의 함량 및 사람의 저밀도지방단백질의 산화에 대한 항산화 활성을 측정하였다. 생열귀나무 추출물의 페놀성 화합물 함량을 측정한 결과, 모든 부위에서 100g당 8.3~10.6g으로 매우 높은 양을 함유하고 있었다. 또한, 생열귀나무 추출물 및 분획물에 대한 항산화 물질의 함량을 측정한 결과, 생열귀나무 뿌리 메탄올 추출물과 뿌리의 에틸아세테이트 및 부탄올 분획물이 285nm에서 흡수를 나타내는 페놀성 화합물을 다량 함유하고 있음을 확인하였다. TBARS에 의한 LDL산화 억제 효과 측정 시, 생열귀나무 뿌리의 메탄올 추출물이 가장 좋은 효과를 나타내었다. 생열귀나무 뿌리의 에틸아세테이트 및 부탄올 분획물의 경우, 30$\mu g/ml$ 첨가 시 85.3% 및 93.2%까지 LDL 산화를 억제함을 확인하였다. 또한 CHCL3 분획물, EtOAc 분획물, 그리고 BuOH 분획물은 30$\mu g/ml$ 분획물 첨가 시 Cu2+에 의한 LDL 산화를 8시간까지 억제함을 확인하였다. Cu2+에 의한 apoB carbonylation과 conjugate diene형성 억제 효과 측정 시, EtOAc 분획물과 BuOH 분획물이 가장 탁월하게 억제함을 보여 주었다. 생열귀나무는 다량의 페놀성 화합물을 함유하고 있으며 항산화 활성이 매우 탁월하므로 새로운 기능성식품 소재로의 활용이 기대되는 약용식물자원이다. — 강원도보건환경연구원 사재훈 외 9. 한국식품과학회지(2004. 4)

생열귀나무

서양수수꽃다리

물푸레나무과 / *Syringa vulgaris* L.

유럽 원산의 낙엽활엽관목으로, 우리나라 전역에서 정원수로 심어 가꾸는데, 흔히 '라일락'이라는 영어 이름으로 잘 알려져 있다. 키는 4m 내외로 자라고, 4~5월에 흰색·연자주색·붉은색 등의 꽃이 피는데 향기가 매우 진하다. 꽃 향기가 스트레스를 해소하는 데 뛰어난 효능이 있어 에센셜 오일이나 비누를 만드는 데 사용한다.

민간에서는 꽃으로 술을 담가 약술로 이용하는데, 담즙 분비를 촉진하여 소화를 돕고 식욕을 증진시키는 효과가 있다고 한다.

우리나라에는 수수꽃다리·정향나무·개회나무·꽃개회나무·섬개회나무·털개회나무·버들개회나무 등이 있는데, 생김새가 비슷하여 혼동해서 부르는 일이 많다.

이명 양정향나무, 라일락, 리라

특허 · 논문

● 라일락 추출물이 첨가된 필름 형성 폴리머를 함유하는 자외선 차단용

생육 & 채취	
장 소	전국 각지
시 기	봄
부 위	꽃
손질법	술 : 활짝 핀 꽃을 줄기째 잘라서 물에 넣고 흔들어 씻어 물기를 없앤다.

효용	
성 미	맛이 쓰다.
활 용	관상용, 정원수 / 향료로 이용 / 약술로 이용하면 건위 작용

연구 & 특허

● 라일락 추출물이 첨가된 필름 형성 폴리머를 함유하는 자외선 차단용 화장료 조성물
● 염증 및 피부 노화 방지용 화장료 조성물 및 그 제조 방법

화장료 조성물 : 본 발명은 필름 형성 폴리머에 라일락 추출물을 첨가하여 유기 자외선 차단제 및 무기 자외선 차단제의 자외선 차단 효능 촉진제(booster)로 작용하는 것을 특징으로 하는 자외선 차단용 화장료 조성물을 제공한다. 본 발명에 따른 화장료 조성물은 높은 수준의 자외선 차단 능을 부여하면서도 피부 안전성이 뛰어나고 자외선으로부터 피부를 보호하고, 또한 내수성이 매우 뛰어나고, 자극 완화 및 피부 장벽 회복 효과에 도움을 준다는 내용이다. — 특허등록 제1086224호, 주식회사 코리아나화장품

● 염증 및 피부 노화 방지용 화장료 조성물 및 그 제조 방법 : 본 발명은 염증 및 피부 노화 방지용 화장료 조성물 및 그 제조 방법에 관한 것으로, 더욱 상세하게는, 팬지 추출물, 포도 추출물, 서양수수꽃다리 추출물 및 가지 추출물의 증류액을 함유하는 염증 및 피부 노화 방지용 화장료 조성물 및 그 제조 방법에 관한 것이다. 본 발명에 따른 염증 및 피부 노화 방지용 화장료 조성물은 피부 세포의 증식을 촉진하고, 항산화 효능이 있으며, 염증을 개선시키고, 콜라겐 합성의 촉진에 의한 피부 주름 개선 효과가 있어 피부 노화를 방지할 수 있다. — 특허등록 제955388호, 주식회사 바이오에프딘엔씨 외 2

서양수수꽃다리

서양수수꽃다리 꽃봉오리

서양수수꽃다리

서어나무

서어나무

자작나무과 / *Carpinus laxiflora* (Siebold & Zucc.) Blume

자작나무과의 낙엽교목으로, 중부 이남의 표고 100~1,000m 지대의 숲 속이나 너덜바위 지역에 서식한다. 키는 15m까지 자라며, 나무껍질이 회색이고 근육처럼 울퉁불퉁하다. 4~5월에 암꽃과 수꽃이 잎보다 먼저 피고, 9~10월에 작은 타원형 씨앗이 갈색으로 여문다.

초봄에 채취한 수액을 '견풍건見風乾'이라 하여 골다공증을 개선하는 데 쓴다. 목재를 표고버섯 재배목으로, 이용하기도 하며, 서어나무 고사목에는 약용버섯인 말굽버섯이 잘 붙는다.

유사종으로 개서어나무 · 까치박달 · 소사나무 등이 있다.

약명/이명 견풍건見風乾 / 서나무, 셔나무, 초식나무, 왕서나무

특허 · 논문

● 피부 노화 방지 및 피부 주름 개선 효과를 갖는 화장료 조성물 : 본 발명은 피부 노화 방지 및 피부 주름 개선 효과를 갖는 서어나무속(Carpinus) 추출물에 관한 것으로, 서어나무속 식물 잎의 추출물이 계면활성제에 대

생육 & 채취	
장 소	중부 이남 지역의 숲이나 바위
시 기	초봄
부 위	수액
손질법	줄기에 구멍을 내고 수액을 받는다.

효 용	
성 미	맛이 시원하다.
활 용	뼈를 튼튼하게 하는 작용이 있다.

연구 & 특허
● 피부 노화 방지 및 피부 주름 개선 효과를 갖는 화장료 조성물
● 한국 토종 항산화 식물의 이온화방사선에 대한 보호 작용

한 피부 세포 보호 효과가 우수하며, MMP-1활성을 저해하고, 콜라겐 합성을 촉진하는 작용이 있음을 밝혀 피부 노화 방지 및 피부 주름 개선용 화장료 조성물에 사용하고자 하는 것이다. — 특허공개 10-2009-0029873호, 코스맥스 주식회사

● 한국 토종 항산화 식물의 이온화 방사선에 대한 보호 작용 : 본 논문은 한국 토종 항산화 식물의 이온화 방사선에 대한 보호 작용을 연구한 논문으로 주요 내용으로는 41가지 한국 식물 추출물로부터 감마선 방사 유도 산화적 부하에 미치는 세포 보호 효과를 선별하였다. 서어나무(Carpinus laxiflora)(경부), 참가시나무(Quercus salicina)(경부) 및 메밀잣밤나무(Castanopsis cuspidate)(경부)가 1,1-diphenyl-2-picrylhydrazyl (DPPH) 라디칼과 세포 내 활성산소족(ROS)를 제거하는 것으로 나타났다. 세 가지 식물의 추출물은 H_2O_2 처리에 의해 유도된 중국햄스터 폐 섬유아세포의 세포사를 감소시켰다. 또한 이들 추출물은 감마선 방사에 의해 손상된 V7904 세포의 세포사를 방지했으며, 방사선에 의해 생성된 ROS를 제거했다. 종합해 볼 때, 이러한 결과는 서어나무, 참가시나무 및 메밀잣밤나무가 ROS 제거를 통해 방사에 의한 산화적 손상으로부터 V79-4 세포를 보호함을 의미한다는 내용이다. — 제주대학교 생화학과 정명선 외 8, 생약학회지(2006. 3)

서어나무

서어나무

서어나무

서향

팥꽃나무과 / *Daphne odora Thunb.*

중국이 원산지인 팥꽃나무과의 상록관목으로, 남부 지방에서 심어 가꾼다. 키는 1~2m 정도이고, 3~4월에 자줏빛이 도는 흰색의 꽃이 피고 5~6월에 열매가 붉게 익는다. 한국에서 자라는 것은 대부분 수나무이므로 열매를 맺지 못하므로 주로 장마철에 꺾꽂이로 번식한다. 노란색의 꽃이 피는 것도 있고, 제주도에는 흰 꽃이 피는 백서향(*Daphne kiusiana* Miq.)이 자생한다. 서향 꽃이 핀 곳(자왈 지역)에는 멀리서도 서향의 향기가 바람에 날려 온다. 향기가 매우 좋아 정원수로 심는다.

꽃 · 잎 · 나무껍질 · 뿌리를 약재로 쓴다.

약명/이명 서향瑞香 / 수향睡香, 서향나무

특허 · 논문

● 금연을 돕는 조성물 및 제조 방법 : 본 발명은 금연을 돕는 조성물의 제조 방법 및 그 조성물에 관한 것으로 왕질경이, 서향, 은행잎 및 라벤더(Lavender)를 용매추출하여 금연을 돕는 조성물의 제조 방법 및 그 조

생육 & 채취	
장 소	남부 지역
시 기	여름
부 위	꽃잎, 나무껍질, 뿌리
손질법	말린다.

효 용	
성 미	–
활 용	인후염, 인후종통, 치통, 류머티즘 치료에 쓰인다.

연구 & 특허
● 금연을 돕는 조성물 및 제조 방법

성물에 관한 것이다. 지금까지 다양한 종류의 금연약 또는 보조제가 개발되어 왔으나, 이들은 인체에 해를 미치거나 또는 금연을 성공적으로 유도하지 못하는 경우가 빈번하여 보다 효율적인 금연 방법이나 금연 유도제의 개발이 절실히 요구되고 있는 실정이다. 본 발명의 금연휘산제는 니코틴을 사용하지 않고서도 효과적으로 금연 성공률을 높일 수 있었으며, 금연에 성공한 시험자들은 금단 증상, 불안감, 감정의 변화 등이 없는 상태로 담배의 사용을 중단하였다. 본 발명은 상기 왕질경이 추출물과 서향 추출물에 은행잎 추출물과 라벤더 추출물의 사용으로 금연 상승 효과가 있음을 알 수 있었다. — 특허공개 10-2003-0080623호, 주식회사 바이오메딕스

백서향

서향 꽃봉오리

백서향

석결명

콩과 / *Cassia occidentalis*

콩과의 한해살이풀로, 멕시코가 원산지이며, 우리나라에서는 중부 지역 이남에서 약용식물로 재배한다. 키는 20~50㎝ 정도이고, 7~8월에 줄기 끝에서 황색의 꽃이 피며, 열매는 팥꼬투리 모양과 비슷하다. 번식력이 강하다.

어린순은 나물로 먹고, 뿌리 · 줄기 · 씨앗 등 전초를 약용하는데, 줄기와 잎을 '망강남望江南'이라고 한다. 민간에서는 잎을 뱀이나 독충에 물린 데 사용하며, 중국에서는 천식이나 말라리아의 치료에 쓰기도 한다. 결명자와는 전혀 다른 식물이며, 한방에서 말하는 '석결명石決明'은 어패류인 전복이나 오분자기 등을 말한다.

약명/이명 망강남望江南, 망강남자望江南子 / 강남차, 석결명풀, 가결명假決明

고서古書 · 의서醫書에서 밝히는 효능

운곡본초학 망강남은 맛이 쓰고 성질은 차다. 숙폐肅肺, 이뇨利尿, 청간

생육 & 채취	
장 소	중부 이남 지역에서 재배
시 기	여름(줄기, 잎) 가을(씨앗)
부 위	어린순(나물) 전초(약용)
손질법	햇볕에 말린다.

효용	
성 미	맛이 쓰고, 성질은 차다.
활 용	숙폐, 이뇨, 해독, 소종 작용

연구 & 특허
● 석결명 추출물을 유효성분으로 함유하는 백반증 치료용 약학적 조성물 ● 녹화 처리 기간에 따른 황기, 석결명, 술패랭이꽃 및 질경이 새싹채소의 항산화 효과 변화

淸肝, 통변通便, 해독소종解毒消腫의 효능이 있고, 해수기천咳嗽氣喘, 두통목적頭痛目赤, 소변혈림小便血淋, 대변비결大便秘結, 독사교상毒蛇咬傷, 옹종창독癰腫瘡毒을 치료한다.

특허 · 논문

● **석결명 추출물을 유효성분으로 함유하는 백반증 치료용 약학적 조성물** : 본 발명은 석결명(*Cassia occidentalis*) 추출물을 유효성분으로 함유하는 백반증(vitiligo) 치료용 약학적 조성물에 관한 것으로서, 구체적으로 본 발명의 석결명 추출물은 비활성 멜라노블라스트(melanoblast)에서 티로시나아제(tyrosinase) 활성화 및 멜라닌 생성의 유도, 및 표피 조직으로의 세포이동을 촉진시킴으로써 탈색 부위의 색소 재침착을 유도하는 백반증 치료용 약학적 조성물에 관한 것이다. 본 발명의 조성물은 세포독성이 없을 뿐만 아니라 멜라노블라스트의 분화 및 이동을 촉진하므로 백반증의 치료에 유용하게 사용할 수 있다. — 특허등록 제1068267호, 인하대학교 산학협력단

● **녹화 처리기간에 따른 황기, 석결명, 술패랭이꽃 및 질경이 새싹채소의 항산화 효과 변화** : 새로운 항산화 기능성 새싹채소를 개발하고, 항산화 효과가 우수한 재배 조건을 구명하기 위하여 황기, 석결명, 술패랭이꽃, 질경이 새싹채소의 재배 중 녹화기간에 따른 항산화 효과 변화를 분석하였다. (중략) 석결명 새싹채소는 2일 녹화했을 때 항산화 물질 함량이 높고 radical 소거능이 우수하였으며, FE2+ chelating효과는 녹화 0일, 지질과산화 억제 활성은 녹화 1일째에 가장 우수하였다. (중략) 연구의 결과 식물 종에 목표로 하는 항산화 효과에 따라 광합성이 미치는 영향이 다르므로, 식물 종과 원하는 항산화 효과에 따라 재배 방법을 달리해야 할 것으로 생각되었다.
— 충북대학교 응용생명환경학부 원예과학과 이철희 외 6, 자원식물학회지(2009. 8. 30)

석곡

난초과 / *Dendrobium moniliforme* (L.) Sw.

난초과에 속하는 상록성의 여러해살이풀로, 서남 해안의 바위나 죽은 나무줄기 등에 붙어 자란다. 5~6월경 흰색 또는 분홍색의 꽃이 핀다. 한방에서는 뿌리를 제외한 식물체 전체를 약재로 쓰는데, 해열·진통 작용이 있으며 백내장에 효과가 있고 건위제·강장제로 사용한다.

자생지 훼손이 심하여 자연 애호가들은 배양한 석곡이나 풍란 등을 자연에 되돌리는 작업도 하고 있다. 야생 상태의 개체는 찾기가 힘들지만, 최근(2013. 5월) 지리산 국립공원에서 자생하는 석곡이 발견되었다는 기사가 언론에 보도되기도 하였다.

약명/이명 석곡石斛 / 석곡란

고서古書·의서醫書에서 밝히는 효능

동의보감 장근골壯筋骨, 생진지갈生津止渴, 안신정경安神定驚, 익위생진益胃生津, 자음청열滋陰清熱, 청열양음清熱養陰, 청위제열清胃除熱의 효능이 있고, 구건번갈口乾煩渴, 대변건조大便乾燥, 상음목암傷陰目暗, 병후허열病

생육 & 채취	
장 소	제주도와 서남 해안의 바위틈
시 기	가을
부 위	줄기
손질법	햇볕에 말린다.

효용	
성 미	맛은 달고, 무독하며 약성은 약간 찬 편이다.
활 용	건위제, 강장제로 쓰인다.

연구 & 특허
● 석곡으로부터 분리된 VHR 저해 활성을 갖는 신규 화합물 및 이의 용도 ● 덴비노빈을 유효성분으로 함유하는 항-위암용 약학적 조성물 外 p.1007 참고

後虛熱을 치료한다. 석곡은 연사조습戀邪助濕하므로 조조하지 않은 온열병溫熱病, 습온증濕溫症이나 음허陰虛로 열상熱象이 있을 때[허이무화자虛而無火者]나 비위허한脾胃虛寒의 경우에는 기忌한다.

방약합편[본초] 석곡은 미감하고 경계(이유 없이 제풀에 놀라 가슴이 두근거려 불안한 병증)를 진정시키며, 냉폐, 허손, 장골 등에 복용한다. 한수석과 파두를 오하고, 뇌환과 강잠을 외한다.

특허 · 논문

● 석곡으로부터 분리된 VHR 저해 활성을 갖는 신규 화합물 및 이의 용도 : 본 발명은 석곡으로부터 분리된 VHR 저해 활성을 갖는 신규 화합물 및 이의 용도에 관한 것으로서, 더욱 상세하게는 석곡(*Dendrobium moniliforme*)으로부터 분리되고, 암세포의 성장이나 증식 조절에 필요한 효소이며 단백질 탈인산화효소의 한 종류인 VHR(vaccinia H1-related protein tyrosine phosphase) 저해 활성을 가짐으로써, 암세포의 증식을 억제할 수 있는 신규 화합물 및 이의 용도에 관한 것이다. — 특허등록 제508686호, 한국생명공학연구원

● 덴비노빈을 유효성분으로 함유하는 항-위암용 약학적 조성물 : 본 발명은 석곡 추출물을 유효성분으로 함유하는 항-위암용 약학적 조성물 및 상기 석곡 추출물로부터 분리한 덴비노빈을 유효성분으로 함유하는 항-위암용 약학적 조성물에 관한 것이다. 본 발명의 덴비노빈은 석곡 추출물로부터 분리된 활성 성분으로서 위암 전이에 중요한 S100A8 단백질의 발현을 억제하여 침윤성을 감소시키며, 세포사멸을 유도함으로써 위암 억제 효과가 뛰어나 위암 치료에 효과적이다. — 특허공개 10-2013-0009084호, 덕성여자대학교 산학협력단

● 복분자, 석곡 또는 고련피의 생약 추출물을 포함하는 스트레스성 질환의 치료 및 예방용 조성물 : 본 발명은

©김경식

복분자, 석곡 및 고련피로 이루어진 군에서 선택되는 1종 이상의 생약 추출물을 유효성분으로 포함하는 스트레스성 질환 치료 및 예방용 약학 조성물 및 건강기능식품에 관한 것으로, 상기 생약의 추출물은 부신피질세포에 발현하는 부신피질자극호르몬(Adrenocorticotropic Hormone: ACTH) 수용체를 특이적으로 억제하여 2차 신호전달물질인 cAMP(cyclic AMP)의 생성, 단백질 인산화 효소 A(Protein Kinase A: PKA)의 활성 및 콜티졸(Cortisol)의 분비로 연결되는 스트레스 호르몬 분비를 조절하여 스트레스성 질환의 치료 및 예방에 유용한 약제 및 건강기능식품으로 이용할 수 있다. — 특허등록 제798639호, 학교법인 포항공과대학교, 포항공과대학교 산학협력단

● 혼합 생약재 추출물을 유효성분으로 함유하는 항혈전제 : 본 발명은 혼합 생약재 추출물을 유효성분으로 함유하는 항혈전용 조성물에 관한 것으로, 금은화, 우슬, 석곡, 황기, 및 당귀로 구성되며, 향부자, 부자, 육계, 및 세신을 보조 성분으로 추가한다. 본 발명의 조성물은 혈소판 응집 억제율이 우수하여 동맥경화증, 뇌출혈, 뇌졸중 또는 뇌경색과 같은 혈전 형성을 수반하는 질환의 예방 및 치료에 유용하게 사용될 수 있다. — 특허등록 제784339호, 한국한의학연구원

● 간 섬유화 억제 활성을 갖는 석곡 추출물 및 화합물 : 본 발명은 지방간, 간염, 간경화 또는 간암의 예방 또는 치료용 석곡의 추출물 조성물에 관한 것으로, 석곡의 총 메탄올 추출물, 그의 분획물 및 석곡으로부터 분리한 페난트렌 화합물은 만성 간장 질환인 간경화에서의 간 섬유화 이행에 관여하는 간 성상세포의 증식을 억제하고 교원질의 생성을 저해함으로써 새로운 간경화의 예방 또는 치료제로 사용할 수 있다. — 특허등록 제949417호, 재단법인 서울대학교산학협력재단

● 인플라메이징 개선용 피부 외용제 조성물 : 본 발명은 석곡 추출물 또는 익지인 추출물을 함유하는 피부 외용

석곡

석곡 ©김경식

석곡

제로서, 염증으로 인한 노화 촉진 현상인 인플라메이징(inflammaging) 현상을 개선하고, 주름 개선 및 탄력 개선의 효과가 있으며, 부작용이 없는 인플라메이징 개선용 및 피부 노화 방지용 피부 외용제 조성물에 관한 것이다.
— 특허등록 제539298호, 주식회사 아모레퍼시픽

● **석곡 추출물을 포함하는 췌장암 치료용 조성물 및 화장료 조성물** : 본 발명은 석곡 추출물의 신규한 용도에 관한 것에 관한 것으로서, 보다 상세하게는 석곡 에탄올 추출물을 유효성분으로 함유하는 췌장암 예방 및 치료용 조성물 및 화장품학적으로 허용 가능한 화장료 보조 첨가제를 포함하는 석곡 에탄올 추출물을 유효성분으로 함유하는 췌장암 예방용 화장료 조성물에 관한 것이다. 본 발명에 따른 췌장암 치료용 조성물 및 화장료 조성물은 췌장암 세포의 성장을 억제하고 세포사멸을 유도하는 효과가 있어 췌장암 치료 및 예방에 효과적으로 사용할 수 있다. — 특허공개 10-2012-0122430호, 주식회사 한국전통의학연구소 외 2

● **석곡 추출물을 포함하는 신장암 치료용 조성물 및 화장료 조성물** : 본 발명은 석곡 추출물의 신규한 용도에 관한 것에 관한 것으로서, 보다 상세하게는 석곡 에탄올 추출물을 유효성분으로 함유하는 신장암 예방 및 치료용 조성물 및 화장품학적으로 허용 가능한 화장료 보조 첨가제를 포함하는 석곡 에탄올 추출물을 유효성분으로 함유하는 신장암 예방용 화장료 조성물에 관한 것이다. 본 발명에 따른 신장암 치료용 조성물 및 화장료 조성물은 신장암 세포의 성장을 억제하고 세포사멸을 유도하는 효과가 있어 신장암 치료 및 예방에 효과적으로 사용할 수 있다. — 특허공개 10-2012-0122407호, 주식회사 한국전통의학연구소 외 2

선갈퀴

꼭두서니과 / *Asperula odorata* L.

꼭두서니과의 여러해살이풀로, 중부 이북의 고산 지대 그늘진 곳에 자란다. 높이 30~40㎝ 정도로, 줄기는 곧게 서며, 땅속줄기가 옆으로 벋어 번식한다. 5~6월에 작고 하얀 꽃이 피고, 가을에 둥근 열매가 익는데, 마른 열매는 향기가 있어 맥주 향료로 쓰기도 한다.

한방에서는 뿌리를 제외한 식물체 전체를 '육엽률六葉葎'이라는 약재로 쓰는데, 이뇨利尿 · 진정鎭靜 · 소염消炎 효과가 있다. 약용식물로서의 연구가 부족한 미활용 자원식물이다.

약명/이명 육엽률六葉葎 / 선갈퀴, 수레갈키아재비, 건갈퀴아재비

고서古書 · 의서醫書에서 밝히는 효능

운곡본초학 지상부를 약용하는데 생약명은 육엽률이라 한다. 소염消炎, 이뇨利尿, 진정鎭靜의 효능이 있다.

생육 & 채취	
장 소	중부 이북의 그늘진 곳
시 기	봄~여름
부 위	지상부
손질법	햇볕에 말린다.

효용	
성 미	–
활 용	이뇨, 진정, 소염 효능이 있다.

연구 & 특허
● LOX 단백질과 NRAGE 단백질 사이의 정상적인 동시 발현 및 상호작용을 복구시키기 위한 물질

● ＬＯＸ 단백질과 ＮＲＡＧＥ 단백질 사이의 정상적인 동시 발현 및 상호작용을 복구시키기 위한 물질 : 본 발명은 LOX 단백질과 NRAGE 단백질 사이의 정상적인 동시 발현 및 상호 작용을 복구시키기 위한 물질에 관한 것이다. 특히, 본 발명은 특히 LOX 단백질과 NRAGE 단백질 사이의 상호작용이 없거나 변경된 경우에 세포 증식, 분화 및 세포자멸의 현상들 사이의 균형을 조절하기 위해서 LOX 단백질과 NRAGE 단백질 사이의 상호작용을 조정하는 조성물을 제조하는 데 있어서, 서열 1의 서열을 갖는 LOX의 발현 및 활성을 조정하고 서열 2의 서열을 갖는 NRAGE의 발현 및/또는 활성을 조정하는 유효량의 1종 이상의 물질(노루발풀, 선갈퀴아재비, 쑥 등의 추출물)의 용도에 관한 것이다. 본 발명은 특히 피부 노화, 편평 태선, 이식편-대-숙주 반응(GVH), 습진, 건선 및 기저세포형 또는 유극세포형의 암, 특히 상피 암, 더욱 특히 피부 상피암을 치료하거나 저해할 수 있게 한다. ― 특허공개 10―2008―0100333호, 바스프 뷰티 케어 솔루션즈 프랑스 에스에이에스(프랑스)

선갈퀴 꽃

선갈퀴

선갈퀴

선갈퀴

섬시호

산형과 / *Bupleurum latissimum Nakai*

산형과의 여러해살이풀로, 울릉도 바닷가 숲에서 자라는 우리나라 특산의 멸종 위기 식물이다. 키는 60㎝ 정도이고 식물 전체가 매끈하다. 7~8월에 황색의 꽃이 피는데, 시호류의 꽃들은 대체로 모양이 비슷하다.

섬시호 · 남시호 · 북시호 · 개시호 · 등대시호 등의 뿌리를 모두 '시호柴胡'라는 한약재로 이용하는데, 진통 · 해열 · 소염 효과가 있다.

약명/이명　시호柴胡 / 자호, 산채, 여초, 자초

고서古書 · 의서醫書에서 밝히는 효능

동의보감　소간해울疏肝解鬱, 소산퇴열疏散退熱, 승거양기升擧陽氣, 화해퇴열和解退熱의 효능이 있다.

특허 · 논문

● 섬시호로부터 사이코사포닌의 추출 방법 : 본 발명은 섬시호(*Bupleurum latissimum* Nakai)으로부터 사이코사포닌을 추출하는 방법에 관한 것으로

생육 & 채취	
장 소	전국 각지의 산과 양지바른 풀밭
시 기	늦가을. 이른 봄
부 위	뿌리
손질법	햇볕에 말린다.

효용	
성 미	맛은 맵고 쓰며 성질은 약간 차다.
활 용	해열. 진통. 소염 등의 효과가 있다.

연구 & 특허
● 섬시호로부터 사이코사포닌의 추출방법 ● 섬시호의 대량 증식 방법 　外 p.1008 참고

섬시호를 채취하여 세척, 건조시킨 후 분쇄하는 단계와; 상기 분쇄된 섬시호에 MeOH을 첨가하는 단계와; 상기 MeOH가 첨가된 섬시호를 50∼70℃에서 0.5∼1.5시간 동안 환류 추출하여 추출액을 수득하는 단계와; 상기 추출액을 상온까지 냉각시켜 여과하는 단계와; 상기 여과된 섬시호 추출액을 60℃인 수조에서 감압회전진공농축기로 농축하는 단계와; 상기 농축된 섬시호 추출액에 물을 넣고 용해시키는 단계와; 상기 용해된 섬시호 추출액을 분획 깔대기에 넣고 n-butanol을 첨가하여 용매층과 물층을 분리하는 단계와; 상기 분리된 물층을 n-butanol로 2회 반복 추출하는 단계와; 상기 분리된 n-butanol 용매층에 ethanol 또는 methanol을 첨가하여 7∼8회 농축시키는 단계로 구성된다. 본 발명에 의하면 섬시호로부터 고가의 약물인 사이코사포닌 등을 쉽게 추출할 수 있다. — 특허공개 10-2011-0106264호, 전라남도

※ 사이코사포닌은 피부노화 방지제 또는 뇌신경계 질환에 사용되며 신경세포돌기(neurite)에 대한 신생, 재생 작용에 효과가 있는 것으로 보고되고 있다. 상기 사이코사포닌은 신경세포의 축색돌기(axon) 및 수상돌기(dendrite)를 재생시킴으로써 신경세포 손상에 대한 보호 작용과 성장촉진 작용 및 신경세포의 재생 작용이 있으며, 흥분성 신경전달 물질인 글루타메이트glutamate) 의해 유발되는 신경세포의 사망이 억제 또는 지연되는 효과가 있는 것으로 보고되고 있다(위 특허명세서 배경 기술 참조).

● **섬시호의 대량 증식 방법** : 본 발명은 섬시호(*Bupleurum latissimum Nakai*)의 증식방법, 발아율 향상 방법 및 유용한 약리 활성의 추출 방법에 관한 것으로, 꽃대 자르기를 이용한 증식 방법과, 지베릴린 처리를 이용한 발아율 향상 방법 그리고 사포닌과 사이코사포닌의 추출 방법 등이 제시된다. 본 발명에 따르면 멸종 위기에 있는 섬시호의 발아율을 높여 우리나라 어디서나 증식을 가능하게 할 수 있고 고가의 약물인 사이코사포닌 등을 추출할 수 있는 경제적 효과도 기대된다. — 특허등록 제1110464호, 전라남도

섬시호 꽃

섬시호

섬시호

섬시호

소귀나무

소귀나무과 / *Myrica rubra* (Lour.) Siebold & Zucc.

소귀나무과의 상록교목으로, 우리나라 제주도 및 남해안 일부 지역, 일본과 타이완에서도 자란다. 키가 25m까지 자라며, 잎 모양이 소의 귀를 닮아 소귀나무라는 이름이 붙었다. 4월경에 꽃이 피고, 6~7월에 자잘한 돌기가 있는 열매가 암적색으로 익는데 즙이 많고 신맛이 나서 잼이나 술을 만든다.

나무껍질을 염료로 이용하거나 '양매피楊梅皮'라 하여 약용한다. 살충殺蟲 · 수렴收斂 · 해독解毒의 효능이 있다.

약명/이명 양매피楊梅皮 / 속나무

고서古書 · 의서醫書에서 밝히는 효능

동의보감 외상출혈, 개선, 협통, 아통, 산기, 질타손상, 골절, 토혈, 치혈, 붕루, 창양종통, 아감, 습진, 감모, 설사, 이질 등의 치료에 쓰인다.

특허 · 논문

● 약용 및 야생식물로부터 트롬빈 저해물질의 탐색 : 본 논문은 약용 및

생육 & 채취	
장 소	제주도 및 남해안 일부 지역
시 기	6~7월
부 위	나무껍질(약용) 열매(식용)
손질법	햇볕에 말린다.

효 용	
성 미	맛은 달고 시며 성질은 따뜻하다.
활 용	살충, 수렴, 해독의 효능이 있다.

연구 & 특허
● 약용 및 야생식물로부터 트롬빈 저해물질의 탐색 ● 제주 자생식물로부터 항산화 및 화장품 기능성 소재 탐색 外 p.1008 참고

야생식물로부터 트롬빈 저해물질의 탐색을 연구한 논문으로 주요 내용으로는 혈전 관련 질환 예방 및 혈류 개선 기능성 식품의 개발을 목표로, 안전성이 확보된 197종의 약용 및 야생식물의 다양한 부위로 부터 291종의 메탄올 추출물을 조제하여 트롬빈 저해 활성을 검색한 것을 근거로 최종적으로 선정된 소귀나무 잎 추출물은 513종의 약용식물, 야생식물 및 곡류의 다양한 부위에서 조제한 664종의 천연물 추출물 중 가장 강력한 항혈전 활성을 나타내어 소귀나무 잎 추출물의 활성 물질을 포함하는 심혈관 혈류개선 천연물 생약으로서의 개발 가능성을 시사하고 있다. — 안동대학교 식품영양학과 류희영 외 7. 생약학회지(2005. 12. 30.)

● 제주 자생식물로부터 항산화 및 화장품 기능성 소재 탐색 : 제주 자생식물 54종을 대상을 70% 메탄올로 추출하여, 총페놀 함량, DPPH radical 소거능, xanthine oxidase(XOD), tyrosinase 저해 활성을 측정한 후, 생리 활성이 높은 5가지 식물을 선정하여 고압 유기용매(100% 메탄올, 13.6 MPa, 40도C)로 추출하여 DPPH, tyrosinase, elastase 저해 활성을 측정하였다. 70% 메탄올 추출물의 총페놀 함량은 새우나무, 이질풀, 아그배나무, 자금우, 짚신나물이 250㎎ GAE/g 이상으로 높은 함량을 나타내었다. DPPH radical 소거 활성은 백량금이 94.1%로 가장 높았다. DPPH radical 소거 활성과 총페놀 함량 사이에는 높은 상관관계를 나타내었다. Tyrosinase 저해 활성은 이삭여뀌, 붉나무, 사방오리나무, 소귀나무가 85% 이상을 나타내었으며, XOD 저해 활성은 이삭여뀌와 소귀나무가 90% 이상을 나타내었다. 고압 유기용매 추출물은 70% 메탄올 추출물과 마찬가지로 DPPH 소거능과 tyrosinase 저해 활성이 높았다. Tyrosinase 와 elastase의 저해 활성에 대한 IC_{50}은 자금우가 각각 802와 88ppm이었고, 소귀나무가 각각 959와 66 ppm이었다. — 제주대학교 식품생명공학과 현선희 외 5. 한국식품과학회지(2007. 4)

소귀나무 열매

소귀나무 새순

소귀나무 꽃

소귀나물

택사과 / *Sagittaria sagittifola subsp. leucopetala var. edulis (Schltr.) Rataj*

택사과의 여러해살이풀로, 물가나 습지에서 자란다. 중국이 원산지로, 관상용으로 심는다. 키는 50~70㎝ 정도이고, 땅속줄기가 옆으로 뻗으며 끝에 덩이줄기가 달리는데, 이를 식용하거나 약용한다. 8~9월에 흰색의 꽃이 피고 둥근 열매는 녹색으로 익는다. 잎의 모습이 소의 귀를 닮아 '소귀나물'이라고도 부른다.

지상부를 '야자고野慈姑'라 부르며 약용한다. 보풀의 지상부도 야자고로 이용한다.

약명/이명 야자고野慈姑 / 쇠귀나물, 속고나물, 자고慈姑, 우이채牛耳菜

고서古書·의서醫書에서 밝히는 효능

운곡본초학 야자고野慈姑는 소종消腫, 양혈凉血, 청열淸熱, 해독解毒의 효능이 있고, 각막백반角膜白斑, 산후혈민産後血悶, 태의불하胎衣不下, 대하帶下, 붕루崩漏, 육혈衄血, 구혈嘔血, 해수담혈咳嗽痰血, 임탁淋濁, 창종瘡腫, 목적종통目赤腫痛, 나력瘰癧, 고환염睾丸炎, 골막염骨膜炎, 독사교상毒蛇咬

생육 & 채취	
장 소	물가나 습지
시 기	여름~가을
부 위	지상부(식용 또는 약용)
손질법	햇볕에 말린다.

효용	
성 미	맛은 달고 매우며, 성질은 차다. 약간의 독이 있다.
활 용	소종, 양혈, 청열, 해독의 효능이 있다.

연구 & 특허
● 자생 수생식물의 인공 연못에의 이용성 평가 外 p.1008 참고

傷을 치료한다.

특허 · 논문

● **자생 수생식물의 인공 연못에의 이용성 평가** : 인공연못 녹화를 위해 국내 11개 연못에서 수집한 84종의 자생 수생식물을 6m×3m×1.5m 크기의 인공 연못에 식재하여 12개월간 생장시킨 후 관상 가치가 뛰어나고, 체내 N, P함량이 많아 수질 정화용으로 이용 가능성이 높을 것으로 예상되는 종을 선발하였다. 체내 N 함량이 높은 종은 마름, 어리연꽃, 수련, 벗풀, 물수세미였으며, P함량은 물옥잠, 벗풀, 소귀나물에서 높았다. 생태연못 조성에 이용할 수 있는 종으로 4월에 5종, 5월 19종, 6월 23종, 7월 32종, 8월 31종, 9월 28종, 10월 26종을 각각 선발하였다. 연못의 pH는 22개월 동안 6.8~7.6 수준이 유지되었으며, EC는 식물 생장기인 봄과 여름에는 비교적 낮았으나 가을로 갈수록 높았다. 인공 조성 연못의 1년 경과 후 식생은 당초 78종(Potamogeton octqandrus, Salvinia natans, Potamogeton malaianus etc.)에서 38종(Scirpus tarbernaemontani, Scirpus karuizawensis, Scirpus triqueter etc)으로 감소되었으며, 종 다양성 면에서 종수는 38종, 총 개체 수는 1,437개, 종 풍부성 지수는 11.72, 최대 다양성 지수는 0.97로 나타나 인공연 못이 비교적 안정되게 유지되었다. — 김귀순. 화훼연구제16권 제1호(2008. 3.)

소귀나물 꽃

소귀나물 꽃

소귀나물

소나무겨우살이[송라]

송라과 / *Usnea longissima*

히말라야 등 안개가 잘 끼는 습한 고산 지대의 나무 줄기나 가지에 자생하며, 우리나라에는 강원도 고산 지대의 분비나무 등의 침엽수에 실처럼 달려서 자란다.

소나무겨우살이는 지의류 즉 이끼의 일종이며, 소나무겨우살이 등 지의류에 함유되어 있는 우스닉산(Usnic acid(UA) 즉, 2,6-diacetyl-7,9-dihydroxy-8,9b-dimethyl-di-benzofuran-1,3[2H,9bH]-dione는 Staphylococcus aureus(S. aureus)의 세포벽 투과성물질) 성분은 살균력이 강한 천연의 항생 물질이며, 고혈당에 대한 혈당 강하 효과도 있다(한국해양연구원 특허등록 제957203호 참조).

소나무겨우살이는 고산 일부 지역에만 자생하여 채취가 힘들고, 개체 수가 많지 않으므로 약용자원으로서의 연구는 많지 않다.

약명 송라松蘿

생육 & 채취	
생육장소	강원도 고산 지역의 침엽수
시 기	가을~봄
부 위	줄기(약용)
손질법	햇볕에 말린다.

효용	
성 미	맛은 달거나 쓰고 떫으며, 성질은 서늘하고 독이 약간 있다.
활 용	암, 고혈압, 두통, 외상 출혈, 고열 등에 쓰인다. 살균 작용을 한다.

연구 & 특허
● 송라 추출물을 함유하는 피부 외용제 조성물

동의보감 소나무겨우살이의 생약명은 송라松蘿이다. 송라는 구충驅蟲, 발독생기拔毒生肌, 서근활락舒筋活絡, 청열해독淸熱解毒, 화담지해化痰止咳의 효능이 있고, 나력瘰癧, 변혈便血, 담열온학痰熱溫瘧, 해천咳喘, 폐로肺癆, 두통頭痛, 목적운예目赤雲翳, 옹종창독癰腫瘡毒, 유옹乳癰, 탕화상湯火傷, 독사교상毒蛇咬傷, 풍습비통風濕痺痛, 질타손상跌打損傷, 골절骨折, 외상출혈外傷出血, 토혈吐血, 붕루崩漏, 월경부조月經不調, 백대白帶, 회충병蛔蟲病, 흡혈충병吸血蟲病을 치료한다. 맛은 달거나 씁쓸하고 떫다. 독이 약간 있으며 성질은 서늘하다.

특허 정보

● 송라 추출물을 함유하는 피부 외용제 조성물 : 본 발명은 송라(*Usnea longissima*) 추출물을 유효성분으로 함유하는 피부 외용제 조성물에 대한 것이다. 발명자들은 미백, 보습, 노화에 효과적인 새로운 천연 물질에 대해 연구한 결과, 송라 추출물이 피부 미백, 보습, 노화에 효과가 있음을 발견하고 본 발명을 완성하였다. — 특허공개 10-2011-0067994호, 주식회사 아모레퍼시픽

소나무겨우살이

소나무겨우살이

소나무겨우살이 술

소사나무

소사나무

자작나무과 / *Carpinus turczaninowii Hance*

자작나무과의 낙엽활엽소교목으로, 우리나라 중부 이남의 바닷가 근처 산지에서 자란다. 키는 10m 정도 자라고, 여러 줄기가 올라와 약간 구불구불하게 자란다. 5월에 꽃이 피고 10월에 달걀 모양의 열매가 익는다. 뿌리껍질을 '대과천금大果千金'이라 하여 약용한다.

약명/이명 대과천금大果千金 / 산서나무, 서나무, 섬소사나무

고서古書 · 의서醫書에서 밝히는 효능

운곡본초학 활혈소종活血消腫, 이습통림利濕通淋의 효능이 있어서 타박손상打撲損傷, 옹종癰腫, 노권勞倦, 임증淋證을 치료한다.

특허 · 논문

● 소사나무 가지로부터 항산화 및 항염 활성 성분 규명 : 제주에 자생하는 소사나무 가지 추출물 및 분획 물의 다양한 생리 활성을 검색하고, 화합물을 분리 · 동정하였다. 또한 분리된 화합물들의 항산화 및 항염 활

생육 & 채취	
장 소	중부 이남의 바닷가 근처 산지
시 기	상시
부 위	뿌리껍질, 줄기껍질
손질법	햇볕에 말리거나 생것을 쓴다.

효용	
성 미	맛은 담담하고 성질은 평하다.
활 용	활혈소종, 타박상, 옹종 등을 치료한다.

연구 & 특허
● 소사나무 가지로부터 항산화 및 항염 활성 성분 규명 外 p.1008 참고

성에 대한 천연 소재로서의 이용 가능성을 알아보고자 본 연구를 진행하게 되었다. 소사나무 70% 에탄올 추출물을 용매의 극성 순서에 따라 순차적으로 분획하여 n-hexane, ethyl acetate, n-butanol, water layer를 얻었다. 이들 중 ethyl acetate 분획물에 대해 vacuum liquid chromatography(VLC), 순상 silica gel chromatography, sephadex LH-20 chromatography를 수행하여 화합물을 분리하였다. 분리된 화합물의 구조는 1D, 2D NMR을 이용하여 확인하였고, 문헌과 비교하여 총 8개의 화합물을 분리, 동정하였다. 분리된 화합물은 β-sitosterol(1), daucosterol(2), betulinic acid(3), pyracrenic acid(4), carpinontriol B(5), carpinontriol A(6), afzelin(7), quercitrin(8)으로 확인되었다.

항산화 활성 검색에서 추출물 및 분획물에 대한 총 폴리페놀 함량과 플라보노이드 함량 측정 실험 결과, ethyl acetate layer에서 시료 100mg당 총 폴리페놀(43.7mg GAE/100 mg) 및 플라보노이드(29.4mg quercetin/100mg) 함량이 가장 높았다. DPPH radical 및 ABTS radical cation 소거 활성 실험에서는 추출물, ethyl acetate 및 n-butanol layer에서 좋은 소거 활성을 보였다. 분리된 화합물의 DPPH radical 소거 활성 실험에서는 compound 4, 8의 SC50 값이 각각 55.2μM, 62.4μM로 대조군인 vitamin C(43.5μM)와 유사한 활성이 있음을 확인하였다. 그리고 ABTS radical cation 소거 활성 실험에서는 compound 4, 5, 6, 8의 SC50 값이 각각 34.1μM, 42.1μM, 45.8μM, 29.6μM로 대조군인 vitamin C에 비해 좋은 활성을 나타내었다. 항염 활성 검색에서 추출물 및 분획물에 대한 RAW 264.7cell을 이용한 NO 생성 억제 실험에서는 추출물, ethyl acetate, n-butanol layer에서 세포독성 없이 NO 생성을 억제하는 것을 확인하였다. 분리된 화합물의 항염 실험에서는 compound 5, 6이 세포독성 없이 NO 생성을 억제하는 것을 확인할 수 있었으며 염증성 cytokine인 IL-6역시 농도 의존적으로 감소되는 것을 확인할 수 있었다. 이상의 연구 결과를 바탕으로 소사나무 가지를 이용한 천연 항산화제 및 항염 소재로서의 개발 가능성을 확인할 수 있었다. — 제주대학교 고하나 석사학위논문(2012)

소사나무 꽃

소사나무 꽃

소사나무

소사나무

소철

소철과 / *Cycas revoluta* Thunb.

소철과의 상록관목으로, 중국 동남부, 일본 남부 등 아열대 지방이 원산지이다. 내한성이 약하므로 우리나라에서는 주로 실내에서 화분으로 가꾸고, 제주도에서는 뜰에 심기도 한다. 중생대 쥐라기에는 지구 전 지역에 퍼져 있었다는 식물종으로, '살아 있는 화석(living fossil)'이라고도 한다. 소철은 암수가 구별되는 식물로, 8월에 둥근 형태의 손바닥처럼 생긴 황갈색 암꽃이 드물게 피고, 열매가 분홍색으로 익는다. 긴 솔방울 모양의 수꽃은 노란색으로 피었다가 갈색으로 진다. '소철'이라는 이름은 철분을 주면 튼튼하게 자란다 하여 붙여진 이름이다.

종자는 식용하며, 한방에서는 통경·지사·중풍·늑막염·임질 등에 약재로 쓰기도 한다.

익은 열매는 식용하고, 식물체에서 녹말을 채취한다고 하지만 소철은 독성이 있고 발암성 물질이 있다고 보고된 식물이다. 잎, 줄기, 열매에 발암물질인 사이카신 알칼로이드 및 유독 물질인 메틸아족시메탄올 등이 다량 함유되어 있는 독초이지만, 의약용으로도 이용될 수 있다.

생육 & 채취	
장 소	제주도
시 기	10~11월
부 위	종자(식용, 약재) 열매(식용)
손질법	햇볕에 말린다.

효용	
성 미	맛은 달고 시며 성질은 약간 따뜻하다.
활 용	통경, 지사, 중풍, 임질 등에 쓰인다.

연구 & 특허

● The lectin from leaves of Japanese cycad, Cycas revoluta Thunb. (gymnosperm) is a member of the jacalin-related family, Department of Biochemical Science and Technology

※ p.1008 참고

약명/이명 봉미초엽鳳尾蕉葉 / 철수鐵樹 · 피화초避火蕉 · 풍미초風尾蕉

고서古書 · 의서醫書에서 밝히는 효능

운곡본초학 소철 잎의 생약명은 봉미초엽鳳尾蕉葉이라고 한다. 봉의꼬리도 봉미초鳳尾草라고 하는데, 소철의 봉미초엽鳳尾蕉葉과는 한자를 달리 한다. 봉미초엽은 이기, 활혈의 효능이 있고, 외상출혈外傷出血, 질타손상跌打損傷, 경폐經閉, 토혈吐血, 변혈便血, 이질痢疾, 종독腫毒, 간위기체동통肝胃氣滯疼痛을 치료한다.

특허 · 논문

● The lectin from leaves of Japanese cycad, Cycas revoluta Thunb. (gymnosperm) is a member of the jacalin-related family, Department of Biochemical Science and Technology : A novel lectin was isolated from leaves of the Japanese cycad, Cycas revoluta Thunb. (gymnosperm), and its characteristics including amino acid composition, molecular mass, carbohydrate binding specificity and partial amino acid sequences were examined. The inhibition analysis of hemagglutinating activity with various sugars showed that the lectin has a carbohydrate-binding specificity similar to those of mannose recognizing, jacalin-related lectins. Partial amino acid sequences of the lysylendopeptic peptides shows that the lectin might have a repeating structure and belong to the jacalin-related lectin family. — Faculty of Agriculture, Kagoshima University, Kagoshima, Japan, Fumio Yagi 외 3, 2002

소철 암꽃

소철 열매

소철 수꽃

소철

소태나무

소태나무과 / *Picrasma quassioides* (D.Don) Benn.

소태나무과의 소교목으로, 우리나라 · 일본 · 중국 · 인도 등지에 분포한다. 키는 10m 정도이며, 5~6월에 황록색 꽃이 피고, 8~9월에 열매가 붉은색으로 익는다. 소태나무란 이름은 잎과 나무속껍질이 소의 태처럼 지독히 쓴맛이 나는 것에서 유래했는데, 실제로 나무껍질에는 콰시인 quassin 성분이 함유되어 있다.

　나무껍질과 뿌리, 열매를 위장질환 · 소화불량 · 식욕부진 등에 약용한다. 민간에서는 끓인 물을 살충제로 이용한다.

약명/이명　고목창苦木瘡 / 쇠태

고서古書 · 의서醫書에서 밝히는 효능

운곡본초학　소태나무 껍질을 '고목창苦木瘡'이라고 하는데 살충殺蟲, 소염消炎, 소종消腫, 조습燥濕, 지통止痛, 청열淸熱, 해독解毒하는 효능이 있다. 임산부는 복용하면 안 된다.

생육 & 채취	
장 소	비탈진 골짜기나 양지바른 바위
시 기	봄. 가을
부 위	나무껍질. 열매
손질법	햇볕에 말린다.

효용	
성 미	맛은 쓰고 성질은 차다.
활 용	살충, 소염, 습진, 아토피 등에 쓰인다.

연구 & 특허
● 생약 추출물을 함유하는 아토피 피부용 한방 화장료 조성물 ● 소태나무 추출액을 이용한 간암과 간경화 및 지방간 치료제품 및 그 제조 방법 ※ p.1008 참고

● **생약 추출물을 함유하는 아토피 피부용 한방 화장료 조성물** : 본 발명은 아토피 피부염의 가려움증 및 염증 완화, 예방 및 치료를 위한 천연 한방 생약 조성물 또는 화장료에 관한 것으로, 본 발명에 따르면, 우엉을 주성분으로 하고, 선택적 성분으로서 금은화, 소태나무, 인진쑥 및 자소엽 성분을 포함하는 생약 조성물로서 아토피 질환을 겪는 환자를 위한 화장료로 제공되며, 본 발명은 아토피 질환을 겪는 환자에 있어서 가려움증을 완화시키며, 보습성과 항염증 및 면역 기능을 상승시킴으로서 아토피 피부염의 근본적인 병인을 줄이고 지속적으로 발생하는 요인을 차단함으로써 다양한 연령대의 아토피 환자가 사용할 수 있는 인체에 안전한 화장료로서 가려움증과 염증 완화 및 예방과 치료에 유용하다. — 특허등록 제905386호, 주식회사 녹십자 외 1

● **소태나무 추출액을 이용한 간암과 간경화 및 지방간 치료제품 및 그 제조 방법** : 본 발명은 간암, 간경화, 지방간 등에 효과가 있는 서목태, 구연산 및 버섯 추출물을 함유한 제품에 관한 것이다. 본 발명의 주 첨가물로서 간암, 간경화, 지방간에 효과가 있는 서목태 분말, 구연산, 소태나무, 산뽕나무(구찌뽕), 벌나무(산청목) 추출물과 운지버섯, 상황버섯 추출물로 이루어진 군으로 인체 내 노폐물을 배설하는 추출물과 보조 첨가물로서 간질환과 관련된 성인병을 예방하고 체력을 증진시켜 주는 순수 천연 재료를 이용한 제조 방법이다. 본 발명의 제품은 인체 내 노폐물을 배설하여 체력을 활성화시켜 간암, 간경화, 지방간에 탁월한 효능이 있는 것이다. — 특허공개 10-2008-0055771호, 권**

소태나무

소태나무 어린순

소태나무

속단

꿀풀과 / *Phlomis umbrosa Turcz.*

꿀풀과의 여러해살이풀로, 우리나라 전역의 높은 산지의 습기 많은 반그늘에 자생한다. 키는 1m 정도로, 네모난 줄기는 곧게 자라고 식물 전체에 잔털이 있다. 뿌리에 큰 덩이뿌리가 3~4개 달린다. 7월에 붉은 꽃이 피고, 10월에 열매가 익는다.

어린잎은 나물로 먹고, 덩이뿌리를 '속단續斷'이라는 약재로 쓰는데, 이름은 뼈가 부러진 것을 이어 준다는 뜻으로, 골절에 효과가 크다. 알칼로이드 · 정유 · 비타민 E 등이 들어 있는데, 약성은 온화하고 맛이 쓰다. 관절염이나 류머티즘에 효능이 있다.

약명/이명 속단續斷 / 속절屬折, 접골接骨, 용두龍豆, 남초南草, 토속단土續斷, 산소자山蘇子

고서古書 · 의서醫書에서 밝히는 효능

본초강목 속단續斷, 속절屬折, 접골接骨이라는 명칭은 모두 효능에 따라 명명한 것이다.

생육 & 채취	
장 소	전국의 습기 많은 반그늘
시 기	가을
부 위	어린잎(나물) 뿌리, 지상부(약재)
손질법	가을에 뿌리를 캐어 햇볕이나 밝은 그늘에서 말린다.

효용	
성 미	맛은 짜고 성질은 평하다.
활 용	관절염, 류머티즘 치료에 쓰인다.

연구 & 특허
● 탈모방지 또는 발모촉진용 조성물 ● 한약재 추출물을 유효성분으로 함유하는 자궁근종 치료용 약학조성물 ☞ p.1008 참고

● 탈모 방지 또는 발모 촉진용 조성물 : 본 발명은 금불초 추출물, 길경 추출물, 백하수오 추출물 및 속단 추출물로 구성된 군으로부터 선택되는 식물 추출물을 유효성분으로 포함하는 탈모방지 또는 발모 촉진용 조성물에 관한 것이다. 본 발명의 조성물은 탈모 방지 및 발모 활성이 탁월할 뿐만 아니라, 인체에 매우 안전하다. — 특허등록 제974289호, 주식회사 내추럴엔도텍

● 한약재 추출물을 유효성분으로 함유하는 자궁근종 치료용 약학 조성물 : 본 발명은 속단, 현호색, 오령지, 봉출, 육계 및 반지련으로 이루어진 군에서 선택된 어느 하나 또는 둘 이상의 한약재 추출물을 유효성분으로 함유하는 자궁근종 치료용 약학 조성물에 관한 것으로, 이러한 한약재 추출물은 부작용이 적으면서도 근종조직과 근종세포의 성장을 억제함으로써 안전한 자궁근종 치료제로 사용 가능하다. — 특허등록 제1103481호, 영남대학교 산학협력단

● 속단 추출물을 유효성분으로 포함하는 지질 관련 심혈관 질환 또는 비만의 예방 및 치료용 조성물 : 본 발명은 속단(*Dipsacus asperoides*) 추출물을 유효성분으로 함유하는 지질 관련 심혈관 질환 또는 비만의 예방 및 치료용 조성물에 관한 것으로, 보다 상세하게는 물, 알코올 또는 이들의 혼합물을 용매로 하여 추출되는 속단 추출물을 유효성분으로 함유하는 지질 관련 심혈관 질환 또는 비만의 예방 및 치료용 조성물에 관한 것이다. 본 발명의 추출물은 고지방 식이에 의한 체중 증가 및 체지방 증가를 억제하고, 지방 분해 및 열대사를 촉진하며, 혈중 지질인 트리글리세라이드(triglyceride), 총 콜레스테롤(total cholesterol)을 낮춤으로써 비만 증상을 개선하므로, 지질 관련 심혈관 질환 또는 비만의 예방 또는 치료제, 또는 상기 목적의 건강식품으로 유용하게 사용될 수 있다. — 특허등록 제1157214호, 사단법인 진안군친환경홍삼한방산업클러스터사업단

속단

속단

속단

● **불면증 예방 또는 치료용 조성물** : 본 발명은 속단 추출물, 원지 추출물 또는 속단 추출물과 원지 추출물의 혼합물을 유효성분으로 포함하는 불면증 예방 또는 치료용 조성물에 관한 것이다. 본 발명은 새로운 천연 불면증 치료제로서 속단 및 원지 추출물을 제시하며, 특히, 속단 및 원지 추출물을 동시에 이용하는 경우에는 수면 상태를 정상적으로 회복시킬 수 있다. 본 발명의 불면증 치료제는 종래부터 한약재로 이용되었던 것으로서, 인체에 안전하다. — 특허등록 제1106110호, 주식회사 내추럴엔도텍

● **천연 추출물을 포함하는 인슐린 분비 촉진을 통한 혈당 저하용 건강 식품 조성물** : 본 발명은 천연 추출물을 포함하는 인슐린 분비 촉진용 조성물에 관한 것으로서, 보다 상세하게는 속단 추출물, 백하수오 추출물 및 건강 추출물 중 하나 이상을 포함하는 인슐린 분비 촉진용 조성물 및 당뇨병 치료용 약제학적 조성물에 관한 것이다. 본 발명은 속단 추출물, 백하수오 추출물 및 건강 추출물 중 하나 이상을 포함하는 인슐린 분비 촉진용 조성물, 약제학적 조성물 및 건강 식품 조성물을 제공한다. 본 발명의 조성물은 천연의 추출물로서, 종래의 혈당 강하제에 비하여 신장 독성, 간 독성, 저혈당 또는 대사 이상과 같은 부작용이 거의 없으면서도 우수한 인슐린 분비 촉진 효과 및 혈당 강하 효과를 나타내고 당뇨병 치료제로 유용하게 사용될 수 있으며, 불순물이 거의 없고 유효성분의 함량이 높다. — 특허등록 제406837호, 주식회사 내추럴엔도텍

● **에스트로겐 분비 촉진 및 여성 생식기 조직 세포 재생을 위한 조성물** : 본 발명은 에스트로겐 분비 촉진 및 생식기 조직 세포 재생을 위한 조성물에 관한 것으로서, 보다 상세하게는 길경 및 백하수오 추출물 중 하나 이상 및 속단 추출물을 포함하는 폐경기 여성의 에스트로겐 분비 촉진 및 생식기 조직 세포 재생을 위한 조성물에 관한 것이다. 본 발명은 길경 추출물 및 백하수오 추출물 중 하나 이상 및 속단 추출물을 포함하는 에스트로겐 분

비 촉진용 조성물, 약제학적 조성물 및 건강 식품 조성물을 제공한다. 본 발명의 조성물은 천연의 추출물로서, 종래의 호르몬 대체 요법에 사용되는 에스트로겐 대체제에 비하여 암 발생과 같은 부작용이 거의 없으면서도 우수한 에스트로겐 분비 촉진 효과 및 여성 생식기 조직 세포 재생 및 증식 효과를 나타내어 에스트로겐의 분비가 부족한 폐경기 이후 여성들의 다양한 증상에 적용할 수 있으며, 불순물이 거의 없고 유효성분의 함량이 높다.
— 특허등록 제382040호, 주식회사 내추럴엔도텍

● 치조골 골수 유래 성체 줄기세포의 골아세포 분화 방법 : 본 발명은 치조골 골수 유래 성체 줄기세포의 골아세포 분화 방법으로, 보다 상세하게는 치조골 골수에서 분리한 성체 줄기 세포에 골분화 유도제, 즉 속단 디클로로메탄 분획물 또는 마이크로-마크로 구조의 이상성 인산 칼슘염을 처리하는 골아세포 분화 방법에 관한 것이다. 본 발명에서 속단 디클로로메탄 분획물과 마이크로-마크로 구조의 이상성 인산 칼슘염을 치조골 골수 유래 성체 줄기세포에 처리한 결과 안정성이 증대되고 골분화가 촉진되는 효과를 나타냄으로서 치주조직 및 골 조직 재생을 위한 임상 적용에 유용하다. — 특허등록 제759388호, 유**

● 피부 상태 개선용 조성물 : 본 발명은 길경 추출물, 백하수오 추출물, 속단 추출물 또는 이의 혼합물을 포함하는 피부 상태 개선용 조성물에 관한 것이다. 본 발명의 조성물은 피부 상태, 특히 피부 노화를 억제 또는 치료하는 데 매우 유효하며, 유효성분으로 이용되는 성분들이 종래에 한약재로 이용되는 것이기 때문에 인체에 대하여 안전하다. 또한, 본 발명의 조성물은 경구 투여하는 경우에도 피부 노화를 억제하는 활성을 나타내어 식품으로 개발하는 경우에도 매우 유리하다. — 특허등록 제959545호, 주식회사 내추럴엔도텍

속단

속단

속단

속수자

대극과 / *Euphorbia lathyris* L.

대극과의 두해살이풀로, 지중해 또는 서남아시아가 원산지이며, 우리나라에서는 심어 가꾼다. 키는 1m 정도이고 전초에 털이 없고 매끈하다. 6~7월경 잎겨드랑이에서 황백색의 작은 꽃이 피며, 열매는 꽃에 비해 크게 달린다. 식물 전체에 독이 있어서 잘린 면에서 나오는 흰 수액이 피부에 닿으면 수포성 물집이 생긴다.

종자를 '속수자續隨子'라고 부르며 약으로 쓰는데, 소변을 잘 나오게 하고 부기를 가라앉히며 기생충을 구제하는 효능이 있다. 맛은 맵고, 약성은 따뜻하다. 중국 약전에는 천금자千金子로 되어 있다.

약명/이명 속수자續隨子, 천금자千金子 / 연보聯步

고서古書 · 의서醫書에서 밝히는 효능

본초강목 수종을 내리는 데 가장 빠르다. 그러나 독이 있어서 사람을 상하게 하므로 너무 많이 쓰지 말아야 한다.

생육 & 채취	
장 소	재배
시 기	여름
부 위	종자
손질법	껍질을 버리고 기름을 뺀다.

효용	
성 미	맛은 맵고 성질은 따뜻하며 독이 있다.
활 용	이뇨 작용. 부기를 가라앉게 하고 살충의 효능이 있다.

연구 & 특허
● 각질 박리 촉진제 및 이를 유효성분으로 함유하는 의약품 또는 화장료 ● 마약과 향정신성 약물중독의 해독제 및 그 제조 방법 外 p.1008 참고

● 각질 박리 촉진제 및 이를 유효성분으로 함유하는 의약품 또는 화장료 : 본 발명은 지금까지 알려진 각질 박리 물질인 알파하이드록시산(AHA), 트리클로로아세틱산 등의 부작용이나 안정성 문제를 극복하여 독성이 없고 안정성이 좋으며, 기존의 물질들보다 각질 박리 효과가 우수한 각질 박리 촉진제로서, 속수자 등에서 분리된 5,15-디아세톡시-3-페닐아세톡시-14-옥소라티라디엔-6(17)-에폭사이드(Euphorbia factor L1) 및 5,15-디아세톡시-3,7-디벤조일옥시-14-옥소라티라디엔(Euphorbia factor L2)으로 이루어진 군으로부터 선택된 1종 이상의 화합물을 제공한다. — 특허등록 제613266호, 주식회사 엘지생활건강

● 마약과 향정신성 약물중독의 해독제 및 그 제조 방법 : 본 발명은 마약과 향정신성 약물 중독을 해독하는 해독제에 관한 것이다. 특히 아편, 마리화나, 코카인 및 헤로인과 같은 마약류나 향정신성 약물의 중독(이하 약물중독이라고 함)을 해독하는 해독제로서, 약물중독에 따른 설사, 복통, 중풍, 황달, 피부염, 위통, 어루러기, 두통, 변비, 근육마비, 소갈, 귀울림, 홍분, 불안 등을 해소하기 위해 산자고, 산두근, 대극, 속수자, 천산갑, 당귀, 천궁, 지황, 백작약의 혼합물을 수회 알콜로 추출한 후 그 추출액을 농축 건조하여 분말화한 것에 인삼과 산조인의 분말을 첨가한 것으로 구성된 통상의 약물중독의 해독제의 제조에 있어서, 상기한 약물 중독에 따른 각종 증상을 해소시켜 주는 약제중에 종양 치료나 화농성 치료에 사용되는 산자고와 해열 및 이뇨 작용이 있는 천산갑을 제외하는 대신에 지구자와 백모근을 첨가함으로써 지구자에 의해 약물중독자의 구갈, 구토 및 수족경련의 치료 효과가 탁월하고 백모근에 의해 소변불리, 간염, 황달, 구역질 치료 및 제거에 탁월한 효과가 있어서 해독제로서 탁월한 기능을 갖도록 한 해독제 및 그것을 제조하는 방법을 제공하는 것이다. — 특허등록 제672251호, 조** 외 1

속수자

속수자

속수자

솔나물

꼭두서니과 / *Galium verum var. asiaticum Nakai*

꼭두서니과의 여러해살이풀로, 우리나라 전역의 산지 양지바른 풀밭에 자생하는데, 무덤 주변에서 잘 자란다. 키는 70~100㎝정도이고, 잔털이 있는 줄기가 곧게 자라면서 끝부분에서 잔가지가 갈라진다. 6~8월에 잎겨드랑이와 줄기 끝에서 노란색의 꽃이 핀다.

어린순은 나물로 먹고, 꽃을 포함한 전초를 '봉자채蓬子菜'라 하여 약으로 쓴다. 유사종인 꼬리솔나물·털솔나물·왕솔나물·흰솔나물 등도 함께 약으로 쓰이고 있다.

약명/이명　봉자채蓬子菜 / 큰솔나물, 황미화黃米花, 황우미黃牛尾, 월경초月經草

고서古書·의서醫書에서 밝히는 효능

운곡본초학　지양止痒, 행혈行血, 청열해독清熱解毒 효능이 있고, 복수腹水, 인후종통咽喉腫痛, 창절종독瘡癤腫毒, 질타손상跌打損傷, 부녀경폐婦女經閉, 대하帶下, 독사교상毒蛇咬傷, 담마진蕁麻疹, 간염肝炎, 도전피염稻田皮炎

생육 & 채취	
장 소	전국의 양지바른 풀밭
시 기	6~8월
부 위	전초
손질법	햇볕에 말린다.

효용	
성 미	맛은 쓰고 담담하며 성질은 약간 차다.
활 용	지양, 행혈, 청열해독의 효능이 있다.

연구 & 특허
● 약초 추출물을 함유하는 저자극성 화장료 조성물
● 고등식물에 함유된 약품자원물질의 조사연구

을 치료한다.

특허 · 논문

● **약초 추출물을 함유하는 저자극성 화장료 조성물** : 본 발명은 현호색, 산해박, 댕댕이덩굴, 새모래덩굴, 한방기, 약전동싸리, 전동싸리, 땃드릅, 두릅나무, 석잠풀, 독 뿌리풀, 솔나물, 마타리, 바구니나물 및 석창포로 구성되는 그룹에서 선택되는 1종의 약초 추출물 또는 2종 이상 혼합된 약초 추출물을 조성물 총 중량에 대하여 0.001~10중량% 포함하여 이루어지는 저자극성 화장료 조성물에 관한 것이다. 본 발명에 따르면, 피부 발진, 피부 알러지 등의 부작용이 적어 가려움증 예방 및 자극 완화에 유용한 천연 약초 추출물을 함유하는 저자극성 화장료 조성물을 얻을 수 있다. — 특허등록 제454150호, 나드리화장품 주식회사

● **고등식물에 함유된 약품자원 물질의 조사 연구** : 한국에 자생 또는 재배되는 식물의 함유성분을 검색하여 천연약품 자원 발굴에 대한 정보를 얻고자 전보에 이어 72종의 식물에 대하여 iridoid, flavonoid, froth test 및 Libermann-Burchard 반응을 이용한 saponin, alkaloid 등을 검색하였다. Iridoid 검색 반응을 제외하고는 모두 자료식물의 메탄올 엑기스를 시료로 사용하였다. 자료식물 72종 중 iridoid 양성식물은 쐐기풀, 지칭개, 다래의 잎, 좁쌀풀, 솔나물, 차풀 등 28종이고 alkaloid 양성식물은 피나물, 세모래덩굴, 회양목, 꿩의다리, 눈괴불주머니, 물레나물의 6종이며 포말시험에 양성인 식물은 동의나물, 바디나물, 쐐기풀, 지칭개, 냉이, 냉초, 동자꽃 등 36종이며 Liebermann-Burchard 반응에 양성인 식물은 피나물, 완두, 눈괴불주머니, 연전초, 솔나물뿌리, 파리풀, 차풀 등 31종이었다. — 지형준 외 1. 생약학회지(1982)

솔나물

솔나물 꽃

솔나물

솔비나무

콩과의 낙엽활엽소교목으로, 제주도의 한라산 오름 지역에 자생하는 우리나라 특산종이다. 제주도에서는 '솔피낭'이라고 한다. 키는 8m에 이르며, 7~8월에 황백색의 꽃이 핀다. 열매는 긴 타원형 모양으로 꽁깍지처럼 달린다.

아까시나무나 다릅나무의 잎과 비슷하지만 나무껍질이 갈라져 있어서 질감이 거칠다.

이명 솔피낭(제주)

특허 · 논문

● 항산화 및 미백 효과를 갖는 솔비나무 추출물을 함유하는 화장료 조성물 : 본 발명은 솔비나무 추출물을 함유하는 화장료 조성물에 관한 것으로, 구체적으로 본 발명의 추출물은 멜라닌(melanin) 생합성에 관여하는 티로시나제(tyrosinase)에 대한 탁월한 저해 활성을 가져 멜라닌 생성을 억제하며, 또한 탁월한 자유라디칼 소거능을 가지므로 항산화 및 미

생육 & 채취	
장 소	한라산 일대
시 기	–
부 위	–
손질법	–

효 용	
성 미	–
활 용	항산화 작용

연구 & 특허
● 항산화 및 미백 효과를 갖는 솔비나무 추출물을 함유하는 화장료 조성물 ● 솔비나무 유래 렉틴의 정제 효율 外 p.1008 참고

백용 화장료 조성으로 유용하게 이용될 수 있다는 내용이다. — 특허등록 제750186호, 주식회사 바이오랜드

● 솔비나무 유래 렉틴의 정제 효율 : 본 논문은 솔비나무 유래 렉틴의 정제 효율을 연구한 내용으로. 주요 내용으로는 지난 연구에서 fetuin-affinity column 상에 알칼리 완충액을 이용하여 솔비나무로부터 sialic acid-특이 렉틴을 용출시켰는데, 본 연구에서는 붕산염-기반 용출 완충액을 사용하여 조단백질 추출물로부터 정제 렉틴의 비활성을 2.6배 증가시켰다. 붕산염 완충액으로 용출된 렉틴의 생물학적 성질은 적혈구 응집 반응 활성, 적혈구 응집 억제 활성, 분자량, 순도 및 사람 유방암세포에 대한 세포독성 면에서 알칼리 완충액을 이용했을 때와 같았다. fetuin-affinity 칼럼에 흡수된 렉틴을 분리하는 측면에서는 알칼리 완충액보다 붕산염 완충액을 이용한 용출이 보다 효과적이라는 내용이다. — 중앙대학교 약학대학 배찬형 외 6, 약학회지(2007. 8. 31)

● Maackia fauriei 유래 렉틴에 대한 IgY 항체의 생성 및 분리 : 본 논문은 Maackia fauriei 유래 렉틴에 대한 IgY 항체의 생성 및 분리에 대하여 연구한 논문으로 주요 내용으로는 솔비나무로부터 분리한 시알산 인식 렉틴 MFA를 항원으로 이에 결합하는 anti-MFA IgY 항체의 생성을 시도하고 난황으로부터 water dilution법과 친화성 컬럼에 의해 이를 분리함으로써 항원에 대한 결합력을 확인하고 면역 침강 반응, western blotting, MFA 분리 정제 및 항암 활성 등의 기전을 연구하는 데 대한 anti-MRA IgY 항체의 응용성을 검토하는 내용이다. — 중앙대학교 약학대학 정영윤 외 3, 약학회지(2005. 2. 28)

솔비나무

솔비나무

솔비나무

솔송나무

소나무과 / *Tsuga sieboldii* Carriere

소나무과의 상록침엽교목으로, 우리나라의 울릉도에 자생한다. 일본이 원산지로 알려져 있으며, 유럽과 북미에서 관상수로 심는다. 높이가 30m에 달하며, 가지가 수평으로 퍼지고, 나무껍질은 적갈색 또는 회갈색이다. 4~5월에 꽃이 피는데, 수꽃은 위를 향하고 암꽃은 밑을 향한다. 10월에 타원형 열매가 익는다.

나뭇결이 치밀하며, 광택이 있어서 목재는 건축재로 쓰이고, 수피는 펄프용으로, 내피는 타닌산 제조에 사용한다. 유사종 좀솔송나무(T. diversifolia)는 잎이나 구과가 작고 1년생 가지에 털이 많다.

특허 · 논문

● 한반도에 자생하는 소나무과 나무의 생물지리 : 소나무과 나무들은 자연 생태계와 경관에 중요하고 경제적 가치도 높아 국민들이 가장 좋아하는 나무이지만 분포, 생태 및 자연사에 대한 정보는 적다. 이 연구는 한반도 소나무과 나무들의 분류체계, 계통발생과 기원, 외관, 분포, 산포

생육 & 채취	
장 소	울릉도
시 기	–
부 위	–
손질법	–

효 용	
성 미	–
활 용	관상용, 펄프용

연구 & 특허
● 한반도에 자생하는 소나무과 나무의 생물지리

와 이동, 생태를 검토하였다. 한반도에 자생하는 소나무과 나무는 소나무속, 가문비나무속, 이깔나무속, 전나무속, 솔송나무속에 속하는 5속 16종이다. 계통적으로 소나무속은 가문비나무속과 이깔나무속에 가까우며, 전나무속은 솔송나무속과 서로 가깝다. 플라이스토세 빙하기에 북방에서 들어온 침엽수들은 후빙기를 거치면서 한랭한 고산대와 아고산대에 살아남았다. 일부 침엽수는 한반도 북부와 남부 산지에 고립되어 적응하면서 풍산가문비나무나 구상나무와 같은 고유종이 되었다. 울릉도의 섬잣나무와 솔송나무는 오랫동안 격리되어 분포하는 종류이다. 한반도의 고산대와 아고산대에 자라며 씨앗에 날개가 없는 눈잣나무, 잣나무는 잣까마귀, 솔잣새, 어치 등 조류와 다람쥐 청서 등 설치류가 퍼트린다. 날개가 있는 소나무과 나무들은 주로 바람에 의해 씨앗이 퍼지는 것으로 보는데, 씨앗의 날개가 클수록 바람에 쉽게 퍼져 분포역이 넓고, 날개 크기가 작을수록 분포역이 좁다. 북한과 남한의 고산대와 아고산대와 섬에 격리되어 분포하는 종은 지구 온난화와 같은 환경 변화에 취약하며, 최근에 빠르게 확산되는 소나무재선충병은 소나무와 곰솔에 큰 위협이다. 나무를 근거로 자연환경 변천사를 복원하고, 자연생태계를 이해하며, 환경 변화를 예측할 수 있다. — 경희대학교 이과대학 공우석, 대한지리학회지 제41권 통권 112호(2006. 3)

솔송나무

솔송나무

솔송나무

솔이끼

솔이끼과 / *Polytrichum commune.*

솔이끼과의 선태식물로, 우리나라 전역의 그늘지고 습기가 있는 오래된 풀밭이나 바위 틈, 땅 위 등에 군락을 이루어 자라다. 주로 산도가 높은 지역에서 잘 사는 것으로 알려져 있으며 중국의 만주, 일본, 러시아의 사할린, 유럽, 북아메리카 등지에 분포한다. 키는 5~20㎝로, 뿌리는 흰색이며 녹색의 줄기가 곧게 선다. 적갈색 또는 암녹색을 띠는 잎은 비늘 조각 모양으로 빽빽이 나고, 암수딴그루로서 붉은 갈색의 줄기 끝에 홀씨주머니가 달린다. 이 모양이 마치 소나무에 솔잎이 달려 있는 듯하다 하여 '솔이끼'라고 부른다. 관상용으로 가꾸기도 하며, 차의 원료로 쓰거나 머리를 헹굴 때 사용하기도 한다. 영어로 pigeon wheat이라고도 한다.

우리나라에는 솔이끼를 비롯해 6종의 솔이끼속 식물들이 숲속의 그늘진 습한 곳에서 자라고 있다.

솔이끼는 잎과 줄기가 구별되나 우산이끼는 줄기와 잎의 구별이 없다.

※ 수개체의 줄기 끝에 해마다 꽃처럼 생긴 기관이 달려 꽃이 몇 년 간 계속해서 피는 것처럼 보인다. 밀알처럼 생긴 포자낭에는 표면이 긴 털

생육 & 채취	
장 소	그늘지고 습기진 풀밭이나 바위 틈
시 기	–
부 위	–
손질법	–

효 용	
성 미	–
활 용	관상용, 차의 원료

연구 & 특허
● 솔이끼 추출물 또는 분획물을 포함하는 항염 또는 항암 조성물 ● 솔이끼로부터 플라보노이드 성분의 분리 外 p.1008 참고

로 덮여 있으며 밝은 갈색을 띠는 삭모가 달려 있다. 상자 모양의 포자낭은 뚜껑이 떨어진 뒤에 흰색의 막으로 덮여 있는 포자낭 입구를 볼 수 있다. 솔이끼는 종종 땅속 헛뿌리로부터 자라는데 이것으로 침대속·빗자루·먼지털이·바구니 등을 만든다.

특허 · 논문

● **솔이끼 추출물 또는 분획물을 포함하는 항염 또는 항암 조성물** : 본 발명은 항염 또는 항암 조성물에 관한 것으로서, 보다 상세하게는 솔이끼 추출물 또는 이들의 분획물을 포함하는 항염 또는 항암 조성물에 관한 것이다. 본 발명에 따른 조성물은 각종 염증 및 암 질환(특히, 자궁경부암)관련 질환의 예방을 위한 의약품 및 건강기능식품으로 이용될 수 있다. — 특허등록 제1093015호, 대한민국

● **솔이끼로부터 플라보노이드 성분의 분리** : 솔이끼의 MeOH 추출물을 CHCL3, EtOAc 및 BuOH로 용매 분획하여 CHCL3 분획으로부터 5,7,3",4"-tetra hydroxy flavone 분리하였고 EtOAc 분획에서 3,3",4",5,7-pentahydroxy-2-phenylchromen-4-one과 kaemperol-3-O-β-D-glucopy-ranoside를 분리하였다. BuOH분획으로부터는 quercetin-3-O-rutinoside을 분리하여 그 구조를 규명하였다. 솔이끼에서 이 물질들은 처음 분리 되어 보고되는 것이다. — 농촌진흥청 고령지농업연구소 남정환 외 9, 자원식물학회지(2008. 2. 27.)

솔이끼

솔이끼 수그루

솔이끼 암그루

솜나물

국화과 / *Leibnitzia anandria* (L.) Turcz.

국화과의 여러해살이풀로, 우리나라 전역의 낮은 산지의 건조하고 약간 그늘진 곳에서 자란다. 봄과 가을에 흰색 또는 연한 보라색의 꽃이 피는 데, 봄에 꽃 피는 것은 키가 10~20㎝, 가을에 꽃 피는 것은 키가 30~60 ㎝ 정도이다.

어린순은 나물로 먹는데 떫은맛이 있으므로 데쳐서 여러 번 우려내어 먹는다. 전초 혹은 지상부를 약용하는데, 풍습風濕을 제거하고 해독解毒 하는 효능이 있다.

약명/이명　대정초大丁草 / 까치취, 부시깃나물

고서古書 · 의서醫書에서 밝히는 효능

운곡본초학　폐열해수肺熱咳嗽, 습열사리濕熱瀉痢, 열림熱淋, 옹절종독癰癤腫毒, 사충교상蛇蟲咬傷, 탕상湯傷, 외상출혈外傷出血, 풍습관절통風濕關節痛을 치료한다.

생육 & 채취	
장 소	전국의 낮고 그늘진 곳
시 기	봄(식용) 가을(약용)
부 위	어린순(나물) 전초(약용)
손질법	식용 : 데쳐서 우려낸다. 약용 : 햇볕에 말린다.

효 용	
성 미	맛은 쓰고 성질은 따뜻하고 독은 없다.
활 용	풍습, 해독의 효과가 있다.

연구 & 특허
● 류코트리엔 생합성 억제제 및 그를 포함하는 음식품
● 300가지 산야초를 이용한 산야초 효소의 제조 방법

● **류코트리엔 생합성 억제제 및 그를 포함하는 음식품** : 본 발명은 류코트리엔(백혈구유출성, 천식발작과 관계가 있다.) 생합성 억제제 및 이를 포함하는 음식품에 관한 것으로서, 더욱 상세하게는 국화과 떡쑥속(떡쑥, 풀솜나물, 금떡쑥, 자주풀솜나물, 왜떡쑥 및 비라비라)으로부터 선택되는 1종 또는 2종 이상의 식물 추출물이 생체 내에서의 류코트리엔의 생합성을 억제하여, 결과적으로 알레르기성 비염, 즉 코막힘, 기관지 천식 등의 증상을 치료하거나 완화시키는 류코트리엔 생합성 억제제 및 이를 포함하는 음식품에 관한 것이다. — 특허등록 제963621호, 롯데제과 주식회사

● **300가지 산야초를 이용한 산야초 효소의 제조 방법** : 본 발명은 300가지 산야초를 개별적으로 발효하고 혼합한 후 숙성시켜 제조하는 것을 특징으로 하는 산야초 효소의 제조 방법, 상기 방법으로 제조된 산야초 효소 및 상기 산야초 효소가 함유된 식품에 관한 것으로, 산야초 특유의 쓴맛이 제거되어 누구나 용이하게 섭취할 수 있을 뿐만 아니라, 약리적으로도 우수한 효과를 지닌다. — 특허등록 제1213621호, 고**

솜나물

솜나물 꽃

솜나물

솜다리

국화과 / *Leontopodium coreanum* Nakai

국화과의 여러해살이풀로, 한라산이나 중북부 지방의 높은 산 바위틈에 자생한다. 키 작은 식물로, 줄기는 곧추 서고 흰 솜털로 덮여 있어 '솜다리'라고 한다. 7~8월에 노란색의 꽃이 핀다.

어린잎은 식용할 수 있는 것으로 알려져 있으나 멸종 위기 2급 식물로 보호받는다. 유사종으로는 왜솜다리(*Leontopodium japonicum* Miq.), 에델바이스(*Leontopodium alpinum* Cass.), 한라솜다리(*Leontopodium hallaisanense* Hand.-Mazz.), 산솜다리(*Leontopodium leiolepis* Nakai), 들떡쑥(*Leontopodium leontopodioides* (Willd.) Beauverd) 등이 있다. 왜솜다리는 솜다리보다 좀더 크다.

고산에서 자라는 희귀한 야생식물이므로 약용자원식물로서의 연구는 거의 없다.

약명 아약蛾藥

생육 & 채취	
장 소	한라산과 중북부 지역의 산 바위틈
시 기	봄~여름
부 위	어린잎(식용)
손질법	식요할 때는 데쳐서 쓴다.

효용	
성 미	맛은 맵고 성질은 서늘하다.
활 용	소염지통. 청열해독 작용

연구 & 특허

● 화장용 활성 조성물

운곡본초학 솜다리는 소염지통消炎止痛, 청열해독清熱解毒의 효능이 있고 풍열해수風熱咳嗽, 편도체염扁桃體炎, 인후염咽喉炎을 치료한다. 맛은 맵고 서늘하다.

특허 · 논문

● 화장용 활성 조성물 : 본 발명은 알프스의 상징인 *Leontopodium alpinum* Cass. (에델바이스) 또는 *Leontopodium haplophylloides* 유형의 에델바이스 식물의 추출물을 함유하는 수계 농축물, 그리고 이로부터 제조되는 화장용 및 피부과용 활성 조성물을 제공한다. 고산성의 식물들은 강한 UV 방사선 및 과도한 온도와 습도 변화(fluctuation)에 노출된다. 인간 상피도 일정한 UV 방사선 및 변화되는 온도 및 습도에 노출된다. 발명자들은 에델바이스속 식물의 추출물을 함유하는 화장품이 특히 민감성 피부에 대해 항염증 및 습윤 효과를 가지며, 노화 속도를 늦춘다는 사실을 발견한 것이다. 이 농축물은 약 5.0 내지 6.0의 산가(pH), 약 1.175 내지 1.180 g/cm3 범위의 상대 밀도(d20/20) 및 약 1.420 내지 1.430 범위의 굴절률(n25)을 갖는 다소 불투명한 액체인 것이 바람직하다.

— 특허공개 10-2003-0011844호, 펜타팜아게(스위스)

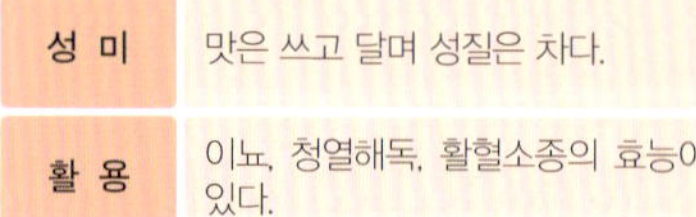

솜방망이

국화과 / *Tephroseris kirilowii* (Turcz. ex DC.) Holub

국화과의 여러해살이풀로, 전국의 건조한 양지에 자생하며, 특히 오래된 무덤 주변에서 흔히 볼 수 있다. 키는 20~65㎝ 정도이고, 자줏빛이 도는 원줄기에 흰색 털이 촘촘하다. 5~6월에 노란색의 꽃이 핀다.

어린순은 나물로 하고, 꽃을 포함한 전초를 '구설초狗舌草'라 하여 약용하는데 해열·이뇨·거담·소종 효과가 있다.

유사종으로는 산솜방망이·민솜방망이·물솜방망이·금강솜방망이·솜숙방망이 등이 있다. 산솜방망이(*Tephroseris flammea* (Turcz. ex DC.) Holub)는 '홍윤천리광紅輪千里光'이라고 한다. 솜방망이 종류 모두 이뇨利尿, 청열해독淸熱解毒, 활혈소종活血消腫의 효능이 있다. 약용식물로서의 현대적인 연구는 거의 없다.

약명/이명 구설초狗舌草 / 들솜쟁이, 산방망이, 소곰쟁이

고서古書·의서醫書에서 밝히는 효능

동의학사전 여름철에 옹근풀을 베어 햇볕에서 말린다. 맛은 쓰고, 성질

생육 & 채취	
장 소	전국의 낮고 양지바른 곳
시 기	5~6월
부 위	꽃을 포함한 전초(약용)
손질법	햇볕에 말린다.

효 용	
성 미	맛은 쓰고 달며 성질은 차다.
활 용	이뇨, 청열해독, 활혈소종의 효능이 있다.

연구 & 특허
● 한국산 금방망이속(Senecio L.)과 근연분류군(국화과)의 체세포 염색체수

은 차며 독이 약간 있다. 약리 실험에서 항암 작용, 혈압낮춤 작용이 밝혀졌다. 폐농양, 콩팥성 부종, 황달, 모낭염 등에 쓴다. 하루 9~15g 달임약 형태로 먹는다. 외용약으로 쓸 때는 가루내어 뿌리거나 짓찧어 붙인다.

특허 · 논문

● 한국산 금방망이속(*Senecio* L.)과 근연분류군(국화과)의 체세포 염색체 수 : 한국산 금방망이속(*Senecio* L.) 및 근연속인 국화방망이속(*Sinosenecio* B. Nord.), 솜방망이속(*Tephroseris* (Rchb.) Rchb.)에 속하는 8분류군을 대상으로 체세포 염색체수를 조사하였다. 체세포 염색체수는 2n=40, 2n=44인 종류와 2n=48인 종류로 구분되었으며, 2n=40인 분류군은 쑥방망이(*Senecio argunensis* Turcz.), 금방망이(*S. nemorensis* L.), 개쑥갓(*S. vulgaris* L.), 산솜방망이(*Tephroseris flammea* (DC.) Holub)이었다. 2n=44인 분류군은 바위솜나물(*T. phaeantha* (Nakai) C. Jeffrey & Y.L. Chen)이었으며, 2n=48인 분류군은 국화 방망이(*Sinosenecio koreanus* (Kom.) B. Nord.), 솜방망이(*T. kirilowii* (Turcz. ex DC.) Holub), 물솜방망이(*T. pierotii* (Miq.) Holub.)로서, 이중 국화방망이와 산솜방망이, 바위솜나물은 기존의 연구 결과와 차이를 보였다. — 장진 외 1. 식물분류학회지(2011. 6)

솜방망이

솜방망이

솜방망이 ©양동현

송이풀

현삼과 / *Pedicularis resupinata* L.

현삼과의 여러해살이풀로, 우리나라 전역의 토양이 비옥한 산지에 분포한다. 키는 30~60㎝ 정도로, 굵게 네모나고 속이 빈 줄기가 밑에서 여러 대 함께 나와 곧게 자란다. 8~9월에 홍자색의 꽃이 피고, 10월에 열매가 익는다.

어린순을 나물로 먹고, 꽃은 밀원자원으로 활용하며, 전초를 말려 '마선호馬先蒿'라는 약재로 쓰는데, 이수利水·거풍습祛風濕의 효능이 있다.

유사종으로 흰송이풀·큰송이풀·애기송이풀·마주송이풀·나도송이풀·구름송이풀·명천송이풀 등 종류가 다양하다.

약명/이명 마선호馬先蒿 / 수송이풀, 명천송이풀, 그늘송이풀

특허 · 논문

● 국내산 산채류의 물 및 메탄올 추출물에 대한 항산화 활성 : 본 연구에서는 산채류 34종의 물 추출물과 메탄올 추출물을 제조한 후 항산화 활성을 탐색하여 산채류 유래 항산화 물질을 탐색하고 기능성 식품을 개

생육 & 채취	
장 소	전국의 토양이 비옥한 산지
시 기	가을
부 위	어린순(나물) 전초(약재)
손질법	햇볕에 말린다.

효용	
성 미	맛은 쓰고 성질은 평하다.
활 용	이수, 거풍습의 효능이 있다.

연구 & 특허
● 국내산 산채류의 물 및 메탄올 추출물에 대한 항산화 활성 外 p.1008 참고

발하기 위한 항산화능 우수 산채류 선발의 기초 자료를 제공하고자 하였다. 산채류 시료 34종을 물과 메탄올 추출하였을 때 추출 수율은 물 추출의 경우 4.6~34.6%이었고, 메탄올 추출의 경우 3.4~45.0%이었다. 총 폴리페놀 함량은 물 추출물에서 4.6~183.8㎎/g이고, 메탄올 추출물에서 8.2~270.4㎎/g이었다. 물과 메탄올 추출물에서 돌단풍(*Aceriphyllum rossii*)이 각각 183.8, 270.1㎎/g의 가장 높은 폴리페놀 함량을 보였고, 공통적으로 광대싸리(*Securinega suffruticosa*), 기린초(*Sedum kamtschaticum*), 까치수영(*Lysimachia barystachys*), 송이풀(*Pedicularis resupinata*)이 높은 폴리페놀 함량을 보였다. DPPH와 ABTS 라디칼 소거능은 까지수영, 돌단풍, 광대싸리, 기린초, 송이풀(*Pedicularis resupinata*), 승마(*Cimicifuga heracleifolia*), 짚신나물(*Agrimonia pilosa*), 뻐꾹채(*Rhapontica uniflora*)에서 우수하였다. 변수간의 상관성을 분석했을 때, 폴리페놀 함량과 DPPH 및 ABTS 라디칼 소거능, SOD 유사 활성 사이에는 유의적인 양의 상관관계가 있었으며, 이들 측정치에서 공통적으로 우수한 것으로 조사된 산채류는 송이풀, 광대싸리, 뻐꾹채, 까치수영, 돌단풍이었다. — 농촌진흥청 기능성식품과 이영민 외 4. 한국식품영양과학회지(2011. 1. 31.)

● **마주송이풀의 생리 활성** : 본 논문은 마주송이풀의 생리 활성(生理活性)을 연구한 논문으로 주요 내용은 류마티스성 관절염, 악성농양(종양), 뇨결석 등의 치료 및 이뇨제로 사용한 마주송이풀의 지상부 메탄올 추출액에서 나타난 약물 활성인 항염증 작용, 담즙 분비 증가 효과, 쥐 족부의 카라기닌 유도 부종의 억제 효과, 항균 효과 및 급성 독성 등을 검토하고, 부탄올 분획과 총 추출물이 갖는 약물 활성을 검토한 내용이다. — 성균관대학교 약학대학 유승조 외 2. 생약학회지(1993. 9. 30.)

송이풀

송이풀

송이풀

수까치깨

벽오동과 / *Corchoropsis tomentosa* (Thunb.) Makino

벽오동과의 한해살이풀로, 우리나라 전역의 산과 들에서 자라며, 일본과 중국 동북부에 분포한다.

키는 60㎝ 정도이고, 식물 전체에 별 모양의 짧은 털이 나고 원기둥 모양으로 곧게 서며 가지를 친다. 잎은 4~8㎝의 크기로 달걀 모양으로 이긋나게 자라며, 끝이 뾰족하고 밑부분이 둥근 모양이다. 잎 가장자리에는 둔한 톱니가 있고 양면에 털이 나 있다.

8~9월에 잎겨드랑이에서 긴 꽃자루가 나와 노란색 꽃이 1개씩 피고, 10월에 털이 있는 열매가 익어 세 갈래로 갈라진다. 열매 속에 참깨 같은 씨가 많이 들어 있다.

수까치깨는 까치깨보다 잎 표면의 털이 짧고 꽃이 크며, 열매에 털이 있고 꽃받침조각이 활짝 젖혀진다.

주로 관상용·공업용으로 활용하고, 가축의 사료로 공급하며, 줄기껍질에서 섬유를 채취하기도 한다.

꽃말은 '인내', '사모', '그리움'이다.

생육 & 채취	
장 소	전국의 산과 들
시 기	여름~가을
부 위	줄기껍질
손질법	섬유를 채취한다.

효 용	
성 미	–
활 용	관상용. 사료용. 공업용

연구 & 특허
● 수까치깨와 까치깨의 Flavonoid 成分 및 그 含量에 關한 研究

이명 야화생野花生, 전마田麻, 모과전마毛果田麻, 푸른까치깨, 참까치깨, 암까치깨, 민까치깨

특허 · 논문

● 수까치깨와 까치깨의 Flavonoid 成分 및 그 含量에 關한 研究 — 성균관대학교 곽종환 박사학위논문(1993)

수박풀

아욱과 / *Hibiscus trionum* L.

아욱과의 한해살이풀로, 중앙아메리카가 원산지이며 관상용으로 심어 가꾸던 것이 야생화되어 우리나라 중부 이남의 밭이나 들판, 길가에서 자란다. 키는 30~60cm 정도이고, 전체에 흰색의 거친 털이 있고, 줄기는 곧게 서거나 가로로 누워 있으며, 가지가 갈라진다. 7~8월에 연한 노란색의 꽃이 피고, 9~10월에 열매가 익는데 검은 맥이 있는 꽃받침에 싸여 있다.

어린 싹은 식용할 수 있고, 꽃은 이뇨 작용을 하며 피부 질환 치료에 사용되고, 마른 잎은 건위제로 사용한다(The flowers are diuretic. They are used in the treatment of itch and painful skin diseases. The dried leaves are said to be stomachic. http://www.pfaf.org/user/Plant.aspx?LatinName=Hibiscus+trionum 참조).

약용 자원 식물로서의 연구는 거의 없다.

약명/이명 조로초朝露草 / 미호인美好人, 야서과野西瓜

생육 & 채취	
장 소	중부 이남의 밭이나 들판
시 기	여름~가을
부 위	어린 싹(식용) 잎(약용)
손질법	약용 : 잎을 말린다.

효용	
성 미	맛은 달고 성질은 차다.
활 용	이뇨 작용, 피부 질환 치료, 건위제로 쓰인다.

연구 & 특허
● 마늘을 함유하는 닭 사료 조성물

● 마늘을 함유하는 닭 사료 조성물 : 본 발명은 마늘 및 한약 재료를 함유하는 닭 사료 조성물에 관한 것으로 마늘분말 또는 추출물과 한약 재료로 백출, 갈근, 진피, 향부자, 질경, 수박풀뿌리, 버섯균 및 감초 등을 닭을 사육하는 동안 급여하여 지방 함유량이 적고 닭 냄새가 나지 않도록 하는 닭 사료에 관한 것이다. — 특허등록 제725926호, 충북바이오축산 영농조합법인

수박풀

수박풀

수박풀

수선화

수선화과 / *Narcissus tazetta var. chinensis Roem.*

수선화과의 여러해살이풀로, 우리나라에는 제주도·거문도 등 일부 지역에 자생하며, 전국 각지에서 관상용으로 재배한다. 12~3월에 노란색·담홍색·흰색의 꽃이 핀다.

꽃과 뿌리를 약용하는데, 꽃은 거풍祛風·활혈活血의 효능이 있고, 뿌리는 소종消腫·배농排膿 효능이 있다. '수선水仙'은 중국에서 붙인 이름으로, 천선天仙은 구기자나무, 지선地仙은 천선과나무를 의미한다.

약명/이명 설중화雪中花 / 수선水仙, 금잔은합, 설중화, 지선, 옥령롱

고서古書·의서醫書에서 밝히는 효능

운곡본초학 수선화 뿌리와 꽃을 약용하는데 번열을 제거하는 효능이 있고, 신피두혼神疲頭昏, 월경부조月經不調, 이질痍姪, 창종瘡腫을 치료한다.

특허·논문

● 가슴 영양크림 및 그 제조 방법 : 본 발명은 가슴 영양크림 및 그 제조

생육 & 채취	
장 소	제주도
시 기	봄, 가을
부 위	뿌리, 꽃
손질법	햇볕에 말린다.

효용	
성 미	맛은 맵고 쓰며 성질은 차고 독이 있다.
활 용	부기를 가라앉히고 배농 작용을 한다.

연구 & 특허
● 가슴 영양크림 및 그 제조 방법 ● 거문도 수선화의 향취를 재현한 향료 조성물 ● 피부 보습 및 탄력 개선 화장료 조성물 外 p.1009 참고

방법에 관한 것으로, 특히, 여성호르몬과 흡사한 천연 에스트로겐이 함유된 석류와 수선화 및 계란을 가공 혼합하여서 가슴의 피부에 발랐을 때 호르몬 작용을 통하여 유선 조직을 발달시킴과 더불어 에너지 대사를 활발하게 하여 탄력 있고 풍만한 가슴을 가질 수 있도록 하는 가슴 영양크림 및 그 제조 방법에 관한 것이다. — 특허공개 10-2004-0035227호, 추**

● **거문도 수선화의 향취를 재현한 향료 조성물** : 본 발명은 SPME법에 의해 거문도 수선화의 향취성분으로서 분석된 벤질아세테이트(Benzyl acetate), 오시멘(Ocimene) 및 리날룰(Linalool) 등에, 인공 합성 물질인 메틸 디하이드로쟈스모네이트(Methyl dihydrojasmonate)를 함유함으로써 거문도 수선화의 고유 향취를 재현하면서 뛰어난 기호성을 갖는 향료 조성물에 관한 것이다. — 특허등록 제687624호, 주식회사 아모레퍼시픽

● **피부 보습 및 탄력 개선 화장료 조성물** : 본 발명은 은방울꽃, 은매화꽃 및 수선화꽃의 추출물 중에서 선택된 하나 이상을 함유하는 화장료 조성물에 관한 것으로, 보다 상세하게는 상기 추출물을 유효성분으로 함유하여 피부에 수분을 더욱 원활히 공급하고 들떠 있는 각질을 감소시켜 피부결을 부드럽게 할 뿐만 아니라, 피부 수분 손실을 개선하여 궁극적으로 피부 수분량의 증가와 피부 탄력도 개선 효과를 나타내는 화장료 조성물에 관한 것이다. — 특허등록 제1155807호, 주식회사 아모레퍼시픽

● **야생화 추출물을 함유하는 화장료 조성물** : 본 발명은 야생화 추출물을 포함하는 화장료 조성물에 관한 것으로서, 양지꽃, 꽃향유, 수국 및 수선화 추출물을 포함하는 것을 특징으로 한다. 본 발명에 따른 화장료 조성물은 뛰어난 항산화 효과, 피부 주름 개선 효과, 피부 미백 효과 및 보습 효과를 나타내어 피부가 노화함에 따라 나타나는 여러 증상을 개선하는 데 유용하다. — 특허등록 제964723호, 주식회사 사임당화장품

수선화

수선화

금잔옥대

수송나물

비름과 / *Salsola komarovii* Iljin

명아주과의 한해살이풀로, 바닷가 모래땅 등 소금기가 있는 곳에 자란다. 일본, 중국, 러시아에도 분포한다. 키는 10~40cm 정도이고, 줄기는 밑부분에서 가지가 갈라져 비스듬히 서거나 옆으로 간다. 7~8월에 녹색의 꽃이 핀다.

어린순은 나물로 이용하는데 영양이 풍부하고, 각종 염증·비만·고혈압·황달 등에 효과가 있다고 한다.

흔하게 보이는 식물이 아니어서인지 약용자원식물로서의 연구는 많지 않다.

이명 가시솔나물, 저모채

특허 · 논문

● 한국 서해에 서식하는 염생식물의 지방산 조성 비교 : 지질은 생체내에서 여러 가지 중요한 기능을 한다. 하지만 부적절한 식이 섭취로 인한 지방산의 불균형은 성인병을 비롯한 여러 질병의 원인이 된다. 이러

생육 & 채취	
장 소	바닷가 등 소금기가 있는 곳
시 기	–
부 위	어린순
손질법	–

효 용	
성 미	–
활 용	염증, 비만, 고혈압, 황달 등에 효과가 있다.

연구 & 특허
● 한국서해에 서식하는 염생식물의 지방산 조성 비교 外 p.1009 참고

한 이유로 지방산에 대한 관심이 높아지고 있으며 특히 어류나 해조류에 다량 포함되어 있는 n-3계 다중불포화지방산과 질병과의 관련성이 밝혀지고 있다. 따라서 본 연구에서는 염생식물이 n-3계 다중불포화지방산을 함유할 가능성을 확인하기 위하여 26종의 염생식물에 대하여 지방산의 조성과 함량을 조사하였다. 용매 추출된 염생식물 시료는 gas chromatography를 이용하여 분석이 이루어졌으며, 그 결과, 퉁퉁마디, 수송나물, 염주괴불주머니, 사철쑥, 갯질경 등이 높은 총지방산 함량을 나타냈다. 또한 포화지방산인 palmitic acid(16:0)는 실험 대상 전체에서 나타났을 뿐만 아니라 그 % 함량도 대부분의 염생식물에서 가장 높은 것으로 확인되었다. 불포화지방산의 경우, 단일불포화지방산에서는 oleic acid(18:1)가 그리고 n-6계 다중불포화지방산에서는 linoleic acid(18:2)가 높은 %함량을 보였다. 그리고 n-3계 다중불포화지방산 중에서 천일사초가 26.40%로 LNA의 함량이 가장 높았으며, 뒤이어 모래지치, 수송나물, 갯메꽃순으로 나타났다. EPA의 함량은 상대적으로 낮은 비중으로 나타났으나 칠면초가 1.89%로 가장 높은 수치를 보였다. DHA는 여러 대상 식물에서 비교적 높은 함량을 보였으며 특히 흰명주아꿰가 14.54%로 높은 함량을 보였다. 이러한 결과는 염생식물이 해조류나 어류의 n-3계 다중불포화지방산의 함량에 있어서 뒤지지 않음을 보여 줄 뿐만 아니라 천연물 화학적이나 식품학적 추가 연구를 통해 여러 질병의 예방과 치료 분야에도 기여할 것으로 사료된다. — 한국해양대학교 해양환경 생명공학부 김유아 외 6. KSBB Journal(2009. 12)

수송나물

수송나물

수송나물

수송나물

수염가래꽃

숫잔대과 / *Lobelia chinensis* Lour.

숫잔대과의 여러해살이풀로, 우리나라 중부 이남의 냇가나 논두렁 등 습지에서 발견된다. 키는 3~15㎝이고 땅 위로 뻗어 나가는 군데군데 뿌리를 내린다. 5~8월에 연보랏빛 꽃이 피고, 9월에 열매가 익는다.

생약명은 '반변련半邊蓮'으로, 이뇨·소염·소종·해독 등의 효능이 있다. 꽃이 필 무렵에 지상부를 채취하여 햇볕에 말려 약재로 쓴다. 중국에서는 독사에 물리거나 벌에 쏘였을 때 생풀을 문질러 바른다.

우리나라에는 수염가래꽃과 이영로 님이 명명한 신품종 새수염가래꽃(*Lobelia chinensis* var. *tetrapetala* Y.N.Lee)의 두 종류가 있다.

약명/이명 반변련半邊蓮 / 반변란半邊蘭, 급해색急解索, 수염가래

고서古書 · 의서醫書에서 밝히는 효능

운곡본초학 이뇨소종利尿消腫, 청열해독淸熱解毒의 효능이 있어서 대복수종(大腹水腫 : 배는 커지면서 팔다리는 마르는 수종병), 면족부종(面足浮腫 : 얼굴과 다리가 붓는 것), 옹종정창(癰腫疔瘡 : 옹종으로 생긴 창양), 사충교상(蛇蟲

생육 & 채취	
장 소	중부 이남의 냇가 등의 습지
시 기	5~8월
부 위	지상부
손질법	햇볕에 말린다.

효 용	
성 미	맛은 쓰고 성질은 차다.
활 용	이뇨, 소종, 해독 등의 효능이 있다.

연구 & 특허
● 반변련에 관한 문헌적 연구 외 p.1009 참고

咬傷 : 뱀이나 벌레에 물린 상처)을 치료한다.

특허 · 논문

● **반변련에 관한 문헌적 연구** : 반변련의 성미는 신(辛) 고(苦) 평(平) 무독(無毒)하며, 귀경은 심, 폐, 간, 신, 방광 등에 입(入)한다. 반변련의 성분은 전초에 alkaloid, flavonoid 배당체, saponin, amino acid, inulin 등이 함유되어 있고, 이 중 alkaloid는 약 0.2%가 함유되어 있으며, 주요한 것으로는 lobeline, lobelanine, lobelanidine, isolobelanine 등이 있다. 근경에는 lobelinin, polyfructosan등이 함유되어 있으며, 사독교상이 유효성분은 succinic acid, fumaric acid, p-hydroxybenzoic acid 등이다. 약리 작용에는 이뇨 작용, 호흡 및 순환계통 작용, 지혈 작용, 항사독 작용, 이담 작용, 최토 작용, 항암 활성 작용 등이 있는데, 주로 반변련 alkaloid에 의하여 나타나는 것으로 생각된다. 반변련제제의 독성은 침제가 어린 쥐의 정맥주사에 대한 LD5은 6.10±0.26g/kg이고, 큰쥐의 내복에 대한 LD50은 75.1± 13.Ig/kg이지만, 경구복용시 인체에 대한 독성은 없는 것으로 나타났다. 반변련의 효능은 청열해독하는 효능에 따라 유종, 배창, 무명종독, 단독, 하리, 이질, 소변불리 등을 치료하며, 소화기의 암종, 위암, 직장암, 비공암(鼻腔癌), 암성복수, 폐암, 방광암 등과 같은 암 증상을 치료한다. — 대전대학교 한의과대학 이권익 외 2, 논문집(1996. 2. 25.)

쉬나무

운향과 / *Evodia daniellii* Hemsl.

운향과의 낙엽교목으로, 우리나라 중부 이남의 낮은 산기슭이나 마을 근처에 분포한다. 키는 10~20m 정도이고, 줄기가 밑동에서 몇 개로 갈라져 나오며 가지가 벌어져서 전체적으로 둥글게 보인다. 8월에 흰색의 꽃이 피며, 10월에 열매가 붉게 익는다.

종자는 기름을 짜서 등유로 이용한다. 풋열매와 줄기껍질을 '오수유吳茱萸'라 하여 가을에 수시로 채취하여 햇볕에 말려서 쓰는데, 토사곽란 · 두통 · 치통 · 신경통을 치료한다. 본래는 '오수유나무'라고 부르다가 '수유나무'를 거쳐 '쉬나무'가 되었다고 한다. 북한에서는 수유나무라고 한다.

약명/이명 오수유吳茱萸 / 수유나무, 시유나무, 디지나무, 소동백나무

고서古書 · 의서醫書에서 밝히는 효능

동의보감 강역降逆, 거담祛痰, 이기理氣, 조습燥濕, 지구止嘔, 온중산한溫中散寒의 효능이 있으며, 습진濕疹, 치통齒痛, 완복창통脘腹脹痛, 궐음두통厥陰頭痛, 산기疝氣, 장한토사臟寒吐瀉를 치료하는 데 쓰인다.

생육 & 채취	
장 소	중부 이남의 낮은 산기슭
시 기	가을
부 위	풋열매, 줄기껍질
손질법	햇볕에 말린다.

효용	
성 미	맛은 맵고 쓰며 성질은 따뜻하고 독이 있다.
활 용	토사곽란, 두통, 치통, 신경통 치료에 쓰인다.

연구 & 특허
● 오수유 추출물을 함유하는 미백용 화장료 조성물 外 p.1009 참고

● **오수유 추출물을 함유하는 미백용 화장료 조성물** : 본 발명은 오수유 추출물을 유효성분으로 포함하는 것을 특징으로 하는 미백용 화장료 조성물에 관한 것이다. 본 발명에 따른 오수유 추출물을 함유한 미백용 화장료 조성물은 사람에게 사용했을 때 매우 안전하면서도 색소침착을 감소시키는 효과가 우수하다. 한편, 본 발명에 의한 오수유 추출물을 천련자 추출물, 익모초 씨 추출물, 일당귀 씨 추출물, 익모초 추출물, 일당귀 추출물 및 감초 추출물로 이루어진 군으로부터 선택된 하나 이상의 추출물과 혼합한 혼합 추출물을 함유하면 미백 효과 면에서 상승효과가 나타난다. 또한, 본 발명에 따른 오수유 추출물 및 혼합 추출물은 제품의 안정성에 영향을 미치지 않는 농도에서 색소침착을 감소시키는 효과가 있으므로 미백 화장료에 유효 농도로 사용할 수 있다. ― 특허등록 제345225호, 주식회사 아모레퍼시픽그룹

● **디디에이에이치를 활성화시키는 오수유 유래의 알카로이드 화합물 및 이를 유효성분으로 하는 췌장베타세포 사멸 및 당뇨병성 신증의 예방 또는 치료용 조성물** : 본 발명은 세포 기능장애 및 당뇨병성 합병증의 예방 또는 치료용 활성을 갖는 알카로이드계(alkaloid) 성분을 함유하는 오수유(Evodia rutaecarpa)로부터 추출된 조성물에 관한 것이다. 더욱 상세하게는 오수유의 알코올 조 추출물을 용매 분획한 후, DDAH(dimethylarginine dimethylaminohydrolase)의 활성을 증가시키는 에틸아세테이트 분획으로부터 분리한 화합물 1~5를 포함하는 오수유 추출물을 유효성분으로 포함하는 조성물에 관한 것이다. 본 발명에 따른 화합물 중 어느 하나를 유효성분으로 함유하여 이루어지는 조성물은 DDAH 활성도의 증가를 통하여 췌장베타세포 사멸 및 당뇨병성 신증 예방 효과 또는 치료에 유용하게 사용될 수 있다. ― 특허등록 제1145237호, 울산대학교 산학협력단

쉬나무

쉬나무 꽃

쉬나무

쉬땅나무

장미과 / *Sorbaria sorbifolia var. stellipila* Maxim.

장미과의 낙엽활엽관목으로, 중부 이북의 산기슭 계곡이나 습지에서 자라며, 도심지의 아파트 정원에 관상용이나 울타리용으로 심는다. 높이가 2m에 달하며 뿌리가 땅속줄기처럼 벋고 많은 줄기가 한군데에서 모여 난다. 6~7월에 가지 끝에 많은 꽃이 달리고, 9월에 타원형의 열매가 익는다.

어린순을 나물로 먹고, 꽃을 구충이나 치풍에 약으로 쓴다.

유사종으로 점쉬땅나무(for. glandulosa) · 청쉬땅나무(for. incerta)가 있다.

약명/이명 진주매珍珠梅 / 개쉬땅나무, 마가목, 쉬나무, 밥쉬나무

생육 & 채취	
장 소	중부 이북의 습지
시 기	봄(식용) 가을(약용)
부 위	어린순(나물) 줄기껍질(약재)
손질법	햇볕에 말린다.

효용	
성 미	맛은 맵고 성질은 차며 약간의 독이 있다.
활 용	진통, 어혈에 효과가 있다.

고서古書 · 의서醫書에서 밝히는 효능

동의보감 소종지통消腫止痛, 활혈산어活血散瘀의 효능이 있다.

특허 · 논문

● 쉬땅나무(*Sorbaria sorbifolia var. stellipila* MAX.) 열매의 항산화 활성 성분 :

연구 & 특허	
● 쉬땅나무(Sorbaria sorbifolia var. stellipila MAX.) 열매의 항산화 활성 성분 썈 p.1009 참고	

합성 항산화제의 독성과 부작용으로 인한 천연물유래 항산화제에 대한 관심과 연구개발이 활발한 가운데 추출물 단계에서 ORAC assay를 통하여 우수한 항산화 활성을 가지는 쉬땅나무(*Sorbaria sorbfolia var. stellipila* Max.) 열매의 생물학적 생리 활성 성분을 분리, 동정하기 위하여 국내에 자생하는 쉬땅나무의 열매를 채집하여 80% MeOH로 추출한 후 일반적인 용매분획법에 의해 분획한 분획물과 추출물을 대상으로 ORAC assay를 실시한 결과 80% MeOH 추출물과 EtOAc, n-BuOH분획에서 천연 항산화제인 trolox보다 우수한 활성이 나타났으며, 이중 가장 우수한 활성을 나타낸 EtOAc 분획물로부터 각종 chromatography 기법을 통하여 분리, 정제한 결과 flavonoid 계열의 화합물인 catechin을 단리하였다. 단리되어진 catechin은 쉬땅나무의 열매에서는 처음으로 본 연구에서 보고되는 성분으로 ORAC assay에서 대조군인 trolox에 비해 높진 않지만 유사한 활성이 나타나, vitamine E와 유사한 항산화 활성을 나타내는 것으로 보여지며, 따라서, 이 성분 외에 다양한 항산화 활성 성분들의 복합 작용으로 인하여 쉬땅나무 열매 추출물 및 분획물이 vitamine E에 비하여 3배 이상의 높은 항산화 활성이 나타나고 있음을 시사하는 바이다. 현재까지 쉬땅나무에 대한 식물학적 성분연구 및 유효 활성 성분 연구가 다른 천연물에 비하여 상대적으로 활발하게 이루어지지 않았으나, flavonoid계 화합물이 TLC확인 시험을 통하여 확인한 바 다양하게 존재하고 있어, 향후 이와 유사한 다양한 flavonoid계열의 화합물을 분리하여, 우수한 항산화 활성을 갖는 천연물의약품의 기초자료 제공 등 항산화 성분 연구에 많은 기여를 할 수 있을 것으로 판단된다. — 세명대학교 자연약재과학과 박종혁 외 8, 자원식물학회지(2011. 8. 31.)

쉬땅나무

쉬땅나무 꽃봉오리

쉬땅나무 꽃

쉽싸리

꿀풀과 / *Lycopus lucidus* Turcz. ex Benth.

꿀풀과의 여러해살이풀로, 우리나라 전역의 양지바르고 물 빠짐이 좋은 습지에 자란다. 키는 1m에 달하며, 흰색의 굵은 땅속줄기가 옆으로 벋으면서 끝에서 새순이 나온다. 7~8월에 흰색의 꽃이 피고, 9~10월경에 네모난 열매가 익는다.

연한 땅속줄기와 어린순을 나물로 먹고 성숙한 잎과 줄기를 약용한다. 혈액순환을 원활하게 하고 이뇨 및 소종 효과가 있다. 유사종인 애기쉽싸리(*Lycopus maackianus* MAKINO)도 함께 쓰인다.

약명/이명 택란澤蘭 / 풍약風藥, 호란虎蘭, 홍경초紅梗草, 개조박이, 털쉽사리, 쉽사리

고서古書 · 의서醫書에서 밝히는 효능

동의보감 행수소종行水消腫, 활혈거어活血祛瘀의 효능이 있으며, 경통經痛, 질박손상跌撲損傷, 경폐經閉, 수종水腫, 산후어혈복통産後瘀血腹痛, 월경부조月經不調를 치료하는 데 쓰인다.

생육 & 채취	
장 소	전국의 양지바른 습지
시 기	7~8월
부 위	어린순(나물) 잎, 줄기(약용)
손질법	햇볕에 말린다.

효용	
성 미	맛은 맵고 쓰며 성질은 약간 따뜻하다.
활 용	이뇨, 소종 효과가 있다.

연구 & 특허
● 택란 추출물을 함유하는 고혈압의 예방 및 치료용 약학 조성물 ● 트리터페노이드계 화합물을 유효성분으로 하는 심장순환계 질환의 예방 및 치료용 조성물 外 p.1009 참고

● **택란 추출물을 함유하는 고혈압의 예방 및 치료용 약학 조성물** : 본 발명은 택란(*Lycopus lucidus* Turcz.) 추출물을 함유하는 조성물에 관한 것으로, 본 발명의 택란 추출물은 ACE(안지오텐신 전환효소)를 저해함으로써 안지오텐신 전환효소의 작용으로 발생하는 혈압 상승을 효과적으로 억제할 뿐만 아니라, 인체에 대한 안전성이 높으므로, 이를 함유하는 조성물은 고혈압의 예방 및 치료용 약학 조성물 및 건강기능식품으로 유용하게 이용될 수 있다. — 특허등록 제833155호, 동국대학교 산학협력단

● **트리터페노이드계 화합물을 유효성분으로 하는 심장순환계 질환의 예방 및 치료용 조성물** : 본 발명은 택란 추출물 또는 그로부터 분리된 트리터페노이드계(triterpenoid) 화합물을 유효성분으로 하는 심장순환계 질환의 예방 및 치료용 조성물에 관한 것으로, 보다 구체적으로 아실 코에이: 콜레스테롤 아실전이효소(acyl-CoA: cholesterol acyltransferase, ACAT)에 대한 활성을 효과적으로 억제함으로써, 에스테르의 합성 및 축적으로 유발되는 심장순환계 질환을 예방 및 치료할 수 있는 조성물에 관한 것이다. 본 발명의 조성물은 고지혈증 및 동맥경화증과 같은 심장순환계 질환의 예방 및 치료에 유용하게 사용될 수 있다. — 특허공개 10-2007-010781호, 한국생명공학연구원

● **택란 추출물을 함유하는 피부 외용제 조성물** : 본 발명은 택란 추출물을 함유하는 피부 외용제 조성물에 관한 것으로서, 보다 상세하게 본 발명의 조성물은 택란의 잎, 씨앗, 뿌리, 줄기 중 한 가지 부위 이상에서 추출된 추출물을 유효성분으로 함유함으로써 염증 억제, 피부 보습, 피부 혈액순환 개선 및 피부 주름 개선 등의 효과를 제공하여 피부의 노화를 예방하고 피부의 탄력을 증진시킬 수 있다. — 특허공개 10-2006-0071661호, 주식회사 아모레퍼시픽

쉽싸리

쉽싸리 꽃

쉽싸리 어린순

승마

미나리아재비과 / *Cimicifuga heracleifolia* Kom.

미나리아재비과의 여러해살이풀로, 전국의 깊은 산 숲속에서 자생한다. 키는 1m 정도이고, 흑자색 줄기는 매끈하다. 8~9월에 흰색의 꽃이 핀다. '승마升麻'라는 이름은 잎 모양이 마 종류와 비슷하고 양기를 상승시키는 효능이 있어서 붙여진 이름이다. 한방에서는 굵은 뿌리를 '승마升麻'라고 하여 해열 및 해독제로 사용한다.

대한약전에는 Cimicifuga heracleifolia Komarov의 뿌리줄기로 되어 있으나 동속식물인 눈빛승마(*Cimicifuga dahurica*), 황새승마(*Cimicifuga foetida*), 촛대승마(*Cimicifuga simplex*), 왜승마(*Climicifuga acerina*), 개승마(*Cimicifuga japonica*) 등의 뿌리줄기도 승마로 이용하고 있다.

약명/이명 승마升麻 / 끼멸까리, 왜승마

고서古書 · 의서醫書에서 밝히는 효능

명의별록 모든 독을 해독하며, 오래된 물건에 깃든 귀신을 몰아내고 독한 전염성 기운을 물리치고 저주로 인하여 구토를 일으키는 증상을 치료

생육 & 채취	
장 소	전국의 깊은 산 속
시 기	가을
부 위	뿌리(약용)
손질법	햇볕에 말린다.

효용	
성 미	맛은 맵고 달며 성질은 약간 차다.
활 용	해열, 해독 효능이 있으며, 복통, 두통, 부종 등을 치료한다.

연구 & 특허
● 승마 추출물 또는 이로부터 유래한 화합물을 포함하는 니코틴 아세틸콜린 수용체의 활성 억제용 조성물 外 p.1009 참고

하고 독한 사기邪氣의 침범으로 인한 복통, 전염성 질환, 두통, 발열, 풍사風邪로 인한 부종浮腫, 인후종통咽喉腫痛, 구창口瘡을 치료한다. 오래 복용하면 요절하지 않고 몸이 가벼워지고 장수한다.

특허 · 논문

● 승마 추출물 또는 이로부터 유래한 화합물을 포함하는 니코틴 아세틸콜린 수용체의 활성 억제용 조성물 : 본 발명은 승마 추출물 또는 이로부터 유래한 화합물을 포함하는 니코틴 아세틸콜린 수용체의 활성 억제용 조성물에 관한 것이다. 특히 본 발명은 니코틴-아세틸콜린 수용체 활성에 특이적으로 작용하여 니코틴-아세틸콜린 수용체 활성을 억제하므로, 니코틴-아세틸콜린 수용체의 활성과 분비물질인 카테콜아민과 관련된 신경계 질환의 치료제로 유용하게 사용할 수 있는 승마 추출물 및 승마 유래 화합물을 제공한다. — 특허등록 제675819호, 학교법인 포항공과대학교

● 눈개승마 추출물을 포함하는 허혈성 질환 및 퇴행성뇌질환의 예방 및 치료를 위한 조성물 : 본 발명은 저산소 조건에서 세포생존 개선능력을 갖는 눈개승마(*Aruncus dioicus* (Walt.) Fern var.) 추출물을 함유하는 조성물에 관한 것으로, 보다 상세하게는 본 발명의 조 추출물 및 비극성용매 가용 추출물은 허혈 상태에서의 세포자살(apoptosis)을 억제하여 허혈성 질환 및 퇴행성 뇌질환의 예방 및 치료용 약학 조성물 및 건강기능식품에 사용될 수 있다. — 특허등록 제665504호, 학교법인 선목학원, 주식회사 하이폭시

● 독활 및 승마 혼합생약 추출물을 포함하는 염증 관련 질환 예방 및 치료용 조성물 : 본 발명은 독활(*Aralia cordata* THUNB.) 및 승마(*Cimicifuga heracleifolia* Kom.)의 혼합생약 추출물을 함유하는 조성물에 관한 것으로, 상세

눈개승마

왜승마

한라개승마

승마

하게는 본 발명의 조성물은 연골 조직 보호 효과, 소염 및 진통 효과를 나타내므로 염증 관련 질환, 특히 관절염 예방 및 치료용 조성물로 이용될 수 있다. — 특허등록 제830553호, SK케미칼 주식회사, 경희대학교 산학협력단

● 승마 추출물의 혼화 방법 및 그 혼화된 조성물 : 본 발명은 승마 추출물을 폴리에틸렌글리콜, 농글리세린 및 정제수의 혼합용매에 첨가함을 특징으로 하는 승마 추출물의 혼화 방법, 그 혼화된 조성물 및 이 조성물을 함유하는 연질캅셀제에 관한 것으로, 종래의 제제에 비하여 현저히 개선된 약물 용출률을 나타내므로 승마 추출물의 생체 흡수율 및 약리 효과가 향상된다. — 특허등록 제366233호, 진양제약주식회사 외 3

● 승마 추출물을 함유하는 뇌신경 질환의 예방 또는 치료용 조성물 : 본 발명은 승마 추출물 또는 이로부터 분리된 비스나진(visnagin)을 유효성분으로 함유하는 뇌신경 질환의 예방 또는 치료용 조성물에 관한 것으로서, 본 발명의 승마 추출물 또는 비스나진을 포함하는 조성물은 뇌신경세포의 손상에 보호 효과를 나타내므로 뇌손상을 치료하는 뇌세포 보호제로서 뇌졸중 등 뇌세포 사멸에 의해 발생되는 뇌질환에 대한 예방 또는 치료에 유용하게 사용될 수 있다. — 특허공개 10-2007-0091928호, 주식회사 엠웰

● 항바이러스, 항산화 및 항균 효과를 가지는 눈개승마 추출물 또는 이의 분획물 : 본 발명은 눈개승마 추출물 또는 이의 분획물을 포함하는 항바이러스용, 항산화용 또는 항균용 조성물 및 상기 조성물을 유효성분으로 함유하는 항바이러스, 항산화 또는 항균 활성 증가용 식품에 관한 것이다. — 특허공개 10-2012-0077808호, 충남대학교 산학협력단

● 승마 추출물을 함유하는 피부알러지 완화 및 예방용 조성물 : 본 발명은 승마 추출물을 함유하는 피부 알러지(allergy) 완화 및 예방용 조성물에 관한 것이다. 본 발명의 조성물에서 승마 추출물이 알러지의 주된 인자인 히

승마

승마

숭마

스타민(histamine)의 유리를 탁월하게 억제하며 피부에 유발한 알러지 완화 효과가 탁월하다. — 특허공개 10-2007-0073251호, 주식회사 엘지생활건강

● 온천수와 승마 추출물을 함유한 피부 진정 효과를 갖는 화장료 조성물 및 이의 제조 방법 : 본 발명은 화장품 조성물에 관한 것으로, 상세하게는 화장품에 함유되어 있는 방부제와 향료 등에 의해 민감성 피부에서의 자극감을 완화시키고 진정시키기 위한 온천수와 승마 추출물을 함유한 피부 진정 효과를 갖는 화장료 조성물 및 이의 제조 방법에 관한 것이다. 본 발명에 의한 온천수와 승마 추출물을 함유한 피부 진정 효과를 갖는 화장료 조성물은 온천수 0.001% 내지 10% 중량분율과 승마 추출물 0.001% 내지 10% 중량분율을 함유하는 것을 특징으로 한다. — 특허공개 10-2012-0001867호, 청운대학교 산학협력단

● 대식세포에서 승마 추출물의 면역조절 효과 : 본 논문은 대식세포에서 승마 추출물의 면역 조절 효과에 대하여 연구한 내용으로 주요 내용으로는 미나리아재비과에 속하는 승마(CR)는 전통적으로 호흡장애와 해열 및 발한을 치료하는 데 이용되어 왔다. 최근 CR의 서로 다른 추출 분획들이 항-알레르기, 항염 및 항-증식 효과와 같은 다양한 효과를 가지는 것으로 보고되었다. 본 연구에서는 승마의 수 추출물(CRE)이 대식세포-형 세포주, Raw 264.7에서 가지는 면역조절 효과를 조사하였다. 조사 결과 CRE는 종양세포 치사 효과와 NO 생산을 촉진시킨 반면 같은 농도에서 식균 작용을 억제시킨 것으로 나타났다. 이러한 결과로부터 CRE로부터 유도된 종양세포 치사 효과는 NO의 생산에 의해 매개되며 이들 효과는 암과 같은 질환의 치료에 유용할 것으로 제안되었다는 내용이다. — 성균관대학교 약학대학 표수경 외 3, 한국식품영양과학회지(2006. 12)

시계꽃

시계꽃과 / *Passiflora caerulea* L.

시계꽃과의 덩굴성의 여러해살이풀로, 원산지는 브라질 열대 지방이고, 세계 여러 나라에서 관상식물로 재배한다. 우리나라에서는 시계꽃을 온실에 심어 가꾼다. 덩굴 길이는 4m까지 자라는데, 가지가 없으며 덩굴손으로 감아 올라간다. 7~8월에 시계 모양의 꽃이 태양을 향해 피고, 9월경에 열매가 노랗게 익는다.

익은 열매는 서양에서 'passion fruit'라고 부르는데, 생것으로 먹을 수 있으나 씨가 많고 신맛이 난다. 꽃은 시럽으로 만들어 이용한다.

약명/이명 시계초時計草 / 꽃시계덩굴

해외 정보

꽃과 열매, 잎, 뿌리를 약용하는데, 시계꽃의 추출물은 항산화 효능(Antiradical activities of the extract of Passiflora incarnata, Acta Pol Pharm. 2008.)이 있고, 스트레스를 완화시켜 진정효과(Pharmacological studies on the sedative and hypnotic effect of Kava kava and Passiflora extracts combination, Phytomedicine. 2005.

생육 & 채취	
장 소	재배
시 기	9월
부 위	꽃, 열매(약용)
손질법	생것을 쓴다.

효용	
성 미	맛은 달고 시며 성질은 평하다.
활 용	진정효과

연구 & 특허
● Field culture of micropropagated Passiflora caerulea L. histological and chemical studies, AArea Biologia Vegetal, Facultad de Ciencias Bioquimicas y Farmaceuticas

1st Department of Pharmaceutical Sciences, University of Salerno, Italy)가 있어서 히스테리·우울증·수면장애 등에 효과가 있으며, 기침을 억제하고, 남녀의 최음 및 정력 강화 등의 성기능 개선의 효능도 있다. 시계꽃 추출물의 진정 작용은 마약중독 치료에도 이용될 수 있다. 민감성 체질은 구토·졸음·진정 작용 등의 부작용이 있을 수 있으므로 함부로 사용하면 위험하다.

특허 · 논문

● Field culture of micropropagated Passiflora caerulea L. histological and chemical studies, AArea Biologia Vegetal. Facultad de Ciencias Bioquimicas y Farmaceuticas : In Argentinean popular medicine, Passiflora caerulea L. (Passifloraceae) is used mainly as sedative. The objective of this work was to put in culture P. caerulea plants obtained by micropropagation as a tool for the propagation and culture at a commercial scale of selected plants according to the qualitative identification of their chemical constituents, as well as to know the origin of their regeneration. Leaves were cultured in Murashige and Skoog (MS) medium, with 1 mg/l of 6-benzylamino-purine (BAP). The material was processed for the histological study, which showed that regeneration is produced by direct organogenesis. Being a climbing species, the field culture of micropropagated plants was carried out on a vertical espalier. The chemical study was carried out through a Thin-Layer Chromatography (TLC); the fingerprint obtained showed that there is no difference in the secondary metabolites among the plant from which the explants were extracted (mother plant) and those obtained by in vitro culture.

— Universidad Nacional de Rosario, Suipacha 531, S 2002 LRK Rosario, Provincia de Santa Fe, Republica Argentina., Hector BUSILACCHI외 5, 2008

시계꽃

패션후르트 꽃

시계꽃 열매

패션후르트

시로미

시로미과 / *Empetrum nigrum var. japonicum* K.Koch

시로미과의 상록관목으로, 북아메리카·아시아·유럽의 추운 지역이 원산지인 대표적인 고산 식물이다. 해발 1,500m 이상의 산악 지역과 바위가 많은 지역에서 잘 자라는데, 우리나라에서는 백두산을 비롯한 북한의 높은 산과 제주도의 한라산 정상 부근에 자라고 있는 것으로 알려져 있다. 줄기는 땅바닥에 낮게 깔리고, 6~7월에 자주색의 꽃이 피며, 둥근 열매가 자흑색으로 익는다. 지역에 따라 'black crowberry', 'crakeberry', 'crowpea' 등으로 불리기도 한다.

진시황이 불로초를 얻기 위하여 500명의 선남선녀를 우리나라로 보낸 이유는 바로 제주도 한라산의 시로미 열매를 얻기 위함이었다는 이야기도 있다. 한방에서 '암고란巖高蘭'이라 하여, 인삼처럼 지갈생진止渴生津 효능이 있는 약재로 쓴다. 민간에서는 나무 전체를 방광염·임질·소화·구토·정혈·신장염 등의 치료에 이용해 왔다. 열매는 강장약으로 쓰며 괴혈병에 차처럼 달여 먹는다.

약명/이명 암고란巖高蘭 / 오리烏李, 시러미, 시루미, 암고란, 조이

생육 & 채취	
장 소	백두산과 한라산 등의 높은 산지
시 기	여름~가을
부 위	지상부
손질법	햇볕에 말린다.

효 용	
성 미	맛은 달고 성질은 시원하다.
활 용	보신첨정補腎添精, 강요건골强腰健骨

연구 & 특허
● 시로미 추출물을 유효성분으로 포함하는 피부상태 개선용 조성물
● 시로미 추출물을 포함하는 방사선 방호용 조성물
外 p.1009 참고

● 시로미 추출물을 유효성분으로 포함하는 피부상태 개선용 조성물 : 본 발명은 주름 개선용, 피부 미백용, 염증 억제용, 면역억제용, 항비만용, 발모 및 탈모 방지용 조성물에 관한 것으로서, 본 발명에 따른 주름 개선용, 피부 미백용, 염증 억제용, 면역 억제용, 항산화용, 항비만용, 발모 및 탈모 방지용 조성물은 시로미(Crowberry, *Empetrum nigrum* var. *japonium* K. Koch.) 추출물을 유효성분으로 포함하는 것을 특징으로 한다. 시로미 추출물을 포함하는 조성물은 피부에 대한 부작용 없이 안전하게 사용될 수 있을 뿐만 아니라, 콜라겐 합성을 증가시키고 콜라게네이즈 효소 활성을 억제하여 주름 개선 효과가 뛰어나고, 피부 미백 효과, 염증 억제 효과, 면역억제 효과, 항산화 효과, 항비만 효과, 탈모 및 발모 효과 등이 있으므로 이들을 유효성분으로 함유하는 조성물은 주름 개선, 기미나 주근깨 개선 및 피부 미백, 염증 억제, 비만 억제, 면역 조절, 탈모 방지 및 육모에 매우 효과적이다.

— 특허등록 제863614호, 바이오스펙트럼 주식회사

● 시로미 추출물을 포함하는 방사선 방호용 조성물 : 본 발명은 방사선으로부터 세포나 조직을 방호하는 시로미(*Empetrum nigrum* var. *japonicum*)의 신규한 용도에 관한 것이다. 구체적으로 본 발명은 시로미 추출물을 유효성분으로 포함하는 방사선 방호용 조성물에 관한 것이다. 상기 방사선에는 감마-조사(γ-irradiation)가 포함된다. 본 발명에 따른 시로미 추출물 또는 그 가용 추출 분획물은 감마-조사로 유발되는 활성산소종(ROS)의 생성을 억제하고, 항산화 요소들의 활성을 회복시키며, DNA 손상, 지질 과산화 및 단백질 변형을 억제한다. 또한, 감마-조사에 의한 세포사멸(apoptosis)을 효과적으로 억제할 수 있다. 따라서 방사선으로부터 생물체를 방호하는 데 유용하게 사용될 수 있다. — 특허공개 10-2011-0132854호, 제주대학교 산학협력단

시로미

시로미

시로미

시무나무

느릅나무과 / *Hemiptelea davidii* (Hance) Planch.

느릅나무과의 낙엽활엽교목으로, 양지바른 곳에서 잘 자란다. 키는 20m 까지 자라며, 느릅나무과의 느릅나무나 느티나무와는 달리 가지에 가시 가 있다. 5월경에 연한 노란색 꽃이 피고, 열매는 6월경에 익는다. 편평 한 반달 모양의 열매에는 한쪽만 날개가 있다. 이에 비해 느티나무 열매 에는 날개가 없고, 느릅나무 열매에는 양쪽에 날개가 있다.

이정표 삼아 오리나무는 5리(2km)마다 심고, 시무나무는 20리마다 심 었는데, '스무나무'라고 부르던 것이 변하여 '시무나무'가 되었다고 한다.

봄철에 새로 나온 잎에 쌀가루나 콩가루를 묻혀서 시무나뭇잎떡을 만들어 먹는다. 목질의 견고성과 탄력이 박달나무 다음으로 좋아 기구 재·가구재·선박재로 쓰인다.

약명/이명　자유피刺楡皮 / 스무나무

전설　고령군 운수면에는 김삿갓과 관련된 민담이 전해지고 있다. 김 삿갓이 전국 방방곡곡을 떠돌던 어느 날, 배가 몹시 고파서 어떤 부잣 집에 들어가서 요기를 청하였는데, 집주인이은 자기는 따뜻한 밥을 먹

생육 & 채취

장 소	하천, 낮은 지대의 양지바른 곳
시 기	봄
부 위	어린잎(나물)
손질법	그늘에서 말린다.

효용

성 미	맛은 달고, 성질은 평하다.
활 용	가구재, 가구재, 선박재로 쓰인다.

연구 & 특허

● 시무나무(*Hemiptelea davidii*) 심재의 성분과 그 항산화 활성
外 p.1009 참고

고 김삿갓에는 쉰밥을 주었다. 김삿갓은 아무 말 없이 그 밥을 다 먹고 나서 나지막하게 시를 한 수 읊었다고 하는데 다음과 같다.

二十樹下三十客 (이십 → 스무 →) 시무나무 아래 앉은 (삼십 → 서른 →) 설운 나그네

四十村中五十食 (사십 → 마흔 →) 망할 놈의 마을에서는 (오십 →) 쉰밥을 주는구나

人間豈有七十事 인간으로 어찌 (칠십 → 일흔 →) 이런 일이 있겠는가

不如歸家三十食 차라리 집에 돌아가 설은 밥을 먹느니만 못하다.

특허 · 논문

● 시무나무(*Hemiptelea davidii*) 심재의 성분과 그 항산화 활성 : 본 논문은 시무나무(*Hemiptelea davidii*) 심재의 성분과 그 항산화 활성을 연구한 논문으로, 주요 내용으로는 시무나무의 함유성분을 밝히고 분리된 화합물들을 대상으로 DPPH를 이용한 항산화 활성을 측정하여 약용자원으로서의 사용 가능성을 검토한 것을 근거로 시무나무 심재의 MeOH로 추출, 농축하고 CHCl₃가용성 분획과 BuOH 가용성 분획으로부터 11종의 화합물을 분리하여 구조를 규명하고, 이들 화합물의 DPPH radical 소거 활성을 측정하였으며, 시무나무는 천연 항산화제로서의 개발 가능성이 높다는 내용이다. — 강원대학교 약학대학 장복심 외 2, 생약학회지(2004. 3. 30.)

시무나무

시무나무

시무나무

시무나무

식나무

충충나무과 / *Aucuba japonica* Thunb.

충충나무과의 상록관목으로, 제주도와 울릉도, 서남 해안의 큰 나무들 아래에 자생한다. 키는 3m 정도이며, 잔가지가 굵고 푸르며 윤기가 나서 '청목靑木'이라고도 한다. 3~4월에 자갈색의 꽃이 피고 10월경에 열매가 붉은색으로 익는다.

잎을 약용하는데, 1년 내내 채취하여 햇볕에 말려 습진·종기·화상·절상 출혈 등의 치료약으로 쓴다.

잎에 노란색의 반점이 있는 것은 금식나무(*Aucuba japonica* f. *variegata* (Dombrain) Rehder)로서 정원수로 많이 이용한다. 이름이 유사한 참식나무(*Neolitsea sericea* (Blume) Koidz.)는 키가 10m까지 자라는 대형수종으로 붉게 익은 열매는 비슷하지만 꽃 모양부터 다른 녹나무과의 식물이다.

약명/이명 도엽산호桃葉珊瑚 / 청목靑木, 넓적나무

특허 · 논문

● 염모제 및 그를 이용한 염모 방법 : 본 발명은 식나무 또는 질경이 중

생육 & 채취	
장 소	서남 지역의 섬 지방
시 기	상시
부 위	잎
손질법	햇볕에 말린다. 생잎을 쓰기도 한다.

효용	
성 미	맛은 쓰고 매우며 성질은 따뜻하다.
활 용	소종 효능이 있으며, 습진, 종기, 화상 등의 치료약으로 쓰인다.

연구 & 특허
● 염모제 및 그를 이용한 염모 방법 ● 식나무 뿌리에서 분리한 트리테르페노이드 계 화합물의 IL-6 저해 효과 邪 p.1009 참고

에서 선택된 하나 이상의 아우쿠빈 함유 식물 생잎의 즙액, 또는 식나무 또는 질경이 중에서 선택된 하나 이상의 아우쿠빈 함유 식물 생잎의 용매 추출물 중에서 선택된 하나 이상을 포함하는 염모제, 상기 염모제의 제조 방법, 상기 염모제를 포함하는 염모 키트 및 그를 이용한 염모 방법을 제공한다. 본 발명의 염모제, 염모 키트, 염모 방법은 인체 안전성은 높고, 염색 시간을 단축시킬 수 있으며 장기간 염모 상태를 유지할 수 있는 장점을 갖는다.

— 특허등록 제1130883호, 배**

● 식나무 뿌리에서 분리한 트리테르페노이드계 화합물의 IL-6 저해 효과 : 본 논문은 식나무 뿌리에서 분리한 트리테르페노이드계 화합물의 IL-6 저해 효과에 대한 연구로 주요 내용은 다음과 같다. 본 연구를 통해 6종의 트리테르페노이드계 화합물, 즉 friedelin(1), 3α-hydroxy-2-friedelanone(2), canophyllol(3), oleanolic aldehyde acetate(4), ursolic acid(5), 와 pachysandiol A(6)를 식나무 뿌리의 methylene chloride 분획으로부터 분리하였다. 1-6 화합물의 화학구조는 이화학적 특성과 1D와 2D NMR과 같은 분광학적 방법을 근거로 결정되었다. 분리된 1-3 화합물은 TNF-α로 자극된 MG-63에서 IL-6 생성의 저해 효과를 보였다. 결과적으로 분리된 화합물 중 -hydroxy-2-friedelanone(2)은 TNF-α로 자극된 MG-63에서 IL-6 생성을 가장 효과적으로 저해하였다는 내용이다.

— 조선대학교 약학대학 김정룡 외 4, 생약학회지(2010. 6. 30.)

※ IL-6 : interleukin 6, IL-6의 과잉 생산은 여러 가지 면역 이상증, 염증성 질환, 림프계 종양의 발증과 깊은 관련이 있는 것으로 알려져 있다.

식나무 꽃

식나무 열매

식나무

금식나무

637

신나무

단풍나무과 / *Acer ginnala* f. *coccineum* Nakai

단풍나무과의 낙엽활엽소교목으로, 전국 각지의 산기슭과 낮은 산에서 자란다. 우리나라가 원산지로, 일본·중국·몽골 등지에도 분포한다. 키는 8m 정도까지 자라고, 5~6월에 황백색의 꽃이 피며, 단풍나무와 비슷한 열매를 맺는다. 줄기는 회갈색 또는 홍갈색이다.

　민간에서는 신나무 껍질로 안질을 치료하고, 잎과 줄기는 염료로, 목재는 가구재로 이용한다. 염료를 만들 때는 잎과 1년생 가지를 잘게 잘라 끓여서 만든다.

약명/이명　다조축茶條槭 / 시다기나무, 시닥나무, 신단풍나무

고서古書 · 의서醫書에서 밝히는 효능

동의학사전　여름에 잎을 따서 햇볕에 말린다. 잎은 탄닌의 원료로 쓰며 민간에서는 설사멎이약으로 쓴다.

운곡본초학　거풍제습祛風除濕의 효능이 있다.

생육 & 채취	
장 소	전국 각지의 산기슭과 낮은 산
시 기	여름~가을
부 위	껍질, 잎, 줄기
손질법	햇볕에 말린다.

효용	
성 미	맛은 쓰고 성질은 차다.
활 용	감기, 설사, 신장병 치료에 쓰인다.

연구 & 특허
● 신나무 추출물을 함유하는 항바이러스 조성물 ● 갈리신의 항암제로서의 용도 　外 p.1009 참고

● **신나무 추출물을 함유하는 항바이러스 조성물** : 본
발명은 신나무(*Acer Ginnal*) 추출물을 함유하는 항바이러
스 조성물에 관한 것으로서, 더욱 상세하게는, 인간, 돼
지, 말 및 조류 등을 감염시키는 인플루엔자 바이러스
(influenza virus) 질환의 예방 또는 치료용 조성물에 관한
것이다. 본 발명의 신나무 추출물은 정상세포에 대한
독성이 낮으면서도 항바이러스 효과가 탁월하므로 이
를 포함하는 조성물은 인플루엔자 바이러스 질환의 예
방 및 병증개선을 위한 식품 또는 약학 조성물 등에 유
용하다. ─ 특허등록 제762149호, 주식회사 알앤엘바이오

● **갈리신의 항암제로서의 용도** : 본 발명은 신나무 잎
의 추출물으로부터 분리, 정제한 항암제용 갈리신 화합
물 및 그 제조 방법에 관한 것이다. 본 발명의 항암제용
(사람 폐암, 난소암, 피부세포암, 중추신경계암 및 결장암 등) 갈
리신 화합물은 항암능이 탁월하며 천연 재료에서 추출
한 것으로 안전한 천연 항암제이다. ─ 특허등록 제291701
호, 한** 외 1

● **신나무 잎 추출물 또는 이로부터 분리한 플라보놀
갈로일 글리코사이드 화합물을 유효성분으로 포함하는
아토피 피부염 치료용 조성물** : 본 발명은 신나무(*Acer
ginnala*) 잎 추출물 또는 퀴세틴-3-O-(2″-갈로일)-α-L-람노
피란노사이드를 유효성분으로 포함하는 아토피 피부
염 치료용 조성물에 관한 것이다. 본 발명의 조성물은
아토피 피부염 동물모델인 NC/Nga 마우스를 대상으로
한 실험에서 피부 병변을 완화시키고, 혈액내의 호산구
의 수와 혈청내 IgE 및 Th2 사이토카인의 수준을 감소
시켜 매우 뛰어난 항아토피 활성을 가진다. 또한, 본 발
명의 유효성분은 천연물 추출물 또는 이에 포함되어 있
는 화합물로서 인체 적용시 부작용 발생이 적다. ─ 특허
공개 10-2012-0045923호, 중앙대학교 산학협력단

신나무

신나무

신나무

신나무

실거리나무

콩과 / *Caesalpinia Japonica S, et Z.*

콩과의 덩굴성 낙엽활엽관목으로, 서남 해안에 자생한다. 키는 7m까지 자라며, 꽃은 6월에 노란색으로 피는데 아름답다. 9월경에 콩 꼬투리처럼 생긴 열매가 익는다.

일반적으로 나무 가시가 위나 옆으로 나는 데 비해 실거리나무 어린 줄기의 가시는 낚싯바늘이나 갈고리처럼 아래쪽으로 휘어져 있다. 이에 걸리면 옷이든 살이든 찢어져야 빼낼 수 있기에 시인들은 '질긴 인연 因緣'을 실거리나무의 가시에 비유하기도 하였다. 가시에 찔리면 통증도 꽤 심해서 실거리나무가 우거진 곳은 산짐승들도 통과하기 어렵다. 그러나 꽃이 아름다워서 주택이나 과수원의 울타리로 적합하다. 또한 열매가 단단하여 염주를 만들어 쓰기도 한다.

민간에서는 열매를 해열제 또는 지사제 등으로 사용했다는 기록이 있다. 뿌리와 줄기껍질을 '도계우倒桂牛'라 하여 여름에서 가을 사이에 채취하여 두통이나 뼈마디가 쑤시고 아픈 증상·타박상 치료에 사용하고 , 씨앗을 '운실雲實'이라 하여 학질·이질·설사 등에 약재로 사용한다.

생육 & 채취	
장 소	서남 해안
시 기	여름~가을
부 위	씨. 뿌리
손질법	씨 : 잘 익은 것을 채취하여 깨뜨려서 쓴다. / 뿌리 : 잘 말려서 쓴다.

효용	
성 미	맛은 맵고 성질은 따뜻하며 독이 있다.
활 용	해열, 진통의 효능이 있으며, 빈혈, 설사, 이질 등에 치료에 쓰인다.

연구 & 특허
● 한국산 실거리나무 열매로부터 새로운 축합형 탄닌 화학구조결정 및 고혈압 예방 효과 ● 실거리나무 가지의 성분에 관한 연구

특허 · 논문

● **한국산 실거리나무 열매로부터 새로운 축합형 탄닌 화학구조결정 및 고혈압 예방 효과** : Caesalpinia sepiaria 열매로부터 ACE 저해제로서 새로운 화합물을 분리하고 기기분석에 의해 구조를 결정한 결과, 다음과 같은 결론을 얻었다. 1. 고혈압예방을 위해 한국산 雲實로부터 폴리페놀류를 분리하여 구조동정한 결과 prodelphinidin B-3 3-O-gallate로서 (+)-gallocatechin-3-O-gallate와 (+)-gallocatechin로 결합된 화합물임을 알게 되었다. 2. Prodelphinidin B-3 3-O-gallate의 ACE 저해 효과에서 B환에 galloyl이나 gallate 결합한 prodelphinidin류가 저해 활성이 증가하는 것으로 확인되었다. 3. Prodelphinidin B-3 3-O-gallate는 $75\mu mole$에서 약 75.5%의 ACE 저해 효과가 관찰되었다. 이와 같은 결과로 한국산 雲實을 이용하여 성인병으로 문제시 되고 있는 고혈압을 예방할 수 있는 제품의 산업화 가능성을 확인 시켜주었다는 내용이다. — 대구한의대학교 안봉전 외 7, 대한본초학회지(2003. 12. 30.)

● **실거리나무 가지의 성분에 관한 연구** : 본 논문은 실거리나무의 성분을 연구한 논문으로 주요 내용으로는 실거리나무 줄기에서 5개의 화합물을 분리하고, 분광 증거의 기저에서 이 화합물의 구조가 4', 7-다이하이드록시플라본, 3, 4', 7-트라이하이드록시플라본, 카테친, 3', 4', 7-트라이하이드록시 플라본 및 2', 3, 4', 5, 6, 7-헥사하이드록시 플라본임을 동정한 내용이다. — 강원대학교 손순주 석사학위논문(2000)

실거리나무 새순

실거리나무

실거리나무 줄기

실거리나무 열매껍질

실새삼

메꽃과 / *Cuscuta australis* R.Br.

메꽃과의 한해살이 기생 덩굴풀로, 황백색의 실처럼 가는 줄기가 50㎝ 정도의 길이로 뻗으며 가지가 많이 갈라져 다른 식물을 왼쪽으로 감고 오른다. 흰색의 작은 꽃이 여름에서 초가을 사이에 피고, 가을에 들깨 모양의 씨앗이 익는다. 씨앗이 싹을 틔워 콩과나 국화과 식물에 기생하기 시작하면서 부리가 없어지는 특징이 있다. 유사종으로 새삼(*Cuscuta japonica* Choisy) · 갯실새삼(*Cuscuta chinensis* Lam.) · 미국실새삼(*Cuscuta pentagona* Engelm.) 등이 있다. 새삼 씨앗을 '토사자菟絲子'라고 부르는 이유는 부러진 토끼의 뼈를 다시 붙게 만드는 효과가 크기 때문이다.

약명/이명　전두등纏豆藤, 토사자菟絲子 / 갯새삼

고서古書 · 의서醫書에서 밝히는 효능

운곡본초학　실새삼과 새삼의 전초를 '전두등纏豆藤'이라 하여 양혈凉血, 이수利水, 청열淸熱, 해독解毒하는 효능이 있어 황달黃疸, 토혈吐血, 육혈衄血, 변혈便血, 임탁淋濁, 대하帶下, 인후종통咽喉腫痛, 옹저종독癰疽腫毒, 비

생육 & 채취	
장 소	전국의 양지바른 풀밭
시 기	가을
부 위	전초
손질법	햇볕에 말린다.

효용	
성 미	맛은 맵고 달며 성질은 평하다.
활 용	이수, 청열. 해독의 효능이 있다.

연구 & 특허
● 탈모 원인 물질 생성 억제용 토사자 추출물 및 이의 조성물 氺 p.1010 참고

자痿子, 이질姨姪, 변당便溏, 혈붕血崩, 목적종통目赤腫痛을 치료한다. 씨는 토사자菟絲子라고 하며, 명목明目, 안태安胎, 지사止瀉, 보간신補肝腎, 익정수益精髓의 효능이 있고, 유정遺精, 소갈消渴, 요슬산통腰膝酸痛, 목암目暗, 비신허설사脾腎虛泄瀉를 치료한다.

특허 · 논문

● **탈모 원인 물질 생성 억제용 토사자 추출물 및 이의 조성물** : 본 발명은 약용식물로부터 얻은 테스토스테론 5알파-리덕타아제 저해용 활성 추출물에 관한 것으로, 더욱 상세하게는 전통적으로 동양에서 사용해온 약용식물인 토사자(兎絲子), 맥문동(麥門冬), 괴화(槐花)로부터 테스토스테론 5알파-리덕타아제의 작용을 저해하여 탈모의 원인이 되는 디하이드로테스토스테론 생성을 억제할 수 있는 활성 추출물과 이를 효율적으로 추출하는 방법, 그리고 그 추출물들을 유효성분으로 함유하는 탈모 예방 및 치료의 원료, 건강식품, 화장품, 생약제에 관한 것이다. — 특허등록 제832404호

● **새삼**(*Cuscuta japonica* Choisy) **및 실새삼**(*C. australis* R.Be) **추출물의 Mushroom Tyrosinase 활성 억제 효과** : 본 논문은 새삼(*Cuscuta japonica* Choisy) 및 실새삼(*C. australis* R.Be) 추출물의 Mushroom Tyrosinase 활성 억제 효과를 연구한 논문으로 주요 내용으로는 새삼과 실새삼의 즙, 씨앗 및 토사제 팩제 2종을 시료로 하여 tyrosinase 활성 억제 효과를 조사한 것을 근거로 새삼의 꽃이 달린 줄기의 즙, 새삼의 씨앗 및 토사자 팩제(원 토사와 법제 토사)의 tyrosinase 활성 억제 효과가 우수하였고, 그중에서도 특히 ethanol 추출물의 tyrosinase의 활성 억제 효과가 우수하였다는 내용이다. — 대구가톨릭대학교 보건과학대학원 이승자 외 2, 생약학회지(2004. 12. 30.)

미국 실새삼

새삼 꽃

새삼 열매

새삼씨앗, 토사자

쑥국화

국화과 / *Tanacetum vulgare* L.

국화과의 여러해살이풀로, 우리나라 북부 지방의 높은 산에 분포하는데 유럽 원산의 귀화 식물이다. 쑥 모양의 잎과 국화꽃처럼 생긴 동글납작한 노란 꽃이 인상적이다. 키는 60~70㎝ 정도로 자라고 7~9월에 노란색의 꽃이 핀다. 초여름부터 초겨울까지 꽃피는 기간이 길어서 그리스어로 죽지 않는다는 뜻의 '아타나시아'로 불리고, 영어명 'Tansy'는 영생이라는 의미이다.

꽃이 달린 포기 전체를 건위제와 구충제로 사용한다. 약용 자원식물로서의 연구는 많지 않다.

이명 아타나시아

고서古書 · 의서醫書에서 밝히는 효능

동의학사전 여름철 꽃이 필 때 전초를 베어 그늘에서 말려 약으로 쓴다. 향기름 성분이 구충 및 세균을 억제하는 작용을 하지만 독성이 세다. 꽃 추출물은 강심 작용 · 열물내기 작용 · 위액 분비 촉진 작용을 한다.

생육 & 채취	
장 소	북부 지역의 높은 산
시 기	여름
부 위	꽃을 포함한 포기 전체
손질법	그늘에서 말린다.

효 용	
성 미	–
활 용	건위제, 구충제로 쓰인다.

연구 & 특허
● 실내 공기 정화용 스프레이액
● 차량용 항균 시트 매트리스
● 천연 항균 성분을 이용한 냉장고용 탈취제   外 p.1010 참고

● **실내 공기 정화용 스프레이액** : 본 발명은 실내 공기 정화용 스프레이액에 관한 것으로, 더욱 상세히 설명하면 올리브, 계피, 생강, 소나무, 이질풀, 스피어민트, 감송유, 쑥국화, 샐비아, 허브에서 추출한 천연 항균물질을 연소시켜 독한 향과 끈적임을 제거하고 추출하여 완성한 실내 공기 정화용 스프레이액에 관한 것이다. 상기 발명에 의하여 공기 중의 세균을 즉시 제거하며, 인체에 무해하고, 방향성이 우수한 공기 정화용 스프레이액이 제조된다. — 특허등록 제620786호, 주식회사 세기종합환경

● **차량용 항균 시트 매트리스** : 본 발명은 올리브, 계피, 생강, 소나무, 이질풀, 스피어민트, 감송유, 쑥국화, 샐비아, 허브에서 추출한 천연 항균액을 세피올라이트 내에 흡수시켜, 상기의 세피올라이트를 차량용 시트 매트리스 제조시 첨가하여 완성하는 차량용 항균 시트에 관한 것이다. 본 발명에 의하여 자동차 내부 악취의 주원인인 시트 내부에 천연 항균 성분을 도입함으로써 균을 사멸시키고 악취를 제거할 수 있다. — 특허등록 제968893호, 충북대학교 산학협력단 외 ?

● **천연 항균 성분을 이용한 냉장고용 탈취제** : 본 발명은 천연 항균 성분을 이용한 냉장고용 탈취제에 관한 것으로서 더욱 상세히는 올리브, 계피, 생강, 소나무, 이질풀, 스피어민트, 감송유, 쑥국화, 샐비아, 허브에서 추출한 천연 항균성분을 세피오라이트(sepiolite) 비드에 흡수시켜 한천으로 코팅한 냉장고용 탈취제에 관한 것으로 항균물질이 냉장고 내부로 지속적으로 휘산되어 악취원의 발생을 근원적으로 차단하며, 또한 발생한 악취 물질은 세피오라이트에 의해 조속히 흡착 제거된다. — 특허공개 10-2010-0074712호, 충북대학교 산학협력단 외 1

쑥국화

쑥국화

쑥국화

씀바귀

국화과의 여러해살이풀로, 우리나라 전역의 비탈진 밭, 논두렁, 야산 기슭에서 흔히 자란다. 키는 25~50㎝ 정도로 자라고, 5~7월에 지름 1.5㎝ 정도 되는 노란색 꽃이 핀다. 흰색 꽃이 피는 흰씀바귀도 있고, 노랑선씀바귀 · 가새씀바귀 · 함흥씀바귀 · 벋음씀바귀 · 벌씀바귀 · 갯씀바귀 · 좀씀바귀 · 산씀바귀 등 종류가 다양하다. 씀바귀 잎이나 줄기를 잘라 보면 쓴맛이 강한 흰 즙이 흐른다.

이른 봄에 뿌리와 어린순을 데쳐서 물에 우리거나 생것 그대로 나물로 이용한다. 씀바귀는 미각을 돋우고 입맛을 되살아나게 하는 풀로, 봄에 많이 먹으면 여름 더위에 강해진다는 말이 있을 만큼 식욕 증진에 좋다. 또한 양지바른 곳에서는 한겨울에도 잎이 죽지 않고 짙은 보라색으로 땅에 붙어 있는 것을 볼 수 있으며, 이때도 뿌리를 나물로 먹는다.

한방에서 '고채苦菜'라 해서 약용하는데, 해열 · 해독 · 건위 · 조혈 · 소종 등의 효능이 있는 것으로 알려져 있다.

약명/이명 고채苦菜 / 쓴귀물, 싸랑부리, 쓴나물, 싸랭이, 사태월싹

생육 & 채취	
장 소	전국 각지의 밭, 논두렁 등
시 기	봄
부 위	어린순, 뿌리(나물) 전초(약재)
손질법	햇볕에 말리거나 생것을 쓴다.

효용	
성 미	맛은 쓰고 성질은 차다.
활 용	해열, 해독, 건위, 소종 등의 효능이 있다.

연구 & 특허
● 흰씀바귀로부터 추출된 세스퀴테르펜 락톤 화합물을 함유하는 심혈관 질환 예방 및 치료용 조성물 ☞ p.1010 참고

동의보감 명목明目, 소종消腫, 양혈凉血, 청열淸熱, 해독解毒, 조십이경맥調十二經脈의 효능이 있다.

특허 · 논문

● 흰씀바귀로부터 추출된 세스퀴테르펜 락톤 화합물을 함유하는 심혈관 질환 예방 및 치료용 조성물 : 본 발명은 흰씀바귀로부터 추출된 세스퀴테르펜 락톤 화합물을 함유하는 심혈관 질환 및 암 치료용 조성물에 관한 것이다. 흰씀바귀로부터 추출된 세스퀴테르펜 락톤 화합물인 잘루자닌 C, 9α-하이드록시구아이안-4(15),10(14),11(13)-트리엔-6,12-올리드 및 이제린 M은 ACAT 저해 활성, DGAT 저해 활성 및 FPTase 억제 활성을 갖고 있다. 따라서, 상기 화합물은 심혈관 질환 및 암의 예방 및 치료에 이용될 수 있다. — 특허등록 제552109호, 학교법인 경희학원 외 1

● 씀바귀뿌리 열수 추출물로부터 저분자량 엔지오텐신 전환효소 저해제를 제조하는 방법 및 상기 방법에 의해 제조된 저분자량 엔지오텐신 진환효소 저해제를 함유하는 식품 : 본 발명은 자생식물인 식용 씀바귀로부터 고혈압 치료에 효과가 있는 엔지오텐신 전환효소(angiotensin converting enzyme, ACE) 저해제의 제조에 관한 것으로서 생체 조절 물질을 함유하는 새로운 기능성 식품 소재를 개발할 목적으로 씀바귀로부터 ACE 저해제를 제조하고자 열수 추출, 분자량 한계 1,000달 톤의 한외여과, 고속 액체 크로마토그라피, 역상 고속 액체크로마토그라피를 이용하여 ACE 저해제를 제조하는 방법에 관한 것이다. — 특허등록 제447534호, 충남대학교 산학협력단

● 면역증강 및 생리 활성 효과를 갖는 씀바귀 추출물 : 본 발명은 항암, 항산화, 항스트레스, 항박테리아, 항알러지 및 콜레스테롤 억제 등의 인체 면역 증강과 생리 활성 효과를 갖는 씀바귀 추출물 및 그 제조 방법에 관한 것으로

서, 보다 상세하게는 본 발명은 씀바귀를 메탄올, 헥산, 에틸아세테이트, 부탄올 또는 물 등으로 분획하여 얻은 추출물을 유효성분으로 하는 약학적 조성물 및 건강식품에 관한 것으로서, 이는 암, 성인병, 뇌졸중, 알러지성 질환, 스트레스성 질환, 염증성 질환 및 심혈관 질환의 예방 및 치료에 널리 이용될 수 있다. ― 특허등록 제411370호, 전**

● **씀바귀를 이용한 김치 제조 방법 및 이로부터 제조된 김치** : 본 발명은 씀바귀를 이용한 김치 및 이의 제조 방법에 관한 것으로서, 보다 상세하게는 씀바귀 뿌리에 설탕을 첨가하여 발효시킨 후, 그 여액을 여과하여 씀바귀 뿌리 발효 추출액을 제조하는 단계와, 마늘 및 생강 등 김치 부재료를 혼합하고 여기에 상기 발효 추출액을 첨가하는 단계 및 소금물에 절인 배추를 상기 발효 추출액이 첨가된 부재료와 버무리는 단계를 포함하는 김치 제조 방법을 제공한다. 또한, 상기 방법으로 제조된 김치를 제공한다. 본 발명에 따른 김치 및 이의 제조 방법은, 발효 기법을 통한 제품 개발로 씀바귀의 다양한 생리 활성 물질에 의한 기능성이 첨가된 김치를 개발함으로써, 김치 제조공정을 개선시켜 고품질 기능성 김치 제조 공정을 개발하고, 씀바귀의 가공 적성 개발을 통한 대중 보급 확대를 제공할 수 있다. ― 특허등록 제1003186호, 당진군 외 1

● **메밀싹, 미나리 줄기, 감국, 목통, 씀바귀, 차전자 및 대나무 잎 추출물을 함유하는 뇌 기능 개선용 조성물** : 본 발명은 메밀싹, 미나리 줄기, 감국, 목통, 씀바귀, 차전자 및 대나무 잎으로 이루어진 식물 혼합물에 용매로 물을 첨가하여 추출한 식물 추출물을 유효성분으로 함유하는 것을 특징으로 하는 뇌기능 개선용 조성물에 관한 것으로, 교감신경 β수용체의 활성을 변화시켜 뇌혈류량을 증가시킴으로써 뇌기능 개선 효과를 발휘한다. ― 특허등록 제177381호, 주식회사 엔자임바이오

● **씀바귀 추출물을 함유한 바이러스성 간 질환 치료용 조성물** : 본 발명은 씀바귀(*Ixeris dentata*) 추출물을 이용한 바이러스성 간 질환 예방 및 치료 활성을 갖는, B형 간염바이러스에 의한 간염, 간경화의 예방 및 치료용 조성물에 관한 것

선씀바귀 꽃

씀바귀 꽃

선씀바귀 꽃

씀바귀 꽃

이다. 본 발명의 씀바귀 추출물은 HBV 바이러스 DNA 증식을 억제시킴으로써 항바이러스 작용을 나타내어, 바이러스성 간염 및 간경화에 대한 예방 및 치료에 안전하고 효과적인 의약품 및 건강보조식품을 제공한다. — 특허공개 10-2004-0018732호, 주식회사 바이오원 외 4

● 씀바귀 추출물을 유효성분으로 함유하는 피부 질환의 예방과 치료를 위한 조성물 : 본 발명은, 아토피성 피부염 및 접촉성 피부염을 포함하는 피부 질환에서, 피부의 장벽 기능이 손상되지 않게 할 뿐더러, 이뮤노글로블린 E(IgE)가 과민 반응하는 것을 억제하고, 염증성 사이토카인인 인터루킨-1β가 과잉 분비되는 것을 억제함으로써, 피부 질환을 예방, 개선 및 치료하기 위한 조성물에 관한 것이다. 본 발명인 피부 질환의 예방, 개선 및 치료를 위한 조성물은 씀바귀 추출물을 유효성분으로 포함함에 기술적 특징이 있다. — 특허공개 10-2012-0136460호, 원광대학교 산학협력단

● 선씀바귀 추출물을 유효성분으로 하는 다이옥신 유사 물질에 대한 길항성 조성물 : 본 발명은 선씀바귀 추출물을 유효성분으로 하는 다이옥신 유사 물질에 대한 길항성 조성물 그리고 선씀바귀 추출물을 유효성분으로 하는 약제학적 조성물 및 건강 식품 조성물에 관한 것으로서, 보다 상세하게는 선씀바귀 추출물을 유효성분으로 하고, 다이옥신 유사 물질의 XRE(xenobiotic response element) 관련 신호전달 체계에 대한 작용을 방해하여 다이옥신 유사 물질의 세포 내 작용을 억제하는 길항성 조성물 그리고 선씀바귀 추출물의 약제학적 유효량을 포함하며, 다이옥신 유사 물질의 독성에 의한 질병의 치료 또는 예방용 약제학적 조성물 및 건강식품 조성물에 관한 것이다. 본 발명의 조성물은 다이옥신 유사 물질의 독성을 효과적으로 감소시킬 뿐만 아니라 종래부터 약제로 사용되고 있는 천연물인 선씀바귀 추출물을 유효성분으로 포함하고, 매우 특이적으로 다이옥신 유사 물질에 대하여 길항 작용을 나타내기 때문에 인체에 대한 부작용이 화학적 합성 의약보다 극히 적다. — 특허공개 10-2003-0004012호, 주식회사 메덱스바이오

고들빼기 꽃

씀바귀 꽃

씀바귀

씀바귀

아그배나무

장미과 / *Malus sieboldii* (Regel) Rehder

장미과의 낙엽소교목으로, 우리나라 전역의 산지 계곡 근처나 냇가 등 비옥하고 습한 곳에서 잘 자란다. 우리나라가 원산지이며 일본에도 분포한다. 꽃과 열매의 모양이 작은 배처럼 생겨서 '아그배(아기배)'라고 한다. 키는 2~10m 정도로 자라는데 가지가 많이 나와 옆으로 피지며 전체적으로 모양이 둥그스름해진다. 5월경에 분홍색이 도는 흰색의 꽃이 피었다가 하얗게 지고, 9~10월에 둥근 열매가 붉게 익는다.

꽃과 열매, 나무의 형태가 아름다워 관상수로 가꾸고, 사과나무를 접붙일 때 대목臺木으로도 사용한다. 옛날에는 나무껍질을 염료로 사용하였다.

열매를 '해홍海紅'이라 하여 민간에서 가을에 채취하여 반으로 갈라 햇볕에 말려서 쓰거나 생것 그대로 약으로 쓴다. 설사를 치료하는 약재이다.

약명/이명 해홍海紅 / 꽃사과, 애기사과

생육 & 채취	
장 소	전국의 산지 계곡 근처, 냇가
시 기	가을
부 위	열매
손질법	반으로 갈라 햇볕에 말리거나 생것 그대로 쓴다.

효 용	
성 미	맛은 달고 시며 성질은 서늘하다.
활 용	생진윤조生津潤燥, 청열화담淸熱化痰 작용. 음식적체飮食積滯 치료

연구 & 특허
● 제주 자생식물 고압용매 추출물의 통합적 항산화 능력 外 p.1010 참고

운곡본초학 생진윤조生津潤燥, 청열화담清熱化痰의 효능이 있다.

특허 · 논문

● 제주 자생식물 고압용매 추출물의 통합적 항산화 능력 : 제주 자생식물 20종을 대상으로 고압용매 추출(추출 용매 100% methanol, 추출 온도 40℃, 추출 압력 13.6 MPa, 추출 시간 10분)하여 총페놀 함량과 통합적 항산화 능력을 측정하고 폴리페놀 성분을 동정하였다. 추출수율은 붉나무, 말오줌때, 사방오리나무, 사람주나무, 팥배나무가 각각 21.8, 21.5, 21.1, 20.7, 20.1%로 가장 높았다. 총페놀 함량은 아그배가 68.3㎎ GAE/g로 가장 높았고, 다음으로 사람주나무, 석위, 말오줌때가 각각 57.6, 56.6, 55.1㎎ GAE/g을 나타내었다. 수용성 항산화 능력은 이질풀, 사람주나무, 산딸나무, 붉나무가 각각 598, 394, 293, 270 umol ascorbic acid equivalent/g로 높았고, 지용성 항산화 능력은 백량금, 새우나무, 이질풀, 붉가시나무가 611, 314, 296, 242 umol trolox equivalent/g로 높았다. GC/MS 에 의한 폴리페놀 성분을 동정한 결과 15개의 주요 피크를 얻었으며, 그중 2종의 폴리페놀류{gallic acid(체류 시간 19.7분)와 quercetin(체류 시간 33.5분)}, ascorbic acid(체류 시간 35.3분) 그리고 다수의 지방산류(체류 시간 18.6, 21.0, 21.8, 21.9, 23.6분)를 확인할 수 있었는데, 이 중 gallic acid는 다른 성분보다 peak area가 높은 것으로 나타나 사람 주나무의 가장 중요한 폴리페놀 성분으로 추정되었다. ─ 제주대학교 식품생명공학과 김미보 외 5, 한국식품영양과학회지(2008. 11. 28)

아그배나무 새순. 지난해 묵은 열매가 달려 있다.

아그배나무 꽃

아그배나무 꽃

아그배나무

아까시나무

콩과 / *Robinia pseudoacacia* L.

콩과의 낙엽교목으로, 우리나라 전역의 낮은 산지와 개울가에서 흔히 자란다. 북미가 원산지로, 1900년 초에 사방용·조림용·연료림으로 도입되어 전국에 식재되었으며, '아카시아'라는 이름으로 잘 알려져 있다. 키는 25m까지 자라고, 가지에 턱잎이 변하여 만들어진 날카로운 가시가 있다. 5월에 꿀 향기가 강하게 나는 유백색의 꽃이 피고, 9월경에 납작한 꼬투리 모양의 열매가 흑갈색으로 익는다. 꽃말은 '품위'이다. 붉은 꽃이 피는 꽃아까시나무(*Robinia hispida* L.)도 있다.

아까시나무의 꽃은 씹는 식감과 달큰한 향기가 좋아 종종 튀김 요리를 해 먹고, 잎은 초식동물의 사료로 이용된다. 민간에서는 아까시꽃을 말려 차를 우려내 마시는데, 이뇨 작용이 있어 신장염이나 방광염을 개선하는 효과를 보인다고 한다.

아까시나무의 북아메리카 학명인 'pseudoacacia'는 'pseudo'와 'acacia'를 합성한 것으로, 'pseudo'는 '가짜'를 의미한다. 진짜 아카시아는 아프리카 사바나 지역에서 자라는 긴 가시가 있는 상록수로서, 기린이나 코끼리들

생육 & 채취	
장 소	낮은 산지, 개울가
시 기	5월
부 위	꽃
손질법	꽃송이를 따서 꽃줄기에서 꽃을 하나씩 따 낸다.

효 용	
성 미	맛은 달고 성질은 평하다.
활 용	꽃차, 발효액, 튀김요리

연구 & 특허
● 숙취 해소 및 간 기능 회복에 효과가 있는 천연차 및 그 제조 방법 ● 아카시 꽃 와인 제조 방법 外 p.1010 참고

이 잎을 즐겨먹는다고 한다. 남아프리카공화국에서는 노란 아카시아 꽃의 향을 이용하여 스파클링 와인 '버니니 BERNINI'를 제조한다.

이름이 비슷한 식물로 호주 아카시아(Acacia pycnantha)가 있는데, 이는 호주의 국화로서 '골든 와틀Golden Wattle' 이라고도 한다. 호주 남부 지방인 캔버라 부근에서 쉽게 볼 수 있으며, 호주 대표 운동선수들의 유니폼 색상을 이 꽃에서 착안했다고 한다. 꽃 향기가 좋아서 향수의 원료로 쓰이며, 나무껍질에는 강력한 탄닌 성분이 많아 약 재로 이용되고 있다.

이명 아카시아

고서古書 · 의서醫書에서 밝히는 효능

운곡본초학 아까시나무의 뿌리에는 질소 고정 박테리아가 있어서 척박한 토양에서도 잘 자라므로 절개지나 사 방공사용으로 많이 심었다. 꽃을 약용하는데 지혈하는 효능이 있어서 각혈咯血, 토혈吐血, 혈붕血崩, 대장하혈大 腸下을 치료한다.

특허 · 논문

● 숙취 해소 및 간 기능 회복에 효과가 있는 천연차 및 그 제조 방법 : 본 발명은 천연 식물인 아카시아로부터 최 적의 조건에서 그 주요 성분을 추출한 후 이를 주성분으로 하여 제조된 숙취 해소 및 간 기능 회복에 효과가 있 는 천연차 및 그 제조 방법에 관한 것으로, 아카시아나무(Robinia pseudo-acacia)의 잎, 줄기, 꽃, 뿌리의 추출물을

꽃아까시나무

호주 아카시아. 골든 와틀(Golden Wattle)

아프리카 아카시아

아프리카 아카시아

주성분으로 하고 여기에 통상의 부가제가 첨가되어 구성될 수 있고, 여기에 부가적으로, 백화사설초(白花蛇舌草), 사인, 감초, 또는 갈화(葛花)와 같은 것을 부원료로 부가되어 구성됨을 특징으로 한다. 상기와 같이 구성되는 본 발명은 아카시아 나무 추출물을 주원료로 하고 선택적으로 백화사설초, 사인, 감초 추출물과 갈화의 추출물을 선택적 또는 함께 일정한 배합비로 혼합한 분말 또는 액상차 및 그 제조 방법으로써 본 발명의 천연차를 음주 전후의 복용으로 숙취 해소의 효능뿐 아니라 간장을 보호할 수 있고, 특히 아카시아 나무에서 로비닌을 추출하여 단방으로 사용할 수 있는 유용한 발명이다. — 특허등록 제718189호, 남**

● 아카시 꽃 와인 제조 방법 : 5월에 향기가 진한 아까시꽃을 수집해서 맑은 물에 헹궈 그늘에서 물기를 없애고 아까시꽃 60% 흑설탕 40%로 차근차근 재서 밀봉하여 보관한다. 6월에 완숙한 앵두에 들깨 및 보리를 수집해서 맑은 물에 담근 후 30%/20%/50%의 비율로 혼합하고 장작불로 달이면 부패 세균을 제거하는 동시에 미각을 돋우는 연분홍색의 보리죽이 된다. 이것을 아까시꽃즙과 혼합 채에 걸러서 씨와 찌거기를 걷어내고 열 소독한 후 흑설탕 20%를 추가 혼합하고 밀봉해서 저온에 보관하면 자연 발효되며, 5개월 후부터는 알콜10%의 와인으로 생성되며 해를 거듭할수록 양질의 꽃 와인이 된다. — 특허공개 10-2009-0083827호, 김**

● 아카시아 나뭇잎 추출물 및 이를 함유하는 피부 미백용 화장료 조성물 : 본 발명은 교반 추출과정을 통해 추출된 아카시아 나뭇잎 추출물 및 그 추출물을 함유하는 피부 미백용 화장료 조성물에 관한 것이다. 본 발명에 따른 아카시아 나뭇잎 추출물 및 조성물은 티로시나제 효소 활성 저해능 및 B16 쥐 흑색종 세포에서의 멜라닌 생성 억제능이 뛰어날 뿐만 아니라 라디칼 소거능 및 지질과산화 저해능이 우수하다. — 특허등록 제330704호, 엔프라니 주식회사

아까시나무 꽃

아까시나무

아까시나무 꽃

● **잔디밭 제초용 아카시아 잎 추출물** : 본 발명은 잔디밭 제초물질의 제조에 있어서, 잔디밭 제초에 효과적인 수목으로써 아카시아 잎을 선발하고 그 제초 효과에 최적인 농도를 밝힌 후 제초 효과의 주요성분을 밝히는 것에 관한 것으로, 잔디밭의 제초에 효과적일 뿐만 아니라 잔디의 생육에 영향을 미치지 않는 뛰어난 효과가 있다.

— 특허등록 제501292호, 삼성에버랜드 주식회사

● **아까시 꽃 추출물의 항산화 활성 및 DNA 손상 억제 효과** : 아까시 꽃 10g에 200㎖의 두 가지 용매(물, 70% 에탄올)를 각각 가하여 추출한 다음, 농축하여 각각의 용매별 추출물을 얻었다. 이 용매별 추출물을 이용하여 아까시 꽃의 항산화 활성을 조사하였다. 그 결과, 총 페놀 함량은 물 추출물이 9.07㎎ GAE/g로 70% 에탄올 추출물보다 높았고, 총 플라보노이드 함량은 70% 에탄올 추출물에서 0.04㎎ CE/g, 물 추출물은 0.03㎎ CE/g으로 나타났다. DPPH 라디칼 소거능은 대부분 70% 에탄올 추출물이 물 추출물보다 더 높은 활성을 나타내었고, 환원력의 경우에는 물 추출물의 환원력은 1,000㎎/㎖의 농도에서 0.438로 가장 높았으며 70% 에탄올보다 더 높은 경향을 보였다. Comet assay를 이용한 항유전독성의 효과 분석 결과, 물 추출물에서는 모든 농도에서 유의적인 DNA 손상 억제력을 보였으며, 에탄올 추출물에서는 고농도(10, 50㎍/㎖)에서 DNA 손상이 감소되는 것을 알 수 있었다. — 경남대학교 식품생명학과 김수정 외 4, 한국식품조리과학회지(2011. 8. 30.)

아왜나무

인동과 / *Viburnum odoratissimum* K.Koch

인동과의 상록소교목으로, 우리나라 제주도, 경상남도 해안 지방에 자생하며 일본과 중국에 분포한다. 키는 10m 정도로 자라고, 잎은 마주나고 잎자루나 어린 가지는 붉은빛이 돈다. 6월경 흰색의 꽃이 피며, 열매는 9~10월에 붉은색으로 익어서 검게 변한다.

일본에서는 '아와부끼アワブキ(泡吹木)'라고 하는데, '거품을 내는 나무'라는 뜻으로, 실제로 아왜나무 잎을 태워 보면 보글보글 거품이 인다. 아왜나무라는 이름은 우리나라에서 '아와나무'라고 차용해 쓰다가 아왜나무로 변했다는 설이 있다. 실제로 나무 자체에 수분이 많고, 불이 붙으면 아왜나무의 수분이 거품이 되어 불을 끈다고 하여 방화용으로 심었다고 한다. 관상가치가 높아서 울타리용으로 심어 가꾼다.

유사종으로 무늬아왜나무(*Viburnum awabuki* 'Variegata')가 있다. 대만의 연구에 의하면 아왜나무의 잎과 꽃에서 인간의 비인두암 및 위암세포에 대한 세포독성이 있는 물질이 확인되었다고 한다.

약명/이명 산호수珊瑚樹 / 개아왜나무, 사철가막살나무, 아웨낭(제주)

생육 & 채취	
장 소	제주도, 경낭남도
시 기	봄~가을
부 위	잎, 나무껍질
손질법	햇볕에 말린다.

효 용	
성 미	—
활 용	발독생기拔毒生肌, 청열거습淸熱祛濕, 통경활락通經活絡

연구 & 특허
● 아왜나무에서 추출한 생리활성 조성물 ● 국내 자생식물의 항산화 및 항미생물 활성 탐색 坮 p.1010 참고

고서古書 · 의서醫書에서 밝히는 효능

운곡본초학 잎과 나무껍질을 약용하는데 생약명은 산호수珊瑚樹라 한다. 발독생기拔毒生肌, 청열거습清熱祛濕, 통경활락通經活絡의 효능이 있다.

특허 · 논문

● 아왜나무에서 추출한 생리활성 조성물 : 본 발명은 아왜나무에서 추출한 생리활성 조성물에 관한 것으로, 아왜나무(Viburnum awabuki) 잎에서 추출한 항암 활성 추출물 및 항산화 활성을 포함하는 추출물에 관한 것이다. 본 발명의 항암 활성 추출물은 폐암, 난소암, 결장암, 중추신경계암, 피부암에 탁월한 항암 활성을 나타내고, 항산화 활성을 포함하는 추출물은 합성 항산화제인 BHA를 대체할 수 있는 천연 항산화 물질로 확인되어 항암제, 항산화제 또는 식품첨가제로 이용할 수 있다. — 특허등록 제417604호, 제주시

● 국내 자생식물의 항산화 및 항미생물 활성 탐색 : 천연물 유래의 안전하고 효과적인 항산화 화합물을 찾기 위하여 채취한 86종의 다양한 식물체로부터 얻은 MeOH 추출물을 DPPH free radical 소거법을 이용하여 항산화 활성을 검정한 결과 밤껍질(RC_{50}=5.8μg)과 느릅나무(RC_{50}=12μg)에서 대조구인 α-tocopherol(RC_{50}=12μg)과 BHA(RC_{50}=14μg)에 비해 강한 활성을 보였고 그 외 13종에서도 비교적 강한 활성을 나타내었다. 또한 대표적인 식물병원균 중 6종의 균주를 사용하여 in vivo 방법으로 항미생물 활성을 검정한 결과 굴피나무, 비목나무, 산국, 소리쟁이, 가막사리, 아왜나무에서 90% 이상의 식물병원균의 생육 저해 효과를 보였다. — 순천대학교 임요섭 외 5, 한국약용작물학회지(2000. 12. 31.)

아왜나무 열매

아왜나무 열매

아왜나무

아왜나무

아주까리

아주까리

대극과 / *Ricinus communis* L.

대극과의 한해살이풀로, 우리나라 전역에서 재배한다. 씨앗 이름인 '피마자'로 더 잘 알려져 있다. 열대 아프리카가 원산지이며, 전 세계 온대 지역에 퍼져 있다. 키는 2m에 달하고 가지가 나무처럼 갈라지는데, 한파 염려가 없는 곳에서는 여러 해를 산다. 8~9월에 연한 노란색 또는 붉은색 꽃이 피고, 가을에 열매가 갈색으로 익는데, 껍질이 터져 씨앗이 들여다보인다. 피마자 기름은 열 변화가 적고, 빙점이 낮아 비행기 윤활유로도 이용되고, 의약품·화장품·공업용 원료로 이용된다. 식물체에는 Acidicricin, Basicricin 등의 유독성 단백질이 있으므로 사용 시 주의해야 한다.

어린순은 끓는 물에 데쳐 찬물에 우려내어 나물로도 먹지만 종종 설사를 일으키는 경우가 있다. 씨앗은 특이한 냄새가 조금 나고 식물성 기름 맛이 난다. 맛은 달고 매우며 성질은 한쪽으로 치우치지 않고 평하며 독이 있다. 한방에서 씨앗을 '비마자蓖麻子'라 하여 중풍으로 인한 구완와사 또는 반신불수 등에 활용하기도 했다. 주로 변비를 비롯한 수종창만水腫

생육 & 채취	
장 소	전국에서 재배한다.
시 기	봄(식용) 가을(씨앗)
부 위	씨앗 기름, 잎
손질법	잎은 데쳐서 말린다.(식용) 씨앗을 압착하여 기름을 짠다.

효용	
성 미	맛은 맵고 달며 성질이 평하고 독이 약간 있다.
활 용	변비 개선제, 의약품·화장품 원료, 공업용 기름, 등잔 기름

연구 & 특허
● 피마자 추출물을 유효성분으로 함유하는 골질환 예방 및 치료용 조성물 ● 코코피트와 피트를 포함하는 퇴비 및 이의 제조 방법 外 p.1010 참고

脹滿·옹종癰腫·개창疥瘡·임파선종淋巴腺腫 등의 치료제로 쓰인다.

약명/이명 비마자萆麻子, 비마엽萆麻葉 / 아주까리

고서古書·의서醫書에서 밝히는 효능

동의보감 성질은 평平하고 맛은 달고 매우며[甘辛] 조금 독이 있다. 수水, 창脹으로 배가 그득한 것을 낮게 하고 해산을 쉽게 하며, 헌 데와 상한 데, 옴, 문둥병을 낮게 하며, 수징水癥, 부종浮腫, 시주尸疰, 악기惡氣를 없앤다. / 비마자는 몰려 있는 것을 내보내고 병 기운을 잘 빨아내기 때문에 외과에 요긴한 약이다. 소금물에 삶아 껍질을 버리고 알맹이를 쓴다[입문].

특허·논문

● 피마자 추출물을 유효성분으로 함유하는 골 질환 예방 및 치료용 조성물 : 본 발명은 피마자 추출물을 유효성분으로 함유하는 골 질환 예방 및 치료용 조성물에 관한 것이다. 본 발명에 의한 피마자 추출물은 천연물로서 부작용이 없고, 뼈의 분해 억제가 아닌 형성을 촉진하여 기존의 뼈 분해억제제의 단점을 보완하여 골다공증 및 관련 질병의 치료에 효과적이다. — 특허공개 10-2012-01113999, 연세대학교 산학협력단

● 코코피트와 피트를 포함하는 퇴비 및 이의 제조 방법 : 본 발명은 코코피트와 피트를 포함하는 퇴비 및 이의 제조 방법에 관한 것으로, 보다 상세하게는 코코피트, 피트, 팜박, 피마자박, 미강 및 미생물 촉진제로 이루어진 코코피트와 피트를 포함하는 퇴비 및 코코피트, 피트, 팜박, 피마자박, 미강 및 미생물 촉진제를 혼합한 혼합물

을 발효시키는 단계; 상기의 발효단계 후 이물질을 제거하고 입도를 조절하는 단계를 포함하는 코코피트와 피트를 포함하는 퇴비의 제조 방법에 관한 것이다. — 특허등록 제1151392호, 주식회사 농경

● 약제학적으로 적합한 국소 연고용의 지질 중에 분산된 수소 첨가된 피마자유 : 본 발명의 국소 연고 약제 조성물은 친지성 기재, 약제학적 활성제 및 조성물 총 중량을 기준으로 하여 약 1 내지 약 50중량%의 분말 형태의 수소첨가된 비용융형 피마자유를 사용한다. 분말 형태의 수소첨가된 비용융형 피마자유를 사용한 결과, 수소첨가된 피마자유를 용융시켜서 제조한 연고보다 질감이 더욱 매끄럽고 도포성이 더욱 우수한 것으로 인지된 놀라운 약제학적 적합성(elegance)이 얻어진다. — 특허등록 제764278호, 헬쓰포인트. 엘티디.(미국)

● 피마자유를 함유한 건강식품 제조 방법 : 본 발명은 복용이 용이하고 인체에 해가 없는 피마자유를 주성분으로 하는 건강식품 제조 방법에 관한 것으로, 솔잎, 쑥, 구기자, 마, 호두, 검은콩, 검은깨, 뽕잎, 대추, 생강, 홍화씨 중의 5종 이상을 전체 양에 대해 10~30중량 피마자 씨앗 70~90중량 상기 혼합물에 상기 삶은 피마자를 혼합하는 단계; 상기 혼합물과 피마자의 혼합물을 인출하여 건조한 후 연옥을 포함하는 물에 1~3일간 담그어 세척하는 단계; 얻어진 건조된 피마자를 포함한 혼합물을 볶은 후에 압착하여 피마자유를 포함한 액상 혼합물을 추출하는 단계; 및, 얻어진 피마자유를 포함한 액상 혼합물을 용기에 넣어 진공 포장하는 단계를 포함하여 이루어진다. — 특허등록 제615111호, 이**

● 피마자 추출물 및 괴화 추출물을 유효성분으로 포함하며, 셀룰라이트 개선 효과가 있는 화장료 조성물 : 본 발명은 피마자 추출물 및 괴화 추출물을 유효성분으로 포함하는 화장료 조성물 및 이소쿼시트린을 포함하는 화장료 조성물에 대한 것이다. 본 발명의 화장료 조성물은 셀룰라이트의 개선 및 바디 슬리밍에 뛰어난 효과가 있다. — 특허공개 10-2012-0137161호, 엔프라니 주식회사

● **피마자 유래의 신규한 Ｐ Ｄ Ａ Ｔ 유전자 및 이를 이용한 하이드록시 지방산 생산 방법** : 본 발명은 포스포리피드 다이아실글리세롤 아실트랜스퍼라아제(Phospholipid diacylglycerol acyltransferase; PDAT) 활성을 가지는 피마자 유래의 신규 단백질에 관한 것으로, 보다 구체적으로는 PDAT 활성을 가지는 단백질, 단백질을 코딩하는 핵산분자, 핵산분자를 포함하는 재조합 벡터, 재조합 벡터로부터 형질 전환되어 종자에서 하이드록시 지방산 생산이 증진된 형질전환 식물, 그리고 형질전환 식물을 이용하여 하이드록시 지방산을 제조하는 방법에 관한 것이다.

— 특허공개 10-2011-0123132호, 대한민국(농촌진흥청장)

● **국내 자생 식물 추출물의 항산화 활성 및 항균 효과** : 23종의 천연 자생물의 ethanol 추출물에 대한 항산화 및 항균활성을 비교하였다. Hydrogen radical 소거능으로 측정한 항산화 활성은 유근피가 99.72%로 가장 높았으며, 율무〉가지〉삼지구엽초순으로 높았다. DPPH에 의한 전자공여능을 측정한 결과, 오배자 추출물의 전자공여능은 70.33%로 매우 높았고, 피마자〉가지〉유근피 추출물이 높은 활성을 보여주었다. 또한 Paper disk diffusion법에 의해 측정한 항균활성은 오배자 추출물이 모든 균종에서 가장 강한 항균활성 (16.0~19.0㎜)을, 솔잎, 결명자, 세신, 은행 추출물순으로 모든 균종에서 9.5~11.5㎜ 정도의 항균활성을 나타내었다. 약쑥은 Listeria monocytogenes 종을 제외한 실험균주에서 9.0~10.0㎜의 높은 항균성을 보였다. 삼백초는 Bacillus subtilus, Stapylococcus aureus, Escherchia coli, Samonella entetotidis의 균종에서 선택적인 항균활성을 나타내었다. 따라서 23종 자생식물자원의 항산화 활성과 항균 효과를 비교한 결과, 유근피, 가지, 피마자, 오배자, 솔잎이 hydrogen radical 소거능, DPPH에 의한 전자공여능, 항균 효과가 매우 높은 식물자원으로 확인할 수 있었다.

— 충남농업기술원 한승호 외 3, 한국약용작물학회지(2005. 2)

아주까리 열매

아주까리 꽃

아주까리 열매, 피마자

애기나리[금강애기나리]

백합과 / *Disporum smilacinum A.Gray*

백합과의 여러해살이풀로, 우리나라 중부 이남의 산지 반그늘에서 잘 자란다. 키는 20~40㎝ 정도이다. 4~5월에 흰색의 꽃이 피고 가을에 둥글고 검은 열매가 익는다. 꽃말은 '깨끗한 마음' 또는 '요정들의 소풍'이다. 어린순은 나물로 이용한다. 전국의 숲에서 흔히 볼 수 있지만 약용식물으로서의 현대적인 연구는 아직까지 거의 없다.

유사종으로 큰애기나리(*Disporum viridescens* (Maxim) Nakai), 금강애기나리(*Streptopus ovalis* (Ohwi) F.T.Wang & Y.C.Tang)가 있다.

금강애기나리는 지리산·태백산·오대산·덕유산·소백산·한라산 등의 고산 지역에서 자라는 우리나라 특산 식물이다. 나무 사이로 들어오는 연한 광선을 좋아하여 높은 산등성이나 침엽수림 주변의 비옥하고 습기가 많은 곳에서 잘 자란다. 키는 10~30㎝ 정도이고, 4~7월에 연한 황백색의 꽃이 줄기 끝에 1~2개 피는데, 붉은 자주색의 반점이 박혀 있다. 7~8월경에 둥근 열매가 붉게 익는다. 자주색 반점이 박힌 꽃 모양이 특이하여 '금강애기나리'라고 부르며, 진부에서 처음 발견되었기에 '진부

생육 & 채취	
장 소	중부 이남의 산지 반그늘
시 기	가을~봄
부 위	뿌리줄기
손질법	뿌리줄기를 햇볕에 말린다.

효 용	
성 미	맛은 달고 성질은 평하다.
활 용	기침, 가래, 천식, 소화불량을 치료한다.

연구 & 특허

애기나리'라고도 한다. 봄에 새순이 올라올 때는 비교적 흔히 볼 수 있는 애기나리·큰애기나리·둥굴레 등과 비슷하여 구별이 쉽지 않다. 특히 잎 모양은 애기나리와 비슷하지만 애기나리에 비해 화피 끝이 뾰족하고 뒤로 젖혀진다. 해발 고도 1천 미터 이상의 높은 지대에 자생하는 죽대아재비와는 사촌지간이라 할 정도로 닮았는데, 죽대아재비는 줄기에서 가느다란 꽃줄기가 나와 넓은 잎 그늘에 숨은 듯이 피고, 금강애기나리는 줄기 끝에 두어 송이의 꽃이 잎 위로 피는 것이 다르다.

애기나리류의 뿌리줄기를 한방에서 '보주초寶珠草'라는 약재로 쓰는데, 몸이 허약해서 일어나는 해수·천식에 효과가 있고, 건위·소화 작용을 한다. 금강애기나리도 쓰임새가 비슷할 것이라 여겨지지만 개체 수가 많지 않아 보존할 필요가 있다.

약명/이명 보주초寶珠草 / 아백합, 흰애기나리 / 진부애기나리(금강애기나리)

고서古書 · 의서醫書에서 밝히는 효능

운곡본초학 뿌리줄기를 약용하는데 몸이 허약해서 생기는 기침, 가래, 천식喘息과 소화가 안 되고 뱃속이 그득한 것을 치료하는 약재로서, 건비소적健脾消積, 윤폐지해潤肺止咳의 효능이 있고, 폐열해수肺熱咳嗽, 폐로각혈肺癆咯血, 식적창만食積脹滿, 풍습비통風濕痺痛, 골절骨折, 탕상湯傷, 요퇴통腰腿痛을 치료한다.

애기나리

금강애기나리

애기나리 열매

금강애기나리

애기땅빈대

대극과 / *Euphorbia supina* Raf.

대극과의 한해살이풀로, 북아메리카가 원산지이다. 우리나라 중부 이남의 밭이나 길가에서 잘 자란다. 민간에서는 땅빈대와 함께 '비단풀'이라고 하고, 북한에서는 '점박이풀'이라고도 한다. 줄기 밑부분에서 가지가 갈라지고 땅 위를 뻗어가며 10~20㎝ 정도로 자라는데 줄기와 가지는 붉은빛을 띤다. 7~8월경에 붉은 꽃이 피고 9월경 씨앗을 맺는다.

유사종으로는 땅빈대 · 큰땅빈대 · 누운땅빈대가 있는데 모두 약용한다. 애기땅빈대는 잎에 붉은 반점이 있는 반면, 다른 종은 붉은 점이 없다. 여름부터 가을 사이에 채취하여 햇볕에 말려 쓴다. 약리 성분은 플라보노이드와 사포닌이 주를 이룬다.

약명/이명 지금地錦 / 비단풀, 승야承夜, 혈풍초血風草, 포지금鋪地錦

고서古書 · 의서醫書에서 밝히는 효능

본초강목 옹종과 악창, 창상과 타박상으로 인한 출혈, 피가 나는 설사, 하혈, 붕중을 치료한다. 피를 흩어지게 하고 피 나는 것을 멈추며 소변을 통하게 한다.

생육 & 채취	
장 소	중부 이남의 밭이나 길가
시 기	여름~가을
부 위	지상부
손질법	그늘에서 말린다.

효 용	
성 미	맛은 맵고 쓰며 성질은 평하다.
활 용	암, 염증, 천식, 당뇨병, 심장병, 신장질환, 두통, 정신불안증 등에 쓴다.

연구 & 특허
● 애기땅빈대 추출물을 유효성분으로 포함하는 염증 질환 또는 알러지 질환의 예방 또는 치료용 조성물 ☞ p.1010 참고

● 애기땅빈대 추출물을 유효성분으로 포함하는 염증 질환 또는 알러지 질환의 예방 또는 치료용 조성물 : 발명은 애기땅빈대(*Euphorbia supina*) 추출물을 유효성분으로 포함하는 염증 질환 또는 알러지 질환의 예방 또는 치료용 조성물, 상기 조성물을 유효성분으로 포함하는 약학적 조성물에 관한 것이다. 또한, 본 발명은 애기땅빈대 추출물을 유효성분으로 포함하는 염증 질환 또는 알러지 질환의 예방 또는 개선용 식품 조성물, 의약외품 조성물 및 염증 질환 또는 알러지 질환의 예방 또는 치료 방법에 관한 것이다. 본 발명에 따른 조성물은 항염증활성을 가지므로 염증질환의 예방 또는 치료에 유용하게 사용할 수 있으며, 이 외에도 의약품, 의약외품 및 식품 등 다양한 용도로 이용될 수 있다. — 특허공개 10-2012-0077928호, 한국생명공학연구원

● 땅빈대 추출물의 세포 보호 효과 및 성분 분석에 관한 연구 : 본 논문은 땅빈대 추출물의 세포 보호 효과 및 성분 분석에 관한 연구에 대한 것으로 주요 내용은 다음과 같다. 땅빈대 추출물의 Ethyl acetate 분획(3.685μg/ml)과 aglycone 분획(3.15μg/ml)에서 DPPH radical 소거활성(FSC50)을 보였다. 또한 Ethyl acetate 분획(0.43μg/ml)과 aglycone 분획(0.35μg/ml)은 L-ascorbic acid 보다 더 높은 Reactive oxygen species(ROS) 소거 효과를 보였다. 또한 땅빈대 추출물은 세포 보호 효과를 가지는데 Ethyl acetate 분획과 aglycone 분획에서 농도의존적(5~25μg/ml)으로 ROS에 의한 세포막을 보호하였다. Aglycone 분획을 HPLC를 이용하여 분석한 결과 quercetin과 kaempferol를 분리하였다. 결과적으로 땅빈대 추출물의 두 가지 성분은 아주 효과적인 항산화제라는 내용이다. — 서울과학기술대학교 자연생명과학대학 정밀화학과 김선영 외 3, 생약학회지(2010. 12. 31.)

애기땅빈대

땅빈대

애기땅빈대(왼쪽)과 땅빈대(오른쪽)

애기풀

원지과/ *Polygala japonica* Houtt.

원지과의 여러해살이 초본성 반관목으로, 우리나라 전역의 낮은 산이나 풀밭에서 자란다. 일본·중국·필리핀·인도차이나 등지에 분포한다. 키는 10~30㎝ 정도로 자라는데, 뿌리에서 줄기가 여러 대 나와 곧게 서거나 비스듬히 자라며 전체에 잔털이 난다. 4~5월에 연분홍의 작은 꽃이 피고, 9월경에 넓은 날개가 있으며 편평하게 둥근 열매가 익는다. 잎이나 생김새가 아기처럼 작아서 '애기풀'이라고 한다. 꽃말은 '숨어 사는 자'이다.

관상용으로 심어 가꾸며, 전초를 말려 약재로 쓰는데, 진해·거담 작용이 있고, 정신을 안정시키며 불면증에 효과가 있다. 해독 작용도 있어서 인후염·종기·부스럼에도 사용한다. 원지와 구별해서 '과자금瓜子金' 또는 '영신초靈神草'라고 부르기도 한다. 맛이 맵고 써서 '고원지苦遠志'라고도 하며, 두메애기풀도 원지 대용으로 쓰인다.

약명/이명　원지遠志 / 영신초靈神草, 과자금瓜子金, 고원지苦遠志, 아기풀

생육 & 채취	
장 소	전국의 낮은 산, 풀밭
시 기	여름~가을
부 위	지상부. 뿌리
손질법	채취하여 깨끗이 씻어 햇볕에 말린다.

효용	
성 미	맛은 맵고 쓰며 성질은 평하다.
활 용	진해거담鎭咳化痰, 안신해독安神解毒

연구 & 특허
● 스태미나 증진 효과가 있는 천연차 및 그 제조 방법 外 p.1011 참고

고서古書 · 의서醫書에서 밝히는 효능

동의학사전 애기풀은 원지과에 속하는 애기풀(*Polygala japonica* Houtt.)의 옹근풀을 말린 것이다. 우리나라 각지의 낮은 산 양지쪽에서 자란다. 여름과 가을 사이에 뿌리째 뽑아 물에 씻어서 햇볕에 말린다. 맛은 맵고 쓰며 성질은 평하다. 기침을 멈추고 담을 삭이며 혈을 잘 돌게 하고 피나는 것을 멈추며 정신을 안정시키고 독을 푼다. 가래가 많으면서 기침하는 데, 피 게우기, 변혈, 정충, 잠 장애, 목안이 붓고 아픈 데, 뱀에 물린 데, 타박상 같은 것에 쓴다. 하루 9~15g, 신선한 것은 30~60g을 달여먹거나 즙을 내어 먹는다. 가루약으로도 쓴다. 외용약으로 쓸 때는 짓찧어 붙이거나 가루를 내서 기초(약)제에 개어 붙인다.

운곡본초학 원지는 심心을 편하게 하고 신神을 안심시키는 효능이 있고, 건망경계健忘驚悸, 신지황홀神志恍惚, 실면다몽失眠多夢, 유방종통乳房腫痛, 심신불안心神不安, 창양종독瘡瘍腫毒, 해담불상咳痰不爽을 치료한다.

특허 · 논문

● 스태미나 증진 효과가 있는 천연차 및 그 제조 방법 : 본 발명은 강정 또는 스태미나 증진 효과가 있는 천연차 및 그 제조 방법에 관한 것으로서, 더부살이풀(육종용, 초종용, 개종용 등) 추출액을 제1원료로 하고, 오리나무 열매, 잎, 줄기 또는 오미자를 제2원료로 하며, 애기풀 뿌리 또는 사상자 열매를 첨가할 수 있는 천연차 및 그 제조 방법을 제공하며, 본 발명의 분말, 절편 또는 액상의 천연차를 1일 2회 복용하여 스태미나 증진 효과를 얻을 수 있다. — 특허등록 제369623호, 남**

애기풀

애기풀

애기풀

야광나무

야광나무

장미과 / *Malus baccata* Borkh.

장미과의 낙엽소교목으로, 우리나라 중부 이북 지역에 분포한다. 키는 4
~6m 정도로 자라는데, 사과나무를 닮았다. 5월에 흰색의 꽃이 피고 열
매는 9월에 매우 작은 사과 같은 열매가 붉게 익는다. 흰꽃이 나무 전체
를 뒤덮어 봄 밤을 환하게 비춘다는 의미에서 '야광夜光나무'라고 한다.

나무껍질은 염료로 이용하고 열매는 술을 담기도 한다. 유사종으로
섬개야광나무 · 둥근잎개야광 · 민야광나무 · 좀야광나무 · 털야광나무
등이 있다. 아그배나무도 야광나무와 비슷하다.

약명/이명 임금林檎 / 당리자, 평과목, 동배나무, 아그배

고서古書 · 의서醫書에서 밝히는 효능

동의보감 임금林檎은 성질은 따뜻하며[溫] 맛이 시고[酸] 달며[甘] 독이 없
다. 소갈증을 멎게 하고 곽란으로 배가 아픈 것을 치료하며 담을 삭히고
이질을 멎게 한다.

생육 & 채취	
장 소	중부 이북 지역
시 기	가을(열매) 가을~봄(뿌리)
부 위	열매, 뿌리
손질법	뿌리를 깨끗이 씻어 햇볕에 말린다.

효용	
성 미	맛이 시고 달며 성질이 따뜻하고 독이 없다.
활 용	열매 : 육적肉積, 담음痰飲 등을 치료 뿌리 : 소적消積, 거풍祛風, 지혈 작용

연구 & 특허
● 자원식물로서 응용을 위한 야광나무 열매의 식물화학적 연구 外 p.1011 참고

**특허 · 논문

● 자원식물로서 응용을 위한 야광나무 열매의 식물화학적 연구 : 본 논문은 자원식물로서 응용을 위한 야광나무 열매의 식물화학적 연구에 관한 논문이다. 주요 내용으로는 관상용의 가치로 정원수 등에 쓰이고 있는 야광나무의 열매를 유용식물로 개발하기 위한 식물화학적 연구 결과, 야광나무 열매는 primary long chain alcohol, β-sitosterol, campesterol, ursolic acid, β-sitosterol β-d-glucopyranoside, campesterol β-d-glucopyranoside 등을 함유하고 있음을 확인하였고, 근연식물인 Malus pumila, Crataegus pinnatifida, Prunus armenica, Prunus persica 등에 함유되었다고 알려진 estrone이 야광나무 열매에는 함유되어 있지 않았으며, 또한 장미과 식물의 과실의 성숙을 저해하는 dihydrochalcone 인 phloretin 및 그의 배당체인 phloridzin 등은 함유되어 있지 않음을 확인한 바 장미과 식물의 chemotaxonomy의 도구가 될 수 있다. ― 상지대학교 자원식물학과 박희준 외 4, 생약학회지(1993. 12)

야광나무 새순

섬개야광 꽃

야광나무 꽃

섬개야광 열매

어저귀

인도 원산의 귀화식물인 어저귀는 아욱과의 한해살이풀로, 인가 근처, 빈터, 휴경지 등에서 자란다. 한때 이북 지방에서 섬유 작물로 재배하던 것이 들로 퍼져 나간 것도 있고, 사료용 곡물 수입 시 혼입되어 옥수수밭 등에서 발생하기도 한다. 키는 1.5m 정도 되고, 줄기는 곧게 서며 윤기가 나고 윗부분의 연한 가지에는 털이 빽빽하게 난다. 8~9월에 노란색의 꽃이 피고, 10~11월에 우산살 같은 돌기가 나 있는 반구형의 열매가 까맣게 익는다.

줄기껍질은 섬유 원료로 쓰고 뿌리와 씨앗은 약으로 쓴다. 민간에서 가을에 성숙한 열매를 채취하여 씨를 분리한 뒤에 햇볕에 말려 잘게 부스러뜨려 쓴다. 눈을 밝게 하고 설사를 그치게 하며 살충 효과가 있는 것으로 알려져 있다.

약명/이명 백마白麻, 백마실白麻實 / 경마, 경마자苘麻子, 청마, 야지마, 당마, 동규자

생육 & 채취	
장 소	인가 근처, 빈터, 휴경지
시 기	가을
부 위	씨앗
손질법	햇볕에 말려 잘게 부순다.

효 용	
약 성	맛은 쓰고 성질은 평하다.
활 용	장염과 설사를 다스리고, 눈을 밝게 한다. 관절염을 개선한다.

연구 & 특허
● 어저귀 또는 자귀풀에 의한 화약물질 오염토양의 식물상 복원 방법 ● 어저귀의 발아 억제능을 보유한 타감물질 함유 식물체 분쇄물 또는 추출물 外 p.1011 참고

● **어저귀 또는 자귀풀에 의한 화약물질 오염 토양의 식물상 복원 방법** : 본 발명은 국내산 토착 야초류인 어저귀와 자귀풀을 이용하여 화약물질로 오염된 물 또는 토양을 정화하기 위한 식물상 복원 방법(phytoremediation)에 관한 것으로서, 비교적 높은 농도에서도 안정적인 화약물질의 제거가 가능하고, 식물체 내에서의 생물학적 변환 과정에 의하여 분해되므로 지속적이고 안정적인 오염물질의 제거가 가능한 특징이 있으며, 특히 어저귀 및 자귀풀은 국내의 전 지역에 자연적으로 자생하는 토착식물이므로, 외래 식물을 사용할 때 발생할 수 있는 국내 자연 생태계의 훼손 혹은 변형을 방지할 수 있는 특성이 있는 발명이다. — 특허등록 제476113호, 이** 외 2

● **어저귀의 발아억제능을 보유한 타감물질 함유 식물체 분쇄물 또는 추출물** : 본 발명은 어저귀(*Abutilon avicennae Gaertn.*)의 발아억제능을 보유한 타감물질 함유 식물체 분쇄물 또는 추출물에 관한 것이다. 보다 상세하게는 건조된 알팔파(*Medicago sativa L*), 연맥(귀리)(*Avena sativa L*), 엉겅퀴(*Cirsium japonicum*)의 식물체 분쇄물 또는 추출물 중에서 선택된 1종 이상으로 이루어진 것에 관한 것이다. 친환경적인 자연유기식물체의 분쇄물 또는 추출물로 이루어진 본 발명에 따르는 효과로는, 첫째 본 발명의 건조된 자연 식물체 그 자체로 피와 같은 잡초를 제거하는 경우 종래 농약 물질의 남용으로 인한 중금속 물질 축적에 따른 토양오염 등의 환경 파괴를 막을 수 있고, 둘째 오염된 토양에 축적된 중금속 물질이 다른 섭생식물들의 성장 과정에서 흡수되어 사람이나 동물의 먹이로 사용되어 인수 체내에 축적되는 2차 부작용을 제거할 수 있는 장점이 있다. — 특허등록 제602608호, 권**

어저귀 어린순

어저귀 꽃

어저귀

어저귀 열매

엉겅퀴

국화과 / *Cirsium japonicum var. maackii* (Maxim.) Matsum.

국화과의 여러해살이풀로, 우리나라 전역의 산기슭과 들판의 풀숲에서 자란다. 전 세계에 약 250종이 있으며, 우리나라에는 큰엉겅퀴·지느러미엉겅퀴·정영엉겅퀴·좁은잎엉겅퀴·가시엉겅퀴·바늘엉겅퀴·버들잎엉겅퀴·도깨비엉겅퀴·개엉겅퀴·고려엉겅퀴 등 10여 종이 있다. 우리가 흔히 곤드레밥이나 나물로 이용하는 엉겅퀴 종류가 고려엉겅퀴이다.

엉겅퀴류는 6~8월에 자주색이나 붉은색 또는 흰색의 꽃이 핀다. 뿌리가 우엉뿌리를 닮았다 하여 '산우방'이라고도 한다. 엉겅퀴라는 이름은 꽃이 진 후 열매의 모양이 엉키고 성킨 머리칼처럼 보이기 때문이라고도 하고, 출혈이 있는 경우에 엉겅퀴를 먹으면 지혈이 되어 피가 엉긴다는 데서 유래되었다는 설도 있다. 한방에서 '대계大薊'라 하여 엉겅퀴 전초(경우에 따라 뿌리)를 약으로 쓴다. 정력을 보강하고 어혈을 푸는 등 다양한 효과가 있다.

약명/이명 대계大薊 / 가시나물, 항가새나물

생육 & 채취	
장 소	전국의 산기슭 및 들판
시 기	꽃이 필 때(전초) 겨울~봄(뿌리)
부 위	전초, 뿌리
손질법	지상부를 햇볕에 말리거나 신선한 채로 사용한다.(뿌리도 마찬가지임)

효용	
성 미	맛은 달고 쓰며 성질은 시원하고(또는 평하고) 독이 없다.
활 용	어혈, 부스럼 치료에 쓰인다.

연구 & 특허
● 엉겅퀴 추출물 또는 이로부터 분리된 화합물을 유효성분으로 함유하는 비만 치료 및 예방용 조성물 外 p.1011 참고

고서古書 · 의서醫書에서 밝히는 효능

동의보감 성질은 평平하고 맛은 쓰며[苦] 독이 없다. 어혈이 풀리게 하고 피를 토하는 것, 코피를 흘리는 것을 멎게 하며 옹종과 옴과 버짐을 낫게 한다. 여자의 적백대하를 낫게 하고 정精을 보태 주며 혈을 보한다. 곳곳에서 자라는데 음력 5월에 금방 돋아 난 잎을 뜯고 9월에 뿌리를 캐 그늘에서 말린다[본초].

동의학사전 맛은 쓰고 성질은 서늘하다. 열을 내리고 피 나는 것을 멈추며 어혈을 삭이고 부스럼을 낫게 한다.

운곡본초학 비위가 허한虛寒하면서 어체瘀滯가 없는 자는 복용을 기료한다.

특허 · 논문

● 엉겅퀴 추출물 또는 이로부터 분리된 화합물을 유효성분으로 함유하는 비만 치료 및 예방용 조성물 : 본 발명은 엉겅퀴(*Cirsium japonicum*) 추출물 또는 이로부터 분리된 화합물을 유효성분으로 함유하는 비만 치료 및 예방용 약학 조성물 및 건강기능식품에 관한 것으로, 본 발명에 따른 추출물 및 이로부터 분리된 화합물 아피제닌(apigenin)은 섬유아세포(3T3-L1 cell)가 지방세포로 분화하는 것을 억제하고, 트리아실글리세롤(triacylglycerol)의 합성을 저해하므로 비만을 근본적으로 치료하고 예방할 뿐만 아니라 증상을 완화 및 개선시키는 데 널리 사용될 수 있다. — 특허공개 10–2011–0102649호, 건국대학교 산학협력단

● 엉겅퀴 추출물 또는 이로부터 분리된 아피제닌을 유효성분으로 하는 불면증 개선 및 치료용 약학 조성물 : 본 발명은 아피제닌을 유효성분으로 하는 불면증 개선 및 치료용 약학 조성물에 관한 것으로서, 더욱 상세하게는 불면증 개선 효과를 갖는 엉겅퀴 추출물로부터 분리된 아피제닌을 유효성분으로 함유하여 불면증, 다몽, 수면

중 자주 깨어남, 잠이 깊지 못함, 머리가 어지러움 등의 개선제 또는 치료제로 사용할 수 있는 약학 조성물에 관한 것이다. — 특허공개 10-2012-0059208호, 건국대학교 산학협력단

● 폴리아세틸렌계 화합물 또는 이를 포함하는 엉겅퀴 뿌리 추출물을 함유하는 식물병 방제용 조성물 및 이를 이용한 식물병 방제 방법 : 본 발명은 폴리아세틸렌계(polyacetylene) 화합물 또는 이를 포함하는 엉겅퀴 뿌리(대계근) 추출물을 유효성분으로 함유하는 식물병 방제용 조성물 및 이를 이용한 식물병 방제 방법에 관한 것이다. 본 발명에 따른 방제용 조성물은 천연물로부터 유래하여 인체에 무해하고 환경오염을 유발하지 않으면서 다양한 식물병에 대하여 높은 방제활성을 나타내므로 환경친화적인 천연물 살균제의 개발 및 고부가가치의 유기 농산물 생산에 유용하게 사용될 수 있다. — 특허등록 제832746호, 한국화학연구원

● 혈당강하 및 진통제 조성물 : 본 발명은 지느러미엉겅퀴(*Carduus crispus* L.)로부터 혈당 강하 작용이 강하고, 진통활성이 우수하며, 안전성이 매우 높은 엑기스를 저렴한 유기용매를 사용하여 간단하면서도 효과적으로 추출 정제하는 방법과 이 정제된 엑기스를 약학적으로나 기능적으로 사용 가능한 부형제 또는 보조제 등과 함께 단독 또는 기타의 유효 약물들이나 성분 및 엑기스 들과 함께 병용해서 사용하는 당뇨병 예방, 치료 보조제 및 치료제 조성물과 소염 또는 해열 진통제 등의 진통제 조성물에 관한 것이다. 본 발명에 의한 조성물은 기존의 당뇨병 치료제 및 진통제로 널리 쓰이는 약물들과 비교할 때 효능이 우수하고 안전성이 높으며 또한 부작용이 크게 감소될 것으로 기대된다. — 특허등록 제516560호, 삼진제약 주식회사

● 숙취 제거용 음료 및 그의 제조 방법 : 본 발명은 숙취 제거 효과가 우수한 숙취 제거용 음료, 및 그의 제조 방법에 관한 것이다. 더욱 상세하게는, 본 발명은 갈화(*Purataria lobata*) 추출물, 큰엉겅퀴(*Milk thistle*) 종자 추출물, 타

지느러미엉겅퀴

큰엉겅퀴

지느러미엉겅퀴

바늘엉겅퀴(제주)

우린 및 울금(*Tumeric*) 추출물을 주요 성분으로 함유하여, 음주후의 숙취 제거 효과가 탁월한 숙취 제거용 음료, 및 그의 제조 방법에 관한 것이다. — 특허등록 제392876호, 종근당건강 주식회사

● **엉겅퀴 뿌리 및 꽃 추출물의 간 성상세포 활성 억제 효과** : 본 논문은 엉겅퀴 뿌리 및 꽃 추출물의 간 성상세포 활성 억제 효과에 대한 내용으로 주요 내용은 다음과 같다. PDGF(Platelet-derived growth factor) 또는 TGF-β(Transforming growth factor-β)로 유도된 간 성상세포(HSCs, LX-2 세포) 증식에 대한 CJ 추출물 효과를 측정하였다. 실리마린계 페놀 및 플라보노이드 함량은 엉겅퀴 뿌리 추출물보다 엉겅퀴 꽃 추출물에서 더 높았다. LX-2 세포 성장 억제는 엉겅퀴 뿌리 추출물보다 엉겅퀴 꽃 추출물이 더 효과적이었으며 성장 억제 농도는 각각 $1\mu g/ml$과 $50\mu g/ml$ 이었다. 따라서 엉겅퀴 꽃 추출물은 간 성상세포 활성 조절을 위한 치료제로 사용될 수 있다는 내용이다.
— 전주생물소재연구소 김상준 외 8, 생약학회지(2012. 3. 31.)

● **엉겅퀴(*Cirsium japonicum var. ussuriense*) 추출물 및 분획물의 항위염 및 항위궤양 효과에 대한 연구** : 본 논문은 엉겅퀴(*Cirsium japonicum var. ussuriense*) 추출물 및 분획물의 항위염 및 항위궤양 효과에 대한 연구로서, 주요 내용은 다음과 같다. 엉겅퀴는 이뇨제, 관절염, 소화불량 및 지혈 작용이 있다. 15종 이상이 확인되었는데 그 중에서 좁은잎엉겅퀴를 선택하여 실험하였다. 엉겅퀴는 고양시 설문동에 위치한 서울대 약초원과 충청남도 당진 인근 야산에서 채취하여 자생지에 따른 효능의 차이를 실험하였다. 엉겅퀴 추출물과 분획물은 H. pylori 균에 대한 항균활성과 항산화 효과가 있었다. 엉겅퀴는 HCl 에탄올로 유도된 위 손상에 대한 급성 위염 효과 실험과 인도메타신으로 유도된 위 손상에 대한 만성 위염 효과 실험에서도 효과가 있었다. 이 결과를 토대로 엉겅퀴는 치료제와 기능성 식품으로 개발할 수 있다는 내용이다. — 덕성여자대학교 약학대학 이유미 외 3, 약학회지(2011. 4. 30.)

엉겅퀴

엉겅퀴

엉겅퀴

여뀌

여뀌

마디풀과 / *Persicaria hydropiper* (L.) SPACH.

마디풀과의 한해살이풀로, 우리나라 전역의 양지바르고 습기 있는 풀밭이나 냇가에서 자란다. 키는 40~80㎝로 자라고, 줄기는 곧게 서서 가지를 치는데 털이 거의 없고 홍갈색 빛을 띤다. 6~9월에 꽃이 피고, 10~11월에 열매가 익는다.

잎과 줄기에는 탄닌이 많이 함유되어 있으며 항균 작용이 뛰어나며, 휘발성의 정유성분이 혈관 확장 작용을 하는 것으로 알려졌다. 민간에서는 여뀌의 잎과 줄기를 찧어 냇가에 풀어 물고기를 기절시켜 잡는 데 이용했다고 하여 '어독초'로 불리기도 한다. 민간에서는 타박상·근육통·류머티스·신경통 치료제로 쓰며, 뱀에게 물렸을 때, 독충에 쏘였을 때도 생즙을 내어 붙인다. 또한 생선을 먹고 체했을 때 효능이 있으며, 이질 설사를 멎게 하고 이뇨 효과가 있다. 《기능성식품·천연물 의약 소재도감》에 의하면, 여름철 식중독에 효과가 있고, 이뇨 작용이 있어서 전신이 붓고 소변을 잘 보지 못하는 증상과 통증에 쓰이며, 옴·버짐·타박상 등에 짓찧어서 환부에 붙인다고 한다.

생육 & 채취	
장 소	양지바른 냇가, 습기 있는 들판
시 기	꽃 필 때(지상부) 가을(열매)
부 위	잎, 씨앗
손질법	꽃이 필 때 채취하여 햇볕에 말려 잘게 썬다.

효용	
성 미	씨 : 맛은 맵고 성질이 차며 독이 없다.
활 용	씨 : 청열淸熱 이습利濕, 지혈止血 해독解毒 / 지상부 : 지혈 작용

연구 & 특허
● 여뀌를 이용한 기능성 음료수의 제조 방법
● 개여뀌 추출물을 유효성분으로 함유하는 화장료 조성물
● 여뀌를 이용한 해계탕 조리 방법

外 p.1011 참고

뿌리를 포함한 모든 부분을 약재로 쓰는데, 꽃이 필 때 채취하여 햇볕에 말려 잘게 썰어 이용한다. 지혈 작용이 있어서 주로 자궁출혈·치질 출혈 및 그 밖의 내출혈에 쓰인다.

여뀌(水蓼, 매운여뀌)는 가을이면 줄기는 붉은색을 띠는데, 이때 줄기 아래쪽 잎은 말라 있지만 위쪽 잎이 싱싱하기 때문에 줄기를 거두어 그늘에서 말리면 약으로 쓸 수 있다.

마디풀과(여뀌과) 개여뀌속 식물은 북반구에 약 100종이 있으며, 우리나라에는 여뀌·개여뀌·물여뀌·꽃여뀌·흰꽃여뀌·끈끈이여뀌·장대여뀌·가시여뀌·이삭여뀌·고마리·쪽 등 31종이 분포하고 있다.

약명/이명 수료水蓼 / 택료澤蓼, 천료川蓼, 요엽蓼葉, 요실蓼實

고서古書·의서醫書에서 밝히는 효능

동의보감 요실蓼實은 성질이 차고[冷] 맛이 매우며[辛] 독이 없다. 이 약기운은 코로 들어간다. 신腎에 있는 사기를 없애고 눈을 밝게 하며 습기를 내린다. 옹종·창양을 치료하며 5장에 몰린 기를 통하게 한다.

본초강목 여뀌蓼葉는 맛이 맵고 성질은 따뜻하며 독이 없다.

본초구원 맛은 쓰고 떫으며 성질은 평하다.

특허·논문

● 여뀌를 이용한 기능성 음료수의 제조 방법 : 본 발명은 여뀌를 이용한 기능성 음료수의 제조 방법에 관한 것으로써, 더욱 상세하게는 정제수에 여뀌와 싸리나무를 혼합한 후 끓이는 단계를 포함하여 이루어지는 것을 특

가시여뀌

산여뀌

이삭여뀌

어뀌

징으로 하는 여뀌를 이용한 기능성 음료수의 제조 방법에 관한 것이다. 이와 같이 구성된 본 발명은 정제수에 여뀌와 싸리나무를 혼합한 후 끓이기 때문에 여뀌의 생리적 효능을 얻음과 동시에 여뀌의 쓰고, 떫은맛과 향 등을 개선하여 유아 및 성인뿐만 아니라 외국인까지도 용이하게 마실 수 있는 효과가 있다. — 특허등록 제1052700호, 주식회사 산예식품

● 개여뀌 추출물을 유효성분으로 함유하는 화장료 조성물 : 본 발명은 항산화 효과, 피부 노화 방지 효과, 피부 주름 개선 효과, 미백 효과, 자외선에 의한 피부 자극 완화 효과 및 보습 효과를 갖는 개여뀌 추출물을 유효성분으로 함유하는 화장료 조성물 및 상기 화장료 조성물을 인간의 피부에 도포하는 것을 특징으로 하는 화장 방법에 관한 것이다. 본 발명에 의하면 개여뀌 추출물은 항산화능뿐만 아니라 인간 섬유아세포활성 효과, 피부 잔주름 개선 효과, 미백 효과, 자외선에 의한 피부 손상 완화 효과 및 자극 완화 효과가 있어 이 물질을 이용하여 각종 기능성 화장료를 제조할 수 있다. — 특허등록 제874114호, 주식회사 코리아나화장품

● 여뀌를 이용한 해계탕 조리 방법 : 본 발명은 여뀌를 이용한 해계탕 조리 방법에 관한 것으로서, 보다 상세하게는 우리 전통 향신료로 재현·개발한 여뀌라는 야생초와 해산물 및 생닭을 이용하여 색다른 매운맛을 내는 국민 건강 보양식으로서의 여뀌를 이용한 해계탕 조리방법에 관한 것이다. 본 발명에 따른 여뀌를 이용한 해계탕 조리 방법은, 꽃게, 새우, 다시마 등의 해산물과 대파, 양파 등과 초피와 매운맛을 내는 여뀌와 닭뼈를 이용한 육수 제조 과정과 생닭과 홍합, 오징어, 맛살, 보리새우 등을 적당한 크기로 잘라 준비하는 재료 및 고명 준비 과정과 준비된 재료와 생닭을 육수와 함께 끓여 포함되는 재료의 자체 영양분이 함께 섞이도록 하는 해계탕 조리 과정으로 이루어진다. 이와 같은 공정을 거친 여뀌를 이용한 해계탕은, 해산물과 닭의 조화로 음과 양의 조화로

운 맛을 내며, 우리 전통 향신료로 재현·개발한 여뀌라는 매운 맛을 내는 야생초를 이용하여 종래의 삼계탕과는 다른 새로운 닭요리로서, 새로운 재료의 사용으로 매우면서 화끈한 새로운 맛을 내고 성인병 예방과 영양 증진을 시키며 비만 걱정이 없는 건강 보양식이다. — 특허등록 제635258호, 이**

● 여뀌를 주재로 한 농약 제조 방법 : 본 발명은 여뀌를 개화기에 채취하여 수분 함량이 ±5% 이내가 되도록 건조시켜서 분쇄기로 분쇄하여 300메슈 정도로 분말화하고, 붉은 고추를 건조시켜서 분쇄기로 분쇄하여 300메슈 정도로 분말하여, 여뀌 분쇄물과 고춧가루를 혼합한 다음 물에 타서 살포용 농약으로 제조함으로써 구충 약효가 탁월하고 안전하고 사용하기 좋은 농약을 얻을 수 있게 한 것이다. — 특허공개 10-1997-5057호, 양**

● 여뀌 추출물의 항균활성과 화장품 소재로서의 응용 : 본 연구에서는 여뀌 추출물의 항균 작용과 여뀌 추출물을 함유한 크림을 제조하여 인체 피부에서의 보습 효능을 측정하였다. 여뀌 추출물의 P. acnes, S. aureus, P. ovale에 대한 MIC를 측정한 결과 0.13~0.25%로 비교 물질인 methyl paraben, quercetin과 비슷하거나 낮은 MIC로 큰 항균활성을 나타내었다. 또한 여뀌 추출물의 ethyl acetate 분획 함유 크림을 피부에 도포한 후 180min 동안 경표피 수분 손실량과 피부 수분 함량의 변화를 측정한 결과 여뀌 추출물의 ethyl acetate 분획 함유 크림이 피부에 우수한 보습 효과를 나타냄을 확인하였다. 경표피 수분 손실량은 무도포한 부분의 수분 손실량은 7.5g/m2h, 여뀌 추출물 함유 크림은 6.5g/m2h으로, 여뀌 추출물을 함유한 크림이 경표피 수분 손실량을 감소시킴을 알 수 있었다. 또한 피부 수분 보유량은 placebo 크림에 비하여 여뀌 추출물 함유 크림은 2~4%의 증가율을 보였다. 여뀌 추출물 중 ethyl acetate 분획과 aglycone 분획에 대한 실험 결과로부터 항균, 항노화 화장품 원료로서의 가능성을 확인하였다. — 서울과학기술대학교 자연생명과학대학 정밀화학과 김정은·김은희·박수남, 한국미생물·생명공학회지(2010. 3.)

여뀌

여뀌

여뀌

여뀌바늘

여뀌바늘

바늘꽃과 / *Ludwigia prostrata* Roxb.

바늘꽃과의 여러해살이풀로, 우리나라 전역의 논밭과 습지에 자란다. 키는 30~60㎝ 정도이고 줄기와 잎이 붉은빛이 돈다. 9월에 잎겨드랑이에서 황색의 꽃이 피고, 꽃이 진 뒤에 짧은 막대기 모양의 열매를 맺는다. 꽃과 열매를 포함한 모든 부분을 9~10월에 채취하여 밝은 그늘이나 햇볕에서 말려 '정향료丁香蓼'라는 약재로 쓴다. 이뇨·해열·해독·소종 등의 효능을 가지고 있다.

약용 자원식물로서의 연구는 거의 없고, 논밭의 잡초로 취급하고 있다. 추가적인 연구가 필요하다.

약명/이명 정향료丁香蓼 / 수정향水丁香, 전료초田蓼草, 정자초丁子草, 물풀, 개좆방망이, 여뀌바늘꽃

고서古書 · 의서醫書에서 밝히는 효능

운곡본초학 지상부를 약용하는데 맛은 쓰고 서늘하다. 이습소종利濕消腫, 청열해독淸熱解毒의 효능이 있고, 폐열해수肺熱咳嗽, 인후종통咽喉腫

생육 & 채취	
상 소	전국의 논밭, 습지
시 기	9~10월
부 위	전초
손질법	밝은 그늘이나 햇볕에서 말린다.

효용	
성 미	맛은 쓰고 성질은 서늘하다.
활 용	이뇨·해열·해독·소종 효과

연구 & 특허

痛, 목적종통目赤腫痛, 습열사리濕熱瀉痢, 황달黃疸, 임통淋痛, 수종水腫, 대하帶下, 토혈吐血, 변혈便血, 정종疔腫, 개창개창疥瘡, 질타상종跌打傷腫, 외상출혈外傷出血, 장풍변혈腸風便血을 치료한다.

여뀌바늘

여뀌바늘

여뀌바늘

여우구슬

대극과 / *Phyllanthus urinaria* L.

쥐손이풀목 대극과의 한해살이풀로, 남부 지방의 양지바른 밭이나 풀밭, 산비탈에서 자란다. 키는 15~40㎝ 정도로 자라고 줄기는 붉은빛이 돈다. 7~8월에 적갈색의 작은 꽃이 피고, 9~10월경에 적갈색의 자잘한 열매가 달린다. '여우구슬'이라는 이름은 열매가 잎사귀 아래에 달린 모양이 여우가 구슬을 꼬리에 감추는 것처럼 보여서 붙여졌다고 한다. 비슷한 식물인 여우주머니(*Phyllanthus ussuriensis* Rupr. & Maxim.)와 비교해 보면, 여우구슬 잎은 둥근 타원형인 반면 여우주머니는 좁고 긴 형태의 잎이며, 여우구슬의 열매 작은 돌기가 있는 반면 여우주머니 열매는 매끈하다.

생약명은 '진주초珍珠草'라고 하는데 맛은 달거나 쓰고, 성질은 차며, 장염·이질·전염성간염, 신염으로 인한 수종 및 요로 감염에 효과가 있는 것으로 보고되었다(Bae, 2000).

약명/이명 진주초珍珠草 / 야합초, 야합진주, 가유감, 엽후주, 별명쿨 (제주)

생육 & 채취	
장 소	남부 지방의 양지바른 풀밭
시 기	여름~가을
부 위	지상부
손질법	햇볕에 말린다.

효용	
성 미	맛은 달고 쓰며, 성질은 서늘하거나 평하다.
활 용	장염, 이질, 전염성 간염 등을 다스린다.

연구 & 특허
● 간염 치료에 사용될 수 있는 필란두스 우리나리아 추출물 및 그 제조 방법 ● 멜라닌 생성 억제 활성을 갖는 식물 추출물을 함유하는 피부 미백용 화장료 ☞ p.1011 참고

● **간염 치료에 사용될 수 있는 필란두스 우리나리아 추출물 및 그 제조 방법** : 본 발명은 간염 치료에 사용될 수 있는 필란두스 우리나리아(*Phyllanthus urinaria* : 여우구슬풀) 추출물 및 그 제조 방법에 관한 것으로서, 상세하게는 한국의 산야에 자생하는 잡초인 필란두스 우리나리아를 메탄올로 추출한 다음 건조 보조제 등을 사용하여 수성 성분을 제외시키거나, 이에 더하여 실리카겔 칼럼, 젤 여과 칼럼 또는 고압 액체 칼럼 크로마토그래피 등을 수행하여 활성 성분을 더 정제하는 필란두스 우리나리아 추출물 및 그의 제조 방법으로 구성되며, 본 발명의 추출물은 B형 간염 바이러스 e 항원(HBeAg) 및 s 항원(HBsAg)의 생성을 억제하고 분자 수준에서 바이러스의 증식도 저해하면서 세포독성이 낮으므로 B형 간염 바이러스와 관련된 질환의 치료 및 간 기능 개선 등에 효과적으로 사용될 수 있다. — 특허등록 제305282호, 한국과학기술원

● **멜라닌 생성 억제활성을 갖는 식물 추출물을 함유하는 피부 미백용 화장료** : 본 발명은 멜라닌 생성 억제활성을 갖는 식물 추출물을 함유하는 피부 미백용 화장료에 관한 것으로서, 본 발명에 따른 피부 미백용 화장료는 진주초 추출물, 첨미우 추출물 및 이들의 혼합물로 이루어진 군으로부터 선택된 어느 하나를 유효성분으로 함유하는 것을 특징으로 한다. 진주초 추출물과 첨미우 추출물은 천연물질이기 때문에 피부에 대한 부작용 없이 안전하게 사용될 수 있을 뿐만 아니라, 멜라닌 생성을 억제하여 색소침착 저해 효과가 뛰어나므로 이들을 유효성분으로 함유하는 화장료는 기미나 주근깨 및 피부 미백에 매우 효과적이다. — 특허등록 제789635호, 주식회사 엘지생활건강

여우구슬

여우구슬

여우구슬

여우오줌

여우오줌

국화과 / *Carpesium macrocephalum* Franch. & Sav.

국화과의 여러해살이풀로, 우리나라 경기·강원 이북의 건조한 숲속에서 자란다. 담배풀(*Carpesium abrotanoides* L.)과 비슷하지만 키가 1m까지 자라므로 '왕담배풀'이라고도 한다. 8~9월에 노란색의 꽃이 피는데 여우 오줌 같은 냄새가 나서 붙여진 이름이다. 고산 습기가 많은 계곡 주변에서 주로 발견된다.

한방에서 꽃과 지상부를 '대화금알이大花金挖耳'라 하여 약용하는데, '큰 꽃의 금색 귀이개'라는 뜻이다.

참고로, 이름에 오줌이 들어가는 식물에는 노루오줌·말오줌때·쥐오줌풀 등이 있다.

약명/이명 대화금알이大花金挖耳 / 왕담배풀

고서古書·의서醫書에서 밝히는 효능

운곡본초학 외상출혈外傷出血, 질타손상跌打損傷을 치료한다.

생육 & 채취	
장 소	경기·강원 이북의 건조한 숲 속
시 기	꽃 필 때
부 위	꽃, 지상부
손질법	생것 그대로 짓찧어 쓰거나 그늘에서 말린다.

효 용	
성 미	맛은 맵고 성질은 차다.
활 용	생것을 짓찧어 타박상 환부에 붙인다.

연구 & 특허
● 여우오줌(*Carpesium macrocephalum* Franch. & Sav.)의 파이토케미칼 성분 ● L1210과 HL60 암세포에 대한 야생식물의 세포독성 검색 外 p.1011 참고

● **여우오줌**(*Carpesium macrocephalum* Franch. & Sav.)**의 파이토케미칼 성분** : 본 논문은 여우오줌의 파이토케미칼 성분을 연구한 논문으로, 주요 내용으로는 여우오줌 전체 부분의 메탄올 추출물로부터 5가지 세스퀴터펜락톤 (1: carabron, 2: tomentosin, 3: ivalin, 4: 4H-tomentosin, 5: carabrol)과 3가지 터페노이드 (6: loliolide, 7: vomifoliol, 8: citrusin C) 를 분리하였다. 1-8 화합물의 구조와 입체화학을 화학 분석과 1차원-과 2차원-NMR 분광법에 기초하여 수립하였다. 이들 중 화합물 2, 4, 및 6-8은 Carpesium 종에서 최초로 분리되었다는 내용이다. — 조선대학교 김미란 외 4, 약학회지(2004. 9)

● **L1210과 HL60 암세포에 대한 야생식물의 세포독성 검색** : 본 논문은 L1210과 HL60 암세포에 대한 야생식물의 세포독성 검색을 연구한 논문으로, 각 생약의 벤젠 추출물 중 L1210 세포에 ED50 값이 $5\mu g/ml$ 이하의 강한 활성을 갖는 시료는 멸가치 지하부, 짚신나물 전초, 참취 전초, 담배풀 또는 긴담배풀의 전초, 여우오줌의 전초, 백선 지하부, 방아풀 지상부, 큰까지수영 지하부, 물고추나물의 전초 등 14종으로 나타났다. 또한 HL60 세포에 ED50 값이 $5\mu g/ml$ 이하의 강한 활성을 갖는 시료는 짚신나물 지하부, 참취 전초, 담배풀 전초, 여우오줌의 전초, 방아풀 지상부, 생강나무 잎 등 9종이었다. — 충남대학교 약학대학 이준성 외 2, 생약학회지(1996. 9. 30.)

여우오줌

여우오줌

여우오줌

여우콩

콩과 / *Rhynchosia volubilis* Lour.

콩과의 덩굴성 여러해살이풀로, 제주도 · 동해안의 울산 지역 · 남해안 전역 · 서해안의 부안 등 바닷가의 풀숲이나 숲 가장자리에서 덩굴져 자란다. 잎은 칡잎이나 팥잎과 비슷하며, 8~9월에 노란색 꽃이 피고, 열매는 가을에 빨갛게 익는데, 2개의 검은색 씨가 들어 있으며, 꼬투리가 터진 다음에도 씨가 달려 있는 것이 특징이다.

콩잎을 한자로 '곽藿'이라고 하는데, 이 풀을 사슴[鹿]이 좋아한다고 해서 생약명이 '녹곽鹿藿'이다.

약명/이명　녹곽鹿藿, 녹곽근鹿藿根, 녹곽두鹿藿豆 / 개녹각, 녹각, 덩굴들콩

고서古書 · 의서醫書에서 밝히는 효능

우수경험방집(2004)의 민간선방民間仙方은 여두(藜豆:검정콩, 대두, 여우콩, 쥐눈이콩), 해대(海帶:거머리말), 향심(香蕈:표고)을 구성 약재로 하여 당뇨병을 치료하는 처방이다. 해대는 소금기를 제거한 후 잘라 말리고, 향심은

생육 & 채취	
장 소	제주도, 남동해안. 서해안 바닷가 풀숲
시 기	8~9월(지상부) 가을(씨앗이 여물었을 때)
부 위	지상부, 씨앗
손질법	씨앗 : 햇볕에 말린다.

효용	
성 미	맛은 쓰고 시며 성질은 평하다.
활 용	양혈涼血. 해독解毒. 거풍祛風. 활혈活血. 제습除濕

연구 & 특허
● 여우콩 분말 또는 이의 추출물을 포함하는 당뇨병 및 당뇨합병증 예방 및 치료를 위한 조성물

쪄 그늘에 말리고, 여두는 씻은 후 말린다. 이상을 가루로 만들어 찹쌀풀로 반죽하여 오동나무 씨 크기로 환을 만든다. 식전에 40~50환씩 복용한다. 30일 후면 눈에 띄게 당 수치도 확실하게 떨어지고 활력이 넘치게 된다. 꾸준히 지속적으로 복용한다. 일반 당뇨병 금기식은 그대로 지켜야 한다.

특허 · 논문

● 여우콩 분말 또는 이의 추출물을 포함하는 당뇨병 및 당뇨 합병증 예방 및 치료를 위한 조성물 : 본 발명은 생체에 부작용이 없으면서 식후 혈당 억제 작용이 우수한 새로운 물질을 제공하고자 하는 것이다. 이를 위해 본 발명에서는 여우콩 분말 또는 이의 추출물에 대해, db/db생쥐 모델을 이용한 혈중 포도당 측정 실험, 혈청 중 중성지방, 총콜레스테롤 측정 실험 등을 통하여, 당뇨병, 지질대사 개선 및 당뇨병에 의한 합병증에 탁월한 치료 효과 및 탁월한 혈당 강하 효과가 있음을 확인할 수 있었다. 여우콩 분말 또는 이의 추출물을 유효성분으로 하는 본 발명의 조성물은 당뇨병 또는 당뇨 합병증 예방 및 치료를 위한 약학적 조성물 및 건강기능식품으로 유용하게 이용될 수 있다. — 특허공개 10-2012-0122970호, 주식회사 케이오씨바이오텍

여우콩

여우콩 덩굴

여우콩

연복초

연복초과 / *Adoxa moschatellina* L.

연복초과의 여러해살이풀로, 가야산 이북에 자생한다고 알려졌지만 제주도를 비롯한 우리나라 전역의 산지에서 발견된다. 키는 8~17㎝ 정도이고, 4월경 황록색의 작은 꽃이 핀다.

복수초가 피었다가 진 뒤에 뒤를 이어 꽃이 핀다고 하여 '연복초連福草'라고 한다. 또 복수초의 자생지와 겹치기 때문에 연복초가 뿌리는 복수초의 뿌리와 연결되어 있어서 연복초가 되었다는 설도 있다. 약용식물로서의 연구는 거의 없다.

약명/이명　연복초連福草 / 련복초(북한)

특허 · 논문

● 연복초(*Adoxa moschatellina* L.)의 분포와 자생지 입지 환경 : 강원도 연복초 자생지 입지 환경을 알아보기 위하여 분포지를 밝히고 9개 지역의 22지점을 대상으로 환경 요인, 식생 및 토양 분석을 실시하였다. 연복초는 강원도 동해시, 속초시, 고성군과 양구군을 제외한 14개 시군의 총 44

생육 & 채취	
장 소	전국의 산지
시 기	봄~여름
부 위	전초(약용)
손질법	햇볕에 말린다.

효 용	
성 미	–
활 용	관상용

연구 & 특허
● 연복초(*Adoxa moschatellina* L.)의 분포와 자생지 입지 환경 外 p.1011 참고

개 지역에 분포하는 것으로 확인되었다. 자생지는 해발 99~1,084 m의 범위에 위치하였으며, 경사는 0~25도로 비교적 완만하였다. 식생 조사 결과 방형구 내에 출현한 관속식물은 총 215분류군이었다. 초본층의 중요치는 연복초가 32.8%로 가장 높았으며 다음으로는 벌깨덩굴(7.5%), 미나리냉이(5.1%), 미치광이풀(3.8%), 현호색(3.3%) 등의 순으로 나타나 이 종류들이 연복초와 친화도가 높은 것으로 생각된다. 식생의 양적지수를 산출한 결과 종 다양도는 0.4870~0.9848, 균등도와 우점도는 각각 0.4525~0.7601과 0.1335~0.4191의 범위로 나타났다. 각 방형구내에 조사된 종류들의 중요치에 기초한 군집 분석 결과에서는 우점종의 상이성에 의해 유집되는 경향을 보였다. 토양 분석 결과 포장용 수량, pH 그리고 유기물 함량은 각각 4.29~38.45%, 4.61~5.98, 2.44~20.21%의 범위로 조사되었다. — 강원대학교 자연과학대학 생명과학과 옥길환 외 3, 자원식물학회지(2012. 4. 30.)

연복초

연복초

연복초

연영초

백합과 / *Trillium kamtschaticum* Pall. ex Pursh

백합과의 여러해살이풀로, 우리나라의 지리산, 강원도나 경기도 이북의 고산 그늘에서 자라는 내한성 식물이다. 키는 20~40㎝ 정도인데 줄기 두 개가 모여 똑바로 선다. 4~6월에 돌려난 잎 가운데서 나온 1개의 꽃 자루 끝에 흰색의 꽃이 1개씩 피며, 7~8월경에 둥근 열매가 달린다. 속 명 Trillium은 3(treis)에서 유래된 것으로 꽃잎, 잎, 꽃받침, 암술머리 모두 가 3개이다. 종소명 kamtschaticum은 캄챠카 지방에서 유래된 것이다. 큰 삿갓나물이라고도 한다.

유사식물로 큰연영초(*Trillium tschonoskii* Maxim.)가 있는데, 연영초는 수술 주변이 백색인 반면, 큰연영초는 수술 주변이 갈색이다. 울릉도 등지에서 발견되는 큰연영초는 환경부의 멸종 위기 야생식물로 지정되어 있다. 꽃말은 '그윽한 마음'이다. '연령초延齡草'라는 약명은 수명을 연장한다는 뜻이지만, 흔하지 않고 재배도 쉽지 않은 식물이며, 현재까지 약용 식물로서의 연구는 부족하다.

약명/이명　연령초延齡草, 연령초근延齡草根 / 왕삿갓나물, 큰삿갓나물

생육 & 채취	
장 소	강원도나 경기 이북의 고산 그늘
시 기	가을~봄
부 위	뿌리줄기
손질법	햇볕에 말려 쓴다.

효용	
성 미	맛은 맵고 달며 성질은 따뜻하다.
활 용	위장약, 수렴제, 통경제, 거담제로 쓴다.

연구 & 특허
● 몇 가지 토종식물 내 스테로이드 사포닌 함량

고서古書 · 의서醫書에서 밝히는 효능

운곡본초학 뿌리줄기를 약용하는데 거풍서간祛風舒肝, 활혈지혈活血止血의 효능이 있고, 고혈압高血壓, 신경쇠약神經衰弱, 현훈眩暈, 두통頭痛, 요퇴동통腰腿疼痛, 월경부조月經不調, 붕루崩漏, 외상출혈外傷出血, 질타손상跌打損傷을 치료한다.

특허 · 논문

● 몇 가지 토종식물 내 스테로이드 사포닌 함량 : 본 논문은 몇 가지 토종식물의 스테로이드 사포닌 함량을 연구한 논문으로 주요 내용으로는 이후에 이용될 스테로이드 자원의 가치를 찾기 위해 13가지 토종 식물의 스테로이드 사포닌 조성과 함량을 조사하였다. 조사 결과, 부채마(*Dioscorea nipponica*), 단풍마(*D. quinqueloba*) 및 토복령(*Smilax china*)이 많은 양의 다이오스레닌을 포함하고 있는 것으로 나타났다. 또한 연령초(*Trillium kamtschaticum*)와 삿갓나물(*Paris verticillata*) 내 페노게닌, 쪽파 내 yuccagenin, 용설란(*Agave Americana*) 내 헤코게닌 및 까마중(*Solanum nigum*) 내 neochlorogenin이 주된 스테로이드 사포닌이라는 내용이다. — 강원대학교 김창민 외 3, 약학회지(1991. 12)

연영초

연영초

연영초

영아자

초롱꽃과 / *Asyneuma japonicum* (Miq.) Briq.

초롱꽃과의 여러해살이풀로, 우리나라 전역의 낮은 골짜기의 흙이 깊은 반그늘에 자생한다. 일본·중국 북동부·시베리아 동부 등지에 분포한다. 높이는 50~100㎝ 정도이고, 줄기 끝부분에서 가지를 약간 치며 온몸에 거친 털이 있다. 7~9월에 보라색의 꽃이 피고, 10~11월에 납작하고 둥근 모양의 열매가 익는다.

　강원 영서지방에서는 '미나리싹'이라고 하여 봄에 한 뼘 쯤 솟은 어린순을 생것 그대로 쌈채소로 먹거나 데쳐서 나물로 이용하는데, 맛이 매우 좋아 귀한 대접을 받는다. '염아자'라고도 한다. 약용식물로서의 연구는 거의 없다.

약명/이명　목근초牧根草 / 염아자, 미나리싹

특허 · 논문

● 영아자(*Phyteuma japonicum* Miq.)의 성분 조성 : 산채식물인 영아자 (Horned Rampion; *Phyteuma japonicum* Miq.)의 영양학적인 가치를 평가코져

생육 & 채취	
장 소	전국의 낮은 골짜기
시 기	봄(식용) 여름~가을(약용)
부 위	어린순(식용) 전초(약용)
손질법	전초를 채취하여 햇볕에 말린다.

효용	
성 미	맛은 달고 따뜻하다.
활 용	보혈보신, 소종 작용. 열감기와 천식을 다스린다.

연구 & 특허
● 영아자(*Phyteuma japonicum* Miq.)의 성분 조성

야생 및 평지 재배 시료를 잎과 줄기로 구분하여 일반성분, 비타민 C, 유리당, 무기물, 핵산 관련 물질, 구성 아미노산 및 유리아미노산을 분석하였다. 야생과 재배 영아자의 회분은 1.2~2.7%의 범위였고, 조지방과 조단백질은 재배 시료가, 조섬유는 야생 시료에서 더 높은 함량으로 정량되었고, 전당은 두 시료 간에 대차를 보이지 않았다. 비타민 C는 줄기보다는 잎에서 재배 시료보다는 야생 시료에서 더 높게 정량되었다. 유리당은 야생 및 재배 시료 모두 glucose, frucose 및 sucrose가 잎보다 줄기에서 높게 정량되었다. 무기물은 총 9종이 분석되었는데 이중 칼슘의 함량이 가장 높아 재배 시료의 경우 잎은 34374.0mg/kg, 줄기는 9584.1mg/kg 였고, 그 다음으로 칼륨, 마그네슘의 순으로 많았으며, 야생 시료도 비슷한 경향을 보였다. 핵산 관련 물질은 CMP, UMP, IMP, AMP 및 hypoxanthine이 동정되었는데 잎과 줄기 모두 야생 시료에서는 hypoxanthine이, 재배 시료에서는 AMP가 월등히 높게 정량되었다. 구성 아미노산은 총 17종으로 야생 시료에서는 glutamic aicd, 재배 시료는 잎의 경우 aspartic acid, 줄기의 경우 glutamic acid의 함량이 가장 많았다. 유리아미노산은 총 29종이 동정되었고 야생 시료의 잎에서는 glutamic acid, 줄기에서는 γ-aminoisobutyric acid, 재배 시료의 줄기에서는 asparagine이 가장 높은 함량으로 정량되었다. — 경상대학교 식품영양학과 정미자 외 5, 한국식품영양학회지(1998. 8)

영아자

영아자 꽃

영아자

오동나무

오동나무

현삼과 / *Paulownia coreana* Uyeki

현삼과의 낙엽활엽교목으로, 민가 근처에 심어 가꿔 왔으며 중부 이남에 분포한다. 키는 15~20m 정도 되고, 나무 지름은 80㎝까지 굵어진다. 5~6월에 자주색 꽃이 가지 끝에 피고, 10월경에 끝이 뾰족한 달걀 모양의 열매가 익는다. 목재는 얇은 판으로 만들어도 갈라지거나 뒤틀리지 않아 거문고 등의 악기와 가구를 만든다.

우리나라에는 오동나무와 참오동(*P. tomemtosa*) 2종이 있는데, 오동나무는 참오동과는 달리 잎 뒷면에 갈색 털을 가지고 꽃잎에 자줏빛의 선腺이 없다. 잎을 '동엽桐葉', 나무껍질을 '동피桐皮', 수지를 '동유桐油'라는 약으로 쓰는데, 동피는 치질痔疾 · 염증 · 임병淋病 · 단독丹毒 · 타박상打撲傷 치료에 쓰고, 동유는 악창과 옴 치료에 쓴다.

약명/이명 동엽桐葉, 동피桐皮, 동유桐油 / 포동, 오동목

고서古書 · 의서醫書에서 밝히는 효능

동의보감[본초] 오동나무 껍질은 5가지 치질을 낫게 하고, 3가지 충을

생육 & 채취	
장 소	중부 이남 지역
시 기	연중 상시(줄기껍질, 뿌리껍질) 여름(잎)
부 위	잎, 줄기껍질, 뿌리껍질, 수지
손질법	나무껍질과 뿌리껍질을 햇볕에 말려 잘게 썬다.

효 용	
성 미	동피 : 맛은 쓰고 성질이 차며 독이 없다.
활 용	소종 작용, 단독, 치질, 타박상, 악성 종기 등을 다스린다.

연구 & 특허

- 오동 성분을 주원료로 하는 활성산소 제거제 및 그 제조 방법
- 해충 기피 활성을 갖는 한방 추출물 및 그 제조 방법

外 p.1011 참고

죽인다. 5림을 치료하는데 달인 물로 머리를 감으면 풍증을 없애고 머리털을 나게 한다.

특허 · 논문

● **오동 성분을 주원료로 하는 활성산소 제거제 및 그 제조 방법** : 본 발명은 활성산소 제거 활성에 대한 신규의 감소 억제제를 오동나무로부터 추출하는 방법과 이 감소 억제제를 식물성 산화 방지제에 함유시켜서 된 활성산소 제거활성을 억제하는 조성물을 제공하고, 이 조성물이 음식물, 화장품, 의약품, 또는 이들의 원료 혹은 중간품의 형태인 조성물로 이용되도록 하는 오동 성분을 주원료로 하는 활성산소 제거제 및 그 제조 방법에 관한 것이다. 본 발명은 오동나무를 유효성분으로 함유하는 하는 활성산소 제거제와, 오동나무를 잘게 분쇄하고 으깨어서 염수나 알콜에 침출시켜 압축기로 추출 또는 가열추출하고, 이 추출액을 1, 2차 여과 과정을 거쳐 식물성 식용물질 또는 식물성 산화 방지제를 함유한 조성물에 적절히 함유시켜 액상 또는 페이스트상으로 조성시키는 것을 특징으로 한다. — 특허공개 10-2003-0016706호, 주식회사 가릭솔

● **해충 기피 활성을 갖는 한방 추출물 및 그 제조 방법** : 본 발명은 만병초와 오동나무 등의 천연물질로부터 엑기스를 추출하여 이를 살충제나 해충 기피제 등으로 이용함으로써 인간과 가축에 무해하면서도 각종 농작물, 과수작물, 온실, 화분 토양 개량 등 다양한 목적으로 이용할 수 있도록 한 것으로, 만병초와 오동나무를 각각 추출한 후 감압 농축하여 일정 비율로 혼합한 것을 특징으로 하는 살충, 살균 및 해충 기피 작용을 갖는 천연 추출물이다. — 특허공개 10-2009-0027515호, 주식회사 씨오투바이오

● **캄노사이드화합물 및 그 추출방법** : 본 발명의 캄노사이드류는 통상이 화농 및 병원균인 스타필로코커스 균

오동나무

주 및 스트렙토코커스 균주 등에 대하여 높은 항균력을 나타내며, 그 급성 독성이 매우 낮아 사람이나 또는 동물의 세균 감염증에 효과적으로 사용될 수 있으며, 더구나 본 발명의 화합물은 천연물에서 불리된 물질로서 항균제로서 대단히 유용한 물질이다. 본 발명은 참오동나무를 세절한 다음, 메탄올로 추출한 추출액을 증류수에 현탁시키고, 헥산으로 추출한 추출액을 제거한 물층을 다시 클로로포름으로 추출하고 남은 나머지의 물층을 부탄올로 추출한 후, 부탄올 추출액을 구배(gradient) 실리카겔 칼럼크로마토그래피하여 상기의 화합물을 제조하는 방법을 제공한다. — 특허등록 제165564호, 신일제약주식회사

● 오동나무 잎 추출물을 포함하는 화장료 조성물 : 본 발명은 오동나무 잎 추출물의 항염 효능에 관한 것으로 오동나무 잎 추출물이 염증 반응 초기단계에 해당하는 IκB-α단백질의 분해를 억제함으로써 iNOS, COX-2의 발현을 억제하고 결과적으로 NO와 PGE2의 생성을 억제함으로써 우수한 항염 효능을 나타내므로, 피부 진정 및 여드름, 아토피 피부에 적용될 수 있는 피부 자극 완화 화장료 조성에 관한 것이다. — 특허공개 10–2008–0028029호, 주식회사 래디안

● 오동나무꽃의 항암 성분 : 본 논문은 오동나무 꽃의 항암 성분을 연구한 논문으로, 주요 내용으로는 식물 유도 세포독성 화합물의 연구에서 CHCL3와 EtOAC 추출물은 오동나무 꽃으로부터 얻었으며, 인간 종양 세포주에 대항하는 유의 있는 세포독성 활성을 보여주었다. 인간 암세포주의 성장에 대항하는 억제 활성을 근거로 하여 활성 유도 분획과 반복 색층크로마토그라피는 오동나무 꽃으로부터 여러 가지 세포독성 화합물을 제시하였다. 5가지 물질의 구조 동정은 IR, UV, EI-MS, 1H-NMR, 13C-NMR과 chemical transformations을 이용하여 확인하고, 세포독성 활성을 가진 화합물들은 SRB 방법으로 확인할 수 있다는 내용이다. — 성균관대학교 약학대학 생약학교실 오좌섭 외 2, 생약학회지(2000. 12. 30)

오동나무

오동나무

오동나무

오리나무

오리나무

자작나무과 / *Alnus japonica* (Thunb.) Steud.

자작나무과의 낙엽활엽교목으로, 우리나라 전역의 산기슭이나 논둑의 습지 근처에서 자라는데 경기도와 강원도에 많다. 키는 20m 정도이며, 회갈색의 나무껍질은 세로로 불규칙하게 갈라지고, 자갈색의 어린 가지는 매끄럽다. 3~4월에 잎보다 먼저 꽃이 피고, 10월에 뚜렷하지 않은 날개가 달린 열매가 익는다.

목재는 가구를 만들고, 나무껍질은 염료로, 열매는 강장제로 약용한다. 한방에서 오리나무는 치통과 알코올 중독을 치료하는 데 주로 사용해 왔다. 거리를 표시하기 위해 5리마다 심었다 하여 오리나무라 한다.

유사종으로 사방오리나무·좀사방오리·물오리나무·섬오리나무 등이 있다. 오리나무류의 나무껍질을 '적양赤楊'이라 하여 한방에서 약재로 쓰는데, 코피를 그치게 하고 설사를 예방하는 효과가 있다. 외상 출혈에는 나무껍질 가루를 붙인다.

약명/이명 적양赤楊 / 물오리나무, 잔털오리나무, 오리목

생육 & 채취	
장 소	전국의 산기슭이나 논둑의 습지 근처
시 기	봄. 가을
부 위	어린 가지, 나무껍질
손질법	햇볕에 말린다.

효용	
성 미	맛은 쓰고 짜며 성질은 시원하다.
활 용	혈변血便, 장염炎, 설사를 다스리고, 외상출혈에 외용한다.

연구 & 특허
● 오리나무 유래 디아릴헵타노이드계 화합물을 포함하는 항산화 및 간 보호용 조성물
● 좀사방오리나무 수피 추출물을 유효성분으로 함유하는 항균 조성물
와 p.1012 참고

● 오리나무 유래 디아릴헵타노이드계 화합물을 포함하는 항산화 및 간 보호용 조성물 : 본 발명은 항산화 및 간 보호용 조성물에 관한 것으로서, 더욱 상세하게는 오리나무 유래 디아릴헵타노이드계 화합물을 포함하는 항산화 및 간 보호용 조성물에 관한 것이다. 상기 오리나무 유래 디아릴헵타노이드계 화합물은 alusenone 1a, alusenone 1b, hirsutenone, hirsutanonol, oregonin, alnuside A, alnusidㄴe B, rubranoside B 및 rubranoside C로 구성된 군에서 선택되는 화합물을 포함한다. 본 발명에 따른 항산화 및 간 보호용 조성물은 부작용이 없으면서, 항산화 및 간 보호 활성이 우수하므로, 항산화 관련 질환 및 간 질환 예방 및 치료에 유용하다. ― 특허등록 제987303호, 주식회사 알앤엘바이오

● 좀사방오리나무 수피 추출물을 유효성분으로 함유하는 항균 조성물 : 본 발명은 좀사방오리나무(*Alnus pendula* Matsum) 수피 추출물 또는 이로부터 분리된 디아릴헵타노이드(diarylheptanoid)계 화합물인 오레고닌 또는 허수테논을 유효성분으로 포함하는 항균 조성물에 관한 것이다. 본 발명 조성물의 유효성분인 좀사방오리나무 수피 추출물 및 이로부터 분리된 오레고닌 또는 허수테논은 항균 활성, 특히 황색포도상구균(Staphylococcus aureus)에 대해 매우 우수한 항균 활성을 나타낸다. 본 발명의 추출물 및 화합물은 세균, 특히 피부에 감염성이 높은 황색포도상구균에 대에 뛰어한 항균 활성을 가지므로, 황색포도상구균에 의한 감염증을 치료, 예방 또는 완화시킬 수 있는 약물, 화장료, 기능성 식품 및 동물 사료의 활성성분으로 개발될 수 있다. ― 특허등록 제1129354호, 중앙대학교 산학협력단

● 사방오리나무 추출물 또는 그로부터 분리된 화합물을 유효성분으로 하는 당뇨병 예방 및 치료용 조성물 : 본

오리나무

오리나무

오리나무

발명은 알파 글루코시다제(α-glucosidase) 저해 및 알도즈 환원효소(aldose reductase) 저해 활성을 통해 항당뇨 활성을 갖는 사방오리나무(*Alnus firma* Sieb. et Zucc) 추출물, 및 상기 추출물 또는 그로부터 분리된 화합물에 관한 것으로, 본 발명에 따른 사방오리나무 추출물 및 그로부터 분리된 화합물은 우수한 알파 글루코시다제 저해 활성 및 알도즈 환원효소 저해 활성 및 뛰어난 혈당강하 효과를 통해 우수한 항당뇨 활성을 가지므로, 이를 음료, 차, 과자류, 선식 등 다양한 기능성 식품에 적용할 수 있고 당뇨 예방 또는 치료를 위한 치료제제 및 치료용 생약제에 적용할 수 있다. — 특허등록 제1062003호, 창원대학교 산학협력단

● 오리나무 추출물 또는 그로부터 분리된 디아릴헵타노이드계 화합물을 유효성분으로 하는 심장순환계질환의 예방 및 치료용 조성물 : 본 발명은 오리나무 추출물 또는 그로부터 분리된 디아릴 헵타노이드계 화합물을 유효성분으로 하는 심장순환계 질환의 예방 및 치료용 조성물에 관한 것이다. 본 발명의 오리나무 추출물 또는 그로부터 분리된 디아릴 헵타노이드계 화합물은 저밀도 지질 단백질에 대한 항산화 활성 효과가 매우 우수하므로, 저밀도 지질 단백질의 산화에 의해 유발되는 것으로 알려진 고지혈증 및 동맥경화증과 같은 심장순환계 질환의 예방 및 치료에 유용하게 사용할 수 있다. — 특허등록 제629314호, 한국생명공학연구원

● 오리나무 수피엑스의 위염 및 위궤양에 대한 효과 : 본 논문은 오리나무에서 분리된 Diarylheptanoid의 항산화 작용 및 구조상관활성에 대하여 연구한 논문으로 주요 내용으로는 국내에서 자생하는 대표적 Alnus속 식물인 오리나무 수피에서 분리된 10종의 Diarylheptanoid 화합물의 항산화 작용과 이들 구조간의 활성관계를 조사한 결과 이들 Diarylheptanoid는 DPPH radical에 대하여 일반적으로 우수한 항산화 작용을 나타내었다. 특히 aglycone 형태의 효과가 우수하게 나타났으며 heptane moiety에 알코올 형태만 존재하는 1,7-bis-(3,4-

물오리나무

dihydroxyphenyl)-5-hydroxyheptane(4) 및 탈수 된 형태의 구조인 hirsutenone(8)은 L-ascorbic acid와 비슷하거나, 더 좋은 항산화 작용을 나타내었다는 내용이다. — 덕성여자대학교 약학대학 정춘식 외 3, 한국응용약물학회지(1996. 3. 31.)

● 물오리나무에서 분리된 Diarylheptanoid의 항산화 작용 : 본 논문은 물오리나무(Alnus Hirsute)에서 분리된 diarylheptanoid의 항산화 작용을 연구한 논문으로 주요 내용으로는 4종의 물오리나무잎에서 분리한 diarylheptanoid화합물에 대한 DPPH radical-generating system에 의한 항산화 작용 측정, rat liver homogenate에 H_2O_2 및/또는 Fe^{2+} 가에 의한 과산화지질 억제 활성 측정을 통해 diarylheptanoid 화합물이 강력한 산화제이며 지질과산화 억제제로 작용한다는 것을 확인하는 내용이다. — 중앙대학교 약학대학 이연아 외 5, 약학회지(2000. 4. 29)

오리방풀

꿀풀과 / *Isodon excisus* (Maxim.) Kudo

꿀풀과의 여러해살이풀로, 우리나라 전역의 깊은 산지에서 자란다. 키는 50~100㎝ 정도이고, 네모진 줄기는 가지를 거의 치지 않고 곧게 자라는데 털이 있다. 6~8월에 자주색의 작은 꽃이 핀다.

어린순은 나물로 이용하고, 꽃은 요긴한 밀원자원이 된다. 우리나라와 일본, 중국의 민간에서는 전초의 추출물을 종양이나 염증성 질환을 치료하는 데 이용해 왔다.

유사종으로 흰오리방풀 · 둥근오리방풀 · 지리오리방풀 · 산박하 등이 있다.

약명/이명 연명초延命草 / 둥근오리방풀, 지리오리방풀

생육 & 채취	
장 소	전국의 깊은 산지
시 기	꽃 필 때
부 위	지상부
손질법	햇볕이나 그늘에서 말린다.

효용	
성 미	맛은 쓰고 성질은 서늘하다.
활 용	건위, 지통 효과가 있다. 식욕부진 개선

특허 · 논문

● 인플렉시놀을 유효성분으로 포함하는 암의 예방 또는 치료용 약제학적 조성물 : 본 발명은 꿀풀과(Labiate)의 오리방풀(*Isodon excisus*)로부터 분리한 디테르페노이드(diterpenoid)계 화합물인 인플렉시놀(Inflexinol)을

연구 & 특허
● 인플렉시놀을 유효성분으로 포함하는 암의 예방 또는 치료용 약제학적 조성물
● 자생식물 유래 향장미백물질의 기능 및 제품화 연구
ㅆ p.1012 참고

함유하는 암의 예방 또는 치료용 조성물에 관한 것이다. 본 발명의 조성물의 유효성분인 인플렉시놀은 암세포에서만 특이적으로 NF-κB의 활성을 억제하여 아폽토시스에 의한 암세포의 사멸을 유도하는 효능을 가짐으로써 암의 예방 또는 치료에 매우 유용하게 사용될 수 있다. 상기 암은 유방암, 폐암, 위암, 간암, 혈액암, 뼈암, 췌장암, 피부암, 머리 또는 목암(head or neck cancer), 피부 또는 안구 흑색종, 자궁육종, 난소암, 직장암, 항문암, 대장암, 난관암, 자궁내막암, 자궁경부암, 소장암, 내분비암, 갑상선암, 부갑상선암, 신장암, 연조직종양, 요도암, 전립선암, 기관지암 및 골수암 중 어느 하나의 암을 대상으로 한다. — 특허공개 10–2009–0037561호, 충북대학교 산학협력단

● 자생식물 유래 향장 미백 물질의 기능 및 제품화 연구 : 국내 자생 식물인 참싸리와 오리방풀을 이용하여 천연물 유래 미백 활성 물질 발굴을 연구하였으며 이를 통하여 신규 미백 물질인 haginin A와 Ori-II 를 분리 발굴하였다. haginin A의 미백 관련 기작 연구를 완성하여 J. Invest. Dermatology에 투고하여 공인 받았으며, 세포 보호 및 항산화 활성을 가지는 Ori-II 관련 화합물의 합성 공정을 개발하여 관련 기업에 그 기술을 이전해 kg 단위의 대량생산을 위한 시스템을 구축하였다. 이를 통해 실험을 위한 후보물질에서 Ori-II 의 구조 및 미백활성 유사 물질 MB302을 합성, 미백 관련 기작 연구를 완성하였다. 현재 참싸리 추출물 유래 미백 활성 물질에 대한 기술과 오리방풀 유래 미백 활성 물질에 대한 기술을 상장기업들에 이전함으로써 자생식물 유래 미백 물질 제품에 대한 산업화, 제품화 기반을 마련하였다. 또한 미백 기작 연구 및 제품화를 목표로 동물실험 전 단계의 효율적인 후보 물질 도출을 위하여 Zebrafish모델을 이용한 assay법을 보완하여 미백 실험에 적용하였으며 이를 국제저널(Pigment Cell Research)에 게재하였다. — 건국대학교 이충환 외 4, 자생식물 이용기술 개발 사업에 관한 연구(2010. 5.)

오리방풀

오리방풀 꽃

오리방풀

올괴불나무

인동과 / *Lonicera praeflorens* Batalin

인동과의 낙엽활엽관목으로, 우리나라에서는 경상남도를 제외한 전국에 분포한다. 키는 1m 정도로 자라고, 나무껍질은 세로로 갈라진다. 올괴불나무의 올은 '이르다'는 뜻으로, 괴불나무 종류 중에서 가장 먼저 꽃이 피는데 대체로 생강나무와 비슷한 시기이다. 3~4월에 연한 노란색 혹은 붉은색 꽃이 잎보다 먼저 피고, 9~10월에 둥근 열매가 2개씩 같이 달려 붉게 익는데 맛이 매우 쓰다. 약용식물로서의 과학적인 연구는 거의 없다.

괴불나무류에는 괴불나무·산괴불나무·지리괴불·각시괴불·털산괴불·넓은잎산괴불·섬괴불·청괴불·홍괴불·흰괴불·왕괴불나무 등 여러 종류가 있다. 길마가지나무도 같은 인동과의 나무이다.

약명/이명 금은인동金銀忍冬 / 올아귀꽃나무

고서古書 · 의서醫書에서 밝히는 효능

운곡본초학 올괴불나무의 생약명은 금은인동金銀忍冬이다. 꽃을 약용하

생육 & 채취	
장 소	경상남도를 제외한 전국에 분포
시 기	초봄(꽃봉오리) / 봄~여름(잎) 수시(줄기 · 뿌리)
부 위	꽃봉오리, 잎, 줄기, 뿌리
손질법	햇볕에 말린다.

효용	
성 미	맛은 달고 담백하며 성질은 차다.
활 용	소염消炎, 해열解熱 작용. 기관지염, 편도선염, 목감기에 약용한다.

연구 & 특허
● 경북 울진 새덕산 산림유전자원보호림의 식물상

는데 배농排膿, 청열해독淸熱解毒하는 효능이 있어 해수咳嗽, 인후종통咽喉腫痛, 폐옹肺癰, 유옹乳癰, 습창濕瘡, 감모感冒, 목적종통目赤腫痛을 치료한다.

특허·논문

● 경북 울진 새덕산 산림유전 자원보호림의 식물상 : 본 연구는 경북 울진군 새덕산 산림유전 자원보호림의 식물상을 조사하기 위하여 수행되었다. 2009년 4월부터 10월까지 3회에 걸쳐 조사된 관속식물은 74과 154속 200종 3아종 26변종 4품종 233분류군이다. 이중 한국 특산식물은 가는장구채, 홀아비바람꽃, 매화말발도리 등 9분류군, 희귀식물은 백작약, 미치광이풀 2분류군이 확인되었다. 또한, 식물구계학적 특정식물종은 24과 28속 30종 30분류군이 확인되었다. 그 중 정밀 조사종은 Ⅳ등급 승마, 노랑제비꽃, 꼬리진달래 3분류군, Ⅲ등급 물박달나무, 산팽나무, 돌단풍, 긴잎산조팝나무, 노랑갈퀴, 미치광이풀, 올괴불나무, 광릉용수염, 애기감둥사초 9분류군이 확인되었다. 조사지역에서 확인된 귀화식물은 족제비싸리, 개망초 2분류군으로 귀화율은 0.9%이다. — 조용찬 외, 한국산림휴양학회지 제13권(2009)

올괴불나무 꽃

산괴불나무 꽃

올괴불나무

올괴불나무 열매

왕모시풀

쐐기풀과 / *Boehmeria pannosa* Nakai & Satake

쐐기풀과의 여러해살이풀로, 우리나라 남부 지방 바닷가 길가나 돌 틈에 주로 서식한다. 키는 1m 정도이고 줄기 윗부분에 짧은 털이 있다. 7~8월경 잎겨드랑이에서 녹색의 꽃이 핀다.

유사종으로 모시풀·개모시풀·왜모시풀·제주모시풀·섬모시풀·긴잎모시풀·털긴잎모시풀·좀깨잎나무·거북꼬리 등이 있다.

약명/이명 저마근苧麻根 / 섬모시풀

고서古書·의서醫書에서 밝히는 효능

절강민간초약 맛은 시며 성질은 차고 독이 없다.

명의별 소아의 적단赤丹을 주로 치료한다. 즙으로 갈증을 치료하며 안태安胎한다.

특허·논문

● 왕모시풀 추출물 및 이를 함유하는 항암제 : 본 발명은 천연산물인 왕

생육 & 채취	
장 소	남부 지방 바닷가 길가나 돌 틈
시 기	겨울~봄
부 위	뿌리
손질법	지상경과 흙을 제거한 후 햇볕에 말린다.

효 용	
성 미	맛은 달고 성질은 차고 독이 없다.
활 용	해열, 지혈, 해독, 파혈 작용

연구 & 특허
● 왕모시풀 추출물 및 이를 함유하는 항암제 ● 모시풀 추출물을 유효성분으로 함유하는 당뇨병, 암 또는 신경 퇴행성 질환의 예방 및 치료용 약학 조성물 ᄊ p.1012 참고

모시풀 뿌리가 보유하고 있는 탁월한 항암 성분을 에탄올 추출 방법을 통하여 추출한 왕모시풀 추출물을 제공한다. 본 발명의 왕모시풀 추출액은 왕모시풀을 분쇄하는 단계; 분쇄한 왕모시풀을 에탄올 용매를 첨가하고 침지시켜 왕모시풀의 에탄올 추출물을 얻는 단계; 및 불순물을 제거하기 위하여 여과지로 여과 후 감압 농축하는 단계에 의하여 얻어진다. 본 발명의 왕모시풀 뿌리 추출물은 항암제 및 항암 효능을 가지는 기능성 식품 또는 식품 첨가물로 이용될 수 있으며, 이 물질은 우리나라에서 서식하고 있는 자생식물로부터 추출된 물질로서 예전부터 민간약으로 사용되는 물질이므로 독성 및 부작용의 우려가 적다. ― 특허등록 제873372호, 주식회사 비씨월드제약

● 모시풀 추출물을 유효성분으로 함유하는 당뇨병, 암 또는 신경 퇴행성 질환의 예방 및 치료용 약학 조성물 : 본 발명은 모시풀 속 식물(모시풀, 섬모시풀, 좀깨잎나무, 거북꼬리, 긴잎모시풀, 왕모시풀, 왜모시풀 및 개모시풀로 이루어진 군으로부터 선택되는 어느 하나) 추출물을 유효성분으로 함유하는 당뇨병, 암 또는 신경 퇴행성 질환의 예방 및 치료용 약학 조성물 및 상기 추출물을 유효성분으로 함유하는 당뇨병, 암 또는 신경 퇴행성 질환 예방 및 개선용 건강기능식품에 관한 것이다. ― 특허등록 제1052191호, 공주대학교 산학협력단

● 암세포에 대한 식물 추출물의 세포외 기질 접착 저해 활성 : 본 논문은 암세포에 대한 식물 추출물의 세포외 기질 접착 저해 활성을 연구한 논문으로 주요 내용으로는 세포외 기질과의 종양세포 상호작용을 전이성 단계의 개시를 알리는 종양 침투의 임계단계로써 식별하고, 항전이성 약제를 찾기 위해 여러 식물 추출물을 세포-ECM 항접착력 시험을 이용하여 검색하고, 결과로써 왕모시풀, 관중, 무릇 및 짚신나물이 항접착력 작용을 나타냄을 제시한 내용이다. ― 한국생명공학연구원 이상명 외 6, 생약학회지(2000. 12. 30)

왕모시풀

왕모시풀

개모시풀

왕초피나무

운향과 / *Zanthoxylum coreanum Nakai*

운향과의 낙엽활엽관목으로, 제주도의 낮은 지대 계곡이나 해변에서 자라는 희귀종이다. 키는 2~7m 정도이고, 잔가지에는 잔털이 있으며, 줄기에 가시가 마주난다. 5~6월경 황록색의 꽃이 피며, 열매는 9월경 붉게 익는다. 식물 전체가 향기가 강하다. 톡 쏘는 매운맛은 초피나무 열매가 왕초피나무의 열매보다 훨씬 더 강렬하다. 잎은 나물로 먹고, 열매는 약재로 쓰며, 씨앗은 기름을 짠다.

　운향과의 유사종에는 초피나무·산초나무·개산초나무·머귀나무 등이 있다.

　약명/이명　초엽椒葉, 천초자川椒子 / 왕산초나무, 왕좀피나무

특허 · 논문

● 초피속 식물 추출물을 함유하는 항 코로나바이러스 조성물 : 본 발명은 초피속 식물{초피나무(*Zanthoxylum piperitum*), 산초나무(*Zanthoxylum schinifolium*), 왕초피나무(*Zanthoxylum coreanum*)} 및 개산초나무

생육 & 채취	
장 소	제주도의 낮은 지대 계곡, 해변
시 기	가을
부 위	열매껍질
손질법	햇볕에 말려 가루를 낸다.

효용	
성 미	맛은 맵고 성질은 따뜻하며 약간의 독이 있다.
활 용	진통, 살충 작용. 부종을 줄이며 땀을 멈추게 하는 효능이 있다.

연구 & 특허
● 초피속 식물 추출물을 함유하는 항 코로나바이러스 조성물 ● 위장관 운동 장애 질환의 개선, 치료 및 예방용 조성물 外 p.1012 참고

(*Zanthoxylum planispinum*) 중에서 선택된 1종) 추출물을 함유하는 항코로나바이러스 조성물에 관한 것으로서, 더욱 상세하게는 초피속 식물(*genus Zanthoxylum*)에 속하는 식물들의 유기용매 추출물이 포유동물에서 호흡기 질환, 소화기 질환, 간질환, 뇌질환 등을 일으키는 코로나바이러스(coronavirus)에 대해 항바이러스 활성을 가짐을 밝힘으로써 상기 추출물을 포함하는 항바이러스 조성물에 관한 것이다. — 특허등록 제666299호, 한국생명공학연구원, 주식회사 씨티바이오

● 위장관 운동 장애 질환의 개선, 치료 및 예방용 조성물 : 본 발명은 산초 및 지실(탱자) 추출물을 유효성분으로 포함하는 위장관 운동 장애 질환의 치료 또는 예방용 의약 조성물에 관한 것으로, 본 발명의 생약 조성물(상기 산초는 초피나무(*Zanthoxylum piperitum*), 화초나무 (*Zanthoxylum bungeanum*), 산초나무(*Zanthoxylum schinifolium*), 개산초나무(*Zanthoxylum armatum var subtrifoliatum*) 또는 왕초피나무(*Zanthoxylum coreanum*)의 과피인 조성물)은 현저히 상승된 위장관 운동 촉진 효과를 나타내어, 위장관 운동 장애에 대한 개선, 예방 및 치료용 의약 및 식품으로서 유용하게 사용될 수 있다. — 특허공개 10-2012-0090003호, 주식회사 엘지생명과학

● 왕초피나무의 성분 연구 : 논문은 왕초피나무의 성분 연구 논문으로, 주요 내용으로는, 제주도의 왕초피 수피의 5가지 분획물을 크로마토그래피로 상세히 실험하여 37가지 요소를 검출함으로써, 이 식물이 산초나무속 분류군의 것과 동일한 그룹으로 분류되지만, 화학성분에 의해 열대성 산초나무속 분류군과는 다름을 확인하는 내용이다. — 제주대학교 식물학과 김찬민 외 1, 생약학회지(1981. 3. 30)

왜우산풀

산형과 / *Pleurospermum camtschaticum Hoffm.*

산형과의 여러해살이풀로, 깊은 산 반그늘에서 자란다. 키는 50∼150㎝이며, 줄기는 속이 비어 있으며 원줄기 윗부분에서 굵고 짧은 가지가 나온다. 6∼7월에 하얀 꽃이 핀다.

식물에서 누린내 비슷한 특유한 향기가 나는데, 육류를 먹을 때 단백질과 전분을 소화시키는 능력이 뛰어나고 소화불량으로 인한 복통을 다스리며 입맛을 돋워 주는 효과가 있어서 강원도에서는 고급 나물로 대접받는다. 뿌리와 성숙한 잎에는 독성이 있으나 연한 잎과 줄기는 고추장이나 된장에 찍어 먹는다.

정식 이름인 왜우산풀보다 '누리대(누릿대)'나 '누룩치'로 더 잘 알려져 있다.

약명/이명 능자근棱子芹 / 누리대, 누리대나물, 누릿대, 누룩치, 개우산풀, 왜우산나물, 우산풀, 개반디

생육 & 채취	
장 소	깊은 산 반그늘
시 기	봄(나물) 가을∼봄(뿌리)
부 위	전초, 뿌리
손질법	햇볕에 말린다.

효 용	
성 미	맛은 쓰고 성질은 차다.
활 용	소화불량 치료, 식욕 증진, 간 기능 개선

연구 & 특허
● 누룩치 추출물을 포함하는 항비만 또는 항고지혈증 조성물
● 누룩치로부터 분리된 부들레자사포닌 Ⅳ을 함유하는 암예방 및 치료용 조성물 ☞ p.1012 참고

고서古書 · 의서醫書에서 밝히는 효능

운곡본초학 줄기나 잎을 능자근棱子芹이라 하는데 청열해독하는 효능이 있고, 외감발열外感發熱, 매독梅毒, 약물화식물중독藥物和食物中毒을 치료한다.

특허 · 논문

● 누룩치 추출물을 포함하는 항비만 또는 항고지혈증 조성물 : 본 발명은 누룩치 추출물, 이로부터 분획한 분획물을 유효성분으로 포함하는 항비만 또는 항고지혈증 조성물에 관한 것이다. 또한 본 발명은 누룩치의 추출물로부터 분리된 부들레자사포닌 IV(buddlejasaponin IV)를 유효성분으로 포함하는 항비만 또는 항고지혈증 조성물에 관한 것이다. 본 발명의 조성물은 혈중 콜레스테롤과 트리글리세라이드를 감소시키므로 비만 및 고지혈증의 치료 및 예방에 사용될 수 있다. — 특허등록 제783204호, 상지대학교산학협력단

● 누룩치로부터 분리된 부들레자사포닌 IV을 함유하는 암예방 및 치료용 조성물 : 본 발명은 암 세포의 사멸 활성을 갖는 화합물에 관한 것으로서, 상세하게는 본 발명의 화합물인 부들레자사포닌 IV(Buddlejasaponin IV)은 미나리과의 여러해살이 풀인 누룩치(*Pleurospermumkamtschaticum*)로부터 분리한 것으로서, 사람 대장암 세포 생존률 감소 효과, 사람 대장암 세포의 DNA 분절 효과, 대장암 세포에서 NAG-1발현 증가 효과를 나타냄으로써 암 세포의 아폽토시스(apoptosis)를 유도하고 대장암 세포의 폐전이 동물 모델에서의 암전이를 억제하므로 암 예방 및 치료를 위한 약학 조성물 및 건강기능식품으로 이용될 수 있다. — 특허등록 제724290호, 연세대학교 산학협력단

● 누룩치로부터 분리된 부들레자사포닌 IV을 함유하는 염증질환의 예방 및 치료용 조성물 : 본 발명은 항염증

활성을 갖는 화합물에 관한 것으로서, 상세하게는 본 발명의 화합물인 부들레자사포닌 IV(Buddlejasaponin IV)은 미나리과의 여러해살이 풀인 누룩치로부터 분리한 것으로서, 귀부종 모델 생쥐에서 염증 억제 효과, COX-2 발현 억제 효과를 나타내므로 염증 질환의 예방 및 치료를 위한 약학 조성물 및 건강기능식품으로 이용될 수 있다.

— 특허등록 제648617호, 연세대학교 산학협력단

● 누룩치에서 분리된 buddlejasaponin IV의 대장암 세포에 대한 세포사멸 유도 효과 : 대장암은 세계적으로 가장 흔한 악성 암 중의 하나로서 식생활이 서구화되어 가면서 우리나라에서도 매년 발생률이 현저히 증가되고 있다. 최근 독성이 없고 효능이 뛰어난 화학적 암 예방제를 채소, 과일, 약용식물 등의 천연자원으로부터 개발하기 위해 많은 연구가 진행되고 있다. 누룩치는 한국 강원도에 자생하는 식물로서 예부터 감기, 관절염, 아테롬성 동맥경화증, 무기력증에 효과가 있다고 알려져 있다. 또한, buddlejasaponinIV(BS-IV)은 누룩치 지상부 추출물에서 분리된 활성성분으로 항바이러스 활성과 간 보호 효능을 가지고 있다고 알려져 있다. 그러나 누룩치 및 BS-IV의 암 예방 및 항암 효능 및 작용 기전에 대한 연구는 현재까지 이루어진 것이 없다. 세포가 생존하기 위해서는 세포가 세포 외 기질에 부착하여 세포 외 기질과 세포간의 상호작용(interaction)이 필요하며, 세포 부착의 소실은 세포사멸의 원인 중 하나이다. 최근 $\alpha2\beta1$ integrin 발현의 감소가 대장암세포의 세포사멸을 일으킨다고 보고가 되어 있다. 본 연구에서는 누룩치 지상부 추출물 및 BS-IV를 대장암에 대한 암 예방제로 개발하기 위해, 사람 대장암세포주인 HT-29 세포에서 누룩치 추출물과 BS-IV의 integrin 매개 세포신호전달계를 중심으로 작용 기전을 조사하였다. 더 나아가 암전이 유도 동물 모델에서 암 전이를 억제하는지를 조사하였다. 누룩치 추출물은 대장암세포인 HT-29 세포의 생존률을 용량 의존적으로 감소시켰으며, 핵의 농축, DNA의 분절, phosphatidylserine

왜우산풀 꽃

왜우산풀

왜우산풀

의 유리를 유도하였다. BS-IV 역시 세포의 생존률을 감소시키고 DNA의 분절을 일으키는 것을 확인하였다. 누룩치 추출물과 BS-IV는 Bax/Bcl-2의 비율을 증가시키고 pro-caspase 3와 pro-caspase 9를 활성화시킴으로써 PARP의 분절을 유도하였다. 이러한 결과로 누룩치 추출물과 BS-IV가 미토콘드리아에 의존적으로 세포사멸을 유도한 것을 확인하였다. 누룩치와 BS-IV는 세포 외 기질의 단백질 성분인 collagen Ⅰ,Ⅳ 그리고 laminin에 대한 대장암 세포의 부착력을 현저히 감소시켰으며, 세포 표면에 $\alpha2\beta1$ integrin의 발현을 감소시켰다. 게다가 누룩치와 BS-IV는 caspases를 활성화시켜 생존에 중요한 신호를 보내는 FAK, Akt, ERK, JNK을 통한 세포신호전달을 억제함으로써 세포 생존을 억제하는 한편 세포사멸을 유도한다는 것을 확인 할 수 있었다.암전이 동물 모델에서 생쥐 대장암세포인 CT-26 세포로 유도된 폐로의 암 전이를 누룩치와 BS-IV가 억제하는 것을 확인하였다.이러한 결과로부터 누룩치 추출물과 BS-IV가 대장암 세포의 세포사멸을 유도하고 암전이를 억제함으로써 화학적 암 예방제로의 개발 가능성을 확인하였다. — 연세대학교 김진은 석사학위논문(2006)

용담

용담과 / *Gentiana scabra* Bunge

용담과의 여러해살이풀로, 전국의 산과 들에서 자란다. 키는 20∼50㎝로 자라고, 줄기에 가는 줄이 있으며, 뿌리가 길고 굵으며 잔뿌리가 많다. 8∼9월에 줄기 끝이나 잎겨드랑이에 자주색의 꽃이 몇 송이씩 모여 핀다. 매우 쓴맛의 수염뿌리를 가을에 채취하여 그늘에서 말려 식욕부진이나 소화불량에 사용하며, 건위제·이뇨제로 쓰기도 한다.

유사종으로는 산용담·비로용담·흰용담·과남풀·닻꽃·덩굴용담 등이 있는데, 큰용담·칼잎용담은 과남풀로 통일되었다. 용담과 과남풀의 차이는 개화 시에 용담은 꽃잎을 활짝 펼치는 데 비해 과남풀은 완전 개화하지 않고 말라 버린다. 개화 시에 줄기의 모양에서도 차이가 있다. 용담이 꽃 필 무렵에는 줄기가 지면에 눕게 되지만 과남풀은 곧게 서는 편이다.

약명/이명 용담龍膽 / 용담초, 초용담, 고담, 거친과남풀, 과남풀, 관음초

생육 & 채취

장 소	전국의 산과 들
시 기	가을
부 위	뿌리
손질법	뿌리를 캐어 흙을 씻어 깨끗하게 하여 말린다.

효용

성 미	맛이 몹시 쓰고 성질이 매우 차다.
활 용	소화불량. 위염 등 위장질환 개선

연구 & 특허

- 천연물을 이용한 항여드름 화장료
- 간암 예방 및 치료용 생약제
- 아토피 예방 및 치료용 피부 외용제 조성물
- 피부 노화 방지용 화장료 조성물

外 p.1012 참고

동의보감　성질은 몹시 차고[大寒] 맛이 쓰며[苦] 독이 없다. 위胃 속에 있는 열과 돌림온병[時氣溫]과 열병, 열설熱泄, 이질 등을 치료한다. 간과 담의 기를 돕고 놀라서 가슴이 두근거리는 것을 멎게 하며 골증열[骨熱]을 없애고 창자의 작은 벌레를 죽이며 눈을 밝게 한다.

특허 · 논문

● **천연물을 이용한 항여드름 화장료** : 본 발명은 여드름의 예방 및 치료용 조성물에 관한 것으로서 용담, 토복령, 황백, 연교 추출물을 유효성분으로 함유하는 것을 특징으로 한다. 구체적으로 용담, 토복령, 황백, 연교 추출물을 유효성분으로 함유하여, 강력한 피지 생성 억제, 여드름균에 대한 항균력 및 항염증 작용을 갖는 피부 외용 조성물에 관한 것이다. 보다 상세하게는 용담, 토복령, 황백, 연교 혼합물을 극성 용매에서 저극성 용매로 순차적으로 추출하여 유효성분의 함량을 높이고 안전성을 극대화하여 5α-리덕테아제 활성 억제에 의한 피지 생성 억제, 항균력, 항염증 효과 및 안전성이 월등한 특징을 갖는다. 본 발명에 의한 활성 물질은 여드름 치유 및 예방에 쓰일 수 있고, 피부에 자극이 없는 물질로서, 5α-리덕테아제 활성 억제에 의한 피지 생성 억제 및 여드름 치료용 화장료 조성물로 사용 가능하다. — 특허등록 제593511호, 최** 외 1

● **간암 예방 및 치료용 생약제** : 본 발명은 간암의 예방 및 치료용 생약제에 관한 것이다. 더욱 구체적으로, 본 발명은 백화사설초, 강황, 호장근 및 산두근의 4 종의 생약을 주생약성분으로 함유하여 특히 바이러스성 B형 간염에 대하여 우수한 예방 및 치료 효과를 갖는 주사용 생약 조성물과 백화사설초, 중루, 호장근, 산두근, 용담초,

용담 어린순

용담

용담

용담

대황, 연교, 적작약, 강황 및 석창포의 10종의 생약을 주생약성분으로 함유하여 지방간 및 간경변의 예방 및 치료 효과를 갖는 경구용 생약 조성물을 포함하여 이들 두가지 조성물을 병용투여함으로써 간염, 지방간 및 간경변 등의 간 질환이 간암으로 이행되는 것을 효과적으로 예방하고 간암을 치료할 수 있는 생약제에 관한 것이다. — 특허등록 제239879호, 삼천당제약주식회사

● 아토피 예방 및 치료용 피부 외용제 조성물 : 본 발명은 아토피 예방 및 치료용 피부 외용제 조성물에 관한 것으로서, 더욱 상세하게는 진교, 용담 및 은행잎 1종 이상의 추출물이 아토피 피부염과 같은 각종 피부질환의 증세를 치료 또는 경감시키는 활성이 탁월함을 확인하여 이들을 포함하는 아토피 피부염과 같은 각종 피부질환 예방 및 치료용 피부 외용제 조성물에 관한 것이다. — 특허공개 10–2007–0033133호, 에스케이케미칼 주식회사

● 피부 노화 방지용 화장료 조성물 : 본 발명은 피부 노화 방지용 화장료 조성물에 관한 것으로서, 더욱 상세하게는 용담, 은행잎 및 아가리쿠스 버섯을 각각 추출, 분획, 정제하여 분말화하고 이를 적정비로 혼합, 균질화하여 복합 조성물을 적용함으로써, 엘라스타제 저해 효과, 표피세포 재생 효과, 히알루론산 생합성 효과, 라미닌 생성 효과, 피부 면역 증강 효과, 피부 턴오버 촉진 효과, 탄력 개선 효과, 피부 보습 효과 등의 복합적인 피부 탄력 개선 작용 및 표피세포 재생 효과가 뛰어난 피부 노화 방지용 화장료 조성물에 관한 것이다. — 특허공개 10–2007–0013622호, 에스케이케미칼 주식회사

● 골질 보호 작용이 있는 수종 생약 추출액의 래디칼 소거능 및 DNA 보호 효과 : 본 논문은 골질 보호 작용이 있는 수종 생약 추출액의 래디칼 소거능 및 DNA 보호 효과에 관한 것으로, 주요 내용은 노화 질환 중 가장 일반적인 골 미네랄 밀도의 감소에 대한 골다공증과 산화적 손상 간의 관계를 조사하였다. 항골다공증 효과를 갖는

것으로 알려진 15개의 약용식물 수추출물과 14개의 약용식물 에탄올 추출물에 대하여 DPPH, ABTS, SRSA 및 FRAP 분석법에서 래디칼 소거능을 실험하였다. 산수유, 복분자와 삼지구엽초의 수추출물은 높은 래디칼 소거능을 보였다. 골쇄보, 산수유, 복분자, 용담과 황기의 에탄올 추출물에서도 높은 래디칼 소거능을 확인하였다. 골쇄보, 산수유, 연꽃, 삼지구엽초와 용담에서 DNA에 대한 산화적 손상에 강한 보호 효과를 보였다는 내용이다. ― 삼육대학교 약학대학 최성숙 외 2, 생약학회지(2009. 6. 30.)

● 용담초 추출물이 LPS로 활성화된 Raw 264.7 cell에서의 pro-inflammatory mediator에 미치는 영향 : 본 논문은 용담초 추출물이 LPS로 활성화된 Raw 264.7 세포에서의 pro-inflammatory mediator에 미치는 영향에 대한 것으로써, 주요 내용은 용담초의 메탄올 추출물 처리후 MTT assay를 통해 세포생존력을 측정하고, 배양체의 아질산염을 측정하여 NO 생산을 모니터하였다. 용담초가 NO, inducible nitric oxide synthase, interleukin-1β 그리고 IL-6의 생성을 억제하며, phospholylation of inhibitor의 활성을 억제하여 항염 효과가 있다는 내용이다. ― 대구한의대학교 한의과대학 안이비인후피부과교실 김미선 외 6, 한방안이비인후피부과학회지(2008. 8. 25.)

● 용담의 RAW 264.7 세포주에서의 Nitric Oxide 생성 저해 물질 : 본 논문은 용담의 RAW 264.7 세포주에서의 Nitric Oxide 생성 저해 물질을 연구한 논문으로 주요 내용으로는 용담 뿌리 추출물 H$_2$O의 생물 검정을 통한 5-(하이드록시메틸)-2-푸르푸랄(1)을 interferon-γ와 리포폴리사카라이드를 사용하여 자극한 생쥐의 거식 세포 RAW 264.7에서 산화질소 생성물에 대한 억제 화합물로 공급하였고, 화합물 1이 803uM의 값을 가진 IC$_{50}$과 함께 NO 생성물의 적당한 억제 기능을 수행함을 제시한 내용이다. ― 원광대학교 김나영 외 3, 생약학회지(1999. 6. 30.)

용담

용담

용담

용머리

꿀풀과 / *Dracocephalum argunense* Fisch. ex Link

꿀풀과의 여러해살이풀로, 우리나라 전역의 산지, 백두산과 중국 압록강 유역 통구의 장군총에도 자생하며, 중국 동북부와 일본에도 분포한다. 키는 15~40㎝ 정도이고, 뿌리 부분에서 모여 나며, 네모난 원줄기는 곧게 서고, 아래로 굽은 흰색털이 있다. 6~8월경 청남색의 꽃이 피고, 9월경 열매가 익는다. 꽃의 형태가 용이 입을 벌리고 있는 것과 같다 하여 '용머리'라고 한다. 꽃은 같은 꿀풀과의 벌깨덩굴의 꽃과도 닮았다.

관상용으로 심어 가꾸고, 어린순을 식용하고 전초를 약용하며, 꽃은 유용한 밀원자원으로 이용되지만 약용식물로서의 연구는 거의 없다.

약명/이명 광악청란光萼靑蘭 / 용두, 청란

고서古書·의서醫書에서 밝히는 효능

운곡본초학 민간에서는 잎을 결핵 등에 약용한다. 생약명은 광악청란光萼靑蘭이며, 맛은 쓰고 성질은 차다. 소염消炎·진통鎭痛의 효능이 있다.

생육 & 채취	
장 소	전국의 산지
시 기	꽃이 필 때
부 위	지상부
손질법	전초를 그늘에서 말린다.

효용	
성 미	맛은 쓰고 성질은 차다.
활 용	소염消炎, 진통鎭痛, 결핵 치료약

연구 & 특허
● 돌단풍, 옥잠화, 용머리 휴면타파를 위한 고랭지 저온 요구 시간

● **돌단풍, 옥잠화, 용머리 휴면타파를 위한 고랭지 저온 요구 시간** : 돌단풍, 옥잠화, 용머리의 겨울 생산을 위한 기초자료로 활용코자 저온처리에 의한 식물체 휴면타파 방법을 구명하고자 본 연구를 수행하였다. 지상부 고사 후 11월 10일부터 10일 간격으로 12월 10일까지 야간 온도가 10℃로 유지되는 가온 온실에 입실하여 출아 및 생육을 조사하였다. 온실 입실 시기별 5℃ 이하의 저온 경과시간은 11월 10일에 214시간, 11월 20일에 427시간, 11월 30일에 662시간 그리고 12월 10일에 896시간이었다. 돌단풍은 11월 20일 입실에서 초장이 정상적으로 신장하기 시작하였으며 옥잠화는 11월 10일 입실에도 100% 출아하였으나 초장에 있어서는 11월 20일 입실에서 29㎝로 정상적인 생육을 하였다. 용머리는 11월 20일 입실에 출아는 81% 되었으나 초장이 신장하지 않으며 11월 30일 입실부터 초장이 4.7㎝로 신장하기 시작하여 휴면이 타파되는 것으로 나타났다. 따라서 돌단풍과 옥잠화는 50℃ 이하의 저온에서 427시간 이상, 용머리는 662시간 이상 경과되어야 휴면이 완전히 타파되어 동계 생산을 위해서는 11월 중하순까지 고랭지의 노지에 두었다가 평지 온실로 옮겨 재배하면 1월 하순~2월 상순 사이에 분화상품의 생산이 가능할 것으로 생각된다. — 서종택 외 5, 화훼연구 제12권(2004. 12.)

용머리

용머리. 흰 꽃은 드물다.

용머리

우단담배풀

현삼과 / *Verbascum thapsus* L.

현삼과의 두해살이풀로, 우리나라 깊은 산 양지에서 자란다. 유럽과 북아프리카가 원산지로, 지중해 지역에 많이 분포한다. 키는 1~2m 정도이고 식물체 전체에 회백색의 솜털이 있는데, 피부에 닿으면 가려움증이 생긴다. 잎이 담배 잎처럼 크고 우단처럼 부드러운 털로 덮여 있어서 '우단담배풀'이라고 한다. 6~7월경 곧게 올라간 긴 꽃대에서 노란색의 꽃이 빽빽하게 핀다.

우리나라에서는 약용자원식물로서의 연구가 거의 없다. 현재 유럽에서는 감기·기관지염·기침 등에 약용하며, 북미에서는 고약으로 만들어 치통이나 신경통에 약용한다고 한다. 우단담배풀은 고대 로마시대부터 호흡기 질환의 치료제로 이용해 온 역사가 있다. 줄기가 길어 줄기의 연한 부분을 램프나 양초의 심으로 만들어 쓰기도 했다고 전해진다.

꽃을 차로 만들어 마시면 불면증을 개선하며, 이뇨 작용이 있어서 비뇨기계 염증을 가라앉힌다고 한다. 신선한 꽃을 식물성 오일에 담가 햇볕이 잘 드는 곳에 보름 정도 두면 꽃물이 우러나는데 이것을 류마티

생육 & 채취	
장 소	깊은 산 양지쪽
시 기	여름~가을
부 위	지상부
손질법	신선한 것을 그대로 쓰거나 햇볕에 말린다.

효용	
성 미	약간의 독이 있다.
활 용	폐렴, 감기, 기관지염, 기침을 다스린다.

연구 & 특허

스·관절염·타박상 등에 바르면 통증 완화 효과가 있다.

약명/이명 모예화毛蕊花 / 그레이트 멀레인, 카우보이의 화장지(미국)

고서古書·의서醫書에서 밝히는 효능

운곡본초학 지상부를 약용하는데 생약명은 모예화毛蕊花라고 하며, 독성이 있으나 지혈止血, 청열해독淸熱解毒하는 효능이 있고, 검상출혈劍傷出血, 폐염肺炎, 만성란미염慢性闌尾炎, 창독瘡毒, 질타손상跌打損傷을 치료하는 데 쓰인다.

우단담배풀

우단담배풀 꽃

우단담배풀

우산이끼

우산이끼과 / *Marchantia polymorpha*

우산이끼과의 선태식물로, 우리나라 전역에서 자라고, 전세계에도 분포한다. 그늘지고 축축한 땅에서 자라며, 특히 암모니아 성분이 많은 곳에서 잘 자란다. 암그루와 수그루의 생김새가 우산과 비슷해서 '우산雨傘이끼'라는 이름이 붙었다. 암그루는 찢어진 우산을 닮았고, 수그루는 뒤집어진 우산 모양이다. 우산이끼는 민가 근처에서 흔하게 볼 수 있는 반면 솔이끼는 산지에서 발견된다.

1983년 5월, 국제 선태류학회에서 일본의 도쿠시마 물리대학 아사카와 교수가 우산이끼에 암세포의 증식을 억제하는 생리활성 물질이 있다는 것을 세계 최초로 밝혀냈다.

약명/이명 지전地錢 / 지부평地浮萍

고서古書 · 의서醫書에서 밝히는 효능

중약대사전 새살이 돋아나게 하고 독을 배출시키며 열을 제거하는 효능이 있다(귀주민간약물).

생육 & 채취	
장 소	그늘지고 축축한 땅
시 기	연중 수시
부 위	전초
손질법	진흙과 잡질을 제거하고 햇볕에 말린다.

효 용	
성 미	맛은 싱겁고 성질은 서늘하다.
활 용	생기生肌, 발독拔毒, 청열淸熱 작용. 항암물질이 들어 있다.

연구 & 특허
● 단백질성 물질의 생산을 위한 방법
● Dichlororinated Bibenzyl 화합물의 분리와 항균 활성
※ p.1012 참고

● **단백질성 물질의 생산을 위한 방법** : 본 발명은 식물 재료에서 이종 단백질성 물질의 새로운 생산 방법에 관한 것이다. '단백질성 물질(proteinaceous substance)'이라는 용어는 펩타이드, 폴리펩타이드 및 단백질 그리고 이들의 단편을 포함하며, 특히 진단적, 치료적, 약제학적 및 영양학적 목적에 적합하다. 또한, 식물 재료에 의해 번역된 펩타이드 결합을 갖는 분자도 포함한다. 식물 재료에서 이종 단백질성 물질의 생산 방법에 있어서, 프로토네마 이끼의 조직이 이용되고, 상기 단백질성 물질은 조직 또는 세포의 생성을 방해하지 않으면서 배양액으로부터 수득되는 것을 특징으로 하는 단백질 물질의 생산 방법에 관한 것이다. 상기 이끼 조직은 우산이끼를 포함하는 이끼 군(피스코미트렐라(Physcomitrella), 푸나리아(Funaria), 스파그넘(Sphagnum) 및 세라토돈(Ceratodon) 등)으로부터 선택된다. ― 특허등록 제671217호, 그리노파티온 바이오테크 게엠베하(독일)

● **Dichlororinated Bibenzyl 화합물의 분리와 항균 활성** : 본 논문은 Dichlororinated Bibenzyl 화합물의 분리와 항균 활성을 연구한 내용으로 주요 내용으로는 뉴질랜드의 우산이끼류로부터 Dichlororinated bibenzyl 화합물을 분리하고, 1D/2D NMR과 질량 분광법을 이용하여 규명하였다. 이 화합물은 그람양성균 Bacillus subtilis ATCC 19659, (2㎜ 억제 범위와 30g/disc에서 2㎜ 억제 범위), Candida albicans ATCC 14053, (2㎜ 억제 범위와 30g/disc에서 2㎜ 억제 범위), dermatophytic fungi Trichophyton mentagrophytes ATCC 28185 (2㎜ 억제 범위와 30g/disc에서 2㎜ 억제 범위), 및 Cladosporium resinae ATCC 52833 (2㎜ 억제 범위와 30g/disc에서 2㎜ 억제 범위)의 성장을 억제하였다. 이 bibenzyl 화합물이 항균 활성을 보였다는 내용이다. ― 건양대학교 나영순 외 2, 동의생리병리학회지(2007)

우산이끼

우산이끼

우산이끼

운향

운향과 / *Ruta graveolens* L.

지중해 연안 또는 남부 유럽이 원산지인 운향과의 여러해살이풀로, 방충제·아로마 향료·향수 원료·해독제로 사용하기 위해 심어 가꾸는 식물이다. 이것이 퍼져나가 길가 풀밭이나 두렁가, 계곡 주변에서 종종 볼 수 있다. 키는 20cm~1m 정도이고, 식물 전체에서 자극적인 향기가 나고 맛 또한 매우 자극적이다. 5~6월에 줄기 끝에 꽃잎 4~5개의 연한 노란색 꽃이 피고, 7~8월에 열매가 익는다.

운향은 향이 강하여 마취제 또는 자극제로 쓰였으며, 방충 효과가 있어서 이나 벼룩을 없애는 데도 사용하였다. 고대 로마에서는 '은총의 풀'이라 하여 마녀의 저주를 물리칠 수 있는 신성한 식물로 여겨, 사제가 운향 줄기로 성수를 뿌리기도 하였다. 또 음식 재료로도 이용되었다.

전초를 건위·진해·거담제로 이용하는데, 그늘에서 말리거나 신선한 상태로 사용한다.

약명/이명 운향芸香 / 취초, 형개칠, 소향초, 취애(중국)

생육 & 채취	
장 소	전국 각지에서 재배
시 기	엽즙 수시
부 위	전초
손질법	신선한 상태 그대로 쓰거나 그늘에서 말린다.

효용	
성 미	향이 강하다.
활 용	건위, 진해, 거담 작용. 마취제, 자극제, 해독제로 사용. 고혈압 치료제

연구 & 특허
● 운향 뿌리 추출물을 포함하는 진통제 조성물 ● 운향(Ruta graveolens)의 항 궤양과 상처 치유 작용 싸 p.1012 참고

● 운향 뿌리 추출물을 포함하는 진통제 조성물 : 본 발명은 운향(*Ruta graveolens* L.) 식물 추출물을 유효성분으로 함유하는 진통제 조성물 및 이를 포함하는 통증 개선용 식품 조성물에 관한 것이다. 발명자들은 운향 뿌리의 추출물에 대하여 다양한 통증에 대한 여러 가지 지표에 대한 테스트를 실시하여 우수한 진통억제 효과를 나타냄을 확인하여 본 발명을 완성하였다. 본 발명에 따른 운향 추출물은 다른 유효성분과 병용되지 않고 단독으로 사용되는 경우에도 충분한 진통 효과를 얻을 수 있다는 이점이 있다. — 특허공개 10-2011-0077090호, 한림대학교 산학협력단

● 운향(*Ruta graveolens*)의 항궤양과 상처 치유 작용 : 본 논문은 운향 에탄올 추출물이 생쥐 내 에탄올에 의해 유도된 궤양 형성과 상처 치유 성질에 미치는 영향을 연구한 논문으로, 주요 내용으로는 추출물을 경구 투여했을 때 에탄올에 의해 생성된 궤양 발생, 궤양 지수 및 궤양 길이가 감소하였다. 운향의 위보호 효과는 용량 의존적 방식으로 관찰되었지만, 이 작용은 항궤양약물, omeprazole에 비해서 통계적으로 덜 강력한 것으로 나타났다. 조사 결과 운향은 생쥐에서 항궤양 작용을 가지며 절개 상처 치유를 증강시킨다는 내용이다. — Somchit, Nhareet 외 3, 경희한의학연구센터 Oriental Pharmacy and Experimental Medicine(2003. 9)

운향

운향 꽃

운향 열매

울금[강황]

생강과 / *Curcuma longa* L. / 생강과 / *Curcuma, Turmeric*

생강과에 속하는 여러해살이풀로, 열대와 아열대 지역인 인도에서 주로 재배되는데, 인도를 비롯한 중국·동남아시아, 우리나라는 전남 진도·전남 해남·전북 부안·경기 시흥·충남 청양 등지에서 재배되고 있다. 4~6월에 잎겨드랑이에서 노란 꽃이 핀다. 뿌리줄기의 겉은 연한 노란 색이고, 속은 주홍빛으로서 장뇌 같은 향기가 난다. 줄기와 뿌리를 식용, 약용한다.

　강황은 뿌리줄기와 덩이뿌리를 모두 한약재로 쓰는데, 뿌리줄기를 '강황'이라 하고 덩이뿌리를 쪄서 말린 한약재를 '울금'이라고 한다. 맵고 쓴 맛이 나는 황색의 약재로, 통증 완화 작용을 하고, 월경불순에 효능이 있다. 인도에서는 타박상이나 염좌에 바르는 약으로 쓰며 카레 가루의 향신료로 쓰기도 한다.

　최근 특용작물로 울금을 많이 재배하고 있는데, 명칭에 대해서 강황과 혼선이 있다. 울금과 강황은 카레의 원료로 이용하는 식물이고, 한약재로는 《당본초唐本草》에 처음 수재된 이래 파어행기破瘀行氣하는 약재로

생육 & 채취	
장 소	전국 각지에서 재배한다.
시 기	가을
부 위	뿌리
손질법	물에 씻어 약한 불기운에 말려 쓴다.

효용	
성 미	맛은 맵고 쓰며 성질은 차다.
활 용	항염증작용, 간肝 해독, 고혈압, 동맥경화 개선

연구 & 특허
● 울금이 폐암, 자궁암, 신경교종 및 전립선암에 대한 세포자살 유도에 미치는 영향
● 울금(鬱金)이 간성상세포의 섬유화 억제에 미치는 영향

이용되고 있다.《당본주唐本注》에서 이미 '강황엽근도사울금薑黃葉根都似鬱金'이라고 했듯이 울금과 강황은 기원 식물과 약재가 유사하여 감별이 어려워서 예로부터 논란이 많았으며(울금鬱金과 강황薑黃의 기원에 관한 연구, 이성노 외 1, 대한본초학회지, 1987. 8. 15. 참조),《본초비요本草備要》의 〈울금편〉에서도 "상인들은 흔히 강황을 울금이라고 속인다[人多 以薑黃 僞之]."라고 한 바 있다.

식물명 울금과 강황 및 이와 유사한 아출은 모두 생강과의 식물로, 뿌리를 유사한 용도로 이용한다는 점에서 구분의 실익은 많지 않지만, 엄밀하게 식물명으로 구분해 보면 각각 다른 식물이라고 할 수 있다. 본래 중국에서 는 울금은 학명 'Curcuma aromatica Salisb.'을 지칭하는 것이었고, 강황은 'Curcuma longa Linn.'이며, 아출은 'Curcuma Zedoaria (Berg.) Rosc.'을 의미했지만, 중국과 한국, 일본 등 그 식물을 이용하는 나라가 달라지면서 명칭의 혼선이 생긴 것으로 여겨진다. 특히 일본에서 'Curcuma longa Linn.' 즉 중국에서 강황이라고 하는 것을 울금으로, 'Curcuma aromatica Salisb.' 즉 중국에서 울금이라고 하는 것을 '강황薑黃'이라고 칭하고 있으며, 우리나라에서는 시장과 임상 에서 식물명 울금과 강황을 혼용하거나 대용하고 있다.

《대한약전》(식품의약안전청고시 제2012-129호., 2012. 12. 27. 제10차 개정, 별표 4 의약품각조 제2부 참조)에서는 아래와 같이 정의하고 있다.

울금(Curcuma Root) : 이 약은 온울금溫鬱金(Curcuma wenyujin Y. H. Chen et C. Ling.) 강황薑黃(Curcuma longa Linné), 광서아출廣西莪朮(Curcuma kwangsiensis S. G. Lee et C. F. Liang) 또는 봉아출蓬莪朮(Curcuma phaeocaulis Val.) 생강과 Zingiberaceae의 덩이뿌리로서 그대로 또는 주피를 제거하고 쪄서 말린 것이다.

강황(Curcuma Longa Rhizime) : 강황薑黃(Curcuma longa Linné) 생강과(Zingiberaceae)의 뿌리줄기로서 속이 익을 때

까지 삶거나 쪄서 말린 것이다.

〈울금鬱金과 강황薑黃의 기원에 관한 연구〉(이성노 외, 대한본초학회지, 1987)라는 논문에서 내린 결론은 다음과 같다. 1) 울금의 기원식물은 *Curcuma longa* L. *Curcuma domestics* Valet., *Curcuma aromatica* Salisb., *Curcuma Zedoaria* (Berg.) Rosc.이며, 약용 부위는 괴근塊根이다. 2) 강황의 기원식물은 *Curcuma longa* L., *Curcuma domestics* Valet., *Curcuma aromatica* Salisb.이며, 약용 부위는 근경이다. 3) 이상과 같이 울금과 강황은 단일종이며, 약용 부위에 따라, 괴근은 울금으로, 근경은 강황으로 명명되었다.

약명/이명 울금鬱金 / 심황深黃, 가을울금

고서古書 · 의서醫書에서 밝히는 효능

동의보감[본초] 울금鬱金은 성질은 차며[寒] 맛은 맵고 쓰며[辛苦] 독이 없다. 혈적血積을 낮게 하며 기를 내리고 혈림과 피오줌을 낮게 하며 쇠붙이에 다친 것과 혈기로 가슴이 아픈 것[心痛]을 낮게 한다.

특허 · 논문

● 울금이 폐암, 자궁암, 신경교종 및 전립선암에 대한 세포자살 유도에 미치는 영향 : 본 논문은 울금이 폐암(肺癌), 자궁암(子宮癌), 신경교종(神經膠腫) 및 전립선암(前立腺癌)에 대한 세포자살유도(細胞自殺誘導)에 미치는 영향에 대해 연구한 논문으로 울금 투여 후의 암세포 형태 변화, 암세포의 살상 효과, 암세포의 증식 억제 효과, 미토콘드리아 막투과도 및 막전위 변화에 대한 효과, apoptosis 연계유전자 및 단백질 발현에 미치는 효과 등을 연구

울금 꽃

울금

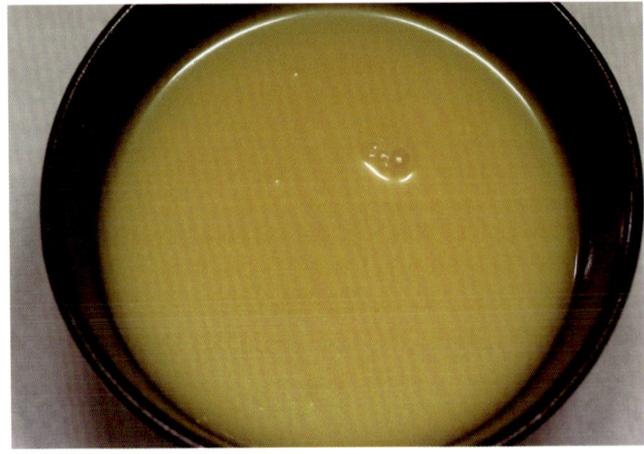

울금 막걸리

해 보았다. 그 결과 울금은 폐암(A549), 자궁암(HeLa) 세포주에 대해서 세포손상 자극으로부터 세포 사멸을 유도하는 Bax 유전자를 증가시키고 세포를 보호하는 Bcl-2 유전자를 감소시키며, mitochondria 막전위를 떨어뜨리면서 세포증식 억제 효과를 가짐으로써 암세포를 살상하는 항암제로서의 효능이 있다는 내용이다. — 경희대학교 한의과대학 비계내과학교실 박상현 외 3, 대한한방내과학회지(2006. 6. 30.)

● 울금(鬱金)이 간성상세포의 섬유화 억제에 미치는 영향 : 논문은 울금(鬱金)이 간성상세포의 섬유화 억제에 미치는 영향에 관한 것으로, 주요 내용은 사람 간 성상세포(HSCs)에 대한 울금의 항섬유화 효과를 평가하기 위하여 간 성상세포 (LX-2)를 다양한 농도의 울금 추출물로 24, 48 및 72시간 처리하였다. 울금 추출물 처리 후 HSCs의 생존력은 48 시간 처리군에서 감소하였고, HSCs의 번식은 농도가 증가함에 따라 감소하였다. 세포주기 분석에서 울금은 M phase의 비율을 감소시키고, 세포자살, G0/G1와 S phase의 비율을 증가시켰다. 콜라겐 la형와 ASMA의 mRNA 발현은 울금 치료로 감소하였다. HSCs에 의한 procollagen 생성은 고농도의 울금 처리로 감소하였다. 위 결과로부터 울금은 간 섬유증 및 간경화의 치료에 효과적이라는 내용이다. — 경희대학교 한의과대학 간계내과학교실 김세훈 외 3, 대한한방내과학회지(2009. 6. 30.)

● 울금 추출물을 함유하는 동맥경화 및 고혈압의 예방 및 치료용 약학조성물 : 본 발명은 울금(*Curcuma aromatica Salisb.*) 추출물을 함유하는 조성물에 관한 것으로, 본 발명의 울금 추출물은 LDL 산화의 억제 효과를 나타낼 뿐만 아니라, ACE(안지오텐신 전환효소)를 저해함으로써 안지오텐신 전환효소의 작용으로 발생하는 혈압 상승을 효과적으로 억제하며 또한 인체에 대한 안전성이 높으므로, 이를 함유하는 조성물은 동맥경화 및 고혈압의 치료 및 예방을 위한 약학 조성물 및 건강기능식품으로 유용하게 이용될 수 있다. — 특허등록 제824615호, 동국대학교 산학협력단

● 울금 추출물을 함유하는 비만 치료 또는 예방용 조성물 : 본 발명은 울금 추출물을 유효성분으로 포함하는 비만 치료 또는 예방용 조성물에 관한 것이다. 특히, 본 발명의 유효성분인 울금 추출물은 지방세포의 증식 억제능 및 지방세포의 지방 생성 억제능이 있으므로 비만의 치료 및 예방 효과가 우수할 뿐만 아니라, 천연물질을 유효성분으로 하는 것으로 부작용의 문제가 발생되지 않아 비만을 치료 또는 예방하기 위하여 널리 사용할 수 있다. — 특허공개 10-2012-(XXX)2131호 동부내학교 산학협력단

● 강황 추출물을 함유한 위염, 위궤양 예방 및 치료를 위한 조성물 : 본 발명은 강황(*Curcuma longa L.*) 추출물을 이용하여 히스타민 수용체에 길항적으로 작용하여 위산분비를 감소시켜 히스타민 수용체의 활성과 관련된 위염 및 위궤양 질환의 예방 및 치료에 안전하고 효과적인 의약품 및 건강보조식품을 제공한다. — 특허등록 제506426호, 주식회사 뉴로넥스

● 강황, 상황 및 황금 추출물을 유효성분으로 함유하는 뇌혈관 질환 예방 또는 치료용 또는 기억손상 개선용 약학적 조성물 : 본 발명은 강황(*Curcuma Longae Radix*), 상황(*Phellinus Linteus*) 및 황금(*Scutellariae Radix*) 추출물을 유효성분으로 함유하는 뇌혈관 질환 예방 또는 치료용, 또는 기억손상 개선용 조성물에 관한 것으로, 구체적으로 물, 알코올 또는 이들의 혼합물을 용매로 하여 추출한 강황, 상황 및 황금 추출물이 마우스 신경세포의 자가세포사, Ca2+ 생성 및 활성산소 생성을 억제하고, 신경독성을 유발시킨 마우스에서 기억 손상을 효과적으로 억제하므로 뇌혈관 질환의 예방 또는 치료용, 또는 기억손상 개선용 약학적 조성물, 또는 건강기능식품의 유효성분으로 유용하게 사용될 수 있다. — 특허공개 10-2011-0134641호, 주식회사 한국신약

유카[실유카]

용설란과 / *Yucca gloriosa* L.

북아메리카가 원산의인 유카(또는 실유카)는 용설란과의 상록관목으로, 꽃이 아름다워 우리나라 남쪽 지방에서 정원이나 화분에 관상용으로 심는다. 속명 Yucca는 서인도제도 하이티의 지명에서 유래한 것이다. 유카는 잎에 실이 없고, 실유카는 잎 가장자리에 실 같은 섬유가 있다. 키는 1~2m 정도이고, 여름부터 가을에 걸쳐 꽃줄기에 흰색의 꽃이 많이 달리는데 아래를 보고 핀다.

인디언들은 꽃자루와 꽃잎을 식용하고, 열매는 날로 먹었다. 잎에서 섬유를 채취하여 로프를 만들고, 뿌리는 찜질약으로 이용하기도 하였다. 유카 추출물은 관절염, 당뇨의 치료제로 사용되며, 혈압과 고지혈증과 같은 순환계 질환도 개선시키는 것으로 알려져 있고(Harris, DH, Robert B and Tom L, Yucca plant saponin in the treatment hypertention and hypercholesterolemia, 1978), 병원성 세균을 억제하거나 가축 분뇨에서 암모니아를 감소시키는 효과도 있다.

약명/이명 사란絲蘭 / 봉미란

생육 & 채취

장 소	남쪽 지방에서 심어 가꾼다.
시 기	연중 수시
부 위	잎, 줄기 또는 전초
손질법	술을 담그거나 달여서 농축액을 만들어 쓴다.

효용

성 미	맛은 떫고 성질은 평하다.
활 용	류머티스, 신경통, 장 질환 등에 약용

연구 & 특허

- 헬리코박터 파일로리의 생육 및 우레아제 활성을 억제하는 유카 추출물
- 유카 추출물을 첨가하여 풍미를 개선시킨 청국장 제조 방법

外 p.1012 참고

● 헬리코박터 파일로리의 생육 및 우레아제 활성을 억제하는 유카 추출물 : 본 발명은 헬리코박터 파일로리에 대한 항균활성을 나타내고, 헬리코박터 파일로리 우레아제 활성을 억제하는 유카의 추출물 및 그 용도에 관한 것이다. 발명의 유카 추출물은 기존의 항생제의 문제점이던 내성 문제를 해결하면서, 적은 양의 유카에서 다량 얻을 수 있어 보다 경제적이며, 파일로리 및 파일로리의 우레아제에 대한 저해활성도 매우 높다. 발명에 의한 유카 추출물을 건강음료, 식품 또는 약학적 제재에 첨가하여 사용하는 경우 파일로리에 의해 유발되는 각종 위장 관련 질병의 예방 및 치료에 매우 효과적일 것이다. — 특허공개 10–2002–0090740호, 주식회사 이지바이오

● 유카 추출물을 첨가하여 풍미를 개선시킨 청국장 제조 방법 : 본 발명은 유카 추출물을 첨가하여 풍미를 개선시킨 청국장 제조 방법에 관한 것으로, (1) 대두를 침지한 다음 증자하고 발효시켜 청국장 메주를 제조하는 메주 제조단계, (2) 상기 (1)에서 제조된 청국장 메주에 식염을 첨가하고 마쇄한 다음 유카 추출물을 0.01 mg/g 내지 10mg/g로 첨가하여 혼합하는 단계, (3) 상기 (2)의 혼합물을 숙성시키는 단계 및 (4) 숙성된 혼합물에 양념을 첨가하는 단계를 포함하는 청국장 제조 방법 및 청국장을 포함한다. 본 발명의 청국장은 유카 추출물을 함유하여 기존의 불쾌한 청국장 냄새를 제거하였을뿐만 아니라 청국장의 숙성 정도를 향상시킴으로써 청국장의 풍미가 우수하다. — 특허등록 제408964호, 주식회사 쎌텍스 외 1

유카

유카 꽃

유카 원예종

유홍초

메꽃과 / *Quamoclit pennata* (Desr.) Bojer

메꽃과의 덩굴성 한해살이풀로, 열대 아메리카 원산의 귀화식물이다. 주로 관상용으로 재배하며, 인가 근처의 빈터나 하천 유역에서 발견되기도 한다. 덩굴 길이는 1~2m 정도 되는데, 다른 물체를 왼쪽으로 감으면서 기어 올라간다. 7~8월에 홍색 또는 흰색의 꽃이 피고, 10월에 달걀 모양의 열매가 달린다.

유사종으로 새깃유홍초·둥근잎유홍초·단풍잎유홍초 등이 있다. 약용식물로서의 연구 결과는 많지 않은 편이다.

약명/이명 유홍초留紅草 / 밀라송密蘿松, 오각성화五角星花, 누홍초縷紅草

특허 · 논문

● 둥근잎유홍초 추출물을 함유하는 당뇨병 치료용 약학적 조성물 : 본 발명은 둥근잎유홍초 추출물을 함유하는 당뇨병 및 그 합병증 치료용 약학적 조성물에 관한 것으로, 보다 상세하게는, 둥근잎유홍초 추출물 및 이를 함유하는 당뇨병 및 그 합병증 예방 또는 치료용 약학적 조성물, 노

생육 & 채취	
장 소	관상용으로 재배. 인가 근처 빈터, 냇가
시 기	꽃 필 때
부 위	전초
손질법	햇볕에 말린다.

효용	
성 미	성질은 차고 맛은 쓰다.
활 용	이수利水, 사하瀉下, 청열淸熱, 해독解毒, 이습利濕 작용

연구 & 특허
● 둥근잎유홍초 추출물을 함유하는 당뇨병 치료용 약학적 조성물 ● 유홍초(Ipomoea spp.)의 지방산과 식물화학적 성분 外 p.1012 참고

화 방지 또는 지연용 약학적 조성물 및 암 예방 또는 치료용 약학적 조성물에 관한 것이다. 본 발명에 따른 조성물은 우수한 혈당강하, 인슐린 분비 촉진, 뇨단백 저해 작용 및 수정체 혼탁도 감소 효과를 나타내어, 당뇨병 및 이로 인한 각종 합병증의 예방 또는 치료에 탁월한 효과를 가진다. 발명자들은 당뇨병 및 그로 인한 합병증 치료를 위한 부작용이 적은 천연 생약물질을 찾고자 노력한 결과, 둥근잎유홍초 추출물이 사람 망막색소 상피 세포주에서 VEGF를 억제하는 동시에 췌장 베타 세포주에서 인슐린 분비를 촉진시키는 역할을 하고, 고지방식이군 마우스 및 당뇨 모델 마우스에 둥근잎유홍초 추출물을 함께 섭취시키는 경우, 당뇨 지표가 감소한다는 것을 확인하고, 본 발명을 완성하게 되었다. — 특허공개 10-2011-0095835호, 한국생명공학연구원

● 유홍초(Ipomoea spp.)의 지방산과 식물화학적 성분 : 본 논문은 유홍초(Ipomoea spp.)의 지방산과 식물화학적 성분을 연구한 논문으로 고구마속의 12가지 종의 앨러로파시 거동을 조사하였다. 유홍초, 나팔꽃(I. nil) 및 I. pes-tigridis의 종자 추출물은 다른 종자의 발아에 대해 유의한 타감 작용을 보였다. 유홍초의 종자 추출물에 대한 조사 결과 여러 가지 식물화학적 성분, 즉, n-트라이아콘타놀, 시토스테롤, 스티그마스테롤, a-amyrin, taraxerone, 타락세롤, erythrodiol, 쿠쿠르비타신-G이 존재하는 것으로 밝혀졌다. 12가지 종의 종자 지방을 분석하였다는 내용이다. — Das, Saubhik ; Ganguly, Subhendu Narayan ; Mukherjee, Kalyan Kumar, Natural Product Sciences(1999. 9)

유홍초

유홍초

유홍초

유홍초

육계나무

녹나무과 / *Cinnamomum loureirii* Nees

녹나무과의 상록활엽교목으로, 제주도에서 심어 가꾼다. 원산지는 스리랑카이다. 키는 7~8m로 자라며, 작은가지는 녹색이며 털이 없다. 6월경에 녹색의 꽃이 피고 가을에 열매가 검게 익는다.

육계나무와 계수나무, 육계와 계피를 혼동하는 경우가 있는데, 육계나무(*Cinnamomum loureirii* Nees)는 녹나무과인 반면, 계수나무(*Cercidiphyllum japonicum* Siebold & Zucc.)는 일본 원산의 계수나무과의 식물로, 나무의 크기나 잎 배열 등이 유사하지만 잎 모양을 보면 차이가 있다.

육계와 계피가 혼동되기 시작한 것은 중국에서 계수나무의 껍질을 벗겨 건조한 것 중에서 어린 가지는 '계지', 1㎝ 이하의 작은 나무껍질을 '계피'라 하고, 굵은 줄기의 껍질을 '육계肉桂'라고 했기 때문에 이러한 혼동이 초래된 것이라고 할 수 있다.

본래 '육계(Cinnamon Bark)'는 열대성 상록수인 육계나무의 어린 가지를 골라서 껍질을 벗겨 외피를 제거한 후에 건조시킨 것이고, 이를 몇 장씩 포개어서 돌돌 만 것은 'Quill'이라는 가장 고급품으로 동양과 서양간

생육 & 채취	
장 소	제주도
시 기	가을
부 위	나무껍질
손질법	그늘에서 말린다.

효용	
성 미	맛은 달고 매우며, 성질은 뜨겁고, 독이 약간 있다.
활 용	산후어혈복통, 종기, 피부궤양, 사지 마비동통 등을 다스린다.

연구 & 특허
● 식물 병원체에 의한 병해로부터 작물을 보호하기 위한 육계나무 수피 추출물 ● 육계 추출물을 함유하는 화장료 조성물

의 값비싼 무역상품이었다. 육계는 상쾌한 맛과 단맛이 있으나 우리가 흔히 사용하는 계피와 같은 매운맛이 없다(최영전 저 '성서의 식물' 참조).

약명/이명 육계肉桂 / 계수나무, 목계木桂, 자계紫桂

특허 · 논문

● 식물 병원체에 의한 병해로부터 작물을 보호하기 위한 육계나무 수피 추출물 : 본 발명은, 식물 병원체에 의한 병해로부터 작물을 보호하는 데에 사용될 수 있으며, 화학약제가 가지는 내성균 발생 위험 및 환경오염 등의 문제가 없으면서 화학약제와 동일하거나 유사한 방제 효과를 가지는, 육계나무 수피 추출물에 관한 것이다. —특허공개 10-2003-0095006호, 황**

● 육계 추출물을 함유하는 화장료 조성물 : 본 발명은 육계(*Cinnamomum cassia*) 추출물을 함유하는 화장료 조성물에 관한 것으로서, 기존의 화장료 조성 성분들과 함께 육계나무 껍질로부터 추출된 추출물을 함유하는 화장료 조성물에 관한 것이다. 육계 추출물은 피부 노화에 중요한 역할을 하는 엘라스타제 및 히아루론라제의 효소 활성을 억제하는 작용을 함으로써, 피부의 탄력을 개선시키고 피부 보습 효과를 향상시키는 등 전반적인 피부 노화 지연 효과를 가지게 된다. 본 발명에서 육계 추출물은 화장료 건조중량에 대하여 0.0001~10중량%, 바람직하게는 0.001~5 중량%의 양으로 함유된다. — 특허공개 10-2001-0055960호, 주식회사 코리아나화장품

육계나무

육계나무

육계나무

육박나무

녹나무과 / *Actinodaphne lancifolia* (Siebold & Zucc.) Meisn.

육박나무는 녹나무과의 상록활엽교목으로, 우리나라의 남부 섬 지방에 자생하는데 습도가 높은 바닷가와 산기슭 경사지에서 특히 잘 자란다. 키는 약 15m까지 자라고, 나무껍질은 매끄럽고 자흑색을 띠면서 버즘나무처럼 얼룩이 지는 것이 특징이다. 멀리서 보면 모과나무 껍질처럼 보이기도 한다. 7월경 노란색의 꽃이 피고, 열매는 다음해 7~9월에 붉게 익는다.

관상수로 심으며, 목재는 가구재·건축재·약품재로 사용된다. 특히 나무껍질은 복통·관절염·부종을 다스리고, 긴장과 스트레스를 풀어 주는 효능이 있어서 약으로 사용되었다. 민간에서는 육박나무 뿌리로 담근 술이 관절통이나 히스테리 등에 좋다고 알려져 있다.

최근에는 나무에서 추출한 물질이 백혈병 치료제로 사용된다는 연구 결과가 나왔다.

이명 시피장근豺皮樟根 / 해병대나무, 국방부나무

생육 & 채취	
장 소	습기 있는 바닷가와 산기슭 경사지
시 기	연중 수시(뿌리)
부 위	나무껍질, 뿌리
손질법	햇볕에 말린다.

효용	
성 미	–
활 용	복통·관절염·부종을 다스리고, 스트레스를 푸는 효과가 있다.

연구 & 특허
● 항암 활성을 갖는 육박나무에서 분리한 란시폴라이드유도체 및 이를 함유하는 조성물
● 세포사멸 유도 작용을 갖는 락톤 화합물 外 p.1012 참고

● **항암 활성을 갖는 육박나무에서 분리한 란시폴라이드유도체 및 이를 함유하는 조성물** : 본 발명은 항암 활성을 갖는 육박나무(*Actinodaphne lancifolia*)로부터 분리한 락톤계 화합물인 란시폴라이드(lancifolide) 유도체 및 이를 유효성분으로 포함하는 조성물에 관한 것으로서, 본 발명의 란시폴라이드 유도체는 쥐의 폐암세포주 (LLC) 및 사람의 혈액암 세포주(HL60, K562)의 성장을 저해하고, 마우스 체내에서 루이스 허파 상피암(Lewis lung carcinoma, LLC) 세포의 성장 억제 활성을 나타내므로, 각종 암 질환, 특히 폐암 등의 고형암 또는 혈액암의 예방 및 치료에 효과적인 의약품 및 건강기능성식품으로 이용될 수 있다. — 특허등록 제546895호, 한국생명공학연구원

● **세포사멸 유도 작용을 갖는 락톤 화합물** : 본 발명은 세포사멸 유도작용을 갖는 락톤 화합물에 관한 것으로서, 본 발명의 육박나무로부터 얻어진 락톤 화합물은 세포사멸 활성을 나타내고, 또한 독성이 적어 세포들의 이상 증가와 활성화에 의해 야기되는 면역계 질환이나 뇌 질환 등을 포함하는 다양한 난치성 및 만성질환의 치료제 및 치료보조제로 유용하게 사용될 수 있다. — 특허등록 제520496호, 한국생명공학연구원

● **육박나무 추출물 또는 분획물을 유효성분으로 포함하는 면역질환 또는 염증질환 치료제** : 본 발명은 세포접착 저해 활성을 갖는 락톤 화합물 및 이를 포함하는 육박나무(*Actinodaphne lancifolia*) 추출물에 관한 것으로, 본 발명의 락톤 화합물 및 이를 포함하는 육박나무 추출물은 세포접착 저해제로서 세포접착과 관련된 질환의 예방, 치료 및 치료 보조제로 유용하게 사용될 수 있다. — 특허공개 10-2004-0009772호, 한국생명공학연구원

육박나무

육박나무

육박나무 껍질이 얼룩덜룩하여 해병대나무라는 별명을 얻었다.

육박나무 열매

윤노리나무

장미과 / *Pourthiaea villosa* (Thunb.) Decne. var. *villosa*

장미과의 낙엽관목으로, 우리나라 중부 이남의 산지에 많다. 추위에 강하고, 음지나 양지 가리지 않고 자라서 수풀 중간층을 채운다. 키는 약 5m 정도 자라고, 어린 가지와 엽병에 흰색 털이 있다. 4~5월에 흰색의 꽃이 피고, 9~10월에 열매가 붉게 익는다. 수형과 열매가 아름다워서 분재용으로 좋다. 목질이 단단하여 농기구 재료로 쓰이고, 소코뚜레를 만들기도 하여 '우비목牛鼻木'이라고도 한다. 예전에 윷가락을 만들었기에 '윷놀이나무'라고 하다가 '윤노리나무'로 되었다고 한다.

꽃말은 '전통'이다. 유사종으로 좀윤노리나무 · 민윤노리나무 · 털윤노리나무 · 덕윤노리나무 등이 있다.

약명/이명 모엽석남근毛葉石楠根 / 우비목牛鼻木

고서古書 · 의서醫書에서 밝히는 효능

운곡본초학 윤노리나무는 뿌리를 약용하는데 습열을 제거하고 설사와 이질을 멈추게 하는 효능이 있다.

생육 & 채취	
장 소	중부 이남의 산지
시 기	연중 수시
부 위	뿌리
손질법	햇볕에 말린다.

효 용	
성 미	맛은 쓰고 성질은 평하다.
활 용	가래를 없애고 장염을 다스린다.

연구 & 특허
● 윤노리나무 추출물을 유효성분으로 함유하는 화장료 조성물
● 전통 한지 제조용 점착액 및 그 획득 방법과 전통 한지의 제조 방법

● 윤노리나무 추출물을 유효성분으로 함유하는 화장료 조성물 : 본 발명은 윤노리(*Pourthiaea villosa* (Thunb) Decne. var. *villos*) 추출물을 유효성분으로 함유하는 화장료 조성물에 관한 것으로서, 윤노리나무 추출물을 유효성분으로 화장료 조성물을 제공하며, 본 발명에 따른 윤노리나무 추출물은 항산화 효과, MMP-1 생성 억제 효과, 콜라겐 생합성 효과, 멜라닌 생성 억제 효과, 염증성 사이토카인 발현 억제 효과, 항염 효과, 피부 자극 완화 효과, 보습 효과, 항균 효과 및 주름 개선 효과가 있어 각종 기능성 화장료의 유효성분으로 사용될 수 있다. ─ 특허등록 제1207559호, 주식회사 코리아나화장품

● 전통 한지 제조용 점착액 및 그 획득 방법과 전통 한지의 제조 방법 : 본 발명은 닥풀액 대신 사용할 수 있는 점착액을 윤노리나무의 잎으로부터 획득하는 방법과, 이 점착액을 사용해 전통 한지를 제조하는 방법에 관한 것이다. 본 발명에 따르면, 이 점착액은 윤노리나무의 개화기(5월)와 결실기(9월) 사이에 잎을 채집하여 수세(水洗)하는 단계와, 수세된 잎을 분쇄 수단으로 으깨는 단계와, 헝겊으로 만든 자루에 으깨진 잎을 넣고 압착하여 점착액과 잎살을 따로 분리하는 단계와, 상기 자루보다 더 조밀하게 짠 자루에 이 점착액을 넣고 압착하여 정제하는 단계를 거쳐서 획득할 수 있다. 또한 본 발명에 따르면, 닥무지, 박피, 탈피, 자숙煮熟, 타해打解 작업 등을 순차적으로 거쳐 섬유질이 해리된 닥 섬유를 얻는 과정과, 윤노리나무의 잎으로부터 점착액을 얻는 과정과; 닥 섬유와, 점착액 또는 닥풀 액과 점착액의 혼합액을 지통에 일정한 비율로 투입하여 통물을 만들되, 물 1,000중량부에 대해 닥 섬유는 90~110중량부, 점착액 또는 닥풀 액과 점착액의 혼합액은 5중량부~15중량부를 각각 투입해서 초지抄紙용 통물을 만드는 과정; 및 발 뜨기 과정을 통해 고품질의 전통 한지를 제조할 수 있다. ─ 특허등록 제1035807호, 안**

떡윤노리나무

윤노리나무 꽃

윤노리나무

윤노리나무 열매

윤판나물

백합과 / *Disporum uniflorum* Baker

백합과의 여러해살이풀로, 중부 이남의 낮은 산지 숲 속 그늘에 자생한다. 키는 30~50㎝ 정도로 자라고, 짧은 뿌리는 옆으로 벋으며, 줄기 위쪽에서 가지가 갈라진다. 4~6월에 황색의 긴 꽃이 아래를 향해 핀다. 어린순과 줄기는 둥글레처럼 데쳐서 나물로 이용하고, 뿌리와 뿌리줄기는 한방에서 '백미순百尾筍'이라는 약재로 쓴다.

유사종으로는 윤판나물아재비(*Disporum sessile* D.Don)가 있는데 큰애기나리와 닮았고, 꽃은 둥글레와 비슷하며, 제주도나 울릉도에 많다.

약명/이명 백미순百尾筍 / 큰가지애기나리, 대애기나리

특허 · 논문

● 항염 활성을 나타내는 윤판나물 추출물 : 본 발명은 항염증 활성을 나타내는 윤판나물 추출물에 관한 것이다. 보다 상세하게는 백합과 식물인 윤판나물의 지상부를 메탄올을 용매로 사용해 추출하여 윤판나물 추출물을 유효성분으로 함유하는 항염증 조성물에 관한 것으로, 마우스 대

생육 & 채취	
장 소	중부 이남의 낮은 산지 숲 속 그늘
시 기	여름~가을
부 위	뿌리, 뿌리줄기
손질법	햇볕에 말려 그대로 쓴다.

효 용	
성 미	맛은 달고 성질은 평하다.
활 용	윤폐潤肺, 진해 · 건비健脾, 소적消積

연구 & 특허
● 항염활성을 나타내는 윤판나물 추출물 ● 식물 추출물과 사람 케모카인 CCL23가 포유동물 세포에 미치는 염증반응과 증식 효과

식세포에 처리되었을 때 산화질소의 양을 현저히 감소시키고, 또한 산화질소의 발생을 조절하는 유전자인 iNOS (inducible Nitric Oxide Synthase)의 발현 역시 감소시키는 것을 확인하였다. 따라서 윤판나물 추출물은 염증 유발 물질에 의한 염증을 억제할 수 있는 항염증 조성물, 가공식품, 기능성 식품, 또는 식품 첨가제로 제공될 수 있는 효과를 지니고 있다. — 특허공개 10–2012–0064218호, 경희대학교 산학협력단

● 식물 추출물과 사람 케모카인 CCL23가 포유동물 세포에 미치는 염증 반응과 증식 효과 : 천연소재로부터 항알러지, 항암 작용, 항염증 등 약물학적 특성에 대해 많은 연구가 이루어지고 있다. 이러한 식물들로부터의 항염증 활성은 염증에 있어 조절인자 중 산화질소(NO)를 생성하는 iNOS를 억제함으로써 작용한다고 보고되고 있다. 본 연구는 새로운 항염증을 갖는 천연 소재를 찾기 위하여 윤판나물 추출물을 이용해 LPS에 유도된 마우스 RAW 264.7 대식세포에서 염증 반응 기전에 미치는 영향에 대하여 조사하였다. 본 연구에서는 LPS로 염증 반응이 유도된 RAW 264.7 대식세포에서 윤판나물 추출물이 산화질소 생산량을 저해하는 효능을 측정하였다. 윤판나물 추출물은 $100g/ml$ 농도까지 산화질소 생성을 농도의존적으로 저해하였으며 세포독성은 전혀 나타나지 않았다. 윤판나물 추출물은 대표적인 염증 반응 매개자인 iNOS와 COX-2의 mRNA 발현 및 단백질 발현량을 현저하게 감소시켰다. 또한 초기 염증 반응에 관여한다고 알려진 여러 사이토카인의 mRNA양을 측정하였을 때도 마찬가지로 농도 의존적으로 저해하는 활성을 보였다. 윤판나물 추출물은 LPS에 의해 유도된 RAW 264.7 세포에서 염증 반응을 조절하는 주요한 인자인 NF-κB의 발현을 저해할 뿐만 아니라 NF-κB의 활성을 감소시키는 효과를 나타냈다. 이러한 결과를 종합해 볼 때, 윤판나물 추출물은 아마도 염증에 관련된 질병을 예방할 수 있는 천연 소재로 개발될 수 있을 것이다. — 경희대학교 김지영. 석사학위논문(2011)

윤판나물 새순

윤판나물

윤판나물 꽃

으름난초

난초과 / *Galeola septentrionalis* Rchb.f.

난초과의 여러해살이풀로, 제주도 및 가거도·보길도·안면도 등 전라
남도 해안 근처의 숲속 어두운 곳에 자생하는 부생의 기생식물로서 천마
와 마찬가지로 엽록소가 없다. 키는 50~100㎝ 정도이고, 굵고 긴 뿌리
줄기가 있다. 6~7월에 갈색의 꽃대에 황갈색의 꽃이 피며, 8~9월에 긴
타원형의 도톰한 열매가 빨갛게 익는다. 열매가 으름처럼 생겨서 '으름
난초'라는 이름이 붙었다.

한방에서는 '토통초土通草'라 하여 강장·강정제로 이용한다. 필리핀
사람들은 으름난초 열매를 요리해 먹는다고 한다.

현재 으름난초는 환경부 지정 멸종 위기 야생식물로 지정되어 있으며,
개체 수가 많지 않아 약용자원식물로서의 연구는 거의 이루어지지 않고
있다.

약명/이명 토통초土通草 / 개천마, 불로초, 으름란, 산신양장山神錫杖,
호양장狐錫杖, 산신령의지팡이, 여우지팡이

생육 & 채취	
장 소	제주도, 전남 해안 지방
시 기	가을
부 위	열매
손질법	열매를 채취하여 햇볕에 말린다.

효 용	
성 미	맛이 약간 달다.
활 용	강장强壯, 강정强精, 이뇨 작용

연구 & 특허

약초의 성분과 이용(북한) 토통초의 살진 열매는 강장, 강정약으로 쓴다. 으름난초의 열매는 강장強壯, 강정強精, 부인병婦人病, 습진濕疹, 이뇨 작용利尿作用의 효험이 있어서 하루 10~15g을 물 400cc를 붓고 반으로 줄 때까지 달여서 하루 3회 식간에 복용한다. 피부 습진에는 달인액으로 환부를 씻는다. 또한 여성의 임병淋病에는 토통초에 감초를 넣고 물로 달여서 복용한다.

본초비요 늦은 가을에 잘 익은 열매를 채취하여 말려서 두었다가 이 열매를 달여서 차 대용으로 복용하면 강장제 및 강정제로 효과가 뛰어나다.

으름난초

으름난초

으름난초

은방울꽃

백합과 / *Convallaria keiskei* Miq.

백합과의 여러해살이풀로, 우리나라 전역의 높은 산지 숲 속 햇빛이 잘 드는 무덤 주변에서 군락을 이루며 자란다. 어린 잎이 산마늘과 비슷하게 생겨서 가끔 중독 사고가 나기도 한다. 5~6월에 하얀 꽃이 피어서 '오월화(May Liily)'라고 하고, 꽃 보양이 은방울 모양이어서 '은방울꽃'이라는 이름이 붙었다. 프랑스의 국화로서 5월 1일에 사랑하는 사람들끼리 은방울 꽃다발을 주고받는데, 이날에만 꺾을 수 있다고 한다.

뿌리와 열매는 강심제·이뇨제로 쓰며, 과량 복용하면 식욕 감퇴, 타액 분비 과다, 메스꺼움, 구토 등의 소화기 계통의 중독 증상이 나타난다. 프랑스에서는 향수원료[Muguet]로 쓰이고, 우리나라에서는 강심 및 이뇨약으로 쓰인다. 한방에서 '영란鈴蘭'이라 하여 뿌리를 포함한 모든 부분을 약재로 쓴다.

약명/이명　영란鈴蘭 / 초옥란草玉蘭, 초옥령草玉鈴, 홀잎떼기, 영란초

생육 & 채취	
장 소	전국의 산지 숲속 양지쪽
시 기	꽃봉오리가 맺혔을 때 꽃이 피었을 때
부 위	전초
손질법	햇볕에 말려 잘게 썬다.

효용	
성 미	맛은 달고 쓰며 성질이 따뜻하고 독성이 있다.
활 용	강심. 이뇨 작용. 심장쇠약이나 부종 등의 치료제로 쓴다.

연구 & 특허
● 피부 보습 및 탄력 개선 화장료 조성물 ● 한방에서 사용되는 생약재의 양성 근수축 활성 스크리닝 邜 p.1012 참고

고서古書 · 의서醫書에서 밝히는 효능

동의학사전 양기陽氣를 덥혀 주고 소변이 잘 나오게 하며 혈을 잘 돌게 하고 풍風을 없앤다. 주요 성분인 '콘발라톡신'을 비롯한 강심배당체가 강심 작용, 이뇨 작용(소량에서), 중추신경 억제 작용, 장윤동운동 강화 작용을 나타낸다는 것이 밝혀졌다. 심장쇠약증, 심장신경증, 심장대상기능장애, 심장경화증, 부종, 부정자궁출혈, 대하, 타박상 등에 쓴다.

특허 · 논문

● 피부 보습 및 탄력 개선 화장료 조성물 : 본 발명은 은방울꽃, 은매화꽃 및 수선화꽃의 추출물 중에서 선택된 하나 이상을 함유하는 화장료 조성물에 관한 것으로, 보다 상세하게는 상기 추출물을 유효성분으로 함유하여 피부에 수분을 더욱 원활히 공급하고 들떠있는 각질을 감소시켜 피부결을 부드럽게 할 뿐만 아니라, 피부 수분 손실을 개선하여 피부 수분량의 증가와 피부 탄력도 개선 효과를 나타내는 화장료 조성물에 관한 것이다. — 특허 등록 제1155807호, 주식회사 아모레 퍼시픽

● 한방에서 사용되는 생약재의 양성 근수축 활성 스크리닝 : 본 논문은 한방에서 사용되는 생약재의 양성 근수축 활성 스크리닝에 대한 연구로서 적출된 토끼 심방을 이용하여 21종의 생약재의 근수축 활성을 검색하였다. 그 결과 은방울꽃과 황련의 수용성 추출물이 가장 강력한 근수축 활성을 나타내는 것으로 밝혀졌다. 은방울꽃 추출물과 황련 추출물 처치시 박동중인 토끼 심방의 박동량과 맥압이 모두 증가하였다. 이와 같이 은방울꽃과 황련 추출물은 심근 수축성을 강화시키고 심부전증을 치료하는 데 효과적인 약재임을 알수 있다는 내용이다. — 원광대학교 한의학전문대학원 최덕호 외 4, 동의생리병리학회지(2006)

은방울꽃

은방울꽃

은방울꽃 열매

이나무

이나무

이나무과 / *Idesia polycarpa* Maxim.

이나무과의 낙엽교목으로, 제주도와 전라도의 산지 숲속에서 자란다. 두륜산 대흥사와 보길도가 이나무의 자생지로 유명하다. 키는 10~20m 정도로 자라고, 나무껍질은 회백색이며 굵은 가지가 사방으로 퍼진다. 4 ~5월에 횡록색의 꽃이 피고, 10~11월에 둥근 열매가 포도송이처럼 늘어져 주홍색으로 익는다. 학명의 'polycarpa'는 '열매가 많이 달린다'라는 의미이다. 북한에서는 '의椅나무'라고 한다. 원산지는 한국·타이완·중국 등이다.

이나무는 10월부터 겨울 내내 탐스럽게 달려 있는 붉은 열매가 매우 아름다워 관상수로서의 가치가 크다.

뿌리·나무껍질·잎·씨앗 기름을 약용한다. 잎의 생약명은 '산동엽山桐葉', 종자는 '산동자山桐子'이다.

약명/이명 산동엽山桐葉, 산동자山桐子 / 위나무, 의나무(북한), 산오동山梧桐, 의동椅桐(중국), 이이기리[飯桐](일본)

생육 & 채취	
장 소	제주도와 전라도의 산지
시 기	가을(뿌리, 나무껍질)
부 위	뿌리, 나무껍질, 잎, 씨앗 기름
손질법	햇볕에 말린다.

효용	
성 미	맛은 맵고 성질은 평하다.
활 용	산동엽 : 청열량혈淸熱凉血, 산어소종散瘀消腫 / 산동자 : 살충殺蟲

연구 & 특허
● 이나무로부터 분리한 멜라닌 생합성 저해 활성을 가지는 유효활성 물질 및 이를 포함하는 피부 미백제
● 신규 스피로 화합물

● 이나무로부터 분리한 멜라닌 생합성 저해 활성을 가지는 유효활성 물질 및 이를 포함하는 피부 미백제 : 본 발명은 이나무로부터 분리한 멜라닌 생합성 저해 활성을 가지는 유효활성 물질 및 이를 포함하는 피부 미백제에 관한 것으로서, 더욱 상세하게는 이나무(*Idesia polcarpa*) 지하부를 알콜로 추출한 추출액 중 에틸아세테이트 가용부를 분리하여 젤여과크로마토그래피하여 단리된 멜라닌 생합성 저해 활성을 가지는 화합물과, 이러한 화합물이 함유되어 있는 피부 미백제에 관한 것이다. — 특허등록 제516204호, 한국생명공학연구원

● 신규 스피로 화합물 : 본 발명은 신규 스피로 화합물에 관한 것으로, 발명자들은 LPS로 NO 생성을 유도한 BV2 microglial cell을 검색계로 하여 염증 반응에 의한 과도한 NO 생성을 억제하는 물질을 천연물로부터 찾고자 하였다. 그 결과 이나무 열매의 총메탄올 추출물이 유의성 있는 NO 생성 저해 활성을 보였으므로 이로부터 활성 물질 분리를 시도한 결과, 신규 스피로 화합물을 최초로 발견하였고, 이 화합물이 BV2 microglial cell에서 LPS에 의해 유도된 NO 생성에 미치는 영향을 측정한 결과, 이나무추출물, 그의 분획물, 특히 CHCl₃ 분획물 및 이데솔리드가 우수한 항염증 효과를 나타냄을 확인하였다. — 특허등록 제703058호, 주식회사 엘컴사이언스

이나무 어린순

이나무 꽃

이나무 열매

이나무 열매

이팝나무

물푸레나무과 / *Chionanthus retusus* Lindl. & Paxton

물푸레나무과의 낙엽교목으로, 산골짜기나 습지, 개울가, 해변가에 주로 서식한다. 키는 25m까지 자라며, 회갈색의 나무껍질은 불규칙하게 세로로 갈라지며 얇게 벗겨진다. 5~6월에 흰꽃이 피어 나무 전체를 뒤덮고, 10~11월에 둥근 열매가 흑자색으로 익는다. 유사종으로 긴잎이팝나무가 있다.

'이팝나무'라는 이름의 유래는 몇 가지가 있다. 하나는 꽃 피는 시기가 입하立夏 무렵이므로 입하가 이팝으로 변했다는 것이고, 이팝나무 꽃이 만발하면 벼농사가 잘되어 쌀밥을 먹을 수 있다고 하여 '이팝(이밥, 쌀밥)'이라 불린다는 것이며, 다른 하나는 꽃 필 때 나무가 하얀 꽃으로 덮여서 쌀밥이 연상되므로 이팝나무라고 부른다는 설이 있다. 대전 유성에서는 해마다 이팝나무 축제가 열린다. 한방에서 '탄율수炭栗樹'라 하여 꽃·나무껍질·열매를 약으로 쓴다. 꽃은 중풍 치료, 열매는 중풍·치매·가래·말라리아에 치료 효과가 있다.

약명/이명 탄율수炭栗樹 / 니팝나무, 니암나무, 뻣나무, 육도목六道木,

생육 & 채취	
장 소	전국의 산골짜기, 개울가
시 기	연중 수시(나무껍질) 가을(열매)
부 위	꽃, 나무껍질, 열매
손질법	햇볕에 말린다.

효 용	
성 미	–
활 용	강장强壯, 익뇌益腦 작용. 기력 감퇴로 인한 수족마비에 활용한다.

연구 & 특허
● 이팝나무 잎으로부터 항산화 및 항갈변물질의 분리

유소수流蘇樹, 다엽수茶葉樹

특허 · 논문

● 이팝나무 잎으로부터 항산화 및 항갈변물질의 분리 : 본 연구는 이팝나무 잎의 용매 분획물을 이용하여 DPPH 소거 작용, 환원력과 같은 항산화 활성과 tyrosinase 저해 활성을 실험한 결과 에틸 아세테이트 분획물에서 높은 항산화 및 tyrosinase 저해 활성을 나타내었다. 따라서 silica gel column chromatography와 MPLC를 이용하여 그 활성 물질을 분리하였으며, 분리한 화합물은 1H, 13C-NMR 및 2DNMR을 이용하여 luteolin-4"-O-glucoside로 구조동정을 하였다. 분리한 luteolin-4"-O-glucoside와 기존 항산화제와의 비교실험에서 DPPH 라디칼 소거 활성과 환원력은 시료의 농도가 증가함에 따라 활성이 증가하였다. 순수하게 분리한 luteolin-4"-O-glucoside를 이용하여 tyrosinase 저해 활성도 농도 의존적이었으며, IC$_{50}$ 값은 23.2ug/ml로 나타났다. 그러므로 luteolin-4"-O-glucoside는 식품첨가물로 항산화제로서의 활용도 및 미백 효과를 지니는 기능성 화장품 원료로서 이용 가치가 높을 것으로 생각된다. ― 경상대학교 대학원 응용생명과학부 이영남 외 2, 한국식품영양과학회지(2004. 11. 30.)

이팝나무 꽃

이팝나무 꽃

이팝나무 열매

이팝나무 열매

일본목련

목련과 / *Magnolia obovata* Thunb.

일본이 원산지인 일본목련은 목련과의 낙엽활엽교목으로, 우리나라 중부 이남에 분포하며 관상용으로 재배하기도 한다. 키는 20m, 지름 1m 정도로 자라며, 5~6월에 연한 노란색을 띤 흰색의 꽃이 가지 끝에 1개씩 날린다. 꽃 향기가 매우 상하여 '향목련'이라고노 한다.

한방에서는 나무껍질을 햇볕에 말려 한약재로 쓰는데, 진통·건위 작용이 있으며, 천식 치료제로 쓴다. 목련속의 다른 식물들과 함께 일본목련의 껍질도 생약명을 '후박厚朴'으로 이용하며, '일본후박나무'라고 부르기도 한다. 녹나무과의 후박나무(*Machilus thunbergii* Siebold & Zucc.)는 중국이나 일본에서는 사용하지 않지만 우리나라에서는 후박 대용품으로 사용하며, 중국 후박인 당후박, 일본후박(일본목련)과 구별하여 '토후박'이라고 부른다. '후박厚朴'은 본래 목련(Magnolia)속 식물을 기원으로 하였으나 우리나라에서는 후박나무(Machilus)속 식물로 대용하고 있다.

약명/이명 후박厚朴 / 향목련, 떡갈목련, 황목련

생육 & 채취	
장 소	중부 이남에 분포하며, 재배하기도 한다.
시 기	5월 상순~6월 하순
부 위	껍질
손질법	그늘에서 말린다.

효용	
성 미	맛은 쓰고 매우며 성질은 따뜻하다.
활 용	진통·건위 작용. 복부창만, 소화불량. 해수. 천식 치료

연구 & 특허
● 일본목련 열매 추출물을 포함하는 항암제 조성물
● 일본 후박나무 추출물 또는 이의 분획물을 유효성분으로 함유하는 염증성 질환 예방 및 치료용 조성물
☞ p.1012 참고

● 일본목련 열매 추출물을 포함하는 항암제 조성물 : 본 발명은 일본목련(*Magnolia obovata* Thunb) 목련속 식물 추출물을 유효성분으로 함유하는 항암제 조성물 및 이를 포함하는 건강 기능성 식품 조성물에 관한 것으로, 발명자들은 일본목련 열매 추출물을 이용한 서로 다른 세포주(Rat-2 fibroblast cell과 B103 neuroblastoma cell)에서 본 추출물 처리 24시간 후 광학현미경 하에서 형태학적 변화와 세포의 성장 억제와 세포독성을 관찰하기 위하여 CCK-8 assay을 통하여 항암 효과를 측정 규명하여 본 발명을 완성한 것으로서 천연물에서 유래한 항암제 조성물이라는 측면에서 그 의의가 있다. — 특허공개 10-2012-0000243호, 한림대학교 산학협력단

● 일본 후박나무 추출물 또는 이의 분획물을 유효성분으로 함유하는 염증성 질환 예방 및 치료용 조성물 : 본 발명은 일본 후박나무[*Magnolia obovata* Thunberg(Magnoliaceae)] 추출물 또는 이의 분획물을 유효성분으로 함유하는 염증성 질환 예방 및 치료용 조성물에 관한 것으로, 보다 상세하게는 알코올 또는 알코올 수용액을 용매로 하여 추출되는 일본 후박나무의 열매 또는 화뢰(花, 꽃 봉오리)의 추출물 및 이의 활성 분획물은 리포폴리사카라이드(lipopolysaccharide; LPS) 유도에 의한 일산화질소(nitric Oxide; NO)의 생성을 억제하는 항염증활성을 가지고, 낮은 세포독성을 가지며, 후박나무에서 분리되는 주요 성분인 오보바톨(obovatol), 호노키올(honokiol) 및 마그놀올(magnolol)을 모두 함유하고 있으므로 염증성 질환 예방 및 치료용 조성물로 유용하게 이용될 수 있다. — 특허공개 10-2009-0128725호, 한국생명공학연구원

● 일본 후박나무 추출물 또는 이의 분획물을 유효성분으로 함유하는 암 치료 및 암전이 억제용 조성물 : 발명은 일본 후박나무(*Magnolia obovata* Thunberg) 추출물 또는 이의 분획물을 유효성분으로 함유하는 암 치료 및 암전이

억제용 조성물에 관한 것으로, 보다 상세하게는 물, 알코올 또는 이들의 혼합물을 용매로 하여 추출되는 일본 후박나무의 열매 또는 화뢰(花, 꽃 봉오리)의 추출물 및 이의 활성 분획물은 암세포의 성장 억제, 암세포의 이동에 중요한 역할을 하는 PRL-3 과발현 세포의 이동 억제를 통한 전이 억제, 및 암세포의 사멸 유도 효과가 있음을 확인함으로써 암 예방 및 치료용 조성물 또는 암전이 억제용 조성물로 유용하게 이용될 수 있다. ― 특허공개 10-2009-0110620호, 한국생명공학연구원

● 식물 추출물을 함유한 여드름 피부용 저자극 화장료 조성물 : 본 발명은 후박 추출물(Magnolia obovata bark extract), 동백나무 추출물(Camelllia sinensis leaf extract), 자몽 종자 추출물(Grapefruit seed extract), 생강 뿌리 추출물(Ginger root extract), 황백 추출물(Phellodendron amurense bark extract)로 이루어진 5종의 천연 식물 혼합 추출 성분을 함유하여, 여드름 균 억제 및 진정 효과가 우수한 피부 저자극 특성 및 여드름의 근본적인 개선 효과가 우수한 여드름 피부용 저자극 화장료 조성물에 관한 것이다. 특히 본 발명의 조성물은 피부 피지 조절 효과 및 여드름 완화 효과의 기능을 하는 다양한 형태의 화장료 조성물로의 안전한 활용을 제시한다. ― 특허등록 제874042호, 이**

● 일본목련의 수피 및 열매로부터 분리된 구성성분의 항 혈소판 효과 : 본 논문은 일본목련의 수피 및 열매로부터 분리된 구성성분의 항혈소판 효과를 연구한 논문으로, 주요 내용으로는 식물로부터 항-혈소판 구성요소에 대한 연구 과정에서, 5개의 페놀 화합물, magnolol, honokiol, obovatol, methyl caffeate, 및 syringin,가 일본목련의 수피 및 열매의 메탄올 추출물로부터 분리되었다. 화합물은 분광 데이터에 근거하여 확인되었다. Methyl caffeate 목련속으로부터 처음으로 분리되었으며, ASA보다 3~4배 더 유력하였다. Obovatol과 honokiol의 활성이 ASA와 비교 가능하였다. 마그놀로와 시린진은 모든 자극제에 대하여 매우 완화한 억제 효과를 보였다는 내

용이다. — 서울대학교 생약연구소 표미경 외 2, 약학회지(2002. 6)

● **후박(厚朴)과 토후박(土厚朴)의 소장 운동에 미치는 영향에 대한 연구** : 본 논문은 후박과 토후박의 소장운동에 미치는 영향에 대한 연구 내용으로 주요 내용은 다음과 같다. 후박은 한국, 중국 및 일본에서 소화기질환의 한약재로 쓰이고, 토후박은 한국에서 종종 후박 대체품으로 사용되고 있다. ICR 생쥐에서 적출한 소장 분절로 소장 운동에 대한 후박과 토후박의 효능을 실험하였다. 소장 운동은 기록 장치에 연결된 등척성 근수축변환기로 기록하였고 소장의 자발적인 위상성 수축 크기, 빈도 및 AUC(Area under the curve)를 비교하였다. 후박 추출물(1~30 $\mu g/ml$)은 농도 의존적으로 자발적 위상성 수축의 진폭과 빈도가 감소하였으나 AUC는 억제되지 않았다. 고농도 후박(100$\mu g/ml$)에서 긴장성 수축이 증가하였다. 나트륨 통로 차단제인 테트로도톡신이나 L-형 통로 차단제인 니페디핀 처리에도 저해되지 않는 것으로 보아 고농도(100$\mu g/ml$) 후박으로 유도된 긴장성 수축은 신경이나 L-형 Ca2+ 통로와는 매개성이 없다. 토후박 추출물은 농도 의존적으로 위상성 수축과 AUC를 억제하였으나 빈도는 억제하지 않았다. 따라서 후박과 토후박은 소장 운동에 영향을 미치나 후박이 토후박보다 소장 운동에 더 효과적이었다. 후박은 오랫동안 한약으로 쓰였으나 토후박은 그렇지 않다. 따라서 위장질환에 사용되는 후박의 대체품으로 토후박을 사용할 수 없으며 후박 기전은 좀더 확인할 필요가 있다는 내용이다. — 경희대학교 한의과대학 본초학교실 이경진 외 7, 대한본초학회지(2011. 12. 30)

일본목련

일본목련

목련 열매(왼쪽)와 일본목련 열매(오른쪽)

잇꽃

국화과 / *Carthamus tinctorius* L.

국화과의 두해살이풀로, 우리나라의 남부 지방에서 재배한다. 높이는 1m 정도이고, 잎은 엉겅퀴처럼 가시가 많으며, 7~8월에 꽃이 노랗게 피어 붉은색으로 변하며 시든다.

꽃에서 붉은색 염료를 얻기에 '홍화紅花'라고 부르는데, 인류가 만들어 쓰는 가장 오랜 천연 염료 식물이며, 우리나라에서도 조선 시대 말기까지는 매우 흔한 식물이었다. 고대 이집트의 무덤에서도 잇꽃 씨가 발견되었고, 새색시의 곤지의 재료도 잇꽃으로 만든 것이었다. 어린순은 나물로 먹고, 종자유는 등잔불을 밝히거나 식용해 왔는데, 서양에서는 동맥경화와 혈관의 노화를 예방하는 건강식품으로 인정받는다. 한방에서는 아침 이슬에 젖은 꽃을 따서 말려 부인병·통경·복통에 약으로 쓴다.

약명/이명 홍화紅花, 홍람화紅藍花 / 이꽃·잇나물

생육 & 채취

장 소	남부 지방에서 재배한다.
시 기	꽃 필 때
부 위	꽃, 씨앗
손질법	아침이슬에 젖은 꽃을 따서 물기를 털어내고 그늘에서 말린다.

효 용

성 미	맛은 맵고 성질은 따뜻하다.
활 용	통경通經, 파어활혈破瘀活血

연구 & 특허

- 홍화추출물 및 그를 함유한 혈액순환 개선제
- 홍화추출물 및 그를 함유한 신동제
  外 p.1013 참고

고서古書 · 의서醫書에서 밝히는 효능

운곡본초학 잇꽃의 씨앗에는 칼슘이 풍부하여 골다공증에 유효하며, 리

놀릭산(linolic acid)이 많이 함유되어 있어서 콜레스테롤 과잉에 의한 동맥경화 등에 좋다. 행혈行血, 생신혈生新血, 통혈맥通血脈, 해고독解蠱毒, 거어지통祛瘀止痛, 이수소종利水消腫, 활혈통경活血通經의 효능이 있다. 임신부는 복용을 피한다.

특허 · 논문

● 홍화 추출물 및 그를 함유한 혈액순환 개선제 : 본 발명은, 혈관 확장 작용, 진통 작용과 항산화 작용이 우수한 활성성분을 함유하는 홍화 추출물 및 이들의 용도에 관한 것이다. 홍화(*Flower of Carthamus tinctorius L.*)는 옛부터 부인병에 사용되는 약제로서 색소나 지질성분에 대한 여러 가지의 약리 작용이 보고되어 있으나, 혈관 확장 작용, 진통 작용 및 항산화 작용 등이 있는 물질을 규명하지는 못하였다. 이에 본 발명자들은 이러한 홍화 추출물이 나타내는 약리 작용의 주성분을 밝히기 위하여 광범위하게 연구하였다. 그 결과, 홍화 추출물로부터 여러 물질들을 분리하였고, 홍화에 비교적 많이 함유되어 있는 kaempferol-3-0-rutinoside가 강력한 혈관 확장 작용, 진통작용 및 항산화 작용이 있다는 것을 알았으며, 추출 방법을 개량하여 이 활성성분이 다량 함유되어 있는 추출물을 제조하여 정제, 캅셀제, 연질 캅셀제, 액제 및 외용 크림제 등을 제조하였다. — 특허등록 제193906호, 주식회사 삼탄인터내셔널

● 홍화 추출물 및 그를 함유한 진통제 : 본 발명은, 진통 작용이 우수한 활성성분을 함유하는 홍화 추출물 및 이들의 용도에 관한 것이다. 홍화는 옛부터 부인병에 사용되어 오고 있는 약제로서 색소나 지질 성분에 대한 여러 가지의 약리 작용이 보고되어 있으나, 진통 작용이 있는 물질을 규명하지는 못하였다. 이에 본 발명자들은 이러

잇꽃

잇꽃

잇꽃

한 홍화 추출물이 나타내는 약리 작용의 주성분을 밝히기 위하여 광범위하게 연구하였다. 그 결과, 홍화 추출물로부터 여러 물질들을 분리하였고, 홍화에 비교적 많이 함유되어 있는 kaempferol-3-0-rutinoside가 강력한 진통작용이 있다는 것을 알았으며, 추출 방법을 개량하여 이 활성성분이 다량 함유되어 있는 추출물을 제조하여 정제, 캅셀제, 연질 캅셀제, 액제 및 외용 크림제 등을 제조하였다. — 특허등록 제202319호, 주식회사 삼탄인터내셔널

● 홍화씨에서 추출한 폴리페놀화합물의 신규한 용도 : 본 발명은 홍화씨에서 추출한 폴리페놀화합물의 용도에 관한 것으로 더욱 상세하게는, 볶은 홍화씨에서 분리한 리그난 성분으로서 마타이레시놀 및 하이드록시악티게닌, 플라보노이드 성분으로서 아카세틴 및 틸리아닌, 세로토닌 성분으로서 페루로일세로토닌 및 쿠마릴세로토닌성분의 뼈 형성 촉진 작용이 우수하여, 골절이나 골다공증의 예방 및 치료제와 에스트로겐 대체물로서 사용할 수 있는 신규한 용도에 관한 것이며 세포실험 및 생체실험 결과, 리그난, 플라보노이드 및 세로토닌 성분은 뼈 형성 촉진 작용 및 골다공증 억제에 뛰어난 효과가 있다. — 특허등록 제354791호, 이** 외 2

● 홍화씨로부터 뼈 형성을 촉진하는 세로토닌, 리그난 및플라보노이드 성분의 추출 방법 : 본 발명은 홍화씨로부터 뼈 형성을 촉진하는 세로토닌, 리그난 및 플라보노이드 성분의 추출 방법에 관한 것으로, 볶은 홍화씨를 핵산으로 탈지하여 얻은 잔사를 메탄올로 열탕 추출하고 여과·농축한 후 다이아이온 HP-20 및 폴리아마이드 C-200으로 칼럼크로마토그래피를 실시하여 얻어진 60%, 80% 및 100% 메탄올 추출물을 세파덱스 LH-20으로 칼럼크로마토그래피 및 분취-고속액체크로마토그래피를 실시하여 순수 분리한 세로토닌, 리그난 및 플라보노이드 성분은 골다공증 및 골절 치료에 뛰어난 효과가 있다. — 특허등록 제345825호, 우리홍화인영농조합법인 외 1

● 홍화 새싹의 페놀성 화합물의 함량을 증가시키는 방법 및 이 홍화 새싹을 함유하는 화장료 조성물 : 본 발명

은 홍화 새싹을 포함하는 화장료 조성물에 관한 것으로, 특히 홍화 새싹 재배 시 LED광원 특히 적색 광원을 이용하여 식물공장에서 홍화 새싹을 재배함으로써 안정적인 광합성을 유도하여 페놀계 화합물의 양을 증가시켰을 뿐만 아니라 생물공학적인 기술을 이용하여 배당체 형태의 페놀계 화합물에서 당을 유리시킴으로써 아글리콘 형태의 페놀계 화합물을 얻어 활성이 좋은 주름 개선 기능성을 갖는 화장품 소재 및 그 제조 방법을 제공하는 것이다. — 특허공개 10-2012-0029124호, 주식회사 내추럴솔루션

● 홍화로부터 분리한 대식세포 활성화 다당류 및 그 제조 방법 및 그 용도 : 본 발명은 홍화로부터 분리한 대식세포 활성을 가지는 다당류, 이의 제조 방법 및 이의 용도에 관한 것으로, 홍화의 냉수 추출물을 에탄올 침전시킨 후 한외여과하여 분자량 30만 Da 이상의 고분자 물질을 수득하고, 상기 물질을 음이온 교환수지 크로마토그래피, 겔 여과 크로마토그래피를 하여 제조한 고분자 다당류는 대식세포 활성화능이 높아 면역 증강제로서 뛰어난 효과가 있는 한편, 홍화의 한외 여과한 수 추출물은 항암 활성을 가지고 있어, 암환자나 면역 저하 환자용의 기능성 식품 및 약학적 조성물로 사용할 수 있다. — 특허등록 제447624호, 학교법인 고려중앙학원

● 토마토, 포도, 홍화씨 혼합 초임계 유체 추출물을 유효성분으로 함유하는 피부 노화 방지용 화장료 조성물 : 본 발명은 토마토, 포도 및 홍화씨 혼합 초임계 유체 추출물을 유효성분으로 함유하는 섬유아세포 및 각질세포 증식용 조성물, 피부 보습용 화장료 조성물 및 피부 노화 방지용 화장료 조성물에 관한 것이다. 본 발명의 조성물은 섬유아세포 및 각질형성세포를 증식시키고, 피부의 보습력을 개선하여 피부의 노화 방지에 매우 효과적일 뿐만 아니라, 피부에 대한 자극성이 매우 작기 때문에 피부에 대한 부작용이 없는 피부 노화 방지를 위한 화장료 조성물로서 매우 유용하다. — 특허등록 제803924호, 주식회사 코리아나화장품

자귀나무

자귀나무

콩과 / *Albizia julibrissin Durazz.*

콩과의 낙엽활엽소교목으로, 우리나라 황해도, 중부 이남 지역의 물 빠짐이 좋은 양지에서 자란다. 키는 5~7m 정도이고, 굵은 가지를 드물게 치면서 넓게 퍼진다. 6~7월에 연분홍색 꽃이 피는데 은은한 향은 밤이 깊어질수록 더 짙어진다. 해가 지면 잎이 오므라드는 성질이 있어 '야합수夜合樹'라고도 한다.

한방에서는 나무껍질을 '합환피合歡皮'라 하여 신경쇠약·불면증·구충제 등에 약용한다. 자귀나무는 영문명은 'Silk tree'라 하고, 가정에 심으면 부부 금슬이 좋아진다고 하여 '합환목'이라고도 하며, 잎을 소가 잘 먹어서 '소쌀나무'라고도 한다.

약명/이명 합환피合歡皮 / 합환, 야합수, 합환수, 유정수, 자귀대

고서古書·의서醫書에서 밝히는 효능

동의보감 성질은 평平하며 맛은 달고[甘] 독이 없다. 5장을 편안하게 하고 정신과 의지를 안정시키며 근심을 없애고 마음을 즐겁게 한다.

생육 & 채취	
장 소	중부 이남 지역
시 기	여름~가을
부 위	나무껍질, 꽃
손질법	껍질 : 햇볕에 말려서 잘게 썬다. 꽃 : 그늘에서 말려 그대로 쓴다.

효용	
성 미	맛이 달고 성질은 평하며 독이 없다.
활 용	신경쇠약, 불면증, 구충제 등으로 쓴다.

연구 & 특허
● 목단피 추출물과 자귀나무 추출물을 함유하는 노화 방지 화장료 조성물 ● 자귀나무 추출물을 포함하는 어류의 생식소 성숙 억제 조성물 外 p.1013 참고

● **목단피 추출물과 자귀나무 추출물을 함유하는 노화 방지 화장료 조성물** : 본 발명은 목단피 추출물 및 자귀나무 추출물을 1:0.001~1:20의 중량비로 혼합한 혼합물을 조성물 총중량에 대하여 0.001~20 중량% 함유하는 것을 특징으로 하는 노화 방지용 화장료 조성물에 관한 것으로, 본 발명에 따르면, 기존의 목단피 추출물을 함유하는 화장료보다 항산화 작용, 콜라겐 섬유 생합성 효과뿐 아니라 피부 탄력 증진 효과 및 히아루론라제 저해 효과가 우수하며, 천연 추출물이므로 안정성 및 피부에 대한 안전성도 뛰어난, 목단피 추출물 및 자귀나무 추출물 함유 화장료를 얻을 수 있다. — 특허등록 제443588호, 나드리화장품 주식회사

● **자귀나무 추출물을 포함하는 어류의 생식소 성숙 억제 조성물** : 본 발명은 자귀나무(*Albizzia julibrissin*) 껍질 추출물을 포함하는 어류의 생식소 성숙 억제 조성물에 관한 것이다. 본 발명에 따른 자귀나무 껍질 추출물은 천연 식물로부터 유래하여 어류뿐 아니라 소비자에게도 안전하며, 어류의 생식소가 성숙하는 것을 효과적으로 억제할 수 있으므로 어류의 대량 생산이나 양식에 유용하다. — 특허공개 10–2013–0004538호, 동의대학교 산학협력단

● **간 기능 개선제 조성물** : 본 발명은 간 기능 개선제 조성물을 개시한다. 구체적으로 본 발명은 자귀나무 추출물을 이용한 간 기능 개선제 조성물에 관한 것이다. 발명자는 자귀나무(잎, 줄기, 꽃, 뿌리, 껍질, 열매 또는 이들의 혼합물)를 80% 에탄올, 80% 메탄올 또는 에틸아세테이트로 추출하고 얻어진 추출물 모두가 동물실험에서 혈액 중의 GPT 및 GOT의 활성을 억제함을 확인하였으며, 나아가 임상실험에서도 혈액 중의 GPT, GOT 및 γ-GTP의 활성을 억제함을 확인할 수 있었고 이러한 실험에 기초하여 본 발명을 완성하였다. — 특허등록 제1054594호, 남**

● **고지혈증 및 뇌졸중 회복 및 예방에 효과가 있는 천연 식물 추출물 조성물, 이를 유효성분으로 하는 천연차**

 : 본 발명은 고지혈증 및 뇌졸중 회복 및 예방에 효과가 있는 천연 식물 추출물 조성물 및 이를 유효성분으로 함유하는 천연차, 및 그의 제조 방법에 관한 것이다. 상세하게는 천연 추출물, 즉 결명자 및 자귀나무 추출물을 포함하는 고지혈증 및 뇌졸중 회복 및 예방에 효과가 있는 천연 식물 추출물 조성물 및 이를 유효성분으로 함유하는 천연차에 관한 것이다. 본 발명에 따른 천연 식물 추출물 조성물은 혈중 콜레스테롤을 낮추어 동맥경화증을 예방할 수 있으며, 또한, 콜레스테롤 함량의 혈중내 증가로 유발되는 뇌졸중을 예방할 수 있다. 또한, 이를 함유한 식품은 발병 후에라도 지속적인 음용에 의해 상기 질환 등의 회복을 도울 수 있는 천연차이며, 음료로 제조될 때, 음용이 용이하여, 상시 음용할 수 있어 고지혈증 및 뇌졸중 회복 및 예방에 효과적이다.
— 특허등록 제795822호, 남**

● 자귀나무 추출물을 포함하는 항암 또는 항암 보조용 조성물 : 본 발명은 자귀나무(*Albizzia julibrissin*) 껍질 추출물을 포함하는 항암 또는 항암 보조용 조성물에 관한 것이다. 본 발명에 따른 자귀나무 껍질 추출물은 천연 식물로부터 유래하여 소비자에게도 안전하며, 기존의 항암제와의 병용 투여 시 기존 항암제를 적은 용량으로 투여하는 경우에도 약물의 상승 효과가 나타나 항암 활성이 극대화되므로, 적은 투여 용량의 기존 항암제를 사용함으로써 항암제 투여에 따른 독성 및 부작용은 줄일 수 있는 항암 또는 항암 보조용 조성물에 관한 것이다. — 특허공개 10-2012-0090118호, 학교법인 동의학원

● 민간약 자귀나무의 생약학적 연구 : 본 논문은 민간약 자귀나무의 생약학적 연구에 관한 것으로 주요 내용은 다음과 같다. 자귀나무는 신경통, 골절, 황달 및 두통을 치료하는 데 주로 쓰이는 한국산 생약 중의 하나이다. 자귀나무의 식물학적 기원이 콩과 식물인 자귀나무속에 속하는 것으로 간주하나 이를 뒷받침할 생학적 근

자귀나무

자귀나무

자귀나무

거는 없다. 그러므로 본 연구에서는 자귀나무의 식물학적 기원을 규명하기 위하여 한국에서 자생하는 Albizzia. julibrissin 및 A. coreana 등의 자귀나무속 식물의 가지에 대한 해부학적 특징을 연구하였다. 결론적으로 자귀나무는 A. julibrissin의 가지로 확인되었다는 내용이다. — 부산대학교 약학대학 배지영 외 2, 생약학회지(2011. 12. 31.)

● **자귀나무(*Albizia julibrissin*)의 수피에서 분리된 메탄올 추출물의 항염증 활성** : 본 연구는 자귀나무(*Albizia julibrissin*)의 수피에서 분리된 메탄올 추출물의 항염증 활성에 관한 것으로서, 주요 내용은 한방에서 매우 널리 사용되고 있는 자귀나무의 수피를 이용하여 마우스의 대식세포에서 메탄올 추출물의 산화질소 억제 효과를 조사하였다. 실험 결과, 자귀나무 수피의 추출물은 LPS로 자극된 마우스 대식세포에서 산화질소의 생성을 억제하였으며, IL-6, COX-2, iNOS 등과 같은 염증 유발 물질의 발현을 억제하는 것으로 나타났다. 이로 보아 자귀나무 수피의 85% 메탄올 추출물은 염증성 질병에 유용하다는 내용이다. — 우석대학교 약학대학 한약학과 나호정 외 2, Oriental Pharmacy and Experimental Medicine(2009. 6. 30.)

● **자귀나무 잎의 자유라디칼 소거 물질** : 본 논문은 자귀나무 잎의 자유라디칼 소거 물질을 연구한 논문으로 주요 내용으로는 1,1-diphenyl-2-picrylhydrazyl(DPPH) 라디칼 소거 활성 검색에서 유의성 있는 효과를 나타낸 자귀나무 잎의 메탄올 추출물로부터 자유라디칼 소거능을 가지는 2종의 flavonol 배당체를 분리해 본 것을 근거로 화합물 1과 2의 구조를 각각 flavonol 배당체인 quercitrin과 afzelin으로 동정하였고,이들 화합물은 각각 17.3 및 71.5mum의 농도에서 DPPH 라디칼을 50% 소거하는 활성을 나타냈으며, 화합물 1은 양성 대조 약물인 L-ascorbic acid에 비하여 강한 활성을 나타냈다는 내용이다. — 원광대학교 자연식물원 장규관 외 6, 생약학회지(2002. 3. 30.)

자귀풀

콩과 / *Aeschynomene indica* L.

콩과의 한해살이풀로, 논밭 주변의 습지에 흔하다. 키는 50~80㎝ 정도이고, 줄기는 곧게 서서 높이 자란다. 7월에 노란색의 꽃이 피고, 9~10월에 열매가 익는다. 차풀(*Chamaecrista nomame* (Siebold) H.Ohashi)과 비슷하다. 자귀나무처럼 날이 어둡거나 밤이 되면 잎이 마주 포개지므로 자귀풀이라고 부른다. 씨와 풀 전체를 우려 차로 마시기도 하고, 가축의 사료로도 쓴다. 지상부를 '합맹合萌', 뿌리를 '합맹근合萌根', 줄기 목질부를 '경통초梗通草', 잎을 '합맹엽合萌葉'이라 하여 모두 약으로 쓴다. 열매에 알칼로이드·탄닌·사포닌 등의 약리 성분이 있다.

약명/이명 합맹合萌 / 수고맥水固麥, 경통초梗通草, 전비각田鼻角

고서古書·의서醫書에서 밝히는 효능

운곡본초학 거풍祛風, 소종消腫, 이습利濕, 청열淸熱, 해독解毒의 효능이 있고, 안생운예眼生云翳, 열림熱淋, 혈림血淋, 수종水腫, 설사泄瀉, 이질痢疾, 절종癤腫, 창개瘡疥, 목적종통目赤腫痛, 야맹夜盲, 관절동통關節疼痛을 치료한다.

생육 & 채취	
장 소	논밭 주변 습지
시 기	여름
부 위	지상부
손질법	꽃이 필 때 지상부를 베어 말린다.

효 용	
성 미	합맹 : 맛은 달고 담담하며 성질은 차고 독이 없다.
활 용	청열, 거풍, 이습, 소종, 해독 효능

연구 & 특허
● 어저귀 또는 자귀풀에 의한 화약물질 오염토양의 식물상 복원 방법
● 식물 복발효 효소액 및 이를 사용한 기능성 음료

● 어저귀 또는 자귀풀에 의한 화약물질 오염 토양의 식물상 복원 방법 : 본 발명은 국내산 토착 야초류인 어저귀와 자귀풀을 이용하여 화약물질로 오염된 물 또는 토양을 정화하기 위한 식물상 복원 방법(phytoremediation)에 관한 것으로서, 비교적 높은 농도에서도 안정적인 화약물질의 제거가 가능하고, 식물체 내에서의 생물학적 변환 과정에 의하여 분해되므로 지속적이고 안정적인 오염 물질의 제거가 가능한 특징이 있으며, 특히 어저귀 및 자귀풀은 국내의 전 지역에 자연적으로 자생하는 토착 식물이므로, 외래 식물을 사용할 때 발생할 수 있는 국내 자연 생태계의 훼손 혹은 변형을 방지할 수 있는 특성이 있는 발명이다. — 특허등록 제476113호, 배** 외 2

● 식물 복발효 효소액 및 이를 사용한 기능성 음료 : 본 발명은 식물 복발효 효소액에 관한 것으로 5~9중량%의 대극, 9~18중량%의 뚜껑덩쿨, 9~18중량%의 박하, 5~9중량%의 붓꽃, 9~18중량%의 자귀풀, 5~9중량%의 자리공, 5~9중량%의 댑싸리, 9~18중량%의 활나물, 9~18중량%의 녹나무 및 9~18중량%의 바람등칡으로 이루어진 약재를 분쇄하여 혼합하는 단계와, 상기 혼합물을 전고형분 중량 대비 2~3배의 물에 넣고 35~48℃의 중온에서 유효성분을 추출하는 단계와 상기 추출된 추출액 200중량부에 천연과즙 50~60중량부와 곡물분말 40~50중량부를 첨가하여 균일하게 혼합한 다음, 포도당 40~60중량부와 설탕 40~60중량부를 첨가하고, 10~15℃에서 2~3개월간 pH 3.5~4.5로 저온 발효하는 단계와 상기 저온 발효된 발효액을 여과한 여액에 젖산균을 첨가하여 15~35℃에서 3~5일간 pH 3.5~4.5로 젖산 발효하는 단계 및 상기 젖산 발효된 발효액을 여과하여 남은 여액을 수득한 식물 복발효 효소액을 제공한다. 본 발명은 신장 및 장 기능을 활성화하여 몸의 신진대사(노폐물 등)를 촉진하는 효능이 우수한 식물의 복발효 효소액을 제공한다. — 특허등록 제552144호, 김** 외 2

자귀풀

자귀풀 꽃

자귀풀 꽃

자란

난초과 / *Bletilla striata* (Thunb.) Rchb.f.

'자주색 난초'라는 뜻의 '자란紫蘭'은 난초과의 여러해살이풀로, 우리나라 전라남도 해남·진도 및 유달산 등 서남 해안의 양지쪽 바위 암벽에 주로 자생한다. 키는 30~50㎝ 정도로 자라고 5~6월에 홍자색 꽃이 핀다. 덩이뿌리에 점액질이 많아 접착제의 원료로 쓰이며 구황식품이 되기도 한다. 한방에서 '백급白芨'이라는 약재로 쓴다.

약명/이명 백급白芨 / 백근白根, 자혜근紫蕙根, 주란, 대암풀, 대왕풀

고서古書·의서醫書에서 밝히는 효능

동의학사전 폐를 보保하고 출혈을 멈추며 부종을 내리고 새살이 잘 살아나게 한다. 약리 실험에서 지혈 작용, 위 및 십이지장 궤양 치료 작용, 억균 작용 등이 밝혀졌다.

특허·논문

● 자란 및 에델바이스 추출물을 함유하는 화장료 조성물 : 본 발명은 자

생육 & 채취	
장 소	남해안의 양지쪽 바위
시 기	가을
부 위	덩이뿌리
손질법	캐서 물에 씻어 증기에 쪄서 햇볕에 말린다.

효 용	
성 미	맛은 쓰고 달며 성질은 서늘하다.
활 용	수렴, 지혈, 배농, 억균 작용

연구 & 특허
● 자란 및 에델바이스 추출물을 함유하는 화장료 조성물
● 백급으로부터 추출 분리된 천연 다당류를 함유하는 화장료 조성물
外 p.1013 참고

란 및 에델바이스 복합 추출물을 조성물 총 중량에 대하여 1 내지 30 중량% 함유하는 것을 특징으로 하는 화장료 조성물에 관한 것으로, 본 발명에 따르면, 피부 보습 효과, 피부 상재균에 대한 항균 효과, 손상 피부 회복 속도 개선 효과가 매우 우수한, 자란 및 에델바이스 복합 추출물을 함유하는 화장료 조성물을 얻을 수 있다. — 특허등록 제512690호, 나드리화장품 주식회사

● 백급으로부터 추출 분리된 천연 다당류를 함유하는 화장료 조성물 : 본 발명은 자란의 덩이줄기인 백급으로부터 다당류 성분의 추출방법, 상기 추출된 다당류의 보습제, 피부 세포 증식 촉진제, 피부 상처 치유제로서의 용도, 및 상기 백급 추출물을 함유하는 화장료 조성물에 관한 것이다. — 특허등록 제490172호, 주식회사 바이오랜드

● 암 치료와 암 예방을 위한 한약 조성물 : 본 발명은 한의학에서 약제학적으로 허용되는 약제들을 조합하여 만든 암치료와 암예방을 위한 한약 조성물에 관한 것으로서, 구체적으로는 황기, 인삼, 패장초, 당귀, 천초, 동과인, 적소두, 백급, 산자고, 아교로 구성된 한약 조성물과 이들의 주정 추출물에 관한 것이다. 본 발명의 한약 조성물은 종양이 증식함에 따라 종양 중심 부위의 저산소증에 의해 신생혈관 생성을 유도 시 발현되는 혈관생성 인자들인 VEGF, bFGF와 저산소 상태에서 발현되는 HIF-1α 유전자 단백질의 활성을 저하시키고 그 발현량을 감소시킴으로써 항암 효과를 나타낸다. — 특허등록 제671762호, 경희대학교 산학협력단

● 녹두 추출물, 백급 추출물 및 승마 추출물을 포함하는 조성물 및 이의 용도 : 본 발명은 녹두 추출물, 백급 추출물 및 승마 추출물을 포함하는 조성물 및 이의 용도에 관한 것이다. 특히 본 발명은 항염증 효과 및 항여드름 효과가 우수하며 피부에 자극 또는 알러지를 유발하지 않는 안전한 물질인, 녹두 추출물, 백급 추출물 및 승마 추출물을 유효성분으로 포함하는 항염증제, 항여드름제 및 화장료 조성물을 제공한다. — 특허공개 10-2007-0000675호, 주식회사 엘지생활건강

자란

자란

자란 열매

자란초

꿀풀과 / *Ajuga spectabilis* Nakai

꿀풀과의 여러해살이풀로, 우리나라 중부 이남의 해발 500m 이상의 고산 반그늘에서 잘 자라는 특산 식물이다. 환경부에서 멸종 위기종으로 분류하여 관리하고 있다.

키는 50㎝ 정도로 자라고, 줄기는 곧게 서며 땅속줄기가 옆으로 뻗는다. 5~7월에 자주색 또는 연분홍의 꽃이 피고 8월경에 둥글고 주름이 있는 열매가 달린다. 꽃이 금창초나 조개나물과 비슷하여 '큰잎조개나물'이라고도 하며, 조개나물류와 같이 'Ajuga'로 학명이 시작된다.

꽃이삭을 말려 이뇨제로 이용한다. 또 안과 질환·두통·유방염·결핵성 임파선염 및 간 기능 장애로 인한 고혈압에도 효과가 있으며, 흉막염이나 폐결핵에도 치료 효과가 인정되고 있다.

약명/이명 자란초紫蘭草 / 큰잎조개나물

생육 & 채취	
장 소	중부 이남의 해발 500m 이상의 고산 반그늘
시 기	5~7월
부 위	꽃이삭
손질법	그늘에서 말린다.

효 용	
성 미	–
활 용	이뇨제

연구 & 특허
● 이리도이드 배당체(자란초의 이리도이드 배당체)

특허 · 논문

● 이리도이드 배당체(자란초의 이리도이드 배당체) : 본 논문은 자란초

의 이리도이드 배당체를 연구한 논문으로 주요 내용으로는, 자란초(*Ajuga spectabilis* Nakai)에서 처음으로 분리된 iridoid glucoside 화합물은 Jaranidoside로 명명되었고, 백색 판형 결정으로 얻어진 이 화합물의 구조는 화학반응 데이터와 PMR 스펙트럼으로 가정할 수 있었으며, 분자식은 $C_{17}H_{26}O_{12}$및 mp 128~130℃로 측정되고, aranidoside는 평활근과 심장근을 자극활성을 나타냈지만, 5가지의 미생물 균주에는 항균 작용이 관찰되지 않는다는 내용이다. — 서울대학교 약학대학 정보섭 외 2. 생약학회지(1980. 3. 30.)

자란초

자란초

자란초

미국자리공

자리공

자리공과 / *Phytolacca esculenta VanHoutte*

자리공과 또는 상륙과에 속하는 중국 원산의 여러해살이풀로, 우리나라 전역의 야산 기슭, 인가 주변, 뜰, 길가, 밭 주변에 흔히 자란다. 키는 1m 정도이고, 육질의 녹색 줄기가 곧게 자라며 가지를 성기게 치고, 굵은 도라지 비슷한 뿌리는 아래로 자란다. 6~7월에 회색이나 연분홍색 또는 흰색 꽃이 핀다. 유사종으로 미국자리공(*Phytolacca americana* L.)·섬자리공(*Phytolacca insularis* Nakai)이 있다.

자리공 열매에는 사탕무와 같은 붉은 색소인 베타인Betaine을 함유하고 있다. 독성이 있지만 잎을 데쳐 먹을 수 있고, 뿌리는 신장염 치료와 이뇨제로 한다. 경상도에서는 어린 잎을 '장녹'이라 하여 묵나물로 이용하지만 많이 먹지는 말아야 한다. 비대한 뿌리를 손질하여 식초에 담가 불려서 볶은 것은 이뇨·혈관 확장·진정·해독 작용이 있다. 하지만 과용하면 호흡곤란과 운동기능장애나 심장마비까지 일어날 수 있으므로 주의한다.

약명/이명 상륙商陸 / 당륙, 다미, 장류, 자리갱이, 장녹

생육 & 채취

장 소	전국의 야산 기슭, 밭 주변
시 기	음력 2월, 8월
부 위	뿌리
손질법	뿌리를 캐 햇볕에 말린다.

효용

성 미	맛은 맵고 시며 성질은 서늘하거나 평하고 독이 많다.
활 용	악창惡瘡에 붙이며, 대소변을 잘 통하게 한다.

연구 & 특허

- 난소암의 치료 및 진단용 조성물 및 방법
- 미국자리공 사포닌의 항염증성 작용
  外 p.1013 참고

고서古書 · 의서醫書에서 밝히는 효능

동의보감 성질은 평平하고(서늘하며) 맛은 맵고 시며[辛酸] 독이 많다. 10가지 수종과 후비로 목이 막힌 것을 낫게 하고 고독을 없애며 유산되게 하고 옹종을 낫게 한다. 헛것에 들린 것을 없애고 악창에 붙이며 대소변을 잘 통하게 한다.

특허 · 논문

● 난소암의 치료 및 진단용 조성물 및 방법 : 본 발명은 난소암과 같은 암의 치료 및 진단을 위한 조성물 및 방법을 개시한다. 당해 조성물은 하나 이상의 난소 암종 단백질, 이의 면역원성 부분, 이러한 부분을 암호화하는 폴리뉴클레오타이드 또는 이러한 단백질에 특이적인 항체 또는 면역계 세포를 포함할 수 있다. 당해 조성물은, 예를 들어, 난소암과 같은 질환의 예방 및 치료에 사용할 수 있고, 난소 암종 및 기타 종양으로부터 분비된 종양 항원을 동정하는 방법을 제공한다. 본원에 제공된 바와 같은 폴리펩타이드(미국자리공 항바이러스 단백질) 및 폴리뉴클레오타이드는 또한 난소암의 진단 및 모니터링에 사용할 수 있다. — 특허등록 제935092호, 코릭사 코포레이션(미국)

● 미국자리공 사포닌의 항염증성 작용 : 본 논문은 미국자리공 사포닌의 항염증성 작용을 확인하였다. 미국자리공근에서 추출한 phytolaccagenin, phytolacca saponin의 항염증 작용을 rat과 mice의 만성부종에서 잠재적 염증 억제 효과를 측정을 비경구적 방법으로 실험하였다. 경구투여는 비경구 주사에 비교하여 6배의 용량이 필요하고, 사포닌의 anti-exudative, anti-granulomatous 효과는 하이드로콜티손의 효능보다 8배 정도 효과적이었으며, 부신에는 효능이 없었지만 고용량에서 심한 thymolysis 증상을 보였다는 내용이다. — 서울대학교 생약연구소 우원식 외 1, 약학회지(1976. 9. 30.)

미국자리공 꽃

자리공

미국자리공 열매

자운영

콩과 / *Astragalus sinicus* L.

콩과의 두해살이풀로, 중국이 원산지이며, 우리나라 남부 지방에서 녹비용·사료용으로 재배한다. 논두렁이나 풀밭으로 퍼져나가 야생화하기도 한다. 뿌리에 뿌리혹박테리아가 붙어서 공중질소를 고정시키므로 거름 효과가 크다. 키는 10~25㎝ 정도로 자라고, 5~6월경 홍자색 혹은 흰색의 꽃이 피고, 7~8월경 황색의 종자가 달린다.

어린순을 나물로 하며, 꽃은 중요한 밀원식물이다. 풀 전체를 '홍화채紅花菜' 또는 '연화초蓮花草'라 하여 약으로 쓰는데, 해열·해독·이뇨 효과가 있다. 종기나 악창 치료제 등으로 쓴다.

약명/이명 홍화채紅花菜, 자운영자紫雲英子 / 연화초蓮花草, 쇄미제碎米濟, 야화생

고서古書·의서醫書에서 밝히는 효능

운곡본초학 지상부와 종자는 약용하는데 생약명은 홍화채紅花菜이다. 맛은 약간 달고 찬 편이다. 홍화채는 거풍명목祛風明目, 양혈지혈凉血止

생육 & 채취	
장 소	남부 지방의 논, 논두렁
시 기	3~4월
부 위	지상부, 씨앗
손질법	지상부를 생것 그대로 쓰거나 햇볕에 말린다.

효용	
성 미	맛은 달고 성질은 시원하다.(또는 평하다.)
활 용	거풍명목祛風明目, 양혈지혈凉血止血, 청열해독淸熱解毒

연구 & 특허
● 화장품 원료용의 자운영 종자의 아세톤 추출물 및 이를 포함하는 화장품 조성물 ● 자운영(Astragalus sinicus)종자의 페놀성 화합물 및 항산화 활성 外 p.1013 참고

血, 청열해독淸熱解毒의 효능이 있고, 인후종통咽喉腫痛, 풍담해수風痰咳嗽, 목적종통目赤腫痛, 정창疔瘡, 개선疥癬, 치창痔瘡, 치뉵齒衄, 월경부조月經不調, 대하帶下, 대상포진帶狀疱疹을 치료한다.

특허 · 논문

● **화장품 원료용의 자운영 종자의 아세톤 추출물 및 이를 포함하는 화장품 조성물** : 본 발명은 세포독성이 거의 없어 안전하고, 피부 미백 효과가 우수하며, 유액이나 팩 등과 같이 다양한 화장품에 적용될 수 있는 자운영 종자의 추출물, 특히 자운영 종자의 아세톤 추출물 및 이를 포함하는 화장품 조성물에 관한 것으로서, 본 발명에 따른 자운영 종자 아세톤 추출물을 포함하는 화장품 조성물은, 자운영 종자를 아세톤으로 추출하고, 추출액을 여과한 후, 감압 농축 및 동결건조시켜서 이루어지는 자운영 종자 아세톤 추출물 0.2 내지 0.5중량% 및 잔량으로서 담체를 포함하여 이루어짐을 특징으로 한다. — 특허공개 10-2011-0026846호, 김*

● **자운영(Astragalus sinicus) 종자의 페놀성 화합물 및 항산화 활성** : 본 논문은 자운영 종자의 페놀성 화합물 및 항산화 활성을 연구한 논문으로 주요 내용으로는 자운영의 종자로부터 페놀성 화합물을 분리하여 항산화 효과를 파악하고자 한 것을 근거로 자운영 종자로부터 3종의 flavanonol, 5종의 flavonol 화합물을 분리함으로써 자운영 종자는 풍부한 flavonoid 화합물의 자원임을 알 수 있었으며, DPPH를 이용한 항산화 실험에서 우수한 항산화 효과를 나타내었고, 또한 자운영 종자의 flavonoid 화합물은 항산화제로의 개발 가능성이 있다고 사료되는 내용이다. — 중앙대학 약학대학 염승환 외 5, 생약학회지(2003. 12. 30)

● **자운영(Astragalus sinicus Linne) 종자 추출 Oil을 함유한 크림 제조 및 피부 보습 효과에 관한 연구** : 자운영

자운영

흰꽃자운영

자운영

자운영

(*Astragalus sinicus* Linne)은 두과초본의 월년초로서 콩과(Leguminosae)에 속하는 식물이며 재배 면적 10a당 36~54 kg의 종자 생산이 가능하나 매년 자연 소실되고 있다. 자운영자 소재의 선행 연구는 성분 분석 및 약용성분, 항산화제, 피부 생리활성능 등이 이미 확인되어 보고되었다. 이러한 자운영자를 이용하여 본 연구에서는 자운영자가 함유한 오일의 추출 가능성 및 추출된 오일을 함유한 크림제형 안정성과 아울러 피부 보습 효과를 확인하고자 연구를 수행하였다. 자운영자에서 환류식 추출기와 ethylether 용매를 이용하여 오일을 추출한 결과 총 시료 2kg에서 약 160㎖의 오일이 추출되었다. 크림제형 포뮬라에 의해 자운영자 오일을 3%, 5%, 8% 첨가하여 제조한 화장품을 광학현미경을 이용하여 200배율로 관찰한 결과 고른 액정 형성 형태를 나타내었다. 크림 제조 최종 8주후 pH를 측정한 결과 자운영자 오일 3%를 함유한 크림은 5.68, 5%를 함유한 크림은 4.51, 8%를 함유한 크림은 4.12의 약산성 pH를 나타내었다. 크림을 피험자의 전박부에 도포하여 각질층 수분 함량의 평균값에 따른 반복측정변량 분석을 실시한 결과 모든 군이 도포 후 60분까지 유의하게 증가하다가 감소하기 시작하는 변화를 알 수 있었으며(p<.001), 자운영자 오일을 3%(크림A), 5%(크림B), 8%(크림C) 함유한 시험군이 Control군에 비해 수분 함량이 유의하게 높게 변화하는 것을 알 수 있었다. 또한 도포 전에 비해 시험군이 Control군보다 5시간이 경과한 후에도 수분 보유 함량이 높게 나타남을 알 수 있었다(p<.001). 향후 자운영자 오일 추출법에 대한 연구와 자운영자 오일의 피부 생리활성능에 대한 연구가 이루어지면 화장품의 제품화가 가능할 것으로 사료된다. — 조선대학교 김란 외 1, 대한피부미용학회지(2011)

작두콩

작두콩

콩과 / *Canavalia ensiformis* DC.

콩과의 덩굴성 한해살이풀로, 열대아시아가 원산지이며, 우리나라에서 식용으로 재배한다. 열매가 작두를 닮아서 작두콩이라고 한다. 6월에 꽃을 피우고 10월경에 열매가 익는데, 콩 자체도 일반 콩보다 2~3배 정도 크다.

어물지 않은 꼬투리를 깨끗하게 씻어 잘게 썰어 햇볕에 고슬고슬하게 말려 약한 불에 볶아 차를 만들면 비염이나 축농증, 아토피 등에 좋은 것으로 알려져 있다. 광주광역시 보건환경연구원이 작두콩의 항산화 활성과 항균 활성을 조사 결과, 항산화 활성은 대표적인 항산화 물질인 α-토코페롤과 비슷했고, 항균 활성 또한 13종의 식중독균에 대해 항균력을 보였는데 특히 세균성 이질균과 장염비브리오균에 대해 항균력이 매우 높았다고 한다.

한방에서는 '도두刀豆'라 하여 보신약補腎藥 또는 보약補藥으로 쓴다.

약명/이명　도두刀豆, 도두근刀豆根 / 칼콩

생육 & 채취

장 소	–
시 기	–
부 위	씨앗
손질법	–

효용

성 미	맛은 쓰고 성질은 따뜻하다.
활 용	–

연구 & 특허

- 항암 효과를 가지는 작두콩 추출물 및 이를 함유하는 기능성 식품
- 알러지 및 염증 치료용 조성물

外 p.1013 참고

고서古書 · 의서醫書에서 밝히는 효능

본초강목 도두刀豆는 익신益腎으로 보원補元하고 신허腎虛를 고친다.

특허 · 논문

● 항암 효과를 가지는 작두콩 추출물 및 이를 함유하는 기능성 식품 : 본 발명은 항암 효과를 가지는 작두콩 추출물 및 이를 함유한 기능성 식품에 관한 것이다. 더욱 상세하게는, 본 발명은 작두콩을 분쇄하고 물 또는 에탄올, 에틸아세테이트, 아세톤 등의 유기용매를 첨가하여 교반하면서 추출한 다음 초음파 처리하여 원심분리하고 여과한 후 감압 농축 및 동결건조함으로써 얻어지는 뛰어난 항암 효과를 나타내는 작두콩 추출물 및 이를 함유하는 기능성 식품에 관한 것이다. 상기와 같은 방법으로 얻어진 작두콩의 물 또는 유기용매 추출물은 항암 활성이 우수하여 자궁경부암, 위암, 간암, 구강암 또는 혈액암 등을 포함하는 다양한 암의 예방 및 치료에 유용하게 사용될 수 있다. — 특허등록 제759579호, 박**

● 알러지 및 염증 치료용 조성물 : 본 발명은 알러지 및 염증 치료용 조성물에 관한 것으로, 더욱 자세하게는 작두콩을 물, 알콜 또는 폴리에틸렌글리콜(PG)에 추출하고 건조하여 얻은 추출물 또는 이를 함유하는 조성물을 분말 또는 일정량을 음료에 함유하도록 하여 알러지를 억제하고 또한 염증을 유발시키는 RAW 264.7 세포의 LPS로 유도된 NO를 억제하여 알러지(Allergy)를 치료하는 효과를 갖는 알러지 및 염증 치료용 조성물에 관한 것이다. 따라서, 본 발명의 목적을 달성하기 위해서는, 작두콩을 물 또는 알콜 등 유기용매로 추출하고 건조하여 얻은 작두콩 물 추출물 또는 이를 함유하는 조성물을 포함하는 것을 특징으로 한다. — 특허등록 제563329호, 김**

작두콩

작두콩

작두콩

잣나무

소나무과 / *Pinus koraiensis* Siebold & Zucc.

소나무과의 상록교목으로, 우리나라 전역의 양지바른 비탈에 분포한다. 키는 20~30m 정도로 곧게 자라는데, 가지가 사방으로 빙 둘러 난다. 5월에 새로 나는 연녹색 햇가지에 꽃이 피고, 9월에 큰 솔방울 모양의 열매가 갈색으로 익는다. 목재는 가구재로 이용하고, 씨앗인 잣은 자양강장의 건강 식재료로서 잣죽·착유 및 그 밖의 각종 요리에 이용된다. 필수지방산이 많고 소화가 잘되어 병후 회복식으로 많이 쓰인다. 잣의 성분은 지방 74%, 단백질 15%, 아밀라아제 등이다.

잣은 성질이 온화하고 변비를 다스리며 가래기침에 효과가 있고 폐의 기능을 도우며, 허약체질을 보하고 피부에 윤기와 탄력을 주는 효과가 있다. 잣을 '해송자海松子'라 부르는 것은 신라 사신들이 중국에 잣을 가져다가 판 데서 유래했다고 한다. 조선시대에도 잣을 명나라에 보낸 기록이 있다.

약명/이명 해송자海松子, 송자인松子仁 / 백자목栢子木, 과송果松, 신라송新羅松, 해송海松, 유송油松, 오수송五鬚松, 오엽송五葉松

생육 & 채취	
장 소	전국의 양지바른 산
시 기	가을
부 위	씨앗
손질법	단단한 열매껍질을 부수어 핵을 꺼낸다.

효용	
성 미	맛이 달고 성질은 조금 따뜻하며 독이 없다.
활 용	풍비風痺, 두현頭眩, 마른기침 등을 다스린다.

연구 & 특허
● 잣나무잎 추출물을 유효성분으로 함유하는 혈중 콜레스테롤 강하용 조성물 ● 잣나무잎 추출물을 유효성분으로 함유하는 당뇨병의 예방 및 치료용 조성물 外 p.1014 참고

고서古書 · 의서醫書에서 밝히는 효능

동의보감[속방] 해송자海松子는 성질은 조금 따뜻하고[小溫] 맛이 달며[甘] 독이 없다. 골절풍骨節風과 풍비증風痺證, 어지럼증 등을 치료한다. 피부를 윤기나게 하고 5장을 좋게 하며 허약하고 여위어 기운이 없는 것을 보한다.[본초] / 어느 곳에나 다 있으며 깊은 산 속에서 자란다. 나무는 소나무나 측백나무와 비슷하고 열매는 오이씨[瓜子] 같은데 그 씨를 깨뜨려서 속꺼풀을 벗겨 버리고 먹는다.

특허 · 논문

● 잣나무잎 추출물을 유효성분으로 함유하는 혈중 콜레스테롤 강하용 조성물 : 본 발명은 혈당 그리고 콜레스테롤을 조절하는 데 있어서의 잣나무잎 추출물의 용도 및 이용 방법에 관한 것이다. 본 발명에 따른 추출물은 췌장세포에서 인슐린 분비 결핍으로 인한 체중 감소를 억제하며, 혈당을 강하할 뿐만 아니라, 혈중 콜레스테롤 수준을 낮추며, 지질대사를 개선하고 신장 기능 저하를 억제하며, 탁월한 항당뇨 효과를 나타낸다. 따라서 안전한 치료제, 건강식품, 건강기능식품 및 식품 원료 물질로 제조될 수 있다. — 특허등록 제1183341호, 경희대학교 산학협력단

● 잣나무잎 추출물을 유효성분으로 함유하는 당뇨병의 예방 및 치료용 조성물 : 본 발명은 혈당 그리고 콜레스테롤을 조절하는 데 있어서의 잣나무잎 추출물의 용도 및 이용 방법에 관한 것이다. 본 발명에 따른 추출물은 췌장세포에서 인슐린 분비 결핍으로 인한 체중 감소를 억제하며, 혈당을 강하할 뿐만 아니라, 지질대사를 개선하고 신장 기능 저하를 억제함으로써, 탁월한 항당뇨 효과를 나타내며, 당뇨병의 예방 또는 치료에 효과적이다. 따라서, 안전한 치료제, 건강식품, 건강기능식품 및 식품 원료 물질로 제조될 수 있다. — 특허등록 제1167999호, 경희대학교 산학협력단 외 1

싹이 트는 모습

섬잣나무

잣

섬잣나무

장구밤나무

피나무과 / *Grewia biloba* var. *parviflora* (Bunge) Hand.-Mazz.

피나무과의 낙엽활엽관목으로, 우리나라 해발 700m 이하의 바닷가 산기슭과 섬 지방 양지쪽에서 잘 자란다. 보통 바닷가에서 발견되지만 내륙에서도 발견되기도 한다. 키는 2m 정도이며, 잔가지는 회색 또는 회갈색이며 솜털이 있다. 6~7월에 노란색의 꽃이 피고 10월에 열매가 검붉은 보라색으로 익는다. 종자가 2개 들어 있는 열매의 모양이 장구를 닮았다고 하여 '장구밥나무'라고 불러 왔는데 국립수목원에서 '장구밤나무'를 표준명으로 등록하였다.

열매를 식용하고, 민간에서 뿌리줄기와 잎을 가슴이 답답하고 헛배가 부를 때 약용한다. 유사종으로 좀장구밥나무(*Grewia biloba* var. *parviflora* f. angusta (Nakai) T.B.Lee)가 있다. 약용식물로서 연구된 사례는 많지 않다.

약명/이명 왜왜권娃娃拳 / 편단목, 황마, 잘먹이나무, 장구밥

고서古書 · 의서醫書에서 밝히는 효능

운곡본초학 뿌리줄기와 잎을 약용하는데 생약명은 '왜왜권娃娃拳'이라

생육 & 채취	
장 소	해발 700m 이하의 바닷가 산기슭 · 섬 지역의 양지바른 곳
시 기	가을~봄(뿌리줄기) 봄~여름(잎)
부 위	뿌리줄기, 잎
손질법	햇볕에 말린다.

효용	
성 미	맛은 달고 쓰며 성질은 따뜻하다.
활 용	거풍제습祛風除濕, 건비익기健脾益氣, 고정지대固精止帶

연구 & 특허
● 유효성분으로 당조고추, 맥문동, 둥글레 및 오미자의 추출물을 함유하는 알파-글루코시다제 억제 활성이 증진된 차 조성물

778

한다. 거풍제습祛風除濕, 건비익기健脾益氣, 고정지대固精止帶의 효능이 있고, 회충병蛔蟲病, 비허식소脾虛食少, 구사탈항久瀉脫肛, 소아감적小兒疳積, 풍습비통風濕痺痛, 유정遺精, 붕루崩漏, 대하帶下, 자궁탈수子宮脫垂를 치료한다. 맛은 달거나 쓰고, 성질은 따뜻하다.

특허 · 논문

● **유효성분으로 당조고추, 맥문동, 둥글레 및 오미자의 추출물을 함유하는 알파-글루코시다제 억제 활성이 증진된 차 조성물** : 본 발명은 당조고추, 맥문동, 둥글레, 돼지감자, 장구밤나무 및 오미자의 추출물을 유효성분으로 함유하는 알파-글루코시다제(alphaglucosidase) 억제 활성과 기호성이 증진된 차 조성물로서 알파-글루코시다제(alpha-glucosidase) 억제 활성 증가용 식품에 관한 것이다. 본 발명의 당조고추, 맥문동, 둥글레, 돼지감자, 장구밤나무 및 오미자의 추출물을 유효성분으로 함유하는 차 조성물은 알파-글루코시다제(alpha-glucosidase) 억제 활성을 상승시키는 효과를 나타내어 당조고추를 효율적으로 섭취할 수 있을 뿐만 아니라, 새로운 형태의 기능성 식품을 제공하여 알파-글루코시다제(alpha-glucosidase) 억제 활성을 가지는 식품류 및 차 등의 새로운 기능성 식품에 유용하게 쓰일 수 있으며, 기호성도 향상되어 소비자에게 기호도가 높은 유용한 건강식품을 제공할 수 있다는 것이다. 알파-글루코시다제(alpha-glucosidase)는 가장 중요한 탄수화물 분해 효소로 탄수화물 소화 과정의 마지막 단계에서 글루코스(glucose) 연결고리의 분해를 촉진한다. 알파-글루코시다제 저해제(AGI)는 십이지장 등에서 탄수화물의 소화 흡수율을 저하시키는 효과가 있어 당뇨병 · 비만증 · 과당증 등 성인병의 예방과 치료 목적으로 이용될 수 있다. — 특허등록 제1016961호, 참살이 모악골 영농조합법인

장구밤나무

장구밤나무 꽃

장구밤나무

장미

장미과 / *Rosa hybrida*

장미과에 속하는 여러해살이 관목 또는 덩굴식물로, 우리나라를 비롯한 북반구의 한대 · 아한대 · 온대 · 아열대에 골고루 분포한다. 줄기에는 가시가 있으며, 꽃의 색깔은 매우 다양하다.

장미는 약용이나 향수 원료로 재배되어 오다가, 오늘날에 와서는 그 아름다움을 장식하는 꽃으로 육종되어 재배하게 되었다. 18세기 이전의 장미를 '고대장미old rose', 19세기 이후의 장미를 '현대장미modern rose'라고 구분한다고 한다. 처음 장미를 약용한 것은 바빌론과 고대 그리스 로마 시대였으며, 들장미 열매는 '로즈힙'이라 하여 과일이 흔치 않던 시대에 디저트로 즐겨 먹었다고 한다. 로즈힙에는 비타민 · 유기산 · 탄닌 등이 풍부하며, 로즈힙차는 유럽인들이 비타민 C의 섭취를 위해 즐겨 마시는 건강음료이다. 향수를 만드는 데 쓰이는 장미유는 꽃에서 얻는데, 특히 로사 다마스케나(R. damascena)의 꽃을 이용한다고 한다.

약명 장미薔薇

장미 꽃말 빨간 장미 : 열정, 기쁨, 욕망, 아름다움의 절정 / 흰 장미 :

생육 & 채취	
장 소	전국에서 재배한다.
시 기	5~6월
부 위	꽃잎
손질법	그늘에서 말린다.

효용	
성 미	맛은 달고 성질은 시원하다.
활 용	식용(차, 잼), 향수 원료 신경 안정 효과

연구 & 특허
● 장미 추출물을 함유하는 기억력 증진용 건강기능식품   ● EGCG와 장미 추출물을 함유하는 피부 외용제 조성물   ● 장미 추출물이 함유된 기능성 비누의 제조 방법

존경, 순결, 빛, 매력 / 노란 장미 : 사랑의 감소, 질투, 완벽한 성취 / 분홍 장미 : 행복한 사랑, 맹세, 단순 / 파란 장미 : 불가능하다, 얻을 수 없다 / 미니 장미 : 끝없는 사랑

특허 · 논문

● **장미 추출물을 함유하는 기억력 증진용 건강기능식품** : 본 발명은 장미 추출물, DHA, EPA 및 DPA로 구성되는 군에서 선택된 하나 이상의 불포화지방산 및 백복신 추출물, 원지 추출물, 및 석창포 추출물로 이루어지는 생약 추출물을 포함하는 것을 특징으로 하는 장미 추출물을 함유하는 두뇌 활동 특히 기억력 증진용 건강기능식품을 포함한다. — 특허등록 제1075372호, 차전에프앤비 주식회사

● **피부 미백 기능을 가지는 장미꽃잎 추출물 및 이를 함유한 피부 미백 화장료 조성물** : 본 발명은 피부 미백 화장료 조성물에 관한 것으로서, 특히 장미꽃잎의 추출물의 피부 미백 기능을 이용하여 이를 기능성 화장품에 적용한 것이다. 본 발명의 피부 미백 기능을 가지는 장미꽃잎 추출물은 화장료 조성물 전체 중량에 대하여 1~15 중량%로 함유되고, 그 원료는 레드 산드라(RED SANDRA), 레드 콜벳(RED CORVETTE), 롯데 로즈(ROTTE ROSE), 샤샤(SACHA) 및 람바다(LAMBADA) 중에서 1종 이상 선택된다. — 특허등록 제389096호, 한국화장품 주식회사

● **EGCG와 장미 추출물을 함유하는 피부 외용제 조성물** : 본 발명은 EGCG(에피가로카테킨 갈레이트: Epigallocatechin gallate)와 장미 추출물을 함유하는 피부 외용제 조성물에 관한 것이다. 보다 상세하게는 EGCG와 장미 추출물을 함유함으로써 콜라겐 섬유의 합성을 촉진하여 우수한 피부 탄력 증진 효과와 주름 개선 효과를 갖고 그 효과가 장기간 보존되는 피부 외용제 조성물에 관한 것이다. — 특허등록 제1134716호, 주식회사 아모레퍼시픽

장미

● 장미 추출물이 함유된 기능성 비누의 제조 방법 : 본 발명은 장미 추출물이 함유된 기능성 비누의 제조 방법에 관한 것으로, 더욱 상세하게는 포화지방산에 불포화지방산 및 유화수를 혼합하는 비누화 단계, 전술한 비누화 단계를 통해 제조된 비누 원료에 용제를 혼합하는 용제 혼합 단계, 용제가 혼합되어 용해된 비누 원료에 장미 추출물을 첨가하는 첨가제 혼합 단계 및 첨가제가 혼합된 비누원료를 경화시키는 경화 단계를 포함하여 이루어진다. — 특허등록 제1245034호, 최**

● 장미 추출물을 이용한 스트레스 해소 음료 : 본 발명은 장미 추출물을 이용한 스트레스 해소 음료에 관한 것이다. 장미 열매(rose fruit)의 에탄올/1,3-부틸렌글리콜/정제수(7/1/3, v/v/v)의 비율로 추출한 추출물을 주재로 하고, 여기에 대두 배아(soybean germ), 죽순(bamboo shoots) 등의 10종의 식품 성분을 배합하여 기능성 스트레스 해소음료를 제조하였다. 이 음료는 노화를 촉진하는 수퍼옥시드 라디칼($O_2\_\cdot$) 및 히드록시 라디칼($\cdot OH$) 등의 활성산소의 생성을 효과적으로 억제하고 활성산소를 제거하여 육체적 및 심리적 스트레스에 의해 증가되는 MHPG-SO4 및 코르티코스테론(corticosterone)이 무투여 그룹 대비 0.1%-투여 그룹에서는 각각 17% 및 24% 감소하였으며, 0.5%-투여 그룹에서는 각각 20% 및 38%나 효과적으로 감소하였다. 이상의 실험 결과, 사람의 사회·심리적 스트레스를 매우 효과적으로 해소할 수 있다. 따라서 0.5중량부의 장미 추출물에 0.03~0.05중량부 정도의 식품성분을 혼합하여 제조하는 것이 유효한 것으로 판단된다. — 특허등록 제289555호, 조** 외 2

● 장미꽃잎 열수 추출물 및 이를 이용한 기능성 음료 제조 방법 : 본 발명은 장미꽃잎 열수 추출물 및 이를 이용한 음료 제조 방법에 관한 것으로, 더 상세하게는 첫째, 무농약으로 재배된 장미꽃잎을 선별, 세척, 건조, 열수 추출(60분)단계를 거치면서 0.2brix 정도로 얻은 장미 추출물과 획득한 장미 추출물을 주원료(82%)로 올리고당

장미

장미

장미

13%, 식이섬유 1.0%, 콜라겐 0.7%, 칼슘 0.1%, 구연산 0.15%, 비타민 C 0.05%, 블루베리 농축 과즙 3.0% 순으로 혼합하여 장미 음료를 제조하는 방법에 관한 것이다. 본 발명의 장미꽃 추출액, 식이섬유, 올리고당, 블루베리 농축 과즙, 구연산, 비타민 C, 콜라겐, 칼슘으로 이루어진 장미 음료에는 과당, 섬유소, 비타민, 산화방지제 등의 영양 성분을 가지고 있으며, 노화 과정과 관련성이 있는 유리기 및 만성질환의 피해 방지 효과, 콜레스테롤 감소 효과, 혈당 조절 효과 등 다양한 효능 및 효과를 가짐으로써 현대인, 특히 여성의 불균형한 식습관 및 체질을 개선을 개선하는 것을 목적으로 한다. — 특허등록 제755190호, 주식회사 참선진종합식품

● 장미씨 기름을 함유하는 치약 조성물 : 본 발명은 치주질환 예방, 치료 및 충치 예방에 효과가 우수한 치약 조성물에 관한 것으로, 더 상세하게는 장미씨 기름을 사용함으로써 치주질환 예방 치료 및 충치를 예방하는 구강 위생 증진용 조성물에 관한 것으로, 치약 조성물에 장미씨 기름을 중량의 1~6% 첨가한 경우 치은염, 치주염, 충치 및 구내염, 치아의 내마모성 등에 효과를 도모할 수 있다. — 특허공개 10-1999-0068298호, 정**

● 담자균류로 발효시킨 장미 발효 추출물을 유효성분으로 포함하는 향료 조성물 및 이의 제조 방법 : 본 발명은 담자균류에 속하는 균으로 발효시킨 장미 발효 추출물을 유효성분으로 포함하는 향료 조성물에 관한 것으로, 본 발명에 따른 장미 발효 추출물은 천연의 추출물로서 안전하고, 독성, 부작용이 없으며, 피부에 자극을 주지 않고, 향의 강도와 선호도가 높으며, 향이 오래 지속되는 효과를 나타내므로 향료 조성물, 화장료 조성물, 방향제 조성물 및 의약외품 조성물로 유용하게 사용할 수 있다. — 특허공개 10-2012-0025934호, 주식회사 엘지생활건강

전동싸리

콩과 / *Melilotus suaveolens* Ledeb.

중국 북부가 원산지인 두해살이풀로, 줄기는 곧게 서고 가지가 많이 갈라진다. 우리나라 전역의 낮은 지대 풀밭에서 자란다. 키는 60~90㎝ 정도이며, 7~8월에 노란색의 꽃이 핀다. 영어로는 'Sweet clover'라고 한다. 유사종으로 꽃이 흰색인 흰전동싸리(*Melilotus alba* Medicus ex Desv.)가 있다.

한방에서 전초를 고약으로 만들어 부스럼과 굳은살의 종양을 연하게 하기 위해 사용되어 왔다. 디쿠마르·쿠마르산·멜라노틴산배당체·사포닌·트립신·베타사포닌과 트립신유도체를 함유하고 있는 것으로 알려져 있으며(Adv Exp Med Biol 1996), 이를 이용한 항염증, 항부종에 관한 연구가 진행되어 왔다(Arzneimitt elforschung 1971). 최근 항암제로의 효능이 밝혀져 이를 위한 연구가 진행되고 있다(Clin Ter 1999). 한방에서는 눈병·고혈압 치료에 응용되어 단너삼 뿌리의 대용으로 사용되기도 한다.

약명/이명 벽한초薌汗草 / 초목서草木犀, 멜리토우스초

생육 & 채취	
장 소	전국의 낮은 지대 풀밭
시 기	여름에 꽃 필 때(전초) 늦여름~초가을(뿌리)
부 위	전초, 뿌리
손질법	전초 : 그늘에서 말린다. 뿌리 : 물에 씻어 햇볕에 말린다.

효용	
성 미	맛은 맵고 쓰며 성질은 서늘하다.
활 용	해열·해독·살충 작용. 안질과 신장염 등에 약용한다.

연구 & 특허
● 약초 추출물을 함유하는 저자극성 화장료 조성물
● 수 종의 천연물이 모노아민 옥시다제 활성에 미치는 영향
邪 p.1014 참고

특허 · 논문

● 약초 추출물을 함유하는 저자극성 화장료 조성물 : 본 발명은 현호색, 산해박, 댕댕이덩굴, 새모래덩굴, 한방기, 약전동싸리, 전동싸리, 땃드릅, 두릅나무, 석잠풀, 독 뿌리풀, 솔나물, 마타리, 바구니나물 및 석창포로 구성되는 그룹에서 선택되는 1종의 약초 추출물 또는 2종 이상 혼합된 약초 추출물을 조성물 총 중량에 대하여 0.001~10중량% 포함하여 이루어지는 저자극성 화장료 조성물에 관한 것이다. 본 발명에 따르면, 피부 발진, 피부 알러지등의 부작용이 적어 가려움증 예방 및 자극 완화에 유용한 천연 약초 추출물을 함유하는 저자극성 화장료 조성물을 얻을 수 있다. — 특허등록 제454150호, 나드리화장품 주식회사

● 수종의 천연물이 모노아민 옥시다제 활성에 미치는 영향 : 본 논문은 수종의 천연물이 모노아민 옥시다제 활성에 미치는 영향을 연구한 논문으로 모노아민 옥시다제(MAO) 활성 저해 작용을 가진 새로운 화합물을 개발하고 이를 항우울 등의 중추신경계 질환의 치료제로 응용하기 위하여, 수종의 천연물이 모노아민 옥시다제 활성에 미치는 영향에 대하여 활성검색을 진행하였는데, 효소 모노아민 옥시다제는 쥐의 뇌로부터 부분 정제하여 사용하였으며, 모노아민 옥시다제 활성은 기질 kynuramine을 사용하여 측정하였다. 활성검색은 88종의 천연물 메탄올 엑스를 사용하였으며, 이중 모노아민 옥시다제 활성 저해 작용을 나타낸 천연물은 전동싸리 외 32종임을 밝힌 내용이다. — 충남대학교 약학대학 김영호 외 4, 약학회지(1998. 12. 31)

흰전동싸리

전동싸리

전동싸리

절국대

현삼과 / *Siphonostegia chinensis* Benth.

현삼과의 반기생 한해살이풀로, 우리나라 전역의 양지바른 곳이나 반그늘의 풀숲에서 자란다. 키는 30∼60㎝ 정도이고, 줄기 윗부분에서 가지가 갈라지고 흰색의 부드러운 털로 덮여 있다. 7∼8월에 노란색 꽃이 피고 8∼9월에 열매가 익는다.

한방에서는 꽃이 필 때 전초를 채취하여 햇볕에 말려 '영인진鈴茵陳'이라고 부르며 산후 지혈·이뇨·수종에 약용한다. 열을 식혀 주고 어혈을 없애며, 혈액순환이 잘되도록 돕는다. 곪은 데, 종기를 없애는 효과가 뛰어나고, 지혈 작용 또한 크다. 예부터 창상創傷·화상火傷·탕상湯傷 등의 상처를 치료하는 데 매우 뛰어난 효과가 있는 것으로 알려져 왔다.

약명/이명 유기노劉寄奴, 음행초 / 절굿때, 절굿대

고서古書·의서醫書에서 밝히는 효능

동의학사전(북한) 어혈을 잘 없애고 월경을 통하게 하며 창을 수렴하고 부기를 가라앉히는 효능이 있다. 월경 중지에 의한 징가癥瘕, 흉복창통胸

생육 & 채취	
장 소	전국의 들판 양지 또는 반그늘 풀숲
시 기	여름~가을
부 위	전초
손질법	햇볕에 말린다.

효 용	
성 미	맛은 쓰고 성질은 서늘하다.
활 용	창상創傷·화상火傷·탕상湯傷 치료

연구 & 특허
● 음행초의 동의임상 이용을 위한 조사 연구

腹脹痛, 산후 어혈, 타박상, 칼 따위에 베린 상처 출혈, 옹독흔종癰毒嬿腫을 치료한다.

특허 · 논문

● 음행초의 동의임상 이용을 위한 조사 연구 : 음행초(절국대)의 동의임상 이용을 위한 조사 연구한 결과 다음과 같은 결론을 얻었다. 약용자원이 우리나라 전역에 분포됨을 확인하였고, 청열이습, 이담의 효능이 있어 현대의 간담 연구에 대한 자료가 될 것이며, 활혈 거어 작용이 있어 부인과 질환 연구에 대한 자료가 될 것으로 사료되며, 동의임상상 간계 및 부인과 질환에 임상 효과가 기대될 것으로 사료된다. — 원광대학교 한의과대학 신민교, 대한본초학회지(1986)

절굿대

국화과의 여러해살이풀로, 우리나라 전역의 높은 산지의 물 빠짐이 좋은 경사지 반그늘 혹은 양지에서 자란다. 키는 1m 정도이고 줄기와 가지는 흰색 털로 덮여 있다. 7~8월에 지름 5㎝ 정도 둥근 남자색 꽃이 피고, 9~10월에 맺고 황갈색 털이 촘촘히 있는 원통형의 열매가 익는다. 꽃과 열매가 둥그런 절구공이를 닮아서 절굿대라고 불린다고 한다.

　꽃은 관상용으로 가꾸고, 뿌리를 '누로漏蘆'라 하여 열독 · 염증 · 농양 · 최유약 · 유즙불통 · 옹저 · 유용 등의 치료에 사용하고, 해독제로도 쓴다. 전초도 약용하는데, 안태安胎 · 지혈止血 · 진정鎭靜 작용이 있다. 비슷한 식물로 큰절굿대가 있다. 뻐꾹채의 뿌리도 함께 '누로'로 쓰인다.

　약명/이명 누로漏蘆 / 개수리취 · 절구대

고서古書 · 의서醫書에서 밝히는 효능

동의학사전(북한)　절굿대 열매는 국화과에 속하는 다년생 풀인 절굿대의 익은 열매를 말린 것이다. 절굿대(개수리취 · 통통방망이)는 우리 나라 중부 이북의 낮은 산이나 산 언덕의 마른 땅에서 자란다. 가을에 익은 열

생육 & 채취	
장 소	중부 이북의 낮은 산이나 산 언덕의 마른 땅
시 기	가을
부 위	뿌리
손질법	뿌리를 캐어 그늘에서 말린다.

효 용	
성 미	맛은 짜고 쓰며 성질은 차다.
활 용	청열해독淸熱解毒, 배농소종排膿消腫, 통유通乳

연구 & 특허
● 6종의 약용식물 추출물의 비듬균(Malassezia furfur)에 대한 증식억제 및 항산화 효과 ☞ p.1014 참고

매를 따서 말린 다음 가시 모양의 꽃싼잎을 떼버리고 쓴다. 주요 성분인 에키놉신이 말초신경의 재생 촉진 작용, 강심 작용 등 스트리크닌과 비슷한 작용을 한다는 것이 실험적으로 밝혀졌다. 에키놉신을 추출하여 안면신경마비, 신경총염, 신경근염, 근위축증, 혈관운동중추의 기능장애, 저혈압증, 정신·육체적 피로, 외상, 전염병을 앓고 난 후의 신경쇠약, 시신경 위축 등에 쓴다. 부작용은 없으나 협심증, 고혈압병 3기, 전간, 간염, 신염 등에는 쓰지 않는다.

특허 · 논문

● 6종의 약용식물 추출물의 비듬균(Malassezia furfur)에 대한 증식억제 및 항산화 효과 : 본 연구는 6종의 약용식물로부터 추출물을 조제하여 피부 및 두피와 관련된 항산화 활성과 비듬균에 대한 증식억제 활성을 분석함으로써 미용소재자원을 선발하기 위하여 수행되었다. 추출물은 에탄올 추출법을 이용하였으며, 항산화 활성 분석은 DPPH 라디칼 소거능, 아질산염 소거능, 폴리페놀 및 플라보노이드 함량 측정법을 이용하였으며, 비듬균에 대한 추출물의 저해 활성은 원판 확산법을 이용하였다. 6종의 식물 추출물 중 의성개나리의 열매와 민들레 전초가 비듬균에 대하여 강한 억제 활성을 보였다. 약모밀 지상부는 표준 항산화제인 BHT보다 높은 DPPH 라디칼 소거능(IC_{50} 값; $89.81\,\mu g/ml$)을 나타내었으며, 총 폴리페놀($292.36\pm2.33\,\mu g/ml$)과 플라보노이드($208.20\pm1.89\,\mu g/ml$) 함량도 6종의 추출물 중 가장 높은 것으로 분석되었다. 아질산염 소거능은 의성개나리의 열매 추출물에서 높은 활성을 보였다. 본 연구 결과로부터 의성개나리와 절굿대, 약모밀이 추출물이 비듬균을 억제하고, 두피를 개선하기 위한 식물성 소재로써 활용 가치가 있음을 알 수 있었다. — 유민정 외 3, 한국미용학회지(2010)

절굿대와 솔나리

절굿대와 솔나리

절굿대

접시꽃

아욱과 / *Althaea rosea* (L.) Cav.

아욱과의 여러해살이풀로, 우리나라 전역에서 자란다. 중국이 원산지로 우리나라에는 삼국시대에 도입되었다고 한다. 6~8월에 꽃이 피는데, 홑꽃과 겹꽃이 있으며, 꽃의 색은 흰색·적색·연황색·연홍색·주홍색·적자색·흑홍색·흑갈색 등으로 다양하다. 흰색 꽃을 '백규화白葵花', 붉은 꽃을 '적규화赤葵花'라고 한다. 관상용으로 심어 가꾸며, 어린순을 나물로 먹고, 잎·줄기·뿌리 등을 약용한다.

한방에서 꽃은 '촉규화蜀葵花'라 하여, 혈血을 조화시키고 대소변이 잘 통하게 하며 이질痢疾, 토혈吐血, 혈붕血崩, 대하帶下, 학질瘧疾, 소아 풍진風疹을 치료하는 약재로 쓴다. 뿌리는 '홍촉규근紅蜀葵根'으로 뿌리는 청열清熱, 양혈凉血 효능이 있고, 씨앗은 '촉규자蜀葵子'로 변비와 수종水腫을 다스린다. 임산부는 복용하지 않아야 한다.

약명/이명 촉규화蜀葵花 / 덕두화·접중화·촉규·촉계화·단오금

생육 & 채취	
장 소	전국에서 심어 가꾼다.
시 기	여름~가을
부 위	뿌리, 꽃, 씨앗
손질법	그늘에서 말린다.

효용	
성 미	꽃 : 맛은 쓰고 성질은 평하다. 뿌리, 씨앗 : 맛은 달고 성질은 차다.
활 용	촉규화 : 백대하白帶下를 다스린다. 촉규근 : 지혈·이뇨 작용

연구 & 특허
● 발모용 키트 ● 접시꽃 뿌리 추출물의 인체 구강암 KB 세포 주 증식 억제에 대한 영향 朴 p.1014 참고

● **발모용 키트** : 본 발명은 발모용 키트에 관한 것으로서, 본 발명의 발모용 키트는, 할미꽃, 알로에, 산도라지, 산더덕, 산다래, 진달래, 국화, 접시꽃, 장미를 물과 함께 혼합한 다음, 가열한 후 여과하여 제조한 탈모 방지용 조성물과, 검은콩, 검은깨, 멸치, 다시마, 솔잎을 분말로 만들어, 물을 첨가하여 환으로 제조한 발모 촉진용 제제로 구성된다. 본 발명에 의해, 탈모를 방지하고, 모발의 생장을 촉진시키는 발모용 키트가 제공될 수 있다는 것이다. — 특허등록 제540709호, 윤** 외 1

● **접시꽃 뿌리 추출물의 인체 구강암 KB 세포주 증식 억제에 대한 영향** : 구강암은 전체 암 발생율의 5% 정도를 차지하는 것으로 알려져 있다. 높지 않은 발생비율에도 불구하고 불량한 예후를 보이고 있다. 항암제에 대한 다양한 감수성, 심각한 기능과 심미적 장애, 근치의 어려움 등으로 구강암에 대한 다양한 치료법들에 대하여 관심이 높아져 가고 있는 실정이다. 구강암에 대하여 항암 활성을 가지는 물질을 찾고 감수성에 대하여 검사하는 노력들이 최근에 활발히 진행 중에 있다. (본 연구는) 접시꽃 뿌리 추출물의 항산화 효과와 구강 편평 상피세포암인 KB cell에 대한 세포독성을 조사하였다. 접시꽃 뿌리 추출물을 메탄올과 열수 추출물로 항염 효과와 항암 효과를 측정한 결과 항염에서는 열수 추출물과 메탄올 추출물 모두 아무런 반응도 일어나지 않았음을 알 수 있었고 구강 편평 상피세포암인 KB cell의 성장 저해율은 열수 추출물에서는 농도에 관계없이 저해율을 보이지 않았고 메탄올 추출물에서 농도의존적인 효과를 볼 수 있었다. 특히 $500 \mu g/ml$ 에서 80% 이상 성장 저해율을 볼 수 있었다. 향후, 접시꽃 뿌리 추출물 성분을 분리, 정제하여 항균력이 있는 성분과 KB 세포 증식 억제 작용이 있는 성분을 밝히는 연구가 더 필요하다고 생각된다. — 조선대학교 이현진 석사학위논문(2010)

접시꽃

접시꽃

접시꽃

정금나무

진달래과 / *Vaccinium oldhamii Miq.*

진달래과의 낙엽활엽관목으로, 충청도 이남의 산지에서 자생한다. 키는 2~3m 정도로 자라고, 묵은 가지는 짙은 갈색, 어린 가지는 회갈색이다. 6~7월에 붉은색의 꽃이 피고 9~10월에 검은 갈색의 둥근 열매가 익는다. 산앵두나무·들쭉과 함께 서양의 블루베리와 유사한 식물로 인식된다.

열매는 신맛이 나면서도 맛이 좋은데, 사과산·구연산·카로티노이드 등이 들어 있어서 강장 효과가 있고 피로 해소에 도움이 된다. 방광염·신우염·구토·임질·하리·발진 등의 치료에 사용하고, 수렴제·이뇨제·건위제로도 쓴다.

약명/이명 하로夏搏 / 종가리나무, 조가리나무, 지포나무, 땃들쭉

특허 · 논문

● 정금나무 잎 추출물을 유효성분으로 함유하는 콜레스테롤 저하용 조성물 : 본 발명은 정금나무(*Vaccinium oldhami* Miquel) 잎 추출물을 유효성분으로 함유하는 콜레스테롤 저하용 조성물에 관한 것으로, 보다 상세

생육 & 채취	
장 소	충청도 이남의 산지
시 기	9~10월
부 위	열매
손질법	생것으로 먹거나 술은 담근다.

효 용	
성 미	맛이 달고 시다.
활 용	이뇨, 건위 작용. 방광염, 임질,구토, 발진에 약으로 쓴다.

연구 & 특허
● 정금나무 잎 추출물을 유효성분으로 함유하는 콜레스테롤 저하용 조성물
● 정금나무 잎 추출물을 유효성분으로 함유하는 비만 예방 및 치료용 조성물
外 p.1014 참고

하게는 물, 알코올 또는 이들의 혼합물을 용매로 하여 추출되는 정금나무 잎 추출물이 혈중 총콜레스테롤을 감소시키고, HDL(highdensitylipoprotein) 콜레스테롤을 증가시키며, LDL(low density lipoprotein) 콜레스테롤을 감소시킴으로써 콜레스테롤 저하용 조성물, 또는 건강기능식품의 유효성분으로 유용하게 사용될 수 있다. — 특허등록 제1018404호, 한국생명공학연구원

● 정금나무 잎 추출물을 유효성분으로 함유하는 비만 예방 및 치료용 조성물 : 본 발명은 정금나무(Vaccinium oldhami Miquel) 잎 추출물을 유효성분으로 함유하는 비만 예방 및 치료용 조성물에 관한 것으로, 보다 상세하게는 물, 알코올 또는 이들의 혼합물을 용매로 하여 추출되는 정금나무 잎 추출물이 체중을 감소시키고, 신장 주변 및 부고환 지방조직을 감소시키며, 지방 대사에 관련된 간의 무게를 감소시키며, 면역과 관련된 비장의 무게에 영향을 미치지 않으므로 비만 예방 및 치료용 조성물, 또는 건강기능식품의 유효성분으로 유용하게 사용될 수 있다. — 특허등록 제1018405호, 한국생명공학연구원

● 정금나무 가지의 탄닌 성분 : 본 논문은 정금나무 가지의 탄닌 성분을 연구한 논문으로 주요 내용으로는 정금나무에 대한 기초적인 식물화학적 성분 연구의 필요성이 있는 것으로 판단되어 가지의 MeOH 추출물에서 몇 가지 column chromatography를 실시하여 4종의 화합물을 단리하였으며, 이들 화합물의 spectral data로부터 그 구조를 확인. 동정한 것을 근거로 (+)-catechin(1), (-)-epicatechin(2), epicatechin-(2$\beta\to$7, 4$\beta\to$8)-epicatechin인 proanthocyanidin A-2(3) 및 epicatechin-(2$\beta\to$7, 4$\beta\to$8)-epicatechin-(4$\beta\to$8)-epicatechin인 cinnamtannin B1(4)로 각각 확인. 동정하였으며 이 화합물들은 모두 본 식물로부터 처음 보고되는 화합물이라는 내용이다. — 우석대학교 약학대 박희욱 외 1, 생약학회지(2005. 9. 30.)

정금나무 꽃

정금나무 꽃봉오리

정금나무 열매

정금나무

조개나물

꿀풀과 / *Ajuga multiflora* Bunge

꿀풀과의 여러해살이풀로, 우리나라 전역의 양지바른 야산 기슭이나 들판, 묘지 주변의 잔디가 많은 곳에서 잘 자란다. 키는 30~40㎝ 정도이고 줄기는 곧으며, 식물 전체에 털이 나 있다. 5~6월에 자색의 꽃이 피고 7~8월경에 납작하고 둥근 열매가 달린다. 유사종으로 금창초 · 흰조개나물 · 붉은조개나물 · 무늬아주가 등이 있다.

관상용으로 심으며, 한방에서 전초를 '다화근골초多花筋骨草'라 하여 약으로 쓰는데 소염消炎, 양혈養血, 접골接骨의 효능이 있다. 꽃이 필 때 채취하여 햇볕에 말려 잘게 썰어서 쓴다.

약명/이명 다화근골초多花筋骨草 / 백하초白夏草, 백하고초白夏枯草, 조갑지나물, 조개풀

특허 · 논문

● 당뇨병 예방 및 치료용 조성물 : 본 발명은 조개나물(Ajuga multiflora Bunge)로부터 혈당 강하 작용이 강하고 안전성이 매우 높은 추출물을 저

생육 & 채취	
장 소	전역의 양지바른 야산 기슭, 들판, 묘지 주변
시 기	꽃 필 때
부 위	전초
손질법	햇볕에 말려서 잘게 썬다.

효용	
성 미	맛은 쓰고, 성질은 차다.
활 용	소염消炎, 양혈養血, 접골接骨

연구 & 특허
● 당뇨병 예방 및 치료용 조성물 ● 조개나물 추출물의 세포독성과 항균 효과 ● 조개나물 약초 구성요소에 대한 연구(1)   外 p.1014 참고

렴한 유기용매를 사용하여 간단하면서도 효과적으로 추출 정제하는 방법과 이 정제된 추출물을 약학적으로 사용가능한 부형제 또는 보조제 등과 함께 단독 또는 기타의 유효 약물들과 함께 병행해서 사용하는 당뇨병 치료제 조성물에 관한 것이며, 본 발명에 의한 조성물은 기존의 당뇨병 치료제로 널리 쓰이는 약물들과 비교할 때 혈당 강하 작용이 우수하고 안전성이 높으며 또한 부작용이 크게 감소된 당뇨병의 예방과 치료제이다. — 특허등록 제242283호, 삼진제약 주식회사

● 조개나물 추출물의 세포독성과 항균 효과 : 본 논문은 조개나물 추출물의 세포독성과 항균 효과를 연구한 논문으로 주요 내용으로는 쥐의 백혈병 종양(P388D1) 세포주에 대한 조개나물 추출물의 세포독성 효과를 평가하고, 세포독성 효과를 MTT 분석법을 이용하여 결정하고, 항균제를 개발하기 위해 여러 용매를 이용하여 추출한 조개나물의 모든 샘플에서 그램음성 세균, 그램양성 세균 및 진균 성장 억제 작용을 갖고 있음을, 그리고 조개나물의 에틸아세테이트 추출물은 L1210 세포에 대하여 강한 독성을 나타냈으며, P388D1 세포에 대하여 강한 성장억제 활성을 관찰할 수 있었다. 따라서 이들 추출물에 대한 최적 분리조건을 확립하고 이들 화합물에 대한 P388D1 세포의 항암 활성을 측정해야 할 것으로 판단된다. — 원광대학교 한의과대학 본초학교실 류명환 외 7, 생약학회지(2000. 3. 30.)

● 조개나물 약초 구성 요소에 대한 연구(1) : 본 논문은 조개나물 약초 구성 요소에 대한 연구 논문으로 주요 내용으로는 조개나물 지상 부분에 대한 식물성 화합물의 과정에서 1개의 플라보노이드 및 2개의 이리도이드 글리코사이드를 분리하고, 분광학적 증거에 근거하여 그 식물성 화합물이 apigenin (1), 8-0-acetylharpagide (2)와 harpagide (3)임을 확인하는 내용이다. — 영남대학교 약학대학 유영준 외 4, 생약학회지(1998. 6)

조개나물 어린순

조개나물

조개나물

조개나물

조록나무

조록나무과 / *Distylium racemosum* Siebold & Zucc.

조록나무과의 상록교목으로, 우리나라 전라남도 완도 및 제주도, 남부 해안 지방의 계곡에 분포한다. 키는 20m 정도이고, 잎에는 조롱이 달린 것 같은 커다란 벌레집이 많이 붙어 있어서 '조롱나무'라 불리던 것이 변해서 '조록나무'가 되었다. 4~5월에 붉은색 꽃이 피고 9~10월에 열매가 적갈색으로 익는다.

꽃이 아름다워 관상수로 가치가 있으며, 나무가 단단하여 해금奚琴 등의 악기를 만들거나 머리빗을 만들어 썼고, 가구재나 건축재로 이용한다. 수지樹脂 때문에 뿌리가 잘 썩지 않아서 수백 년씩 묵은 것들은 조록 형상목이라 하는데, 모양이 매우 다양하여 가치가 있다.

유사종으로 넓은잎조록나무가 있다.

약명/이명 산유자山柚子 / 잎벌레혹나무, 조롱낭·조로기·조레기낭 (제주)

생육 & 채취	
장 소	제주도, 남부 해안 지방의 계곡
시 기	여름(잎)
부 위	잎, 수지
손질법	잎을 햇볕에 말린다.

효용	
성 미	맛은 맵고 성질은 따뜻하다.
활 용	해독, 소종, 거어, 이습

연구 & 특허
● 조록나무 추출물을 유효성분으로 함유하는 항산화, 미백 및 피부 주름 생성 억제 효과를 갖는 화장료 조성물 外 p.1014 참고

● 기억력 개선, 인지능력 개선, 치매 예방, 지연 또는 치료 효과를 나타내는 조록나무 추출물, 이를 유효성분으로 하는 약제학적 조성물, 이를 유효성분으로 포함하는 기능성 건강보조식품 및 조록나무 추출물의 제조 방법 : 본 발명은 기억력 개선, 인지능력 개선, 치매 예방, 지연 또는 치료 효과를 나타내는 조록나무 추출물, 이를 유효성분으로 하는 약제학적 조성물, 이를 유효성분으로 포함하는 기능성 건강보조식품 및 조록나무 추출물의 제조 방법에 관한 것이다. 본 발명의 조록나무 추출물은 극성 용매 추출물을 유효성분으로 하는 것으로 기억력 개선, 인지능력 개선, 치매 예방, 지연 또는 치료에 효과적이므로, 정제, 산제, 주사제 등의 약제학적 조성물로 이용되거나 건강보조식품, 또는 식품 첨가제로 이용되어 평상시에 일반적으로 섭취하는 음식만으로도 치매를 예방, 지연 또는 치료할 수 있다. — 특허등록 제1194091호, 우석대학교 산학협력단

● 조록나무 추출물을 유효성분으로 함유하는 항산화, 미백 및 피부 주름 생성 억제 효과를 갖는 화장료 조성물 : 본 발명은 조록나무 추출물을 유효성분으로 함유하는 항산화, 미백 및 피부 주름생성 억제 효과를 갖는 화장료 조성물에 관한 것이다. 조록나무 추출물에는 화학식 1로 표시되는 1,2,3,4,6-penta-O-galloyl-β-D-glucopyranose(이하 'PGG'라 약칭한다) 화합물을 포함하고 있으며, 이 PGG 화합물이 항산화, 미백 및 항주름 효능을 포함한 피부 노화 방지 효과를 나타낸다. 본 발명은 또한, 조록나무 추출물로부터 PGG의 분리 · 정제방법을 제공한다. 본 발명의 조록나무 추출물에 함유되어 있는 PGG 화합물은 항산화, 멜라닌 생성 저해작용, 멜라닌 생성관련 유전자 발현조절, elastase 저해작용 등을 가지고 있다. — 특허등록 제888743호, 재단법인 제주테크노파크

조록나무 열매

조록나무 벌레집

조록나무 열매

조릿대풀

화본과 / *Lophatherum gracile* Brongn.

화본과의 여러해살이풀로, 우리나라의 남부 지방 섬 지역과 일본, 타이완 등에 분포한다. 벼목 화본과의 대나무인 조릿대(*Sasa borealis* (Hack.) Makino)와는 속이 다른 식물이다. 조릿대풀은 키가 40~80㎝ 정도로 자라고, 수염뿌리에 황백색의 뿌리가 있다. 조릿대풀과 유사한 식물에는 털조릿대풀(*Lophatherum sinensis* Rendle)이 있다.

조릿대와 조릿대풀은 모두 잎을 약용하며, 중국약전에서는 조릿대의 생약명은 '죽엽竹葉', 조릿대풀 잎의 생약명은 '담죽엽淡竹葉'이라고 구분한다.

약명/이명 담죽엽淡竹葉 / 그늘새

고서古書 · 의서醫書에서 밝히는 효능

동의보감 담죽엽의 약성은 달고 무독하나 성질은 약간 차다. 이뇨통림利尿通淋, 청심제번淸心除煩의 효능이 있고, 장열번갈壯熱煩渴, 임삽동통淋澁疼痛, 소변단적小便短赤, 구설생창口舌生瘡을 치료한다.

생육 & 채취	
장 소	남부 지방 섬 지역
시 기	5~6월 꽃이 피지 않았을 때
부 위	줄기, 잎
손질법	잡티를 제거하고 잘게 잘라 햇볕에 말린다.

효용	
성 미	맛은 달고 성질은 약간 차며 무독하다.
활 용	청심제번淸心除煩, 청열해독淸熱解毒, 통리소변通利小便

연구 & 특허
● 담죽엽 추출물을 포함하는 항염증과 혈관계 질환 개선 효과 및 고혈압 예방과 치료 개선을 위한 약학 조성물 外 p.1014 참고

● 담죽엽 추출물을 포함하는 항염증과 혈관계 질환 개선 효과 및 고혈압 예방과 치료 개선을 위한 약학 조성물
: 본 발명은 담죽엽 추출물을 포함하는 염증 질환 및 혈관계 질환 예방 또는 치료용 조성물에 관한 것으로, 더욱 상세하게는 담죽엽 추출물을 포함하여 면역세포에서 iNOS를 억제하여 NO 생성을 저해함으로써 항염 효과를 나타내고, 혈관내피세포에서 eNOS를 증진시켜 NO 생성을 유도함으로써 혈관 이완을 유도하는, 항염증과 혈관계 질환 개선 효과 및 고혈압 예방과 치료 개선을 위한 약학 조성물에 관한 것이다.

담죽엽의 잎으로 차를 끓여 마시는 사람은 있지만 이 담죽엽이 갖가지 난치병에 놀랄 만큼 효과가 있다는 사실을 아는 사람은 많지 않다. 담죽엽은 인삼을 훨씬 능가한다고 할 만큼 놀라운 약성을 지닌 약초이다. 대나무 중에서 약성이 제일 강하여 담죽엽 한 가지만 써서 당뇨병·고혈압·위염·위궤양·만성간염·암 등의 난치병이 완치된 경우가 적지 않다. 담죽엽에는 열을 내리고 독을 풀며, 가래를 없애고 소변을 잘 나오게 하며, 염증을 치료하고 암세포를 억제하는 등의 효과가 있다. 담죽엽은 암세포를 억제하면서 정상세포에는 아무런 피해를 주지 않는다. 일본에서 실험한 것에 따르면 담죽엽 추출물은 간 복수, 암세포에 대해 100% 억제 작용이 있고, 동물 실험에 암세포를 옮긴 흰쥐한테 담죽엽 추출물을 먹였더니 30일 뒤에 종양세포의 70~90% 가 줄어들었다고 한다. — 특허공개 10-2011-0005483호, 주식회사 한국전통의학연구소

조릿대풀

조릿대풀 꽃

조릿대풀

조릿대풀 꽃

조밥나물

조밥나물

국화과 / *Hieracium umbellatum* L.

국화과의 여러해살이풀로, 우리나라 전역의 양지바르고 습기 있는 산지에서 잘 자란다. 중국 동북부·시베리아·유럽·일본·북아메리카·북아프리카 등지에 분포한다. 키는 1m 정도까지 자라고 줄기는 곧게 자라며 가지를 여러 개 치는데, 줄기를 꺾으면 하얀 즙이 나온다. 7~10월에 황색의 꽃이 피고, 10~11월에 열매가 익는다.

어린순과 뿌리는 나물로 먹고, 지상부를 '산류국山柳菊'이라 하여 약용한다. 약용 자원식물로서의 최근 연구는 거의 없다.

약명/이명 산류국山柳菊 / 조팝나물

고서古書 · 의서醫書에서 밝히는 효능

운곡본초학 이습소적利濕消積, 청열해독淸熱解毒의 효능이 있고, 절종癤腫, 복통腹痛積块, 창옹瘡癰, 요로감염尿路感染, 이질痢姪을 치료한다.

생육 & 채취	
장 소	전국의 양지바른 산지
시 기	7~10월
부 위	전초
손질법	전초를 햇볕에 말린다.

효 용	
성 미	맛은 쓰고 성질은 서늘하다.
활 용	이습소적利濕消積, 청열해독淸熱解毒. 요로감염증. 이질. 복통. 종기 치료

연구 & 특허
● 국화과 식물 중 꽃 에탄올 추출물의 항산화 효과

● **국화과 식물 중 꽃 에탄올 추출물의 항산화 효과** : 본 연구는 국화과 15종 식물(톱풀, 미국쑥부쟁이, 코스모스, 구절초, 에키나세아, 등골나물, 알프스민들레, 조밥나물, 좀씀바귀, 저먼캐모마일, 각시취, 울릉비역취, 수리취, 서양민들레의 꽃과 산비장이의 꽃봉오리) 꽃 추출물의 총 폴리페놀과 총 플라보노이드의 함량, DPPH 및 ABTS radical 소거능, Fe2+ chelating 효과 및 linoleic acid의 과산화 억제 활성을 분석하여 새로운 식물 유래의 항산화제 소재를 개발하기 위하여 시행하였다. 총 폴리페놀 함량은 저먼캐모마일 꽃, 총 플라보노이드 함량은 코스모스의 꽃에서 가장 높았으며, 미국쑥부쟁이의 꽃과 수리취 꽃봉오리의 페놀성 물질 함량도 높게 나타났다. 알프스민들레의 꽃 추출물은 DPPH radical 소거능이 가장 높았으며, BHT보다 1.14배 높은 DPPH radical 소거능을 보였다. ABTS radical 소거능은 저먼캐모마일꽃과 수리취 꽃봉오리의 추출물에서 우수하였으며, 각각 ascorbic acid보다 1.9, 1.2배 높고 BHT보다 2.1, 1.3배 높은 ABTS radical 소거 활성을 보였다. Fe2+ chelating 효과는 저먼캐모마일 꽃에서 가장 높았으나, EDTA의 chelating 효과보다 극히 낮았다. 32일 동안 4일 간격으로 추출물의 linoleic acid 과산화 억제 활성을 조사한 결과, 저먼캐모마일과 톱풀의 꽃 추출물은 BHT보다 지질과산화 억제 활성이 우수하고, 32일까지 지질과산화 억제 활성이 유지되어 장기간 동안 지질과산화를 억제할 수 있었다. 또한 각시취와 수리취의 꽃 추출물도 BHT보다 지질과산화 억제 활성이 우수하고 지속 기간도 길게 나타났다. 연구의 결과, 식물 종에 따라 항산화 효과가 다르게 나타났으며 목적으로 하는 항산화 효과에 맞는 식물종을 선택하여 항산화제를 개발할 필요가 있는 것으로 판단된다. — 충북대학교 원예과학과 우정향 외 2. 한국식품영양과학회지(2010. 2. 27)

조밥나물

조밥나물 꽃

조밥나물

조밥나물

조뱅이

국화과 / *Breea segeta* (Willd.) Kitam. f. segeta

국화과의 두해살이풀로, 우리나라 전역의 밭 가장자리나 빈터에서 자란다. 키는 30~50㎝ 정도이고, 줄기는 곧게 서는데 가지를 여러 개 치면서 넓게 퍼진다. 5~8월에 자주색의 꽃이 핀다.

조뱅이의 어린순은 나물로 먹고, 전초를 소계小薊, 뿌리를 소계근小薊根이라 하여, 꽃과 잎, 줄기, 뿌리까지 채취해 말려서 약재로 쓴다. 피를 멎게 하는 효능이 있어 혈뇨나 혈변 환자에게 유용하며, 즙을 상처에 바르면 벌레에 물린 독을 풀어 주는 효과가 있다.

유사종으로 흰꽃이 피는 흰조뱅이·큰조뱅이가 있다.

약명/이명 소계小薊, 소계근小薊根 / 자라귀, 조바리, 조병이

생육 & 채취	
장 소	전국의 밭가장자리, 빈터
시 기	봄(식용) 봄~가을(약용)
부 위	지상부
손질법	햇볕에 말려 그대로 쓰거나 검게 볶아서 사용한다.

효용	
성 미	성질이 서늘하고 독이 없다.
활 용	양혈凉血, 지혈止血, 파혈破血, 개위開胃

고서古書 · 의서醫書에서 밝히는 효능

동의보감 성질이 서늘하고 독이 없다. 거미, 뱀, 전갈의 독을 풀어 준다. 오래된 어혈을 풀고 출혈을 멎게 하고 갑자기 피를 쏟거나 쇠붙이에 다쳐 피가 나오는 것을 멈춘다. / 엉겅퀴나 조뱅이는 다 비슷한데 다만 엉

연구 & 특허	

● 조뱅이(소계) 추출물 또는 이의 분획물을 유효성분으로 함유하는 부종 또는 다양한 염증의 예방 또는 치료용 항염증 조성물

겅퀴는 키가 3~4자가 되고 잎사귀는 쭈글쭈글하며 조뱅이는 키가 1자쯤 되고 잎이 쭈그러지지 않았다. 이와 같이 다르므로 효과도 다르다. 엉겅퀴는 어혈을 헤치는 이외에 옹종을 낫게 하고 조뱅이는 주로 혈병에만 쓴다.

의학충중참서록 신선한 조뱅이 뿌리는 성질이 서늘하고 유윤濡潤하여 혈분血分에 잘 들어가며 혈분의 열을 제일 잘 다스리므로 대개 열로 인한 객혈, 토혈, 비출혈, 이편二便 하혈에 대하여서는 모두 복용하면 즉시 낫는다. 그 뿌리와 줄기는 모두 쓸 수 있는데 뿌리의 성질이 더 좋다.

특허 · 논문

● 조뱅이(소계) 추출물 또는 이의 분획물을 유효성분으로 함유하는 부종 또는 다양한 염증의 예방 또는 치료용 항염증 조성물 : 본 발명은 조뱅이(소계, Cephalonoplos segetum, Cirsium segetum) 추출물 또는 이의 분획물을 유효성분으로 함유하는 부종 또는 다양한 염증의 예방 또는 치료용 조성물에 관한 것으로서, 본 발명의 조뱅이(소계) 추출물 또는 이의 분획물은 염증성 매개체인 사이토카인 및 케모카인의 생산 또는 분비를 억제하며, 염증성 부종을 억제하므로, 이를 유효성분을 함유하는 조성물은 부종 또는 다양한 염증의 예방, 치료 또는 개선을 위한 의약품, 건강기능식품 또는 화장품에 유용하게 사용될 수 있다. — 특허등록 제1060198호, 한국한의학연구원

조뱅이

조뱅이

조뱅이

조팝나무

장미과 / *Spiraea prunifolia var. simpliciflora*

장미과의 낙엽관목으로, 북부 지방 고원지대를 제외한 우리나라 전역의 낮은 산지의 양지에서 자란다. 키는 1.5~2m 정도인데, 줄기가 무더기로 올라와 비스듬히 뻗으므로 전체가 역삼각의 둥그스런 모양이다. 4~5월에 하얀 꽃이 피고 9월에 열매가 익는다. 꽃 모양이 튀긴 좁쌀 모양이어서 조팝나무라고 한다.

어린순은 나물로 먹고, 뿌리를 '상산常山'이나 '소엽화笑靨花'라 하여 약용한다. 해열·수렴 등의 효능이 있어 감기로 인한 열을 내리게 하고 신경통을 개선하는 데 사용한다. 상산나무·누리장나무·백미꽃의 뿌리도 '상산'이라고 한다.

약명/이명 상산常山, 소엽화笑靨花 / 목상산木常山, 단화이엽수선국, 조팝

생육 & 채취	
장 소	전국의 낮은 산지
시 기	늦가을 ~봄
부 위	뿌리
손질법	뿌리를 깨끗이 씻어 햇볕에 말린다.

효 용	
성 미	맛은 쓰며 매우고 시며 성질이 차다.
활 용	해열解熱, 인후종통咽喉腫痛 개선

연구 & 특허
● 조팝나무 추출물을 유효성분으로 함유하는 화장료 조성물 ● 여드름 및 여드름양 발진 완화용 또는 치료용 화장료 조성물 外 p.1014 참고

고서古書 · 의서醫書에서 밝히는 효능

운곡본초학 흉중담음胸中痰飮, 학질瘧疾을 치료하는 데 쓰는데, 정기正氣

가 허약한 자나 구병체약자久病體弱者는 기한다. 학瘧이 삼음三陰에 있거나 소화불량消化不良과 혀가 광택光澤한 자 등은 기한다.

특허 · 논문

● 조팝나무 추출물을 유효성분으로 함유하는 화장료 조성물 : 본 발명은 조팝나무(*Spiraea prunifolia var. simpliciflora*) 추출물을 유효성분으로 함유하는 화장료 조성물에 관한 것으로서, 조팝나무 추출물을 유효성분으로 화장료 조성물의 전체 중량에 대하여 0.001~30.0중량%를 함유하는 것을 특징으로 하며, 본 발명에 따르면, 조팝나무 추출물은 항산화 효과뿐만 아니라, MMP-1 생성 억제 효과, 자외선 유도에 의한 MMP-1 생성 억제 효과, 콜라겐 합성 증진 효과, 멜라닌 생성 억제 효과, 자외선 조사에 의한 세포독성 완화 효과, 자외선 조사에 의한 염증성 사이토카인 발현 억제 효과 및 피부 주름 개선 효과가 있어 각종 기능성 화장료를 제공할 수 있다. — 특허등록 제1176526호, 주식회사 코리아나화장품

● 여드름 및 여드름량 발진 완화용 또는 치료용 화장료 조성물 : 본 발명은 여드름 및 여드름양 발진 완화용 또는 치료용 조성물에 관한 것으로, 보다 상세하게는 죽여(竹茹)를 유효성분으로 하고 녹차산성다당체(acid polysaccharide of green tea)를 선택적으로 함유하는 여드름 및 여드름양 발진 완화용 또는 치료용 조성물에 관한 것이다. 또한 본 발명에 의한 여드름 및 여드름량 발진 완화용 또는 치료용 조성물은 조팝나무 추출물, 서양산사나무 추출물, 담쟁이 넝쿨 추출물 및 삼색제비꽃 추출물로 이루어진 군에서 선택된 1종 이상을 더 함유함으로써 우수한 항염 효과 및 진정, 열내림 효과를 나타낸다. — 특허등록 제1047612호, 주식회사 아모레퍼시픽

공조팝나무

꼬리조팝나무

당조팝나무

좀조팝나무

● **두피 및 모발 상태 개선용 조성물** : 본 발명은 두피 및 모발 상태 개선용 조성물에 관한 것으로, 보다 상세하게는 자일리톨, 산화아연, 감초 추출물, 조팝나무 추출물 및 마치현 추출물로 이루어진 군에서 선택된 1종 이상을 함유함으로써 양이온 계면활성제를 포함하는 모발용 조성물로부터 유발될 수 있는 두피의 따가움, 가려움, 염증 등의 자극을 완화하고 진정시켜 주는 효과를 갖는 두피 및 모발 상태 개선용 조성물에 관한 것이다. 또한, 본 발명의 조성물은 염색 및 퍼머 등과 같은 화학적 시술 시 나타날 수 있는 두피 자극을 완화 및 진정시킬 뿐만 아니라, 뛰어난 보습 효과 및 모발의 컨디셔닝 효과를 나타낸다. — 특허등록 제998992호, 주식회사 아모레퍼시픽

● **천연 식물 추출물을 포함하는 항균 조성물** : 본 발명은 조팝나무, 자귀나무 및 뽕나무 중에서 선택된 하나 이상의 식물의 추출물을 포함하는 항균 조성물에 관한 것이다. 본 발명의 항균 조성물은 광범위한 항균 스펙트럼을 나타낼 뿐만 아니라 항산화능을 지니며 인체에 독성을 나타내지 않으므로, 화장품 또는 의약품을 포함하여 항균 활성이 필요한 다양한 분야에 적용하여 우수한 항균 효과를 얻을 수 있다. — 특허등록 제729831호, 바이오스펙트럼 주식회사

● **조팝나무 뿌리의 성분 연구** : 본 논문은 조팝나무 뿌리의 성분에 대해 연구한 것으로, 조팝나무 뿌리를 MeOH(메탄올)로 추출한 후 몇 단계의 분획 과정을 거쳐 얻은 CHCL3 추출물에서 3종의 화합물을 단리하였고, 이 화합물들의 구조는 이화학적 및 분광학적 data 분석에 의해 1) 3β-hydroxyurs-12-ene-28-oic acid(ursolic acid), 2) 2α, 3β, 19α-trihydroxyurs-12-ene-28-oic acid(tormentic acid) 및 3)β-sitosterol-3-O-β-D-glucopyranoside로 동정되었다는 내용이다. — 대구효성가톨릭대학교 약학대학 이은희 외 3, 생약학회지(1996. 12. 30.)

● **국내 자생식물의 항균 활성** : 새로운 유용식물자원 개발의 일환으로 80종류(95시료)의 국내 자생식물

을 채집하여, 이들 methanol 추출물의 Bacillus subtilis, Staphylococcus aureus, Escherichia coli 및 Vibrio parahaemolyticus에 대한 항균력을 검토하였다. 실험 대상 4가지 균주 모두에 항균성을 보인 것은 사철쑥, 지칭개, 뽀리뱅이, 꿀풀, 광대나물 그리고 향나무였으며, 씀바귀, 떡쑥, 애기똥풀, 조팝나무, 냉이 전초 및 동백나무 잎 가지 등을 포함한 8 종류는 적어도 3가지 균주에 대해 항균성을 보였다. 반면에, 라일락 잎은 그람 음성균인 E. coli와 V. parahaemolyticus에서, 꽃다지는 V. parahaemolyticus에서, 얼레지의 인경은 B. subtilis에 대해 선택적인 항균성을 보였다. 특정균주에 대한 항균력을 살펴보면, B. subtilis에 대해서는 얼레지의 인경(18 ㎜)이, S. aureus에 대해서는 조팝나무(16 ㎜), E. coli에 대해서는 라일락의 잎(18㎜) 그리고 V. parahaemolyticus 에 대해서는 꽃다지(23㎜)가 각각 가장 높은 항균성을 나타내었다. 한편, 비교적 강한 항균 활성을 보여준 9 종류의 methanol 추출물을 극성에 따라 용매분획하여 얻은 n-hexane, chloroform, ethyl acetate와 물 분획물 의 B. subtilis와 V. parahaemolyticus에 대한 항균성 실험을 실시한 결과, 실험한 모든 분획물 중에서 지칭개의 chloroform 분획물이 가장 높은 항균력(각각 17㎜, 29㎜)을 보였다. 뽀리뱅이는 chloroform 분획물에서, 사철쑥, 씀바귀 및 꿀풀은 hexane 분획물에서, 그리고 동백 잎 줄기는 ethyl acetate 분획물에서 각각 상대적으로 강한 항균성을 보였으나, 향나무와 쇠뜨기는 물 분획물을 제외한 모든 분획물에서 비교적 고른 항균성을 보였다. — 경상대학교 농화학과 양민석 외 4. 한국응용생명화학회(1995. 12. 31.)

조팝나무

조팝나무

조팝나무

족제비싸리

콩과 / *Amorpha fruticosa* L.

콩과의 낙엽관목으로, 우리나라 어디서나 잘 자라는데, 특히 길가나 강둑, 철로에서 눈에 잘 띈다. 북아메리카가 원산지이다. 키는 3m에 달하며, 5~6월에 자주색의 꽃이 피고, 9월에 작은 꼬투리열매가 달린다. 꽃이 피기 전의 꽃차례와 색깔이 족제비 꼬리를 닮아서 '족제비싸리'라고 부른다.

생존력이 강하여 임도 비탈면 녹화 공법에 많이 이용하였으나 생태계 균형을 깨는 식물 가운데 하나로 취급 받고 있다. 족제비싸리 열매에서 살충 활성 물질을 분리하여 환경 친화형 농약도 개발한 바 있다.

약명/이명 자수괴紫穗槐 / 왜싸리

특허 · 논문

● 족제비싸리 부위별 추출물의 항암 및 면역 활성 : 족제비싸리의 각 부위별 추출물의 정상세포에 대한 독성을 살펴보기 위하여 인간 정장 폐세포인 HEL299를 이용하였으며 각 추출물은 1.0g/l의 농도에서 최

생육 & 채취	
장 소	전국의 길가, 강가, 철로
시 기	여름, 가을
부 위	잎, 씨앗
손질법	잎을 햇볕에 말린다.

효용	
성 미	자수괴 : 맛은 약간 쓰고, 성질은 서늘하다.
활 용	거습소종祛濕消腫, 혈압 강하, 혈액 순환 작용

연구 & 특허
● 족제비싸리 부위별 추출물의 항암 및 면역활성 싸 p.1014 참고

고 22.2%의 세포독성을 나타내었다. 또한 항암 활성 효과를 살펴보기 위하여 2가지의 암세포를 이용하였는데, A549와 AGS에서 뿌리 추출물의 경우 1.0 g/l의 농도에서 70% 정도의 높은 억제 활성을 나타내었고, 또한 암세포의 생육활성에 대한 정상 세포의 세포독성의 비로 나타낸 선택적 사멸도는 고농도에서는 모두 1.5 이상으로 나타나 모두 암세포에 대한 선택성이 있는 것으로 나타났다. 면역세포의 생육 촉진 실험을 위하적 인간의 B cell과 T cell을 이용하였으며 각 추출물의 농도를 \$0.5 g/l로 하여 실험을 실시하였다. 생육도는 T cell의 경우 배양 6일째 수피 추출물이 $7.5 \times 10^4 cells/ml$의 세포 농도를 나타냈으며 B cell의 경우 배양 5일째 $4.5 \times 10^4 cells/ml$의 농도를 나타내었다. 면역세포를 이용한 cytokine의 분비량 측정 실험에서는 뿌리의 추출물이 배양 시간에 따른 cytokine의 분비가 가장 높게 나타나는 것을 확인할 수 있었다. 각 세포의 TNF-a의 분비량은 6일째 최고의 분비량을 나타내었고 뿌리 추출물의 경우 대조구에 비해 7~8배 가량 정도 더 높은 분비량을 나타낸 것으로 확인되었다. IL-6의 경우 5일째까지 감소하다가 6일째부터 증가하는 경향을 나타내었는데 잎과 열매에서 가장 높은 분비량을 나타내었다. 또한 족제비싸리 추출물을 첨가한 배지에 의한 B cell과 T cell의 면역 활성 및 cytokine의 분비량에 따른 NK cell의 면역 활성을 측정하였으며 모든 추출물에서 배양 시간에 따라 유의적으로 증가하는 것을 확인하였다. 그중 족제비싸리의 수피 추출물에서 B cell의 경우 $14.2 \times 10^4 cells/ml$, T cell의 경우 $14.2 \times 10^4 cells/ml$으로 가장 높은 생육 활성을 나타내었다. — 강원대학교 바이오산업공학부 김정화 외 5, 한국약용작물학회지(2005. 2. 28.)

족제비싸리

족제비싸리

족제비싸리

족제비싸리

좀목형

마편초과 / *Vitex negundo* var. *incisa* (Lam.) C.B.Clarke

마편초과에 속하는 낙엽관목으로, 우리나라 경상도 지리산과 경기도 일대에 자생하는 휘귀식물이다. 키는 3m 정도이고, 잎 뒷면에는 짧은 털이 있으며 가장자리에는 톱니가 있거나 없기도 한다. 7~8월에 같은 마편초과의 순비기나무나 누린내풀과 비슷한 모양의 자주색 꽃이 피는데, 꿀이 매우 많아 밀원자원이 된다. 9~10월에 검게 익는 열매를 '모형자牡荊子'라 하여 약용한다.

거담 · 진해 · 진통 작용이 있어서 해소와 천식, 복통에 약으로 쓰이며, 부인들의 백대하나 어린아이의 천식을 해소하는 데도 이용된다.

약명/이명 모형자牡荊子 / 풀목향, 좀순비기나무, 좀모형

특허 · 논문

● 경구용 육모제 : 본 발명은, 차조기과(Lamiaceae) 오르소시폰속(Orthosiphon) 또는 마편초과(Verbenaceae) 비텍스속에 속하는 어느 하나의 식물{(*Vitex trifolia* L.), 순비기나무(*Vitex rotundifolia* L.f.), 목형(*Vitex cannabifolia*

생육 & 채취	
장 소	경상도 지리산, 경기도 일대
시 기	9~10월
부 위	열매
손질법	햇볕에 말린다.

효 용	
성 미	맛은 맵고 쓰며 성질은 따뜻하다.
활 용	거담, 진해, 진통 작용

연구 & 특허
● 경구용 육모제
● 사염화탄소 유발 간 손상에 대한 좀목형 (Vitex negundo)의 간 보호 효과 ※ p.1015 참고

Sieb.et Zucc.), 좀목형(*Vitex negundo* L.) 또는 서양순비기나무(*Vitex agnus-castus* L.)로 이루어지는 군으로부터 선택) 또는 그의 식물추출물을 1종 또는 2종 이상 함유하는 경구용 육모제 및 상기 경구용 육모제를 사용한 식품을 개시하는 것이다. — 특허공개 10-2005-0059150호, 선스타 가부시키가이샤, 니뽄 신야쿠 가부시키가이샤

● 사염화탄소 유발 간 손상에 대한 좀목형(*Vitex negundo*)의 간 보호 효과 : 본 논문은 사염화탄소 유발 간 손상에 대한 좀목형(*Vitex negundo*)의 간 보호 효과를 연구한 논문으로, 주요 내용으로는 냉 침연을 통해 좀목형 잎의 알코올 추출물을 얻고, 사염화탄소-유발 간 손상에 대한 간 보호 작용을 조사하기 위해 250㎎/㎏ 추출물 용량을 선택하였다. 추출물은 간 손상을 예방하는 데 효과적이며, 이는 형태적, 생물화학적 및 기능적 지표로써 입증된다는 내용이다. — Avadhoot, Y 외 1, 약학회지(1991. 3)

● 좀목형으로부터 강력한 모기기피약의 분리(Rotundial의 대체 자원) : 본 논문은 좀목형(*Vitex negundo* L.)으로로부터 강력한 모기 기피약의 분리, Rotundial의 대체 자원을 연구한 논문으로 주요 내용으로는 좀목형 신선잎의 수 추출물의 클로로포름 분획으로부터 생물 활성 추적 분리에 의해 강력한 모기 기피 작용을 가지는 순수 화합물, rotundial (1)이 분리되었다. 분광데이터(UV, VR, 1H&13C NMR 및 MS)를 이용하여 그 구조를 규명하였다는 내용이다. — Amancharla, Praveen K. 외 3, 생약학회지(1999. 6)

좀목형 꽃봉오리

좀목형 꽃

좀목형 줄기

좀목형 열매

좀작살나무

마편초과 / *Callicarpa dichotoma* Thunb.

마편초과의 낙엽활엽관목으로, 우리나라가 원산지이며, 중부 이남의 산기슭에서 자란다. 키는 1.5m 내외로 나무껍질은 회갈색이며 어린 가지는 네모나고 성모가 있다. 7~8월에 연한 자주색의 꽃이 피고, 10월에 짙은 자주색 열매가 익는다. 작살나무(*Callicarpa japonica* Thunb.)보다 작기 때문에 '좀작살나무'라고 한다.

유사종으로 민작살나무·흰작살나무·왕작살나무 등이 있다. 작살나무 또는 좀작살나무의 뿌리와 줄기, 잎을 '자주紫珠' 라 하여 피를 순환시키고 지혈止血하며, 열을 내리고 독毒을 제거하는 약재로 쓴다. 어혈·장출혈·자궁출혈·호흡기 감염증·편도선염을 치료하는 효과가 있다.

약명/이명 자주紫珠 / 송금나무

특허 · 논문

● 정제 봉독, 단풍나무 추출물 및 작살나무 추출물을 유효성분으로 포함하는 기능성 천연 화장료 조성물 : 본 발명은 정제 봉독과 천연 추출물

생육 & 채취	
장 소	중부 이남의 산기슭
시 기	7~8월
부 위	뿌리, 줄기, 잎
손질법	햇볕에 말린다.

효 용	
성 미	맛은 떫고 쓰며 성질은 서늘하다.
활 용	제열해독除熱解毒, 활혈지혈活血止血

연구 & 특허
● 정제 봉독, 단풍나무 추출물 및 작살나무 추출물을 유효성분으로 포함하는 기능성 천연 화장료 조성물

을 유효성분을 포함하는 기능성 천연 화장료 조성물에 관한 것으로, 보다 구체적으로는 봉독의 유효성분을 함유한 정제 봉독, 단풍나무 추출물 및 작살나무 추출물을 일정한 비율로 조합한 기능성 천연 화장료 조성물에 관한 것이다. 본 발명의 화장료 조성물은 정제 봉독, 단풍나무 추출물 및 작살나무 추출물을 일정한 비율로 혼합하여 우수한 항염증, 항균 및 항산화 효과를 나타내며, 세포독성이 매우 낮고, 피부 미백, 노화 방지 등의 효과를 나타내어 기능성 천연 화장료 조성물로 활용될 수 있다. — 특허등록 제1089779호, 주식회사 청진바이오텍

좀작살나무 꽃

좀작살나무

좀작살나무

좀작살나무

좁쌀풀

앵초과 / *Lysimachia vulgaris var. davurica* (Ledeb.) R.Kunth

앵초과의 여러해살이풀로, 전국 각지의 계곡 및 햇살이 잘 드는 습지에 자란다. 키는 40~80㎝ 정도이고, 줄기가 가지를 치지 않는다. 꽃은 6~7월에 황색으로 피고, 9~10월에 열매가 익는다. 어린순은 식용하고, 뿌리를 포함한 모든 부분을 약재로 쓴다. 유사종으로 참좁쌀풀·애기좁쌀풀·큰산좁쌀풀·앉은좁쌀풀 등이 있다.

약명/이명 황련화黃連花, 황속채黃粟菜 / 달호리황연화, 좁쌀까치수염, 황연화

고서古書 · 의서醫書에서 밝히는 효능

운곡본초학 지상부를 약용하는데 생약명은 '황련화黃連花'라고 하며 혈압강하의 효능이 있고, 고혈압·두통·실면 등을 치료한다.

동의학사전 약리 실험에서 소염 작용, 지사 작용, 지혈 작용 등이 밝혀졌다. 설사, 위염, 위궤양, 인후염, 각혈, 적리, 치질로 인한 출혈 등에 쓴다. 고혈압병, 불면증 등에도 쓴다. 하루 9~15g을 달여 먹는다.

생육 & 채취	
장 소	전국 각지의 계곡이나 습지
시 기	여름
부 위	어린순(식용) 전초(약용)
손질법	전초를 베어 햇볕에 말린다.

효 용	
성 미	맛은 시고 성질은 약간 차다.
활 용	혈압강하, 고혈압, 두통, 실면 등에 좋다.

연구 & 특허
● 빌베리 추출 분말을 함유하는 시력 보호용 조성물 및 그 제조 방법 ● 국내 자생 자원식물들의 항산화 활성 검색 外 p.1015 참고

● **빌베리 추출 분말을 함유하는 시력 보호용 조성물 및 그 제조 방법** : 본 발명은 안토시아닌이 다량으로 함유되어 있는 빌베리 추출 분말을 주성분으로 하는 시력 보호용 조성물 및 그 제조 방법에 관한 것이다. 본 발명은 빌베리 파쇄액의 떫은맛을 제거하고 추출 수율을 높이기 위하여 펙틴분해효소를 첨가하여 효소분해한 후, 에탄올을 첨가하여 얻은 빌베리 추출물을 분무 건조하여 빌베리 추출 분말을 얻는다. 분리된 빌베리 추출 분말을 눈 보호에 좋은 비타민 A, 결명자, 마리골드, 좁쌀풀, 천연토코페롤, 포도씨유, 타우린, 비타민B₆염산염, 산화아연 및 대두레시틴과 혼합하여 시력보호용 기능성식품으로 제공할 수 있다. 본 발명은 STZ로 당뇨 유도 생쥐의 수정체 혼탁도가 크게 감소하여 백내장 손상 억제 효과가 있고, 산화성 손상에 의한 수정체 손상을 억제하는 등 시력 보호 효과가 우수하다. ― 특허등록 제739006호, 주식회사 로제트

※ 빌베리는 오래전부터 식용으로 이용되어 온 기록이 있는데, 빌베리는 짙은 남색이며 신맛이 나는데 '유러피안 블루베리'라는 이름으로 불린다. 모양이 블루베리나 허클베리와 비슷하며 유럽에서는 오래전부터 파이 · 잼을 비롯한 여러 가지 음식의 재료로 이용되었다. 적어도 수천 년 전부터 이 식물의 열매와 잎은 설사 · 이질 · 괴혈병 · 목과 코의 점막 감염 · 비뇨기 감염 · 담석 등의 치료에 사용되었다. 현재도 유럽과 북아메리카에서는 빌베리 잎차와 추출물 등 빌베리를 이용한 다양한 건강보조식품이 생산, 판매 중이다.

● **국내 자생 자원식물들의 항산화 활성 검색** : 자생식물의 항산화 활성 탐색을 위하여 140종의 식물을 80% ethanol로 추출하여 활성을 확인하였다. 그 결과 며느리배꼽이 가장 높은 항산화 활성을 나타내었고(VitaminE, ORACPE=1.0), 쉬땅나무, 찔레나무, 좁쌀풀, 갈참나무, 신갈나무 그리고 싸리의 순으로 항산화 활성이 높은 것으로 조사되었다. ― 세명대학교 자연약재과학과 양윤정 외 3, 자원식물학회지(2011)

좁쌀풀

좁쌀풀

좁쌀풀

주름잎

현삼과 / *Mazus pumilus* (Burm.f.) Steenis

현삼과의 한해살이 또는 두해살이풀로, 논밭둑이나 습지, 풀밭 등 양지 바른 곳이면 어디서나 잘 자란다. 키는 5~20㎝ 정도이고, 땅 가까이 낮게 퍼지며, 식물 전체에 잔털이 있다. 잎 옆면에 주름이 있어서 '주름잎'이라고 부른다. 5~8월에 연보랏빛의 꽃이 핀다.

유사종으로 누운주름잎·선주름잎 등이 있는데 전초를 '녹란화綠蘭花'라 하며 약용한다.

이른 봄에 어린순을 데쳐서 나물로 먹거나 날것을 김치에 넣어 먹기도 하는데, 쓴맛이 없다. 우리나라 전역에서 발견되는 흔한 풀이지만 약용 자원식물로서의 연구는 거의 없다.

약명/이명 통천초通泉草 / 주름잎풀, 선담배풀, 고초풀, 담배깡랭이, 담배풀

고서古書 · 의서醫書에서 밝히는 효능

운곡본초학 녹란화는 소종消腫, 지통止痛, 해독解毒의 효능이 있고, 농포

생육 & 채취	
장 소	전국의 논둑, 밭둑
시 기	이른봄(식용) 여름(약용)
부 위	전초
손질법	생것은 짓찧어 외용약으로 쓰거나 말려서 사용한다.

효 용	
성 미	맛은 달고 성질은 시원하다.
활 용	청열淸熱, 소종消腫, 해독解毒

연구 & 특허
● 주름잎(*Mazus japonicus*)의 성분 및 생리활성에 관한 연구, 윤미성, 성균관대학교 석사학위 논문(2006)

창농포瘡膿疱, 정창疔瘡, 탕상湯傷, 요로감염尿路感染, 복수腹水, 황달형간염黃疸型肝炎, 소아감적小兒疳積, 열독옹종熱毒
癰腫, 소화불량消化不良을 치료한다.

특허 · 논문

● 주름잎(Mazus japonicus)의 성분 및 생리활성에 관한 연구 — 윤미성, 성균관대학교 석사학위 논문(2006)

주름잎

주름잎

선주름잎

주엽나무

콩과 / *Gleditsia japonica* Miq.

콩과의 낙엽교목으로, 우리나라 전역의 양지바른 산기슭이나 골짜기, 냇가에 주로 서식한다. '쥐엽나무'라고도 한다. 키는 10m 정도이고, 굵은 나무의 껍질은 회갈색, 어린 나무의 껍질은 밝은 갈색이다. 6월에 연한 황녹색의 꽃이 피고, 10월경에 길고 납작한 꼬투리 모양 열매가 나사 모양으로 비틀려 검붉은 자주색으로 익는다.

가시를 '조각자皂角刺', 열매를 '조각자皂角子'라 하여 약용하는데, 거풍살충祛風殺蟲·소종배농消腫排膿 효능이 있다. 꽃은 중요한 밀원자원이며, 목재 무늬가 아름다운 장밋빛을 띠고 있어서 가구나 목공예품 재료로 좋다.

약명/이명 조각자皂角子, 천정天丁 / 주엽나무, 쥐엽나무

고서古書 · 의서醫書에서 밝히는 효능

운곡본초학 열매를 '조각자皂角子'라고 하여 약용하는데, 거풍祛風, 소종消腫, 윤조潤燥, 통변通便, 살감충殺疳蟲하는 효능이 있어서 전간담성癲癎

생육 & 채취	
장 소	전국의 양지바른 산기슭이나 냇가
시 기	봄. 가을
부 위	줄기, 열매
손질법	가시를 떼내어 햇볕에 말린다.

효용	
성 미	맛은 맵고 성질은 따뜻하며 약간의 독성이 있다.
활 용	악창. 나병 등을 치료한다.

연구 & 특허
● 조각자 가시 추출물을 포함하는 대장암 예방 또는 치료용 조성물 ● 조각자 추출물을 유효성분으로 함유하는 당뇨병 및 당뇨병 합병증의 예방 또는 치료용 조성물   外 p.1015 참고

痰盛, 관규불통關竅不通, 혼미불성昏迷不醒, 대변조결大便
燥結, 각담불상咯痰不爽, 후비담조喉痺痰阻, 옹종나종, 완
담천해頑痰喘咳, 중풍구금中風口噤을 치료한다.

특허 · 논문

● 조각자 가시 추출물을 포함하는 대장암 예방 또는
치료용 조성물 : 본 발명은 조각자 가시 추출물을 유효
성분으로 포함하는 대장암 예방 또는 치료용 조성물에
관한 것이다. 조각자나무 가시 추출물을 유효성분으로
포함하는 본 발명의 조성물은 대장암 세포에 대한 우수
한 세포독성을 나타내며, 세포주기 조절인자인 Cdc25c,
Cdc2 및 사이클린 B의 발현 및 활성을 억제하여 세포
주기를 G2/M 단계에서 어레스트 하며, 전사인자 NF-
κB 및 AP-1의 활성을 방해하여 대장암 세포의 MMP-9
의 활성을 억제하여 암세포의 전이를 효과적으로 저
해하고, 또한 Erk, p38MAP 키나아제 및 JNK와 같은
MAPK(mitogen-activated protein kinase)의 활성을 촉진하여
암세포의 아폽토시스를 유도하고, 동물 개체 수준에서
도 우수한 항암 활성을 나타낸다. 또한 본 발명의 조성
물은 오랫동안 한약재로 이용되고 있는 조각자나무 가
시 추출물을 유효성분으로 포함하기 때문에 안전성이
우수하나. — 특허능록 제1008922호, 한국교통대학교 산학협력단, 주
식회사 로드

● 조각자 추출물을 유효성분으로 함유하는 당뇨병 및
당뇨병 합병증의 예방 또는 치료용 조성물 : 본 발명은
조각자 추출물을 유효성분으로 함유하는 항당뇨 및 항
산화 조성물, 및 당뇨병과 당뇨병으로 인한 합병증의
예방, 개선 및 치료를 위한 그의 용도에 관한 것이다. —
특허공개 10-2011-0139086호, 경남대학교 산학협력단

● 식물 추출물로 이루어진 인플루엔자 바이러스에 대
한 항바이러스제 및 이를 함유하는 위생 용품 : 본 발
명은 인체에 독감을 발병시키는 인플루엔자 바이러스
(Influenza Virus)에 대하여 항바이러스 활성을 나타내는
항바이러스제 및 이를 함유하는 항바이러스 위생용품

주엽나무

주엽나무 꽃

주엽나무 열매

주엽나무 마른 열매

주엽나무

에 관한 것이다. 본 발명의 인플루엔자 바이러스에 대한 항바이러스제는 식물로부터 추출한 천연 항바이러스 추출물로서, 부평초 추출물, 오미자 추출물, 측백엽 추출물, 택란 추출물, 목적 추출물 및 조각자 추출물로 이루어진 군으로부터 선택된 어느 하나 이상의 식물 추출물로 이루어진다. 본 발명에 따라 인플루엔자 바이러스에 대한 항바이러스제로 사용되는 부평초 추출물, 오미자 추출물, 측백엽 추출물, 택란 추출물, 목적 추출물 및 조각자 추출물은 한약재로 쓰이는 식물로부터 추출된 추출물로서 인체에 대한 안전성이 검증되어 있을 뿐만 아니라 인플루엔자 바이러스에 대한 항바이러스 효과가 우수하므로, 구강 세정제, 피부 세정제, 주방식기 세정제 등의 위생용품에 첨가되어 유용하게 사용될 수 있다. — 특허등록 제1060794호, 주식회사 엘지생활건강

● 조각자 추출물이 인간 유래 유방암 세포의 유전자 발현에 미치는 영향 : 본 연구는 조각자 추출물이 인간 유래 유방암 세포의 유전자 발현에 미치는 영향에 관한 것으로서 주요 내용은 다음과 같다. 본 연구에서는 조각자 추출물이 인간 유래 유방암 세포의 증식률 및 유전자 발현 양상에 미치는 영향을 관찰하기 위하여, MDA-MB-231 세포에 조각자 추출물을 처리하고 증식률을 관찰한 다음, 총 RNA를 추출한 후 DNA 칩을 이용하여 유전자 발현 양상을 관찰하였다. 실험 결과 조각자는 유방암 세포 증식을 억제함으로써, 항암제로 사용될 수 있다는 내용이다. — 동신대학교 한의과 대학 한방부인과학 교실 반혜란 외 3, 대한한방부인과학회지(2009. 5. 29.)

주엽나무

주엽나무

주엽나무

주홍서나물

국화과 / *Crassocephalum crepidioides* (Benth.) S.Moore

국화과의 한해살이풀로, 남부 지방과 제주도의 길가나 빈터에서 자란다. 남부 지방에만 자라는 것으로 알려져 있지만 2004년에 한 고등학교 교사에 의해 경기도 안성에서 군락이 발견된 적이 있다.

아프리카가 원산지로, 우리나라에는 1980년대에 사료 작물로 들어온 귀화식물이다. 키는 30~100㎝ 정도로, 줄기는 곧게 자라고 위에서 가지가 많이 갈라지고 가는 털이 성글게 달리며, 잎 가장자리에 불규칙한 톱니가 있다. 7~9월에 종 모양의 주홍색 꽃이 피고, 8~10월에 열매가 익는다.

유사종으로 붉은서나물·쇠서나물·개마쇠서나물 등이 있으며 어린 순은 모두 나물로 이용한다. 주홍서나물은 잎이 넓고, 꽃이 주홍색으로 고개를 숙이는 반면, 붉은서나물은 잎이 좁고, 결각이 강하게 들어 있으며 고개를 숙이지 않는다.

이명 남해붉은서나물

생육 & 채취	
장 소	제주도, 남부 지역의 길가
시 기	봄(식용) 여름(약용)
부 위	잎, 줄기
손질법	식용 : 데쳐서 무친다. / 약용 : 전초를 채취, 손질하여 햇볕에 말린다.

효 용	
성 미	독이 없다.
활 용	건위, 소종 효과. 복부팽만, 설사를 개선한다.

연구 & 특허
● 붉은서나물(*Erechitities hieracifolia* Raf.) 잎에서의 Polyphenoloxidase 활성 측정 및 항산화 효소 특성 분석

특허 · 논문

● 붉은서나물 잎(*Erechitities hieracifolia* Raf.)에서의 Polyphenoloxidase 활성 측정 및 항산화 효소 특성 분석 : 본 논문은 붉은서나물 잎(*Erechitites hoeracifoloa* Raf.)에서의 polyphonoloxidase활성 측정 및 항산화 효소 특성 분석 연구 논문으로 주요 내용으로는 붉은서나물 잎 중의 polyphenol 물질 및 polyphenoloxidase 존재를 추정하고 이를 규명하고자 항산화 효소인 superoxide dismutase(SOD), peroxidase(POD), catalase(CAT)의 동위 효소 밴드 패턴을 확인하고 자유 라디칼 소거 활성을 측정하는 내용이다. — 숙명여자대학교 약학대학 김안근 외 3, 약학회지(2002. 8. 31.)

죽봉령

죽복령은 대나무 뿌리에 기생하는 혹으로, 소나무 뿌리에 기생하는 '복령茯笭'과 같다고 하여 '죽복령竹茯笭'이라고 한다.

대나무는 전세계에 20속 500여 종이 있는데, 전세계에 12속 500여 종이 있으며 우리나라에는 약 5속 70여 종이 자라고 있다. 그중에서 왕대苦竹, 솜대淡竹, 맹종죽孟宗竹 이 세 종류가 재배하여 활용하기 좋은 종류로 알려져 있다.

사철 푸르고 줄기가 곧은 대나무는 동양에서 신성한 기운이 있는 식물로 여겨져 왔고, 한의학에서는 빠르게 자라는 성질을 발산지기發散之氣로 이해하여 사기邪氣와 탁기濁氣를 물리치는 약재로 사용해 왔다. 모든 대나무는 모두 맛이 달고 서늘하며, 죽순, 어린잎, 줄기의 진액[죽력], 뿌리 등 거의 모든 부분을 약으로 쓴다. 죽순을 음식으로 먹으면 가슴이 답답하고 열이 나는 증상이 사라지고 기운이 생긴다고 했고, 대나무 줄기를 불에 달구어 받은 진액인 죽력竹瀝은 동양에서 오랫동안 상용해 온 중요한 약재이다. 《동의보감》에서는 죽력에 대해, '갑자기 온 중풍中風,

생육 & 채취	
장 소	키 큰 대나무 숲
시 기	10월~이른봄
부 위	덩어리 전체
손질법	물에 씻어 물기를 없앤 뒤 잘게 썰어 끓여 먹거나 술을 담근다.

효용	
성 미	맛이 달고 서늘하다.
활 용	기혈순환 작용. 해열 · 해독 작용

연구 & 특허	

가슴의 대열大熱을 다스리고 번민煩悶을 그치게 한다. 중풍으로 인한 실음불어失音不語, 담열痰熱로 인한 혼미昏迷 등을 치료한다. 소갈消渴을 그치게 하고, 파상풍과 산후의 발열發熱, 소아의 경간驚癎 등 일체의 위급한 질환을 치료한다'라고 기록하고 있다.

대나무의 다양한 쓰임새에 비해 죽봉령은 생약재로 이용한 기록이 드물고, 현대적으로 해석한 자료도 찾아보기 어려운데, 이는 시료가 부족한 탓으로 여겨진다. 약초 연구가 전동명 님은 다음과 같이 소개하고 있다.

"대나무 뿌리에 기생하는 혹, 죽복령竹茯笭 : 우리나라 남부 지방의 키 큰 대나무 밭에 가면 뿌리에 기생하는 혹이 있는데, 그 이름에 대해서 대나무뿌리에 기생하는 혹이 소나무뿌리에 기생하는 혹과 같다고 하여 죽복령(竹茯笭), 발음이 나오는대로 죽봉령, 죽봉녕, 죽봉, 대뿌리혹, 대나무뿌리혹 등으로 부른다. 흔히 대나무는 줄기에 공간이 생겨서 속이 텅텅 비어 있는 것을 볼 수 있다. 하지만 놀라운 사실은 대나무뿌리는 전혀 빈 공간이 없으며 그 밀도가 치밀하고 조밀한 것이 줄기와는 전혀 다르다는 사실이다. 그러한 동종요법의 원리로 각종 관절염 등 뼈 질환에서 응용한다면 효험이 있을 것으로 추리해 볼 수 있다."

약명/이명 죽복령竹茯笭 / 죽봉, 대뿌리혹, 대나무뿌리혹

이내 꽃

죽순

대나무

죽절초

홑아비꽃대과 / *Sarcandra glabra* (Thunb.) Nakai

홑아비꽃대과의 상록활엽반관목으로, 우리나라에서는 제주도, 남해안 일부 지역에서만 자생한다. 멸종 위기 2급 식물로 지정되었다. 높이는 1m 정도이고 줄기는 녹색이며 마디가 두드러진다. 대나무와 같은 마디를 가지고 있지만 풀처럼 부드럽기 때문에 '죽절초'라는 이름이 붙었다. 6~7월에 연한 황색의 꽃이 피고 11~12월에 붉은색 열매가 익는다. 잎 모양이 아름답고 빨간 열매가 겨울에도 달려 있어 관상용으로도 인기가 있다.

약명/이명 죽절초竹節草, 구절다九節茶 / 죽절나무

특허 · 논문

● 극세 결합수로 변환된 해양심층수를 이용하여 추출한 죽절초 추출물과 이를 이용한 아토피 피부에 개선 효과가 있는 화장료 조성물 : 본 발명은 극세 결합수로 변환한 해양 심층수로 추출한 죽절초 추출물이 피부의 세포활성을 촉진하고, 표피세포에 대한 수분 공급 능력을 향상시켜

생육 & 채취	
장 소	제주도, 남해안 일부
시 기	여름(가지, 잎) 가을~겨울(열매)
부 위	가지, 잎, 열매
손질법	햇볕에 말린다.

효 용	
성 미	맛은 맵고 성질은 평하다.
활 용	항균抗菌, 청열淸熱, 해독解毒, 거풍祛風, 제습除濕, 활혈活血, 지통止痛

연구 & 특허
● 극세 결합수로 변환된 해양심층수를 이용하여 추출한 죽절초 추출물과 이를 이용한 아토피 피부에 개선 효과가 있는 화장료 조성물 外 p.1015 참고

보습 효과를 증대시킴은 물론, 진피층 내 콜라겐 생합성 능력을 향상시키고, 피부의 자극을 완화한 아토피성피부염 개선용 화장료 조성물에 관한 것이다. 본 발명에 따른 죽절초 추출물은 항염증 작용 및 항알레르기 작용에 의한 피부 진정 효과를 가지며, 상기 죽절초 추출물의 농도는 5% 내지 80%이고, 함량은 상기 극세결합수를 함유하는 해양 심층수 100중량부에 대하여 0.1 내지 30중량부이다. 상기 아토피성피부염 개선용 조성물은 피부 독성이 없어, 민감성 피부에 적용할 수 있으며, 장기간 사용하여도 부작용이 유발되지 않는 장점이 있다. — 특허공개 10-2009-0071520호, 해브앤비 주식회사

● 산딸나무, 찔레나무, 비자나무, 파초 및 죽절초 혼합물의 추출물을 함유하는 화장료 조성물 : 본 발명은 산딸나무, 찔레나무, 비자나무, 파초 및 죽절초를 혼합한 혼합물에 추출용매를 첨가하여 추출한 추출물을 유효성분으로 함유하는 것을 특징으로 하는 화장료 조성물에 관한 것으로, 산딸나무, 찔레나무, 비자나무, 파초, 죽절초의 일정한 혼합비로 혼합한 후, 추출용매에 침적시켜 추출한 식물 혼합추출물을 유효성분으로 함유함으로써 엘라스타제 억제 작용, 탄력 효과 및 항염증 작용 효과가 증진된 화장료 조성물을 제공할 수 있다. — 특허등록 제 1002012호, 주식회사 뉴앤뉴

죽절초

죽절초 풋열매

죽절초 열매

줄

화본과 / *Zizania latifolia* (Griseb.) Turcz. ex Stapf

연못이나 냇가에 자라는 화본과의 여러해살이풀로, '줄풀'이라고도 한다. 키는 1~2m에 이르며, 8~9월에 꽃이 핀다. 부들과 함께 자생하는 경우도 있는데 부들보다는 잎이 얇고 넓다. 한방에서는 전초를 '고장초菰蔣草', 뿌리는 '고근菰根', 씨앗은 '고자苽子', 깜부기로 인해 줄기에 생긴 균핵은 '교백茭白'이라 하여 약용한다. 씨앗을 '고미菰米', 영어로는 '와일드 라이스Wild rice' 즉 야생쌀이라 하여 식용한다. 여름에 나오는 연한 순도 '고채菰菜'라 부르며 식용한다.

약명/이명 고장초菰蔣草, 고근菰根, 고자苽子 / 줄풀

고서古書 · 의서醫書에서 밝히는 효능

동의보감 성질은 몹시 차고[大寒] 맛은 달며[甘] 독이 없다. 장위腸胃에 고질이 된 열을 내리고 소갈을 멎게 한다. 눈이 노란 것을 낫게 하고 대소변을 잘나가게 하며 열리熱痢를 멎게 하고 주사비酒齄鼻와 낯이 붉은 것을 낫게 한다. 그러나 속을 훑어내리므로 많이 먹지 말아야 한다.

생육 & 채취	
장 소	연못이나 냇가
시 기	초여름
부 위	어린잎. 줄기. 뿌리
손질법	그늘에서 말린다.

효용	
성 미	고근 : 맛은 달고 성질은 매우 차며 독이 없다.
활 용	가슴답답증을 없애고 숙취를 풀며 소화를 돕는다.

연구 & 특허
● C형 간염 활성 억제를 갖는 줄풀 추출물을 포함하는 조성물
● 고장초 추출물을 함유하는 알러지 개선용 조성물
※ p.1015 참고

● C형 간염 활성 억제를 갖는 줄풀 추출물을 포함하는 조성물 : 본 발명은 줄풀(*Zizania latifolia* TURCZ.)의 추출물을 사용하여 C형 간염 바이러스(HCV)의 복제에 필수적인 C형 간염 바이러스 유래 RNA 복제효소(RNA-dependent RNA polymerase)의 활성 저해제를 스크리닝하고 세포독성을 검토하여, C형 간염의 예방과 치료에 효과적인 의약품 및 건강보조식품을 제공한다. 줄의 잎과 뿌리, 줄기에는 단백질과 정유, 회분 그리고 미량 원소가 많이 들어 있고, 열매에는 녹말, 당분 그리고 갖가지 미량 원소가 함유되어 있으며, 당뇨병, 고혈압, 중풍, 심장병, 변비, 비만, 동맥경화 및 해독 등에 효과가 있다고 알려져 있고(정보섭, 신민교; 도해 향약(생약)대사전, 영림사, pp235~236, 1998), 특히 장과 위를 튼튼하게 한다. 발명자들은 국내 자생 약용식물로부터 HCV의 치료제를 얻기 위해 노력하던 중, 기존에 중풍, 당뇨병 및 심장병 등의 질환에 사용되어 온 줄풀의 극성 및 비극성 용매 가용추출물이 HCV의 단백질 분해효소에 대해 강한 저해 활성을 나타낸다는 사실을 알아내어 본 발명을 완성하였다. — 특허공개 10–2003–0092449호, 주식회사 한국토종약초연구소

● 고장초 추출물을 함유하는 알러지 개선용 조성물 : 본 발명은 고장초추출물을 유효성분으로 함유하는 알러지 개선용 조성물에 관한 것으로서, 구체적으로는 고장초 조추출물의 비극성 용매 가용 분획물을 유효성분으로 포함하는 알러지 개선용 조성물에 관한 것이다. 본 발명의 고장초추출물은 매우 안전할 뿐만 아니라, 염증과 알러지 반응에 관련된 사이토카인 활성 억제 및 비만세포로부터의 베타-헥소사미니데이즈(β-hexosaminidase) 방출을 억제하는 등의 효과가 있어 알러지 증상을 개선하는 데 유용하게 사용될 수 있다. — 특허등록 제1181321호, 계명대학교 산학협력단

줄

줄

줄

중대가리풀

국화과 / *Centipeda minima* (L.) A.Br. & Asch.

국화과의 키 작은 한해살이풀로, 우리나라 전역의 길가, 밭이나 논둑의 습기 있는 곳에서 자란다. 식물 길이는 10~20㎝ 정도이고, 줄기가 땅위를 낮게 뻗어 가며 군데군데 뿌리를 내린다. 7~8월에 녹색 또는 갈색이 도는 작은 꽃이 피고, 9월에 열매가 익는다. 잎과 줄기와 뿌리 전체를 약재로 쓰는데, 꽃이 피었을 때 전초를 채취하여 햇볕에 말려 만성비염이나 두통의 치료 등에 이용한다.

약명/이명 아불식초鵝不食草 / 석호유, 식호유, 계장초, 지호초

고서古書 · 의서醫書에서 밝히는 효능

본초강목 해독하고 시력을 아주 좋게 하며 눈의 적종赤腫을 제거한다. 운예雲翳, 난청, 두통, 담학痰瘧에 의한 후합, 비색鼻塞을 치료한다. 코를 막는 굳은 살이 저절로 떨어지고 또 창종瘡腫이 없어지게 한다.

약초의 성분과 이용 민간에서 전초를 눈병(곪는 염증), 씨를 벌레떼기약으로 쓴다.

생육 & 채취	
장 소	우리나라 전역의 길가
시 기	꽃이 피었을 때
부 위	전초
손질법	진흙, 불순물을 제거하고 썰어서 햇볕에 말린다.

효 용	
성 미	맛은 맵고 약성은 따뜻하다.
활 용	지해止咳, 거담, 평천平喘 작용

연구 & 특허
● 인터루킨-5 작용을 억제하는 식물 엑스에 관한 연구

● **인터루킨-5 작용을 억제하는 식물엑스에 관한 연구** : 본 연구과제는 작용기전을 바탕으로 하여 활성 물질을 탐색하는 연구의 일환으로, 식물엑스로부터 인터루킨-5 활성을 억제하는 물질을 도출하는 것이 연구목적이다. 본 연구과제의 결과를 요약하면 인터루킨-5의 수용체 길항제 및 신호전이 억제제를 탐색할 수 있는 인터루킨-5 bioassay에 대한 식물엑스 총 477종의 억제 효과를 평가한 결과 시료 농도 $50\mu g/ml$에서 50% 이상의 억제율을 나타낸 식물엑스로 36종이 검색되었다. 이 36종 식물엑스 중 세포독성이 없거나 낮은 다래(지상부), 돌콩(지상부), 미역줄나무(지상부), 산수국(전초), 새콩(지상부), 애기똥풀(지상부), 양버즘나무(지상부), 연명초(지상부), 이질풀(지상부), 인진호(생약), 중대가리풀(전초), 튜울립나무(지상부), 회화나무(열매)의 엑스를 활성엑스로 도출하였다. 활성엑스를 용매분획하고 각 분획의 인터루킨-5 활성에 대한 억제 효과를 평가한 결과 다래, 연명초, 중대가리풀은 MC 분획에서 활성이 가장 높았고, 돌콩, 미역줄나무, 새콩, 회화나무는 EtOAc 분획에서 활성이 가장 높았으며, 산수국은 BuOH 분획에서 활성이 가장 높았다. 용량의존적으로 IL-5 활성을 억제하였으며, 가장 강한 억제 효과를 나타낸 회화나무의 EtOAc 분획으로부터 인터루킨-5 활성을 억제하는 물질인 genistein, genistin, orobol, sophoricoside이 동정되었다. Genistein은 42 uM, genistin과 orobol은 11 uM, 그리고 sophoricoside는 2 uM에서 인터루킨-5 활성을 50% 억제하는 효과를 나타내었다. — 충북대학교 김영수. 한국과학재단 연구결과보고서(1998. 4. 14)

※ 앨러지 질환에서 호산구증다증(eosinophilia)은 흔히 관찰되는 병리학적 현상이다. 기관지 앨러지와 맞물린 호산구증다증의 근본 원인은 TH2 세포로부터 분비된 인터루킨-5가 호산구의 증식 및 분화를 촉진하고 또한 인터루킨-4와 협동하여 B 세포로부터 IgE 생성을 촉진한다. 계속하여 IgE는 호산구와 비만세포에 작용하여염증성 chemical mediator들을 유리시킨다. 앨러지 동물모델에서 인터루킨-5 단일항체를 투여하면 호산구증다증이 경감되고 맞물려 과민반응이 감소됨이 알려져 있다.

중대가리풀 꽃. 중앙의 자주색은 양성화이고, 바깥쪽은 암꽃이다.

중대가리풀

중대가리풀

중의무릇

물푸레나무과 / *Gagea lutea* (L.) Ker Gawl.

백합과의 여러해살이풀로, 중부 지역의 산지 반그늘에서 자란다. 키는 15~20㎝ 정도이고 4~5월에 연한 황색의 꽃이 핀다. 7월에 둥글고 지름 5㎜ 정도 되는 열매가 익는다. '베들레헴의 노란별'이라고도 불리는데, 꽃말은' 일편단심'이다.

비늘줄기를 '정빙화頂氷花'라 하여 약용한다. 생약으로서의 현대적인 연구가 거의 없는 미개발 자원식물이다. 유사식물로 애기중의무릇 (*Gagea hiensis* Pascher)이 있다.

약명/이명 정빙화頂氷花 / 중무릇, 조선중무릇, 참중의무릇

고서古書 · 의서醫書에서 밝히는 효능

운곡본초학 강심强心의 효능이 있다.

생육 & 채취	
장 소	중부 지역의 산지 반그늘
시 기	8~9월
부 위	비늘줄기
손질법	비늘줄기를 채취하여 물에 씻어 햇볕에 말린다.

효 용	
약 성	–
활 용	강심强心, 진정, 진통, 심장 질환에 약용한다.

연구 & 특허

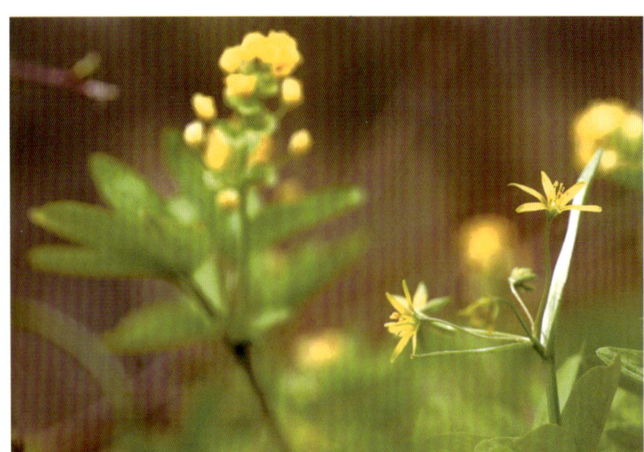

중의무릇

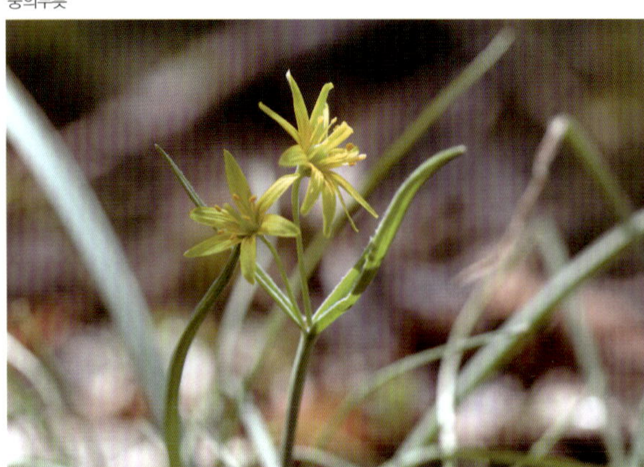

중의무릇

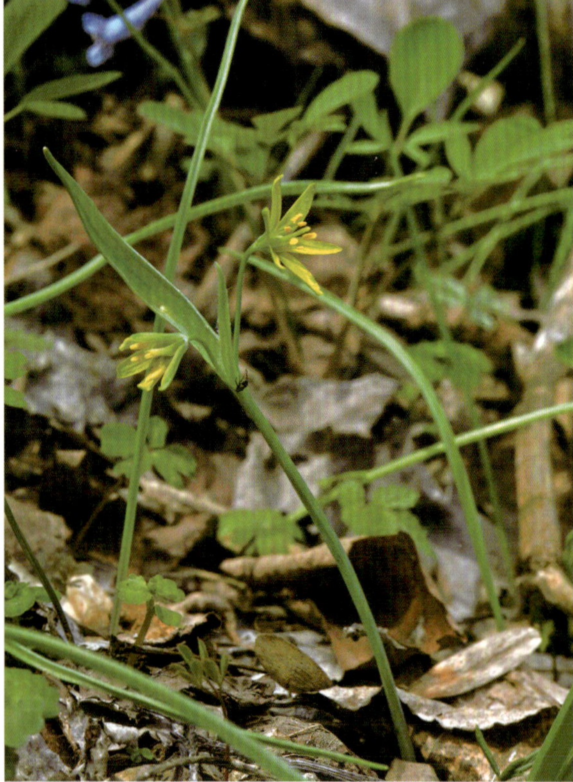

중의무릇

쥐꼬리망초

쥐꼬리망초과의 한해살이풀로, 경기도 이남 지역의 양지나 반그늘의 풀 숲에 자란다. 키는 30㎝ 정도이고, 7~9월에 연분홍의 작은 꽃이 핀다. '쥐꼬리망초'라는 이름은 꽃이삭이 쥐꼬리처럼 생겨서 붙여졌다고 하며, 꽃말은 '가련미의 극치'라고 한다.

인도에서는 쥐꼬리망초를 발한, 이뇨, 해열제, 염증이나 천식 치료 등에 이용한다고 전해진다. 연한 순은 데쳐서 나물로 먹는다.

약명/이명 작상爵床 / 무릎꼬리풀, 쥐꼬리망풀, 향소香蘇, 소청초小靑草

고서古書 · 의서醫書에서 밝히는 효능

운곡본초학 지상부를 약용하는데 생약명은 '작상爵床'이라 하며 이습소체利濕消滯, 청열해독熱解毒, 활혈지통活血止痛의 효능이 있어서 옹저정창癰疽疔瘡, 습진濕疹, 감모발열冒發熱, 해수咳嗽, 목적종통目赤腫痛, 감적疳積, 습열사리濕熱瀉痢, 황달黃疸, 부종浮腫, 소변임탁小便淋濁, 질타손상跌打損傷, 인후종통咽喉腫痛, 학질瘧疾, 근골동통筋骨疼痛을 치료한다.

생육 & 채취	
장 소	경기도 이남의 양지 또는 반그늘 풀숲
시 기	꽃이 활짝 피었을 때
부 위	지상부
손질법	햇볕에 말린다.

효용	
약 성	맛은 맵고 쓰며 성질은 차다.
활 용	해열, 해독, 혈액순환, 진통

연구 & 특허

쥐똥나무

물푸레나무과 / *Ligustrum obtusifolium* Siebold & Zucc.

물푸레나무과의 낙엽활엽관목으로, 우리나라 전역의 계곡이나 낮은 산기슭에서 자란다. 키는 2~4m 정도로 자라고, 가지는 많지만 키가 크지 않으며, 양지는 물론 반그늘에서도 잘 자라고 공해와 추위에도 강하여 울타리나 정원수로 많이 활용한다. 5~6월에 흰 꽃이 피고 10월에 둥근 열매가 검게 익는다.

열매 모양이 쥐똥과 비슷하여 '쥐똥나무'라고 부르며, 유사종인 섬쥐똥나무·왕쥐똥나무·좀쥐똥나무 모두 한방 약명은 '수랍과水蠟果'이다. 남해안에 자생하는 상록수인 광나무(*Ligustrum japonicum* Thunb.)와도 비슷한데, '여정목女貞木'이라 불리는 광나무에 대해 쥐똥나무는 '남정목男貞木'이라 부른다.

약명/이명 수랍과水蠟果, 남정목男精木 / 백당나무, 싸리버들, 개쥐똥나무

생육 & 채취	
장 소	전국의 계곡, 산기슭
시 기	가을
부 위	열매
손질법	햇볕에 말린다.

효용	
성 미	성질은 평하고 독성이 없다.
활 용	강장, 지혈, 지한止汗 작용. 유정, 식은땀, 토혈, 혈변을 개선한다.

연구 & 특허
● 쥐똥나무속 식물 열매와 홍삼 함유 청국장 분말로 이루어진 항당뇨 활성 조성물
● 바디 페인팅을 위한 크림 조성물

● **쥐똥나무속 식물 열매와 홍삼 함유 청국장 분말로 이루어진 항당뇨 활성 조성물** : 본 발명은 쥐똥나무속 (Ligustrum) 식물(쥐똥나무, 광나무) 열매 분말 또는 추출물과 홍삼 함유 청국장 분말이 0.5 내지 1 : 1로 이루어진 항당뇨 활성 조성물 및 이를 유효성분으로 함유하는 당뇨병 예방 또는 치료용 약학 조성물 및 기능성 식품 조성물에 관한 것이다. 발명자들은 천연물 중에서 또는 기존에 효과가 있다고 알려진 천연 소재들을 이용하여 우수 미생물을 적용한 발효 기법을 활용하여 항당뇨 효과를 향상시키고자 하는 연구를 수행해 왔다. 한 예로서 홍삼에는 항당뇨 효과가 있으나 그 효과가 미약하다. 그러나 청국장을 발효시키는 미생물을 이용하여 발효시킬 경우 항당뇨 효과가 현저하게 높아지는 현상을 찾아내어 항당뇨 효과가 증강된 홍삼청국장 제조 방법(특허등록 제606241호)에 관한 특허를 취득한 바 있다. 쥐똥나무(Ligustrum obtusifolium) 열매를 분말화하여 고지방식이 사료와 함께 스트렙토조토신으로 당뇨병을 유발한 흰쥐에 급여한 결과 혈당 감소와 함께 혈중지질이 현저하게 개선됨을 관찰한 바 있다. 쥐똥나무 열매는 남정실로도 불리고 있다. 쥐똥나무과(Ligustrum)에는 13종이 알려져 있으며 우리나라에는 2종이 알려져 있는데 겨울철에 낙엽이 지는 리거스트룸 옵투시포리움(Ligustrum obtusifolium)을 쥐똥나무라 하며, 겨울철에도 잎이 지지 않는 리거스트룸 자포니쿰(Ligustrum japonicum Thunberg)을 광나무라 하며 여정실, 여정자, 동청 등으로도 불리고 있다. 열매의 모양은 비슷하나 자세히 보면 크기와 형태가 현저하게 다르다. 본 발명에 따른 조성물은 당뇨 유발 동물에서 혈당을 유의적으로 강하시킬 수 있어 당뇨병의 예방 및 치료에 매우 우수한 효과가 있다. — 특허등록 제1077546호. 김**

● **바디 페인팅을 위한 크림 조성물** : 본 발명은 바디 페인팅 또는 손톱(예 : 새끼 손가락)에 봉숭아물을 들이기 위

쥐똥나무 꽃

섬쥐똥나무

쥐똥나무

쥐똥나무

쥐똥나무

한 크림 조성물에 관한 것이다. 본 발명은, 분말가루 형태의 봉숭아 꽃잎과 쥐똥나무 나뭇잎에 백반 첨가한 후 이를 일정량의 물로 혼합하면서 이를 크림 형태로 보관시킨 조성물을 구성함으로써, 종래 손톱으로의 봉숭아물 들임에 있어 필요로 하는 준비 절차를 생략하면서 간편하게 봉숭아물을 들이도록 함은 물론, 몸의 특정부위로 모양 형성 부위와 테두리 부위로 구분되는 스티커를 부착한 후 그 모양 형성 부위는 다시 탈착시키고 테두리 부위는 남겨둔 상태에서 스티커의 탈착이 이루어진 모양 형성 부위로 크림 형태의 조성물을 바르면 소정 시간 경과 후에 크림 형태의 조성물이 몸의 피부와 작용하여 소정 모양을 갖는 바디 페인팅이 오랜 기간 지속적으로 지워짐 없이 표현될 수 있도록 하는 바디 페인팅을 위한 크림 조성물을 제공한다. — 특허공개 10-2002-0086034호, 주식회사 에스케이테크

● 여정실류(女貞實類)의 효능에 관한 비교 연구 : 보음, 익간신의 효능이 있는 여정실(女貞實, 광나무 열매)의 올바른 이용을 위하여 흰쥐의 부신을 제거함으로써 체중 감소, 혈압 저하, 전신쇠약, 피로, 전해질 이상 등의 부신기능부전 증상을 유발하여 쥐똥나무과실, 광나무과실의 건조 엑기스를 투여한 결과 다음과 같은 결론을 얻었다. 1. 쥐똥나무 과실과 광나무 과실을 투여한 실험군이 대조군에 비하여 체중 감소의 억제 효과를 나타내었다. 2. 쥐똥나무과실과 광나무 과실을 투여한 실험군이 대조군에 비하여 혈압 저하의 억제 효과를 나타내었다. 3. 쥐똥나무 과실과 광나무 과실을 투여한 실험군이 대조군에 비하여 전해질 이상의 억제 효과를 나타내었다. 이상의 결과로 보아 쥐똥나무 과실과 광나무 과실은 모두 부설피질 기능부전으로 인한 체중 감소, 혈압 저하, 전해질 이상 등에 억제 효과를 나타낼 수 없어 현재 시중에서 광나무 대신 여정실로 유통되는 쥐똥나무도 동속식물인 광나무와 같은 효과가 인정되므로 여정실로 사용하는 것도 바람직할 것으로 사료된다. — 경희대학교 한의과대학 송선복 외 1, 대한본초학회지(1992. 7. 10.)

쥐똥나무

지리고들빼기

국화과 / *Crepidiastrum koidzumianum* (Kitam.) Pak & Kawano

국화과의 두해살이풀로, 지리산 중턱 이상의 풀숲이나 돌 틈, 길가에서 자라는 우리나라 특산 식물이다. 키는 약 40㎝ 정도이고, 가지가 많으며, 식물 전체에 털이 없고 회청색이다. 9~10월에 노란색 꽃이 원줄기와 옆에서 나온 가지 줄기 끝에 많이 달려 피고, 열매는 11월경에 익는다.

유사종으로 까치고들빼기가 있는데, 지리고들빼기는 고들빼기와 까치고들빼기의 잡종으로 추정되고 있다.

어린순을 나물로 먹는다. 고들빼기류 식물들을 통칭하여 '약사초藥師草'라고 부른다. 종기와 악창이 생기면 찧어 바르고 소화가 안 될 때 먹기도 한다.

약명/이명 약사초藥師草 / 고채苦菜, 지이산꼬들빽이, 씬나물, 씸배나물

생육 & 채취

장 소	지리산 중턱 이상의 풀숲, 돌 틈
시 기	봄~가을
부 위	잎, 줄기 또는 전초
손질법	채취하여 전초를 햇볕에 말린다.

효용

성 미	맛은 맵고 쓰며 따뜻하다. 약간의 독성이 있다.
활 용	해열, 소종, 양혈, 건위, 종기와 악창에 생것을 짓찧어 바른다.

연구 & 특허

- 지리고들빼기(*Youngia koidzumiana*)로부터의 테르페노이드 성분
- 지리고들빼기(*Youngia koidzumiana*)의 터페노이드에 의한 디아실글리세롤 아실트랜스퍼라제의 억제

특허 · 논문

- 지리고들빼기(*Youngia koidzumiana*)로부터의 테르페노이드 성분 : 본 논문은 지리고들빼기(*Youngia koidzumiana*)로부터의 테르페노이드 성분

을 연구한 논문으로, 주요 내용으로는 지리고들빼기(*Youngia koidzumiana*)는 지리산에서 자라는 토종식물이다. 한국 내 고유종에 대한 지속적인 연구에서 지리고들빼기 전체 식물의 메탄올 추출물로부터 화학적 성분을 조사하였다. MeOH 추출물을 헥산, 아세트산에틸 및 부탄올로 연속적으로 분획하였다. 네 가지 알려진 화합물이 반복적 칼럼크로마토그래피에 의해 아세트산에틸 추출물로부터 분리되었다. 그 구조는 물리화학적 자료와 분광자료로부터 germanicol acetate (1), oleanolic acid (2), brachynereolide (3) 및 ixerin Y (4)로 밝혀졌다는 내용이다.

— 충남대학교 약학대학 Dat, Nguyen Tien 외 3, 생약학회지(2002. 6)

● 지리고들빼기(*Youngia koidzumiana*)의 터페노이드에 의한 디아실글리세롤 아실트랜스퍼라제의 억제 : 본 논문은 지리고들빼기(*Youngia koidzumiana*)의 터페노이드에 의한 디아실글리세롤 아실트랜스퍼라제의 억제를 연구한 논문으로 주요 내용으로는 지리고들빼기의 EtOAc 추출물이 쥐 간 마이크로솜으로부터의 디아실글리세롤 아실트랜스퍼라제를 유의하게 억제시켰다. 디아실글리세롤 아실트랜스퍼라제 효소의 작용을 억제하면 몸으로 흡수돼 축적되는 지방과 콜레스테롤의 양이 크게 줄어들기 때문에 비만, 특히 복부비만을 억제하는 효과가 있다. 생리활성- 추적 분획법 통해 아홉 가지 화합물을 분리하고 그 구조를 물리화학적 데이터와 분광 데이터를 이용하여 결정하였다. 분리된 화합물 중 올레아놀산 (2), methyl ursolate (7) 및 corosolic aicd (8)은 각각 31.7, 26.4 및 값을 가지고 DGAT를 억제시켰다. 그러나 세스퀴터페노이드는 DGAT에 대해 약한 억제 효과만을 보였다는 내용이다. — 충남대학교 약학대학 Dat, Nguyen Tien 외 5, 생약학회지(2005. 2)

지리고들빼기

까치고들빼기

지리고들빼기

지리고들빼기

지모

지모과 / *Anemarrhena asphodeloides* Bunge

지모과의 여러해살이풀로, 중국이 원산지이며, 우리나라에서는 중부 이북 지방, 황해도에 자생한다. 키는 60~90cm 정도이고, 굵은 뿌리줄기가 옆으로 뻗으며 끝에서 잎이 모여 난다. 6~7월에 연한 자주색의 꽃이 핀다. 《본초강목》에 '지모知母'라는 이름의 기원이 적혀 있는데, 오래된 뿌리 옆에 새롭게 자라는 뿌리 모양이 마치 등에나 개미의 모양과 같아서 '蚳母(지모)'라고 하였는데, 글자를 잘못 써서 '知母(지모)'나 '蝭母(제모)'가 되었다고 한다. 한방에서는 뿌리줄기를 약재로 쓰는데, 열을 내리고 갈증과 가슴이 답답하고 팔다리를 가만히 두지 못하는 증상에 쓰이며 해수, 마른기침, 뼛골이 쑤시고 조열이 나며 식은땀이 나는 증상에 진액을 생성하여 치료하는 효과가 있다. 약리 작용으로, 해열·신경계통진정·진통·진정·부신피질호르몬 자극 억제·만성기관지염 치료·담즙 분비·억균·혈당 강하 작용이 보고되었다.

　참고로, 지모 재배 시 뿌리 수확량을 증가시키기 위해서는 인삼이나 천마를 재배하는 것처럼 화경을 제거하는 것이 좋다.

생육 & 채취	
장 소	중부 이북 지방
시 기	음력 2월, 8월
부 위	뿌리
손질법	뿌리를 캐 햇볕에 말려 잔털을 털어 버린다.

효용	
성 미	맛은 달고 쓰며 성질은 약간 차다.
활 용	이수소종利水消腫, 윤장통변潤腸通便 자음윤조滋陰潤燥, 청열사화淸熱瀉火

연구 & 특허
● 지모추출물을 유효성분으로 함유하는 면역억제제
● 티모사포닌 에이, 지모 추출물 또는 분획물을 유효성분으로 포함하는 황체 형성 호르몬 분비 촉진제 外 p.1015 참고

약명/이명   지모知母 / 고심苦心, 구봉韭逢, 기모芪母, 제모蝭母, 녹열鹿列, 동근東根, 련모連母, 록렬鹿列, 수릉水凌, 수삼水參, 야료野蓼, 기모芪母, 여뢰女雷, 창지昌支

고서古書 · 의서醫書에서 밝히는 효능

방약합편   지모知母는 맛이 쓰다. 신열身熱, 갈증渴症을 없애고, 골증骨蒸, 발한發汗, 담해痰咳를 누그러뜨린다[知母 味苦熱渴除 骨蒸有汗痰咳舒].

특허 · 논문

● 지모 추출물을 유효성분으로 함유하는 면역 억제제 : 본 발명은 지모 추출물을 유효성분으로 함유하는 면역 억제제에 관한 것으로서, 더욱 상세하게는 지모를 수용성 유기용제나 물을 사용하여 추출한 지모 추출물을 유효성분으로 함유시켜 장기 이식 시 발생하는 거부 반응 제어 작용 및 자가 면역 질환의 치료에 효과적인 면역 억제제에 관한 것이다. — 특허등록 제247565호, 한솔제지 주식회사

● 티모사포닌 에이, 지모 추출물 또는 분획물을 유효성분으로 포함하는 황체 형성 호르몬 분비 촉진제 : 본 발명은 티모사포닌 에이-III, 지모 추출물 또는 분획물을 유효성분으로 포함하는 황체 형성 호르몬 분비 촉진제에 관한 것이다. 본 발명의 티모사포닌 에이-III 및 지모 추출물은 뇌하수체 세포에 작용하여 황체 형성 호르몬의 분비를 촉진시킴으로써, 불임, 유방암, 전립선암 등의 예방 및 치료에 유용하게 사용될 수 있다. — 특허등록 제722303호, 한국한의학연구원

● 성장호르몬 분비 자극 활성을 가지는 수용성 지모 추출물 및 그로부터 분리한 성장호르몬 분비 촉진 인자 :

지모

지모

지모

본 발명은 성장호르몬 분비 자극 활성을 가지는 지모 추출물 및 이의 제조 방법에 관한 것으로서, 구체적으로는 지모를 알코올로 추출한 다음 물 및 유기용매를 첨가하고 분별 추출하는 과정으로 또는 이에 더하여 고압 역상 크로마토그래피로 분획하는 과정으로 지모 추출물을 제조하는 방법에 관한 것이다. 본 발명의 지모 추출물은 생체 내에 존재하는 성장호르몬 분비 촉진 호르몬(Growth Hormone Releasing Hormone)과 유사한 성장호르몬 분비 자극 활성을 가지며, 또한 오랫동안 천연약재로 사용되어 그 안전성이 확보된 것으로서 왜소증 등의 성장호르 몬 결핍 질환의 치료제, 노화 방지제 등으로 유용하게 이용될 수 있다. — 특허등록 제358937호, 주식회사 엘지생명과학

● 지모 추출물 또는 그로부터 분리된 화합물을 포함하는 콜린신경계 손상 개선제 : 본 발명은 지모 추출물, 만 지페린(mangiferin), 네오만지페린(neomangiferin) 및 티모사포닌 AIII(timosaponin AIII)으로 구성된 군으로부터 선택 된 하나 이상의 화합물; 또는 노라티리올(norathyriol)을 유효성분으로 포함하는 콜린신경계 손상 개선제에 관한 것이다. 본 발명의 지모 추출물 및 화합물은 콜린신경계 손상으로 인한 기억력 감퇴 및 뇌손상의 치료 또는 예방 에 유용하게 사용될 수 있다. — 특허등록 제923953호, 경희대학교 산학협력단

● 지모 잎 추출물과 분리 화합물을 이용한 고추탄저병 방제 조성물 : 본 발명은 고추탄저병에 대해 방제 활성을 갖는 지모(Anemarrhena asphodeloides)잎 추출물과 이 추출물로부터 활성 분획물 및 단일 화합물의 제조 방법에 관 한 것으로, 더욱 상세하게는 지모 잎을 메탄올로 추출하고 감압 농축한 후에 이를 여러 가지의 유기용매로 순차 적으로 분배 추출하여 얻어진 부탄올 분획물과 이 분획물에서 순수 분리한 기토닌(gitonin)을 고추탄저병에 처리 하면 효과적으로 방제할 수 있다. — 특허등록 제760444호, 경상북도(농업기술원)

● 지모와 두릅의 혼합 추출물을 포함하는 염증성 피부질환의 예방 및 치료용 조성물 : 본 발명은 지모와 두릅의

지모

지모

지모

혼합 추출물을 포함하는 염증성 피부질환의 예방 및 치료용 조성물에 관한 것이다. 보다 구체적으로, 본 발명은 지모와 두릅의 혼합 추출물을 포함하는 염증성 피부질환의 예방 및 치료용 약학적 조성물, 화장료 조성물, 식품 조성물 및 프로피오니박테리움 아크네스균에 대한 항균용 조성물에 관한 것이다. 본 발명에 따른 지모와 두릅의 혼합 추출물을 포함하는 조성물은 항염증 활성 및 항균 활성이 우수하며 지루성 피부염, 여드름, 아토피성 피부염 및 접촉성 피부염을 포함하는 각종 염증성 피부질환을 치료하는 효과가 있다. — 특허등록 제604219호, 주식회사 메드빌

● 지모 추출물을 함유하는 조성물 : 본 발명은 지모 추출물을 함유한 조성물에 관한 것으로서, 건조 분말화된 지모 추출물을 0.01 내지 10중량%를 포함하는 조성물을 제공한다. 본 발명의 지모 추출물을 포함한 조성물은 프로피오니박테리움 아크네스(propionibacterium acnes)에 대하여 항균 효과가 우수하여 여드름 예방 및 치료용으로 사용될 수 있다.

● 지모 추출물이 MCF-7 세포의 생존율에 미치는 영향 : 본 논문은 지모 추출물이 MCF-7 사람 유방암 세포의 생존율에 미치는 영향을 연구한 내용으로, 주요 내용으로는 유방암은 한국여성에게서 가장 흔한 질환으로서, 치료전략이 큰 발전에도 불구하고 여성의 주요 사망 원인 중 하나로 남아있다. AR이 MCF-7 유방암세포에 대해 가지는 세포독성을 다양한 추출 조건(n-핵산, 아세트산에틸, 부탄올 및 수추출물)에서 조사하였다. 조사 결과 지모 추출물은 용량의존적 방식으로 MCF-7 세포의 증식을 억제했다. 특히 지모의 아세트산에틸 분획은 MCF-7 세포에 대해 특이성 세포독성을 보였다. 따라서 지모 추출물은 MCF-7 사람 유방암세포에 대해 항증식 효과를 가지며, 특히 아세트산에틸 분획이 MCF-7 세포의 증식을 억제하는 데 가장 효과적이라는 내용이다. — 동신대학교 한의과대학 김형우 외 3, 대한한방내과학회지(2007. 9. 30)

지모

지모

지모

지칭개

국화과 / *Hemistepta lyrata* Bunge

국화과의 두해살이풀로, 우리나라 중부 이남의 산과 들판, 길가나 밭 가장자리에서 쉽게 볼 수 있다. 건조하고 마른 양지나 반음지에서 잘 자란다. 생김새가 꼭 큰 냉이처럼 생겼으며, 잎 뒷면에 털이 많다. 키는 60~80㎝ 정도로, 줄기에는 세로 방향으로 홈이 나 있고, 줄기 끝에서 여러 대의 꽃대가 평행으로 갈라져 나가며 가지는 거의 치지 않는다. 5~7월에 자주색 꽃이 피는데, 흰색 꽃이 피는 것은 '흰조뱅이'라고 한다.

어린순을 물에 우려서 쓴맛을 없앤 뒤 나물로 먹는다. 중국에서는 식물 전체를 소염제 및 해독제로 쓴다.

약명/이명 이호채泥胡菜 / 지칭개나물

특허 · 논문

● 헤미스텝신을 함유하는 혈당 강하용 제약 조성물 : 본 발명은 구아노리드 형태의 헤미스텝신, 보다 구체적으로 α, β-불포화 세스퀴테페노이드 락톤, 특히 지칭개(*Hemisteptia lyrata* Bunge)에서 분리된 α, β-불포화 세

생육 & 채취	
장 소	중부 이남의 산과 들판, 길가, 밭 가장자리
시 기	봄~여름
부 위	지상부
손질법	생것을 짓찧어 그대로 쓰거나 햇볕에 말린다.

효 용	
성 미	맛은 달고 성질은 시원하다.
활 용	청열해독淸熱解毒, 소종거어消腫祛瘀

연구 & 특허
● 헤미스텝신을 함유하는 혈당 강하용 제약 조성물 ● 암세포 독성물질 헤미스텝신B 및 그의 분리 방법 外 p.1015 참고

스퀴테페노이드 락톤을 포함하는 혈당 강하용 제약 조성물에 관한 것이다. 구아노리드 형태의 헤미스텝신을 포함하는 본 발명의 혈당 강하용 제약 조성물은 종래의 당뇨병 치료제보다 활성이 우수하고 부작용 등의 문제가 적어 당뇨병 치료에 매우 효과적이다. — 특허등록 제392735호, 양** 외 1

● 암세포 독성물질 헤미스텝신 B 및 그의 분리방법 : 지칭개(*Hemistepta lyrata* B.)로부터 신규 항암물질인 헤미스텝신 B(Hemistepsin B)가 분리되었다. 항암물질 헤미스텝신 B는 암세포 접착 저해 활성, 인체 암세포주인 UACC62 흑세포종(melanoma), HCT15 결장암(colon adenocarcinoma), UO-31 신장암(renal carcinoma), PC-3 전립선암 (prostate adenocarcinoma) 및 A-549 폐암(lung carcinoma) 세포주에 대한 세포독성, 앤지오제네시스 저해 활성, 일산화질소의 방출 저해 활성이 있다. — 특허등록 제338479호, 양** 외 3

● 항균물질 JCG 580 및 그의 분리 방법 : 지칭개(*Hemistepta lyrata* B.)로부터 신규 항균물질 JCG 580이 분리되었다. 항균물질 JCG 580은 광범위한 미생물, 특히 비브리오 패혈증균과 아스퍼질러스 나이거(Aspergillus niger)에 활성이 있다. — 특허등록 193355호, 양** 외 3

● 지칭개(*Hemistepa lyrata* Bunge) 꽃에서 얻은 세스쿼터펜락톤의 세포독성 효과 : 본 논문은 지칭개(*Hemistepa lyrata* B.) 꽃에서 얻은 세스쿼터펜락톤의 세포독성 효과를 연구한 논문으로 주요 내용으로는 지칭개 꽃으로부터 4가지 guaia-12,6-olide 형 세스쿼터펜락톤, aguerin B (1), 8α-acetoxyzaluzanin C (2), cynaropicrin (3), 및 deacylcynaropicrin (4)을 분리하였다. 이는 지칭개 종에서 화합물 1-4를 분리한 최초의 보고서이다. 모든 분리물 (1-4)의 SK-OV-3, LOX-IMVI, A549, MCF-7, PC-3, 및 HCT-15 사람 암세포주에 대한 세포독성 활성을 검사하였다는 내용이다. — 경상대학교 하태정 외 9, 약학회지(2003. 11)

지칭개 꽃

지칭개 새순

지칭개

지황

현삼과 / *Rehmannia glutinosa* (GAERTNER) LIBOSCHITZ

현삼과의 여러해살이풀로, 중국이 원산지이며 우리나라에서 약용식물로 재배한다. 뿌리는 굵고 옆으로 뻗으며 감색이다. 6~7월에 적갈색 또는 붉은자주색 꽃이 핀다.

한방에서는 뿌리 생것을 생지황, 건조시킨 것을 '건지황乾地黃', 구증구포九蒸九暴한 것을 '숙지황熟地黃'이라고 한다. 생지황生地黃은 성질이 차고, 청열淸熱·양혈凉血 작용이 있다. 숙지황熟地黃은 한寒에서 온溫으로, 쓴맛에서 단맛으로 바뀌고 자음보혈滋陰補血, 익정전수益精填髓하여 폐신음허肺腎陰虛에 쓴다. 지황의 약리 작용으로 혈당강하, 강심, 이뇨, 간기능 보호, 항균 작용이 보고되었다.

약명/이명 지황地黃, 건지황乾地黃, 숙지황熟地黃 / 하苄, 기芑, 지수地髓

고서古書·의서醫書에서 밝히는 효능

본초강목 골수를 차게 하고 살과 피부를 자라게 하며 정혈精血을 생성하고 오장, 내상의 부족을 보양하고 혈액순환을 촉진시키며 시력과 청력을

생육 & 채취	
장 소	재배
시 기	9~11월, 봄
부 위	뿌리
손질법	구증구포九蒸九曝

효용	
성 미	숙지황 : 맛은 달고 성질은 약간 따뜻하다.
활 용	혈당강하, 강심, 이뇨 작용을 한다.

연구 & 특허
● 숙지황 추출물을 포함하는 기억력 향상 생약 조성물
● 지황 추출물 및 이를 포함하는 성장기 뼈 형성 촉진 및 골다공증 예방 또는 치료용 약학적 조성물 外 p.1015 참고

아주 좋게 하고 머리나 수염을 검게 한다. 남자의 오로칠상五勞七傷, 여자의 상중포루傷中胞漏, 월경 불순, 임신 출산에 관계되는 각종 병을 치료한다.

특허 · 논문

● **숙지황 추출물을 포함하는 기억력 향상 생약 조성물** : 본 발명은 숙지황 추출물을 유효성분으로 함유하는 기억력 향상 생약 조성물에 관한 것으로서, 구체적으로 본 발명의 생약 조성물은 숙지황을 유기용매로 추출하고 동결건조시켜 제조한 숙지황 추출물을 유효성분으로 함유하여 학습 능력을 향상시키고 기억력을 증진시키는 효과가 우수하므로 청소년의 학습 능력 및 기억 능력의 향상, 초로기 및 노년기의 건망증 또는 치매 예방 및 치료제로서 유용하게 사용될 수 있을 뿐 아니라 건강보조식품 및 식품첨가제로도 응용될 수 있다. — 특허등록 제500029호, 퓨리메드 주식회사

● **지황 추출물 및 이를 포함하는 성장기 뼈 형성 촉진 및 골다공증 예방 또는 치료용 약학적 조성물** : 본 발명은 지황에 물 또는 알콜 수용액을 첨가하여 추출한 지황 추출물 및 상기 지황 추출물을 유효성분으로 함유하는 골다공증 예방 또는 치료용 약학적 조성물에 관한 것으로서, 보다 상세하게는 지황에 물 또는 알콜 수용액을 첨가하여 추출한 조골세포 증식 및 파골세포 증식 억제 활성을 갖는 지황 추출물 및 상기 지황 추출물을 유효성분으로 함유하는 골다공증 예방 또는 치료용 약학적 조성물 또는 건강식품에 관한 것이다. 본 발명의 지황 추출물은 골다공증, 퇴행성골질환 및 류마티스 관절염과 같은 골질환 등의 예방 또는 치료에 유용하게 사용될 수 있다. — 특허등록 제373497호, 주식회사 오스코텍 외 3

지황 꽃

지황 꽃

지황 재배지

생지황

진달래

진달래과 / *Rhododendron mucronulatum* Turcz.

진달래과의 낙엽관목으로, 백두산에서부터 한라산에 이르기까지 우리 나라 전역의 산지에 자생하며 군락을 이루는 특징이 있다. 키는 2~3m 정도로, 밑동에서 줄기가 갈라지거나 뿌리에서 줄기가 여러 개 올라와 비스듬히 뻗어 나무 전체가 둥그스름해진다.

이른 봄에 잎이 나기 전에 연분홍 또는 진분홍 꽃이 피며, 10월에 2㎝ 정도 되는 원통 모양의 열매가 여문다. 참꽃·두견화라고도 불리며, 유 사종으로 흰진달래·털진달래·반들진달래·꼬리진달래 등이 있다.

진달래는 우리 민족의 정서와 부합하는 꽃이다.

약명/이명 영산홍迎山紅 / 참꽃, 두견화

활용 진달래 화채 만드는 법(전통지식 모음집 생활문화편) : ① 오미자를 하룻밤 찬물에 담아 우려내어 설탕과 꿀로 맛을 조절한다. ② 진달래 꽃잎만을 떼어 녹두 녹말을 묻혀서 끓는 물에서 살짝 데쳐 냉수에 헹 군다. ③ 화채 그릇에 오미자 국물을 붓고 진달래 꽃잎과 잣을 띄운다.

생육 & 채취	
장 소	전국의 산지
시 기	4~5월
부 위	꽃
손질법	꽃이 활짝 피었을 때 채취하여 햇볕에 말린다.

효용	
성 미	맛은 시큼하고 달며 성질은 평하거나 따뜻하고 독이 없다.
활 용	월경불순, 무월경, 자궁출혈, 타박상, 류머티즘, 토혈, 코피 치료

연구 & 특허
● 진달래꽃, 사과꽃 및 함박꽃 추출물을 함유하는 보습 및 진정 화장용 조성물
● 진달래 뿌리 추출물을 유효성분으로 포함하는 피부 노화 방지용 화장료 조성물 外 p.1016 참고

운곡본초학 진달래꽃의 생약명은 영산홍迎山紅으로, 해독解毒, 청폐지해淸肺止咳의 효능이 있는 반면, 꼬리진달래(*Rhododendron micranthum Turcz.*)의 생약명은 조산백照山白으로 거풍祛風, 지혈止血, 통락通絡하는 효능으로 그 약성은 서로 다르다.

약초의 성분과 이용(북한) 민간에서는 봄철의 어린 가지와 잎을 채취하여 혈압내림약, 관절염 치료약, 통풍 치료약으로 쓴다. 또한 꽃을 따서 진달래술을 만들어 류마티스성 관절염, 고혈압에 쓴다. 많이 쓰면 부작용이 있다.

특허 · 논문

● 진달래꽃, 사과꽃 및 함박꽃 추출물을 함유하는 보습 및 진정 화장용 조성물 : 본 발명은 진달래꽃 추출물, 사과꽃 추출물 및 함박꽃 추출물을 유효성분으로 함유하는 피부 보습용 또는 자극 완화 화장용 조성물에 관한 것으로서, 본 발명에 따른 보습용 화장용 조성물은 각 성분을 단독으로 사용한 경우에 비해 보습력 및 자극 완화 효과가 탁월하므로 피부 보습용 및 자극 완화 화장용 조성물로 유용하게 이용될 수 있다. — 특허공개 10-2012-0129602호, 이**

● 진달래 뿌리 추출물을 유효성분으로 포함하는 피부 노화 방지용 화장료 조성물 : 본 발명은 진달래(*Rhododendronmucronulatum*) 뿌리 추출물을 유효성분으로 포함하는 피부 노화 방지용 화장료 조성물 및 피부염증 완화용 화장료 조성물에 관한 것이다. 본 발명의 화장료 조성물은 항산화 효과가 뛰어나 주름 개선 작용을 하며, 염증 억제 효과가 뛰어나 피부자극을 유발하지 않아 피부 노화 방지에 탁월한 효과를 나타낸다. — 특허등록 제

진달래

제주털참꽃나무

꼬리진달래

꼬리진달래

● **진달래 뿌리 추출물로부터 분리한 탁시폴린 3-O-β-D-글루코피라노사이드를 유효성분으로 포함하는 아토피성 피부염 치료용 조성물** : 본 발명은 진달래 뿌리 추출물로부터 분리한 탁시폴린 3-O-β-D-글루코피라노사이드를 유효성분으로 포함하는 아토피성 피부염 치료용 조성물에 관한 것이다. 본 발명의 조성물의 유효성분인 탁시폴린 3-O-β-D-글루코피라노사이드(Taxifolin 3-O-β-D-Glucopyranoside)는 호산성백혈구(eosinophile)의 수를 현저히 감소시키고, IL-4, 5, 13의 수준을 감소시키는 반면, IL-10의 수준을 증가시키며, MBD-1, 2, 3의 발현을 촉진하고, COX-2 및 iNOS의 발현은 강하게 억제하는 효능을 가져, 아토피성 피부염의 면역조절 치료제로 개발될 수 있다. — 특허등록 제1071785호, 중앙대학교 산학협력단

● **다우리크로멘산의 합성 방법** : 본 발명은 진달래로부터 추출되고 AIDS 치료에 효과가 있는 다우리크로멘산을 고수율로 합성하는 방법에 관한 것이다. 이러한 합성 방법 중의 한 양태는 에틸렌디아민 디아세테이트를 촉매로 사용하여 에틸 2,4-디히드록시-6-메틸벤조에이트(4)와 트랜스, 트랜스-파르네살(trans, trans-farnesal)을 반응시켜 고리화합물(5)을 얻은 후, 상기 고리화합물(5)을 NaOH 하에서 가수분해시켜 합성하는 것이다. 더 나은 합성 방법의 양태로서, 본 발명은 에틸렌디아민 디아세테이트를 촉매로 이용하여 2,4-디히드록시-6-메틸벤즈알데히드(6)와 트랜스, 트랜스-파르네살을 반응시켜, 고리화합물(7)을 얻은 다음, 상기의 고리화합물(7)을 NaClO2를 사용하여 산화시켜 합성하는 방법을 제공하고, 보다 효과적인 합성 방법의 양태로서, 에틸렌디아민 디아세테이트를 촉매로 이용하여 2,4-디히드록시-6-메틸벤조산(8)와 트랜스, 트랜스-파르네살을 반응시켜 합성할 수 있다. — 특허등록 제687895호, 영남대학교 산학협력단

진달래 순

진달래

진달래 열매

진달래 화전

● 항산화, 항염 효과를 갖는 화차 발효 추출물 함유 화장료 조성물 : 본 발명은 항산화, 항염 효과를 갖는 화차 발효 추출물을 함유하는 화장료 조성물에 관한 것으로, 녹차, 구기자, 대추, 감잎, 금은화, 국화 및 진달래를 효모 또는 유산균으로 발효시켜 추출한 발효 추출물을 유효성분으로 포함하는 것을 특징으로 하는 화장료 조성물에 관한 것이다. 본 발명은 자유 라디칼 소거, 리폭시게나아제 활성 억제, 히아루로니다아제 활성 억제 등과 같은 항산화, 항염 효과를 갖는 화장료 조성물로 유용하게 이용될 수 있다. — 특허공개 10-2011-0117876호, 코웨이 주식회사

● 진달래꽃(*Rhododendron mucronulatum Turczaninow*)을 이용한 화장품 소재 개발 및 물성에 관한 연구 : 본 논문은 진달래꽃(*Rhododendron mucronulatum* Turczaninow)을 이용한 화장품 소재 개발 및 물성에 관한 연구에 관한 것으로, 진달래 추출물은 입자크기가 작아지므로 표면장력 값도 감소하고 계면활성도 좋아진 것으로 사료된다. pH 측정 결과 진달래 추출물의 첨가량이 많을수록 약산성을 띠어 피부 표면에 있는 세균이나 진균을 억제할 수 있는 것으로 나타났다. 안정성을 평가한 결과 내온성 평가인 Incubation 평가와 Freezing-thawing 평가, Cycling chamber 평가에서 30일 동안 상의 분리 없이 모두 안정함을 나타냈었으며 내광성 평가에서도 안정한 것으로 나타났다. 크림 제형에 진달래꽃 추출물을 첨가한 후 제형의 물리화학적 특성 변화를 조사하면서 제형의 안정성을 확인해 보고 이후 진달래꽃의 화장품 기능 소재로서의 개발 가능성을 검토한다는 내용이다. — 대구한의대학교 화장품약리학과 안봉전 외 5, 한국응용생명화학회지(2005)

찔레꽃

장미과 / *Rosa multiflora* Thunb.

장미과의 덩굴성 낙엽관목으로, 우리나라 전역의 산기슭이나 볕이 잘 드는 냇가와 골짜기에서 잘 자란다. 바닷가에 자라는 덩굴성의 돌가시나무(*Rosa wichuraiana* Crep. ex Franch. & Sav.)와 비슷하다. 키는 1~2m 정도로, 가지가 많이 갈라지며, 9월에 둥근 열매가 붉게 익는다. 한방에서 열매를 '영실營實', 뿌리를 '영실근營實根'이라 하여 약용한다.

오래된 땅과 맞닿은 줄기에서 찔레버섯이 자라는데, 약용하는 버섯이지만 사용 시에는 주의하는 것이 좋다(찔레버섯 중독으로 인한 급성 구개편도염 및 아데노이드염 2예, 하일우 외 3, 대한이비인후과학회지, 2010).

약명/이명 영실營實, 영실근營實根 / 찔레나무

고서古書 · 의서醫書에서 밝히는 효능

동의보감 영실營實은 성질이 따뜻하고[溫](약간 차다고도 한다) 맛이 시며[酸](쓰다고도 한다) 독이 없다. 옹저, 악창, 패창敗瘡, 음식창이 낫지 않는 것과 두창頭瘡, 백독창白禿瘡 등에 쓴다. / 영실근營實根은 성질은 차고[寒]

생육 & 채취	
장 소	전국의 산기슭이나 냇가
시 기	가을
부 위	열매, 뿌리
손질법	햇볕에 말린다.

효용	
성 미	영실 : 맛은 시고 성질은 시원하고 독이 없다.
활 용	옹저, 악창, 백독창 등에 쓴다.

연구 & 특허
● 항산화 활성을 가지는 찔레나무 추출물을 포함하는 화장품 조성물 및 상기 추출물의 제조 방법 ▶ p.1016 참고

맛이 쓰며[苦] 떫고[澁] 독이 없다. 열독풍으로 옹저, 악창이 생긴 것을 치료한다. 또한 적백이질과 장腸風으로 피를 쏟는 것을 멎게 하고 어린이가 감충으로 배가 아파하는 것을 낫게 한다.

특허 · 논문

● 항산화 활성을 가지는 찔레나무 추출물을 포함하는 화장품 조성물 및 상기 추출물의 제조 방법 : 발명은 항산화 활성을 가지는 찔레나무(*Rosa multiflora*) 추출물을 포함하는 화장품 조성물 및 상기 추출물의 제조 방법에 관한 것이다. 구체적으로 본 발명은 프로시아니딘 B3(procyanidin B3)를 함유하며 항산화 활성을 가지는 찔레나무 추출물을 포함하는 화장품 조성물 및 찔레나무의 지하부를 유기용매로 추출하고 크로마토그래피로 분리 · 정제함을 특징으로 하는 찔레나무 추출물의 제조 방법에 관한 것이다. 본 발명에 따른 찔레나무 추출물 및 이를 포함하는 조성물은 활성산소에 의해 유발되는 질병의 치료 또는 예방, 식품의 품질 유지 및 피부의 산화에 의한 손상을 방지하는 데 매우 유용하게 사용될 수 있다. — 특허등록 제531472호, 주식회사 이롬

● 페놀유도체, 이의 약학적으로 허용 가능한 염, 이의 제조 방법 및 이를 유효성분으로 함유하는 노화 예방 및 치료용 조성물 : 발명자들은 새로운 천연 항산화제를 연구하던 중, 찔레나무 뿌리로부터 추출된 페놀 유도체 화합물이 항산화 활성을 지니고 있어 노화의 예방 및 치료에 유용하게 사용할 수 있음을 알아내고, 본 발명을 완성하였다. 본 발명의 유도체는 천연 항산화제인 L-아스코르빈산과 동등한 항산화 활성을 가지고, 세포독성이 없으므로 노화의 예방 및 치료에 유용하게 사용될 수 있다. — 특허등록 제1080377호, 중앙대학교 산학협력단, 주식회사 뉴트라알앤비티

● 항산화능을 갖는 영실 분획물을 유효성분으로 함유하는 미백용 또는 주름 개선용 화장료 조성물 : 본 발명은 항

찔레꽃 새순

찔레꽃

찔레꽃

붉은 찔레꽃

찔레꽃

산화 능을 갖는 영실(Rosa multiflora fruit) 분획물을 유효성분으로 함유하는 미백용 또는 주름 개선용 조성물에 관한 것으로, 상세하게는 본 발명의 영실 분획물은 polyphenol을 다량 함유하고 있으며, Electron donating ability, ABTS radical cation decolorization 및 Superoxide anion radical 소거능을 측정하여 항산화 효과를 확인하였으며, Astringent 효능을 측정하여 수렴 효과를 확인하였고, Tyrosinase 저해능을 측정하여 미백 효과를 확인하였으며, Elastase 저해능을 측정하여 주름 개선 효과를 확인하였고, Hyaluronidase 및 Nitric oxide 저해 능을 측정하여 항염증 효과를 확인한 바, 미백용 또는 주름 개선용 화장료 조성물에 이용될 수 있다. — 특허등록 제1210492호, 주식회사 이지함화장품

● 찔레나무 뿌리의 항산화 및 항염증 효과 : 찔레나무 뿌리를 열수, 에탄올, 메탄올, 아세톤에서 추출하여 항산화 및 항염증 효능 효과를 확인한 결과 아세톤 추출물에서 가장 많은 67,050.56㎎/g의 폴리페놀 함량을 확인하였으며, SOD 유사 활성능을 제외한 DPPH, ABTS, superoxide anion 라디컬 소거능 확인 결과 우수한 항산화 효과를 확인하였다. 찔레나무 뿌리 추출물의 HAase 저해능을 측정한 결과 에탄올, 메탄올, 아세톤 추출물 $500\mu g/ml$에서 60% 이상의 높은 HAase 저해 효과를 확인할 수 있었다. NO 생성량을 확인한 결과, RAW 264.7cell에서 LPS에 의해 유도된 NO 생성을 농도 의존적으로 뚜렷하게 감소시키는 것을 확인하였으며, 에탄올 추출물에서 NO 생성 억제 효과가 가장 우수한 것을 확인할 수 있었다. 위의 사실에 기초하여 NO 생성 저해의 기전을 알아보기 위해 iNOS의 발현을 분석한 결과, 에탄올 추출물 $100\mu g/ml$에서 40%의 iNOS protein 발현 감소를 확인하였으며, iNOS의 발현 억제가 NO생성 억제와 유사한 경향을 나타내므로 NO 생성 억제는 iNOS의 발현 저해를 경유한 것임을 확인할 수 있었다. 이러한 결과들은 찔레나무 뿌리 추출물이 항산화 및 항염증 연구의 기초 자료로 활용될 것으로 예상된다. 또한 추후 산업적 응용도 가능하므로 기능성화장품의 가능성을 제시하고 있다. — 대구한의대학교 화장품약리학과 박근혜 외 4, 생명과학회지(2011. 8. 31.)

찔레꽃 유사종 돌가시나무

돌가시나무 꽃

돌가시나무는 바닷가에서 자란다.

돌가시나무 열매

참나리

백합과 / *Lilium lancifolium* Thunb.

백합과의 여러해살이풀로, 우리나라 전역의 양지바른 산과 들에서 자라고, 관상용으로 재배하기도 한다. 키는 1~2m 정도이고, 줄기 끝에서 가지가 갈라지는데, 7~8월에 흑자색 반점이 있는 주황색 꽃이 원줄기와 가지 끝에서 핀다. 꽃에서 열매가 맺히지 않고 잎겨드랑이에 한 개씩 달리는 흑갈색의 완두콩만 한 주아가 땅에 떨어져 싹이 튼다.

알뿌리인 비늘줄기를 식용 또는 약용하는데, 진해·강장 작용을 하고, 백혈구 감소증에 효과가 있으며, 진정 작용·항알레르기 작용이 있다.

약명/이명 백합百合 / 호랑이꽃, 나리, 견내리화, 대각나리, 개나리불휘

고서古書·의서醫書에서 밝히는 효능

동의보감 상한의 백합병百合病을 낫게 하고 대소변을 잘 나가게 하며 모든 사기와 헛것에 들려[百邪鬼魅] 울고 미친 소리로 떠드는 것을 낫게 한다. 고독을 죽이며 유옹乳癰, 등창[發背], 창종瘡腫을 낫게 한다.

생육 & 채취	
장 소	전국의 양지바른 산이나 들
시 기	음력 2월, 8월
부 위	비늘줄기(뿌리)
손질법	햇볕에 말린다.

효용	
성 미	맛은 달고 성질은 평하며 독이 없다. 독이 있다고 보는 경우도 있다.
활 용	진해·강장 작용, 진정 작용·항알레르기 작용

연구 & 특허
● 참나리 추출물을 함유하는 염증성 질환 및 천식의 예방 및 치료용 약학적 조성물   ● 기능성 막걸리의 제조 방법   外 p.1016 참고

특허 · 논문

● 참나리 추출물을 함유하는 염증성 질환 및 천식의 예방 및 치료용 약학적 조성물 : 본 발명은 천연 식물 추출물을 유효성분으로 함유하는 염증 질환 또는 천식의 예방 또는 치료용 조성물에 관한 것으로, 구체적으로 참나리(*Lilium lancifolium*; syn. *L. tigrinum*) 인경 추출물을 유효성분으로 함유하는 염증 질환 또는 천식의 예방 또는 치료용 조성물에 관한 것이다. 본 발명의 조성물은 in vivo 및 in vitro에서 우수한 염증 억제 및 천식 억제 효과를 나타내며 세포독성은 없으므로, 염증 또는 천식 질환의 예방 또는 치료에 유용하게 이용될 수 있다. — 특허등록 제1160488호, 한국생명공학연구원

● 기능성 막걸리의 제조 방법 : 본 발명은 기능성 막걸리의 제조 방법에 관한 것으로서, 보다 상세하게는 막걸리 제조 시에 백합과인 참나리나 마늘을 숙성, 발효시킨 백합과 발효물을 증자된 곡물과 혼합 후에 종효모를 첨가하여 입국을 제조하고, 상기 입국에 정수를 급수한 후 발효시켜 모주를 제조하는 단계와, 상기 모주에 갈탄에서 추출한 광물성 미네랄과 고로쇠 수액, 정수를 혼합하여 제조한 주조 용수와 종효모를 넣어 혼합 발효시켜 발효액으로 제조하는 단계와, 상기 발효액을 체로 거른 후 상기의 주조 용수를 가하여 막걸리로 제성하는 단계와, 상기 막걸리에 식용 칼슘을 첨가하여 수명 연장 막걸리로 제조하는 단계를 포함하는 기능성 막걸리 제조 방법에 관한 것이다. 상기 방식으로 제조된 기능성 막걸리는 백합과인 참나리와 마늘이 숙성, 발효하여 생성된 항산화제로 인한 알콜 분해 능력이 뛰어나 숙취 해소가 빠르고, 항균 작용으로 유해 부패균의 증식을 억제하여 막걸리를 마신 후에 가끔 발생하는 설사나 구토 작용을 완화하고, 갈탄 성분에서 추출한 광물성 미네랄에 포함된 게르마늄, 셀레늄, 붕소 등과 같이 인체에 필요한 미량요소가 많이 포함된 미네랄이 섭취되면서 장에서 인슐린의

참나리 주아

참나리

참나리

나리

분비가 촉진되어 당의 분해를 도와서 당뇨 환자도 식음이 가능하고, 식용 칼슘의 알칼리도 증가로 효모균의 지속적인 증식이 억제되어 막걸리의 유통 수명이 길어지는 한편 최근 막걸리의 단맛 선호를 위하여 당분을 첨가하는 방식을 천연 당분과 무기물이 풍부한 고로쇠 수액을 첨가하여 막걸리 내의 알코올 성분 및 영양분과 살아 있는 효모균과 더불어 인체에 필요한 약리성 미네랄과 무기물을 동시에 섭취할 수 있는 기능성 주류로서의 효과도 가진다. ― 특허공개 10-2011-0116736호, 정**

● 참나리(*Lilium lancifolium*) 구근을 이용한 민속 발효주의 제조 및 생리활성 : 백합구근을 식품으로 활용하기 위한 일환으로 구근을 첨가한 전통 민속 발효주를 개발하기 위하여 알코올 발효 조건을 검토하고 그의 생리기능성을 조사하였다. 백합구근을 건조 분말과 생구근 상태로 첨가량을 달리하여 발효한 결과, 구근 건조 분말 첨가량이 증가할수록 발효 초기에는 에탄올 생성량이 무첨가구보다 낮았으나 발효 후기로 갈수록 에탄올 생성량이 높았으며, 25℃에서 10일간 발효시켰을 때 건조 분말 15% 첨가 발효주와 생구근 20% 첨가 발효주의 에탄올 함량이 각각 19.4%, 19.0%이었다. 첨가량에 따른 발효주의 관능검사 결과 백합구근 건조 분말을 5% 또는 생구근 20%정도 첨가하였을 때 색·향·맛 및 전체적인 기호도 면에서 가장 기호도가 좋았으며, 특히 건조 분말을 첨가하였을 때가 생구근 첨가 발효주보다 기호도가 더 높았다. 기호도가 가장 좋았던 건조 분말 5% 첨가 발효주와 생구근 20% 첨가 발효주의 생리기능성을 측정한 결과 전자공여능, SOD 유사활성, ACE 저해 활성 및 tyrosinase 저해 활성이 무첨가구인 대조구보다 우수하였으며, 생구근 첨가 발효주보다 건조 분말 첨가 발효주가 생리 기능성이 약간 더 높았다. ― 충남농업기술원 금산인삼약초시험장 이가순 외 6, 한국식품영양과학회지(2008. 5. 31.)

참나리

참나리

참나리

참나무겨우살이

겨우살이과 / *Taxillus yadoriki* (Siebold ex Maxim.) Danser

겨우살이과의 상록성 기생관목으로, 우리나라 제주도와 일본에서 발견
되며, 멸종 위기종으로 분류된다. 참나무겨우살이라는 이름과는 달리
낙엽수인 참나무류보다는 구실잣밤나무·동백나무·후박나무·육박나
무·생달나무 등의 상록수에 기생하며, 침엽수인 삼나무에 자라는 것도
있다. 9~12월에 꽃이 피고, 겨울이 끝날 무렵 적갈색의 둥근 열매가 익
는데 과육은 점성이 강하다.

　참나무겨우살이의 새 잎과 줄기는 보리밥나무와 구별되지 않을 정도
로 닮았다. 겨우살이와 꼬리겨우살이는 기주목과 공생하는 반기생 식물
인 반면, 참나무겨우살이와 동백겨우살이는 전기생으로, 착생한 나무가
견디지 못하고 말라 죽으며, 결국 참나무겨우살이도 고사하게 된다.

※ 우리나라에 자생하는 겨우살이류는 참나무겨우살이 외에 동백나무겨우살이·겨우살이·
　붉은겨우살이·꼬리겨우살이 등 5종이 있다. 참나무류에 기생하는 겨우살이는 엄밀하게
　말하면 참나무겨우살이가 아니고 겨우살이 또는 꼬리겨우살이로서, 문헌상 참나무겨우살
　이로 혼용되고 있는 경우가 많으므로 학명에 유의하여 구분할 필요가 있다. 송라라고 하는
　소나무겨우살이는 분비나무·전나무 등 고산성 침엽수에 자라며, 이끼류에 속한다.

생육 & 채취	
장 소	제주도
시 기	겨울~이른봄
부 위	줄기, 잎
손질법	잘게 썰어 말린다.

효용	
성 미	맛은 쓰고 성질은 평하다.
활 용	활혈통경活血通經

연구 & 특허
● 모노아민산화효소 저해 활성을 갖는 참나무 겨우살이 추출물을 함유한 조성물 　外 p.1016 참고

고서古書 · 의서醫書에서 밝히는 효능

운곡본초학 참나무겨우살이는 줄기와 잎을 약용하는데 생약명은 마상기생馬桑寄生이라 하여 겨우살이의 생약명인 상기생桑寄生 또는 곡기생槲寄生과 이름을 달리한다. 참나무겨우살이는 활혈통경活血通經의 효능이 있고, 요슬산연腰膝酸軟, 풍습비통風濕痺痛, 태동불안胎動不安을 치료한다.

특허 · 논문

● 모노아민산화효소 저해 활성을 갖는 참나무겨우살이 추출물을 함유한 조성물 : 본 발명은 모노아민산화효소(MAO) 저해 활성을 갖는 참나무겨우살이(*Loranthus yadoriki* SIEB.)의 추출물을 유효성분으로 함유하는 MAO 관련 우울증의 예방 및 치료용 조성물, 스트레스 해소 및 피로 회복용 조성물에 관한 것으로, 본 발명의 참나무겨우살이 추출물은 시험관 내 실험에서 MAO 효소활성을 강력히 저해하였고, 참나무겨우살이 추출물의 경구투여가, 동물의 운동 후 MAO-A 활성을 증가시키고, MAO-B 효소 활성을 저하시켜 정상 수준으로 회복시키며, 또한 DBH의 활성을 저하시키고 면역기능을 증가시킴으로써, 본 발명의 참나무겨우살이 추출물은 MAO 효소와 관련된 우울증을 위한 의약품, 운동 후 신체의 스트레스 해소, 피로 회복 및 운동 능력 향상을 위한 스포츠 기능성 식음료 및 건강기능식품으로 이용될 수 있다. — 특허공개 10-2012-0089882호, 대한민국(산림청 국립수목원장)

참나무겨우살이 꽃

참나무겨우살이 열매

참나무겨우살이

참나무겨우살이

참빗살나무

노박덩굴과 / *Euonymus hamiltonianus* Wall. var. *hamiltonianus*

노박덩굴과의 낙엽소교목으로, 우리나라 중부 이남의 숲 가장자리나 능선 및 바위 지대에 자란다. 키는 8m까지 자라며, 나무껍질은 회백색이고 매끄럽다. 5~6월에 새로운 가지 아랫부분에 연한 녹색 도는 녹백색 꽃이 모여 피고, 10~11월에 연한 적자색의 열매가 익는다. 빗살나무류로 좀빗살나무 · 좁은잎빗살나무 · 둥근잎빗살나무가 있고, 유사종으로 회나무 · 참회나무 · 나래회나무 · 회목나무 · 회잎나무 · 화살나무 등이 있다. 화살나무와 혼동되는 경우가 있으나 종이 다르다.

새순을 '홀잎나물'이라 하여 식용하는 회잎나무도 화살나무와 비슷하여 혼동하는 경우가 있지만, 화살나무는 코르크질의 큰 날개가 분명히 있고, 회잎나무는 대체로 매끈한 편이지만 자세히 살펴보면 퇴화된 날개가 있는 경우도 있으며, 꽃과 열매는 화살나무와 거의 같다. 한방에서는 회잎나무 · 화살나무 · 좀화살나무 · 나래회나무 · 참빗살나무 · 버들회나무 모두를 '귀전우鬼箭羽'라는 약재로 이용한다.

약명/이명 귀전우鬼箭羽 / 화살나무, 물뿌리나무

생육 & 채취	
장 소	중부 이남의 숲과 바위 지대
시 기	연중 내내
부 위	잔가지, 잎
손질법	햇볕에 말린다.

효 용	
성 미	맛은 쓰고 성질은 차다.
활 용	혈액을 식히고 풍을 없애주며 소종의 효능이 있다.

연구 & 특허
● 청국장의 제조 방법 및 그 청국장

● 청국장의 제조 방법 및 그 청국장 : 본 발명은 일반적인 청국장의 발효 과정에 인삼 생즙 및 느릅나무 및 참빗살나무를 끓인 물을 첨가하여 발효 과정에서 생성되는 바람직하지 못한 불쾌취를 감소시켜 청국장에 대한 기호도를 증가시키며, 콩과 인삼에 다량 함유되어 인체에 유용한 성분은 물론 우리 몸에 유용한 다양한 생리활성 물질, 효소, 납두균 및 유산균 등을 그대로 섭취할 수 있는 장점을 지니고 청국장의 발효 및 숙성 기간 중에 생성되는 갈변물질의 생성을 억제하여 저장 및 유통 기간 중에 일어나는 갈변 현상을 막을 수 있는 고품질의 청국장을 제조하기 위한 기능성 청국장의 제조 방법 및 그 청국장에 관한 것이다. 전술한 본 발명의 특징은, 일반적인 청국장의 제조 방법에 있어서, 콩을 정선하고 깨끗한 물에 세척한 후 깨끗한 물에 침지시켜 20~30시간 불리는 불림 단계, 인삼을 생즙기를 통하여 생즙을 얻는 생즙 단계, 느릅나무 및 참빗살나무의 잎 또는 껍질을 물과 함께 11~13시간 끓여 느릅나무 및 참빗살나무의 달인 물을 준비하는 달임 단계, 상기 불림 단계에서 불린 콩을 100℃의 이상의 고온 솥에서 일정시간 끓이는 삶는 단계, 상기 삶는 단계의 삶은 콩 99.31~99.52중량%와 상기 생즙 단계의 인삼 생즙 0.33~0.5중량%와 상기 달임 단계의 느릅나무 및 참빗살나무의 달인 물 0.15~0.19중량%를 혼합하여 혼합물을 생성하는 혼합 단계, 상기 혼합단계의 혼합물을 물기가 빠지는 용기에 넣어 30~40℃의 숙성실에서 67~77시간 숙성시켜 청국장을 완성하는 숙성 단계, 숙성 단계의 청국장을 일정 단위로 포장하는 포장 단계로 이루어짐을 특징으로 하는 기능성 청국장의 제조 방법에 의하여 달성될 수 있는 것이다. ─ 특허등록 제1172008호, 이**

참빗살나무

참빗살나무 꽃

참빗살나무

참빗살나무

참식나무

녹나무과 / *Neolitsea sericea* (Blume) Koidz.

녹나무과의 상록활엽교목으로, 우리나라 제주도 한라산, 울릉도와 진도를 비롯한 서남 해안 섬 지방의 양지에 자생한다. 가시나무류와 비슷한 난대수종으로, 전라남도 영광군 불갑면 모악리에 있는 참식나무 자생 북한지는 천연기념물 제112호로 지정되어 있다.

키는 10m 정도까지 자라고, 줄기는 어두운 회색이며 어린 가지는 녹색으로 털이 있다가 없어진다. 10~11월에 황백색 꽃이 피고, 다음해 10월에 열매가 붉게 익는데, 겨울에도 빨간 열매가 맺혀 아름다운 풍경을 연출한다. 열매는 향기가 좋아서 향수의 재료로 이용되고, 목재 질이 좋아서 가구재나 완구재로 쓰인다.

바닷가 그늘진 곳에서는 참식나무보다 키가 작은 식나무(*Aucuba japonica* THUNB.)도 자란다.

이명 오조남, 식나무, 식더기

생육 & 채취	
장 소	한라산 등 서남 해안 지역
시 기	가을
부 위	열매
손질법	열매를 생것 그대로 이용한다.

효 용	
성 미	–
활 용	성숙한 열매를 짜서 향수로 이용한다.

연구 & 특허
● 항염 활성과 항미생물성을 갖는 참식나무 정유 추출물 및 그 용도
● 참식나무(Neolitsea sericea Koidz) 추출물을 이용한 한지의 염색 특성

※ p.1016 참고

● 항염 활성과 항미생물성을 갖는 참식나무 정유 추출물 및 그 용도 : 본 발명은 항염 활성과 항미생물성을 갖는 참식나무 정유 추출물 및 그 용도를 개시한다. 구체적으로 본 발명은 참식나무 잎을 수증기로 증류 추출하여 얻어진 참식나무 정유 추출물과 그 정유 추출물의 항염증제 및 항미생물제로서의 용도를 개시한다. ― 특허등록 제1157067호, 재단법인 제주테크노파크

● 참식나무(*Neolitsea sericea Koidz*) 추출물을 이용한 한지의 염색 특성 : 참식나무 추출물의 전통 한지에 대한 염색특성을 규명하기 위하여, 잎, 수피 및 목부로 구분하였으며, 40g/L의 농도로 열수 및 알칼리 추출을 하여 염색액으로 사용하였다. 색차계를 이용하여 pH, 온도, 시간, 농도 조건별로 염색하여 염착량 및 Munsell의 색상, 명도, 채도를 측정하였다. 염색된 한지의 최대 흡수 파장은 400nm였고, 이에 해당하는 데이터를 분석하여 적정 염색 조건을 규명한 결과 pH는 5, 온도는 70℃, 시간은 40분, 농도는 100%에서 염색이 잘되는 것으로 나타났다. 전체적인 색상은 Y 및 YR 계열을 나타냈으며, 조건에 따라 R, RP 계열의 색상도 발현되는 것을 알 수 있었다. 매염제별 염색에서는 전체적으로 선매염의 염착량이 높았으며, 부위별로는 선 · 후매염 모두 잎의 염착량이 가장 높은 것으로 나타났다. 매염제는 선매염에서는 알루미늄과 철매염이 높았고, 후매염에서는 구리매염이 높은 것으로 나타났다. 색상을 주로 잎이 Y 계열을, 수피와 목부는 YR 계열의 색상을 나타내었다. ― 국립산림과학원 화학미생물과 조현진 외 5, 펄프종이기술(2007)

참식나무 어린 나무

참식나무

참식나무

참식나무 열매

천궁

산형과 / *Cnidium officinale* Makino

산형과의 여러해살이풀로, 중국이 원산지이며, 우리나라 각지에서 약용 식물로 재배한다. 키 30~60㎝ 정도로 줄기는 속이 비어 있고 곧게 자라 며 가지가 갈라진다. 8월에 흰색 꽃이 가지 끝과 원줄기 끝에 모여 핀 다. 9~11월에 뿌리줄기를 채취하여 햇볕에 말려 약용하는데, 진정·진 통·강장의 효능이 있다.

약명/이명 천궁川芎 / 경궁京芎, 궁궁芎藭, 대궁臺芎, 작뇌궁雀腦芎, 향과 香果, 호궁胡芎

고서古書 · 의서醫書에서 밝히는 효능
동의학사전 약리 실험에서 진정 작용, 강압 작용, 자궁 수축 작용, 억균 작용 등이 밝혀졌다.

특허 · 논문
● 항고혈압 기능을 가지는 천궁 추출물 : 본 발명은 MAPK(mitogen-

생육 & 채취	
장 소	전국에서 약용식물로 재배
시 기	가을
부 위	뿌리줄기
손질법	햇볕에 말린다.

효 용	
성 미	맛은 맵고 시며, 성질은 따뜻하다.
활 용	경엽과 수염뿌리를 제거하고 씻은 뒤에 햇볕에 말리거나 불로 굽는다.

연구 & 특허
● 항고혈압 기능을 가지는 천궁 추출물 ● 천궁 추출물 또는 이로부터 분리한 분획물을 포함하는 혈관신생으로 인한 질환의 예방 또는 치료용 조성물 外 p.1016 참고

activated protein kinase) 활성을 억제하여 항고혈압 기능을 나타내는 천궁(*Ligusticum wallichii*) 추출물에 관한 것이다. 보다 구체적으로는, 민간요법으로 사용되는 천궁을 유기용매에 용해시켜 얻은 항고혈압 기능을 나타내는 추출물에 관한 것이다. 본 발명에 따른 항고혈압 기능을 가지는 천궁 추출물은 고혈압 치료를 위한 항고혈압제뿐만 아니라, 혈압 저하 효과를 가지는 기능성식품으로도 유용하다. — 특허등록 제587179호, 학교법인 건국대학교

● 천궁 추출물 또는 이로부터 분리한 분획물을 포함하는 혈관신생으로 인한 질환의 예방 또는 치료용 조성물 : 본 발명은 천궁을 추출 및 정제하여 얻은 분획물을 유효성분으로 포함하는 혈관신생(angiogenesis)으로 인한 질환의 예방 또는 치료용 조성물에 관한 것이다. 본 발명의 조성물은 혈관신생을 억제하는 활성을 가지므로, 관절염, 당뇨병성 망막증, 건선 및 암 등의 혈관신생으로 인한 질환의 예방 또는 치료에 유용하게 사용될 수 있다. — 특허등록 제547366호, 주식회사 안지오랩

● 천궁이 유방암세포 증식, Nitric Oxide 생성 및 Ornithine Decarboxylase 활성에 미치는 영향 : 본 논문은 천궁이 유방암세포 증식, Nitric Oxide 생성 및 Ornithine Decarboxylase 활성에 미치는 영향을 연구한 논문으로 주요 내용으로는 천궁 열 추출물이 estrogen-의존성의 유방암세포(MCF-7)와 estrogen-비의존성 유방암세포(MDA-MB-231)의 증식에 미치는 영향, NO의 생성과 iNOS의 표현 및 ODC활성에 미치는 영향을 근거로 천궁 열 추출물은 estrogen-의존성의 유방암세포(MCF-7)와 estrogen-비의존성 유방암세포(MDA-MB-231)의 증식을 농도 의존적으로 억제하는 효과가 있었으며, 유선세포의 유전자 독성을 유발하는 NO의 생성을 저해하고 높은 농도의 NO 생성을 위한 iNOS의 표현도 억제하였으며, 유방암 발생의 촉진 단계에서 주요한 기능을 가진 ODC 활성도 억제하였다는 내용이다. — 동국대학교 난치병한양방치료연구센터 및 의과대학 약리학교실 남경수 외 4, 생약학회지(2004. 12. 30.)

천궁

천궁 꽃

천궁

천선과나무

뽕나무과 / *Ficus erecta* Thunb.

뽕나무과의 낙엽관목으로, 우리나라 전라남도 섬 지방, 제주도의 산기슭에 자생하는 토종 식물이다. 키는 2~4m 정도로 자라고, 나무껍질은 매끈하며, 가지는 회백색으로 털이 없다. 5~6월에 무화과처럼 화낭 속에서 피고, 9~10월에 둥근 열매가 흑자색으로 익는데, 열매의 맛이 매우 좋아 '하늘의 신선[天仙]이 먹는 열매'라는 뜻에서 '천선과天仙果'라는 이름이 붙었다고 전해진다(하지만 요즘 사람들 입에는 열매 맛이 덤덤하게 느껴질 듯한 맛이다.). 민간에서는 이 열매를 생식하거나 물에 달여 마시면 목의 통증, 치질, 위암이나 인후암을 비롯한 여러 종류의 암에 효과가 있는 것으로 알려져 있다.

어린순을 나물로 먹으며, 윤기가 나는 잎과 붉게 물드는 단풍이 아름다워 정원수로 가꾸기도 한다.

잎이 좁은 것을 '좁은잎천선과나무(var. *sieboldii*)'라고 한다.

약명/이명 천선과天仙果 / 꼭지천선과, 천선과, 긴꼭지천선과

생육 & 채취	
장 소	전남 섬 지역, 제주도 산기슭
시 기	가을
부 위	뿌리, 열매
손질법	잘 익은 열매를 생식하거나 햇볕에 말린다.

효 용	
성 미	맛이 달고 독이 없다.
활 용	목의 통증, 치질 등을 치료하는 효과가 있다.

연구 & 특허
● In Vitro 골다공증 인자에 미치는 천선과나무 잎의 억제 효과

● In Vitro 골다공증 인자에 미치는 천선과나무 잎의 억제 효과 : 본 논문은 In Vitro 골다공증 인자에 미치는 천선과나무 잎의 억제 효과를 연구한 내용으로, 주요 내용으로는 골다공증은 폐경기 여성과 노인들의 주된 관심사로서, 에스트로겐이 감소될 때 뼈복원과 관련된 것으로 알려진 IL-1β, IL-6과 PGE 2와 같은 국소 인자들이 증가하고 골파쇄가 증강되어 임상적인 골다공증을 유발하게 된다. 본 연구에서는 천선과나무의 항-골다공증 활성을 조사하고자 하였다. 골다공증 인자를 유도하기 위해 IL-1β(10㎎/㎖)로 MG-63 세포를 자극하고 RAW264.7 세포를 RANKL로 자극하여 파골세포로 분화를 유도하였다. 조사 결과 천선과나무 분획은 IL-6과 COX-2의 mRNA 발현과 COX-2의 단백질 수준과 PGE 2 생성을 감소시켰다. 순차적 용매분획 중, 헥산과 EtOAc 분획은 파골세포로의 분화를 감소시켰다. 이러한 결과로 볼 때, 천선과나무는 골다공증 인자에 유의한 영향을 미치고 가능한 항-골다공증 치료 식물로 사용될 수 있을 것이라는 내용이다. — 제주대학교 의과대학 윤원종 등. 대한약학회지(2007. 1)

※ IL-6는 T-cell(=T림프구)이나 대식세포(macrophage)에서 분비되는 활성인자로, B-cell(=B림프구)을 자극하여 활성화시키는 역할도 하고, 여러 염증 반응 또한 촉진한다. PGE 2는 ProstaGlandin-E 2라고 하며, 프로스타글란딘 계통의 신호 분자로서 발열을 포함한 염증 반응에 관여한다.

천선과나무

천선과나무 열매

천선과나무 열매

천선과나무

철쭉

진달래과 / *Rhododendron schlippenbachii* Maxim.

진달래과의 낙엽활엽관목으로, 우리나라 전역에서 자란다. 키는 2~5m 정도이고, 밑동에서 줄기가 갈라져 비스듬히 자라며, 굵은 가지가 많이 나와 전체가 둥그스름해진다. 진달래 꽃이 질 무렵에 꽃이 피는데, 연분 홍색 꽃잎에 붉은자주색 반점이 있고, 꽃받침 주변에서 끈끈한 점액이 묻어난다. 진달래꽃은 '참꽃'이라고 하고, 철쭉은 독성이 있어서 '개꽃'이 라고 한다. 꽃이 아름다워 발걸음을 '머뭇거리게[머뭇거릴 척躑, 머뭇거릴 촉 躅]' 한다고 하여 '척촉화躑躅花'라고 부른다. 《본초강목本草綱目》에는 양이 철쭉을 잘못 먹으면 죽기 때문에 '양척촉羊躑躅'이라고 한다고 적혀 있다.

목재는 정원수와 조각재로 이용하며, 한방에서 꽃을 '척촉화躑躅花'라 하여 풍사風邪를 쫓아내고 습濕을 제거하며 어혈瘀血을 풀어 주고 통증을 감소시키는 약재로 쓰지만 독이 있으므로 많이 먹으면 안 된다.

※ 진달래를 포함한 진달래과 식물에는 '그레이아노톡신grayanotoxin'이라는 중추신경계에 작용하는 독성물질이 들어 있다. 진달래꽃으로 두견주·화전·효소 등을 만들어 먹는데 진달래도 과용하면 부작용이 나타난다. 철쭉의 그레이아노톡신 함량은 진달래의 5배 정도로서 과다 복용한 경우, 혈압강하·구토·오심·무력감·의식소실·시각 장애 등을 일으킨다. 그레이아노톡신은 고산에서 자생하는 만병초에 가장 많이 들어 있다.

생육 & 채취	
장 소	전국 각지
시 기	봄(꽃) 가을~봄(뿌리)
부 위	꽃, 뿌리
손질법	꽃을 그늘에서 말린다. 뿌리를 물에 씻어 햇볕에 말린다.

효용	
성 미	맛은 맵고 성질은 따뜻하며 독이 매우 많다.
활 용	건위·강장·이뇨 작용

연구 & 특허
● 철쭉 뿌리 추출물을 함유하는 화장료 조성물 ● 한국산 약용식물 추출물의 알도즈 환원 효소 억제 효능 검색 ☞ p.1017 참고

유사종으로 흰철쭉·황철쭉 등이 있다.

약명/이명 척촉화躑躅花, 황척촉근黃躑躅根 / 철쭉나무, 함박꽃, 개꽃나무, 철쭉꽃

특허·논문

● **철쭉 뿌리 추출물을 함유하는 화장료 조성물** : 본 발명자는 천연 생약제를 이용한 아토피성 피부염 및 습진에 효과가 있는 화장료를 개발하기 위하여, 항히스타민 및 항균 활성을 통하여 연구하던 중 철쭉 뿌리 추출물이 강한 히스타민 유리 저해 활성 및 항균 활성을 모두 보유함을 발견하고, 철쭉 뿌리 추출물을 유효성분으로 함유하여 피부에 적용 시 부작용을 일으키지 않으면서 아토피성 피부염 또는 습진을 치료하는 효과가 있음을 확인하고 본 발명을 완성하였다. — 특허등록 제695537호, 이**

● **한국산 약용식물 추출물의 알도즈 환원 효소 억제 효능 검색** : 본 논문은 한국산 약용식물 추출물의 알도즈 환원 효소 억제 효능 검색에 관한 연구로 주요 내용은 다음과 같다. 알도즈 환원 효소는 당뇨 합병증에 관여하는 효소로서 본 연구에서는 천연물로부터 당뇨 합병증 치료제를 개발하기 위하여 65종의 한국산 약용식물에서 알도즈 환원 효소에 대한 억제 활성을 조사하였다. 그 결과 23종의 약용식물에서 3,3-tetramethyleneglutaric acid (TMG)와 비교시 현저한 억제 활성을 보였다. 결론적으로 8종의 약용식물, 즉 신나무(잔가지, 줄기, 잎), 신나무(열매), 철쭉(잔가지, 줄기, 잎), 병꽃나무(잔가지, 줄기, 잎), 고로쇠나무(가지, 잎), 가죽나무(잔가지, 줄기, 잎), 생강나무(가지, 잎), 미국미역취(전초)의 경우는 양성대조군인 TMG보다 3배 높은 억제 활성을 보였다는 내용이다. — 한국한의학연구원 한의융합연구본부 당뇨합병증연구센터 이윤미 외 3, 생약학회지(2011. 12. 31)

철쭉

황철쭉

흰철쭉

야산에 핀 철쭉

초롱꽃

초롱꽃과 / *Campanula punctata* Lam.

초롱꽃과의 여러해살이풀로, 우리나라의 남부와 중부 지역의 햇빛이 잘 드는 낮은 산지에 자생한다. 우리나라가 원산지로, 일본과 동부 시베리아에도 분포한다. 키는 40~100㎝ 정도로, 식물 전체에 자잘한 털이 있으며 가지가 여러 가래로 뻗는다. 6~7월에 흰색 또는 연한 홍자색 바탕에 짙은 반점이 있는 꽃이 긴 꽃줄기 끝에서 밑을 향하여 달린다. 연한 순은 나물로 이용한다.

유사종으로 섬초롱꽃·금강초롱꽃이 있는데, 그중 금강초롱꽃은 우리나라 중부와 북부 이북의 높은 산 깊은 숲에서 자라며, 꽃은 연한 자주색 또는 남색이고, 특산 식물 보호종이다.

초롱꽃 또는 섬초롱꽃과 금강초롱꽃의 어린순을 나물로 먹고, 관상용으로 심는다. 한방에서 초롱꽃류의 지상부를 '자반풍령초紫斑風鈴草'라 하여 꽃이 핀 지상부를 열을 내리고 몸의 독毒과 통증을 없애며, 산모의 해산을 촉진하는 데 약으로 쓴다.

약명/이명 자반풍령초紫斑風鈴草 / 산소채

생육 & 채취	
장 소	중남부 지역의 낮은 산지 양지
시 기	6~7월
부 위	지상부
손질법	그늘에서 말린다.

효 용	
성 미	맛은 달고 쓰며 성질은 따뜻하다.
활 용	청열淸熱, 해독解毒 작용. 인후종통咽喉腫痛, 두통頭痛을 다스린다.

연구 & 특허
● 초롱꽃 지상부 추출물을 포함하는 진통제 조성물

고서古書 · 의서醫書에서 밝히는 효능

운곡본초학 초롱꽃 또는 섬초롱꽃의 지상부를 약용하는데 생약명은 자반풍령초紫斑風鈴草라 한다. 최생(催生 : 산모의 분만 시기를 앞당기는 것)의 효능이 있고, 인후종통咽喉腫痛, 두통頭痛을 치료한다.

특허 · 논문

● 초롱꽃 지상부 추출물을 포함하는 진통제 조성물 : 본 발명은 초롱꽃 초롱꽃속(Campanula) 식물 추출물을 유효성분으로 함유하는 진통제 조성물 및 이를 포함하는 통증 개선용 식품 조성물에 관한 것이다. 발명자들은 초롱꽃 지상부의 추출물에 대하여 초롱꽃 지상부 추출물을 이용한 라이딩(writhing) 억제 시험, 꼬리 움직임 시험(tail-flick test), 뜨거운 바닥 시험(hot-plate test) 등의 다양한 통증 지표 테스트를 통하여 진통효과를 측정 규명하여 본 발명을 완성하였다. — 특허공개 10-2011-0077094호, 한림대학교 산학협력단

초롱꽃 어린순

섬초롱꽃

초롱꽃 열매

초롱꽃

측백나무

측백나무과 / *Thuja orientalis*

측백나무과의 상록침엽교목으로, 절벽지나 석회암 지대에서 잘 자란다. 내한성·내건성·내공해성이 강하고 나무 모양이 아름다워 관상수나 울타리용으로 심어 가꾼다.

키는 25m, 지름은 1m 정도로 자라며, 나무껍질은 적갈색이나 회갈색이고, 세로로 가늘고 길게 갈라지며 벗겨진다. 4월에 암꽃과 수꽃이 한 나무에서 피고, 9~11월에 흰 가루가 덮인 듯한 초록색 열매가 갈색으로 익는다.

한방에서는 잎을 '측백엽側栢葉'이라 하여 토혈·혈변·대장염·이질·고혈압 등의 증상에 사용하고, 열매를 '백자인栢子仁'이라 하여 신경쇠약·불면·심계항진心悸亢進·신체허약·변비 등에 치료제로 사용한다. 잎은 맛이 맵고 약간 쓰며 따뜻하고 서늘하고, 열매는 맛이 달고 평平하며, 자양滋養·진정·윤장潤腸의 효능이 있다.

약명/이명 측백엽側栢葉, 백자인栢子仁, 백근백피栢根白皮 / 측백, 나한백(북한)

생육 & 채취	
장 소	절벽이나 석회암 지대
시 기	여름~가을
부 위	잎, 씨앗
손질법	잎 : 그늘에서 말린다. 씨앗 : 햇볕에 말린다.

효용	
성 미	잎 : 맛은 맵고 약간 쓰며 성질은 서늘하다. / 열매 : 맛은 달고 성질은 평하다.
활 용	잎 : 지혈·양혈·수렴·이뇨 작용 씨 : 자양·진정 작용

연구 & 특허
● 퇴행성 뇌 질환의 예방 및 치료용 약학 조성물 및 기능성 건강식품 ● 천연 향유를 함유하는 여드름 화장료 조성물 外 p.1017 참고

명의별록 정신이 몽롱한 것을 치료하고 쇠약하고 헐떡거리는 것을 치료하며, 모든 관절과 허리가 무겁고 아픈 증상을 치료한다. 혈血을 보충하고 땀을 그치게 한다.

본초강목 심기心氣를 기르고 신腎의 음기陰氣를 보충하며 혼백魂魄을 안정시키고 지력智力을 좋게 하며 정신을 맑게 한다. 태워서 거른 즙은 두발을 윤기 있게 하며 옴병을 치료한다.

특허 · 논문

● 퇴행성 뇌 질환의 예방 및 치료용 약학 조성물 및 기능성 건강식품 : 본 발명은 퇴행성 뇌 질환의 예방 및 치료용 약학 조성물에 관한 것으로, 보다 구체적으로는 편백나무 등을 포함하는 침엽수(편백나무, 잣나무, 측백나무 또는 화백나무 중 어느 하나의 가지 및 잎)에서 추출된 정유 추출물을 유효성분으로 포함하는 퇴행성 뇌 질환의 예방 및 치료용 약학 조성물 및 기능성건강식품에 관한 것이다. 본 발명의 약학 조성물을 투여 받게 되면 인지능력 향상과 퇴행성 뇌 질환의 예방, 퇴행성 뇌 질환 증상의 개선 및 치료 효과를 나타내는데, 특히 베타 아밀로이드로 유발된 퇴행성 뇌 질환의 인지기억능과 운동협응력을 향상시키므로, 퇴행성 뇌 질환의 예방 및 치료를 위해 유용할 뿐만 아니라 정상인의 학습력과 기억력을 증진시킬 수 있다. — 특허등록 제1064961호, 재단법인 전라남도 생물산업진흥재단

● 천연 향유를 함유하는 여드름 화장료 조성물 : 본 발명은 눈측백나무 엽(葉) 천연 향유를 함유하는 여드름 화장료 조성물에 관한 것으로서, 이 화장료 조성물은 눈측백나무 엽 추출물을 전 조성물 중량 기준으로 0.0001∼5 중량% 함유하며, 눈측백나무 엽 추출물 중의 향유 성분에 의한 프로피오니박테리움 아크네의 증식 억제 및 5α-

리덕타아제의 활성을 저해함으로써 우수한 여드름 예방 및 완화능을 갖는 여드름 피부 개선용 화장료 조성물이다. — 특허등록 제441131호, 애경산업 주식회사

● 측백나무 잎을 포함하는 발모 촉진 또는 탈모 방지용 조성물 및 이의 제조 방법 : 본 발명은 측백나무 잎을 비롯하여 부추뿌리, 뽕나무 잎, 생강 및 검은 콩을 유효성분으로 포함하는 발모 촉진 또는 탈모 방지 조성물 및 이의 제조 방법에 관한 것이다. 본 발명의 조성물은 천연 추출물을 주성분으로 포함하고 있어 부작용이 없고 발모 촉진 및 탈모 방지 효과가 우수하다. 따라서 탈모 치료제뿐 아니라 샴푸·에센스 등의 각종 모발 제품에 다양하게 응용될 수 있다. — 특허등록 제929880호, 이선미 외 1

● 은 이온화 식물 추출액 및 그 용도 : 본 발명은 은 이온화 식물(측백나무) 추출액 및 그 용도를 개시한다. 구체적으로 본 발명은 전해액인 측백나무 추출액에서 전기분해에 의하여 은을 이온화시켜 얻어지는 은 이온화 식물 추출액, 및 상기 은 이온화 식물 추출액을 포함하는 항미생물성 조성물을 개시한다. 본 발명의 은 이온화 식물 추출액은 다양한 미생물에 대하여 항미생물 효과를 보임으로써 그 미생물이 원인이 되어 발생하는 유해한 현상을 개선 또는 예방하는 데 유용하게 사용될 수 있을 것이다. — 특허등록 제736819호, 전남대학교 산학협력단

● 피브릴화한 측백나무과의 나뭇잎을 포함하여 심미성이 향상된 한지의 제조 방법 : 발명은 피브릴화한 측백나무과의 나뭇잎을 포함하여 심미성이 향상된 한지의 제조 방법에 관한 것으로, 닥나무 피를 증해하여 펄프화하는 단계, 상기 펄프화한 닥펄프를 해리하는 단계, 채취한 측백나무과의 나뭇잎을 롤러가 구비된 고해기에서 갈아 피브릴화하는 단계, 상기 닥펄프와 피브릴화한 나뭇잎을 혼합하는 단계, 상기 닥펄프와 나뭇잎을 혼합한 혼합물을 초지하는 단계, 상기 초지한 것을 압축 탈수 후 건조하는 단계를 포함하여 제조되는 것이다. — 특허등록 제

측백나무

측백나무 꽃봉오리

측백나무 열매

측백나무 열매

● **측백나무 잎, 열매 추출물의 이화학적 특성 및 항산화 효과** : 측백나무 잎 및 열매 물, 에탄올 및 메탄올 추출물의 생리활성 물질(총 폴리페놀 화합물, 플라보노이드, 미네랄, 지방산 조성) 분석과 항산화 활성(DPPH free radical scavenging 활성, Cu/Fe-환원력, 간 조직 microsome 생체막 및 linoleic acid 과산화지질)을 측정하였다. 측백나무 잎의 메탄올 추출물에서 추출 수율(12.90%), 폴리페놀 화합물(16.02%) 및 플라보노이드(0.25%) 함량이 가장 높았다. 측백나무 잎 및 열매의 주요 미네랄은 Ca, K, 및 Mg이었다. 측백나무 잎의 주요 지방산은 palmitic acid 및 lauric acid였으며, 열매는 palmitic acid 및 decanoic acid가 높은 함량을 보였다. DPPH free radical scavenging 활성, Cu/Fe-환원력, 간 조직 microsome 생체막 및 linoleic acid의 과산화지질 측정에 의한 항산화 활성은 측백나무 열매보다는 잎 추출물에서 높았으며, 시료 처리 농도 의존적으로 활성이 증가되는 것으로 나타났다. 이상의 실험 결과에서 측백나무 잎의 메탄올 추출물에서 높은 항산화 활성이 있었으며, 이는 폴리페놀 화합물과 플라보노이드와 같은 항산화 활성을 나타내는 생리활성 성분을 많이 함유하고 있는 것으로 나타나 향후 건강기능식품이나 화장품의 천연 항산화제 소재 개발에 유용하게 사용될 것으로 사료된다. — 동아대학교 대학원 의생명과학과 안희영 외 5. 생명과학회지(2011. 5. 30.)

층꽃나무

마편초과 / *Caryopteris incana* (Thunb.) Miq.

마편초과의 낙엽아관목으로, 우리나라 중부와 남부 지방의 양지쪽 바위 틈이나 건조한 곳에 자생한다. 일본·중국 및 타이완의 난대~아열대에 분포한다. 키는 30~60㎝ 정도이고, 줄기가 뿌리에서 무더기로 나와 곧게 자라는데 작은 가지는 털이 많고 흰빛이 돈다. 7~8월에 줄기의 잎겨드랑이에서 자주빛이 도는 푸른색의 꽃이 피고, 10~11월경에 열매가 익는데 검은 씨앗에는 날개가 있다. 속명 'Caryopteris'는 씨앗의 날개 모양을 표현한 라틴어 'karyon(호도)'와 'pteryx(날개)'의 합성어이고, 종소명 'incana'는 '부드러운 털로 덮여 있다'라는 뜻이다.

유사종으로 흰층꽃나무(*Caryopteris incana* f. candida Hara)가 있다. 나무 밑부분은 목질이지만 윗부분은 풀처럼 말라 죽으므로 풀로 분류하기도 한다. '층꽃풀'이라고도 한다.

약명/이명 난향초蘭香草 / 층꽃풀

생육 & 채취	
장 소	중부, 남부 지역의 바위틈이나 건조한 곳
시 기	여름~가을
부 위	지상부, 뿌리
손질법	지상부를 잘라 햇볕에 말린다.

효용	
성 미	맛은 맵고 성질은 따뜻하다.
활 용	호흡기 감염증, 풍습성 관절염 등을 개선한다.

연구 & 특허
● 층꽃풀 추출물 또는 이로부터 분리된 화합물을 함유하는 간독성 질환 예방 및 치료용 조성물
● 층꽃나무 정유의 성분 분석과 세포독성 평가 ☞ p.1017 참고

고서古書 · 의서醫書에서 밝히는 효능

동의보감 소갈증(음식은 잘 먹으나 몸이 여위고 소변이 잦은 제2형 당뇨병)에 처방하는 난향음자蘭香飮子의 주재료이다.

운곡본초학 전초를 약용하는데 생약명은 난향초蘭香草라 한다. 거담지해祛痰止咳, 거풍제습祛風除濕, 산어지통散瘀止痛, 소풍해독疏風解毒의 효능이 있고, 붕루崩漏, 타박상打撲傷, 월경부조月經不調, 백대白帶, 계해鷄咳, 풍습비風濕痺, 산후복통産後腹痛 등을 치료한다.

특허 · 논문

● 층꽃풀 추출물 또는 이로부터 분리된 화합물을 함유하는 간독성 질환 예방 및 치료용 조성물 : 본 발명은 층꽃풀 추출물, 이의 분획물 또는 이로부터 분리된 화합물을 함유하는 간독성 질환 예방 및 치료용 조성물에 관한 것이다. 층꽃풀의 정유성분인 타우카디놀(taucadinol), 미르테닐 아세테이트(myrtenyl acetate), 피노카르본(pinocarvone), δ-3-카렌(δ-3-carene) 등이 세포독성이 있다고 보고되어 있으며, 다이터펜(diterpenoid)인 인카논(incanone)은 백혈병 세포(human leukemia cell)에서 세포독성이 있는 것으로 보고되어 있다(Kim et al., 2008). 그러나, 층꽃풀 추출물 및 이로부터 분리된 화합물들의 간 보호 활성에 관한 보고는 전혀 알려진 바가 없다. 이에 본 발명자들은 한국의 자생 식물을 대상으로 간 효과를 연구한 결과, 층꽃풀 추출물, 이의 분획물 및 이로부터 분리 동정하여 얻은 화합물이 우수한 간 보호 효과를 나타내어 간염, 지방간, 간경화 및 간장 독성과 같은 간 질환 등의 예방 및 치료제로 사용될 수 있음을 발견함으로써 본 발명을 완성하게 되었다. 본 발명의 층꽃풀(*Caryopteris incana*) 추출물, 이의 분획물 및 이로부터 분리된 화합물은 제3급-부틸히드로퍼옥시드(t-BHP, tertiary-

층꽃나무

층꽃나무

층꽃나무

층꽃나무

butyl hydroperoxide)와 같은 독성 물질에 의하여 간 독성이 유발되었을 때 간세포 보호 효과가 우수하므로 간 질환의 예방 및 치료에 탁월한 효과를 기대할 수 있다. — 특허공개 10–2012–0119105호, 한국과학기술연구원

● 층꽃나무 정유의 성분 분석과 세포독성 평가 : 층꽃나무 지상부위 정유의 화학성분 구명을 위하여 수증기 증류법으로 정유를 얻고, 이를 solid-phase microextraction(SPME)와 headspace(HS)법으로 흡착시킨 다음 CC-MS로 분석하였다. 향취가 fougere, woody한 층꽃나무 정유에는 탄화수소 28종, 알코올 22종, 아세테이트 7종, 케톤 7종, 알데히드 3종, 기타 2종 등 총 69종의 화학성분이 함유되어 있었으며, 다함량 성분은 4,6,6-trimethyl [1S-(1α, 2β, 5α)]-bicyclo[3.1.1]hept-3-en-2-ol(11.8%), tau-cadinol(9.4%), myrtenyl acetate(9.2%), pinocarvone(7.0%), 1-hydroxy-1,7-dimethy 1-4-isopropyl-2,7-cyclodecadiene(6.3%), δ-3-carene(6.2%)이었다. SPME법으로 흡착 후 분석한 시료에는 탄화수소 22종, 알코올 16종, 아세테이트 6종, 케톤 3종, 에테르 2종 등 총 49종의 화학성분이 검출되었는데, 다량 함유된 성분으로는 δ-3-carene(12.6%), (-)-myrtenyl acetate(11.2%), 6,6-dimethyl-2-methylene-bicycol[3.1.1] heptan-3-ol(10.9%), pinocarvone(9.3%)이었다. 그리고 HS법으로 흡착한 다음 분석한 정유에는 탄화수소 5종, 아민 2종, 알코올 1종, 기타 2종 등 총 10종의 화학성분이 검출되었는데, 다량 함유된 성분은 (Z)-2-fluoro-2-butene(34.9%), δ-3-carene(6.9%), 6-(4-chlorophenul) tetrahydro-2-methyl-2H-1,2-oxazine(5.9%)이었다. HaCaT 각질형성세포에 미치는 세포독성을 조사하기 위하여 MTT assar를 실시한 결과 층꽃나무 정유의 IC50 값은 0.011μg/㎎으로 시판 중인 로즈마리 정유나 차나무 정유의 IC50 값보다 낮았는데, 이러한 결과는 층꽃나무 정유의 상업화를 위해서 더 많은 독성 시험이 요구된다는 것을 시사한다. — 강원대학교 자원생물환경학과 김성문. 한국응용생명화학회(2008. 9. 30.)

※ IC50 값 : 대상 세포를 독성물질에 노출시켰을 때 절반 이상이 죽는 농도를 말함.

층층나무

충충나무과 / *Cornus controversa* Hemsl.

층층나무과의 낙엽교목으로, 우리나라 전역의 산비탈이나 골짜기에서 자란다. 키는 10~20m 정도로 자라고, 가지가 원 줄기에서 돌려 나면서 수평으로 층을 이루면서 자라므로 '층층나무'라고 한다. 회갈색의 나무 껍질은 세로로 얕게 홈이 패여 터지고, 어린 가지는 붉은색이나 녹색을 띤다. 5월경에 흰색의 꽃이 피고, 9월경에 열매가 검붉게 익는데, 열매에는 얕은 골이 패여 있다.

관상용으로 심어 가꾸며, 밀원식물로도 이용된다. 목재는 가구재로 쓰인다. 약리성분으로 탄닌tannin이 들어 있어 종기를 없애는 작용을 하고, 신경통·관절염으로 인한 통증을 완화시킨다. 흰말채나무와 비슷하게 생겼는데, 성분 또한 비슷하여 이뇨 작용을 함으로써 소변을 원활하게 배출시켜 주는 효능도 있다.

열매·잎·가지를 약으로 쓰는데, 가을에 익은 열매를 채취하여 서늘한 곳에서 말리거나 생것으로 사용하고, 가지를 봄과 가을에 채취하여 햇볕에 말린다.

생육 & 채취	
장 소	전국의 산비탈이나 골짜기
시 기	가을(열매) 봄, 가을(잎·줄기)
부 위	열매, 잎, 가지
손질법	열매 : 서늘한 곳에서 말린다. 잎, 가지 : 햇볕에 말린다.

효 용	
성 미	독이 없다.
활 용	강장 작용. 소종지통消腫止痛. 관절염의 통증을 그치게 한다.

연구 & 특허
● 헴옥시게나제-1 발현을 유도시키는 혼합 목피추출물을 함유하는 위장 질환 예방 또는 치료용 약학적 조성물 外

 등대수燈臺樹 / 등태수, 등태목, 물깨금나무, 꺼그렁나무, 막깨낭(제주), 층층나무(영남)

고서古書 · 의서醫書에서 밝히는 효능

운곡본초학 가지나 나무껍질을 약용하는데 생약명은 등대수燈臺樹이다. 소종지통消腫止痛의 효능이 있고, 질타종통跌打腫痛, 두통頭痛, 현훈眩暈, 인후종통咽喉腫痛, 관절산통關節酸痛을 치료한다.

특허 · 논문

● 헴옥시게나제-1 발현을 유도시키는 혼합 목피 추출물을 함유하는 위장 질환 예방 또는 치료용 약학적 조성물 : 본 발명은 겨우살이, 귀룽나무, 노린재나무, 칡, 층층나무, 가시오가피, 음나무, 초피나무, 복숭아나무, 황철나무, 화살나무, 으름덩굴, 느릅나무 및 마가목의 각 목피의 혼합 목피 추출물을 유효성분으로 함유하는 위장질환 예방 또는 치료용 약학적 조성물에 관한 것으로, 상기 추출물은 유도성 헴옥시게나아제(inducible heme oxygenase-1)의 발현을 촉진시킴으로써 산화적 스트레스를 감소시켜 위장 손상을 예방하거나 치료할 수 있기 때문에 위장질환 예를 들어, 위염, 위궤양 또는 위장출혈 등의 예방 또는 치료에 유용하게 사용될 수 있다. ― 특허등록 제587990호, 진주문화방송 주식회사 외 4

● 층층나무 수액을 함유하는 간장 및 된장의 제조 방법 및 이에 따라 제조된 층층나무 수액을 함유하는 간장 및 된장 : 본 발명은 층층나무 수액을 이용한 간장 및 된장의 제조 방법 및 이에 따라 제조된 층층나무 수액을 함유하는 간장 및 된장에 관한 것으로, 층층나무의 성분은 지방산, 루토사이드(Rutoside), 갈릭산(Gallic acid)이 들어 있

다. 층층나무는 나무 전체인 뿌리부터 줄기 및 잎까지 강장작용이 있어 약용이 가능하며 말채나무와 성분이 비슷하여 이뇨 작용을 하므로 소변을 원활하게 배출시켜 준다. 본 발명에 따라 제조된 층층나무 수액을 함유하는 간장 및 된장은 고유의 전통식품에 층층나무의 기능성, 즉 강장작용, 이뇨작용, 지해, 거풍, 활락, 해수, 요퇴통, 소종지통, 종기, 악창, 신경통, 관절염 예방 효과를 부여한 것으로 당분야에서 유용하게 이용할 수 있을 것으로 기대된다. — 특허공개 10-2012-0038144호, 강**

● 층층나무 수피의 성분 : 본 논문은 층층나무 수피의 성분을 연구한 논문으로 주요 내용으로는 한국에서 널리 분포되어 있으며 설사 및 강장약으로서 사용되어 온 층층나무 건경 수피의 MeOH 추출액으로부터 6개의 화합물을 분리하였으며, 물리화학 및 분광학적 증거를 비교함으로써 그 구조가 갈산(1), scopoletin(2), arjunglucoside II(3), isoquercitrin(4), quercitrin(5) 및 rutin(6)임을 확인하는 내용으로, 이 화합물 중 scopoletin와 arjunglucoside II는 층층나무로부터 처음 분리되었음을 수록한 내용이다. — 충북대학교 약학대학 장현민외 6. 생약학회지(1998. 9. 30.)

● 면역학적 전기영동에 의한 층층나무속과 그 근연군의 계통학적 추가 연구 : 층층나무속(Cornus) 식물 수종과 그 근연군의 계통학적 유연관계를 밝히기 위하여 종자단백질을 이중면역확산법, 사전포화처리법, 방사상면역확산법, 면역학적 전기영동법 등으로 분석함으로써 혈청학적 추가 자료를 얻었다. 산딸나무(*Cornus florida*) 면역혈청을 사용한 침전반응에서 흰말채나무(*C. drummondi*)와 노랑말채나무(*C. stolonifera*)는 혈청학적 유사도가 매우 높았고, 아모뭄흰말채나무(*C. amomum*)과 C. recemosa는 다음으로 높았다. Cornus와의 근연군에 해당하는 분류군 중에서 Nyssa(Nyssaceae)가 가장 가까운 근연성을 나타냈고, Corokia (Cornaceae 또는

층층나무 꽃

층층나무 열매

층층나무 새순

Saxifragaceae)와 Griselinia는 매우 낮은 근연성을 보여서 Cornaceae에의 소속을 지지하고 있지 않다. 그러나 그들의 독립된 과로서 구분하기 위해서는 많은 다른 분류학적 증거가 필요할 것으로 본다. 면역학적 전기영동법과 사전포화처리법의 조합된 기술은 비교적 정교한 종자단백질 분석이 가능했다. — 충북대학교 이유성. 식물학회지(1985)

층층나무

층층나무

층층나무 꽃

치자나무

꼭두서니과 / *Gardenia jasminoides Ellis*

꼭두서니과의 상록관목으로, 우리나라 남부 지방에서 재배하고, 관상용으로 가꾼다. 고려시대에 중국에서 도입되어 황색 염료로 사용한 것으로 전해진다. 키는 1~2m 정도이고 작은 가지에 짧은 털이 있다. 6~7월에 유백색 꽃이 피고, 9월에 홍황색 열매가 익는데 '치자'라고 한다. 잘 익은 열매를 따서 말려 각종 음식에 붉노란 물을 들이고, 한방에서는 불면증과 황달 치료에 쓴다. 소염·지혈·이뇨 효과가 있다. 학명의 'jasminoides'는 '재스민과 향이 비슷하다'에서 유래된 것이다.

유사종으로는 꽃치자·영주치자 등이 있다. 꽃치자는 치자나무와 비슷하지만 잎과 꽃의 크기가 작으며, 방향제로 쓴다.

약명/이명 치자梔子 / 산치자, 치자수, 담복, 황치자

고서古書·의서醫書에서 밝히는 효능

동의보감 수태음경에 들어가며 가슴이 답답하고 안타까워 잠 못 자는 증상을 낫게 하고 폐화肺火를 사한다[탕액].

생육 & 채취	
장 소	주로 남부 지방에서 재배한다.
시 기	음력 9월
부 위	익은 열매
손질법	햇볕에 말린다.

효용	
성 미	맛은 쓰고 성질은 차다.
활 용	음식에 물을 들이는 데 쓴다. 소염 작용이 있다.

연구 & 특허
● 치자나무 추출물을 유효성분으로 포함하는 췌장염 예방 및 치료용 조성물 ● 치자 추출물의 분획물을 유효성분으로 함유하는 알려지 질환의 예방 또는 치료용 조성물 싸 p.1017 참고

● 치자나무 추출물을 유효성분으로 포함하는 췌장염 예방 및 치료용 조성물 : 본 발명은 치자나무 추출물을 포함하는 췌장염 예방 및 치료용 조성물에 관한 것이다. 본 발명은 췌장염의 예방 및 치료를 위한 치자나무 추출물의 신규한 용도를 제공한다. 본 발명의 치자나무 추출물을 포함하는 췌장염 예방 및 치료용 조성물은 염증성 싸이토카인의 분비나 발현을 감소시키고, 췌장 조직의 손상을 방지할 수 있으므로, 췌장염의 예방 및 치료의 목적으로 사용할 수 있다. — 특허등록 제1061435호, 주식회사 한국전통의학연구소

● 치자 추출물의 분획물을 유효성분으로 함유하는 알러지 질환의 예방 또는 치료용 조성물 : 본 발명은 치자 추출물의 분획물을 유효성분으로 함유하는 알러지 질환의 예방 또는 치료용 조성물에 관한 것으로서, 구체적으로 치자 추출물로부터 분획한 치자 분획물은 비만세포(mast cell)에서 히스타민(histamine)의 분비량을 낮추고, 알러지성 아토피 피부염 질환 모델에서 피부염 및 귀 부종을 감소시키고, 혈청 중 IgE 농도를 감소시키므로, 알러지 질환의 예방, 개선 또는 치료에 유용하게 사용될 수 있다. — 특허등록 제1165716호, 한국한의학연구원

● 세린 프로테아제 인히비터로서 치자 추출물을 유효성분으로 함유하는 상처 치료제 조성물 : 본 발명은 치자의 추출물을 유효성분으로 함유하고, 약학적으로 허용되는 부형제 및 보조제를 함유함을 특징으로 하는 조성물을 제공하는 것이며, 본 발명의 조성물은 상처 등의 물리적인 피부 손상이 가해졌을 때 MMP가 활성화되어 콜라겐이 파괴되는 것을 막아 줄 뿐만 아니라 콜라겐의 생성을 촉진시켜서 상처의 수축과 흉터를 막는 역할을 하여, 상처 치료에 탁월한 효능을 가진다. — 특허등록 제665974호, 주식회사 중향바이오

치자나무 꽃

치자나무 꽃

치자

치자

칠면초

명아주과 / *Suaeda japonica* Makino

명아주과의 한해살이풀로, 우리나라 서남 해안 갯벌에 군생한다. 키는 15~50㎝ 정도로, 줄기는 곧게 서며 짧은 곤봉 모양의 육질로 된 잎은 봄여름에 녹색이다가 가을에 홍자색으로 변한다. 녹색의 어린순은 나물로 먹을 수 있으며 붉은색으로 변하면 질겨진다. 일년에 색이 일곱 번 변하므로 '칠면초七面草'라고 한다. 순천만의 칠면초 군락이 유명하다.

연한 순을 데쳐서 나물로 먹는다. 한방에서 '염봉鹽蓬'이라 하여 열을 내리게 하고 소화를 도우며 변비나 비만증 등을 개선하는 약재로 쓴다. 결핵성 림프염을 치료하는 효과가 알려져 있다.

비슷한 염생식물로 퉁퉁마디 · 나문재 · 해홍나물 · 방석나물 등이 있다. 나문재도 동일한 약재로 이용한다.

약명/이명 염봉鹽蓬 / 기진개(순천)

특허 · 논문

● 방사선 조사에 의해 항산화성이 증가된 칠면초 추출물의 제조 방법

생육 & 채취	
장 소	서남 해안의 바닷가
시 기	봄~여름. 단오 무렵에 채취한 것이 좋다.
부 위	전초
손질법	연한 순을 고른다.

효용	
성 미	맛은 약간 짜고 성질은 약간 차다.
활 용	소적消積, 청열淸熱 효능이 있다. 소화불량 · 비만증을 개선한다.

연구 & 특허
● 방사선 조사에 의해 항산화성이 증가된 칠면초 추출물의 제조 방법 및 칠면초 추출물
● 칠면초 추출액으로 코팅된 기능성 쌀 및 이의 제조 방법
朴 p.1017 참고

및 칠면초 추출물 : 본 발명은 방사선 조사에 의해 항산화성이 증가된 칠면초 추출물의 제조 방법 및 칠면초 추출물에 관한 것으로 보다 상세하게는 칠면초의 추출물 제조에 있어서, 칠면초에 방사선을 조사하는 단계를 포함하는 방사선 조사에 의해 항산화성이 증가된 칠면초 추출물의 제조 방법 및 칠면초 추출물에 관한 것이다. 본 발명에 따른 방사선 조사 기술을 이용하여 칠면초로부터 항산화능이 증가된 추출물을 얻는 방법과 방사선 조사 기술을 이용하여 칠면초로부터 얻어진 고항산화성의 추출물은 항산화 활성, 항노화, 항암 등의 우수한 생물학적 특성으로 식품, 의약품, 화장품 및 사료 소재로 유용하게 사용될 수 있다. — 특허등록 제1207837호, 한국원자력연구원

● 칠면초 추출액으로 코팅된 기능성 쌀 및 이의 제조 방법 : 본 발명에 따라 칠면초 추출액을 코팅시켜 조지방 및 안토시아닌이 함유된 쌀은 항암 효과와 치매 예방을 예방하는 기능성을 나타내어 노령 인구 증가에 따른 국가 비용을 절감하고, 국민의 건강을 증진시키는 효과가 있다. 또한, 쌀의 효용성을 증가시켜 쌀의 소비 촉진 및 농가 소득 향상에 기여할 수 있다. — 특허공개 10-2012-0097814호, 이**

● 칠면초 추출물의 항산화 효과 : 본 연구는 염생식물이라는 특성으로 인해 갯벌이 발달한 우리나라에서 쉽게 접할 수 있는 칠면초의 항산화 활성을 검토하고자 이루어졌다. 70% ethanol로 추출한 추출수율은 9.74%였으며 이를 hexane, chloroform, ethyl acetate, butanol, water로 순차 분획한 수율은 water 층이 원물대비 8.73%로 가장 높은 수율을 보였고 대체적으로 극성이 높을수록 높은 분획 수율을 나타내었다. 하지만 분획물간 총 페놀과 총 플라보노이드 함량 측정 결과 ethyl acetate 분획물의 에서 가장 높게 측정되었다. Ethyl acetate 분획물의 항산화력을 hydroxyl radical 소거능, hydrogen peroxide 소거능, xanthine oxidase 소거능 등을 측정하여 합성 항산화제인 BHA와 비교한 결과 BHA의 80~90% 가량의 활성을 보여주었다. — 주식회사 한누리 이경석 외 3, 한국식품영양과학회지(2011. 6. 25.)

칠면초

칠면초

칠면초

칠엽수

칠엽수과 / *Aesculus turbinata* Blume

칠엽수과의 낙엽교목으로, 우리나라 중부 이남 지역에서 가로수나 정원수로 많이 심는다. 키는 20~30m 정도로 자라고, 나무껍질은 흑갈색이다. 5~6월에 흰색의 꽃이 피고, 10~11월에 밤처럼 생긴 적갈색의 열매가 익는다.

보통 칠엽수를 '마로니에'라고 부르는데 '마로니에'는 칠엽수를 비롯한 이 계통의 나무들을 통칭하는 것이며, 서양칠엽수라고도 한다. 우리나라에서 심는 칠엽수는 일본이 원산지이다.

약명 칠엽나무, 왜칠엽나무, 말밤나무

특허 · 논문

● 칠엽수 추출물을 유효성분으로 하는 혈관 신생 억제용 조성물 : 본 발명은 혈관신생 억제 활성을 갖는 칠엽수(horse chestnut) 추출물을 유효성분으로 하는 조성물 및 이를 함유하는 혈관 신생으로 인한 질환의 예방 및 치료용 약학 조성물에 관한 것으로서, 사람의 제대혈관 내피세포

생육 & 채취	
장 소	중부 이남 지역에서 재배
시 기	4월(싹) / 연중 수시(껍질) 9~10월(열매)
부 위	나무껍질
손질법	햇볕에 말린다.

효 용	
성 미	–
활 용	이질을 다스린다. 두드러기 등의 피부 질환에 나무껍질 삶은 물을 바른다.

연구 & 특허
● 칠엽수 추출물을 유효성분으로 하는 혈관 신생 억제용 조성물 ● 칠엽수잎 추출물의 제조 방법 ● 칠엽수 추출물을 함유하는 다크 서클 완화용 화장료 조성물

(HUVEC)를 이용한 모세혈관과 같은 관구조 형성 억제 실험, 마우스 마트리젤 모델을 이용한 생체내 실험을 통하여 칠엽수 추출물이 혈관신생 억제 효능을 가지고 있음을 확인하였으며, 또한 칠엽수 추출물은 매트릭스 메탈로프로테이나제(Matix metalloproteinase; MMP)계 효소에 대한 억제 활성을 확인한 바, 본 발명의 칠엽수 추출물을 유효성분으로 하는 조성물은 종양 억제, 전이 억제, 혈관 신생에 의한 안과 질환, 건선, 관절염 등 혈관신생에 의한 각종 질환의 치료 및 과다한 MMP활성과 관련된 질환의 치료에 사용할 수 있다. — 특허등록 제533777호, 주식회사 안지오랩 외 1

칠엽수

● 칠엽수잎 추출물의 제조 방법 : 본 발명은 1) 칠엽수 잎을 건조시키고 분쇄하는 단계; 2) 분쇄된 잎을 25% (v/v 3) 추출한 액을 여과시키는 단계; 및 4) 여과액을 농축시켜 칠엽수 잎 추출물을 수득하는 단계를 포함하는 칠엽수 잎 추출물 제조 방법 및 이에 따른 추출물을 유효성분으로 하는 치주질환을 비롯한 MMP 매개 질환 예방 및 치료용 칠엽수 잎 조성물을 제공한다. — 특허등록 제882265호, 주식회사 안지오랩 외 1

칠엽수

● 칠엽수 추출물을 함유하는 다크 서클 완화용 화장료 조성물 : 본 발명은 다크 서클을 완화하는 화장료 조성물에 관한 것으로서, 더욱 상세하게는, 칠엽수 추출물을 유효성분으로 함유하여 안지오텐신 I 전환 효소를 억제하여 안지오텐신 II의 생성 억제에 우수한 효과가 있고, 피부의 혈액순환도 촉진할 수 있는 다크 서클 완화용 화장료 조성물에 관한 것이다. — 특허공개 10-2010-00104611호, 주식회사 더 페이스샵

칠엽수 꽃

칠엽수 열매

칸나

홍초과 / *Canna generalis* L. H. Bailey & E. Z. Bailey

홍초과의 여러해살이풀로, 열대 아메리카 및 열대 아시아가 원산지이다. 초여름부터 서리가 내릴 때까지 잎과 꽃을 동시에 관상할 수 있고 병충해에 강하므로 주로 화단에 심어 관상용으로 활용한다. 도로 · 공원 · 철도 주변 등에 집단으로 재배하기에 좋은 식물이다.

키는 1~2m 정도이고, 여름부터 가을까지 꽃이 핀다. 칸나 종류는 전세계에 100여 종이 있는데, 꽃 색도 빨강 · 노랑 · 보라 등 다양하다. 뿌리줄기는 고구마처럼 굵고 잎은 파초 잎처럼 넓적하다.

약명/이명 미인초美人蕉 / 홍초, 꽃칸나

특허 · 논문

● 식물의 추출물을 함유하는 손 관절 치료용 국소 외용 조성물 : 본 발명은 잘 건조된 칸나 뿌리와 아카시아 뿌리를 7:1의 중량비로 섞은 후 각각 3~4㎜ 크기로 세절하여서 에탄올에 잠길 정도로 습윤시켜 여과시키고, 여과 후 남은 칸나 및 아카시아 뿌리의 10중량부당 50중량부의 물

생육 & 채취	
장 소	전국에서 화단 식물로 가꿈
시 기	초여름~서리 내리기 직전
부 위	꽃, 잎
손질법	심어 가꾼다.

효 용	
성 미	–
활 용	관상용

연구 & 특허
● 식물의 추출물을 함유하는 손 관절 치료용 국소 외용 조성물 ● 칸나(*Canna generalis*)의 뿌리로부터 지질화합물의 분리 동정

과 2중량부의 은행알을 첨가하여 10~15분간 가열한 후 에탄올에 의해 추출된 용액을 1:1의 비율로 혼합시켜 제조하는 것을 특징으로 하는 손 관절 치료용 국소 외용 조성물을 만드는 것에 관한 것이다. — 특허공개 10-1996-0006928호, 민**

● 칸나(*Canna generalis*)의 뿌리로부터 지질화합물의 분리 동정 : 칸나의 뿌리를 80% MeOH용액으로 추출하고, 얻어진 추출물을 EtOAc, n-BuOH 및 물로 용매 분획하였다. 이 중 EtOAc 분획과 n-BuOH 분획으로부터 silica gel과 octadecyl silica gel(ODS) column chromatography로 정제하여 4종의 화합물을 분리하였다. 각 화합물의 화학구조는 NHR, MS 및 IR 등의 스펙트럼 데이터를 해석하여, -sitosterol(1), linoleic aicd methyl ester(2), monoglycosyldiglyceride(3), daucosterol(4)으로 동정하였다. 이 화합물들은 칸나에서 처음으로 분리되었다는 내용이다. — 강화군 특화작목연구소 방면호 외 6. 한국응용생명화학회지(2006. 12. 31)

칸나

칸나

칸나

칼슘나무

장미과 / *Prunus humilis* CV

장미과의 낙엽관목으로, 척박한 땅에서도 잘 자라고 가뭄에 강하며, 내한성이 좋아 제주에서 강원 북부 지역까지 재배 가능하다. 유럽 야생 자두나무에서 육성된 최신 품종으로, 4~5월에 아름다운 꽃이 피고, 7~9월에 앵두보다 약간 큰 선홍색 열매가 익는다. 열매는 포도송이처럼 밑에서 위로 조밀하게 결실되며, 모양은 자두와 비슷하다. 내몽골 지역의 사람들은 칼슘나무 잎을 말려서 차로 마신다.

열매는 영양의 보고로서, 열매 100g당 활성 칼슘 60㎎, 비타민 C 47㎎, 철분 1.5㎎gg, 17종의 아미노산 400㎎을 함유하고 있으며, 각종 미량 요소가 풍부하다. 인체에 대한 칼슘·철분 흡수율이 우유보다 2배 이상 높아 성장기 어린이·수험생·산모·노인의 칼슘 보충 및 보혈에 가장 이상적인 과일이다. 맛과 풍미가 매우 좋아, 음료·주스·과실주·잼·건과·엑기스·의약품 원료 등 활용 가치가 크다.

줄기와 잎은 성장이 좋고 연할 뿐만 아니라 칼슘을 비롯한 각종 영양분을 함유하고 있어 기능성 목초 사료로 쓰일 수 있다. 수확량이 좋아

생육 & 채취	
장 소	전국에서 재배
시 기	여름(열매) 봄~여름(잎)
부 위	열매, 줄기, 잎
손질법	잎을 햇볕에 말린다.

효 용	
성 미	맛이 달다.
활 용	칼슘 공급원

연구 & 특허
● 칼슘나무 유래 화합물을 함유하는 피부 과색소성 질환 및 피부 미백 활성용 조성물   外 p.1017 참고

묘목 식재 후 2년이 지나면 열매를 수확할 수 있으며, 꽃과 열매가 아름다워서 정원수 · 분화 재배 · 분재 소재로 도 좋다.

이명　서양이스라지

특허 정보

● 칼슘나무 유래 화합물을 함유하는 피부 과색소성 질환 및 피부 미백 활성용 조성물 : 발명은 칼슘나무 유래 화합물인 Hexacosanedioic acid 를 함유하는 멜라닌 과잉 형성에 기인한 피부 과색소성 질환 예방 또는 치료용 약제학적 조성물 및 이를 포함하는 건강기능성 식품조성물 및 피부 미백용 조성물에 관한 것으로 본 발명에 따른 칼슘나무 유래의 화합물인 Hexacosanedioic acid은 멜라닌 생성 억제 효과가 우수하여 멜라닌 과잉 생성으로 인한 피부과색소성 질환의 예방 및 치료 또는 이를 개선시킬 수 있을 뿐만 아니라 피부 미백 활성에도 뛰어난 효과가 있다. ― 특허등록 제1263483호, 경희대학교 산학협력단

칼슘나무

칼슘나무 열매

칼슘나무 열매

콩짜개덩굴

고란초과 / *Lemmaphyllum microphyllum Presl.*

고란초과의 콩짜개덩굴은 상록성의 여러해살이풀로, 제주도를 비롯한 남부 지방과 섬 지역, 대둔산·태백산 등지의 바위나 고목에 자라는 양치류이다. 중국·일본·타이완·인도차이나에도 분포한다. 잎 모양이 콩을 반쪽으로 쪼갠 모양을 하고 있어서 '콩짜개덩굴'이라는 이름이 붙었다. 목부작·석부작 등의 관상용 재료로 이용한다.

한방에서는 뿌리줄기를 포함한 전초를 '나염초螺黶草'라 하여 약으로 쓴다. 양혈凉血 작용이 있어서 각혈咯血·토혈吐血·코피·소변 출혈을 그치게 하고, 청폐淸肺 작용이 있어서 폐농양肺膿瘍·해수咳嗽 등을 개선한다.

약재로서의 현대적인 연구는 거의 찾을 수 없다.

약명/이명 나염초螺黶草 / 지련전地連錢, 콩조각고사리, 콩짜개고사리

생육 & 채취	
장 소	제주도를 비롯한 남부 지역
시 기	여름~가을
부 위	뿌리줄기를 포함한 전초
손질법	햇볕에 말린다.

효용	
성 미	맛은 맵고 성질이 서늘하다.
활 용	양혈해독凉血解毒·청폐지해淸肺止咳 작용. 각혈·토혈·이질에 약용

연구 & 특허

고서古書·의서醫書에서 밝히는 효능

운곡본초학 양혈해독凉血解毒, 청폐지해淸肺止咳하는 효능이 있어서 각

혈락血咯, 토혈吐血, 요혈尿血, 변혈便血, 인후종통咽喉腫痛, 이질痢疾, 나력瘰癧, 옹창종독癰瘡腫毒, 피부습양皮膚濕痒, 풍습골통風濕骨痛, 폐열해수肺熱咳嗽, 붕루崩漏, 육혈衄血, 시선염腮腺炎, 풍화아통風火牙痛, 폐옹肺癰 등을 치료한다.

콩짜개덩굴

콩짜개덩굴

콩짜개덩굴

타래난초

난초과의 여러해살이풀로, 무덤 주변의 양지쪽에서 잘 자란다. 흰타래난초(*Spiranthes sinensis* f. albiflora Y.N.Lee)도 있다. 7~8월 여름철에 붉은색 또는 흰색의 꽃이 피는데, 작은 꽃들이 나선형으로 돌려서 핀다. 약용으로서의 연구는 거의 없고, 관상용으로 심는다. 지상부를 약용하는데 생약명은 '용포龍抱'라고 한다.

약명/이명 용포龍抱 / 반룡삼盤龍蔘, 수초綬草

고서古書 · 의서醫書에서 밝히는 효능

동의학사전 난과에 속하는 여러해살이풀인 타래난의 뿌리이다. 가을에 뿌리를 캐서 잔뿌리를 없애고 물에 씻는다. 맛은 달고 쓰며 성질은 평하다. 음을 보하고 열을 내리며 폐를 눅여 주고 기침을 멈춘다. 병후쇠약, 음허로 열이 나는 데, 기침이 나면서 피가래를 뱉는 데, 어지럼증, 허리가 시큰시큰하며 아픈 데, 임증, 이슬 부스럼 등에 쓴다. 외용약으로 생것을 짓찧어 붙인다. 민간에서는 강장약으로도 쓴다.

생육 & 채취	
장 소	무덤 주변의 양지쪽
시 기	꽃 필 때
부 위	전초
손질법	햇볕에 말린다.

효 용	
약 성	맛은 달고 쓰며 성질은 평하다.
활 용	병후쇠약, 음허, 어지럼증 등에 쓴다.

연구 & 특허

탑꽃

꿀풀과의 여러해살이풀로, 우리나라 각지의 산지의 나무그늘에 자생한다. 키는 10~30㎝ 정도이고, 줄기가 뭉쳐나며 가지가 갈라진다. 6~8월에 흰색 또는 연분홍 꽃이 피고, 9~10월경에 둥근 열매가 달린다. 유사종으로 애기탑꽃·두메탑풀·두메층층이 등이 있다. 어린순을 나물로 먹고, 지상부를 '전도초剪刀草'라 하여 약용하는데 '사간(범부채)'와 혼용하기도 한다. 현대적인 연구는 드물다.

약명/이명 전도초剪刀草 / 야박하, 섬탑풀, 산탑꽃, 산탑풀

고서古書 · 의서醫書에서 밝히는 효능

운곡본초학 탑꽃은 개위開胃, 명목明目, 사화瀉火, 소옹消癰, 이장利腸, 지리止痢, 지혈止血, 진간鎭肝, 하식下食, 해독解毒, 이인후利咽喉, 행울기行鬱氣, 거풍청열祛風淸熱, 산어소종散瘀消腫, 산혈소담散血消痰의 효능이 있고, 식적食積, 복통腹痛, 구토嘔吐, 설사泄瀉, 이질痢疾, 인후종통咽喉腫痛, 옹종단독癰腫丹毒, 담마진蕁麻疹, 질타종통跌打腫痛, 외상출혈外傷出血, 감모발열感冒發熱, 백후白喉, 독사교상毒蛇咬傷 등을 치료한다.

생육 & 채취	
장 소	전국 산지의 나무그늘
시 기	여름 꽃 필 때
부 위	전초
손질법	햇볕에 말린다.

효용	
약 성	맛이 쓰고 매우며 성질은 차다.
활 용	거풍祛風, 청열淸熱, 산어散瘀 효능이 있다.

연구 & 특허

">

태산목

목련과 / *Magnolia grandiflora* L.

목련과의 상록활엽교목으로, 북아메리카에서 관상용으로 도입되었다. 추위에 약하기 때문에 위도가 낮은 남쪽 지방에서 자란다. 주로 제주도와 남부 지방에서 정원수로 심어 가꾼다. 키는 약 20m 정도로 자라고, 잎 겉면은 짙은 녹색으로 윤기가 흐르고 뒷면은 갈색 털이 있다. 5~6월에 향기가 짙은 유백색의 꽃이 가지 끝에서 피는데, 목련보다 크고 탐스럽고 향기 진한 꽃이 핀다. 9~10월에 열매가 붉게 익는다.

한방에서 '하화옥란荷花玉蘭'이라 하여 꽃과 나무껍질을 약용하는데 혈압 강하, 항균·항암 효과가 있다. 외감풍한外感風寒, 두통비색頭痛鼻塞, 완복창통脘腹脹痛, 구토복사嘔吐腹瀉, 편두통偏頭痛, 고혈압高血壓을 치료한다.

약명/이명 하화옥란荷花玉蘭 / 양옥란洋玉蘭(북한), 흰목련

특허 · 논문

- 파테노라이드 화합물의 패혈증 치료제로서의 새로운 용도 및 그의 제

생육 & 채취	
장 소	제주도, 남부 지역
시 기	5~6월(꽃) 가을~봄(나무껍질)
부 위	꽃, 나무껍질
손질법	햇볕에 말린다.

효용	
성 미	맛은 맵고 성질은 따뜻하다.
활 용	외감풍한. 편두통. 고혈압을 치료한다.

연구 & 특허
● 파테노라이드 화합물의 패혈증 치료제로서의 새로운 용도 및 그의 제조 방법 ● 세스퀴테르펜 락톤 화합물 코스투놀라이드의 염증 질환 치료제로서의 용도

조 방법 : 본 발명은 파테노라이드(parthenolide) 화합물을 종양괴사인자-알파(TNF-α), 나이트릭 옥사이드(NO)및 프로스타그란딘 E2(PGE2)의 합성저해제로 사용하는 새로운 용도 및 이의 제조 방법에 관한 것이다. 보다 상세하게는, 세스퀴테르펜 락톤(sesquiterpene lactone)화합물인 파테노라이드를 종양괴사인자-알파, 나이트릭 옥사이드 및 프로스타그란딘E2의 합성 저해제로 이용하는 새로운 용도 및 파테노라이드를 태산목(*Magnolia grandiflora* L.)에서 추출하는 새로운 제조 방법에 관한 것으로서, 본 발명의 파테노라이드는 그람음성 세균의 세포벽 성분인 리포폴리사카라이드(LPS)에 의해 유발되는 면역 질환은 패혈증(sepsis, endotoxemia)등의 치료제로 널리 이용될 수 있다. — 특허등록 제204500호, 한국과학기술연구원

● 세스퀴테르펜 락톤 화합물 코스투놀라이드의 염증 질환 치료제로서의 용도 : 본 발명은 태산목(*Magnolia grandiflora* L.)의 잎에서 추출한 세스퀴테르펜 락톤(sesquiterpene lactone) 화합물로서 염증질환 및 면역질환 치료제로 이용될 수 있는, 화학식 1의 구조를 갖는 코스투놀라이드(costunolide)에 관한 것으로, 상기 화합물들은 인체의 면역체계를 조절하는 중요한 인자인 산화질소(nitric oxide, NO)나 종양괴사인자-알파(TNF-α)의 생성을 억제하고, 염증매개인자의 발현에 중요한 전사인자인 NF-κB의 활성화를 억제함으로써, 산화질소나 종양괴사인자-알파의 과잉 생성 또는 NF-κB의 활성화에 의해 야기되는 염증 관련 질환 및 면역 질환의 효과적인 치료제로 이용될 수 있다. — 특허등록 제321312호, 한국과학기술연구원

태산목

태산목

태산목

택사

택사과 / *Alisma canaliculatum* A. Br. & Bouche

택사과의 여러해살이풀로, 양지바른 못 언저리나 논 같은 습지에서 잘 자란다. 키는 40~120㎝ 정도로 자라는데, 정수성 수생식물로 원줄기가 없고 뿌리줄기가 짧아 덩이뿌리를 형성하며 수염뿌리가 많다. 잎이 뿌리에서 모여 나고 7~8월에 흰색 꽃이 핀다. 덩이뿌리를 약용하는데 뿌리를 굵게 키우려면 꽃을 따 주어야 한다.

유사종으로 질경이택사·둥근잎택사·대택사초·대택소귀나물·소귀나물·벗풀·보풀 등이 있으며, 이중에서 벗풀·보풀·소귀나물을 '자고茨菇' 또는 '야자고野慈姑'라 한다. 남부 지방에서는 벼를 조기 재배하여 추수한 뒤에 택사를 재배하기도 한다.

예부터 이뇨제로 각종 부종, 각기, 당뇨 등에 이용해 왔다. 한방에서 덩이뿌리를 말려 약재로 사용한다. 약성은 한寒하고 감甘하며, 이수利水·지사止瀉·지갈止渴의 효능이 있다.

약명/이명 택사澤瀉 / 곡사鵠瀉, 급사及瀉, 쇠대나물, 물택사, 쇠태나물

생육 & 채취	
장 소	양지바른 못 언저리나 습지
시 기	음력 8~9월
부 위	덩이뿌리
손질법	햇볕에 말린다.

효용	
성 미	맛은 달고 짜며 성질은 차고 독이 없다.
활 용	이수, 지사, 지갈 작용을 한다.

연구 & 특허
● 성장호르몬 분비 촉진용 생약 추출물
● 생약 추출물을 함유하는 비만 억제 및 치료용 조성물
● 뇌혈관 질환 예방 및 치료용 조성물 外 p.1017 참고

고서古書 · 의서醫書에서 밝히는 효능

방약합편 택사는 맛이 쓰고, 성질은 차다. 종기나 소갈을 다스리며, 제습 통림하고 음한을 막는다. 술에 하룻밤 담궈서 쓴다. 과용하면 안질이 생긴다[澤瀉苦寒治腫渴 除濕通淋陰汗遏].

본초강목 습열濕熱을 완만하게 제거하고 담음痰飲을 제거하고 구토와 설사를 멎게 하고 하복부의 극심한 통증과 각기병脚氣病을 치료한다.

특허 · 논문

● 성장호르몬 분비 촉진용 생약 추출물 : 본 발명은 택사(*Alismatis Rhizoma*) 추출물의 제조 방법, 상기 방법에 의해 얻어지는 택사 추출물 및 이를 포함하는 약학적 조성물 및 건강식품에 관한 것으로서, 보다 구체적으로는 택사를 알콜 또는 알콜과 물의 혼합 용매를 첨가하거나 산 또는 염기 용액으로 가수분해하고 중화한 후 알콜 또는 알콜과 물의 혼합 용매를 첨가하여 추출되는 택사 추출물의 제조 방법, 상기 방법에 의해 얻어지는 택사 추출물 및 이를 유효성분으로 포함하는 약학적 조성물 및 건강식품에 관한 것이다. 본 발명의 택사 추출물은 강력한 성장호르몬 분비 촉진 활성을 나타내며 천연약재로서 안전성이 확보되어 있으므로 성장호르몬 분비 촉진제용 의약품 및 식품으로 유용하게 사용될 수 있다. ― 특허등록 제497948호, 한국한의학연구원

● 생약 추출물을 함유하는 비만 억제 및 치료용 조성물 : 본 발명은 생약 추출물을 유효성분으로 하는 항비만 치료제에 관한 것으로서, 더욱 상세하게는 진피, 의이인, 산사, 시호, 인진, 택사, 두충, 감초, 반하 및 선택적으로 추가된 석고를 포함하는 생약 혼합물에서 추출되는 생약복합 추출물을 함유하는 것을 특징으로 하는 비만 억제

택사

질경이택사

둥근잎택사

및 치료용 조성물과 상기 생약복합 추출물을 유효성분으로 함유하는 비만 억제 및 치료용 약제 또는 건강기능식품에 관한 것이다. 본 발명에 의한 치료제는 인체에 부작용이 없고, 식욕을 억제할 뿐만 아니라, 지방분해효소의 활성을 저해하여 과다하게 섭취된 지방의 흡수를 감소시켜 체내 지방의 축적을 억제하며, 배설을 촉진하는 효과를 가지고 있다. — 특허등록 제786122호, 주식회사 휴온스

● **뇌혈관 질환 예방 및 치료용 조성물** : 본 발명은 뇌혈관 질환의 예방 및 치료용 조성물에 관한 것으로서 구체적으로, 숙지황, 산약, 산수유, 복령, 목단피, 택사, 및 계지를 유효성분으로 포함하는 조성물에 관한 것이다. 본 발명의 조성물은 뇌 신경세포의 허혈성 및 산화적 손상에 대한 보호 효과가 탁월하여 뇌졸중 등 뇌혈관 질환의 예방 및 치료에 유용하다. — 특허등록 제842052호, 한국한의학연구원

● **고혈압 예방 및 지질대사 개선용 기능성 간장 및 그 제조 방법** : 본 발명은 고혈압 및 신장장해 예방 기능성 간장 및 그 제조 방법에 관한 것으로, 전통 간장 제조 방법에 있어서 간장의 1차 숙성 후 택사, 어성초, 초결명자, 산수유, 오미자, 복령, 백출, 저령, 목단, 황백, 강활, 황기, 천궁, 방풍, 황금, 희첨, 육계를 혼합한 한약재의 열수 추출물을 첨가하여 재숙성하여 간장을 제조함으로써 혈압을 낮추는 항고혈압 활성과 혈장지질 수준의 개선 및 신장 기능 향상의 효과가 있으며 전통 간장의 관능 및 풍미를 저해하지 않는 간장을 제공하여 염분에 의한 고혈압 및 신장장해의 위해를 예방할 수 있는 뛰어난 효과가 있다. — 특허등록 제853829호, 김**

● **택사 추출물을 함유하는 충치 억제용 조성물** : 본 발명은 충치 원인균으로 알려진 스트렙토코커스 뮤탄스(Streptococcus mutans)에 대해 우수한 항균력을 나타내며 글루코실트랜스퍼라아제의 활성을 억제하여 플라그의 형성을 저해하는 안전성이 높은 택사 추출물을 함유하는 충치 억제용 조성물에 관한 것이다. — 특허등록 제1025886

호, 주식회사 오비엠랩

● **택사 추출물의 항균 및 항산화 효과** : 택사(*Alismatis Rhizoma*)는 중국에서 많이 생산되고, 우리나라에서도 그 생산량의 50% 이상이 전남 순천지방에서 생산되고 잇는데, 예부터 생약으로 많이 사용되어 왔으며, 최근 택사 분말은 무좀에 도포약으로 쓰이고 있어 택사에는 다양한 생리활성이 있는 것으로 생각된다. 따라서 본 연구에서는 추출용매에 따른 택사 추출물에 대한 항균 및 항산화성에 대하여 조사하였다. Paper disc법에 의한 택사 추출물의 항균 test결과 물추출물에서는 거의 모든 시험균주에서 항균 활성이 나타났으나, 메탄올 및 에탄올 추출물에서는 그 활성이 작게 나타났으며, 시험균주 중 *Vibrio parahaemolyticus*균에 가장 강한 항균 활성을 나타내었다. Linoleic acid에 대한 항산화력의 조사에서 택사 물 추출물 100uL 첨가 시 메탄올 및 에탄올 추출물은 항균 효과가 나타나지 않았고, 물추출물은 효과가 나타났으나 0.1% BHT 첨가 시보다는 그 효과가 적었다. — 순천대학교 식품영양학과 서권일 외 4. 생명과학회지(2000. 10. 31.)

● **택사의 간 보호와 항산화 효과** : 최근 동물 연구에서 택사(*Alisma orientale rhizome* : AOR) 추출물은 일반적으로 비알코올성 간 질환 환자나 동물에서 발견되는 높은 혈청 지질 수치를 낮추고 인슐린 내성을 개선한다고 증명되었다. 그래서 체외 실험으로 AOR 추출물과 분획물의 항산화효과 및 체내 실험으로 4염화탄소로 유도된 급성 간 독성에 대한 보호 효과를 연구하였다. 그 다음 각 분획물이 tert-butyl hydroperoxide (t-BHP)로 유도된 간 독성에 미치는 효과를 조사하였다. AOR의 디클로로메탄 분획물(Dichloromethane fraction of AOR:DAOR)은 유리 라디칼과 초과산화물 음이온을 소거하였다. DAOR은 4염화탄소로 유도된 간독성을 보호하였다. DAOR은 HepG2 세포와 흰쥐에서 t-BHP가 유도하는 간독성에 대한 간 보호와 항산화 효과를 갖는다는 내용이다. — 류광열 외 3. 생약학회지(2011. 12. 30.)

택사

택사 꽃

택사 덩이뿌리

터리풀

장미과 / *Filipendula glaberrima* Nakai

장미과의 여러해살이풀로, 우리나라 각처의 높은 산지에 자생하는데, 부엽질이 풍부한 반그늘에서 잘 자란다. 키는 약 1m 정도이고, 짧은 뿌리는 나무처럼 딱딱하며 사방으로 퍼진다. 6~8월에 흰색 꽃이 원줄기나 가지 끝에 달리고, 9~10월경에 열매가 익는데 가장자리에 털이 있다. 한국 특산종으로, 관상용으로 심어 가꾸며 어린 잎은 나물로 먹는다

유사종으로 지리산에 자생하는 지리터리풀 · 참터리풀 · 단풍터리풀 · 흰터리풀 · 붉은터리풀 · 큰터리풀 등이 있다. 한방에서 붉은터리풀과 함께 '문자초蚊子草'라 하여 풍습성 관절염, 전간癲癎에 약용한다.

약명/이명 문자초蚊子草 / 민터리풀

고서古書 · 의서醫書에서 밝히는 효능

기능성식품 · 천연물 의약 소재도감(한국식품연구원) 거풍습祛風濕, 지경의 효능이 있고, 풍습관절염, 전간癲癎을 치료한다. 화상과 동상에도 짓찧어서 바르면 효과가 있다.

생육 & 채취	
장 소	전국 각지의 높은 산지의 그늘
시 기	봄(어린순) 여름(지상부) / 가을(뿌리)
부 위	어린순(식용) 전초(약용)
손질법	햇볕에 말린다.

효 용	
성 미	맛은 쓰고 매우며 성질은 따뜻하다.
활 용	풍습성 관절염 치료에 쓴다. / 화상과 동상에 전초를 짓찧어 바른다.

연구 & 특허
● 지리터리풀 추출물을 유효성분으로 함유하는 화장료 조성물 ● 다년생 초본류의 향기 성분 분석 ※ p.1018 참고

● **지리터리풀 추출물을 유효성분으로 함유하는 화장료 조성물** : 본 발명은 지리터리풀(*Filipendula formosa*) 추출물을 유효성분으로 함유하는 화장료 조성물에 관한 것으로서, 본 발명에 따른 지리터리풀 추출물은 항산화 효과, 세포재생 효과, MMP-1 생성 억제 효과, 자외선 유도에 의한 MMP-1 생성 억제 효과, 콜라겐 합성 증진 효과, 멜라닌 생성 억제 효과, 주름 개선 효과, 탄력 개선 효과 및 보습 효과가 있어 각종 기능성 화장료의 유효성분으로 사용될 수 있다. — 특허공개 10–2011–0122448호, 주식회사 코리아나화장품

● **다년생 초본류의 향기성분 분석** : 본 논문은 다년생 초본류의 향기성분 분석에 관한 것으로, 주요 내용은 다년생 초본류 (어성초, 터리풀, 갯기름나물 및 단풍취)에서 얻은 정유의 화학적 조성에 대한 연구를 중심으로 한다. 화학적 성분은 GC/MS의 분광학적 분석과 NBS, Wiley Library 및 RI indice 조사를 통하여 결정하였다. 주요 성분은 어성초에서 α-phellandrene(18.97%), γ-terpinene(12.32%), decanal(8.72%), 1-decanol(10.92%), decanoic acid(12.12%)와 2-undecanone(12.32%)였고, 터리풀에서 farnesol(2.83%), l-α-terpineol(2.72%), benzenmethanol(2.03%), (Z)-3-hexen-1-ol(4.32%)와 T-muurolol(2.07%)였다. 갯기름나물에서 α-phellandrene(14.25%), endobornyl acetate(3.84%), heptanal(47.52%), octanal(2.65%), (E,E)-2,4-decadienal(2.75%)와 octanoic acid(4.52%)였고, 단풍취에서geyrene(9.74%), β-cubebene(11.15%), berkheyaradulen(22.32%), β-elemene(6.21%), (-)-A-selinene(4.85%), benzaldehyde(4.52%)와 benzenacetaldehyde(3.40%)였다는 내용이다. — 덕성여자대학교 식품영양학과 정하숙외 4, 한국약용작물학회지(2009. 6. 30.)

터리풀 새순

터리풀 꽃

터리풀

터리풀

털머위

국화과 / *Farfugium japonicum* (L.) Kitam.

국화과의 상록성의 여러해살이풀로, 울릉도와 제주도, 서남 해안의 섬 지방에 분포한다. 키는 30~50㎝ 정도로, 식물 전체에 연한 갈색 솜털이 있으며, 잎은 둥글고 두껍고 머위와 비슷하다. 9~10월에 곰취 꽃을 약간 닮은 꽃이 노랗게 피는데 관상 가치가 높다.

머위를 이용하듯이 연한 잎자루를 국거리, 튀김, 나물 재료로 이용하는데, 약간 쓰쓰름한 맛이 난다. 한방에서는 '연봉초連蓬草', '독각연獨脚蓮'이라 하여 뿌리를 포함한 전초를 약으로 쓴다.

약명/이명 연봉초連蓬草 / 갯머위, 말곰취, 넓은잎말곰취

고서古書 · 의서醫書에서 밝히는 효능

약초의 성분과 이용(북한) 말곰취를 다른 이름으로는 털머위라고 부른다. 민간에서는 물고기독을 푼다고 하여 잎을 달여서 먹는다. 그리고 습진, 곪은 상처에 잎을 짓찧은 다음 불에 달궈서 붙인다.

운곡본초학 산결散結, 살충殺蟲, 소옹消癰, 소종消腫, 제담除痰, 지통止痛,

생육 & 채취	
장 소	울릉도, 제주도, 서남 해안의 섬 지방
시 기	봄(나물) 여름~가을(약용)
부 위	연한 잎(식용) 전초(약용)
손질법	햇볕에 말려 잘게 썬다.

효용	
성 미	맛은 맵고 성질은 따뜻하다.
활 용	해열, 지사, 해독, 소종 작용

연구 & 특허
● 해초 및 야생화를 이용한 기능성 천연 비누의 제조 방법

청열淸熱, 해독解毒, 활혈活血 효능이 있어서 요혈尿血, 옹절종독癰癤腫毒, 감모感冒, 인후종통咽喉腫痛, 해수咳嗽, 각혈咯血, 변혈便血, 월경부조月經不調, 유선염乳腺炎, 나력瘰癧, 정창疔瘡, 습진濕疹, 질타손상跌打損傷, 사교상蛇咬傷을 치료한다.

특허 · 논문

● 해초 및 야생화를 이용한 기능성 천연 비누의 제조 방법 : 본 발명은 해초, 야생화 발효 기능성 천연 비누의 제조 방법에 관한 것으로, 더욱 구체적으로 단년생인 각종 야생화, 꽃, 잎, 그리고 해초를 이용하여 엑기스로 추출하거나 발효하거나 매연재로 만들어 사용하는 기능성 천연비누의 제조 방법에 관한 것이다. 본 발명에 따르면, 해초, 야생화, 해풍의 삼합이 잘 어울려지고, 각종 야생화(어성초, 생강, 털머위 및 인삼잎) 및 해초(감태)의 복합 생약 추출물의 숙성 또는 발효 방법과 매연재 연밀 방법을 이용함으로써, 우수한 피부 미백, 보습 기능을 가지며, 기미, 검버섯, 아토피, 여드름, 환경 오염에 대한 피부 개선뿐만 아니라, 탈모 예방 및 발모 촉진의 기능을 갖춘 기능성 천연 비누를 제조할 수 있다. — 특허등록 제951117호, 공**

털머위

털머위

털머위

털머위

털이슬

바늘꽃과 / *Circaea mollis Slebold & Zucc.*

바늘꽃과의 여러해살이풀로, 우리나라 전역의 산지 그늘진 숲속에 분포하며, 일본·중국·인도차이나 등지에 분포한다. 키는 40~60㎝ 정도로 자라고 식물 전체에 아래로 굽은 부드러운 털이 있다. 8월에 흰색의 꽃이 핀다.

　털이슬 종류에는 쇠털이슬·말털이슬·광릉말털이슬·쥐털이슬·개털이슬 등 여러 종류가 있다.

　쇠털이슬은 털이슬류 중에서 털이 가장 많으며 잎이 좁은 난형이며 크다.

　말털이슬은 꽃받침이 붉은 자주색으로, 금강산 이북의 백두산 지역에 주로 자라면서 키가 아주 큰 것은 1m를 넘는 것도 있다.

　광릉말털이슬은 푸른말털이슬이라고도 하는데, 전체적으로 말털이슬과 비슷하지만 식물 크기가 작으며, 꽃받침 색이 연하다.

　쥐털이슬은 높은 산 위에서 자라는데 10㎝ 전후로 작으며, 털이 거의 보이지 않을 정도로 작으며 잎 표면이 유난히 반들거린다.

생육 & 채취	
장 소	전국 각 산지의 그늘진 곳
시 기	여름 꽃 필 때
부 위	지상부
손질법	그늘에서 말려 쓰거나 말려서 생것 그대로 외용한다.

효 용	
성 미	맛은 맵고 성질은 시원하다.
활 용	청열淸熱 작용. 창상에 생것은 짓찧어 환부에 붙인다.

연구 & 특허

고서古書 · 의서醫書에서 밝히는 효능

운곡본초학　생기生肌, 청열해독淸熱解毒하는 효능이 있고, 풍습비통風濕痺痛, 질타어종跌打瘀腫, 유옹乳癰, 나력瘰癧, 창종창종瘡腫, 독사교상毒蛇咬傷, 무명종독無名腫毒을 치료한다.

털이슬

털이슬

털이슬

토끼풀

콩과 / *Trifolium repens* L.

콩과의 여러해살이풀로, 유럽이 원산지이며 우리나라에 귀화하여 전국에 분포한다. 햇볕이 잘 드는 길가나 잔디밭, 하천변 등에서 잘 자란다. 키는 20~30㎝ 정도로 자라고, 줄기 밑부분은 지표면을 기어가며 마디에서 뿌리를 내어 번식한다. 식물 전체에 털이 없다. 4~7월에 잎겨드랑이에서 꽃대가 잎 위로 올라와 흰색의 꽃이 두상화서로 달리고, 8~9월에 열매가 익는다.

한방에서 '삼소초三消草'라 하여 해열 및 청혈 효과를 내는 약재로 쓴다. 유사종으로 노랑토끼풀·선토끼풀·붉은토끼풀 등이 있다.

약명/이명 삼소초三消草 / 백차축초, 삼판초, 크로바, 클로바

고서古書 · 의서醫書에서 밝히는 효능

운곡본초학 청열양혈清熱凉血의 효능이 있고, 전간癲癇, 치창출혈痔瘡出血, 경결종괴硬結腫塊를 치료한다.

생육 & 채취	
장 소	전국 각지의 햇볕이 잘 드는 길가
시 기	꽃 필 때
부 위	지상부
손질법	그늘에서 말린다.

효 용	
성 미	맛은 달고 성질은 평하다.
활 용	치질, 감기, 천식, 폐결핵, 화상, 전간, 외상출혈, 생손앓이에 약용한다.

연구 & 특허
● 토끼풀, 살구씨 및 홍삼 추출물을 함유하는 모발 개선용 조성물 ● 화이트클로버 추출물을 포함하는 파티클 형태의 제제 함유 화장료 조성물 外 p.1018 참고

● **토끼풀, 살구씨 및 홍삼 추출물을 함유하는 모발 개선용 조성물** : 본 발명의 조성물은 토끼풀, 살구씨 및 홍삼 추출물을 함유하는 두피 및 모발 개선용 조성물에 관한 것이다. 본 발명의 조성물은 탈모 방지 효과, 발모 효과, 육모 효과, 양모 효과, 피지의 과잉 생성 억제 효과, 비듬균에 대한 항균 효과, 가려움 방지 효과, 두피 및 모발의 보습 효과, 모발의 유연성 향상 효과 또는 갈라짐 방지 효과가 우수하며, 장기간에 걸쳐 사용하여도 부작용을 유발하지 않는다. 따라서 본 발명의 조성물은 두피 및 모발의 개선을 위한 의약품, 의약외품 또는 화장품 등의 다양한 분야에서 유용하게 쓰일 수 있다. — 특허공개 10-2008-0073458호, 주식회사 웰메이드생활건강

● **화이트클로버 추출물을 포함하는 파티클 형태의 제제 함유 화장료 조성물** : 본 발명은 노화 방지를 위한 화장료 조성물에 관한 것으로서, 화이트클로버 추출물을 포함하는 파티클 형태의 제제(이하 '큐보좀'이라 한다)를 함유하는 것을 특징으로 하고, 보다 구체적으로는 상기 큐보좀의 중량이 화장료 조성물 총 중량에 대하여 10.0 내지 30.0중량%인 것을 특징으로 하며, 피부 탄력과 보습 효과를 증진시키고, 각질의 수분 손실량 감소를 통해 피부의 건조함과 거칠어짐을 개선하는 데 매우 효과적이며, 또한 안정하고 피부 내 침투가 용이한 화장료 조성물을 제공하고자 하는 것이다. — 특허등록 제645043호, 나드리화장품 주식회사

● **여성 갱년기 증후군에 유효한 건강기능식품 조성물** : 본 발명은 다량의 이소플라본을 함유하고 있는 대두 배아와 붉은토끼풀, 석류 추출물, 동의보감 등에 자양강장약으로 전신쇠약, 병후쇠약 및 설사멎이에 유효한 것으로 알려진 산마, 보혈, 혈압 강화 및 항균 작용이 뛰어난 치자, 당귀, 작약을 함유함을 특징으로 하는 여성 갱년기 증후군의 개선 효과를 지닌 건강기능식품 조성물에 관한 것이다. — 특허등록 제734942호, 김**

붉은토끼풀

노랑토끼풀

선토끼풀

토끼풀

톱풀

국화과 / *Achillea alpina* L.

국화과의 여러해살이풀로, 우리나라 전역의 산과 들판의 반그늘이나 양지에서 자란다. 키는 50~110㎝ 정도로, 줄기가 한곳에서 여러 대가 나와 곧게 자라는데, 밑부분에는 털이 없고 윗부분에는 털이 많다. 7~10월에 홍색이나 흰색의 꽃이 원줄기와 가지 끝에 핀다.

어린순은 나물로 먹고, 잎과 줄기를 약재로 쓴다. 꽃이 핀 것을 채취하여 말려서 잘게 썰어 쓰고, 때로 생풀을 쓰기도 한다. 진통, 거풍, 활혈, 소종 등의 효능이 있다. 산톱풀(*Achillea sibirica* var. *discoidea* REGEL)도 같은 용도로 쓴다.

약명/이명 일지호一枝蒿 / 시초蓍草, 영초靈草, 가새풀, 배암세, 배암채

특허 · 논문

● Achillea류 생약의 항암 성분 연구 : 천연자원으로부터 얻어진 항암 또는 세포독성물질로는 주로 alkaloid, lignan, terpenoid, macrolide 등에 속하는 물질들이고 그중 sesquiterpene lactone계열 화합물에서 세

생육 & 채취	
장 소	전국의 산이나 들판의 양지
시 기	여름과 가을 사이 꽃이 필 때
부 위	어린순(식용) 전초(약용)
손질법	꽃이 핀 것을 채취하여 말린다.

효용	
성 미	맛은 쓰고 맵고, 성질은 약간 따뜻하며 약간의 독이 있다.
활 용	진통, 거풍, 활혈, 소종 효능이 있다.

연구 & 특허
● Achillea류 생약의 항암 성분 연구 ● 톱풀의 유효성분을 함유하는 B형간염 예방 및 치료용 약학적 조성물 ☞ p.1018 참고

포독성 및 항종양 활성이 있는 물질이 다수 얻어졌으며 그 대부분은 국화과의 식물에서 분리 보고되고 있다. Achillea 속 식물은 국화과에 속하는 다년생초본으로 남한에는 톱풀과 산톱풀 2종만이 자생한다. screening 결과 이 두 식물에는 segquiterpene lactone 화합물과 Peroxide등 다수의 활성성분이 함유되어 있을 것으로 기대되어 본 연구에 착수하였다. 두 식물의 각 분획에 대하여 SNU-1(위암세포주)과 SNU-354(간암세포주)를 이용해 검색한 결과 두 식물 모두 MC ext.와 MeOH ext.에서 현저한 세포독성을 보였으며 현재 MC ext. 로부터 세포독성물질의 분리를 수행하고 있다. EtOAc ext.는 세포독성은 거의 나타내지 않았으나 flavonoid 성분이 다수 존재함을 확인하였으며 면역활성 및 enzyme inhibition등의 활성을 검토하고자 화합물을 분리하였다. 그 결과 톱풀로부터는 luteolin-7-0-glucoside와 apigenin-7-0-glucoside를 그리고 산톱풀로부터는 luteolin-7-0-glucoside, apigenin-7-0-glucoside, luteolin, apigenin을 분리 확인 동정하였다. — 성균관대학교 약학대학 이강노, 한국응용약물학회 1994년도 춘계학술대회

● 톱풀의 유효성분을 함유하는 B형 간염 예방 및 치료용 약학적 조성물 : 본 발명은 톱풀의 유효성분을 함유하는 B형 간염 예방 및 치료용 약학적 조성물에 관한 것으로서, 아칠리아 속 식물의 추출물, 이의 불용성 침전물 및 이의 활성분획은 B형 간염 바이러스 복제를 저해하며, 세포독성이 없는 안정한 물질이므로 B형 간염 예방 및 치료용 약학적 조성물로 유용하게 이용될 수 있다. — 특허등록 제891488호, 한국생명공학연구원

톱풀

톱풀

통탈목

두릅나무과 / *Tetrapanax papyriferus* (Hook.) K.Koch

두릅나무과의 상록관목으로, 타이완·중국 남부 지방이 원산지이며, 우리나라에서는 제주도에서 자란다. 키는 3m에 달하며 나무껍질은 잿빛을 띤 흰색이고, 잎이 부채처럼 넓고 무성하다. 늦가을에 흰색의 꽃이 핀다. 음력 1월과 2월에 가지를 베어 그늘에서 말려서 '통초通草'라는 약초로 이용하는데, 한방에서는 뿌리를 이뇨제·해독제·통경약으로 사용한다.

'통초通草'라는 이름은 요도가 막혀서 소변을 시원하게 보지 못하고 수종水腫이 발생했을 때 이 약재를 사용하면 바로 소변이 통하기 때문에 붙여진 것이다. 《본초비요》에 의하면 통초는 퇴열최생退熱催生 작용, 즉 열을 물러나게 하며 출산을 재촉하는 약리 작용이 있으므로, 기혈양허자氣血兩虛者와 속에 습열濕熱이 없는 자 및 임산부는 금기이다. 임상에서는 통초(통탈목)과 목통(으름덩굴)의 약성이 비슷하여 혼용하는 경우가 있고, 고전의서에서도 양자를 혼동하여 설명하는 경우가 있다.

최근 다이어트 열풍과 관련하여 빼빼목, 신선목 등의 신종 약초가 유

생육 & 채취	
장 소	제주도
시 기	음력 1~2월
부 위	가지
손질법	가지를 베어 그늘에서 말린다.

효용	
성 미	맛은 달고 담하며 성질은 약간 차다.
활 용	이뇨 작용

연구 & 특허
● 통초의 추출물을 포함하는 치아우식증의 예방 또는 치료용 조성물 外 p.1018 참고

행하고 있고, 빼빼목과 신선목을 동일시하는 경우도 있으나, 빼빼목은 말채나무(흰말채, 노랑말채 등)를 말하는 것이고, 신선목은 통탈목을 지칭하는 것이다. 통탈목과 말채나무는 모두 이뇨 작용이 있으므로 다이어트와 관련될 수 있는 약초이기는 하지만, 부작용도 있으므로 개인이 이용할 때는 주의해야 한다.

약명/이명 통초通草 / 등칡, 통초

고서古書 · 의서醫書에서 밝히는 효능

동의보감 통초는 습온뇨적濕溫尿赤, 유즙불하乳汁不下, 임병삽통淋病澁痛, 수종뇨소水腫尿少를 치료한다.

특허 · 논문

● 통초의 추출물을 포함하는 치아우식증의 예방 또는 치료용 조성물 : 본 발명은 치아우식증의 예방 또는 치료용 조성물에 관한 것으로서, 보다 상세하게는 통초 추출물을 유효성분으로 함유하는 치아우식증의 예방 또는 치료용 구강용 조성물 및 건강식품에 관한 것이다. 상기 통초 추출물은 치아우식균에 대한 항균 효과가 우수하고, 치아우식균의 생육 및 균성장 시 방출되는 효소인 글루코실트랜스퍼라제의 활성을 억제하며, 그 효과도 지속적일 뿐만 아니라, 천연물인 통초로부터 추출되어 매우 안전하므로, 치아우식증을 예방 또는 치료하기 위한 구강용 조성물 또는 건강식품으로 유용하게 사용될 수 있다. — 특허공개 10-2012-0133134호, 한국 한의학 연구원, 주식회사 비타바이오

통탈목

통탈목

통탈목

파대가리

사초과 / *Kyllinga brevifolia* Rottb.

사초과의 여러해살이풀로, 우리나라 전역의 양지바른 풀밭 습지 등에서 자란다. 키는 30㎝ 정도이고, 7~9월에 공 모양의 녹색 꽃이 핀다. 유사종으로 꽃파대가리가 있다. 파대가리라는 이름은 꽃이 핀 모습이 파 꽃을 닮아서 붙여진 이름이다.

우리나라에서는 약초로서의 이용에 관한 연구는 많지 않고, 번식력이 높아서 잔디밭을 덮는 잡초 정도로 취급되고 있다. 전초 또는 뿌리를 약으로 쓰는데, 생약명은 '수오공水蜈蚣'이다.

필리핀에서는 파대가리를 '뿌고-뿌고Pugo-pugo'라 하며, 감기 · 말라리아 · 백일해 · 기관지염 등에 효과가 있다고 한다(http://www.stuartxchange.com/PugoPugo.html 참고).

약명/이명 수오공水蜈蚣 / 가시파대가리, 큰송이방동산이, 파송이골

특허 · 논문

● 파대가리(수오공)의 성분 연구 : 파대가리(*Kyllinga brevifolia* Rottb. var.

생육 & 채취	
장 소	전국의 양지바른 풀밭 습지
시 기	8~9월
부 위	전초, 뿌리
손질법	햇볕에 말리거나 생것 그대로 쓴다.

효 용	
성 미	–
활 용	황달, 이질, 해수, 타박상,창상 등에 쓴다.

연구 & 특허
● 파대가리(수오공)의 성분 연구 ● 수오공의 화학성분   外 p.1018 참고

leiolepsis Hara)는 사초과(*Cyperaceae*)에 속하는 다년생 초본으로서 양지바른 습지에서 흔히 자란다. 국내에는 1속 1종으로 전국에 자생하며 전초(全草) 또는 根을 수오공(水蜈蚣)이라 하며 감기, 두통, 말라리아, 황달(黃疸), 치질(痴疾), 타박(打撲) 및 도상(刀傷) 등의 치료에 효능이 있는 것으로 보고되어 있다. 지금까지 이 종에 대한 성분연구는 Huang 등이 vitexin을 보고하였고 동속식물인 Kyllinga triceps에서 정유성분을 연구한 보고 외에는 kyllinga속 식물의 성분에 대한 연구 보고가 없으므로 저자는 파대가리에서 생리활성 성분을 분리하기 위하여 본 실험에 착수하였다. 본 식물의 chloroform엑스에서 β-sitosterol(1), β-sitosterol 3-O-β-D-glucopyranoside (2)을 처음으로 분리하였고, n-BuOH엑스에서 기존에 분리 보고된 vitexin (3)을 분리하였기에 이를 보고한다. — 서울대학교 약학대학 신동인 외 1. 생약학회지(1994)

● 수오공의 화학성분 : 본 논문은 수오공(Kyllinga brevifolia Rottb. var.leiolepsis Hara, 파대가리)의 화학성분에 대하여 연구한 논문이다. 파대가리 전초의 CHCL3 엑스에서 4종의 화합물을 얻고 n-BuOH엑스에서 1종의 화합물을 얻어 이를 각종 이화학적 분석과 기기 분석(IR, UV, MS, H-NMR, C-NMR, DEPT) 등을 통해 그 구조를 각각 β-sitost-4-en-3-one, 5,8-epidioxy ergosta-6,22-dien-3β-ol, β-sitosterol, β-sitosteryl-3-O-β-D-glucopyranoside, vitexin으로 동정하였다. β-sitost-4-en-3-one은 사초과(*Cyperaceae*)에서 처음으로 분리된 물질이고 5,8-epidioxy ergosta-6,22-dien-3β-ol은 고등식물에서는 처음으로 분리된 화합물이었으며 β-sitosterol, β-sitosteryl-3-O-β-D-glucopyranoside는 본 식물에서는 처음으로 분리 보고된 물질이라는 내용이다. — 서울대학교 약학대학 신동인 외 1. 약학회지(1994. 12. 30.)

파리풀

파리풀과 / *Phryma leptostachya var. asiatica* H. Hara

파리풀과의 여러해살이풀로, 우리나라 각지의 산과 들의 반그늘에서 자란다. 키는 약 70cm 정도로 자라고, 식물 전체에 잔털이 많다. 7~9월에 연한 자주색의 꽃이 핀다. 뿌리를 짓찧어서 밥알과 섞거나 종이에 스며들게 하여 놓아 두면 파리가 먹고 죽기 때문에 '파리풀'이라고 한다. '파리버섯'도 이와 동일하게 파리를 잡는 살충제로 이용할 수 있다.

전초를 '노파자침선老婆子針線'이라 하여 약용하는데 해독 · 살충 효능이 있다. 생것을 짓찧어 종기 · 옴 · 벌레 물린 데 등에 붙이면 가려움이 가시고 빨리 낫는다.

약리 성분으로 '렙토스타치올 아세테이트leptostachyol acetate'와 '프리마롤린 II phrymarolin II'이라는 살충 성분이 들어 있는데 이 두 성분은 파리나 모기 등의 해충에 살충 작용을 한다.

약명/이명 노파자침전老婆子針錢 / 승독초蠅毒草, 꼬리창풀, 가스새, 가시새

생육 & 채취	
장 소	전국 각지의 산과 들 반그늘
시 기	봄~여름
부 위	지상부, 뿌리
손질법	외용 : 생것을 짓찧는다.

효용	
성 미	맛은 쓰고, 성질은 서늘하며 독이 있다.
활 용	해독살충解毒殺蟲

연구 & 특허
● 파리를 유인하여 살충하는 방법 ● 다양한 잡초로부터 생리활성 물질의 탐색   ※ p.1018 참고

고서古書 · 의서醫書에서 밝히는 효능

운곡본초학 파리풀의 맛은 쓰고, 성질은 서늘하다. 지상부 또는 뿌리를 이용하는데, 생약명은 노파자침전老婆子針錢으로 해독 살충의 효능이 있다.

특허 정보

● 파리를 유인하여 살충하는 방법 : 본 발명은 파리를 유인하여 살충하는 방법에 관한 것으로. 더욱 상세하게는 자연에 자생하는 파리버섯(광대버섯과 Amanitaceae)과 파리풀(파리풀과 Phrymaceae)의 독성물질을 기타화합물과 혼합시킨 원액을 이용하여 파리를 유인 살충하는 방법에 관한 것이다. 이를 위하여 본 발명은 파리를 살충함에 있어, 파리버섯과 파리풀의 독성분을 설탕에 농축시키는 단계, 파리버섯을 250~280도의 끓는 물에 넣어 독성분을 녹여 뽑아내는 단계, 상기 농축액을 두 번째 단계의 용액과 배합하는 단계 및 상기의 단계를 기타 화합물과 혼합하는 단계로 이루어진 것에 특징이 있다. — 특허등록 제891106호, 이**

● 다양한 잡초로부터 생리활성 물질의 탐색 : 다양한 잡초로부터 유용 생리활성 물질을 탐색하고자 46종 잡초의 methanol 추출액을 대상으로 50~100μg/ml 농도로 실험한 결과, 항균 활성에 있어서는 파리풀, 까실쑥부쟁이, 중머리대가리, 큰엉겅퀴, 부처꽃 등이 antobleb 활성에 있어서는 낙지다리, 밭뚝외풀, 까실쑥부쟁이, 술패랭이꽃 등이 항암 활성에 있어서는 파리풀, 골풀, 밭뚝외풀, 까실쑥부쟁이, 술패랭이꽃, 겨우살이 등이 항산화 활성에 있어서는 골풀, 물레나물, 청비녀골풀, 금불초, 방울고랭이, 좀고추나물 등이 비교적 강한 활성을 나타내었다. — 자연자원대학 강병화 외 6. 한국응용생명화학회지(1996. 10. 31)

파리풀

파리풀

파리버섯

팽나무

느릅나무과 / *Celtis sinensis* Pers.

느릅나무과의 낙엽교목으로, 경기도와 강원도 이남에 산발적으로 분포하는데 주로 경상도와 전라도의 표고 50~1,100m 지역에서 자란다. 정자나무로서는 느티나무 다음으로 많다. 키는 20m까지 자라며, 4~5월에 연두색 꽃이 피고, 10월에 등황색 열매가 익는다. 어린순은 나물로 먹고, 단맛이 있는 열매는 식용하며, 고사목에 발생하는 팽나무버섯은 식용한다.

잔가지나 나무껍질을 '박수피朴樹皮'라 하여 요통 · 관절염 · 습진 · 종기 등에 약으로 쓴다. 선조들은 5리마다 오리나무를 심었고, 일본에서는 1리마다 팽나무를 심었다고 한다. 유사종으로 왕팽나무 · 풍게나무 · 검팽나무 · 둥근잎팽나무 · 섬팽나무 · 자주팽나무가 있다.

약명/이명 박수朴樹, 박수피朴樹皮, 박수엽朴樹葉 / 달주나무, 매태나무, 평나무

특허 · 논문

● 팽나무 추출물을 함유하는 화장료 조성물 : 본 발명은 팽나무(Celtis

생육 & 채취	
장 소	경상도, 전라도 지역
시 기	봄~여름(잎) 여름(나무껍질)
부 위	어린순 · 열매(식용) 잔가지 · 나무껍질(약용)
손질법	바람이 잘 통하는 그늘에서 말린다.

효용	
성 미	맛은 달고 성질은 평하다.
활 용	생리불순, 관절염, 폐결핵, 두통

연구 & 특허
● 팽나무 추출물을 함유하는 화장료 조성물 ● 팽나무의 항종양과 소염 성분 ※ p.1018 참고

sinensis) 추출물 및 이를 주요 활성성분으로 함유하는 화장료 조성물에 관한 것으로서, 팽나무의 줄기, 수피와 잎의 추출물을 활성성분으로 0.001 내지 30.0 중량%을 함유하는 것을 특징으로 하는 여드름 방지 효과, 피지 조절 효과, 항염 효과가 우수한 화장료 조성물에 관한 것이다. 본 발명에 의하면 팽나무 추출물은 항염 효과가 뛰어나며, 여드름 방지 효과, 피지 조절 효과 등이 있어 이 물질을 이용하여 각종 기능성 화장료를 제조할 수 있다. — 특허공개 10-2010-0004465호, 세명대학교 산학협력단

● **팽나무의 항종양과 소염 성분** : 본 논문은 팽나무의 항종양과 소염 성분을 연구한 논문으로 주요 내용으로는 팽나무 가지의 메탄올 추출물로부터 반복적이 실리카겔과 Sephadex LH-20 칼럼크로마토그래피를 통해 8가지 화합물을 분리하였다. 화학구조는 분광분석을 통해 2가지 트라이터페노이드, germanicol과 epifriedelanol, 2가지 아미드 화합물, trans-N-caffeoyltyramine과 cis-N-coumaroyltyramine, 2가지 리그난 글리코시드, pinoresinol glycoside와 pinoresinol rutinoside, 및 2가지 스테로이드로 밝혀졌다. — 우석대학교 약학대학 김대권 외 4, 약학회지(2005. 1)

● **팽나무버섯의 항암 성분에 관한 연구** : 한국산 담자균류의 항암 성분을 탐색하기 위하여, 팽나무버섯의 자실체를 온수로 추출한 후, visking tube로 투석 및 냉동건조하여 단백성 다당류를 분리하였다. 이 성분을 ICR 마우스에 이식한 sarcoma 180에 대한 종양 억제 작용을 실험하였던 바, 10㎎/㎏/day 용량을 10일간 투여한 군에서 그 종양 억제율이 대조군에 비하여 62.3%이었다. 처치군의 10마리 중 3마리에서 그 종양이 완전히 퇴행하였다. 이 항암 성분을 분석하였던 바, 42.4%의 다당류와 24.5%의 단백질을 함유하고 있었다. 그 다당류를 가수분해하여 분석하여 본 바, glucose, galactose, mannose, xylose 및 fucose의 5종의 단당류를 검출하였다. 그 단백질을 가수분해하여 16종의 아미노산을 확인하였다. — 숙명여자대학교 약학대학 우명식, 한국균학회지(1983. 7. 30.)

팽나무

팽나무 열매

팽나무

팽나무

편백

측백나무과 / *Chamaecyparis obtusa* (Siebold & Zucc.) Endl.

측백나무과의 상록침엽교목으로, 우리나라의 제주도 및 남부 지방과 일본에 분포한다. 키가 40m까지 자라는 대형 수종으로, 나무껍질은 적갈색이고, 작은 바늘 모양의 잎이 가지에 빽빽하게 나 있다. 편백은 암수한그루로 봄에 가지 끝에 작은 꽃이 피는데, 수꽃은 황갈색이고, 암꽃은 붉은빛이 돈다. 9~10월에 둥근 열매가 갈색으로 익는다.

편백 잎과 목재에는 1%의 정유가 포함되어 있으며 약으로 쓰어 왔다. 피톤치드Phytoncide가 매우 풍부하게 나와 삼림욕을 하기에 좋은데, 남해군과 장성군의 편백림 숲이 특히 유명하다.

약명/이명 일본편백日本扁柏 / 편백나무, 노송나무, 회목檜木, 히노끼ヒノキ

고서古書·의서醫書에서 밝히는 효능

동의보감 잎과 가지를 약용하는데 지혈止血, 화혈和血의 효능이 있고, 토혈吐血, 혈리血痢, 치창痔瘡, 나창癩瘡, 탕상湯傷, 도상刀傷, 독사교상毒蛇咬傷을 치료한다.

생육 & 채취	
장 소	제주도 및 남부 지역
시 기	연중 내내
부 위	잎, 가지 / 숲
손질법	잎과 가지를 햇볕에 말린다.

효 용	
성 미	–
활 용	숲에서 산림욕을 한다. 이뇨利尿, 진해鎭咳, 해열解熱 작용

연구 & 특허
● 편백나무 잎과 대나무 잎을 이용한 천연 염료 조성물 및 그것의 항 아토피 피부염 개선 용도 外 p.1018 참고

● 편백나무 잎과 대나무 잎을 이용한 천연 염료 조성물 및 그것의 항 아토피 피부염 개선 용도 : 본 발명은 편백나무 잎과 대나무 잎을 이용함으로써 견뢰도가 우수하고 아토피 피부염 개선 활성이 높은 천연 염료 조성물을 개시한다. 본 발명의 천연 염료 조성물은 또 항 아토피 피부염 개선 활성을 지니므로, 그 천연 염료 조성물로 염색한 의류 등의 제품은 아토피 피부염의 개선 용도로도 유용하다. ― 특허등록 제1181507호, 김**

● 편백정유 피톤치드 분말을 함유하는 담배 필터 및 그의 제조 방법 : 본원 발명은 편백정유 피톤치드 분말이 충전되어 있는 담배 필터에 관한 것으로서, 흡연자들에게는 담배 흡연 시 니코틴, 타르, 일산화탄소 등의 유해한 성분의 흡착, 중화 또는 감소 효과와 함께, 담배가 지니고 있는 고유한 담배 맛과 향을 그대로 유지시켜 주며, 목을 개운하게 하고, 스트레스를 완화시키는 효과를 얻을 수 있게 하고, 비흡연자들에게는 건강을 유지시켜 줄 수 있는 담배 필터에 관한 것이다.―특허등록 제827820호, 장** 외 1

● 편백 정유를 유효성분으로 하는 가축 병원성 세균 억제용 항균 조성물 및 그를 이용한 가축 사료 : 본 발명은 편백 정유를 유효성분으로 하는 가축 병원성 세균 억제용 항균 조성물, 특히 가축의 호흡기 질환을 유발하는 세균은 액티노바실러스 플로르뉴모니아(Actinobacillus pleuropneumoniae) 또는 파스투렐라 물토시다(Pasteurella multocida)를 억제하는 항균 조성물에 관한 것으로, 상기 항균 조성물은 가축의 병원성 세균 유래 질병 예방 및 가축 사료로 활용될 수 있다. ― 특허공개 10–2013–0023932호, 허**

● 피톤치드를 함유하는 편백 음료를 제조하는 방법 및 상기 방법에 의해 제조된 편백 음료 : 본 발명은 편백잎의 건엽을 스티밍(steaming)하거나 또는 블랜칭(blanching)한 후 최적화된 추출 조건 하에서 편백잎 추출액을 제조

편백나무 숲

진백

편백

하고, 이를 여과한 다음, 산화 방지제 및 부재료를 첨가한 후, 공기 접촉과 혼입을 배제하기 위하여 질소액을 충진하고 살균 및 냉각하는 것을 특징으로 하는 편백잎 추출액을 함유한 음료의 제조 방법, 상기 방법으로 제조된 편백잎 추출액을 함유한 음료 및 식품에 관한 것이다. 본 발명에 따르면, 편백이 가지고 있는 우수한 특성을 이용한 기호식품인 편백 음료 및 식품을 제공함으로써 살균 항균, 스트레스 완화, 기관지, 천식, 비염, 알레르기, 불면증, 우울증, 고혈압 등의 여러 가지 성인병에 노출된 현대인이 생체 내 부작용이나 독성 없이 이용할 수 있다. — 특허등록 제803342호, 송**

● 편백 차의 제조 방법 : 본 발명은 다양한 효과가 알려진 편백의 유용성분들을 누구가 손쉽게 섭취할 수 있도록 하여 피부염이나 건강에 유익한 편백 차의 제조 방법에 관한 것이다. 본 발명의 편백 차의 제조 방법은 편백의 가지와 잎 중에서 선택된 적어도 어느 하나의 편백 재료에 열을 가해 숙성시키는 전처리를 1 내지 3회 반복하여 수행하는 가공 단계와, 상기 가공 단계에서 전처리된 상기 편백 재료를 분쇄하여 편백분말을 수득하는 분쇄 단계를 포함하고, 상기 전처리는 a) 상기 편백 재료에 수증기를 가해 5 내지 15분 동안 찌는 단계와, b) 찐 편백 재료를 건조시키는 단계와, c) 건조된 편백 재료를 20 내지 30℃에서 4 내지 10일 동안 보관하여 숙성시키는 단계를 포함한다. — 특허등록 제1202829호, 조**

● 무독성 편백정유의 항미생물, 탈취제로의 이용방법 : 본 발명은 우리나라 남부지방에 널리 분포하고 있는 측백나무과의 상록교목인 편백(扁柏 : Chamaecyparis obtusa Sieb. et Zucc, 英名 Japanese cypress 또는 Hinoki cypress) 가지와 잎을 이용하여 정유 및 침출수에 대한 항균, 항진균 효과, 탈취능, 피부 독성 등에 대한 평가를 구명하여 이를 생활화학 제품 등에 응용하고자 한다. 대부분의 식물유래 정유는 미생물에 대한 억제 효과를 지니고 있는 것으로

알려져 왔다. Bornyl acetate 등을 함유한 편백 정유도 리스테리아(Listeria monocytogen), 포도상구균(Stapylococcus aureus), 캔디다균(Candida albicans), 레지오넬라균(Legionella anisa)에 대한 미생물 억제능을 가지고 있는 것으로 밝혀졌다. 또한 염기성 비린내를 내는 악취물질인 트리메틸아민에 대한 탈취 능력이 있었고 동물을 이용한 피부 자극시험에서는 홍반 등의 자극이 검출되지 않았다. 위의 발명으로부터 한국산 침엽수종인 편백 정유에 대한 이용 가능성이 다양해질 수 있으며 특히, 이들 정유에 대한 피부독성 평가 결과와 종합해 볼 때 방향제와 같은 일상용품으로 사용을 하더라도 인체에 영향을 주지 않는 것으로 판단된다. — 특허등록 제548501호, 엔바이타 주식회사

● **편백**(Chamaecyparis obtusa ENDL.) **추출물의 여드름 균에 대한 항균 효과** : 항진균 효과가 있다고 알려진 자연물질인 편백의 잎, 줄기, 열매에서 추출한 추출물이 여드름 균(Propionibacterium acnes, Staphylococcus aureus, Pseudomonas aeruginosa 및 Pityrosporum ovale)에 미치는 항균 효과를 평가하였다. 용매는 70% ethanol을 사용하였으며 줄기를 25℃에서 24시간 추출하였고, 잎, 열매를 25℃에서 24시간과 78℃에서 6시간 추출하였다. 추출수율은 최저 17.0%에서 최고 22.0%로 부위별, 온도별에 따라 다양함을 알 수 있었다. Microbroth dilution test에서 99% 이상의 세균 증식 억제 효과는 78℃ 열매 추출물이 Pityrosporum ovale에서 24.6ppm으로 다른 균주들에 비해 더 낮은 농도에서 항균 효과가 나타났고, 50% 세균증식 억제 효과(LD50)는 Propionibacterium acnes에서 78℃ 열매 추출물이 9.9ppm으로 가장 낮은 농도에서 항균 효과를 보인 것으로 보아 편백의 78℃ 열매 추출물은 다른 부위별, 온도별 추출물에 비해 항균 효과가 매우 우수함을 알 수 있었다. 본 연구에서 편백의 추출물은 4종의 여드름 균에 유효하게 작용하였고 이를 이용한 천연 생리활성 물질로 여드름의 치료뿐만 아니라 예방 차원에서도 매우 유용하게 사용되리라고 생각된다. — 숭실대학교 최아랑 석사학위논문(2011)

편백

편백 꽃

편백 열매

풀솜대

백합과 / *Smilacina japonica* A.Gray

백합과의 여러해살이풀로, 우리나라 전역의 산지에서 자란다. 키는 20 ~50㎝ 정도로 자라고, 원줄기는 비스듬히 자라며 윗부분 쪽에 털이 밀생한다. 5~7월에 흰색 꽃이 피고, 둥근 열매가 붉게 익는다. 어린순은 나물로 먹는다. 강원도 일부 지역에서는 '지장보살'이라고도 한다.

유사종으로 솜대 · 자주솜대 · 황금솜대 · 연두솜대 · 세잎솜대 · 왕솜대 · 민솜대 등이 있다.

풀솜대 · 왕솜대 · 민솜대의 뿌리줄기를 모두 녹약이라는 생약재로 사용한다.

약명/이명 녹약鹿藥 / 솜대, 솜죽대, 왕솜대, 큰솜죽대, 품솜대

고서古書 · 의서醫書에서 밝히는 효능

동의학사전 가을 또는 봄에 뿌리줄기를 캐서 햇볕에 말린다. 음위증, 머리아픔, 풍습으로 아픈 데, 타박상, 젖앓이, 달거리 장애 등에 쓴다. 하루 9~15g을 달임약, 약술 형태로 먹는다. 외용약으로 쓸 때는 짓찧어 붙이

생육 & 채취	
장 소	전국의 산지
시 기	봄, 가을
부 위	어린순(식용) 뿌리줄기(약용)
손질법	뿌리줄기를 캐서 햇볕에 말린다.

효 용	
성 미	맛은 달고 맵고, 성질은 따뜻하다.
활 용	음위증, 타박상, 풍습 등에 쓴다.

연구 & 특허
● 야생화 함유 나노유화 화장료 조성물 및 그 제조 방법

거나 덮혀서 찜질한다.

특허 · 논문

● 야생화 함유 나노유화 화장료 조성물 및 그 제조 방법 : 본 발명은 야생화 함유 나노유화 화장료 조성물 및 그 제조 방법에 관한 것으로, 더욱 상세하게는, 마삭줄 추출물, 부채붓꽃 추출물, 긴병꽃풀 추출물, 층꽃 추출물 및 풀솜대 추출물의 증류액을 포함하는 야생화 함유 나노유화 화장료 조성물 및 그 제조 방법에 관한 것이다. 본 발명에 따른 야생화 함유 나노유화 화장료 조성물은 항산화 활성이 뛰어난 야생화 추출물들을 나노 입자 크기로 유화시킴으로써 경피 흡수를 증진시켜 피부 보습 및 진정 효과를 개선하는 탁월한 효과가 있다. — 특허공개 10-2010-00092594호, 구례군. 주식회사 바이오에프디앤씨

풀솜대

풀솜대

풀솜대

풍란

난초과 / *Neofinetia falcata* (Thunb.) Hu

난초과의 상록성 여러해살이풀로, 남해안 바위나 고목의 줄기에 붙어서 자라는 착생란이다. 7월경 순백색의 꽃이 피는데 은은한 향이 일품이다. 열매는 10월에 익는다. 홍도와 흑산도 등지에서 자라던 것을 무분별하게 채취하는 바람에 자생지 풍란을 찾아보기가 매우 힘들어졌다. 최근에는 훼손된 풍란 자생지 복원 사업을 벌이고 있다.

유사종으로 넓은 잎의 나도풍란(*Aerides japonicum* Rchb.f.)이 있다. 약용 자원식물로서의 연구는 많지 않다.

약명/이명 조란弔蘭 / 꼬리난초, 선초仙草, 계란桂蘭

특허 · 논문

● 풍란 추출물을 함유하는 화장료 조성물 : 본 발명은 유효성분으로 풍란 추출물을 함유하는 화장료 조성물 및 상기 풍란 추출물에 부가적으로 글루코만난(Glucomannan, 곤약) 및 자란 추출물로 이루어진 군으로부터 선택된 하나 이상을 더 함유하는 것을 특징으로 하는 화장료 조성물

생육 & 채취	
장 소	남해안 바위나 고목의 줄기
시 기	여름
부 위	전초
손질법	내복할 때는 그늘에서 말리고, 외용할 때는 뿌리를 짓이겨 쓴다.

효 용	
성 미	맛은 달고 시며, 성질은 온화하다.
활 용	청열해독 · 지해화담 작용

연구 & 특허	
	● 풍란 추출물을 함유하는 화장료 조성물
	● 피부 케어용 화장료 조성물 및 피부 미용 케어 방법

에 관한 것이다. 본 발명의 풍란 초임계 추출물 및 자란 초임계 추출물은 수분 보유력이 우수하고, 글루코만난은 각질층에서 수분을 다량 함유할 수 있다. 따라서, 본 발명의 상기 화장료 조성물은 피부 각질층에서 수분을 다량 함유하고 수분 증발을 감소시키며, 인체실험에서도 피부 수분량을 크게 증가시키고 우수한 피부 회복력 향상 효과를 나타내므로, 피부 보습용 화장료 조성물로써 유용하게 사용할 수 있다.

발명자들은 화장품 조성물로써 피부 각질층에서 수분을 다량 함유하고 수분 증발을 감소시키는 물질을 탐색 하던 중, 천연물 중 풍란 추출물이 수분 보유력이 우수하여 수분을 다량 함유하고 수분 증발을 감소시켜, 생체가 환경의 변화 즉, 온도 변화, 습도 저하, 바람 등에 의하여 수분 부족 현상이 발생함으로 인해 초래되는 피부의 투명성 감소, 피부 거칠어짐, 피부 윤기 저하, 잔주름이 두드러지게 보이는 현상들의 원인을 방지할 수 있음을 확인하였다. 또한, 풍란 추출물과 함께 천연에 존재하는 무코 다당류를 다량 함유하여 피부 각질층에서 수분 함유 및 수분 증발 억제 효과가 뛰어난 글루코만난 또는 수분 보유력이 우수한 자란 추출물을 피부에 적용 시 그 효과 가 더욱 상승된다는 것을 확인하여 본 발명을 완성하게 되었다. — 특허등록 제848001호, 주식회사 아모레퍼시픽

● 피부 케어용 화장료 조성물 및 피부 미용 케어 방법 : 본 발명은 인삼 추출물, 풍란 추출물 및 옥설 파우더를 유효성분으로 함유하는 피부 케어용 화장료 조성물 및 이를 피부에 도포하는 것을 포함하는 피부 미용 케어 방법에 관한 것이다. 본 발명에 따른 피부 케어용 화장료 조성물 및 피부 미용 케어 방법은 우수한 피부 보습력 유지 및 피부 정돈 효과를 발휘할 수 있다. — 특허등록 제1072637호, 주식회사 아모레퍼시픽

● 난초 발효 추출물을 함유하는 피부 기능 개선 조성물 : 본 발명은 난초(죽백란, 제주 한란, 석곡 및 풍란 중 하나 이상)를 버섯균(차가버섯균, 동충하초균류, 송이버섯균, 상황버섯균, 영지버섯균)으로 발효시킨 후 추출하는 단계를 포함하

풍란

는 피부 보호 및 개선, 피부 미백, 피부 노화 및 주름의 예방 또는 개선, 피부 보호 및 피부의 염증 반응의 완화 및 피부 장벽 기능 개선을 위한 난초의 버섯균 발효 추출물의 제조 방법, 그에 의하여 제조된 난초의 버섯균 발효 추출물, 및 그를 포함하는 화장료 조성물 및 기능성 식품에 관한 것이다. — 특허공개 10-2009-0083083호, 주식회사 엘지 생활건강

● **나도풍란 신품종 프린스** : 본 발명은 나도풍란 신품종 '프린스'에 관한 것으로, 보다 구체적으로는 나도풍란과 중국 운남성의 야생란인 Hygrochilus parishii의 중간형태로 꽃이 Hygrochilus parishii와 유사하되, 나도풍란의 향을 갖고 있어 독특하여 관상적 가치가 높은 나도풍란 신품종 '프린스'에 관한 것이다. 이를 위한 본 발명에 따른 높이 조절이 가능한 경계석은 나도풍란과 중국 운남성의 야생란인 Hygrochilus parishii의 종간 교잡을 통해 수득되고, 조직배양에 의해 무성번식시키는 것을 특징으로 한다. — 특허등록 제1281934호, 유** 외 2

풍선덩굴

무환자나무과 / *Cardiospermum halicacabum* L.

무환자나무과의 덩굴성 여러해살이풀로, 아시아 · 아프리카 · 남아메라카의 아열대 지역이 원산지이다. 우리나라에서는 월동이 되지 않으므로 한해살이풀로 취급한다. 집 화단 같은 곳에 관상용으로 심는다. 덩굴 길이는 3~4m 정도이며 덩굴손이 다른 물체를 감아 올라간다. 5~7월에 흰색의 꽃이 피고, 8~9월에 꽈리 또는 풍선 모양의 열매가 익는다. 풍선덩굴은 열매가 풍선처럼 생겨서 붙여진 이름이다.

약용자원식물로서의 연구는 많지 않다.

약명/이명 가고과假苦瓜 / 풍선초風船草, 풍경덩굴

특허 · 논문

● 흰쥐 내 항착상 작용에 대한 몇 가지 토종 식물 추출물의 평가 : 본 논문은 흰쥐 내 항착상 작용에 대한 몇 가지 토종 식물추출물의 평가를 연구한 논문으로 주요 내용으로는 식물 재료를 비극성 용매로부터 극성용매, 즉 석유에테르, 벤젠과 에탄올까지 연속적으로 soxhlation 시키고 분

생육 & 채취	
장 소	재배한다.
시 기	여름~가을
부 위	전초
손질법	생것 그대로 쓰거나 햇볕에 말려 사용한다.

효용	
성 미	맛은 쓰고 성질은 차다.
활 용	황달 · 정창丁瘡 · 수포창水泡瘡 · 사교상蛇咬傷 치료, 혈액 정화

연구 & 특허
● 흰쥐 내 항착상 작용에 대한 몇 가지 토종 식물 추출물의 평가

리하였다. 이들 세 가지 추출물 중 시트론(Citrus medica) 종자, 괭이밥(Oxalis corniculata)과 Tinospora cardifolia의 지상부의 석유 에테르 추출물은 최대 항착상 작용을 보였다. 풍선덩굴(Cardiospermum helicacabum)의 잎, Echinops echinatus의 뿌리, 멀구슬나무(Melia azedarach)의 잎, 여주(Momordica charantia)의 종자 및 Terminalia bellirica의 껍질의 에탄올 추출물은 선별된 각 식물의 3가지 추출물 중에서 가장 큰 항착상 작용을 보였다. 이러한 연구 결과를 자세히 논의한 내용이다. — Pateel, Mallikarjun 외 3, 경희한의학연구센터 Oriental Pharmacy and Experimental Medicine(2005. 12. 31)

풍선덩굴

풍선덩굴

풍선덩굴 열매

풍선덩굴 열매

피나무

피나무과 / *Tilia amurensis Ruor.*

피나무과의 낙엽활엽교목으로, 덕유산에서 함경북도 중산에 이르는 해발 100~1,700m의 숲 속 골짜기에 자생한다. 키는 20m 정도이고 검회색 나무껍질에 흰색 반점이 있다. 6월에 진한 누런색의 꽃이 피고, 9~10월에 흰색 또는 갈색의 털이 있는 둥근 열매가 익는다.

향기가 강한 꽃은 좋은 밀원자원으로, 피나무 꿀은 열감기 등에 주로 이용되어 왔으며, 주성분인 유기산은 젖산lactic acid이다. 어린 꽃봉오리를 따서 말려서 차를 만들어 마시기도 한다. 한방에서 '자단紫椴'이라 하여 꽃을 약재로 쓴다.

껍질을 의미하는 '피皮'자가 붙은 '피나무'라는 이름처럼 피나무 속껍질의 섬유는 질기고 길어서 바구니나 어망, 자루, 지게끈 등 생활 도구를 만들어 썼으며, 목재도 단단하고 뒤틀림이 없어 바둑판·조각품·교자상 등으로 폭넓게 쓰였다. 대표적인 피나무류로 찰피나무·염주나무가 있다.

약명/이명 자단紫椴 / 달피나무, 꽃피나무, 달피나무, 달피, 참피나무,

생육 & 채취	
장 소	함경북도 산야
시 기	초여름
부 위	꽃봉오리
손질법	꽃을 따서 그늘에서 말린다.

효 용	
성 미	맛은 맵고 쓰다.
활 용	발한. 항염, 해열 효능이 있다.

연구 & 특허
● 피나무(Tilia amurnesis)의 박피로부터 분리한 Topoisomerase I과 II 저해 활성과 세포독성 성분

털피나무

고서古書 · 의서醫書에서 밝히는 효능

운곡본초학 꽃을 약용하는데 발한發汗, 항염抗炎, 해열解熱의 효능이 있어서 구강염口腔炎, 감모발열感冒發熱, 후염喉炎, 신우신염腎盂腎炎을 치료한다.

특허 · 논문

● 피나무(*Tilia amurnesis*)의 박피로부터 분리한 Topoisomerase I과 II 저해 활성과 세포독성 성분 : 본 논문은 Tilia amurnesis의 박피로부터 분리한 Topoisomerase I과 II 저해 활성과 세포독성 성분에 관한 연구로 주요 내용은 다음과 같다. Tilia amurensis로부터 분리한 8종 화합물은 다음과 같다. squalene (1), friedelin (2), β-sitosterol (3), β-sitosterol-3-O-glucoside (4), α-tocopherol (5), betulinic acid (6), trilinolein (7), 1-O-(9Z,12Z-Octadecadienoyl)-3-nonadecanoyl glycerol (8). 화합물의 화학구조는 물리화학적 및 스펙트럼 데이터를 비교하여 분석하였다. 그리고 분리한 화합물의 topoisomerase I, II에 대한 저해 활성을 조사하였고, 7번 화합물은 DNA topoisomerase I, II 활성을 100농도에서 각각 87, 95%로 현저히 저해하였다. 또한 6번 화합물은 인간 결장 선암 세포주(HT-29), 인간 유방 선암 세포주(MCF-7)와 인간 간암 세포주(HepG-2)에 대하여 각각 IC_{50} 값이 20, 59, 16㎛로서 세포독성을 보였다. — Piao, Dong Gen 외 6, 생약학회지(2011. 9. 30.)

피나무

피나무

피나무

피나물

양귀비과 / *Hylomecon vernalis* Maxim.

양귀비과의 여러해살이풀로, 우리나라 경기도 이북의 고산 습지에 군락을 이루어 자란다. 키는 30㎝ 정도로 자라고, 뿌리줄기에서 잎과 꽃줄기가 나온다. 잘린 부분에서 주홍색 유액이 나오므로 '피나물'이라는 이름이 붙었다. 4~5월에 선명한 황색 꽃이 피고, 7월에 열매가 익는다. 유사종인 매미꽃(*Coreanomecon hylomeconoides* Nakai)과 닮아서 '노랑매미꽃'이라고도 한다.

어린순은 나물로 하지만 독성이 있으므로 충분히 우려내어야 한다. 한방에서 '하청화근荷靑花根'이라 하여 뿌리를 말려 약으로 쓴다. 매미꽃 뿌리도 피나물과 같은 약재로 이용한다.

약명/이명 하청화근荷靑花根 / 노랑매미꽃, 매미꽃, 봄매미꽃, 선매미꽃

고서古書 · 의서醫書에서 밝히는 효능

운곡본초학 거풍습祛風濕, 산어소종散瘀消腫, 서근활락舒筋活絡, 지통지

생육 & 채취	
장 소	경기 이북의 고산 습지
시 기	봄(어린순) 가을~봄(뿌리)
부 위	어린순(식용) 뿌리(약용)
손질법	뿌리를 물에 씻어서 말린다.

효용	
성 미	맛은 쓰고 성질은 평하다.
활 용	거풍습, 지통지혈의 효능이 있다.

연구 & 특허
● 비만 및 당뇨병 예방 및 치료 효과를 보이는 자생식물 추출물 ● 고등식물에 함유된 약품자원물질의 조사연구 外 p.1018 참고

혈止痛止血의 효능이 있어서 풍습비통風濕痺痛, 질타손상跌打損傷을 치료한다.

특허 · 논문

● **비만 및 당뇨병 예방 및 치료 효과를 보이는 자생식물 추출물** : 본 발명은 자생식물로부터 얻은 비만 및 당뇨 모델 마우스의 비만 및 당뇨 억제 추출물(피나물, 낙지다리 및 채진목으로 이루어진 군에서 선택된 하나 이상의 추출물을 주성분으로 하여 치료 또는 예방적 유효량으로 함유하는 비만의 예방 및 치료용 조성물)에 관한 것으로, 더욱 상세하게는 한국에서 자라는 자생식물로부터 비만 및 당뇨 모델 마우스인 Leprdb/Leprdb 마우스에서 체중 감소 및 당뇨의 원인인 고혈당을 억제하는 추출물과 그 추출물을 유효성분으로 함유하는 비만과 당뇨의 예방 및 치료 생약제에 관한 것이다. — 특허등록 제523441호, 주식회사 케이티앤지생명과학

● **고등식물에 함유된 약품자원물질의 조사연구** : 한국에 자생 또는 재배되는 식물의 함유성분을 검색하여 천연약품 자원 발굴에 대한 정보를 얻고자 전보에 이어 72종의 식물에 대하여 iridoid, flavonoid, froth test 및 Libermann-Bu ̈ rchard반응을 이용한 saponin, alkaloid 등을 검색하였다. Iridoid 검색 반응을 제외하고는 모두 자료식물의 메탄올 엑기스를 시료로 사용하였다. 자료식물 72종중 iridoid 양성식물은 쐐기풀, 지칭개, 다래의 잎, 좁쌀풀, 솔나물, 차풀 등 28종이고 alkaloid 양성식물은 피나물, 세모래덩굴, 회양목, 꿩의다리, 눈괴불주머니, 물레나물의 6종이며 포말시험에 양성인 식물은 동의나물, 바디나물, 쐐기풀, 지칭개, 냉이, 냉초, 동자꽃 등 36종이며 Liebermann-Burchard 반응에 양성인 식물은 피나물, 완두, 눈괴불주머니, 연전초, 솔나물뿌리, 파리풀, 차풀 등 31종이었다. — 지형준 외 1, 생약학회지(1982)

피나물

피나물

피나물 군락

피나물 줄기를 자르면 주홍색 유액이 나온다.

피막이

산형과의 여러해살이풀로, 중부 이남의 습지 근처에서 자라는데, 따뜻한 지역에서는 겨울에도 푸르다. 키는 5~10㎝ 정도이고, 식물 전체에 털이 없이 매끈하며, 줄기가 땅 위로 뻗어 가며 마디마디 뿌리를 내린다. 여름에 흰색 또는 자주색의 꽃이 피고, 가을에 둥글고 납작한 열매가 익는다.

'피막이'는 피를 멈추게 하는 효능이 있어서 붙여진 이름이다. 피막이 전초를 '천호유天胡荽'라 하여 임병·소변불리·황달·인후염·편도선염·종기 등에 약용하며, 민간에서 지혈제로 쓴다. 일본에서도 '정원에서 가꾸는 지혈제'로 관심을 받고 있다.

유사종으로 선피막이(*Hydrocotyle maritima* Honda), 큰피막이풀(*Hydrocotyle nepalensis* Hook.), 큰피막이(*Hydrocotyle ramiflora* Maxim.), 제주피막이(*Hydrocotyle yabei* Makino), 두메피막이풀이 있다. 모두 피막이와 함께 약으로 쓴다.

약명/이명 천호유天胡荽 / 피막이풀, 피마기풀, 예초, 계장채, 변지금

생육 & 채취	
장 소	중부 이남의 습지
시 기	여름~가을 개화기
부 위	전초
손질법	꽃 필 때 채취하여 햇볕에 말린다.

효용	
성 미	맛은 맵고 쓰며 성질은 차다.
활 용	피를 멈추게 하는 데 쓰인다.

연구 & 특허
● NFkB-억제제 및 비-레티노이드 콜라겐 족진제를 포함하는 조성물
● 한국산 피막이속(Hydrocotyle L) 식물의 분자계통학적 연구 ☞ p.1018 참고

● NFkB-억제제 및 비-레티노이드 콜라겐 촉진제를 포함하는 조성물 : 본 발명은 NFκB-억제제 및 비-레티노이드 콜라겐 촉진제를 포함하는 조성물에 관한 것으로 타나세툼 파르테늄(*Tanacetum parthenium*)의 추출물, 센텔라 아시아티카(*Centella asiatica*)의 추출물, 시에게스벡키아 오리엔탈리스(*Siegesbeckia orientalis*)의 추출물, 콩의 추출물, 콜라겐 촉진 펩티드, 우르솔산 및 아시아티코사이드(asiaticoside) 등이 이용된다. — 특허공개 10-2011-0036682호, 존슨 앤드 존슨 컨수머 캄파니즈, 인코포레이티드(미국)

● 한국산 피막이속(Hydrocotyle L.) 식물의 분자계통학적 연구 : 한국산 피막이속(Hydrocotyle L.)의 5종과 울릉도에서 새로 발견한 H. sp 그리고 outgroup인 병풀(*Centella asiatica*)을 포함하여 총 7분류군을 대상으로 분자계통학적 연구를 수행하여 종의 실체 및 문제점을 검토하고 유연관계를 살펴보았다. 분자계통학적 연구의 marker로는 nrDNA의 ITS 지역과 cpDNA의 trnH-psbA지역을 사용하였다. 한국산 피막이속은 94%의 지지도로 묶였으며, 크게 4개의 분계조를 형성하였다. 선피막이(H. *maritima*)와 피막이(H. *sibthorpioides*), 제주피막이(H. *yabei*)와 큰잎피막이(H. *nepalensis*), 큰피막이(H. *ramiflora*) 그리고 H. sp가 각각의 분계조를 형성하였다. 그러나 선피막이, 피막이, 제주피막이의 경우 독립된 분계조를 형성하지 않았으며, H. sp의 경우 분자적으로 독립적인 분계조를 형성하고 있어 새로운 종으로서의 가능성을 제시하였다. — 영남대학교 이과대학 생명과학과 최경수 외 1, 자원식물학회지(2012. 8. 29.)

피막이

피막이

피막이

피막이

한계령풀

매자나무과 / *Leontice microrhyncha* S. Moore

매자나무과의 여러해살이풀로, 비옥하고 양지바르며 물 빠짐이 좋은 풀밭을 좋아한다. 우리나라 중북부 지방의 주로 해발 1,000m 이상의 높은 산 양지쪽에 드물게 자라는데, 2009년도에 이례적으로 해발 400~450m 지대인 홍천군 동면 대학산에서 작은 군락지가 발견되어 관심을 끌었다. 키는 30~40cm 정도로 자라고, 식물 전체에 털이 없어 매끈하다. 5월에 노란 꽃이 피고, 7~8월에 둥근 열매가 익는다.

한계령풀은 우리나라 특산 식물로, 설악산 오색 계곡 한계령 능선에서 처음 발견되었기 때문에 '한계령풀'이라는 이름이 붙었다. 북한에서는 '메감자'라고 한다.

강원도 일부 지역에서만 발견되는 멸종 위기종으로, 환경부에서 희귀종으로 지정하여 보호하고 있으며, 약용식물로서의 연구는 없다. 하지만 우리나라의 귀중한 자원식물의 하나이므로 체계적인 보호 방안과 함께 약리적인 규명도 필요하다.

약명/이명 모단초牡丹草 / 메감자(북한)

생육 & 채취	
장 소	중북부 지방의 양지바른 풀밭
시 기	–
부 위	–
손질법	–

효용	
성 미	–
활 용	–

연구 & 특허
● 멸종 위기종 한계령풀(*Leontice microrhyncha* S. Moore)의 서식지 및 분포 특성 邪 p.1018 참고

● 멸종 위기종 한계령풀(*Leontice microrhyncha* S. Moore)의 서식지 및 분포 특성 : 최근 범지구적 문제가 되고 있는 지구온난화와 이로 인한 서식처의 환경변화는 고위도 지방의 식물이나 고산식물의 생존에 중대한 문제가 되고 있다. 본 연구는 강원도 태백산맥 고산지대에 분포하는 환경부지정 멸종 위기종인 한계령풀 10개 집단에 대해 서식지와 분포 특성을 조사하기 위해 수행되었다. 한계령풀은 고도 940∼1,350m 의 범위에 분포하였으며, 이는 온도기후적으로 온량지수(WI) 53℃ · month∼WI 75℃ · month에 해당하여 냉온대북부림대에 속한다. 이 종은 5°∼23° 경사의 북동사면에 주로 출현하였다. 한계령풀 분포지의 교목층은 신갈나무, 거제수나무, 층층나무, 고로쇠나무가 우점 하였으며, 관목층에는 고추나무, 물참대, 국수나무 등이 우점 하였다. 한계령풀 집단의 초본층 종다양도(Shannon's Index)는 0.21에서 0.98이며 각 집단에서 한계령풀의 중요치는 개화기에 가장 높은 값을 나타내었다. 서식지의 특성에 대한 본 연구는 한계령풀의 보전과 복원 전략의 수립 결정에 중요한 기초자료로 이용될 수 있을 것이다. — 중앙대학교 생명과학과, 이상훈 외, 한국환경생태학회지 25(2011)

한계령풀

한계령풀

바람꽃과 한계령풀

얼레지와 한계령풀

해녀콩

콩과 / *Canavalia lineata* (Thunb.) DC.

콩과의 덩굴성 여러해살이풀로, 제주도 동부 해안의 모래밭에 자생한다. 환경부 지정 희귀 야생식물로 분류되어 보호되고 있다. 7~8월경 연한 홍색의 꽃이 피고 콩과 비슷한 꼬투리 열매를 맺으며, 씨앗은 단단하여 발아가 제대로 되지 않는다. 예전에 제주도에서는 원치 않는 아이를 가졌을 때 독성이 있는 해녀콩을 먹고 낙태를 했다고 하는데, 많은 양을 복용하여 목숨을 잃는 경우도 있었다고 한다.

해녀콩의 잎은 가축의 먹이로도 이용하였으나 지금은 멸종 위기 식물로 분류되어 있다.

이명 해도두

특허 · 논문

● 해녀콩 추출물의 항산화 효과 및 NO 생성 억제 효과 : 본 논문은 해녀콩 추출물의 항산화 효과 및 NO 생성 억제 효과를 연구한 논문으로, 주요 내용으로는 제주지역과 같은 청정지역에서 자생하는 천연물의 항산

생육 & 채취	
장 소	제주 동부 해안의 모래밭
시 기	가을
부 위	열매
손질법	독이 있어 먹을 수 없다.

효 용	
성 미	열매에 독이 있다.
활 용	해독제, 낙태약. 독이 있어 위험하며, 멸종 위기 식물이라 쓰지 않는다.

연구 & 특허
● 해녀콩 추출물의 항산화 효과 및 NO 생성 억제 효과 ● 해녀콩 추출물의 멜라닌 생성 억제 효과 짜 p.1018 참고

화 효능에 대한 연구는 그 효용가치가 높으며, 해녀콩의 종자에 들어있는 생리활성 성분을 연구하기 위해 해녀콩의 항산화 효과와 LPS(Lipopolysaccharide)로 자극을 준 세포에서 생성되는 NO의 생성 억제 효과를 근거로 해녀콩의 항산화 효능과 염증 유발에 중요한 역할을 하는 것으로 알려져 있는 NO의 생성 억제 효과를 갖는 $CHCL_3$층에서 분리한 세부분획으로부터 단일물질에 대한 분리작업과 함께 함염과 관련된 더 많은 활성 검색을 진행중이라는 내용이다. — 제주대학교 화학과 부희정 외 5, 생약학회지(2004. 12. 30)

● 해녀콩 추출물의 멜라닌 생성 억제 효과 : 피부에서 melanin은 자외선 차단의 주요한 역할을 한다. Tyrosinase는 멜라닌 생합성과정에서 초기 단계에 관여하는 중요한 효소로서 이의 조절을 통한 피부 멜라닌화 억제에 관해 많은 연구가 되어져왔다. 본 연구에서는 해녀콩 추출물에서 mushroom tyrosinase 활성 억제, B16F10 melanoma 세포를 이용한 dopa oxidase 활성 억제 및 멜라닌 합성 억제 효과를 확인하였다. Tyrosinase mRNA 발현에서의 억제 효과를 확인하기 위하여 RT-PCR을 이용하였으며, $CHCL_3$층에서 분리해낸 A 분획에서 tyrosinase mRNA 발현을 억제시킴을 확인하였다. — 제주대학교 화학과 부희정 외 2, 대한화장품학회지(2004)

해녀콩

해녀콩 꽃

해녀콩 씨앗

해홍나물

명아주과 / *Suaeda maritima* (L.) Dumort.

명아주과의 한해살이풀로, 우리나라 중부 이남의 해변에 분포하는데 특히 간척지에 많다. 키는 30~50㎝로 자라는데, 식물 전체에 털이 없으며 곧게 자라고, 가지가 많이 갈라지며 잎은 다육질이다. 7~8월에 녹황색 꽃이 피고 가을에 원반 모양의 까만 열매가 익는다. 봄여름에는 줄기와 꽃받침이 붉은색이었다가 가을이 되면 식물 전체가 붉은색으로 물들어 아름답다.

여름에 어린순을 나물로 먹는다. 맛이 짜지만 함초보다는 짠맛이 덜한 편이다.

이명 남은재나물, 갯나문재

특허 · 논문

● 액상 식물성 소금의 제조 방법 및 액상 식물성 소금 : 본 발명은 액상 식물성 소금의 제조 방법 및 액상 식물성 소금에 관한 것으로, 염도는 낮고 미네랄 성분 함량이 높으며 인체에 유해한 중금속이 없거나 거의 함

생육 & 채취	
장 소	중부 이남의 해변
시 기	여름
부 위	어린순(식용) 전초(효소 발효액, 소금 생산)
손질법	어린순을 채취한다.

효 용	
성 미	맛이 짜다.
활 용	효소 발효액을 만든다.

연구 & 특허
● 액상 식물성 소금의 제조 방법 및 액상 식물성 소금 ● 지방 분해 및 셀룰라이트 제거를 위한 화장료 조성물 外 p.1019 참고

유되지 않은 액상 식물성 소금을 제조하는 기술을 제공함이 그 목적이 있다. 이를 위해 구성되는 본 발명은 퉁퉁마디, 칠면초, 해홍나물, 갯개미취 등과 같은 염생식물을 수세하고 세절한 후 열수추출하여 열수추출액을 얻고, 이를 압착하여 액상 식물성 소금을 얻는 구성으로 이루어진다. 즉, 본 발명은 염생식물을 채취하여 바닷물 혹은 2~3와, 이물질을 제거한 염생식물을 파쇄 또는 세절하는 단계; 파쇄 또는 세절된 염생식물에 3배량의 물을 투입한 후 100℃ 온도로 1~5시간 동안 열수 추출하여 추출액을 얻는 단계; 및 추출액을 압착하여 여액만을 얻는 단계로 이루어진다. 이러한 구성에 의해 본 발명은 염도는 낮으면서 미네랄 성분 함량이 높은 액상 식물성 소금을 얻을 수 있음은 물론, 유리아미노산이 다량 함유된 풍미를 갖는 액상 식물성 소금을 얻을 수 있다. 또한, 인체에 유해한 중금속이 없거나 거의 함유되지 않은 액상 식물성 소금을 용이하게 얻을 수 있는 효과가 있다. — 특허 등록 제448672호, 홍**

● 지방 분해 및 셀룰라이트 제거를 위한 화장료 조성물 : 본 발명은 필라칸타 피브로사(*Phyllacantha fibrosa*) 추출물 및 해홍나물(*Suaeda Maritima*) 추출물을 유효성분으로 포함하는 기능성 화장료 조성물 및 약학 조성물에 관한 것으로, 지방분해 촉진에 의한 슬리밍 효과, 비만 또는 국소비만의 예방, 개선 또는 치료를 위한 상기 조성물의 용도를 제공한다. 또한, 본 발명은 상기 조성물에 바닐릴 부틸에테르, 카페인, 캡사이신, 참산호말(*Corallina Officinalis*) 추출물, 녹차 추출물, 에피갈로카테킨 갈레이트, 스파켈라리아 스코파리아(*Sphacelaria Scoparia*) 추출물, 호스테일켈프(*Laminaria Digitata*) 추출물 및 로투스 마리티무스(*Lotus Maritimus*) 추출물 중 하나 이상을 추가적으로 포함하여 상기 효과를 배가시킨 조성물 및 그의 용도를 제공한다. — 특허공개 10-2012-0090137호, 코슬릭바이오 주식회사

해홍나물

해홍나물

해홍나물

향나무

측백나무과 / *Juniperus chinensis* L.

측백나무과의 상록교목으로, 우리나라 전역에 분포한다. 예나 지금이나 향나무류는 정원수·공원수 등 용도가 넓다. 키는 20m까지 자라고, 식물 전체에서 은은한 향이 나는데, 목재를 말려서 깎으면 향이 더 진하다. 꽃은 4월에 피고 둥근 열매가 맺혔다가 이듬해 가을에 자흑색으로 익는다.

오래전부터 목재를 향으로 사용하였기 때문에 '향좁나무'라고 한다. 향나무 목재는 연필재·장식재·조각재·기구재 등으로 이용되고 있다. 향나무 종류로 향나무를 비롯하여 눈향나무·섬향나무·뚝향나무 등이 있다.

약명/이명 회엽檜葉, 노회爐灰 / 향목香木, 백진柏稹, 향백송香柏松, 노송나무, 상나무

고서古書·의서醫書에서 밝히는 효능

운곡본초학 가지, 잎, 종자 및 나무껍질을 약용하는데 이뇨利尿, 해독解

생육 & 채취	
장 소	전국 각지
시 기	연중 수시
부 위	가지, 잎, 종자, 나무껍질, 재
손질법	햇볕에 말려서 잘게 썬다. 생잎을 쓰기도 한다.

효용	
성 미	맛은 맵고 성질은 따뜻하며 독이 있다.
활 용	해독. 종기와 두드러기에는 생잎을 찧어서 환부에 붙인다.

연구 & 특허
● 향나무 목질부 추출물을 주요 활성성분으로 함유하는 항노화용 화장료 조성물 ● 향나무 추출물로부터 분리된 위드롤을 유효성분으로 함유하는 암 예방 및 치료용 조성물   外 p.1019 참고

毒, 거풍산한祛風散寒, 활혈소종活血消腫하는 효능이 있어서 풍습관절통風濕關節痛, 풍한감모風寒感冒, 담마진蕁麻疹, 음저종독초기陰疽腫毒初起, 요로감염尿路感染 등을 치료한다.

특허 · 논문

● **향나무 목질부 추출물을 주요 활성성분으로 함유하는 항노화용 화장료 조성물** : 본 발명은 향나무 목질부 추출물을 주요 활성성분으로 함유하는 항노화용 화장료 조성물에 관한 것으로서, 좀더 구체적으로는 향나무 추출물 0.001~30.0중량%를 함유하는 것을 특징으로 하는 피부 주름의 개선 효과와 항산화 효과 등 항노화 효과가 우수한 화장료 조성물에 관한 것이다. 본 발명에 의하면 이 원료로부터 얻은 추출물이 탁월한 항산화 효과, 콜라겐 합성효과, 피부 잔주름 개선 효과를 가져, 이 물질을 이용하여 피부 노화 관련 기능성 화장료를 제조할 수 있다. — 특허등록 제438007호, 한불화장품 주식회사

● **향나무 추출물로부터 분리된 위드롤을 유효성분으로 함유하는 암 예방 및 치료용 조성물** : 본 발명은 향나무(*Juniperuschinensis*) 추출물로부터 분리된 위드롤(Widdrol)을 유효성분으로 함유하는 조성물에 관한 것으로, 본 발명의 위드롤은 암세포 생장 억제 효과, 자가사멸 유도 효과 및 복제개시 인자의 발현 저하 효과를 나타내므로 암 예방 및 치료용 조성물로 유용하게 이용될 수 있다. — 특허등록 제799266호, 학교법인 동의학원

눈향나무

향나무

향나무

헐떡이풀

범의귀과 / *Tiarella polyphylla* D.Don

범의귀과의 여러해살이풀로, 울릉도 산골짜기의 습지에서 자생한다. 우리나라가 원산지로, 일본·대만·중국·히말라야 등지에도 분포한다. 키는 15~30㎝ 정도이고, 옆으로 뻗어 가는 땅속줄기에서 잎이 무더기로 나온다. 5~6월에 흰색의 꽃이 아래로 처지며 핀다.

한방에서 '황수지黃水枝'라 하여 지상부를 약용하는데 주로 천식이나 해수 등에 이용했기 때문에 '헐떡이풀'이라는 이름이 붙었다.

약명/이명 황수지黃水枝 / 헐떡이약풀, 산바위귀, 천식약풀

특허·논문

● 항염, 항알레르기 및 항천식 활성을 갖는 헐떡이풀 추출물을 함유하는 조성물 : 본 발명은 항염, 항알레르기 및 항천식 활성을 갖는 헐떡이풀(*Tiarella polyphylla*) 추출물을 유효성분으로 함유하는 조성물에 관한 것으로, 상세하게는 본 발명의 헐떡이풀 추출물이 골수 유래 비만세포(bone marrow-derived mast cell, BMMC)의 시스테인 류코트리엔(cysteinyl

생육 & 채취	
장 소	울릉도 산골짜기의 습지
시 기	꽃 필 때
부 위	지상부
손질법	그늘에서 말린다.

효 용	
성 미	맛은 맵고 쓰며 성질은 차다.
활 용	천식, 해수 등에 이용한다.

연구 & 특허
● 항염, 항알레르기 및 항천식 활성을 갖는 헐떡이풀 추출물을 함유하는 조성물
● 항염, 항알레르기 및 항천식 활성을 갖는 티아렐릭산을 함유하는 조성물
☞ p.1019 참고

leukotriene) 생산과 난백알부민(ovalbumin) 유도 천식 동물 모델에서 기도 과민성 억제 활성, 기관지 폐포세척액의 인터루킨-4 (IL-4), 인터루킨-5 (IL-5) 및 인터루킨-13 (IL-13)의 생산억제 활성, 기관지 조직의 항염증활성 및 카라기난-유도 동물모델에서 부종 억제 활성을 나타냄으로써 상기 조성물은 항염, 항알레르기 및 천식의 예방 및 치료를 위한 약학 조성물로서 이용될 수 있다. — 특허등록 제822760호, 한국생명공학연구원

● 헐떡이풀 추출물 또는 이로부터 분리된 트리테르펜 화합물을 유효성분으로 함유하는 암 질환의 예방 및 치료용 조성물 : 본 발명은 헐떡이풀 추출물 또는 이로부터 분리된 화합물을 유효성분으로 함유하는 암 질환의 예방 및 치료용 조성물에 관한 것으로, 상세하게는 본 발명의 헐떡이풀 추출물 또는 이로부터 분리된 트리테르펜 화합물은 암 세포주의 부착능을 저하시켜 증식을 감소시키고 세포사멸 유도 효과를 나타내므로 암 질환의 예방 및 치료용 약학 조성물 및 건강기능식품으로 유용하게 이용될 수 있다. — 특허등록 제1163215호, 한국생명공학연구원

● 항염, 항알레르기 및 항천식 활성을 갖는 티아렐릭산을 함유하는 조성물 : 본 발명은 항염, 항알레르기 및 항천식 활성을 갖는 티아렐릭산(Tiarellic acid)를 유효성분으로 함유하는 조성물에 관한 것으로, 상세하게는 본 발명의 티아렐릭산은 골수 유래 비만세포(bone marrow-derived mast cell, BMMC)의 시스테인 류코트리엔(cysteinyl leukotriene) 생산과 난백알부민(ovalbumin) 유도 천식 동물 모델에서 기도 과민성 억제 활성, 기관지 폐포세척액의 인터루킨-4(IL-4), 인터루킨-5(IL-5) 및 인터루킨-13(IL-13)의 생산억제 활성 및 기관지 조직의 항염증활성을 나타냄으로써 상기 조성물은 항염, 항알레르기 및 천식의 예방 및 치료를 위한 약학 조성물로써 이용될 수 있다. — 특허공개 10-2007- 0011137호, 한국생명공학연구원

헐떡이풀

헐떡이풀

헐떡이풀

현삼

현삼과 / *Scrophularia buergeriana* Miq.

현삼과의 여러해살이풀로, 우리나라 전역의 산지 계곡에 자생하며, 중남부 지방에서 재배한다. 키는 80~150㎝ 정도로 자라고 8~9월에 황록색 꽃이 핀다. 비대한 뿌리 속이 검은색이어서 '현삼玄蔘'이라고 한다. 중국 현삼은 '원삼元蔘'이라고도 한다. 유사종으로 울릉도에서 자라는 섬현삼, 산지에서 자라는 큰개현삼, 좀현삼 · 제주현삼 · 설령개현삼 · 토현삼이 있다.

한방에서 중요시하는 '5대삼'은 인삼 · 사삼 · 고삼 · 단삼 · 현삼으로, 오행五行 원리상 비장에 작용하는 인삼은 황삼, 폐에 작용하는 사삼은 백삼, 간에 작용하는 고삼은 자삼, 심장에 작용하는 단삼은 적삼, 콩팥에 작용하는 현삼은 흑삼이라고 한다. 현삼은 해열 작용 및 혈당 · 혈압 강하 효과가 있다. 아모레퍼시픽의 한방 샴푸 '려呂'는 5삼을 재료로 한다.

약명/이명 현삼玄蔘 / 중대重臺, 현대玄臺, 귀장鬼藏, 축마逐馬

고서古書 · 의서醫書에서 밝히는 효능

동의보감 열독熱毒과 유풍遊風을 낫게 하고 허로증虛勞證을 보하며 골증

생육 & 채취	
장 소	전국 산지의 계곡
시 기	음력 3, 4, 8, 9월
부 위	뿌리
손질법	뿌리를 캐어 햇볕에 말리거나 또는 쪄서 햇볕에 말린다.

효용	
성 미	맛은 짜고 쓰며 성질은 약간 차고 독이 없다.
활 용	해열 작용, 혈당 · 혈압 강하 효과

연구 & 특허
● 현삼 추출물을 포함하는 면역증강과 동맥경화 예방 및 치료용 조성물 ● 감염성 질환의 예방, 제거 및 치료를 위한 현삼과 추출물 外 p.1019 참고

骨蒸 전시사기傳尸邪氣를 없애고 종독을 삭인다. 영류癭瘤와 나력瘰癧을 삭여 없애며 신기腎氣를 보하고 눈을 밝게 한다.

특허 · 논문

● **현삼 추출물을 포함하는 면역 증강과 동맥경화 예방 및 치료용 조성물** : 본 발명은 현삼 추출물을 포함하는 동맥경화 예방 및 치료용 조성물에 관한 것이다. 특히 본 발명의 현삼 추출물은 대식세포의 식작용 및 활성산소 생성을 증가시켜 면역 반응을 강화시키며 동시에 대식세포의 혈관 내피세포 부착을 감소시킴으로써 대식세포의 축적으로 인한 동맥경화증을 예방 및 치료하고 면역을 증강시키는 용도로 유용하게 사용할 수 있다. ─ 특허등록 제535267호, 한림대학교 산학협력단

● **감염성 질환의 예방, 제거 및 치료를 위한 현삼과 추출물** : 현삼과 식물에서 발견된 테르펜 및 지방산을 포함하는 항-바이러스 조성물이 기술되어 있다. 본 발명의 조성물은 상기 과의 식물에서 발생하는 다른 친지성 구성성분 및 글리코사이드의 아글리콘을 추가로 포함한다. 바람직하게, 본 조성물은 피크로리자 쿠로아 로일, 피크로리자 스크로풀라리플로라 펜넬 및 네오피크로리자 스크로풀라리플로라의 혼합물의 뿌리 및 근경의 추출에 의해 유래된다. 용매 및 용매 조합물들이 기술되어 있다. 본 조성물은 DNA 및 RNA 바이러스 둘 모두에 대해 및 진균, 박테리아, 기생충성 및 원충성 감염증 및 질환에 대해, 및 또한 간 보호제, 항고지혈증제, 항당뇨병제, 및 신장 보호제로서 효과적이다. 기술된 질환들에 대한 항체 및 백신은 동물 및 그 밖의 피검체에 본 조성물을 투여함으로써 제조될 수 있다. ─ 특허공개 10-2012-0068898호, 매다사니 무니색해(인도)

현삼

개현삼

섬현삼

협죽도

협죽도과 / *Nerium indicum* Mill.

협죽도과의 상록관목으로, 제주도와 남부 지방에서 심어 가꾼다. 인도가 원산지로서 제주도 등 남부 해안지방에 자생하는데, 열매가 바다를 떠다니다가 정착하였다는 설이 있다. 염분에도 강하고 추위에도 잘 견디므로 울타리나 정원수로 심는다.

키는 2~3m 정도로 자라고, 7~8월에 붉은색이나 노란색 또는 흰색의 꽃이 피며, 열매는 시호나 백미류의 열매처럼 골돌형으로 익는다. '협죽도夾竹桃'라는 이름은 잎 모양이 좁은 댓잎과 비슷하고, 꽃이 복숭아꽃을 닮아서 붙여졌다고 한다. 나뭇잎이 버드나뭇잎처럼 보이므로 '유도화柳桃花'라고도 한다.

독성이 강력하여 '독나무'라고도 불리는데, 섭취하면 구토·복통·설사 증세를 보이고, 심하면 심장마비로 사망한다고 한다. 수액이 피부에 닿으면 알러지 반응을 일으키는 경우가 많으며, 나무를 태운 연기도 인체에 치명적이므로 주의해야 한다. 고대 마케도니아 알렉산더 대왕의 군대가 협죽도의 나뭇가지로 고기를 꼬치구이하여 먹다가 병사들이 사

생육 & 채취	
장 소	제주도 및 남부지역
시 기	연중 수시
부 위	잎. 나무껍질
손질법	전문가가 법제하여 소량 사용해야 한다.

효 용	
성 미	독이 있다.
활 용	심장병心臟病, 천해喘咳, 전간癲癇, 질타종통跌打腫痛 등을 다스린다.

연구 & 특허
● 협죽도 추출물을 유효성분으로 포함하는 염증성 질환 치료 및 예방용 조성물 ☞ p.1019 참고

망한 경우도 있었다고 한다. 음식의 열과 만나면 줄기에 함유된 독 성분이 잘 우러나오기 때문이다. 우리나라에서는 야외에서 협죽도 나뭇가지를 젓가락 대용으로 사용하여 중독된 사례가 있다.

참고로, 같은 협죽도과의 호두야자에도 심장근육을 마비시키는 독성이 있어서 인도에서는 '자살나무'라고 불린다고 한다.

약명/이명 협죽도夾竹桃 / 류선화, 유도화, 독나무

고서古書 · 의서醫書에서 밝히는 효능

운곡본초학 독성이 있지만 잎과 나무껍질을 약용하는데, 강심의 효능이 있고, 심장병心臟病, 심력쇠갈心力衰竭, 천해喘咳, 전간癲癇, 질타종통跌打腫痛, 혈어경폐血瘀經閉를 치료하는 데 이용한다.

특허 · 논문

● 협죽도 추출물을 유효성분으로 포함하는 염증성 질환 치료 및 예방용 조성물 : 본 발명은 협죽도(*Nerium indicum*) 추출물을 유효성분으로 포함하는 것을 특징으로 하는 염증성 질환 치료 및 예방용 조성물에 관한 것으로서, 더욱 상세하게는 협죽도 추출물 중 알부틴(Arbutin)의 함량이 일정범위로 포함되도록 규격화 및 표준화시키고, 진통 억제, 급성 염증 억제 및 급성부종 억제 및 등의 염증성 변화에 의하여 나타나는 제 증상의 억제 효과가 우수하게 발현되어 관절염 등의 염증성 변화에 의한 질환 치료 및 예방에 유용한 약제로 사용할 수 있는 협죽도 추출물에 관한 것이다. — 특허등록 제1125695호, 신도산업 주식회사

노랑협죽도

협죽도

협죽도

협죽도

호랑가시나무

감탕과 / *Ilex cornuta* Lindl. & Paxton

감탕과의 상록활엽관목으로, 제주도와 남해안 섬 지방 반그늘에 자생한다. 키는 2~3m 정도로, 밑부분에서 여러 줄기가 모여 자라며 식물 전체가 매끈하다. 어린잎은 둥글지만 점차 자라면서 육각이 지고, 각진 부분이 결각의 가시가 되어 돌출한다. 4~5월에 하얀 꽃이 피고 진 뒤에 열매가 붉게 익는데 자웅이주로서 암그루에만 열매가 맺힌다. 한방에서 '구골목枸骨木', '구골엽枸骨葉'이라 하여 약용하지만 구골나무와 다르다. 구골나무는 물푸레과에 속하여, 꽃은 11월경에 피고 열매는 검게 익는다.

호랑가시나무는 빨간 열매 · 잎 · 줄기 · 뿌리 등 전체를 약으로 쓴다. 열매는 자양강장제 · 해열제로, 잎 · 줄기 · 뿌리를 뼈 질환에 쓴다. 말린 잎으로 만든 '구골차'는 기침을 멎게 하고 가래를 없애는 효과가 있다. 현대적인 성분 연구에서 카페인 · 사포닌 · 탄닌 등이 들어 있는 것으로 밝혀졌다.

약명/이명 구골목枸骨木, 구골엽枸骨葉 / 묘아자猫兒刺, 노호자老虎刺, 묘아자나무, 둥근잎호랑가시, 호랑이가시나무

생육 & 채취	
장 소	제주도, 남해안 섬 지방
시 기	가을(잎) / 겨울(열매)
부 위	잎. 열매
손질법	햇볕에 말린다.

효용	
성 미	맛은 달고 성질은 평하며 독이 없다.
활 용	잎: 거풍. 강장 효과 / 열매: 강정 효능. 혈액순환 원활

연구 & 특허
● 안티 셀룰라이트를 위한 화장료 조성물 ● 찜질팩용 조성물 및 이를 이용한 찜질용 팩 ● 마스크 팩

● **안티 셀룰라이트를 위한 화장료 조성물** : 본 발명은 안티셀룰라이트를 위한 화장료 조성물에 관한 것으로, 보다 상세하게는 카페인(caffeine), 쇠뜨기(horsetail) 및 호랑가시나무(Holly)의 추출물을 함유함으로써 지방세포의 피하 지방 분해 효과, 셀룰라이트의 제거 효과 및 탄력 증진 효과가 뛰어난 안티셀룰라이트용 피부 외용제 조성물에 관한 것이다. — 특허등록 제1001492호. 주식회사 바이오셀릭스. 주식회사 바이오웍스

● **찜질팩용 조성물 및 이를 이용한 찜질용 팩** : 본 발명은 활성탄을 함유하는 찜질팩용 조성물와 이를 이용한 찜질용 팩을 제공하기 위한 것으로서, 구체적으로는 활성탄 2 내지 20중량%, 게르마늄 0.5 내지 5중량%, 호랑가시나무, 접골목, 골담초 및 우슬로부터 선택된 1종 이상의 추출물 25 내지 50중량%, 줄풀 추출물 5 내지 30중량%, 녹차 추출물, 솔잎 추출물, 알로에베라, 알부틴, 백년초, 젤라틴, 아마씨 오일 및 맥반석 중에서 선택된 1종 이상의 보조첨가제 10 내지 20중량%를 포함함으로써 독소 흡착력이 배가되어 통증 완화능이 향상되고 보존성이 향상된 찜질팩용 조성물과 이를 점착성 고체층으로 포함한 찜질용 팩을 제공한다. — 특허등록 제772027호. 자연과숲주식회사

● **마스크 팩** : 본 발명은 얼굴 전체나 일부에 부착하는 마스크 팩에 관한 것으로서, 자세하게는 얼굴에 나누어서 부착하도록 적어도 2조각 이상으로 분할된 시트, 이 각 시트의 한쪽 면에 도포된 점착성의 미용 성분 함유층, 이 미용 성분 함유층이 보호되도록 각 시트가 부착된 박리지로 구성되고, 아울러 각 시트의 적소에 절개부가 형성되기 때문에 시트를 부착한 상태에서 얼굴을 움직이더라도 이 동작에 따라 부착 상태가 변경되는 것을 최소화할 수 있고, 나아가 얼굴을 자유롭게 움직일 수 있어 골프, 등산, 조깅, 테니스 등과 같은 운동을 포함한 각종의 활동을 불편함 없이 행할 수 있는 마스크 팩에 관한 것이다. — 특허등록 제782577호. 자연과숲주식회사

호랑가시나무

호랑가시나무 꽃

호랑가시나무 잎

호자나무

꼭두서니과 / *Damnacanthus indicus* C.F.Gaertn.

꼭두서니과의 상록관목으로, 제주도나 전라남도 홍도 등의 숲에 자생한다. 키는 1m 정도로 자라며, 줄기에는 잎과 길이가 비슷한 긴 가시가 많고, 어린 가지에 잔 곱슬털이 있다. 가시가 호랑이도 찌른다고 하여 '호자虎刺나무'라고 한다. 여름부터 가을까지 흰색의 꽃이 연달이 피며, 둥글고 붉은 열매가 가을에 성숙하여 겨울까지 남아 있다.

유사종으로 이름만 비슷한 상록의 여러해살이풀인 호자덩굴이 있고, 분포와 나무의 형상이 비슷한 수정목壽庭木이 있는데, 수정목은 호자나무보다 잎은 크고 가시는 더 짧다.

민간에서 잎·줄기·꽃·열매·씨앗 등을 약으로 써 왔는데, 현대 성분연구에서 안트라퀴논anthraquinone·세로토닌serotonin 등의 성분이 소화를 돕고 통증을 줄여 주며, 고혈압이나 암에도 효과가 있는 것으로 밝혀졌다.

약명/이명 호자虎刺 / 화자나무

생육 & 채취	
장 소	제주도, 홍도 숲
시 기	여름~가을
부 위	잎, 줄기, 꽃, 열매, 씨앗
손질법	말려서 쓴다.

효 용	
성 미	–
활 용	소화, 위장 기능 강화

연구 & 특허
● 생약재 추출물이 함유된 화장료 조성물 및 그 추출 방법

● 생약재 추출물이 함유된 화장료 조성물 및 그 추출 방법 : 본 발명은 생약재 추출물이 함유된 화장료 조성물 및 그 추출 방법에 관한 것으로서, 특히, 호자나무, 사상자, 호장근, 하고초, 조각자를 혼합하여 생약재 혼합물을 이루는 생약재 혼합 단계; 상기 생약재 혼합 단계를 통하여 형성된 생약재 혼합물에 추출용매를 첨가하여 가열 과정 또는 침지 과정을 거쳐 생약재 추출물을 추출하는 생약재 추출 단계를 포함하여 이루어진다. 이와 같은 본 발명은 첫째, 호자나무, 사상자, 호장근, 하고초, 조각자를 혼합한 생약재 혼합물을 추출용매로 추출하여 화장료 조성물을 제조함으로써 피부에 발생될 수 있는 염증 작용 및 피부 자극을 예방하고, 유분과 수분의 균형을 맞추어 촉촉한 피부로의 개선 효과를 이룰 수 있다. 둘째, 필수지방산의 하나인 아라키돈산(arachidonic acid)이 피부에 염증을 일으킬 수 있는 사이클로옥시게나제 및 리폭시게나제와 작용하는 반응경로를 차단하여 피부 염증이 악화되는 것을 방지할 수 있으며, 피부 트러블이 발생된 후에도 피부의 트러블을 개선하는 피부 미용 효과를 이룰 수 있다. 셋째, 생약재 추출 단계를 통하여 얻어지는 생약재 추출물이 함유된 화장료 조성물을 제공함으로써 피부의 염증을 제거하기 위하여 기존의 스테로이드를 함유한 제품을 사용하는 경우에 발생될 수 있는 피부 부작용을 예방하여 안전하고 편리하게 사용할 수 있다. 넷째, 인체의 피부 자극으로 인한 피부 부작용이 없이 사용할 수 있어 소비자의 신뢰성을 확보함으로써 각종 피부질환이 발생한 환자의 피부에 원활하게 적용하여 사용할 수 있는 화장품은 물론이고, 이를 응용한 화장품 산업 및 의약산업에도 폭넓게 적용하여 이용할 수 있다. — 특허등록 제1052092호, 주식회사 바이온셀

호자나무

호자나무 열매와 꽃

호자나무 꽃

환삼덩굴

삼과 / *Humulus japonicus Sieboid & Zucc.*

쐐기풀목 삼과의 덩굴성 한해살이풀로, 우리나라 전역의 길가나 빈터에서 잘 자란다. 원줄기와 잎자루에 아래로 향한 잔가시가 나 있는데 매우 거칠어서 손이나 얼굴을 긁히면 상처가 나고 몹시 가렵다. 7~8월에 엷은 황록색 꽃이 피고, 9~10월에 열매가 익는다.

이른 봄에 어린순을 데쳐서 찬물에 담가 쓴맛을 우려내어 먹는데 고혈압 환자에게 도움이 된다고 한다. 생것을 튀김으로 만들어 먹어도 된다. 한방에서 '율초律草'라 하여 열매가 달린 전초를 약으로 쓰는데, 열을 내리고 소변을 잘 나가게 하며 어혈을 없애고 몸 안에 있는 독을 풀어 주는 효능이 있다. 또한 학질·설사·이질·폐결핵·폐농양·폐렴을 치료하는 효과가 있다.

약명/이명 율초律草 / 한삼덩굴, 범상덩굴, 언겅퀴, 좀환삼덩굴

고서古書 · 의서醫書에서 밝히는 효능

본초강목 삼초三招를 윤활하게 하고 오곡을 소화되게 하며 오장五臟을

생육 & 채취	
장 소	전국의 길가나 빈터
시 기	이른 봄~초여름(어린순) 여름(전초)
부 위	어린순(식용) 전초(약용)
손질법	전초를 채취하여 물에 씻어 그늘에서 말린다.

효용	
성 미	맛은 달고 쓰며 성질은 차다.
활 용	열을 내리고 어혈을 없애며 몸 안의 독을 풀어 준다.

연구 & 특허
● 산나물 추출물을 함유하는 여성 폐경기증후군 예방 및 치료용 조성물 ● 두피 보호제 外 p.1019 참고

보익하고, 뱃속에 있는 갖가지 벌레를 죽이며 온역을 다스린다.

특허 · 논문

● **산나물 추출물을 함유하는 여성 폐경기 증후군 예방 및 치료용 조성물** : 본 발명은 산나물 추출물 또는 이의 분획물을 함유하는 여성 폐경기 증후군 예방 및 치료용 조성물에 관한 것으로, 보다 상세하게는 물, 알코올 또는 이들의 혼합용매로 추출한 윤판나물(*Disporum uniflorum*) 또는 환삼덩굴(*Humulus japonicus*)의 추출물 또는 이의 분획물이 에스트로겐 반응 부위(Estrogen Responsive Element; ERE)를 포함하는 프로모터의 발현을 촉진하고, 인간 유방조직 유래 세포주인 MCF-7의 생장을 촉진하여 에스트로겐 활성을 갖는 물질임을 확인함으로써, 폐경기 여성에 있어서의 폐경기 증후군 증상을 효과적으로 예방 및 치료할 수 있는 호르몬 대체요법용으로, 합성에스트로겐을 대체할 수 있는, 산나물 추출물 또는 이의 분획물을 함유한 여성 폐경기 증후군 예방 및 치료용 조성물을 제공하는 것이다. — 특허등록 제1067028호, 한국과학기술연구원

● **두피 보호제** : 본 발명은 허브를 함유하는 두피 보호제에 관한 것으로서, 보다 상세하게는 웜우드 오일 15~25중량%, 로즈마리 오일 50~70중량%, 환삼덩굴 오일 15~25중량%를 혼합하여 오일 혼합물을 제조하고, 상기 오일 혼합물 5~10중량%를 샴푸 조성물 90~95중량%에 혼합하여 제조되며, 상기 샴푸 조성물은 물과 계면활성제 혼합물에 보습제, 기포 촉진제, 점도 조절제, 유백제, 진주광택제, 착향제, 착색제, 보존제, 증점제, 단백질, 폴리머, 완충제, 용제를 포함하는 첨가제가 10:1의 비율로 첨가되어 이루어진 것을 특징으로 하는 허브를 함유하는 두피 보호제에 관한 것이다. — 특허등록 제638783호, 이** 외 2

환삼덩굴 새순

환삼덩굴 꽃

환삼덩굴 어린순

환삼덩굴 마른 열매

활나물

콩과 / *Crotalaria sessiliflora* L.

콩과의 한해살이풀로, 우리나라 전역의 산과 들에 자란다. 키는 20~40
㎝ 정도로 자라고, 곧은 줄기에는 털이 많이 나 있으며, 거의 가지를 치
지 않는다. 7~8월에 하늘색 또는 청보랏빛의 나비 모양의 꽃이 피고, 9
~10월에 열매가 익는다. 활나물은 줄기가 활 모양이어서 붙여진 이름
이라고 한다.

연한 순은 나물로 먹고, 전초를 자양강장제로 이용한다. 해독 · 항암
효과가 있어서 신선한 풀을 종기에 짓찧어 붙이며, 유방암 · 피부암에 신
선한 활나물을 짓찧어서 붙이기도 한다. 피부상피암 · 식도암 · 자궁경
부암에 약침 제제로 쓰인다.

활나물은 항암 작용을 하는 모노크로탈린monocrotaline을 비롯한 7가지
알칼로이드 성분이 있는데, 과용하면 모노크로탈린으로 인하여 전신성
출혈, 백혈구나 혈소판 감소 등의 부작용이 나타날 수 있다.

약명/이명 농길리農吉利 / 농기리, 야백합, 구령초, 불지갑, 람화야백합

생육 & 채취	
장 소	전국의 산과 들
시 기	이른봄(식용) 여름~가을(약용)
부 위	어린순(식용) 지상부(약용)
손질법	꽃이 피어 있을 때 전초를 베어 햇 볕에 말린다.

효용	
성 미	맛은 쓰고 담백하며 성질은 평하다.
활 용	항암, 해독 효능이 있다.

연구 & 특허
● 활나물 추출물을 함유하는 항암 또는 면역기 능 증진 활성에 유효한 건강보조식품 ● 항바이러스제 및 항암제 炸 p.1019 참고

고서古書 · 의서醫書에서 밝히는 효능

운곡본초학 지상부를 약용하는데 생약명은 농길리農吉利 또는 야백합野百合이라고 한다. 농길리는 항암抗癌, 해독解毒의 효능이 있고, 열림熱淋, 천해喘咳, 풍습비통風濕痺痛, 정창疔瘡, 절종癤腫, 독사교상毒蛇咬傷, 소아감적小兒疳積, 이질痍姪, 악성종류惡性腫瘤를 치료한다.

특허 · 논문

● 활나물 추출물을 함유하는 항암 또는 면역 기능 증진 활성에 유효한 건강보조식품 : 본 발명은 활나물 추출물, 그를 함유하는 기능성 식품 또는 대장암 예방용 및 치료용 조성물에 관한 것이다. 발명의 활나물 추출물은 활나물을 줄기, 잎, 뿌리, 씨로 분리한 후 할로겐화 탄화수소계 유기용매 및 $C_1{\sim}C_4$ 알코올의 혼합용매를 첨가하여 상온에서 3~5일 방치하고, 2~3회 반복 추출한 후 재결정법으로 분리 정제하여 제조되며, 상기 활나물 추출물이 항산화 활성과 더불어 항암 또는 면역 기능 증진 활성을 확인함으로써, 그를 유효성분으로 함유하는 기능성 식품 또는 대장암 예방용 및 치료용 조성물로 유용하게 활용할 수 있다. — 특허등록 제793262호, 호서대학교 산학협력단

● 항바이러스제 및 항암제 : 유효성분으로서 가열하지 않고 참깨를 압착 추출하여 얻은 불포화지방산과 활나물에서 온수 추출하여 얻은 알칼리의 불포화 지방산을 약 1 : 1 내지 5의 비율로 합성 추출물로 이루어진 항바이러스제 및 항암제로서 성인 T-세포 백혈병과 AIDS 바이러스 등의 레트로바이러스, 박테리아, 곰팡이 및 기타 미생물을 억제하여 항 박테리아작용, 항암작용, 보호작용을 지니는 부작용이 없는 항바이러스제, 항암제, 항박테리아제, 살균제, 살충제이다. — 특허공개 10-2001-0077472호, 손**

활나물 꽃

활나물 열매

활나물

활나물

활량나물

콩과 / *Lathyrus davidii Hance*

콩과의 여러해살이풀로, 우리나라 전역의 산기슭과 들에 자생한다. 키는 80~120㎝ 정도로 자라는데 약간 비스듬히 서며 줄기 전체에 털이 거의 없다. 6~8월에 흰색 꽃이 피어 황색이나 갈색으로 변하며 지고, 10월경에 꼬투리 열매가 익는다. 고산지대에서 발견되는 노랑갈퀴(*Vicia chosenensis Ohwi*)와 비슷하지만 활량나물은 줄기의 끝에 덩굴손이 있고, 노랑갈퀴는 덩굴손이 없다.

활량나물은 봄에 나오는 어린순은 식용하고, 뿌리는 지혈제, 꽃이 피는 줄기는 강장제 · 이뇨제로 약용해 왔다. 한방에서 씨앗을 '대산여두大山豌豆'라 하여 부인의 생리통을 다스리고 자궁내막염을 치료하는 약으로 쓴다. 약용 자원식물로서의 현대적인 연구는 거의 없다.

약명/이명 대산여두大山豌豆 / 강망결명, 강망향완두, 산강두

고서古書 · 의서醫書에서 밝히는 효능

운곡본초학 진통鎭痛의 효능이 있어서, 통경痛經, 월경부조月經不調를 치

생육 & 채취	
장 소	전국의 산과 들
시 기	봄(어린순) / 가을~봄(뿌리) 여름(잎, 줄기) / 가을(씨앗)
부 위	어린순(식용) 뿌리, 줄기, 잎, 씨앗(약용)
손질법	말려서 쓴다.

효용	
성 미	맛은 맵고 성질은 따뜻하다.
활 용	진통鎭痛, 통경痛經

연구 & 특허
● 활량나물의 화학적 구성 성분

료한다. 맛은 맵고 따뜻하다.

특허 · 논문

● 활량나물의 화학적 구성 성분 : 본 논문은 활량나물의 화학적 구성성분에 관한 것으로, 주요 내용은 활량나물(콩과) 전초의 메탄올 추출한 열세 가지 성분에 대한 연구를 중심으로 한다. 플라보노이드인 astragalin, isoquercitrin, nicotiflorin과 rutin, 사포닌인 soyasapogenol B 3-O-β-D-glucuronopyranoside, azukisaponins II 과 V, soyasaponins II 과 V 및 4-O-β-Dglucopyranosyl syringic acid, uracil과 n-hexacosanol을 확인하였다. 다섯가지 사포닌과4-O-β-D-glucopyranosyl syringic acid는 메틸에스터로서 부탄올 분획에서 분리하였다. 하지만 비메틸화된 부탄올 분획에 대한 고성능 액체 크로마토그래피로부터 ombuoside는 검출할 수 없었고, 그러므로 ombuoside는 rutin의 메틸화에 의한 인공물임을 알았다. 위 결과로부터 모든 성분들은 전초에서 첫회에 분리되었다. — 서울대학교 약학대학 천연물과학연구소 박수연 외 4, 생약학회지(2008. 12. 31)

활량나물 어린순

활량나물 꽃

활량나물 덩굴손

활량나물 열매

황근

아욱과 / *Hibiscus hamabo* Siebold & Zucc.

아욱과의 낙엽활엽관목으로, 우리나라와 일본이 원산지이며, 제주도 해안과 전라남도 일부 섬에 자생한다. '황근黃槿'이라는 이름은 '노란 무궁화'라는 뜻이며, 꽃말은 '보물주머니'이다.

키는 1m 내외이고, 나무껍질은 녹회색이며, 일년생 가지에는 별 모양의 회색 털이 빽빽하게 나 있다. 둥근 잎에는 뭉툭한 톱니가 있다. 7~8월에 노란색의 꽃이 피고 8~9월에 열매가 익는다. 나무껍질이 질겨서 밧줄이나 섬유를 만들어 썼다고 한다. 요즘에는 관상용으로 가꾼다.

멸종 위기 야생식물 2급으로 지정되어 있으며, 약용 자원식물로서의 연구는 많지 않다.

약명/이명 황근黃槿 / 갯아욱, 갯부용, 해마

특허 · 논문

● 꽃 추출물을 함유하는 SNARE 복합체 형성을 억제하기 위한 조성물
: 본 발명은 황근, 호랑버들, 오미자, 부들, 싸리, 애기부들, 큰꿩의 비

생육 & 채취	
장 소	제주도 해안가와 전라남도 섬
시 기	가을~봄
부 위	나무껍질
손질법	햇볕에 말린다.

효용	
성 미	맛은 달고 담담하며 성질은 약간 차다.
활 용	섬유를 만들어 썼으나 지금은 희귀 식물로 보호한다.

연구 & 특허
● 꽃 추출물을 함유하는 SNARE 복합체 형성을 억제하기 위한 조성물
● 5개 지역 황근 천연 개체군에서 잎의 항산화 수준과 씨앗 발아력의 차이에 관한 연구

름, 진달래, 쪽, 마가목, 감나무, 동백나무, 생강나무, 굴피나무, 딱지꽃, 밤나무, 말오줌때, 서어나무, 료양화, Negesvari, Raj. briksha, Dhayaro, 월계화 및 매괴화의 꽃 추출물에 관한 것이다. 본 발명에 따른 꽃 추출물은 SNARE 복합체의 형성을 저해하여 신경전달물질 배출을 조절하고, BoNT(Botulinum neurotoxin)보다 저렴하게 원료를 제공할 수 있으며, 천연 소재이므로 소비자에게 친숙한 접근이 가능하여 산업적으로 매우 유용하다. — 특허 등록 제901638호, 성균관대학교 산학협력단

● 5개 지역 황근 천연 개체군에서 잎의 항산화 수준과 씨앗 발아력의 차이에 관한 연구 : 본 연구는 제주도의 5개 지역 황근 천연 개체군에서 잎의 항산화 수준과 씨앗 발아력의 차이에 관한 연구로, 주요 내용으로는 다섯 개체군에서의 황근 잎의 항산화 능력 변화를 분석한 결과 잎에서는 신천의 개체군이 Na 농도가 가장 높게 나타났고, 하도와 오조가 가장 낮게 나타났다. 씨앗 발아에서는 평균적인 씨앗의 발아 시간이나 발아율이 균등하게 나타났다. 이를 통해 황근은 염분 스트레스에 노출되어 있으며, 씨앗 발아의 특징들은 다른 종에 비해 열등했다.

— 국립산림과학원 산림종자연구소 김찬수 외 2, 자원식물학회지(2008. 6)

황근 꽃봉오리

황근

황근

황근 열매

황벽나무

운향과 / *Phellodendron amurense* Rupr.

운향과의 낙엽교목으로, 깊은 산 1,300m 고지 이하의 비옥하고 그늘진 숲속에서 자란다. 키는 20m 정도이고 줄기가 비스듬히 굽어지며 속껍질이 노랗다. 6월경에 황록색 꽃이 피고, 8~10월에 둥근 열매가 검게 익는다. 어린순을 데쳐서 나물로 먹고, 노란 속껍질과 열매를 약으로 쓴다. 속껍질인 '황백黃柏'을 봄에 채취하여 햇볕에 말려서 더위 먹은 데, 당뇨, 황달, 소화불량, 치질, 고혈압, 간 질환, 입안 헌 데, 눈병, 습진, 아토피, 폐결핵, 기침 가래 등에 약으로 쓴다. 열매인 '황파라과黃派羅裸'는 가을에 채취하여 햇볕에 말려서 폐결핵, 기침 가래에 쓴다.

약명/이명 황백黃柏, 황파라과黃派羅裸 / 황경나무, 황경피나무

고서古書·의서醫書에서 밝히는 효능

동의보감 사화해독瀉火解毒, 자음강화滋陰降火, 청심제번淸心除煩, 청열조습淸熱燥濕의 효능이 있어서 대하帶下, 습진소양濕疹瘙痒, 유정遺精, 골증노열骨蒸勞熱, 습열사리濕熱瀉痢, 황달黃疸, 도한盜汗, 열림熱淋, 창양종독

생육 & 채취	
장 소	깊은 산지의 비옥하고 그늘진 숲속
시 기	봄(속껍질) 가을(열매)
부 위	어린순(식용) 열매, 속껍질(약용)
손질법	햇볕에 말린다.

효 용	
성 미	맛은 쓰고 성질은 차며 독이 없다.
활 용	폐결핵, 기침 가래, 당뇨, 소화불량 등에 쓴다.

연구 & 특허
● 항종양 활성, 간염 억제 활성 및 면역 증강 활성을 갖는 황백 추출물 ● 황벽나무속 식물의 추출물을 포함하는 알츠하이머형 치매 질환의 예방 및 치료용 조성물 外 p.1019 참고

瘡瘍腫毒, 위벽痿躄 등을 치료한다.

특허 · 논문

● **항종양 활성, 간염 억제 활성 및 면역 증강 활성을 갖는 황백 추출물** : 본 발명은 황백으로부터 분리한 추출물에 관한 것으로, 예향과에 속하는 황벽나무(*Phellodendron amurense* RUPR)와 황피수(*Phellodendron chinense* SCHNEID)의 수피를 건조한 약재인 황백으로부터 분리된 본 발명의 황백 추출물은 항종양 활성, 간염 억제 활성 및 면역 증강 활성을 가짐으로써 항종양제, 간기능 관련 치료제 및 면역 활성화제용 치료제로 유용하게 사용될 수 있다. — 특허등록 제315596호, 김**

● **황백 추출물을 포함하는 골절의 예방 및 치료용 조성물** : 본 발명은 황백(*Phellodendron amurensis*) 추출물을 함유하는 골절의 예방 및 치료를 위한 조성물에 관한 것으로, 본 발명의 황백 추출물은 조골세포의 증식 및 분화 촉진, 알칼리 포스파타제(ALP) 활성 촉진 및 혈관 내피세포 성장인자(VEGF) 분비 촉진 효과를 나타냄으로써 골절의 예방 및 치료에 유용한 약학 조성물 및 건강기능식품으로 이용될 수 있다. — 특허등록 제700480호, 경희대학교 산학협력단

● **황벽나무속 식물의 추출물을 포함하는 알츠하이머형 치매 질환의 예방 및 치료용 조성물** : 본 발명은 황벽나무속 식물의 추출물을 포함하는 치매 질환의 예방 및 치료용 조성물에 관한 것이다. 본 발명의 황벽나무속 식물의 추출물은 아세틸콜린에스테라제의 활성을 저해함으로써 아세틸콜린의 농도를 증가시켜, 이를 포함하는 조성물은 치매 특히, 아세틸콜린의 감소를 포함하는 콜린성 신경기능 퇴화로 인한 알츠하이머병의 예방 및 치료에 유용한 약제 및 건강기능식품으로서 이용할 수 있다. — 특허공개 10-2004-0083960호, 주식회사 유니젠

황벽나무 새순

황벽나무 열매

황벽나무 속껍질

황벽나무

황칠나무

두릅나무과 / *Dendro-panax Morbifera* Nakai

두릅나무과 상록활엽교목으로, 우리나라 서남 해안 및 도서 지역에 자생한다. 키는 15m 정도까지 자라는데 어린 가지는 녹색이고 광택이 있으며, 꽃은 6월경에 피고 열매가 검붉게 익는다. 수액인 황칠을 옻칠처럼 사용하는데, 색이 산화되면서 진해지고 변하지 않아 왕실용 도료로 쓰였다. '나무인삼'이라는 뜻의 학명처럼 황칠의 안식향은 약리 작용이 매우 다양하여 혈행 개선·항산화·간기능 개선·면역력 증강 등의 효능이 있다고 한다. 또한 황칠 추출물은 혈액 내의 총 콜레스테롤·트리글리세리드·저밀도콜레스테롤(LDL) 수치를 감소시키는 반면 고밀도콜레스테롤(HDL) 수치는 증가시켜 혈액을 맑게 한다고 알려졌다.

약명/이명 황칠黃漆 / 황칠목, 담배통나무(제주), 노란옻나무(북한)

고서古書·의서醫書에서 밝히는 효능

본초강목 역기를 다스리며 남성력 신장 및 부인병 치료에 효과적이며 아이들 경기, 피부 질환 치료에 효과가 있으며 우울증과 불면증을 치료한다.

생육 & 채취	
장 소	서남 해안 및 도서 지역
시 기	2~5월(줄기껍질) / 9~5월(뿌리) 10~11월(열매) / 5~6월(수지)
부 위	뿌리, 가지, 줄기껍질, 열매, 수지(황칠)
손질법	황칠은 채취와 정제법이 까다롭다. 함부로 나무를 손상시키지 않는다.

효용	
성 미	맛은 쓰고 성질은 따뜻하며 독이 없다.
활 용	혈행 개선, 항산화, 면역력 증진

연구 & 특허
● 황칠나무 및 비파엽으로 구성된 군으로부터 선택된 하나 이상의 생약 추출물을 유효성분으로 함유하는 퇴행성 뇌 질환 치료 및 예방용 조성물 外 p.1020 참고

● 황칠나무 및 비파엽으로 구성된 군으로부터 선택된 하나 이상의 생약 추출물을 유효성분으로 함유하는 퇴행성 뇌 질환 치료 및 예방용 조성물 : 본 발명은 뇌신경 세포 보호 및 뇌기능 개선 활성을 갖는 조성물에 관한 것으로, 상세하게는 황칠나무 및 비파엽으로 구성된 군으로부터 선택된 하나 이상의 생약 추출물을 유효성분으로 함유하는 퇴행성 뇌 질환의 치료 및 예방용 약학 조성물에 관한 것이다. — 특허등록 제107752호, 한국인스팜 주식회사

● 황칠나무 추출물을 포함하는 간 질환 치료용 약학 조성물 : 본 발명은 황칠 추출물을 포함하는 간 질환 치료용 또는 예방용 약학 조성물에 관한 것으로서, 보다 구체적으로는 지방간, 간염, 간경화 등과 같은 간 질환을 예방 및 치료할 수 있는 약학 조성물에 관한 것이다. 본 발명의 황칠나무의 가지 및 잎의 유기 용매 추출물을 포함하는 조성물은 천연물에서 유래한 것으로 부작용이 없으며 간암 세포를 현저하게 억제하므로 간암 치료제 및 관련 질환의 치료용 약학 조성물의 성분으로 이용할 수 있다. — 특허등록 제1194947호, 박**

● 황칠나무 추출물을 포함하는 남성 성기능 개선용 조성물 : 황칠나무 추출물 또는 황칠나무 분획물을 유효성분으로 포함하는 남성 성기능 개선용 조성물은 발기부전 개선 또는 예방 등을 위한 남성 성기능 개선용 기능성 식품 조성물과 발기부전, 조루, 지루 또는 음위증과 같은 남성 성질환의 치료 또는 예방을 위한 의약 조성물로 이용될 수 있다. — 특허등록 제1189108호, 재단법인 전라남도 생물산업진흥재단

● 황칠나무 추출물로부터 분리된 페놀성 화합물을 함유하는 피부 미백 조성물 : 본 발명은 황칠나무 추출물로부터 분리된 페놀성 화합물 및 이의 약학적으로 허용가능한 염을 유효성분으로 함유하는 피부 미백용 화장료 조성물 및 피부외용 약제 조성물을 제공하기 위한 것이다. — 특허공개 10-2-12-119227호, 경희대학교 산학협력단

황칠나무

황칠나무. 6년 이상의 수령에서 열매를 맺는다.

황칠나무. 잎 모양은 삼지창 형상이 기본이지만 타원형 잎도 있다.

회리바람꽃

미나리아재비과 / *Anemone reflexa* Steph. & Willd.

미나리아재비과의 여러해살이풀로, 강원도 이북 지방의 고산 지대 부엽질이 풍부한 반그늘에 자생한다. 충북 영동이나 경북 문경 등에서 발견되기도 한다.

키는 20~30㎝ 정도로 자라고, 한 잎자루에 세 장씩 구성된 잎이 붉은 갈색 줄기에 수평으로 세 장씩 달리는데 가장자리에는 톱니가 있다. 4~5월에 연노란색 또는 흰색 꽃이 꽃자루 끝에 한 송이씩 피는데, 더러 두세 송이씩 피는 것도 발견된다. 꽃잎이 뚜렷하게 보이는 다른 바람꽃들과는 달리 노란 방울이 무수히 모여 꽃을 이룬 것처럼 보인다. 6~7월경에 자잘한 씨앗이 많이 맺힌다. 바람꽃류의 식물들이 그렇듯이 씨앗이 바람에 날려서 번식한다. 회리바람꽃의 꽃말은 '비밀의 사랑', '덧없는 사랑', '사랑의 괴로움'이다.

주로 관상용으로 쓰이며, 약용식물로서의 현대적인 연구는 거의 없다. 한방에서는 회리바람꽃의 땅속 줄기를 '반악은련화근反萼銀蓮花根'이라 하여 위장의 소화력을 향상시키고 가래를 없애며 정신을 안정시키는 약

생육 & 채취	
장 소	강원도 이북 지역의 반그늘
시 기	가을
부 위	뿌리줄기
손질법	뿌리줄기를 손질하여 물에 씻어 햇볕에 말린다.

효 용	
성 미	독이 있다.
활 용	거담祛痰 작용, 위腸의 소화력을 높이고 정신을 안정시킨다.

연구 & 특허

재로 사용해 왔다. 유독성 식물이므로 함부로 쓰지 말아야 한다.

약명/이명 반악은련화근反萼銀蓮花根 / 회리바람

고서古書 · 의서醫書에서 밝히는 효능

운곡본초학 뿌리줄기를 약용하는데 생약명은 반악은련화근反萼銀蓮花根이다. 개규화담(開竅化痰 : 구규九竅를 열어 주고 담을 없애는 효능), 성비안신(腥脾安神 : 비脾의 효능을 활성화시키고 마음을 편안하게 하는 효능)의 효능이 있다.

회리바람꽃과 노루귀 꽃

회리바람꽃

회리바람꽃

회양목

회양목

회양목과 / *Buxus microphylla var. koreana Nakai*

회양목과의 상록관목으로, 석회암 지대에서 많이 발견된다. 우리나라에서는 평안남도 및 함경남도 이남의 전역에 분포한다. 키가 작은 관목이지만 때로는 7m 정도까지 자라기도 하는데, 잔가지를 많이 쳐서 더부룩하게 보인다. 3~4월에 연한 황색의 꽃이 암수 함께 피고, 9~10월에 타원형의 열매가 갈색으로 익는다.

"1년에 1치가 자라는데 윤년에는 줄어든다"라고 할 만큼 잘 자라지 않는데 나무가 단단하고 매끄러워 '도장나무'라 하여 도장을 만드는 데 사용되었고, 빗이나 젓가락 등 기타 생활용품을 만들었으며, 조선시대에는 호패도 회양목으로 만들었다. 골프공도 원래는 회양목으로 만든 나무공이었다고 한다. 회양목·긴잎회양목·섬회양목·좀회양목 등이 있다.

약명/이명 황양목黃楊木 / 회양나무, 도장나무, 고양나무

고서古書·의서醫書에서 밝히는 효능

유양잡조酉陽雜俎 세상에서 황양목을 중히 여기는 것은 불에 타지 않기

생육 & 채취	
장 소	전국 각지의 석회암지대
시 기	상시
부 위	뿌리, 씨앗
손질법	햇볕에 말린다.

효용	
성 미	맛은 쓰고 성질은 평하다.
활 용	진통, 진해, 거풍

연구 & 특허
● 장기 재배 시험에 의한 중금속 오염 토양의 식물 정화 外 p.1020 참고

때문이다. 물로 시험해 보아 가라앉는다면 타지 않는다. 대체로 이 나무를 취하려면 반드시 그늘에서 해야 하니, 별 하나 없는 그믐날 밤에 베어 내면 갈라지지 않는다.

특허 · 논문

● 장기 재배 시험에 의한 중금속 오염 토양의 식물 정화 : 중금속 오염 토양에 대한 식물학적 복원에 적합한 식물종 탐색을 위하여 수목류 5종, 화훼류 2종 및 잔디를 대상으로 제련소 인근 중금속 오염지 포장에서 3년간 재배하여 연차별로 식물중에 흡수된 중금속 함량을 조사하였다. 식물의 건물중은 양황철, 팽나무, 적단풍, 사철나무, 회양목 순이었고, 연차별 건물중의 증가도 팽나무, 양황철, 적단풍이 높게 나타났다. 식물의 중금속은 지하부가 지상부보다 높은 함량을 보였으며, 식물중 회양목은 뿌리에서 매우 높게 나타났다. 공시식물의 3년차 총 흡수량은 카드뮴이 양황철, 팽나무, 단풍나무, 구리가 팽나무, 양황철, 회양목, 납이 양황철, 팽나무, 단풍나무, 비소가 회양목, 단풍나무, 양황철 순으로 높게 나타났다. 이상의 결과에서 식물의 건물중과 중금속 흡수량을 볼 때 양황철, 회양목, 단풍나무 및 팽나무 등이 중금속으로 오염된 토양에 대한 정화 식물로 이용할 수 있을 것으로 생각되었다. — 농업과학기술원 환경생태과 정구복 외 3, 한국환경농학회지(2002)

회양목 꽃

회양목 열매

회양목 열매껍질

회향

산형과 / *Foeniculum vulgare* Mill.

'소회향'으로도 불리는 회향은 산형과의 한해살이풀 또는 두해살이풀로, 지중해가 원산지이며, 전국에서 약으로 심어 가꾸고 있다. 여성 질환에 많이 이용되며, 이뇨 효과가 있어서 '다이어트 허브'라고도 불린다. 회향은 위를 튼튼하게 하고 소화를 돕는 효과가 뛰어나며, 단맛이 나고 향기가 좋아 빵이나 과자 같은 데에 몇 개씩 넣으면 맛과 향이 훨씬 좋아진다. 유사종으로 개회향(*Ligusticum tachiroei* (Franch. & Sav.) M.Hiroe & Constance)이 있다.

대회향大茴香 즉, 팔각회향八角茴香은 붓순나무과의 팔각八角(Star anice)을 의미하며, 조류독감 치료제인 타미플루의 원료이기도 하다. 제주도 등 남해안 섬 지방에는 같은 붓순나무과의 제주방언으로 '팔각낭'이라고도 하는 붓순나무가 있으나 붓순나무 열매는 독성이 있어서 식용하지 않는다. 회향과 대회향의 공통되는 생리활성 성분은 아네톨Anethole이며, 모두 방향성 건위제 또는 소스 등의 향료로 이용된다.

약명/이명　회향茴香 / 소회향

생육 & 채취	
장 소	전국에서 재배한다.
시 기	가을
부 위	열매
손질법	햇볕에 말린다.

효용	
성 미	맛은 맵고 성질은 따뜻하다.
활 용	식품 향료, 신장 방광 기능 개선, 부인과 질환 치료

연구 & 특허
● 회향근 추출물을 유효성분으로 포함하는 염증성 질환 치료 및 예방용 조성물 ● 회향 추출물을 함유하는 충치 예방용 구강 조성물 및 항균용 조성물 外 p.1020 참고

고서古書 · 의서醫書에서 밝히는 효능

동의보감 성질은 평平하고 맛은 매우며[辛] 독이 없다. 음식을 잘 먹게 하며 소화를 잘 시키고 곽란과 메스껍고 뱃속이 편안치 못한 것을 낫게 한다. 신로腎勞와 퇴산㿉疝, 방광이 아픈 것, 음부가 아픈 것을 낫게 한다. 또 중초中焦를 고르게 하고 위胃를 덥게[煖] 한다.

특허 정보

● 회향근 추출물을 유효성분으로 포함하는 염증성 질환 치료 및 예방용 조성물 : 본 회향근(*Foeniculum vulgar*) 추출물을 유효성분으로 포함하는 것을 특징으로 하는 염증성 질환 치료 및 예방용 조성물에 관한 것으로, 더욱 상세하게는 회향근 추출물 중 카페인(Caffeine)의 함량이 일정 범위로 포함되도록 규격화 및 표준화시키고, 제제화하여, 진통 억제, 급성 염증 억제 및 급성 부종 억제 등의 염증성 변화에 의하여 나타나는 제증상의 억제 효과가 우수하게 발현되어 관절염 등의 염증성 변화에 의한 질환 치료 및 예방에 유용한 약제로 사용할 수 있는 회향근 추출물에 관한 것이다. — 특허등록 제1119410호, 신도산업 주식회사, 한국폴리텍특성화대학 산학협력단

● 회향 추출물을 함유하는 충치 예방용 구강 조성물 및 항균용 조성물 : 본 발명은 회향 추출물을 유효성분으로 함유하는 충치 예방용 구강 조성물 및 항균용 조성물에 관한 것이다. 본 발명의 회향 추출물은 충치의 원인 물질인 글루코실트랜스퍼라아제의 저해 활성이 있고 충치 유발균인 스트렙토코커스 뮤탄스(*Streptococcus mutans*) 대하여 항균 활성이 매우 높을 뿐만 아니라, 부작용이 없고 고온에서도 안정하여 넓은 범위의 온도에서도 가공 처리가 가능한 충치 예방용 구강 조성물 및 항균용 조성물에 이용될 수 있다. — 특허등록 제1017447호, 강원대학교 산학협력단 외 1

회향

회향 꽃

회향 열매

회화나무

콩과 / *Sophora japonic* L.

콩과의 낙엽활엽교목으로, 햇볕이 잘 드는 곳을 좋아하며 추위나 병충해에도 잘 견딘다. 키는 25m까지 자란다. 8월경 황백색의 꽃이 피고, 10월경 꼬투리 모양의 열매가 노란색으로 익는다. '괴목槐木'이라고도 하는데, 영문명으로 'Chinese Scholar Tree', 즉 '중국학자나무'란 뜻이다. 나무 모양이 둥글고 온화하여 중국에서는 선비가 사는 집에 학자수學者樹로 심었다고 하며, 우리나라도 집 안에 회화나무를 심으면 학자나 큰 인물이 난다고 하여 귀하게 여겼다고 전해진다. 실제로 향교나 궁궐, 사찰 경내에서 오래된 나무를 볼 수 있으며, 민간에서는 꽃을 달여 낸 노란색 물로 괴황지를 만들어 부적을 만들기도 하였다.

회화나무의 어린 가지는 녹색으로 흰 가루가 덮여 있고, 자르면 냄새가 나는데, 가지를 달인 증기로 치질, 치루 등에 훈증요법으로 치료한다. 나무 전체를 약용하는데, 회화나무 꽃의 생약명은 '괴화槐花', 열매는 '괴각槐角', 가지는 '괴지槐枝', 뿌리껍질은 '괴백피槐白皮', 수지는 '괴교槐膠', 회화나무에서 발생하는 목이는 '괴아槐蛾'라 하여 각각 약용한다. 수

생육 & 채취	
장 소	햇볕이 잘 드는 곳
시 기	꽃이 피기 전 가을(열매 · 뿌리껍질 · 껍질)
부 위	꽃봉오리, 열매, 가지, 뿌리껍질, 수지, 목이
손질법	햇볕에 말린다.

효 용	
성 미	괴화 : 맛은 쓰고 성질은 약간 차다.
활 용	동맥경화, 고혈압, 장출혈, 자궁출혈, 치루, 잇몸염증, 부스럼, 화상 등

연구 & 특허
● 괴각 추출물을 포함하는 암의 예방 및 치료용 조성물 ● 폐경기 질환의 치료 또는 예방, 피부 노화 방지, 또는 피부 주름 개선용 회화나무 추출물 外 p.1020 참고

목 전체에서 루틴rutin을 추출하여 의약품을 만드는데, 혈관 보강약, 모세관성 지혈액으로 쓰며, 고혈압·뇌일혈·혈압이상항진증·출혈증 등에 치료 예방약으로 쓴다. 회화나무 꽃으로 만든 괴화차는 중국 사람들이 특히 좋아한다고 한다.

약명/이명 괴목槐木, 괴화槐花, 괴각槐角, 괴지槐枝, 괴백피槐白皮, 괴교槐膠 / 홰나무, 괴화나무, 회나무

고서古書·의서醫書에서 밝히는 효능

동의보감 회화나무 꽃은 다섯 가지 치질, 가슴앓이를 치료하고 뱃속에 있는 벌레를 죽이고 열을 내린다고 적었다. 적백이질·장풍腸風·하혈도 치료하는데, 약간 볶아서 쓴다. 회화나무 잎은 어린이 경기, 열이 날 때, 옴, 버짐 등을 치료할 때 물에 달여서 쓴다.

특허·논문

● **괴각 추출물을 포함하는 암의 예방 및 치료용 조성물** : 본 발명은 괴각 추출물을 포함하는 암의 예방 및 치료용 조성물에 관한 것이다. 보다 구체적으로, 본 발명은 괴각 추출물을 유효성분으로 함유하는 암의 예방 또는 치료용 약학적 조성물 및 식품 조성물에 관한 것이다. 본 발명에 따른 괴각 추출물은 산화질소의 생성 및 COX-2 효소 활성을 억제하여 암을 예방하는 효과가 있으며, 암세포의 증식을 억제하여 암을 치료하는 효과가 있다. ― 특허등록 제539456호,주식회사 엔알디

● **폐경기 질환의 치료 또는 예방, 피부 노화 방지, 또는 피부 주름 개선용 회화나무 추출물** : 본 발명은 에스트로겐 분비를 촉진하고, 콜라게네이즈 활성을 저해하는 회화나무 추출물을 유효성분으로 포함하는 조성물에 관한 것으로서, 보다 상세하게는 회화나무 추출물을 유효성분으로 포함하고, 에스트로겐 분비를 촉진하여 폐경기 질환을 치료 또는 예방하는 조성물, 회화나무 추출물을 유효성분으로 포함하고, 콜라게네이즈 활성을 저해하는 피부 노화 방지용 화장료 조성물, 및 회

회화나무 새순

회화나무 꽃

회화나무 꽃

회화나무 열매

화나무 추출물을 유효성분으로 포함하고, 콜라게네이즈 활성을 저해하는 주름 개선용 화장료 조성물에 관한 것이다. 본 발명의 회화나무 추출물을 유효성분으로 포함하는 조성물은 에스트로겐 분비를 촉진하여, 종래의 호르몬 대체 요법에 사용되는 에스트로겐 대체제 중 에스트라디올보다 효과가 뛰어나며, 동시에 콜라게네이즈 활성을 저해하여, 폐경기 질환을 치료 또는 예방할 수 있음과 동시에, 피부 노화 방지 또는 피부 주름 개선용으로도 사용될 수 있다. 따라서, 본 발명의 회화나무 추출물은 에스트로겐의 분비가 부족한 폐경기 이후 여성들의 다양한 증상에 적용할 수 있으며, 동시에 피부 개선 효과도 나타나 폐경기 이후 증상의 개선, 예방, 또는 치료에 널리 사용될 수 있다. — 특허공개 10-2011-0004603호. 주식회사 노바셀테크놀로지 & 주식회사 와이즈덤레버러토리

● 신규 플라본 유도체를 포함하는 아토피성 피부염 질환의 치료 및 예방용 조성물 : 본 발명은 회화나무에서 분리된 염증억제 활성이 있다고 알려진 아이소플라본(isoflavone) 계열의 소포리코사이드(Sophoricoside) 유도체 화합물 및 이의 용도에 관한 것으로서, 플라본 계열의(flavone) 화합물들을 합성하여 이들이 아토피성 피부염증 반응을 유도하는 MCP-1, IL-6 및 IL-8을 효과적으로 억제함을 확인함으로써, 이를 포함하는 조성물을 아토피성 피부염 질환의 예방 및 치료를 위한 약학 조성물 및 건강기능식품으로 유용하게 이용될 수 있다. — 특허등록 제1140885호. 대전대학교 산학협력단

● 회화나무 추출물을 유효성분으로 포함하는 백반증 또는 백모 개선용 조성물 : 본 발명은 회화나무 추출물을 유효성분으로 포함하는 백반증 또는 백모 치료용 조성물에 관한 것이다. 본 발명의 회화나무 추출물은 세포 내 멜라닌 색소 합성의 핵심 효소인 티로시나아제의 활성을 증가시킴과 동시에 티로시나아제와 TRP-2의 mRNA 발현을 촉진함으로써, 멜라닌 합성을 증진시킨다. 또한, 본 발명의 회화나무 추출물은 천연소재로서 세포에 대한

독성도 거의 없어, 피부와 모발의 색소저침착증인 백반증 및 백모 치료제로 개발될 가능성이 매우 크다. ― 특허공개 10-2012-0068148호, 계명대학교 산학협력단

● 회화나무 유래 줄기세포를 포함하는 탈모 예방 또는 개선용 화장료 조성물 : 본 발명은 회화나무 유래 줄기세포를 포함하는 발모 촉진 조성물에 관한 것이다. 보다 구체적으로, 본 발명은 회화나무 유래 줄기세포가 탈모 유발 호르몬인 디하이드로테스토스테론의 생성을 촉진하는 5알파 리덕타아제(5-alpha-reductase)를 저해하는 효과가 있어 탈모 예방 및 개선용 화장료 조성물로 사용될 수 있음에 관한 것이다. ― 특허등록 제1080297호, 주식회사 에스테론

● 회화나무꽃 추출물의 누룩 발효물을 함유하는 여드름 개선용 조성물 : 본 발명은 여드름 피부용 화장료 조성물에 관한 것으로, 보다 상세하게는 회화나무꽃 추출물을 누룩 발효시켜 제조한 발효물을 함유하여 여드름 증상을 악화시키는 주 원인균인 프로피오니박테리움 아크네(Propionibacterium acnes)의 생육을 억제하는 우수한 여드름 치료 및 예방효과를 갖는 여드름 피부용 화장료 조성물에 관한 것이다. ― 특허등록 제1202367호, 주식회사 콧데

● 천연물로부터 분리된 이소플라본 함유 추출물을 포함하는 식품 조성물 : 본 발명은 회화나무의 괴각, 괴화, 괴엽 및 괴백피로 이루어진 군으로부터 선택된 하나 이상의 회화나무 추출 부위로부터 분리된 이소플라본 함유 추출물을 유효성분으로서 포함하는 건강보조식품에 관한 것이며, 상기 건강보조식품은 섭취 시 갱년기 증상, 예컨대 안면홍조, 가슴 두근거림, 불안감, 우울증, 식욕부진, 신경과민, 질 건조감 및 성교통을 개선시킬 뿐만 아니라, 갱년기 여성에게서 빈번히 나타나는 유방암, 자궁암 등의 암에 대해서도 효능을 갖는다. ― 특허공개 10-2004-0038481호, 주식회사 엔알디

회화나무 새순

회화나무 가지

회화나무 씨앗

후박나무

녹나무과 / *Machilus thunbergii* Siebold & Zucc.

녹나무과의 상록활엽교목으로, 우리나라 울릉도와 남부 지방 바닷가 산기슭에서 자란다. 키는 20m, 지름이 1m에 이르는 것도 있다. 5~6월에 황록색 꽃이 피고, 다음해 7~9월에 둥근 열매가 흑자색으로 익는다. 후박 꽃봉오리를 '후박화厚朴花', 열매를 '후박자厚朴子', 껍질을 '후박피厚朴皮'라 하여 모두 약용하며, 껍질은 염료, 목재는 가구재 및 선박재로 이용한다. 현대적인 성분 연구에서도 항균 효과가 뛰어나고 다양한 기능성 성분이 들어 있는 것으로 밝혀졌다.

후박은, 목련과(*Magnoliaceae*)에 속하는 중국산 후박(*Magnolia officinalis* Rehd. et Wils., Magnolia officinalis var. biloba)과 역시 목련과에 속하는 낙엽교목인 일본산 후박(*Magnolia obovata*), 그리고 녹나무과(*Lauraceae*)에 속하는 상록교목인 한국산 후박(*Machilus thunbergii* var. *obovata*)이 있으며, 이것은 각각 산지에 따라 후박 또는 후박의 대용품으로 사용되고 있다(참조 : Lee S. R. et al., Kor. J. Pharmacogn.,17, p199, 1986).

약명/이명 후박厚朴, 홍남피紅楠皮 / 왕후박나무

생육 & 채취	
장 소	울릉도, 남부 지역의 바닷가 산기슭
시 기	여름
부 위	나무껍질, 열매
손질법	줄기와 가지의 껍질을 벗겨 햇볕에 말린다.

효 용	
성 미	맛은 맵고 쓰며 성질은 따뜻하다.
활 용	곽란·구토·설사 등의 치료에 쓰인다.

연구 & 특허
● 후박나무로부터 세포사멸 유도작용을 갖는 화합물을 분리하는 방법 와 p.1021 참고

약초의 성분과 이용(북한) 동의치료에서 건위, 소화, 수렴, 오줌내기, 가래삭임약으로 가슴과 배가 불룩하고 아프며 기가 오를 때, 기침, 설사, 위장병에 쓴다. 민간에서는 꽃, 잎, 열매를 아픔멎이약, 건위소화약, 벌레떼기약, 오줌내기약, 열내림약으로 쓴다.

특허 · 논문

● **후박나무로부터 세포사멸 유도 작용을 갖는 화합물을 분리하는 방법** : 본 발명은 세포사멸(apoptosis) 유도 작용을 갖는 후박나무 추출물에 관한 것으로서, 더욱 상세하게는 후박나무 추출물로부터 세포사멸 활성을 나타내고, 또한 독성이 적어 염증세포들의 이상 증가와 활성화에 의해 야기되는 면역계 질환을 포함하는 다양한 난치성 및 만성질환의 치료제 및 식품첨가제로 유용하게 사용될 수 있는 리그난과 락톤 화합물을 분리하고, 이를 함유하는 의약물 및 식품첨가제 및 후박나무로부터 유효성분을 분리하는 방법에 관한 것이다. ─ 특허등록 제542323호, 한국생명공학연구원

● **후박 추출물 또는 이로부터 분리된 4-O-메틸호노키올을 유효성분으로 함유하는 항염, 항알러지 및 주름 개선용 조성물** : 본 발명은 후박(*Magnolia officinalis* Rehd. et Wils.) 추출물 또는 이로부터 분리된 화합물을 유효성분으로 함유하는 항염, 항알러지 및 주름 개선 효과를 갖는 조성물에 관한 것으로, 상세하게는 본 발명의 후박 추출물 및 이로부터 분리된 4-O-메틸호노키올(4-O-methylhonokiol)은 iNOS 활성 저해 효과, iNOS, COX2 유전자 발현 저해 효과, PGE2, IL-6, IL-8 생성억제 효과, 항히스타민 활성 증진, 엘라스타제 저해 효과 및 MMP-1 발현 저해 효과를 나타내므로 항염, 항알러지 및 주름 개선용 피부외용 약학 조성물 및 화장료 조성물로 유용하게 이용될 수 있다. ─ 특허등록 제1116852호, 주식회사 바이오랜드

후박나무

후박나무

후박나무

후박나무

후피향나무

차나무과 / *Ternstroemia gymnanthera* (Wight & Arn.) Sprague

차나무과의 상록활엽교목으로, 우리나라에는 제주도 및 남해안 일부 섬 지방에만 자라며, 난대 수종으로서 추위에 약하다. 키는 7m까지 자라고, 나무껍질은 붉은갈색이며 일년생 가지는 녹갈색이며 털이 없다. 봄에 새순이 붉은색으로 나서 녹색으로 변하는데, 녹색 잎은 생장 기간 내내 윤기가 흐른다. 7월에 황백색 꽃이 피고, 10월에 염주알처럼 생긴 열매가 빨갛게 익는데, 껍질이 불규칙하게 갈라지면서 붉은색 씨앗이 나온다.

관상용으로 개발된 품종이 많으며, 잎과 나무 형태가 아름다워 정원에 많이 심으므로 '정원수의 왕자'라는 별명이 있다.

약명/이명 후피향厚皮香 / 목향, 묵향

특허 · 논문

● 후피향나무 잎으로부터 분리된 신규 화합물 및 이를 이용한 항산화제

: 본 발명은 항산화 활성을 지닌 신규 화합물 및 이의 용도에 관한 것으

생육 & 채취	
장 소	제주도, 남해 일부 도서 지역
시 기	여름(잎) 가을(열매)
부 위	잎. 열매
손질법	햇볕에 말린다.

효용	
성 미	맛은 쓰고 성질은 시원하다.
활 용	

연구 & 특허
● 후피향나무 잎으로부터 분리된 신규 화합물 및 이를 이용한 항산화제 ● 후피향나무 과실의 항산화 활성 성분 外 p.1021 참고

로, 보다 상세하게는 후피향나무 잎의 부탄올 추출물로부터 분리된 신규 화합물들이 뛰어난 항산화 활성을 나타내므로 당뇨병, 비만, 암, 동맥경화, 류마티스 및 고혈압으로 이루어지는 군으로부터 선택된 노화 관련 질환 치료에 매우 유용할 뿐만 아니라, 피부 미백제로도 유용하게 사용될 수 있다는 것이다. — 특허등록 제736456호, 주식회사 케이피아이

● 후피향나무 과실의 항산화 활성성분 : 열매가 무독하고 일본에서는 심통(心痛), 풍비(風痺) 등에 이용되는 후피향나무의 열매에 사포닌이 다량 함유되어 있으며, 이 사포닌 성분은 peroxynitrite(ONOO)를 제거하는 항산화 활성을 가지는 사실을 발견하였으므로 천연물로부터 생리활성 물질을 검색하는 연구의 일환으로 후피향나무 열매의 성분을 연구하여 신물질의 구조 등을 규명한 논문이다. — 부산대학교 신명희 박사학위논문(2001)

● 후피향나무 생과의 Jacaranone와 관련 화합물과 그 항산화 작용 : 본 논문은 후피향나무(*Ternstroemia japonica*) 생과의 Jacaranone와 관련 화합물과 그 항산화 작용을 연구한 논문으로 주요 내용으로는 후피향나무 생과로부터 3가지 트라이터펜 (4-6)과 함께 Jacaranone와 관련 화합물(1-3)을 분리하였다. 화합물은 jacaranone (1), 3-hydroxy-2,3-dihydrojacaranone (2), 3-methoxy-2,3-dihydrojacaranone (3), 3-O-acetyloleanolic acid (4), 3-O-acetylursolic acid (5) 및 ursolic acid (6)로 동정되었다. Jacaranone과 그 유도체는 차나무과로부터 최초로 분리되었다. 분리된 화합물 중 화합물 3은 신화합물이다. Jacaranone (1)은 1, 1-diphenyl-2-picryl-hydrazyl(DPPH) 라디칼에 대해 약한 항산화 효과를 보였다는 내용이다. — 부산대학교 약학대학 조영미 4, 약학회지(2005. 8)

후피향나무 새순

후피향나무 꽃

후피향나무

후피향나무

흑삼릉

흑삼릉과 / *Sparganium erectum* L.

흑삼릉과의 여러해살이풀로, 우리나라 중부 이남의 연못이나 도랑가에 자생한다. 키는 1m 정도로 자라고, 뿌리줄기가 옆으로 뻗으면서 군데군데에서 줄기가 나온다. 6~8월에 흰색의 꽃이 피고, 9월경에 달걀 모양의 열매가 익는다.

한방에서 덩이뿌리를 '삼릉三棱'이라 하여 약용한다. 잎에 3개의 모서리가 있어서 '삼릉'이라는 이름이 붙었으며, '매자기'라고도 한다. 유사종으로 남흑삼릉·좁은잎흑삼릉·긴흑삼릉이 있다.

약명/이명 삼릉三棱 / 흑삼능, 호흑삼능, 매자기

고서古書 · 의서醫書에서 밝히는 효능

동의보감 징가(癥瘕 : 자궁근종)와 덩이진 것을 헤치고 부인의 혈적血積을 낮게 하며 유산을 시키고 월경을 잘하게 하며 궂은 피[惡血]를 삭게[消] 한다. 몸푼 뒤의 혈훈血暈, 복통과 궂은 피가 내려가지 않는 데 쓰며 다쳐서 생긴 어혈을 삭게 한다.

생육 & 채취	
장 소	연못. 도랑가
시 기	상강霜降 이후
부 위	덩이뿌리
손질법	뿌리를 캐 겉껍질과 잔뿌리를 제거한 뒤 불기운에 말린다.

효 용	
성 미	맛은 쓰고 성질은 평하다.
활 용	부인과 질환에 쓴다.

연구 & 특허
● 삼릉 추출물을 함유하는 피부 외용제 조성물 ● 간 섬유화의 예방 또는 치료를 위한 혼합 생약추출물 및 이를 포함하는 약학적 조성물 外 p.1021 참고

● **삼릉 추출물을 함유하는 피부 외용제 조성물** : 본 발명의 상기 삼릉 추출물을 함유하는 피부 외용제 조성물은 피부 자극이 없으면서 티로시나제 활성을 억제시키고, 멜라닌 생성을 저해하며, 보습 효과가 우수하고, 엘라스틴 및 콜라겐 생성을 촉진하는 효과가 있어, 피부 미백, 보습, 노화 방지 및 탄력 증진에 뛰어난 효과를 나타낸다. 따라서, 본 발명의 상기 피부 외용제 조성물은 피부 미백용, 보습용, 노화 방지용 및 탄력 증진용으로서, 화장료 조성물 또는 약학 조성물로 사용할 수 있다. — 특허등록 제1103958호, 주식회사 아모레퍼시픽

● **간 섬유화의 예방 또는 치료를 위한 혼합 생약추출물 및 이를 포함하는 약학적 조성물** : 본 발명은 인진(茵蔯), 창출(蒼朮), 후박(厚朴), 진피(陳皮), 저령(猪苓), 택사(澤瀉), 백출(白朮), 복령(茯苓), 나복자(蘿葍子), 생강(生薑), 반하(半夏), 대복피(大腹皮), 삼릉(三稜), 봉출(蓬朮), 청피(靑皮) 및 감초(甘草)를 포함하는 혼합 생약재로부터 열탕 추출한 간 섬유화 억제 추출물 및 이를 포함하는 약학적 조성물에 관한 것이다. 본 발명의 생약 추출물은 간 기능 회복, 간 조직의 섬유화 억제 작용 및 염증 억제 작용에 효과가 있어, 궁극적으로 간 섬유화 및 간경화의 예방 및 치료에 안전한 약제 및 건강식품으로 유용하게 이용될 수 있다. — 특허등록 제626724호, 서울향료 주식회사 외 1

● **복합생약을 함유한 생리통 및 월경불순 예방 및 치료용 조성물** : 본 발명은 향부자, 당귀, 봉출, 목단피, 애엽, 오약, 천궁, 현호색, 삼릉, 시호, 홍화, 오매의 복합 추출물을 함유한 생리통 예방 및 치료용 조성물에 관한 것이다. 하복과 자궁의 혈류량 감소와 자궁근 무력화로 인해 발생되는 생리통, 월경불순에 효과적이며, 동일한 원인으로 발생하는 변비, 피부질환, 수족냉증 및 요통의 치료에도 사용할 수 있다. — 특허공개 10-2005-0004950호, 주식회사 휴메딕스

흑삼릉 어린순

흑삼릉 수꽃

흑삼릉 꽃

흑삼릉 열매

히어리

조록나무과 / *Corylopsis gotoana var. coreana* (Uyeki) T.Yamaz.

조록나무과의 낙엽활엽관목으로, 지리산에서부터 강원도 백운산 일대까지 자생한다. 우리나라 특산 식물로, 키는 2~4m 정도이고, 새 가지는 황갈색 또는 암갈색이다. 4~5월경 황록색의 꽃이 피고, 9월경에 둥근 열매가 검게 익는다. '송광납판화松廣蠟瓣花'라고도 하는데 송광사松廣寺 일대에서 발견된 것으로 꽃잎이 밀납 같다는 뜻이다. 예전에는 히어리를 '시오리나무'라고 하였다. 순천에 이 나무가 많은데, '십오리十五里'마다 심어서 거리를 표시했기에 '시오리'가 되었다는 말이 있다. 이른 봄에 피는 이삭 모양의 노란 꽃과 가을의 황금색 단풍은 관상적 가치가 크다.

약명/이명 송광납판화松廣蠟瓣花 / 조선납판화, 송광꽃나무, 시오리나무

생육 & 채취	
장 소	지리산~강원도 백운산 산기슭 반그늘
시 기	여름~가을
부 위	뿌리
손질법	햇볕에 말린다.

효용	
성 미	맛은 쓰고 성질은 서늘하다.
활 용	청열淸熱, 제번除煩 효과, 오한발열惡寒發熱, 번란혼미煩亂昏迷에 약용

특허 · 논문

● 히어리 추출물을 유효성분으로 함유하는 화장료 조성물 : 본 발명은 항산화 효과, 피부 노화 방지 효과, 피부 주름 개선 효과, 미백 효과, 자외선에 의한 피부 자극 완화 효과 및 보습 효과를 갖는 히어리 추출물을 유효

연구 & 특허
● 히어리 추출물을 유효성분으로 함유하는 화장료 조성물 ● 경제적 자원식물의 항산화 가능성 및 효소활성에 대한 평가 外 p.1021 참고

성분으로 함유하는 화장료 조성물 및 상기 화장료 조성물을 피부에 도포하는 것을 특징으로 하는 화장 방법에 관한 것이다. 본 발명에 의하면 히어리 추출물은 피부 내에서 일어나는 산화 현상을 억제해 주며, 피부세포 활성 효과, 피부 잔주름 개선 효과, 미백 효과, 자외선에 의한 피부 손상 완화 효과 및 자극 완화 효과 등의 다양한 효과를 가지고 있어 이 물질을 이용하여 각종 기능성 화장료를 제조할 수 있다. — 특허등록 제891387호, 주식회사 코리아나화장품

● 경제적 자원식물의 항산화 가능성 및 효소활성에 대한 평가 : 본 논문은 경제적 자원식물의 항산화 가능성 및 효소활성에 대한 평가에 관한 연구로서 주요 내용은 다음과 같다. 함초 · 히어리 · 얼레지 · 갈대 · 여주 · 연 · 배암차즈기 · 쇠비름 · 무화과 · 유자 · 산수유의 항산화 가능성과 효소활성을 알아보았다. DPPH 라디칼 소거와 아질산염 소거 활성을 이용해 항산화 활성을 측정하였고, superoxide dismutase (SOD), catalase (CAT), peroxidase(POD)와 ascorbate peroxidase (APX)를 평가하여 효소활성을 조사하였다. 100~2,500mgL-1 농도의 DPPH 소거율은 히어리꽃에서 가장 높았으나, 100mgL-1 이하 농도에서 시료의 대부분에서는 측정되지 않았다. 자원식물의 종류별 아질산염 소거 활성은 히어리의 줄기와 연잎에서 유의하게 더 높았다. 얼레지 뿌리 추출물은 94.0%로 가장 높은 SOD 효소활성을 가졌으나, 배암차즈기의 잎은 30.4%로 가장 낮은 SOD 효소활성을 보였다. CAT와 APX의 활성은 다른 식물에 비해 히어리 줄기, 얼레지 뿌리와 갈대 뿌리에서 더 높은 값을 보였다. POD의 활성은 히어리 줄기, 여주 및 유자 과피 추출물에서 유의하게 높은 값을 나타냈다. 항산화효소활성은 식물에 따라 유의하게 다르게 나타났다. 결론적으로, 히어리 · 얼레지 · 산수유와 여주는 강한 생리활성을 가졌으며 항산화 활성을 보이는 식물자원은 기능성건강식품의 공급원 개발에 좋은 재료가 될 수 있다는 내용이다.
— 조선대학교 부희옥 외 6, 자원식물학회지(2012. 6. 30.)

히어리

히어리

히어리

가래나무

특허

- 가래나무의 특이성분으로 알려져 있는 PGG을 유효성분으로 염증 유도 관련 분자 TNF−α, IFN−γ, TNF−α+IFN−γ and TPA에 의한 피부 염증 질환 치료용 조성물, 특허공개 10-2011-0078941호, 한림대학교 산학협력단
- 1,2,6-트리갈로일글루코사이드 또는 1,2,3,6-테트라갈로일글루코사이드를 함유하는 알러지성 질환 치료제, 특허공개 10-2002-0085116호, 한국생명공학연구원
- 가래나무 근피 추출물을 포함하는 항암제, 특허공개 10-1997-0005300호, 김** 외 2

논문

- 원적외선 조사에 따른 가래나무 잎의 항산화 활성 변화, 엄선현 외 6, 한국약용작물학회지(2007. 8)
- 사람 전골수구성백혈구 HL-60 세포에서 가래나무로부터 가로일글루코스의 세포 사멸-유도 작용, 민병선 외 6, Natural product sciences(2004)
- 가래나무(Juglans mandshurica)에서 분리된 성분의 DNA 토포이소머라아제 I 과 II 억제 활성, Li Gao 외 8, Archives of Pharmacal Research(2003)
- 가래나무(Juglans mandshurica)의 구성성분의 항-인간면역결핍바이러스-타입 1 작용, 민병선 외 7, Archives of Pharmacal Research(2002)
- 쥐에서 가래나무(Juglans mandshurica)의 미숙과 추출물의 위 보호 작용, 이은방 외 7, Natural product sciences(2001)
- 가래나무(Juglans mandshurica) 뿌리로부터 새로운 Tetralone Glucoside의 동정과 구조 분석, 대한약학회 송종근, Archives of Pharmacal Research(1995)

가막사리

특허

- 야생 잡초를 이용한 천연직물의 천연염색 방법, 특허등록 제979059호, 영천시

논문

- 국내 자생 식물의 항산화 및 항미생물 활성 탐색, 순천대학교 임요섭 외 5, 한국약용작물학회지(2000. 12. 31)

가막살나무

특허

- 스코폴린 및 그의 유도체의 신규 용도, 특허등록 제981350호, 연세대학교 산학협력단
- 식물 추출물을 포함하는 비만세포의 과립 분비 억제용 조성물, 특허공개 10-2012-0003317호, 성균관대학교 산학협력단, 포휴먼텍 주식회사
- 항염증성 조성물, 특허공개 10-2011-0036317호, 재단법인 제주테크노파크

각시취

논문

- 각시취 지상부에서 얻은 Lignan과 Terpene 성분, 성균관대학교 약학대학 양민철 외 4, 약학회지(2007. 9)
- 각시취(Saussurea pulchella fisch.)의 페놀성 및 테르페노이드 성분 연구, 성균관대학교 양민철 박사학위 논문(2007)

갈대

특허

- 전자파 노출에 의한 중추신경의 변화를 억제하는 노근 추출물, 특허등록 제1203194호, 주식회사 솔빛피앤에프, 주식회사 제노레버코리아
- 황금, 갈대뿌리 및 왕대를 포함하는 한방 음료, 특허등록 931879호, 지** 외 1
- 노근으로부터 분리한 페놀성 화합물을 유효성분으로 함유하는 피부 미백용 화장료 조성물, 특허등록 제907685호, 중앙대학교 산학협력단, 게놈앤메디신 주식회사
- 노근 추출물을 유효성분으로 포함하는 피부 보습용, 피부염 또는 아토피 피부염 치료용 조성물, 특허등록 제1151718호, 중앙대학교 산학협력단
- 숙취 해소용 음료 조성물, 특허등록 제660175호, 김**
- 홍삼-갈대 뿌리 추출 성분에서 개발한 기억력 촉진제, 이의 제조 방법 및 이를 함유하는 기능성 기억력 촉진 식품의 조성물, 특허공개 10-2011-0020350호, 최** 외 1

논문

- 갈대의 고지혈증 개선 효과와 그 활성성분, 부산수산대학교 식품영양학과 최재수 외 2, 한국식품영양과학회지(1995. 8. 31)

감초

특허

- 구운 감초 추출물 또는 이로부터 분리한 화합물을 포함하는 혈당 강하용 조성물, 특허등록 제842054호, 한국한의학연구원
- 유효성분으로 감초 추출물 및 합환피 추출물을 함유하는 수면 개선용 조성물 및 이의 제조 방법, 특허등록 제1020245호, 한국식품연구원
- 감초 및 감초 추출물 중의 리퀴리티게닌 함량을 증강하는 방법과 추출물에서의 활성 화합물 정제방법, 특허등록 제592482호, 경북대학교 산학협력단
- 감초 추출물을 포함하는 암전이 억제용 조성물, 특허등록 제1174074호, 한림대학교 산학협력단
- 감초와 당귀를 이용한 기능성 양과 절임류 및 그의 제조 방법, 특허등록 제825261호, 창원대학교 산학협력단 외 1
- 감초 가공 추출 분획물 또는 이 분획물로부터 유래된 리퀴리티게닌을 유효성분으로 함유하는 이담작용 및 담즙정체성 간 질환의 예방 및 치료용 조성물, 특허등록 제1003900호, 서울대학교 산학협력단
- 감초 또는 감초 추출물에서의 개선된 리퀴리티게닌의 추출 방법, 특허등록 제1158535호, 대원제약주식회사
- 감초 추출물 또는 리퀴리티게닌을 포함하는 중금속 중독으로 인한 질환의 치료 및 예방용 조성물, 특허등록 제543257호, 재단법인 서울대학교 산학협력재단 외 1
- 감초로부터 글라브로사이드의 분리 방법 및 이를 포함하는 성장호르몬 분비 유도를 위한 조성물, 특허등록 제229814호, 주식회사 엘지
- 감초, 강황 및 소엽의 추출물을 함유한 위염 및 위궤양 예방용 건강보조식품, 특허등록 제618592호, 학교법인 포항공과대학교 외 1
- 유용성 감초 추출물을 안정화시킨 지질액정겔 및 이를 함유하는 화장료 조성물, 특허등록 제154366호, 주식회사 엘지
- 황금, 황련, 감초, 오가피 추출물을 안정화한 니오좀을 함유하는 화장료 조성물, 특허등록 제772335호, 주식회사 코리아나화장품
- 감초 추출물, 목단피 추출물 및 황련 추출물을 유효성분으로 함유하는 천연 식품 보존제, 특허등록 제1176944호, 동국대학교 산학협력단
- 감초 추출물 또는 이로부터 분리 추출한 글리시리진을 이용한 직물의 천연 염색방법, 특허등록 제978795호, 이**
- 독활, 머루 및 감초의 에탄올 추출물을 함유하는, 뇌혈관 질환 예방 또는 치료용, 또는 기억손상 개선용 조성물, 특허등록 제1045631호, 충북대학교 산학협력단
- 유용성 감초 엑스 함유 외용제 조성물 및 그의 안정화 방법, 특허공개 10-2004-0093681호, 마루젠세이야쿠 가부시키가이샤(일본)
- 감초를 포함하는 전립선암 치료용 조성물, 특허공개 10-2010-0020642호, 주식회사 한국전통의학연구소
- 감초 추출물을 유효성분으로 함유하는 지구력 내지 운동능력 증진용 조성물 및 그 제조 방법, 특허공개 10-2012-0005111호, 한국식품연구원
- 감초에 주로 함유되어 있는 데하이드로글리아스페린 C를 유효성분으로 함유하는 인지 기능의 저하 또는 손상을 치료하기 위한 조성물, 특허공개 10-2010-0107789호, 서울대학교 산학협력단
- 구운 감초 추출물을 함유하는 염증성 혈관 손상, 혈관경화억제 또는 혈전증 억제용 조성물, 특허공개 10-2007-0044602호, 주식회사 바이오뉴트라
- 동물의 면역능을 증강시키는 감초 추출물 및 그 제조 방법, 특허공개 10-2008-0106789호, 대한민국(관리부서 : 농림수산식품부 농림수산검역검사본부)

논문

- 자가 처방 감초 다량 복용 후 발생한 저칼륨성 하지 마비 1례, 경희대학교 한의과대학 한방순환.신경내과학교실 권승원 외 9, 대한한의학회지(2011. 9. 30)
- Glycycoumarin 감초 성분의 항진균 효과, 동덕여자대학교 약학대학 천연물미생물학과 이주희 외 2, 약학지(2011. 6. 30)
- 흰쥐에서 감초(Glycyrrhizae Radix:GR)의 항우울-유사 효과를 기반으로 하는 신경기전, 박현정 외 3, 동의생리병리학회지(2010. 12. 25)
- 감초 추출물의 Dextran Sulfate Sodium 유도 마우스 궤양성 대장염 억제 효과, 코오롱 생명과학연구소 이경호 외 1, 한국식품영양학회지(2010. 12. 1)
- 감초 추출물이 RBL-2H3 비만세포에서 β-hexosaminidase 분비 및 Th2 cytokine mRNA 발현에 미치는 효과, 강원대학교 생명건강공학과 김정미 외 5, 한국약용작물학회지(2010. 8. 30)
- 감초 첨가에 의한 탁주의 저장성 및 품질 증진 효과, 부경대학교 식품생명공학부/식품연구소 김아람 외 8, 한국식품과학회지(2008. 4. 30)
- 감초와 향신료 물 추출물의 항균 및 항산화능, 대구한의대학교 한방식품조리영양학부 박추자 외 1, 한국식품조리과학회지(2007. 12. 31)

- 흰쥐에서 카드뮴-유발 신장독성에 대한 감초 수추출물의 보호 효과, 대구한의 대학교 한의과대학 이종록 외 1, 동의생리병리학회(2007. 6. 25)
- 감초가 알코올 섭취 및 금단증상에 미치는 영향, 대구한의과대학교 한의과대학 생리학교실 곽재일 외 1, 동의생리병리학회지(2007. 2. 25)
- 감초의 에탄올 추출물의 항산화 활성 및 안정성 조사, 주식회사 대평, 김수정 외 2, 한국식품과학회지(2006. 8. 30)
- 감초(甘草) 추출물이 허혈에 의한 토끼의 급성 신부전에 미치는 영향, 행복가 득 한의원 김경호 외 4, 동의생리병리학회지(2006. 2. 25)
- 감초 추출물이 항생제 내성균주의 항균 활성에 미치는 영향, 계명대학교 식품 가공학과 이지원 외 5, 한국식품과학회지(2005. 6)
- 감초가 천식모델 생쥐의 plasma내 histamine과 폐조직 내 cytokien 생성에 미치 는 효과, 대전대학교 한의과대학 송상진 외 2, 동의생리병리학회지(2004. 6. 25)
- 감초 물 추출물의 멜라닌 형성 억제 효과 및 기전에 관한 연구, 원광대학교 김 진 외 4, 한방안이비인후피부과학회지(2003. 11. 18)
- 감초의 Tyrosinase 활성 억제 성분, 영남대학교 약학대학 이주상 외 7, 생약학 회지(2003. 3. 30)
- 김치의 보존성 증진을 위한 자초.감초의 혼합 첨가와 Chitosan 침지 효과, 대구 효성가톨릭대학교 식품공학과 이신호 외 1, 한국식품과학회지(1998. 12. 31)

강아지풀

논문
- 강아지풀로부터 산화방지제 구성 요소, 강원대학교 약학대학 김은영 외 4, 약 학회지(2002. 6)
- 강아지풀의 성분에 관한 연구, 강원대학교 김은영 석사학위논문(2002)

강활

특허
- 강활 추출물 또는 비사볼란겔론 화합물을 유효성분으로 포함하는 피부 미백용 조성물, 특허등록 제1191992호, 충북대학교 산학협력단
- 강활 및 방풍의 혼합 추출물을 유효성분으로 함유하는 염증성 질환의 예방 및 치료용 조성물, 특허등록 제1115500호, 한국한의학연구원
- 강활 추출물 또는 이로부터 분리한 화합물을 포함하는 전립선 질환 치료 및 예 방을 위한 조성물 및 그의 분리 방법, 특허등록 제413051호, 주식회사 에이티 엔씨
- 강활 추출물을 포함하는 젖소 유방염의 예방 및 치료를 위한 약학 조성물, 특 허등록 제813298호, 대한뉴팜 주식회사
- 강활 정유 및 기존 항생제를 함유한 내성균 억제용 항균 조성물, 특허등록 제 701829호, 신**
- 항암 활성을 갖는 지리강활 추출물 및 이를 포함하는 조성물, 특허등록 제 527625호, 한국생명공학연구원
- 강활 추출물을 유효성분으로 하는 다이옥신 유사물질에 대한 길항성 조성물, 특허공개 10-2003-0003669, 주식회사 메텍스바이오
- 항염 및 항산화 효능을 갖는 강활 추출물 및 이를 함유하는 화장료 조성물, 특 허공개 10-2011-0130115호, 재단법인 홍천메디칼허브연구소

논문
- 강활류 한약재의 혈관 이완 효과 비교 연구, 경희대학교 한의과대학 본초학교 실 이경진 외 6, 대한본초학회지(2010. 12. 30)
- 강활과 위령선의 항염증 상승작용에 관한 연구, 한국한의학연구원 한약자원연 구센터 김승주 외 6, 대한본초학회지(2010. 12. 30)
- 강활 추출물이 알레르기 천식 모델 생쥐에 기관지 폐포 세척액의 면역세포에 미 치는 영향, 중부대학교 한약자원학과 배진현 외 2, 대한본초학회지(2010. 3. 30)
- 강활과 방풍의 항염증 상승작용에 관한 연구, 한국한의학연구원 한약자원연구 부 이도연 외 7, 대한본초학회지(2008. 12. 30)
- 한국강활의 생약학적 연구, 부산대학교 약학대학 박종희 외 1, 생약학회지 (2007. 12. 30)
- 강활의 생약학적 연구, 경희대학교 약학대학 류경수, 약학회지(1968. 12. 30)

개감수

특허
- 감마 허피스바이러스 재활성을 유도하는 감수 및 이를 포함하는 약제학적 조 성물, 고려대학교 산학협력단
- 감수 추출물, 이의 분획물 및 이로부터 분리한 디테르페노이드계 화합물들을 유효성분으로 함유하는 약학적 조성물, 특허공개 10-2009-0109769호, 한국생

명공학연구원
- 인제난 타입의 디테르펜 화합물 및 이를 포함하는 바이러스 감염 질환의 치료 또는 예방용 약학적 조성물, 특허공개 10-2013-0042990호, 한국생명공학연구원

논문
- 마비성 장폐색 환자의 감수로 호전된 증례, 동국대학교 한의과대학 한경석 외 2, 대한한의학회지(2000. 6. 20)

개구리밥

특허
- 복합 생약 추출물을 유효성분으로 함유하는 알러지성 또는 비알러지성 피부 질환의 예방 및 치료용 약학 조성물 및 건강기능식품, 특허등록 제1231446호, 대전대학교 산학협력단
- 좀개구리밥 식물에서의 신남산의 함량을 증가시키는 방법, 특허등록 제 1264300호, 중앙대학교 산학협력단
- 재조합 조류 인플루엔자 백신 및 그의 용도, 특허공개 10-2011-0108337호, 메리 얼 리미티드, 바이오렉스 쎄라퓨틱스 인코포레이티드(미국)
- 개구리밥에서의 플라스미노겐 및 마이크로플라스미노겐의 발현 방법, 특허공 개 10-2007-0004706호, 바이오렉스 쎄라퓨틱스 인코포레이티드(미국)

논문
- 부평의 에틸아세테이트 가용성 분획물에 대한 진통 효과, 우석대 고성훈 외 5, 생약학회지(2011. 12. 30)
- 부평의 면역 및 항암 활성 연구, 경희대학교 한의과대학 안영성 외 3, 대한본초 학회지(2004. 9. 30)
- 개구리밥이 비만세포로 매개되는 즉각적 과민반응에 미치는 저해 효과, 부산 대 김영희 외 1, 동의생리병리학회지(2004. 6. 25)

개나리

특허
- 개나리 열매로부터 마타이레시놀 및 악티게닌의 분리 및 정제방법, 특허등록 제658002호, 주식회사 대평 외 1
- 연교로부터 분리한 산화질소 지해 효과를 나타내는 화합물, 특허등록 제 599249호, 한국생명공학연구원
- 연교 추출물을 함유하는 고병원성 조류인플루엔자 H5N1 감염예방 및 치료용 조성물, 건국대학교 산학협력단
- 황련 및 연교 추출물을 이용한 사료 첨가제의 추출 방법, 특허등록 제884086 호, 대한민국(관리부서 : 농림수산식품부 농림수산검역검사본부)
- 항균성 치약 조성물, 특허등록 제1104548호, 한**
- 히알루론산의 생성촉진을 위한 조성물, 특허공개 10-2007-0067364호, 주식회 사 엘지생활건강
- 연교(連翹) 추출물 및 그를 주성분으로 하는 비만 억제제와 건강보조식품, 특 허공개 10-2006-0112814호, 조**

논문
- HPLC-DAD를 이용한 연교와 의성개나리의 생리활성 성분에 대한 비교분석, 원태형 외 4, 생약학회지(2011. 12. 30)
- 배양된 흰쥐 신경 전구 세포 증식에서 필리게닌의 저해 효과, 서울대학교 약학 과 이성훈 외 7, 한국응용약물학회지(2010. 1. 31)

개느삼

특허
- 신규6,8-디(γ,γ-디메틸알릴)-3,5,7,2',4',6'-헥사히드록시플라바논 또는 이의 약 학적으로 허용 가능한 염, 이의 제조 방법 및 이를 유효성분으로 함유하는 숙 취 해소용 조성물, 특허등록 제912290호, 한국과학기술연구원
- 천연 식물 추출물을 유효성분으로 포함하는 숙취 해소용 조성물, 특허등록 제 758267호, 한국과학기술연구원
- 아배양에 의한 개느삼 묘목의 생산 방법, 특허등록 제715248호, 대한민국(관리 부서 : 산림청 국립산림과학원장)

논문
- 개느삼[Echinosophora koreensis (Nakai) Nakai]의 분포와 자생지 환경특성 및 유전다양성, 강원대학교 천경식 석사학위논문(2010)

개망초

특허
- 식물 추출물을 포함하는 미백 화장료 조성물, 특허등록 제829831호, 바이오스

펙트럼 주식회사

- RAW264.7 대식세포에서 Heme Oxygenase-1의 유도에 의한 개망초(Erigeron annuus L.) 꽃 Methanol 추출물의 항염증 효과, 충북대학교 식품공학과 성미선 외 5, 한국식품영양과학회지(2011. 11. 30)

논문

- 개망초 뿌리의 항산화 물질 성분, 한국한의학연구원 한약제제연구부 유남희 외 2, 한국응용생명화학회(2008. 12. 31)
- 개망초(Erigeron annuus)의 부위별 화학성분, 경상대학교 대학원 응용생명과 학부 정창호 외 2, 한국식품영양과학회지(2005. 7. 30)
- 항 아테롬경화제로써 개망초(Erigeron annuus L.) 꽃의 에르고스테롤페록사이 드, 경희대학교 김동현 외 10, 약학회지(2005. 5)

개머루덩굴

특허

- 의약품과 건강식품 제조에 개머루속 식물 및 그 추출물의 응용, 특허등록 제 1185699호, 브라이트 퓨처 파마수티컬 라보라토리스 리미티드(홍콩)

논문

- 개머루덩굴 추출물의 항산화 효과, 임태진 외 1, 한국자원식물학회지(2010. 10.)
- 개머루 잎의 성분과 간세포 보호작용 및 항산화 작용에 관한 연구, 부산대학교 김유정 석사학위논문(1995)

개미취

특허

- 자생식물 추출물을 유효성분으로 함유하는 암의 예방 또는 치료용 약학적 조 성물, 특허등록 제11355760호, 한국과학기술연구원
- 벌개미취 추출물을 포함하는 통증 치료용 조성물 및 그 제조 방법, 특허공개 10-2011-0038375호, 한림대학교 산학협력단

논문

- 알도즈 환원효소 활성 억제와 소비톨 축적 억제로 인한 벌개미취 추출물의 당 뇨병성 백내장 발병 지연 효능, 한국한의학연구원 한의융합연구본부 당뇨합병 증연구센터 김찬식 외 6, 생약학회지(2009. 12. 31)
- 벌개미취(Gymnaster koraiensis)에 들어있는 3,5-O-Dicaffeoyl-epi-quinic Acid가 AKR1B10에 미치는 억제 효과, 한국과학기술원 이주영 외 6, 한국응용생명화 학회(2009. 12. 31)
- 생장조절제, 온도 및 광이 취나물류의 종자 발아에 미치는 영향, 강원대학교 농 업생명과학대학 조동하 외 6, 자원식물학회지(1997. 3. 30)
- DNA marker 지문법에 의한 취나물 5종(청옥취 · 개미취 · 참취 · 수리취 · 곰 취)의 비교연구, 강원대학교 농업생명과학대학 식물응용학부 유기억 외 7, 자 원식물학회지(1996. 12. 31)

개별꽃

특허

- 천마와 당귀와 복령과 태자삼과 참마와 방풍과 함초와 울금과 단고추와 한약 제 혼합조성물로 가공된 젓갈류와 액젓류와 김치와 집장과 장류의 제조 방법, 특허공개 10-2012-0090211호

논문

- 태자삼의 조혈작용에 대한 실험적 연구, 대전대학교 한의과대학 서영배 등, 대 한본초학회지(2002. 6. 30)
- 태자삼에 관한 문헌적 연구, 대전대학교 한의학연구소 서영배, 논문집 제3권 2 호(1995. 2. 15)
- 태자삼 전탕액 투여가 마우스의 면역반응에 미치는 영향, 신민교 외 2, 대한본 초학회지(1994)
- 석죽과식물(큰개별꽃과 별꽃 등)의 의약자원에 관한 연구, 숙명여자대학교 정 동규 등, 생약학회지(1978. 6. 15)

개사철쑥

특허

- 쑥속 식물의 추출물의 제조 방법 및 쑥속 추출물을 함유하는 세제 조성물, 특 허등록 제876770호, 주식회사 아모레퍼시픽

개시호

논문

- 개시호(Bupleurum longeradiatum)의 핵형분석과 rDNAs의 Physical Mapping,

충남대학교 생물학과 구달회 외 4명, 한국약용작물학회지(2003. 12. 31)

개암나무

논문

- 개암나무 재배에 대하여, 윤기식, 산림 204(1983. 1.)

개오동

특허

- 천연한방 추출물을 포함하는 손세정제 제조 방법 및 그 손세정제 조성물, 특허 등록 제1196113호, 전라남도
- 개오동나무 열매로부터 분리한 신규 천연 항산화 물질 및 그의 분리 방법, 특 허등록 제5337687호, 소멸(등록료 불납)
- 4,9-디하이드록시-2,2-디메틸-3,4-디하이드로나프토[2,3-b]피란-5,10-디온의 구 조를 갖는 카탈파엔피-1을 포함한 미생물생육저해제, 특허등록 제490224호, 소멸(등록료 불납)

논문

- 한국산 한약재(생약) 추출물의 알도즈환원효소 억제 효능 검색과 꽃개오동의 수정체 혼탁 억제, 한국한의학연구원 한약제제연구부 이윤미 외 7, 생약학회지 (2008)
- 개오동나무 추출물의 내피세포 부착분자 발현 억제 효과, 원광대학교 의과대 학 생화학교실, 최병민 외 2, 대한본초학회지(2007)
- 개오동나무에서 추출한 catalposide가 인간 혈관내피세포에서 내피 부착분자 의 발현에 미치는 영향, 원광대학교 한종민 박사학위논문(2007)
- 개오동나무 줄기의 성분 및 Nitric Oxide 생성 저해 효과, 충북대학교 박병민 석 사학위논문(2007)
- 울금(Curcuma longa) 뿌리와 개오동나무(Catalpa ovata) 줄기로부터 분리된 항 균 활성 화합물, 충남대학교 조준영 석사학위논문(2006)
- 개오동나무에서 추출한 Catalposide의 항염 및 세포 고사(細胞枯死) 억제 효과 에 관한 연구, 조수인 외 4, 대한본초학회지(2005)
- 개오동나무 열매와 잎에 함유된 항산화 및 항균물질의 구명, 전남대학교 국주 희 박사학위논문(2003)
- 개오동나무 잎으로부터 항산화 활성을 갖는 lignan 화합물의 분리 및 동정, 국 주희 외, KSBB Journal(2003. 12.)
- 노나무의 효능에 대한 연구, 원광대학교 나경상 박사학위논문(2002)
- 개오동나무 엽즙액 처리가 콩나물의 생육 및 재배수의 세균 밀도에 미치는 영 향, 구자형 외 4, 원예과학기술지(2000)
- 개오동나무 수피로부터 Sarcoma 180 암세포 독성물질의 분리, 양한석 외 4, 대 한암학회지(1992. 12.)
- 개오동나무 수피의 화학성분 및 생리활성에 관한 연구, 부산대학교 김민선 석 사학위논문(1992)

개옻나무

특허

- 자생식물 추출물을 유효성분으로 함유하는 암의 예방 또는 치료용 약학적 조 성물, 특허등록 제1135576호, 한국과학기술연구원

갯까치수영

특허

- 마그나포르테 그리세아에 의한 식물병 방제제 조성물 및 식물병 방제 방법", 특허등록 제1168566호, 재단법인 제주테크노파크

갯메꽃

논문

- 갯메꽃 뿌리로부터 분리된 내생진균의 식물 생장 촉진 활성, 유영준 외 7, 한국 미생물생명공학회지(2011)
- Penicillium citrinum KACC43900에 의한 갯메꽃과 갯쇠보리의 생장 촉진 활성, 경북대학교 생명과학부 유영현 외 10, 생명과학회지(2010. 9.30)
- 갯메꽃의 개화습성 과 수분 및 당의 양적 변화, 부산대학교 이학영 석사학위논 문(1986)

거북꼬리

논문

- 한국 자생 거북꼬리 추출물을 이용한 갈색 염모제 개발, 원광대학교 원예 애완

동식물학부 박윤점 외 2, 한국 자원식물학회지(2006)

거지덩굴

논문

- 오럼매 추출물의 항산화 활성 성분 분석, 서울산업대학교 자연생명과학대학 정밀화학과 양희정 외 2(2008)
- 오럼매의 Monoamine Oxidase 활성 저해 성분, 충북대학교 한향화 석사학위 논문(2004)

고들빼기

특허

- 고들빼기 가공 방법, 특허등록 제1195789호, 동의나라 주식회사

논문

- 이고들빼기 및 고들빼기 에탄올 추출물 첨가식이가 급성 에탄올 투여 흰쥐의 혈청과 간지질 및 알코올 대사 효소 활성 변동에 미치는 영향, 경상북도 보건 환경연구원 손진창 외 4, 한국식품영양과학회지(2012. 2. 29.)
- 5가지(고들빼기, 돌미나리, 메밀, 톳, 생강) 혼합식품 물 추출물의 마우스 면역 세포 활성화 효과, 상지대학교 이공대학 식품영양학과 류혜숙 외 2, 한국영양 학회지(2008. 3. 31)
- HepG2 사람 간세포성 암세포의 증식에 미치는 고들빼기 (Ixeris sonchifolia Hance)에서 분리된 루테오린의 억제 효과, 부산대학교 약학교실 이수복 외 6, 약학회지(2003. 2)
- 고들빼기 잎 추출물이 흰쥐의 사염화탄소에 의한 간 손상에 미치는 영향, 부산 여자대학교 식품영양학과 배송자 외 4, 한국식품영양과학회지(1997. 2. 28)
- 고들빼기의 급여가 고지혈증 흰쥐의 지질대사에 미치는 영향, 경상대학교 식 품영양학과 임상선 외 2, 한국영양학회지(1997)
- 고들빼기 김치가 단백질 소화율에 미치는 영향, 부산수산대학교 식품영양학과 황은영 외 4, 한국식품영양과학회지(1995. 12. 30)

고로쇠나무

특허

- 간 세포 보호 활성을 갖는 고로쇠 잎 추출물 및 이로부터 분리된 페놀성 화합 물, 특허등록 제569086호, 주식회사 엘컴사이언스
- 두발화장품 조성물, 특허등록 제414537호, 주식회사 엘지생활건강
- 고로쇠수액 함유 화장료용 복합분체 및 이를 함유한 화장료, 특허등록 제 112978호, 주식회사 아모레퍼시픽그룹
- 산삼고로쇠 고형 건강식품의 제조 방법, 특허등록 제1075067호, 함양군

논문

- 고로쇠 수액의 유출 시기별 이화학적 특성과 영양성분, 충북대학교 식품공학 과 정수정 외 8, 한국식품영양과학회지(2011. 10. 31)
- 고로쇠나무의 수피와 수액의 항장 활성 비교, 의료바이오신소재융복합연구사업 단 강원대학교 바이오산업공학부 서용창 외 7, 한국약용작물학회지(2011. 8. 30)
- 고로쇠와 우산고로쇠나무의 항산화능 및 glutathione S-transferase 활성 비교, 강원대학교 BT특성화학부대학 김영 외 9, 한국약용작물학회지(2008. 12. 30)
- 고로쇠와 우산고로쇠 나무의 부위별 항암 및 면역조절능 비교, 강원대학교 BT 특성화학부대학 김철회 외 5, 한국약용작물학회지(2007. 12. 30)
- 울릉도 자생 우산고로쇠나무의 수액 채취와 주요 성분, 경상대학교 농업생명 과학연구원 문현식 외 1, 한국약용작물학회지(2004. 6. 30)
- 전남지역 고로쇠나무 수액의 성분 분석, 순천대학교 자원식물개발학과 현규환 외 2, 자원식물학회지(1999. 9)

고마리

특허

- 저자극성 화장료 조성물, 특허등록 제702176호, 주식회사 오비에스

논문

- 고마리 (Persicaria thunbergii)에서 분리된 이소람네틴의 항-혈관형성 효과, 경 희대학교 동서의학대학원 이효정 외 5, 자원식물학회지(2005. 12)
- 고마리 지상부의 항산화 활성성분, 우석대학교 약학대학 이기택 외 7, 약학회 지(2001. 12. 31)

고본

특허

- 고본 젤리 및 그 제조 방법, 특허등록 제375916호, 충청북도(관리 부서 : 충청북

도 농업기술원)
- 백지, 고본 추출물 및 이 추출물을 함유하는 화장료 조성물, 특허등록 제 361592호, 한불화장품 주식회사
- 생약재 추출물을 함유하는 피부 미백용 화장료 조성물 및 그 제조 방법, 특허 등록 제750352호, 주식회사 사임당화장품
- 포공영, 승마, 산약 또는 고본 추출물을 함유하는 피부 외용제 조성물, 특허등 록 제1047644호, 주식회사 아모레퍼시픽
- 산수유, 작약, 고본을 함유하는 한방비누 조성물, 특허등록 제100975호, 주식 회사엘지화학
- 고본을 이용한 조리용 술의 제조 방법, 특허등록 제272762호, 이**
- 신경보호활성을 갖는 고본 추출물 또는 이로부터 분리된 스코폴레틴 유도체를 함유하는 조성물, 특허공개 10-2005-0008324호, 경희대학교 산학협력단

논문

- 고본의 추출 용매에 따른 항염, 항산화 및 항균 효과에 대한 비교 연구, 부산대 학교 한의학전문대학원 한방안이비인후피부과 황보민 외 1, 대한약침학회지 (2011. 3. 30)
- 자생종과 재배종 고본의 성분 함량 비교, 한국한의학연구원 이혜원 외 6, 한국 약용작물학회지(2008. 6. 30)
- 사염화탄소에 의한 간 손상에 미치는 고본의 보호 작용, 덕성여자대학교 약학 대학 정춘식 외 1, 한국응용약물학회지(2002. 12. 30)

고추나무

논문

- 고추나무 잎의 화학적 성분과 생리활성, 강원대학교 손순주 박사학위논문 (2005)

곤약

특허

- 건조 곤약 및 그 제조 방법 그리고 그 건조 곤약을 사용한 가공 식품, 특허등록 제1158745호, 에이비에스 가부시키가이샤
- 바로 먹을 수 있는 저칼로리 레토르트 곤약면의 제조 방법, 특허등록 제727251 호, 주식회사 오뚜기
- 곤약을 주성분으로 한 필름을 이용한 식품 포장 용기의 제조 방법, 특허등록 제648195호, 나노바이오메드 주식회사

논문

- 차전자피와 글루코만난의 혼합 첨가가 고지방 식이를 한 흰쥐의 혈청지질과 변지방배설 및 체지방에 미치는 영향, 충남대학교 식품영양학과 임문이 외 3, (2003. 4. 30)
- 곤약감자 분말에서 추출한 글루코만난을 원료로 제조된 필름의 물리적 성질, 식품가공핵심 기술장려센터 고려대학교 생명공학원 유민희 외 2, 한국식품과 학회지(1997. 4. 30)
- 한국산 구약감자의 이화학적 성분조사, 안성산업대학교 식품공학과 이성갑, 한국식생활문화학회지(1995. 12. 30)

골무꽃

특허

- 골무꽃(Scutellaria indica)에서 분리한 화합물에서의 Arginase II 억제 활성, 대 구가톨릭대학 김상원 석사학위논문(2012)
- 골무꽃에서 분리된 플라보노이드의 구조와 단백질 TyrosinePhosphatase 1B 억 제 활성, 대구카톨릭대학 민병선, 생약학회지(2006. 12)
- 골무꽃의 항암 활성 물질에 관한 연구, 충남대학교 민병선 박사학위논문(1994)

광대나물

논문

- 광대나물의 플라보노이드 배당체 분리 및 구조 결정과 In-Vitro 항산화 및 항티 로시나제 활성, 상지대학교 아궁 누그로호 석사학위논문(2009)

광대수염

특허

- 양모제 및 이의 스크리닝 방법, 특허공개 10-2004-0004374호, 가부시키가이샤 시세이도

괭이밥

특허

- 발효 음료 제조 방법, 특허등록 제983355호, 농업회사법인 유한회사 포스피
- 괭이밥 추출물을 함유하는 항염 조성물, 특허공개 10-2011-0090523호, 문** 외 1

논문

- 한국산 괭이밥의 저혈당 효과에 관한 연구, 김광삼, 중앙의학(1977)

구골나무

논문

- 구골나무 잎의 화합물 및 항산화 작용, 주성진 외 3, 제47회 한국분석과학회 추계학술대회(2011)
- Osmanthus heterophyllus 꽃의 아로마 성분 분리와 항산화 효과, 주성진 외 3, 제46회 한국분석과학회 춘계학술대회(2011)
- Two new neolignan glycosides from leaves of Osmanthus heterophyllus, Tohoku Pharmaceutical University Machida K 외 2, Journal of Natural Medicines(2009)
- Lignan glycosides from the leaves of Osmanthus heterophyllus, Tohoku Pharmaceutical University Shigeaki Sakamoto 외 2, Journal of Natural Medicines(2008. 7)

구상나무

특허

- 항균 및 항산화력을 가진 목재 판을 이용한 생선 포장재의 제조 방법, 특허등록 제1105090호, 이**

논문

- 구상나무로부터 세포독성, 전남대학교 약학대학 김현정 외 7, 약학회지(2001. 12)
- 리그난류의 항균 활성, 임업연구원 김윤근 외 2, 한국식품과학회지(1999. 2.28)

귀룽나무

논문

- 귀룽나무의 쎄레브로사이드 및 페놀성 성분, 성균관대학교 약학대학 천연물약품화학연구실 나대수 외 3, 생약학회지(2006. 9. 30)

금잔화

특허

- 비누화된 금잔화 함유 수지로부터 얻는 루테인의 분리, 정제 및 재결정 방법, 특허등록 제214430호, 더 카톨릭 유니버시티 오브 아메리카(미국)
- 울금과 금잔화를 이용한 천연염료의 제조 방법, 특허공개 10-2012-0088192호, 이**

논문

- 금잔화 추출물이 생쥐의 임파구 및 대식세포의 활성에 미치는 영향, 우석대학교 약학대학 은재순, 동의생리병리학회지(2009. 8. 25)

기름나물

특허

- 멜라닌 합성 저해제로서의 데커신의 신규한 용도, 특허등록 제379191호, 학교법인 고려중앙학원
- 데커신 및 데커시놀 안젤레이트를 포함하는 피부 상처 치료제, 특허공개 10-2011-0087803호, 대우제약 주식회사, 인제대학교 산학협력단, 경성대학교 산학협력단
- Decursinol 유도체를 포함하는 해열 및 진통제 조성물, 특허공개 10-2012-0092764호, 대우제약 주식회사

논문

- 기름나물 과실(果實)의 Coumarin 성분 연구, 경희대학교 약학대학 육창수 외 2, 약학회지(1986. 4. 30)

까마귀쪽나무

논문

- 까마귀쪽나무(Litsea japonica)의 HL-60 백혈병 세포 Apoptosis 유도 효과, 제주대학교 의학전문대학원 약리학교실 김엘비라 외 7, 약학회지(2009. 2. 28)

꼬리풀

논문

- 한국산 꼬리풀속 (Pseudolysimachion) 식물의 iridoid 성분 분석연구, 한밭대학교 김두영 석사학위논문(2007)

꽃향유

특허

- 야생화 추출물을 함유하는 화장료 조성물, 특허등록 제964723호, 주식회사 사임당화장품

논문

- 향유속(Elsholtzia spp.) 식물자원의 플라보노이드 성분 분석에 관한 연구, 덕성여자대학교 식품영양학과 엄혜진 1, 한국식품영양학회지(2007. 6. 30)
- 꽃향유의 휘발성 향기 성분, 덕성여자대학교 식품영양학과 이소영 외 4, 한국식품과학회지(2005. 6)
- 국내 수집종 꽃향유의 정유성분 특성, 서울대학교 농업생명과학대학 송송이 외 1, 한국약용작물학회지(2004. 12. 31)
- 꽃향유(Elsholtzia splendens)의 소염 활성, 강원대학교 약학대학 김동욱 외 5, 약학회지(2003. 3)

꽈리

특허

- 꽈리 추출물을 유효성분으로 함유하는 피부 미백용 조성물, 특허등록 제931528호, 대한민국(농촌진흥청), 이화여자대학교 산학협력단
- 푸사리움 프로리페라툼 K G L 0401 균주를 이용한지베렐린의 대량생산방법 및 용도, 특허공개 10-2006-0057302호, 경북대학교 산학협력단

논문

- 꽈리의 부위별 항염 효능 비교 연구, 경희대학교 권승로 박사학위논문(2011)
- 식물 추출물이 Tyrosinase 활성과 Melanin 합성에 미치는 저해 효과, 서울대학교 약학대학 박현주 외 5, 생약학회지(2010. 6. 30)
- 꽈리 추추물이 쥐의 간 Aniline Hydroxylase(AH)에 미치는 영향, 계명대학교 이상일 외 1, 한국식품영양과학회지(2008. 6. 30)
- 애기땅꽈리에서 건강 기능성을 가지는 스테로이드의 분리와 특성화, Misra Laxmi N 외 2, 식품영양과학회지(2006)
- 사람 면역결핍바이러스 타입 1 단백질분해효소 활성에 미치는 한국 식물자원의 억제 효과, 순천대학교 한약자원학과 한의학연구소 박종철, Oriental Pharmacy and Experimental Medicine(2003. 2)

나팔꽃

특허

- 나팔꽃 종자로부터 유래된 항균성 펩타이드의 c D N A를 포함하는 재조합 식물체 발현 벡터, 특허등록 제328507호(소멸, 등록료), 금호석유화학 주식회사
- 나팔꽃잎 및 나팔꽃씨를 이용한 건강보조식품, 특허등록 제313832호, 배일주, 임재용

논문

- AGS에 있어서 나팔꽃 추출물의 미토콘드리아에 대한 항 세포자살 물질과 백스 전좌의 과발현, 고성규, 동의생리병리학회지(2004년 12월 25일)
- 한약제에 의한 세포괴사와 항암 효과, 고승규 외 동의생리병리학회지(2003. 6. 25)

낙우송

논문

- 낙우송으로부터 분리한 기질 금속단백분해효소-9 발현 억제 물질의 정제 및 구조분석, 배재대학교 양재영 석사학위논문(2002)

남가새

특허

- 성기능 개선에 효과를 갖는 건강보조식품의 제조 방법, 특허등록 제1251976호, 주식회사 한국지네틱팜
- 남성과 여성의 발기 불능 치료에 유용한 제제, 특허공개 10-2004-0102219호, 인데나 에스피아(이탈리아)

논문

- 약용식물로부터의 Phosphodiesterase 5 저해제 검색, 한국 프라임제약 이경호 외 2, 생약학회지(2012. 6. 30)

- 식물 추출 복합 발효물(MP119)이 성기능에 미치는 영향 및 카드뮴 독성에 대한 효과, 주식회사 벤스랩 중앙연구소 장영선 외 1, 한국식품영양과학회지(2009. 12. 31)

남오미자

특허

- 혼합 생약 발효 추출물을 함유하는 화장료 조성물, 특허등록 제1187559호, 한불화장품주식회사
- 남오미자 열매 추출물 및 이를 포함하는 화장학적, 피부과학적 및 기능식품 조성물, 국제출원 특허공개 10-201200063469호, 라보라토이레즈 익스팬사이언스(프랑스)

냉이

특허

- 천연물질 추출물을 포함하는 알코올 소취 증강용 손 소독제 조성물, 특허등록 제1130689호, 한국식품연구원

논문

- 자생식물 혼합 추출물이 SD 흰쥐에서의 행동 양상 및 항산화 체계에 미치는 영향, 경남대학교 식품영양학과 서보영 외 5, 한국식품영양과학회지(2011. 9. 30)
- 건조방법에 따른 냉이의 휘발성 향기 성분, 덕성여자대학교 식품영양학과 이미순 외 1, 한국식품과학회지(1996. 10. 31)
- 냉이의 지방질 및 지방산 조성에 관한 연구, 대구한의과대학 한의학과 생화학교실 배만종, 한국식품영양과학회지(1987. 5. 30)

냉초

특허

- 변비에 개선 효과를 갖는 식물 복발효 효소액 및 이를 사용한 기능성 음료, 특허등록 제512322호, 김** 외 2

논문

- Veronicastrum속 식물의 성분에 관한 연구(HPLC를 이용한 냉초와 털냉초의 성분 및 함량 비교), 삼육대학 약학과 이숙연 외 2, 생약학회지(1988. 3. 31)
- 냉초(冷草)의 화학성분 연구, 삼육대학 약학과 이숙 연 외 2, 생약학회지(1987. 9. 30)
- A-16 냉초 Veronica sibirica 의 생약학적 연구, 윤태원 외 1, 생약학회지(1985)

노각나무

논문

- 노각나무(Stewartia pseudocamellia Maxim.)의 식물화학적 성분 및 약리 활성에 관한 연구, 성균관대학교 배종진 박사학위논문(2010)

노린재나무

논문

- 섬노린재나무 잎으로부터 항산화 성분의 분리 및 동정, 연세대학교 허민회 석사학위논문(2006)
- Five new cytotoxic triterpenoid saponins from the roots of Symplocos chinensis, Institute of Materia Medica, Peking Union Medical College & Chinese Academy of Medical Sciences, People's Republic of China, Fu GM 외 4(2005)

노박덩굴

특허

- 세래스트롤, 세래관올, 세스퀴테르펜 에스터계 화합물 또는 노박덩굴 추출물, 특허등록 제450062호, 한국생명공학연구원
- 코로나 바이러스 감염의 예방 또는 치료용 조성물 및 3CL 프로테아제 활성의 억제용 조성물, 특허등록 제1128088호, 이** 외 7
- 셀라스트롤을 유효성분으로 포함하는 알러지 질환 예방 및 치료용 조성물, 특허등록 제1086642호, 강원대학교 산학협력단

논문

- 노박덩굴 추출물의 항산화 및 항균 효과, 신라대학교 마린바이오 산업화 지원센터 강대연 외 3, 생명과학회지(2009. 1. 30)
- 노박덩굴에 함유된 celastrol 성분의 파킨슨병을 유발시킨 쥐에서의 도파민 신경세포 보호 효과, 동국대학교 과학기술대학 나노소재화학과 이갑득 외 2, 대한한의학회지(2008. 9. 30)
- 한국산 자생 수목 유래 수피 추출물의 종양괴사인자 억제 효과, 대웅제약 중앙

연구소 조재열 외 1, 한국약용작물학회지(2007. 8. 30)
- 약용식물의 암세포 다제내성 조절 활성 검색, 생명공학연구소 외 김세은 외 5, 생약학회지(1997. 12)

녹나무

특허

- 녹나무 추출물을 이용한 피부 보습용 조성물 및 발모 촉진 또는 탈모 방지용 조성물, 특허등록 제1231582호, 김**
- 난대수종 및 산림수종의 천연향료를 함유하는 향수제조 방법 및 그 향수조성물, 특허공개 10-2012-0001111, 전라남도
- 시나믹알데하이드를 함유하는 항진균제 및 살(殺) 식물선충(植物線蟲)제 조성물, 특허공개 10-2006-0026213호, 성** 외 1

느티나무

특허

- 느티나무 껍질을 이용한 천연 세정액 제조 방법, 특허공개 10-2008-0008056호, 전**

능소화

논문

- 사람 아실코에이:콜레스테롤 아실전이효소 억제제로써 능소화 (Campsis grandiflora K. Schum.) 꽃으로부터의 트라이터페노이드, 경희대학교 김동현 외 9, 약학회지(2005. 5.)
- 능소화(*Campsis grandiflora*) 잎에서 얻은 항-혈소판 오환트라이터페노이드, 서울대학교 천연물과학연구소 진징링 외 5, 약학회지(2004. 4.)
- 식물자원으로부터 활성 물질의 탐색(능소화)로부터 지질화합물의 분리 및 FPTase 저해 효과 측정, 경희대학교 생명공학원 및 식물대사연구센터 김동현 외 9, 한국응용생명화학회(2004. 9. 30)

다릅나무

특허

- 식물 추출물을 포함하는 비만세포의 과립 분비 억제용 조성물, 특허공개 10-2012-0003317호, 성균관대학교 산학협력단

논문

- 다릅나무의 살충 Isoflavon 글리코사이드, 윤화식 외 3, 약학회지(1991. 6)

단삼

특허

- 단삼, 그 추출물 및 조성물을 이용한 아스피린 내성 치료제, 특허등록 제1210405호, 타슬리 파마슈티컬 그룹 컴퍼니 리미티드(중국)
- 단삼으로부터 고농도의 마그네슘 리토스퍼메이트 B 를 분리하는 방법 및 마그네슘 리토스퍼메이트 B를 함유하는 단삼 추출물을 생산하는 방법, 특허등록 제857687호, 연세대학교 산학협력단
- 단삼 추출물 또는 크립토탄시논을 유효성분으로 함유하는 뇌졸중의 예방 또는 치료용 조성물, 특허등록 제1182199호, 동국대학교 경주캠퍼스 산학협력단
- 단삼 토탈 페놀릭 액시드의 제조 및 용도, 특허등록 제1004660호, 티안진 타슬리 파마슈티컬 그룹 컴퍼니 리미티드(중국)
- 단삼 뿌리 추출물 또는 디메틸 리소스퍼메이트 B 를 함유하는 나트륨 채널 촉진용 조성물, 특허공개 10-2005-0122373호, 서울대학교 산학협력단
- 단삼 추출물 및 키토산을 포함하는 골 손실 방지용 조성물, 특허등록 제725916호, 주식회사 비엔에스
- 단삼 추출물을 포함하는 혈전 예방 및 치료를 위한 약학 조성물, 특허등록 제703182호, 건국대학교 산학협력단
- 단삼 추출물 및 분획물을 함유하는 동맥경화증의 예방 또는 치료용 조성물, 특허등록 제767238호, 영남대학교 산학협력단
- 단삼 추출물을 포함하는 혈전 형성 예방용 기능성 식품 및 약학 조성물, 특허등록 제898509호, 계명대학교 산학협력단
- 단삼 정제 추출물, 이의 제조 방법 및 이를 유효성분으로 함유하는 간 보호 및 간섬유화 또는 간경화증 예방 및 치료용 조성물, 특허등록 제827938호, 원광대학교 산학협력단
- 단삼성분의 유도체를 함유하는 비만 억제 및 예방 조성물, 특허등록 제1128562호, 한림대학교 산학협력단
- 피부 안전성이 우수하면서 여드름 예방 및 치료에 효과가 있는 단삼 추출물 및

폴리에톡실화 레틴아미드 함유 화장료 조성물, 특허등록 제371028호, 주식회사 엘지생활건강
- 단삼 추출물을 안정화시킨 나노리포좀을 함유하는 화장료 조성물, 특허등록 제512691호, 나드리화장품 주식회사
- 단삼 추출물을 유효성분으로 하는 C-kit 수용체 길항제, 특허등록 제893720호, 주식회사 아모레퍼시픽
- 단삼소납을 함유하는 피부 미백 화장료 조성물, 특허등록 제1109620호, 주식회사 코스메카코리아, 주식회사 바이오랜드
- 신경보호 활성을 갖는 단삼 추출물을 포함하는 조성물, 특허공개 10-2002-0029523호, 학교법인 경희학원
- 단삼 유래 천연물 디메틸리소스퍼메이트를 유효성분으로 하는 페록시나이트라이트 소거 작용제, 특허공개 10-2004-0108081호, 부산대학교 산학협력단
- 단삼 추출물 또는 그의 성분인 크립토탄시논과 1 5 , 1 6 －다이하이드로 탄시논－ I 을 포함하는 헬리코박터 파이로리용 항균 조성물, 특허공개 10-2006-0081189호, 전남대학교 산학협력단
- 단삼 추출물을 포함하는 자가면역질환 치료제, 특허공개 10-2008-0011921호, 퓨리메드 주식회사
- 단삼 추출물을 유효성분으로 함유하는 천식 및 알러지성 질환의 예방 및 치료용 조성물, 특허공개 10-2008-0023570호, 영남대학교 산학협력단
- 단삼 추출물을 함유하는 담즙성 간 섬유화 억제용 조성물, 특허공개 10-2002-0065688호, 학교법인 원광학원
- 마그네슘 화합물 또는 마그네슘염과 단삼을 포함하는 숙취의 예방 및 해소용 조성물 및 기능성 주류, 특허공개 10-2006-0033247호, 주식회사 원제네시스 외 4
- 단삼 추출물을 유효성분으로 함유하는 천연 식품보존제, 이의 제법 및 그 조성물, 특허공개 10-2012-0073389호, 대구한의대학교 산학협력단

논문
- 단삼(丹蔘)이 고지혈증 흰쥐의 혈중 지질 및 간조직 유전자 변화에 미치는 영향, 동의대학교 한의과대학 김형철 외 6, 대전대학교 한의학연구소 논문집(2013. 2. 20)
- 단삼 추출물의 Src-family Kinase 억제에 의한 항앨러지 효과, 덕성여자대학교 약학대학 김영미, 약학회지(2008. 10. 31)
- 단삼(丹蔘) 추출액이 Urethan으로 유발된 생쥐의 폐암에 미치는 영향, 동신대학교 한의과대학 간계내과학교실 박재석 외 1, 대한한방내과학회지(2008. 9. 30)
- 단삼(丹蔘)이 간성상세포의 섬유화 억제에 미치는 영향, 경희대학교 한의과대학 간계내과학교실 최은경 외 3, 대한한방내과학회지(2008. 6. 30)
- 단삼(丹蔘)이 자궁내막증(子宮內膜症) 백서(白鼠)에 미치는 영향, 경원대학교 한의과대학 부인과학교실 임은미 외 2, 대한한방부인과학회지(2006. 8. 31)
- 단삼산(丹蔘散)의 거품세포 형성 및 혈관평활근세포 증식 억제를 통한 항동맥경화 효과, 동국재학교 한의과대학 내과학교실 유도균 외 6, 대한한의학회지(2007. 6. 30)
- 단삼 에탄올 추출물이 유방암 예방 및 전이에 미치는 영향, 동국대학교 난치병한양방치료연구소 손윤희 외 4, 생약학회지(2007. 3. 30)
- 단삼 메탄올 추출물의 항혈전 및 항산화 효과, 계명대학교 전통미생물자원개발 및 산업화연구(TMR) 센터 양선아 외 2, 한국식품과학회지(2007. 2)
- 단삼(丹蔘), 홍화(紅花)가 흰쥐의 뇌혈혈에 미치는 영향, 동신대학교 한의과대학 김방울 외 4, 대한한의학방제학회지(2003. 12. 30)
- 수은으로 유발된 토끼의 신장 기능 손상에 대한 단삼(丹蔘)의 효과, 동국대학교 한의과대학 내과학교실 황영근 외 1, 대한한방내화학회지(2000. 10. 31)
- 단삼(Salvia Miltiorrhiza) 추출물의 암세포 증식 억제 효과에 관한 연구, 고려대학교 의과대학 생화학교실 정국찬 외 4, 한국식품영양과학회지(2000. 8. 30)

단풍나무

논문
- 고로쇠나무 및 당단풍나무 수액의 성분조성, 경상대학교 식품영양학과 정미자 외 4, 한국식품영양과학회지(1995. 12. 30)

달래

특허
- 발효 흑달래환 및 그 제조 방법, 특허공개 10-2010-0009 2980호, 김**

논문
- 한국에 자생하는 달래속 4종의 고도별 분포 특성, 경북대학교 생태환경대학 생태자원응용학부 김경민 외 2, 한국농림기상학회지(2009)
- 식용 식물자원으로부터 활성 물질의 탐색(달래로부터 Galactosyldiglyceride의

분리), 경희대학교 생명공학원 및 식물대사연구센터 백남인 외 5, 생명과학회지(2001. 2. 28)
- Allium속의 Ni, Cu 및 Pb 흡착력, 원광대학교 생명자원과학대학 농화학과 김성조 외 10, 한국식품영양학회지(1996. 9. 30)

달맞이꽃

논문
- 닭고기의 감마지방산 강화에 관한 달맞이꽃종자유의 급여효과, 강원대학교 동물생명공학과 강환구, 한국식품영양과학회지(2007. 6. 30)
- 애기달맞이꽃(*Oenothera laciniata* Hill) 추출물의 생리활성 탐색, (재)제주하이테크산업진흥원 제주생물종다양성연구소 이정아 외 6, 한국식품과학회지(2006. 12)
- LDL 산화에 대한 달맞이꽃의 플라보노이드 추출물의 항산화 활성, 경성대학교 식품공학과 류병호 외 2, 생명과학회지(2002. 6. 29.)
- 7종 야생초의 식용화를 위한 조리 방법에 관한 연구(관능검사를 중심으로), 경기전문대학 식품영양과 이혜정 외 2, 한국식품조리과학회지(1994. 8. 31)
- 돈지, 들깨유 및 달맞이꽃 종자유의 혼합급이가 흰쥐의 간장 및 뇌조직의 지방산 조성에 미치는 영향, 경상대학교 식품영양학과 김성희 외 5, 한국식품영양과학회지(1994. 8. 30)
- 한국산 달맞이꽃 종자유의 산화 안정성에 관한 연구, 성신여자대학교 식품영양학과 표영희 외 2, 한국식품조리과학회지(1989. 12)

닭의장풀

논문
- 당뇨 유발쥐에서 닭의장풀의 혈당 감소 효과와 간조직 내의 Glucose-6-Phosphate Dehydrogenase의 효소활성에 미치는 효과, 서울여자대학교 자연과학대학 생물학과 박수영 외 1, 생약학회지(1994. 9. 30)
- 닭의장풀의 항우식성 -카르볼린 알칼로이드, 충남대 약학대학, 배기환 외 5, 약학회지(1992. 9)
- 닭의장풀 추출액의 혈당 강하 및 효소 활성 변화에 미치는 영향, 서울여자대학교 식품과학과 김옥경 외 2, 생약학회지(1991. 12. 31)

담배풀

특허
- 곱슬머리 웨이브 처리를 위한 천연 식물 원료 추출물, 특허등록 제900011호, 조**
- 식물 추출물을 이용한 살비제 및 제조 방법, 특허등록 제777258호, 고려바이오 주식회사

논문
- ITS 염기서열에 의한 한국산 담배풀속(Carpesium L.)의 계통분류학적 연구, 영남대학교 생명과학과 유광필 외 1, 자원식물학회지(2012. 2. 29)
- 두메담배풀에서 분리한 세포독성 Germacranolide Sesquiterpene Lactone, 충북대학교 약학대학 김미란 외 7, 약학회지(2007.5)
- 긴담배풀로부터 새로운 세포독성 고리아닌디테르펜, 성균관대학교 지옥표 외 4, 약학회지(1999. 4)
- 두메담배풀 및 여우오줌의 테르페노이드 성분 분석 및 생리활성, 충북대 김미란 박사학위논문(2000)
- 담배풀의 성분 및 항암 효과, 충남대학교 이준성 박사학위논문(1997)

담쟁이덩굴

특허
- 담쟁이덩굴 잎 추출물의 제조 방법 및 이러한 방법으로 제조된 추출물, 특허등록 제1095704호, 엥겔하드 아르츠나이미텔 게엠베하 운트 코. 카게(독일)
- 담쟁이덩굴 추출물로부터 분리된 신규 화합물을 유효성분으로 함유하는 염증성 질환의 예방 및 치료용 조성물, 특허등록 제991279호, 경북대학교 산학협력단
- 피지분비 억제용 화장료 조성물, 특허공개 10-2007-0091482호, 주식회사 아모레퍼시픽

논문
- 담쟁이덩굴 추출물과 분획물의 항산화, 항당뇨 및 항염증 효과, 조은경 · 최영주, 한국생명과학회 제23권(2013)
- 담쟁이덩굴 줄기 추출물의 세포 보호 작용과 항산화 활성, 서울과학기술대학교 정밀화학과 나노바이오화장품연구실 화장품종합기술연구소 조나래 외 6, 대한화장품학회지(2012)

● 담쟁이덩굴 에탄올 추출물 첨가에 따른 키토산의 항균 상승 효과, 김민정 외 5, 한국키틴키토산학회지 (2011)
● 안토시아닌과 정서적상태에 대한 효과, 중앙대학교 이경태 박사학위논문 (2011)
● 담쟁이덩굴 열매로부터 추출한 안토시아닌의 항우울증 효과, 이경태 외 5, 한국산림바이오에너지학회(2011)
● 담쟁이덩굴 잎에서 얻은 항산화 카페인산 유도체, 한국과학기술원 Saleem, Muhammad 외 3, 약학회지(2004. 3)
● 담쟁이덩굴의 항산화 방어게의 탐색, 안동대학교 자연과학 생명자원과학부 정형진 외 1, 자원식물학회지(2001. 6. 25)

대나물
특허
● 한방 추출물을 함유한 알레르기 비염 개선용 약학 조성물의 제조 방법, 특허공개 10-2013-0060024호, 전** 외 2
논문
● 인삼 Saponin, 은시호 Saponin 및 계면활성제가 적혈구의 용적변화 및 Fragility 에 미치는 영향, 영남대학교 약학대학 이신웅 외 4, 약학회지(1989. 2. 28)

댑싸리
특허
● 특정 식물추출 혼합물을 함유하는 피부 면역 억제용 피부 외용제 조성물, 특허등록 제900197호, 주식회사 로다멘코스메딕스
● 연잎, 지부자, 지골피 추출물로 구성되는 천연 항균 복합체를 함유하는 어드름 개선용 화장료 조성물, 특허등록 제1039532호, 주식회사 더페이스샵
● 지부자 추출물을 함유하는 마스크 팩 및 이의 제조 방법, 특허등록 제867509호, 김*
● 질염의 예방 또는 치료에 효과가 있는 항균제 조성물과 이를 포함하는 여성용 청결제 조성물, 특허공개 10-2012-0063076호, 콜마비앤에이치 주식회사
논문
● 지부자(地膚子)의 신생혈관 및 염증매개 단백질 발현에 미치는 영향, 경희대학교 한의과대학 예방의학교실 나상혁외 2, 동의생리병리학회지(2006. 6. 25)
● 지부자 활성성분이 D-Galactosamine 투여에 의한 흰쥐의 간 손상에 미치는 영향, 동아대학교 식품영양학과 김나영 외 6, 한국식품영양과학회지(2004. 10. 30)
● 지부자 피부도포가 히스타민 유발 소양감, 홍반, 팽진에 미치는 영향, 경희대학교 대학원 김정신 외 3, 대한한의학회지(2003. 3. 31)

돈나무
특허
● 돈나무 열매 추출물 또는 그것으로 분리한 샤포닌 III A 3를 이용한 마그나포르테 그리세아에 의한 식물병의 방제제 조성물 및 식물병 방제 방법, 특허공개 10-2012-0081363호, 재단법인 제주테크노파크
● 돈나무 열매 추출물 또는 그것으로 분리한 샤포닌 III A 3를 이용한 감귤 또는 고구마 저장병 방제제 조성물 및 감귤 또는 고구마 저장병 방제 방법, 특허공개 10-2012-0053311호, 재단법인 제주테크노파크

동의나물
논문
● 동의나물 뿌리의 saponin에 관한 연구, 윤광로, 생약학회지(1973)

돼지풀
논문
● 돼지풀의 천연화학물질과 수종식물에 미치는 알레로파시 효과, 경남대학교 김해수 박사학위논문(2000)

된장풀
특허
● 한약재를 이용한 방부제의 제조 방법, 특허등록 제1020010083458호, 최은집

등
논문
● 민간약 등나무의 생약학적 연구, 부산대학교 약학대학 배지영 외 1, 생약학회지(2012. 6. 30)

등골나물
논문
● 등골나물 추출물의 항염증 효과, 한림대학교 식품영양학과 이한나 외 4, 한국식품과학회지(2011. 2. 28)

등대풀
논문
● 택칠에서 분리한 Corilagin이 Collagen 유발 관절염에 미치는 영향(II);Corilagin을 투여한 류마티스 관절염 유발 생쥐의 사이토카인 분석, 중부대학교 한약자원학과 신상기 외 2, 자원식물학회지(2008. 8. 30)
● 대극과 식물 등대풀로부터 분리한 가수분해형 탄닌의 tyrosinase 활성 억제 효과, 영남대학 약학대학 김진준 외 6, 약학회지(2001. 4. 30)

등칡
특허
● 관목통 추출물을 포함하는 비만의 예방 또는 치료용 조성물, 특허공개 제 10-2013-0090653호, 한국한의학연구원
논문
● 목통(木通), 천목통(川木通), 관목통(關木通)의 감별 기준, 부산대학교 한의학전문대학원 이금산 외 8, 대한본초학회지(2011. 3. 30)
● 關木通의 毒性에 관한 문헌적 고찰, 서부일 외 1인, 제한동의학술원논문집(2008. 8)
● 목통(木通)과 관목통(關木通)의 형태(形態)에 관한 연구(研究), 민상홍 외 2, 대한본초학회지(2005)
● 목통, 관목통 및 천목통의 급성신부전에 대한 효능 연구, 상지대학교 한의과대학 김진배 외 2, 대한본초학회지(1998. 6. 15)
● 목통 관목통 천목통의 효능에 대한 실험적 고찰, 상지대학교 김진배 석사학위논문(1998)

땅비싸리
논문
● 땅비싸리의 화학성분 및 세포독성, 충북대학교 오갑진 박사학위논문(1999)

때죽나무
특허
● 때죽나무 열매로부터 분리한 신규한 화합물, 이 화합물의 분리방법 및 동 화합물을 포함하는 항진균제, 특허등록 제593560호, 대한민국(관리부서 : 산림청 국립산림과학원장)
● Egonol의 효율적 전합성, 특허등록 제952808호, 한림대학교 산학협력단
● 때죽나무 열매 추출물을 이용한 어류용 천연 마취 조성물 및 어류 운송방법, 특허등록 제1171727호, 전라남도
● 생약 및 자생식물 추출물을 함유하는 지방산 산화 촉진용 조성물, 특허등록 제1007088호, 주식회사 아모레퍼시픽
● 스티락시리그놀리드 A 또는 이의 비당체를 유효성분으로 함유하는 천식의 예방 또는 치료용 조성물, 특허공개 10-2012-0089784호, 한국생명공학연구원
논문
● 때죽나무(Styrax japonica) 수피 추출물의 항암 활성, 권오웅 외 2, 목재공학42권(2014)
● 민간약 때죽나무의 생약학적 연구, 배지영 외 1, 생약학회지(2012. 9.)
● 때죽나무의 부위별 면역 및 항암 활성 비교, 권오웅 외 7, 한국약용작물학회지(2007. 6.)

뚝갈
논문
● 패장(敗醬)의 급성 췌장염 억제 효과, 원광대학교 한의과대학 본초학교실 박성주 외 8, 대한본초학회지(2005. 9)

레몬밤
특허
● 레몬 및 레몬밤을 함유하는 침출차와 액상추출차의 제조 방법 및 그로부터 제조한 침출차와 액상추출차, 특허등록 제899889호, 전** 외 2
● 레몬밤 추출물을 함유하는 신경모세포 분화 촉진용 조성물, 특허등록 제1217710호, 한림대학교 산학협력단

- 레몬밤 정유를 유효성분으로 함유하는 혈당 강하용 조성물, 특허공개 10-2010-0130674호, 고려대학교 산학협력단
- 항헬리코박터 파이로리 건강기능성 식품 조성물, 특허공개 10-2011-0102742호, 한울친환경영농조합법인, 재단법인 대구테크노파크
- 레몬밤, 베르가못, 박하잎, 한련초 및 지구자 추출물을 유효성분으로 함유하는 여드름 예방, 개선 또는 치료용 화장용 조성물, 특허공개 10-2012-0129599호, 이**
- 항균기능을 갖는 방향 종이 및 그 제조 방법, 특허공개 10-2011-0064825호, 주식회사 비이커뮤니케이션즈

논문
- 레몬밤 발효 추출물의 항산화 활성과 성분 분석, 서울산업대학교 자연생명과학대학 정밀화학과 양희정 외 4, 대한화장품학회지(2009)

마디풀

특허
- 건강보조식품과 그 제조 방법, 특허등록 제1213141호, 레스베라트롤 파트너스, 엘엘씨(미국)

논문
- 피부 흡수 증진을 위한 마디풀 추출물 함유 나노에멀젼 제조에 관한 연구, 서울과학기술대학교 정밀화학과, 화장품종합기술연구소 임명선 외 2, 공업화학(2012. 4)
- Ergogenic aid로서 마디풀의 생리활성에 관한 연구 : 운동 및 면역 기능에 미치는 효과, 경북대학교 권대근 박사학위논문(2007)
- 마디풀(*Polygonum aviculare* L.) 성분의 지질과산화억제 및 간 보호에 미치는 효과, 경희대학교 동서의학연구소 최혁재 외 3, 생약학회지(1997. 9. 30)
- 편축 추출물의 항진균 작용에 관한 연구, 서울대학교 의과대학 피부과학교실 김호식 외 1, 한국균학회지(1980. 3. 30)

마름

특허
- 마름 추출물을 포함하는 당뇨병 예방 및 치료용 조성물, 특허등록 제605286호, 학교법인 인제학원
- 항산화 활성을 갖는 마름 추출물을 포함하는 조성물, 특허등록 제706282호, 학교법인 인제학원
- 항균 활성을 갖는 매화마름 물 추출물, 특허등록 제1025289호, 한국생명공학연구원
- 마름 추출물을 포함하는 숙취 해소용 조성물, 특허등록 제1072897호, 하이트진로 주식회사
- 마름 추출물을 유효성분으로 포함하는 화장료 조성물 및 그 제조 방법, 특허공개 10-2012-0129036호, 엔프라니 주식회사

논문
- 마름에서 추출한 cis-Hinokiresinol의 항산작용과 항동맥경화 작용, 경희대학교 생명공학원 및 식물대사연구센터 송명종 외 6, 약학회지(2007. 11)

마삭줄

특허
- 낙석등 건조 추출물의 에틸아세테이트 분획물을 유효성분으로 함유하는 염증성 질환 예방 및 치료용 약제학적 조성물과 상기 분획물의 제조 방법, 특허등록 제1192409호, 신일제약 주식회사
- 야생화 함유 나노유화 화장료 조성물 및 그 제조 방법, 특허공개 10-2010-0092594, 구례군, 주식회사 바이오에프디엔씨

논문
- 낙석등(絡石藤)약침이 Collagen 유발 관절염에 미치는 영향, 세명대학교 부속 충주한방병원 침구과 이태호 외 1, 대한침구학회지(2009. 12. 30)

만수국아재비

논문
- 전라남도 동부지역의 귀화식물 분포 및 관리 방안, 박문수 외 2, 한국자원식물학회지(2011)
- 만수국아재비의 정유 성분 조성, 전북대학교 복지공학연구소 홍철운 외 3, 한국약용작물학회지(2001. 6. 30)

말오줌때

논문
- 제주 자생식물 고압용매 추출물의 통합적 항산화 능력 및 생체내 항산화 효소와의 작용기전, 제주대학교 임상빈, 한국연구재단 연구보고서(2010)
- 말오줌때 지상부의 NO 생성 저해 성분, 서울대학교 전희영 석사학위논문(2006)
- 제주 자생식물 추출물의 생리활성, 제주대학교 현선희 석사학위논문(2007)

말채나무

특허
- 말채나무 건강 음료, 특허공개 10-2008-0034567호(등록료 미납, 포기), 곽**

논문
- 흰말채나무 hydrolysable tannin의 전립선 암세포 증식 억제 활성, 중앙대학교 박관회 박사학위논문(2013)
- 말채나무 열수 추출물의 항산화 및 항비만 활성, 충북대학교 연성호 박사학위논문(2012)
- 말채나무의 항염증 효과, 상지대학교 이상현 석사학위논문(2011)
- 말채나무 추출물의 α-amylase 저해 활성 및 생쥐에 있어서 혈당 강하효과, 강원대학교 임채성 석사학위논문(2002)

망개나무

논문
- HIV-1 단백질분해효소에 미치는 허국 식물의 저해 활동, 충남대학교 약학대학 민병선 외 5, 생약학회지(1998. 12)

매발톱나무

논문
- 매발톱 나무의 뿌리에서 추출된 리그난, 성균관대학교 약학대학 박현봉 외 6, 생약학회지(2009. 3. 31)
- 매발톱나무의 성분에 관한 연구, 대구효성가톨릭대학교 약학대학 이향이 외 1, 생약학회지(1997. 12)
- 매발톱나무의 성분에 관한 연구, 대구가톨릭대학교 약학대학 이향이 박사학위논문(1997)

매자나무

특허
- 매자나무 수피로부터 천연 코니페릴 알코올을 고수율로 분리하는 방법 및 그 단리 성분, 특허등록 제1122100호, 강원대학교 산학협력단
- 면역기능이 증진된 매자나무 추출물의 제조 방법, 특허등록 제1056351호, 이** 외 1
- 젤라틴에 포집된 수용성 매자나무 추출물을 포함하는 나노입자, 그 제조 방법 및 이를 사용한 세포독성 저감방법, 특허등록 제100998534호, 강원대학교 산학협력단
- 허브 조성물로 전립선 상피내 종양을 치료하는 방법, 특허공개 10-2007-0000426호(PCT/US2004/040582), 뉴 챕터 인코포레이티드(미국)
- 옻나무를 함유하는 가축사료 첨가용 조성물, 특허등록 제1058240호, 주식회사 애드바이오텍

논문
- 유산균 발효된 매자나무 추출물이 마우스 혈청 중의 Melatonin 및 Serotonin의 함량에 미치는 영향, 강원대학교 바이오산업공학부 김지선 외 6, 한국약용작물학회지(2011. 4. 30)
- 초고압과 초음파 병행 추출공정을 이용한 국내산 매자나무(Berberis koreana Palibin) 수피의 생리활성 증진, 강원대학교 김영 석사학위논문(2011)
- 건우자, 말채나무 및 매자나무의 세포독성 성분 연구, 성균관대학교 김기현 박사학위논문(2011)
- 유산균 발효를 통한 매자나무 수피부의 항산화 활성 증진, 강원대학교 바이오산업공학부 하지혜 외 6, 한국약용작물학회지(2010. 12. 30)
- 추출 공정별 매자나무 추출물의 항암 활성 비교, 강원대학교 바이오산업공학부 하지혜 외 8, 한국식품과학회지(2010. 4. 30)
- 다양한 매자나무 종의 줄기에 대한 항균 연구, 국립식물자원연구소 Singh, Meenakshi 외 2, 생약학회지(2009. 6. 30)
- 초고압 저온 처리에 의한 매자나무의 면역 활성, 강원대학교 BT 특성화학부대학 김영 외 9, 한국약용작물학회지(2008. 12. 30)
- Berberis tinctoria Lesch 뿌리의 생약학적 평가, Rawat, Ajay Kumar Singh, 생약

학회지(2007. 3)
- Berberis tinctoria 잎 (매자나무과) 추출물이 streptozotocin으로 유발된 당뇨병 쥐의 항당뇨, 항고지혈증, 항산화 상태에 미치는 영향, 경희대학교 한의학연구소 Murugesh, K, Oriental Pharmacy and Experimental Medicine(2006. 12. 31)
- 매자나무과 식물의 Alkaloid 연구(왕매발톱나무의 Alkaloid 성분), 성균관대학교 약학대학, 이용주 외 3, 생약학회지(1971. 3. 15)

맥문동

특허
- 맥문동 추출물을 유효성분으로 포함하는 염증성 질환 치료 및 예방용 조성물, 특허등록 제1093731호, 한국폴리텍특성화대학 산학협력단, 신도산업 주식회사
- 맥문동 추출물을 포함하는 신경성 질환 치료용 조성물, 특허등록 제449245호, 주식회사 내츄로바이오텍
- 도라지, 감초, 맥문동 및 모과 추출물을 함유한 호흡기 질환 예방용 건강음료 조성물, 특허등록 제674603호, 주식회사 티제이네츄럴
- 탈모 원인 물질 생성 억제용 맥문동 추출물 및 이의 조성물, 특허등록 제852263호, 주식회사 뉴젝스
- 맥문동 종자 추출물을 포함하는 미백용 화장료 조성물, 특허등록 제1220494호, 강원대학교 산학협력단
- 맥문동 함유 마스크 팩, 특허등록 제895515호, 꽃뫼영농조합법인
- 맥문동 추출물, 이의 분획물, 또는 이로부터 분리한 화합물을 유효성분으로 포함하는 항염증 활성을 가지는 조성물, 특허공개 10-2012-0068522호, 부산대학교 산학협력단
- 맥문동 종자 추출물을 포함하는 항비만 조성물, 특허공개 10-2012-0037201호, 강원대학교 산학협력단
- 혈당 강하 효능 증진을 위한 맥문동 포제 및 추출방법, 특허공개 10-2011-0041808호, 부산대학교 산학협력단

논문
- OLETF 당뇨 모델 동물을 이용한 맥문동 추출물(LP9M80-H)의 당뇨 질환에 대한 효능, 부산대학교 생명자원과학대학 바이오소재과학과 김지은 외 11, 생명과학회지(2012. 5. 30)
- LPS로 자극된 RAW 264.7 대식세포에서 발효 맥문동 추출물의 항염증 효과, 이현아 외 1, 한국식품영양과학회지(2011. 12. 31)
- 맥문동(Liriope platyphylla)의 새로운 부탄올 추출물인 LP-M이 Akt/ERK NGF receptor signaling pathway를 통해 뇌조직에서 신경세포의 생존과 성장에 미치는 영향에 관한 연구, 부산대학교 생명자원과학대학 바이오소재과학과 남소희 외 10, 생명과학회지(2011. 9. 30)
- 맥문동이 LPS로 유도된 폐 손상에 미치는 영향, 대전대학교 한의과대학 폐계내과교실 이응석 외 4, 동의생리병리학회지(2011. 8. 25)
- HIT-T15 췌장세포의 인슐린 분비 촉진을 유도하는 맥문동(Liriope platyphylla) 추출물의 효능 및 독성 분석, 부산대학교 생명자원과학대학 바이오소재과학과 김지하 외 9, 생명과학회지(2010. 7. 30)
- 간암 세포주 HepG2에 대한 맥문동탕(麥門冬湯) 추출물의 항암 및 항전이 효능, 한국한의학연구원 한약자원연구센터 전명숙 외 7, 대한본초학회지(2009. 9. 30)
- 소엽맥문동(小葉麥門冬)이 NC/Nga 아토피 모델에 미치는 영향, 경희대학교 한의과대학 안이비인후피부과교실 장성은 외 1, 한방안이비인후피부과학회지(2008. 12. 24)
- 생쥐에서 맥문동 에탄올 추출물의 신경친화성 인자 매개 기억증진 특성, 경희동서의학연구소 문정현 외 7, 한국응용약물학회지(2007. 6)
- 맥문동(麥門冬)이 천식유발 cytokine 분비와 호산구 chemotaxis에 미치는 영향, 경희대학교 한의과대학 폐계내과학교실 정해준 외 3, 대한한방성인병학회지(2005. 12. 31)
- 맥문동이 C57BL/6J 생쥐의 Bleomycin 폐섬유화(肺纖維化)에 미치는 영향, 경희대학교 한의과대학 폐계내과교실 이형구 외 3, 대한한방내과학회지(2004. 12. 30)
- 인삼과 맥문동이 흰쥐 뇌와 심장의 field potential에 미치는 영향, 경원대학교 한의과대학 이충열, 동의생리병리학회지(2003. 12. 25)
- 맥문동 열수추출물의 사염화탄소로 유발된 흰쥐의 간 손상에 대한 보호 효과, 대구가톨릭대학교 약학대학 안지윤 외 1, 생약학회지(2003. 6. 30)
- 맥문동 엑스가 고콜레스테롤 식이를 급여한 흰쥐의 지질대사에 미치는 영향, 대구가톨릭대학교 약학대학 김은정 외 4, 생약학회지(2003. 3. 30)
- 맥문동(Liriope platyphylla W. T.) 스테로이드 사포닌의 항암 활성, 한국응용생명화학회(1998. 8. 31)

맨드라미

특허
- 황색포도상구균 유래 질병의 예방 또는 치료용 조성물, 특허공개 10-2011-0011460호, 대한민국(관리부서 : 농림수산식품부 농림수산검역검사본부)

논문
- 맨드라미 추출물의 피부 생리활성 및 화장품에의 응용에 관한 연구, 건국대학교 표영희 박사학위논문(2009)
- 맨드라미 에탄올 추출물이 항산화 및 항노화 작용에 미치는 효과, 오산대학교 피부미용과 표영희 외 3, KSBB Journal(2008)

먼나무

특허
- 먼나무 잎으로부터 분리된 신규 화합물 및 이의 항산화 용도, 특허공개 10-2012-0135448호, 중앙대학교 산학협력단
- 먼나무 잎 추출물 또는 이로부터 분리된 페닐프로파노이드게 화합물을 유효성분으로 포함하는 항균 조성물, 특허공개 10-2012-0092763호, 중앙대학교 산학협력단
- 유효성분으로 포함하는 아토피 피부염의 예방 또는 치료용 조성물, 특허공개 10-2012-0071841호, 중앙대학교 산학협력단

멀구슬나무

특허
- 천연물로부터 분리한 신규 리모노이드(LIMONOID)성 항종양물질, 특허등록 제112032호, 한국화학연구원
- 벼멸구 방제용 멀구슬 열매 추출 조성물, 특허공개 10-2009-0045957호, 전라남도
- 꽃매미 방제제 조성물 및 이의 제조 방법과 이를 이용한 방제방법, 특허공개 10-2012-0060585호, 주식회사 오비티
- 인도산 멀구슬나무엽 추출물을 유효성분으로 함유하는 패혈증 또는 내독소혈증의 예방 및 치료용 조성물, 특허공개 10-20120139413호, 원광대학교 산학협력단

논문
- 흰쥐에서 멀구슬나무(Melia azedarach Linn.) 다양한 추출물의 정자형성억제와 항안드로겐 활성, 경희대한의학연구소 Oriental pharmacy and experimental medicine(2003)
- 약용식물의 암세포 다제내성 조절 활성 검색, 생명공학연구소 김세은 외 5, 생약학회지(1997. 12)
- 천련자(川楝子) 성분이 간 기능에 미치는 영향에 관한 연구(Melianone과 28-deacetyl sendanin의 약물 대사효소계 및 담즙 분비에 미치는 영향, 경성대학교 약학대학 김부생 외 3, 생약학회지(1996. 3.)

멀꿀

논문
- 감마선 조사가 황근과 멀꿀의 발아, 생육 및 변이 유발에 미치는 영향, 박재옥 외 6, 원광대학교 생명자원과학연구소 생명자원과학연구(2010. 1.)
- 멀꿀의 화학성분과 생리활성, 박윤점 외 9, 한국자원식물학회지(2009. 10)

며느리배꼽

특허
- 며느리배꼽 추출물을 함유하는 항균용 화장료 조성물, 특허공개 10-2012-0023949호, 서울과학기술대학교 산학협력단

논문
- 국내 자생 자원식물들의 항산화 활성 검색, 세명대학교 자연약재과학과 양윤정 외 3, 자원식물학회지(2011. 2. 28)
- 며느리배꼽 추출물의 항균 작용과 성분 분석, 김선영 외 2, 한국미생물생명공학회지(2010)
- 며느리배꼽 추출물의 항산화 활성, 안유진 외 8, 대한화장품학회지(2009)

명아주

특허
- 흰명아주로부터 분리한 항바이러스성 단백질 CAP30, 특허등록 제270927호, 대한민국(농촌진흥청)
- 지렁이 제조에 사용하기 위한 명아주풀의 재배 방법, 특허등록 제284705호, 조**

논문
- 명아주(Chenopodium album Linne)가 위염과 위암세포 성장에 미치는 효과,

김빛나 외 1, 한국응용약물학회지(2011. 10. 30)
- 국내 약용 및 식용식물 중 항종양활성 식물 탐색, 건국대학교 농업생명과학대학 정일민 외 4, 한국약용작물학회지(1999. 3. 31)
- 명아주의 이뇨 작용이 후로세마이드의 작용에 미치는 영향, 숙명여자대학교 약학대학 김태희 외 2, 생약학회지(1985. 9. 30)

모감주나무

논문
- 사람 섬유육종세포에서 모감주나무 추출물에 의한 기질금속단백분해효소의 발현 억제, 전남대학교 정순주 박사학위논문(2009)

모란

특허
- 모란의 향취를 재현한 향료 조성물, 특허등록 제986894호, 주식회사 아모레퍼시픽
- 가축병 치료제와 축산에서 성장 촉진 활성을 갖는 모란속 식물과 그 추출물의 용도, 특허공개 10-2007-0044442호, 인데스 에스피아(이탈리아)
- 변기 세정용 건조 항균 티슈 페이퍼, 특허공개 10-2012-0033815호, 코웨이 주식회사
- 목단피 내 파에오놀의 정제 방법, 특허공개 10-2006-0084083호, 경북대학교 산학협력단
- 모란 뿌리, 상지 및 호이초 추출물의 혼합물을 포함하는 미백 화장료, 특허공개 10-2002-0094349호, 주식회사 코리아나화장품

논문
- 목단피(牧丹皮)가 손상된 성상신경세포의 CD81 및 GFAP의 발현에 미치는 영향, 원광대학교 한의과대학 내과학교실 문성진 외 3, 대한한방내과학회지(2009. 3. 31)
- 모란 열매의 자유라디칼 소거, 우석대학교 약학대학 이사임 외 7, 생약학회지(2008. 9)
- VEGF의 VEGF 수용체로의 결합에 미치는 목단 추출물의 억제 효과, 한경대학교 이성진 외 1, 생약학회지(2007. 6)
- 말타아제와 수크라제에 미치는 모란(*Paeonia suffruticosa*) 추출물의 억제 효과, 한경대학교 경기연구센터 이성진 외 1, 생약학회지(2005. 9)
- 목단피(牧丹皮)가 천식(喘息) 유발 cytokine 분비와 호산구 chemotaxis에 미치는 영향, 경희대학교 한의과대학 폐계내과학교실 문성훈 외 3, 대한한방내과학회지(2005. 3. 30)
- 모란(*Paeonia suffruticosa*)의 뿌리 껍질로부터의 쥐 패혈증에 대한 보호 성분, 연변대학 약학대학 Li, Gao 외 7, 약학회지(2004. 11)
- 목단피의 세포독성 물질, 충남대학교 약학대학 주보연 외 6, 한국약용작물학회지(2004. 6. 30)
- 목단피 추출물의 혈당 강하 효과, 호서대학교 자연과학대학 박선민 외 7, 한국식품과학회지(2004. 6)
- 목단피로부터 멜라닌 생성 억제성분의 분리, 영남대학교 약학대학 이승호 외 4, 약학회지(1998. 8. 31)

모시대

특허
- 제니를 주성분으로 한 한약 음료의 제조 방법, 특허등록 제173383호, 임**
- 원적외선 조사 모시대를 함유한 다식 및 그 제조 방법, 특허등록 제1150709호, 경기대학교 산학협력단
- 모시대액으로 숙성한 노린내 제거 양고기의 제조 방법, 특허공개 10-2011-0003930호, 주식회사 태성오앤씨

논문
- 모시대의 면역 활성 탐색 및 모시대 분말 첨가 현미다식의 품질 특성, 혜전대학 식품영양과 김애정 외 4, 한국식품영양과학회지(2009. 5. 29)
- 모시대(*Adenophora remotiflora*) 추출물의 휘발성 성분 및 항산화 활성, 덕성여자대학교 자연과학대학 식품영양학과 김성향 외 3, 한국식품과학회지(2007. 4.)
- 한국산 식용 및 약용식물의 섭취가 당뇨 유발 흰쥐의 혈당, 글리코겐 및 단백질 농도에 미치는 영향(고본, 누룩치, 모시대 및 산초를 이용하여), 덕성여자대학교 자연과학대학 식품영양학과 임숙자 외 2, 한국영양학회지(2003. 12. 31)
- 제니와 사삼중의 유리당 함량 및 효능에 관한 비교연구, 대학교 한의과대학 안덕균 외 1, 대한본초학회지(1993. 7. 10)

목련

특허
- 목련으로부터 세사민의 분리 방법, 특허등록 제1024043호, 대한민국(관리 부서 : 산림청 국립산림과학원장)
- 퇴행성 중추신경계 질환 증상의 개선을 위한 목련 추출물을 함유하는 기능성 식품, 특허공개 10-2005-0111257호, 대한민국(관리 부서 : 산림청 국립산림과학원장), 충북대학교 산학협력단
- 일본목련 열매 추출물을 포함하는 항암제 조성물, 특허공개 10-2012-0000243호, 한림대학교 산학협력단

논문
- 목련(木蓮)의 줄기 껍질로부터의 세포독성 화합물, 대구가톨릭대학교 약학대학 민병선 외 2, 생약학회지(2008. 6)
- LPS로 활성화된 복강 대식세포에서 신이 추출물의 염증성 사이토카인 및 NO 억제 효과, 원광대학교 한의과대학 본초학교실 김도윤 외 3, 동의생리병리학회지(2007. 8. 25)
- 신이(辛夷)로부터 멜라닌 생성 억제 물질의 분리, 영남대학교 약학대학 허광화 외 7, 생약학회지(2004. 6. 30)
- 일본목련의 수피 및 열매로부터 분리된 구성성분의 항 혈소판 효과, 서울대학교 생약연구소 최미경 외 2, 약학회지(2002. 6)
- 신이향이 mouse의 유도경련에 미치는 영향, 동국대학교 한의과대학 신경정신과학교실 신용현 외 1, 동의신경정신과학회지(1999)

목서

논문
- 차광률이 상록활엽수 4수종의 생장특성 및 광합성에 미치는 영향, 최수민 등 한국인간식물환경학회지(2012)
- 인간 결장암 세포주, HCT-116 성장을 저해하는 금목서 꽃으로부터 분리한 24-Ethylcholesta-4, 24(28)-dien-3, 6-dione, 경희대학교 이도경 외 8, 한국응용생명화학회지(2011. 4. 30)
- β-Secretase 활성을 저해하는 금목서 꽃에서 추출된 secoiridoid glycoside, 경희대학교 이동경 외 7, 한국응용생명화학회지(2010. 6. 30)

목화

특허
- 게르마늄 목화 재배 방법과 이를 이용한 기능성 의복류, 침구류, 장신구류 제조용 게르마늄 목화솜 제조 방법, 특허등록 제1073441호, 박**

논문
- 목화 부위별 추출물의 암 세포주 증식 억제 효과, 동신대학교 한의과대학 본초학교실 문경일 외 3, 대한본초학회지(2006. 3)
- 목면화가 Monosodium Urate로 유발된 백서의 통풍에 미치는 영향, 대전대학교 한의과대학 신계내과학교실 채은영 외 2, 대한한방내과학회지(2005. 6. 30)
- 목화(*Gossypium hirsutum* L.)로부터 GST(glutathione S-transferase)의 복제과 발현, 강원대학교 농업생명과학대학 강원희 외 5, 한국약용작물학회지(2002)
- 목화의 미성숙 다래 추출물의 항종양활성, 서울대학교 약학대학 박정일 외 6, 약학회지(1999. 2. 27)
- 목화의 미성숙 목화송이로부터 수용성 알코올 추출물의 항종양 작용, 이화여자대학교 최정진 외 7, 약학회지(1998. 6)

무궁화

특허
- 유효생리활성 물질이 함유된 무궁화차 제조 방법, 특허공개 10-1995-0021506호, 최종 거절
- 무궁화주의 제조 방법, 특허공개 10-1995-0023656호, 최종 거절

논문
- 자외선을 조사한 인간의 피부 섬유 아세포(HDFCs)에서 무궁화 Syriacusins의 피부 노화 방지 효과, 생명공학연구소 류인자 외 6(2010. 7. 31)
- 토양산도가 무궁화의 생장 및 화색에 미치는 영향, 국립산림과학원 산림유전자원부 박형순 외 5, 자원식물학회지(2006. 2. 28)
- 3적단심계 무궁화 품종간 교배차대묘의 엽 특성 변이, 국립산림과학원 산림유전자원부 조윤진 외 4, 자원식물학회지(2006. 2. 28)
- 무궁화 품종내의 flavonoid 성분분포에 관한 연구, 강원대학교 농업생명과학대학 유기억 외 2, 자원식물학회지(1996. 12. 30)

무릇

논문

- 무릇 복용 후 발생한 부식성 식도염, 임은주 외 6, 대한헬리코박터연구학회지 (2011)
- 무릇(*Scilla sinensis* Merr.)과 산부추(*Allium thunbergii* G. Don)의 식물화학적 성분 및 약리 활성에 관한 연구, 성균관대학교 박종혁 박사학위논문(2010)
- 암세포에 대한 식물 추출물의 세포 외 기질 접착저해 활성, 한국생명공학연구원 이상명 외 , 생약학회지(2000. 12. 30)
- 무릇(*Scilla scilloides* (Lindl.) Druce)의 비늘줄기와 지상부, 중의무릇(*Gagea lutea* (L.) KerGawl.)

무환자나무

특허

- 무환자나무로부터 사포닌을 정제하는 방법, 무환자나무의 디클로로메탄 분획물 및 이를 포함하는 모발 화장료 조성물, 특허등록 제1087734호, 전라남도

논문

- 무환자(無患子)나무 종자의 성분에 관한 연구, 경상대학 식품가공학과 김명찬 외 2, 한국식품과학회지(1977. 1. 31)

문주란

특허

- 노르갈란타민 화합물을 유효성분으로 함유하는 탈모 방지 및 발모 개선용 조성물, 특허등록 제1037235호, 제주대학교 산학협력단, 충남대학교 산학협력단

미나리아재비

논문

- 미나리아재비에 의한 자극 피부염 1예, 신현진 외 4, 대한피부과학회지(2006)
- 미나리아재비에 의한 자극성 접촉 피부염 1례, 김재원 외 3, 대한천식알레르기학회(1994)

미선나무

특허

- 미선나무 향취를 재현한 향료 조성물, 특허공개 10-2010-0060760호, 주식회사 엘지생활건강
- 미선나무 꽃 침출주 및 그의 제조 방법, 특허공개 10-2012-0094616호, 양**

논문

- 미선나무 잎 추출물의 항산화 및 산화적 DNA 손상 억제 활성, 중원대학교 한방산업학부 박재호, 대한본초학회지(2011. 12. 30)

미역줄나무

논문

- 미역줄나무 추출물이 인간신경세포 SH-SY5Y에서 신경보호효과, 조선대학교 최봉석 석사학위논문(2008)
- 미역줄나무의 항암 활성에 관한 연구, 국군벽제병원 한방과 박완수, 동의생리학회지(2005. 4. 25)
- 알레르기에 대한 미역줄나무의 물 추출물의 효과, 원광대학교 한의과대학 변종호 외 6, 대한본초학회지(2003. 6. 30)
- 미역줄나무(*Tripterygium regelii*)의 항암 활성에 관한 연구, 경희대학교 박완수 석사학위논문(1997)
- 미역줄나무의 Tripterregeline A, B 및 C 세스퀴터펜 알칼로이드, 서울대학교 생약연구소 한병훈 외 2, 약학회지(1989. 12)

미역취

논문

- 곰취(*Ligularia fischeri*), 미역취(*Solidago virga-aurea*), 삼나물(*Aruncus dioicus*) 복합 추출물의 항염증 효과, 대구경북한방산업진흥원 김동희 외 5, 생명과학회지(2011. 5. 30)
- 마우스 악성흑색종세포에서 울릉도 곰취, 미역취, 삼나물 추출물의 멜라닌 생성 억제 효과, 대구경북한방산업진흥원 김동희 외 5, 생명과학회지(2011. 2. 28)
- 미역취(*Solidago virga-aurea* var. *gigantea* Miq.) 뿌리 추출물이 MC3T3-E1 조골세포의 활성과 분화에 미치는 영향, 계명대학교 전통미생물자원개발 및 산업화연구센터, 박정현 외 3, 한국식품영양과학회지(2005. 8. 30)
- 미역취 뿌리 추출물이 성장기 흰쥐의 골대사에 미치는 영향, 계명대학교 식품

가공학과 이지원 외 3, 생명과학회지(2005. 4. 30)

밀몽화

특허

- 항인플루엔자 바이러스제 및 그것을 포함하는 조성물과 음식물, 특허등록 제1165592호, 가부시키가이샤 롯데(일본)
- 죽상경화증 예방 및 치료용 약학 조성물, 특허공개 10-2008-0087954호, 한국한의학연구원
- 밀몽화 추출물을 포함하는 피부 미백 활성을 갖는 조성물, 특허공개 10-2010-0028202호, 닥터후 주식회사

논문

- HK-2 세포에서 indoxyl sulfate로 유도된 세포 증식 억제에 대한 밀몽화의 효과, 원광대학교 한의과대학 병리학교실 박형권 외 3, 동의생리병리학회지(2012. 8. 25)
- 고지방 식이로 유도된 당뇨병성 죽상경화 마우스 모델에서 밀몽화의 효능 연구, 원광대학교 한의학전문대학원 황선미 외 8, 대한본초학회지(2009. 12. 30)

바위돌꽃

특허

- 홍경천 추출물, 홍경천 분획물, 이로부터 분리한 플라보노이드계 화합물, 이의 유도체 화합물 또는 이의약학적으로 허용 가능한 염을 유효성분으로 함유하는 바이러스 질환의 예방 및 치료용 약학적 조성물, 특허등록 제999872호, 한국생명공학연구원
- 혈당 조절용 조성물, 특허등록 제1147913호, 씨제이제일제당 주식회사
- 홍경천 추출물을 포함하는 미백 조성물, 특허등록 제445404호, 주식회사 웰스킨
- 홍경천 추출물 표면처리 화장료용 무기안료, 특허등록 제505816호, 주식회사 엘지생활건강
- 홍경천을 포함하는 기능성 청국장 가루, 조말형 매주 및 그의 제조 방법, 특허등록 제969849호, 주식회사 경희매니지먼트컴퍼니 외 3
- 홍경천의 세포 현탁배양 배지 및 방법 및 그로부터 얻어진 홍경천 세포를 함유하는 사료 첨가제 및 사료, 특허등록 제834049호, 황*
- 참돌꽃의 면역 활성을 갖는 유효성분의 추출 방법, 특허공개 10-2010-0095309호, 강원대학교산학협력단, 주식회사 그래미
- 소취제 및 이를 함유하는 식품 및 소취 조성물, 특허등록 제545382호, 가부시키가이샤 롯데홀딩스, 롯데제과주식회사
- 돌꽃속의 촉성 재배 방법, 특허등록 제510097호, 이**
- 홍경천 부정근의 대량 생산 방법, 특허등록 제1098884호, 재단법인 제주테크노파크
- 홍경천의 알콜 추출물을 유효성분으로 포함하는 강장제, 특허공개 10-2001-0074414호, 김**
- 홍삼을 이용한 홍경천 발효물의 제조 방법 및 그 발효물을 포함하는 피로 회복 및 운동능력 향상용 조성물, 특허공개 10-2013-0060388호, 한국식품연구원
- 항산화 활성 및 DNA 손상 억제 활성 물질로서의 홍경천 포도씨 추출물, 특허공개 10-2004-0092952호, 한남대학교 산학협력단
- 홍경천을 이용한 항당뇨 복합 조성물, 특허공개 10-2008-114456호, 한국국제대학교 산학협력단
- 관절염 치료제의 제조 방법 및 그에 의해 제조된 관절염 치료제, 특허공개 10-2010-0092176호, 김**
- 성기능 강화에 효과적인 건강보조식품 및 이의 제조 방법, 특허공개 10-2006-0114484호, 백**

논문

- 홍경천이 뇌조직내출혈 흰쥐의 뇌부종과 Matrix Metalloproteinase 발현에 미치는 영향, 경희대학교 동서의학대학원, 류사현 외 4, 대한본초학회지(2011. 12. 30)
- 홍경천(*Rhodiola rosea*) 유래의 항산화 플라보놀 배당체인 로디오신, 한국생명공학연구원, 권형준 외 8, 한국응용생명화학회지(2009. 10. 31)
- 기내배양을 통한 홍경천(*Rhodiola sachalinensis*)의 부정근 생산, 강원대학교 산림자원학부 배기화 외 2, 자원식물학회지(2009. 8. 30)
- 홍경천의 면역활성이 증진된 용매별 분획 추출물, 강원대학교 BT특성화학부대학 하지혜 외 12, 한국약용작물학회지(2009. 6. 30)
- 홍경천의 면역증진 효능에 대한 연구, 경원대학교 한의과대학 본초학교실, 김정열 외 1, 대한본초학회지(2008. 12. 30)
- 홍경천이 강제유영 흰쥐의 항피로 및 시상하부 IEGs 발현에 미치는 영향, 경희대학교 동서의학대학원 신경과학 및 뇌 질환교실 류사현 외 4, 대한본초학회지

(2008. 12. 30)
- 초고압 공정에 의한 홍경천의 독성 감소 및 항암 활성 증진, 강원대학교 BT특성화학부대학 김철희 외 4, 한국약용작물학회지(2007. 12. 30)
- 추출 공정 다변화를 통한 홍경천의 항암 활성 증진 효과, 강원대학교 바이오산업공학부 김철희 외 7, 한국약용작물학회지(2006. 12. 30)
- 홍경천 섭취와 운동수행이 비만 쥐의 인슐린 민감도와 골격근내 당수송 관련 단백질 발현에 미치는 영향, 한국체육대학교 스포츠의학실 오재근 외 3, 한국영양학회지(2006. 6. 30)
- 홍경천의 흰쥐 일시적 국소뇌허혈에 대한 신경방어효과, 경희대학교 동서의학대학원 부영민 외 5, 대한본초학회지(2004. 6. 30)
- 홍경천(Rhodiola rosea Root)의 항암 효과에 대한 연구, 경원대학교 한의과대학 본초학교실 김정열 외 2, 대한본초학회지(2006. 3)
- 홍경천 추출물의 항산화성, 항돌연변이성 및 세포독성 효과, 강원대학교 바이오산업공학부 최승필 외 2, 한국식품영양과학회지(2003. 3. 29)
- 사람 면역결핍바이러스 타입 1 단백질분해효소 활성에 미치는 한국 식물자원의 억제 효과, 순천대학교 한약자원학과 한의학연구소 박종철, Oriental Pharmacy and Experimental Medicine(2003. 2)

바위취

특허
- 모란뿌리, 상지 및 호이초 추출물의 혼합물을 포함하는 미백 화장료, 특허공개 10-2002-0094349호, 주식회사 코리아나화장품

논문
- 화장품 첨가 성분으로서의 바위취(Saxifraga stolonifera) 추출물에 관한 연구, 건국대학교 윤미연 박사학위논문(2008)
- 바위취 추출물의 항산화와 미백 효과, 중앙대학교 허선정 석사학위논문(2006)
- HIV-1 프로테아제 활성에 저항하는 한국 약용식물 메탄올 추출물의 억제 효과, 순천대학교 한약자원학과 박종철 외 2, 한국약용작물학회지(2003. 11)

박새

특허
- 두발화장품 조성물, 특허등록 제121919호(등록료 불납 소멸), 주식회사 엘지화학

논문
- 박새 유래 스틸벤화합물의 티로시나아제 저해 활성분석 및 효소적 전환에 의한 저해 활성 개선조절 연구, 서울대학교 김동현 박사학위논문(2004)

박주가리

논문
- 박주가리 지상부로부터 Flavonol Glycoside 성분의 분리, 이소영 외 2, 생약학회지(2012)
- 박주가리의 강정활성과 재배 방법 연구 및 이를 활용한 강정용 건강식품 개발, 홍석산, 한국식품연구원(2003)

박하

특허
- 털산박하 추출물을 유효성분으로 함유하는 항산화 및 미백용 화장료 조성물, 특허등록 제967617호, 재단법인 제주테크노파크
- 박하 추출물의 화장 용도, 특허등록 제978545호, 로레알(프랑스)
- 향신료와 니코틴과 카페인을 첨가한 금단현상 치료보조용 건조 박하 잎 권련, 실용신안등록 제237401호(등록료 불납 소멸), 김**

논문
- 박하의 in vivo 생리활성, 농촌진흥청 작물과학원 이승은 외 4, 한국약용작물학회지(2005. 12. 30)
- 박하의 in vitro 항산화 활성, 농촌진흥청 작물과학원 이승은 외 7, 한국약용작물학회지(2005. 12. 30)
- 몇 가지 항생제-내성 streptococcus pneumoniae 균주에 대한 박하에서 얻은 필수유의 활성과 항생제와의 결합 효과, 덕성여자대학교 약학대학 최성희 외 1, 생약학회지(2007. 6)
- 薄荷의 抗酸化 효능에 대한 연구, 경원대학교 정광회 박사학위논문(2005)
- 신경교 성상세포의 세포자감사에 있어서 박하 오일의 효과, 원광대학교 한의과대학 신경정신과학교실 이성률 외 1, 동의신경정신과학회지(1999. 12. 30)

- 박하의 항알레르기 활성, 우석대학교 약학대학 김대근 외 1, 생약학회지(1998. 9. 30)

배롱나무

특허
- 신품종 배롱나무 변종 식물, 특허등록 제1176953호, 한국원자력연구원
- 배롱나무의 단기 생산 방법, 특허등록 제1093169호, 김동일

논문
- 한국약용식물의 최종당화산물 생성저해 활성 검색, 한국한의학연구원 이윤미 외, 생약학회지(2008. 9. 30)

백량금

논문
- 백량금의 화장품 원료로서의 특성, 이대우 외 4, 대한화장품학회지(2006)

백령풀

논문
- 백령풀(Diodia teres)에서 분리된 파이토케미칼 성분, 우석대학교 약학대학 이재혁 외 5, 약학회지(2004. 1)

백부자

특허
- 특정 식물 추출물을 함유하는 미백 화장료 조성물, 특허등록 제529776호, 오**

논문
- 백부자의 추출물이 자외선 B조사에 의한 기니피그 피부의 tyrosinase-related proteins 발현에 미치는 영향, 동의대학교 한의과대학 한의학과 이상복 외 4, 동의생리병리학회지(2008. 4. 25)
- 백부자산(白附子散)이 자외선 조사된 피부 손상과 색소침착에 미치는 영향, 동국대학교 한의과대학 안이비인후피부과학교실 김지훈 외 1, 한방안이비인후피부과학회지(2008. 4. 25)
- 추출용매 비에 따른 백부자 추출물의 항균 효과 및 항산화 효과, 상주대학교 식품공학과 윤소정 외 5, 한국응용생명화학회 농화학회지(2005. 9. 30)
- 백부자 뿌리 내 Higenamine 거울상이성질체의 고성능 액체크로마토그래피 분석, 서울대 천연물과학연구소 정규순 외 2, 생약학회지(2000. 3)
- 가공과 비가공 백부자 뿌리로부터 Higenamine 추출의 비교, 삼육대학교 약학과 이숙연 외 3, 생약학회지(1999. 12)

백운풀

특허
- 면역기능 증강 및 항암 활성 의약 조성물, 특허등록 제711977호, 경희대학교 산학협력단
- 이리도이드 배당체를 함유하는 항산화제 및 약학적 조성물, 특허등록 제811864호, 경희대학교 산학협력단
- 백화사설초 및 영지버섯 추출물을 함유하는 기능성 조성물, 특허등록 제597711호, 주식회사 알앤엘내츄럴
- 어솔릭산 및 올레아놀릭산을 함유하는 관절염 예방 및 치료용 조성물, 특허등록 제1084105호, 주식회사 알앤엘바이오
- 백화사설초 추출물을 함유하는 피부 외용제 조성물, 특허등록 제466862호, 주식회사 아모레퍼시픽
- 백화사설초의 재배 방법, 특허등록 제653898호, 도**
- 백운풀 추출물을 유효성분으로 포함하는 비만 예방 및 치료용 조성물, 특허공개 10-2013-0020226호, 경북대학교 산학협력단
- 백화사설초 추출물을 포함하는 뇌암 치료용 조성물 및 건강 기능성 식품, 특허공개 10-2012-0092269호, 주식회사 한국전통의학연구소 외 2
- 백화사설초 추출물을 함유하는 여드름 및 탈모 개선용 피부 외용제 조성물, 특허공개 10-2012-0099915호, 주식회사 아모레퍼시픽
- 간 질환 및 HIV 치료용의 신규한 약초 조성물, 특허공개 10-2004-0043092호(PCT/US2001/032605), 우즈-생(대만) 외 1
- 식물추출물을 함유하는 돼지설사병 예방용 사료 첨가제, 특허공개 10-2009-0001181호, 주식회사 알앤엘내츄럴

논문
- 백화사설초가 ovalbumin으로 유도된 천식 동물 모델에서 Eosinophil의 수, IgE 및 IL-4에 미치는 영향, 대구한의대학교 한의학과 김상찬 외 1, 대한본초학회지

(2005. 6)

- 백운풀(Hedyotis diffusa)의 화학적 성분과 약리활성, 충남대학교 농업생명과학대학 식품가공과 Xu, Bao-Jun 외 1, 생약학회지(2005. 3)
- 식중독유발 세균의 증식에 미치는 백화사설초 추출물의 영향, 계명대학교 식품영양학과 배지현, 한국식품영양과학회지(2005. 1. 29)
- 국내산 백화사설초 전초와 뿌리의 항암 효과, 경희대학교 동서의학대학원 종양학 실험실 이효정 외 7, 동의생리병리학회지(2004. 6. 30)
- 국내산 백화사설초 전초 및 뿌리 메타놀층의 면역조절 효과, 경희대학교 동서의학대학원 이은옥 외 4, 동의생리병리학회지(2004. 4. 25)
- 중국 및 국산 백화사설초의 항암 활성과 지표물질 연구, 경희대학교 동서의학대학원 이효정 외 4, 동의생리병리학회지(2003. 8. 25)
- 백운풀(Hedyotis diffusa Wild)의 항산화 성분, Permana, Dharma 외 7, 생약학회지(2003. 3)
- 간세포의 산화적 손상에 대한 백화사설초의 항산화 효과, 동국대학교 한의과대학 내과학교실 김형환 외 6, 대한한방내과학회지(2002. 3. 30)

백합나무

논문
- 바이오에탄올 생산을 위한 백합나무 칩의 동시당화발효 및 Response Surface Method를 이용한 옥살산 전처리 조건 탐색, 서울대학교 농업생명과학대학 산림과학부 김혜연 외 3, 목재공학(2011. 1)

뱀무

특허
- 3,4,5-트리히드록시벤즈알데히드를 유효성분으로 포함하는 고지혈증 및 MMP 과다활성으로 인한 혈관 질환 예방 및 치료용 조성물, 특허등록 제891881호, 대한민국(농촌진흥청장)

논문
- 뱀무로부터 테르페노이드 및 페놀성 성분의 분리, 서울대학교 약학대학 천연물과학연구소 연민혜 외 5, 생약학회지(2012. 6. 30)

버드나무

특허
- 뽕나무와 버드나무를 주재료로 한 건강 음료의 제조 방법과 이에 의해 제조된 건강 음료, 특허등록 제826672호, 이**
- 항염 및 피부 자극 완화 효과가 있는 울금, 시호 및 버드나무의 고체 발효 혼합 추출물을 함유한 화장료 조성물, 특허등록 제999283호, 보령메디앙스 주식회사 외 1
- 버드나무로부터 분리한 미생물을 이용한 발열용 우드펠릿의 제조 방법, 특허등록 제1138424호, 주식회사 엔베스텍
- 고온성 미생물을 이용하여 유기성 폐기물로부터 퇴비를 제조하는 방법, 특허공개 10-2013-0071956호, 박**
- 버드나무 추출물, 그 용도 및 그것을 함유하는 제제, 특허공개 10-2008-0031273호, 인데나 에스피아(이탈리아)

논문
- 한국산 버드나무속(Salix) 식물의 DNA barcode marker 변이 연구, 대구대학교 진봄비 석사학위논문(2011)
- 버드나무 추출물과 트라넥사민산 배합 세치제의 치은염 예방에 관한 연구, 경희대학교 오필선 박사학위논문(2006)

범꼬리

특허
- 생약재 추출물을 함유하는 피부 외용제 조성물, 특허등록 제968746호, 주식회사 아모레퍼시픽

논문
- 범꼬리(Bistorta manshuriensis)의 식물화학적 구성물에 관한 연구, 성균관대학교 약학대학 장상욱 외 5, 생약학회지(2009. 12. 31)
- 권삼의 성분, 강원대학교 약학대학 최소영, 생약학회지(2000. 12. 30)

범부채

특허
- 사간 추출물을 함유하는 화장료 조성물, 특허등록 제638055호, 주식회사 코리아나화장품

- 범부채 추출물을 이용한 돌피의 생장 촉진 방법 및 이 방법을 적용한 중금속 오염 토양의 정화 방법, 특허등록 제928013호, 이화여자대학교 산학협력단
- 고온-고압 용매추출을 이용하여 범부채 근경으로부터 텍토리딘 및 텍토리게닌을 추출하는 방법, 특허등록 제856486호, 한국과학기술연구원
- 사간, 청피, 지유, 사상자, 오미자 추출물을 함유하는 무좀, 습진 예방 및 치료용 조성물, 특허등록 제564225호, 주식회사 엘지생활건강
- 붓꽃과 식물로부터의 추출물과 제제 및 텍토리게닌의 약제로서의 용도, 특허공개 10-2004-0005959호, 소망화장품주식회사

논문
- 사간 물 추출물의 항염증 효과, 원광대학교 한의과대학 본초학교실 박성주 외 1, 동의생리병리학회지(2010. 6. 25)
- HT22 세포에서 glutamate-유발 산화적 손상에 대한 범부채의 세포 보호 활성, 원광대학교 정길성 외 5, 생약학회지(2007. 6)
- 혈소판-활성화인자(PAF) 수용체 결합에 미치는 생약의 억제 효과, 경북대학교 농업생명과학대학 강영화, 생약학회지(2005. 9)
- 범부채(Belamcanda chinensis) 근경의 플라보노이드, 서울대학교 생약연구소 정화숙 외 1, 약학회지(1991. 12)

벚나무

특허
- 벚나무잎 유래 제니스테인 및 그 유도체인 제니스틴을 유효성분으로 하는 효소보호제 및 항노화제용 조성물, 특허공개 10-2004-0005113호, 대한민국(부산대학교 총장), 주식회사 샘타코 바이오코리아

논문
- 왕벚나무의 IFN-γ로 자극한 사람 HaCaT 케라틴세포의 STAT1-신호경로 조정에 의한 염증성 chemokines, MDC와 TARC 억제 효과, 제주대학교 의학전문대학원 강경진 외 7, 한국응용약물학회지(2008. 12. 31)
- 몇몇 약용식물의 혈당저하 효과와 콜레스테롤 저하에 대한 사전 조사, 부산수산대학교 최재수 외 2, 생약학회지(1990. 6. 30)
- 벚나무의 면역억제 활성 연구, 서울대학교 생약연구소 한병훈 외 1, 생약학회지(1978. 12. 15)

벽오동

특허
- 피 대용차의 제조 방법, 특허등록 제275292호, 주**
- 미용수 제조 방법, 특허공개 10-2003-0008479호, 주식회사 가릭솔
- 항산화제 제조 방법 및 그 방법에 따른 항산화제, 특허공개 10-2003-0039228호, 주식회사 가릭솔

논문
- 벽오동(碧梧桐) Firmiana platanifolia의 성분연구, 덕성여자대학교 김재완 외 3, 약학회지(1969. 9)

병꽃나무

논문
- HT29 세포 내 TNF-α-유도 IL-8 생산에 미치는 병꽃나무(Weigela subsessilis) 잎과 줄기 성분의 억제 효과, 충남대학교 약학대학 Thuong, Phuong Thien 외 7, 약학회지(2005. 10)
- 병꽃나무 잎의 성분에 관한 연구, 강원대학교 원희목 박사학위논문(2003)

병풀

특허
- 피부 탄력 증가와 피부 노화 억제 효과를 갖는 원지, 길경, 병풀을 함유한 화장료 조성물 및 그 추출물 제조 방법, 특허등록 제451387호, 주식회사 나우코스
- 병풀 유래의 담마레네디올 합성효소 유전자 및 이의 용도, 특허등록 제1174490호, 대한민국(농촌진흥청장)
- 키토산을 이용한 병풀의 면역 증진용 성분의 식용 나노입자 및 그 제조 방법, 그 나노입자를 함유한 식품, 특허등록 제1143363호, 강원대학교 산학협력단
- 아임계수를 이용한 병풀로부터의 아시아틱산과 아시아티코사이드의 추출 및 분리 방법, 특허등록 제984531호, 한국과학기술연구원
- 디팔미토일 하이드록시프롤린을 함유하는 튼살 완화용 화장료 조성물, 특허등록 제1009013402호, 주식회사 아모레퍼시픽
- 병풀 식물체의 배양 방법, 특허등록 제449810호, 안** 외 2
- 병풀 모상근으로부터 아시아티코사이드의 생산 방법, 특허등록 제952959호,

전남대학교 산학협력단
- 인삼 엑기스와 병풀 엑기스를 이용한 여드름 치료제의 제조 방법, 특허등록 제1026550호, 씨제이 주식회사
- 항균성을 가지는 기능성 직물과 그 제조 방법, 특허등록 제726409호, 재단법인 대구경북과학기술원

논문
- 한국산 피막이속(*Hydrocotyle* L.) 식물의 분자계통학적 연구, 영남대학교 이과대학 생명과학과 최경수 외 1, 자원식물학회지(2012. 8. 29)
- 초음파 병행을 통한 병풀의 미백 및 자외선 차단 활성 증진 효과, 강원대학교 바이오산업공학부 하지혜 외 5, 한국약용작물학회지(2010. 4. 30)
- 병풀의 정량 추출물의 하이드로겔의 제제와 약리 활성, 서울대학교 약학과 홍순선 외 3, 약학회지(2005. 4)
- 병풀 잎에서 triterpene glycosides의 시기별 함량 변화, 전남대 생물학과 김옥태 외 7, 한국약용작물학회지(2002. 12. 31)

병풍쌈(병풍취)

논문
- 산나물류의 식품 화학적 성분과 전자 공여능, 강원대학교 바이오산업공학부 이진하 외 10, 한국약용작물학회지(2011. 4. 30)
- 한국 산채류 8종 추출물의 폴리페놀 함량분석 및 Peroxynitrite 소거 효과, 상지대학교 제약공학과 누그로호 아궁 외 7, 생약학회지(2011. 3. 31)
- 한반도 식물구계에 따른 자생 병풍쌈과 어리병풍의 분포와 개체군의 생태학적 특성, 중앙대학교 금영화 박사학위논문(2010)
- 병풍쌈 추출물의 Caffeoylquinic Acid 성분 분석과 Peroxynitrite 소거 효과, 상지대학교 제약공학과 박희준 외 6, 생약학회지(2009. 12. 31)

보리장나무

특허
- 뜰보리수 과실 추출물을 유효성분으로 함유하는 항산화, 항염 및 미백용 조성물, 특허등록 제780893호, 대구한의대학교 산학협력단
- 천식 개선을 위한 건강 식품 조성물 및 그 제조 방법, 특허등록 제755728호, 이** 외 1
- 보리수 와인 및 그 제조 방법, 특허등록 제1024981호, 양평군
- 보리수 열매를 이용한 기능성 식초 및 식초음료의 제조 방법, 특허공개 10-2012-0074838호, 거제시농업기술센터

논문
- 민간약 보리수나무의 생약학적 연구, 부산대학교 약학대학 이창훈 외 2, 생약학회지(2011. 3. 31)

보춘화

특허
- 난과식물로부터 얻어지는 추출물 및 그의 제조 방법 및 난과식물로부터 얻어지는 추출물을 함유하는 피부 외용제, 특허공개 10-2011-0009652호, 가부시키가이샤 니찌레이 바이오사이언스

논문
- Ethyl-methane-sulfonate(EMS) 처리에 의한 춘란 잎 돌연변이 품종의 개발, 제주대학교 생명자원과학대학 생명공학부 신윤호 외 7, 자원식물학회지(2011. 2. 28)
- 한국의 자생 난과식물에서 난균근균(蘭菌根菌) 분리, 한국교원대학교 대학원 이상선 외 2, 한국균학회지(1997. 6. 30)

봄맞이

논문
- Saponin류의 진보된 NMR기법을 이용한 구조 확인 및 애기봄맞이(*Androsace filiformis* Retz.)의 항암 활성 saponin에 관한 연구, 성균관대학교 박성훈 박사학위논문(2011)

봉선화

논문
- 봉선화 내에 함유된 레톡시나프타퀴논의 미백활성에 미치는 영향, 대전대학교 한의학연구소 노석선 외 1, 대전대학교 한의학연구소 논문집(2012. 8. 20)
- 봉선화 추출물의 막성신증(膜性腎症)에 대한 치료효과, 중부대학교 한방제약과학과, 위경 외 4, 대한본초학회지(2011. 12. 30)

부채선인장

특허
- 선인장 진액의 추출방법 및 선인장 진액을 추출하여 미용비누를 제조하는 방법, 특허등록 제526759호, 김**
- 선인장 추출물을 함유하는 비독성, 항산화 및 항비만 활성을 가지는 건강식품 조성물과 이의 제조 방법, 특허등록 제1139262호, 영농조합법인 선인장연구회
- 손바닥 선인장, 오리나무, 갈근 및 헛개나무의 복합생약 추출물을 함유하는 숙취 해소용 조성물, 특허등록 제608456호, 주식회사 네추럴에프앤피
- 천년초선인장 발효액과 이를 이용한 식품, 특허등록 제666283호, 라** 외 1
- 손바닥 선인장을 이용한 버섯균사체의 대량배양 및 그 버섯균사체, 특허등록 제586326호, 문** 외 1
- 천년초 선인장 발효조성물을 주성분으로 하는 한방 화장품 제조 방법, 특허등록 제1209380호, 함**
- 동결건조된 선인장 열매의 제조 방법, 특허등록 제341773호(소멸, 등록료 불납), 제일동건산업 주식회사
- 선인장 열매(백년초) 김치 및 제조 방법, 특허등록 제330748호, 권**

논문
- 천년초선인장으로부터 분리한 페놀성 화합물의 생리활성 효과, 호서대학교 식품생물공학과 이경석 외 1, 한국식품영양과학회지(2010)
- 제주 손바닥선인장의 초음파 추출을 통한 면역활성 증진, 강원대학교 BT특성화학부 권민철 외 6, 한국약용작물학회지(2008. 2. 29)
- 손바닥선인장 분말로부터 추출된 항균물질의 특성, 마산대학교 뷰티케어학부 김해남 외 3, 생명과학회지(2007. 7. 30)
- 손바닥선인장(*Opuntia humifusa*) 발효액의 화학적 성분과 자궁경부암 세포주에 대한 항암작용, 서울대학교 협동과정 농업생명공학 최화정 외 2, 한국식품영양과학회지(2005. 12. 30)
- 부채선인장 종의 기능성 생리활성, 제주대학교 수의학과 신태권 외 7, Oriental Pharmacy and Experimental Medicine(2004. 12. 31)
- 병원성 식중독 미생물에 대한 천년초 선인장 추출물의 항균 활성, 호서대학교 식품생물공학과 이경석 외 2, 한국식품영양과학회지(2004. 10. 30)
- Alloxan 및 Streptozotocin 유도 당뇨모델 동물에서 손바닥 선인장의 혈당강하 효과, 경희대학교 식품영양학과 신지은 외 4, 생약학회지(2003. 3. 30)
- 손바닥선인장 열매 및 줄기 추출물의 생리활성(III)-흰쥐의 알코올성 고지혈증에 미치는 영향, 경성대학교 약학대학 이정규, 생약학회지(2002. 9. 30)
- 쥐 내 위손상에 미치는 선인장 Saboten 줄기의 효과, 서울대학교 생약연구소 이은방 외 2, 약학회지(2002. 2)
- 손바닥선인장(*Opuntia ficus-indica*)의 라디칼 활성, Tyrosinase 억제 활성, 항알레르기 활성 검색, 제주대학교 화학과 윤진석 외 4, 생약학회지(2000. 12. 30)
- 생쥐 피질세포배양에서 Free Radical 유발 신경손상에 대한 손바닥선인장 및 삼백초의 보호효과, 제주대학교 수의학과 위명복, 약학회지(2000. 12. 30)
- 손바닥선인장(제주도 기념물 35호) 추출물이 면역계세포의 활성화에 미치는 영향, 제주대학교 농과대학 수의학과 문창종 외 8, 생명과학회지(2000. 8. 31)
- 선인장의 약리 작용에 대한 연구 : 소염효과에 대한 확인, 숙명여자대학교 약학대학 박은희 외 2, 약학회지(1998. 2)
- 손바닥선인장의 성분 특성, 한국식품개발연구원 이영철 외 3, 한국식품과학회지(1997. 10. 30)

부처꽃

특허
- 충치 및 치주질환에 유효한 구강용 조성물, 특허등록 제163119호, 신**
- 인슐린 민감성 강화제 및 항당뇨병제로서의 식물 추출물, 특허공개 10-2011-0056278호, 피터. 덱사메디카(인도네시아)

논문
- 부처꽃으로부터 추출된 갈산의 Radical Scavenging활동, 원광대학교 Bhatt, Lok Ranjan 외 3, 동의생리병리학회지(2008. 8. 25)
- 다양한 잡초로부터 생리활성 물질의 탐색, 고려대학교 자연자원대학 강병화 외 6, 한국응용생명화학회지(1996. 10. 31)
- 털부처꽃 뿌리 추출물의 단회투여가 급성 알코올 투여 흰쥐의 간기능에 미치는 영향, 국립원예특작과학원 이승은 외 7, 한국약용작물학회지(2012)

붓순나무

특허
- 붓순나무 묘목 재배 방법, 특허등록 제107114호, 대한민국(관리 부서 : 산림청

국립산림과학원장)

논문
- 상록활엽수 정유성분의 GC/MS 분석, 한림대학교 식품영양학과 임순성 외 5, 지원식물학회지(2008. 8. 30)

블루베리

특허
- 항산화기능을 갖는 블루베리 음료 프리믹스 조성물의 제조 방법, 특허등록 제1220135호, 주식회사 카페베네
- 블루베리를 이용한 생선 가공방법 및 그 가공방법에 의해 제조된 간생선, 간고등어, 특허등록 1184914호, 이리수산시장 주식회사 외 1
- 블루베리 유래의 친환경성 방오제, 특허등록 제659538호, 신**
- 천연안토시아닌 염료의 제조 방법, 특허등록 제485032호, 김**
- 상황버섯균사체 발효 블루베리 추출물의 비만 억제 또는 치료 용도, 특허공개 10-2012-0040890호, 주식회사 금황바이오

논문
- 블루베리 잎의 영양성분 분석 및 항산화 활성, 태평양제약 분석연구팀 정희록 4, 한국식품저장유통학회지(2012. 8. 30)
- 국내산 블루베리의 품종별 성분 분석 및 반응표면 분석법을 이용한 잼 제조, 한국원자력연구원 정읍방사선과학연구소 방사선식품생명공학연구실 조원준 외 8, 한국식품영양과학회지(2010. 2. 27)
- 블루베리(Vaccinium corymbosum L.) 유래 효소 추출물의 항산화성, 제주대학교 식품공학과 전유진 외 2, 생명공학회지(2006. 2. 28)

비누풀

특허
- 천연 원료를 이용한 물비누, 특허등록 제987344호, 박**

논문
- Saponin 함유 식물 추출물의 첨가가 반추위 발효성상과 메탄생성에 미치는 영향, 농촌진흥청 국립축산과학원 옥지운 외 10, 한국동물자원과학회지(2011. 4.)
- 한국 미기록 귀화식물인 노랑도깨비바늘(Bidens polylepis S.F.Blake)과 비누풀 (Saponaria officinalis L.), 이유미 외 4, 식물분류학회지(2010. 12)

비목나무

논문
- 고지방식이 흰쥐에서 비만 감소를 유도하는 비목나무 추출물, 경희한의학연구센터 안미정 외 6, Oriental Pharmacy and Experimental Medicine(2010. 12. 31)

비비추

특허
- 옥잠화의 향취를 재현한 향료 조성물, 특허공개 10-2011-0042524호, 주식회사 아모레퍼시픽

논문
- 약용식물 추출물에 의한 면역세포 산화질소 생성, 경희대학교 생명공학원 서진숙 외 6, 한국약용작물학회지(2009. 06. 30)
- 한국자생비비추의 세포유전학적 분석, 삼육대학교 생명과학과 김현희 외 4, 한국약용작물학회지(2004. 11)

비자나무

특허
- 간세포 보호활성을 나타내는 비자나무의 수피로부터 분리한 다이벤질부틸락톤 리그난 유도체 및 이를 유효성분으로 함유하는 간세포 보호 및 간 질환 치료용조성물, 특허등록 제459088호, 재단법인 서울대학교 산학협력재단
- 비자나무의 미성숙 열매 또는 종자 추출물을 함유하는 화장료 조성물, 특허등록 제1155714호, 주식회사 아모레퍼시픽
- 비자나무 유래 추출물을 포함하는 항미생물제 조성물 및 방부제 조성물, 특허등록 제1089751호, 재단법인 제주테크노파크
- 신규 아비에탄 디터페노이드계 화합물 및 이를 유효성분으로 함유하는 심장순환계 질환의 예방 및 치료용 조성물, 특허등록 제575273호, 한국생명공학연구원
- 항균 세정제 조성물, 특허공개 10-2011-0057310호, 주식회사 아모레퍼시픽

논문
- 비자(Torreya nucifera) 추출물의 생리활성, 주식회사 정문 한방생명자원연구소 전호성 외 2, 한국식품영양과학회지(2009. 1. 31)

- 한국산 비자중의 스테롤 성분에 관한 연구, 서울대학교 약학대학 정보섭 외 1, 약학회지(1978. 6. 31)
- 비자의 구충성분에 관한 연구, 김낙두, 약학회지(1966. 10. 30)

비타민나무

특허
- 비타민 나무의 잎을 이용한 차 및 그 제조 방법, 특허등록 제968597호, 녹차원 주식회사 외
- 비타민나무 발효 추출물을 함유하는 화장료 조성물, 특허공개 10-2011-0089580호, 코스맥스 주식회사
- 비타민나무 줄기로부터 베타-시토스테롤을 분리하는 방법 및 상기의 방법에 의해 분리된 비타민나무 줄기의 베타-시토스테롤을 포함하는 항염활성 조성물, 특허공개 10-2011-0049252호, 강원도

논문
- 비타민 나무(사극)의 페놀성 성분 분석, 세명대학교 한방식품영양학부 이선아 외 3, 생약학회지(2010. 12. 31)
- 비타민나무(Seabuckthorn, Hippophae rhamnoides L.) 부위별 추출물의 생리활성 비교, 강원도 농업기술원 농산물이용시험장 박유화 외 6, 한국식품영양과학회지(2010. 7. 31)
- 비타민나무(Hippophae rhamnoides L.) 줄기로부터 항염 활성 물질 β-Sitosterol의 분리, 강원도 농업기술원 농산물이용시험장 박유화 외 6, 한국식품영양과학회지(2010. 7. 31)
- 중국 사극(Hippophae)의 건강과 관련된 항종양 효과에 대한 연구의 현황, 연변농업대학교 김수철 외 2, 자원식물지(2000. 5)

뻐꾹채

논문
- 다양한 약용식물 추출물의 사람 정상폐세포에 대한 방사선-보호 효과, 건국대학교 동물자원연구센터 이경호 외 2, 생약학회지(2002. 12)

뽀리뱅이

논문
- 뽀리뱅이 전초로부터 분리한 Sesquiterpene 배당체, 한국화학연구원 김미리 외 8, 생약학회지(2010. 6. 30)
- 뽀리뱅이의 세포독성 트라이테르펜 하이드로퍼옥사이드 성분, 성균관대학교 약학대학 천연물약품화학연구실 이원빈 외 4, 약학회지(2002. 2. 28)
- 뽀리뱅이 전초로부터 Isoamberboin과 Isolipidiol의 분리, 경상대학교 농과대학 농화학과 장대식 외 5, 생약학회지(2000. 9. 30)
- 지질다당류-유도 RAW264.7 세포 내 종양 괴사인자 생성에 미치는 한방의 억제 효과, 주식회사 대웅제약 연구개발센터 조재열 외 7, 생약학회지(1999. 3)

뽀뽀나무

논문
- Asimina triloba 씨앗으로부터 세포독성 Annonaceous Acetogenin으로서의 2,4-cis- 및 trans-isoannonacin, 대구효성가톨릭대학교 약학대학 김달환 외 3, 생약학회지(1998. 12. 31)

뽕나무

특허
- 유효성분으로 질산은 및 뽕나무 추출물을 함유하는 염모제용 조성물 및 이의 제조 방법, 특허등록 제1108253호, 광덕신약 주식회사
- 정제 상백피 추출물의 제조 방법 및 이를 함유하는 미백 화장료, 특허등록 제122094호, 주식회사태평양
- 뽕나무의 잎, 줄기, 뿌리 껍질 및 열매를 이용한 막걸리의 제조 방법, 특허등록 제1170551호, 농업회사법인 상상팜랜드 주식회사
- 뽕나무 잎 분말의 제조 방법, 특허등록 제438931호, 미나토 세이야쿠 가부시키가이샤(일본)
- 뽕나무 열매 씨앗 추출물을 함유하는 항산화, 항당뇨 및 항노화 활성 조성물, 특허공개 10-2012-0031800호, 농업회사법인 주식회사 상로 외 1
- 상백피 추출물을 유효성분으로 포함하는 다중약물내성 억제용 조성물, 특허공개 10-2012-0124151호, 경희대학교 산학협력단
- 상백피 추출물을 포함하는 췌장암 치료용 조성물 및 건강 기능성 식품, 특허공개 10-2012-0122429호, 주식회사 한국전통의학연구소 외 2

- 상백피에서 단리된 화합물의 용도, 특허공개 10-2012-0111771호, 동화약품 주식회사
- 뽕나무 열매 추출물을 함유하는 아세틸콜린에스테라제 억제용 조성물, 특허공개 10-2011-0119983호, 순천대학교 산학협력단
- 오디 발효 추출물을 유효성분으로 함유하는 통풍의 예방 또는 치료용 조성물, 특허공개 10-2011-0051545호, 한국생명공학연구원
- 혈당 강하제의 제조에서 뽕나무 가지로부터 얻은 유효 알칼로이드 분획물의 사용, 특허공개 10-2010-00084617호, 인스티투트 오브 마타리아 메디카, 차이니즈 아카데미 오브 메디칼 사이언스(중국)

논문
- 상황버섯(Phellinus linteus) 균사체로부터 항보체 활성 다당류의 정제 및 특성, 국제뇌교육종합대학원대학교 뇌교육학과 서호찬, 한국균학회지(2012. 6. 30)
- 상황버섯 열수 추출물의 항산화 활성과 식후 혈당 상승 억제 효과, 한남대학교 식품영양학과 최황용 외 5, 한국식품영양학회지(2012. 6. 30)
- A549 인체폐암세포에서 상백피 메틸렌클로라이드 추출물에 의한 Apoptosis 및 Autophagy 유발, 동의대학교 한의과대학 병리학교실 박신형 외 3, 동의생리병리학회지(2010. 12. 25)
- 뽕나무에서 분리한 Steppogenin과 Oxyresveratrol의 효모 α-Glucosidase의 억제 효과, 정산생명공학연구소 진화승 외 1, 약학회지(2010. 10. 31)
- 상백피 추출물의 항산화 활성 및 미백 효과, 중부대학교 화장품과학과 지선옥, 자원식물학회지(2009. 4. 30)
- 뽕나무(Morus alba) 잎 추출물의 멜라닌농축 호르몬-1 수용체(MCH-1)의 길항 작용, 한국화학연구원 화학물질연구부 오병구 외 9, 생약학회지(2009. 3. 31)
- 뽕나무 추출물의 유전독성 및 돌연변이원성, 강원대학교 바이오산업공학부 진효주 외 4, 한국약용작물학회지(2005)
- 뽕잎 추출물이 Zucker Rat의 체지방 축적에 미치는 효과, 순천향대학교 식품영양학과 김순경 외 3, 한국식품영양과학회지(2001. 6. 30)
- 두 가지 오디 씨의 기능성 성분과 생물학적 활성의 비교, 대구가톨릭대학교 식품영양학과 김은옥 외 6, 한국식품영양과학회지(2010. 6. 30)
- 상황버섯 균사체 추출물의 면역 증진 효능, 순천향대학교 산학협력단 이병의 외 5, 생약학회지(2012. 6. 30)
- 뽕나무버섯부치(Armillaris tabescens)의 자실체에서 추출한 조다당류의 생쥐 Sarcoma 180에 대한 항암 및 면역 증강 효과, 인천대학교 생물학과 이건우 외 2, 한국균학회지(2007. 12. 31)
- 뽕나무버섯 추출액이 대식세포 및 자연살해(NK) 세포 활성에 미치는 효과, 박병우 외 8, 대한한의학회지(2004. 12. 30)
- 뽕나무(Morus alba) 가지로부터의 항산화 화합물, 충남대학교 약학대학 나민권 외 5, 생약학회지(2002. 12.)
- 뽕나무와 꾸지뽕나무의 수피 수용성 추출물이 콜레스테롤 함유식이 투여 흰쥐의 지질농도 및 과산화지질 농도에 미치는 영향, 동아대학교 생명자원과학부 차재영 외 1, 한국식품과학회지(2001. 1.)
- 뇌조직의 산화적 스트레스 및 세포막 유동성에 미치는 뽕잎 추출물의 영향, 부경대학교 식품생명공학부 최진호 외 6, 생명과학회지(2000. 8. 31)
- 뽕나무 근피로부터 분리한 폴리사카라이드의 면역조절 능력, 생명공학연구소 김환묵 외 6, 약학회지(2000. 6.)
- 뽕나무(Morus alba)와 꾸지뽕나무(Cudrania tricuspidata)의 수용성 추출물에 의한 항산화 활성, 동아대학교 생명자원과학부 김현정 외 3, 한국응용생명화학회(2000. 5. 31)
- 뽕나무 잎으로부터 항산화성 플라보노이드, 성균관대학교 약학대학 김성열 외 5, 약학회지(1999. 2.)
- 상백피에서 추출한 단백질 분해 효소의 특성, 충남대학교 농화학과 권순경 외 2, 한국식품영양학회지(1998. 10.)
- 상백피 첨가에 따른 숙육의 연화와 관능적 특성, 우송공업대학 식품영양과 박상욱 외 1, 한국식품영양학회지(1998. 10.)
- 뽕나무에서 추출한 단백질 분해효소의 특성, 배화여자전문대학 전통조리과 윤숙자 외 2, 한국식품조리과학회지(1997. 12. 30)

사람주나무
특허
- 전복 젓갈 또는 소라 젓갈의 제조 방법, 특허공개 10-2013-0054672호, 김**
논문
- 한국약용식물의 최종당화산물 생성저해 활성 검색, 한국한의학연구원 한의융합연구본부 당뇨합병증연구센터 정일하 외 5, 생약학회지(2009. 12. 31)

- 사람주나무 종실유의 화학적 조성, 경상대학교 삼림과학부 최명석 외 2, 한국약용작물학회지(2000. 9. 30)
- 사람 케라틴세포에서 tert-Butyl Hydroperoxide-유도 산화스트레스에 대한 여러 약용식물의 보호 효과, 영남대학교 약학대학 나민권 외 4, 생약학회지(2008. 12. 31)

사랑초
논문
- 사랑초의 미백 효과에 관한 연구, 숙명여자대학교 김명옥 석사학위논문(2010)

사상자
특허
- 사상자에서 토릴린의 제조 방법 및 그 토릴린이 함유된 항류마티스, 소염진통제, 특허등록 제172136호, 이**
- 성장 촉진제, 특허등록 제502389호, 주식회사 엘지생명과학
- 갱년기 또는 폐경기 증상의 예방 또는 완화용 식물성 에스트로겐 조성물, 특허등록 제1087608호, 주식회사 내츄럴엔도텍
- 사간, 청피, 지유, 사상자, 오미자 추출물을 함유하는 무좀, 습진 예방 및 치료용 조성물, 특허등록 제564225호, 주식회사 엘지생활건강
- 줄기세포 생존능 및 증식능 개선용 조성물, 특허등록 제1168994호, 박**
- 사상자 추출물을 함유하는 피부 미백용 조성물, 특허등록 제854116호, 주식회사 케이티앤지 외 1
- 사상자의 추출물을 포함하는 포자형 미생물의 포자 살균용 조성물, 특허등록 제619146호, 씨제이 주식회사
- 발모 촉진용 리포좀 베이스, 그를 포함한 발모 촉진용 화장료 조성물 및 그를 이용한 생약 성분의 흡수율 향상방법, 특허등록 제482694호, 주식회사 태평양
- 디아실 코에이:글리세롤 아실트랜스퍼라제 저해 활성을 갖는 사상자 추출물, 이의 용매 분획물 또는 이로부터 분리된 화합물을 포함하는 조성물, 특허등록 제1069418호, 한국생명공학연구원
- 건선 치료용 약제 제조를 위한 벌사상자 열매의 전체 쿠마린의 용도, 특허등록 제1016680호, 양 리핑(중국)
- 사상자 추출물을 함유하는 면역 증강용 조성물, 특허등록 제1129984호, 원광대학교 산학협력단
- 사상자 추출물을 유효성분으로 하는 비만개선용 식품 조성물, 특허등록 제1134251호, 남**
- 사상자 추출물을 유효성분으로 하는 숙취 해소용 식품조성물, 특허등록 제1076596호, 남**
- 복합 생약 추출물을 유효성분으로 포함하는 성기능 개선용 조성물, 특허공개 10-2009-0013956호, 경희대학교 산학협력단
- 질염의 예방 또는 치료에 효과가 있는 항균제 조성물과 이를 포함하는 여성용 청결제 조성물, 특허공개 10-2012-0063076호, 콜마비앤에이치 주식회사
- 사상자 추출물을 함유하는 피부 가려움증 완화용 조성물, 특허공개 10-2001-0081417호, 주식회사 엘지생활건강
- 사상자 추출물을 포함하는 뇌암 치료용 조성물 및 건강 기능성 식품, 특허공개 10-2012-0084121호, 주식회사한국전통의학연구소 외 2
논문
- 사상자에서 분리한 Torilin에 의한 hKv1.5 채널 전류의 차단, 전북대학교 의학전문대학원 강윤권 외 7, 약학회지(2006)
- 사상자(Torilis japonica)로부터의 구아이언 세스퀴터페노이드와 사람 암세포주에 미치는 세포독성 효과, 우석대학교 박혜원 외 6, 약학회지(2006)
- 대식세포 활동을 위한 필수 요소에 관한 사상자의 영향, 동의대학교 한의과대학 박세봉 외 1, 한방안이비인후피부과학회지(2000)
- 사상자 중 Torilin의 분리 및 진통소염 작용, 서울대학교 천연물과학연구소 조성익 외 4, 생약학회지(1999. 6. 30)
- 사상자의 항염증 작용, 숙명여자대학교 약학대학 김상미 외 2, 생약학회지(1998. 12. 31)
- 사상자 물 추출물의 혈액 응고 작용, 선경인더스트리 생명과학연구소 김환수 외 3, 약학회지(1995. 2. 28)

사스레피나무
논문
- 한국산 한약재(생약) 추출물의 알도즈 환원효소 억제 효능 검색과 꽃개오동의 수정체 혼탁 억제, 한국한의학연구원 한약제제연구부 이윤미 외 7, 생약학회지

(2008. 9. 30)
* 한국 식물의 메탄올 추출물의 알도오스환원효소 저해 활동, 서울대학교 천연물과학연구소 정상훈 외 5, 생약학회지(2003. 3)

사철나무

특허
* 기능성 화장품 및 그의 제조 방법, 특허등록 제871423호, 김**

논문
* 민간약 사철나무잎의 생약학적 연구, 부산대학교 약학대학 배지영 외 2, 생약학회지(2011. 12. 31)
* 사철나무의 알칼로이드 성분, 숙명여자대학교 류재하 외 7, 약학회지(1997. 10. 31)
* 혈압강하제 국산 자원생약의 개발에 관한 연구(사철나무 수피의 가토 혈압에 미치는 영향), 조선대학교 약학대학 생약학교실 정명현 외 1(1975)

산당화

특허
* 산당화 추출물을 함유하는 화장료 조성물, 특허등록 제961761호, 주식회사 코스트리

산박하

논문
* 산박하를 포함한 제주 식물로부터 기능성 화장품 원료 개발, 제주대학교 부희정 박사학위논문(2008)

산비장이

논문
* 산비장이(*serratuls coronate var. insularis Kitamura*)를 이용한 직물의 천연염색, 경북대학교 천연염색학과 황보수정 외 2, 한국잠사학회지(2006)
* 식물자원으로부터 Angiotensin Converting Enzyme 저해 활성 탐색, 강원대학교 바이오산업공학부 윤정식 외 6, 한국약용작물학회지(2003)

산수국

특허
* 떫지 않은 간장게장의 제조 방법, 특허등록 제869403호, 백석문화대학 산학협력단
* 감로차 잎의 추출물을 함유하는 음식물, 특허공개 10-1996-0030798호, 롯데제과주식회사

논문
* 활성거식세포 내 산화질소 합성에 미치는 약초의 저해활동, 숙명여자대학교 약학대학 이화진 외 3, 생약학회지(2005)
* Hydrangea chinensis(산수국속)로부터의 화학적 성분, Khalil, Ashraf Taha 외 7, 약학회지(2003. 1)

산앵도나무

논문
* 산앵도(*Vaccinium koreanum*) 잎 유래 화합물들의 Aldose Reductase 및 혈전응집에 미치는 효과, 서울대학교 약학대학 천연물과학연구소 주화균 외 4, 생약학회지(2003. 12. 30)
* 산앵도나무(*Vaccinium koreanum*) 잎으로부터의 페놀화합물, 동덕여자대학교 약학대학 주화균 외 4, 생약학회지(1999. 3)
* 산앵도나무 잎의 Aldose 환원효소 억제 작용 성분에 관한 연구, 동덕여자대학교 주화균 박사학위논문(1998)

산자고

논문
* 산자고 자생지의 생육특성 및 토양요인간 상관 모형, 충청북도수목 산야초연구센터, 유주환 외 2, 자원식물학회지(2006. 2. 28)
* 산자고(山慈姑)의 기원에 관한 서지학적 연구, 원주대학교 한의과대학 이희석 외 1, 대한한의학회지(1986. 10. 10)

삼나무

특허
* 남성 피부 개선용 화장료 조성물, 특허등록 제1141802호, 주식회사 아모레퍼시픽

삼지닥나무

특허
* 닥나무를 포함하는 천연나무 추출물을 함유하는 피부 미백용 조성물, 특허공개 10-2012-0003267호, 주식회사 아모레퍼시픽

논문
* Pectinase를 생산하는 Bacillus sp. BS-214의 분리 및 특성, 일본 동경대학 분자세포생물학연구소 전병삼 외 5, 생명과학회지(2000)

삼채

특허
* 삼채를 포함하는 김치제조용 양념 조성물, 이의 제조 방법 및 이를 포함하는 김치, 특허등록 제1294654호, 이** 외 1
* 삼채분말이 함유된 가금류용 사료 조성물의 제조 방법, 특허공개 10-2012-0117708호, 전**

새모래덩굴

특허
* Tiliacora racemosa로부터의 Diphenylbisbenzylisoquinoline 알칼로이드, Tiliacorine을 이용한 몇 가지 약리적 연구, 중앙의약품실험실 Khasnobis, Arnab 외 5, 생약학회지(1999. 9.)

생강나무

특허
* 생강나무로부터 퀘세틴-3-0-알파-람노사이드 및 캠페롤-3-0-알파-람노사이드의 분리 방법 및 그것의 항산화 또는 간 보호 용도, 특허등록 제1081601호, 고려대학교 산학협력단

논문
* 생강나무 추출물의 약리 작용, 우석대학교 이용재 박사학위논문(2011)
* 체내 외 실험에서 생강나무 추출물의 항혈소판과 항혈전 활성, 한화제약 이정옥 외 3, 한국응용약물학회지(2010)
* 생강나무(Lindera obtusiloba Blume) 잎 70% 에탄올 추출물의 단회와 14일 반복 투여 독성시험의 안전성 평가, 고려대학교 생명과학대학 식품공학부 홍충의 외 10, 한국식품영양과학회지(2009. 10. 31)
* 생강나무 추출물의 알레르기성 염증 반응 억제 효과, 경북대학교 의과대학 김상현 외 2, 생약학회지(2009. 9. 30)
* 생강나무 추출물의 광노화에 의한 주름 형성 억제 효과, 박금주 외 2, 대한화장품학회지(2009)
* 생강나무 추출물의 항산화 활성과 미백 효과, 경희대학교 약학대학 위생약학 및 독성학실 방채영 외 4, 약학회지(2008. 10. 31)
* 생강나무의 뇌신경 세포 보호 활성 성분, 서울대학교 김순한 석사학위논문(2008)
* 식물 정유성분(생강나무꽃과 초피나무잎)이 항생제 내성균주 Staphylococcus aureus SA2의 성장에 미치는 영향, 경성대학교 약학대학 문경호 외 3, 약학회지(2004. 2. 28)
* 생강나무(Lindera obtusiloba BL.) 추출물의 항산화제 및 항균 활성에 관한 연구, 안동대학교 박정서 박사학위논문(2003)

생달나무

특허
* 아보카도 나무 접붙이기, 특허공개 10-2012-0052136호, 원**
* 난대수종 및 산림수종의 천연향료를 함유하는 향수제조 방법 및 그 향수 조성물, 특허공개 10-2012-0001111호, 전라남도

생열귀나무

논문
* 생열귀나무의 항 HIV-1 protease 작용과 생체 내 과산화지질생성 저해 효과, 정선생열귀영농조합법인 김석남 외 3, 생약학회지(2000. 9. 30)
* 생열귀나무 삽목 시 발근과 뿌리 생장에 미치는 삽수종류, 생장조절물질 및 상토의 효과, 홍천군 농업기술센터 이화영 외 4, 자원식물학회지(2000. 8. 25)

석곡

특허
* PPAR 작용 조절 질환의 예방, 개선 또는 치료용 조성물, 특허공개 10-2013-0047458호, 한국과학기술원

● 난초 발효 추출물을 함유하는 피부 기능 개선 조성물, 특허공개 10-2009-0083083호, 주식회사 엘지생활건강
● 탈모방지 및 모발성장 촉진효과를 갖는 화장료 조성물, 특허공개 10-2006-0008662호, 주식회사 엘지생활건강

논문
● 석곡(石斛)이 흰쥐의 뇌조직 출혈에 미치는 영향, 가천대학교 한의과대학 해부경혈학교실 이정동 외 1, 대한본초학회지(2012. 5. 30)
● 석곡(石斛), 석류(石榴)의 항산화, 항염증, 주름, 미백에 미치는 영향, 부산대학교 한의학전문대학원 한방안이비인후피부과교실 황보민 외 2, 한방안이비인후피부과학회지(2010. 12. 25)
● LPS로 자극된 대식세포에서 석곡의 NO 및 IL-1β 생성 억제 효과, 부산대학교 자연과학대학 분자생물학과 박가영 외 5, 한방안이비인후피부과학회지(2009. 12. 25)
● 보음약인 사삼, 맥문동, 석곡, 옥죽, 황정의 면역조절 효과 비교, 대구한의대학교 한의과대학 병리학교실 박시덕 외 5, 동의생리병리학회지(2007)
● 석곡 MeOH 추출물이 H2O2에 의한 신경세포 보호효과에 미치는 영향, 경남대학교 식품생명학과 윤미영 외 6, 한국응용생명학회지(2007. 3. 31)
● 석곡(石斛)의 항산화 효과, 동의대학교 한의과대학 김영균 외 2, 대한본초학회지(2005.12)

섬시호

논문
● 섬시호(Bupleurum latissimum Nakai)의 조직배양을 통한 대량 생산, 주식회사 파낙시아 조한직 외 4, 자원식물학회지(2007. 8. 30)

소귀나무

특허
● 식물에서 기능성 화장품 성분 추출 방법, 특허등록 제872454호, 제주대학교 산학협력단
● 소취제와 이를 함유하는 식품 및 소취 조성물, 특허등록 제545381호, 가부시끼가이샤 롯데홀딩스(일본) 외 1

소귀나물

논문
● 景觀연못 造成을 위한 水生植物과 生活下水 淨化, 서울시립대학교 김귀순 석사논문(2007)

소사나무

특허
● 항산화 활성을 가지는 식물 유래 추출물, 특허등록 제478136호, 주식회사 내츄로바이오텍

소철

논문
● Toxicology Brief : Cycad toxicosis in dogs, Hany Youssef, BVSc, DVM, MS VETERINARY MEDICINE, 2008. 5. 1.
● Presence of aromatase inhibitors in cycads, Department of Biochemistry and Molecular Biology, Reproductive Sciences and Endocrinology Laboratories, University of Miami School of Medicine, Miami, Maria T. Kowalskaa 외 2, 1995. 7. 28.

소태나무

특허
● 소태나무 추출물의 제조 방법 및 추출물의 용도, 특허공개 10-2012-0121232호, 주식회사 참존
● 소태나무 추출물을 유효성분으로 포함하는 아토피 피부염 또는 알러지성 피부 질환의 예방 및 치료를 위한 조성물, 특허공개 10-2011-0068095호, 서**
● 소태나무 껍질 추출물을 이용한 산삼배양근의 향기 성분 증진 방법, 특허공개 10-2012-0064170호, 주식회사 풀무원홀딩스

논문
● 소태나무 잎 및 편백나무 추출물의 항산화 효과, 계명대학교 식품가공학 전공 정영태 외 3, 생명과학지(2012. 3. 30)
● 소태나무(Picrasma quassiodes (D. Don) Benn.)에서 알칼로이드 화합물(3-methylcanthin-5, 6-dione)의 분리 및 생리활성, 윤유 외 2, 생약학회지(2011. 3. 31)

● 소태나무(Picrasma quassioides)에서 분리한 세포독성 알칼로이드, 우석대학교 약학대학 이정주 외 6, 한국응용생명화학회(2009. 12. 31)
● 멜라닌을 형성하는 소태나무의 산화 방지와 항암 효과에 대한 연구, 강원대학교 생명공학부 윤유 외 1, 한국약용작물학회지(2007)
● 소태나무(Picrasma quassioides (D.Don) Benn.)의 성분분석과 생리활성 평가, 강원대학교 생명공학부 김영선 외 4, 생약학회지(2006. 3. 30)

속단

특허
● 인슐린 유사 성장인자 분비 및 뼈 골격 성장 촉진용 백하수오 추출물과 속단 추출물 및 그 제조 방법, 특허등록 제1189605호, 홍**
● 생약복합재 추출물을 함유하는 골길이 성장 촉진용 조성물, 특허등록 제847343호, 경희대학교 산학협력단
● 새로운 성장호르몬 분비 촉진인자, 특허등록 제436219호(등록료 불납, 소멸), 주식회사 엘지생명과학
● 속단 추출물을 함유하는 항산화 효과 및 항염 효과를 가지는 화장료 조성물, 특허공개 10-2010-0046528호(최종 거절), 한국식품연구원

논문
● 한국산 속단의 생약학적 연구, 부산대학교 약학대학 박종희 외 2, 생약학회지(2009. 12. 31)
● 속단의 RAW264.7 세포에서 LPS에 의해 유도되는 염증 반응에 대한 효과, 동국대학교 한의과대학 본초학교실 민지영 외 2, 대한본초학회지(2009. 12. 30)
● 속단이 중풍모델 흰쥐 비복근의 근섬유위축 및 MyoD 발현에 미치는 영향, 경희대학교 동서의학대학원 신경과학 및 뇌 질환전공 한상우 외 9, 대한본초학회지(2008. 6. 30)
● 속단의 유리기소거 활성 및 저밀도지방단백질 산화에 미치는 영향, 숙명여자대학교 약학대학 박혜선 외 1, 약학회지(2006. 2. 28)
● 속단의 흰쥐장골 길이성장에 미치는 영향에 관한 연구, 우석대학교 약학대학 임강현 외 1, 동의생리병리학회지(2001. 12. 25)
● Collagen II-induced Arthritis 생쥐에 대한 두충(杜仲).속단(續斷) 배합 약물의 관절염 억제 효과, 삼존한의원 이부균 외 2, 대한본초학회지(2010. 3. 30)
● 실험적으로 유발한 복합부위 통증 증후군 모델에서 속단이 통증에 미치는 영향, 동신대학교 물리치료학과 김건윤 외 2, 동의생리병리학회지(2009. 6. 25)
● 속단(Phlomis umbrosa) 뿌리의 Iridoid 성분에 관한 연구, 생명공학연구원 정근영 외 2, 생약학회지(1996. 6. 29.)

속수자

특허
● 5알파-리덕테이즈의 활성을 억제하는 속수자 추출물 및 이를 함유한 여드름 또는 피지 억제 화장료 또는 피부 도포 의약품, 특허등록 제310613호, 주식회사 아모레퍼시픽

논문
● 속수자 추출물의 HT-29 대장암세포 증식에 대한 억제 효과, 동국대학교 한방신약개발센터 정효원 외 1, 동국한의학연구소 논문집(2008. 12. 30)
● 배양 사람 암세포 내에서 천연물의 세포독성 가능성의 평가, 이화여자대학교 남경애 외 1, 생약학회지(2000. 12)

솔비나무

특허
● 제주도 특산식물 솔비나무로부터 항암제로 활용 가능한 신물질(MFA) 개발, 한국개발연구원(2004)

솔이끼

논문
● RAW 264.7 대식세포에서 NF-κB 불활성을 통한 솔이끼 메탄올 추출물의 항염증 효과, 경희대학교 약학대학 조웅 외 6, 한국응용약물학회지(2008. 12. 31)

송이풀

논문
● 식물 40종 고압용매 추출물의 통합적 항산화 능력 및 항균 활성, 제주대학교 식품생명공학과 강미애 외 4, 한국식품영양과학회지(2010. 9. 30)
● 마주송이풀의 성분에 관한 연구, 삼육대학교 약학대학 임동술 외 2, 생약학회지(1995. 6. 30)

- 마주송이풀의 생리활성과 그 성분에 관한 연구, 성균관대학교 임동술 박사학위논문(1993)

수선화

특허

- 식물체 발효액 및 상기 발효액을 사용하는 시비 또는 살충 방법, 특허등록 제555077호, 김**

논문

- 수선화과로부터의 알칼로이드 III – Pancratium maritimum의 구경으로부터의 알칼로이드, 터키 Gazi 대학교 Bilge Sener 외 3, 생약학회지(1998. 9)

수송나물

논문

- 저장 온도가 MA 저장한 수송나물과 해홍나물의 MA저장성에 미치는 영향, 유태호 외 3, 한국생물환경조절학회논문집(2010)

수염가래꽃

논문

- 반변련 추출물이 T 림프구 활성에 미치는 영향, 대전대학교 한의과대학 서영배 외 3, 대한본초학회지(2003. 6. 30)
- 반변련의 독성에 관한 문헌적 고찰, 김용현 외 1, 동서의학(2010)
- 반변련과 항암제의 B16-FO melanoma cell에 대한 항종양 효과, 대전대학교 장희일 석사학위논문(1994)

쉬나무

특허

- 오수유 추출물, 이의 분획물 또는 퀴놀론 알칼로이드게 화합물을 포함하는 약학 조성물, 특허등록 제1181216호, 한국생명공학연구원
- 오수유로부터 분리된 세포접착 저해 물질을 유효성분으로 하는 약학 조성물, 특허등록 제1021244호, 한국생명공학연구원, 한국콜마홀딩스 주식회사
- 복합 생약재를 이용한 비만 및 대사증후군의 예방 또는 치료용 조성물, 특허공개 10-2009-0114093호, 주식회사 유유제약
- 5α-리덕타아제의 활성 억제 작용과 프로피오니박테리움아크네스에 항균작용을 갖는 조성물, 특허공개 10-2009-0132322, 량**
- 오수유 추출물을 함유하는 숙취 해소 및 항산화 작용을 위한 조성물, 특허공개 10-2003-0070232호, 주식회사 바이오센텍 외 2
- 오수유로부터 분리한 안지오텐신 II 수용체 결합 저해제 및 이의 제조 방법, 특허공개 10-2000-0026775호, 한국과학기술원

논문

- 오수유(吳茱萸) 물 추출물이 급성역류성 식도염에 미치는 효과, 대구한의대학교 한의과대학 한방내과학 김대준, 대한본초학회지(2012. 1. 30)
- 음곡(陰谷) 오수유 약침이 난소적출생쥐의 골다공증에 미치는 영향, 대전대학교 한의과대학 경락경혈학교실 최성훈 외 5, 대한경락경혈학회지(2010. 6. 27)
- 마우스 대식세포 및 사람 혈관내피세포에서 오수유(Evodia officinalis) 메탄올 추출물의 항염증 효과, 심혈관계질환 천연물연구개발센터 윤현정 외 4, 대한본초학회지(2008. 3. 30)
- 오수유 열수 추출액이 Cyclophosphamide 유도 면역 억제에 미치는 효과, 성덕대학 전통건강자원개발과 이영선 외 4, 동의생리병리학회지(2007. 12. 25)
- 오수유(吳茱萸) 약침의 항암 효과에 대한 실험적 연구, 대전대학교부속한방병원 심계과교실 차관배 외 5, 동의생리병리학회지(2006. 10. 25)
- 오수유와 마황이 저열량식이요법을 병행한 비만 여성 환자의 체구성 성분 및 휴식대사량에 미치는 영향, 포천중문의과대학교 분당차한방병원 내과교실 박정미 외 4, 대한한의학회지(2005. 9. 30)
- Sodium Cyanide로 유도된 신경아세포종 세포주에서 오수유의 신경상해 보호 효과, 대구한의대학교 한의학과 내과학 장우석 외 5, 대한한의학회지(2005. 9. 30)
- 쉬나무(Euodia daniellii) 과실과 잎의 성분, 서울대학 약학대학 유상우 외 7, 약학회지(2002. 12)
- 시판 오수유로부터 evodiamine의 분리 및 함량 분석, 충북대학교 약학대학 황석연 외 9, 생약학회지(2001)
- 오수유가 선천성 고혈압 흰쥐의 혈압에 미치는 영향, 식품의약품안전청 국립독성연구소 약리부 정수연 외 6, 한국응용약물학회지(2000. 12. 30)
- 한국산 수유나무의 Triglyceride 조성에 관한 연구, 서울대학교 약학대학 정보섭 외 1, 생약학회지(1979. 3. 15)

- 한국산 오수유 성분에 관한 연구, 서울대학교 약학대학 정보섭, 생약학회지(1970. 12)

쉬땅나무

특허

- 쉬땅나무 추출물을 포함하는 피부 미백용 화장료 조성물, 특허등록 제1110301호, 주식회사 코스메카코리아

논문

- 쉬땅나무 지상부의 Lignan, 우석대학교 약학대학 김대근 외 4, 약학회지(1999. 6. 28)
- 쉬땅나무의 세포독성 구성성분, 성균관대학교 약학대학 김대근 외 9, 약학회지(1997. 2)

쉽싸리

특허

- 택란 정유 또는 옥텐 유도체를 포함하는 살비활성 조성물 및 이를 이용한 진드기 살비제, 특허공개 10-2013-0000925호, 전북대학교 산학협력단

승마

논문

- 승마 에탄올 추출물의 진정 효과, 삼육대학교 의명신경과학연구소 최윤정 외 6, 약학회지(2011. 6. 30)
- 승마로부터 분리한 세포독성 화합물, Cuong, To Dao 외 5, 생약학회지(2011. 6. 30)
- 퇴행성관절염에 대한 독활, 승마 복합처방의 대사조절을 통한 연골 보호 효과, 경희대학교 한의과대학 침구학교실 신예지 외 4, 대한침구학회지(2010. 8. 20)
- 승마 추출물의 항알레르기 효과, 우석대학교 약학대학 신태용 외 2, 약학회지(1998. 8. 31)
- 승마 추출물이 흰쥐의 사염화탄소 유발 간독성에 미치는 효과, 덕성여자대학교 약학대학 정기화 외 2, 한국응용약물학회지(1996. 3. 31)

시로미

특허

- 조직 배양된 산삼과 시로미의 발효 추출물을 유효성분으로 하는 화장료 조성물, 특허공개 10-2011-0065426호, 주식회사 코리아나화장품

시무나무

논문

- 느릅나무와 시무나무의 항산화 활성, 작물과학원 이승은 외 4, 한국약용작물학회지(2004. 9. 30)

식나무

논문

- 구강 점막의 창상치유에 대한 식나무(Aucuba japonica) 추출물의 효과, 전남대학교 수의과대학 심경미 외 10, 한국임상수의학회지(2006)

신나무

특허

- 신나무 열매 추출물 및 이의 제조 방법, 특허공개 10-2002-0072037호, 씨제이 주식회사

논문

- 한국 자생식물 추출물의 Indoleamine 2,3-dioxygenase (IDO) 저해 활성 검색, 한국생명공학연구원 화학생물연구센터 장준필 외 8, 생약학회지(2011. 12. 31)
- 한국산 약용식물 추출물의 알도즈 환원효소 억제 효능 검색, 한국한의학연구원 한의융합연구본부 당뇨 합병증 연구센터 이윤미 외 3, 생약학회지(2011. 12. 31)
- 신나무 수피로부터 Gallotannin 화합물의 항산화 활성 및 함량 분석, 중앙대학교 약학대학 최선은 외 6, 생약학회지(2010. 9. 30)
- 한국 약용식물의 최종당화산물 생성저해 활성 검색, 한국한의학연구원 한의융합연구본부 당뇨 합병증 연구센터 정일화 외 5, 생약학회지(2009. 12. 31)
- 신나무의 잎과 열매로부터의 추출물의 항산화 작용, 주식회사 제일제당, 생약학회지(2001. 6)
- 신나무 추출물의 항산화 활성 물질, 원광대학교 생명자원과학대학 한성수 외 4, 한국약용작물학회지(1999. 3. 31)

실새삼

논문

- 본태성 고혈압 수컷 흰쥐에서 복합생약제제(KH-204)가 음경발기 및 음경해면체 조직에 미치는 효과, 가톨릭대학교 의과대학 비뇨기과학교실 손동완 외 10, 생약학회지(2007. 9. 30)
- 새삼(Cuscuta japonica Choisy) 및 실새삼(C. australis R.Be) 추출물의 여드름 유발균 Propionibacterium acnes 증식 억제 효과, 대구가톨릭대학교 보건과학대학원 이성하 외 2, 생약학회지(2004. 12. 30)
- 토사자류의 항산화 작용에 대한 연구, 동국대학교 한의과대학 금봉수 외 2, 대한본초학회지(1997. 6)

쑥국화

특허

- 나노 항균성 천연물질을 코팅, 함침한 원단, 특허등록 제768938호, 주식회사 지앤제이앤씨
- 항균 마스크, 특허등록 제717884호, 남** 외 1

쑴바귀

특허

- 나노리포좀으로 안정화된 쑴바귀 및 고마리 추출물을 함유하는 화장료 조성물, 특허등록 제532010호, 나드리화장품 주식회사
- 쑴바귀 또는 쑴바귀 추출물을 활성성분으로 포함하는 궤양성 대장염 개선 및 치료용 조성물, 특허공개 10-2012-0108079호, 원광대학교 산학협력단
- 쑴바귀 성분이 함유된 기능성 식품 제조 방법 및 그 식품, 특허공개 10-2001-0062855호, 전** 외 1

논문

- GC-MS를 이용한 쑴바귀 및 좀쑴바귀의 정유 성분 분석, 경인여자대학교 식품영양과 최향숙, 한국식품영양학회지(2012. 6. 30)
- 자외선 B로 유도된 HaCaT 각질세포에 대한 쑴바귀의 항염증 효과, 김성배 외 9, 생약학회지(2012. 3. 31)
- 쑴바귀 추출물이 LPS 투여 흰쥐 및 Raw 264.7세포에서 전염증성 cytokines 생성에 미치는 영향, 상지대학교 보건과학대학 제약공학과 이은, 자원식물학회지(2011. 10. 31)
- 쑴바귀의 지질 강하 및 항산화 효과, 상지대학교 보건과학대학 제약공학과 이은, 자원식물학회지(2011. 2. 28)
- 열처리 가공조건에 따른 쑴바귀 침출차의 생리활성, 남농업기술원금산인삼약초시험장 이가순 외 5, 한국식품영양과학회지(2009. 4. 30)
- 쑴바귀 약침이 RAW 264.7 대식세포에서 tumor necrosis factor alpha 생성에 미치는 영향 연구, 경희대학교 고황의학연구소 정경희 외 4, 대한경락경혈학회지(2007. 9. 27)
- 참취 및 쑴바귀의 성분조성과 혈청 지질저하작용에 대한 연구, 경상대학교 식품영양학과 임상선 외 1, 한국식품영양학회지(1997. 2. 28)

아그배나무, 해홍(海紅)

특허

- 미백활성을 나타내는 제주아그배 추출물, 특허등록 제864203호, 재단법인 제주테크노파크

논문

- 아그배 Peroxidase의 정제 및 특성, 전주우석대학 식품공학과 양희천 외 4, 한국식품영양학회지(1992. 3. 10)

아까시나무

특허

- 아카시아로부터 이중의 사이클로옥시게나제-2 및 5-리폭시게나제 억제제의 분리, 특허등록 제678791호, 유니젠, 인크.(미국)
- 아까시재목버섯에서 유래된 렉틴의 제조 방법, 특허등록 제710004호, 충남대학교 산학협력단
- 아카시아속 나무 껍질 유래물을 함유하는 종양의 예방 또는 치료용 조성물, 특허공개 10-2009-0057007호, 가부시키가이샤 미모잭스(일본)

아왜나무

논문

- Vibsane diterpenoids from the leaves and flowers of Viburnum odoratissimum, Institute of Marine Resources, National Sun Yat-sen University(Taiwan), 2004. 1
- 사람 면역결핍바이러스 타입 1 단백질 분해효소 활성에 미치는 한국 식물자원의 억제 효과, 순천대학교 한약자원학과 한의학연구소 박종철, Oriental Pharmacy and Experimental Medicine(2003. 2)

아주까리

특허

- 코코피트와 피트를 포함하는 퇴비 및 이의 제조 방법, 특허등록 제1151392호, 주식회사 농경
- 피마자유/에폭시화 대두유계 엘라스토머 조성물, 특허등록1124449호, 텍사스테크 유니버시티(미국)

논문

- 피마자 수집종의 생육 특성, 김인재 외 7, 한국자원식물학회지(2009)
- 우분과 피마자박을 이용한 퇴비화 과정 중 부숙도 평가, 장기운 외 4, 농업과학연구(2008)
- 아주까리(비마자) 수집종의 조지방 및 지방산 분석, 충청북도농업기술원 김인재 외 7, 한국약용작물학회지(2008. 10. 30)
- 아주까리 메탄올 추출물의 항산화 효과 및 아질산염 소거 작용, 전주대학교 대체의학대학 물리치료학과 강정일 외 1, 동의생리병리학회지(2007. 6. 25)
- 아주까리기름으로 유도된 주 모형에 결합의 항설사 효과, 동화제약주식회사 성석규 외 4, 한국응용약물학회지(2003. 12. 31)
- 식물 생리활성 물질 탐색에 의한 피마자由來 Ricinine 분리, 유도체 합성 및 농약활성, 고려대학교 권오경 박사학위논문(1997)
- 전기영동에 의한 피마자 자엽과 뿌리에서 Abscisic acid(ABA) 처리에 의한 단백질의 분석, 조봉희 외 2, 분석과학(1996)
- 한국산 피마자로부터 lectins의 분리 및 cDNA library의 제조, 경성대학교 김영진 석사학위논문(1996)
- 피마자와 황련의 수용성 추출 혼합물에 의한 HIV-1복제 저해, 포항공과대학교 생명과학과 김용태 외 4, 한국응용약물학회지(1995. 9. 30)
- 황산화 활성과 세포독성 효과 측정을 위한 방법 및 피마자와 황련의 혼합추출물(RIC)에의 적용에 관한 연구, 건국대학교 홍은경 박사학위논문(1995)
- 호침(毫鍼)과 피마자 약침이 하태 및 임신 Hormone에 미치는 영향, 경희대학교 진민순 석사학위논문(1993)
- 피마자잎의 벼멸구 살충 성분을 이용한 식물성 농약 개발, 권오경 농사시험연구논문집(1992)
- 피마자 잎으로부터 벼멸구 살충 성분 확인, 권오경, 농사시험연구논문집(1991)

애기땅빈대

특허

- 땅빈대를 포함한 건강 보조 식품 및 그 제조 방법, 특허등록 제974584호, 조**
- 라이노바이러스에 대한 항바이러스 조성물, 특허등록 제668689호(소멸, 등록료 불납), 한국생명공학연구원

논문

- LPS로 활성화된 RAW 264.7 대식세포에서 애기땅빈대(Euphorbia supina Rafin)의 염증매개물질 억제 효과, 대구한의대학교 한방식품약리학과 박성철 외 1, 한국식품영양과학회지(2011. 4. 30)
- LPS로 활성화된 RAW 264.7 대식세포에서 애기땅빈대(Euphorbia supina Rafin)의 염증 매개 물질 억제 효과, 대구한의대학교 박성철 석사학위논문(2011)
- 땅빈대 추출물의 세포 보호 효과 및 성분 분석에 관한 연구, 서울과학기술대학교 자연생명과학대학 정밀화학과 김선영 외 3, 생약학회지(2010. 12. 31)
- 애기땅빈대 열수추출물이 LPS로 유도된 RAW 264.7 cell lines에서의 IL-1β 및 IL-6 생성에 미치는 영향, 조선대학교 최강일 석사학위논문(2009)
- 애기땅빈대의 항산화 활성 성분, 성균관대학교 약학대학 홍현경 외 8, 생약학회지(2008. 9. 30)
- 애기땅빈대의 화학적 성분, 연변대학교 약학원 안인과 외 5, 생약학회지(2007. 9. 30)
- 인삼 비당부와 땅빈대의 뇌암 세포독성 작용, 상지대학교 생명자원과학대학 차배천 외 2, 생약학회지(1996. 12. 30)
- 애기땅빈대의 Terpenoid 성분에 관한 연구, 서울대학교 약학대학 정보섭 외 1, 생약학회지(1985. 9. 30)

애기풀

논문

- 모델에서 영신초(靈神草, 애기풀), 원지(遠志), 석창포(石菖蒲) 혼합제제의 기억력 및 인지 기능 개선에 관한 연구, 대구한의대학교 한의과대학 신경정신과학교실 김수현 외 1, 동의신경정신과학회지(2011. 12. 30)
- 배양 쥐 Hepa1c1c7 세포 내 천연물의 퀴논환원효소 활성의 잠재적 유도, 이화여자대학교 약학대학 허연회 외 , 생약학회지(2001. 6)

야광나무

논문

- 자원식물로서 응용을 위한 야광나무 열매의 식물화학적 연구, 상지대학교 자원식물학과 박희준 외 4, 생약학회지(1993. 12)

어저귀

논문

- 어저귀(*Abutilon avicennae*)의 항염증, 항알러지 및 항산화 효과, 신유수 외 9, 한국 약용작물학회(2011)
- 대용섬유자원으로써 어저귀를 이용한 한지제조, 정선화 외 2, 목재공학(2005)
- 사람 라노스테롤 합성 효소를 포함하는 재조합 효모를 이용한 천연물로부터 스테롤 생합성 억제제의 선별, 전남대학교 약학대학 성정기 외 5, 생약학회지(2003. 12. 31)
- 화상 분석기를 이용한 어저귀 섬유의 형태학적 특성과 물성 연구, 정선화 외 1, 펄프종이기술(2003)
- TNT(2,4,6-trinitrotoluene)와 카드뮴의 복합오염이 어저귀의 TNT 흡수 및 생물학적 전환에 미치는 영향, 이인숙 외 3, 한국생태학회지(2002)

엉겅퀴

특허

- 당뇨병 치료제 조성물, 특허등록 제516647호, 삼진제약 주식회사
- 엉겅퀴 추출물 또는 이로부터 분리된 화합물을 유효성분으로 함유하는 당뇨병 또는 당뇨성 합병증의 예방 또는 치료용 조성물, 특허공개 10-2011-0055771호, 부경대학교 산학협력단
- 엉겅퀴를 함유한 맥주 및 그 제조 방법, 특허공개 10-2011-0093671호, 유흐니짜 에우헨 레오니도비취(우크라이나)
- 토종 엉겅퀴로부터 약리활성 물질을 추출하는 방법 및 이를 이용한 기능성 제품, 특허공개 10-2011-0004994호, 전라남도
- 엉겅퀴 김치 제조기술, 특허공개 10-2010-0024867호, 유**
- 엉겅퀴 추출물을 함유하는 항아토피 피부염 조성물, 특허공개 10-2010-0079586호, 구례군, 주식회사 유비오스랩
- 엉겅퀴 추출물을 함유하는 기능성 식품, 특허공개 10-2009-0095155호, 덕성여자대학교 산학협력단
- 엉겅퀴 추출물 및 그 용도, 특허공개 10-2009-0070188호, 덕성여자대학교 산학협력단
- 실리빈 또는 이소실리빈을 유효성분으로 함유하는 피부 미백용 조성물, 특허공개 10-2008-0102939호, 한국생명공학연구원
- C형 간염 치료용 식물성 약제, 특허공개 10-2007-0026422호, 피노바 리미티드(영국)

논문

- 엉겅퀴 70% 에탄올 추출물의 RAW264.7 세포에서 Heme oxygenase-1 발현을 통한 항염증 효과, 원광대학교 약학대학 이동성, 생약학회지(2012. 3. 12.)
- 엉겅퀴 섭취가 Streptozotocin 유발 당뇨 흰쥐의 혈당과 지질 수준에 미치는 영향, 덕성여자대학교 식물자원연구소 한혜경 외 2, 한국식품과학회지(2010. 6. 30)
- 자생 엉겅퀴의 부위별 기능성 성분 및 항산화 효과, 김포대학 호텔조리과 김은미 외 1, 한국식품조리과학회지(2009. 8. 31)
- 엉겅퀴 액상 추출물로 인한 게놈 에스트로젠 수용 경로의 조절에 관한 연구, 세종대학교 박미경 외 5, 약학회지(2008. 2)
- 선정된 한국산 엉겅퀴의 상대적 항산화 작용과 HPLC 프로필, 부경대학교 식품생명공학부 정다미 외 2, 약학회지(2008. 1.)
- ICR생쥐에서 엉겅퀴 잎 추출물의 항우울 효과, 삼육대학교 의명신경과학연구소 박형근 외 8, 약학회지(2006. 12. 31)
- 엉겅퀴 추출물이 종양면역에 미치는 영향, 대전대학교 둔산한방병원 박미령 외 5, 대한한의학회지(2006. 12. 30)
- 쑥 및 엉겅퀴가 식이성 고지혈증 흰쥐의 혈청 지질에 미치는 영향, 경상대학교

식품영양학과 임상선 외 1, 한국영양학회지(1997. 2)

여뀌

특허

- 항염증 및 면역 억제 효과를 갖는 여뀌 메탄올 추출물, 특허등록 제1049041호, 강원대학교산학협력단
- 산여뀌와 흰꽃여뀌의 추출물을 함유하는 항산화 활성 조성물, 특허공개 10-2011-130132호, 이수제약 주식회사
- 산여뀌와 흰꽃여뀌의 추출물을 함유하는 항균 활성 조성물, 특허공개 10-2011-130131호, 이수제약주식회사

여우구슬

특허

- 항염활성을 가지는 베타-시토스테롤을 포함하는 필란두스 우리나리아 추출물 및 그것의 제조 방법, 특허등록 제1099359호, 호서대학교 산학협력단
- 엘라그산을 함유하는 진주초 추출물의 제조 방법 및 엘라그산의 분리 방법, 특허등록 제873090호, 주식회사 리즈바이오텍
- 진주초, 헛개, 황금 및 계피 추출물을 유효성분으로 함유하는 B형 간염 예방 및 치료용 약학적 조성물, 특허공개 10-2013-0038166호, 한국생명공학연구원
- 여우구슬 추출물을 함유하는 화장료 조성물, 특허공개 10-2010-0023372호, 주식회사 아모레퍼시픽
- 피부 탄력 개선용 화장료 조성물, 특허공개 10-2012-0020716호, 주식회사 아모레퍼시픽
- 여우구슬 부정근의 대량생산 방법, 특허공개 10-2011-0010871호, 재단법인 제주테크노파크

논문

- 여우구슬 항염증 작용 및 유효물질 분리 동정에 관한 연구, 호서대학교 김태수 박사학위논문(2011)
- 품종이 다른 여우구슬 추출물의 항산화 효과, 호서대학교 식품영양학과 기초과학연구소 김태수 외 5, 한국약용작물학회지(2010. 6. 30)
- 여우구슬로부터 항관절염 한방 바이오 소재 개발, 국립원예특작과학원 박춘근, 연구보고서(2009)

여우오줌

논문

- ITS 염기서열에 의한 한국산 담배풀속(Carpesium L.)의 계통분류학적 연구, 유광필 · 박선주, 한국자원식물학회지(2012)
- 여우오줌(*Carpesium macrocephalum*)의 Sesquiterpene Lactone 성분, 충북대학교 김명수 석사학위논문(2001)
- 두메담배풀 및 여우오줌의 테르페노이드 성분 분석 및 생리활성, 충북대학교 김미란 박사학위논문(2000)

연복초

논문

- 연복초(*Adoxa moschatellina* L.)의 분포와 자생지 입지 환경, 강원대학교 자연과학대학 생명과학과 옥길환 외 3, 자원식물학회지(2012. 4. 30)

오동나무

특허

- 은행나무(잎) 및 오동나무(잎) 분쇄물이 혼합된 기능성 접착제 제조 방법 및 그 제품, 특허등록 제406997호, 심**
- 오동나무 수피의 물 추출물을 포함하는 항균성 천연염료 및 이를 이용한 항균 섬유, 특허등록 제502566호, 최** 외 1
- 오동나무 내수피로부터 분리한 신규화합물 및 이의 분리 방법, 특허공개 10-2009-0021021호, 강원대학교 산학협력단

논문

- 오동나무 상자의 항균 활성 분석 및 활성 증진을 위한 천연 살생물제 적용 연구, 한국전통문화학교 보존과학과 정용재 외 2, 보존과학회지(2008)
- 오동나무 잎 추출물의 항염 효능에 관한 연구, 김남경 외 3, 대한화장품학회지(2006)
- 참오동나무로부터 항균 페닐프로파노이드 배당체, 서울대학교 약학대학 강경환 외 3, 약학회지(1994. 12)

오리나무

특허

- 오리나무 추출물을 함유하는 항바이러스 조성물, 특허등록 제769050호, 주식회사 알앤엘바이오
- 신경세포 보호 효능을 갖는 오리나무더부살이 추출물을 포함하는 조성물, 특허등록 제622864호, 주식회사 네추럴에프앤피
- 오리나무 추출물 또는 그로부터 분리된 화합물을 유효성분으로 포함하는 간 섬유화 억제용 조성물, 특허공개 10-2012-0089118호, 에스케이임업 주식회사 외 1

논문

- 물오리나무(*Alnus hirsuta*)에서 분리한 Triterpenoid와 Diarylheptainoid, 충남대학교 약학대학 Jin, Wen-Yi 외 4, 약학회지(2007. 4)
- 국내산 오리나무속 식물로부터 Diarylheptanoid계열 화합물의 함량분석, 중앙대학교 약학대학 임현우 외 6, 생약학회지(2004. 12. 30)
- 오리나무에서 분리된 Diarylheptanoid의 항산화 작용 및 구조상관활성, 중앙대학교 약학대학 이재희 외 5, 생약학회지(2003. 6. 30)
- 헛개나무와 오리나무 추출물의 간 해독작용 및 체내 알콜 분해능 비교, 강원대학교 식품생명공학부 안상욱 외 7, 한국약용작물학회지(1999. 12. 31)

오리방풀

논문

- 오리방풀과 방아풀의 카우란 디테르펜 성분 및 생리활성, 충북대학교 홍성수 박사학위논문(2007)
- 지리오리방풀의 아로마타제저해제, 중앙대학교 약학대학 정혜진 외 5, 약학회지(2000. 6.)

왕모시풀

논문

- 남한 모시풀속 식물의 지리적 분포와 자생지 특성, 공주대학교 산업과학대학 김성민 외 4, 한국약용작물학회지(2006. 2. 30)

왕초피나무

논문

- 왕초피나무의 성분연구, 경희대학교 육창수 외 2, 생약학회지(1987. 9. 30)

왜우산풀

논문

- 누룩치(*Pleurospermum kamtschaticumin*) 추출물의 항산화 효과 및 생리활성, 김미선 외 2, 한국식품영양학회지(2012)
- 누룩치의 기능성 식품 재료화를 위한 품질 특성에 관한 연구, 조순덕 외 2, 한국식품영양학회지(2004)
- 누룩치의 휘발성 향미성분 분석, 덕성여자대학교 교양학부 정미숙 외 1, 한국식품조리과학회지(1998. 12. 30)
- 왜우산풀(*Pleurospermum Kamtschaticum* Hoff.)의 재배화를 위한 기초 연구, 강원대학교 홍대기 석사학위논문(1997)
- 왜우산풀(*Plurospermum kamtschaticum* Hoff.)의 자엽배양에 의한 체세포배 발생, 한국식물생명공학회 96년도 춘계학술연구발표회(1996)

용담

논문

- 급성 알코올 중독 어린 흰쥐의 해마 치상회에서 용담 추출물이 신경세포생성과 세포사멸에 미치는 영향, 세명대학교 한의과대학 한방신경정신과학교실 이진규 외 2, 동의신경정신과학회지(2010. 6. 30)
- 용담(*Gentiana scabra* Bunge var.*buergeri* Max.) 추출액이 식이성 고지혈중 흰쥐의 혈청 지질대사에 미치는 영향, 밀양대학교 생물공학과 김한수 외 5, 생명과학회지(1998. 10.)
- 용담으로부터 2-히드록시-3-메톡시벤조익산 글루코스 에스터의 PAF 길항작용, 서울대학교 약학대학 허돈 외 2, 약학회지(1998. 8.)
- RAPD를 이용한 용담의 유전적 유사도 분석, 영남농업시험장 이해경 외 3, 한국약용작물학회지(1996. 9. 25)
- 강간제(強肝劑)로 사용된 생약의 조사연구(백출白朮) 및 용담(龍膽)의 강간 효과에 관한 연구), 서울대학교 생약연구소 윤혜숙 외 2, 생약학회지(1981. 3. 30)

우산이끼

논문

- 우산이끼에서 brassinosteroids의 생합성 및 대사에 관한 연구, 중앙대학교 한광석 박사학위논문(2000)
- 우산 이끼의 생태에 관한 연구, 경인교육대학교 정순종 석사학위논문(1999)
- 우산이끼(*Marchantia polymorpha*) 현탁배양 세포내의 4-methylsterol 들의 동정, 한광석 외 5, 식물학회지(1995)

운향

논문

- 운향으로부터 Listeria monocytogenes에 대한 항균 활성 물질의 분리 및 구조동정, 전북대학교 응용생물공학부 안용선 외 2, 한국식품과학회지(2000. 12. 31)
- 생쥐에서 운향의 진통 효과와 메카니즘, 한림대학교 약학과 박수현 외 6, 한국응용생명화학회지(2010. 10. 30)

유카 & 실유카

특허

- 기저귀 발진 억제용 조성물 및 이를 함유하는 일회용 수제품 도포용 조성물, 특허등록 제887619호, 그린텍이십일 주식회사
- 혈중 콜레스테롤 저하능을 가지는 기능성 조성물, 특허등록 제561532호, 주식회사 쎌텍스 헬스
- 유카 추출물을 포함하는 흡수용품, 특허등록 제918889호, 킴벌리-클라크 월드와이드, 인크
- 산란계용 사료 첨가제 조성물 및 그 제조 방법, 특허등록 제723671호, 주식회사 유니바이오
- 콜레스테롤 저하용 사료 첨가제 및 이를 급여하여 생산된 계란 또는 돈육, 특허등록 제490698호, 주식회사 이지바이오시스템
- 유카 추출물, 퀼라야 추출물 및 유산균을 포함하는 조성물및 상기 조성물을 함유하는 음식물, 특허공개 10-2006-0135016호, 주식회사 니혼메디신 외 1

논문

- 유카(*Yucca shidigera*) 첨가에 의한 허브차의 개선에 관한 연구, 대전보건대학 식품영양과 양희태 외 1, 한국식품영양학회지(2005. 3. 31)
- 유카(*Yucca shidigera*) 추출물의 첨가가 Bacillus subtilis을 이용한 청국장의 품질 특성에 미치는 영향, 건국대학교 응용생물화학과 인재평 외 1, 한국응용생명화학회지(2004. 6. 30)

유홍초

논문

- 새깃유홍초의 줄기와 뿌리의 생약학적 증명, Rajendran, K.;Srinivasan, K.K.; Shirwaikar, Annie, Natural Product Sciences

육박나무

논문

- 육박나무의 심재로부터의 성분 분리와 생리활성 연구, 충남대학교 김재민 석사학위논문(2008)

은방울꽃

논문

- 은방울꽃 개체군의 생장 특성에 관한 연구, 국립수목원 식물보존과 이세라, 자원식물학회지(2007. 8. 30)

일본목련

특허

- 오보바톨 또는 오보바탈의 분리 방법과 이를 유효성분으로 함유하는 비만 치료 및 예방용 조성물 및 상기 유효성분의 정제 방법, 특허등록 제767051호, 한국생명공학연구원
- 후박 또는 후박근으로부터 마그놀올의 대량 분리 방법, 한국한의학연구원 특허등록 제626338호
- 후박잎으로부터 아실-코에이, 콜레스테롤아실트랜스퍼라제 활성 저해제의 제조 방법, 특허등록 제184756호, 한국과학기술원
- 오보바톨 또는 오보바탈을 포함하는 항암제 조성물, 특허등록 제697236호, 한국생명공학연구원
- 일본 목련피 추출물을 함유하는 씨-킷트 단백질 활성 저해용 조성물, 특허공개

10-2008-0044612호, 주식회사 아모레퍼시픽

논문
- 일본목련의 수피 및 열매로부터 분리된 구성 성분의 항혈소판 효과, 서울대학교 생약연구소 표미경 외 2, 약학회지(2002. 6.)

잇꽃

특허
- 홍화씨 추출물을 함유하는 구강 위생 증진용 조성물, 특허등록 제387091호, 주식회사 엘지생활건강
- 발아홍화 및 그의 제조 방법, 특허등록 제815433호, 한국식품연구원
- 홍화와 삼백초를 이용한 양계용 사료첨가제 및 그 제조 방법, 특허등록 제739215호, 경상대학교 산학협력단
- 천연 홍화에서 추출한 황색, 홍색 분말 염료 및 그 제조 방법, 특허등록 제905540호, 전남대학교 산학협력단
- 강황 추출물 및 홍화씨 추출물을 함유하는 건강 기능성 소스, 특허공개 10-2012-0133132호, 재단법인 대구테크노파크 외 1

논문
- 다른 광원 조사로 재배된 홍화 새싹채소의 영양 성분 평가, 호서대학교 식품영양학과 기초과학연구소 김태수 외 5, 한국식품과학회지(2012)
- 홍화씨(잇꽃, *Carthamus tinctorius* L.) 연구 동향에 대한 고찰, 대치본디올 한의원 최철환 외 2, 대한한의학원전학회지(2011. 11. 25)
- 홍화가 인체 대장암세포에 미치는 효과, 부산대학교 한의학전문대학원 양생기능의학부 한송이 외 5, 한국한의학연구원논문집(2011. 8. 31)
- 홍화가 인체 위암세포에 미치는 효과, 부산대학교 한의학전문대학원 양생기능의학부 김정아 외 5, 동의생리병리학회지(2011. 6. 25)
- 홍화(紅花) 추출물 투여에 의한 뇌출혈 흰쥐 뇌조직의 유전자 발현 조절, 고려대학교 간호대학 임세현 외 4, 대한예방한의학회지(2008. 12. 31)
- 만성변비에 대한 홍화약침의 효능 연구, 경희대학교 한의과대학 비계내과학교실 박재우 외 3, 대한침구학회지(2008. 10. 20)
- 홍화(*Carthamus tinctorius* L.)씨와 발아홍화씨의 화학성분 비교, 대구가톨릭대학교 식품영양학과 김은옥 외 2, 한국식품영양과학회지(2008. 9. 30)
- 홍화(紅花) 추출물의 항산화 효과에 대한 연구, 경원대학교 한의과대학 한방재활의학교실 유진숙 외 2, 대한한의학회지(2007. 3. 30)
- 홍화 투여량에 따른 혈액의 변화에 대한 실험적 연구, 세명대학교 한의과대학 조후리 외 2, 대한약침학회지(2006. 12. 30)
- 홍화씨와 한약재 혼합 추출물이 Streptozotocin으로 유도한 흰쥐의 혈당과 혈액 성분에 미치는 영향, 대구한의대학교 한방식품조리영양학부 식품영양전공 양경미 외 2, 한국식품영양과학회지(2006. 2. 28)
- 시험관내에서 홍화의 물 추출물이 T 및 B 림프구의 활성에 미치는 영향, 전주대학교 과학기술학부 생명과학전공 최윤화 외 2, 생약학회지(2004. 12. 30)
- 봉약침과 홍화약침을 이용한 원형탈모증(圓形脫毛症) 치험 1예, 대구한의대학교 한의과대학 침구학교실 김경운 외 5, 대한약침학회지(2004. 6. 30)
- 잇꽃 종자의 Lignan에 의한 사람 전골수성 백혈병 세포의 괴사, 경북대학교 의과대학 생리학과 김재희 외 4, 한국식품영양과학회지(2003. 6. 30)
- 잇꽃의 종자분말 및 추출물의 투여를 통한 갈비뼈가 손상된 쥐에서 뼈대사과정의 향상 효과, 경북대학교 식품영양학과 서현주 외 4, 한국식품영양과학회지(2003. 3. 30)
- 잇꽃 잎으로부터 산화 방지제 플라보노이드, 대구 카톨릭대학교 식품영양학과 이준영 외 4, 약학회지(2002. 6)
- 홍화(*Carthamus tinctorius* L.) 씨, 순 및 꽃잎 추출물의 폴리페놀 화합물 함량과 항산화 활성, 동아대학교 생명자원과학부 김현정 외 4, 한국식품영양과학회지(2000. 12. 30)
- 홍화(*Carthamus tinctorius* L.) 씨, 순 및 꽃잎 추출물의 폴리페놀 화합물 함량과 항산화 활성, 동아대학교 생명자원과학부 김현정 외 4, 한국식품영양과학회지(2000. 12. 30)

자귀나무

특허
- 자귀나무 추출물을 포함한 조성물의 살충 용도, 특허등록 제1225103호, 경기도, 한국화학연구원
- 자귀나무를 이용한 음료수 및 그의 제조 방법, 특허등록 제994970호, 양**
- 자귀나무꽃의 향취를 재현한 향료 조성물, 특허등록 제1064067호, 주식회사 아모레퍼시픽

- 자귀나무 추출물을 포함하는 항암 또는 항암 보조용 조성물, 특허공개 10-2012-0090118호, 학교법인 동의학원

논문
- 자귀나무 줄기와 잎의 유용 영양성분 분석, 대구한의대학교 한방생약자원학과 이양숙 외 3, 한국식품영양과학회지(2010. 8. 31)
- 자귀나무의 줄기 껍질에서 트리테르페노이드 분리와 ACAT-1과 ACAT-2에 대한 저해 활성, 경희대학교 백미영 외 5, 한국응용생명화학회(2010. 6. 30)
- 자귀나무 뿌리껍질의 식물화학적 성분연구, 조선대학교 약학대학 고재종 외 2, 생약학회지(2004. 9. 30)

자란

특허
- 혼합 생약제 추출물을 유효성분으로 함유하는 염증성 장 질환 예방 또는 치료용 약학적 조성물, 특허공개 10-2013-0014659호, 동국대학교 경주캠퍼스 산학협력단
- 소염, 부기 제거, 진통에 사용되는 중국 생약 조성물, 그 제조 방법 및 용도, 특허공개 10-2012-0084723호, 유니-프레지던트 바이오텍 컴퍼니 리미티드(타이완)
- 고추, 검정깨, 치자, 백급, 쪽풀을 함유하는 발모 촉진용 조성물, 특허공개 10-2012-0121272호, 노** 외 1명

논문
- 백급이 B16 흑색종세포의 멜라닌 형성 억제에 미치는 영향, 동의대학교 한의과대학 윤화정 외 4, 한방안이비인후피부과학회지(2003. 12. 31)
- 식용 식물로부터 얻은 추출물의 두부, 어묵, 막걸리 변질균에 대한 항균성 검색, 전북대학교 식품공학과 안은숙 외 2, 한국식품과학회지(1994. 12. 31)
- 오패산(烏貝散)과 보두(寶豆)의 병용투여가 위장관(胃腸管)에 미치는 영향, 대전대학교 한의과대학 내과학교실 김태운 외 1, 대한한방내과학회지(1994)

자리공

특허
- 식물 복발효 효소액 및 이를 사용한 기능성 음료, 특허등록 제552144호, 김** 외 2

논문
- 지구온난화에 따른 희귀식물 섬자리공과 귀화식물 미국자리공의 생태학적 반응, 공주대학교 김해란 석사학위논문(2010)
- 미국 자리공(*Phytolacca americana*, pokeweed) 중독으로 의식변화 및 복통 증상을 호소한 2례, 김양원 외 4, 대한임상독성학회지(2008. 12.)
- 미국 자리공 추출물의 항산화 활성 및 자유 라디컬 소거능에 미치는 영향, 경상대학교 이현지 석사학위논문(2007)
- 미국자리공(*Phytolacca americana* L.) 뿌리의 항균단백질 정제 및 특성 연구, 경성대학교 김정주 석사학위논문(2003)
- 미국자리공(*Phytolacca americana* L.) 뿌리의 항균 펩타이드 정제 및 특성 연구, 김정주 외 4, 응용생명화학회지(2003)
- 미국자리공 항바이러스 단백질II 유전자의 돌연변이 및 PVY-VN 저항성 연초 식물체 생산에 관한 연구, 한남대학교 강신웅 박사학위논문(2001)
- 미국자리공 캘러스 매스의 사포닌, 서울대학교 생약연구소 지형준 외 1, 약학회지(1985. 3)
- 미국자리공으로부터 Acetonylidene americanin A 인공물의 분리, 서울대학교 생약연구소 우원식 외 2, 약학회지(1982. 6)

자운영

특허
- 자운영 탈곡 정선기, 특허등록 제215918호, 대한민국(농촌진흥청장)

논문
- 자운영 종자 아세톤 추출물의 피부 생리활성 효과와 피부 미용에 미치는 영향, 조선대 김란 박사학위논문(2009. 8.)
- 친환경 쌀 생산을 위한 녹비작물로서의 자운영 평가 및 효율적 이용에 관한 연구, 경상남도 농업기술원 김은석 연구보고서(2009)

작두콩

특허
- 항균 활성을 갖는 작두콩 추출물의 정제 방법, 특허등록 제713030호, 주식회사 웰누리 외 1
- 작두콩과 금송전초 추출물을 이용한 피부 화장료 제조 방법, 특허등록 제

508528호, 이**
- 작두콩 및 상황버섯을 함유한 기능성 된장 및 그 제조 방법, 특허등록 제1184908호, 강**
- 혼합 생약재 추출물 및 이를 포함하는 골다공증 예방 또는 치료용 건강식품, 특허등록 제586813호, 한국한의학연구원
- 붉은 작두콩 추출물을 함유하는 항노화 및 미백용 조성물, 특허공개 10-2011-0117376호, 주식회사 아모레퍼시픽
- 고지혈증 개선제 조성물, 특허공개 10-2012-0071783호, 김**

논문
- 작두콩 추출물의 화학적 특성 및 DPPH 라디컬 소거능, 김종필 외 7, 한국식품과학회지(2012)
- 난소 절제 쥐에서 노란콩, 검정콩, 작두콩의 섭취가 골대사, 지질대사, 항산화 효소 활성에 미치는 영향, 한양대학교 변재순 박사학위논문(2010)
- 작두콩 첨가 된장과 일반 된장의 생리활성 특성 비교, 이학태 외 2 , 한국식품위생안전성학회지(2009)

잣나무

특허
- 스트로브 잣나무피 추출물 및 니아신아마이드를 함유하는 화장료 조성물, 특허등록 제860605호, 주식회사 더페이스샵
- 잣나무잎을 이용한 동물사육방법 및 이를 이용하여 생산된 기능성 산물, 특허등록 제847354호, 충남대학교 산학협력단
- 산겨릅나무, 상수리나무, 잣나무, 소나무의 추출물을 포함하는 숙취 해소용 식품조성물, 특허등록 제1114439호, 정** 외 1
- 잣나무로부터 천연정유물질을 고수율로 추출하는 방법, 특허등록 제702463호, 대한민국(산림청 국립수목원장)
- 초임계유체를 이용한 잣나무로부터 피톤치드의 추출 방법, 특허공개 10-2011-0000285호, 강원대학교산학협력단

논문
- 잣 성분의 혈중 콜레스테롤 저하 효과, 경원대학교 생명공학부 박영서 외 1, 한국식품과학회지(2005. 10)
- 송백(松栢)에 대한 문헌연구(소나무 잣나무 측백나무를 중심으로), 경희대학교 한의과대학 김종덕 외 2, 사상체질의학회지(2003. 6. 30)
- 소나무속 수목의 부위별 추출물의 항균 활성, 건국대학교 산림환경과학과 김종진 외 2, 한국응용생명화학회(2001. 11. 30)
- 주요 솔잎 추출물의 돌연변이 억제 효과, 강원대학교 식품생명공학부 김은정 외 4, 한국식품과학회지(1998)

전동싸리

특허
- 사료에 함유된 지방 산화 생성물의 체내 해독과 부패성 세균의 체내 살균을 위한 조성물, 특허등록 제484866호, 정** 외 1

절굿대

특허
- 300가지 산야초를 이용한 산야초 효소의 제조 방법, 특허등록 제1213621호, 고**

논문
- 수삼 부패 억제 활성 물질 선발 연구, 인삼연초연구소 손현주 외 2, 고려인삼학회지(1999. 6. 25)

접시꽃

특허
- 아젤라산을 이용한 여드름 치료용 화장료 조성물 및 그 제조 방법, 특허등록 제861978호, 한국콜마홀딩스 주식회사

논문
- 접시꽃 꽃의 생약적 평가, 식물연구소 Mhrotra Shanta 외 2, 생약학회지(1999. 3)

정금나무

논문
- 정금나무(Vaccinium oldhami) 열매의 생리활성 및 항균 활성, 경기도산림환경연구소 최정우 외 5, 한국식품영양과학회지(2012. 1. 31)
- 정금나무(Vaccinium oldhami) 열매의 항산화 효과, 경기도산림환경연구소 최

정우 외 7, 생명과학회지(2010. 8. 30)
- 정금나무의 Lignan Glycoside 성분, 우석대학교 약학대학 김성진 외 15, 생약학회지(2007. 9. 30)
- 정금나무(Vaccinium oldhami Miquel)의 가지에서 분리된 아세트콜린에스터레이스 억제제, 우석대학교 약학대학 이재혁 외 4, 약학회지(2004. 1.)

조개나물

논문
- 조개나물 약초 구성 요소에 대한 연구(2), 영남대학교 약학대학 유영준 외 3, 생약학회지(1998. 12. 31)
- 조개나물 약초 구성 요소에 대한 연구(1), 영남대학교 약학대학 유영준 외 4, 생약학회지(1998. 6.)
- 이리도이드 배당체(조개나물의 이리도이드 배당체), 서울대학교 약학대학 정보섭 외 1, 생약학회지(1985. 9. 30)

조록나무

논문
- 조록나무 Proanthocyanidin의 α-Amylase 및 α-Glucosidase 에 대한 저해 효과, 국립산림과학원 생물공학과 안진권 외 5, 생약학회지(2004. 12. 30)
- 식물 추출물이 자유라디칼과 지질과산화에 미치는 항산화 효과, 충남대학 약학대학 나민권 외 6, 생약학회지(2003. 12. 31)
- 사람 면역결핍바이러스 타입 1 단백질분해효소 활성에 미치는 한국 식물자원의 억제 효과, 순천대학교 한약자원학과 한의학연구소 박종철, Oriental Pharmacy and Experimental Medicine(2003. 3.)

조릿대풀

특허
- 비듬 방지 및 가려움증 개선용 모발 화장료 조성물과 그 제조 방법, 특허등록 우석대학교 산학협력단
- 구강세정제 조성물 및 그의 제조 방법, 특허등록 제838270호, 우석대학교 산학협력단
- 한국산 자생식물 중 P-당단백질에 의해 매개되는 다약물내성을 역전시킬 수 있는 화학감작효능 물질의 탐색 및 분리 정제, 특허등록 제1149014호, 조선대학교 산학협력단

논문
- AFLP fingerprinting법을 이용한 담죽엽의 감별법 연구, 식품의약품안전평가원 심영훈 외 9, 생약학회지(2010. 12. 31)
- 담죽엽의 항산화 효과와 RAW 264.7 세포에서 LPS로 유도된 iNOS 발현에 미치는 영향, 원광대학교 한의과대학 본초학교실 황성연 외 5, 동의생리병리학회지(2010. 12. 25)
- 담죽엽 추출물의 혈관이완 기전에 대한 연구, 원광대학교 한의학전문대학원 김혜유 외 6, 대한한의학방제학회지(2009. 12. 30)
- 담죽엽의 충치균에 대한 항균 활성 및 항염 효과, 우석대학교 약학대학 전훈 외 6, 동의생리병리학회지(2006. 12. 25)

조팝나무

논문
- 상산의 NF-kB 활성 억제 작용과 IKKγ의 연관성 연구, 동의대학교 한의과대학 해부학교실 최병태 외 6, 동의생리병리학회지(2006. 6. 25)
- LPS로 활성화된 U937세포에서 Prostaglandin E2(PGE2) 생성 및 Cyclooxygenase-2 (COX-2) 활성 억제에 대한 한약제의 평가, 원광대학교 생활과학대학 미용·디자인학부 장선일 외 7, 동의생리병리학회지(2006. 4. 25)
- 상산(常山)이 Alzheimer's Disease 병태(病態) 모델에 미치는 영향, 대전대학교 한의학과대학 신경정신과교실 이승희 외 2, 동의신경정신과학회지(2005. 6. 30)

족제비싸리

특허
- 식물 추출물을 포함하는 비만세포의 과립 분비 억제용 조성물, 특허공개 10-2010-00064099호, 성균관대학교 산학협력단

논문
- 족제비싸리(Amorpha fruticosa)의 뇌신경 보호 효과, 이현정 외 6, 한국목재공학 학술발표논문집(2011)
- 족제비싸리(Amorpha fruticosa)의 생리활성 물질 탐색 연구, 국립산림과학원

(2008)
- 국내산 족제비 싸리의 부위별 유용 생리활성 탐색, 강원대학교 김정화 석사학위논문(2006)
- 족제비싸리 부위별 추출물의 항암 및 면역 활성, 강원대학교 바이오산업공학부 김정화 외 5, 한국약용작물학회지(2005. 2. 28)
- 족제비싸리(Amorpha fruticosa) 추출성분의 화학적 구조 및 항산화 활성, 고려대학교 이현정 박사학위논문(2004)
- 쪽제비싸리 종자의 지질성분에 관한 연구, 동국대학교 공과대학 식품공학과 이영 외 1, 한국식품과학회지(1977. 10. 29.)

좀목형

논문
- 좀목형 엽 추출물의 Allelopathy에 관한 연구, 전북대학교 산림과학부 서병수 외 2, 한국환경생태학회지(2001)

좁쌀풀

특허
- 101가지 산야초 추출액을 이용한 항염 효과를 갖는 기능성 산야초 발효물, 특허등록 제1211937호, 주식회사 들레네

주엽나무

특허
- 생약재 추출물을 함유하는 피부 주름 개선용 화장료 조성물 및 그 제조 방법, 특허등록 제670238호, 주식회사 사임당화장품
- 조각자 가시 추출물을 포함하는 이상 증식 혈관질환의 예방 또는 치료용 조성물, 특허등록 제1085954호, 한국교통대학교산학협력단, 주식회사 로드
- 아토피 피부염 예방 또는 완화용 조성물 및 그의 제조 방법, 특허등록 제1127393호, 주식회사 나우코스
- 코로나바이러스에 대한 항바이러스제, 특허등록 제501831호, 생명공학연구원
- 심혈관 장애 치료용 약학적 조성물 및 그 용도, 특허공개 10-2012-0010273호, 쳉두 캉홍 파마슈티칼 코.,엘티디.(중국)
- 조각자 추출물을 유효성분으로 함유하는 당뇨병 및 당뇨병 합병증의 예방 또는 치료용 조성물, 특허공개 10-2011-0139086호, 경남대학교 산학협력단

논문
- 중국 약용식물 추출물의 알도즈 환원 효소 억제 효능 검색, 한국한의학연구원 한의임상연구본부 당뇨 합병증 연구센터 이윤미 외 3, 생약학회지(2011. 6. 30)
- Streptozotocin-Nicotinamide로 유도된 제2형 당뇨모델 쥐에서 조각자(Gleditschiae Spina) 추출물의 항당뇨 효과, 경남대학교 식품영양학과 외 4, 한국식품영양과학회지(2011. 2. 28)
- 히스타민 분비와 염증성 시토킨 생성 억제를 거쳐 비만세포-매개 알레르기 반응을 저해하는 조각자(Gleditsiae Spina) 추출물, Gleditsiae Spina, 생약학회지(2010. 9. 30)
- DNA chip을 이용한 조각자 추출물의 인간유래 악성 종양에 미치는 영향, 동신대학교 한의과대학 안이비인후피부과학교실박용호 외 3, 한방안이비인후피부과학회지(2008. 4. 25)
- 조각자가 만성 비세균성 전립선염 Rat 모델에서 혈액 및 세포조직의 변화에 미치는 영향, 대전대학교 한의과대학 신계내과학 교실 정기훈 외 4, 대한한방내과학회지(2007. 12. 30)
- 주엽나무의 페놀성 성분에 관한 화학적 연구, 충북대학교 약학과 황윤정 외 6, 생약학회지(1994. 3. 31)
- 추석(秋石)에 관한 연구, 숙명여자대학교 약학대학 이은옥 외 1, 생약학회지(1976. 3. 15)

죽절초

특허
- 죽절초의 조기 결실을 위한 번식 방법, 특허등록 제80589호, 대한민국(관리부서 : 산림청 국립산림과학원장), 배재대학교 산학협력단

줄

특허
- 항산화 활성이 우수한 고장초 농축물의 제조 방법 및 이에 의해 제조된 고장초 농축물, 특허등록 제1072882호, 주식회사 현성랜드
- 생약 성분을 함유한 침출차 및 그의 제조 방법, 특허등록 제556085호, 문**

- 숙취 제거용 음료의 제조 방법, 특허등록 제1001213호, 김**
- 부들, 조릿대, 갈대 및 줄풀을 포함하는 한방 음료, 특허등록 제1118046호, 지**
- 고장초 추출물을 주성분으로 한 건강 약차 및 그 제조 방법, 특허등록 제1080573호, 김**
- 피부 미용팩용 조성물 및 이를 이용한 미용용 팩, 특허등록 제754516호, 자연과 숯 주식회사
- 고형의 한방비누를 제조하는 방법, 특허등록 제892468호, 강**
- 암 환자를 위한 기능성 가발, 특허등록 제946225호, 주식회사 이지쓰위그
- 냄새 제거용 항균성 조성물, 특허등록 제807842호, 김**
- 게르마늄을 이용해 주름과 검버섯을 없애는 기능성 미백 화장품, 특허공개 10-2011-0017801호, 박**

논문
- 고장초의 항알레르기 효과, 계명대학교 식품가공학과 이은정 외 4, 한국식품과학회지(2009. 12. 31)
- 고장초의 부위별(뿌리, 줄기, 전초) Neuro2A 신경세포고사에 대한 억제 효과 비교 연구, 상지대학교 한의과대학 한방재활의학과 차윤엽, 동의생리병리학회지(2006. 8. 25)
- 줄풀 줄기의 Neuro2A 신경세포고사에 대한 억제 효과, 상지대학교 한의과대학 한방재활의학과 차윤엽, 동의생리병리학회지(2006. 2. 25)
- H_2O_2로 유발된 Neuro2A 신경세포고사에 대한 줄풀(Zizania latifolia)의 억제 효과, 상지대학교 박원형 석사학위논문(2005)

지모

특허
- 금은화 및 지모의 혼합 생약 추출물을 유효성분으로 함유하는 관절염의 예방 및 치료용 조성물, 특허등록 제1072264호, 경희대학교 산학협력단, 환인제약 주식회사
- 지모 추출물을 유효성분으로 함유하는 지질대사 질환의 예방 및 치료용 조성물, 특허등록 제1072164호, 이화여자대학교 산학협력단
- 추출물을 함유하는 호흡기 질환의 예방 및 치료용 조성물, 특허등록 제874504호, 이화여자대학교 산학협력단
- 지모 추출물의 제조 방법과 그 추출물을 함유한 당뇨병관련 질환 치료용 의약 조성물, 특허공개 10-2003-0000648호, 에스케이케미컬
- 붉나무, 지모, 가죽나무 추출물과 그 용도, 특허공개 10-2012-0061221호, 주식회사 케이알셀코리아
- 지모의 생약 성분을 함유한 쌀의 제조 방법, 특허공개 10-2005-0009258, 방**

논문
- 지모의 collagen 유발 관절염에 대한 소염 효과, 경희대학교 한의과대학 병리학교실 & 경희대학교 한의학연구소 정근기 외 6, 동의생리병리학회지(2008. 12. 25)
- 지모의 in vivo 및 in vitro 항알레르기와 소염 효과, 경희대학교 한의과대학 김수진 외 14, Oriental Pharmacy and Experimental Medicine(2007. 9. 30)
- 화경 제거가 지모의 수량 및 조사포닌 함량에 미치는 영향, 충남농업기술원 한승호 외 4, 한국약용작물학회지(2001. 3. 31)

지칭개

논문
- 지칭개(Hemisteptia lyrata) 꽃의 성분 연구(II), 경상대학교 응용생명과학원 하태정 외 5, 생약학회지(2002. 6. 30)
- 지칭개(Hemisteptia lyrata) 꽃의 성분 연구(I), 경상대학교 농과대학 농화학과 하태정 외 5, 생약학회지(2001. 9. 30)
- 지칭개, 구절초 및 산국에서 분리한 Sesquiterpene lactones의 항균 활성, 경상대학교 농화학과 장대식 외 6, 한국응용생명화학회지(1999. 5. 31)
- 국내 자생식물의 항균 활성, 경상대학교 농화학과 양민석 외 4, 한국응용생명화학회(1995. 12. 31)

지황

특허
- 건지황 추출물을 유효성분으로 함유하는 약물 중독 및 금단 증상의 예방 및 치료용 조성물, 특허등록 제1096314호, 대구한의대학교 산학협력단
- 지황을 이용한 면역 기능 증진 활성을 가진 유산균 발효제품 및 이의 제조 공정, 특허등록 제519005호, 강원대학교 산학협력단
- 지황 물 추출물을 유효성분으로 함유하는 각질 제거용 조성물, 특허등록 제1010744호, 대구한의대학교 산학협력단

- 지황식초를 이용한 숙취 해소 및 피로 회복용 한방 음료 및 그 제조 방법, 특허등록 제1150696호, 동우당제약 주식회사
- 지황 추출물을 함유하는 타액 분비 증강용 조성물, 특허등록 제1117491호, 경희대학교 산학협력단
- 비만 억제용 숙지황 조성물, 특허등록 제443055호, 한국한의학연구원
- 생지황, 석창포, 고삼, 자초 및 황백의 추출물을 유효성분으로 함유하는 아토피 치료용 조성물, 특허등록 제1068375호, 장홍군청 외 2
- 지황 엑기스의 제조 방법, 특허등록 제160096호, 대한민국(농촌진흥청장)
- 지황 증류주의 제조 방법, 특허등록 제160092호, 대한민국(농촌진흥청장)
- 지황 추출물을 포함하는 지황 소금의 제조 방법 및 그에 의해 제조된 지황 소금, 특허등록 제886391호, 정**
- 칡덩쿨과 숙지황을 이용한 냄새 제거 추출물 제조 방법, 특허등록 제1083507호, 서**

논문

- 지황의 성분연구, 서울대학교 약학대학 천연물과학연구소 이소영 외 4, 생약학회지(2011. 6. 30)
- 세기계 조직증식에서 숙지황의 억제 효과에 대한 연구, 한경대학교 이성진 외 1, 한국약용작물학회지(2007. 10. 31)
- 베타아밀로이드로 유도된 신경세포사멸에 대한 지황 및 지황식초의 보호 효과, 대구한의대학교 한의과대학 생리학교실 송효인 외 1, 동의생리병리학회지(2007. 2. 25)
- 보혈 약재인 당귀, 지황, 백작약, 하수오의 면역 촉진 효과 비교 분석, 경북대학교 자연과학대학 생물학과 이금홍 외 5, 동의생리병리학회지(2006. 12. 25)
- 저산소상태에서 육미지황원의 뇌신경세포 보호효과에 대한 연구, 한국한의학연구원 강봉주 외 2, 한국한의학연구원논문집(2001. 12. 31)
- 뇌출혈 동물모델에서 육미지황원의 효과연구, 한국한의학연구원 강봉주 외 1, 한국한의학연구원논문집(2001. 12. 31)
- 지황이 흰쥐의 장 연동운동에 미치는 영향, 경원대학교 한의과대학 신명섭 외 2, 대한본초학회지(2001. 6. 30)
- 지황이 CCl₄로 손상된 쥐의 간 회복에 미치는 효과, 경원대학교 한의과대학 금윤상 외 2, 대한본초학회지(2000. 6. 30)
- 한약재의 절단, 수치, 전탕법에 관한 연구(숙지황), 한국한의학연구원 김인락 외 3, 한국한의학연구원논문집(1998. 12. 31)

진달래

논문

- P-V곡선에 의한 꼬리진달래(*Rhododendron micranthum* Turcz.)의 수분특성, 김남영 외 3, 한국자원식물학회지(2010)
- 진달래꽃 추출물의 생리활성 탐색, 경북대학교 식품공학과 조영제 외 6, 한국식품영양과학회지(2008. 3. 31)
- 진달래로부터 생리활성 탐색과 Helicobacter pylori 억제물질의 정제 및 구조동정, 경북대학교 주인식 석사학위논문(2009)
- 털진달래(*Rhododendon mucronulatum* Turcz. var. *ciliatum* Nakai) 정유의 성분분석과 독성평가, 강원대학교 자원생물환경학과 박유화 외 1, 한국응용생명화학회(2008. 9. 30)
- 진달래꽃 추출물의 항산화 및 항유전독성 활성, 경남대학교 식품생명학과 이보배 외 6, 한국식품영양과학회지(2007. 12. 31)
- 진달래 줄기의 세포독성 성분, 강원대학교 약학대학 홍혜선 외 2, 생약학회지(2007. 9. 30)
- 진달래 뿌리의 항산화 활성 및 Nitric Oxide생성억제 활성, 중앙대학교 조수현 석사학위논문(2006)
- 진달래 줄기의 화학적 성분과 항산화 활성, 강원대학교 약학대학 이진훈 외 4, 생약학회지(2005. 6.)
- 진달래 줄기의 항산화 활성 성분, 강원대학교 이진훈 박사학위논문(2005)
- 진달래꽃에 의한 Grayanotoxin 중독 3 례, 김아진 대한응급의학회지(2000)
- 진달래꽃 탄화수소류의 곡자(국균)에 의한 분해, 대전보건대학 식품영양과 홍태희, 한국식품영양학회지(1999. 8. 31)
- 천연자원을 이용한 간 기능 증진제 개발 연구(Aromatic toxicants 에 의해 유도된 간기능 장해에 미치는 진달래 화분립의 영향), 효성여자대학교 약학대학 위생약학교실 윤수홍 외 1, 한국식품영양과학회지(1992. 9. 20)
- 진달래 꽃잎의 추출물이 심혈관계에 미치는 영향, 전준하 외 8, 영남의대학술지(1991)

찔레꽃

특허

- 항산화 활성을 가지는 찔레나무 추출물을 포함하는 식품 조성물, 특허등록 제556187호, 주식회사 이룸
- PPAR 감마를 활성화하는 찔레버섯 추출물 및 이로부터 분리된 클로로페린 화합물, 특허등록 제760999호, 한국생명공학연구원
- 히스피딘계 활성산소 소거물질 및 그 제조 방법, 특허등록 제320787호, 한국생명공학연구원
- 플로바탄닌 화합물을 유효성분으로 포함하는 항아토피 조성물, 특허등록 제1169736호, 중앙대학교 산학협력단, 고려대학교 산학협력단

논문

- Rosa multiflora Thunberg fruit 추출물로부터 Helicobacter pylori 억제물질의 분리 및 동정, 경북대학교 식품공학과 박기태 외 6, 생명과학회지(2010. 10. 30)
- 찔레 추출물의 B16 세포 멜라닌 형성 억제, 원광대학교 생명과학부 하세은 외 5, 자원식물학회지(2009. 8. 30)
- 찔레꽃(*Rosa multiflora*) 근경의 리그난, 서울대학교 여호섭 외 3, 약학회지(2004. 3.)
- 찔레영지버섯(*Phellinus ribis*) 추출물의 생리활성, 성균관대학교 생명공학부 송재환 외 5, 한국식품과학회지(2003)

참나리

논문

- 백합 구근 분말 첨가가 반죽 물성 및 제빵 가공 적성에 미치는 영향, 창원전문대학 호텔제과제빵학과 정용면 외 4, 한국식품영양과학회지(2010. 2. 27)

참나무겨우살이

특허

- 생약성분을 함유한 침출차 및 그의 제조 방법, 특허등록 제556085호, 문**

논문

- 마이크로웨이브 추출 조건에 따른 참나무 겨우살이 추출물의 생리활성, 한국식품연구원 이혜진 외 3, 한국식품저장유통학회지(2011. 2)
- Studies on the constituents of Japanese mistletoes from different host trees, and their antimicrobial and hypotensive properties, 일본국 Fukunaga T 외 4, Chem Pharm Bull(1989)

참식나무

논문

- 참식나무 추출물을 이용한 염색 특성, 조현진 산림(2006)

천궁

특허

- 홍삼, 당약, 천궁, 목단피 및 범부채를 함유하는 두피 및 모발 개선용 조성물, 특허등록 제534483호, 소망화장품주식회사
- 식물에서 추출한 살비제 조성물, 특허등록 제496456호, 서울대학교 산학협력단
- 상지 추출물 및 천궁 추출물을 유효성분으로 함유하는 피부 미백용 화장료 조성물, 특허등록 제635784호, 주식회사 코리아나화장품
- 천궁 추출물 및 프로테아제를 유효성분으로 함유하는 피부 미백용 화장료 조성물, 특허등록 제744947호, 주식회사 코리아나화장품
- 천궁 추출물을 함유하는 호흡기 질환의 예방 또는 치료용 조성물, 특허공개 10-2012-0087734호, 환인제약 주식회사
- 신경보호 활성을 갖는 천궁 추출물을 포함하는 조성물, 특허공개 10-2003-91466호(최종 거절), 학교법인 경희학원

논문

- 흰쥐의 알레르기성 접촉 피부염의 회복에 미치는 천궁 추출물의 영향, 안동대학교 자연과학대학 생명과학과임재환 외 4, 자원식물학회지(2011. 8. 31)
- 천궁에서 얻은 정유성분이 RAW264.7 대식세포의 염증성 매개체에 미치는 영향, 생약학회지(2010. 12. 31)
- 족삼리(足三里) 천궁(川芎) 약침(藥鍼)이 Collagen-induced Arthritis에 미치는 영향, 대전대학교 한의과대학 침구학교실 황영진 외 2, 대한침구학회지(2007. 8. 20)
- 임신 중 소음스트레스에 노출된 임신 흰쥐에서 태어난 새끼쥐 해마 내 공간 기억과 신경 세포 생성에 미치는 산전 천궁 치료의 효과, 경원대학교 한의과대학 송윤경 외 2, 대한한의학회지(2006. 12. 30)

- 천궁의 혈액 순환과 항산화적 효과, 계명대학교 전통미생물자원개발 및 산업화연구센터 박영철 외 4, 대한예방한의학회지(2002. 12. 29.)
- 천궁의 향신료로서의 이용 연구, 덕성여자대학교 식품영양학과 이지혜 외 2, 한국식품조리과학회지(2002. 2. 28)
- 궁귀탕의 항돌연변이 활성, 경희대학교 한의과대학 병리학교실 유영법 외 6, 대한암한의학회지(2001. 12. 30)
- 천궁의 열수 추출액이 고지방 식이에 의한 흰쥐의 혈장, 간 및 지방조직의 지질함량과 분변 Steroids에 미치는 영향, 창원전문대학 식품영양과 성태수 외 2, 한국식품영양학회지(1994. 6.)
- 천궁의 세포배양에 의한 정유성분의 생산, 덕성여자대학교 약학대학 신승원 외 1, 약학회지(1994. 4. 30)

철쭉

특허
- 피부 가려움 제거제로 '철쭉꽃 즙' 제조 방법, 특허공개 10-2009-0132463호, 김**, 최종 거절

논문
- 의도적으로 철쭉 섭취 후 발생된 성인 전신 중독 증상 1례, 충남대학교 의과대학 응급의학교실 정상민 외 8, 대한임상독성학회지(2009. 12)
- 철쭉나무 잎의 Flavonoid 성분, 강원대학 약학대학 김기범 석사학위논문(2008)

측백나무

특허
- 피브릴화한 측백나무과의 나뭇잎을 포함하여 심미성이 향상된 한지의 제조 방법, 특허등록 제1134127호, 완주군 외 1
- 생선의 염장 방법, 특허등록 제755480호, 주식회사 중앙수산
- 피톤치드 발산 지속력이 향상되는 항균 침구, 특허등록 제1175053호, 강**
- 측백나무 추출물을 포함한 염모제용 조성물 및 제조 방법, 특허등록 제739225호, 광덕신약 주식회사
- 화장료 조성물의 성분으로 사용되는 아멘토플라본을 부처손 및 측백나무로부터 추출하는 방법, 특허등록 제1007940호, 주식회사 코스메랩
- 101가지 산야초 추출액을 이용한 항염 효과를 갖는 기능성 산야초 발효물, 특허등록 제1211937호, 주식회사 들레네

논문
- 측백나무 열매 추출물의 항균 활성, 충북대학교 농업생명환경대학 염태현 외 1, 한국약용작물학회지(2011. 10. 30)
- 측백 추출물에 따른 발모 효능에 대한 연구, 주식회사 임택코리아 김용준 외 5, 동의생리병리학회지(2004. 10. 25)
- 서양측백나무 잎으로부터 식물정유 추출 및 생리활성, 진주산업대학교 식품가공학과 서원택 외 10, 한국약용작물학회지(2003. 12. 31)
- 배양 사람암세포 내에서 천연물의 세포독성 가능성의 평가, 이화여자대학교 남경애 외 1, 생약학회지(2000. 12.)

층꽃나무

논문
- 층꽃풀의 성분 연구, 경희대학교 박선미 석사학위논문(2010)
- 어리쌀바구미에 대한 층꽃나무 정유의 화학성분과 독성 작용, 중국농업대학 곤충학과 Sha Sha Chu 외 4(2011. 6. 29)

치자나무

특허
- 치자 추출물을 포함하는 리파아제 억제제, 이를 포함하는 기능성 식품 및 의약 조성물, 특허등록 제787003호, 경희대학교 산학협력단
- 복합 생약 추출물을 유효성분으로 함유하는 피부 노화 방지 및 주름 개선용 조성물, 특허등록 제1086736호, 재단법인 한국한방산업진흥원
- 치자 추출물을 함유하고 있는 미백 화장료, 특허등록 제496850호, 신화제약 주식회사 외 1
- 식물 추출물을 포함하는 치주질환용 조성물, 특허등록 제1132110호, 전북대학교 산학협력단, 유한회사 한뿔제약
- 치자 추출물 및 치자로부터 분리된 신규 화합물 및 그 용도, 특허등록 제543897호, 한국과학기술연구원
- 효소 처리에 의하여 항염증 활성이 증가된 치자 추출물의 제조 방법, 특허등록 제1089637호, 한국식품연구원

논문
- β-Glucosidase 처리에 의한 치자 추출물의 항염증 활성 증진, 한국식품연구원 손동화 외 2, 한국식품과학회지(2012. 6. 30)
- 치자나무 열매의 모노아민 옥시다아제와 도파민 β-히드록실라아제 억제인자, 김지호 외 2, 한국응용약물학회지(2012. 3. 31)
- 상한론(傷寒論)에서 치자(梔子)의 기원과 1일 복용량, 동의대학교 한의과대학 본초학교실 한의학연구소 김인락, 대한본초학회지(2011. 12. 30)
- 치자의 항산화 활성 및 활성성분의 분리, 서울과학기술대학교 식품공학과 양혜정 외 2, 한국식품과학회지(2011. 2. 28)
- Galactosamine 유도 급성 간염 모델에서 치자의 간 보호 효과, 성균관대학교 약학대학 이선미 외 3, 약학회지(2010. 10. 31)
- 사염화탄소 유도 급성 간독성 모델에서 치자의 간 보호 효과, 경희대학교 생명과학부 신전규 외 2, 약학회지(2010. 2. 28)
- 치자(梔子)가 강제수영부하시험에서 Corticotropin-Releasing Factor, c-fos와 Tyrosine Hydroxylase에 미치는 영향, 경원대학교 한의과대학 방제학교실 박찬혁 외 1, 대한한의학방제학회지(2009. 6. 30)
- 치자추출물의 Monoamine Oxidase 저해 활성, 건국대학교 바이오식의약연구센터 박태규 외 1, 생약학회지(2007. 6. 30)
- SSR을 이용한 꽃치자와 열매치자의 유전적 관계, 동의대학교 분자생물학과 허만규, 생명과학회지(2007. 1. 29)
- 치자의 스트레스 관련 생리활성(홍삼과의 비교 연구), 삼육대학교 약학과 고홍숙 외 8, 약학회지(2005. 8. 31)
- 치자 추출물이 쌀밥의 관능적 특성 및 부패 미생물에 미치는 효과, 배화여자대학 전통조리과 주난영, 한국식품조리과학회지(2002. 10. 31)
- 치자약침(梔子藥鍼)이 실험적 백서(白鼠)의 간손상에 미치는 영향, 상지대학교 한의과대학 침구학 박희수 외 1, 대한약침학회지(2001. 2. 16)

칠면초

특허
- 양파와 칠면초를 이용한 간장 및 된장 제조 방법, 특허등록 제1017607호, 주식회사 한누리 외 1

논문
- 수확 계절에 따른 칠면초 추출물의 생리활성 변화 연구, 한국원자력연구원 정읍방사선과학연구소 최종일 외 6, 한국식품영양과학회지(2010. 1. 30)

칼슘나무

특허
- 가금류 치킨용 양념소스 및 그 제조 방법, 특허등록 제1270014호, 최**
- 비타민나무, 칼슘나무 및 블루베리 열매를 이용한 막걸리 제조 방법, 특허공개 10-2012-0020858호, 이** 외 1

택사

논문
- 택사(Alismatis Rhizoma)에서 분리한 Protostane계 화합물과 그 유도체의 FPTase 억제 활성, 한국인삼공사 중앙연구원 이상명 외 2, 생약학회지(2011. 9. 30)
- 택사 산 추출물이 Cisplatin으로 유발된 흰쥐의 급성신부전(急性腎不全)에 미치는 영향, 대구한의대학교 한의과대학 신계내과학교실 유동조 외 4, 대한한방내과학회지(2009. 12. 31)
- 택사 열수 및 에탄올 추출물의 항산화 활성과 human LDL 산화 억제 및 ACE 저해 효과에 미치는 영향, 동국대학교 한의과대학 MRC 진단학 교실 양영이 외 7, 대한한방내과학회지(2008. 12. 31)
- 택사 농축액이 고지방 식이를 급여한 흰쥐의 지질구성 및 TBARS량에 미치는 영향, 상지대학교 한의과대학 본초방제학교실 이장천 외 2, 대한본초학회지(2008. 9. 30)
- 택사 Butanol 분획물과 Selenium 보충이 당뇨 흰쥐의 글리코겐 함량, 지질대사 및 지질과산화에 미치는 영향, 덕성여자대학교 자연과학대학 식품영양학과 최성숙, 한국영양학회지(2004. 1. 31)
- 택사 CHCL3분획물과 Selenium 보충이 당뇨 흰쥐의 혈당과 지질 함량에 미치는 영향, 덕성여자대학교 자연대학 식품영양학과 김명화, 한국식품조리과학회지(2002. 6. 30)
- 택사 추출물의 항균 및 항산화 효과, 순천대학교 식품영양학과 서권일 외 4, 생명과학회지(2000. 10. 31)

터리풀

논문

- 터리풀의 성분에 관한 식물화학적 연구, 서울대학교 약학대학 여호섭 외 2, 생약학회지(1992. 9. 30)
- 터리풀의 성분에 관한 식물화학적 연구, 서울대학교 여호섭 석사학위논문(1990)

토끼풀

특허

- 화장품 조성물, 특허공개 10-2011-0090803호, 엘브이엠에이취 러쉐르쉐(프랑스)

톱풀

논문

- 강원도 자생 산채 추출물의 α-Amylase, α-Glucosidase, Lipase 효소 저해 활성 탐색, 강원도농업기술원 농산물이용시험 김희연 외 7, 한국식품영양과학회지(2011. 2. 28)
- 국화과 식물 중 꽃 에탄올 추출물의 항산화 효과, 충북대학교 원예과학과 우정향 외 2, 한국식품영양과학회지(2010. 2. 27)
- 톱풀의 항산화 성분, 성균관대학교 약학대학 생약학 연구실 문형인 외 3, 한국약용작물학회지(2000. 3. 31)

통탈목

특허

- 혈당 강하 생약 조성물, 특허등록 제827350호, 송**
- 비만을 방지하는 한방 건강 베개, 특허등록 제198761호, 학교법인 민송학원
- 황토벽돌 및 그 황토벽돌을 제조하는 방법, 특허공개 10-2009-0123532호. 김** 외 1
- 다이어트 립스틱, 특허공개 10-1999-025009호, 남**

논문

- 통초(Tetrapanax papyriferus) 추출물의 세포독성 및 Apoptosis 유도 활성, 문성희 외 4, 대한암예방학회지(2010)
- 통초(Tetrapanax papyriferum)의 추출물이 인체 구강암 KB 세포주에 미치는 영향, 조선대학교 정선희 석사학위논문(2010)
- 저제탕(돼지 족발과 통초를 재료로 기혈이 부족하여 산후에 유즙이 부족해진 산모에게 많이 사용되었던 처방, 옹저를 치료하는 데에도 쓰임)을 활용한 산모용 약선죽에 관한 연구, 명지대학교 채숙양 석사학위논문(2009)
- 약용식물의 혈당 저하 작용, 중앙대학교 약학대학 김창종 외 6, 약학회지(1990. 12)
- 목통과 통초의 효능에 관한 본초학적 고찰, 원광대학교 한의과대학 신민교 외 2, 대한본초학회지(1988. 8. 15)
- 목통과 통초의 기원에 관한 비교고찰, 원광대학교 한의과대학 고운채 외 1, 대한한의학회지(1987. 10. 10)

파대가리

논문

- 수오공의 Flavonoid 성분, 성균관대학교 약학대학 류정희 외 3, 생약학회지(1998. 6)
- Acute toxicity and general pharmacological activities of the crude hydro-alcoholic rhizome extract of Kyllinga brevifolia Rottb, Pharmacology Department, Faculty of Chemical Sciences, National University of Asuncion, Paraguay, Helliön-Ibarrola MC 외 4, J Ethnopharmacol(1999. 10)

파리풀

특허

- 가려움증 및 통증 완화 조성물과 그 제조 방법, 특허등록 제854776호, 송**
- 농약조성물, 특허공개 10-1988-0002444호, 니폰 가야꾸 가부시기가이샤(일본)

논문

- 파리풀(Phryma leptostachya L.)로부터의 화합물의 브라인슈림프 치명률, 생명공학연구소 이상명 외 2, 약학회지(2002. 10)

팽나무

특허

- 팽나무버섯 장아찌 및 그 제조 방법, 특허등록 제891167호, 충청북도(관리부서 : 충청북도 농업기술원)

편백

특허

- 편백 추출물을 함유한 고혈압 예방 및 치료용 약학 조성물 그리고 식품 조성물, 특허등록 제1154044호, 주식회사 에코덤
- 편백 다당체를 함유하여 바이오필름 형성을 억제하는 피부 외용제 조성물, 특허등록 제1181635호, 주식회사 아모레퍼시픽
- 편백 추출물을 함유하는 피부 상태 개선용 화장료 조성물, 특허공개 10-2006-0034732호, 주식회사 더페이스샵
- 편백 오일을 함유한 비듬균 예방 또는 치료용 조성물, 특허공개 10-2009-0039458호, 주식회사 지앤지
- 편백 정유를 포함한 레지오넬라균에 대한 항균 조성물, 특허공개 10-2009-0029431호, 주식회사 지앤지
- 그리포니아 추출물과 편백 추출물을 유효성분으로 포함하는 모발용 조성물, 특허공개 10-2009-0095359호, 주식회사 엘지생활건강
- 편백나무 피톤치드를 첨가한 복합 생약 추출물의 탈모 방지 및 발모 촉진 효과를 갖는 외용 조성물, 특허공개 10-2013-0033631호, 대구한의대학교 산학협력단

논문

- 소태나무 잎 및 편백나무 추출물의 항산화 효과, 계명대학교 식품가공학 전공 정영태 외 3, 생명과학회지(2012. 3. 30)
- 편백나무 잎 추출물 함유 크림의 안정성 평가, 서울과학기술대학교 정밀화학과 임명선 외 3, 한국유화학회지(2012)
- 편백나무 정유를 처리한 면섬유의 항균성, 한국니트산업연구원 류중재 외 6, 한국염색가공학회 2011년도 제44차 학술발표회
- 삼나무와 편백나무 정유의 미백 및 항산화 효능 평가, 서울대학교 농업생명과학대학 산림과학부 김선홍 외 6, 목재공학(2011. 7)
- 피부 미생물에 대한 편백정유의 항균 작용, 광주여자대학교 정지영 석사학위논문(2011)
- 편백 피톤치드가 Candida albicans에 미치는 영향에 대한 연구, 경희대학교 치의학전문대학원 구강내과학교실 강수경 외 3, 대한구강과학회지(2010)
- 편백 피톤치드가 Candida albicans에 미치는 영향에 대한 연구, 경희대학교 강수경 박사학위논문(2010)
- 편백 정유의 모발 성장 효과 및 기전 연구, 계명대학교 박영옥 박사학위논문(2010)
- 편백나무 정유의 소취 효과 및 항균력 평가, 김해성 외 2, 한국냄새환경과학회지(2009)

피나물

논문

- 피나물의 생리활성에 관한 연구, 원광대학교 채회성 박사학위논문(2010)

피막이

특허

- 식물 배양세포주로부터 슈퍼옥사이드 디스뮤타제의 제조 방법, 특허공개 10-1997-0021298호, 한국과학기술연구원

논문

- 한국산 피막이속(Hydrocotyle L.) 식물의 분자계통학적 연구, 영남대학교 이과대학 생명과학과 최경수 외 1, 자원식물학회지(2012. 8. 29)
- Hydrocotyle japonica의 약효 성분에 관한 연구(II), 중앙대학교 약학대학 조의환 외 1, 약학회지(1991. 10. 30)
- Hydrocotyle japonica의 약효 성분에 관한 연구(I), 중앙대학교 약학대학 조의환 외 1, 약학회지(1988. 8. 29)

한계령풀

논문

- 한계령풀의 생식기관 발생 형태, 신동용 외, 식물분류학회지(2010)
- 한계령풀(Leontice microrhyncha) 개체군의 식생과 토양 특성, 권재환. 충남대학교 석사학위논문(2010)
- 멸종 위기종인 한계령풀(Leontice microrhyncha)의 서식지 특성과 유전적 다양성에 관한 연구, 이상훈, 중앙대학교 석사 학위논문(2008)

해녀콩

논문

- 해녀콩 추출물의 항알레르기 및 항암 효과, 제주대학교 부희정 외 4, 기초과학

연구 제17권(2004)

해홍나물

특허

- 함초 새싹채소 및 재배 방법, 특허등록 제1217194호, 농업회사법인주식회사 다사랑 외 1
- 지방 분해 및 셀룰라이트 제거를 위한 화장료 조성물, 특허공개 10-2012-0090137호, 코슬릭바이오 주식회사

논문

- 제주도 해홍나물(*Suaeda maritima*) 열수 추출물의 항균 활성, 제주대학교 해양과학대학 해양과학부 문영건 외 4, 생명과학회지(2008. 6. 30)

향나무

특허

- 향나무 추출물 또는 세드롤을 포함하는 비만 및 제2형당뇨병 예방 및 치료용 조성물, 특허등록 제711028호, 한국생명공학연구원

논문

- 향나무 추출물의 항말라리아 효과, 이경호 외 3, 생약학회지(2012)
- 용매에 따른 향나무 부위별 색소 추출물의 견직물에 대한 염색성, 이정순 외 1, 한국염색가공학회 2012년도 제46차 학술발표회
- 향나무 추출물의 항균, 항산화 및 각질세포 보호 효과, 유민정 외 3, 대한피부미용학회지(2010)
- 향나무 추출물의 광손상으로부터 피부세포 보호와 자극 완화 효과에 대한 연구, 김진화 외 4, 대한화장품학회지(2004)
- 향나무의 심재로부터의 자유라디칼 소거제, 우석대학교 약학대학 임종필 외 6, 약학회지(2002. 6)
- 국내 침엽수재 추출 성분의 혈액지질 저하 효과 연구, 국민대학교 임산공학과 김영균 외 1, 한국식품영양과학회지(2001. 12. 29.)
- 향나무(*Juniperus chinensis*)의 세포독성 성분, Deoxypodophyllotoxin의 생물검정-추적 분리, Ali, A.M. 외 7, 생약학회지(1998. 9)

헐떡이풀

특허

- 세포사멸 유도 작용을 갖는 트리테르펜 화합물, 특허등록 제464063호, 한국생명공학연구원
- 식물 세포 현탁 배양에 의한 코로솔릭산의 제조 방법, 특허등록 제693400호, 주식회사 삼양제넥스

논문

- 헐떡이풀(*Tiarella polyphylla*)로부터의 트라이터페노이드, 배양된 노인 진피 섬유모세포의 자외선조사에서 타입 1 프로콜라겐과 MMP-1의 조절, 서울대학교 문형인 외 3, 약학회지(2004. 9)
- 헐떡이풀에서 분리한 올레아놀산모노데스모사이드 및 비스데스모사이드의 항보체작용, 생명공학연구원 박시형 외 7, 약학회지(1999. 8)

현삼

논문

- 현삼이 DNCB로 유발된 알레르기성 접촉성 피부염에 미치는 영향, 동신대학교 한의과 대학 안이비인후피부과학 교실 송진수 4, 한방안이비인후피부과학회지(2011. 12. 25)
- 경북산 현삼과 중국산 현삼의 비교(Harpagoside 함량 및 Nitric Oxide 저해 활성), 영남대학교 약학대학 장혜연 외 5, 생약학회지(2011)
- Elevated Plus-Maze를 이용한 현삼의 항불안 효과(GABA 신경계와의 관련성 연구), 원광디지털대학교 한방건강학과 최윤희 외 1, 동의생리병리학회지(2010. 6. 25)
- 현삼(玄蔘)의 유전자 분석 및 자발성 고혈압 흰쥐의 혈압에 미치는 영향, 경희대학교 한의과대학 본초학교실 박규하 외 2, 대한본초학회지(2008. 6. 30)
- 현삼(玄蔘)이 갑상선 기능 항진증 유발 흰쥐의 유전자 발현에 미치는 영향, 대전대학교 한의과대학 신계내과학 교실 조중식 외 2, 대한본초학회지(2007. 12. 31)
- 상용 현삼과 한약재 3종의 본초학적 연구, 우석대학교 한의과대학 본초 방제학교실 윤인수 외 6, 한방안이비인후피부과학회지(2007. 12. 25)
- LPS-자극 생쥐 복막큰포식세포의 NF-kB 활동 억제를 통한 현삼(玄蔘)의 산화질소 생산 억제 효과, 부산대 하미숙 외 3, 동의생리병리학회지(2002. 12. 25)
- 현삼(玄蔘)이 SO₂로 손상된 흰쥐의 호흡기 조직에 미치는 영향, 동의대학교 한

의과대학 폐계내과학 교실 이민우 외 2, 대한한방과학회지(2000. 12. 29)

협죽도

특허

- 강심성 배당체를 함유하는 초임계유체 추출물, 특허등록 제1186089호, 피닉스바이오테크놀러지 인코포레이티드(미국)
- AIDS 및 관련 상태의 치료용 조성물, 특허등록 제1017879호(PCT/US2003/028295), 월프레드 라믹스 인코포레이티드(미국)
- 협죽도과 식물 추출액 및 이를 이용한 녹조 현상 원인녹조류 방제방법, 특허등록 제456467호, 재단법인 포항산업과학연구원
- 냉각수 내 세균 증식 억제용 협죽도과 식물 추출물 및 이를 이용한 냉각수내 세균 증식 억제 방법, 특허등록 제672088호, 재단법인 포항산업과학연구원
- 협죽도과 식물의 잎 추출물을 함유하는 고려잔디갈색퍼짐병 방제용 조성물 및 이를 이용하여 갈색퍼짐병을 방제하는 방법, 특허등록 제478146호, 재단법인 포항산업과학연구원

논문

- NF-kB 활성 저해를 통한 협죽도 에탄올 추출물의 항염증 효능, 동의대학교 한의과대학 내과학교실 김태환 외 6, 생명과학회지(2010. 8. 30)
- 협죽도(Nerium oleander), Plants For A Future(영국)

환삼덩굴

논문

- 환삼덩굴의 두 가지 석탄산 화합물과 In Vitro 세포독성 시험, 성균관대학교 약학대학 천연물 약품화학 연구실 유병철 외 5, 약학회지(2007. 11)
- 환삼덩굴로부터 분리한 의 활성산소 소거능, 경북대학교 식품공학과 박승우 외 2, 한국식품영양과학회지(2000. 2. 28)
- 환삼덩굴(Humulus japonicus) 추출물의 항돌연변이 효과와 Flavonoid 성분의 분리, 경북대학교 식품공학과 박승우 외 2, 한국식품과학회지(1995. 12. 31)
- 환삼덩굴의 용매분획별 항균성 및 항산화성, 경상북도 보건환경연구원 박승우 외 3, 한국식품과학회지(1994)

활나물

논문

- 활나물 추출물의 혈압 강하 효과, 충북대학교 고상범 박사학위논문(2006)
- 활나물 부위별 추출물의 항산화 활성 비교, 호서대학교 식품영양학과 우나리야 외 5, 한국식품영양과학회지(2005. 11. 30)
- 활나물 부위별 추출물의 유지에 대한 항산화 효과 및 항균성에 관한 연구, 호서대학교 식품영양학과 우나리야 외 5, 한국식품영양과학회지(2005. 8. 30)

황벽나무

특허

- 높은 일광 건로도를 갖는 황백을 이용한 염색방법, 특허등록 제447960호, 대한민국(서울대학교 총장) 외 3
- 황벽나무의 잎 또는 열매를 함유하는 약학 조성물, 특허등록 제1202178호, 김** 외 2
- 생지황, 석창포, 고삼, 자초 및 황백의 추출물을 유효성분으로 함유하는 아토피 치료용 조성물, 특허등록 제10683750호, 장흥군청, 주식회사 메디플랜, 영농조합법인남도생약
- 황기, 계지 및 황백의 혼합생약재 추출물을 포함하는 골다공증 및 골질환 예방 및 치료용 조성물, 특허등록 제1093540호, 경희대학교 산학협력단
- 황백나무로부터 추출한 색소의 레이크화 방법, 특허등록 제1189300호, 주식회사 아모레퍼시픽
- 황백 추출물 또는 오미자 추출물을 함유하는 여드름 억제 화장료, 특허공개 10-2002-0001931호, 한불화장품 주식회사
- 오리나무 또는 황백나무 줄기 수피 추출물을 포함하는 피부 미백용 조성물, 특허공개 10-2012-0044604호, 하이트진로 주식회사
- 황벽나무 수피로부터 분리한 화합물, 이의 분리방법 및 상기 화합물의 용도, 특허공개 10-2011-0018178호, 대한민국(관리부서 : 산림청 국립산림과학원장)
- 황벽나무 추출물 또는 분획물을 유효성분으로 함유하는 문화재 보존용 방충 및 살충용 조성물, 특허공개 10-2012-0021507호, 대한민국(관리부서 : 국립문화재연구소)
- 황백 추출물을 유효성분으로 포함하는 췌장염의 예방 또는 치료용 조성물, 특허공개 10-2012-0067913호, 주식회사 와이디생명과학

논문
- Berberine에 의한 HEK 293세포의 세포자멸사에 관한 연구, 인제대학교 박동만 박사학위논문(2011)
- 사염화탄소에 의한 간 손상에 대한 황백의 간보호 효과 연구, 동국대학교 한의과대학 병리학교실 곽창근 외 6, 동의생리병리학회지(2011. 8. 25)
- 두충나무, 황벽나무 등을 포함하는 수목 추출물의 항여드름 및 항아토피 효과, 인제대 제약공학과 김기은 외 3, 화학공학회지(2010. 12)
- 황백이 전립선비대증 Rat에 미치는 영향, 동신대학교 부속 목포한방병원 박정준 외 2, 한국한의학연구원논문집(2010. 8. 31)
- 황백의 생약학적 연구, 부산대학교 약학대학 박종희 외 2, 생약학회지(2009. 6. 30)
- 1-methyl-4-phenylpyridinium(MPP+)로 유도된 파킨슨병의 세포손상에 대한 황백의 신경세포 보호 효과, 동국대학교 한의과대학 내과학교실 정영석 외 2, 대한한방내과학회지(2009. 3. 31)
- 황벽나무 추출물의 목재 문화재 열화미생물에 대한 항균 활성, 전남대학교 최윤아 석사학위논문(2008)
- 황벽나무 수피와 칡의 추출성분 및 항산화 활성에 관한 연구, 조현진 외 5, 임산에너지(2008)
- 황백으로부터 멜라닌 생합성 억제 물질의 분리, 영남대학 약학대학 이종구 외 9, 생약학회지(2007. 12. 30)
- 황벽나무로부터 Limonoid와 Alkaloid의 분리와 그 다중약물내성(MDR) 역활성, 성균관대학교 약학대학 민용덕 외 5, 약학회지(2007. 1)
- 황백이 Alzheimer's Disease 병태 모델에 미치는 영향, 대전대학교 한의과대학 신경정신과학교실 김영표 외 2, 동의생리학회지(2005. 2. 25)
- 황백의 니코틴의 활성 억제에 미치는 효과, 경희대학교 동서의학대학원 이봄비 외 8, 동의생리병리학회지(2004. 6. 25)
- 황금과 황백 추출물이 젖산균 증식 및 김치 숙성에 미치는 영향, 청운대학교 식품영양학과 박민경 외 2, 한국식품영양과학회지(2004. 2. 28)
- 황련 황금 황백이 백서의 GASTRIN 및 UROPEPSIN 분비에 미치는 영향, 상지대학교 부속 한방병원 김성욱 외 1, 대한한방내과학회지(2001. 12. 16)
- 두릅나무와 황백피의 혼합 추출물 P55A의 랫트 및 개에 대한 경구투여 급성독성, 한국화학연구소 안전성연구센터 강부현 외 9, 한국응용약물학회지(1999. 6. 30)
- 황백 열수 추출물의 항산화 활성과 아질산염 소거 작용에 관한 연구, 동의공업대학교 이문조 외 5, 동의병리학회(1999. 2. 28)
- 지모, 일황련 및 황백나무 추출액의 항균 활성, 중부대학교 자연과학대학 자원식물학과 도은수, 자원식물학회지(1997. 12. 30)
- 황벽나무의 세포현탁배양에 의한 베르베린 생산, 산림유전연구소 최명석 외 2, 생약학회지(1996. 3. 30)

황칠나무

특허
- 황칠나무 수액의 다량 추출 및 천연염료 제조 방법, 특허등록 제817995호, 전라남도
- 생리활성이 뛰어난 황칠나무의 종실 추출물, 특허등록 제663284호, 제주대학교 산학협력단
- 황칠나무 추출물을 유효성분으로 함유하는 화장료 조성물, 특허등록 제1176529호, 주식회사 코리아나화장품
- 황칠나무를 이용한 발효산물과 발효 추출물을 대량 가공하는 제조 방법 및 조성물, 특허등록 제1054041호, 최**
- 황칠나무 추출액 추출 방법 및 그 추출액을 이용한 조리방법, 특허등록 제1162699호, 정**
- 황칠나무로부터 분리한 덴드로파녹사이드를 유효성분으로 포함하는 당뇨병 예방 또는 치료용 조성물, 특허공개 10-2012-0101743호, 동아대학교 산학협력단

논문
- 황칠나무 잎차, 수피와 뿌리진액, 침출주 및 막걸리의 항산화 활성 비교, 박철호 외 7, 한국자원식물학회 2012년 춘계학술발표회 및 정기총회
- 황칠나무 추출물의 총 페놀 함량 및 항산화 활성, 김주성 외 5, 한국약용작물학회 2012년도 심포지엄 및 춘계학술발표회
- 황칠나무 수액을 이용한 고부가가치 기능성물질 개발 연구, 건국대학교 이재석 학위논문(2009)
- 황칠나무 잎의 면역 활성 증진 기능 탐색, 강원대학교 바이오산업공학부 이서호 외 5, 한국약용작물학회지(2002. 6. 31)
- 황칠수액 분비 우수개체 선발 및 방향성 정유성분 조사, 서남대학교 생명과학과 안준철 외 6, 한국약용작물학회지(2002. 6. 31)
- 황칠나무 잎 및 종실의 화학적 특성, 전남대학교 농과대학 식품공학과, 김형량 외 1, 한국응용생명화학회(2000. 2. 28)
- 황칠나무의 집단구조와 치수의 발생과 생육동태 및 공간분포, 경상대학교 산림과학부 정재민 외2, 자원식물학회지(1998. 8. 31)

회양목

논문
- 마우스에서 회양목 추출물의 단회 투여 독성 시험, 오정민 외 3, 환경독성보건학회지(2006)
- 식물자원으로부터 Angiotensin Converting Enzyme 저해 활성 탐색, 강원대학교 바이오산업공학부 윤정식 외 6, 한국약용작물학회지(2003. 9. 30)
- 장기 재배 시험에 의한 중금속 오염 토양의 식물 정화, 정구복 외 3, 한국환경농학회지(2002)
- 회양목 추출물 cyclobuxine이 생쥐의 심근에 미치는 영향에 대한 형태학적 연구, 강상균 외 1, 순천향대학교논문집(1988)
- Cyclobuxine D의 prostaglandin 합성과 백혈구 유주에 미치는 영향, 이종화 외 8, 대한약리학잡지(1987)
- Cyclobuxine D의 흰쥐에 있어서 ECG와 심박동수에 패한 작용과 적출 개구리 심장에 대한 작용, 이종화 외 7, 대한약리학잡지(1986)
- 회양목의 성분 및 약리 작용 II ; 혈압 강하 및 심박수에 대한 Cyclobuxine의 작용, 박영현, 순천향대학교논문집(1984)
- 회양목(黃陽木)의 성분 및 약리 작용(II), 박영현 외 2, 순천향대학교논문집(1984)
- 회양목의 생약학적 연구, 서울대학교 약학대학 김정희 외 1, 생약학회지(1971. 3. 15)
- 회양목의 생약학적 연구, 서울대학교 김정희 석사학위논문(1964)

회향

특허
- 회향 열매에서 추출한 위생해충 기피제, 특허등록 제407605호, 주식회사 내츄로바이오텍
- 냄새 저감 김치 제조 방법 및 이에 따른 김치, 특허등록 제1018976호, 호서대학교 산학협력단 외 1
- 회향 추출물을 이용한 소취제, 특허등록 제122488호, 롯데제과 주식회사
- 향료의 제조 방법 및 이를 이용한 향료, 특허등록 제640285호, 함**
- 자외선 흡수성 화장료 조성물, 특허등록 제630466호, 나드리화장품 주식회사
- 애엽, 레몬, 회향 및 소나무에서 추출한 정유 성분을 함유하는 피부 미백용 조성물, 특허공개 10-2012-0113459호, 주식회사 바이오랜드

회화나무

특허
- 괴각 추출물을 유효성분으로 함유하는 골 대사성 질환의 예방 및 개선용 식품 조성물, 특허등록 제510426호, 주식회사 엔알디
- 괴각 추출물을 포함하는 고지혈증, 동맥경화증 및 지방간의 예방 및 치료용 조성물, 특허등록 제539457호, 주식회사 엔알디
- 괴각 추출물을 유효성분으로 함유하는 알레르기 질환의 예방 및 개선용 조성물, 특허공개 10-2007-0116433호, 주식회사 렉스진바이오텍 & 충북대학교 산학협력단
- 꽃매미 방제제 조성물 및 이의 제조 방법과 이를 이용한 방제 방법, 특허공개 10-2012-0060585호, 주식회사 오비터

논문
- 회화나무 추출물의 멜라닌 합성 촉진 효능에 관한 연구, 계명대학교 강철호 석사학위논문(2011)
- 괴각(槐角)의 식품영양학적 접근 및 몇 가지 생리활성 물질 함량 분석, 강원대학교 BT특성화학부 식품생명공학 최영수 외 3, 한국식품영양과학회지(2008. 9.)
- 괴각(Sophorae fructus) 추출물이 흰쥐의 항산화 활성 및 지질농도에 미치는 영향, 한림성심대학 관광외식조리과 박성진 외 3, 한국식품영양과학회지(2008. 9. 30)
- 난소 절제 랫드에서 회화나무 이소플라본의 갱년기증상 개선 효과 및 신경세포 보호 효과, 중앙대학교 약학대학 주성수 외 5, 약학회지(2005. 8. 31)

● 쥐 골수세포 내 파골세포 형성을 억제하고 IGF-1과 TGF-β를 상향 조절하는
괴각에서 추출된 이소플라본, 중앙대학교 약학대학 주성수 외 3, 약학회지
(2004. 1)

후박나무

특허

● 주오닌비 또는 이의 약학적으로 허용 가능한 염을 유효성분으로 함유하는 염증
성 질환의 예방 및 치료용 조성물, 특허등록 제1031889호, 한국생명공학연구원

● 토후박 추출물을 함유하는 미백용 화장료 조성물, 특허등록 제531686호, 학교
법인 영남학원

● 후박나뭇잎으로부터 아실-코에이 : 콜레스테롤 아실트랜스퍼라제(ACAT) 활성
저해제를 제조하는 방법 및 이를 함유하는 조성물, 특허등록 제207958호, 한국
과학기술연구원

● 후박 추출물 또는 이로부터 분리된 4-O-메틸호노키올을 유효성분으로 함유
하는 항염, 항알러지 및 주름 개선용 조성물, 특허등록 제1116852호, 주식회사
바이오랜드

● 후박 발효 추출물을 유효성분으로 포함하는 항균용 조성물, 특허공개 10-2012-
0025933호, 주식회사 엘지생활건강

● 일본 후박나무 추출물 또는 이의 분획물을 유효성분으로 함유하는 염증성 질
환 예방 및 치료용 조성물, 특허공개 10-2009-0128725호, 한국생명공학연구원

● 토후박 추출물을 유효성분으로 함유하는 피부 외용제 조성물, 특허공개 10-
201000054026호, 주식회사 아모레 퍼시픽

논문

● 민간약 후박잎의 생약학적 연구, 부산대학교 약학대학 배지영 외 3, 생약학회
지(2010. 3. 31)

● 후박나무껍질을 이용한 견직물의 염색성, 한미란 외 1, 한국의류학회지(2010)

● 후박나무(Machilus thunbergii)에서 얻은 리그난과 플라반에 의한 포스포리파
아제 와 암세포 증식의 억제, 경희대학교 동서의학연구소 이지숙 외 4, 약학회
지(2004. 9.)

● 지질다당류활성화 RAW264.7 세포 내 종양 TNF-α생성에 미치는 후박나무로
부터의 억제 성분, 주식회사 대웅제약 연구개발센터 조재열 외 7, 생약학회지
(1999. 6.)

● 한국산 후박나무 잎의 성분 연구, 순천대학교 한약자원학과 박종철 외 4, 약학
회지(1991. 4. 30)

후피향나무

논문

● 제주도 자생 차나무과 식물의 ACE, APN, α-amylase 저해 활성 및 항산화 활성
에 대한 연구, 제주대학교 생물학과 오순자 외 4, 한국자원식물학회지(2010)

흑삼릉

특허

● 생약재 발효 추출물의 제조 방법 및 이로부터 제조된 추출물을 유효성분으로
포함하는 신경퇴행성 질환의 예방 또는 치료용 조성물, 특허등록 제1100278호,
동국대학교 경주캠퍼스 산학협력단, 주식회사 창성

논문

● 자궁경부암과 유방암에 대한 삼릉의 세포자멸사 연구, 경희대학교 한의과대학
한방부인과 교실 류갑순 외 4, 대한한방부인과학회지(2011. 8. 31)

● 삼릉 추출물의 인간 유방암 세포 성장 억제 효과, 동신대학교 한의과대학 부인
과학교실 박경미 외 2, 대한한방부인과학회지(2006. 2. 28)

● 삼릉이 자궁경부암 세포(HeLa cell)의 Apoptosis에 미치는 영향, 원광대학교 한
의과대학 부인과학교실 홍기철 외 4, 대한한방부인과학회지(2005. 11. 30)

● 삼릉 추출물이 항산화 및 멜라노제네시스에 미치는 영향, 한불화장품 기술연구
소 이경은 외 6, 약학회지(2004. 12. 31)

● 삼릉, 황금, 삼송편버섯 혼합 추출물의 항종양 작용, 전북대학교 의과대학 미생
물학교실 신숙정 외 1, 생약학회지(2004. 12. 30)

● 흑삼릉의 수치에 따른 Aldose Reductase 및 항산화 활성에 미치는 영향, 한국과
학기술연구원 천연물연구센터 정상훈 외 3, 약학회지(2004. 10. 30)

● 고지방식이 흰쥐의 비만에 삼릉이 미치는 영향, 동국대학교 김종정 박사학위
논문(2004. 2)

● 흑삼릉 뿌리 추출물과 그 구성 성분의 항산화, α-Glucosidase 억제 기능 연구, 강
원대학교 생명공학부 Xu, Ming Lu 외 3, 한국식품영양과학회지(2009. 12. 31)

히어리

특허

● 항진균 활성이 우수한 히어리 잎 추출물과 이로부터 분리된 텔리마그란딘 I,
특허등록 제729437호, 한국생명공학연구원

논문

● 히어리 꽃과 잎, 줄기 추출물의 항바이러스 활성, 부희옥 외 5, 한국자원식물학
회 2012년 춘계학술발표회

가고과假苦瓜, 풍선초風船草 __ 934
각향角香 __ 397
감수甘遂, 낭독狼毒 __ 56
감초甘草 __ 49
강판귀扛板歸 __ 324
강활羌活 __ 54
건칠乾漆 __ 97
견우자牽牛子, 흑축黑丑, 백축白丑 __ 188
견풍건見風乾 __ 562
경천景天 __ 184
계관초鷄冠草 __ 312
계마鷄麻 __ 444
계수조鷄樹條 __ 411
계안초鷄眼草 __ 304
계유鷄油 __ 220
계화 __ 341
계장초鷄腸草 __ 168
계조축鷄爪槭, 백교白膠, 풍엽楓葉 __ 230
고교맥苦蕎麥 __ 122
고려양로高麗楊櫨 __ 440
고련피苦楝皮, 고련육苦楝肉, 천련자 육川楝子肉 __ 319
고목창苦木瘡 __ 586
고삼苦蔘 __ 66
고장초菰蔣草, 고근菰根 __ 828
고채苦菜[방가지똥] __ 402
고채苦菜[씀바귀] __ 646
과목근瓜木根 __ 394
관목통關木通 __ 274
광악청란光萼靑蘭 __ 718
괴목槐木, 괴화槐花, 괴각槐角, 괴지 槐枝, 괴백피槐白皮, 괴교槐膠 __ 979
구골목枸骨木[구골나무] __ 141
구골목枸骨木, 구골엽枸骨葉[호랑가시 나무] __ 956
구룡목九龍木 __ 152
구미초狗尾草 __ 52
구설초狗舌草 __ 606
구약蒟蒻 __ 128
구엽운향초韭葉芸香草 __ 86
구피마構皮麻 __ 538
구필马救必應 __ 317
권삼拳蔘 __ 432
귀웅유鬼熊柳 __ 315
귀전우鬼箭羽 __ 862
금은인동金銀忍冬 __ 704
금화채金花菜, 백맥근百脈根 __ 430
급성자急性子 __ 463
나군대羅裙帶 __ 353
나마등蘿摩藤, 나마자蘿摩子 __ 393
나염초羅髯草 __ 896
낙석등絡石藤 __ 290

낙우삼落羽杉 __ 190
난향초蘭香草 __ 878
난화欒華 __ 330
남사등南蛇藤 __ 210
남오미자南五味子 __ 196
낭파초狼把草 __ 34
노파자침선老婆子針線 __ 920
노편초근老扁草根, 효선초근孝扇草根 __ 100
노화蘆花, 노근蘆根 __ 45
녹곽鹿藿 __ 686
녹두승마綠豆升麻 __ 206
녹약鹿藥 __ 928
농길리農吉利 __ 962
누로漏蘆[뻐꾹채] __ 500
누로漏蘆[절굿대] __ 788
능실菱實 __ 288
능자근棱子芹 __ 710
다조축茶條槭 __ 638
다근골초多花筋骨草 __ 794
다화자등多花紫藤 __ 268
담죽엽淡竹葉 __ 798
대계大薊 __ 672
대과천금大果千金 __ 582
대산여두大山黧豆 __ 964
대정초大丁草 __ 602
대화금알이大花金挖耳 __ 684
도계우倒桂牛, 운실雲實 __ 641
도두刀豆, 도두근刀豆根 __ 774
도엽산호桃葉珊瑚 __ 636
동독회東毒茴 __ 482
동북뇌공등東北雷公藤 __ 374
동북산매화東北山梅花 __ 112
동엽桐葉, 동피桐皮, 동유桐油 __ 694
등대수燈臺樹 __ 883
마미련馬尾連 __ 176
마상기생馬桑寄生 __ 861
마선호馬先蒿 __ 608
마제초馬蹄草, 어제초驢蹄草 __ 260
마취목馬醉木 __ 293
만년청萬年靑 __ 294
만호퇴자蔓胡頹子 __ 454
망강남望江南 __ 566
매마등買麻藤 __ 278
매화초梅花草 __ 356
맥문동麥門冬 __ 310
면조아綿棗兒 __ 346
명사榠樝, 목과木瓜 __ 522
모관중毛貫衆 __ 72
모단초牡丹草 __ 942
모란帽蘭 __ 204
모랑毛莨, 모근毛茛, 학슬초鶴膝草, 날자초辣子草 __ 370
모래지엽毛楝枝葉 __ 300
모엽석남근毛葉石楠根 __ 738

모예화毛蕊花 __ 721
모형자牡荊子 __ 810
목근초牧根草 __ 692
목근피木槿皮 __ 344
목단등牧丹藤 __ 446
목단피牧丹皮 __ 332
목양유木羊乳 __ 228
무학초舞鶴草 __ 266
무환자無患子 __ 349
문모초蚊母草 __ 350
문자초蚊子草 __ 906
미국아장추美國鵝掌楸 __ 422
미인초美人蕉 __ 892
미화풍모국美花風毛菊 __ 42
밀몽화密蒙花 __ 380
박송실朴松實 __ 143
박수朴樹, 박수피朴樹皮 __ 922
박하薄荷 __ 398
반변련半邊蓮 __ 618
반약은련화근反蒻銀蓮花根 __ 973
백급白芨 __ 764
백마白麻, 백마실白麻實 __ 670
백면자白棉子 __ 343
백미순百尾筍 __ 740
백부자白附子 __ 416
백전白前 __ 378
백합百合 __ 856
백화사설초白花蛇舌草 __ 419
벽한초薜汗草 __ 784
보개초寶蓋草 __ 134
보주초寶珠草 __ 663
봉미초鳳尾蕉葉 __ 585
봉자채蓬子菜 __ 594
부용芙蓉, 부용엽芙蓉葉 __ 466
부평浮萍 __ 58
분조근粉條根 __ 911
분화목粉花木 __ 476
불두화佛頭花 __ 480
불이초佛耳草, 호이초虎耳草 __ 386
비마자蓖麻子, 비마엽蓖麻葉 __ 659
사간射干 __ 434
사극沙棘 __ 497
사금자沙金子 __ 144
사란絲蘭 __ 730
사상자蛇床子 __ 514
사원질려沙苑蒺藜, 백질려白蒺藜 __ 194
사포도蛇葡萄 __ 71
산가자山茄子 __ 248
산궁궁山芎窮 __ 150
산동엽山桐葉, 산동자山桐子 __ 746
산두영山杜英 __ 246
산라화山羅花 __ 322
산란山蘭 __ 46
산류국山柳菊 __ 800

산박하山薄荷 __ 524
산암황기山岩黃芪 __ 276
산유자山柚子 __ 796
산자고山慈姑 __ 534
산장酸漿, 산장실酸漿實 __ 174
산호수珊瑚樹 __ 656
삼릉三棱 __ 986
삼소초三消草 __ 912
삼첩풍三鉆風, 황매목黃梅木 __ 550
삼화축三花槭 __ 459
상륙商陸 __ 768
상백피桑白皮, 상엽桑葉, 상지桑枝, 상심자桑子 __ 506
상산常山, 소엽화笑靨花 __ 804
생동목生冬木 __ 542
자매과刺莓果 __ 556
서향瑞香 __ 564
석곡石斛 __ 568
석방풍石防風 __ 157
석룡예石龍芮 __ 60
석함화石鹹花 __ 488
선인장仙人掌 __ 468
설중화 __ 614
성고유沽油 __ 126
세엽파파납細葉婆婆納 __ 162
소계小薊, 소계근小薊根 __ 802
소괴화小槐花 __ 264
소년약小年藥 __ 256
소미공목小米空木 __ 146
소벽小檗[매발톱나무] __ 306
소벽小檗[매자나무] __ 308
소산小蒜 __ 234
속단續斷 __ 588
속수자續隨子, 천금자千金子 __ 592
송광납관화松廣蠟瓣花 __ 988
송라松蘿 __ 580
송호松蒿 __ 186
수랍과水蠟果, 남정목男精木 __ 834
수료水蓼 __ 677
수소渡蔬, 선창협미宣昌荑迷, 선창협 미자宣昌荑迷子 __ 254
수양매水楊梅 __ 424
수오공水蜈蚣 __ 918
수택란水澤蘭 __ 192
승마升麻 __ 626
시계초時計草 __ 630
시피장근豺皮樟根 __ 736
시호柴胡[개시호] __ 89
시호柴胡[섬시호] __ 574
신이辛夷 __ 336
아다兒茶, 철현채鐵莧菜, 함주초含珠 草 __ 160
아불식초鵝不食草 __ 830
아약蛾藥 __ 604
암고란巖高蘭 __ 632

압척초鴨跖草 ___ 240
야모과野木瓜 ___ 320
야봉선화野鳳仙花 ___ 359
야아춘자野鴉椿子 ___ 298
야앵화野櫻花 ___ 436
야자고野慈姑 ___ 578
야지마野芝麻 ___ 136
약사초藥師草[고들빼기] ___ 114
약사초藥師草[지리고들빼기] ___ 838
양괴懷槐 ___ 226
양매피楊梅皮 ___ 576
여혈, 동회冬灰 ___ 328
여로藜蘆 ___ 390
여위女萎 ___ 518
여춘화麗春花 ___ 92
연교連翹 ___ 62
연령초延齡草 ___ 690
연명초延命草 ___ 702
연복초連福草 ___ 688
연봉초蓮蓬草 ___ 908
염봉鹽蓬 ___ 888
영란鈴蘭 ___ 744
영산홍迎山紅 ___ 848
영실營實, 영실근營實根 ___ 852
오동자梧桐子, 오동엽梧桐葉, 오동백
　　피梧桐白皮 ___ 438
오렴매烏蘞莓 ___ 108
오수유吳茱萸 ___ 620
옥비玉榧, 비실榧實 ___ 494
옥잠화玉簪花 ___ 493
왜왜권娃娃拳 ___ 778
용담龍膽 ___ 714
용포龍抱 ___ 898
우이풍牛耳楓 ___ 148
욱리인郁李仁 ___ 532
울금鬱金 ___ 728
원지遠志 ___ 666
월견초月見草 ___ 236
유계柳桂 ___ 110
유기노劉寄奴 ___ 786
유삼柳杉 ___ 536
유지柳枝 ___ 426
유홍초留紅草 ___ 732
육계肉桂 ___ 735
육엽률六葉葎 ___ 572
율초葎草 ___ 960
은시호銀柴胡 ___ 250
이수근梨樹根, 이지梨枝, 이목피梨木
　　皮 ___ 258
이호泥胡菜 ___ 844
인목橉木 ___ 516
일년봉一年蓬 ___ 68
일미약一味藥, 일미약근 一味藥根 ___
　　198
일본편백日本扁柏 ___ 924

일지호一枝蒿 ___ 914
일지황화一枝黃花[미국미역취] ___ 368
일지황화一枝黃花 [미역취] ___ 376
임금林檎 ___ 668
자단紫椴 ___ 936
자수괴紫穗槐 ___ 808
자란초紫蘭草 ___ 766
자매과刺苺果 ___ 556
자말리엽刺茉莉葉, 자말리근紫茉莉
　　___ 474
자미화紫薇化 ___ 408
자반풍령초紫斑風鈴草 ___ 872
자원紫苑, 자완紫菀, 반혼초返魂草[개
　　미취] ___ 74
자원紫苑, 자완紫菀[별개미취] ___ 75
자위紫葳, 자위화紫葳花 ___ 224
자유피刺楡皮 ___ 634
자주紫珠 ___ 812
작상爵床 ___ 833
장목樟木 ___ 214
장미薔薇 ___ 780
장백저마長白苧麻 ___ 106
재실梓實, 재백피梓白皮 ___ 95
저마근苧麻根 ___ 706
저자楮子 ___ 39
적설초積雪草 ___ 449
적양赤楊 ___ 698
전도초剪刀草 ___ 899
전두등纏豆藤, 토사자菟絲子 ___ 642
정력자葶藶子 ___ 166
정빙화頂氷花 ___ 832
정향료丁香蓼 ___ 680
제니薺苨 ___ 334
제채薺菜, 제채자薺菜子 ___ 200
조각자皂角子 ___ 818
조경초調經草 ___ 520
조란弔蘭 ___ 930
조로초朝露草 ___ 612
조선마화두朝鮮瘋花頭 ___ 528
조선육도목朝鮮六道木 ___ 372
주사근朱砂根 ___ 412
죽복령竹茯苓 ___ 825
죽절초竹節草 ___ 826
죽절향부竹節香附 ___ 183
지금地錦[담쟁이덩굴] ___ 244
지금地錦[애기땅빈대] ___ 664
지금축地錦椷 ___ 118
지모知母 ___ 841
지부자地膚子, 지부엽地膚葉 ___ 252
지신도地仙桃 ___ 401
지신地新 ___ 125
지전地錢 ___ 722
지황地黃, 건지황乾地黃, 숙지황熟地
　　黃 ___ 846
진자榛子 ___ 90

진주매珍珠梅 ___ 622
진주초眞珠草 ___ 682
진피秦皮 ___ 364
차지획叉枝獲, 화골단化骨丹 ___ 218
참룡검斬龍劍 ___ 202
척촉화躑躅花, 황척촉근黃躑躅根 ___
　　871
천굴채千屈菜 ___ 472
천궁川芎 ___ 866
천선과天仙果 ___ 868
천축계天竺桂 ___ 554
천호유天胡荽 ___ 940
첨당과甛糖果 ___ 490
청하향초淸河香草 ___ 296
초엽椒葉, 천초자川椒子 ___ 708
초장초酢漿草 ___ 139
촉규화蜀葵花 ___ 790
추자목楸子木, 추목피楸木皮, 핵도추
　　과核桃楸果 ___ 33
춘란春蘭 ___ 456
측백엽側栢葉, 백자인栢子仁, 백근백
　　피栢根白皮 ___ 874
치자梔子 ___ 886
탄율수炭栗樹 ___ 748
태자삼太子參 ___ 78
택란澤蘭 ___ 624
택사澤瀉 ___ 902
택칠澤漆 ___ 272
토백렴土白斂, 토우土芋 ___ 548
토상산土常山 ___ 530
토승마土升麻 ___ 270
토통초土通草 ___ 742
토향비土香榧 ___ 82
통천초通泉草 ___ 816
통초通草 ___ 917
파파납婆婆納 ___ 80
패장초敗醬草 ___ 282
편복갈근蝙蝠葛根 ___ 546
편축萹蓄 ___ 286
필관초筆管草, 선모삼仙茅參 ___ 326
하로夏撈 ___ 792
하청화근荷靑花根 ___ 938
하화옥란荷花玉蘭 ___ 900
학슬鶴蝨 ___ 242
한신초韓信草 ___ 130
합맹合萌 ___ 762
합자초合子草 ___ 280
합환피合歡皮 ___ 758
해송자海松子 ___ 776
해홍海紅 ___ 650
향부자香附 ___ 404
향여香薷 ___ 172
향호香蒿 ___ 84
현삼玄蔘 ___ 952
협미莢迷, 협미자莢迷子 ___ 36

협죽도夾竹桃 ___ 955
호자虎刺 ___ 958
홍경천紅景天 ___ 382
홍모칠紅毛七 ___ 180
홍화채紅花菜 ___ 770
홍화紅花, 홍람화紅藍花 ___ 754
화산반華山礬 ___ 208
화육계花肉桂 ___ 544
황근黃菫 ___ 966
황련화黃連花, 황속채黃粟菜 ___ 814
황백黃柏, 황파라과黃派羅裸 ___ 968
황수지黃水枝 ___ 950
황암채黃鵪菜 ___ 502
황양목黃楊木 ___ 974
황칠黃漆 ___ 970
회엽檜葉, 노회爐灰 ___ 948
회향茴香 ___ 976
후롱초喉嚨草 ___ 460
후박厚朴[일본목련] ___ 750
후박厚朴, 홍남피紅楠皮[후박나무] ___
　　982
후피향厚皮香 ___ 984
흑화黑樺 ___ 388

특허로 만나는 우리 약초 2

지은이 조식제
펴낸이 양동현
펴낸곳 도서출판 아카데미북
　　　　출판등록 제13-493호
　　　　136-034, 서울 성북구 동소문로13가길 27번지
　　　　전화 02-927-2345 팩스 02-927-3199

초판 1쇄 발행 2014년 4월 25일
초판 2쇄 발행 2014년 12월 30일

ISBN 978-89-5681-150-5 14480
　　　　978-89-5681-151-2 (세트)

ⓒ 조식제, 2014

www.iacademybook.com

이 도서의 국립중앙도서관 출판시도서목록(CIP)은
e-CIP홈페이지(http://www.nl.go.kr/ecip)와 국가자료공동목록시스템(http://www.nl.go.kr/kolisnet)에서
이용하실 수 있습니다. CIP제어번호 : CIP2014011523